国家科技支撑计划项目（2012BAD29B01）

中国市售水果蔬菜农药残留报告（2012～2015）

（华北卷）

庞国芳 等　著

科学出版社

内 容 简 介

《中国市售水果蔬菜农药残留报告》共分 8 卷：华北卷（北京市、天津市、石家庄市、太原市、呼和浩特市），东北卷（沈阳市、长春市、哈尔滨市），华东卷一（上海市、南京市、杭州市、合肥市），华东卷二（福州市、南昌市、山东 10 市、济南市），华中卷（郑州市、武汉市、长沙市），华南卷（广州市、深圳市、南宁市、海口市），西南卷（重庆市、成都市、贵阳市、昆明市、拉萨市）和西北卷（西安市、兰州市、西宁市、银川市、乌鲁木齐市）。

每卷包括 2012~2015 年市售 20 类 131 种水果蔬菜农药残留侦测报告和膳食暴露风险与预警风险评估报告。分别介绍了市售水果蔬菜样品采集情况，液相色谱-四极杆飞行时间质谱（LC-Q-TOF/MS）和气相色谱-四极杆飞行时间质谱（GC-Q-TOF/MS）农药残留检测结果，农药残留分布情况，农药残留检出水平与最大残留限量（MRL）标准对比分析，以及农药残留膳食暴露风险评估与预警风险评估结果。

本书对从事农产品安全生产、农药科学管理与施用，食品安全研究与管理的相关人员具有重要参考价值，同时可供高等院校食品安全与质量检测等相关专业的师生参考，对于广大消费者也可从中获取健康饮食的裨益。

图书在版编目（CIP）数据

中国市售水果蔬菜农药残留报告. 2012～2015. 华北卷 / 庞国芳等著. —北京：科学出版社，2018.1

国家科技支撑计划项目

ISBN 978-7-03-056381-1

Ⅰ. ①中… Ⅱ. ①庞… Ⅲ. ①水果-农药残留物-研究报告-华北地区-2012-2015 ②蔬菜-农药残留物-研究报告-华北地区-2012-2015 Ⅳ. ①X592

中国版本图书馆 CIP 数据核字（2018）第 008226 号

责任编辑：杨 震 刘 冉/责任校对：韩 杨

责任印制：肖 兴/封面设计：北京图阅盛世

科学出版社 出版

北京东黄城根北街 16 号

邮政编码：100717

http：//www.sciencep.com

北京画中画印刷有限公司 印刷

科学出版社发行 各地新华书店经销

*

2018 年 1 月第 一 版 开本：787×1092 1/16

2018 年 1 月第一次印刷 印张：41 1/2

字数：980 000

定价：288.00 元

（如有印装质量问题，我社负责调换）

中国市售水果蔬菜农药残留报告（2012~2015）
（华北卷）

编　委　会

主　编： 庞国芳

副主编： 申世刚　梁淑轩　范春林　徐建中

庞小平　常巧英

编　委：（按姓名汉语拼音排序）

曹亚飞　曹彦忠　常巧英　陈　谊

范春林　方　冰　李　慧　李　响

梁淑轩　庞国芳　庞小平　任发政

申世刚　王志斌　徐建中　张进杰

序

据世界卫生组织统计，全世界每年至少发生50万例农药中毒事件，死亡11.5万人，85%以上的癌症、80余种疾病与农药残留有关。为此，世界各国均制定了严格的食品标准，对不同农产品设置了农药最大残留限量（MRL）标准。我国于2017年6月实施的《食品安全国家标准　食品中农药最大残留限量》（GB 2763—2016）规定了食品中433种农药的4140项最大残留限量标准；欧盟、美国和日本等发达国家和地区分别制定了162248项、39147项和51600项的农药最大残留限量标准。作为农业大国，我国是世界上农药生产和使用最多的国家。据《中国统计年鉴》数据统计，2000~2015年我国化学农药原药产量从60万吨/年增加到374万吨/年，农药化学污染物已经是当前食品安全源头污染的主要来源之一。

因此，深受广大消费者及政府相关部门关注的各种问题也随之而来：我国“菜篮子”的农药残留污染状况和风险水平到底如何？我国农产品农药残留水平是否影响我国农产品走向国际市场？这些看似简单实则是难度相当大的问题，涉及农药的科学管理与施用，食品农产品的安全监管，农药残留检测技术标准以及资源保障等多方面因素。

可喜的是，此次由庞国芳院士科研团队承担完成的“国家科技支撑计划项目（2012BAD29B01）”研究成果之一《中国市售水果蔬菜农药残留报告》（以下简称《报告》），对上述问题给出了全面、深入、直观的答案，为形成我国农药残留监控体系提供了海量的科学数据支撑。

该《报告》包括水果蔬菜农药残留侦测报告和水果蔬菜农药残留膳食暴露风险与预警风险评估报告两大重点内容。其中，“水果蔬菜农药残留侦测报告”是庞国芳院士科研团队利用他们所取得的具有国际领先水平的多元融合技术，包括高通量非靶向农药残留侦测技术、农药残留侦测数据智能分析及残留侦测结果可视化等研究成果，对采自我国42个城市851个采样点的22374例131种市售水果蔬菜进行非靶向目标物农药残留侦测的结果汇总；同时，解决了数据维度多、数据关系复杂、数据分析要求高等技术难题，运用自主研发的海量数据智能分析软件，深入比较分析了农药残留侦测数据结果，初步普查了我国主要城市水果蔬菜农药残留的“家底”。而“水果蔬菜农药残留膳食暴露风险与预警风险评估报告”则在上述农药残留侦测数据的基础上，利用食品安全指数模型和风险系数模型，结合农药残留水平、特性、致害效应，进行系统的农药残留风险评价，最终给出了我国主要城市市售水果蔬菜农药残留的膳食暴露风险和预警风险结论。

该《报告》包含了海量的农药残留侦测结果和相关信息，数据准确、真实可靠，具有以下几个特点：

第一，样品采集具有代表性。侦测地域范围覆盖全国除港澳台以外省级行政区的42个城市（包括4个直辖市、27个省会城市、11个水果蔬菜主产区城市的284个区县）的851个采样点。随机从超市或农贸市场采集样品22000多批。样品采样地覆盖全国25%人口的生活区域，具有代表性。

第二，紧扣国家标准反映市场真实情况。侦测所涉及的水果蔬菜样品种类覆盖范围达到 20 类 131 种，其中 85%属于国家农药最大残留限量标准列明品种，彰显了方法的普遍适用性，反映了市场的真实情况。

第三，检测过程遵循统一性和科学性原则。所有侦测数据来源于 10 个网络联盟实验室按“五统一”规范操作（统一采样标准、统一制样技术、统一检测方法、统一格式数据上传、统一模式统计分析报告）全封闭运行，保障数据的准确性、统一性、完整性、安全性和可靠性。

第四，农残数据分析与评价的自动化。充分运用互联网的智能化技术，实现从农产品、农药残留、地域、农药残留最高限量标准等多维度的自动统计和综合评价与预警。

第五，呈现方式的直观可视化。通过高分辨质谱-互联网技术-数据科学/地理信息系统（GIS）三元融合技术，将农药残留数据与地理数据相关联，可以像气象预报一样，实现农药残留的在线可视化预警。

总之，该《报告》数据庞大，信息丰富，内容翔实，图文并茂，直观易懂。它的出版，将有助于广大读者全面了解我国主要城市市售水果蔬菜农药残留的现状、动态变化及风险水平。这对于全面认识我国水果蔬菜食用安全水平、掌握各种农药残留对人体健康的影响，具有十分重要的理论价值和实用意义。

该书适合政府监管部门、食品安全专家、农产品生产和经营者以及广大消费者等各类人员阅读参考，其受众之广、影响之大是该领域内前所未有的，值得大家高度关注。

2017 年 12 月 28 日

前　言

食品是人类生存和发展的基本物质基础，食品安全是全球的重大民生问题，也是世界各国目前所面临的共同难题，而食品中农药残留问题是引发食品安全事件的重要因素，也一直是备受关注的焦点问题。目前，世界上常用的农药种类超过1000种，而且不断地有新的农药被研发和应用，农药残留在对人类身体健康和生存环境造成新的潜在危害的同时，也给农药残留的检测技术、监控手段和风险评估能力提出了更高的要求和全新的挑战。

为解决上述难题，作者团队此前一直围绕世界常用的1200多种农药和化学污染物展开多学科合作研究，例如，采用高分辨质谱技术开展无需实物标准品的高通量非靶向农药残留筛查技术研究；运用互联网技术与数据科学理论对海量农药残留监测数据的自动采集和智能分析研究；引入网络地理信息系统（Web-GIS）技术用于农药残留监测结果的空间可视化研究；等等。与此同时，对这些前沿及主流技术进行多元融合研究，在农药残留检测技术、农药残留数据智能分析及结果可视化等多个方面取得了原创性突破，实现了农药残留监测技术信息化、监测大数据处理智能化、风险溯源可视化。这些创新研究成果已整理成专著另行出版。

《中国市售水果蔬菜农药残留报告》（以下简称《报告》），是上述多项研究成果综合应用于我国农产品农药残留监测与风险评估的科学报告。为了真实反映我国百姓餐桌上水果蔬菜中农药残留污染状况以及残留农药的相关风险，在2012~2015年期间，作者团队采用液相色谱-四极杆飞行时间质谱（LC-Q-TOF/MS）及气相色谱-四极杆飞行时间质谱（GC-Q-TOF/MS）两种高分辨质谱技术，从全国42个城市（包括27个省会、4个直辖市及11个水果蔬菜主产区城市）851个采样点（包括超市及农贸市场等）随机采集了20类131种市售水果蔬菜（其中85%属于国家农药最大残留限量标准列明品种）22374例进行了非靶向农药残留筛查，初步摸清了这些城市市售水果蔬菜农药残留的“家底”，形成了2012~2015年全国重点城市市售水果蔬菜农药残留监测报告。在此基础上，运用食品安全指数模型和风险系数模型，开发了风险评价应用程序，对上述水果蔬菜农药残留分别开展膳食暴露风险评估和预警风险评估，形成了2012~2015年全国重点城市市售水果蔬菜农药残留膳食暴露风险与预警风险评估报告。现将这两大报告整理成书，以飨读者。

为了便于查阅，本次出版的《报告》按我国自然地理区域共分为八卷：华北卷（北京市、天津市、石家庄市、太原市、呼和浩特市），东北卷（沈阳市、长春市、哈尔滨市），华东卷一（上海市、南京市、杭州市、合肥市），华东卷二（福州市、南昌市、山东10市、济南市），华中卷（郑州市、武汉市、长沙市），华南卷（广州市、深圳市、南宁市、海口市），西南卷（重庆市、成都市、贵阳市、昆明市、拉萨市）和西北卷（西安市、兰州市、西宁市、银川市、乌鲁木齐市）。

《报告》的每一卷内容均采用统一的结构和方式进行叙述，对每个城市的市售水果蔬菜农药残留状况和风险评估结果均按照 LC-Q-TOF/MS 及 GC-Q-TOF/MS 两种技术分别阐述。主要包括以下几方面内容：①每个城市的样品采集情况与农药残留监测结果；②每个城市的农药残留检出水平与最大残留限量（MRL）标准对比分析；③每个城市的水果蔬菜中农药残留分布情况；④每个城市水果蔬菜农药残留报告的初步结论；⑤农药残留风险评估方法及风险评价应用程序的开发；⑥每个城市的水果蔬菜农药残留膳食暴露风险评估；⑦每个城市的水果蔬菜农药残留预警风险评估；⑧每个城市水果蔬菜农药残留风险评估结论与建议。

本《报告》是我国"十二五"国家科技支撑计划项目（2012BAD29B01）的研究成果之一。它紧扣国家"十三五"规划纲要"第十八章 增强农产品安全保障能力"和"第六十章 推进健康中国建设"的主题，该项研究成果可在这些领域的发展中发挥重要的技术支撑作用。

本《报告》对从事农产品安全生产、农药科学管理与施用、食品安全研究与管理的相关人员具有重要参考价值，同时可供高等院校食品安全与质量检测等相关专业的师生参考，广大消费者也可从中获取健康饮食的裨益。

由于作者水平有限，书中不妥之处在所难免，恳请广大读者批评指正。

2017 年 12 月 28 日

缩 略 语 表

ADI	allowable daily intake	每日允许最大摄入量
CAC	Codex Alimentarius Commission	国际食品法典委员会
CCPR	Codex Committee on Pesticide Residues	农药残留法典委员会
FAO	Food and Agriculture Organization	联合国粮食及农业组织
GAP	Good Agricultural Practices	农业良好管理规范
GC-Q-TOF/MS	gas chromatograph/quadrupole time-of-flight mass spectrometry	气相色谱-四极杆飞行时间质谱
GEMS	Global Environmental Monitoring System	全球环境监测系统
IFS	index of food safety	食品安全指数
JECFA	Joint FAO/WHO Expert Committee on Food and Additives	FAO、WHO 食品添加剂联合专家委员会
JMPR	Joint FAO/WHO Meeting on Pesticide Residues	FAO、WHO 农药残留联合会议
LC-Q-TOF/MS	liquid chromatograph/quadrupole time-of-flight mass spectrometry	液相色谱-四极杆飞行时间质谱
MRL	maximum residue limit	最大残留限量
R	risk index	风险系数
WHO	World Health Organization	世界卫生组织

凡　例

- 采样城市包括 31 个直辖市及省会城市（未含台北市、香港特别行政区和澳门特别行政区）及山东 10 市和深圳市，分成华北卷（北京市、天津市、石家庄市、太原市、呼和浩特市）、东北卷（沈阳市、长春市、哈尔滨市）、华东卷一（上海市、南京市、杭州市、合肥市）、华东卷二（福州市、南昌市、山东 10 市、济南市）、华中卷（郑州市、武汉市、长沙市）、华南卷（广州市、深圳市、南宁市、海口市）、西南卷（重庆市、成都市、贵阳市、昆明市、拉萨市）、西北卷（西安市、兰州市、西宁市、银川市、乌鲁木齐市）共 8 卷。
- 表中标注*表示剧毒农药；标注◊表示高毒农药；标注▲表示禁用农药；标注 a 表示超标。
- 书中提及的附表（侦测原始数据），请扫描封底二维码，按对应城市获取。

目　录

北　京　市

天　津　市

石家庄市

太 原 市

呼和浩特市

北 京 市

第1章　LC-Q-TOF/MS 侦测北京市 893 例市售水果蔬菜样品农药残留报告

从北京市所属 16 个区县，随机采集了 893 例水果蔬菜样品，使用液相色谱-四极杆飞行时间质谱（LC-Q-TOF/MS）对 537 种农药化学污染物进行示范侦测（7 种负离子模式 ESI⁻未涉及）。

1.1　样品种类、数量与来源

1.1.1　样品采集与检测

为了真实反映百姓餐桌上水果蔬菜中农药残留污染状况，本次所有检测样品均由检验人员于 2012 年 7 月至 2014 年 3 月期间，从北京市所属 57 个采样点，包括 44 个超市 12 个农贸市场 1 个实验室，以随机购买方式采集，总计 70 批 893 例样品，从中检出农药 81 种，1847 频次。采样及监测概况见图 1-1 及表 1-1，样品及采样点明细见表 1-2 及表 1-3（侦测原始数据见附表 1）。

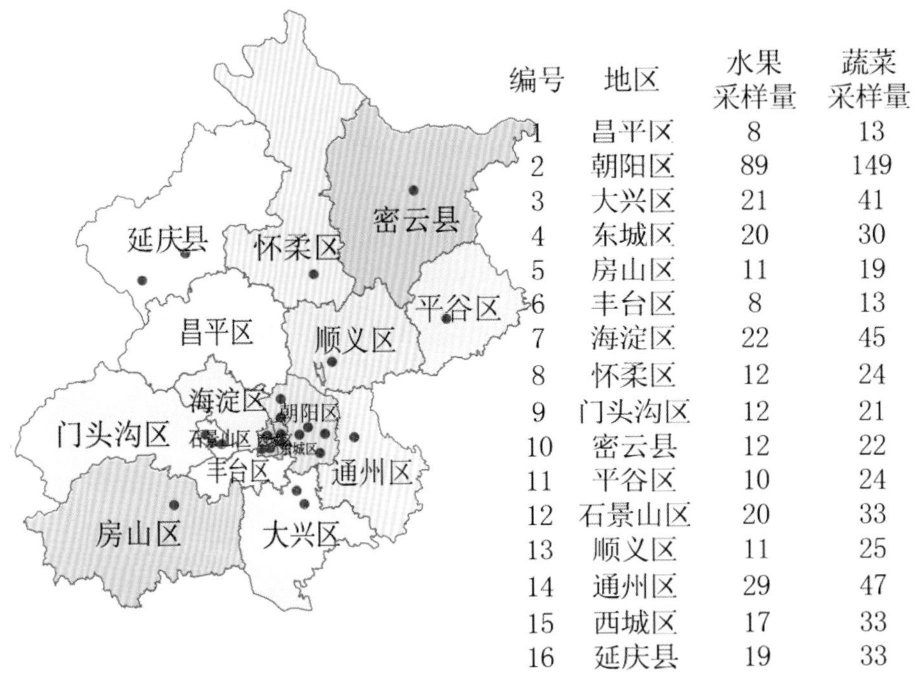

编号	地区	水果采样量	蔬菜采样量
1	昌平区	8	13
2	朝阳区	89	149
3	大兴区	21	41
4	东城区	20	30
5	房山区	11	19
6	丰台区	8	13
7	海淀区	22	45
8	怀柔区	12	24
9	门头沟区	12	21
10	密云县	12	22
11	平谷区	10	24
12	石景山区	20	33
13	顺义区	11	25
14	通州区	29	47
15	西城区	17	33
16	延庆县	19	33

图 1-1　北京市所属 57 个采样点 893 例样品分布图

表 1-1　农药残留监测总体概况

采样地区	北京市所属 16 个区县
采样点（超市+农贸市场）	57
样本总数	893
检出农药品种/频次	81/1847
各采样点样本农药残留检出率范围	52.9%~100.0%

表 1-2　样品分类及数量

样品分类	样品名称（数量）	数量小计
1. 蔬菜		547
1）鳞茎类蔬菜	葱（4），韭菜（44），洋葱（2）	50
2）芸薹属类蔬菜	花椰菜（5），结球甘蓝（49），青花菜（16），紫甘蓝（2）	72
3）叶菜类蔬菜	菠菜（29），大白菜（39），奶白菜（1），芹菜（58），生菜（35），娃娃菜（1），蕹菜（1），莴笋（1），油麦菜（2），小油菜（5）	172
4）茄果类蔬菜	番茄（64），茄子（25），甜椒（35），樱桃番茄（1）	125
5）瓜类蔬菜	冬瓜（4），黄瓜（67），西葫芦（8）	79
6）豆类蔬菜	菜豆（22），豇豆（3）	25
7）根茎类和薯芋类蔬菜	胡萝卜（14），萝卜（10）	24
2. 水果		321
1）柑橘类水果	橙（11），橘（47），柠檬（1）	59
2）仁果类水果	梨（61），苹果（69）	130
3）核果类水果	李子（2），桃（13），枣（2）	17
4）浆果和其他小型水果	草莓（34），猕猴桃（23），葡萄（39）	96
5）热带和亚热带水果	木瓜（1）	1
6）瓜果类水果	哈密瓜（1），西瓜（17）	18
3. 食用菌		25
1）蘑菇类	蘑菇（25）	25
合计	1.蔬菜 28 种 2.水果 14 种 3.食用菌 1 种	893

表 1-3　北京市采样点信息

采样点序号	行政区域	采样点
超市（44）		
1	朝阳区	***超市（朝阳区）
2	朝阳区	***超市（青年路店）
3	朝阳区	***超市（慈云寺店）
4	朝阳区	***超市（十里堡店）
5	朝阳区	***超市（慈云寺店）
6	朝阳区	***超市（姚家园店）
7	朝阳区	***超市（青年路店）
8	朝阳区	***超市（大成东店）
9	朝阳区	***超市（朝阳北路店）
10	朝阳区	***超市（大望路店）
11	朝阳区	***超市（朝阳路店）
12	朝阳区	***超市（朝阳区）
13	朝阳区	***超市（青年路店）
14	大兴区	***超市（大兴区）
15	大兴区	***超市（亦庄店）
16	大兴区	***超市（大兴区店）
17	大兴区	***超市（泰河园店）
18	大兴区	***超市
19	东城区	***超市（东城区店）
20	东城区	***超市（东城区店）
21	房山区	***超市（房山区店）
22	房山区	***超市（良乡店）
23	海淀区	***超市（白石桥店）
24	海淀区	***超市（增光路店）
25	海淀区	***超市（五棵松店）
26	怀柔区	***超市（怀柔区店）
27	门头沟区	***超市（门头沟区店）
28	门头沟区	***超市（新桥店）
29	密云县	***超市（密云县店）

续表

采样点序号	行政区域	采样点
30	平谷区	***超市（平谷店）
31	石景山区	***超市（苹果园店）
32	石景山区	***超市（石景山区店）
33	石景山区	***超市（石景山区店）
34	石景山区	***超市（西黄村二店）
35	顺义区	***超市（顺义店）
36	通州区	***超市（官庄店）
37	通州区	***超市（九棵树店）
38	通州区	***超市（九棵树店）
39	通州区	***超市（通州区店）
40	西城区	***超市（阜成门店）
41	西城区	***超市（西城区店）
42	西城区	***超市（三里河店）
43	延庆县	***超市（妫水北街店）
44	延庆县	***超市（延庆店）
农贸市场（12）		
1	昌平区	***批发市场（昌平区）
2	昌平区	***批发市场（昌平区）
3	朝阳区	***批发市场（朝阳区）
4	朝阳区	***批发市场
5	朝阳区	***农产品市场
6	丰台区	***批发市场
7	丰台区	***批发市场
8	平谷区	***批发市场
9	石景山区	***批发市场
10	顺义区	***批发市场（顺义区）

续表

采样点序号	行政区域	采样点
11	通州区	***批发市场
12	延庆县	***批发市场
实验室（1）		
1	朝阳区	***样品室

1.1.2 检测结果

这次使用的检测方法是庞国芳院士团队最新研发的不需使用标准品对照，而以高分辨精确质量数（0.0001 *m/z*）为基准的LC-Q-TOF/MS检测技术，对于893例样品，每个样品均侦测了537种农药化学污染物的残留现状。通过本次侦测，在893例样品中共计检出农药化学污染物81种，检出1847频次。

1.1.2.1 各采样点样品检出情况

统计分析发现70个采样点中，被测样品的农药检出率范围为52.9%~100.0%。其中，有7个采样点样品的检出率最高，达到了100.0%，分别是：***批发市场（昌平区）、***批发市场（昌平区）、***样品室、***超市（大兴区店）、***超市、***超市（官庄店）和***超市（西城区店）。***超市（九棵树店）的检出率最低，为52.9%，见图1-2。

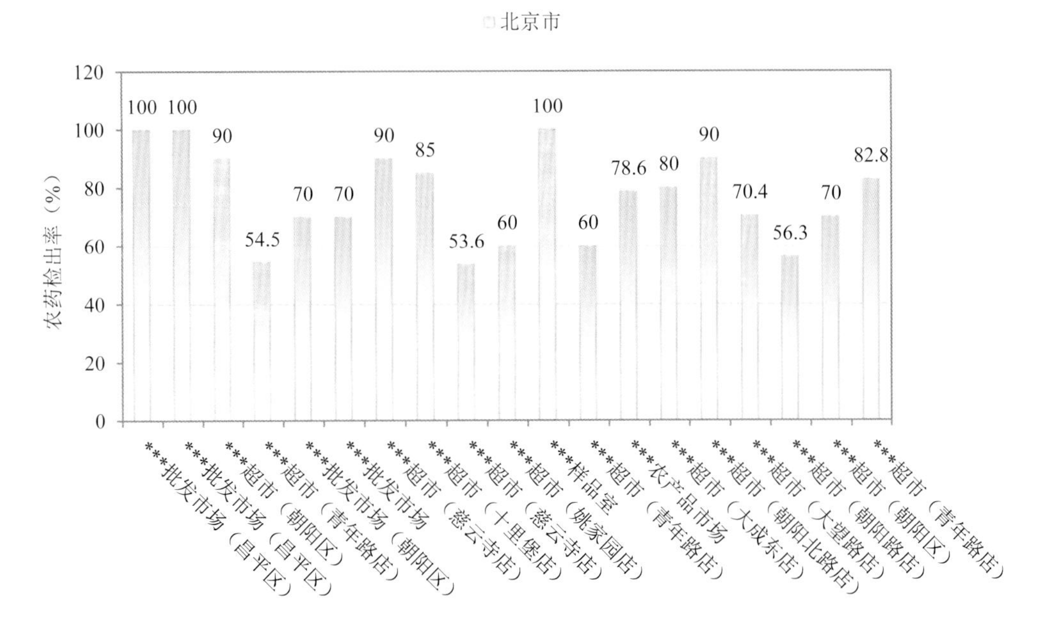

（a）

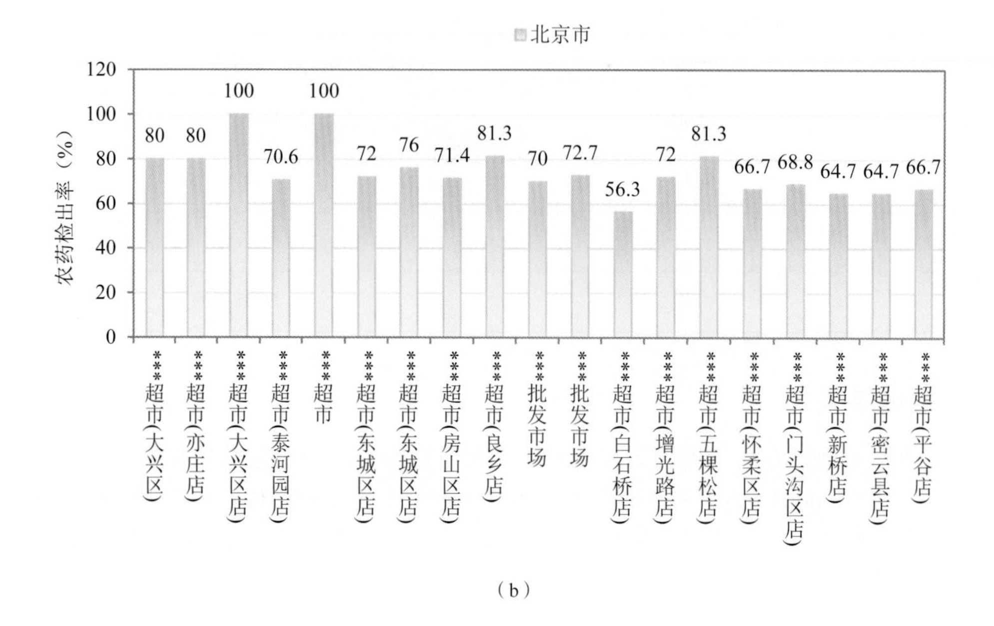

（b）

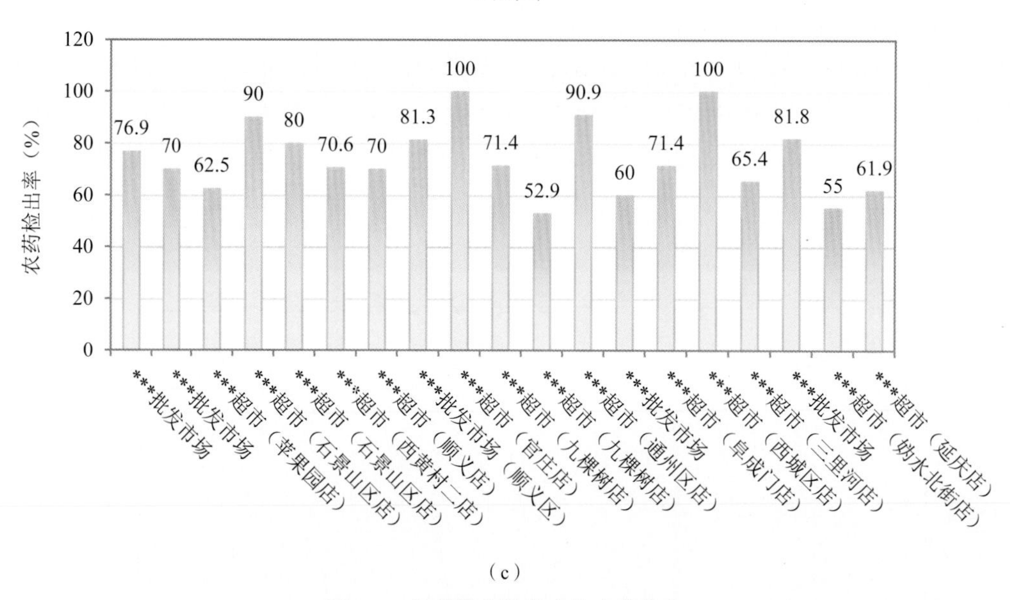

（c）

图 1-2　各采样点样品中的农药检出

1.1.2.2　检出农药的品种总数与频次

统计分析发现，对于 893 例样品中 537 种农药化学污染物的侦测，共检出农药 1847 频次，涉及农药 81 种，结果如图 1-3 所示。其中多菌灵检出频次最高，共检出 364 次。检出频次排名前 10 的农药如下：①多菌灵（364）；②烯酰吗啉（142）；③啶虫脒（137）；④嘧霉胺（127）；⑤吡虫啉（111）；⑥霜霉威（104）；⑦甲霜灵（88）；⑧咪鲜胺（76）；

⑨苯醚甲环唑（70）；⑩甲基硫菌灵（59）。

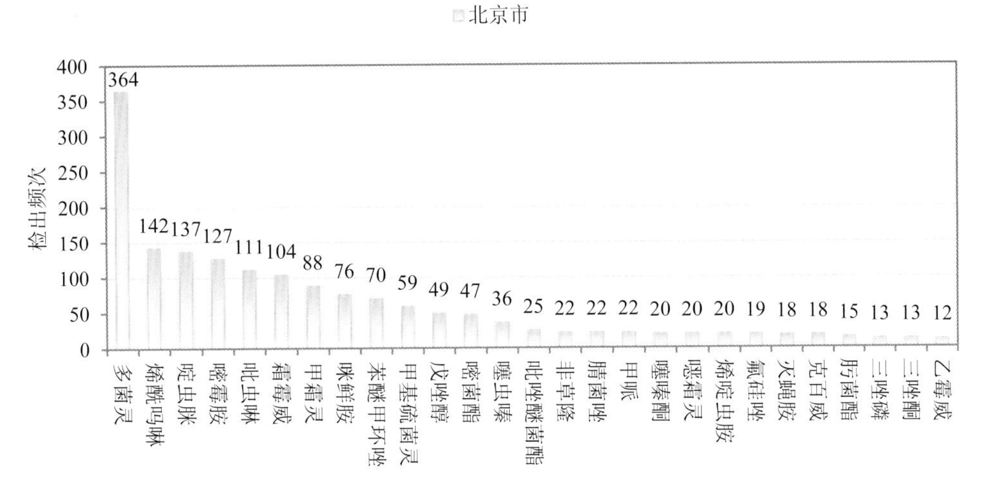

图 1-3　检出农药品种及频次（仅列出 12 频次及以上的数据）

由图 1-4 可见，芹菜、番茄、黄瓜和草莓这 4 种果蔬样品中检出的农药品种数较高，均超过 30 种，其中，芹菜和番茄检出农药品种最多，均为 34 种。由图 1-5 可见，黄瓜、番茄、芹菜、葡萄、苹果、草莓和甜椒这 7 种果蔬样品中的农药检出频次较高，均超过 100 次，其中，黄瓜检出农药频次最高，为 262 次。

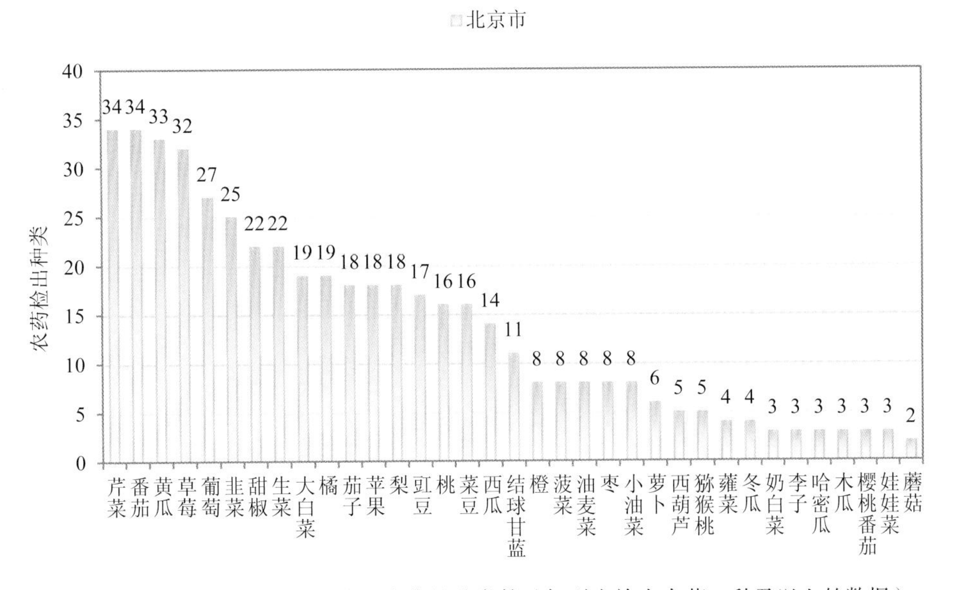

图 1-4　单种水果蔬菜检出农药的种类数（仅列出检出农药 2 种及以上的数据）

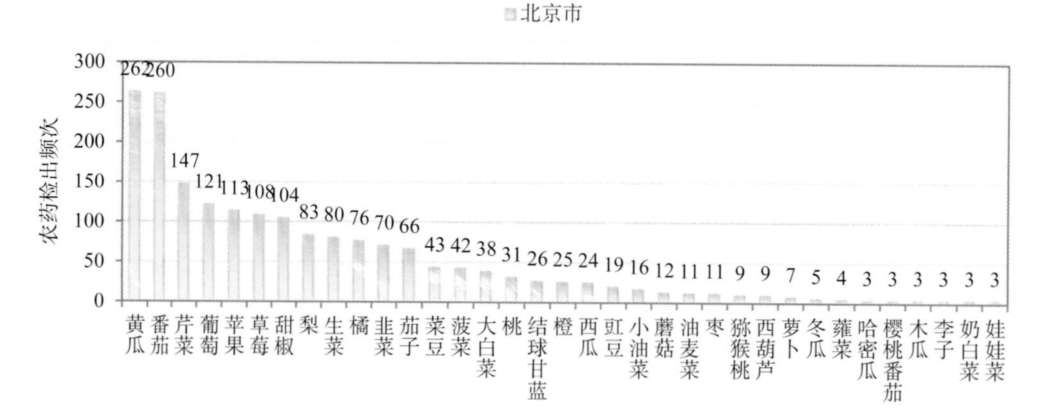

图 1-5　单种水果蔬菜检出农药频次（仅列出检出农药 3 频次及以上的数据）

1.1.2.3　单例样品农药检出种类与占比

对单例样品检出农药种类和频次进行统计发现，未检出农药的样品占总样品数的 27.2%，检出 1 种农药的样品占总样品数的 23.2%，检出 2~5 种农药的样品占总样品数的 41.9%，检出 6~10 种农药的样品占总样品数的 7.3%，检出大于 10 种农药的样品占总样品数的 0.4%。每例样品中平均检出农药为 2.1 种，数据见表 1-4 及图 1-6。

表 1-4　单例样品检出农药品种占比

检出农药品种数	样品数量/占比（%）
未检出	243/27.2
1 种	207/23.2
2~5 种	374/41.9
6~10 种	65/7.3
大于 10 种	4/0.4
单例样品平均检出农药品种	2.1 种

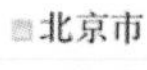

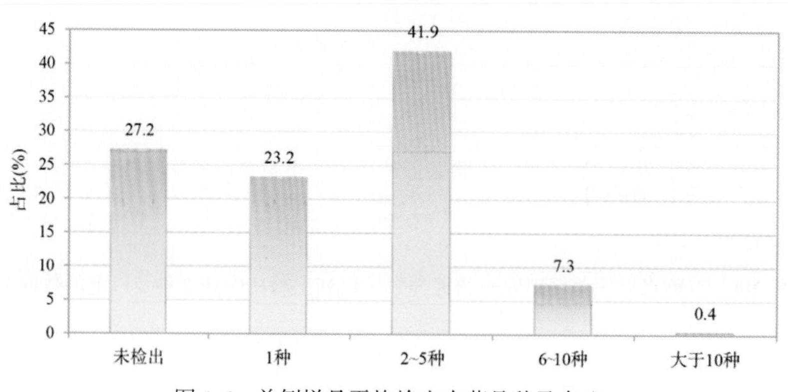

图 1-6　单例样品平均检出农药品种及占比

1.1.2.4 检出农药类别与占比

所有检出农药按功能分类，包括杀菌剂、杀虫剂、除草剂、植物生长调节剂、增效剂共 5 类。其中杀菌剂与杀虫剂为主要检出的农药类别，分别占总数的 45.7%和 40.7%，见表 1-5 及图 1-7。

表 1-5 检出农药所属类别及占比

农药类别	数量/占比（%）
杀菌剂	37/45.7
杀虫剂	33/40.7
除草剂	6/7.4
植物生长调节剂	4/4.9
增效剂	1/1.2

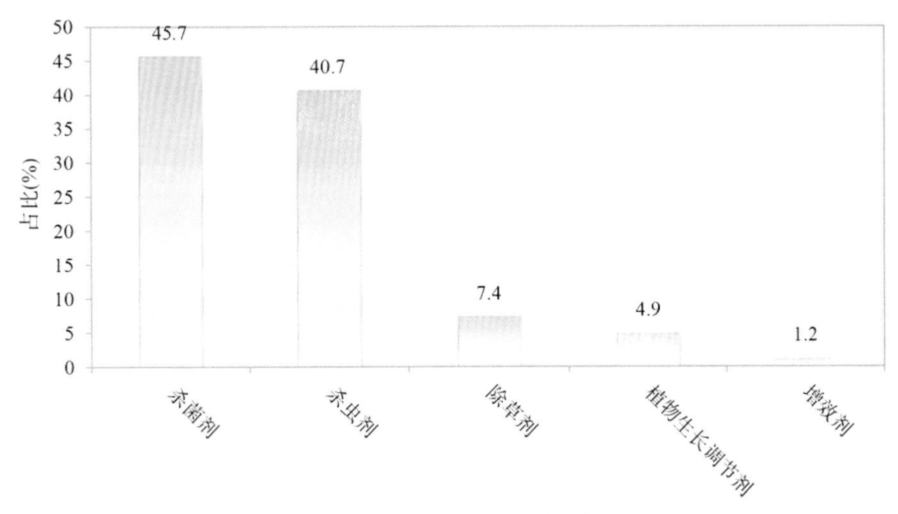

图 1-7 检出农药所属类别和占比

1.1.2.5 检出农药的残留水平

按检出农药残留水平进行统计，残留水平在 1~5 μg/kg（含）的农药占总数的 39.9%，在 5~10 μg/kg（含）的农药占总数的 14.5%，在 10~100 μg/kg（含）的农药占总数的 34.7%，在 100~1000 μg/kg（含）的农药占总数的 9.5%，>1000 μg/kg（含）的农药占总数的 1.4%。

由此可见，这次检测的 70 批 893 例水果蔬菜样品中农药多数处于较低残留水平。结果见表 1-6 及图 1-8，数据见附表 2。

表 1-6　农药残留水平及占比

残留水平（μg/kg）	检出频次/占比（%）
1~5（含）	737/39.9
5~10（含）	268/14.5
10~100（含）	641/34.7
100~1000（含）	175/9.5
>1000	26/1.4

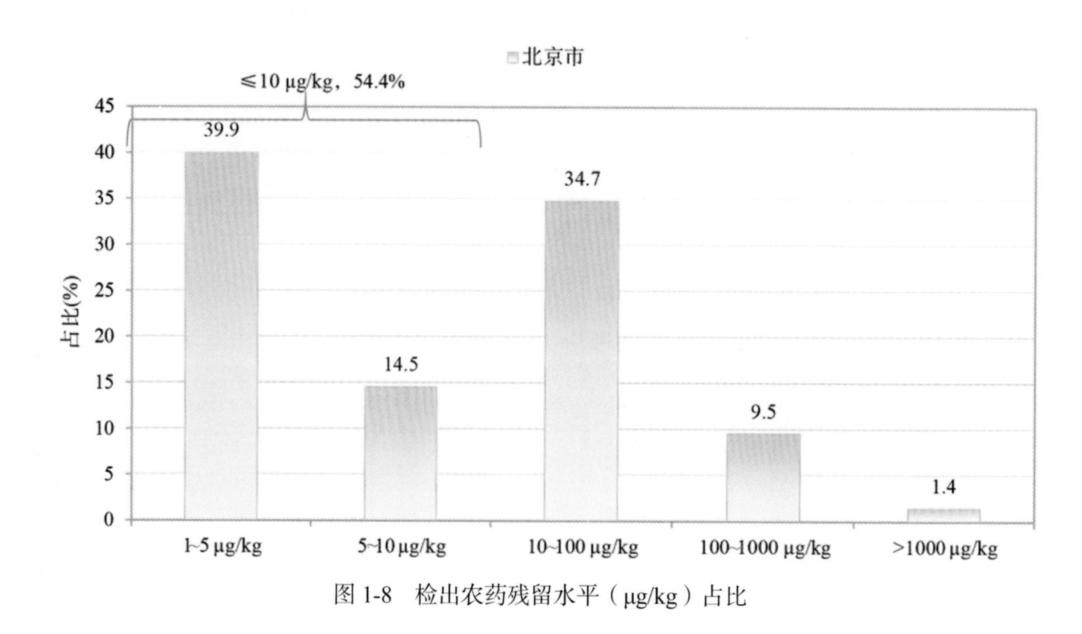

图 1-8　检出农药残留水平（μg/kg）占比

1.1.2.6　检出农药的毒性类别、检出频次和超标频次及占比

对这次检出的 81 种 1847 频次的农药，按剧毒、高毒、中毒、低毒和微毒这五个毒性类别进行分类，从中可以看出，北京市目前普遍使用的农药为中低微毒农药，品种占 86.4%，频次占 96.6%。结果见表 1-7 及图 1-9。

表 1-7　检出农药毒性类别及占比

毒性分类	农药品种/占比（%）	检出频次/占比（%）	超标频次/超标率（%）
剧毒农药	4/4.9	11/0.6	5/45.5
高毒农药	7/8.6	52/2.8	14/26.9
中毒农药	32/39.5	741/40.1	1/0.1
低毒农药	23/28.4	392/21.2	1/0.3
微毒农药	15/18.5	651/35.2	1/0.2

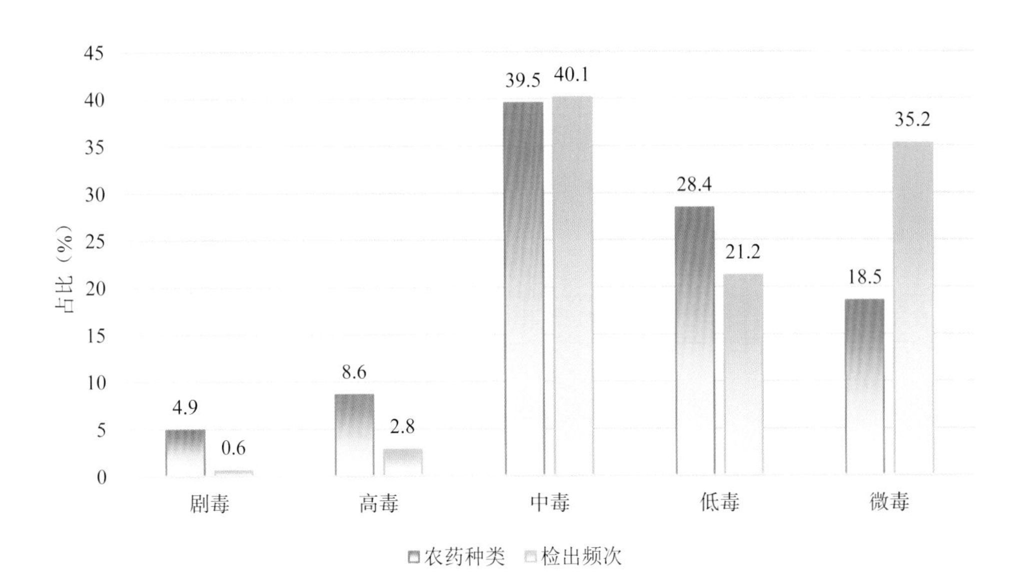

图1-9 检出农药的毒性分类和占比

1.1.2.7 检出剧毒/高毒类农药的品种和频次

值得特别关注的是，在此次侦测的893例样品中有12种蔬菜6种水果的58例样品检出了11种63频次的剧毒和高毒农药，占样品总量的6.5%，详见图1-10、表1-8及表1-9。

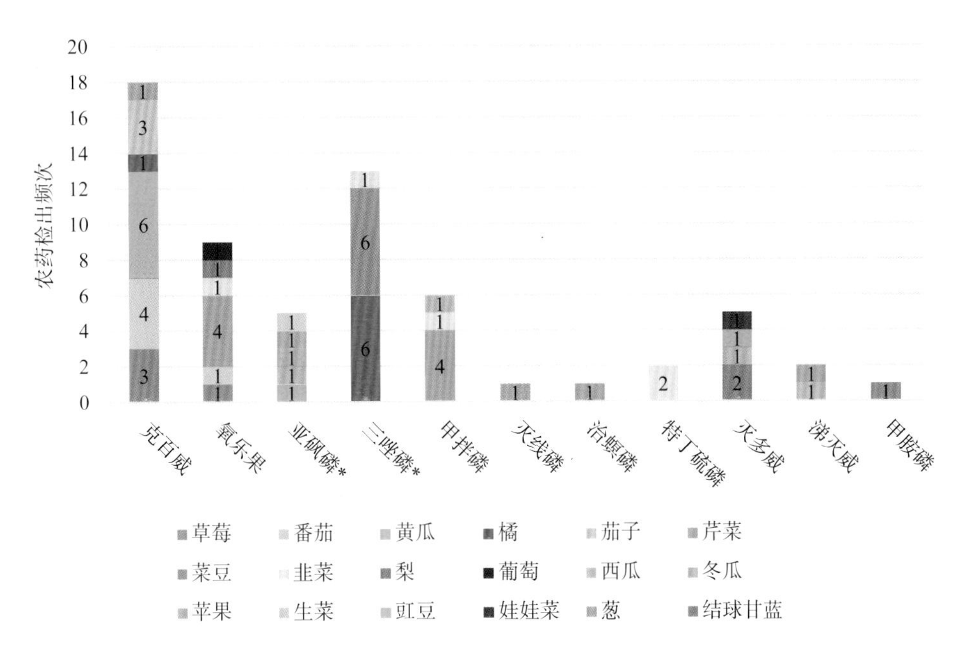

图1-10 检出剧毒/高毒农药的样品情况

*表示允许在水果和蔬菜上使用的农药

表 1-8　剧毒农药检出情况

序号	农药名称	检出频次	超标频次	超标率
从 1 种水果中检出 2 种剧毒农药，共计检出 2 次				
1	甲拌磷*	1	0	0.0%
2	涕灭威*	1	0	0.0%
	小计	2	0	超标率：0.0%
从 3 种蔬菜中检出 4 种剧毒农药，共计检出 9 次				
1	甲拌磷*	5	2	40.0%
2	特丁硫磷*	2	2	100.0%
3	灭线磷*	1	0	0.0%
4	涕灭威*	1	1	100.0%
	小计	9	5	超标率：55.6%
	合计	11	5	超标率：45.5%

表 1-9　高毒农药检出情况

序号	农药名称	检出频次	超标频次	超标率
从 6 种水果中检出 5 种高毒农药，共计检出 18 次				
1	三唑磷	6	0	0.0%
2	克百威	4	2	50.0%
3	氧乐果	3	2	66.7%
4	灭多威	3	0	0.0%
5	亚砜磷	2	0	0.0%
	小计	18	4	超标率：22.2%
从 11 种蔬菜中检出 7 种高毒农药，共计检出 34 次				
1	克百威	14	5	35.7%
2	三唑磷	7	0	0.0%
3	氧乐果	6	3	50.0%
4	亚砜磷	3	0	0.0%
5	灭多威	2	0	0.0%
6	治螟磷	1	1	100.0%
7	甲胺磷	1	1	100.0%
	小计	34	10	超标率：29.4%
	合计	52	14	超标率：26.9%

在检出的剧毒和高毒农药中，有 9 种是我国早已禁止在果树和蔬菜上使用的，分别是：灭多威、克百威、氧乐果、特丁硫磷、灭线磷、涕灭威、甲拌磷、甲胺磷和治螟磷。禁用农药的检出情况见表 1-10。

表 1-10　禁用农药检出情况

序号	农药名称	检出频次	超标频次	超标率
从 5 种水果中检出 5 种禁用农药，共计检出 12 次				
1	克百威	4	2	50.0%
2	氧乐果	3	2	66.7%
3	灭多威	3	0	0.0%
4	甲拌磷*	1	0	0.0%
5	涕灭威*	1	0	0.0%
小计		12	4	超标率：33.3%
从 9 种蔬菜中检出 9 种禁用农药，共计检出 33 次				
1	克百威	14	5	35.7%
2	氧乐果	6	3	50.0%
3	甲拌磷*	5	2	40.0%
4	灭多威	2	0	0.0%
5	特丁硫磷*	2	2	100.0%
6	灭线磷*	1	0	0.0%
7	甲胺磷	1	1	100.0%
8	治螟磷	1	1	100.0%
9	涕灭威*	1	1	100.0%
小计		33	15	超标率：45.5%
合计		45	19	超标率：42.2%

注：超标结果参考 MRL 中国国家标准计算

此次抽检的果蔬样品中，有 1 种水果 3 种蔬菜检出了剧毒农药，分别是：葱中检出涕灭威 1 次；韭菜中检出甲拌磷 1 次，检出特丁硫磷 2 次；芹菜中检出灭线磷 1 次，检出甲拌磷 4 次；西瓜中检出甲拌磷 1 次，检出涕灭威 1 次。

样品中检出剧毒和高毒农药残留水平超过 MRL 中国国家标准的频次为 19 次，其中，草莓检出克百威超标 2 次，检出氧乐果超标 1 次；葡萄检出氧乐果超标 1 次；葱检出涕灭威超标 1 次；番茄检出克百威超标 1 次；黄瓜检出克百威超标 2 次；结球甘蓝检出甲胺磷超标 1 次；韭菜检出特丁硫磷超标 2 次，检出氧乐果超标 1 次；茄子检出克百威超标 2 次；芹菜检出甲拌磷超标 2 次，检出氧乐果超标 2 次，检出治螟磷超标 1 次。本次检出结果表明，高毒、剧毒农药的使用现象依旧存在，详见表 1-11。

表 1-11　各样本中检出剧毒/高毒农药情况

样品名称	农药名称	检出频次	超标频次	检出浓度（μg/kg）
		水果 6 种		
草莓	克百威▲	3	2	14.7， 26.6[a]， 21.1[a]
草莓	氧乐果▲	1	1	184.7[a]
梨	灭多威▲	2	0	4.4， 5.1
梨	氧乐果▲	1	0	1.4
苹果	亚砜磷	1	0	9.2
葡萄	氧乐果▲	1	1	29.9[a]
西瓜	甲拌磷*▲	1	0	1.4
西瓜	涕灭威*▲	1	0	12.5
西瓜	灭多威▲	1	0	46.5
西瓜	亚砜磷	1	0	4.2
橘	三唑磷	6	0	47.2， 47.3， 24.3， 70.8， 24.1， 47.9
橘	克百威▲	1	0	7.3
小计		20	4	超标率：20.0%
		蔬菜 12 种		
菜豆	三唑磷	6	0	90.7， 2.2， 11.7， 3.3， 12.3， 10.2
葱	涕灭威*▲	1	1	50.0[a]
冬瓜	亚砜磷	1	0	6.6
番茄	克百威▲	4	1	82.4[a]， 9.6， 11.8， 2.0
番茄	氧乐果▲	1	0	2.5
黄瓜	克百威▲	6	2	48.7[a]， 1.6， 133.1[a]， 16.7， 10.3， 1.4
黄瓜	亚砜磷	1	0	4.5
结球甘蓝	甲胺磷▲	1	1	102.2[a]
韭菜	特丁硫磷*▲	2	2	18.7[a]， 12.1[a]
韭菜	甲拌磷*▲	1	0	9.2
韭菜	氧乐果▲	1	1	14613.9[a]
韭菜	三唑磷	1	0	30.3
茄子	克百威▲	3	2	14.9， 25.3[a]， 20.5[a]
芹菜	甲拌磷*▲	4	2	110.3[a], 2.3， 5.1， 100.1[a]
芹菜	灭线磷*▲	1	0	16.6
芹菜	氧乐果▲	4	2	130.3[a]， 65.1[a]， 1.7， 2.0
芹菜	治螟磷▲	1	1	19.1[a]
芹菜	克百威▲	1	0	10.1
生菜	亚砜磷	1	0	4.6
娃娃菜	灭多威▲	1	0	7.8
豇豆	灭多威▲	1	0	4.0
小计		43	15	超标率：34.9%
合计		63	19	超标率：30.2%

1.2 农药残留检出水平与最大残留限量标准对比分析

我国于 2014 年 3 月 20 日正式颁布并于 2014 年 8 月 1 日正式实施食品农药残留限量国家标准《食品中农药最大残留限量》(GB 2763—2014)。该标准包括 371 个农药条目，涉及最大残留限量（MRL）标准 3653 项。将 1847 频次检出农药的浓度水平与 3653 项 MRL 国家标准进行核对，其中只有 1045 频次的农药找到了对应的 MRL 标准，占 56.6%，还有 802 频次的侦测数据则无相关 MRL 标准供参考，占 43.4%。

将此次侦测结果与国际上现行 MRL 标准对比发现，在 1847 频次的检出结果中有 1847 频次的结果找到了对应的 MRL 欧盟标准，占 100.0%；其中，1769 频次的结果有明确对应的 MRL 标准，占 95.8%，其余 78 频次按照欧盟一律标准判定，占 4.2%；有 1847 频次的结果找到了对应的 MRL 日本标准，占 100.0%；其中，1532 频次的结果有明确对应的 MRL 标准，占 82.9%，其余 315 频次按照日本一律标准判定，占 17.1%；有 1230 频次的结果找到了对应的 MRL 中国香港标准，占 66.6%；有 971 频次的结果找到了对应的 MRL 美国标准，占 52.6%；有 1036 频次的结果找到了对应的 MRL CAC 标准，占 56.1%（见图 1-11 和图 1-12，数据见附表 3 至附表 8）。

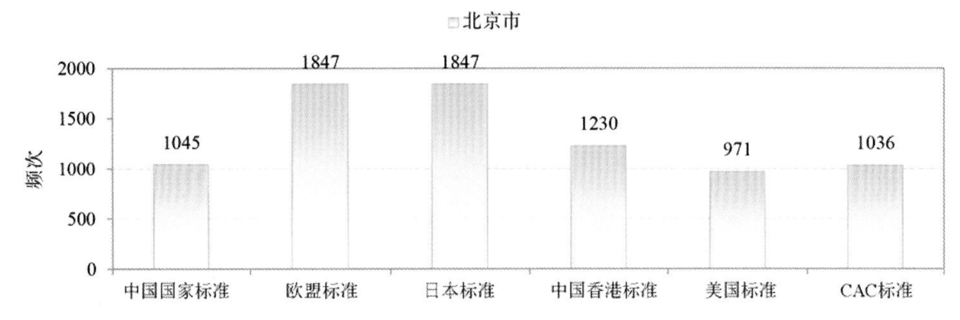

图 1-11 1847 频次检出农药可用 MRL 中国国家标准、欧盟标准、日本标准、中国香港标准、美国标准、CAC 标准判定衡量的数量

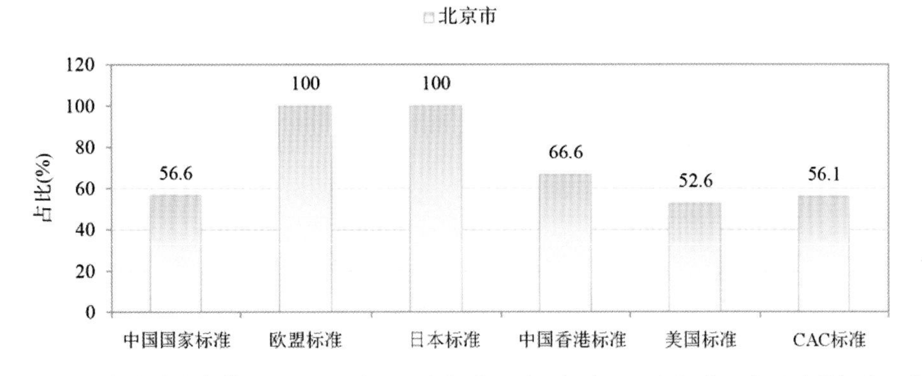

图 1-12 1847 频次检出农药可用 MRL 中国国家标准、欧盟标准、日本标准、中国香港标准、美国标准、CAC 标准衡量的占比

1.2.1　超标农药样品分析

本次侦测的 893 例样品中，243 例样品未检出任何残留农药，占样品总量的 27.2%，650 例样品检出不同水平、不同种类的残留农药，占样品总量的 72.8%。在此，我们将本次侦测的农残检出情况与 MRL 中国国家标准、欧盟标准、日本标准、中国香港标准、美国标准和 CAC 标准这 6 大国际主流标准进行对比分析，样品农残检出与超标情况见图 1-13、表 1-12 和图 1-14，详细数据见附表 9 至附表 14。

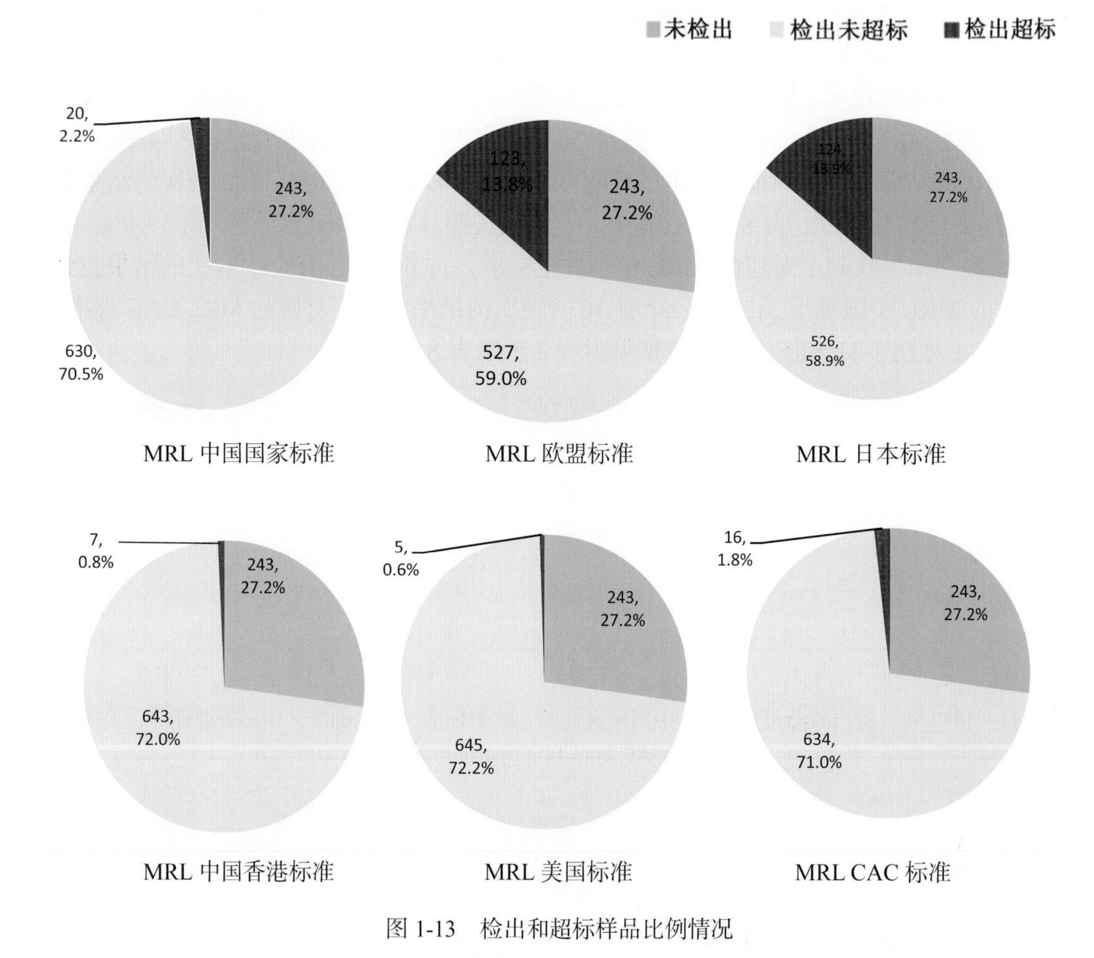

图 1-13　检出和超标样品比例情况

表 1-12　各 MRL 标准下样本农残检出与超标数量及占比

	中国国家标准 数量/占比（%）	欧盟标准 数量/占比（%）	日本标准 数量/占比（%）	中国香港标准 数量/占比（%）	美国标准 数量/占比（%）	CAC 标准 数量/占比（%）
未检出	243/27.2	243/27.2	243/27.2	243/27.2	243/27.2	243/27.2
检出未超标	630/70.5	527/59.0	526/58.9	643/72.0	645/72.2	634/71.0
检出超标	20/2.2	123/13.8	124/13.9	7/0.8	5/0.6	16/1.8

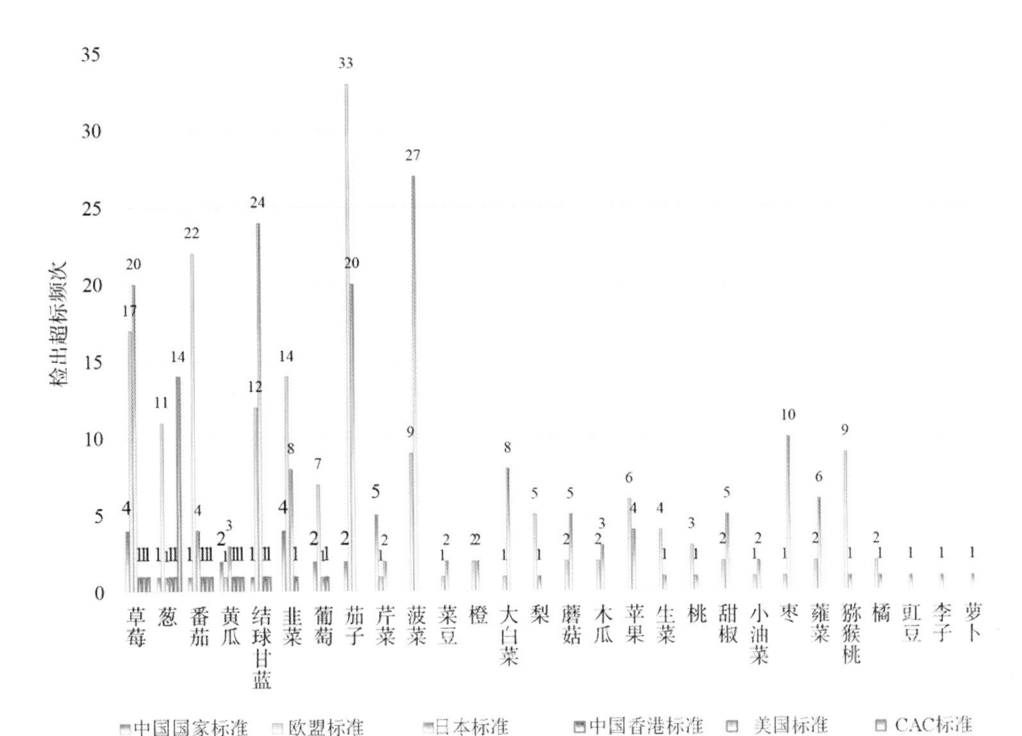

图 1-14　超过 MRL 中国国家标准、欧盟标准、日本标准、中国香港标准、美国标准、CAC 标准结果在水果蔬菜中的分布

1.2.2　超标农药种类分析

按照 MRL 中国国家标准、欧盟标准、日本标准、中国香港标准、美国标准和 CAC 标准这 6 大国际主流标准衡量，本次侦测检出的农药超标品种及频次情况见表 1-13。

表 1-13　各 MRL 标准下超标农药品种及频次

	中国国家标准	欧盟标准	日本标准	中国香港标准	美国标准	CAC 标准
超标农药品种	10	41	42	7	4	5
超标农药频次	22	170	165	7	5	17

1.2.2.1　按 MRL 中国国家标准衡量

按 MRL 中国国家标准衡量，共有 10 种农药超标，检出 22 频次，分别为剧毒农药特丁硫磷、甲拌磷和涕灭威，高毒农药甲胺磷、氧乐果、治螟磷和克百威，中毒农药戊唑醇，低毒农药烯酰吗啉，微毒农药多菌灵。

按超标程度比较，韭菜中氧乐果超标 729.7 倍，芹菜中甲拌磷超标 10.0 倍，草莓中氧乐果超标 8.2 倍，草莓中烯酰吗啉超标 6.7 倍，黄瓜中克百威超标 5.7 倍。检测结果见图 1-15 和附表 15。

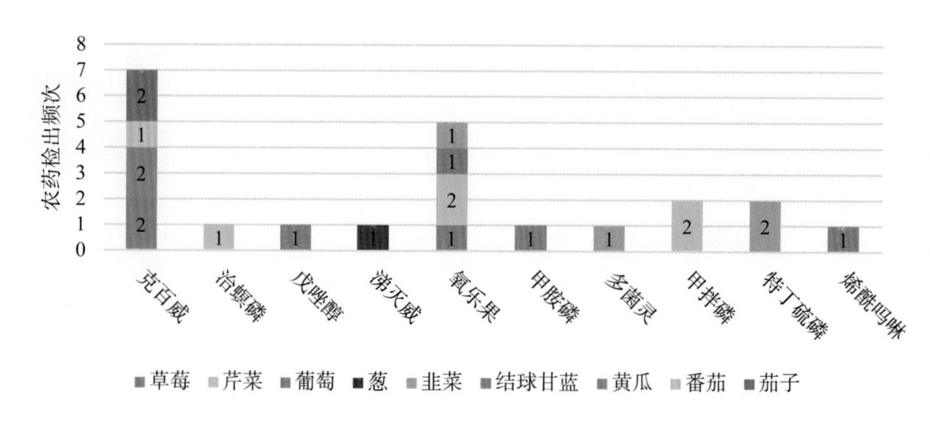

图 1-15　超过 MRL 中国国家标准农药品种及频次

1.2.2.2　按 MRL 欧盟标准衡量

按 MRL 欧盟标准衡量，共有 41 种农药超标，检出 170 频次，分别为剧毒农药特丁硫磷和甲拌磷，高毒农药甲胺磷、三唑磷、氧乐果、治螟磷和克百威，中毒农药甲霜灵、氟硅唑、稻瘟灵、吡虫啉、噁霜灵、三唑醇、异丙威、啶虫脒、乐果、甲哌、鱼藤酮、烯唑醇、咪鲜胺、三唑酮、多效唑、丙溴磷、噻虫嗪和戊唑醇，低毒农药双苯基脲、莠去通、6-苄氨基嘌呤、炔螨特、烯啶虫胺、嘧霉胺、福美双、烯酰吗啉和己唑醇，微毒农药多菌灵、霜霉威、吡唑醚菌酯、甲基硫菌灵、乙霉威、乙嘧酚和醚菌酯。

按超标程度比较，韭菜中氧乐果超标 1460.4 倍，芹菜中嘧霉胺超标 205.9 倍，黄瓜中克百威超标 65.5 倍，韭菜中多菌灵超标 61.9 倍，黄瓜中噁霜灵超标 49.7 倍。检测结果见图 1-16 和附表 16。

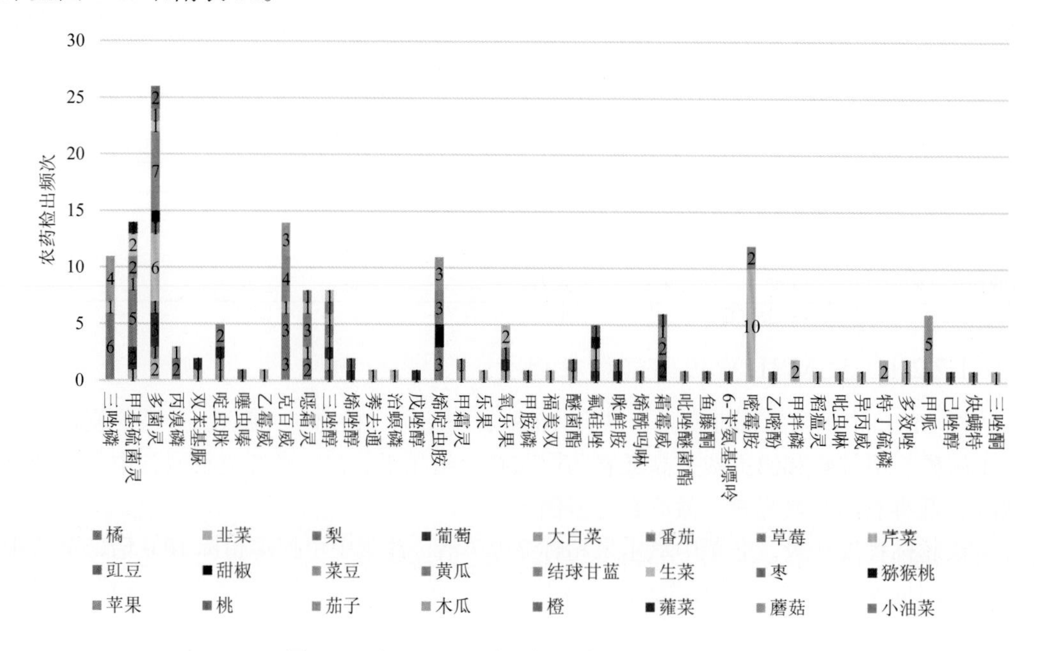

图 1-16　超过 MRL 欧盟标准农药品种及频次

1.2.2.3 按 MRL 日本标准衡量

按 MRL 日本标准衡量，共有 42 种农药超标，检出 165 频次，分别为剧毒农药特丁硫磷、灭线磷和涕灭威，高毒农药三唑磷、氧乐果和治螟磷，中毒农药甲霜灵、吡虫啉、稻瘟灵、氟硅唑、异丙威、甲哌、啶虫脒、毒死蜱、苯醚甲环唑、鱼藤酮、咪鲜胺、烯唑醇、三唑酮、多效唑、哒螨灵、丙环唑、噻虫嗪、丙溴磷、粉唑醇和戊唑醇，低毒农药双苯基脲、灭蝇胺、莠去通、6-苄氨基嘌呤、嘧霉胺、福美双、乙嘧酚磺酸酯、烯酰吗啉和己唑醇，微毒农药霜霉威、吡唑醚菌酯、多菌灵、甲基硫菌灵、乙嘧酚、嘧菌酯和醚菌酯。

按超标程度比较，韭菜中嘧霉胺超标 475.5 倍，草莓中甲基硫菌灵超标 373.9 倍，生菜中甲基硫菌灵超标 243.6 倍，芹菜中嘧霉胺超标 205.9 倍，猕猴桃中甲基硫菌灵超标 130.8 倍。检测结果见图 1-17 和附表 17。

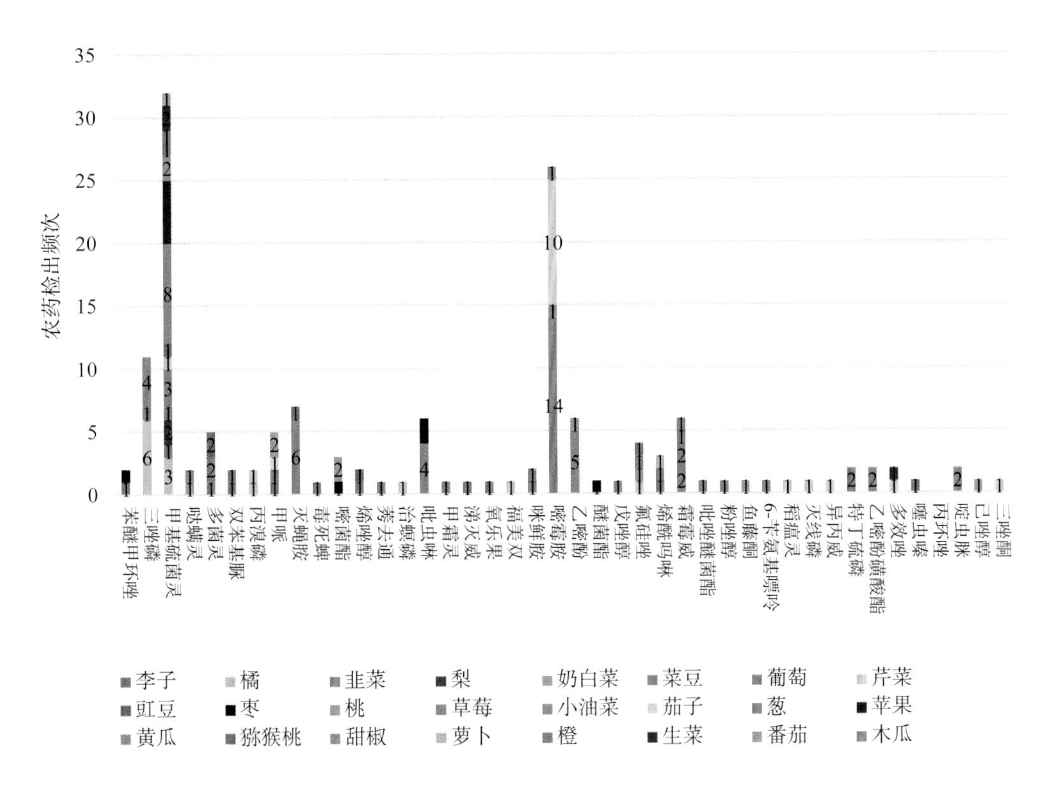

图 1-17 超过 MRL 日本标准农药品种及频次

1.2.2.4 按 MRL 中国香港标准衡量

按 MRL 中国香港标准衡量，共有 7 种农药超标，检出 7 频次，分别为高毒农药甲胺磷，中毒农药啶虫脒、噻虫嗪、丙溴磷和戊唑醇，低毒农药烯酰吗啉，微毒农药多菌灵。

按超标程度比较，草莓中烯酰吗啉超标 6.7 倍，豇豆中噻虫嗪超标 4.5 倍，韭菜中多菌灵超标 2.1 倍，结球甘蓝中甲胺磷超标 1.0 倍，橘中丙溴磷超标 30%。检测结果见图 1-18 和附表 18。

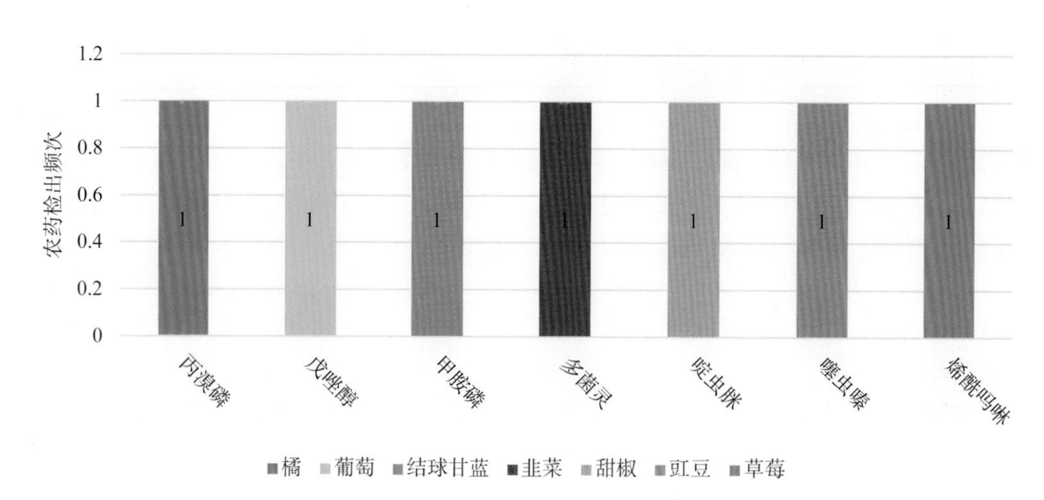

图 1-18　超过 MRL 中国香港标准农药品种及频次

1.2.2.5　按 MRL 美国标准衡量

按 MRL 美国标准衡量，共有 4 种农药超标，检出 5 频次，分别为中毒农药啶虫脒、噻虫嗪和戊唑醇，低毒农药嘧霉胺。

按超标程度比较，豇豆中噻虫嗪超标 1.7 倍，韭菜中嘧霉胺超标 60%，苹果中戊唑醇超标 20%，甜椒中啶虫脒超标 20%，梨中戊唑醇超标 10%。检测结果见图 1-19 和附表 19。

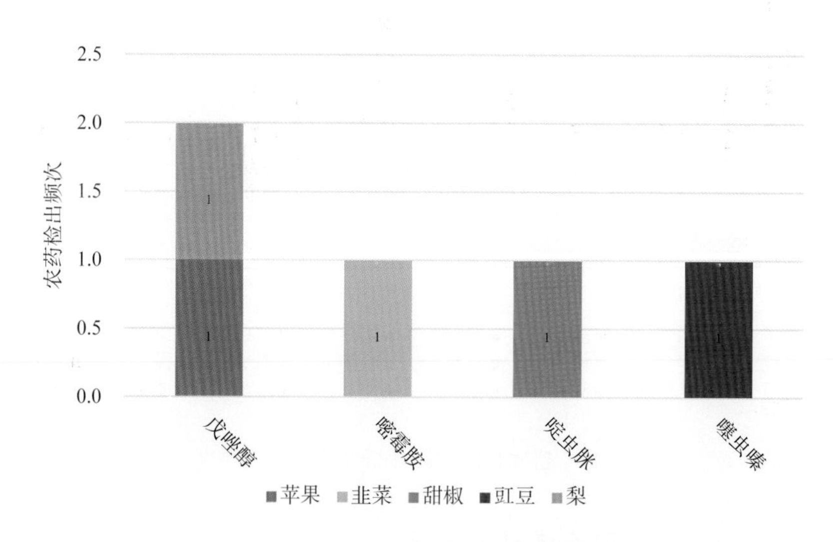

图 1-19　超过 MRL 美国标准农药品种及频次

1.2.2.6　按 MRL CAC 标准衡量

按 MRL CAC 标准衡量，共有 5 种农药超标，检出 17 频次，分别为中毒农药啶虫脒、甲氨基阿维菌素和噻虫嗪，低毒农药烯酰吗啉，微毒农药多菌灵。

按超标程度比较，草莓中烯酰吗啉超标 6.7 倍，黄瓜中多菌灵超标 6.1 倍，豇豆中噻虫嗪超标 4.5 倍，黄瓜中甲氨基阿维菌素超标 20%，甜椒中啶虫脒超标 20%。检测结果见图 1-20 和附表 20。

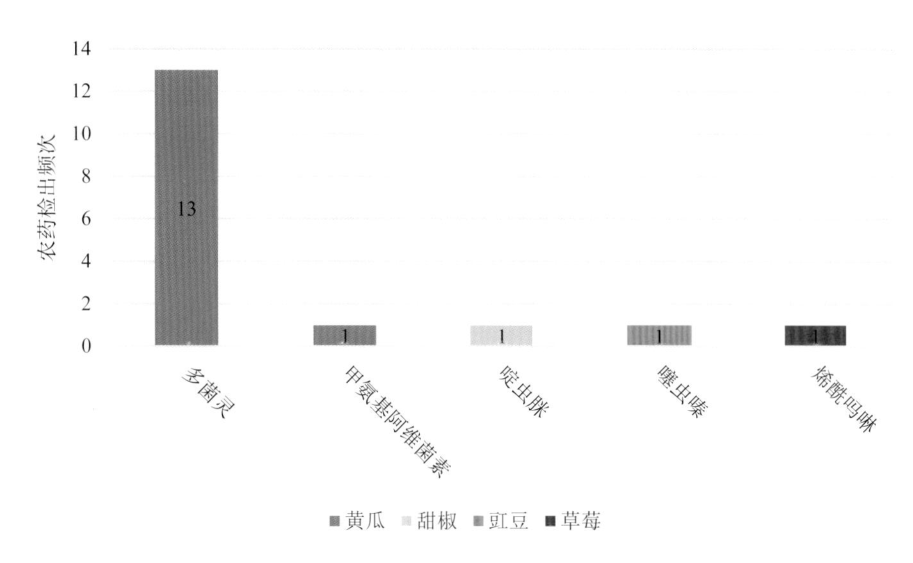

图 1-20　超过 MRL CAC 标准农药品种及频次

1.2.3　57 个采样点超标情况分析

1.2.3.1　按 MRL 中国国家标准衡量

按 MRL 中国国家标准衡量，有 18 个采样点的样品存在不同程度的超标农药检出，其中***超市（石景山区店）的超标率最高，为 20.0%，如表 1-14 和图 1-21 所示。

表 1-14　超过 MRL 中国国家标准水果蔬菜在不同采样点分布

	采样点	样品总数	超标数量	超标率（%）	行政区域
1	***超市（青年路店）	29	1	3.4	朝阳区
2	***超市（九棵树店）	28	1	3.6	通州区
3	***超市（慈云寺店）	28	1	3.6	朝阳区
4	***超市（增光路店）	25	1	4.0	海淀区
5	***超市（东城区店）	25	1	4.0	东城区
6	***超市（延庆店）	21	1	4.8	延庆县
7	***超市（五棵松店）	16	1	6.2	海淀区
8	***批发市场	13	1	7.7	平谷区

续表

	采样点	样品总数	超标数量	超标率（%）	行政区域
9	***超市（青年路店）	11	1	9.1	朝阳区
10	***批发市场（昌平区）	11	2	18.2	昌平区
11	***超市（西城区店）	10	1	10.0	西城区
12	***批发市场	10	1	10.0	通州区
13	***超市（官庄店）	10	1	10.0	通州区
14	***超市（石景山区店）	10	1	10.0	石景山区
15	***超市（石景山区店）	10	2	20.0	石景山区
16	***超市（朝阳北路店）	10	1	10.0	朝阳区
17	***超市（姚家园店）	10	1	10.0	朝阳区
18	***批发市场	10	1	10.0	朝阳区

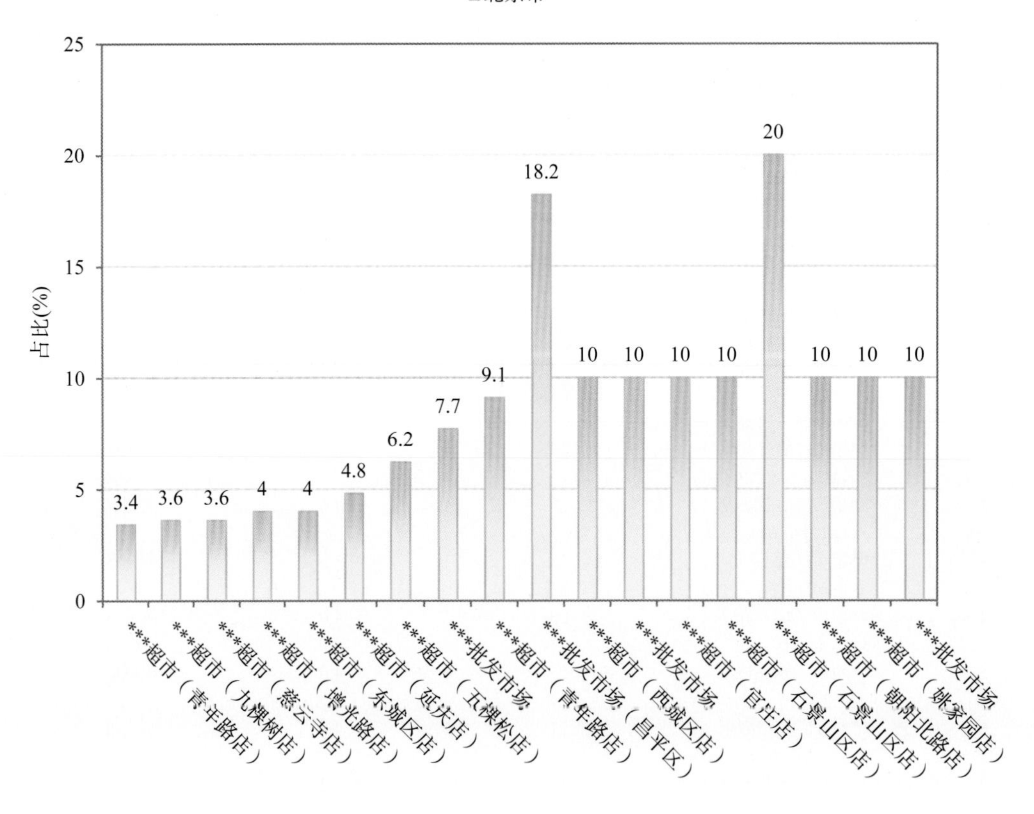

图 1-21 超过 MRL 中国国家标准水果蔬菜在不同采样点分布

1.2.3.2　按 MRL 欧盟标准衡量

按 MRL 欧盟标准衡量，有 50 个采样点的样品存在不同程度的超标农药检出，其中***超市（西城区店）的超标率最高，为 40.0%，如表 1-15 和图 1-22 所示。

表 1-15　超过 MRL 欧盟标准水果蔬菜在不同采样点分布

	采样点	样品总数	超标数量	超标率（%）	行政区域
1	***超市（怀柔区店）	36	5	13.9	怀柔区
2	***超市（密云县店）	34	3	8.8	密云县
3	***超市（青年路店）	29	2	6.9	朝阳区
4	***超市（九棵树店）	28	5	17.9	通州区
5	***超市（慈云寺店）	28	6	21.4	朝阳区
6	***超市（大望路店）	27	5	18.5	朝阳区
7	***超市（三里河店）	26	1	3.8	西城区
8	***超市（增光路店）	25	3	12.0	海淀区
9	***超市（东城区店）	25	6	24.0	东城区
10	***超市（东城区店）	25	3	12.0	东城区
11	***超市（平谷店）	21	1	4.8	平谷区
12	***超市（延庆店）	21	2	9.5	延庆县
13	***超市（顺义店）	20	6	30.0	顺义区
14	***超市（十里堡店）	20	3	15.0	朝阳区
15	***超市（妫水北街店）	20	2	10.0	延庆县
16	***超市（新桥店）	17	2	11.8	门头沟区
17	***超市（泰河园店）	17	3	17.6	大兴区
18	***超市（九棵树店）	17	1	5.9	通州区
19	***超市（门头沟区店）	16	3	18.8	门头沟区
20	***批发市场（顺义区）	16	3	18.8	顺义区
21	***超市（良乡店）	16	2	12.5	房山区
22	***超市（苹果园店）	16	2	12.5	石景山区
23	***超市（朝阳路店）	16	3	18.8	朝阳区

续表

	采样点	样品总数	超标数量	超标率（%）	行政区域
24	***超市（白石桥店）	16	2	12.5	海淀区
25	***超市（五棵松店）	16	2	12.5	海淀区
26	***超市（亦庄店）	15	2	13.3	大兴区
27	***超市（阜成门店）	14	1	7.1	西城区
28	***批发市场	13	2	15.4	平谷区
29	***超市（青年路店）	11	2	18.2	朝阳区
30	***批发市场	11	2	18.2	丰台区
31	***超市（通州区店）	11	1	9.1	通州区
32	***批发市场（昌平区）	11	3	27.3	昌平区
33	***超市（西城区店）	10	4	40.0	西城区
34	***批发市场	10	2	20.0	通州区
35	***超市（官庄店）	10	2	20.0	通州区
36	***超市（石景山区店）	10	1	10.0	石景山区
37	***超市（石景山区店）	10	3	30.0	石景山区
38	***超市	10	2	20.0	大兴区
39	***超市（大兴区店）	10	1	10.0	大兴区
40	***超市（朝阳区）	10	1	10.0	朝阳区
41	***超市（朝阳北路店）	10	2	20.0	朝阳区
42	***超市（慈云寺店）	10	2	20.0	朝阳区
43	***批发市场（朝阳区）	10	1	10.0	朝阳区
44	***超市（朝阳区）	10	1	10.0	朝阳区
45	***批发市场（昌平区）	10	2	20.0	昌平区
46	***批发市场	10	1	10.0	石景山区
47	***批发市场	10	3	30.0	丰台区
48	***超市（大成东店）	10	1	10.0	朝阳区
49	***超市（姚家园店）	10	2	20.0	朝阳区
50	***批发市场	10	3	30.0	朝阳区

图 1-22 超过 MRL 欧盟标准水果蔬菜在不同采样点分布

1.2.3.3 按 MRL 日本标准衡量

按 MRL 日本标准衡量，有 53 个采样点的样品存在不同程度的超标农药检出，其中***批发市场的超标率最高，为 30.8%，如表 1-16 和图 1-23 所示。

表 1-16 超过 MRL 日本标准水果蔬菜在不同采样点分布

	采样点	样品总数	超标数量	超标率（%）	行政区域
1	***超市（怀柔区店）	36	3	8.3	怀柔区
2	***超市（密云县店）	34	4	11.8	密云县
3	***超市（青年路店）	29	2	6.9	朝阳区
4	***超市（九棵树店）	28	5	17.9	通州区
5	***超市（慈云寺店）	28	3	10.7	朝阳区
6	***超市（大望路店）	27	5	18.5	朝阳区
7	***超市（三里河店）	26	4	15.4	西城区
8	***超市（增光路店）	25	3	12.0	海淀区
9	***超市（东城区店）	25	3	12.0	东城区
10	***超市（东城区店）	25	5	20.0	东城区
11	***超市（平谷店）	21	3	14.3	平谷区
12	***超市（延庆店）	21	2	9.5	延庆县
13	***超市（顺义店）	20	5	25.0	顺义区
14	***超市（十里堡店）	20	3	15.0	朝阳区
15	***超市（妫水北街店）	20	2	10.0	延庆县
16	***超市（新桥店）	17	2	11.8	门头沟区
17	***超市（泰河园店）	17	3	17.6	大兴区
18	***超市（西黄村二店）	17	2	11.8	石景山区
19	***超市（九棵树店）	17	1	5.9	通州区
20	***超市（门头沟区店）	16	3	18.8	门头沟区
21	***批发市场（顺义区）	16	2	12.5	顺义区
22	***超市（良乡店）	16	2	12.5	房山区
23	***超市（苹果园店）	16	1	6.2	石景山区
24	***超市（朝阳路店）	16	3	18.8	朝阳区
25	***超市（白石桥店）	16	1	6.2	海淀区

续表

	采样点	样品总数	超标数量	超标率（%）	行政区域
26	***超市（五棵松店）	16	1	6.2	海淀区
27	***超市（亦庄店）	15	2	13.3	大兴区
28	***超市（阜成门店）	14	2	14.3	西城区
29	***超市（房山区店）	14	1	7.1	房山区
30	***农产品市场	14	1	7.1	朝阳区
31	***批发市场	13	4	30.8	平谷区
32	***超市（青年路店）	11	2	18.2	朝阳区
33	***批发市场	11	3	27.3	丰台区
34	***超市（通州区店）	11	3	27.3	通州区
35	***批发市场（昌平区）	11	3	27.3	昌平区
36	***批发市场	11	1	9.1	延庆县
37	***超市（西城区店）	10	3	30.0	西城区
38	***批发市场	10	1	10.0	通州区
39	***超市（官庄店）	10	1	10.0	通州区
40	***超市（石景山区店）	10	2	20.0	石景山区
41	***超市（石景山区店）	10	2	20.0	石景山区
42	***超市	10	3	30.0	大兴区
43	***超市（大兴区店）	10	1	10.0	大兴区
44	***超市（大兴区）	10	1	10.0	大兴区
45	***超市（朝阳区）	10	1	10.0	朝阳区
46	***超市（朝阳北路店）	10	2	20.0	朝阳区
47	***超市（慈云寺店）	10	2	20.0	朝阳区
48	***批发市场（朝阳区）	10	1	10.0	朝阳区
49	***超市（朝阳区）	10	3	30.0	朝阳区
50	***批发市场	10	2	20.0	石景山区
51	***批发市场	10	1	10.0	丰台区
52	***超市（姚家园店）	10	2	20.0	朝阳区
53	***批发市场	10	1	10.0	朝阳区

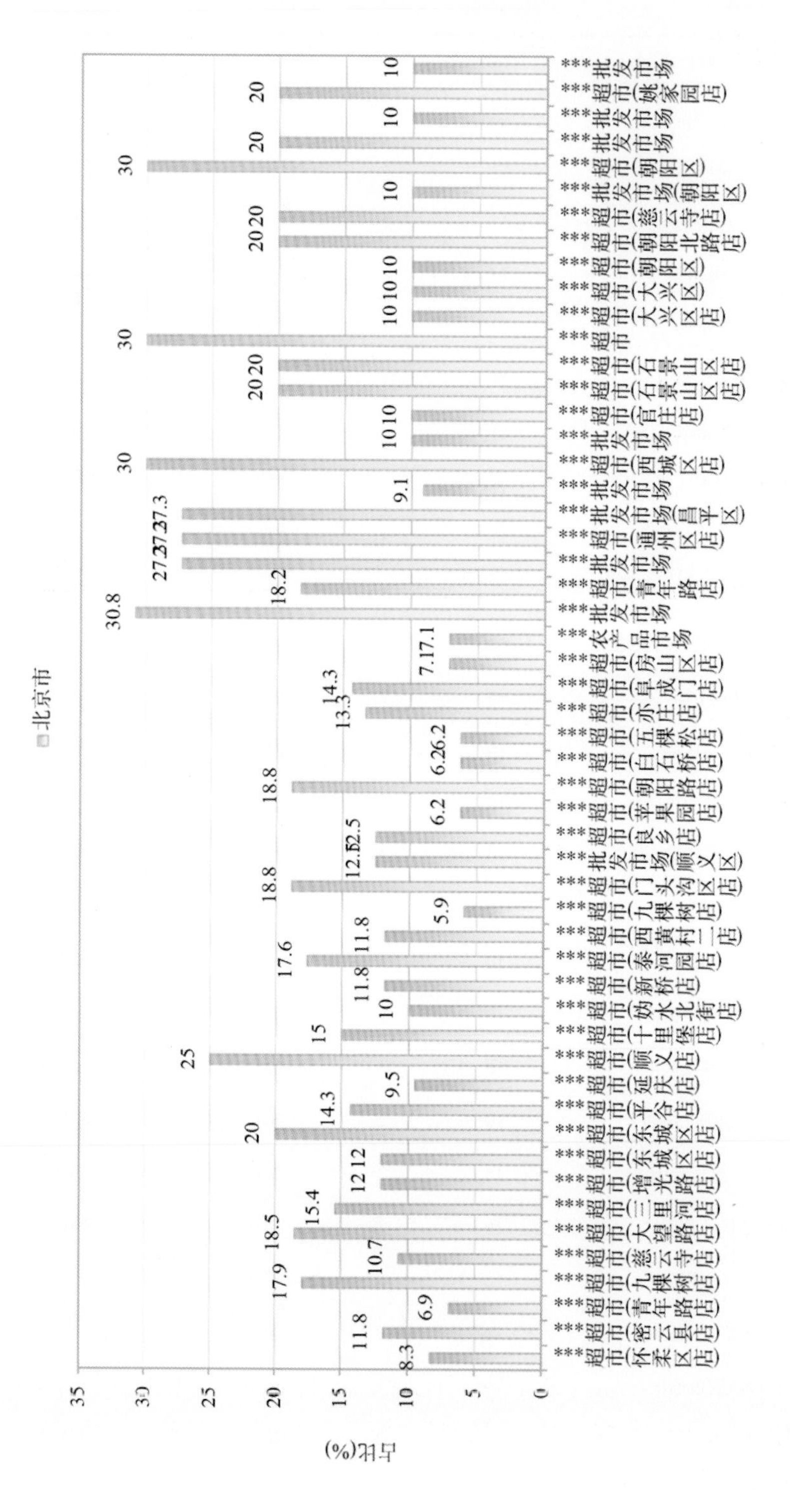

图 1-23　超过 MRL 日本标准水果蔬菜在不同采样点分布

1.2.3.4 按MRL中国香港标准衡量

按MRL中国香港标准衡量，有7个采样点的样品存在不同程度的超标农药检出，其中***批发市场、***超市(石景山区店)、***超市和***超市(朝阳区)的超标率最高，为10.0%，如表1-17和图1-24所示。

表1-17 超过MRL中国香港标准水果蔬菜在不同采样点分布

	采样点	样品总数	超标数量	超标率(%)	行政区域
1	***超市(增光路店)	25	1	4.0	海淀区
2	***超市(延庆店)	21	1	4.8	延庆县
3	***超市(青年路店)	11	1	9.1	朝阳区
4	***批发市场	10	1	10.0	通州区
5	***超市(石景山区店)	10	1	10.0	石景山区
6	***超市	10	1	10.0	大兴区
7	***超市(朝阳区)	10	1	10.0	朝阳区

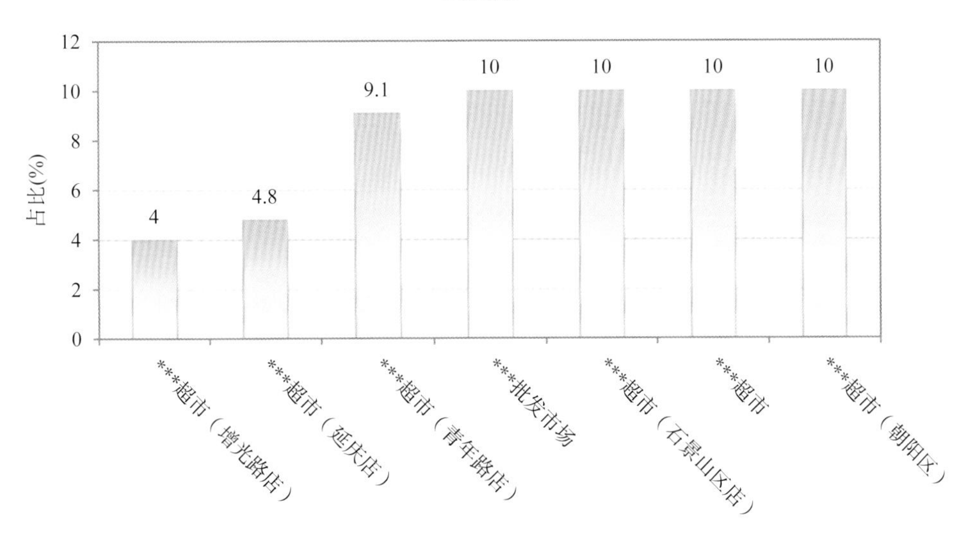

图1-24 超过MRL中国香港标准水果蔬菜在不同采样点分布

1.2.3.5 按MRL美国标准衡量

按MRL美国标准衡量，有5个采样点的样品存在不同程度的超标农药检出，其中***超市(朝阳北路店)、***批发市场(朝阳区)和***超市(朝阳区)的超标率最高，为10.0%，如表1-18和图1-25所示。

表 1-18 超过 MRL 美国标准水果蔬菜在不同采样点分布

	采样点	样品总数	超标数量	超标率（%）	行政区域
1	***超市（延庆店）	21	1	4.8	延庆县
2	***超市（十里堡店）	20	1	5.0	朝阳区
3	***超市（朝阳北路店）	10	1	10.0	朝阳区
4	***批发市场（朝阳区）	10	1	10.0	朝阳区
5	***超市（朝阳区）	10	1	10.0	朝阳区

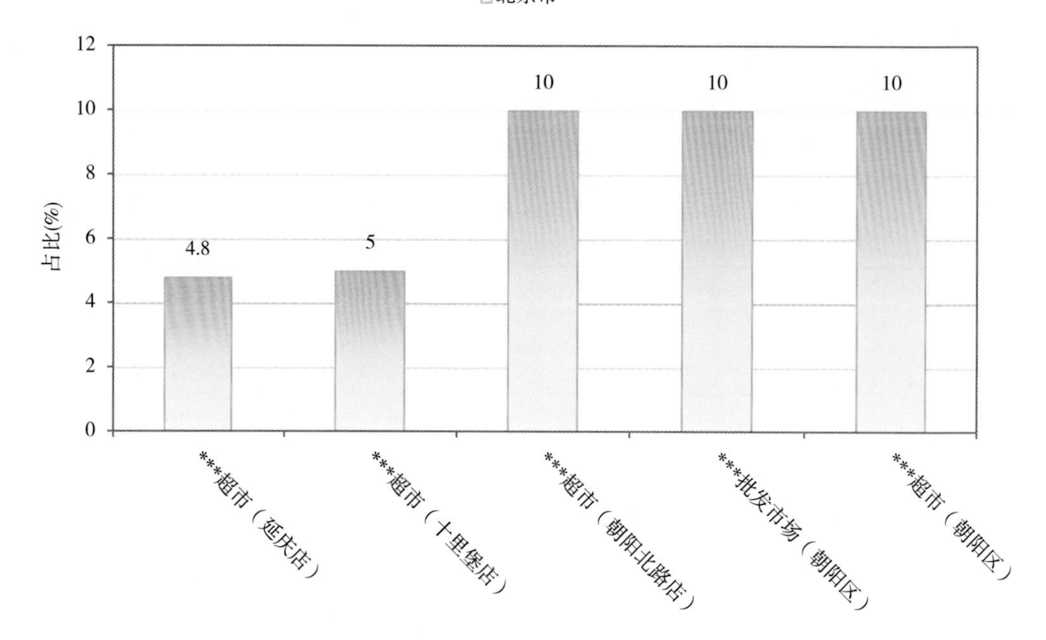

图 1-25 超过 MRL 美国标准水果蔬菜在不同采样点分布

1.2.3.6 按 MRL CAC 标准衡量

按 MRL CAC 标准衡量，有 15 个采样点的样品存在不同程度的超标农药检出，其中***超市（西城区店）、***超市（石景山区店）和***超市（朝阳区）的超标率最高，为 10.0%，如表 1-19 和图 1-26 所示。

表 1-19 超过 MRL CAC 标准水果蔬菜在不同采样点分布

	采样点	样品总数	超标数量	超标率（%）	行政区域
1	***超市（怀柔区店）	36	1	2.8	怀柔区
2	***超市（青年路店）	29	1	3.4	朝阳区
3	***超市（九棵树店）	28	1	3.6	通州区
4	***超市（三里河店）	26	2	7.7	西城区

续表

	采样点	样品总数	超标数量	超标率（%）	行政区域
5	***超市（东城区店）	25	1	4.0	东城区
6	***超市（延庆店）	21	1	4.8	延庆县
7	***超市（十里堡店）	20	1	5.0	朝阳区
8	***超市（门头沟区店）	16	1	6.2	门头沟区
9	***超市（良乡店）	16	1	6.2	房山区
10	***超市（苹果园店）	16	1	6.2	石景山区
11	***超市（房山区店）	14	1	7.1	房山区
12	***批发市场	13	1	7.7	平谷区
13	***超市（西城区店）	10	1	10.0	西城区
14	***超市（石景山区店）	10	1	10.0	石景山区
15	***超市（朝阳区）	10	1	10.0	朝阳区

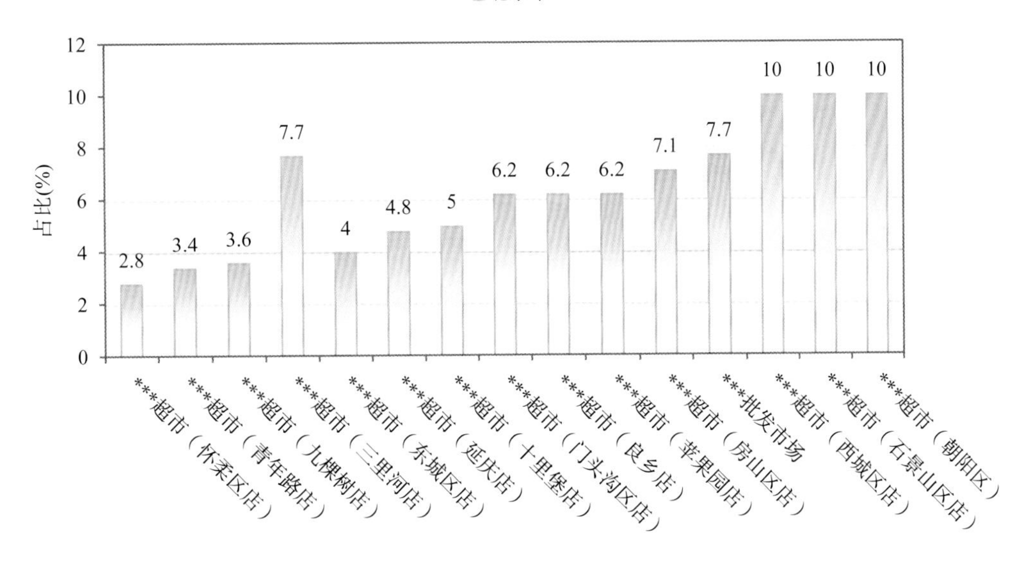

图 1-26　超过 MRL CAC 标准水果蔬菜在不同采样点分布

1.3　水果中农药残留分布

1.3.1　检出农药品种和频次排前 10 的水果

本次残留侦测的水果共 14 种，包括草莓、橙、哈密瓜、橘、梨、李子、猕猴桃、木瓜、柠檬、苹果、葡萄、桃、西瓜和枣。

根据检出农药品种及频次进行排名，将各项排名前 10 位的水果样品检出情况列表说明，详见表 1-20。

表 1-20 检出农药品种和频次排名前 10 的水果

检出农药品种排名前 10（品种）	①草莓（32），②葡萄（27），③橘（19），④梨（18），⑤苹果（18），⑥桃（16），⑦西瓜（14），⑧枣（8），⑨橙（8），⑩猕猴桃（5）
检出农药频次排名前 10（频次）	①葡萄（121），②苹果（113），③草莓（108），④梨（83），⑤橘（76），⑥桃（31），⑦橙（25），⑧西瓜（24），⑨枣（11），⑩猕猴桃（9）
检出禁用、高毒及剧毒农药品种排名前 10（品种）	①西瓜（4），②草莓（2），③橘（2），④梨（2），⑤苹果（1），⑥葡萄（1）
检出禁用、高毒及剧毒农药频次排名前 10（频次）	①橘（7），②草莓（4），③西瓜（4），④梨（3），⑤葡萄（1），⑥苹果（1）

1.3.2 超标农药品种和频次排前 10 的水果

鉴于 MRL 欧盟标准和日本标准的制定比较全面且覆盖率较高，我们参照 MRL 中国国家标准、欧盟标准和日本标准衡量水果样品中农残检出情况，将超标农药品种及频次排名前 10 的水果列表说明，详见表 1-21。

表 1-21 超标农药品种和频次排名前 10 的水果

超标农药品种排名前 10（农药品种数）	MRL 中国国家标准	①草莓（3），②葡萄（2）
	MRL 欧盟标准	①草莓（10），②葡萄（10），③桃（3），④橘（3），⑤猕猴桃（2），⑥苹果（2），⑦木瓜（2），⑧橙（1），⑨枣（1），⑩梨（1）
	MRL 日本标准	①草莓（8），②葡萄（5），③枣（4），④桃（3），⑤橘（3），⑥橙（2），⑦猕猴桃（2），⑧木瓜（1），⑨苹果（1），⑩梨（1）
超标农药频次排名前 10（农药频次数）	MRL 中国国家标准	①草莓（4），②葡萄（2）
	MRL 欧盟标准	①草莓（17），②葡萄（14），③橘（9），④桃（4），⑤苹果（2），⑥猕猴桃（2），⑦木瓜（2），⑧橙（1），⑨梨（1），⑩枣（1）
	MRL 日本标准	①草莓（20），②橘（10），③葡萄（8），④苹果（5），⑤枣（5），⑥桃（4），⑦猕猴桃（2），⑧橙（2），⑨梨（2），⑩李子（1）

通过对各品种水果样本总数及检出率进行综合分析发现，草莓、葡萄和橘的残留污染最为严重，在此，我们参照 MRL 中国国家标准、欧盟标准和日本标准对这 3 种水果的农残检出情况进行进一步分析。

1.3.3 农药残留检出率较高的水果样品分析

1.3.3.1 草莓

这次共检测 34 例草莓样品，29 例样品中检出了农药残留，检出率为 85.3%，检出农药共计 32 种。其中多菌灵、甲基硫菌灵、嘧霉胺、啶虫脒和咪鲜胺检出频次较高，分别检出了 23、10、10、9 和 6 次。草莓中农药检出品种和频次见图 1-27，超标农药见图 1-28 和表 1-22。

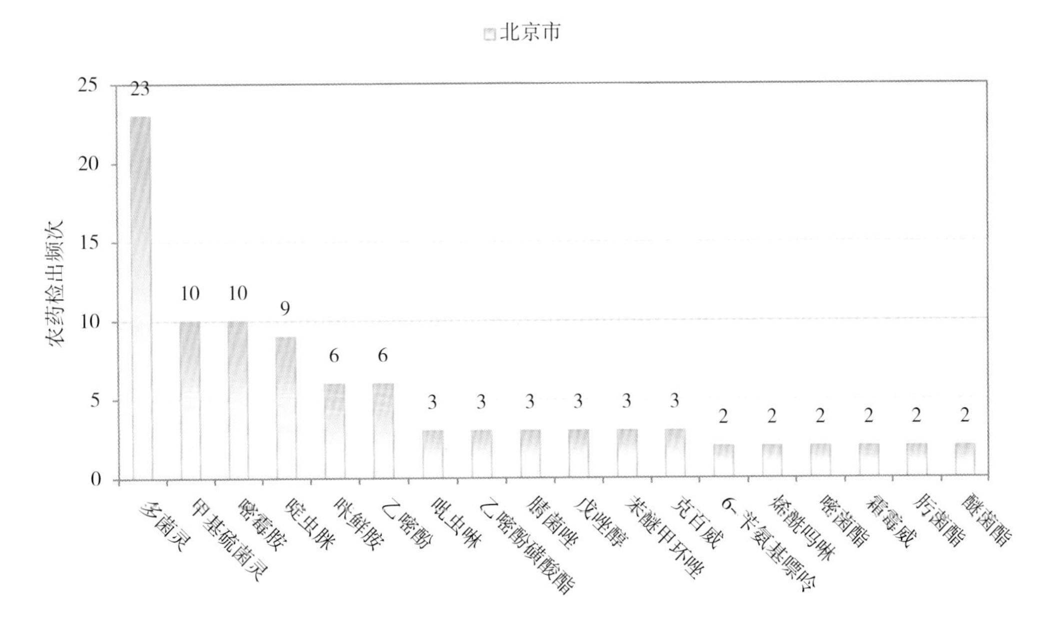

图 1-27 草莓样品检出农药品种和频次分析（仅列出 2 频次及以上的数据）

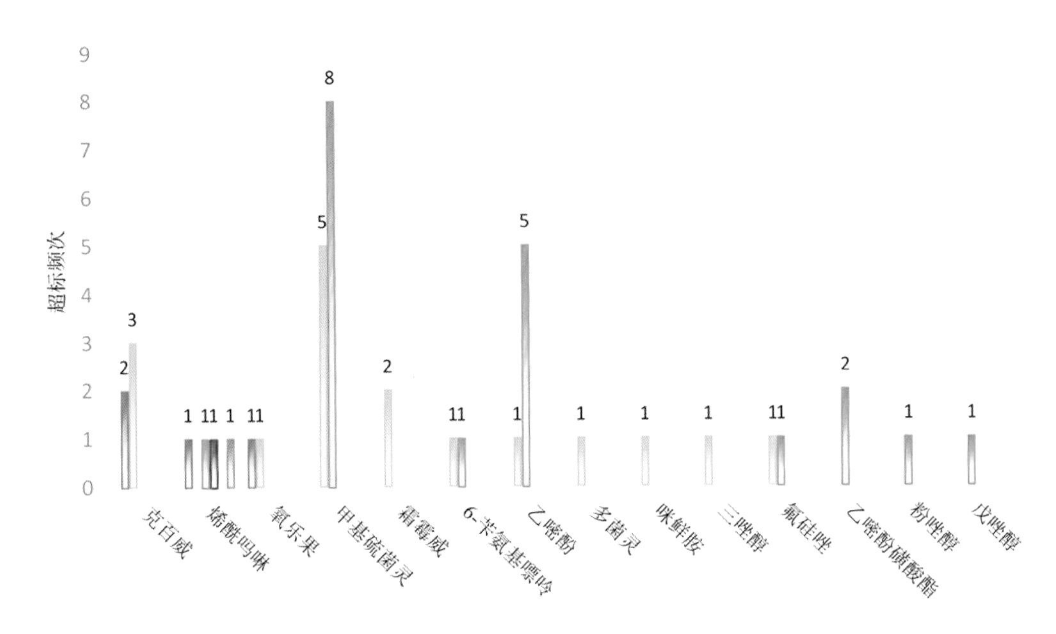

图 1-28 草莓样品中超标农药分析

表 1-22　草莓中农药残留超标情况明细表

样品总数			检出农药样品数	样品检出率（%）	检出农药品种总数
34			29	85.3	32
	超标农药品种	超标农药频次	按照 MRL 中国国家标准、欧盟标准和日本标准衡量超标农药名称及频次		
中国国家标准	3	4	克百威（2），烯酰吗啉（1），氧乐果（1）		
欧盟标准	10	17	甲基硫菌灵（5），克百威（3），霜霉威（2），6-苄氨基嘌呤（1），氧乐果（1），乙嘧酚（1），多菌灵（1），咪鲜胺（1），三唑醇（1），氟硅唑（1）		
日本标准	8	20	甲基硫菌灵（8），乙嘧酚（5），乙嘧酚磺酸酯（2），粉唑醇（1），氟硅唑（1），戊唑醇（1），6-苄氨基嘌呤（1），烯酰吗啉（1）		

1.3.3.2　葡萄

这次共检测 39 例葡萄样品，33 例样品中检出了农药残留，检出率为 84.6%，检出农药共计 27 种。其中烯酰吗啉、多菌灵、戊唑醇、嘧霉胺和苯醚甲环唑检出频次较高，分别检出了 14、12、11、9 和 8 次。葡萄中农药检出品种和频次见图 1-29，超标农药见图 1-30 和表 1-23。

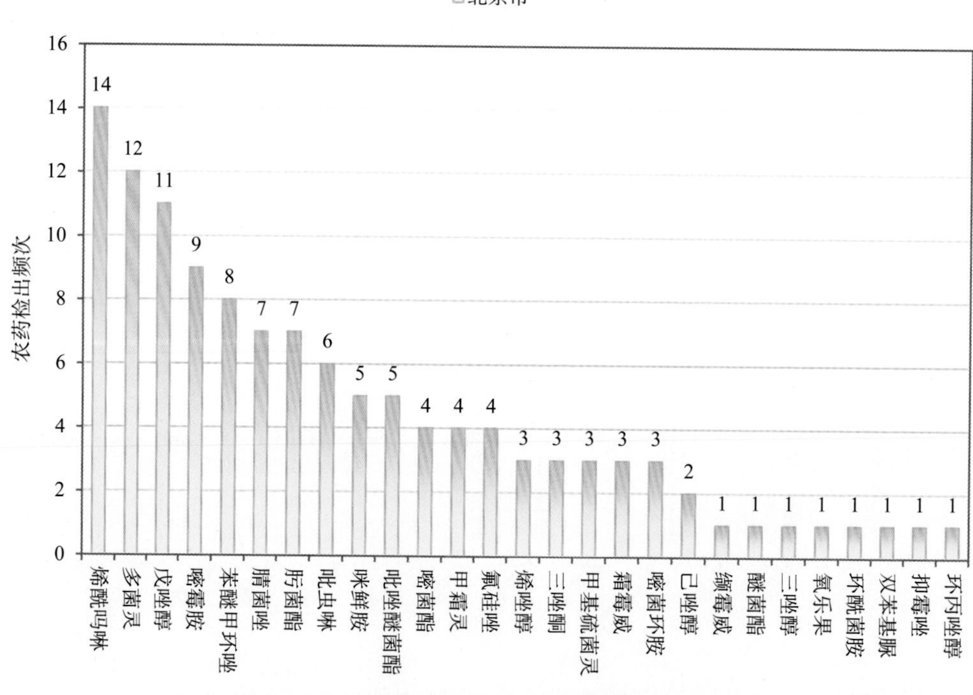

图 1-29　葡萄样品检出农药品种和频次分析

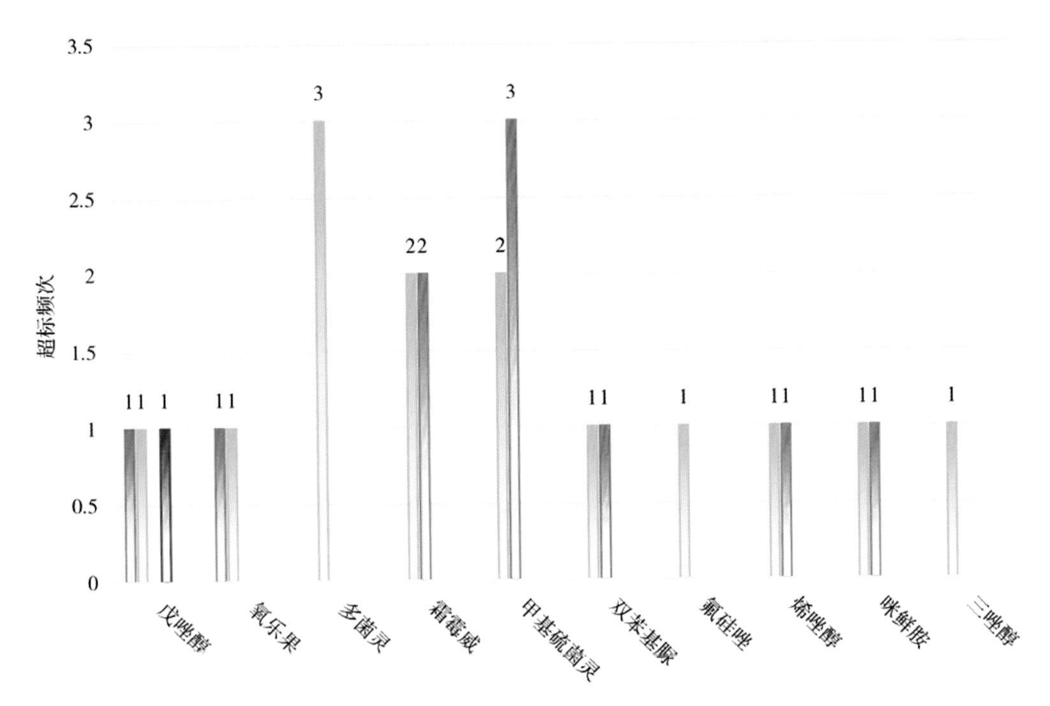

图 1-30 葡萄样品中超标农药分析

表 1-23 葡萄中农药残留超标情况明细表

样品总数			检出农药样品数	样品检出率（%）	检出农药品种总数
39			33	84.6	27
	超标农药品种	超标农药频次	按照 MRL 中国国家标准、欧盟标准和日本标准衡量超标农药名称及频次		
中国国家标准	2	2	戊唑醇（1），氧乐果（1）		
欧盟标准	10	14	多菌灵（3），霜霉威（2），甲基硫菌灵（2），双苯基脲（1），氟硅唑（1），烯唑醇（1），氧乐果（1），咪鲜胺（1），戊唑醇（1），三唑醇（1）		
日本标准	5	8	甲基硫菌灵（3），霜霉威（2），咪鲜胺（1），烯唑醇（1），双苯基脲（1）		

1.3.3.3 橘

这次共检测 47 例橘样品，32 例样品中检出了农药残留，检出率为 68.1%，检出农药共计 19 种。其中咪鲜胺、多菌灵、啶虫脒、三唑磷和抑霉唑检出频次较高，分别检出了 22、12、8、6 和 5 次。橘中农药检出品种和频次见图 1-31，超标农药见图 1-32 和表 1-24。

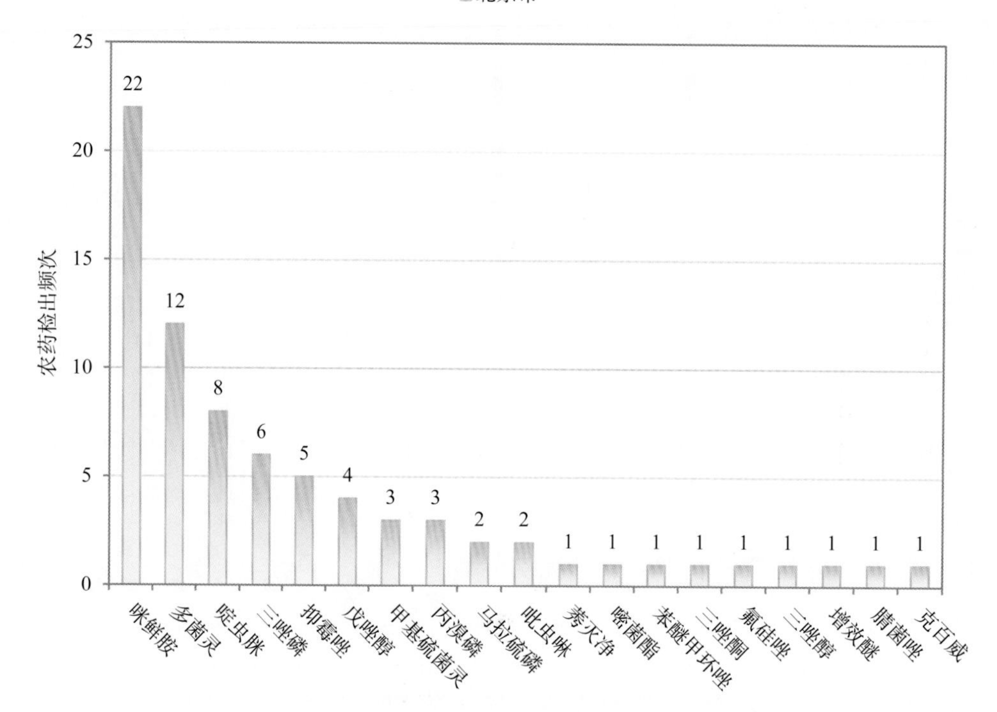

图 1-31　橘样品检出农药品种和频次分析

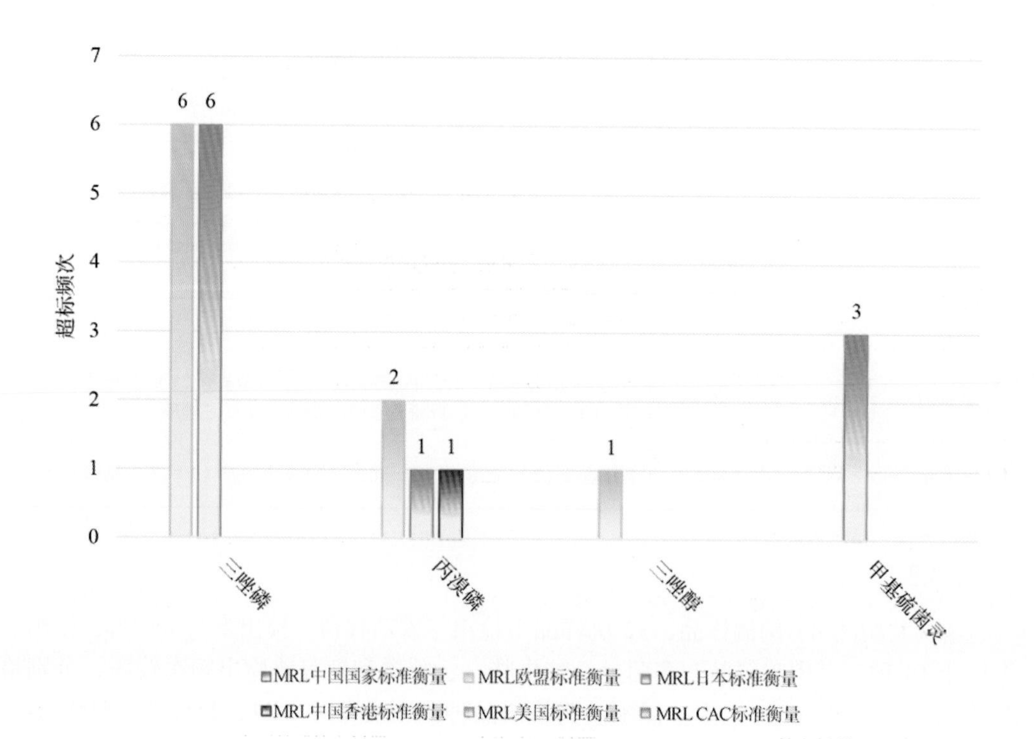

图 1-32　橘样品中超标农药分析

表 1-24　橘中农药残留超标情况明细表

样品总数			检出农药样品数	样品检出率（%）	检出农药品种总数
47			32	68.1	19
	超标农药品种	超标农药频次	按照 MRL 中国国家标准、欧盟标准和日本标准衡量超标农药名称及频次		
中国国家标准	0	0			
欧盟标准	3	9	三唑磷（6），丙溴磷（2），三唑醇（1）		
日本标准	3	10	三唑磷（6），甲基硫菌灵（3），丙溴磷（1）		

1.4　蔬菜中农药残留分布

1.4.1　检出农药品种和频次排前 10 的蔬菜

本次残留侦测的蔬菜共 28 种，包括菠菜、菜豆、葱、大白菜、冬瓜、番茄、胡萝卜、花椰菜、黄瓜、豇豆、结球甘蓝、韭菜、萝卜、奶白菜、茄子、芹菜、青花菜、生菜、甜椒、娃娃菜、蕹菜、莴笋、西葫芦、洋葱、樱桃番茄、油麦菜、紫甘蓝和小油菜。

根据检出农药品种及频次进行排名，将各项排名前 10 位的蔬菜样品检出情况列表说明，详见表 1-25。

表 1-25　检出农药品种和频次排名前 10 的蔬菜

检出农药品种排名前 10（品种）	①芹菜（34），②番茄（34），③黄瓜（33），④韭菜（25），⑤甜椒（22），⑥生菜（22），⑦大白菜（19），⑧茄子（18），⑨豇豆（17），⑩菜豆（16）
检出农药频次排名前 10（频次）	①黄瓜（262），②番茄（260），③芹菜（147），④甜椒（104），⑤生菜（80），⑥韭菜（70），⑦茄子（66），⑧菜豆（43），⑨菠菜（42），⑩大白菜（38）
检出禁用、高毒及剧毒农药品种排名前 10（品种）	①芹菜（5），②韭菜（4），③番茄（2），④黄瓜（2），⑤菜豆（1），⑥豇豆（1），⑦茄子（1），⑧结球甘蓝（1），⑨葱（1），⑩冬瓜（1）
检出禁用、高毒及剧毒农药频次排名前 10（频次）	①芹菜（11），②黄瓜（7），③菜豆（6），④番茄（5），⑤韭菜（5），⑥茄子（3），⑦娃娃菜（1），⑧冬瓜（1），⑨豇豆（1），⑩生菜（1）

1.4.2　超标农药品种和频次排前 10 的蔬菜

鉴于 MRL 欧盟标准和日本标准的制定比较全面且覆盖率较高，我们参照 MRL 中国国家标准、欧盟标准和日本标准衡量蔬菜样品中农残检出情况，将超标农药品种及频次排名前 10 的蔬菜列表说明，详见表 1-26。

表 1-26　超标农药品种和频次排名前 10 的蔬菜

超标农药品种排名前 10（农药品种数）	MRL 中国国家标准	①韭菜（3），②芹菜（3），③番茄（1），④结球甘蓝（1），⑤葱（1），⑥茄子（1），⑦黄瓜（1）
	MRL 欧盟标准	①芹菜（17），②韭菜（10），③黄瓜（7），④菜豆（6），⑤番茄（6），⑥生菜（5），⑦茄子（3），⑧豇豆（2），⑨大白菜（2），⑩甜椒（2）
	MRL 日本标准	①菜豆（13），②芹菜（11），③韭菜（10），④豇豆（5），⑤番茄（3），⑥黄瓜（2），⑦菠菜（2），⑧生菜（2），⑨葱（1），⑩奶白菜（1）
超标农药频次排名前 10（农药频次数）	MRL 中国国家标准	①芹菜（5），②韭菜（4），③黄瓜（2），④茄子（2），⑤结球甘蓝（1），⑥番茄（1），⑦葱（1）
	MRL 欧盟标准	①芹菜（33），②黄瓜（22），③韭菜（12），④番茄（11），⑤菜豆（9），⑥茄子（7），⑦生菜（6），⑧甜椒（3），⑨大白菜（2），⑩小油菜（2）
	MRL 日本标准	①菜豆（27），②韭菜（24），③芹菜（20），④豇豆（6），⑤番茄（4），⑥黄瓜（3），⑦生菜（3），⑧菠菜（2），⑨甜椒（1），⑩茄子（1）

通过对各品种蔬菜样本总数及检出率进行综合分析发现，番茄、芹菜和黄瓜的残留污染最为严重，在此，我们参照 MRL 中国国家标准、欧盟标准和日本标准对这 3 种蔬菜的农残检出情况进行进一步分析。

1.4.3　农药残留检出率较高的蔬菜样品分析

1.4.3.1　番茄

这次共检测 64 例番茄样品，60 例样品中检出了农药残留，检出率为 93.8%，检出农药共计 34 种。其中多菌灵、嘧霉胺、烯酰吗啉、啶虫脒和噻虫嗪检出频次较高，分别检出了 37、31、26、21 和 16 次。番茄中农药检出品种和频次见图 1-33，超标农药见图 1-34 和表 1-27。

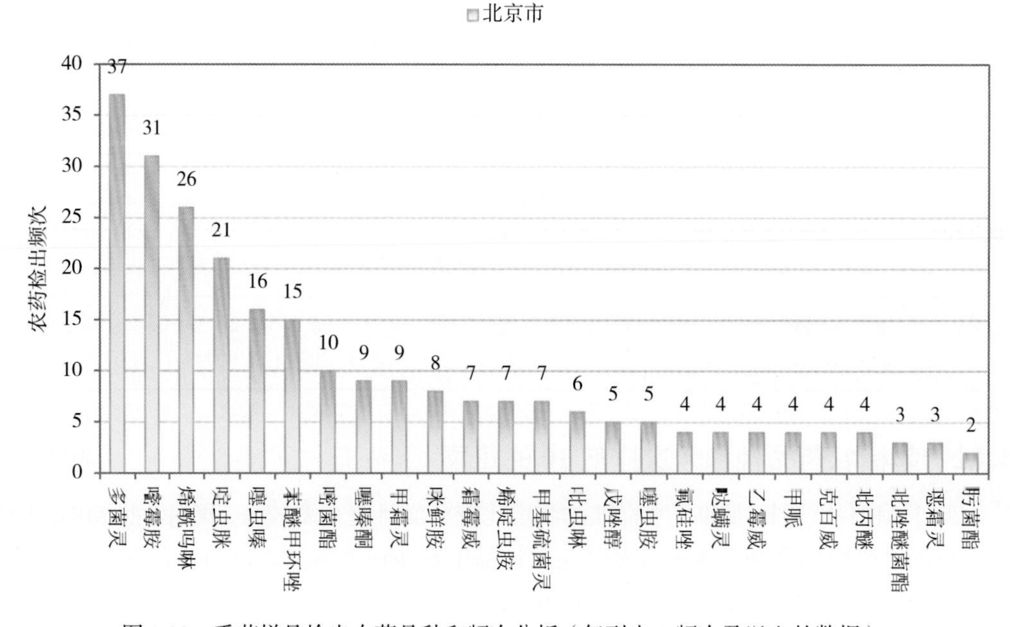

图 1-33　番茄样品检出农药品种和频次分析（仅列出 2 频次及以上的数据）

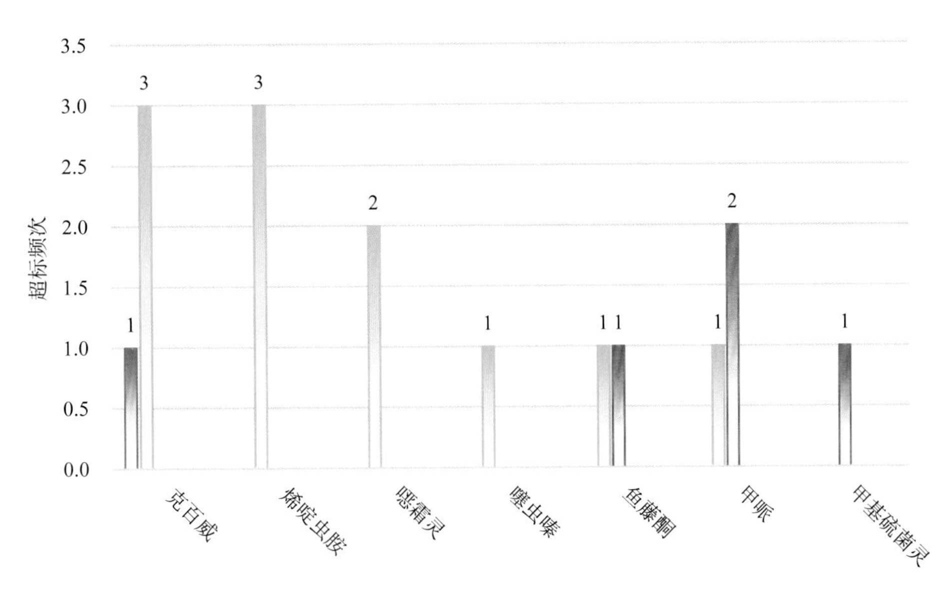

图 1-34 番茄样品中超标农药分析

表 1-27 番茄中农药残留超标情况明细表

样品总数		检出农药样品数	样品检出率（%）	检出农药品种总数
64		60	93.8	34
	超标农药品种	超标农药频次	按照 MRL 中国国家标准、欧盟标准和日本标准衡量超标农药名称及频次	
中国国家标准	1	1	克百威（1）	
欧盟标准	6	11	克百威（3），烯啶虫胺（3），噁霜灵（2），噻虫嗪（1），鱼藤酮（1），甲哌（1）	
日本标准	3	4	甲哌（2），甲基硫菌灵（1），鱼藤酮（1）	

1.4.3.2 芹菜

这次共检测 58 例芹菜样品，48 例样品中检出了农药残留，检出率为 82.8%，检出农药共计 34 种。其中多菌灵、吡虫啉、烯酰吗啉、嘧霉胺和苯醚甲环唑检出频次较高，分别检出了 24、21、15、13 和 12 次。芹菜中农药检出品种和频次见图 1-35，超标农药见图 1-36 和表 1-28。

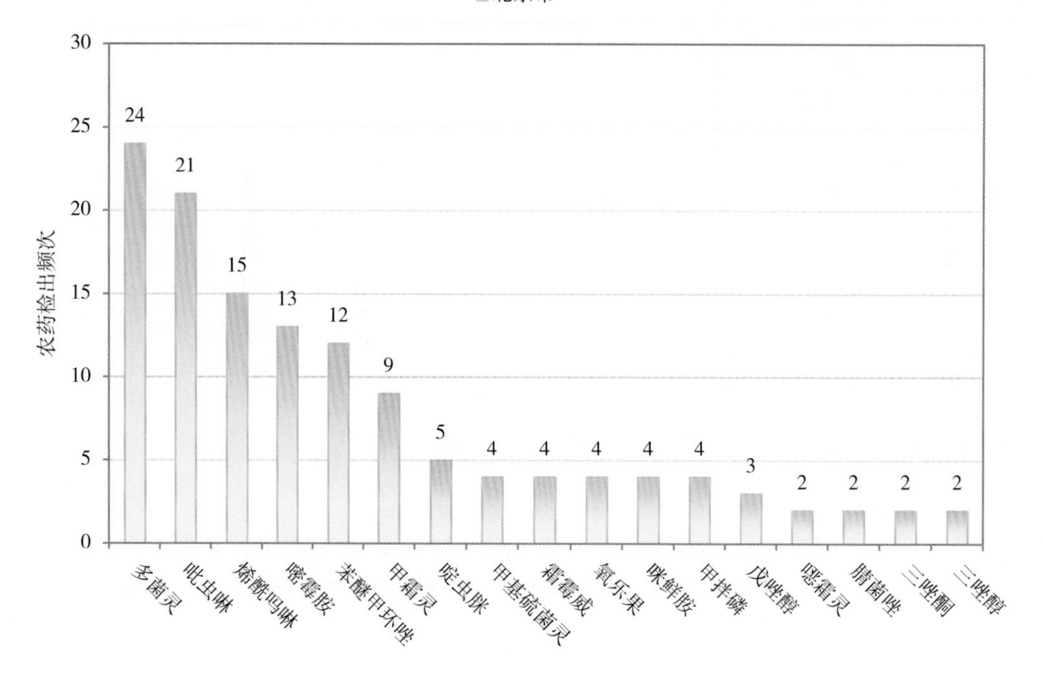

图 1-35　芹菜样品检出农药品种和频次分析（仅列出 2 频次及以上的数据）

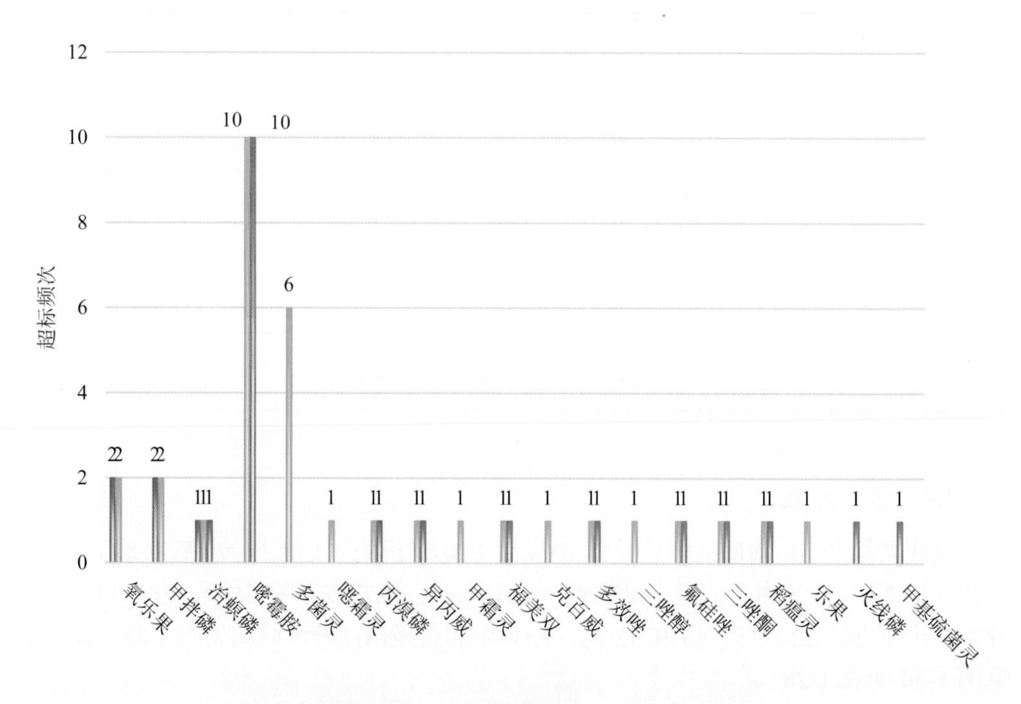

图 1-36　芹菜样品中超标农药分析

表 1-28 芹菜中农药残留超标情况明细表

样品总数			检出农药样品数	样品检出率（%）	检出农药品种总数
58			48	82.8	34
	超标农药品种	超标农药频次	按照MRL中国国家标准、欧盟标准和日本标准衡量超标农药名称及频次		
中国国家标准	3	5	氧乐果（2），甲拌磷（2），治螟磷（1）		
欧盟标准	17	33	嘧霉胺（10），多菌灵（6），甲拌磷（2），氧乐果（2），噁霜灵（1），治螟磷（1），丙溴磷（1），异丙威（1），甲霜灵（1），福美双（1），克百威（1），多效唑（1），三唑醇（1），氟硅唑（1），三唑酮（1），稻瘟灵（1），乐果（1）		
日本标准	11	20	嘧霉胺（10），丙溴磷（1），灭线磷（1），多效唑（1），氟硅唑（1），甲基硫菌灵（1），稻瘟灵（1），异丙威（1），三唑酮（1），治螟磷（1），福美双（1）		

1.4.3.3 黄瓜

这次共检测67例黄瓜样品，64例样品中检出了农药残留，检出率为95.5%，检出农药共计33种。其中多菌灵、霜霉威、嘧霉胺、甲霜灵和烯酰吗啉检出频次较高，分别检出了51、37、26、25和19次。黄瓜中农药检出品种和频次见图1-37，超标农药见图1-38和表1-29。

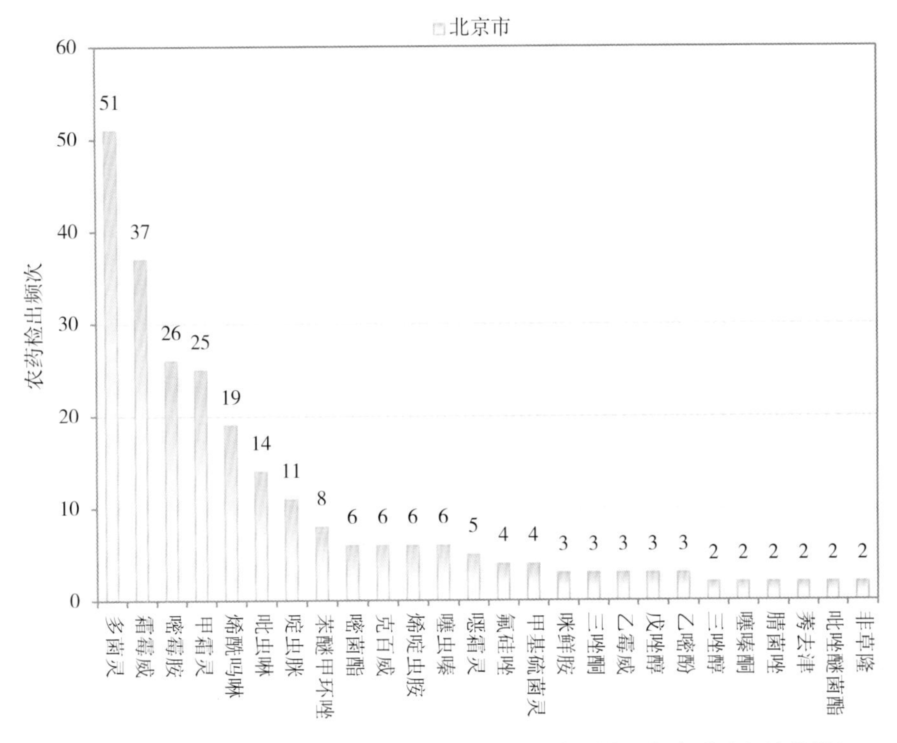

图1-37 黄瓜样品检出农药品种和频次分析（仅列出2频次及以上的数据）

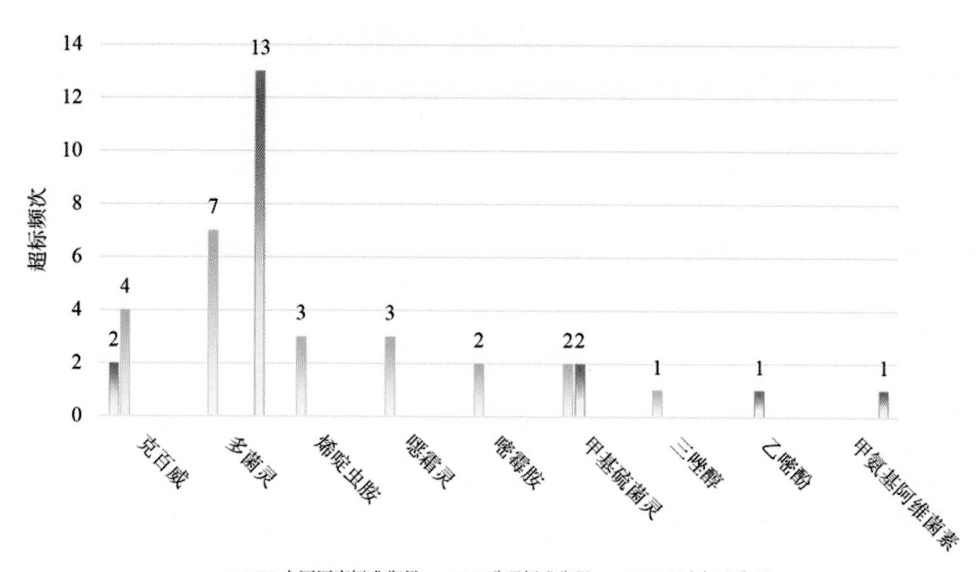

图 1-38　黄瓜样品中超标农药分析

表 1-29　黄瓜中农药残留超标情况明细表

样品总数			检出农药样品数	样品检出率（%）	检出农药品种总数
67			64	95.5	33
	超标农药品种	超标农药频次	按照 MRL 中国国家标准、欧盟标准和日本标准衡量超标农药名称及频次		
中国国家标准	1	2	克百威（2）		
欧盟标准	7	22	多菌灵（7），克百威（4），烯啶虫胺（3），噁霜灵（3），嘧霉胺（2），甲基硫菌灵（2），三唑醇（1）		
日本标准	2	3	甲基硫菌灵（2），乙嘧酚（1）		

1.5　初 步 结 论

1.5.1　北京市市售水果蔬菜按 MRL 中国国家标准和国际主要 MRL 标准衡量的合格率

本次侦测的 893 例样品中，243 例样品未检出任何残留农药，占样品总量的 27.2%，650 例样品检出不同水平、不同种类的残留农药，占样品总量的 72.8%。在这 650 例检出农药残留的样品中：

按照 MRL 中国国家标准衡量，有 630 例样品检出残留农药但含量没有超标，占样品总数的 70.5%，有 20 例样品检出了超标农药，占样品总数的 2.2%。

按照 MRL 欧盟标准衡量，有 527 例样品检出残留农药但含量没有超标，占样品总数的 59.0%，有 123 例样品检出了超标农药，占样品总数的 13.8%。

按照 MRL 日本标准衡量，有 526 例样品检出残留农药但含量没有超标，占样品总数的 58.9%，有 124 例样品检出了超标农药，占样品总数的 13.9%。

按照 MRL 中国香港标准衡量，有 643 例样品检出残留农药但含量没有超标，占样品总数的 72.0%，有 7 例样品检出了超标农药，占样品总数的 0.8%。

按照 MRL 美国标准衡量，有 645 例样品检出残留农药但含量没有超标，占样品总数的 72.2%，有 5 例样品检出了超标农药，占样品总数的 0.6%。

按照 MRL CAC 标准衡量，有 634 例样品检出残留农药但含量没有超标，占样品总数的 71.0%，有 16 例样品检出了超标农药，占样品总数的 1.8%。

1.5.2 北京市市售水果蔬菜中检出农药以中低微毒农药为主，占市场主体的 86.4%

这次侦测的 893 例样品包括蔬菜 28 种 547 例，水果 14 种 321 例，食用菌 1 种 25 例，共检出了 81 种农药，检出农药的毒性以中低微毒为主，详见表 1-30。

表 1-30 市场主体农药毒性分布

毒性	检出品种	占比（%）	检出频次	占比（%）
剧毒农药	4	4.9	11	0.6
高毒农药	7	8.6	52	2.8
中毒农药	32	39.5	741	40.1
低毒农药	23	28.4	392	21.2
微毒农药	15	18.5	651	35.2
中低微毒农药，品种占比 86.4%，频次占比 96.6%				

1.5.3 检出剧毒、高毒和禁用农药现象应该警醒

在此次侦测的 893 例样品中有 12 种蔬菜和 6 种水果的 58 例样品检出了 11 种 63 频次的剧毒和高毒或禁用农药，占样品总量的 6.5%。其中剧毒农药甲拌磷、特丁硫磷和涕灭威以及高毒农药克百威、三唑磷和氧乐果检出频次较高。

按 MRL 中国国家标准衡量，剧毒农药甲拌磷，检出 6 次，超标 2 次；特丁硫磷，检出 2 次，超标 2 次；涕灭威，检出 2 次，超标 1 次；高毒农药克百威，检出 18 次，超标 7 次；氧乐果，检出 9 次，超标 5 次；按超标程度比较，韭菜中氧乐果超标 729.7 倍，芹菜中甲拌磷超标 10.0 倍，草莓中氧乐果超标 8.2 倍，黄瓜中克百威超标 5.7 倍，芹菜中氧乐果超标 5.5 倍。

剧毒、高毒或禁用农药的检出情况及按照 MRL 中国国家标准衡量的超标情况见表 1-31。

表 1-31 剧毒、高毒或禁用农药的检出及超标明细

序号	农药名称	样品名称	检出频次	超标频次	最大超标倍数	超标率（%）
1.1	甲拌磷*▲	芹菜	4	2	10.03	50.0
1.2	甲拌磷*▲	韭菜	1	0		0.0
1.3	甲拌磷*▲	西瓜	1	0		0.0
2.1	灭线磷*▲	芹菜	1	0		0.0
3.1	特丁硫磷*▲	韭菜	2	2	0.87	100.0
4.1	涕灭威*▲	葱	1	1	0.66	100.0
4.2	涕灭威*▲	西瓜	1	0		0.0
5.1	甲胺磷◊▲	结球甘蓝	1	1	1.04	100.0
6.1	克百威◊▲	黄瓜	6	2	5.65	33.3
6.2	克百威◊▲	番茄	4	1	3.12	25.0
6.3	克百威◊▲	草莓	3	2	0.33	66.7
6.4	克百威◊▲	茄子	3	2	0.26	66.7
6.5	克百威◊▲	芹菜	1	0		0.0
6.6	克百威◊▲	橘	1	0		0.0
7.1	灭多威◊▲	梨	2	0		0.0
7.2	灭多威◊▲	娃娃菜	1	0		0.0
7.3	灭多威◊▲	西瓜	1	0		0.0
7.4	灭多威◊▲	豇豆	1	0		0.0
8.1	三唑磷◊	菜豆	6	0		0.0
8.2	三唑磷◊	橘	6	0		0.0
8.3	三唑磷◊	韭菜	1	0		0.0
9.1	亚砜磷◊	冬瓜	1	0		0.0
9.2	亚砜磷◊	黄瓜	1	0		0.0
9.3	亚砜磷◊	苹果	1	0		0.0
9.4	亚砜磷◊	生菜	1	0		0.0
9.5	亚砜磷◊	西瓜	1	0		0.0
10.1	氧乐果◊▲	芹菜	4	2	5.52	50.0
10.2	氧乐果◊▲	韭菜	1	1	729.69	100.0%
10.3	氧乐果◊▲	草莓	1	1	8.23	100.0%
10.4	氧乐果◊▲	葡萄	1	1	0.49	100.0%
10.5	氧乐果◊▲	番茄	1	0		0.0%
10.6	氧乐果◊▲	梨	1	0		0.0%
11.1	治螟磷◊▲	芹菜	1	1	0.91	100.0%
合计			63	19		30.2%

注：超标倍数参照 MRL 中国国家标准衡量

这些超标的剧毒和高毒农药都是中国政府早有规定禁止在水果蔬菜中使用的，为什么还屡次被检出，应该引起警惕。

1.5.4 残留限量标准与先进国家或地区差距较大

1847频次的检出结果与我国公布的《食品中农药最大残留限量》(GB 2763—2014)对比，有1045频次能找到对应的MRL中国国家标准，占56.6%；还有802频次的侦测数据无相关MRL标准供参考，占43.4%。

与国际上现行MRL标准对比发现：

有1847频次能找到对应的MRL欧盟标准，占100.0%；

有1847频次能找到对应的MRL日本标准，占100.0%；

有1230频次能找到对应的MRL中国香港标准，占66.6%；

有971频次能找到对应的MRL美国标准，占52.6%；

有1036频次能找到对应的MRL CAC标准，占56.1%。

由上可见，MRL中国国家标准与先进国家或地区标准还有很大差距，我们无标准，境外有标准，这就会导致我们在国际贸易中，处于受制于人的被动地位。

1.5.5 水果蔬菜单种样品检出19~34种农药残留，拷问农药使用的科学性

通过此次监测发现，草莓、葡萄和橘是检出农药品种最多的3种水果，芹菜、番茄和黄瓜是检出农药品种最多的3种蔬菜，从中检出农药品种及频次详见表1-32。

表1-32 单种样品检出农药品种及频次

样品名称	样品总数	检出农药样品数	检出率	检出农药品种数	检出农药（频次）
芹菜	58	48	82.8%	34	多菌灵(24)，吡虫啉(21)，烯酰吗啉(15)，嘧霉胺(13)，苯醚甲环唑(12)，甲霜灵(9)，啶虫脒(5)，甲基硫菌灵(4)，霜霉威(4)，氧乐果(4)，咪鲜胺(4)，甲拌磷(4)，戊唑醇(3)，嘧霜灵(2)，腈菌唑(2)，三唑酮(2)，三唑醇(2)，灭线磷(1)，多效唑(1)，灭蝇胺(1)，氟硅唑(1)，噻虫嗪(1)，哒螨灵(1)，嘧菌酯(1)，吡唑醚菌酯(1)，稻瘟灵(1)，乐果(1)，甲氨基阿维菌素(1)，丙环唑(1)，治螟磷(1)，丙溴磷(1)，异丙威(1)，福美双(1)，克百威(1)
番茄	64	60	93.8%	34	多菌灵(37)，嘧霉胺(31)，烯酰吗啉(26)，啶虫脒(21)，噻虫嗪(16)，苯醚甲环唑(15)，嘧菌酯(10)，噻嗪酮(9)，甲霜灵(9)，咪鲜胺(8)，霜霉威(7)，烯啶虫胺(7)，甲基硫菌灵(7)，吡虫啉(6)，戊唑醇(5)，噻虫胺(5)，氟硅唑(4)，哒螨灵(4)，乙霉威(4)，甲哌(4)，克百威(4)，吡丙醚(4)，吡唑醚菌酯(3)，嘧霜灵(3)，肟菌酯(2)，丙环唑(1)，非草隆(1)，三唑酮(1)，氧乐果(1)，多效唑(1)，腈菌唑(1)，丁噻隆(1)，嘧菌环胺(1)，鱼藤酮(1)

续表

样品名称	样品总数	检出农药样品数	检出率	检出农药品种数	检出农药（频次）
黄瓜	67	64	95.5%	33	多菌灵（51），霜霉威（37），嘧霉胺（26），甲霜灵（25），烯酰吗啉（19），吡虫啉（14），啶虫脒（11），苯醚甲环唑（8），嘧菌酯（6），克百威（6），烯啶虫胺（6），噻虫嗪（6），噁霜灵（5），氟硅唑（4），甲基硫菌灵（4），咪鲜胺（3），三唑酮（3），乙霉威（3），戊唑醇（3），乙嘧酚（3），三唑醇（2），噻嗪酮（2），腈菌唑（2），莠去津（2），吡唑醚菌酯（2），非草隆（2），灭蝇胺（1），氟菌唑（1），残杀威（1），亚砜磷（1），嘧菌环胺（1），甲氨基阿维菌素（1），肟菌酯（1）
草莓	34	29	85.3%	32	多菌灵（23），甲基硫菌灵（10），嘧霉胺（10），啶虫脒（9），咪鲜胺（6），乙嘧酚（6），吡虫啉（3），乙嘧酚磺酸酯（3），腈菌唑（3），戊唑醇（3），苯醚甲环唑（3），克百威（3），6-苄氨基嘌呤（2），烯酰吗啉（2），嘧菌酯（2），霜霉威（2），肟菌酯（2），醚菌酯（2），氟菌唑（1），多效唑（1），四氟醚唑（1），三唑醇（1），嘧菌环胺（1），粉唑醇（1），联苯肼酯（1），三唑酮（1），氟硅唑（1），乙霉威（1），吡唑醚菌酯（1），丙环唑（1），氧乐果（1），己唑醇（1）
葡萄	39	33	84.6%	27	烯酰吗啉（14），多菌灵（12），戊唑醇（11），嘧霉胺（9），苯醚甲环唑（8），腈菌唑（7），肟菌酯（7），吡虫啉（6），咪鲜胺（5），吡唑醚菌酯（5），嘧菌酯（4），甲霜灵（4），氟硅唑（4），烯唑醇（3），三唑酮（3），甲基硫菌灵（3），霜霉威（3），嘧菌环胺（3），己唑醇（2），缬霉威（1），醚菌酯（1），三唑醇（1），氧乐果（1），环酰菌胺（1），双苯基脲（1），抑霉唑（1），环丙唑醇（1）
橘	47	32	68.1%	19	咪鲜胺（22），多菌灵（12），啶虫脒（8），三唑磷（6），抑霉唑（5），戊唑醇（4），甲基硫菌灵（3），丙溴磷（3），马拉硫磷（2），吡虫啉（2），莠灭净（1），嘧菌酯（1），苯醚甲环唑（1），三唑酮（1），氟硅唑（1），三唑醇（1），增效醚（1），腈菌唑（1），克百威（1）

上述 6 种水果蔬菜，检出农药 19~34 种，是多种农药综合防治，还是未严格实施农业良好管理规范（GAP），抑或根本就是乱施药，值得我们思考。

第 2 章　LC-Q-TOF/MS 侦测北京市市售水果蔬菜农药残留膳食暴露风险及预警风险评估

2.1　农药残留风险评估方法

2.1.1　北京市农药残留检测数据分析与统计

庞国芳院士科研团队建立的农药残留高通量侦测技术以高分辨精确质量数（0.0001 *m/z* 为基准）为识别标准，采用 LC-Q-TOF/MS 技术对 537 种农药化学污染物进行检测。

科研团队于 2012 年 7 月~2014 年 3 月在北京市所属 16 个区县的 57 个采样点，随机采集了 893 例水果蔬菜样品，采样点分布在超市和农贸市场，具体位置如图 2-1 所示，各月内果蔬样品采集数量如表 2-1 所示。

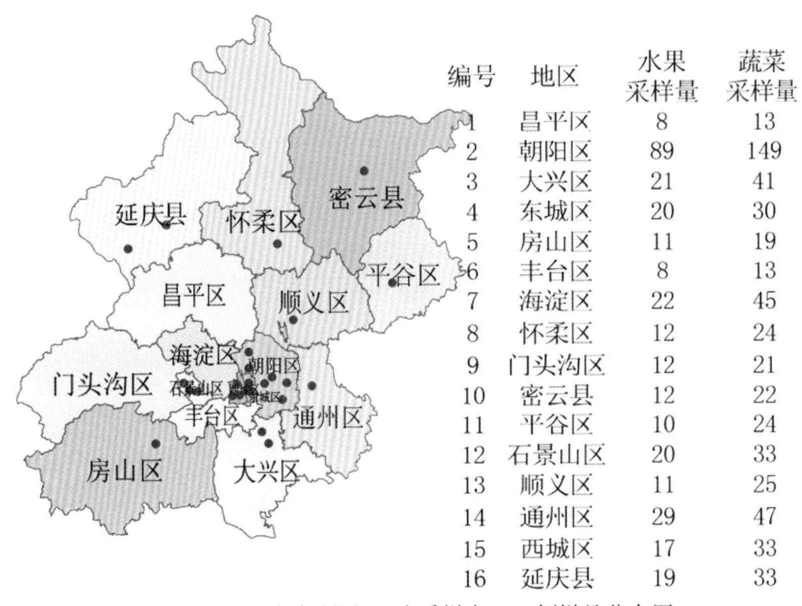

图 2-1　北京市所属 57 个采样点 893 例样品分布图

表 2-1　北京市各月内果蔬样品采集情况

时间	样品数（例）
2012 年 7 月	9
2012 年 8 月	78

续表

时间	样品数（例）
2012 年 9 月	10
2012 年 10 月	70
2012 年 11 月	112
2012 年 12 月	91
2013 年 1 月	78
2013 年 2 月	20
2013 年 3 月	10
2014 年 1 月	113
2014 年 2 月	261
2014 年 3 月	41

利用 LC-Q-TOF/MS 技术对 893 例样品中的农药残留进行侦测，检出残留农药 81 种，1847 频次。检出农药残留水平如表 2-2 和图 2-2 所示。检出频次最高的前十种农药如表 2-3 所示。从检测结果中可以看出，在果蔬中农药残留普遍存在，且有些果蔬存在高浓度的农药残留，这些可能存在膳食暴露风险，对人体健康产生危害，因此，为了定量地评价果蔬中农药残留的风险程度，有必要对其进行风险评价。

表 2-2　检出农药的不同残留水平及其所占比例

残留水平（μg/kg）	检出频次	占比（%）
1~5（含）	737	39.9
5~10（含）	268	14.5
10~100（含）	641	34.7
100~1000（含）	175	9.5
>1000	26	1.4
合计	1847	100

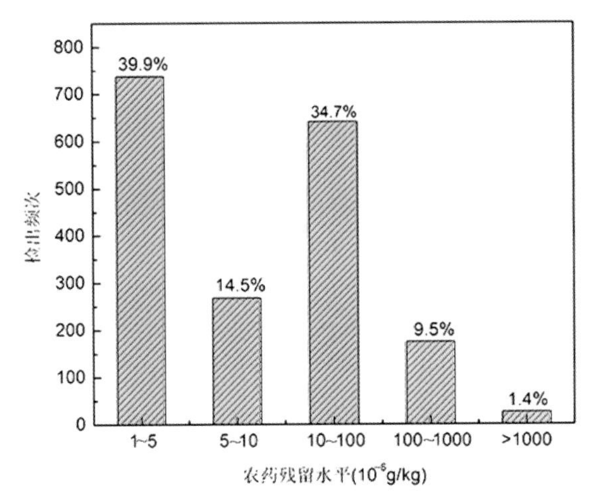

图 2-2 残留农药检出浓度频数分布

表 2-3 检出频次最高的前十种农药

序号	农药	检出频次（次）
1	多菌灵	364
2	烯酰吗啉	142
3	啶虫脒	137
4	嘧霉胺	127
5	吡虫啉	11
6	霜霉威	104
7	甲霜灵	88
8	咪鲜胺	76
9	苯醚甲环唑	70
10	甲基硫菌灵	59

2.1.2 农药残留风险评价模型

对北京市水果蔬菜中农药残留分别开展暴露风险评估和预警风险评估。膳食暴露风险评价利用食品安全指数模型，对水果蔬菜中的残留农药对人体可能产生的危害程度进行评价，该模型结合残留监测和膳食暴露评估评价化学污染物的危害；预警风险评价模型运用风险系数（risk index，*R*），风险系数综合考虑了危害物的超标率、施检频率及其本身敏感性的影响，能直观而全面地反映出危害物在一段时间内的风险程度。

2.1.2.1 食品安全指数模型

为了加强食品安全管理，《中华人民共和国食品安全法》第二章第十七条规定“国家建立食品安全风险评估制度，运用科学方法，根据食品安全风险监测信息、科学数据以及有关信息，对食品、食品添加剂、食品相关产品中生物性、化学性和物理性危害因素进行风险评估”[1]，膳食暴露评估是食品危险度评估的重要组成部分，也是膳食安全性的衡量标准[2]。国际上最早研究膳食暴露风险评估的机构主要是 JMPR（FAO、WHO 农药残留联合会议），该组织自 1995 年就已制定了急性毒性物质的风险评估急性毒性农药残留摄入量的预测。1960 年美国规定食品中不得加入致癌物质进而提出零阈值理论，渐渐零阈值理论发展成在一定概率条件下可接受风险的概念[3]，后衍变为食品中每日允许最大摄入量（ADI），而农药残留法典委员会（CCPR）认为 ADI 不是独立风险评估的唯一标准[4]，1995 年 JMPR 开始研究农药急性膳食暴露风险评估，并对食品国际短期摄入量的计算方法进行了修正，亦对膳食暴露评估准则及评估方法进行了修正[5]，2002 年，在对世界上现行的食品安全评价方法，尤其是国际公认的 CAC 的评价方法，WHO GEMS/Food（全球环境监测系统/食品污染监测和评估规划）及 JECFA（FAO、WHO 食品添加剂联合专家委员会）和 JMPR 对食品安全风险评估工作研究的基础之上，检验检疫食品安全管理的研究人员提出了结合残留监控和膳食暴露评估，以食品安全指数 IFS 计算食品中各种化学污染物对消费者的健康危害程度[6]。IFS 是表示食品安全状态的新方法，可有效地评价某种农药的安全性，进而评价食品中各种农药化学污染物对消费者健康的整体危害程度[7, 8]。从理论上分析，IFS_c 可指出食品中的污染物 c 对消费者健康是否存在危害及危害的程度[9]。其优点在于操作简单且结果容易被接受和理解，不需要大量的数据来对结果进行验证，使用默认的标准假设或者模型即可[10, 11]。

1）IFS_c 的计算

IFS_c 计算公式如下：

$$IFS_c = \frac{EDI_c \times f}{SI_c \times bw} \sum (R_i \times F_i \times E_i \times P_i) \tag{2-1}$$

式中，c 为所研究的农药；EDI_c 为农药 c 的实际日摄入量估算值，等于 $\sum (R_i \times F_i \times E_i \times P_i)$（$i$ 为食品种类；R_i 为食品 i 中农药 c 的残留水平，mg/kg；F_i 为食品 i 的估计日消费量，g/（人·天）；E_i 为食品 i 的可食用部分因子；P_i 为食品 i 的加工处理因子）；SI_c 为安全摄入量，可采用每日允许摄入量 ADI；bw 为平均体重，kg；f 为校正因子，如果安全摄入量采用 ADI，f 取 1。

$IFS_c \ll 1$，农药 c 对食品安全没有影响；$IFS_c \leqslant 1$，农药 c 对食品安全的影响可以接受；$IFS_c > 1$，农药 c 对食品安全的影响不可接受。

本次评价中：

$IFS_c \leqslant 0.1$，农药 c 对果蔬安全没有影响；

$0.1 < IFS_c \leqslant 1$，农药 c 对果蔬安全的影响可以接受；

$IFS_c > 1$，农药 c 对果蔬安全的影响不可接受。

本次评价中残留水平 R_i 取值为中国检验检疫科学研究院庞国芳院士课题组 2016 年对北京市果蔬中的农药残留检测结果，估计日消费量 F_i 取值 0.38 kg/（人·天），E_i=1，P_i=1，f=1，SI_c 采用《食品安全国家标准　食品中农药最大残留限量》（GB 2763—2016）中 ADI 值（具体数值见表 2-4），人平均体重（bw）取值 60 kg。

表2-4 北京市果蔬中残留农药ADI值

序号	农药	ADI	序号	农药	ADI	序号	农药	ADI
1	苯醚甲环唑	0.01	28	甲霜灵	0.08	55	戊菌唑	0.03
2	吡丙醚	0.1	29	甲氧虫酰肼	0.1	56	戊唑醇	0.03
3	吡虫啉	0.06	30	腈菌唑	0.03	57	烯啶虫胺	0.53
4	吡唑醚菌酯	0.03	31	克百威	0.001	58	烯酰吗啉	0.2
5	丙环唑	0.07	32	乐果	0.002	59	烯唑醇	0.005
6	丙溴磷	0.03	33	联苯肼酯	0.01	60	亚砜磷	0.0003
7	虫酰肼	0.02	34	马拉硫磷	0.3	61	氧乐果	0.0003
8	哒螨灵	0.01	35	咪鲜胺	0.01	62	乙霉威	0.004
9	稻瘟灵	0.016	36	醚菌酯	0.4	63	乙嘧酚	0.035
10	啶虫脒	0.07	37	嘧菌环胺	0.03	64	异丙威	0.002
11	毒死蜱	0.01	38	嘧菌酯	0.2	65	抑霉唑	0.03
12	多菌灵	0.03	39	嘧霉胺	0.2	66	莠灭净	0.072
13	多效唑	0.1	40	灭多威	0.02	67	莠去津	0.02
14	噁霜灵	0.01	41	灭线磷	0.0004	68	鱼藤酮	0.0004
15	二嗪磷	0.005	42	灭蝇胺	0.06	69	增效醚	0.2
16	粉唑醇	0.01	43	炔螨特	0.01	70	治螟磷	0.001
17	氟硅唑	0.007	44	噻虫胺	0.1	71	6-苄氨基嘌呤	—
18	氟环唑	0.02	45	噻虫嗪	0.08	72	丁噻隆	—
19	氟菌唑	0.035	46	噻菌灵	0.1	73	乙嘧酚磺酸酯	—
20	福美双	0.01	47	噻嗪酮	0.009	74	双苯基脲	—
21	环丙唑醇	0.02	48	三唑醇	0.03	75	四氟醚唑	—
22	环酰菌胺	0.2	49	三唑磷	0.001	76	异丙净	—
23	己唑醇	0.005	50	三唑酮	0.03	77	残杀威	—
24	甲氨基阿维菌素	0.0005	51	霜霉威	0.4	78	甲哌	—
25	甲胺磷	0.004	52	特丁硫磷	0.0006	79	缬霉威	—
26	甲拌磷	0.0007	53	涕灭威	0.003	80	莠去通	—
27	甲基硫菌灵	0.08	54	肟菌酯	0.04	81	非草隆	—

注：“—”表示为国家标准中无ADI值规定；ADI值单位为mg/kg bw

2）计算 $\mathrm{IFS_c}$ 的平均值$\overline{\mathrm{IFS}}$，判断农药对食品安全影响程度

以$\overline{\mathrm{IFS}}$评价各种农药对人体健康危害的总程度，评价模型见公式（2-2）。

$$\overline{\mathrm{IFS}}=\frac{\sum_{i=1}^{n}\mathrm{IFS_c}}{n} \tag{2-2}$$

$\overline{\mathrm{IFS}}\ll1$，所研究消费者人群的食品安全状态很好；$\overline{\mathrm{IFS}}\leqslant1$，所研究消费者人群的食品安全状态可以接受；$\overline{\mathrm{IFS}}>1$，所研究消费者人群的食品安全状态不可接受。

本次评价中：

$\overline{\mathrm{IFS}}\leqslant0.1$，所研究消费者人群的果蔬安全状态很好；

$0.1<\overline{\mathrm{IFS}}\leqslant1$，所研究消费者人群的果蔬安全状态可以接受；

$\overline{\mathrm{IFS}}>1$，所研究消费者人群的果蔬安全状态不可接受。

2.1.2.2 预警风险评价模型

2003 年，我国检验检疫食品安全管理的研究人员根据 WTO 的有关原则和我国的具体规定，结合危害物本身的敏感性、风险程度及其相应的施检频率，首次提出了食品中危害物风险系数 R 的概念[12]。R 是衡量一个危害物的风险程度大小最直观的参数，即在一定时期内其超标率或阳性检出率的高低,但受其施检测率的高低及其本身的敏感性（受关注程度）影响。该模型综合考察了农药在蔬菜中的超标率、施检频率及其本身敏感性，能直观而全面地反映出农药在一段时间内的风险程度[13]。

1）R 计算方法

危害物的风险系数综合考虑了危害物的超标率或阳性检出率、施检频率和其本身的敏感性影响，并能直观而全面地反映出危害物在一段时间内的风险程度。风险系数 R 的计算公式如式（2-3）：

$$R=aP+\frac{b}{F}+S \tag{2-3}$$

式中，P 为该种危害物的超标率；F 为危害物的施检频率；S 为危害物的敏感因子；a，b 分别为相应的权重系数。

本次评价中 $F=1$；$S=1$；$a=100$；$b=0.1$，对参数 P 进行计算，计算时首先判断是否为禁药，如果为非禁药，P=超标的样品数（检测出的含量高于食品最大残留限量标准值，即 MRL）除以总样品数（包括超标、不超标、未检出）；如果为禁药，则检出即为超标，P=能检出的样品数除以总样品数。判断北京市果蔬农药残留是否超标的标准限值 MRL 分别以 MRL 中国国家标准[14]和 MRL 欧盟标准作为对照，具体值列于本报告附表一中。

2）判断风险程度

$R\leqslant1.5$，受检农药处于低度风险；

$1.5<R\leqslant2.5$，受检农药处于中度风险；

$R>2.5$，受检农药处于高度风险。

2.1.2.3 食品膳食暴露风险和预警风险评价应用程序的开发

1）应用程序开发的步骤

为成功开发膳食暴露风险和预警风险评价应用程序，与软件工程师多次沟通讨论，逐步提出并描述清楚计算需求，开发了初步应用程序。在软件应用过程中，根据风险评价拟得到结果的变化，计算需求发生变更，这些变化给软件工程师进行需求分析带来一定的困难，经过各种细节的沟通，需求分析得到明确后，开始进行解决方案的设计，在保证需求的完整性、一致性的前提下，编写代码，最后设计出风险评价专用计算软件。软件开发基本步骤见图 2-3。

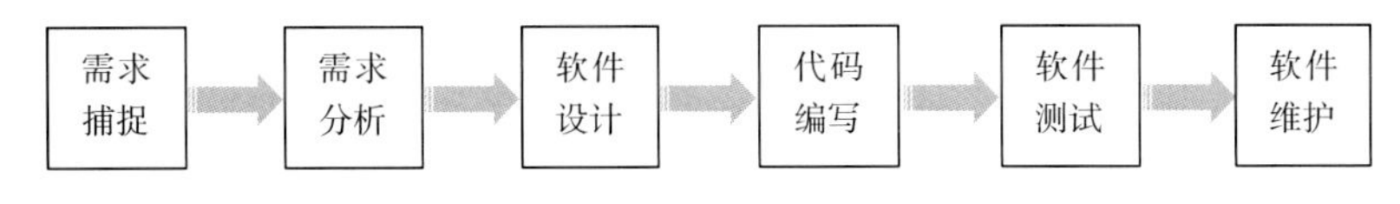

图 2-3 专用程序开发总体步骤

2）膳食暴露风险评价专业程序开发的基本要求

首先直接利用公式（2-1），分别计算 LC-Q-TOF/MS 和 GC-Q-TOF/MS 仪器检出的各果蔬样品中每种农药 IFS_c，将结果列出。为考察超标农药和禁用农药的使用安全性，分别以我国《食品安全国家标准 食品中农药最大残留限量》（GB 2763—2016）和欧盟食品中农药最大残留限量（以下简称 MRL 中国国家标准和 MRL 欧盟标准）为标准，对检出的禁药和超标的非禁药 IFS_c 单独进行评价；按 IFS_c 大小列表，并找出 IFS_c 值排名前 20 的样本重点关注。

对不同果蔬 i 中每一种检出的农药 c 的安全指数进行计算，多个样品时求平均值。若监测数据为该市多个月的数据，则逐月、逐季度分别列出每个月、每个季度内每一种果蔬 i 对应的每一种农药 c 的 IFS_c。

按农药种类，计算整个监测时间段内每种农药的 IFS_c，不区分果蔬。若检测数据为该市多个月的数据，则需分别计算每个月、每个季度内每种农药的 IFS_c。

3）预警风险评价专业程公式序开发的基本要求

分别以 MRL 中国国家标准和 MRL 欧盟标准，按公式（2-3）逐个计算不同果蔬、不同农药的风险系数，禁药和非禁药分别列表。

为清楚了解各种农药的预警风险，不分时间，不分果蔬，按禁用农药和非禁药分类，分别计算各种检出农药全部检测时段内风险系数。由于有 MRL 中国国家标准的农药种类太少，无法计算超标数，非禁药的风险系数只以 MRL 欧盟标准为标准，进行计算。若检测数据为多个月的，则按月计算每个月、每个季度内每种禁用农药残留的风险系数和以 MRL 欧盟标准为标准的非禁药残留的风险系数。

4）风险程度评价专业应用程序的开发方法

采用 Python 计算机程序设计语言，Python 是一个高层次地结合了解释性、编译性、互动性和面向对象的脚本语言。风险评价专用程序主要功能包括：分别读入每例样品 LC-Q-TOF/MS 和 GC-Q-TOF/MS 农药残留检测数据，根据风险评价工作要求，依次对不同农药、不同食品、不同时间、不同采样点的 IFS_c 值和 R 值分别进行数据计算，筛选出禁用农药、超标农药（分别与 MRL 中国国家标准、MRL 欧盟标准限值进行对比）单独重点分析，再分别对各农药、各果蔬种类分类处理，设计出计算和排序程序，编写计算机代码，最后将生成的膳食暴露风险评价和超标风险评价定量计算结果列入设计好的各个表格中，并定性判断风险对目标的影响程度，直接用文字描述风险发生的高低，如“不可接受”“可以接受”“没有影响”“高度风险”“中度风险”“低度风险”。

2.2 北京市果蔬农药残留膳食暴露风险评估

2.2.1 果蔬样品中农药残留安全指数分析

基于农药残留检测数据，发现在 893 例样品中检出农药 1847 频次，计算样品中每种残留农药的安全指数 IFS_c，并分析农药对样品安全的影响程度，结果详见附表二，农药残留对果蔬样品的安全影响程度频次分布情况如图 2-4 所示。

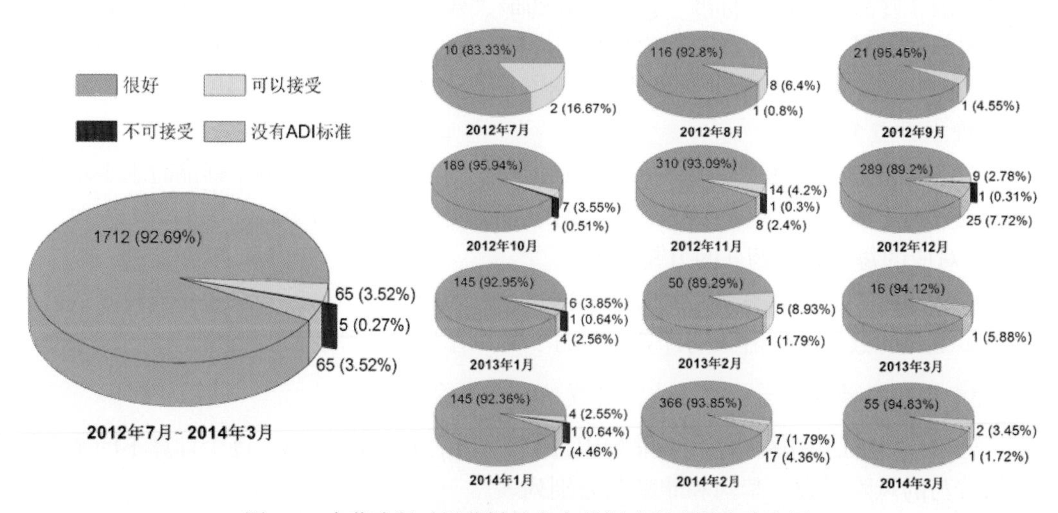

图 2-4 农药残留对果蔬样品安全的影响程度频次分布图

由图 2-4 可以看出，农药残留对样品安全的影响不可接受的频次为 5，占 0.27%；农药残留对样品安全的影响可以接受的频次为 65，占 3.52%；农药残留对样品安全的没有影响的频次为 1712，占 92.69%。分析发现，在 12 个月份内只有 2012 年 10 月、2012 年 11 月、2012 年 12 月、2013 年 1 月和 2014 年 1 月内分别有一种农药对样品安全影响不可接受，其他月份内，农药对样品安全的影响均在可以接受和没有影响的范围内。表 2-5 为对果蔬样品安全影响不可接受的残留农药安全指数表。

表 2-5　对果蔬样品安全影响不可接受的残留农药安全指数表

序号	样品编号	采样点	基质	农药	含量（mg/kg）	IFS_c
1	20121110-110105-CAIQ-JC-01A	***超市（朝阳北路店）	韭菜	氧乐果	14.6139	308.5157
2	20140126-110108-CAIQ-ST-01A	***超市（五棵松店）	草莓	氧乐果	0.1847	3.8992
3	20130105-110107-CAIQ-CE-02A	***超市（石景山区店）	芹菜	氧乐果	0.1303	2.7508
4	20121013-110105-CAIQ-CE-01A	***超市（姚家园店）	芹菜	氧乐果	0.0651	1.3743
5	20121225-110108-CAIQ-JC-01A	***超市（增光路店）	韭菜	多菌灵	6.289	1.3277

此次检测，发现部分样品检出禁用农药，为了明确残留的禁用农药对样品安全的影响，分析检出禁药残留的样品安全指数，结果如图 2-5 所示，检出禁用农药 9 种 45 频次，其中农药残留对样品安全的影响不可接受的频次为 4，占 8.89%；农药残留对样品安全的影响可以接受的频次为 17，占 37.78%；农药残留对样品安全没有影响的频次为 24，占 53.33%。由图中可以看出 2013 年 3 月的果蔬中未检测出禁用农药残留，其余 11 个月份的果蔬样品中均检测出禁用农药残留，分析发现，在该 11 个月份内只有 2012 年 10 月、2012 年 11 月、2013 年 1 月和 2014 年 1 月内分别有一种禁用农药对样品安全影响不可接受，其他月份内，禁用农药对样品安全的影响均在可以接受和没有影响的范围内。表 2-6 列出了对果蔬样品安全影响不可接受的残留禁用农药安全指数表情况。

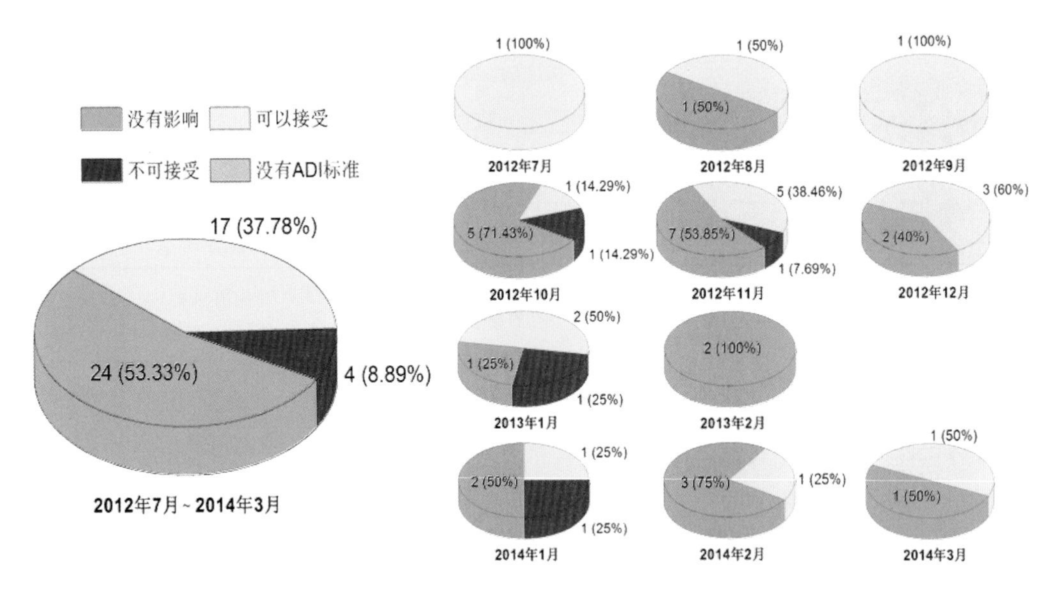

图 2-5　禁用农药残留对果蔬样品安全的影响程度频次分布图

表 2-6 对果蔬样品安全影响不可接受的残留禁用农药安全指数表

序号	样品编号	采样点	基质	农药	含量（mg/kg）	IFS_c
1	20121110-110105-CAIQ-JC-01A	***超市（朝阳北路店）	韭菜	氧乐果	14.6139	308.5157
2	20140126-110108-CAIQ-ST-01A	***超市（五棵松店）	草莓	氧乐果	0.1847	3.8992
3	20130105-110107-CAIQ-CE-02A	***超市（石景山区店）	芹菜	氧乐果	0.1303	2.7508
4	20121013-110105-CAIQ-CE-01A	***超市（姚家园店）	芹菜	氧乐果	0.0651	1.3743

此外，本次检测发现部分样品中非禁用农药残留量超过 MRL 中国国家标准和欧盟标准，为了明确超标的非禁药对样品安全的影响，分析非禁药残留超标的样品安全指数，图 2-6 和图 2-7 分别为残留量超过 MRL 中国国家标准和欧盟标准的非禁用农药对果蔬样品安全的影响程度频次分布图。

由图 2-6 可以看出，果蔬样品中检出超过 MRL 中国国家标准的非禁用农药共 3 频次，其中农药残留对样品安全的影响不可接受的频次为 1，占 33.3%；农药残留对样品安全的影响可以接受的频次为 1，占 33.3%，农药残留对样品安全没有影响的频次为 1，占 33.3%。表 2-7 为果蔬样品中残留量超过 MRL 中国国家标准的非禁用农药的安全指数表。

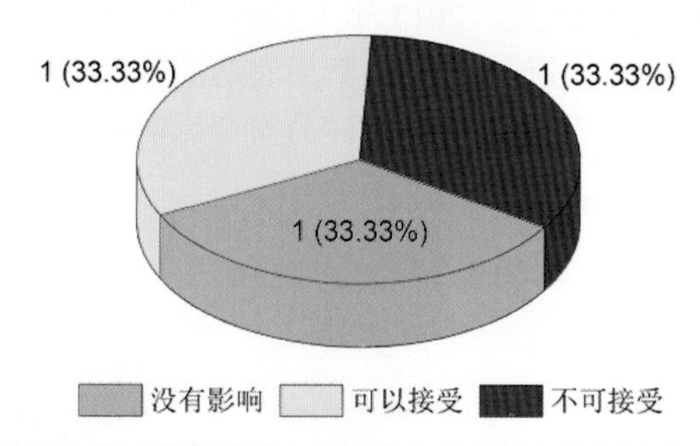

图 2-6 残留超标的非禁用农药对果蔬样品安全的影响程度频次分布图（MRL 中国国家标准）

表 2-7 果蔬样品中残留超标的非禁用农药安全指数表（MRL 中国国家标准）

序号	样品编号	采样点	基质	农药	含量（mg/kg）	中国国家标准	超标倍数	IFS_c	影响程度
1	20130105-110107-CAIQ-ST-01A	***超市（石景山区店）	草莓	烯酰吗啉	0.3833	0.05	6.67	0.0121	没有影响
2	20121225-110108-CAIQ-JC-01A	***超市（增光路店）	韭菜	多菌灵	6.289	2	2.14	1.3277	不可接受
3	20120818-110112-CAIQ-GP-01A	***批发市场	葡萄	戊唑醇	2.4621	2	0.23	0.5198	可以接受

由图 2-7 可以看出，果蔬样品中检出超过 MRL 欧盟标准的非禁用农药共 145 频次，其中农药残留对样品安全的影响不可接受的频次为 1，占 0.69%；农药残留对样

品安全的影响可以接受的频次为 27，占 18.62%；农药残留对样品安全没有影响的频次为 107，占 73.79%。表 2-8 为果蔬样品中残留量超过 MRL 欧盟标准的非禁用农药的安全指数表。

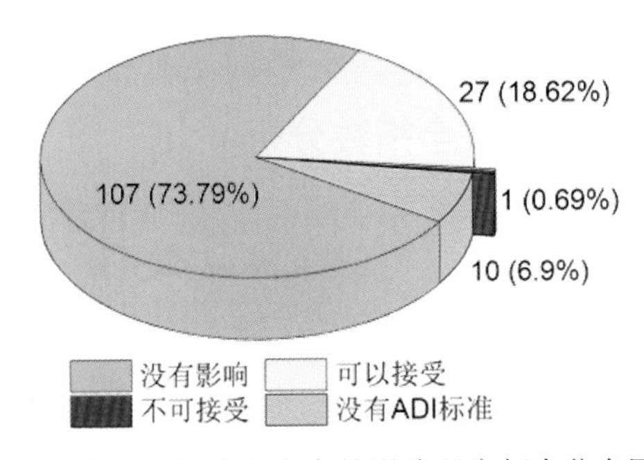

图 2-7 残留超标的非禁用农药对果蔬样品安全的影响程度频次分布图（MRL 欧盟标准）

表 2-8 对果蔬样品安全影响不可接受的残留超标非禁用农药安全指数表（MRL 欧盟标准）

序号	样品编号	采样点	基质	农药	含量（mg/kg）	欧盟标准	超标倍数	IFS_c
1	20121225-110108-CAIQ-JC-01A	***超市（增光路店）	韭菜	多菌灵	6.289	0.1	61.89	1.3277

在 893 例样品中，243 例样品未检测出农药残留，650 例样品中检测出农药残留，计算每例有农药检出的样品的$\overline{IFS}$值，进而分析样品的安全状态结果如图 2-8 所示（未检出农药的样品安全状态视为很好）。可以看出，0.22%的样品安全状态不可接受，2.8%的样品安全状态可以接受，95.52%的样品安全状态很好。此外可以看出，只有 2012 年 11 月和 2014 年 1 月分别有一例样品安全状态不可接受，其他月份内的样品安全状态均在很好和可以接受的范围内。表 2-9 列出了安全状态不可接受的果蔬样品。

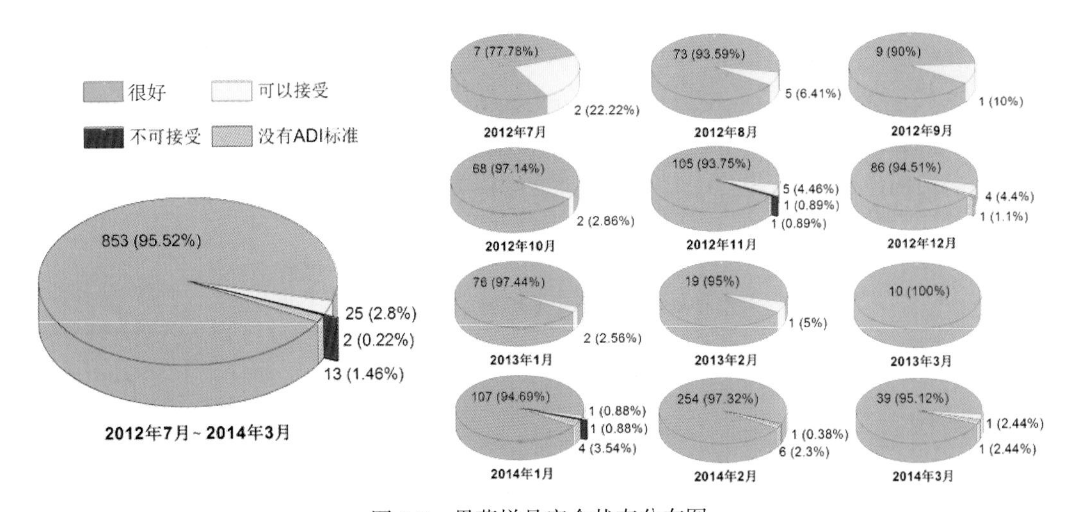

图 2-8 果蔬样品安全状态分布图

表 2-9 安全状态不可接受的果蔬样品列表

序号	样品编号	采样点	基质	$\overline{IFS}$
1	20121110-110105-CAIQ-JC-01A	***超市（朝阳北路店）	韭菜	34.4664
2	20140126-110108-CAIQ-ST-01A	***超市（五棵松店）	草莓	1.9506

2.2.2 单种果蔬中农药残留安全指数分析

本次检测的果蔬共计 43 种，43 种果蔬中紫甘蓝和莴笋没有检测出农药残留，在其余 41 种果蔬中检测出 81 种残留农药，检出频次为 1847 次，其中 70 农药存在 ADI 标准。计算每种果蔬中农药的 IFS_c 值，结果如图 2-9 所示。

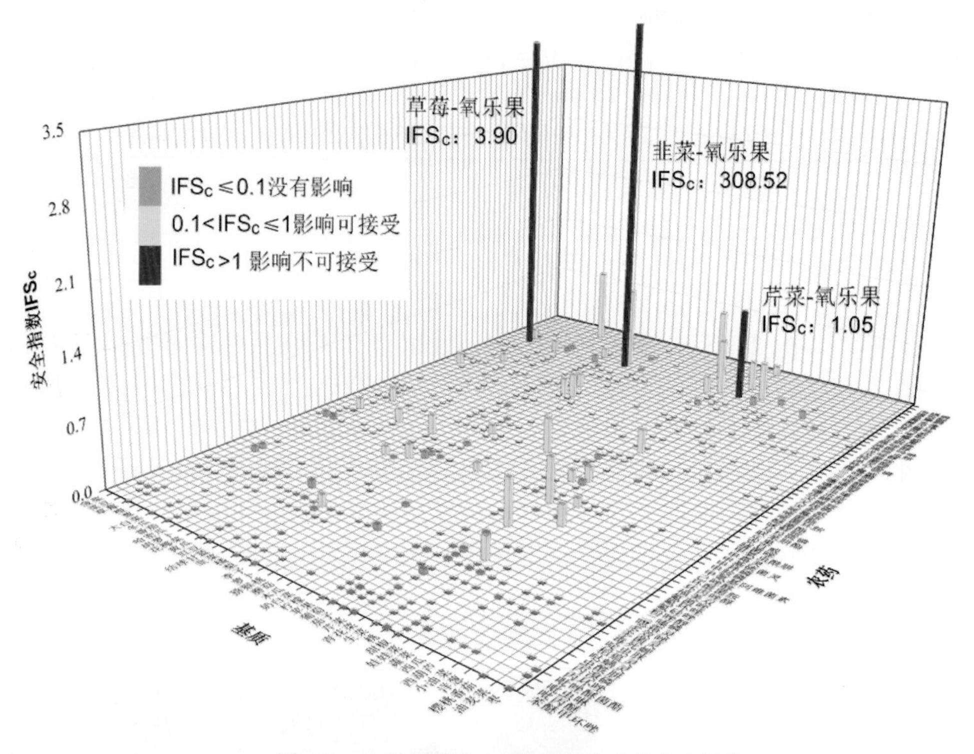

图 2-9 41 种果蔬中 70 种残留农药的安全指数

分析发现 3 种果蔬（韭菜、草莓和芹菜）中的氧乐果残留对食品安全影响不可接受，如表 2-10 所示。

表 2-10 对单种果蔬安全影响不可接受的残留农药安全指数表

序号	基质	农药	检出频次	检出率	IFS>1 的频次	IFS>1 的比例	IFS_c
1	韭菜	氧乐果	1	2.27%	1	2.27%	308.5157
2	草莓	氧乐果	1	2.94%	1	2.94%	3.8992
3	芹菜	氧乐果	4	6.90%	2	3.45%	1.0508

本次检测中，41种果蔬和81种残留农药（包括没有ADI）共涉及485个分析样本，农药对单种果蔬安全的影响程度分布情况如图2-10所示。

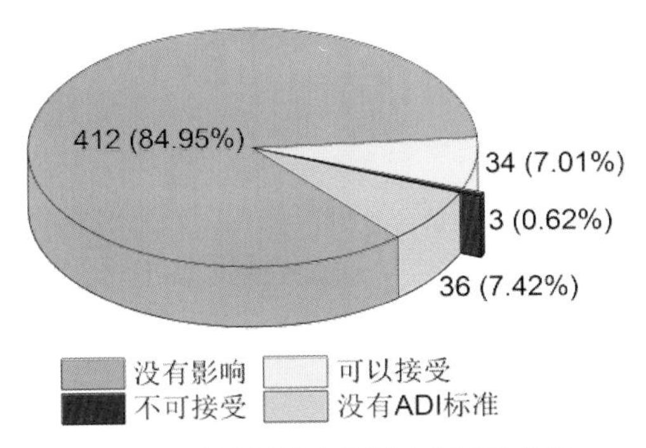

图2-10 485个分析样本的影响程度分布图

分别计算41种果蔬中所有检出农药 IFS_c 的平均值 $\overline{IFS}$，分析每种果蔬的安全状态，结果如图2-11所示，分析发现，1种果蔬（2.44%）的安全状态不可接受，4种果蔬（9.76%）的安全状态可接受，36种（87.8%）果蔬的安全状态很好。

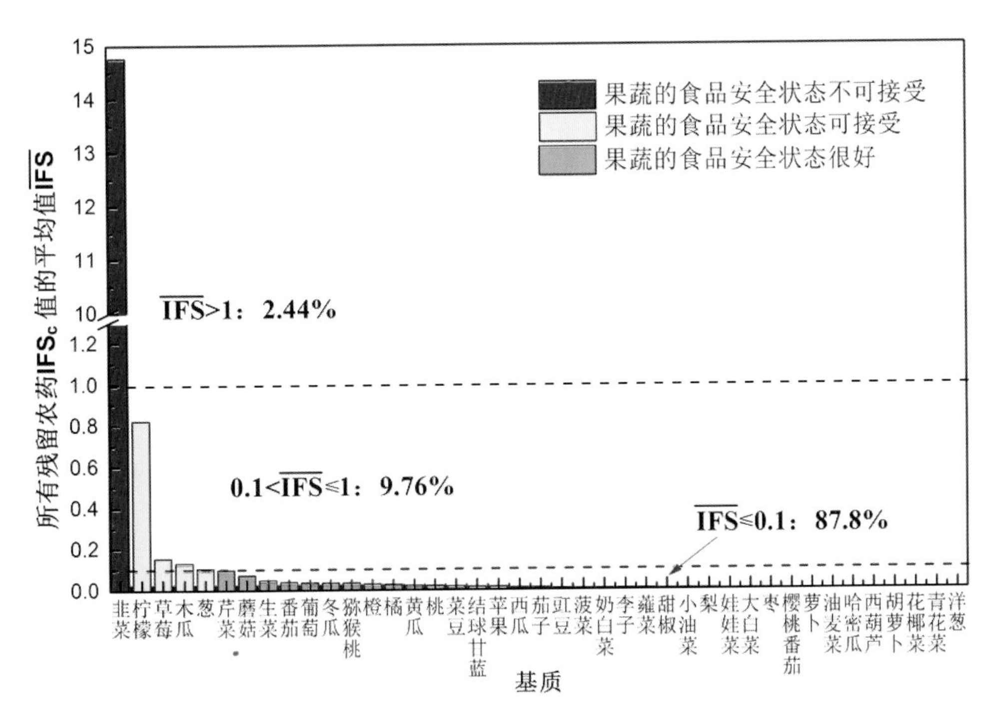

图2-11 41种果蔬的 $\overline{IFS}$ 值和安全状态

对每个月内每种果蔬中残留农药的 IFS_c 进行分析，并计算每月内每种果蔬的 $\overline{IFS}$ 值，以评价每种果蔬的安全状态，结果如图2-12所示，可以看出，只有2012年11月的韭菜的安全状态不可接受，该月份其余种类的果蔬和其他月份的所有种类果蔬的安全状态均处于很好和可以接受的范围内，各月份内单种果蔬安全状态分布情况如图2-13所示。

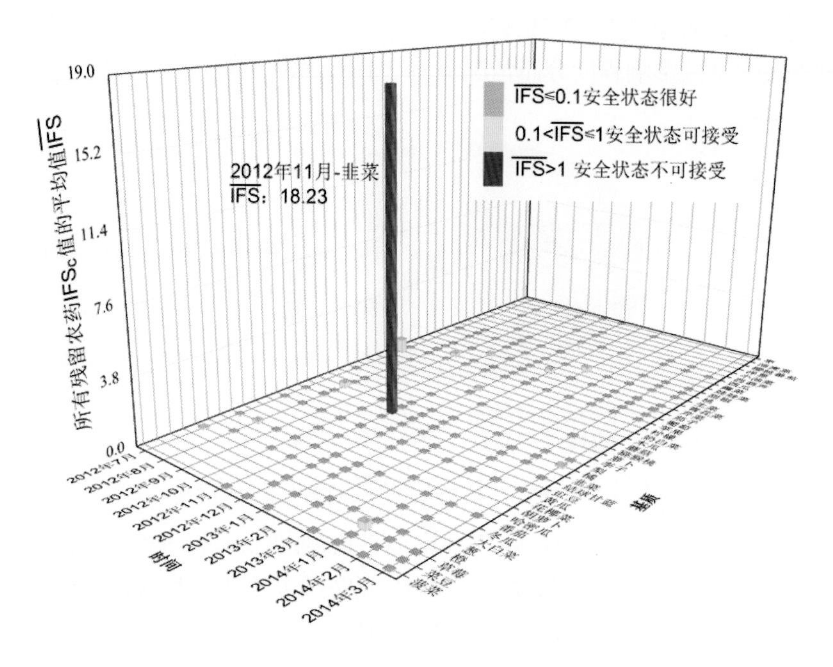

图 2-12　各月份内每种果蔬的$\overline{IFS}$值与安全状态

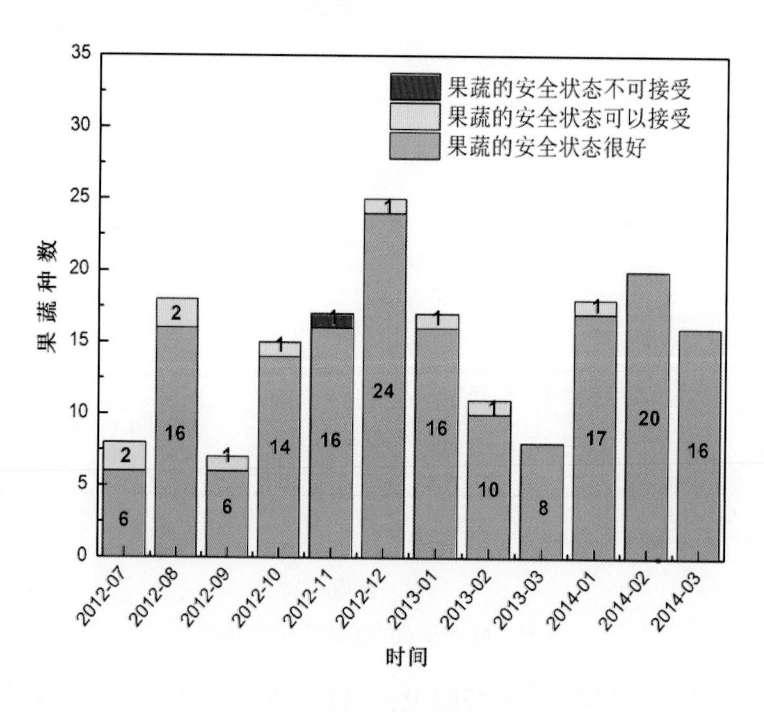

图 2-13　各月份内单种果蔬安全状态分布图

2.2.3　所有果蔬中农药残留安全指数分析

计算所有果蔬中 70 种残留农药的 IFS_c 值，结果如图 2-14 及表 2-11 所示。

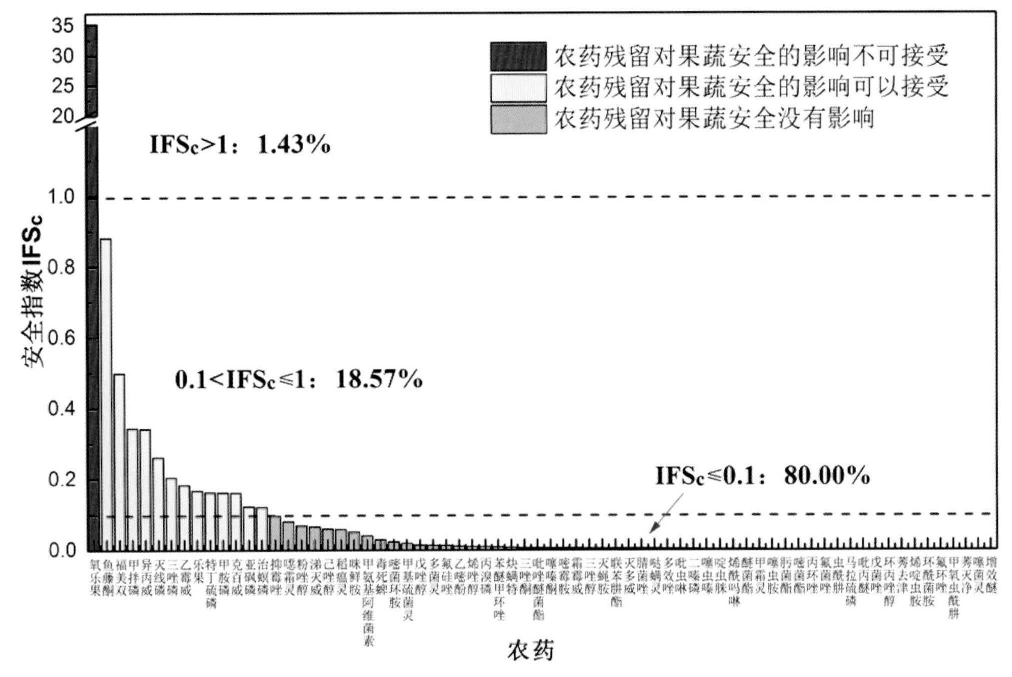

图 2-14 果蔬中 70 种农药残留安全指数

分析发现，只有氧乐果的 IFS_c 大于 1，其他农药的 IFS_c 均小于 1，说明氧乐果对果蔬安全的影响不可接受，其他农药对果蔬的影响均在没有影响和可接受的范围内，其中 18.75%的农药对果蔬安全的影响可以接受，80.00%的农药对果蔬安全没有影响。

表 2-11 果蔬中 70 种残留农药的安全指数表

序号	农药	检出频次	检出率	IFS_c	影响程度	序号	农药	检出频次	检出率	IFS_c	影响程度
1	氧乐果	9	1.01%	35.2591	不可接受	14	治螟磷	1	0.11%	0.1210	可以接受
2	鱼藤酮	1	0.11%	0.8819	可以接受	15	抑霉唑	10	1.12%	0.0962	没有影响
3	福美双	1	0.11%	0.4990	可以接受	16	噁霜灵	20	2.24%	0.0805	没有影响
4	甲拌磷	6	0.67%	0.3444	可以接受	17	粉唑醇	1	0.11%	0.0692	没有影响
5	异丙威	1	0.11%	0.3426	可以接受	18	涕灭威	2	0.22%	0.0660	没有影响
6	灭线磷	1	0.11%	0.2628	可以接受	19	己唑醇	4	0.45%	0.0601	没有影响
7	三唑磷	13	1.46%	0.2057	可以接受	20	稻瘟灵	1	0.11%	0.0586	没有影响
8	乙霉威	12	1.34%	0.1841	可以接受	21	咪鲜胺	76	8.51%	0.0516	没有影响
9	乐果	1	0.11%	0.1675	可以接受	22	甲氨基阿维菌素	4	0.45%	0.0405	没有影响
10	特丁硫磷	2	0.22%	0.1626	可以接受	23	毒死蜱	1	0.11%	0.0296	没有影响
11	甲胺磷	1	0.11%	0.1618	可以接受	24	嘧菌环胺	7	0.78%	0.0234	没有影响
12	克百威	18	2.02%	0.1612	可以接受	25	甲基硫菌灵	59	6.61%	0.0193	没有影响
13	亚砜磷	5	0.56%	0.1229	可以接受	26	戊唑醇	49	5.49%	0.0143	没有影响

续表

序号	农药	检出频次	检出率	IFS_c	影响程度	序号	农药	检出频次	检出率	IFS_c	影响程度
27	氟硅唑	19	2.13%	0.0135	没有影响	49	啶虫脒	137	15.34%	0.0023	没有影响
28	多菌灵	364	40.76%	0.0135	没有影响	50	烯酰吗啉	142	15.90%	0.0021	没有影响
29	乙嘧酚	10	1.12%	0.0104	没有影响	51	醚菌酯	5	0.56%	0.0017	没有影响
30	烯唑醇	6	0.67%	0.0099	没有影响	52	甲霜灵	88	9.85%	0.0016	没有影响
31	丙溴磷	5	0.56%	0.0098	没有影响	53	噻虫胺	5	0.56%	0.0013	没有影响
32	苯醚甲环唑	70	7.84%	0.0089	没有影响	54	肟菌酯	15	1.68%	0.0010	没有影响
33	炔螨特	1	0.11%	0.0072	没有影响	55	嘧菌酯	47	5.26%	0.0009	没有影响
34	三唑酮	13	1.46%	0.0060	没有影响	56	氟菌唑	2	0.22%	0.0007	没有影响
35	吡唑醚菌酯	25	2.80%	0.0059	没有影响	57	马拉硫磷	3	0.34%	0.0007	没有影响
36	噻嗪酮	20	2.24%	0.0058	没有影响	58	虫酰肼	3	0.34%	0.0007	没有影响
37	霜霉威	104	11.65%	0.0051	没有影响	59	丙环唑	8	0.90%	0.0007	没有影响
38	嘧霉胺	127	14.22%	0.0051	没有影响	60	戊菌唑	1	0.11%	0.0006	没有影响
39	三唑醇	10	1.12%	0.0050	没有影响	61	吡丙醚	5	0.56%	0.0006	没有影响
40	灭蝇胺	18	2.02%	0.0049	没有影响	62	环丙唑醇	1	0.11%	0.0006	没有影响
41	联苯肼酯	1	0.11%	0.0048	没有影响	63	莠去津	2	0.22%	0.0006	没有影响
42	腈菌唑	22	2.46%	0.0043	没有影响	64	烯啶虫胺	20	2.24%	0.0004	没有影响
43	灭多威	5	0.56%	0.0043	没有影响	65	环酰菌胺	1	0.11%	0.0004	没有影响
44	哒螨灵	10	1.12%	0.0042	没有影响	66	氟环唑	1	0.11%	0.0004	没有影响
45	多效唑	7	0.78%	0.0037	没有影响	67	甲氧虫酰肼	1	0.11%	0.0003	没有影响
46	吡虫啉	111	12.43%	0.0034	没有影响	68	莠灭净	1	0.11%	0.0002	没有影响
47	二嗪磷	1	0.11%	0.0025	没有影响	69	噻菌灵	2	0.22%	0.0001	没有影响
48	噻虫嗪	36	4.03%	0.0024	没有影响	70	增效醚	1	0.11%	0.0000	没有影响

对每个月内所有果蔬中残留农药的 IFS_c 进行分析，结果如图 2-15 所示。分析发现只有 2012 年 11 月、2013 年 1 月和 2014 年 1 月的氧乐果对果蔬安全的影响不可接受，该三个月份的其他农药和其他月份的所有农药对果蔬安全的影响均处于没有影响和可以接受的范围内。每月内不同种类农药对果蔬安全影响程度的比例分布如图 2-16 所示。

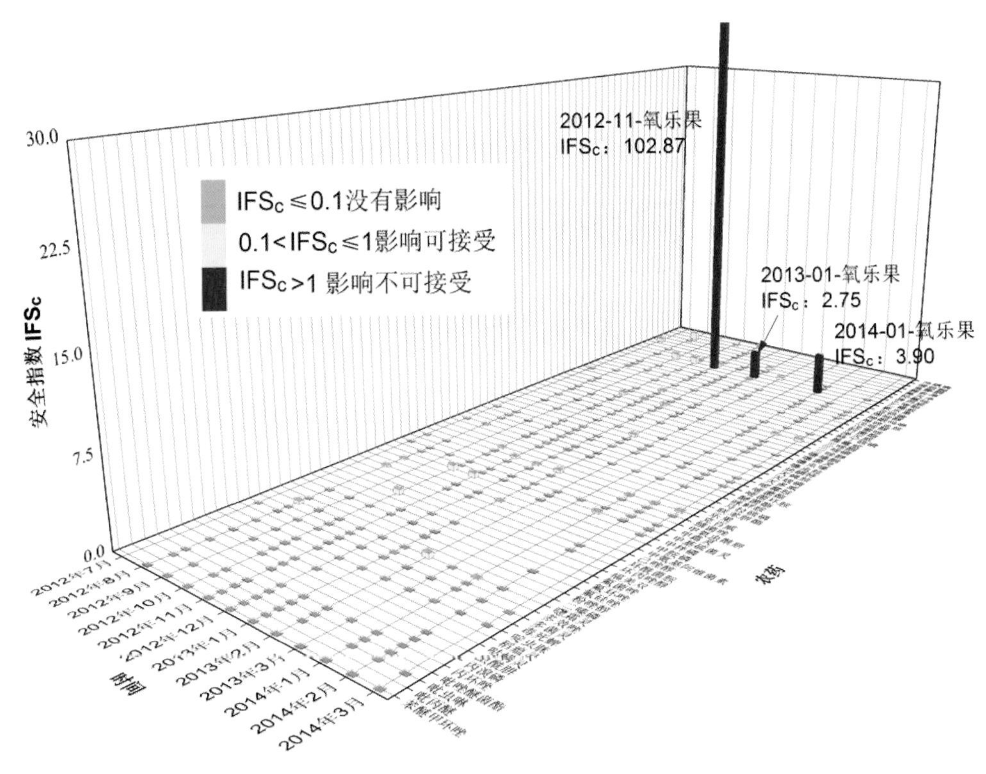

图 2-15　各月份内果蔬中每种残留农药的安全指数

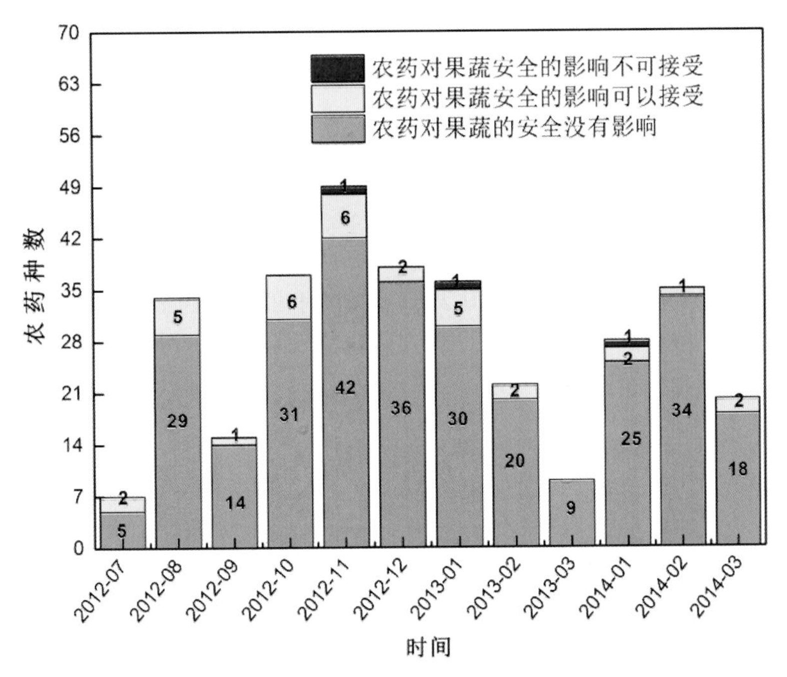

图 2-16　各月份内农药对果蔬安全影响程度的分布图

计算每个月内果蔬的$\overline{\mathrm{IFS}}$，以分析每月内果蔬的安全状态，结果如图 2-17 所示，可以看出，2012 年 11 月份的果蔬安全状态不可接受，其他月份的果蔬安全状态均处于很好和可以接受的范围内。分析发现，在 16.67%的月份内，果蔬安全状态可以接受，75.0%的月份内果蔬的安全状态很好。

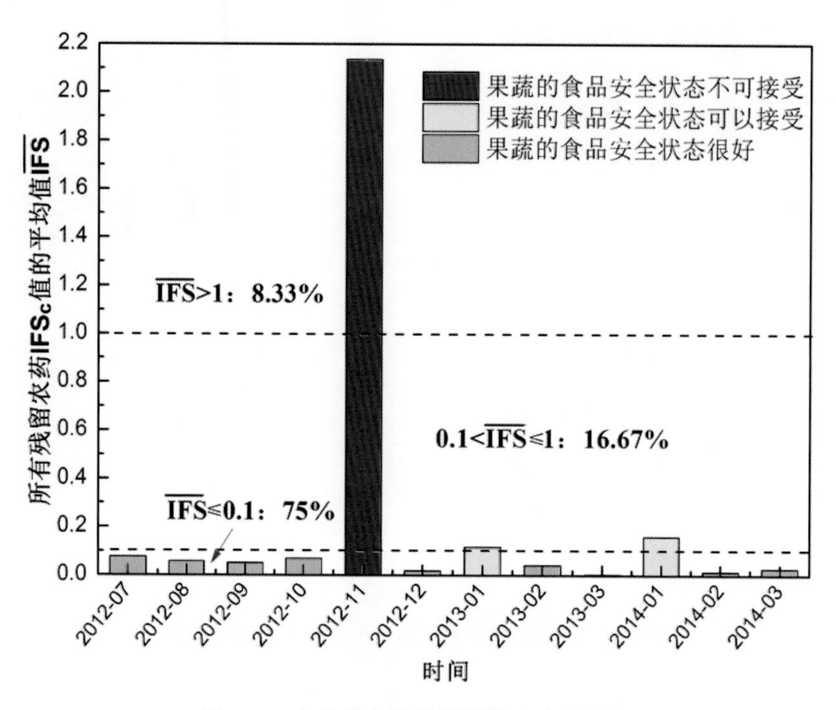

图 2-17 各月份内果蔬的$\overline{IFS}$值与安全状态

2.3 北京市果蔬农药残留预警风险评估

基于北京市果蔬样品中农药残留 LC-Q-TOF/MS 侦测数据，分析禁用农药的检出率，同时参照中华人民共和国国家标准 GB 2763—2016 和欧盟农药最大残留限量（MRL）标准分析非禁用农药残留的超标率，并计算农药残留风险系数。分析单种果蔬中农药残留以及所有果蔬中农药残留的风险程度。

2.3.1 单种果蔬中农药残留风险系数分析

2.3.1.1 单种果蔬中禁用农药残留风险系数分析

检出的 81 种残留农药中有 9 种为禁用农药，在 14 种果蔬中检测出禁药残留，计算单种果蔬中该种禁约的检出率，根据检出率计算风险系数 R，进而分析单种果蔬中每种禁药残留的风险程度，结果如图 2-18 和表 2-12 所示。分析发现 9 种禁用农药在 14 种果蔬中的残留处均于高度风险。

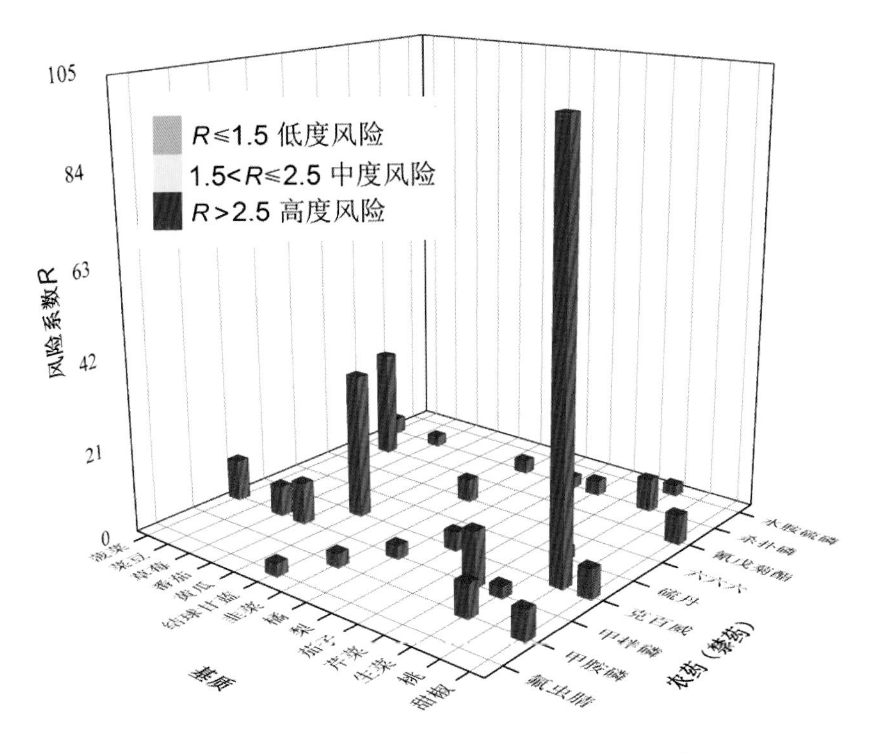

图 2-18　14 种果蔬中 9 种禁用农药残留的风险系数

表 2-12　14 种果蔬中 9 种禁用农药残留的风险系数表

序号	基质	农药	检出频次	检出率	风险系数 *R*	风险程度
1	娃娃菜	灭多威	1	100%	101.1	高度风险
2	豇豆	灭多威	1	33.33%	34.4	高度风险
3	葱	涕灭威	1	25.00%	26.1	高度风险
4	茄子	克百威	3	12.00%	13.1	高度风险
5	黄瓜	克百威	6	8.96%	10.1	高度风险
6	草莓	克百威	3	8.82%	9.9	高度风险
7	芹菜	甲拌磷	4	6.90%	8	高度风险
8	芹菜	氧乐果	4	6.90%	8	高度风险
9	番茄	克百威	4	6.25%	7.4	高度风险
10	西瓜	甲拌磷	1	5.88%	7	高度风险
11	西瓜	灭多威	1	5.88%	7	高度风险
12	西瓜	涕灭威	1	5.88%	7	高度风险

续表

序号	基质	农药	检出频次	检出率	R	风险程度
13	韭菜	特丁硫磷	2	4.55%	5.6	高度风险
14	梨	灭多威	2	3.28%	4.4	高度风险
15	草莓	氧乐果	1	2.94%	4	高度风险
16	葡萄	氧乐果	1	2.56%	3.7	高度风险
17	韭菜	甲拌磷	1	2.27%	3.4	高度风险
18	韭菜	氧乐果	1	2.27%	3.4	高度风险
19	橘	克百威	1	2.13%	3.2	高度风险
20	结球甘蓝	甲胺磷	1	2.04%	3.1	高度风险
21	芹菜	克百威	1	1.72%	2.8	高度风险
22	芹菜	灭线磷	1	1.72%	2.8	高度风险
23	芹菜	治螟磷	1	1.72%	2.8	高度风险
24	梨	氧乐果	1	1.64%	2.7	高度风险
25	番茄	氧乐果	1	1.56%	2.7	高度风险

2.3.1.2　基于 MRL 中国国家标准的单种果蔬中非禁用农药残留风险系数分析

参照中华人民共和国国家标准 GB 2763—2016 中农药残留限量计算每种果蔬中每种非禁用农药的超标率进而计算其风险系数，根据风险系数大小判断残留农药的预警风险程度，果蔬中非禁用农药残留风险程度分布情况如图 2-19 所示。

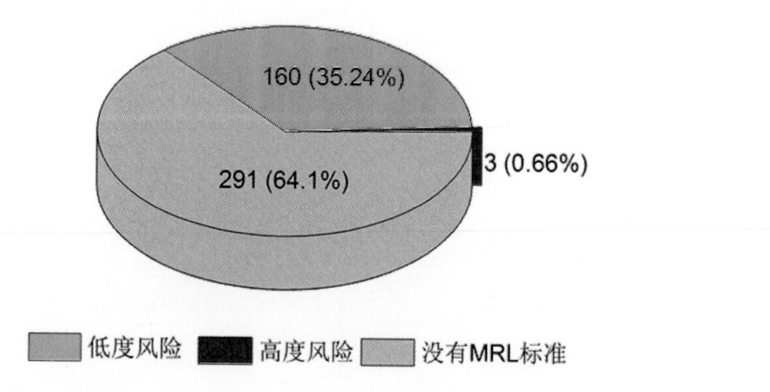

图 2-19　果蔬中非禁用农药残留的风险程度分布图（MRL 中国国家标准）

本次分析中，发现在 40 种果蔬中检出 72 种残留非禁用农药，涉及样本 460 个，在 460 个样本中，0.66%处于高度风险，35.24%处于低度风险，此外发现有 291 个样本没有 MRL 中国国家标准值，无法判断其风险程度，有 MRL 中国国家标准值的 163 个样本涉及 31 种果蔬中的 46 种非禁用农药，其风险系数 R 值如图 2-20 所示。表 2-13 为非禁用农药残留处于高度风险的果蔬列表。

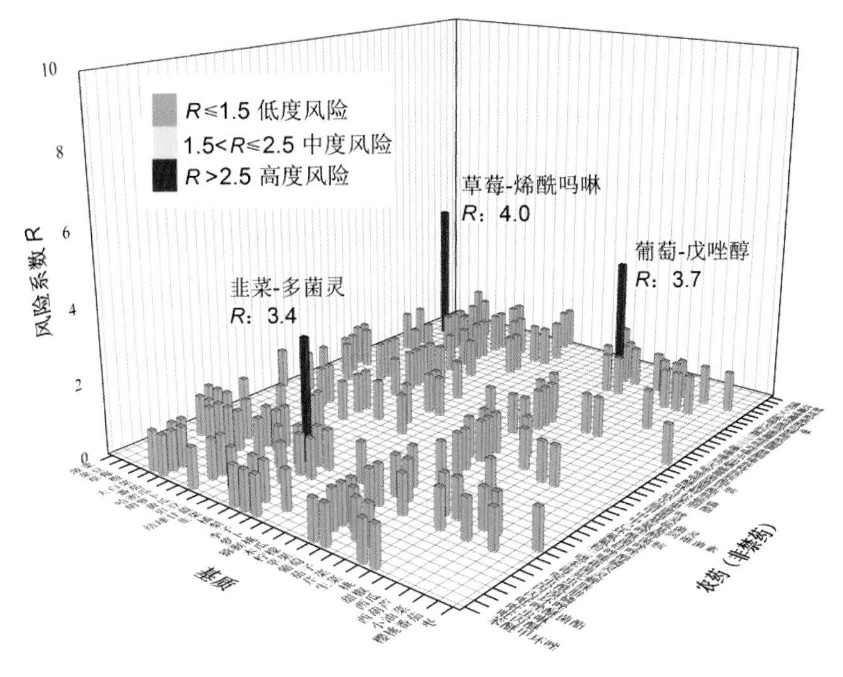

图 2-20 31种果蔬中46种非禁用农药的风险系数（MRL中国国家标准）

表 2-13 单种果蔬中处于高度风险的非禁用农药残留的风险系数表（MRL中国国家标准）

序号	基质	农药	超标频次	超标率 P	风险系数 R
1	草莓	烯酰吗啉	1	2.94%	4.0
2	葡萄	戊唑醇	1	2.56%	3.7
3	韭菜	多菌灵	1	2.27%	3.4

2.3.1.3 基于MRL欧盟标准的单种果蔬中非禁用农药残留风险系数分析

参照MRL欧盟标准计算每种果蔬中每种非禁用农药的超标率，进而计算其风险系数，根据风险系数大小判断残留农药的预警风险程度，果蔬中非禁用农药残留风险程度分布情况如图2-21所示。

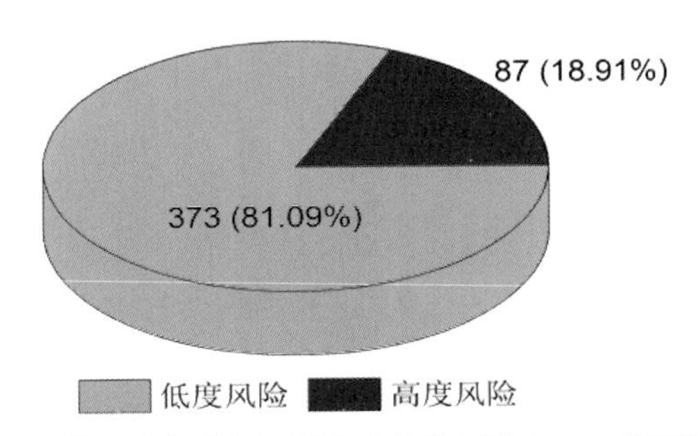

图 2-21 果蔬中非禁用农药残留的风险程度分布图（MRL欧盟标准）

本次分析中，发现在40种果蔬中检出72种残留非禁用农药，涉及样本460个，在

460 个样本中，18.91%的农药残留处于高度风险，涉及 24 种果蔬中的 35 种农药，81.09%处于低度风险，涉及 40 种果蔬中的 62 种农药。单种果蔬中的每种非禁用农药残留的风险系数 *R* 值如图 2-22 所示。单种果蔬中处于高度风险的非禁用农药残留的风险系数如图 2-23 和表 2-14 所示。

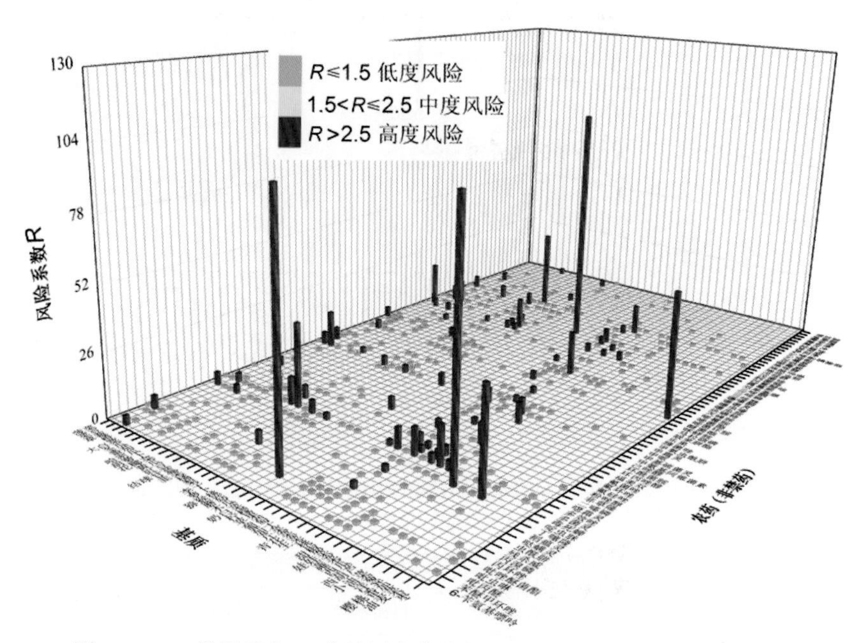

图 2-22　40 种果蔬中 72 非禁用农药残留的风险系数（MRL 欧盟标准）

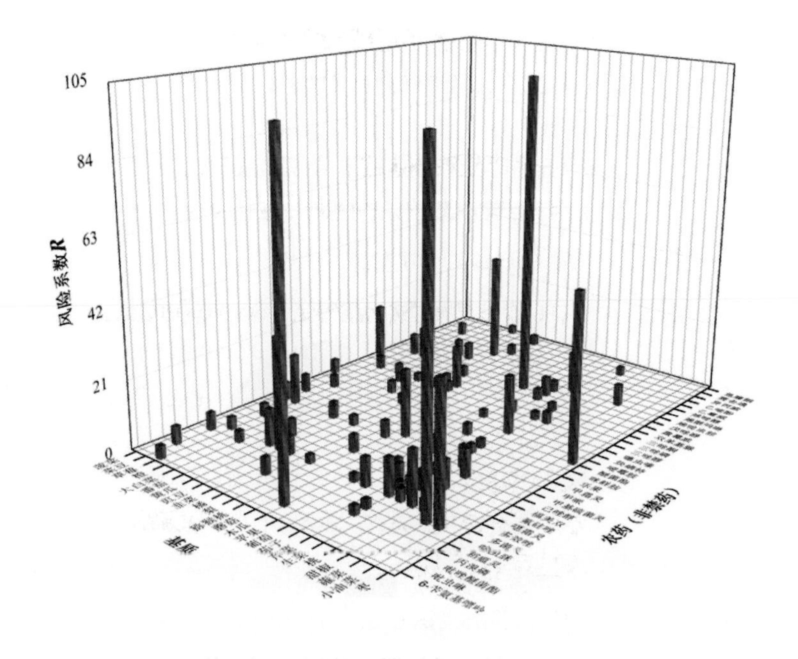

图 2-23　单种果蔬中处于高度风险的非禁用农药残留的风险系数（MRL 欧盟标准）

表 2-14 单种果蔬中处于高度风险的非禁用农药残留的风险系数表（MRL 欧盟标准）

序号	基质	农药	超标频次	超标率 *P*	风险系数 *R*
1	木瓜	吡虫啉	1	100%	101.1
2	蕹菜	啶虫脒	1	100%	101.1
3	木瓜	霜霉威	1	100%	101.1
4	枣	醚菌酯	1	50.00%	51.1
5	小油菜	啶虫脒	2	40.00%	41.1
6	豇豆	多菌灵	1	33.33%	34.4
7	豇豆	烯唑醇	1	33.33%	34.4
8	蘑菇	甲哌	5	20.00%	21.1
9	菜豆	三唑磷	4	18.18%	19.3
10	芹菜	嘧霉胺	10	17.24%	18.3
11	桃	多菌灵	2	15.38%	16.5
12	草莓	甲基硫菌灵	5	14.71%	15.8
13	橘	三唑磷	6	12.77%	13.9
14	茄子	烯啶虫胺	3	12.00%	13.1
15	黄瓜	多菌灵	7	10.45%	11.5
16	芹菜	多菌灵	6	10.34%	11.4
17	橙	霜霉威	1	9.09%	10.2
18	葡萄	多菌灵	3	7.69%	8.8
19	桃	氟硅唑	1	7.69%	8.8
20	桃	己唑醇	1	7.69%	8.8
21	草莓	霜霉威	2	5.88%	7.0
22	生菜	甲基硫菌灵	2	5.71%	6.8
23	甜椒	烯啶虫胺	2	5.71%	6.8
24	葡萄	甲基硫菌灵	2	5.13%	6.2
25	葡萄	霜霉威	2	5.13%	6.2
26	番茄	烯啶虫胺	3	4.69%	5.8
27	菜豆	吡唑醚菌酯	1	4.55%	5.6
28	菜豆	啶虫脒	1	4.55%	5.6
29	韭菜	多菌灵	2	4.55%	5.6
30	菜豆	甲基硫菌灵	1	4.55%	5.6
31	菜豆	甲霜灵	1	4.55%	5.6
32	菜豆	烯酰吗啉	1	4.55%	5.6
33	黄瓜	噁霜灵	3	4.48%	5.6
34	黄瓜	烯啶虫胺	3	4.48%	5.6

续表

序号	基质	农药	超标频次	超标率 P	风险系数 R
35	猕猴桃	氟硅唑	1	4.35%	5.4
36	猕猴桃	甲基硫菌灵	1	4.35%	5.4
37	橘	丙溴磷	2	4.26%	5.4
38	茄子	噁霜灵	1	4.00%	5.1
39	菠菜	嘧霉胺	1	3.45%	4.5
40	番茄	噁霜灵	2	3.13%	4.2
41	黄瓜	甲基硫菌灵	2	2.99%	4.1
42	黄瓜	嘧霉胺	2	2.99%	4.1
43	草莓	6-苄氨基嘌呤	1	2.94%	4.0
44	草莓	多菌灵	1	2.94%	4.0
45	草莓	氟硅唑	1	2.94%	4.0
46	草莓	咪鲜胺	1	2.94%	4.0
47	草莓	三唑醇	1	2.94%	4.0
48	草莓	乙嘧酚	1	2.94%	4.0
49	生菜	多菌灵	1	2.86%	4.0
50	甜椒	多菌灵	1	2.86%	4.0
51	生菜	多效唑	1	2.86%	4.0
52	生菜	噁霜灵	1	2.86%	4.0
53	生菜	三唑醇	1	2.86%	4.0
54	大白菜	啶虫脒	1	2.56%	3.7
55	葡萄	氟硅唑	1	2.56%	3.7
56	葡萄	咪鲜胺	1	2.56%	3.7
57	大白菜	三唑醇	1	2.56%	3.7
58	葡萄	三唑醇	1	2.56%	3.7
59	葡萄	双苯基脲	1	2.56%	3.7
60	葡萄	戊唑醇	1	2.56%	3.7
61	葡萄	烯唑醇	1	2.56%	3.7
62	韭菜	甲基硫菌灵	1	2.27%	3.4
63	韭菜	醚菌酯	1	2.27%	3.4
64	韭菜	三唑醇	1	2.27%	3.4
65	韭菜	三唑磷	1	2.27%	3.4
66	韭菜	双苯基脲	1	2.27%	3.4
67	韭菜	乙霉威	1	2.27%	3.4
68	韭菜	莠去通	1	2.27%	3.4

续表

序号	基质	农药	超标频次	超标率 P	风险系数 R
69	橘	三唑醇	1	2.13%	3.2
70	芹菜	丙溴磷	1	1.72%	2.8
71	芹菜	稻瘟灵	1	1.72%	2.8
72	芹菜	多效唑	1	1.72%	2.8
73	芹菜	噁霜灵	1	1.72%	2.8
74	芹菜	氟硅唑	1	1.72%	2.8
75	芹菜	福美双	1	1.72%	2.8
76	芹菜	甲霜灵	1	1.72%	2.8
77	芹菜	乐果	1	1.72%	2.8
78	芹菜	三唑醇	1	1.72%	2.8
79	芹菜	三唑酮	1	1.72%	2.8
80	芹菜	异丙威	1	1.72%	2.8
81	梨	多菌灵	1	1.64%	2.7
82	番茄	甲哌	1	1.56%	2.7
83	番茄	噻虫嗪	1	1.56%	2.7
84	番茄	鱼藤酮	1	1.56%	2.7
85	黄瓜	三唑醇	1	1.49%	2.6
86	苹果	多菌灵	1	1.45%	2.5
87	苹果	炔螨特	1	1.45%	2.5

2.3.2　所有果蔬中农药残留的风险系数分析

2.3.2.1　所有果蔬中禁用农药残留风险系数分析

在检出的 81 种农药中有 9 种为禁用农药，计算每种禁用农药的风险系数，结果如表 2-15 所示。其中 1 种处于高度风险，3 种处于中度风险，5 种处于低度风险。

表 2-15　果蔬中 9 种禁用农药残留的风险系数表

序号	农药	检出频次	检出率	风险系数 R	风险程度
1	克百威	18	1.01%	3.1	高度风险
2	氧乐果	9	0.67%	2.1	中度风险
3	甲拌磷	6	0.56%	1.8	中度风险
4	灭多威	5	0.22%	1.7	中度风险
5	特丁硫磷	2	0.22%	1.3	低度风险
6	涕灭威	2	0.11%	1.3	低度风险
7	甲胺磷	1	0.11%	1.2	低度风险
8	灭线磷	1	0.11%	1.2	低度风险
9	治螟磷	1	2.02%	1.2	低度风险

对每个月内的禁用农药的风险系数进行分别分析，结果如图 2-24 和表 2-16 所示。

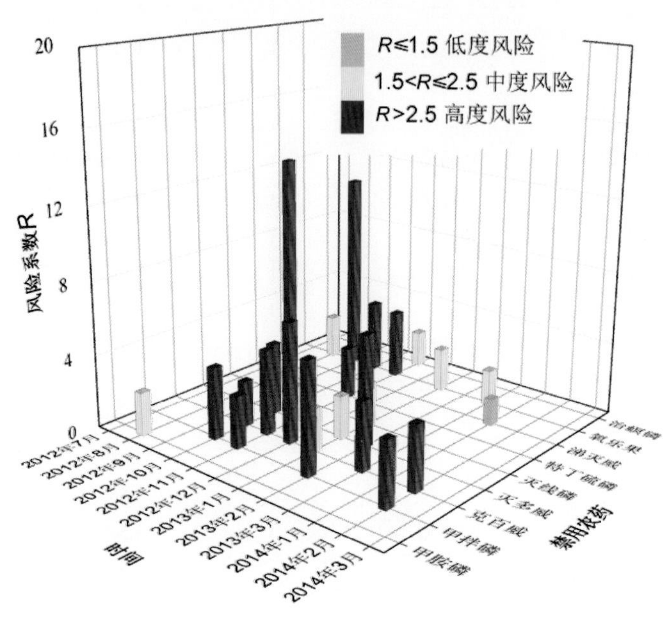

图 2-24　各月份内果蔬中禁用农药残留的风险系数

表 2-16　各月份内果蔬中禁用农药残留的风险系数表

序号	年月	农药	检出频次	检出率	风险系数 R	风险程度
1	2012 年 7 月	涕灭威	1	11.11%	12.21	高度风险
2	2012 年 8 月	氧乐果	1	1.28%	2.38	中度风险
3	2012 年 8 月	甲胺磷	1	1.28%	2.38	中度风险
4	2012 年 9 月	氧乐果	1	10.00%	11.10	高度风险
5	2012 年 10 月	氧乐果	2	2.86%	3.96	高度风险
6	2012 年 10 月	甲拌磷	2	2.86%	3.96	高度风险
7	2012 年 10 月	灭多威	2	2.86%	3.96	高度风险
8	2012 年 10 月	克百威	1	1.43%	2.53	高度风险
9	2012 年 11 月	克百威	4	3.57%	4.67	高度风险
10	2012 年 11 月	氧乐果	3	2.68%	3.78	高度风险
11	2012 年 11 月	特丁硫磷	2	1.79%	2.89	高度风险
12	2012 年 11 月	甲拌磷	2	1.79%	2.89	高度风险
13	2012 年 11 月	治螟磷	1	0.89%	1.99	中度风险
14	2012 年 11 月	灭多威	1	0.89%	1.99	中度风险
15	2012 年 12 月	克百威	5	5.49%	6.59	高度风险
16	2013 年 1 月	氧乐果	1	1.28%	2.38	中度风险
17	2013 年 1 月	灭线磷	1	1.28%	2.38	中度风险

续表

序号	年月	农药	检出频次	检出率	风险系数 R	风险程度
18	2013 年 1 月	克百威	1	1.28%	2.38	中度风险
19	2013 年 1 月	灭多威	1	1.28%	2.38	中度风险
20	2013 年 2 月	甲拌磷	1	5.00%	6.10	高度风险
21	2013 年 2 月	灭多威	1	5.00%	6.10	高度风险
22	2014 年 1 月	克百威	3	2.65%	3.75	高度风险
23	2014 年 1 月	氧乐果	1	0.88%	1.98	中度风险
24	2014 年 2 月	克百威	3	1.15%	2.25	中度风险
25	2014 年 2 月	涕灭威	1	0.38%	1.48	低度风险
26	2014 年 3 月	甲拌磷	1	2.44%	3.54	高度风险
27	2014 年 3 月	克百威	1	2.44%	3.54	高度风险

2.3.2.2 所有果蔬中非禁用农药残留风险系数分析

参照 MRL 欧盟标准计算所有果蔬中每种非禁用农药残留的风险系数，如图 2-25 与表 2-17 所示。在检出的 72 种非禁用农药中，3 种农药（4.17%）残留处于高度风险，8 种农药（11.11%）残留处于中度风险，61 种农药（84.72%）残留处于低度风险。

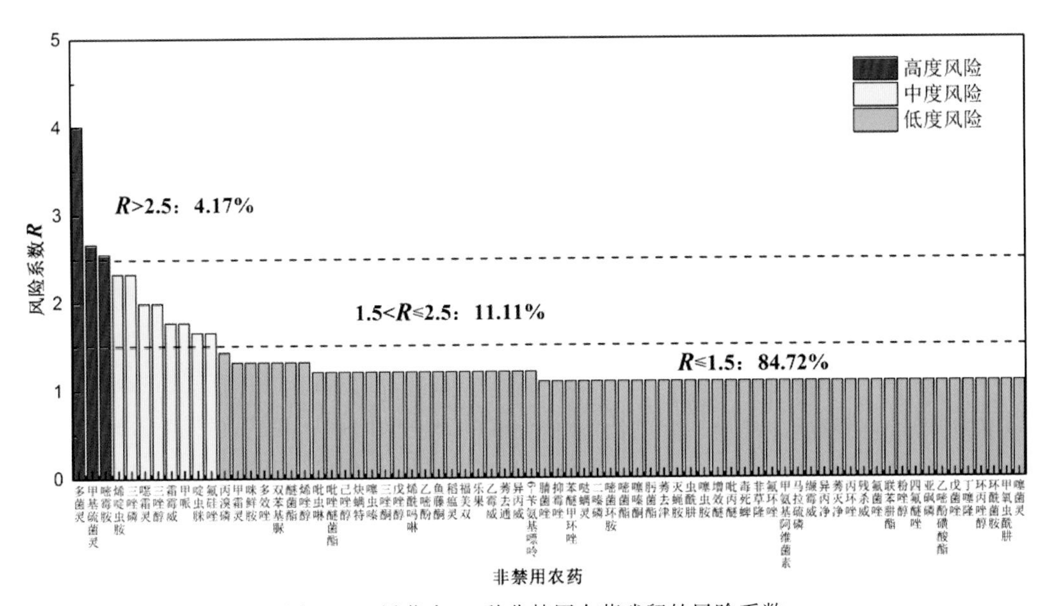

图 2-25 果蔬中 72 种非禁用农药残留的风险系数

表 2-17 果蔬中 72 种非禁用农药残留的风险系数表

序号	农药	超标频次	超标率 P	风险系数 R	风险程度
1	多菌灵	26	2.91%	4.0	高度风险
2	甲基硫菌灵	14	1.57%	2.7	高度风险

续表

序号	农药	超标频次	超标率 P	风险系数 R	风险程度
3	嘧霉胺	13	1.46%	2.6	高度风险
4	烯啶虫胺	11	1.23%	2.3	中度风险
5	三唑磷	11	1.23%	2.3	中度风险
6	噁霜灵	8	0.90%	2.0	中度风险
7	三唑醇	8	0.90%	2.0	中度风险
8	霜霉威	6	0.67%	1.8	中度风险
9	甲哌	6	0.67%	1.8	中度风险
10	啶虫脒	5	0.56%	1.7	中度风险
11	氟硅唑	5	0.56%	1.7	中度风险
12	丙溴磷	3	0.34%	1.4	低度风险
13	甲霜灵	2	0.22%	1.3	低度风险
14	咪鲜胺	2	0.22%	1.3	低度风险
15	多效唑	2	0.22%	1.3	低度风险
16	双苯基脲	2	0.22%	1.3	低度风险
17	醚菌酯	2	0.22%	1.3	低度风险
18	烯唑醇	2	0.22%	1.3	低度风险
19	吡虫啉	1	0.11%	1.2	低度风险
20	吡唑醚菌酯	1	0.11%	1.2	低度风险
21	已唑醇	1	0.11%	1.2	低度风险
22	炔螨特	1	0.11%	1.2	低度风险
23	噻虫嗪	1	0.11%	1.2	低度风险
24	三唑酮	1	0.11%	1.2	低度风险
25	戊唑醇	1	0.11%	1.2	低度风险
26	烯酰吗啉	1	0.11%	1.2	低度风险
27	乙嘧酚	1	0.11%	1.2	低度风险
28	鱼藤酮	1	0.11%	1.2	低度风险
29	稻瘟灵	1	0.11%	1.2	低度风险
30	福美双	1	0.11%	1.2	低度风险
31	乐果	1	0.11%	1.2	低度风险
32	乙霉威	1	0.11%	1.2	低度风险
33	莠去通	1	0.11%	1.2	低度风险
34	异丙威	1	0.11%	1.2	低度风险
35	6-苄氨基嘌呤	1	0.11%	1.2	低度风险
36	腈菌唑	0	0	1.1	低度风险

续表

序号	农药	超标频次	超标率 P	风险系数 R	风险程度
37	抑霉唑	0	0	1.1	低度风险
38	苯醚甲环唑	0	0	1.1	低度风险
39	哒螨灵	0	0	1.1	低度风险
40	二嗪磷	0	0	1.1	低度风险
41	嘧菌环胺	0	0	1.1	低度风险
42	嘧菌酯	0	0	1.1	低度风险
43	噻嗪酮	0	0	1.1	低度风险
44	肟菌酯	0	0	1.1	低度风险
45	莠去津	0	0	1.1	低度风险
46	灭蝇胺	0	0	1.1	低度风险
47	虫酰肼	0	0	1.1	低度风险
48	噻虫胺	0	0	1.1	低度风险
49	增效醚	0	0	1.1	低度风险
50	吡丙醚	0	0	1.1	低度风险
51	毒死蜱	0	0	1.1	低度风险
52	非草隆	0	0	1.1	低度风险
53	氟环唑	0	0	1.1	低度风险
54	甲氨基阿维菌素	0	0	1.1	低度风险
55	马拉硫磷	0	0	1.1	低度风险
56	缬霉威	0	0	1.1	低度风险
57	异丙净	0	0	1.1	低度风险
58	莠灭净	0	0	1.1	低度风险
59	丙环唑	0	0	1.1	低度风险
60	残杀威	0	0	1.1	低度风险
61	氟菌唑	0	0	1.1	低度风险
62	联苯肼酯	0	0	1.1	低度风险
63	粉唑醇	0	0	1.1	低度风险
64	四氟醚唑	0	0	1.1	低度风险
65	亚砜磷	0	0	1.1	低度风险
66	乙嘧酚磺酸酯	0	0	1.1	低度风险
67	戊菌唑	0	0	1.1	低度风险
68	丁噻隆	0	0	1.1	低度风险
69	环丙唑醇	0	0	1.1	低度风险
70	环酰菌胺	0	0	1.1	低度风险
71	甲氧虫酰肼	0	0	1.1	低度风险
72	噻菌灵	0	0	1.1	低度风险

对每个月份内的非禁用农药的风险系数分别分析，图 2-26 为每月内非禁药风险程度分布图。12 个月份内处于高度风险农药数排序为 2012 年 10 月（11）>2012 年 12 月（5）>2012 年 11 月（4）=2013 年 2 月（4）>2012 年 9 月（3）=2014 年 1 月（3）=2014 年 3 月（3）>2012 年 8 月（2）=2013 年 1 月（2）=2014 年 2 月（2）>2013 年 3 月（1）>2012 年 7 月（0）。

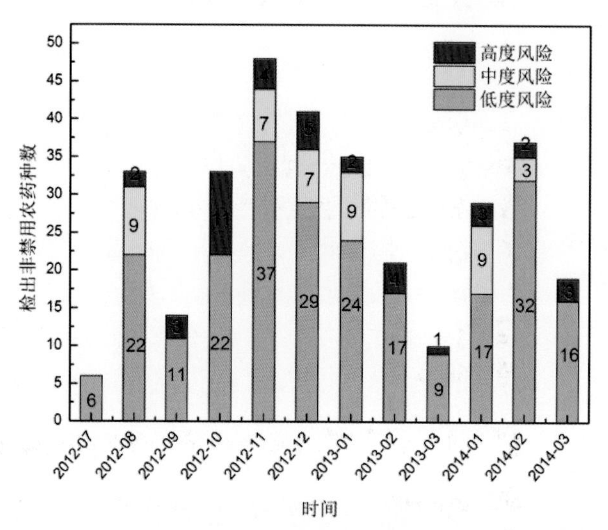

图 2-26 各月份内果蔬中非禁用农药残留的风险程度分布图

12 个月份内处于中度风险和高度风险的农药的风险系数如图 2-27 和表 2-18 所示。

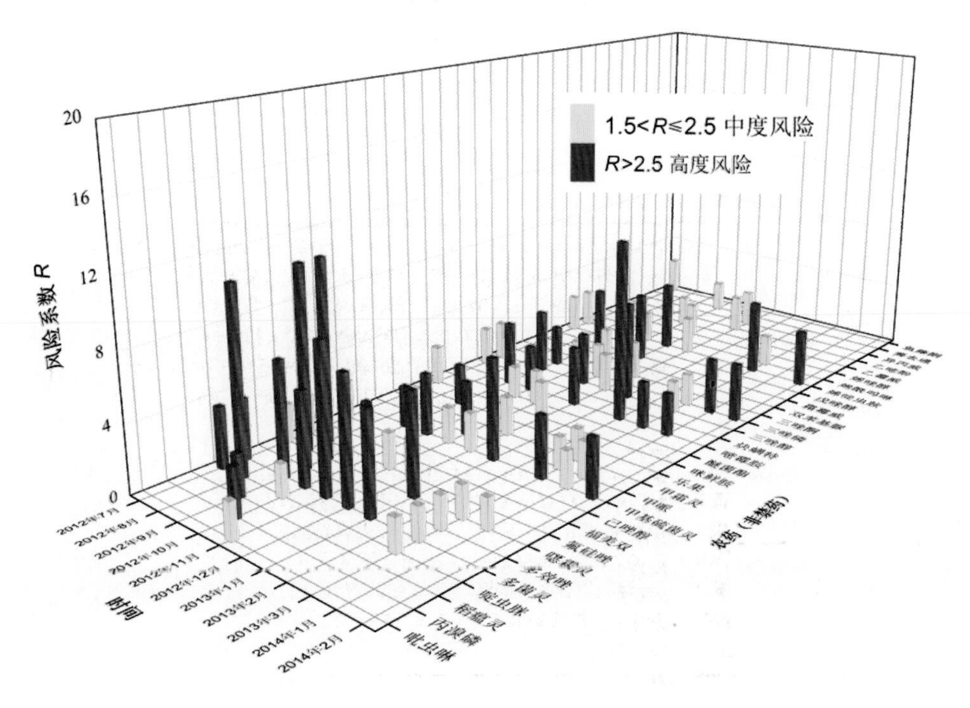

图 2-27 各月份内果蔬中处于中度风险和高度风险的非禁用农药残留的风险系数

表 2-18　各月份内果蔬中处于中度风险和高度风险的非禁用农药残留的风险系数表

序号	年月	农药	超标频次	超标率 P	风险系数 R	风险程度
1	2012 年 8 月	啶虫脒	2	2.56%	3.7	高度风险
2	2012 年 8 月	多菌灵	2	2.56%	3.7	高度风险
3	2012 年 8 月	己唑醇	1	1.28%	2.4	中度风险
4	2012 年 8 月	氟硅唑	1	1.28%	2.4	中度风险
5	2012 年 8 月	烯啶虫胺	1	1.28%	2.4	中度风险
6	2012 年 8 月	炔螨特	1	1.28%	2.4	中度风险
7	2012 年 8 月	三唑醇	1	1.28%	2.4	中度风险
8	2012 年 8 月	鱼藤酮	1	1.28%	2.4	中度风险
9	2012 年 8 月	咪鲜胺	1	1.28%	2.4	中度风险
10	2012 年 8 月	戊唑醇	1	1.28%	2.4	中度风险
11	2012 年 8 月	噁霜灵	1	1.28%	2.4	中度风险
12	2012 年 9 月	啶虫脒	1	10.00%	11.1	高度风险
13	2012 年 9 月	噁霜灵	1	10.00%	11.1	高度风险
14	2012 年 9 月	氟硅唑	1	10.00%	11.1	高度风险
15	2012 年 10 月	多菌灵	4	5.71%	6.8	高度风险
16	2012 年 10 月	嘧霉胺	2	2.86%	4.0	高度风险
17	2012 年 10 月	霜霉威	2	2.86%	4.0	高度风险
18	2012 年 10 月	三唑醇	2	2.86%	4.0	高度风险
19	2012 年 10 月	多效唑	1	1.43%	2.5	高度风险
20	2012 年 10 月	福美双	1	1.43%	2.5	高度风险
21	2012 年 10 月	三唑磷	1	1.43%	2.5	高度风险
22	2012 年 10 月	甲基硫菌灵	1	1.43%	2.5	高度风险
23	2012 年 10 月	稻瘟灵	1	1.43%	2.5	高度风险
24	2012 年 10 月	噁霜灵	1	1.43%	2.5	高度风险
25	2012 年 10 月	乐果	1	1.43%	2.5	高度风险
26	2012 年 11 月	多菌灵	5	4.46%	5.6	高度风险
27	2012 年 11 月	甲基硫菌灵	3	2.68%	3.8	高度风险
28	2012 年 11 月	丙溴磷	2	1.79%	2.9	高度风险
29	2012 年 11 月	嘧霉胺	2	1.79%	2.9	高度风险
30	2012 年 11 月	烯啶虫胺	1	0.89%	2.0	中度风险
31	2012 年 11 月	双苯基脲	1	0.89%	2.0	中度风险
32	2012 年 11 月	三唑磷	1	0.89%	2.0	中度风险
33	2012 年 11 月	乙霉威	1	0.89%	2.0	中度风险
34	2012 年 11 月	莠去通	1	0.89%	2.0	中度风险

续表

序号	年月	农药	超标频次	超标率 P	风险系数 R	风险程度
35	2012年11月	啶虫脒	1	0.89%	2.0	中度风险
36	2012年11月	醚菌酯	1	0.89%	2.0	中度风险
37	2012年12月	多菌灵	7	7.69%	8.8	高度风险
38	2012年12月	烯啶虫胺	3	3.30%	4.4	高度风险
39	2012年12月	霜霉威	3	3.30%	4.4	高度风险
40	2012年12月	甲哌	2	2.20%	3.3	高度风险
41	2012年12月	三唑醇	2	2.20%	3.3	高度风险
42	2012年12月	吡虫啉	1	1.10%	2.2	中度风险
43	2012年12月	氟硅唑	1	1.10%	2.2	中度风险
44	2012年12月	三唑磷	1	1.10%	2.2	中度风险
45	2012年12月	甲基硫菌灵	1	1.10%	2.2	中度风险
46	2012年12月	烯唑醇	1	1.10%	2.2	中度风险
47	2012年12月	醚菌酯	1	1.10%	2.2	中度风险
48	2012年12月	噁霜灵	1	1.10%	2.2	中度风险
49	2013年1月	多菌灵	5	6.41%	7.5	高度风险
50	2013年1月	嘧霉胺	2	2.56%	3.7	高度风险
51	2013年1月	氟硅唑	1	1.28%	2.4	中度风险
52	2013年1月	乙嘧酚	1	1.28%	2.4	中度风险
53	2013年1月	异丙威	1	1.28%	2.4	中度风险
54	2013年1月	三唑酮	1	1.28%	2.4	中度风险
55	2013年1月	烯啶虫胺	1	1.28%	2.4	中度风险
56	2013年1月	甲基硫菌灵	1	1.28%	2.4	中度风险
57	2013年1月	三唑醇	1	1.28%	2.4	中度风险
58	2013年1月	咪鲜胺	1	1.28%	2.4	中度风险
59	2013年1月	甲霜灵	1	1.28%	2.4	中度风险
60	2013年2月	噁霜灵	1	5.00%	6.1	高度风险
61	2013年2月	多菌灵	1	5.00%	6.1	高度风险
62	2013年2月	甲基硫菌灵	1	5.00%	6.1	高度风险
63	2013年2月	三唑醇	1	5.00%	6.1	高度风险
64	2013年3月	嘧霉胺	1	10.00%	11.1	高度风险
65	2014年1月	烯啶虫胺	4	3.54%	4.6	高度风险
66	2014年1月	甲基硫菌灵	3	2.65%	3.8	高度风险
67	2014年1月	嘧霉胺	2	1.77%	2.9	高度风险
68	2014年1月	多效唑	1	0.88%	2.0	中度风险

续表

序号	年月	农药	超标频次	超标率 P	风险系数 R	风险程度
69	2014年1月	三唑磷	1	0.88%	2.0	中度风险
70	2014年1月	烯酰吗啉	1	0.88%	2.0	中度风险
71	2014年1月	啶虫脒	1	0.88%	2.0	中度风险
72	2014年1月	甲哌	1	0.88%	2.0	中度风险
73	2014年1月	三唑醇	1	0.88%	2.0	中度风险
74	2014年1月	甲霜灵	1	0.88%	2.0	中度风险
75	2014年1月	噁霜灵	1	0.88%	2.0	中度风险
76	2014年1月	多菌灵	1	0.88%	2.0	中度风险
77	2014年2月	三唑磷	6	2.30%	3.4	高度风险
78	2014年2月	嘧霉胺	4	1.53%	2.6	高度风险
79	2014年2月	甲基硫菌灵	3	1.15%	2.2	中度风险
80	2014年2月	甲哌	3	1.15%	2.2	中度风险
81	2014年2月	噁霜灵	2	0.77%	1.9	中度风险
82	2014年3月	烯啶虫胺	1	2.44%	3.5	高度风险
83	2014年3月	甲基硫菌灵	1	2.44%	3.5	高度风险
84	2014年3月	三唑磷	1	2.44%	3.5	高度风险

2.4 北京市果蔬农药残留风险评估结论与建议

农药残留是影响果蔬安全和质量的主要因素，也是我国食品安全领域备受关注的敏感话题和亟待解决的重大问题之一[15,16]。各种水果蔬菜均存在不同程度的农药残留现象，本报告主要针对北京市各类水果蔬菜存在的农药残留问题，基于 2012 年 7 月~2014 年 3 月对北京市 893 例果蔬样品中农药残留得出的 1847 个检测结果，分别采用食品安全指数和风险系数两种方法，开展果蔬中农药残留的膳食暴露风险和预警风险评估。

本报告力求通用简单地反映食品安全中的主要问题且为管理部门和大众容易接受，为政府及相关管理机构建立科学的食品安全信息发布和预警体系提供科学的规律与方法，加强对农药残留的预警和食品安全重大事件的预防，控制食品风险。水果蔬菜样品取自超市和农贸市场，符合大众的膳食来源，风险评价时更具有代表性和可信度。

2.4.1 北京市果蔬中农药残留膳食暴露风险评价结论

1）果蔬中农药残留安全状态评价结论

采用食品安全指数模型，对 2012 年 7 月~2014 年 3 月期间北京市果蔬食品农药残留膳食暴露风险进行评价，根据 IFS_c 的计算结果发现，果蔬中农药的$\overline{IFS}$为 0.5663，说明北京市果蔬总体处于可以接受的安全状态，但部分禁用农药、高残留农药在蔬菜、水果中仍有检出，导致膳食暴露风险的存在，成为不安全因素。

2）单种果蔬中农药膳食暴露风险不可接受情况评价结论

单种果蔬中农药残留安全指数分析结果显示，农药对单种果蔬安全影响不可接受（$IFS_c>1$）的样本数共 3 个，占总样本数的 0.62%，3 个样本分别为韭菜中的氧乐果、草莓中的氧乐果和芹菜中的氧乐果，说明韭菜、草莓和芹菜中的氧乐果会对消费者身体健康造成较大的膳食暴露风险。氧乐果属于禁用的剧毒农药，且韭菜、草莓和芹菜均为较常见的果蔬品种，百姓日常食用量较大，长期食用大量残留氧乐果的韭菜、草莓和芹菜会对人体造成不可接受的影响，本次检测发现氧乐果在韭菜、草莓和芹菜样品中多次并大量检出，是未严格实施农业良好管理规范（GAP），抑或是农药滥用，这应该引起相关管理部门的警惕，应加强对韭菜、草莓和芹菜中氧乐果的严格管控。

3）禁用农药膳食暴露风险评价

本次检测发现部分果蔬样品中有禁用农药检出，检出禁用农药 9 种，检出频次为 45，果蔬样品中的禁用农药 IFS_c 计算结果表明，禁用农药残留膳食暴露风险不可接受的频次为 4，占 8.89%，可以接受的频次为 17，占 37.78%，没有影响的频次为 24，占 53.33%。对于果蔬样品中所有农药残留而言，膳食暴露风险不可接受的频次为 5，仅占总体频次的 0.27%，可以看出，禁用农药残留膳食暴露风险不可接受的比例远高于总体水平，这在一定程度上说明禁用农药残留更容易导致严重的膳食暴露风险。此外，膳食暴露风险不可接受的残留禁用农药均为氧乐果，因此，应该加强对禁用农药氧乐果的管控力度。为何在国家明令禁止禁用农药喷洒的情况下，还能在多种果蔬中多次检出禁用农药残留并造成不可接受的膳食暴露风险，这应该引起相关部门的高度警惕，应该在禁止禁用农药喷洒的同时，严格管控禁用农药的生产和售卖，从根本上杜绝安全隐患。

2.4.2 北京市果蔬中农药残留预警风险评价结论

1）单种果蔬中禁用农药残留的预警风险评价结论

本次检测过程中，在 14 种果蔬中检测出 9 种禁用农药，禁用农药种类为：灭多威、涕灭威、克百威、甲拌磷、氧乐果、特丁硫磷、甲胺磷、灭线磷和治螟磷，果蔬种类为：娃娃菜、豇豆、葱、茄子、黄瓜、草莓、芹菜、番茄、西瓜、韭菜、梨、葡萄、橘、结球甘蓝，果蔬中禁用农药的风险系数分析结果显示，9 种禁用农药在 14 种果蔬中的残留均处于高度风险，说明在单种果蔬中禁用农药的残留，会导致较高的预警风险。

2）单种果蔬中非禁用农药残留的预警风险评价结论

以 MRL 中国国家标准为标准，计算果蔬中非禁用农药风险系数情况下，460 个样本中，3 个处于高度风险（0.66%），160 个处于低度风险（35.24%），291 个样本没有 MRL 中国国家标准（64.1%）。以 MRL 欧盟标准为标准，计算果蔬中非禁用农药风险系数情况下，发现有 87 个处于高度风险（18.91%），373 个处于低度风险（81.09%）。利用两种农药 MRL 标准评价的结果差异显著，可以看出 MRL 欧盟标准比中国国家标准更加严格和完善，过于宽松的中国 MRL 标准值能否有效保障人体的健康有待研究。

2.4.3 加强北京市果蔬食品安全建议

我国食品安全风险评价体系仍不够健全，相关制度不够完善，多年来，由于农药用药次数多、用药量大或用药间隔时间短，产品残留量大，农药残留所带来的食品安全问题突出，对人体健康带来了直接或间接的危害，据估计，美国与农药有关的癌症患者数约占全国癌症患者总数的50%，中国更高。同样，农药对其他生物也会形成直接杀伤和慢性危害，植物中的农药可经过食物链逐级传递并不断蓄积，对人和动物构成潜在威胁，并影响生态系统。

基于本次农药残留检测与风险评价结果，提出以下几点建议：

1）加快完善食品安全标准

我国食品标准中对部分农药每日允许摄入量ADI的规定仍缺乏，本次评价基础检测数据中涉及的81个品种中，86.4%有规定值，仍有13.6%尚无规定值。

我国对食品中农药最大残留限量的规定严重缺乏，MRL欧盟标准值齐全，与欧盟相比，我国对不同果蔬中不同农药MRL已有规定值的数量仅占欧盟的40.0%（表2-19），缺少60.0%，急需进行完善。

表2-19 中国与欧盟的ADI和MRL标准限值的对比分析

分类		中国ADI	MRL中国国家标准	MRL欧盟标准
标准限值（个）	有	70	194	485
	无	11	291	0
总数（个）		81	485	485
无标准限值比例		13.6%	60.0%	0

此外，MRL中国国家标准限值普遍高于欧盟标准限值，根据对涉及的485个品种中我国已有的194个限量标准进行统计来看，105个农药的中国MRL高于欧盟MRL，占54.1%。过高的MRL值难以保障人体健康，建议继续加强对限值基准和标准进行科学的定量研究，将农产品中的危险性减少到尽可能低的水平。

2）加强农药的源头控制和分类监管

在北京市某些果蔬中仍有禁用农药检出，利用LC-Q-TOF/MS检测出9种禁用农药，检出频次为45次，残留禁用农药均存在较大的膳食暴露风险和预警风险。早已列入黑名单的禁用农药并未真正退出，有些药物由于价格便宜、工艺简单，此类高毒农药一直生产和使用。建议在我国采取严格有效的控制措施，进行禁用农药的源头控制。

对于非禁用农药，在我国作为“田间地头”最典型单位的县级蔬果产地中，农药残留的检测几乎缺失。建议根据农药的毒性，对高毒、剧毒、中毒农药实现分类管理，减少使用高毒和剧毒高残留农药，进行分类监管。

3）加强残留农药的生物修复及降解新技术

市售果蔬中残留农药品种多、频次高、禁用农药多次检出这一现状，说明了我国的田间土壤和水体因农药长期、频繁、不合理的使用而遭到严重污染。为此，建议有关部门出台相关政策，鼓励高校及科研院所积极开展分子生物学、酶学等研究，加强土壤、水体中残留农药的生物修复及降解新技术研究，并加大农药使用监管力度，以控制农药的面源污染问题。

4）在北京市率先强化管控并建立风险预警系统分析平台

本评价结果提示，在果蔬尤其是蔬菜用药中，应结合农药的使用周期、生物毒性和降解特性，加强对禁用农药和高风险农药的管控。

在本工作基础上，根据蔬菜残留危害，可进一步针对其成因提出和采取相应严格管理、大力推广无公害蔬菜种植与生产、健全食品安全控制技术体系、加强蔬菜食品质量检测体系建设和积极推行蔬菜食品质量追溯制度等相应对策。建立和完善食品安全综合评价指数与风险监测预警系统，建议依托北京市科研院所、高校科研实力，建立风险预警系统分析平台，对食品安全进行实时、全面的监控与分析，为北京市乃至全国的食品安全科学监管与决策提供新的技术支持，可实现各类检验数据的信息化系统管理，并降低食品安全事故的发生。

第 3 章　GC-Q-TOF/MS 侦测北京市 415 例市售水果蔬菜样品农药残留报告

从北京市所属 14 个区县，随机采集了 415 例水果蔬菜样品，使用气相色谱-四极杆飞行时间质谱（GC-Q-TOF/MS）对 499 种农药化学污染物进行示范侦测。

3.1　样品种类、数量与来源

3.1.1　样品采集与检测

为了真实反映百姓餐桌上水果蔬菜中农药残留污染状况，本次所有检测样品均由检验人员于 2014 年 1 月至 3 月期间，从北京市所属 24 个采样点，包括 24 个超市，以随机购买方式采集，总计 24 批 415 例样品，从中检出农药 96 种，892 频次。采样及监测概况见图 3-1 及表 3-1，样品及采样点明细见表 3-2 及表 3-3（侦测原始数据见附表 1）。

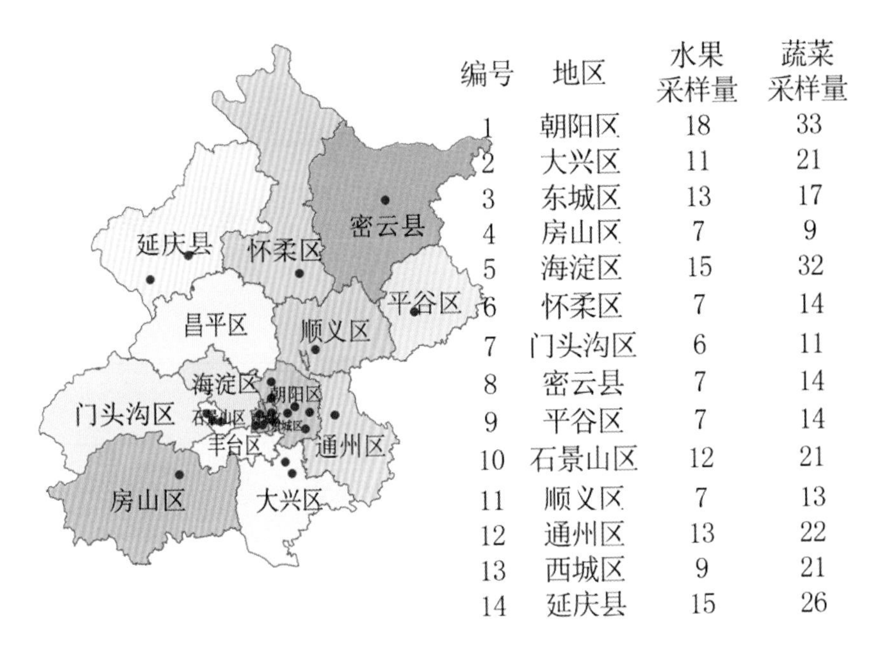

编号	地区	水果采样量	蔬菜采样量
1	朝阳区	18	33
2	大兴区	11	21
3	东城区	13	17
4	房山区	7	9
5	海淀区	15	32
6	怀柔区	7	14
7	门头沟区	6	11
8	密云县	7	14
9	平谷区	7	14
10	石景山区	12	21
11	顺义区	7	13
12	通州区	13	22
13	西城区	9	21
14	延庆县	15	26

图 3-1　北京市所属 24 个采样点 415 例样品分布图

表 3-1　农药残留监测总体概况

采样地区	北京市所属 14 个区县
采样点（超市+农贸市场）	24
样本总数	415
检出农药品种/频次	96/892
各采样点样本农药残留检出率范围	50.0%~94.1%

表 3-2　样品分类及数量

样品分类	样品名称（数量）	数量小计
1. 蔬菜		244
1）鳞茎类蔬菜	韭菜（20）	20
2）芸薹属类蔬菜	结球甘蓝（20），青花菜（9）	29
3）叶菜类蔬菜	菠菜（19），大白菜（22），芹菜（21），生菜（11）	73
4）茄果类蔬菜	番茄（23），茄子（22），甜椒（24）	69
5）瓜类蔬菜	黄瓜（24），西葫芦（7）	31
6）豆类蔬菜	菜豆（22）	22
2. 水果		147
1）柑橘类水果	橙（4），橘（21）	25
2）仁果类水果	梨（24），苹果（24）	48
3）核果类水果	桃（3）	3
4）浆果和其他小型水果	草莓（23），猕猴桃（20），葡萄（18）	61
5）瓜果类水果	西瓜（10）	10
3. 食用菌		24
1）蘑菇类	蘑菇（24）	24
合计	1.蔬菜 13 种 2.水果 9 种 3.食用菌 1 种	415

表 3-3　北京市采样点信息

采样点序号	行政区域	采样点
超市（24）		
1	朝阳区	***超市（慈云寺店）
2	朝阳区	***超市（大望路店）
3	朝阳区	***超市（朝阳路店）
4	大兴区	***超市（亦庄店）
5	大兴区	***超市（泰河园店）

续表

采样点序号	行政区域	采样点
6	东城区	***超市（东城区店）
7	东城区	***超市（东城区店）
8	房山区	***超市（良乡店）
9	海淀区	***超市（白石桥店）
10	海淀区	***超市（增光路店）
11	海淀区	***超市（五棵松店）
12	怀柔区	***超市（怀柔区店）
13	门头沟区	***超市（新桥店）
14	密云县	***超市（密云县店）
15	平谷区	***超市（平谷店）
16	石景山区	***超市（苹果园店）
17	石景山区	***超市（西黄村二店）
18	顺义区	***超市（顺义店）
19	通州区	***超市（九棵树店）
20	通州区	***超市（九棵树店）
21	西城区	***超市（阜成门店）
22	西城区	***超市（三里河店）
23	延庆县	***超市（妫水北街店）
24	延庆县	***超市（延庆店）

3.1.2 检测结果

这次使用的检测方法是庞国芳院士团队最新研发的不需使用标准品对照，而以高分辨精确质量数（0.0001 *m/z*）为基准的 GC-Q-TOF/MS 检测技术，对于 415 例样品，每个样品均侦测了 499 种农药化学污染物的残留现状。通过本次侦测，在 415 例样品中共计检出农药化学污染物 96 种，检出 892 频次。

3.1.2.1 各采样点样品检出情况

统计分析发现 24 个采样点中，被测样品的农药检出率范围为 50.0%~94.1%。其中，***超市（新桥店）的检出率最高，为 94.1%。***超市（东城区店）的检出率最低，为 50.0%，见图 3-2。

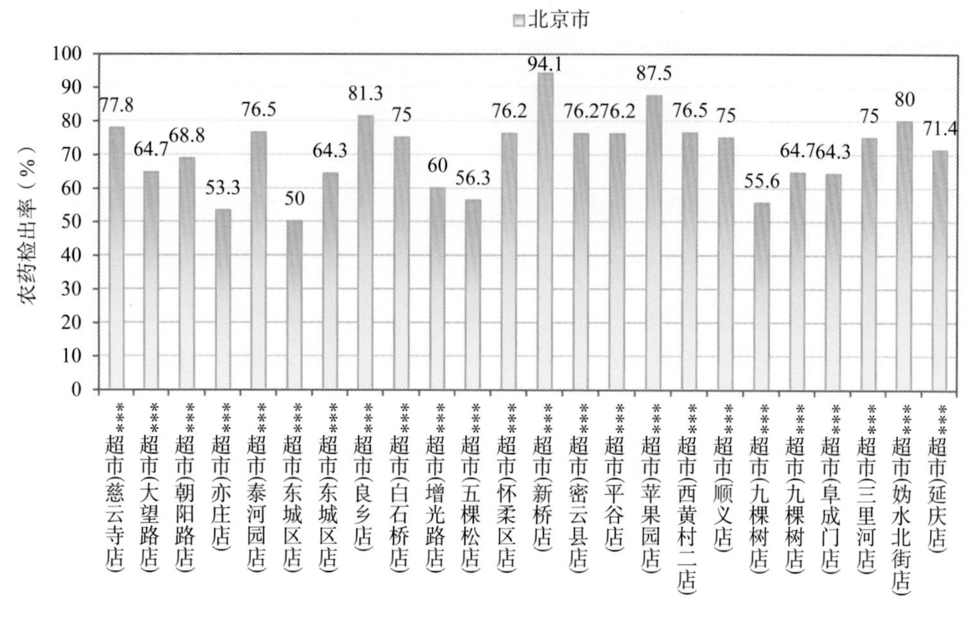

图 3-2　各采样点样品中的农药检出率（%）

3.1.2.2　检出农药的品种总数与频次

统计分析发现，对于 415 例样品中 499 种农药化学污染物的侦测，共检出农药 892 频次，涉及农药 96 种，结果如图 3-3 所示。其中腐霉利检出频次最高，共检出 102 次。检出频次排名前 10 的农药如下：①腐霉利（102）；②硫丹（98）；③异噁唑草酮（62）；④毒死蜱（46）；⑤嘧霉胺（43）；⑥甲霜灵（40）；⑦啶酰菌胺（37）；⑧哒螨灵（30）；⑨戊唑醇（25）；⑩五氯苯甲腈（22）。

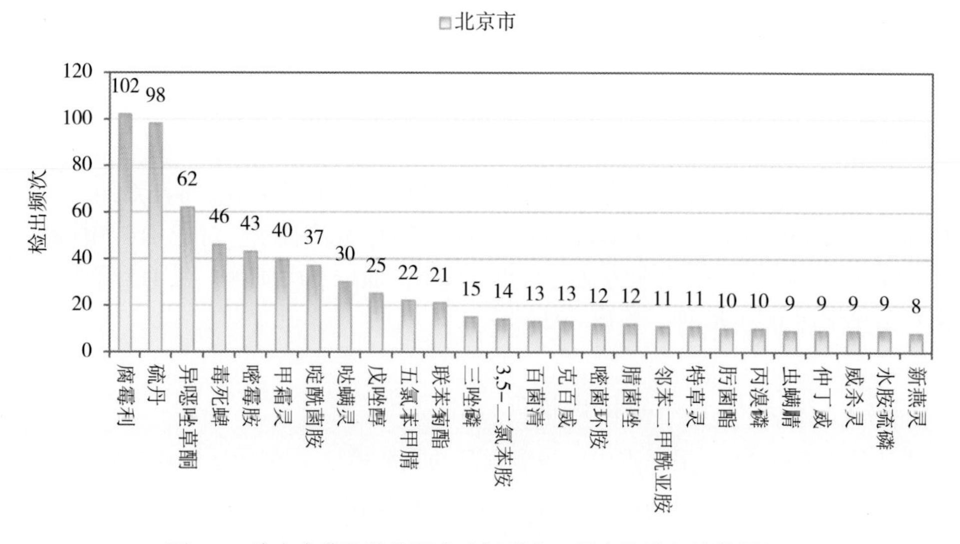

图 3-3　检出农药品种及频次（仅列出 8 频次及以上的数据）

由图 3-4 可见，甜椒、草莓、芹菜、菠菜和韭菜这 5 种果蔬样品中检出的农药品种数较高，均超过 20 种，其中，甜椒检出农药品种最多，为 27 种。由图 3-5 可见，韭菜、番茄和草莓这 3 种果蔬样品中的农药检出频次较高，均超过 80 次，其中，韭菜检出农药频次最高，为 106 次。

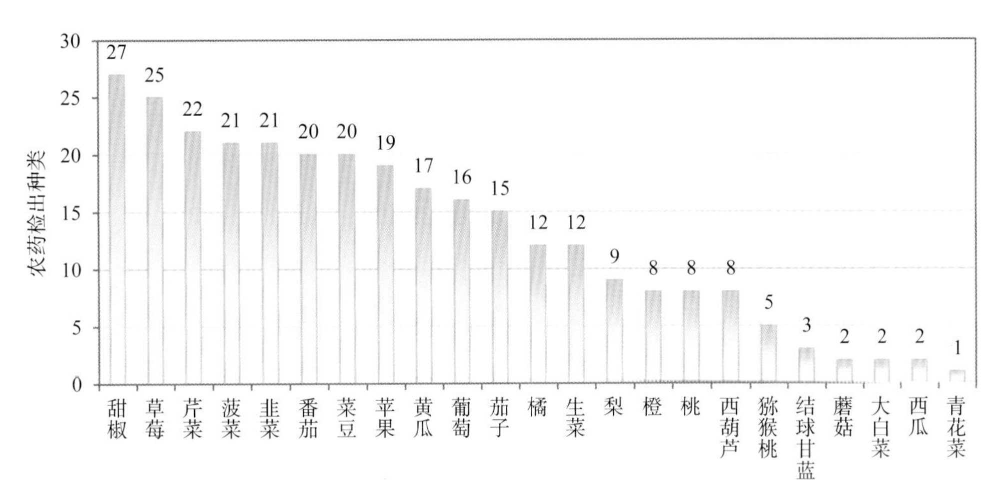

图 3-4 单种水果蔬菜检出农药的种类数

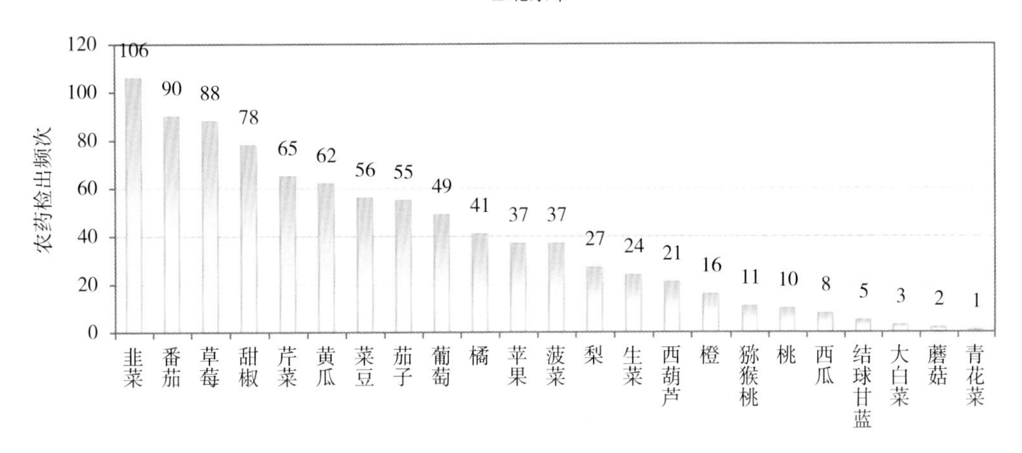

图 3-5 单种水果蔬菜检出农药频次

3.1.2.3 单例样品农药检出种类与占比

对单例样品检出农药种类和频次进行统计发现，未检出农药的样品占总样品数的 28.7%，检出 1 种农药的样品占总样品数的 21.9%，检出 2~5 种农药的样品占总样品数的 41.2%，检出 6~10 种农药的样品占总样品数的 7.7%，检出大于 10 种农药的样品占总样品数的 0.5%。每例样品中平均检出农药为 2.1 种，数据见表 3-4 及图 3-6。

表 3-4 单例样品检出农药品种占比

检出农药品种数	样品数量/占比（%）
未检出	119/28.7
1 种	91/21.9
2~5 种	171/41.2
6~10 种	32/7.7
大于 10 种	2/0.5
单例样品平均检出农药品种	2.1 种

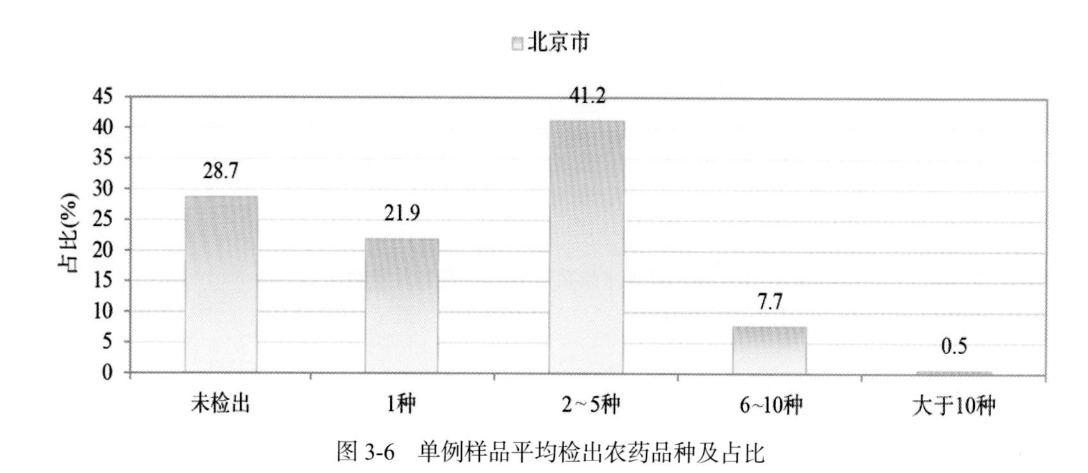

图 3-6 单例样品平均检出农药品种及占比

3.1.2.4 检出农药类别与占比

所有检出农药按功能分类，包括杀菌剂、杀虫剂、除草剂、植物生长调节剂和其他共 5 类。其中杀菌剂与杀虫剂为主要检出的农药类别，分别占总数的 39.6%和 36.5%，见表 3-5 及图 3-7。

表 3-5 检出农药所属类别及占比

农药类别	数量/占比（%）
杀菌剂	38/39.6
杀虫剂	35/36.5
除草剂	20/20.8
植物生长调节剂	2/2.1
其他	1/1.0

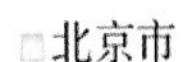

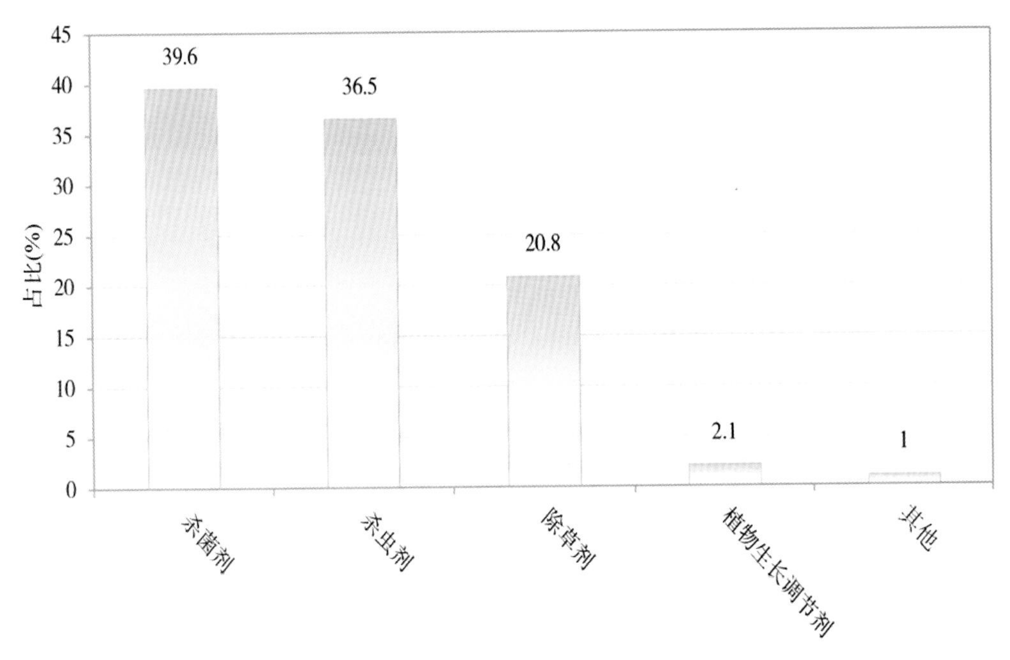

图 3-7 检出农药所属类别和占比（%）

3.1.2.5 检出农药的残留水平

按检出农药残留水平进行统计，残留水平在 1~5 μg/kg（含）的农药占总数的 35.7%，在 5~10 μg/kg（含）的农药占总数的 16.7%，在 10~100 μg/kg（含）的农药占总数的 36.9%，在 100~1000 μg/kg（含）的农药占总数的 10.8%。

由此可见，这次检测的 24 批 415 例水果蔬菜样品中农药多数处于较低残留水平。结果见表 3-6 及图 3-8，数据见附表 2。

表 3-6 农药残留水平/占比

残留水平（μg/kg）	检出频次/占比（%）
1~5（含）	318/35.7
5~10（含）	149/16.7
10~100（含）	329/36.9
100~1000（含）	96/10.8

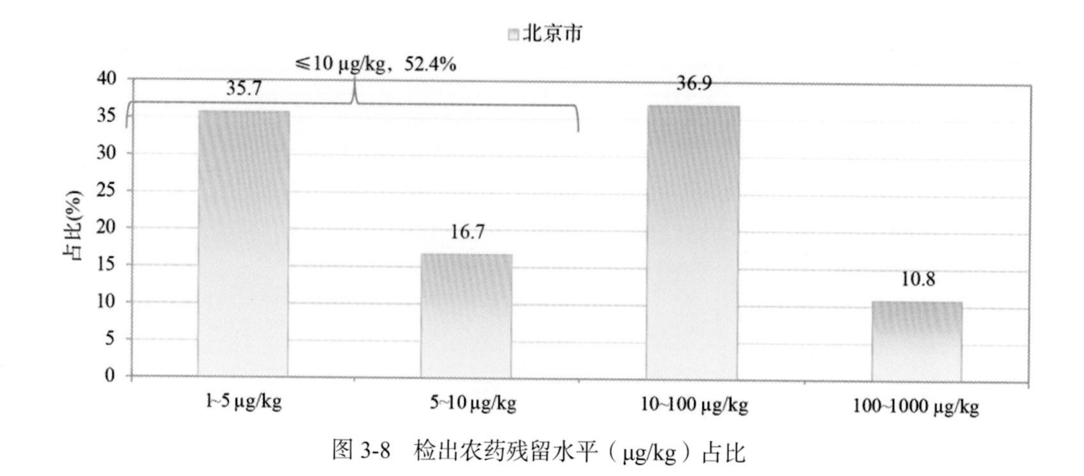

图 3-8　检出农药残留水平（μg/kg）占比

3.1.2.6　检出农药的毒性类别、检出频次和超标频次及占比

对这次检出的 96 种 892 频次的农药，按剧毒、高毒、中毒、低毒和微毒这五个毒性类别进行分类，从中可以看出，北京市目前普遍使用的农药为中低微毒农药，品种占 91.7%，频次占 94.7%。结果见表 3-7 及图 3-9。

表 3-7　检出农药毒性类别及占比

毒性分类	农药品种/占比（%）	检出频次/占比（%）	超标频次/超标率（%）
剧毒农药	3/3.1	8/0.9	0/0.0
高毒农药	5/5.2	39/4.4	7/17.9
中毒农药	42/43.8	398/44.6	6/1.5
低毒农药	27/28.1	175/19.6	0/0.0
微毒农药	19/19.8	272/30.5	8/2.9

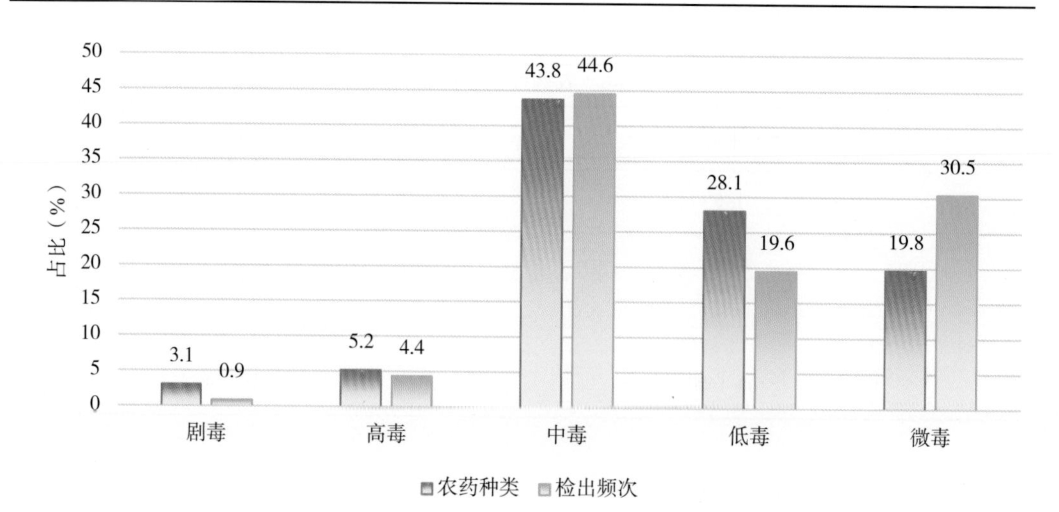

图 3-9　检出农药的毒性分类和占比

3.1.2.7　检出剧毒/高毒类农药的品种和频次

值得特别关注的是，在此次侦测的 415 例样品中有 8 种蔬菜 3 种水果的 38 例样品检出了 8 种 47 频次的剧毒和高毒农药，占样品总量的 9.2%，详见图 3-10、表 3-8 及表 3-9。

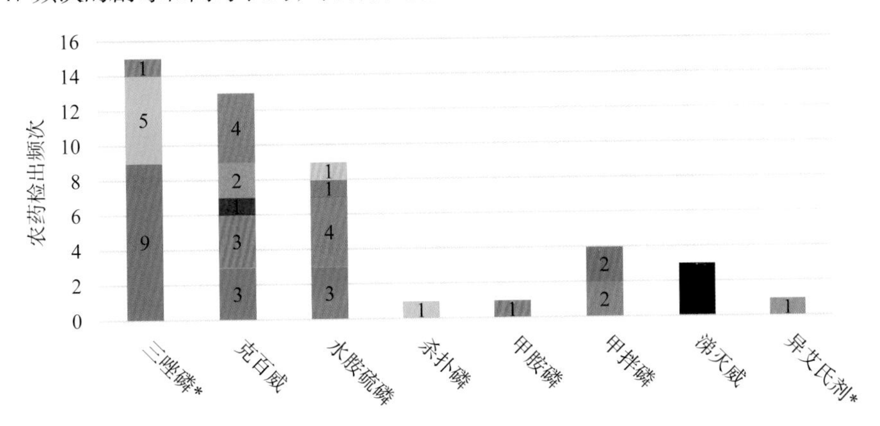

图 3-10　检出剧毒/高毒农药的样品情况

*表示允许在水果和蔬菜上使用的农药

表 3-8　剧毒农药检出情况

序号	农药名称	检出频次	超标频次	超标率
从 1 种水果中检出 1 种剧毒农药，共计检出 2 次				
1	甲拌磷*	2	0	0.0%
	小计	2	0	超标率：0.0%
从 3 种蔬菜中检出 3 种剧毒农药，共计检出 6 次				
1	涕灭威*	3	0	0.0%
2	甲拌磷*	2	0	0.0%
3	异艾氏剂*	1	0	0.0%
	小计	6	0	超标率：0.0%
	合计	8	0	超标率：0.0%

表 3-9　高毒农药检出情况

序号	农药名称	检出频次	超标频次	超标率
从 2 种水果中检出 3 种高毒农药，共计检出 7 次				
1	三唑磷	5	3	60.0%
2	水胺硫磷	1	0	0.0%
3	杀扑磷	1	0	0.0%
	小计	7	3	超标率：42.9%

续表

序号	农药名称	检出频次	超标频次	超标率
从 6 种蔬菜中检出 4 种高毒农药，共计检出 32 次				
1	克百威	13	4	30.8%
2	三唑磷	10	0	0.0%
3	水胺硫磷	8	0	0.0%
4	甲胺磷	1	0	0.0%
	小计	32	4	超标率：12.5%
	合计	39	7	超标率：17.9%

在检出的剧毒和高毒农药中，有 6 种是我国早已禁止在果树和蔬菜上使用的，分别是：杀扑磷、克百威、水胺硫磷、涕灭威、甲拌磷和甲胺磷。禁用农药的检出情况见表 3-10。

表 3-10　禁用农药检出情况

序号	农药名称	检出频次	超标频次	超标率
从 4 种水果中检出 5 种禁用农药，共计检出 23 次				
1	硫丹	18	0	0.0%
2	甲拌磷*	2	0	0.0%
3	杀扑磷	1	0	0.0%
4	氰戊菊酯	1	0	0.0%
5	水胺硫磷	1	0	0.0%
	小计	23	0	超标率：0.0%
从 11 种蔬菜中检出 9 种禁用农药，共计检出 113 次				
1	硫丹	80	0	0.0%
2	克百威	13	4	30.8%
3	水胺硫磷	8	0	0.0%
4	氟虫腈	4	0	0.0%
5	涕灭威*	3	0	0.0%
6	甲拌磷*	2	0	0.0%
7	六六六	1	0	0.0%
8	甲胺磷	1	0	0.0%
9	氰戊菊酯	1	0	0.0%
	小计	113	4	超标率：3.5%
	合计	136	4	超标率：2.9%

注：超标结果参考 MRL 中国国家标准计算

此次抽检的果蔬样品中，有 1 种水果 3 种蔬菜检出了剧毒农药，分别是：菠菜中检出涕灭威3次；芹菜中检出甲拌磷2次；西葫芦中检出异艾氏剂1次；草莓中检出甲拌磷2次。

样品中检出剧毒和高毒农药残留水平超过MRL中国国家标准的频次为7次，其中：橘检出三唑磷超标3次；茄子检出克百威超标1次；芹菜检出克百威超标3次。本次检出结果表明，高毒、剧毒农药的使用现象依旧存在。详见表3-11。

表3-11　各样本中检出剧毒/高毒农药情况

样品名称	农药名称	检出频次	超标频次	检出浓度（μg/kg）
		水果3种		
草莓	甲拌磷*▲	2	0	1.2，8.6
梨	水胺硫磷▲	1	0	3.8
橘	三唑磷	5	3	220.2[a]，177.2，339.6[a]，787.8[a]，90.1
橘	杀扑磷▲	1	0	1.2
小计		9	3	超标率：33.3%
		蔬菜8种		
菠菜	涕灭威*▲	3	0	2.8，2.9，1.0
菜豆	三唑磷	9	0	16.4，3.2，257.8，4.0，19.0，69.3，1.2，2.5，32.8
菜豆	克百威▲	3	0	2.3，18.8，7.9
菜豆	水胺硫磷▲	3	0	5.0，34.8，17.0
黄瓜	克百威▲	1	0	19.7
韭菜	水胺硫磷▲	1	0	2.9
茄子	克百威▲	2	1	10.0，20.2[a]
芹菜	甲拌磷*▲	2	0	1.1，1.1
芹菜	克百威▲	4	3	17.9，30.4[a]，41.9[a]，40.2[a]
芹菜	水胺硫磷▲	4	0	2.3，5.8，2.6，2.0
甜椒	克百威▲	3	0	6.0，3.0，8.5
甜椒	甲胺磷▲	1	0	2.3
甜椒	三唑磷	1	0	2.5
西葫芦	异艾氏剂*	1	0	21.5
小计		38	4	超标率：10.5%
合计		47	7	超标率：14.9%

3.2　农药残留检出水平与最大残留限量标准对比分析

我国于 2014 年 3 月 20 日正式颁布并于 2014 年 8 月 1 日正式实施食品农药残留限量国家标准《食品中农药最大残留限量》(GB 2763—2014)。该标准包括 371 个农药条目，涉及最大残留限量（MRL）标准 3653 项。将 892 频次检出农药的浓度水平与 3653 项 MRL 国家标准进行核对，其中只有 314 频次的农药找到了对应的 MRL 标准，占 35.2%，还有 578 频次的侦测数据则无相关 MRL 标准供参考，占 64.8%。

将此次侦测结果与国际上现行 MRL 标准对比发现，在 892 频次的检出结果中有 892 频次的结果找到了对应的 MRL 欧盟标准，占 100.0%；其中，728 频次的结果有明确对应的 MRL 标准，占 81.6%，其余 164 频次按照欧盟一律标准判定，占 18.4%；有 892 频次的结果找到了对应的 MRL 日本标准，占 100.0%；其中，565 频次的结果有明确对应的 MRL 标准，占 63.3%，其余 327 频次按照日本一律标准判定，占 36.7%；有 445 频次的结果找到了对应的 MRL 中国香港标准，占 49.9%；有 336 频次的结果找到了对应的 MRL 美国标准，占 37.7%；有 229 频次的结果找到了对应的 MRL CAC 标准，占 25.7%（见图 3-11 和图 3-12，数据见附表 3 至附表 8）。

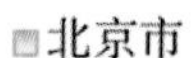

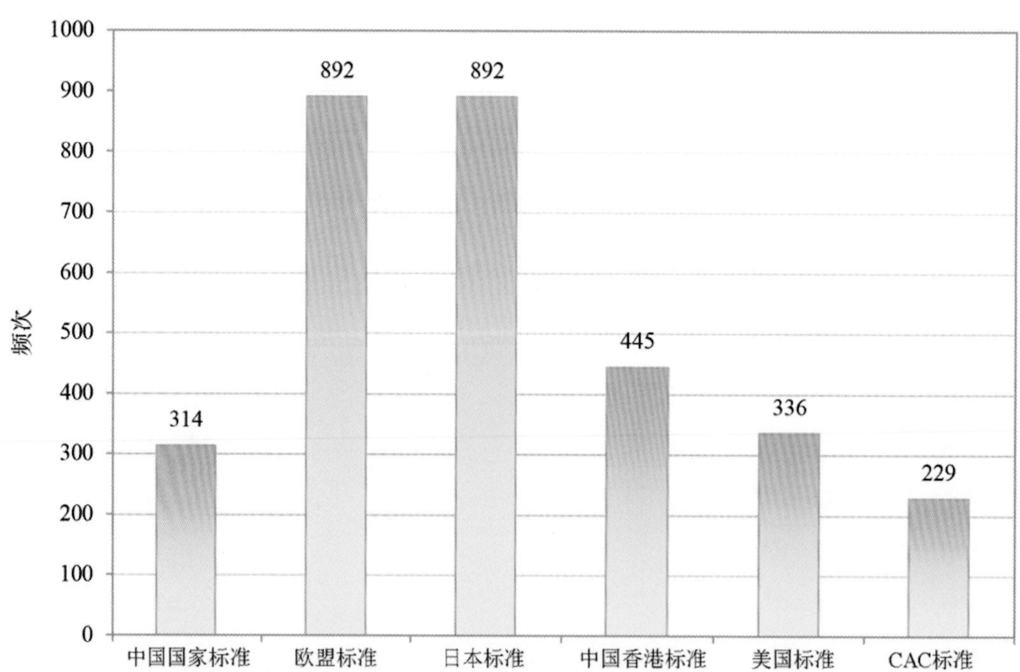

图 3-11　892 频次检出农药可用 MRL 中国国家标准、欧盟标准、日本标准、中国香港标准、美国标准、CAC 标准判定衡量的数量

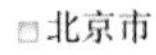

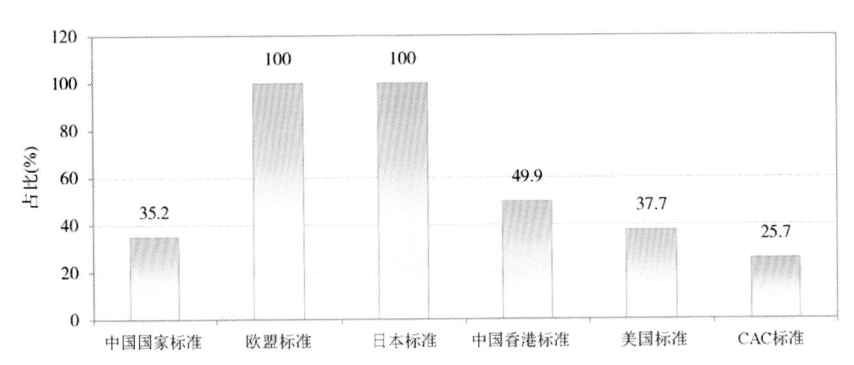

图 3-12 892 频次检出农药可用 MRL 中国国家标准、欧盟标准、日本标准、中国香港标准、美国标准、CAC 标准衡量的占比

3.2.1 超标农药样品分析

本次侦测的 415 例样品中，119 例样品未检出任何残留农药，占样品总量的 28.7%，296 例样品检出不同水平、不同种类的残留农药，占样品总量的 71.3%。在此，我们将本次侦测的农残检出情况与 MRL 中国国家标准、欧盟标准、日本标准、中国香港标准、美国标准和 CAC 标准这 6 大国际主流标准进行对比分析，样品农残检出与超标情况见图 3-13、表 3-12 和图 3-14，详细数据见附表 9 至附表 14。

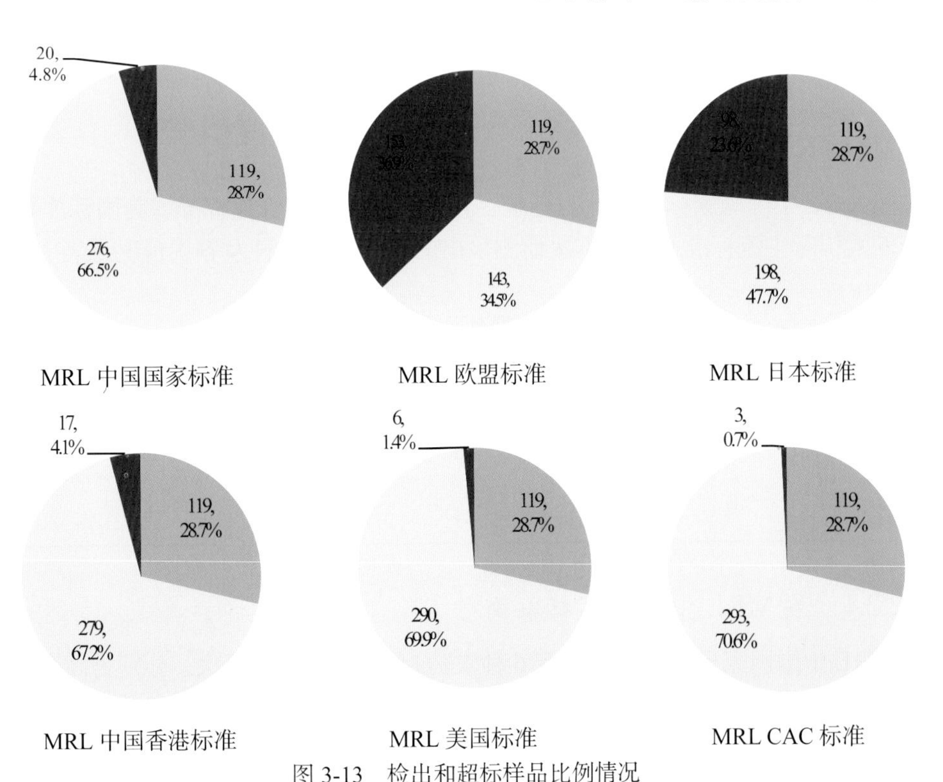

图 3-13 检出和超标样品比例情况

表 3-12　各 MRL 标准下样本农残检出与超标数量及占比

	中国国家标准 数量/占比（%）	欧盟标准 数量/占比（%）	日本标准 数量/占比（%）	中国香港标准 数量/占比（%）	美国标准 数量/占比（%）	CAC 标准 数量/占比（%）
未检出	119/28.7	119/28.7	119/28.7	119/28.7	119/28.7	119/28.7
检出未超标	276/66.5	143/34.5	198/47.7	279/67.2	290/69.9	293/70.6
检出超标	20/4.8	153/36.9	98/23.6	17/4.1	6/1.4	3/0.7

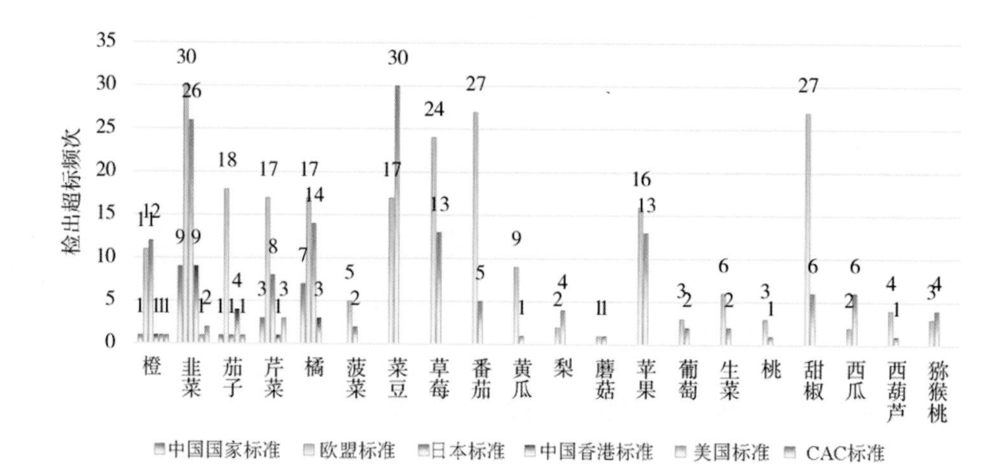

图 3-14　超过 MRL 中国国家标准、欧盟标准、日本标准、中国香港标准、美国标准和 CAC 标准判定结果在水果蔬菜中的分布

3.2.2　超标农药种类分析

按照 MRL 中国国家标准、欧盟标准、日本标准、中国香港标准、美国标准和 CAC 标准这 6 大国际主流标准衡量，本次侦测检出的农药超标品种及频次情况见表 3-13。

表 3-13　各 MRL 标准下超标农药品种及频次

	中国国家标准	欧盟标准	日本标准	中国香港标准	美国标准	CAC 标准
超标农药品种	6	57	54	6	4	1
超标农药频次	21	242	152	18	6	3

3.2.2.1　按 MRL 中国国家标准衡量

按 MRL 中国国家标准衡量，共有 6 种农药超标，检出 21 频次，分别为高毒农药三唑磷和克百威，中毒农药氟吡禾灵、毒死蜱和丙溴磷，微毒农药腐霉利。

按超标程度比较，韭菜中腐霉利超标 3.5 倍，橘中三唑磷超标 2.9 倍，橘中氟吡禾灵超标1.9倍，橙中氟吡禾灵超标1.7倍，橘中丙溴磷超标1.6倍。检测结果见图3-15和附表15。

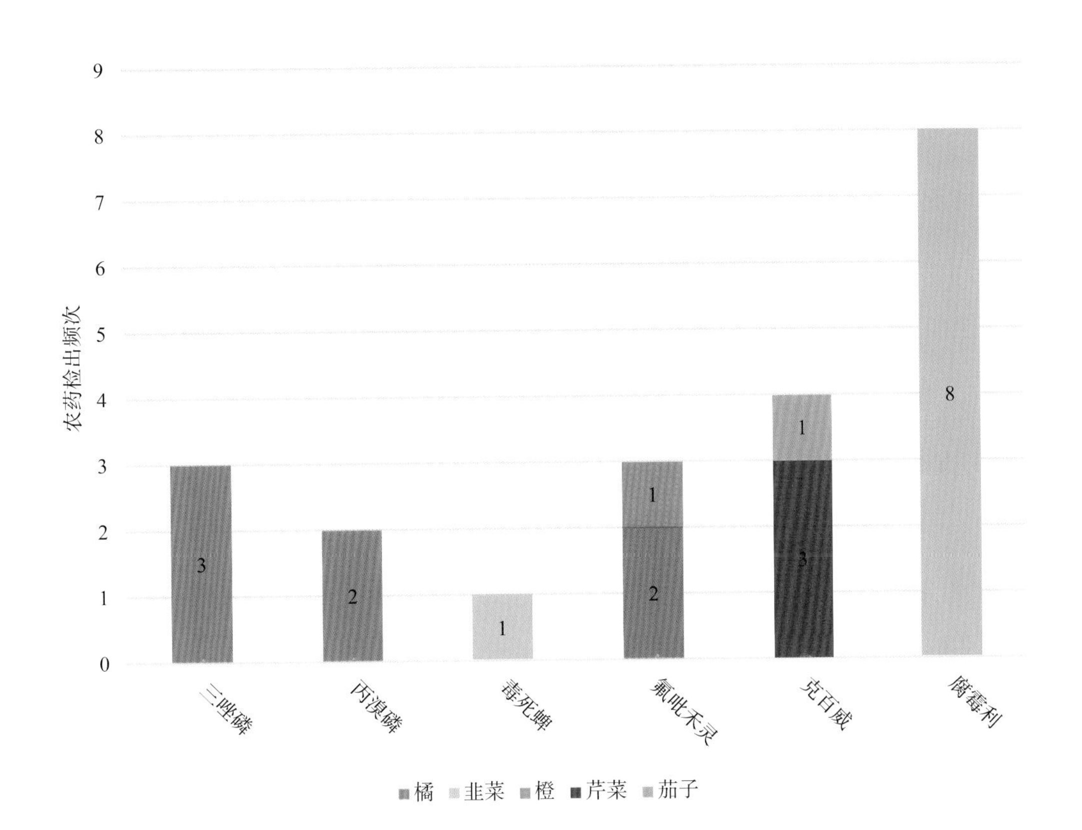

图3-15 超过MRL中国国家标准农药品种及频次

3.2.2.2 按MRL欧盟标准衡量

按MRL欧盟标准衡量，共有57种农药超标，检出242频次，分别为剧毒农药异艾氏剂，高毒农药三唑磷、水胺硫磷和克百威，中毒农药异嘧草酮、甲霜灵、硫丹、咯喹酮、虫螨腈、氟吡禾灵、氟硅唑、氟虫腈、异丙威、三唑醇、噁霜灵、甲氰菊酯、烯唑醇、三唑酮、氰戊菊酯、毒死蜱、多效唑、仲丁威、三氯杀螨醇、环嗪酮、辛酰溴苯腈、抗螨唑、丙溴磷、2,6-二氯苯甲酰胺、唑虫酰胺和呋霜灵，低毒农药啶斑肟、麦锈灵、氟丙嘧草酯、邻苯二甲酰亚胺、新燕灵、五氯苯胺、五氯苯、3,5-二氯苯胺、炔螨特、灭菌磷、特草灵、嘧霉胺、4,4-二氯二苯甲酮、威杀灵和五氯苯甲腈，微毒农药丙炔氟草胺、氟酰胺、异噁唑草酮、氟草敏、腐霉利、氯磺隆、氟乐灵、肟菌酯、醚菌酯、敌草胺、百菌清和啶氧菌酯。

按超标程度比较，桃中威杀灵超标83.2倍，橘中三唑磷超标77.8倍，蘑菇中五氯苯超标77.1倍，猕猴桃中腐霉利超标74.2倍，梨中辛酰溴苯腈超标50.4倍。检测结果见图3-16和附表16。

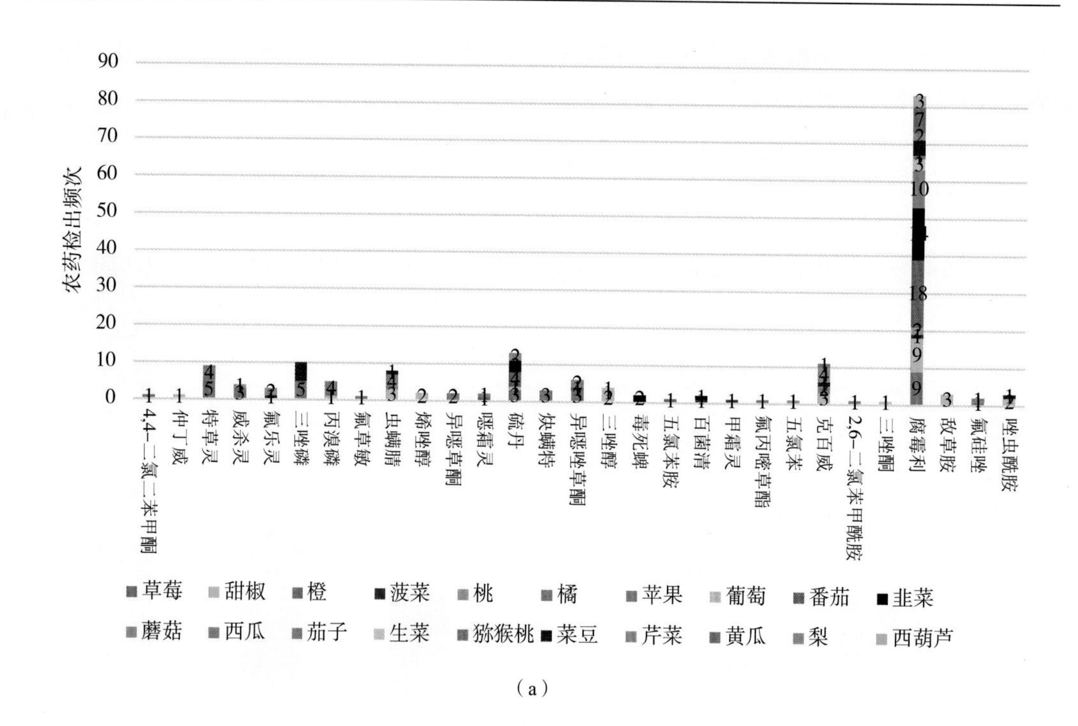

（a）

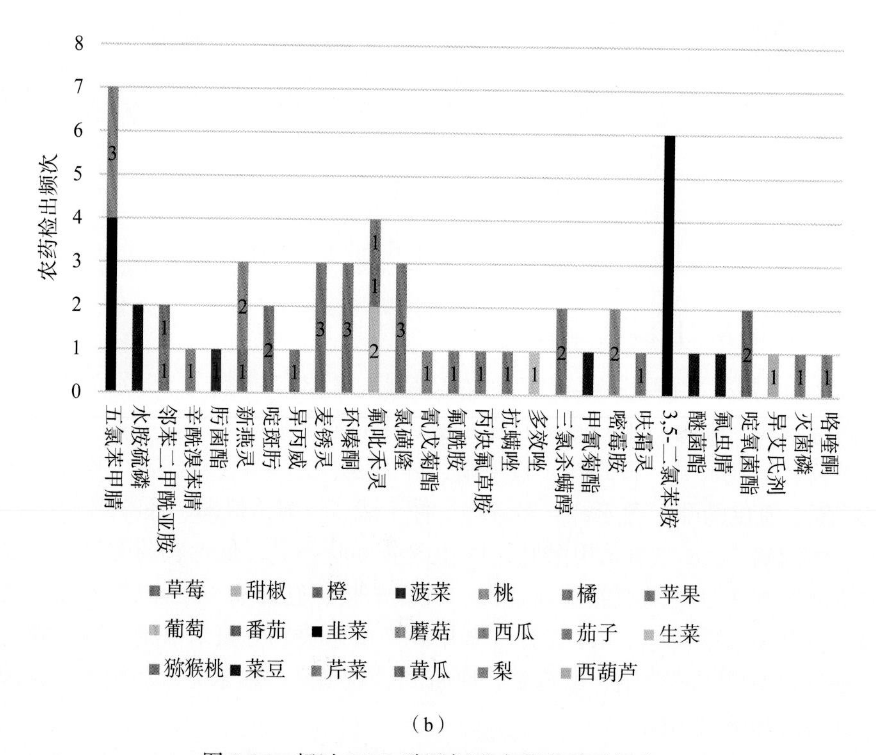

（b）

图 3-16　超过 MRL 欧盟标准农药品种及频次

3.2.2.3　按 MRL 日本标准衡量

按 MRL 日本标准衡量，共有 54 种农药超标，检出 152 频次，分别为剧毒农药异艾氏剂，高毒农药三唑磷、水胺硫磷和克百威，中毒农药甲霜灵、异噁草酮、氯氰菊酯、腈菌唑、咯喹酮、虫螨腈、氟吡禾灵、氟硅唑、氟虫腈、异丙威、甲氰菊酯、毒死蜱、烯唑醇、三唑酮、哒螨灵、多效唑、二甲戊灵、联苯菊酯、环嗪酮、辛酰溴苯腈、抗螨唑、2,6-二氯苯甲酰胺、丙溴磷、戊唑醇、唑虫酰胺和呋霜灵，低毒农药啶斑肟、麦锈灵、邻苯二甲酰亚胺、新燕灵、五氯苯胺、五氯苯、3,5-二氯苯胺、灭菌磷、特草灵、嘧霉胺、乙嘧酚磺酸酯、4,4-二氯二苯甲酮、威杀灵和五氯苯甲腈，微毒农药氟酰胺、异噁唑草酮、氯磺隆、腐霉利、啶酰菌胺、肟菌酯、醚菌酯、敌草胺、苯草醚和啶氧菌酯。

按超标程度比较，桃中威杀灵超标 83.2 倍，橘中三唑磷超标 77.8 倍，蘑菇中五氯苯超标 77.1 倍，梨中辛酰溴苯腈超标 50.4 倍，菜豆中啶酰菌胺超标 48.7 倍。检测结果见图 3-17 和附表 17。

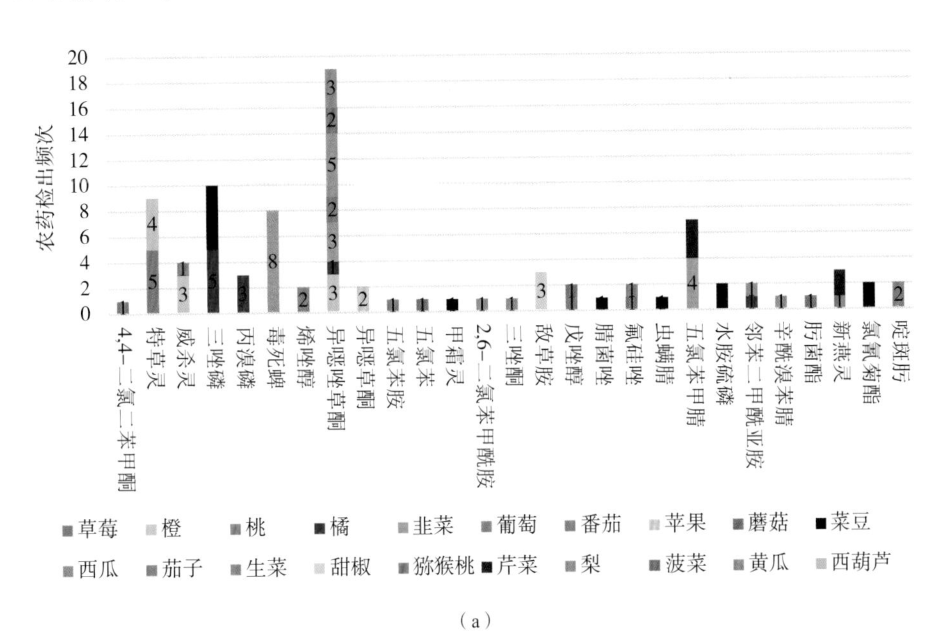

（a）

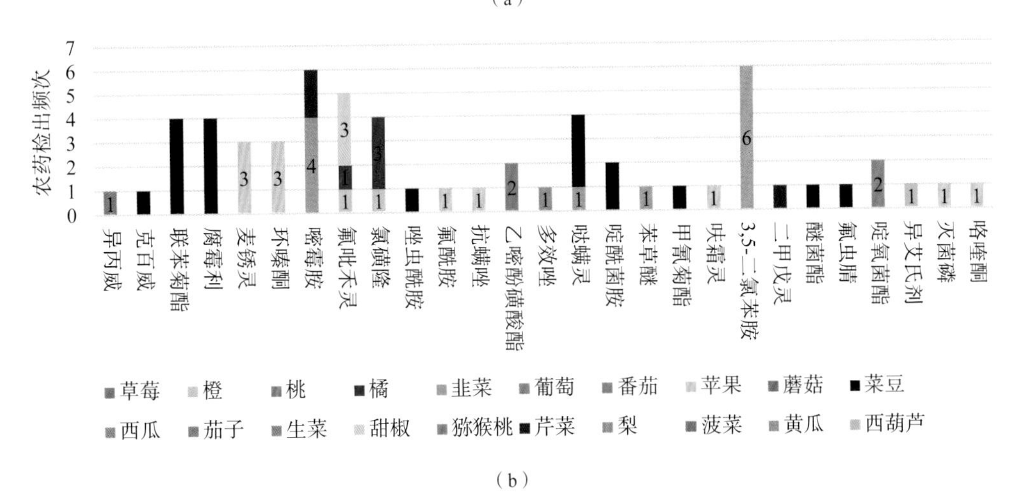

（b）

图 3-17　超过 MRL 日本标准农药品种及频次

3.2.2.4　按 MRL 中国香港标准衡量

按 MRL 中国香港标准衡量，共有 6 种农药超标，检出 18 频次，分别为中毒农药硫丹、氟吡禾灵和丙溴磷，微毒农药丙炔氟草胺、腐霉利和敌草胺。

按超标程度比较，橘中丙溴磷超标 4.1 倍，韭菜中腐霉利超标 3.5 倍，甜椒中敌草胺超标 2.3 倍，橘中氟吡禾灵超标 1.9 倍，橙中氟吡禾灵超标 1.7 倍。检测结果见图 3-18 和附表 18。

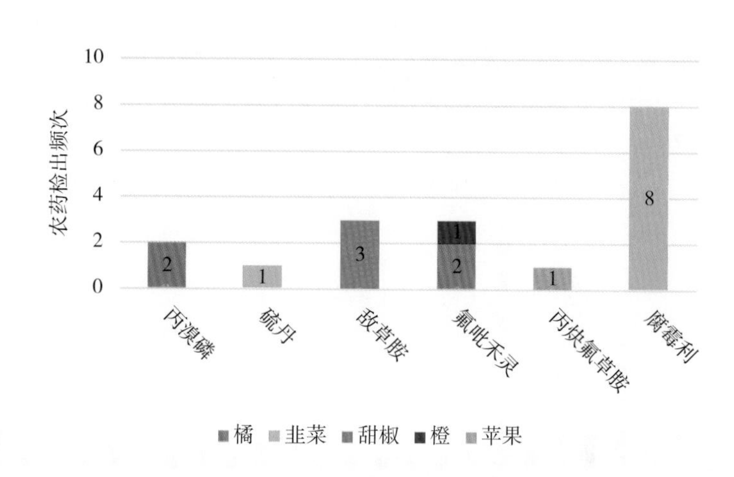

图 3-18　超过 MRL 中国香港标准农药品种及频次

3.2.2.5　按 MRL 美国标准衡量

按 MRL 美国标准衡量，共有 4 种农药超标，检出 6 频次，分别为中毒农药毒死蜱和联苯菊酯，微毒农药丙炔氟草胺和敌草胺。

按超标程度比较，梨中毒死蜱超标 2.8 倍，甜椒中敌草胺超标 2.3 倍，茄子中联苯菊酯超标 1.1 倍，苹果中丙炔氟草胺超标 30%。检测结果见图 3-19 和附表 19。

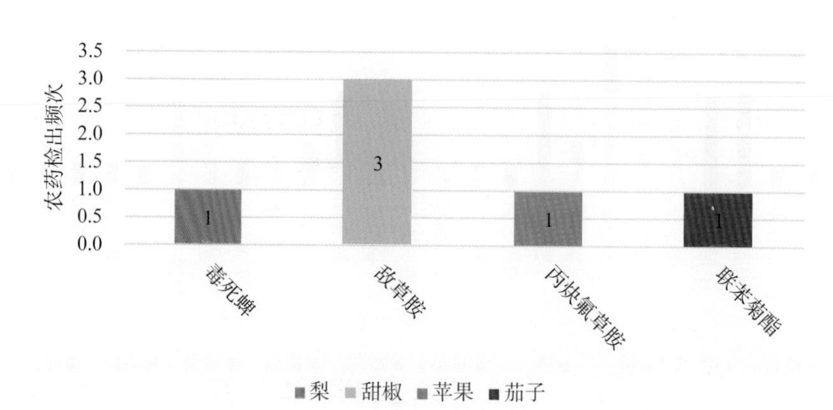

图 3-19　超过 MRL 美国标准农药品种及频次

3.2.2.6 按 MRL CAC 标准衡量

按 MRL CAC 标准衡量，有 1 种农药超标，检出 3 频次，为中毒农药氟吡禾灵。

按超标程度比较，橘中氟吡禾灵超标 1.9 倍，橙中氟吡禾灵超标 1.7 倍。检测结果见图 3-20 和附表 20。

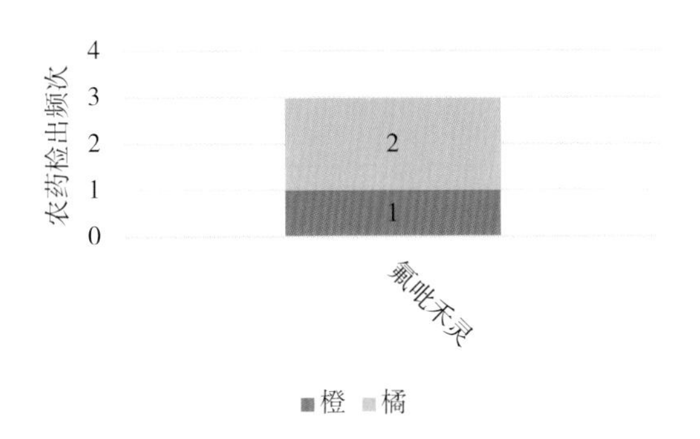

图 3-20 超过 MRL CAC 标准农药品种及频次

3.2.3 24 个采样点超标情况分析

3.2.3.1 按 MRL 中国国家标准衡量

按 MRL 中国国家标准衡量，有 12 个采样点的样品存在不同程度的超标农药检出，其中***超市（延庆店）和***超市（平谷店）的超标率最高，为 14.3%，如表 3-14 和图 3-21 所示。

表 3-14 超过 MRL 中国国家标准水果蔬菜在不同采样点分布

	采样点	样品总数	超标数量	超标率（%）	行政区域
1	***超市（延庆店）	21	3	14.3	延庆县
2	***超市（怀柔区店）	21	1	4.8	怀柔区
3	***超市（平谷店）	21	3	14.3	平谷区
4	***超市（密云县店）	21	2	9.5	密云县
5	***超市（顺义店）	20	2	10.0	顺义区
6	***超市（妫水北街店）	20	2	10.0	延庆县
7	***超市（新桥店）	17	2	11.8	门头沟区
8	***超市（西黄村二店）	17	1	5.9	石景山区
9	***超市（三里河店）	16	1	6.2	西城区
10	***超市（良乡店）	16	1	6.2	房山区
11	***超市（白石桥店）	16	1	6.2	海淀区
12	***超市（朝阳路店）	16	1	6.2	朝阳区

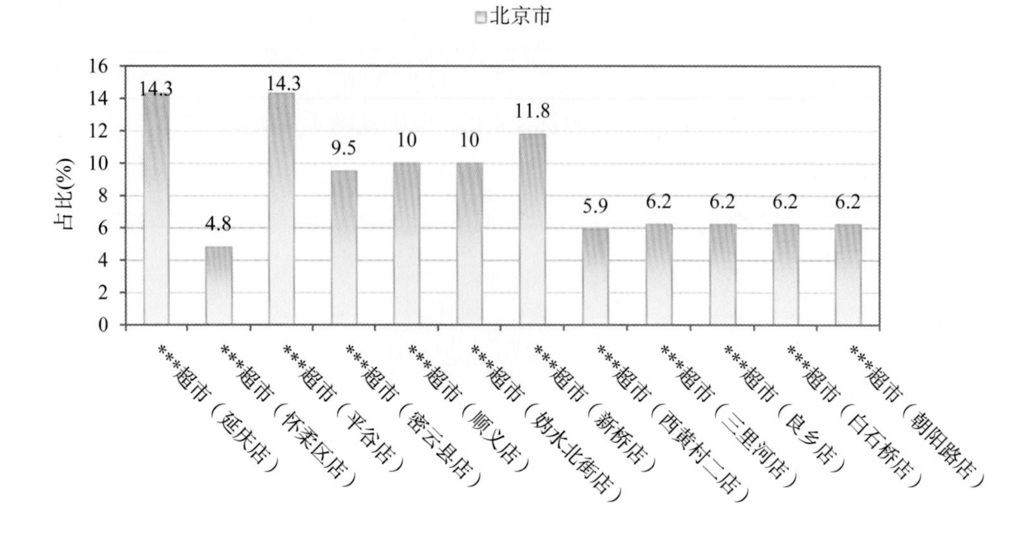

图 3-21　超过 MRL 中国国家标准水果蔬菜在不同采样点分布

3.2.3.2　按 MRL 欧盟标准衡量

按 MRL 欧盟标准衡量，所有采样点的样品存在不同程度的超标农药检出，其中***超市（泰河园店）的超标率最高，为 58.8%，如表 3-15 和图 3-22 所示。

表 3-15　超过 MRL 欧盟标准水果蔬菜在不同采样点分布

	采样点	样品总数	超标数量	超标率（%）	行政区域
1	***超市（延庆店）	21	6	28.6	延庆县
2	***超市（怀柔区店）	21	12	57.1	怀柔区
3	***超市（平谷店）	21	8	38.1	平谷区
4	***超市（密云县店）	21	6	28.6	密云县
5	***超市（顺义店）	20	10	50.0	顺义区
6	***超市（妫水北街店）	20	8	40.0	延庆县
7	***超市（九棵树店）	18	6	33.3	通州区
8	***超市（慈云寺店）	18	5	27.8	朝阳区
9	***超市（大望路店）	17	5	29.4	朝阳区
10	***超市（新桥店）	17	9	52.9	门头沟区
11	***超市（九棵树）	17	5	29.4	通州区
12	***超市（泰河园店）	17	10	58.8	大兴区
13	***超市（西黄村二店）	17	9	52.9	石景山区
14	***超市（苹果园店）	16	4	25.0	石景山区
15	***超市（东城区店）	16	6	37.5	东城区
16	***超市（三里河店）	16	3	18.8	西城区

续表

	采样点	样品总数	超标数量	超标率（%）	行政区域
17	***超市（良乡店）	16	5	31.2	房山区
18	***超市（白石桥店）	16	6	37.5	海淀区
19	***超市（五棵松店）	16	8	50.0	海淀区
20	***超市（朝阳路店）	16	4	25.0	朝阳区
21	***超市（亦庄店）	15	5	33.3	大兴区
22	***超市（增光路店）	15	7	46.7	海淀区
23	***超市（阜成门店）	14	4	28.6	西城区
24	***超市（东城区店）	14	2	14.3	东城区

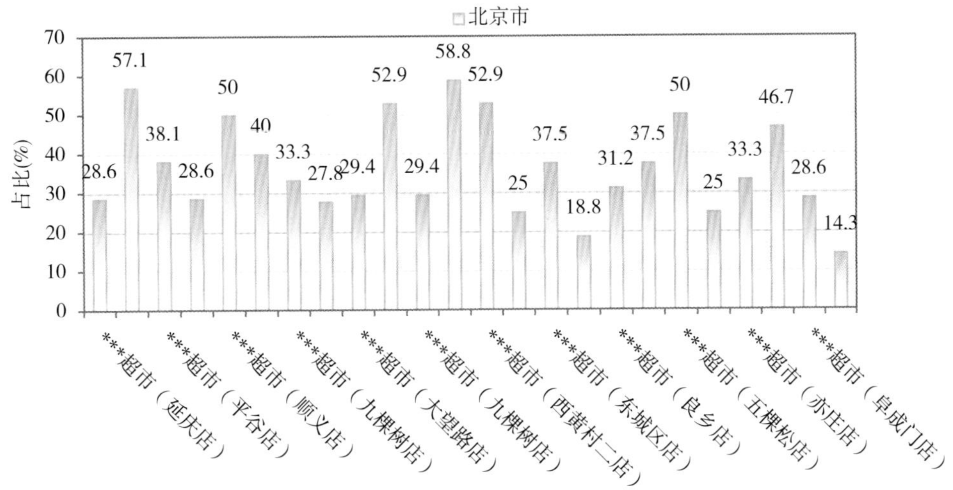

图 3-22　超过 MRL 欧盟标准水果蔬菜在不同采样点分布

3.2.3.3　按 MRL 日本标准衡量

按 MRL 日本标准衡量，所有采样点的样品存在不同程度的超标农药检出，其中***超市（良乡店）的超标率最高，为 43.8%，如表 3-16 和图 3-23 所示。

表 3-16　超过 MRL 日本标准水果蔬菜在不同采样点分布

	采样点	样品总数	超标数量	超标率（%）	行政区域
1	***超市（延庆店）	21	2	9.5	延庆县
2	***超市（怀柔区店）	21	5	23.8	怀柔区
3	***超市（平谷店）	21	5	23.8	平谷区
4	***超市（密云县店）	21	3	14.3	密云县
5	***超市（顺义店）	20	8	40.0	顺义区

续表

	采样点	样品总数	超标数量	超标率（%）	行政区域
6	***超市（妫水北街店）	20	5	25.0	延庆县
7	***超市（九棵树店）	18	2	11.1	通州区
8	***超市（慈云寺店）	18	4	22.2	朝阳区
9	***超市（大望路店）	17	4	23.5	朝阳区
10	***超市（新桥店）	17	5	29.4	门头沟区
11	***超市（九棵树店）	17	4	23.5	通州区
12	***超市（泰河园店）	17	6	35.3	大兴区
13	***超市（西黄村二店）	17	6	35.3	石景山区
14	***超市（苹果园店）	16	3	18.8	石景山区
15	***超市（东城区店）	16	3	18.8	东城区
16	***超市（三里河店）	16	4	25.0	西城区
17	***超市（良乡店）	16	7	43.8	房山区
18	***超市（白石桥店）	16	4	25.0	海淀区
19	***超市（五棵松店）	16	4	25.0	海淀区
20	***超市（朝阳路店）	16	3	18.8	朝阳区
21	***超市（亦庄店）	15	3	20.0	大兴区
22	***超市（增光路店）	15	3	20.0	海淀区
23	***超市（阜成门店）	14	3	21.4	西城区
24	***超市（东城区店）	14	2	14.3	东城区

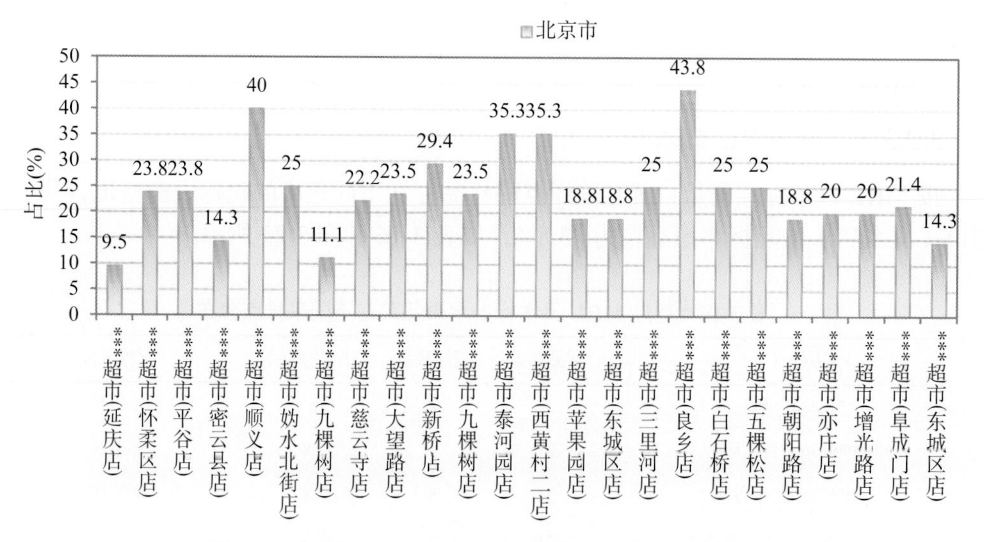

图 3-23 超过 MRL 日本标准水果蔬菜在不同采样点分布

3.2.3.4 按MRL中国香港标准衡量

按MRL中国香港标准衡量，有11个采样点的样品存在不同程度的超标农药检出，其中***超市（新桥店）的超标率最高，为17.6%，如表3-17和图3-24所示。

表3-17 超过MRL中国香港标准水果蔬菜在不同采样点分布

	采样点	样品总数	超标数量	超标率（%）	行政区域
1	***超市（延庆店）	21	1	4.8	延庆县
2	***超市（怀柔区店）	21	1	4.8	怀柔区
3	***超市（平谷店）	21	3	14.3	平谷区
4	***超市（密云县店）	21	2	9.5	密云县
5	***超市（顺义店）	20	2	10.0	顺义区
6	***超市（新桥店）	17	3	17.6	门头沟区
7	***超市（西黄村二店）	17	1	5.9	石景山区
8	***超市（三里河店）	16	1	6.2	西城区
9	***超市（良乡店）	16	1	6.2	房山区
10	***超市（白石桥店）	16	1	6.2	海淀区
11	***超市（朝阳路店）	16	1	6.2	朝阳区

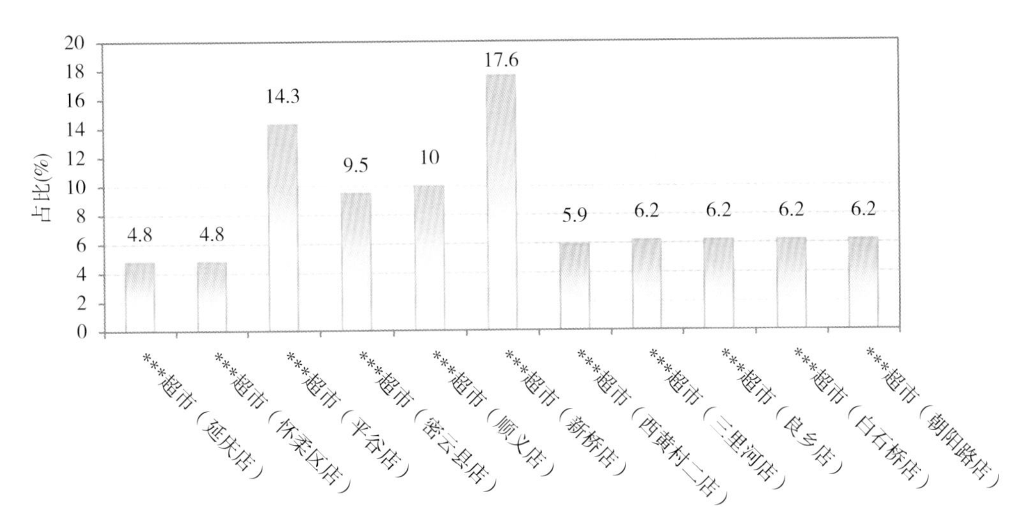

图3-24 超过MRL中国香港标准水果蔬菜在不同采样点分布

3.2.3.5 按MRL美国标准衡量

按MRL美国标准衡量，有4个采样点的样品存在不同程度的超标农药检出，其中***超市（新桥店）的超标率最高，为11.8%，如表3-18和图3-25所示。

表 3-18　超过 MRL 美国标准水果蔬菜在不同采样点分布

	采样点	样品总数	超标数量	超标率（%）	行政区域
1	***超市（平谷店）	21	1	4.8	平谷区
2	***超市（顺义店）	20	2	10.0	顺义区
3	***超市（新桥店）	17	2	11.8	门头沟区
4	***超市（九棵树店）	17	1	5.9	通州区

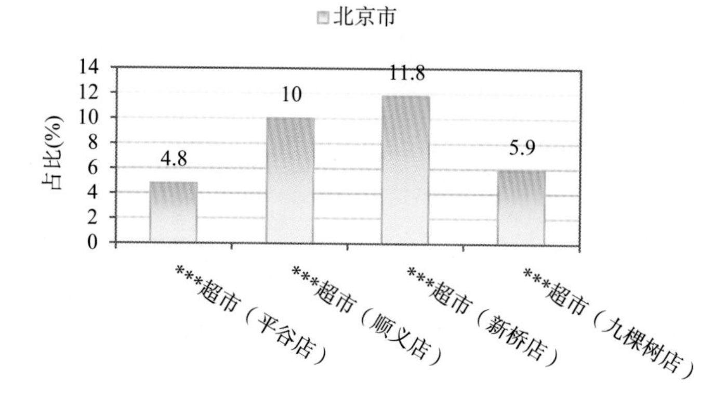

图 3-25　超过 MRL 美国标准水果蔬菜在不同采样点分布

3.2.3.6　按 MRL CAC 标准衡量

按 MRL CAC 标准衡量，有 3 个采样点的样品存在超标农药检出，超标率均为 6.2%，如表 3-19 和图 3-26 所示。

表 3-19　超过 MRL CAC 标准水果蔬菜在不同采样点分布

	采样点	样品总数	超标数量	超标率（%）	行政区域
1	***超市（三里河店）	16	1	6.2	西城区
2	***超市（白石桥店）	16	1	6.2	海淀区
3	***超市（朝阳路店）	16	1	6.2	朝阳区

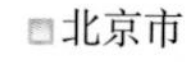

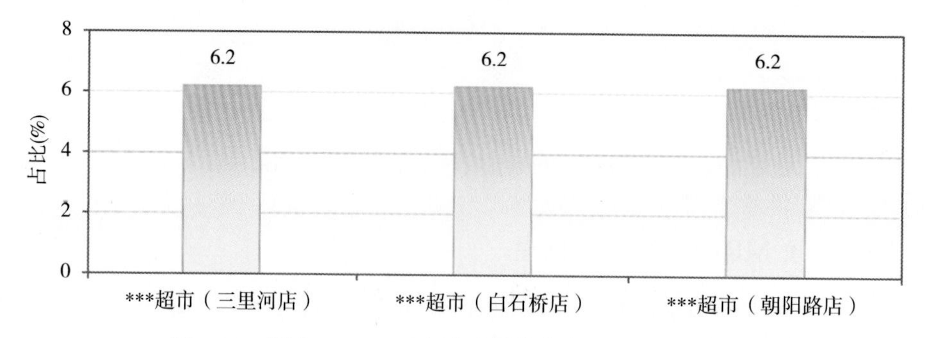

图 3-26　超过 MRL CAC 标准水果蔬菜在不同采样点分布

3.3 水果中农药残留分布

3.3.1 检出农药品种和频次排前 10 的水果

本次残留侦测的水果共 9 种，包括草莓、橙、橘、梨、猕猴桃、苹果、葡萄、桃和西瓜。

根据检出农药品种及频次进行排名，将各项排名前 10 位的水果样品检出情况列表说明，详见表 3-20。

表 3-20 检出农药品种和频次排名前 10 的水果

检出农药品种排名前 10（品种）	①草莓（25），②苹果（19），③葡萄（16），④橘（12），⑤梨（9），⑥橙（8），⑦桃（8），⑧猕猴桃（5），⑨西瓜（2）
检出农药频次排名前 10（频次）	①草莓（88），②葡萄（49），③橘（41），④苹果（37），⑤梨（27），⑥橙（16），⑦猕猴桃（11），⑧桃（10），⑨西瓜（8）
检出禁用、高毒及剧毒农药品种排名前 10（品种）	①梨（3），②草莓（2），③橘（2），④桃（1）
检出禁用、高毒及剧毒农药频次排名前 10（频次）	①草莓（18），②橘（6），③梨（3），④桃（1）

3.3.2 超标农药品种和频次排前 10 的水果

鉴于 MRL 欧盟标准和日本标准的制定比较全面且覆盖率较高，我们参照 MRL 中国国家标准、欧盟标准和日本标准衡量水果样品中农残检出情况，将超标农药品种及频次排名前 10 的水果列表说明，详见表 3-21。

表 3-21 超标农药品种和频次排名前 10 的水果

超标农药品种排名前 10（农药品种数）	MRL 中国国家标准	①橘（3），②橙（1）
	MRL 欧盟标准	①苹果（11），②草莓（8），③橘（6），④橙（4），⑤猕猴桃（3），⑥梨（2），⑦葡萄（2），⑧桃（2），⑨西瓜（1）
	MRL 日本标准	①苹果（8），②草莓（7），③橘（6），④橙（5），⑤猕猴桃（3），⑥梨（2），⑦西瓜（2），⑧葡萄（1），⑨桃（1）
超标农药频次排名前 10（农药频次数）	MRL 中国标准	①橘（7），②橙（1）
	MRL 欧盟标准	①草莓（24），②橘（17），③苹果（16），④橙（11），⑤猕猴桃（3），⑥桃（3），⑦葡萄（3），⑧西瓜（2），⑨梨（2）
	MRL 日本标准	①橘（14），②草莓（13），③苹果（13），④橙（12），⑤西瓜（6），⑥梨（4），⑦猕猴桃（4），⑧葡萄（2），⑨桃（1）

通过对各品种水果样本总数及检出率进行综合分析发现，草莓、苹果和葡萄的残留污染最为严重，在此，我们参照 MRL 中国国家标准、欧盟标准和日本标准对这 3 种水果的农残检出情况进行进一步分析。

3.3.3 农药残留检出率较高的水果样品分析

3.3.3.1 草莓

这次共检测 23 例草莓样品，全部检出了农药残留，检出率为 100.0%，检出农药共计 25 种。其中硫丹、腐霉利、特草灵、醚菌酯和戊唑醇检出频次较高，分别检出了 16、12、7、6 和 5 次。草莓中农药检出品种和频次见图 3-27，超标农药见图 3-28 和表 3-22。

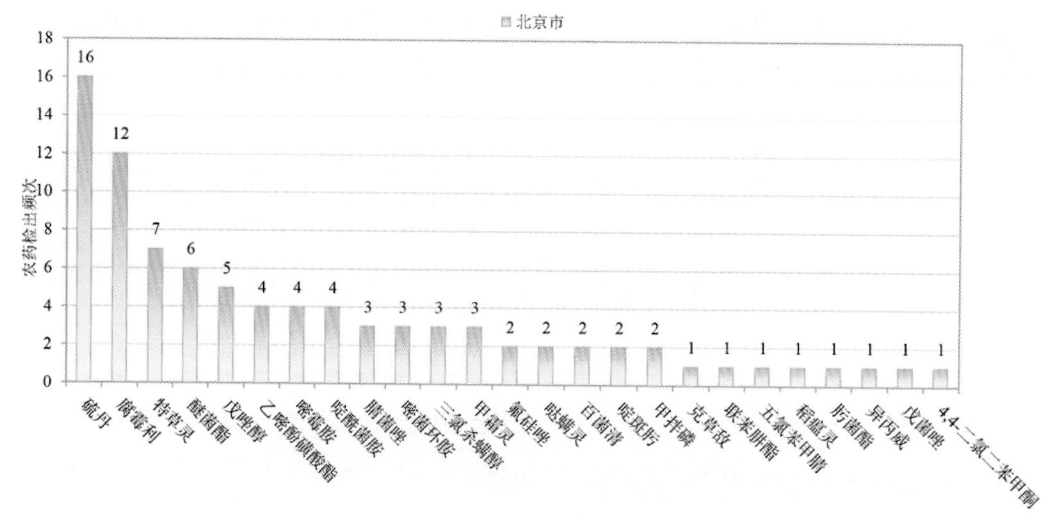

图 3-27 草莓样品检出农药品种和频次分析

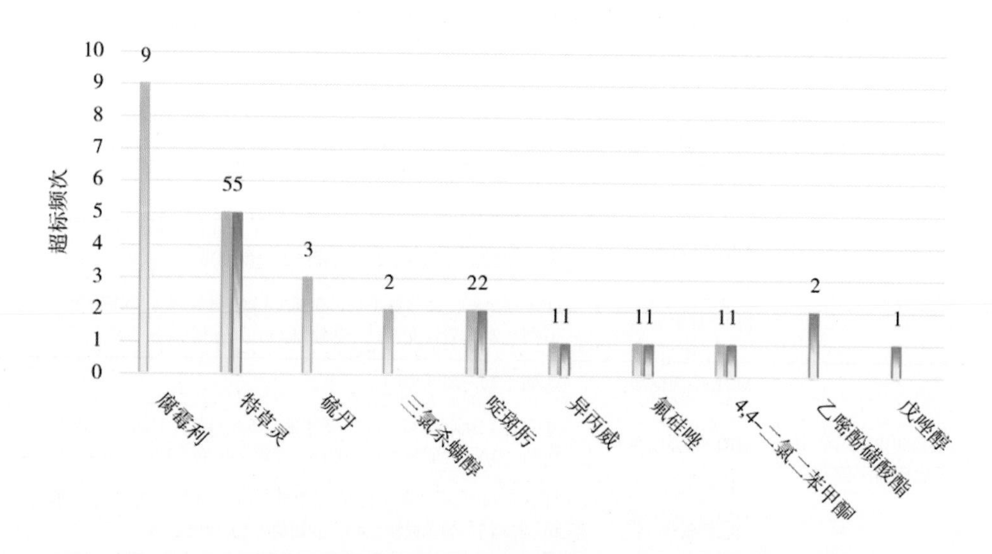

图 3-28 草莓样品中超标农药分析

表 3-22 草莓中农药残留超标情况明细表

样品总数			检出农药样品数	样品检出率（%）	检出农药品种总数
23			23	100	25
	超标农药品种	超标农药频次	按照 MRL 中国国家标准、欧盟标准和日本标准衡量超标农药名称及频次		
中国国家标准	0	0			
欧盟标准	8	24	腐霉利（9），特草灵（5），硫丹（3），三氯杀螨醇（2），啶斑肟（2），异丙威（1），氟硅唑（1），4,4-二氯二苯甲酮（1）		
日本标准	7	13	特草灵（5），乙嘧酚磺酸酯（2），啶斑肟（2），异丙威（1），戊唑醇（1），4,4-二氯二苯甲酮（1），氟硅唑（1）		

3.3.3.2 苹果

这次共检测 24 例苹果样品，9 例样品中检出了农药残留，检出率为 37.5%，检出农药共计 19 种。其中呋霜灵、环嗪酮、氟草敏、抗螨唑和麦锈灵检出频次较高，分别检出了 3、3、3、3 和 3 次。苹果中农药检出品种和频次见图 3-29，超标农药见图 3-30 和表 3-23。

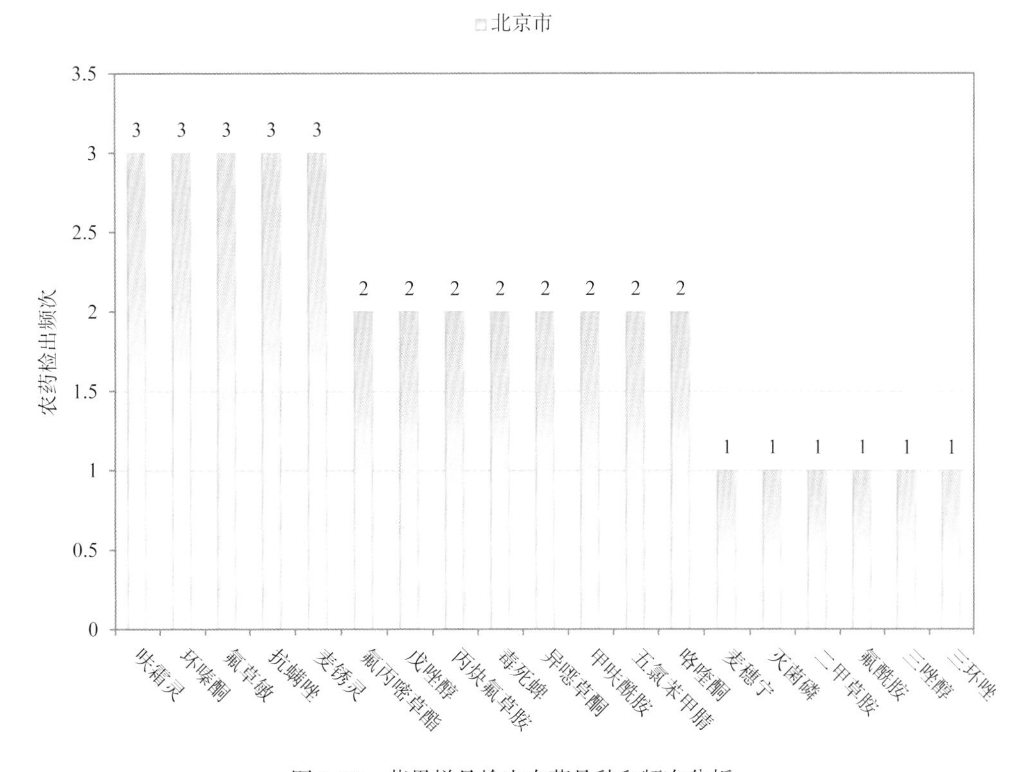

图 3-29 苹果样品检出农药品种和频次分析

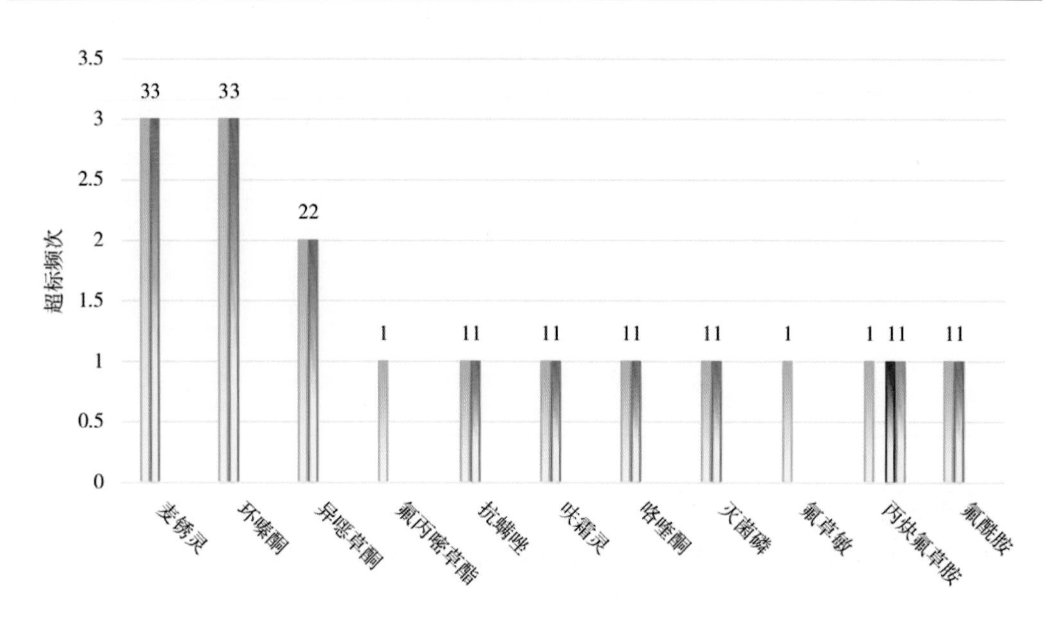

图 3-30　苹果样品中超标农药分析

表 3-23　苹果中农药残留超标情况明细表

样品总数			检出农药样品数	样品检出率（%）	检出农药品种总数
24			9	37.5	19
	超标农药品种	超标农药频次	按照 MRL 中国国家标准、欧盟标准和日本标准衡量超标农药名称及频次		
中国国家标准	0	0			
欧盟标准	11	16	麦锈灵（3），环嗪酮（3），异噁草酮（2），氟丙嘧草酯（1），抗螨唑（1），呋霜灵（1），咯喹酮（1），灭菌磷（1），氟草敏（1），丙炔氟草胺（1），氟酰胺（1）		
日本标准	8	13	麦锈灵（3），环嗪酮（3），异噁草酮（2），抗螨唑（1），氟酰胺（1），灭菌磷（1），呋霜灵（1），咯喹酮（1）		

3.3.3.3　葡萄

这次共检测 18 例葡萄样品，全部检出了农药残留，检出率为 100.0%，检出农药共计 16 种。其中戊唑醇、啶酰菌胺、肟菌酯、嘧霉胺和嘧菌环胺检出频次较高，分别检出了 7、6、6、5 和 5 次。葡萄中农药检出品种和频次见图 3-31，超标农药见图 3-32 和表 3-24。

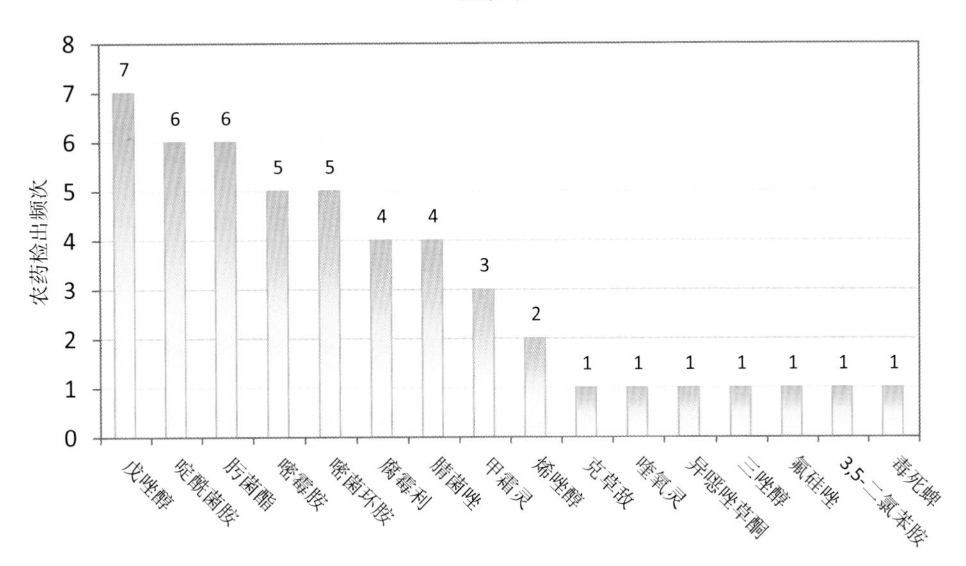

图 3-31　葡萄样品检出农药品种和频次分析

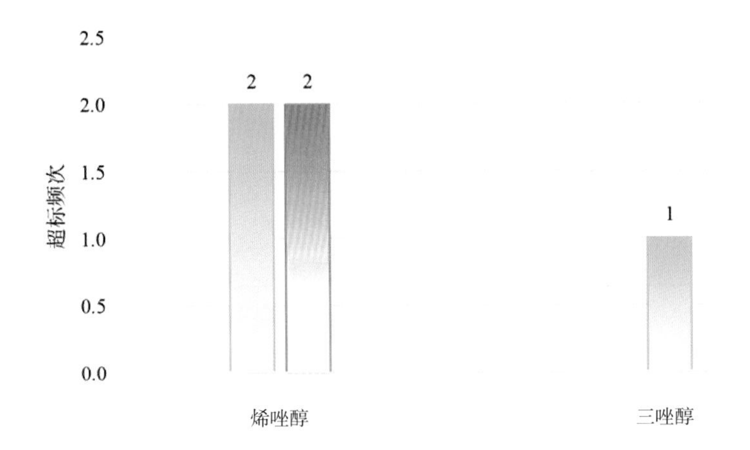

图 3-32　葡萄样品中超标农药分析

表 3-24　葡萄中农药残留超标情况明细表

样品总数			检出农药样品数	样品检出率（%）	检出农药品种总数
18			18	100	16
	超标农药品种	超标农药频次	按照 MRL 中国国家标准、欧盟标准和日本标准衡量超标农药名称及频次		
中国国家标准	0	0			
欧盟标准	2	3	烯唑醇（2），三唑醇（1）		
日本标准	1	2	烯唑醇（2）		

3.4　蔬菜中农药残留分布

3.4.1　检出农药品种和频次排前 10 的蔬菜

本次残留侦测的蔬菜共 13 种，包括菠菜、菜豆、大白菜、番茄、黄瓜、结球甘蓝、韭菜、茄子、芹菜、青花菜、生菜、甜椒和西葫芦。

根据检出农药品种及频次进行排名，将各项排名前 10 位的蔬菜样品检出情况列表说明，详见表 3-25。

表 3-25　检出农药品种和频次排名前 10 的蔬菜

检出农药品种排名前 10（品种）	①甜椒（27），②芹菜（22），③菠菜（21），④韭菜（21），⑤番茄（20），⑥菜豆（20），⑦黄瓜（17），⑧茄子（15），⑨生菜（12），⑩西葫芦（8）
检出农药频次排名前 10（频次）	①韭菜（106），②番茄（90），③甜椒（78），④芹菜（65），⑤黄瓜（62），⑥菜豆（56），⑦茄子（55），⑧菠菜（37），⑨生菜（24），⑩西葫芦（21）
检出禁用、高毒及剧毒农药品种排名前 10（品种）	①菜豆（5），②甜椒（5），③芹菜（4），④黄瓜（3），⑤韭菜（3），⑥西葫芦（3），⑦菠菜（2），⑧茄子（2），⑨番茄（1），⑩生菜（1）
检出禁用、高毒及剧毒农药频次排名前 10（频次）	①菜豆（19），②芹菜（18），③韭菜（18），④番茄（18），⑤黄瓜（18），⑥茄子（11），⑦西葫芦（8），⑧甜椒（8），⑨菠菜（4），⑩生菜（1）

3.4.2　超标农药品种和频次排前 10 的蔬菜

鉴于 MRL 欧盟标准和日本标准的制定比较全面且覆盖率较高，我们参照 MRL 中国国家标准、欧盟标准和日本标准衡量蔬菜样品中农残检出情况，将超标农药品种及频次排名前 10 的蔬菜列表说明，详见表 3-26。

表 3-26　超标农药品种和频次排名前 10 的蔬菜

超标农药品种排名前 10（农药品种数）	MRL 中国国家标准	①韭菜（2），②茄子（1），③芹菜（1）
	MRL 欧盟标准	①甜椒（10），②菜豆（9），③芹菜（7），④番茄（6），⑤韭菜（6），⑥茄子（5），⑦菠菜（5），⑧生菜（4），⑨黄瓜（3），⑩西葫芦（2）
	MRL 日本标准	①菜豆（15），②韭菜（6），③芹菜（4），④番茄（3），⑤菠菜（2），⑥甜椒（2），⑦生菜（2），⑧西葫芦（1），⑨黄瓜（1），⑩茄子（1）

续表

超标农药频次排名前 10（农药频次数）	MRL 中国国家标准	①韭菜（9），②芹菜（3），③茄子（1）
	MRL 欧盟标准	①韭菜（30），②甜椒（27），③番茄（27），④茄子（18），⑤芹菜（17），⑥菜豆（17），⑦黄瓜（9），⑧生菜（6），⑨菠菜（5），⑩西葫芦（4）
	MRL 日本标准	①菜豆（30），②韭菜（26），③芹菜（8），④甜椒（6），⑤番茄（5），⑥菠菜（2），⑦生菜（2），⑧西葫芦（1），⑨黄瓜（1），⑩茄子（1）

通过对各品种蔬菜样本总数及检出率进行综合分析发现，甜椒、芹菜和韭菜的残留污染最为严重，在此，我们参照 MRL 中国国家标准、欧盟标准和日本标准对这 3 种蔬菜的农残检出情况进行进一步分析。

3.4.3　农药残留检出率较高的蔬菜样品分析

3.4.3.1　甜椒

这次共检测 24 例甜椒样品，全部检出了农药残留，检出率为 100.0%，检出农药共计 27 种。其中腐霉利、哒螨灵、甲霜灵、敌草胺和啶酰菌胺检出频次较高，分别检出了 9、8、7、6 和 5 次。甜椒中农药检出品种和频次见图 3-33，超标农药见图 3-34 和表 3-27。

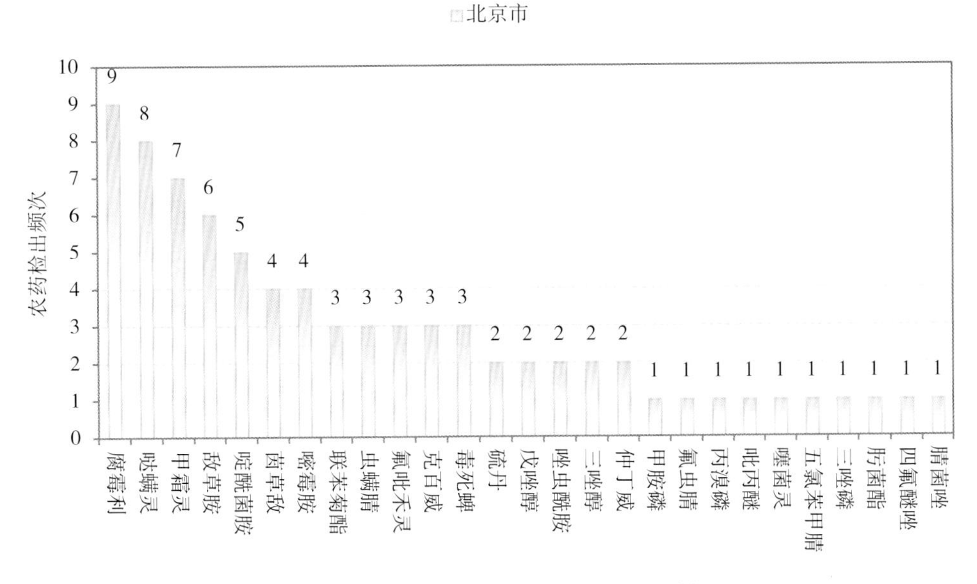

图 3-33　甜椒样品检出农药品种和频次分析

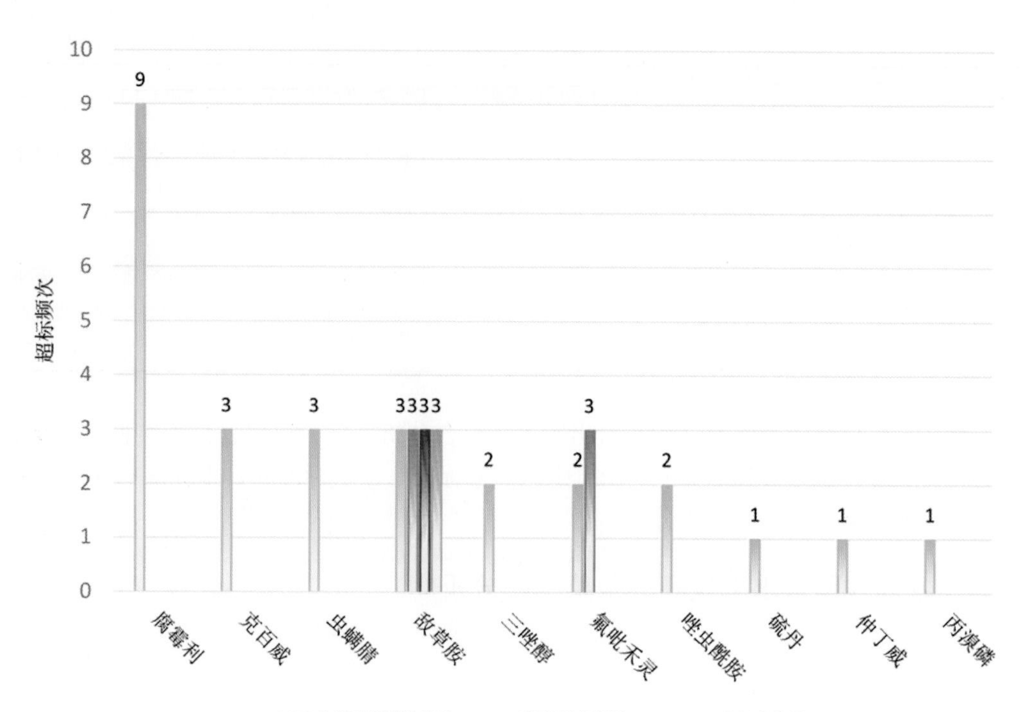

图 3-34　甜椒样品中超标农药分析

表 3-27　甜椒中农药残留超标情况明细表

样品总数			检出农药样品数	样品检出率（%）	检出农药品种总数
24			24	100	27
	超标农药品种	超标农药频次	按照 MRL 中国国家标准、欧盟标准和日本标准衡量超标农药名称及频次		
中国国家标准	0	0			
欧盟标准	10	27	腐霉利（9），克百威（3），虫螨腈（3），敌草胺（3），三唑醇（2），氟吡禾灵（2），唑虫酰胺（2），硫丹（1），仲丁威（1），丙溴磷（1）		
日本标准	2	6	氟吡禾灵（3），敌草胺（3）		

3.4.3.2　芹菜

这次共检测 21 例芹菜样品，19 例样品中检出了农药残留，检出率为 90.5%，检出农药共计 22 种。其中硫丹、异噁唑草酮、百菌清、五氯苯甲腈和毒死蜱检出频次较高，分别检出了 8、7、5、5 和 5 次。芹菜中农药检出品种和频次见图 3-35，超标农药见图 3-36 和表 3-28。

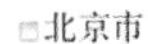

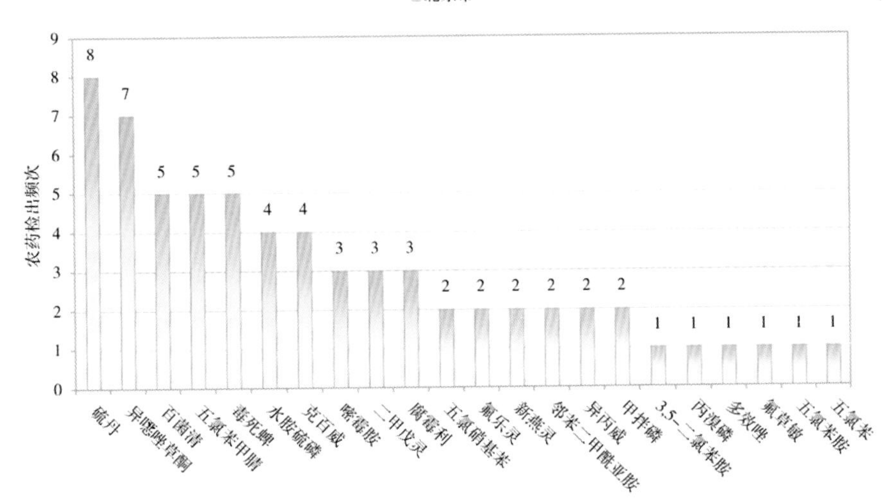

图 3-35　芹菜样品检出农药品种和频次分析

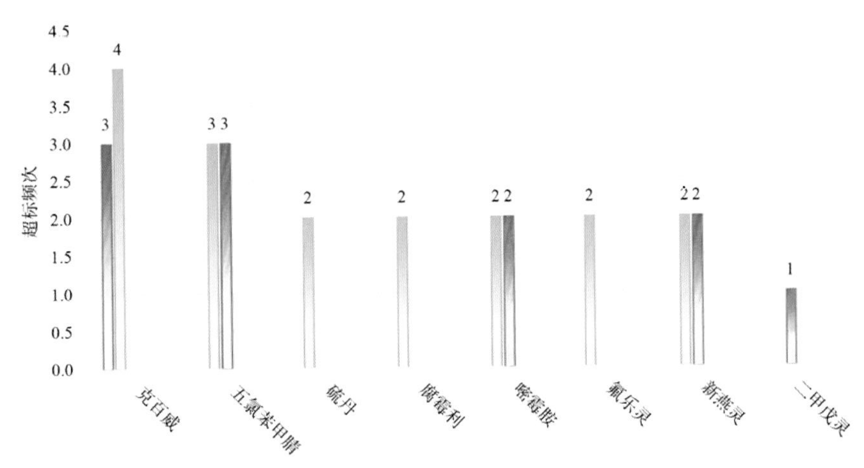

图 3-36　芹菜样品中超标农药分析

表 3-28　芹菜中农药残留超标情况明细表

样品总数			检出农药样品数	样品检出率（%）	检出农药品种总数
21			19	90.5	22
	超标农药品种	超标农药频次	按照 MRL 中国国家标准、欧盟标准和日本标准衡量超标农药名称及频次		
中国国家标准	1	3	克百威（3）		
欧盟标准	7	17	克百威（4），五氯苯甲腈（3），硫丹（2），腐霉利（2），嘧霉胺（2），氟乐灵（2），新燕灵（2）		
日本标准	4	8	五氯苯甲腈（3），嘧霉胺（2），新燕灵（2），二甲戊灵（1）		

3.4.3.3　韭菜

这次共检测 20 例韭菜样品，全部检出了农药残留，检出率为 100.0%，检出农药共计 21 种。其中毒死蜱、硫丹、腐霉利、3,5-二氯苯胺和五氯苯甲腈检出频次较高，分别检出了 17、16、15、9 和 8 次。韭菜中农药检出品种和频次见图 3-37，超标农药见图 3-38 和表 3-29。

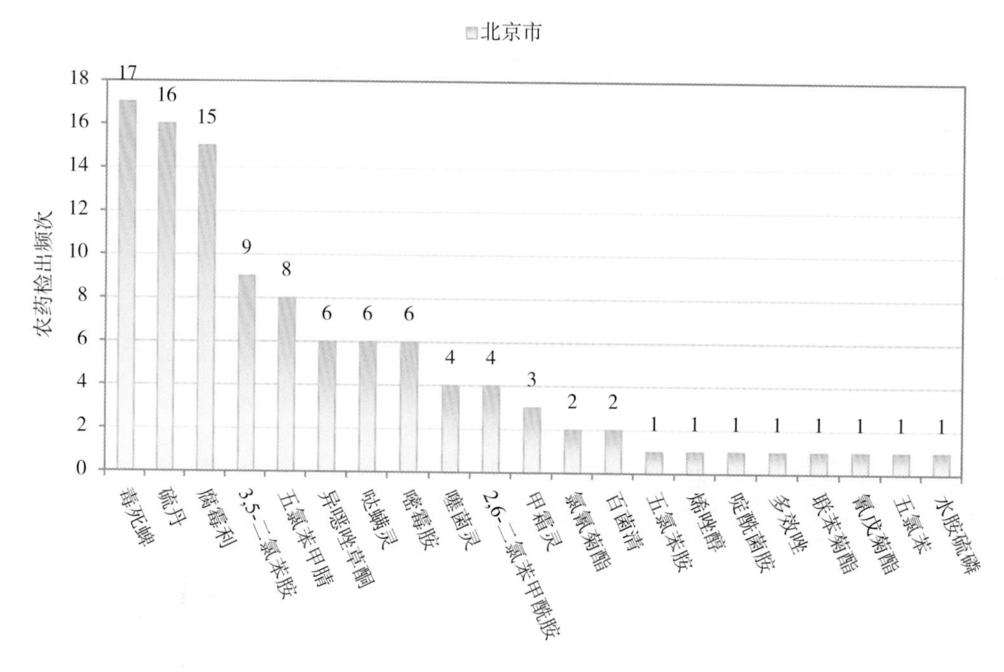

图 3-37　韭菜样品检出农药品种和频次分析

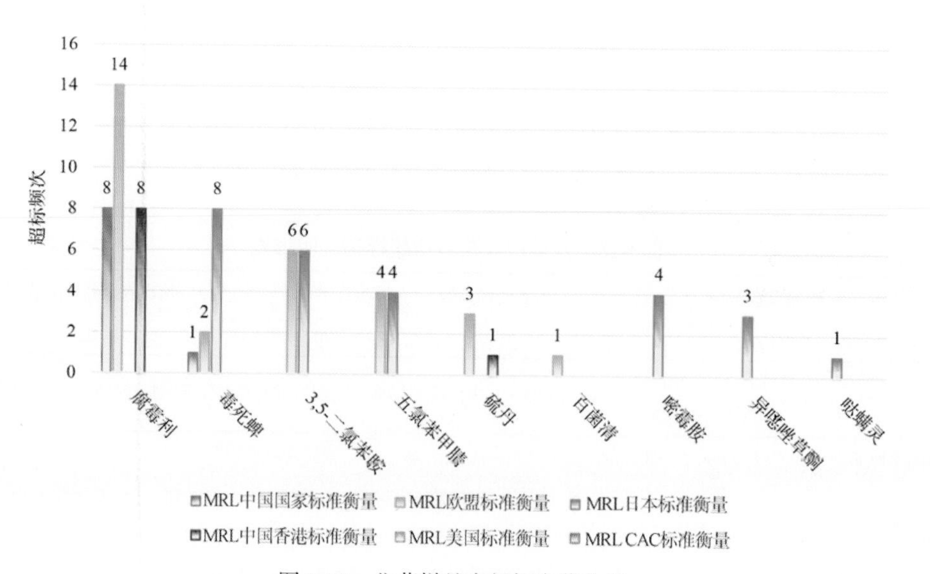

图 3-38　韭菜样品中超标农药分析

表 3-29 韭菜中农药残留超标情况明细表

样品总数			检出农药样品数	样品检出率（%）	检出农药品种总数
20			20	100	21
	超标农药品种	超标农药频次	按照 MRL 中国国家标准、欧盟标准和日本标准衡量超标农药名称及频次		
中国国家标准	2	9	腐霉利（8），毒死蜱（1）		
欧盟标准	6	30	腐霉利（14），3,5-二氯苯胺（6），五氯苯甲腈（4），硫丹（3），毒死蜱（2），百菌清（1）		
日本标准	6	26	毒死蜱（8），3,5-二氯苯胺（6），五氯苯甲腈（4），嘧霉胺（4），异噁唑草酮（3），哒螨灵（1）		

3.5 初 步 结 论

3.5.1 北京市市售水果蔬菜按 MRL 中国国家标准和国际主要 MRL 标准衡量的合格率

本次侦测的 415 例样品中，119 例样品未检出任何残留农药，占样品总量的 28.7%，296 例样品检出不同水平、不同种类的残留农药，占样品总量的 71.3%。在这 296 例检出农药残留的样品中：

按照 MRL 中国国家标准衡量，有 276 例样品检出残留农药但含量没有超标，占样品总数的 66.5%，有 20 例样品检出了超标农药，占样品总数的 4.8%。

按照 MRL 欧盟标准衡量，有 143 例样品检出残留农药但含量没有超标，占样品总数的 34.5%，有 153 例样品检出了超标农药，占样品总数的 36.9%。

按照 MRL 日本标准衡量，有 198 例样品检出残留农药但含量没有超标，占样品总数的 47.7%，有 98 例样品检出了超标农药，占样品总数的 23.6%。

按照 MRL 中国香港标准衡量，有 279 例样品检出残留农药但含量没有超标，占样品总数的 67.2%，有 17 例样品检出了超标农药，占样品总数的 4.1%。

按照 MRL 美国标准衡量，有 290 例样品检出残留农药但含量没有超标，占样品总数的 69.9%，有 6 例样品检出了超标农药，占样品总数的 1.4%。

按照 MRL CAC 标准衡量，有 293 例样品检出残留农药但含量没有超标，占样品总数的 70.6%，有 3 例样品检出了超标农药，占样品总数的 0.7%。

3.5.2 北京市市售水果蔬菜中检出农药以中低微毒农药为主，占市场主体的 91.7%

这次侦测的 415 例样品包括蔬菜 13 种 244 例，水果 9 种 147 例，食用菌 1 种 24 例，共检出了 96 种农药，检出农药的毒性以中低微毒为主，详见表 3-30。

表 3-30 市场主体农药毒性分布

毒性	检出品种	占比	检出频次	占比
剧毒农药	3	3.1%	8	0.9%
高毒农药	5	5.2%	39	4.4%
中毒农药	42	43.8%	398	44.6%
低毒农药	27	28.1%	175	19.6%
微毒农药	19	19.8%	272	30.5%
中低微毒农药，品种占比 91.7%，频次占比 94.7%				

3.5.3 检出剧毒、高毒和禁用农药现象应该警醒

在此次侦测的 415 例样品中有 11 种蔬菜和 4 种水果的 132 例样品检出了 12 种 152 频次的剧毒和高毒或禁用农药，占样品总量的 31.8%。其中剧毒农药甲拌磷、涕灭威和异艾氏剂以及高毒农药三唑磷、克百威和水胺硫磷检出频次较高。

按 MRL 中国国家标准衡量，剧毒农药高毒农药三唑磷，检出 15 次，超标 3 次；克百威，检出 13 次，超标 4 次；按超标程度比较，橘中三唑磷超标 2.9 倍，芹菜中克百威超标 1.1 倍。

剧毒、高毒或禁用农药的检出情况及按照 MRL 中国国家标准衡量的超标情况见表 3-31。

表 3-31 剧毒、高毒或禁用农药的检出及超标明细

序号	农药名称	样品名称	检出频次	超标频次	最大超标倍数	超标率
1.1	甲拌磷*▲	草莓	2	0		0.0%
1.2	甲拌磷*▲	芹菜	2	0		0.0%
2.1	涕灭威*▲	菠菜	3	0		0.0%
3.1	异艾氏剂*	西葫芦	1	0		0.0%
4.1	甲胺磷◊▲	甜椒	1	0		0.0%
5.1	克百威◊▲	芹菜	4	3	1.095	75.0%
5.2	克百威◊▲	菜豆	3	0		0.0%
5.3	克百威◊▲	甜椒	3	0		0.0%
5.4	克百威◊▲	茄子	2	1	0.01	50.0%
5.5	克百威◊▲	黄瓜	1	0		0.0%
6.1	三唑磷◊	菜豆	9	0		0.0%
6.2	三唑磷◊	橘	5	3	2.939	60.0%
6.3	三唑磷◊	甜椒	1	0		0.0%
7.1	杀扑磷◊▲	橘	1	0		0.0%
8.1	水胺硫磷◊▲	芹菜	4	0		0.0%

续表

序号	农药名称	样品名称	检出频次	超标频次	最大超标倍数	超标率
8.2	水胺硫磷◊▲	菜豆	3	0		0.0%
8.3	水胺硫磷◊▲	韭菜	1	0		0.0%
8.4	水胺硫磷◊▲	梨	1	0		0.0%
9.1	氟虫腈▲	菜豆	1	0		0.0%
9.2	氟虫腈▲	黄瓜	1	0		0.0%
9.3	氟虫腈▲	甜椒	1	0		0.0%
9.4	氟虫腈▲	西葫芦	1	0		0.0%
10.1	硫丹▲	番茄	18	0		0.0%
10.2	硫丹▲	草莓	16	0		0.0%
10.3	硫丹▲	黄瓜	16	0		0.0%
10.4	硫丹▲	韭菜	16	0		0.0%
10.5	硫丹▲	茄子	9	0		0.0%
10.6	硫丹▲	芹菜	8	0		0.0%
10.7	硫丹▲	西葫芦	6	0		0.0%
10.8	硫丹▲	菜豆	3	0		0.0%
10.9	硫丹▲	甜椒	2	0		0.0%
10.10	硫丹▲	结球甘蓝	1	0		0.0%
10.11	硫丹▲	梨	1	0		0.0%
10.12	硫丹▲	生菜	1	0		0.0%
10.13	硫丹▲	桃	1	0		0.0%
11.1	六六六▲	菠菜	1	0		0.0%
12.1	氰戊菊酯▲	韭菜	1	0		0.0%
12.2	氰戊菊酯▲	梨	1	0		0.0%
合计			152	7		4.6%

注：超标倍数参照 MRL 中国国家标准衡量

这些超标的剧毒和高毒农药都是中国政府早有规定禁止在水果蔬菜中使用的，为什么还屡次被检出，应该引起警惕。

3.5.4 残留限量标准与先进国家或地区差距较大

892 频次的检出结果与我国公布的《食品中农药最大残留限量》(GB 2763—2014)对比，有 314 频次能找到对应的 MRL 中国国家标准，占 35.2%；还有 578 频次的侦测数据无相关 MRL 标准供参考，占 64.8%。

与国际上现行 MRL 标准对比发现：

有 892 频次能找到对应的 MRL 欧盟标准，占 100.0%；

有 892 频次能找到对应的 MRL 日本标准，占 100.0%；

有 445 频次能找到对应的 MRL 中国香港标准，占 49.9%；

有 336 频次能找到对应的 MRL 美国标准，占 37.7%；

有 229 频次能找到对应的 MRL CAC 标准，占 25.7%。

由上可见，MRL 中国国家标准与先进国家或地区标准还有很大差距，我们无标准，境外有标准，这就会导致我们在国际贸易中，处于受制于人的被动地位。

3.5.5 水果蔬菜单种样品检出 16~27 种农药残留，拷问农药使用的科学性

通过此次监测发现，草莓、苹果和葡萄是检出农药品种最多的 3 种水果，甜椒、芹菜和菠菜是检出农药品种最多的 3 种蔬菜，从中检出农药品种及频次详见表 3-32。

表 3-32 单种样品检出农药品种及频次

样品名称	样品总数	检出农药样品数	检出率	检出农药品种数	检出农药（频次）
甜椒	24	24	100.0%	27	腐霉利（9），哒螨灵（8），甲霜灵（7），敌草胺（6），啶酰菌胺（5），茵草敌（4），嘧霉胺（4），联苯菊酯（3），虫螨腈（3），氟吡禾灵（3），克百威（3），毒死蜱（3），硫丹（2），戊唑醇（2），唑虫酰胺（2），三唑醇（2），仲丁威（2），甲胺磷（1），氟虫腈（1），丙溴磷（1），吡丙醚（1），噻菌灵（1），五氯苯甲腈（1），三唑磷（1），肟菌酯（1），四氟醚唑（1），腈菌唑（1）
芹菜	21	19	90.5%	22	硫丹（8），异噁唑草酮（7），百菌清（5），五氯苯甲腈（5），毒死蜱（5），水胺硫磷（4），克百威（4），嘧霉胺（3），二甲戊灵（3），腐霉利（3），五氯硝基苯（2），氟乐灵（2），新燕灵（2），邻苯二甲酰亚胺（2），异丙威（2），甲拌磷（2），3,5-二氯苯胺（1），丙溴磷（1），多效唑（1），氟草敏（1），五氯苯胺（1），五氯苯（1）
菠菜	19	18	94.7%	21	甲霜灵（5），甲萘威（4），异噁唑草酮（3），去乙基阿特拉津（3），涕灭威（3），五氯苯甲腈（2），邻苯二甲酰亚胺（2），五氯苯（2），戊唑醇（1），三环唑（1），氯菊酯（1），肟菌酯（1），六六六（1），啶酰菌胺（1），联苯菊酯（1），毒死蜱（1），氟乐灵（1），百菌清（1），五氯硝基苯（1），3,5-二氯苯胺（1），腐霉利（1）
草莓	23	23	100.0%	25	硫丹（16），腐霉利（12），特草灵（7），醚菌酯（6），戊唑醇（5），乙嘧酚磺酸酯（4），嘧霉胺（4），啶酰菌胺（4），腈菌唑（3），嘧菌环胺（3），三氯杀螨醇（3），甲霜灵（3），氟硅唑（2），哒螨灵（2），百菌清（2），啶斑肟（2），甲拌磷（2），克草敌（1），联苯肼酯（1），五氯苯甲腈（1），稻瘟灵（1），肟菌酯（1），异丙威（1），戊菌唑（1），4,4-二氯二苯甲酮（1）

续表

样品名称	样品总数	检出农药样品数	检出率	检出农药品种数	检出农药（频次）
苹果	24	9	37.5%	19	呋霜灵（3），环嗪酮（3），氟草敏（3），抗螨唑（3），麦锈灵（3），氟丙嘧草酯（2），戊唑醇（2），丙炔氟草胺（2），毒死蜱（2），异噁草酮（2），甲呋酰胺（2），五氯苯甲腈（2），咯喹酮（2），麦穗宁（1），灭菌磷（1），二甲草胺（1），氟酰胺（1），三唑醇（1），三环唑（1）
葡萄	18	18	100.0%	16	戊唑醇（7），啶酰菌胺（6），肟菌酯（6），嘧霉胺（5），嘧菌环胺（5），腐霉利（4），腈菌唑（4），甲霜灵（3），烯唑醇（2），克草敌（1），喹氧灵（1），异噁唑草酮（1），三唑醇（1），氟硅唑（1），3,5-二氯苯胺（1），毒死蜱（1）

上述6种水果蔬菜，检出农药16~27种，是多种农药综合防治，还是未严格实施农业良好管理规范（GAP），抑或根本就是乱施药，值得我们思考。

第 4 章　GC-Q-TOF/MS 侦测北京市市售水果蔬菜农药残留膳食暴露风险及预警风险评估

4.1　农药残留风险评估方法

4.1.1　北京市农药残留检测数据分析与统计

庞国芳院士科研团队建立的农药残留高通量侦测技术以高分辨精确质量数（0.0001 *m/z* 为基准）为识别标准，采用 GC-Q-TOF/MS 技术对 499 种农药化学污染物进行检测。

科研团队于 2014 年 1 月~2014 年 3 月在北京市所属 24 个超市采样点，随机采集了 415 例水果蔬菜样品，采样点具体位置如图 4-1 所示，各月内果蔬样品采集数量如表 4-1 所示。

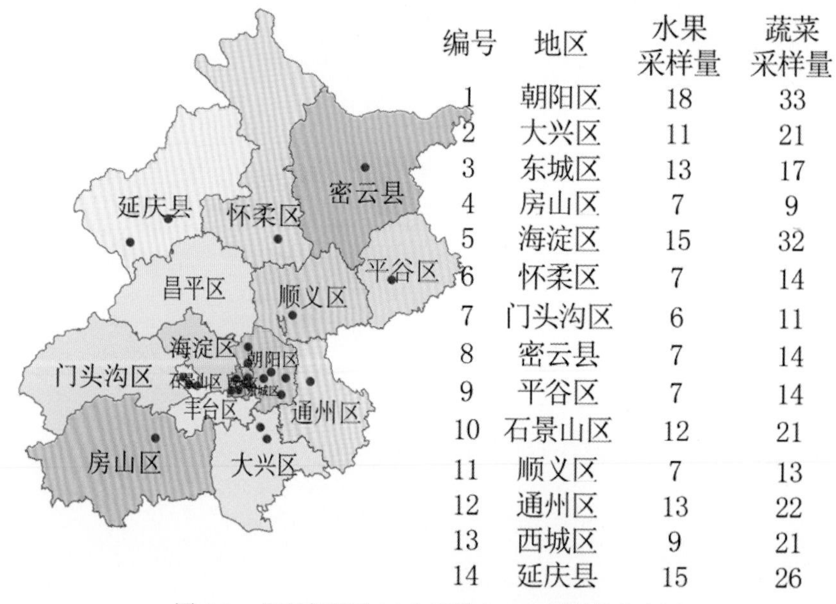

图 4-1　北京市所属 24 个采样点 415 例样品分布图

表 4-1　北京市各月内果蔬样品采集情况

时间	样品数（例）
2014 年 1 月	113
2014 年 2 月	261
2014 年 3 月	41

利用 GC-Q-TOF/MS 技术对 415 例样品中的农药残留进行侦测，检出农药 96 种，892 频次。检出农药残留水平如表 4-2 和图 4-2 所示。检出频次最高的前十种农药如表 4-3 所示。从检测结果中可以看出，在果蔬中农药残留普遍存在，且有些果蔬存在高浓度的农药残留，这些可能存在膳食暴露风险，对人体健康产生危害，因此，为了定量地评价果蔬中农药残留的风险程度，有必要对其进行风险评价。

表 4-2　检出农药的不同残留水平及其占比

残留水平（μg/kg）	检出频次	占比（%）
1~5（含）	318	35.7
5~10（含）	149	16.7
10~100（含）	329	36.9
100~1000（含）	96	10.8
合计	892	100

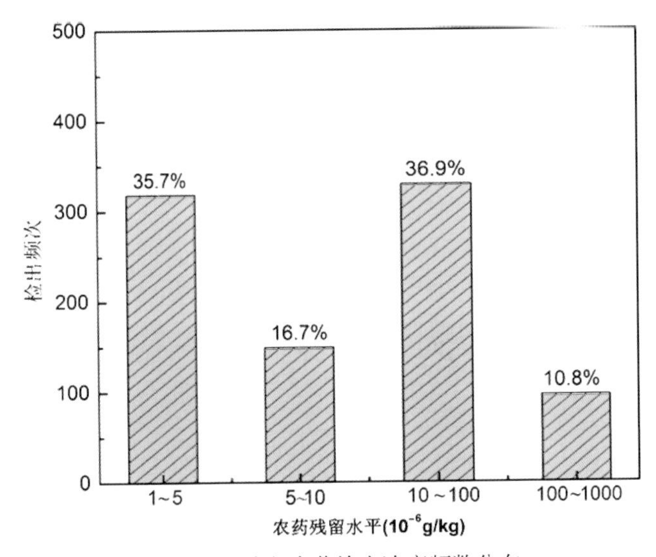

图 4-2　残留农药检出浓度频数分布

表 4-3　检出频次最高的前十种农药

序号	农药	检出频次（次）
1	腐霉利	102
2	硫丹	98
3	异噁唑草酮	62
4	毒死蜱	46
5	嘧霉胺	43
6	甲霜灵	40

续表

序号	农药	检出频次（次）
7	啶酰菌胺	37
8	哒螨灵	30
9	戊唑醇	25
10	五氯苯甲腈	22

4.1.2 农药残留风险评价模型

对北京市水果蔬菜中农药残留分别开展暴露风险评估和预警风险评估。膳食暴露风险评价利用食品安全指数模型，对水果蔬菜中的残留农药对人体可能产生的危害程度进行评价，该模型结合残留监测和膳食暴露评估评价化学污染物的危害；预警风险评价模型运用风险系数（risk index，R），风险系数综合考虑了危害物的超标率、施检频率及其本身敏感性的影响，能直观而全面地反映出危害物在一段时间内的风险程度。

4.1.2.1 食品安全指数模型

为了加强食品安全管理，《中华人民共和国食品安全法》第二章第十七条规定“国家建立食品安全风险评估制度，运用科学方法，根据食品安全风险监测信息、科学数据以及有关信息，对食品、食品添加剂、食品相关产品中生物性、化学性和物理性危害因素进行风险评估”[1]，膳食暴露评估是食品危险度评估的重要组成部分，也是膳食安全性的衡量标准[2]。国际上最早研究膳食暴露风险评估的机构主要是 JMPR（FAO、WHO 农药残留联合会议），该组织自 1995 年就已制定了急性毒性物质的风险评估急性毒性农药残留摄入量的预测。1960 年美国规定食品中不得加入致癌物质进而提出零阈值理论，渐渐零阈值理论发展成在一定概率条件下可接受风险的概念[3]，后衍变为食品中每日允许最大摄入量（ADI），而农药残留法典委员会（CCPR）认为 ADI 不是独立风险评估的唯一标准[4]，1995 年 JMPR 开始研究农药急性膳食暴露风险评估，并对食品国际短期摄入量的计算方法进行了修正，亦对膳食暴露评估准则及评估方法进行了修正[5]，2002 年，在对世界上现行的食品安全评价方法，尤其是国际公认的 CAC 的评价方法，WHO GEMS/Food（全球环境监测系统/食品污染监测和评估规划）及 JECFA（FAO、WHO 食品添加剂联合专家委员会）和 JMPR 对食品安全风险评估工作研究的基础之上，检验检疫食品安全管理的研究人员提出了结合残留监控和膳食暴露评估，以食品安全指数 IFS 计算食品中各种化学污染物对消费者的健康危害程度[6]。IFS 是表示食品安全状态的新方法，可有效地评价某种农药的安全性，进而评价食品中各种农药化学污染物对消费者健康的整体危害程度[7, 8]。从理论上分析，IFS_c 可指出食品中的污染物 c 对消费者健康是否存在危害及危害的程度[9]。其优点在于操作简单且结果容易被接受和理解，不需要大量的数据来对结果进行验证，使用默认的标准假设或者模型即可[10, 11]。

1）IFS_c 的计算

IFS_c 计算公式如下：

$$\mathrm{IFS_c}=\frac{\mathrm{EDI_c}\times f}{\mathrm{SI_c}\times \mathrm{bw}} \tag{4-1}$$

式中，c 为所研究的农药；EDI_c 为农药 c 的实际日摄入量估算值，等于 $\sum(R_i \times F_i \times E_i \times P_i)$（$i$ 为食品种类；R_i 为食品 i 中农药 c 的残留水平，mg/kg；F_i 为食品 i 的估计日消费量，g/（人·天）；E_i 为食品 i 的可食用部分因子；P_i 为食品 i 的加工处理因子）；SI_c 为安全摄入量，可采用每日允许摄入量 ADI；bw 为平均体重，kg；f 为校正因子，如果安全摄入量采用 ADI，f 取 1。

IFS_c≪1，农药 c 对食品安全没有影响；IFS_c≤1，农药 c 对食品安全的影响可以接受；IFS_c>1，农药 c 对食品安全的影响不可接受。

本次评价中：

IFS_c≤0.1，农药 c 对果蔬安全没有影响；

0.1<IFS_c≤1，农药 c 对果蔬安全的影响可以接受；

IFS_c>1，农药 c 对果蔬安全的影响不可接受。

本次评价中残留水平 R_i 取值为中国检验检疫科学研究院庞国芳院士课题组对北京市果蔬中的农药残留检测结果，估计日消费量 F_i 取值 0.38 kg/（人・天），E_i=1，P_i=1，f=1，SI_c 采用《食品安全国家标准　食品中农药最大残留限量》（GB 2763—2016）中 ADI 值（具体数值见表 4-4），人平均体重（bw）取值 60 kg。

表 4-4　北京市果蔬中残留农药 ADI 值

序号	农药	ADI	序号	农药	ADI	序号	农药	ADI
1	百菌清	0.02	17	氟硅唑	0.007	33	六六六	0.005
2	吡丙醚	0.1	18	氟乐灵	0.025	34	氯磺隆	0.2
3	丙炔氟草胺	0.02	19	氟酰胺	0.09	35	氯菊酯	0.05
4	丙溴磷	0.03	20	腐霉利	0.1	36	氯氰菊酯	0.02
5	虫螨腈	0.03	21	环嗪酮	0.05	37	马拉硫磷	0.3
6	哒螨灵	0.01	22	甲胺磷	0.004	38	醚菌酯	0.4
7	稻瘟灵	0.016	23	甲拌磷	0.0007	39	嘧菌环胺	0.03
8	丁草胺	0.1	24	甲萘威	0.008	40	嘧霉胺	0.2
9	啶酰菌胺	0.04	25	甲氰菊酯	0.03	41	萘乙酸	0.15
10	啶氧菌酯	0.09	26	甲霜灵	0.08	42	氰戊菊酯	0.02
11	毒死蜱	0.01	27	腈菌唑	0.03	43	炔螨特	0.01
12	多效唑	0.1	28	克百威	0.001	44	噻菌灵	0.1
13	噁霜灵	0.01	29	喹氧灵	0.2	45	噻嗪酮	0.009
14	二甲戊灵	0.03	30	联苯肼酯	0.01	46	三环唑	0.04
15	氟吡禾灵	0.0007	31	联苯菊酯	0.01	47	三氯杀螨醇	0.002
16	氟虫腈	0.0002	32	硫丹	0.006	48	三唑醇	0.03

续表

序号	农药	ADI	序号	农药	ADI	序号	农药	ADI
49	三唑磷	0.001	65	2,6-二氯苯甲酰胺	—	81	异噁唑草酮	—
50	三唑酮	0.03	66	3,5-二氯苯胺	—	82	异艾氏剂	—
51	杀扑磷	0.001	67	4,4-二氯二苯甲酮	—	83	抗螨唑	—
52	水胺硫磷	0.003	68	乙嘧酚磺酸酯	—	84	敌草胺	—
53	涕灭威	0.003	69	二甲草胺	—	85	新燕灵	—
54	肟菌酯	0.04	70	五氯苯	—	86	氟丙嘧草酯	—
55	五氯硝基苯	0.01	71	五氯苯甲腈	—	87	氟草敏	—
56	戊菌唑	0.03	72	五氯苯胺	—	88	灭菌磷	—
57	戊唑醇	0.03	73	克草敌	—	89	特草灵	—
58	烯唑醇	0.005	74	去乙基阿特拉津	—	90	甲呋酰胺	—
59	辛酰溴苯腈	0.015	75	呋霜灵	—	91	胺丙畏	—
60	异丙威	0.002	76	咯喹酮	—	92	苯草醚	—
61	异噁草酮	0.133	77	啶斑肟	—	93	茵草敌	—
62	仲丁威	0.06	78	四氟醚唑	—	94	邻苯二甲酰亚胺	—
63	唑虫酰胺	0.006	79	威杀灵	—	95	麦穗宁	—
64	2,3, 5,6-四氯苯胺	—	80	异丙净	—	96	麦锈灵	—

注：“—”表示国家标准中无 ADI 值规定；ADI 值单位为 mg/kg bw

2）计算 $\mathrm{IFS_c}$ 的平均值 $\overline{\mathrm{IFS}}$，判断农药对食品安全影响程度

以 $\overline{\mathrm{IFS}}$ 评价各种农药对人体健康危害的总程度，评价模型见公式（4-2）。

$$\overline{\mathrm{IFS}}=\frac{\sum_{i=1}^{n}\mathrm{IFS_c}}{n} \tag{4-2}$$

$\overline{\mathrm{IFS}}\ll 1$，所研究消费者人群的食品安全状态很好；$\overline{\mathrm{IFS}}\leqslant 1$，所研究消费者人群的食品安全状态可以接受；$\overline{\mathrm{IFS}}>1$，所研究消费者人群的食品安全状态不可接受。

本次评价中：

$\overline{\mathrm{IFS}}\leqslant 0.1$，所研究消费者人群的果蔬安全状态很好；

$0.1<\overline{\mathrm{IFS}}\leqslant 1$，所研究消费者人群的果蔬安全状态可以接受；

$\overline{\mathrm{IFS}}>1$，所研究消费者人群的果蔬安全状态不可接受。

4.1.2.2　预警风险评价模型

2003 年，我国检验检疫食品安全管理的研究人员根据 WTO 的有关原则和我国的具体规定，结合危害物本身的敏感性、风险程度及其相应的施检频率，首次提出了食品中

危害物风险系数 R 的概念[12]。R 是衡量一个危害物的风险程度大小最直观的参数，即在一定时期内其超标率或阳性检出率的高低，但受其施检测率的高低及其本身的敏感性（受关注程度）影响。该模型综合考察了农药在蔬菜中的超标率、施检频率及其本身敏感性，能直观而全面地反映出农药在一段时间内的风险程度[13]。

1）R 计算方法

危害物的风险系数综合考虑了危害物的超标率或阳性检出率、施检频率和其本身的敏感性影响，并能直观而全面地反映出危害物在一段时间内的风险程度。风险系数 R 的计算公式如式（4-3）：

$$R = aP + \frac{b}{F} + S \tag{4-3}$$

式中，P 为该种危害物的超标率；F 为危害物的施检频率；S 为危害物的敏感因子；a，b 分别为相应的权重系数。

本次评价中 F=1；S=1；a=100；b=0.1，对参数 P 进行计算，计算时首先判断是否为禁药，如果为非禁药，P=超标的样品数（检测出的含量高于食品最大残留限量标准值，即 MRL）除以总样品数（包括超标、不超标、未检出）；如果为禁药，则检出即为超标，P=能检出的样品数除以总样品数。判断北京市果蔬农药残留是否超标的标准限值 MRL 分别以 MRL 中国国家标准[14]和 MRL 欧盟标准作为对照，具体值列于本报告附表一中。

2）判断风险程度

$R \leq 1.5$，受检农药处于低度风险；

$1.5 < R \leq 2.5$，受检农药处于中度风险；

$R > 2.5$，受检农药处于高度风险。

4.1.2.3 食品膳食暴露风险和预警风险评价应用程序的开发

1）应用程序开发的步骤

为成功开发膳食暴露风险和预警风险评价应用程序，与软件工程师多次沟通讨论，逐步提出并描述清楚计算需求，开发了初步应用程序。在软件应用过程中，根据风险评价拟得到结果的变化，计算需求发生变更，这些变化给软件工程师进行需求分析带来一定的困难，经过各种细节的沟通，需求分析得到明确后，开始进行解决方案的设计，在保证需求的完整性、一致性的前提下，编写代码，最后设计出风险评价专用计算软件。软件开发基本步骤见图 4-3。

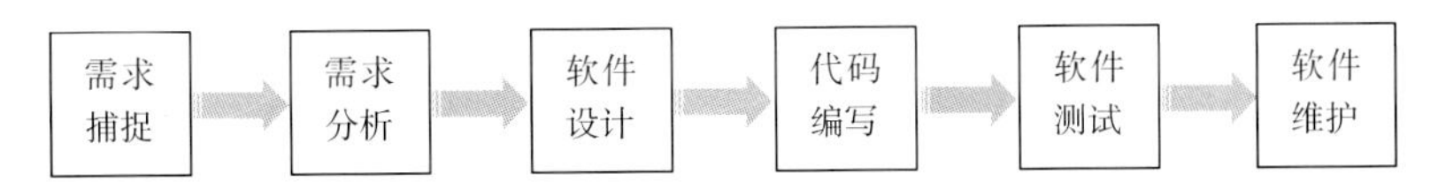

图 4-3 专用程序开发总体步骤

2）膳食暴露风险评价专业程序开发的基本要求

首先直接利用公式（4-1），分别计算 LC-Q-TOF/MS 和 GC-Q-TOF/MS 仪器检出的各果蔬样品中每种农药 IFS_c，将结果列出。为考察超标农药和禁用农药的使用安全性，分别以我国《食品安全国家标准　食品中农药最大残留限量》（GB 2763—2016）和欧盟食品中农药最大残留限量（以下简称 MRL 中国国家标准和 MRL 欧盟标准）为标准，对检出的禁药和超标的非禁药 IFS_c 单独进行评价；按 IFS_c 大小列表，并找出 IFS_c 值排名前 20 的样本重点关注。

对不同果蔬 i 中每一种检出的农药 c 的安全指数进行计算，多个样品时求平均值。若监测数据为该市多个月的数据，则逐月、逐季度分别列出每个月、每个季度内每一种果蔬 i 对应的每一种农药 c 的 IFS_c。

按农药种类，计算整个监测时间段内每种农药的 IFS_c，不区分果蔬。若检测数据为该市多个月的数据，则需分别计算每个月、每个季度内每种农药的 IFS_c。

3）预警风险评价专业程公式序开发的基本要求

分别以 MRL 中国国家标准和 MRL 欧盟标准，按公式（4-3）逐个计算不同果蔬、不同农药的风险系数，禁药和非禁药分别列表。

为清楚了解各种农药的预警风险，不分时间，不分果蔬，按禁用农药和非禁药分类，分别计算各种检出农药全部检测时段内风险系数。由于有 MRL 中国国家标准的农药种类太少，无法计算超标数，非禁药的风险系数只以 MRL 欧盟标准为标准进行计算。若检测数据为多个月的，则按月计算每个月、每个季度内每种禁用农药残留的风险系数和以 MRL 欧盟标准为标准的非禁药残留的风险系数。

4）风险程度评价专业应用程序的开发方法

采用 Python 计算机程序设计语言，Python 是一个高层次地结合了解释性、编译性、互动性和面向对象的脚本语言。风险评价专用程序主要功能包括：分别读入每例样品 LC-Q-TOF/MS 和 GC-Q-TOF/MS 农药残留检测数据，根据风险评价工作要求，依次对不同农药、不同食品、不同时间、不同采样点的 IFS_c 值和 R 值分别进行数据计算，筛选出禁用农药、超标农药（分别与 MRL 中国国家标准、MRL 欧盟标准限值进行对比）单独重点分析，再分别对各农药、各果蔬种类分类处理，设计出计算和排序程序，编写计算机代码，最后将生成的膳食暴露风险评价和超标风险评价定量计算结果列入设计好的各个表格中，并定性判断风险对目标的影响程度，直接用文字描述风险发生的高低，如“不可接受”“可以接受”“没有影响”“高度风险”“中度风险”“低度风险”。

4.2　北京市果蔬农药残留膳食暴露风险评估

4.2.1　样品中农药残留安全指数分析

基于农药残留检测数据，发现在 415 例样品中检出农药 892 频次，计算样品中每种残留农药的安全指数 IFS_c，并分析农药对样品安全的影响程度，结果详见附表二，农药残留对果蔬样品安全的影响程度频次分布情况如图 4-4 所示。

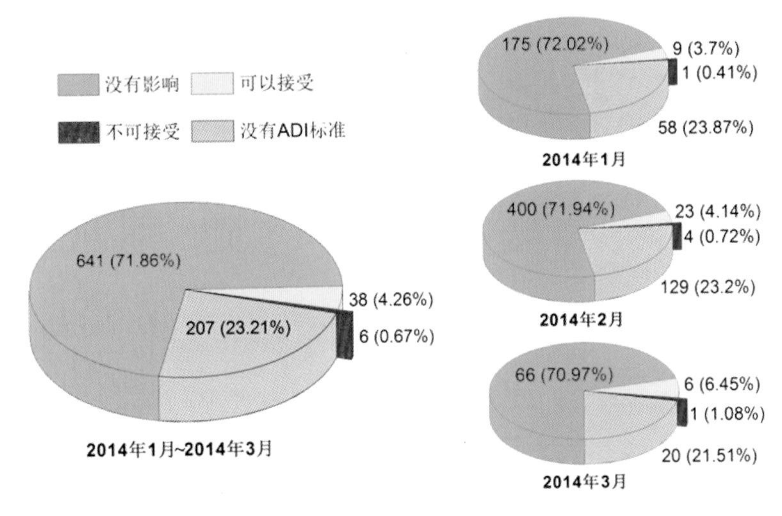

图 4-4 农药残留对果蔬样品安全的影响程度频次分布图

由图 4-4 可以看出，农药残留对样品安全的影响不可接受的频次为 6，占 0.67%；农药残留对样品安全的影响可以接受的频次为 38，占 4.26%；农药残留对样品安全的没有影响的频次为 641，占 71.86%。三个月内检出农药频次排序为：2014 年 2 月（556）>2014 年 1 月（243）>2014 年 3 月（93），此外，三个月内残留农药对样品安全影响不可接受的频次比例排序为：2014 年 3 月（1.08%）>2014 年 2 月（0.72%）>2014 年 1 月（0.41%）。对果蔬样品安全影响不可接受的残留农药安全指数如表 4-5 所示。

表 4-5 对果蔬样品安全影响不可接受的残留农药安全指数表

序号	样品编号	采样点	基质	农药	含量（mg/kg）	IFS_c
1	20140220-110228-CAIQ-OR-01A	***超市（密云县店）	橘	三唑磷	0.7878	4.9894
2	20140226-110113-CAIQ-OR-02A	***超市（顺义店）	橘	三唑磷	0.3396	2.1508
3	20140212-110107-CAIQ-DJ-03A	***超市（苹果园店）	菜豆	三唑磷	0.2578	1.6327
4	20140305-110229-CAIQ-OR-02A	***超市（妫水北街店）	橘	三唑磷	0.2202	1.3946
5	20140110-110105-CAIQ-PP-01A	***超市（慈云寺店）	甜椒	氟吡禾灵	0.1276	1.1545
6	20140226-110117-CAIQ-OR-01A	***超市（平谷店）	橘	三唑磷	0.1772	1.1223

此次检测，发现部分样品检出禁用农药，为了明确残留的禁用农药对样品安全的影响，分析检出禁药残留的样品安全指数，禁用农药残留对果蔬样品安全的影响程度频次分布情况如图 4-5 所示，检出禁用农药 136 频次，可以看出，残留禁药对样品安全影响均在可以接受和没有影响的范围内，其中农药残留对样品安全的影响可以接受的频次为

14，占 10.29%；农药残留对样品安全没有影响的频次为 122，占 89.71%。3 个月内检出禁用农药频次排序为：2014 年 2 月（84）>2014 年 1 月（42）>2014 年 3 月（10）。表 4-6 为果蔬样品中安全指数排名前十的残留禁用农药列表。

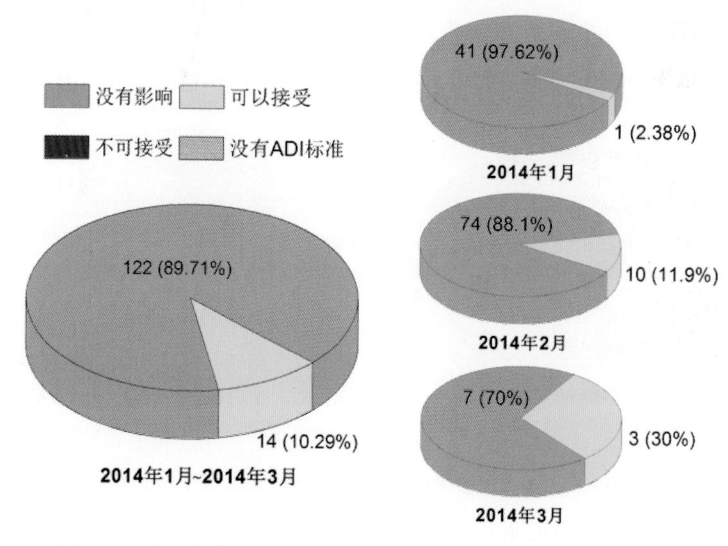

图 4-5　禁用农药残留对果蔬样品安全的影响程度频次分布图

表 4-6　果蔬样品中安全指数排名前十的残留禁用农药列表

序号	样品编号	采样点	基质	农药	含量（mg/kg）	IFS_c	影响程度
1	20140208-110112-CAIQ-DJ-01A	***超市（九棵树店）	菜豆	氟虫腈	0.015	0.47500	可以接受
2	20140305-110229-CAIQ-CE-01A	***超市（延庆店）	芹菜	克百威	0.0419	0.26537	可以接受
3	20140226-110117-CAIQ-CE-01A	***超市（平谷店）	芹菜	克百威	0.0402	0.25460	可以接受
4	20140305-110229-CAIQ-PP-01A	***超市（延庆店）	甜椒	硫丹	0.2152	0.22716	可以接受
5	20140212-110111-CAIQ-TO-02A	***超市（良乡店）	番茄	硫丹	0.1964	0.20731	可以接受
6	20140212-110109-CAIQ-CE-01A	***超市（新桥店）	芹菜	克百威	0.0304	0.19253	可以接受
7	20140212-110111-CAIQ-ST-02A	***超市（良乡店）	草莓	硫丹	0.1477	0.15591	可以接受
8	20140220-110228-CAIQ-JC-01A	***超市（密云县店）	韭菜	硫丹	0.1318	0.13912	可以接受
9	20140226-110113-CAIQ-PE-02A	***超市（顺义店）	梨	氰戊菊酯	0.4375	0.13854	可以接受
10	20140305-110229-CAIQ-EP-01A	***超市（延庆店）	茄子	克百威	0.0202	0.12793	可以接受

此外，本次检测发现部分样品中非禁用农药残留量超过 MRL 中国国家标准和欧盟标准，为了明确超标的非禁药对样品安全的影响，分析非禁药残留超标的样品安全指数，图 4-6 和图 4-7 分别为残留量超过 MRL 中国国家标准和 MRL 欧盟标准的非禁用农药对果蔬样品安全的影响程度频次分布图。

由图 4-6 可以看出，检出超过 MRL 中国国家标准的非禁用农药共 17 频次，其中农药残留对样品安全影响不可接受的频次为 3，占 17.65%；农药残留对样品安全的影响可以接受的频次为 4，占 23.53%；农药残留对样品安全没有影响的频次为 10，占 58.82%。表 4-7 为果蔬样品中残留量超过 MRL 中国国家标准的非禁用农药安全指数表

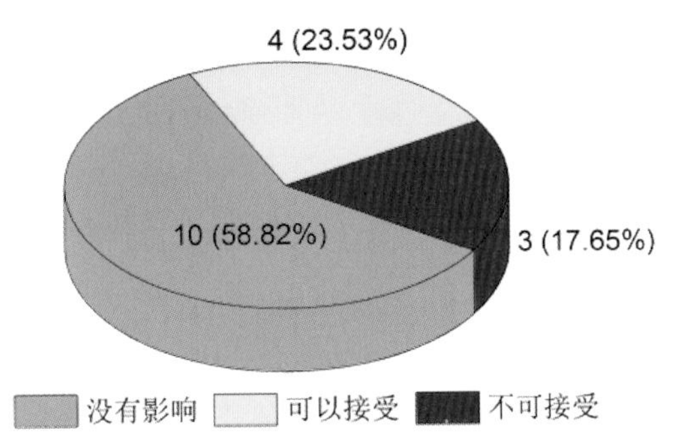

图 4-6　残留超标的非禁用农药对果蔬样品安全的影响程度频次分布图（MRL 中国国家标准）

表 4-7　果蔬样品中残留超标的非禁用农药安全指数表（MRL 中国国家标准）

序号	样品编号	采样点	基质	农药	含量（mg/kg）	中国国家标准	超标倍数	IFS_c	影响程度
1	20140305-110229-CAIQ-JC-01A	***超市（延庆店）	韭菜	腐霉利	0.8909	0.2	3.45	0.0564	没有影响
2	20140220-110228-CAIQ-OR-01A	***超市（密云县店）	橘	三唑磷	0.7878	0.2	2.94	4.9894	不可接受
3	20140226-110113-CAIQ-JC-02A	***超市（顺义店）	韭菜	腐霉利	0.7198	0.2	2.60	0.0456	没有影响
4	20140125-110102-CAIQ-OR-01A	***超市（三里河店）	橘	氟吡禾灵	0.0577	0.02	1.89	0.5220	可以接受
5	20140212-110109-CAIQ-JC-01A	***超市（新桥店）	韭菜	腐霉利	0.5666	0.2	1.83	0.0359	没有影响
6	20140125-110108-CAIQ-CZ-02A	***超市（白石桥店）	橙	氟吡禾灵	0.0539	0.02	1.70	0.4877	可以接受
7	20140220-110228-CAIQ-OR-01A	***超市（密云县店）	橘	丙溴磷	0.5143	0.2	1.57	0.1086	可以接受
8	20140220-110116-CAIQ-JC-02A	***超市（怀柔区店）	韭菜	腐霉利	0.4613	0.2	1.31	0.0292	没有影响
9	20140220-110228-CAIQ-JC-01A	***超市（密云县店）	韭菜	腐霉利	0.4594	0.2	1.30	0.0291	没有影响
10	20140212-110107-CAIQ-JC-04A	***超市（西黄村二店）	韭菜	腐霉利	0.458	0.2	1.29	0.0290	没有影响
11	20140121-110105-CAIQ-OR-01A	***超市（朝阳路店）	橘	氟吡禾灵	0.0456	0.02	1.28	0.4126	可以接受

续表

序号	样品编号	采样点	基质	农药	含量（mg/kg）	中国国家标准	超标倍数	IFS_c	影响程度
12	20140212-110111-CAIQ-JC-02A	***超市（良乡店）	韭菜	腐霉利	0.4074	0.2	1.04	0.0258	没有影响
13	20140226-110113-CAIQ-OR-02A	***超市（顺义店）	橘	三唑磷	0.3396	0.2	0.70	2.1508	不可接受
14	20140226-110117-CAIQ-JC-01A	***超市（平谷店）	韭菜	腐霉利	0.2932	0.2	0.47	0.0186	没有影响
15	20140226-110117-CAIQ-OR-01A	***超市（平谷店）	橘	丙溴磷	0.2741	0.2	0.37	0.0579	没有影响
16	20140305-110229-CAIQ-OR-02A	***超市（妫水北街店）	橘	三唑磷	0.2202	0.2	0.10	1.3946	不可接受
17	20140305-110229-CAIQ-JC-02A	***超市（妫水北街店）	韭菜	毒死蜱	0.1075	0.1	0.07	0.0681	没有影响

由图 4-7 可以看出检出超过 MRL 欧盟标准的非禁用农药共 214 频次，其中农药残留对样品安全的影响不可接受的频次为 6，占 2.8%；农药残留对样品安全的影响可以接受的频次为 12，占 5.61%；农药残留对样品安全没有影响的频次为 140，占 65.42%。表 4-8 为果蔬样品中残留量超过 MRL 欧盟标准的非禁用农药安全指数表。

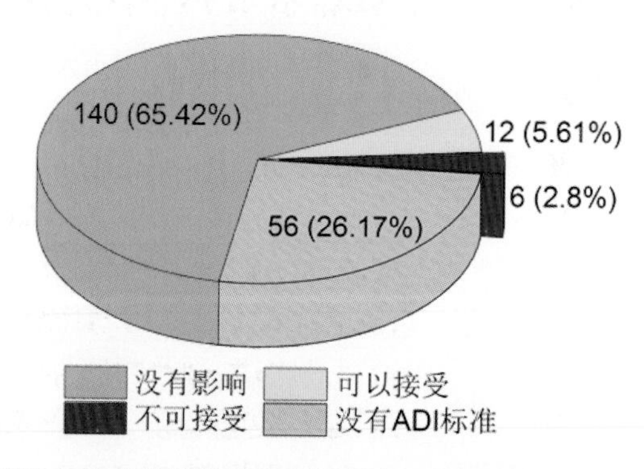

图 4-7　残留超标的非禁用农药对果蔬样品安全的影响程度频次分布图（MRL 欧盟标准）

表 4-8　对果蔬样品安全影响不可接受的残留超标非禁用农药安全指数表（MRL 欧盟标准）

序号	样品编号	采样点	基质	农药	含量（mg/kg）	欧盟标准	超标倍数	IFS_c
1	20140220-110228-CAIQ-OR-01A	***超市（密云县店）	橘	三唑磷	0.7878	0.01	78.78	4.9894
2	20140226-110113-CAIQ-OR-02A	***超市（顺义店）	橘	三唑磷	0.3396	0.01	33.96	2.1508

续表

序号	样品编号	采样点	基质	农药	含量（mg/kg）	欧盟标准	超标倍数	IFS_c
3	20140212-110107-CAIQ-DJ-03A	***超市（苹果园店）	菜豆	三唑磷	0.2578	0.01	25.78	1.6327
4	20140305-110229-CAIQ-OR-02A	***超市（妫水北街店）	橘	三唑磷	0.2202	0.01	22.02	1.3946
5	20140226-110117-CAIQ-OR-01A	***超市（平谷店）	橘	三唑磷	0.1772	0.01	17.72	1.1223
6	20140110-110105-CAIQ-PP-01A	***超市（慈云寺店）	甜椒	氟吡禾灵	0.1276	0.05	2.552	1.1545

在 415 例样品中，119 例样品未检测出农药残留，296 例样品中检测出农药残留，计算每例有农药检出的样品的$\overline{IFS}$值，进而分析样品的安全状态结果如图 4-8 所示（未检出农药的样品安全状态视为很好）。可以看出，0.24%的样品安全状态不可接受，4.1%的样品安全状态可以接受，86.02%的样品安全状态很好。分析发现只有 2014 年 2 月有 1 例样品安全状态不可接受，其他月份内样品安全状态均在很好和可以接受范围内。表 4-9 列出了安全状态不可接受的样品。

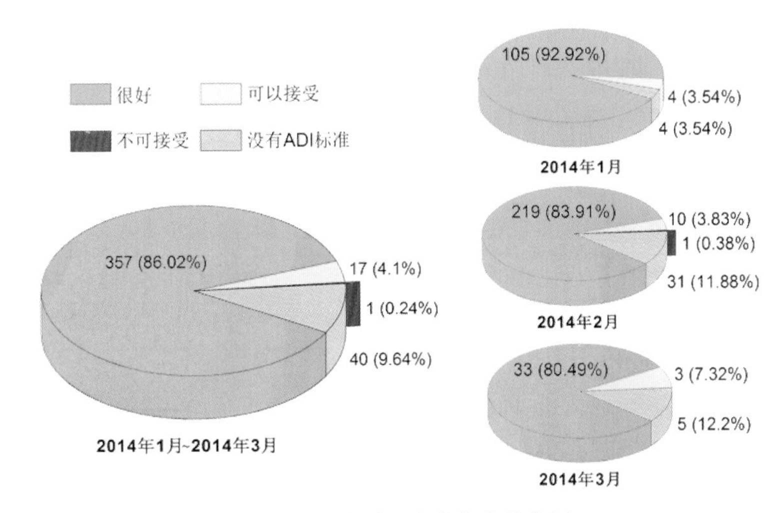

图 4-8 果蔬样品安全状态分布图

表 4-9 安全状态不可接受的果蔬样品列表

序号	样品编号	采样点	基质	$\overline{IFS}$
1	20140220-110228-CAIQ-OR-01A	***超市（密云县店）	橘	1.0212

4.2.2 单种果蔬中农药残留安全指数分析

本次检测的果蔬共计 23 种，23 种果蔬中均有农药残留，共检测出 96 种残留农药，检出频次为 892 次，其中 63 种农药存在 ADI 标准（2 种果蔬中检出的所有残留农药均没有 ADI 标准）。计算每种果蔬中农药的 IFS_c 值，结果如图 4-9 所示。

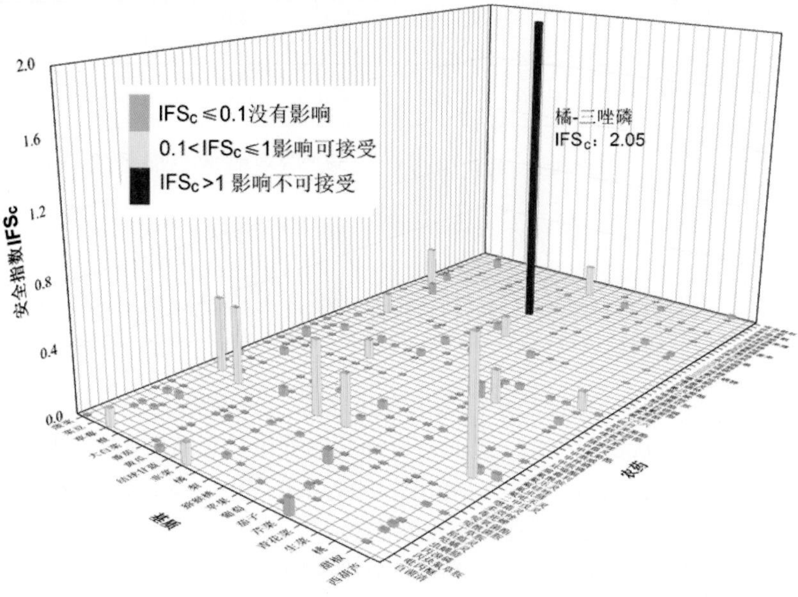

图 4-9　21 种果蔬中 63 种残留农药的安全指数

分析发现只有橘中的三唑磷 IFS_c 值大于 1，说明三唑磷残留对橘的食品安全的影响不可接受。其余 20 果蔬中残留农药的 IFS_c 值均小于 1，残留农药对果蔬安全的影响均处于没有影响和可接受的范围内。表 4-10 为残留农药食品安全影响不可接受的果蔬列表。

表 4-10　对单种果蔬安全影响不可接受的残留农药安全指数表

序号	基质	农药	检出频次	检出率	IFS>1 的频次	IFS>1 的比例	IFS_c
1	橘	三味磷	5	23.81%	4	19.05%	2.0455

本次检测中，23 种果蔬和 96 种残留农药（包括没有 ADI）共涉及 295 个分析样本，农药对果蔬安全的影响程度分布情况如图 4-10 所示。

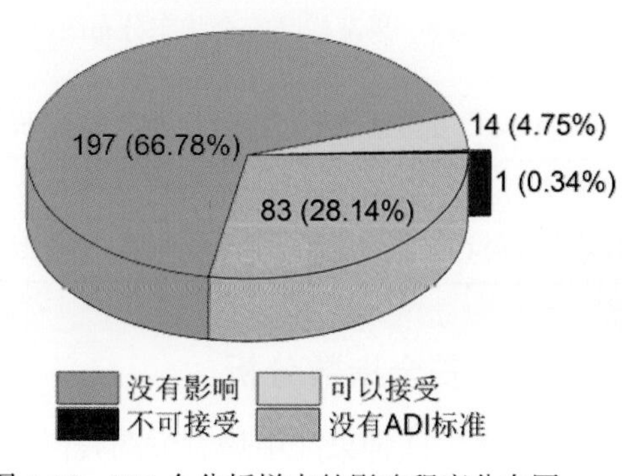

图 4-10　295 个分析样本的影响程度分布图

此外，分别计算每种果蔬中 21 种农药 IFS_c 的平均值$\overline{IFS}$，以评价每种果蔬的安全状态，结果如图 4-11 所示，分析发现，3 种果蔬（9.5%）安全状态可以接受，18 种果蔬（90.5%）安全状态很好。

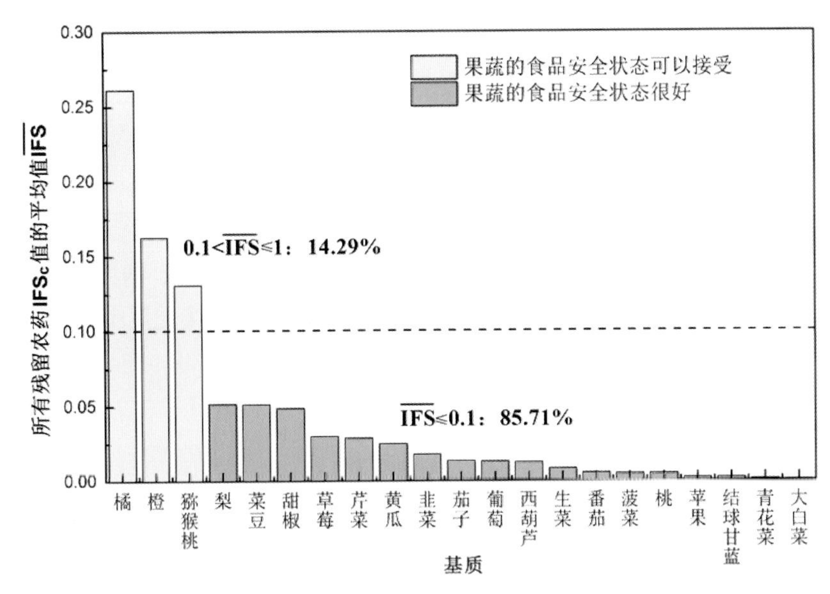

图 4-11　21 种果蔬的$\overline{IFS}$值和安全状态

为了分析不同月份内农药残留对单种果蔬安全的影响，对每个月份内单种果蔬中的农药的 IFS_c 值进行分析。每个月份内检测的果蔬种数和检出农药种数以及涉及的分析样本数如表 4-11 所示。样本中农药对果蔬安全的影响程度分布情况如图 4-12 所示，分析发现，在 2014 年 1 月内，未检出对单种果蔬安全影响不可接受的农药，在 2014 年 2 月和 2014 年 3 月内分别有一个样本中农药的残留对果蔬安全影响不可接受。

表 4-11　各月份内果蔬种数、检出农药种数和分析样本数

分析指标	2014 年 1 月	2014 年 2 月	2014 年 3 月
果蔬种数	19	22	18
农药种数	63	82	35
样本数	145	222	78

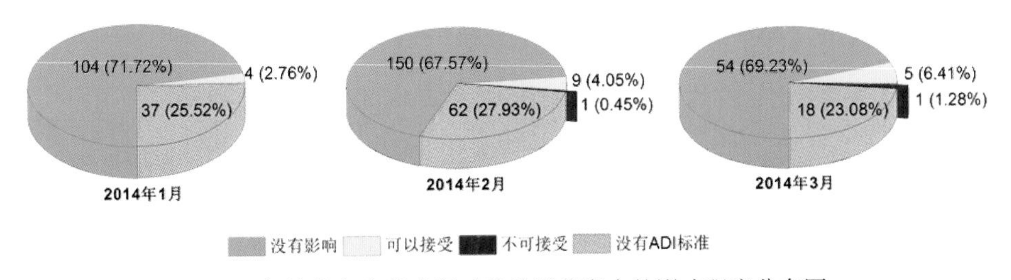

图 4-12　各月份内农药残留对单种果蔬安全的影响程度分布图

每个月份内，农药残留对果蔬安全影响不可接受的样本 IFS_c 如表 4-12 所示。分析发现，2014 年 2 月和 2014 年 3 月内农药残留对果蔬安全影响不可接受的样本均为橘中的三唑磷。

表 4-12　各月份内对单种果蔬安全影响不可接受的残留农药安全指数表

序号	2014 年 2 月			2014 年 3 月		
	基质	农药	IFS_c	基质	农药	IFS_c
1	橘	三唑磷	2.2083	橘	三唑磷	1.3946

计算每个月内每种果蔬的$\overline{IFS}$值，以评价每种果蔬的安全状态，结果如图 4-13 所示，可以看出，三个月内所有种类果蔬安全状态均处于很好和可以接受范围内。

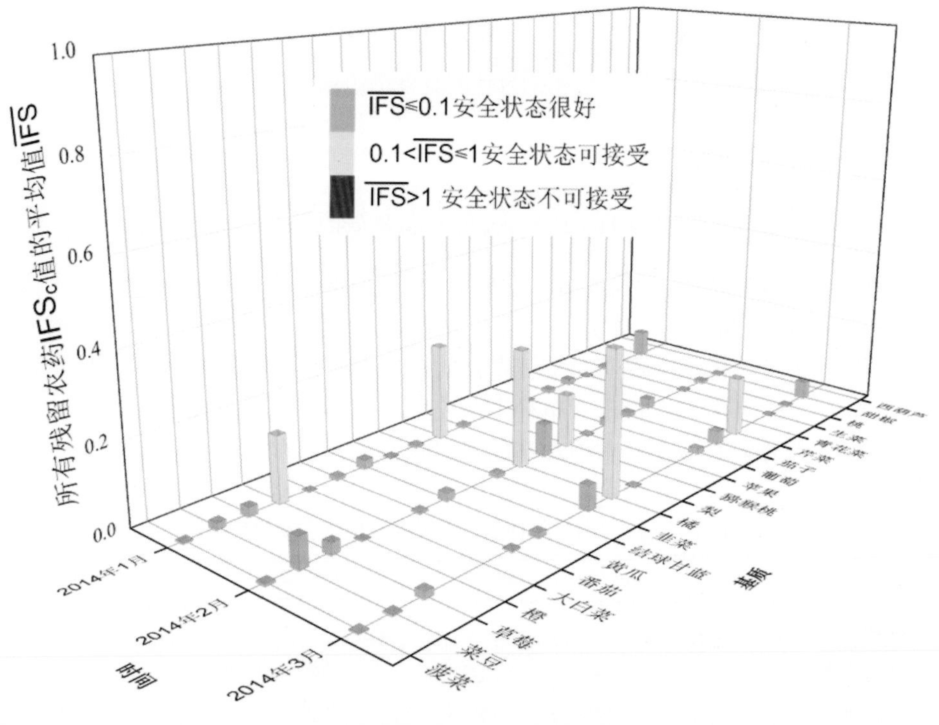

图 4-13　各月份内每种果蔬的$\overline{IFS}$值与安全状态

4.2.3　所有果蔬中农药残留安全指数分析

计算所有果蔬中 63 种残留农药的 IFS_c 值，结果如表 4-13 和图 4-14 所示。

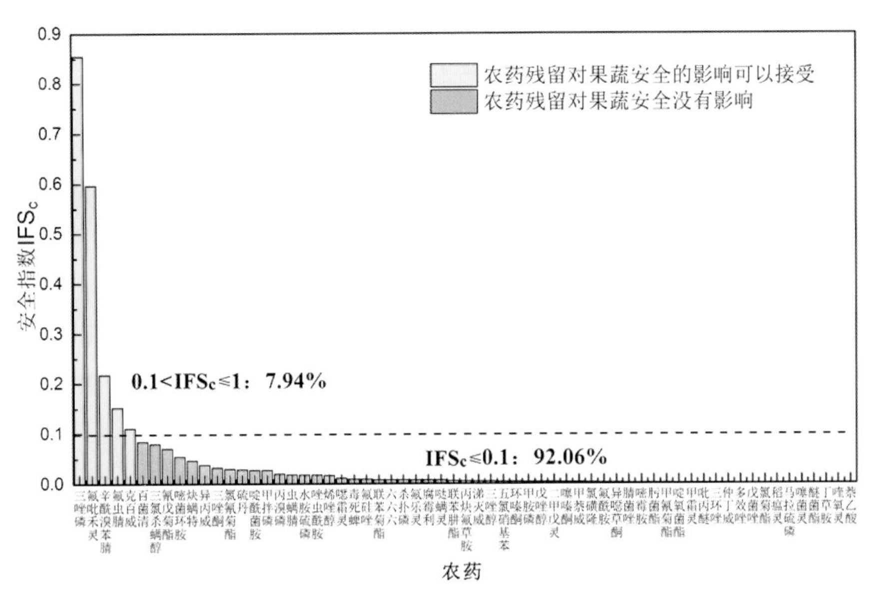

图 4-14 果蔬中 63 种残留农药安全指数

分析发现，每种农药的 IFS_c 均小于 1，其中 7.94%的农药对果蔬安全的影响可以接受，92.06%的农药对果蔬安全的影响可以接受。此外 63 种农药的 IFS_c 的平均值$\overline{IFS}$为 0.0424，远小于 1，说明所检测的果蔬处于很好的安全状态。

表 4-13 果蔬中 63 种残留农药安全指数

序号	农药	检出频次	检出率	IFS_c	影响程度	序号	农药	检出频次	检出率	IFS_c	影响程度
1	三唑磷	15	3.61%	0.8544	可以接受	17	丙溴磷	10	2.41%	0.0198	没有影响
2	氟吡禾灵	7	1.69%	0.5961	可以接受	18	虫螨腈	9	2.17%	0.0181	没有影响
3	辛酰溴苯腈	1	0.24%	0.2172	可以接受	19	水胺硫磷	9	2.17%	0.0179	没有影响
4	氟虫腈	4	0.96%	0.1520	可以接受	20	唑虫酰胺	4	0.96%	0.0177	没有影响
5	克百威	13	3.13%	0.1105	可以接受	21	烯唑醇	5	1.20%	0.0165	没有影响
6	百菌清	13	3.13%	0.0836	没有影响	22	噁霜灵	2	0.48%	0.0110	没有影响
7	三氯杀螨醇	3	0.72%	0.0795	没有影响	23	毒死蜱	46	11.08%	0.0090	没有影响
8	氰戊菊酯	2	0.48%	0.0701	没有影响	24	氟硅唑	6	1.45%	0.0089	没有影响
9	嘧菌环胺	12	2.89%	0.0538	没有影响	25	联苯菊酯	21	5.06%	0.0077	没有影响
10	炔螨特	3	0.72%	0.0465	没有影响	26	六六六	1	0.24%	0.0076	没有影响
11	异丙威	3	0.72%	0.0377	没有影响	27	杀扑磷	1	0.24%	0.0076	没有影响
12	三唑酮	1	0.24%	0.0323	没有影响	28	氟乐灵	3	0.72%	0.0071	没有影响
13	氯氰菊酯	5	1.20%	0.0295	没有影响	29	腐霉利	102	24.58%	0.0071	没有影响
14	硫丹	98	23.61%	0.0282	没有影响	30	哒螨灵	30	7.23%	0.0069	没有影响
15	啶酰菌胺	37	8.92%	0.0274	没有影响	31	联苯肼酯	1	0.24%	0.0054	没有影响
16	甲拌磷	4	0.96%	0.0271	没有影响	32	丙炔氟草胺	2	0.48%	0.0048	没有影响

续表

序号	农药	检出频次	检出率	IFS_c	影响程度	序号	农药	检出频次	检出率	IFS_c	影响程度
33	涕灭威	3	0.72%	0.0047	没有影响	49	啶氧菌酯	4	0.96%	0.0010	没有影响
34	三唑醇	7	1.69%	0.0045	没有影响	50	甲霜灵	40	9.64%	0.0010	没有影响
35	五氯硝基苯	6	1.45%	0.0040	没有影响	51	吡丙醚	4	0.96%	0.0008	没有影响
36	环嗪酮	3	0.72%	0.0039	没有影响	52	三环唑	2	0.48%	0.0008	没有影响
37	甲胺磷	1	0.24%	0.0036	没有影响	53	仲丁威	9	2.17%	0.0007	没有影响
38	戊唑醇	25	6.02%	0.0034	没有影响	54	多效唑	4	0.96%	0.0005	没有影响
39	二甲戊灵	3	0.72%	0.0034	没有影响	55	戊菌唑	2	0.48%	0.0005	没有影响
40	噻嗪酮	2	0.48%	0.0031	没有影响	56	氯菊酯	1	0.24%	0.0004	没有影响
41	甲萘威	4	0.96%	0.0030	没有影响	57	稻瘟灵	1	0.24%	0.0004	没有影响
42	氯磺隆	5	1.20%	0.0024	没有影响	58	马拉硫磷	1	0.24%	0.0003	没有影响
43	氟酰胺	1	0.24%	0.0020	没有影响	59	噻菌灵	5	1.20%	0.0003	没有影响
44	异噁草酮	2	0.48%	0.0018	没有影响	60	醚菌酯	7	1.69%	0.0002	没有影响
45	腈菌唑	12	2.89%	0.0016	没有影响	61	丁草胺	1	0.24%	0.0001	没有影响
46	嘧霉胺	43	10.36%	0.0014	没有影响	62	喹氧灵	1	0.24%	0.0001	没有影响
47	肟菌酯	10	2.41%	0.0013	没有影响	63	萘乙酸	1	0.24%	0.0001	没有影响
48	甲氰菊酯	2	0.48%	0.0013	没有影响						

对每个月内所有果蔬中残留农药的 IFS_c 进行分析，结果图 4-15 所示。分析发现只有 2014 年 3 月的三唑磷对果蔬安全的影响不可接受，该月份其他农药和其他月份所有农药对果蔬安全影响均处于没有影响和可以接受的范围内。每月内不同种类农药对果蔬安全影响程度的分布如图 4-16 所示。

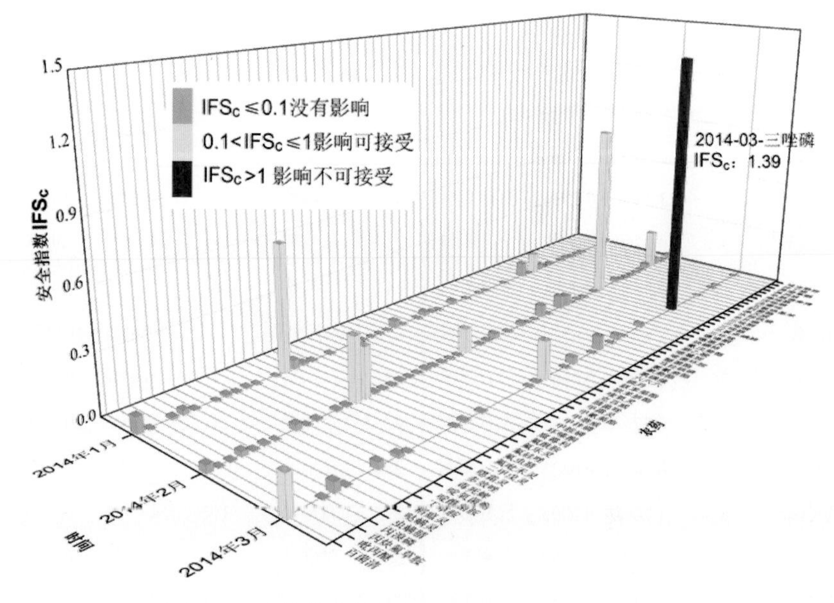

图 4-15　各月份内果蔬中每种残留农药的安全指数

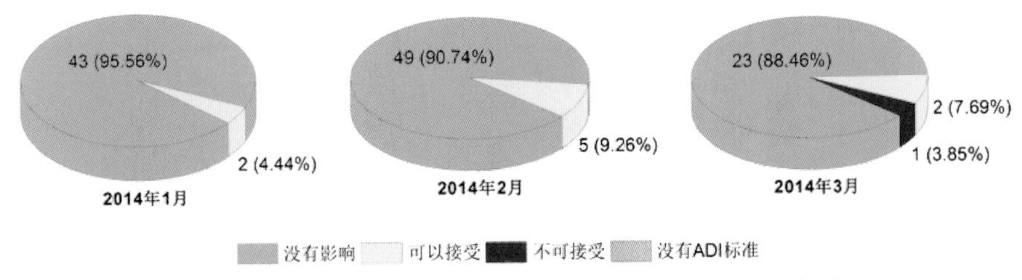

图4-16 各月份内农药残留对果蔬安全的影响程度分布图

三个月内的所有果蔬的安全状态分布如图4-17所示。结果显示，三个月内所有果蔬的$\overline{IFS}$值均小于0.1，说明三个月内果蔬的安全状态均为很好。

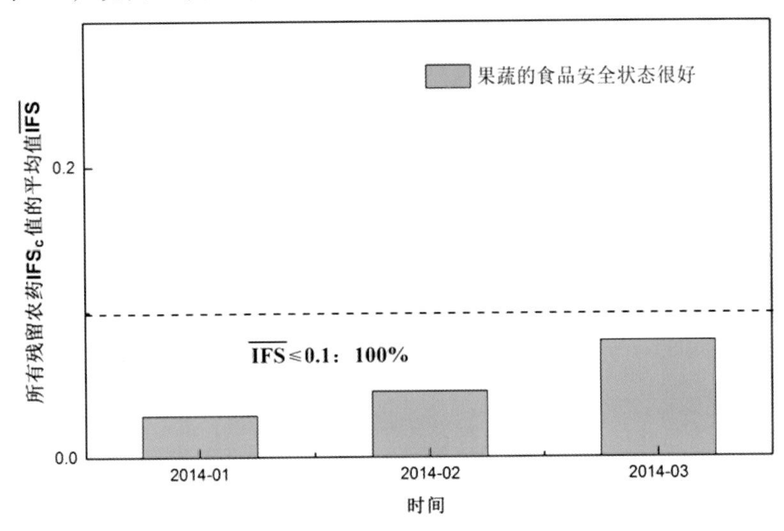

图4-17 各月份内果蔬的$\overline{IFS}$值与安全状态

4.3 北京市果蔬农药残留预警风险评估

基于北京市果蔬中农药残留GC-Q-TOF/MS侦测数据，参照中华人民共和国国家标准GB2763—2016和欧盟农药最大残留限量（MRL）标准分析农药残留的超标情况，并计算农药残留风险系数。分析每种果蔬中农药残留的风险程度。

4.3.1 单种果蔬中农药残留的风险系数分析

4.3.1.1 单种果蔬中禁用农药残留风险系数分析

检出的96种残留农药中有10种为禁用农药，在15种果蔬中检测出禁药残留，计算单种果蔬中禁药的检出率，根据检出率计算风险系数R，进而分析单种果蔬中每种禁药残留的风险程度，结果如图4-18和表4-14所示。本次分析涉及样本34个，可以看出34个样本中禁药残留均处于高度风险。

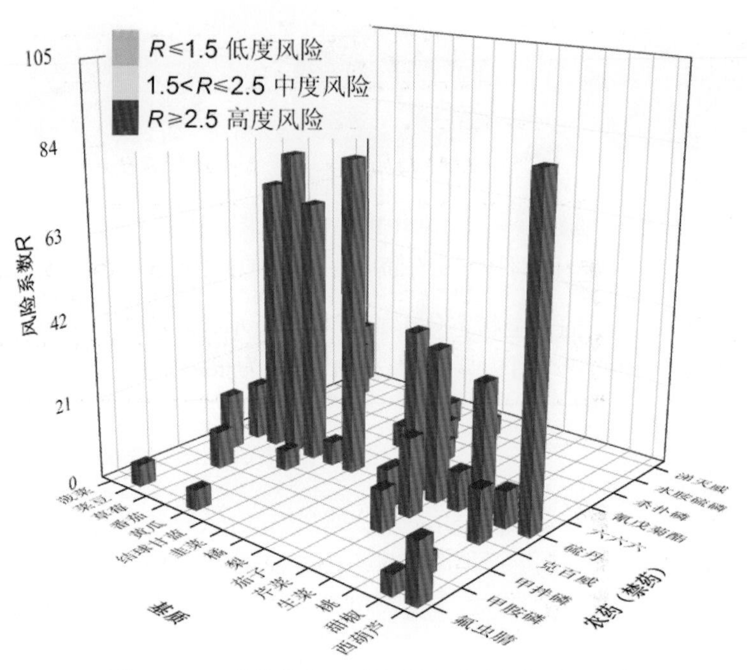

图 4-18　15 种果蔬中 10 种禁用农药残留的风险系数

表 4-14　15 种果蔬中 10 种禁用农药残留的风险系数表

序号	基质	农药	检出频次	检出率	风险系数 *R*	风险程度
1	西葫芦	硫丹	6	85.71%	86.8	高度风险
2	韭菜	硫丹	16	80.00%	81.1	高度风险
3	番茄	硫丹	18	78.26%	79.4	高度风险
4	草莓	硫丹	16	69.57%	70.7	高度风险
5	黄瓜	硫丹	16	66.67%	67.8	高度风险
6	茄子	硫丹	9	40.91%	42	高度风险
7	芹菜	硫丹	8	38.10%	39.2	高度风险
8	桃	硫丹	1	33.33%	34.4	高度风险
9	芹菜	克百威	4	19.05%	20.1	高度风险
10	芹菜	水胺硫磷	4	19.05%	20.1	高度风险
11	菠菜	涕灭威	3	15.79%	16.9	高度风险
12	西葫芦	氟虫腈	1	14.29%	15.4	高度风险
13	菜豆	克百威	3	13.64%	14.7	高度风险
14	菜豆	硫丹	3	13.64%	14.7	高度风险
15	菜豆	水胺硫磷	3	13.64%	14.7	高度风险
16	甜椒	克百威	3	12.50%	13.6	高度风险
17	芹菜	甲拌磷	2	9.52%	10.6	高度风险

续表

序号	基质	农药	检出频次	检出率	风险系数 *R*	风险程度
18	茄子	克百威	2	9.09%	10.2	高度风险
19	生菜	硫丹	1	9.09%	10.2	高度风险
20	草莓	甲拌磷	2	8.70%	9.8	高度风险
21	甜椒	硫丹	2	8.33%	9.4	高度风险
22	菠菜	六六六	1	5.26%	6.4	高度风险
23	结球甘蓝	硫丹	1	5.00%	6.1	高度风险
24	韭菜	氰戊菊酯	1	5.00%	6.1	高度风险
25	韭菜	水胺硫磷	1	5.00%	6.1	高度风险
26	橘	杀扑磷	1	4.76%	5.9	高度风险
27	菜豆	氟虫腈	1	4.55%	5.6	高度风险
28	黄瓜	氟虫腈	1	4.17%	5.3	高度风险
29	甜椒	氟虫腈	1	4.17%	5.3	高度风险
30	甜椒	甲胺磷	1	4.17%	5.3	高度风险
31	黄瓜	克百威	1	4.17%	5.3	高度风险
32	梨	硫丹	1	4.17%	5.3	高度风险
33	梨	氰戊菊酯	1	4.17%	5.3	高度风险
34	梨	水胺硫磷	1	4.17%	5.3	高度风险

4.3.1.2 基于MRL中国国家标准的单种果蔬中非禁用农药残留的风险系数分析

参照中华人民共和国国家标准GB 2763—2016中农药残留限量计算每种果蔬中每种非禁用农药的超标率进而计算其风险系数，根据风险系数大小判断残留农药的预警风险程度，果蔬中非禁用农药残留风险程度分布情况如图4-19所示。

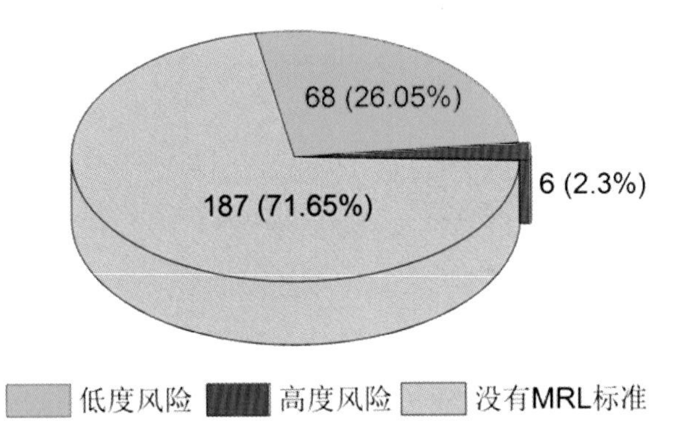

图4-19 果蔬中非禁用农药残留的风险程度分布图（MRL中国国家标准）

本次分析中，发现在 23 种果蔬中检出 86 种残留非禁用农药，涉及样本 261 个，在 261 个样本中，2.3%处于高度风险，26.05%处于低度风险。此外发现有 187 个样本没有 MRL 中国国家标准值，无法判断其风险程度，有 MRL 中国国家标准值的 74 个样本涉及 17 种果蔬中的 33 种非禁用农药，其风险系数 *R* 值如图 4-20 所示。表 4-15 为非禁用农药残留处于高度风险的果蔬列表。

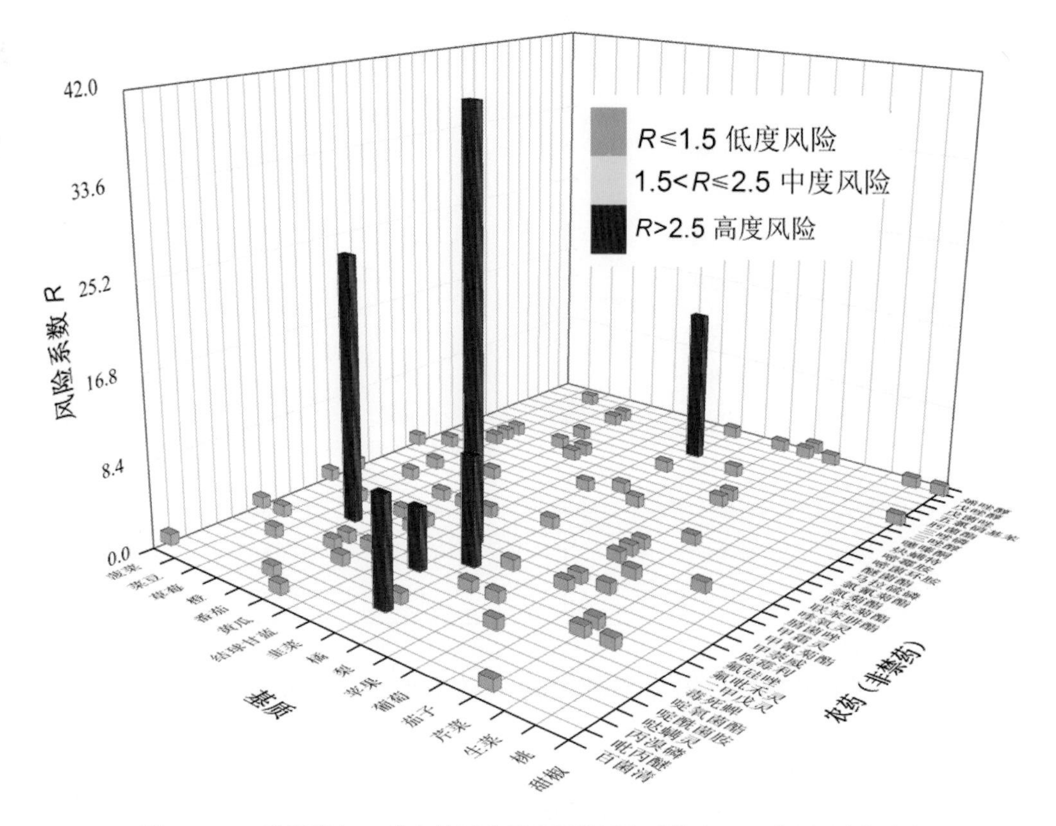

图 4-20　17 种果蔬中 33 种非禁用农药残留的风险系数（MRL 中国国家标准）

表 4-15　单种果蔬中处于高度风险的非禁用农药残留的风险系数表（MRL 中国国家标准）

序号	基质	农药	超标频次	超标率 *P*	风险系数 *R*
1	韭菜	腐霉利	8	40.00%	41.1
2	橙	氟吡禾灵	1	25.00%	26.1
3	橘	氟吡禾灵	2	9.52%	10.6
4	橘	三唑磷	3	14.29%	15.4
5	橘	丙溴磷	2	9.52%	10.6
6	韭菜	毒死蜱	1	5.00%	6.1

4.3.1.3 基于MRL欧盟标准的单种果蔬中非禁用农药残留的风险系数分析

参照MRL欧盟标准计算每种果蔬中每种非禁用农药的超标率进而计算其风险系数，根据风险系数大小判断残留农药的预警风险程度，果蔬中非禁用农药残留风险程度分布情况如图4-21所示。

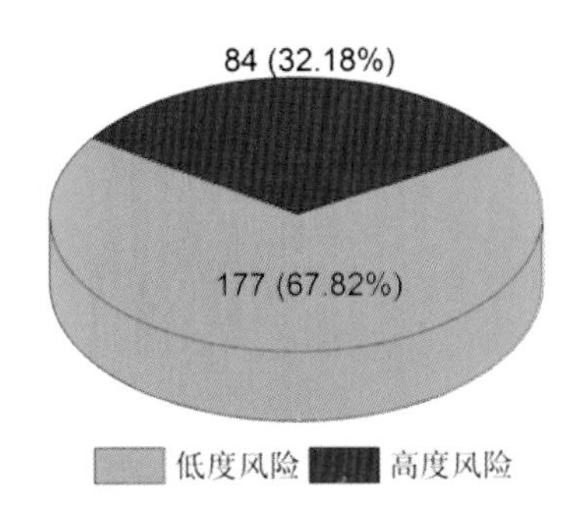

图4-21 果蔬中非禁用农药残留的风险程度分布图（MRL欧盟标准）

本次分析中，发现在23种果蔬中检出86种残留非禁用农药，涉及样本261个，在261个样本中，32.18%处于高度风险，涉及20种果蔬中的52种农药，67.82%处于低度风险，涉及23种果蔬中的63种农药。所有果蔬中的每种非禁用农药的风险系数 R 值如图4-22所示。农药残留处于高度风险的果蔬风险系数如图4-23和表4-16所示。

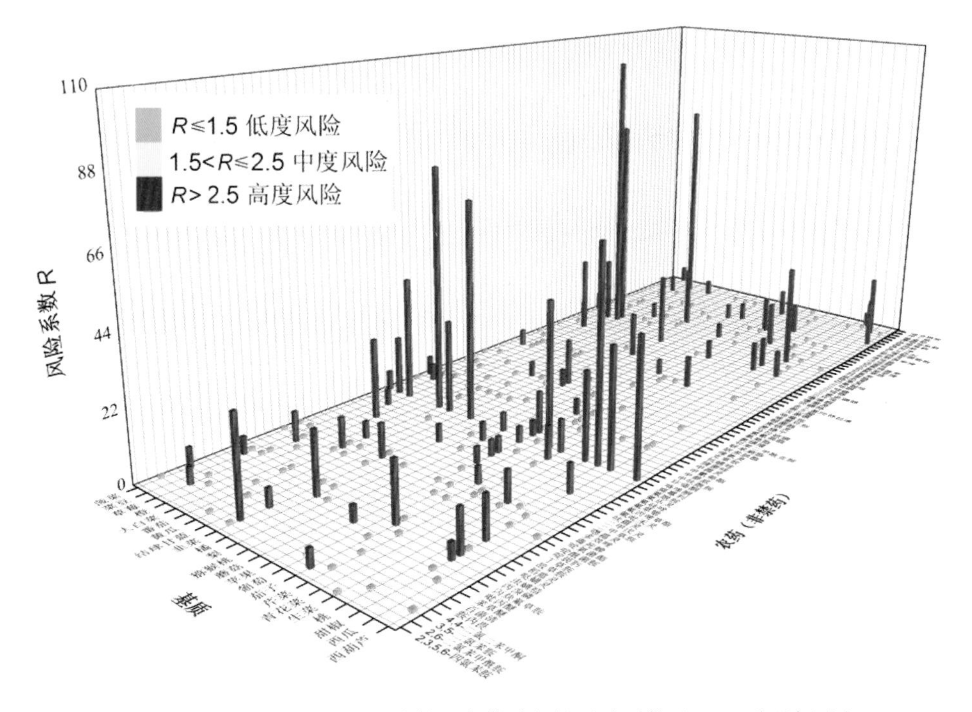

图4-22 23种果蔬中86种非禁用农药残留的风险系数（MRL欧盟标准）

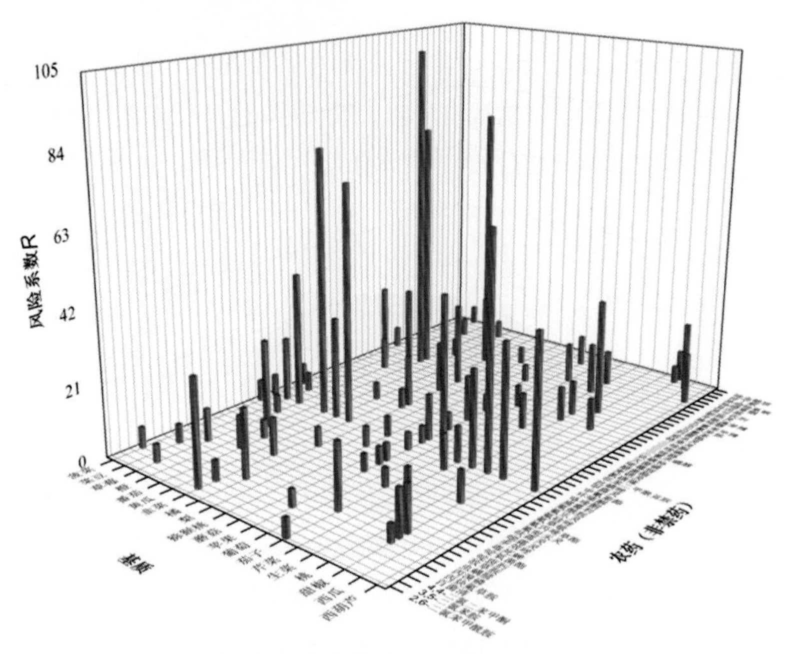

图 4-23　单种果蔬中处于高度风险的非禁用农药残留的风险系数（MRL 欧盟标准）

表 4-16　单种果蔬中处于高度风险的非禁用农药残留的风险系数表（MRL 欧盟标准）

序号	基质	农药	超标频次	超标率 P	风险系数 R
1	橙	特草灵	4	100%	101.1
2	番茄	腐霉利	18	78.26%	79.4
3	橙	威杀灵	3	75.00%	76.1
4	橙	异噁唑草酮	3	75.00%	76.1
5	韭菜	腐霉利	14	70.00%	71.1
6	桃	腐霉利	2	66.67%	67.8
7	茄子	腐霉利	10	45.45%	46.6
8	西葫芦	腐霉利	3	42.86%	44
9	草莓	腐霉利	9	39.13%	40.2
10	甜椒	腐霉利	9	37.50%	38.6
11	桃	威杀灵	1	33.33%	34.4
12	韭菜	3,5-二氯苯胺	6	30.00%	31.1
13	黄瓜	腐霉利	7	29.17%	30.3
14	生菜	腐霉利	3	27.27%	28.4
15	橙	氟吡禾灵	1	25.00%	26.1
16	橘	三唑磷	5	23.81%	24.9
17	菜豆	三唑磷	5	22.73%	23.8
18	草莓	特草灵	5	21.74%	22.8

续表

序号	基质	农药	超标频次	超标率 P	风险系数 R
19	韭菜	五氯苯甲腈	4	20.00%	21.1
20	西瓜	异噁唑草酮	2	20.00%	21.1
21	橘	丙溴磷	4	19.05%	20.1
22	茄子	虫螨腈	4	18.18%	19.3
23	菜豆	腐霉利	4	18.18%	19.3
24	橘	氯磺隆	3	14.29%	15.4
25	橘	炔螨特	3	14.29%	15.4
26	芹菜	五氯苯甲腈	3	14.29%	15.4
27	西葫芦	异艾氏剂	1	14.29%	15.4
28	甜椒	虫螨腈	3	12.50%	13.6
29	甜椒	敌草胺	3	12.50%	13.6
30	苹果	环嗪酮	3	12.50%	13.6
31	苹果	麦锈灵	3	12.50%	13.6
32	葡萄	烯唑醇	2	11.11%	12.2
33	韭菜	毒死蜱	2	10.00%	11.1
34	芹菜	氟乐灵	2	9.52%	10.6
35	芹菜	腐霉利	2	9.52%	10.6
36	芹菜	嘧霉胺	2	9.52%	10.6
37	芹菜	新燕灵	2	9.52%	10.6
38	生菜	多效唑	1	9.09%	10.2
39	生菜	三唑醇	1	9.09%	10.2
40	生菜	三唑酮	1	9.09%	10.2
41	草莓	啶斑肟	2	8.70%	9.8
42	番茄	啶氧菌酯	2	8.70%	9.8
43	草莓	三氯杀螨醇	2	8.70%	9.8
44	甜椒	氟吡禾灵	2	8.33%	9.4
45	甜椒	三唑醇	2	8.33%	9.4
46	苹果	异噁草酮	2	8.33%	9.4
47	甜椒	唑虫酰胺	2	8.33%	9.4
48	葡萄	三唑醇	1	5.56%	6.7
49	菠菜	百菌清	1	5.26%	6.4
50	菠菜	氟乐灵	1	5.26%	6.4
51	菠菜	腐霉利	1	5.26%	6.4
52	菠菜	甲霜灵	1	5.26%	6.4

续表

序号	基质	农药	超标频次	超标率 P	风险系数 R
53	菠菜	肟菌酯	1	5.26%	6.4
54	韭菜	百菌清	1	5.00%	6.1
55	猕猴桃	氟硅唑	1	5.00%	6.1
56	猕猴桃	腐霉利	1	5.00%	6.1
57	猕猴桃	新燕灵	1	5.00%	6.1
58	橘	氟吡禾灵	1	4.76%	5.9
59	橘	邻苯二甲酰亚胺	1	4.76%	5.9
60	茄子	2,6-二氯苯甲酰胺	1	4.55%	5.6
61	菜豆	虫螨腈	1	4.55%	5.6
62	茄子	噁霜灵	1	4.55%	5.6
63	菜豆	甲氰菊酯	1	4.55%	5.6
64	菜豆	醚菌酯	1	4.55%	5.6
65	菜豆	唑虫酰胺	1	4.55%	5.6
66	草莓	4,4-二氯二苯甲酮	1	4.35%	5.4
67	番茄	噁霜灵	1	4.35%	5.4
68	草莓	氟硅唑	1	4.35%	5.4
69	番茄	五氯苯胺	1	4.35%	5.4
70	草莓	异丙威	1	4.35%	5.4
71	番茄	异噁唑草酮	1	4.35%	5.4
72	苹果	丙炔氟草胺	1	4.17%	5.3
73	甜椒	丙溴磷	1	4.17%	5.3
74	苹果	呋霜灵	1	4.17%	5.3
75	苹果	氟丙嘧草酯	1	4.17%	5.3
76	苹果	氟草敏	1	4.17%	5.3
77	苹果	氟酰胺	1	4.17%	5.3
78	苹果	咯喹酮	1	4.17%	5.3
79	苹果	抗螨唑	1	4.17%	5.3
80	黄瓜	邻苯二甲酰亚胺	1	4.17%	5.3
81	苹果	灭菌磷	1	4.17%	5.3
82	蘑菇	五氯苯	1	4.17%	5.3
83	梨	辛酰溴苯腈	1	4.17%	5.3
84	甜椒	仲丁威	1	4.17%	5.3

4.3.2 所有果蔬中每种农药残留的风险系数分析

4.3.2.1 所有果蔬中禁用农药残留风险系数分析

在检出的96种农药中有10种禁用农药，计算每种禁用农药残留的风险系数，结果如表4-17所示，在10种禁用农药中，3种农药残留处于高度风险，4种农药残留处于中度风险，3种农药残留处于低度风险。

表4-17 果蔬中10种禁用农药残留的风险系数表

序号	农药	检出频次	检出率	风险系数 *R*	风险程度
1	硫丹	98	23.61%	24.7	高度风险
2	克百威	13	3.13%	4.2	高度风险
3	水胺硫磷	9	2.17%	3.3	高度风险
4	甲拌磷	4	0.96%	2.1	中度风险
5	氟虫腈	4	0.96%	2.1	中度风险
6	涕灭威	3	0.72%	1.8	中度风险
7	氰戊菊酯	2	0.48%	1.6	中度风险
8	杀扑磷	1	0.24%	1.3	低度风险
9	六六六	1	0.24%	1.3	低度风险
10	甲胺磷	1	0.24%	1.3	低度风险

分别对各月内禁用农药风险系数进行分析，结果如图4-24和表4-18所示。

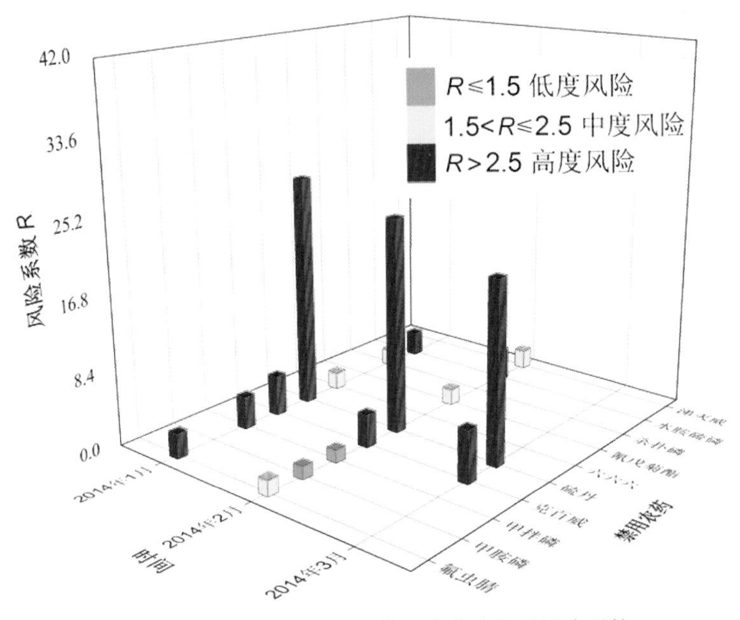

图4-24 各月份内果蔬中禁用农药残留的风险系数

表 4-18　各月份内果蔬中禁用农药残留的风险系数表

序号	年月	农药	检出频次	检出率	风险系数 R	风险程度
1	2014 年 1 月	硫丹	29	25.66%	26.8	高度风险
2	2014 年 1 月	克百威	4	3.54%	4.6	高度风险
3	2014 年 1 月	甲拌磷	3	2.65%	3.8	高度风险
4	2014 年 1 月	氟虫腈	2	1.77%	2.9	高度风险
5	2014 年 1 月	水胺硫磷	2	1.77%	2.9	高度风险
6	2014 年 1 月	杀扑磷	1	0.89%	2.0	中度风险
7	2014 年 1 月	六六六	1	0.89%	2.0	中度风险
8	2014 年 2 月	硫丹	61	23.37%	24.5	高度风险
9	2014 年 2 月	克百威	7	2.68%	3.8	高度风险
10	2014 年 2 月	水胺硫磷	7	2.68%	3.8	高度风险
11	2014 年 2 月	涕灭威	3	1.15%	2.2	中度风险
12	2014 年 2 月	氟虫腈	2	0.77%	1.9	中度风险
13	2014 年 2 月	氰戊菊酯	2	0.77%	1.9	中度风险
14	2014 年 2 月	甲拌磷	1	0.38%	1.5	低度风险
15	2014 年 2 月	甲胺磷	1	0.38%	1.5	低度风险
16	2014 年 3 月	硫丹	8	19.51%	20.6	高度风险
17	2014 年 3 月	克百威	2	4.88%	6.0	高度风险

4.3.2.2　所有果蔬中非禁用农药残留的风险系数分析

参照 MRL 欧盟标准计算所有果蔬中每种农药残留的风险系数，结果如图 4-25 和表 4-19 所示。在检出的 86 种非禁用农药中，7 种农药（8.14%）残留处于高度风险，23 种农药（26.74%）残留处于中度风险，56 种农药（65.12%）残留处于低度风险。

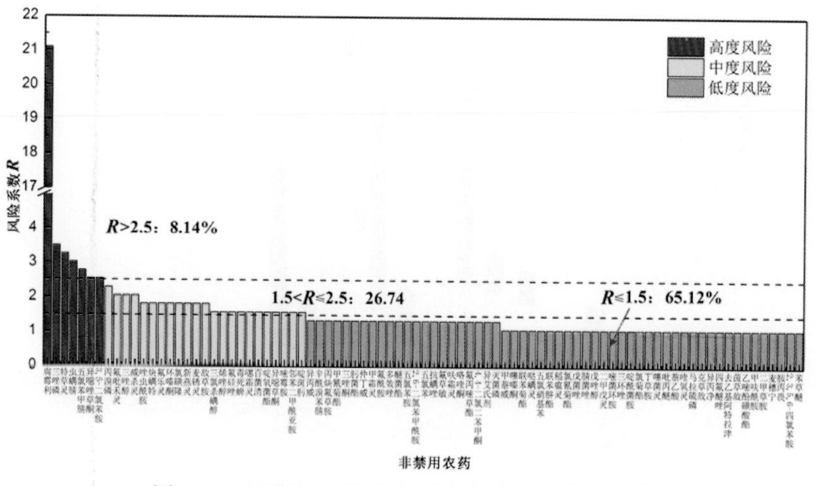

图 4-25　果蔬中 86 种非禁用农药残留的风险系数

表 4-19 果蔬中 86 种非禁用农药残留的风险系数分析

序号	农药	超标频次	超标率 P	风险系数 R	风险程度
1	腐霉利	83	20.00%	21.1	高度风险
2	三唑磷	10	2.41%	3.5	高度风险
3	特草灵	9	2.17%	3.3	高度风险
4	虫螨腈	8	1.93%	3.0	高度风险
5	五氯苯甲腈	7	1.69%	2.8	高度风险
6	异噁唑草酮	6	1.45%	2.5	高度风险
7	3,5-二氯苯胺	6	1.45%	2.5	高度风险
8	丙溴磷	5	1.20%	2.3	中度风险
9	氟吡禾灵	4	0.96%	2.1	中度风险
10	三唑醇	4	0.96%	2.1	中度风险
11	威杀灵	4	0.96%	2.1	中度风险
12	唑虫酰胺	3	0.72%	1.8	中度风险
13	炔螨特	3	0.72%	1.8	中度风险
14	氟乐灵	3	0.72%	1.8	中度风险
15	环嗪酮	3	0.72%	1.8	中度风险
16	氯磺隆	3	0.72%	1.8	中度风险
17	新燕灵	3	0.72%	1.8	中度风险
18	麦锈灵	3	0.72%	1.8	中度风险
19	敌草胺	3	0.72%	1.8	中度风险
20	三氯杀螨醇	2	0.48%	1.6	中度风险
21	烯唑醇	2	0.48%	1.6	中度风险
22	氟硅唑	2	0.48%	1.6	中度风险
23	毒死蜱	2	0.48%	1.6	中度风险
24	噁霜灵	2	0.48%	1.6	中度风险
25	百菌清	2	0.48%	1.6	中度风险
26	啶氧菌酯	2	0.48%	1.6	中度风险
27	异噁草酮	2	0.48%	1.6	中度风险
28	嘧霉胺	2	0.48%	1.6	中度风险
29	邻苯二甲酰亚胺	2	0.48%	1.6	中度风险
30	啶斑肟	2	0.48%	1.6	中度风险
31	异丙威	1	0.24%	1.3	低度风险
32	辛酰溴苯腈	1	0.24%	1.3	低度风险
33	丙炔氟草胺	1	0.24%	1.3	低度风险
34	甲氰菊酯	1	0.24%	1.3	低度风险

续表

序号	农药	超标频次	超标率 *P*	风险系数 *R*	风险程度
35	三唑酮	1	0.24%	1.3	低度风险
36	肟菌酯	1	0.24%	1.3	低度风险
37	仲丁威	1	0.24%	1.3	低度风险
38	甲霜灵	1	0.24%	1.3	低度风险
39	氟酰胺	1	0.24%	1.3	低度风险
40	多效唑	1	0.24%	1.3	低度风险
41	醚菌酯	1	0.24%	1.3	低度风险
42	五氯苯胺	1	0.24%	1.3	低度风险
43	2,6-二氯苯甲酰胺	1	0.24%	1.3	低度风险
44	五氯苯	1	0.24%	1.3	低度风险
45	抗螨唑	1	0.24%	1.3	低度风险
46	氟草敏	1	0.24%	1.3	低度风险
47	呋霜灵	1	0.24%	1.3	低度风险
48	咯喹酮	1	0.24%	1.3	低度风险
49	氟丙嘧草酯	1	0.24%	1.3	低度风险
50	4,4-二氯二苯甲酮	1	0.24%	1.3	低度风险
51	异艾氏剂	1	0.24%	1.3	低度风险
52	灭菌磷	1	0.24%	1.3	低度风险
53	甲萘威	0	0	1.1	低度风险
54	噻嗪酮	0	0	1.1	低度风险
55	联苯菊酯	0	0	1.1	低度风险
56	哒螨灵	0	0	1.1	低度风险
57	五氯硝基苯	0	0	1.1	低度风险
58	联苯肼酯	0	0	1.1	低度风险
59	稻瘟灵	0	0	1.1	低度风险
60	氯氰菊酯	0	0	1.1	低度风险
61	戊菌唑	0	0	1.1	低度风险
62	腈菌唑	0	0	1.1	低度风险
63	戊唑醇	0	0	1.1	低度风险
64	二甲戊灵	0	0	1.1	低度风险
65	嘧菌环胺	0	0	1.1	低度风险
66	三环唑	0	0	1.1	低度风险
67	啶酰菌胺	0	0	1.1	低度风险
68	氯菊酯	0	0	1.1	低度风险

续表

序号	农药	超标频次	超标率 *P*	风险系数 *R*	风险程度
69	丁草胺	0	0	1.1	低度风险
70	噻菌灵	0	0	1.1	低度风险
71	吡丙醚	0	0	1.1	低度风险
72	萘乙酸	0	0	1.1	低度风险
73	喹氧灵	0	0	1.1	低度风险
74	马拉硫磷	0	0	1.1	低度风险
75	克草敌	0	0	1.1	低度风险
76	异丙净	0	0	1.1	低度风险
77	四氟醚唑	0	0	1.1	低度风险
78	去乙基阿特拉津	0	0	1.1	低度风险
79	茵草敌	0	0	1.1	低度风险
80	乙嘧酚磺酸酯	0	0	1.1	低度风险
81	甲呋酰胺	0	0	1.1	低度风险
82	二甲草胺	0	0	1.1	低度风险
83	麦穗宁	0	0	1.1	低度风险
84	胺丙畏	0	0	1.1	低度风险
85	2,3，5,6-四氯苯胺	0	0	1.1	低度风险
86	苯草醚	0	0	1.1	低度风险

对每个月内的非禁用农药的风险系数进行分别分析，图 4-26 为每月内非禁药风险程度分布图。三个月份内处于高度风险农药比例排序为 2014 年 3 月（27.27%）>2014 年 1 月（16.07%）>2014 年 2 月（5.41%）。

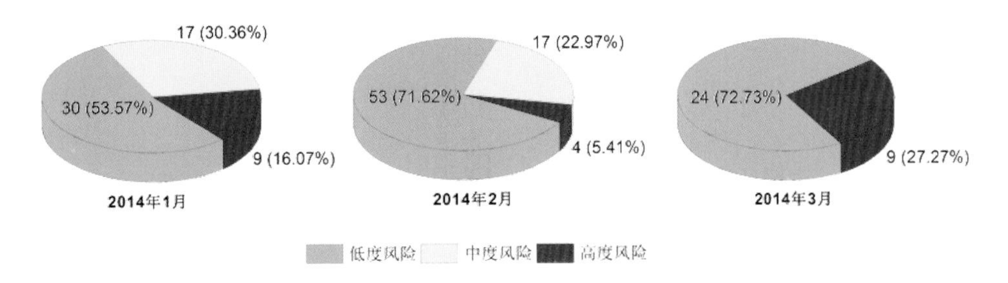

图 4-26 各月份内果蔬中非禁用农药残留的风险程度分布图

三个月份内处于中度风险和高度风险的残留农药风险系数如图 4-27 和表 4-20 所示。

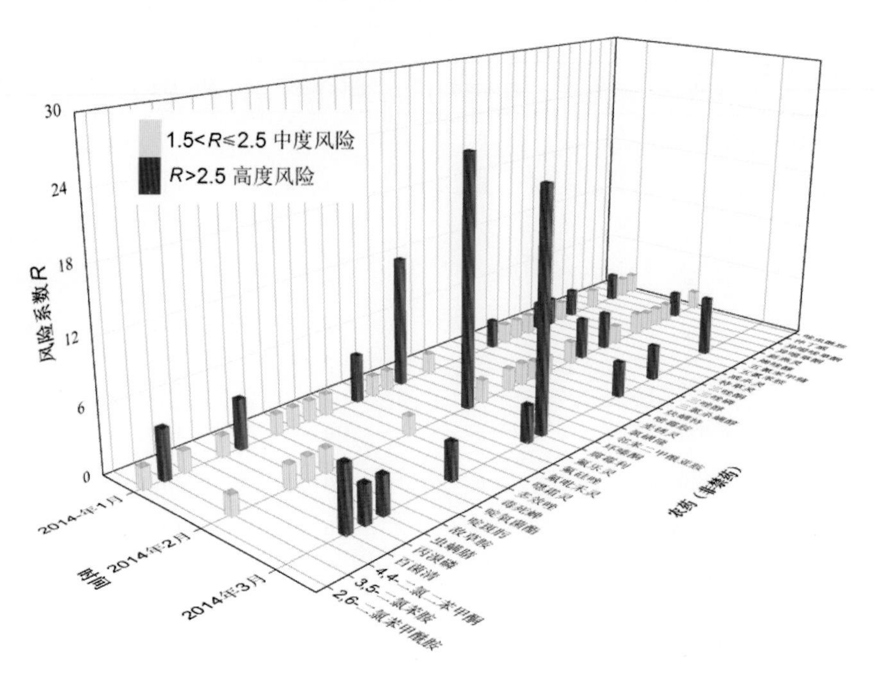

图 4-27　各月份内果蔬中处于中度风险和高度风险的非禁用农药残留的风险系数

表 4-20　各月份内果蔬中处于中度风险和高度风险的非禁用农药残留的风险系数表

序号	年月	农药	超标频次	超标率 P	风险系数 R	风险程度
1	2014 年 1 月	腐霉利	13	0.12%	12.6	高度风险
2	2014 年 1 月	3,5-二氯苯胺	4	0.04%	4.6	高度风险
3	2014 年 1 月	氟吡禾灵	4	0.04%	4.6	高度风险
4	2014 年 1 月	虫螨腈	4	0.04%	4.6	高度风险
5	2014 年 1 月	五氯苯甲腈	2	0.02%	2.9	高度风险
6	2014 年 1 月	威杀灵	2	0.02%	2.9	高度风险
7	2014 年 1 月	特草灵	2	0.02%	2.9	高度风险
8	2014 年 1 月	异噁唑草酮	2	0.02%	2.9	高度风险
9	2014 年 1 月	三氯杀螨醇	2	0.02%	2.9	高度风险
10	2014 年 1 月	多效唑	1	0.01%	2.0	中度风险
11	2014 年 1 月	啶斑肟	1	0.01%	2.0	中度风险
12	2014 年 1 月	4,4-二氯二苯甲酮	1	0.01%	2.0	中度风险
13	2014 年 1 月	丙溴磷	1	0.01%	2.0	中度风险
14	2014 年 1 月	氟硅唑	1	0.01%	2.0	中度风险
15	2014 年 1 月	三唑磷	1	0.01%	2.0	中度风险
16	2014 年 1 月	三唑酮	1	0.01%	2.0	中度风险
17	2014 年 1 月	五氯苯胺	1	0.01%	2.0	中度风险
18	2014 年 1 月	仲丁威	1	0.01%	2.0	中度风险

续表

序号	年月	农药	超标频次	超标率 P	风险系数 R	风险程度
19	2014 年 1 月	2,6-二氯苯甲酰胺	1	0.01%	2.0	中度风险
20	2014 年 1 月	氟乐灵	1	0.01%	2.0	中度风险
21	2014 年 1 月	邻苯二甲酰亚胺	1	0.01%	2.0	中度风险
22	2014 年 1 月	毒死蜱	1	0.01%	2.0	中度风险
23	2014 年 1 月	唑虫酰胺	1	0.01%	2.0	中度风险
24	2014 年 1 月	三唑醇	1	0.01%	2.0	中度风险
25	2014 年 1 月	啶氧菌酯	1	0.01%	2.0	中度风险
26	2014 年 1 月	新燕灵	1	0.01%	2.0	中度风险
27	2014 年 2 月	腐霉利	61	0.23	24.5	高度风险
28	2014 年 2 月	三唑磷	8	0.03	4.2	高度风险
29	2014 年 2 月	特草灵	7	0.03	3.8	高度风险
30	2014 年 2 月	异噁唑草酮	4	0.02	2.6	高度风险
31	2014 年 2 月	丙溴磷	3	0.01%	2.2	中度风险
32	2014 年 2 月	麦锈灵	3	0.01%	2.2	中度风险
33	2014 年 2 月	五氯苯甲腈	3	0.01%	2.2	中度风险
34	2014 年 2 月	敌草胺	3	0.01%	2.2	中度风险
35	2014 年 2 月	环嗪酮	3	0.01%	2.2	中度风险
36	2014 年 2 月	三唑醇	3	0.01%	2.2	中度风险
37	2014 年 2 月	氯磺隆	3	0.01%	2.2	中度风险
38	2014 年 2 月	虫螨腈	3	0.01%	2.2	中度风险
39	2014 年 2 月	3,5-二氯苯胺	2	0.01%	1.9	中度风险
40	2014 年 2 月	威杀灵	2	0.01%	1.9	中度风险
41	2014 年 2 月	炔螨特	2	0.01%	1.9	中度风险
42	2014 年 2 月	嘧霉胺	2	0.01%	1.9	中度风险
43	2014 年 2 月	烯唑醇	2	0.01%	1.9	中度风险
44	2014 年 2 月	唑虫酰胺	2	0.01%	1.9	中度风险
45	2014 年 2 月	噁霜灵	2	0.01%	1.9	中度风险
46	2014 年 2 月	新燕灵	2	0.01%	1.9	中度风险
47	2014 年 2 月	异噁草酮	2	0.01%	1.9	中度风险
48	2014 年 3 月	腐霉利	9	0.22%	23.1	高度风险
49	2014 年 3 月	五氯苯甲腈	2	0.05%	6.0	高度风险
50	2014 年 3 月	百菌清	2	0.05%	6.0	高度风险
51	2014 年 3 月	丙溴磷	1	0.02%	3.5	高度风险
52	2014 年 3 月	三唑磷	1	0.02%	3.5	高度风险

续表

序号	年月	农药	超标频次	超标率 P	风险系数 R	风险程度
53	2014 年 3 月	炔螨特	1	0.02%	3.5	高度风险
54	2014 年 3 月	氟乐灵	1	0.02%	3.5	高度风险
55	2014 年 3 月	毒死蜱	1	0.02%	3.5	高度风险
56	2014 年 3 月	虫螨腈	1	0.02%	3.5	高度风险

4.4　北京市果蔬农药残留风险评估结论与建议

农药残留是影响果蔬安全和质量的主要因素，也是我国食品安全领域备受关注的敏感话题和亟待解决的重大问题之一[15,16]。各种水果蔬菜均存在不同程度的农药残留现象，本报告主要针对北京市各类水果蔬菜存在的农药残留问题，基于 2014 年 1 月~2014 年 3 月对北京市 415 例果蔬样品中农药残留得出的 892 个检测结果，分别采用食品安全指数和风险系数两种方法，开展果蔬中农药残留的膳食暴露风险和预警风险评估。

本报告力求通用简单地反映食品安全中的主要问题且为管理部门和大众容易接受，为政府及相关管理机构建立科学的食品安全信息发布和预警体系提供科学的规律与方法，加强对农药残留的预警和食品安全重大事件的预防，控制食品风险。水果蔬菜样品取自超市和农贸市场，符合大众的膳食来源，风险评价时更具有代表性和可信度。

4.4.1　北京市果蔬中农药残留膳食暴露风险评价结论

1）果蔬中农药残留安全状态评价结论

采用食品安全指数模型，对 2014 年 1 月~2014 年 3 月期间北京市果蔬食品农药残留膳食暴露风险进行评价，根据 IFS_c 的计算结果发现，果蔬中农药的$\overline{IFS}$为 0.0424，说明北京市果蔬总体处于很好的安全状态，但部分禁用农药、高残留农药在蔬菜、水果中仍有检出，导致膳食暴露风险的存在，成为不安全因素。

2）单种果蔬中农药残留膳食暴露风险不可接受情况评价结论

单种果蔬中农药残留安全指数分析结果显示，农药对单种果蔬安全影响不可接受（$IFS_c>1$）的样本数共 1 个，占总样本数的 0.34%，样本为橘中的三唑磷，说明橘中的三唑磷会对消费者身体健康造成较大的膳食暴露风险。三唑磷属于剧毒农药，且橘为较常见的水果品种，百姓日常食用量较大，长期食用大量残留三唑磷的橘会对人体造成不可接受的影响，本次检测发现三唑磷在橘样品中多次并大量检出，是未严格实施农业良好管理规范（GAP），抑或是农药滥用，这应该引起相关管理部门的警惕，应加强对橘中三唑磷的严格管控。

3）禁用农药膳食暴露风险评价

本次检测发现部分果蔬样品中有禁用农药检出，检出禁用农药 10 种，检出频次为 136，果蔬样品中的禁用农药 IFS_c 计算结果表明，禁用农药残留的膳食暴露风险均在可以接受和没有影响的范围内，其中，可以接受的频次为 14，占 10.29%，没有影响的频次为 122，占 89.71%。虽然残留禁用农药没有造成不可接受的膳食暴露风险，但为何在国家明令禁止禁用农药喷洒的情况下，还能在多种果蔬中多次检出禁用农药残留并造成不可接受的膳食暴露风险，这应该引起相关部门的高度警惕，应该在禁止禁用农药喷洒的同时，严格管控禁用农药的生产和售卖，从根本上杜绝安全隐患。

4.4.2 北京市果蔬中农药残留预警风险评价结论

1）单种果蔬中禁用农药残留的预警风险评价结论

本次检测过程中，在 15 种果蔬中检测超出 10 种禁用农药，禁用农药种类为：硫丹、克百威、水胺硫磷、涕灭威、甲拌磷、氟虫腈、六六六、氰戊菊酯、杀扑磷、甲胺磷，果蔬种类为：西葫芦、韭菜、番茄、草莓、黄瓜、茄子、芹菜、桃、菠菜、菜豆、甜椒、生菜、结球甘蓝、橘、梨，果蔬中禁用农药的风险系数分析结果显示，10 种禁用农药在 15 种果蔬中的残留均处于高度风险，说明在单种果蔬中禁用农药的残留，会导致较高的预警风险。

2）单种果蔬中非禁用农药残留的预警风险评价结论

以 MRL 中国国家标准为标准，计算果蔬中非禁用农药风险系数情况下，460 个样本中，6 个处于高度风险（2.3%），68 个处于低度风险（26.05%），187 个样本没有 MRL 中国国家标准（71.65%）。以 MRL 欧盟标准为标准，计算果蔬中非禁用农药风险系数情况下，发现有 84 个处于高度风险（32.18%），177 个处于低度风险（67.82%）。利用两种农药 MRL 标准评价的结果差异显著，可以看出 MRL 欧盟标准比中国国家标准更加严格和完善，过于宽松的 MRL 中国国家标准值能否有效保障人体的健康有待研究。

4.4.3 加强北京市果蔬食品安全建议

我国食品安全风险评价体系仍不够健全，相关制度不够完善，多年来，由于农药用药次数多、用药量大或用药间隔时间短，产品残留量大，农药残留所带来的食品安全问题突出，对人体健康带来了直接或间接的危害，据估计，美国与农药有关的癌症患者数约占全国癌症患者总数的 50%，中国更高。同样，农药对其他生物也会形成直接杀伤和慢性危害，植物中的农药可经过食物链逐级传递并不断蓄积，对人和动物构成潜在威胁，并影响生态系统。

基于本次农药残留检测与风险评价结果，提出以下几点建议：

1）加快完善食品安全标准

我国食品标准中对部分农药每日允许摄入量 ADI 的规定仍缺乏，本次评价基础检测数据中涉及的 96 个品种中，65.6%有规定，仍有 34.4%尚无规定值。

我国食品中农药最大残留限量的规定严重缺乏，MRL 欧盟标准值齐全，与欧盟相比，我国对不同果蔬中不同农药 MRL 已有规定值的数量仅占欧盟的 18.2%（表 4-21），缺少 81.8%，急需进行完善。

表 4-21 我国食品标准中对 ADI、MRL 限值规定与欧盟比较

分类		中国 ADI	MRL 中国国家标准	MRL 欧盟标准
标准限值（个）	有	63	96	295
	无	33	199	0
总数（个）		96	295	295
无标准限值比例		34.4%	67.5%	0

此外，MRL 中国国家标准限值普遍高于 MRL 欧盟标准限值，根据对涉及的 295 个品种中我国已有的 96 个限量标准进行统计来看，62 个农药的中国 MRL 高于欧盟 MRL，占 64.6%。过高的 MRL 值难以保障人体健康，建议继续加强对限值基准和标准进行科学的定量研究，将农产品中的危险性减少到尽可能低的水平。

2）加强农药的源头控制和分类监管

在北京市某些果蔬中仍有禁用农药检出，利用 GC-Q-TOF/MS 检测出 10 种禁用农药，检出频次为 136 次，残留禁用农药均存在较大的膳食暴露风险和预警风险。早已列入黑名单的禁用农药并未真正退出，有些药物由于价格便宜、工艺简单，此类高毒农药一直生产和使用。建议在我国采取严格有效的控制措施，进行禁用农药的源头控制。

对于非禁用农药，在我国作为“田间地头”最典型单位的县级蔬果产地中，农药残留的检测几乎缺失。建议根据农药的毒性，对高毒、剧毒、中毒农药实现分类管理，减少使用高毒和剧毒高残留农药，进行分类监管。

3）加强残留农药的生物修复及降解新技术

市售果蔬中残留农药品种多、频次高、禁用农药多次检出这一现状，说明了我国的田间土壤和水体因农药长期、频繁、不合理的使用而遭到严重污染。为此，建议有关部门出台相关政策，鼓励高校及科研院所积极开展分子生物学、酶学等研究，加强土壤、水体中残留农药的生物修复及降解新技术研究，并加大农药使用监管力度，以控制农药的面源污染问题。

4）在北京市率先强化管控并建立风险预警系统分析平台

本评价结果提示，在果蔬尤其是蔬菜用药中，应结合农药的使用周期、生物毒性和降解特性，加强对禁用农药和高风险农药的管控。

在本工作基础上，根据蔬菜残留危害，可进一步针对其成因提出和采取相应严格管理、大力推广无公害蔬菜种植与生产、健全食品安全控制技术体系、加强蔬菜食品质量检测体系建设和积极推行蔬菜食品质量追溯制度等相应对策。建立和完善食品安全综合评价指数与风险监测预警系统，建议依托北京市科研院所、高校科研实力，建立风险预警系统分析平台，对食品安全进行实时、全面的监控与分析，为北京市乃至全国的食品安全科学监管与决策提供新的技术支持，可实现各类检验数据的信息化系统管理，并降低食品安全事故的发生。

天 津 市

第5章　LC-Q-TOF/MS 侦测天津市 533 例市售水果蔬菜样品农药残留报告

从天津市所属 15 个区县，随机采集了 533 例水果蔬菜样品，使用液相色谱-四极杆飞行时间质谱（LC-Q-TOF/MS）对 537 种农药化学污染物进行示范侦测（7 种负离子模式 ESI$^-$未涉及）。

5.1　样品种类、数量与来源

5.1.1　样品采集与检测

为了真实反映百姓餐桌上水果蔬菜中农药残留污染状况，本次所有检测样品均由检验人员于 2013 年 3 月至 6 月期间，从天津市所属 30 个采样点，包括 28 个超市 2 个农贸市场，以随机购买方式采集，总计 30 批 533 例样品，从中检出农药 61 种，670 频次。采样及监测概况见图 5-1 及表 5-1，样品及采样点明细见表 5-2 及表 5-3（侦测原始数据见附表 1）。

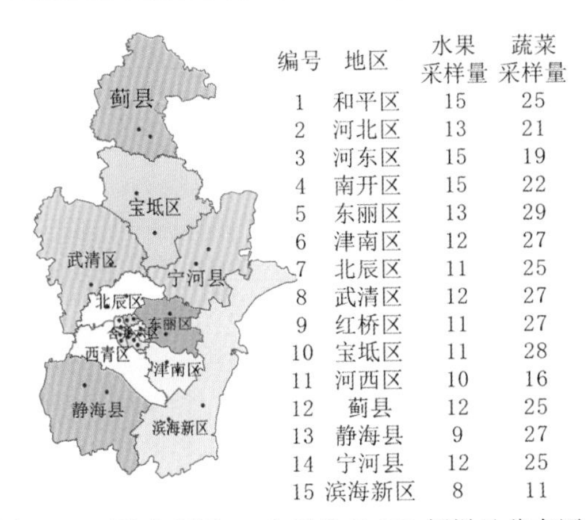

图 5-1　天津市所属 30 个采样点 533 例样品分布图

表 5-1　农药残留监测总体概况

采样地区	天津市所属 15 个区县
采样点（超市+农贸市场）	30
样本总数	533
检出农药品种/频次	61/670
各采样点样本农药残留检出率范围	30.0%~92.9%

表 5-2　样品分类及数量

样品分类	样品名称（数量）	数量小计
1. 蔬菜		332
1）鳞茎类蔬菜	韭菜（25）	25
2）芸薹属类蔬菜	花椰菜（1），结球甘蓝（26），青花菜（23）	50
3）叶菜类蔬菜	菠菜（21），芹菜（30），生菜（29），茼蒿（17），小油菜（1）	98
4）茄果类蔬菜	番茄（26），茄子（23），甜椒（25）	74
5）瓜类蔬菜	冬瓜（12），黄瓜（28），西葫芦（18）	58
6）豆类蔬菜	菜豆（27）	27
2. 水果		179
1）柑橘类水果	橙（27），橘（1）	28
2）仁果类水果	梨（29），苹果（30）	59
3）核果类水果	桃（16）	16
4）浆果和其他小型水果	草莓（15），葡萄（15）	30
5）热带和亚热带水果	菠萝（17），木瓜（1）	18
6）瓜果类水果	西瓜（28）	28
3. 食用菌		22
1）蘑菇类	蘑菇（22）	22
合计	1. 蔬菜 16 种 2. 水果 10 种 3. 食用菌 1 种	533

表 5-3　天津市采样点信息

采样点序号	行政区域	采样点
超市（28）		
1	宝坻区	***超市（宝坻区店）
2	宝坻区	***超市（宝坻区店）
3	北辰区	***超市（奥园店）
4	北辰区	***超市（北辰店）
5	滨海新区	***超市（福州道店）
6	滨海新区	***超市（塘沽区店）
7	东丽区	***超市（东丽店）
8	东丽区	***购物中心（东丽店）
9	和平区	***超市（西康路店）
10	和平区	***超市（天津和平路分店）
11	河北区	***超市（河北店）

续表

采样点序号	行政区域	采样点
超市（28）		
12	河北区	***超市（金钟店）
13	河东区	***超市（河东店）
14	河东区	***超市（天津新开路店）
15	河西区	***超市（河西区店）
16	河西区	***超市（河西区）
17	红桥区	***超市（红桥商场店）
18	红桥区	***超市（水木天成店）
19	蓟县	***超市（家乐一店）
20	津南区	***超市（咸水沽店）
21	津南区	***超市（双港购物广场店）
22	静海县	***超市（静海县）
23	静海县	***超市（静海县）
24	南开区	***超市（南开店）
25	南开区	***超市（西湖道购物广场）
26	宁河县	***超市（宁河县）
27	武清区	***超市（武清县店）
28	武清区	***超市（武清二店）
农贸市场（2）		
1	蓟县	***农贸市场
2	宁河县	***农贸市场

5.1.2　检测结果

这次使用的检测方法是庞国芳院士团队最新研发的不需使用标准品对照，而以高分辨精确质量数（0.0001 *m/z*）为基准的 LC-Q-TOF/MS 检测技术，对于 533 例样品，每个样品均侦测了 537 种农药化学污染物的残留现状。通过本次侦测，在 533 例样品中共计检出农药化学污染物 61 种，检出 670 频次。

5.1.2.1　各采样点样品检出情况

统计分析发现 30 个采样点中，被测样品的农药检出率范围为 30.0%~92.9%。其中，***超市（河西区店）的检出率最高，为 92.9%。***超市（塘沽区店）的检出率最低，为 30.0%，见图 5-2。

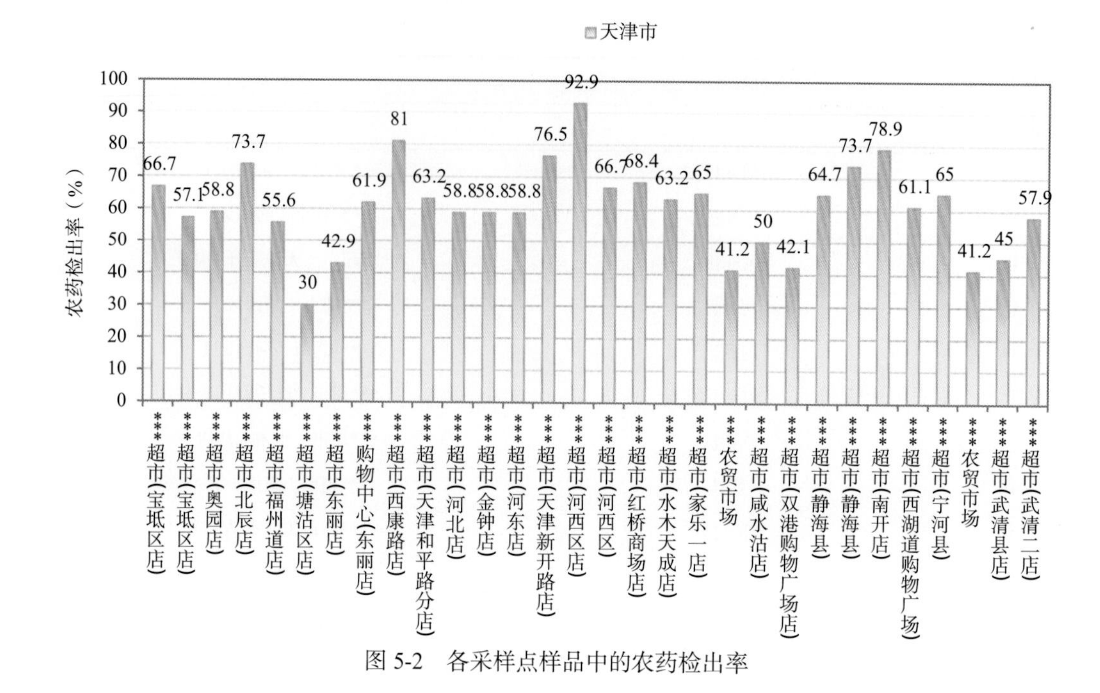

图 5-2　各采样点样品中的农药检出率

5.1.2.2　检出农药的品种总数与频次

统计分析发现，对于 533 例样品中 537 种农药化学污染物的侦测，共检出农药 670 频次，涉及农药 61 种，结果如图 5-3 所示。其中多菌灵检出频次最高，共检出 136 次。检出频次排名前 10 的农药如下：①多菌灵（136）；②啶虫脒（56）；③嘧霉胺（55）；④霜霉威（38）；⑤甲霜灵（36）；⑥吡虫啉（32）；⑦烯酰吗啉（30）；⑧甲哌（18）；⑨噻菌灵（18）；⑩苯醚甲环唑（18）。

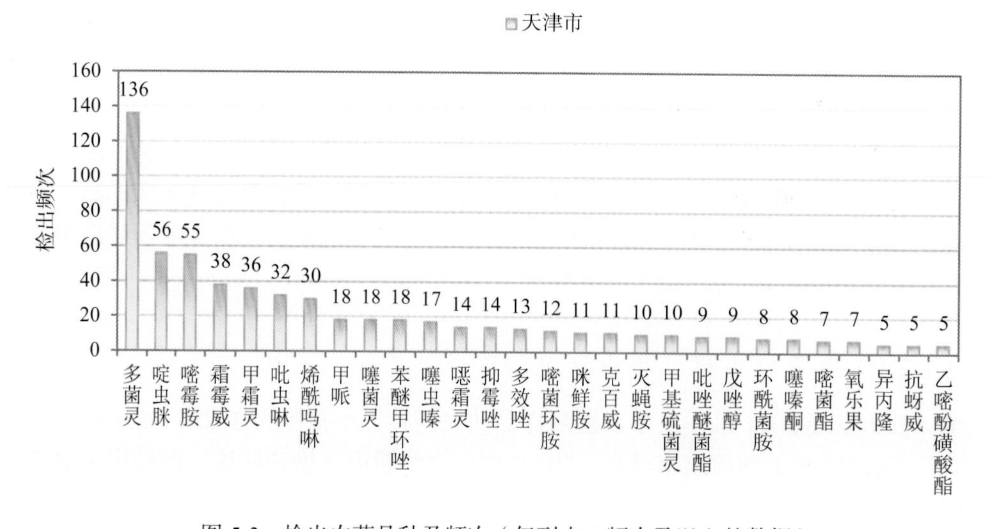

图 5-3　检出农药品种及频次（仅列出 5 频次及以上的数据）

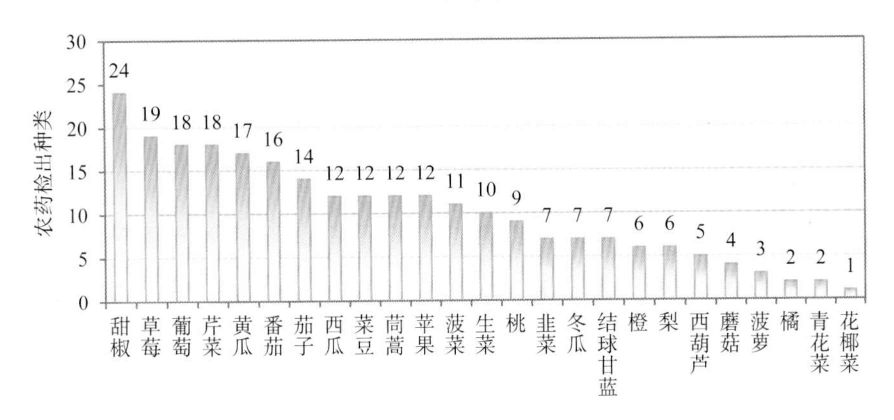

图 5-4　单种水果蔬菜检出农药的种类数

由图 5-4 可见，甜椒、草莓、葡萄、芹菜、黄瓜和番茄这 6 种果蔬样品中检出的农药品种数较高，均超过 15 种，其中，甜椒检出农药品种最多，为 24 种。由图 5-5 可见，黄瓜、甜椒和番茄这 3 种果蔬样品中的农药检出频次较高，均超过 50 次，其中，黄瓜检出农药频次最高，为 81 次。

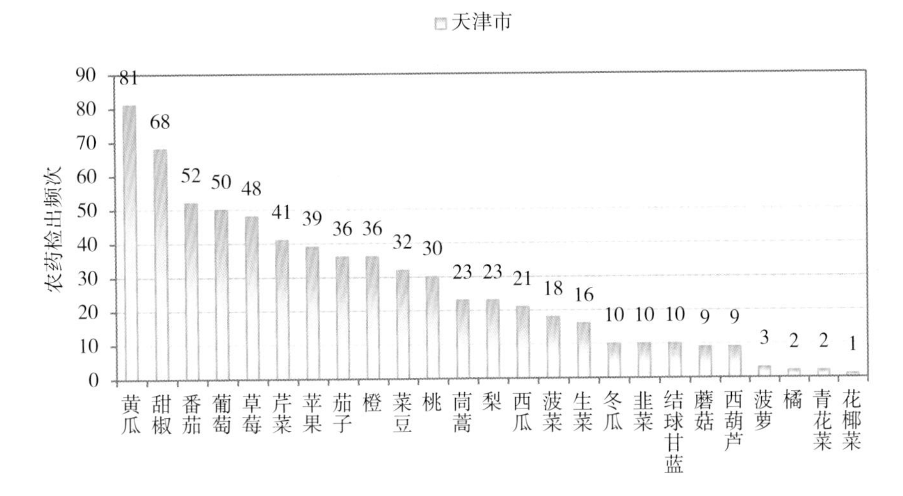

图 5-5　单种水果蔬菜检出农药频次

5.1.2.3　单例样品农药检出种类与占比

对单例样品检出农药种类和频次进行统计发现，未检出农药的样品占总样品数的 39.0%，检出 1 种农药的样品占总样品数的 29.8%，检出 2~5 种农药的样品占总样品数的 28.9%，检出 6~10 种农药的样品占总样品数的 2.3%。每例样品中平均检出农药为 1.3 种，数据见表 5-4 及图 5-6。

表 5-4　单例样品检出农药品种占比

检出农药品种数	样品数量/占比（%）
未检出	208/39.0
1 种	159/29.8
2~5 种	154/28.9
6~10 种	12/2.3
单例样品平均检出农药品种	1.3 种

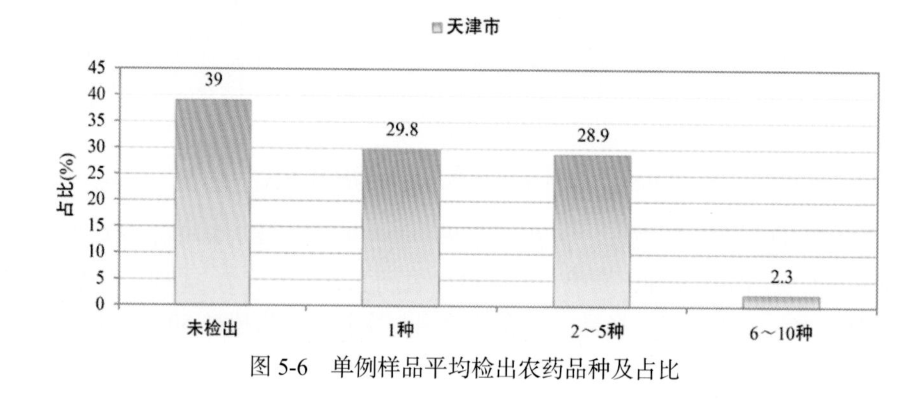

图 5-6　单例样品平均检出农药品种及占比

5.1.2.4　检出农药类别与占比

所有检出农药按功能分类，包括杀菌剂、杀虫剂、除草剂、植物生长调节剂共 4 类。其中杀菌剂与杀虫剂为主要检出的农药类别，分别占总数的 49.2%和 36.1%，见表 5-5 及图 5-7。

表 5-5　检出农药所属类别/占比

农药类别	数量/占比（%）
杀菌剂	30/49.2
杀虫剂	22/36.1
除草剂	6/9.8
植物生长调节剂	3/4.9

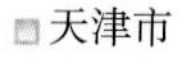

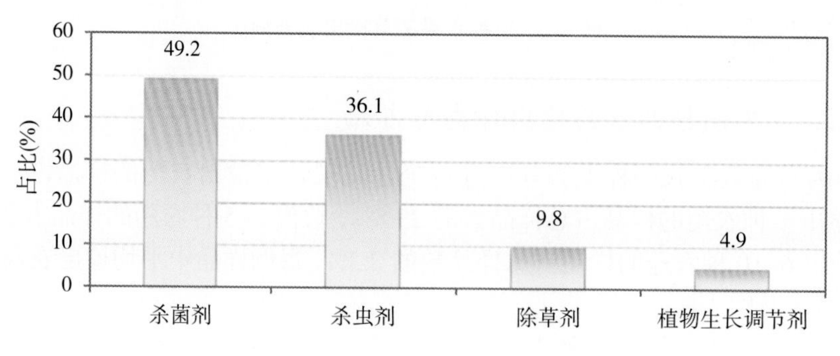

图 5-7　检出农药所属类别和占比

5.1.2.5 检出农药的残留水平

按检出农药残留水平进行统计，残留水平在 1~5 μg/kg（含）的农药占总数的 32.8%，在 5~10 μg/kg（含）的农药占总数的 14.5%，在 10~100 μg/kg（含）的农药占总数的 43.7%，在 100~1000 μg/kg（含）的农药占总数的 8.4%，＞1000 μg/kg 的农药占总数的 0.6%。

由此可见，这次检测的 30 批 533 例水果蔬菜样品中农药多数处于中高残留水平。结果见表 5-6 及图 5-8，数据见附表 2。

表 5-6 农药残留水平及占比

残留水平（μg/kg）	检出频次/占比（%）
1~5（含）	220/32.8
5~10（含）	97/14.5
10~100（含）	293/43.7
100~1000（含）	56/8.4
＞1000	4/0.6

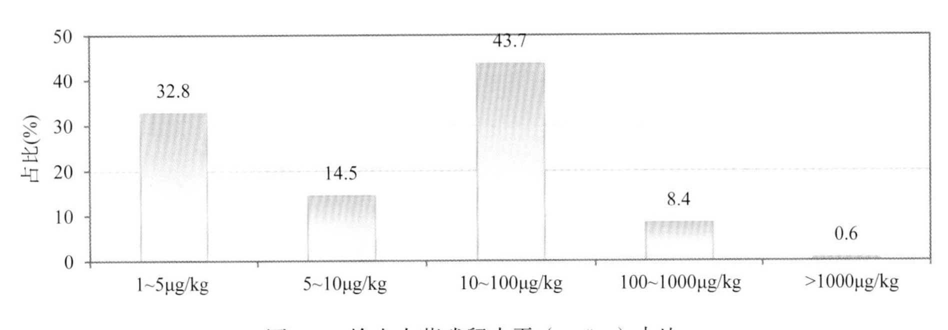

图 5-8 检出农药残留水平（μg/kg）占比

5.1.2.6 检出农药的毒性类别、检出频次和超标频次及占比

对这次检出的 61 种 670 频次的农药，按剧毒、高毒、中毒、低毒和微毒这五个毒性类别进行分类，从中可以看出，天津市目前普遍使用的农药为中低微毒农药，品种占 90.2%，频次占 95.7%。结果见表 5-7 及图 5-9。

表 5-7 检出农药毒性类别及占比

毒性分类	农药品种/占比（%）	检出频次/占比（%）	超标频次/超标率（%）
剧毒农药	1/1.6	4/0.6	2/50.0
高毒农药	5/8.2	25/3.7	3/12.0
中毒农药	23/37.7	264/39.4	1/0.4
低毒农药	17/27.9	152/22.7	0/0.0
微毒农药	15/24.6	225/33.6	1/0.4

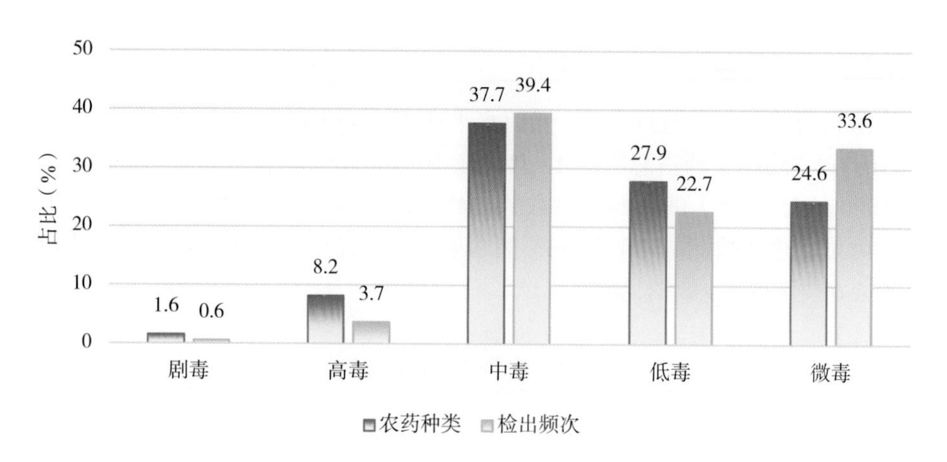

图 5-9　检出农药的毒性分类和占比

5.1.2.7　检出剧毒/高毒类农药的品种和频次

值得特别关注的是，在此次侦测的 533 例样品中有 1 种食用菌 9 种蔬菜 4 种水果的 29 例样品检出了 6 种 29 频次的剧毒和高毒农药，占样品总量的 5.4%，详见图 5-10、表 5-8 及表 5-9。

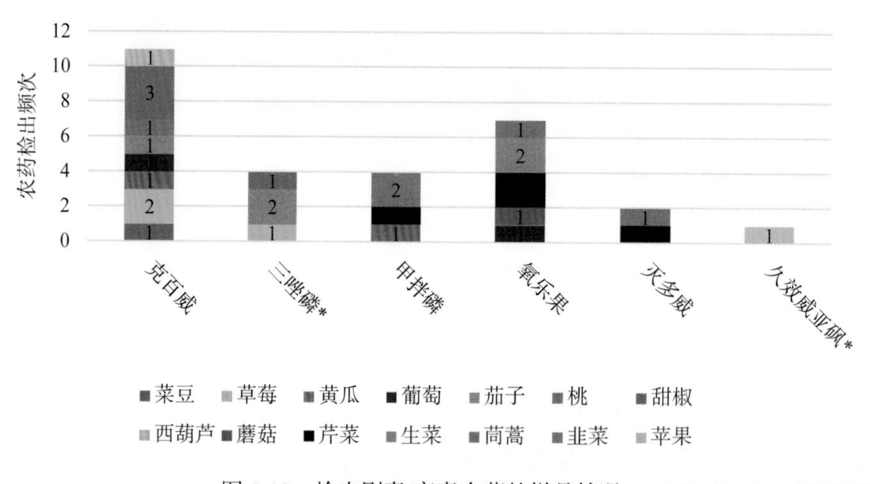

图 5-10　检出剧毒/高毒农药的样品情况

*表示允许在水果和蔬菜上使用的农药

表 5-8　剧毒农药检出情况

序号	农药名称	检出频次	超标频次	超标率
		水果中未检出剧毒农药		
	小计	0	0	超标率：0.0%
		从 3 种蔬菜中检出 1 种剧毒农药，共计检出 4 次		
1	甲拌磷*	4	2	50.0%
	小计	4	2	超标率：50.0%
	合计	4	2	超标率：50.0%

表 5-9　高毒农药检出情况

序号	农药名称	检出频次	超标频次	超标率
从 4 种水果中检出 4 种高毒农药，共计检出 7 次				
1	克百威	4	0	0.0%
2	久效威亚砜	1	0	0.0%
3	氧乐果	1	0	0.0%
4	三唑磷	1	0	0.0%
	小计	7	0	超标率：0.0%
从 8 种蔬菜中检出 4 种高毒农药，共计检出 17 次				
1	克百威	7	2	28.6%
2	氧乐果	5	1	20.0%
3	三唑磷	3	0	0.0%
4	灭多威	2	0	0.0%
	小计	17	3	超标率：17.6%
	合计	24	3	超标率：12.5%

在检出的剧毒和高毒农药中，有 4 种是我国早已禁止在果树和蔬菜上使用的，分别是：灭多威、克百威、氧乐果和甲拌磷。禁用农药的检出情况见表 5-10。

表 5-10　禁用农药检出情况

序号	农药名称	检出频次	超标频次	超标率
从 3 种水果中检出 2 种禁用农药，共计检出 5 次				
1	克百威	4	0	0.0%
2	氧乐果	1	0	0.0%
	小计	5	0	超标率：0.0%
从 9 种蔬菜中检出 4 种禁用农药，共计检出 18 次				
1	克百威	7	2	28.6%
2	氧乐果	5	1	20.0%
3	甲拌磷*	4	2	50.0%
4	灭多威	2	0	0.0%
	小计	18	5	超标率：27.8%
	合计	23	5	超标率：21.7%

注：超标结果参考 MRL 中国国家标准计算

此次抽检的果蔬样品中，有 3 种蔬菜检出了剧毒农药，分别是：黄瓜中检出甲拌磷 1 次；韭菜中检出甲拌磷 2 次；芹菜中检出甲拌磷 1 次。

样品中检出剧毒和高毒农药残留水平超过 MRL 中国国家标准的频次为 6 次，其中，黄瓜检出甲拌磷超标 1 次，检出克百威超标 1 次；茄子检出克百威超标 1 次；芹菜检出甲拌磷超标 1 次；生菜检出氧乐果超标 1 次。本次检出结果表明，高毒、剧毒农药的使用现象依旧存在，详见表 5-11。

表 5-11 各样本中检出剧毒/高毒农药情况

样品名称	农药名称	检出频次	超标频次	检出浓度（μg/kg）
水果 4 种				
草莓	克百威▲	2	0	7.8，11.7
草莓	三唑磷	1	0	4.1
苹果	久效威亚砜	1	0	2.4
葡萄	克百威▲	1	0	3.9
葡萄	氧乐果▲	1	0	1.0
桃	克百威▲	1	0	5.5
小计		7	0	超标率：0.0%
蔬菜 9 种				
菜豆	克百威▲	1	0	15.1
黄瓜	甲拌磷*▲	1	1	94.4[a]
黄瓜	克百威▲	1	1	32.1[a]
韭菜	甲拌磷*▲	2	0	10.0，8.0
茄子	三唑磷	2	0	1.0，1.8
茄子	克百威▲	1	1	27.1[a]
芹菜	甲拌磷*▲	1	1	70.9[a]
芹菜	氧乐果▲	2	0	1.9，1.7
芹菜	灭多威▲	1	0	2.3
生菜	氧乐果▲	2	1	56.8[a]，2.4
甜椒	克百威▲	3	0	10.3，13.3，2.0
甜椒	三唑磷	1	0	1.4
西葫芦	克百威▲	1	0	9.1
茼蒿	灭多威▲	1	0	4.0
茼蒿	氧乐果▲	1	0	1.2
小计		21	5	超标率：23.8%
合计		28	5	超标率：17.9%

5.2 农药残留检出水平与最大残留限量标准对比分析

我国于 2014 年 3 月 20 日正式颁布并于 2014 年 8 月 1 日正式实施食品农药残留限量国家标准《食品中农药最大残留限量》（GB 2763—2014）。该标准包括 371 个农药条目，涉及最大残留限量（MRL）标准 3653 项。将 670 频次检出农药的浓度水平与 3653 项 MRL 国家标准进行核对，其中只有 366 频次的农药找到了对应的 MRL 标准，占 54.6%，还有 304 频次的侦测数据则无相关 MRL 标准供参考，占 45.4%。

将此次侦测结果与国际上现行 MRL 标准对比发现，在 670 频次的检出结果中有 670 频次的结果找到了对应的 MRL 欧盟标准，占 100.0%；其中，650 频次的结果有明确对应的 MRL 标准，占 97.0%，其余 20 频次按照欧盟一律标准判定，占 3.0%；有 670 频次的结果找到了对应的 MRL 日本标准，占 100.0%；其中，559 频次的结果有明确对应的 MRL 标准，占 83.4%，其余 111 频次按照日本一律标准判定，占 16.6%；有 456 频次的结果找到了对应的 MRL 中国香港标准，占 68.1%；有 355 频次的结果找到了对应的 MRL 美国标准，占 53.0%；有 391 频次的结果找到了对应的 MRL CAC 标准，占 58.4%（见图 5-11 和图 5-12，数据见附表 3 至附表 8）。

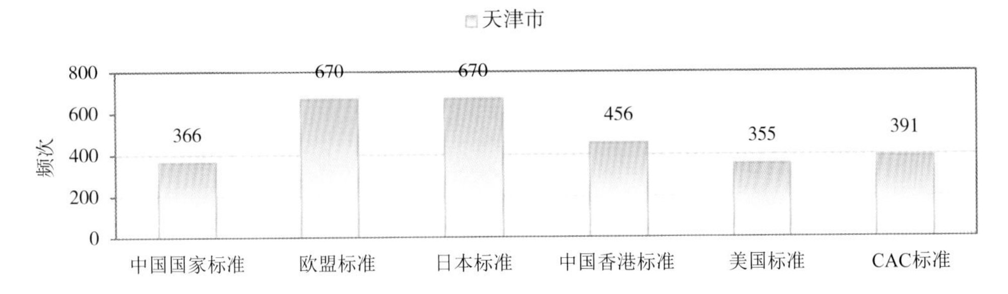

图 5-11　670 频次检出农药可用 MRL 中国国家标准、欧盟标准、日本标准、中国香港标准、美国标准、CAC 标准判定衡量的数量

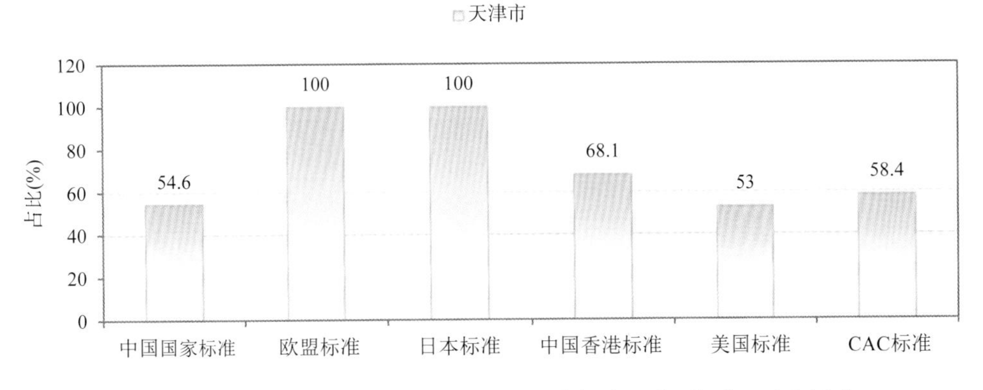

图 5-12　670 频次检出农药可用 MRL 中国国家标准、欧盟标准、日本标准、中国香港标准、美国标准、CAC 标准衡量的占比

5.2.1　超标农药样品分析

本次侦测的 533 例样品中，208 例样品未检出任何残留农药，占样品总量的 39.0%，325 例样品检出不同水平、不同种类的残留农药，占样品总量的 61.0%。在此，我们将本次侦测的农残检出情况与 MRL 中国国家标准、欧盟标准、日本标准、中国香港标准、美国标准、CAC 标准这 6 大国际主流标准进行对比分析，样品农残检出与超标情况见图 5-13、表 5-12 和图 5-14，详细数据见附表 9 至附表 14。

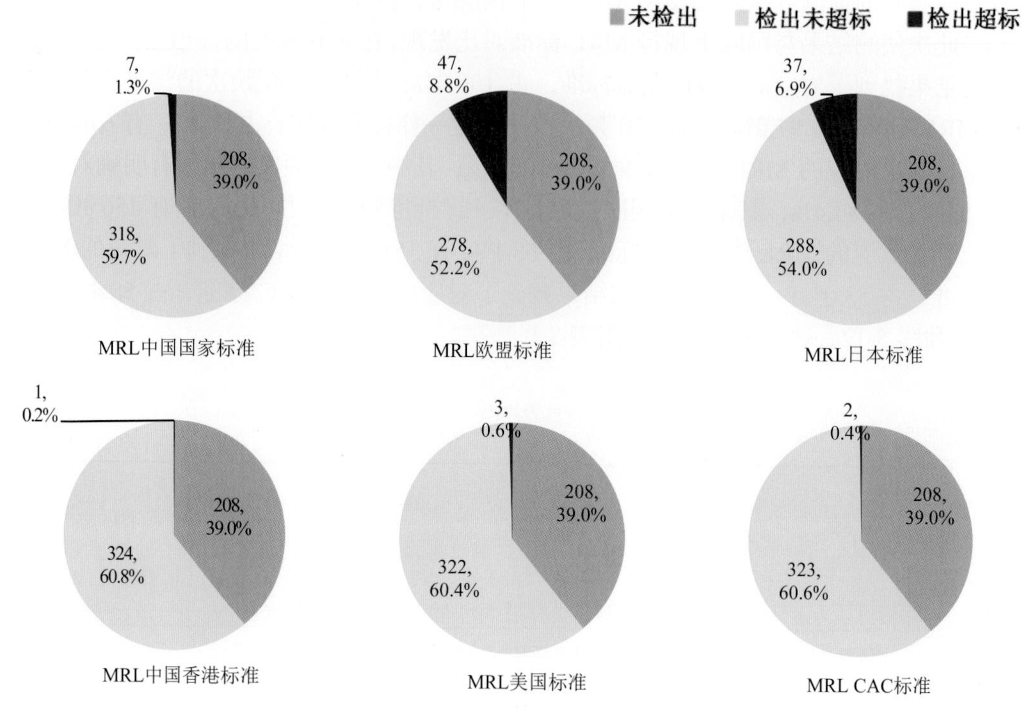

图 5-13　检出和超标样品比例情况

表 5-12　各 MRL 标准下样本农残检出与超标数量及占比

	中国国家标准 数量/占比（%）	欧盟标准 数量/占比（%）	日本标准 数量/占比（%）	中国香港标准 数量/占比（%）	美国标准 数量/占比（%）	CAC 标准 数量/占比（%）
未检出	208/39.0	208/39.0	208/39.0	208/39.0	208/39.0	208/39.0
检出未超标	318/59.7	278/52.2	288/54.0	324/60.8	322/60.4	323/60.6
检出超标	7/1.3	47/8.8	37/6.9	1/0.2	3/0.6	2/0.4

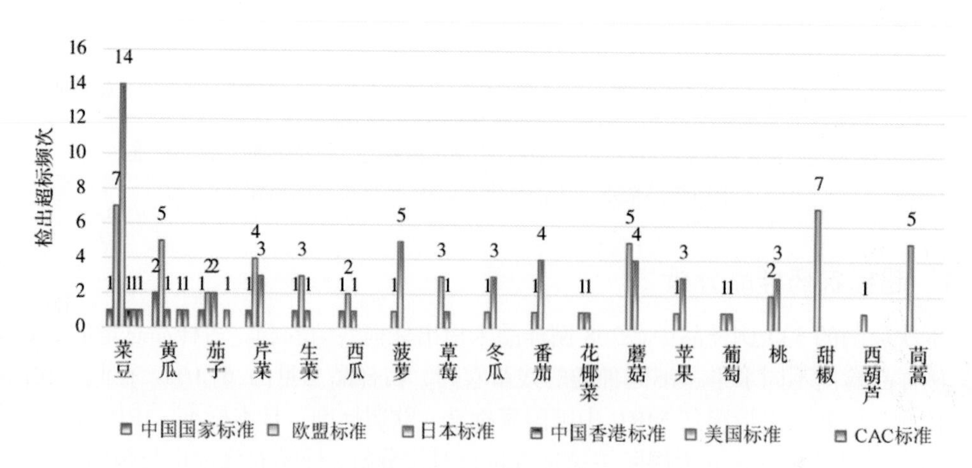

图 5-14　超过 MRL 中国国家标准、欧盟标准、日本标准、中国香港标准、美国标准、CAC 标准结果在水果蔬菜中的分布

5.2.2　超标农药种类分析

按照 MRL 中国国家标准、欧盟标准、日本标准、中国香港标准、美国标准、CAC 标准这 6 大国际主流标准衡量，本次侦测检出的农药超标品种及频次情况见表 5-13。

表 5-13　各 MRL 标准下超标农药品种及频次

	中国国家标准	欧盟标准	日本标准	中国香港标准	美国标准	CAC 标准
超标农药品种	5	17	21	1	2	1
超标农药频次	7	52	47	1	3	2

5.2.2.1　按 MRL 中国国家标准衡量

按 MRL 中国国家标准衡量，共有 5 种农药超标，检出 7 频次，分别为剧毒农药甲拌磷，高毒农药氧乐果和克百威，中毒农药噻虫嗪，微毒农药多菌灵。

按超标程度比较，黄瓜中甲拌磷超标 8.4 倍，芹菜中甲拌磷超标 6.1 倍，菜豆中多菌灵超标 2.2 倍，生菜中氧乐果超标 1.8 倍，黄瓜中克百威超标 60%。检测结果见图 5-15 和附表 15。

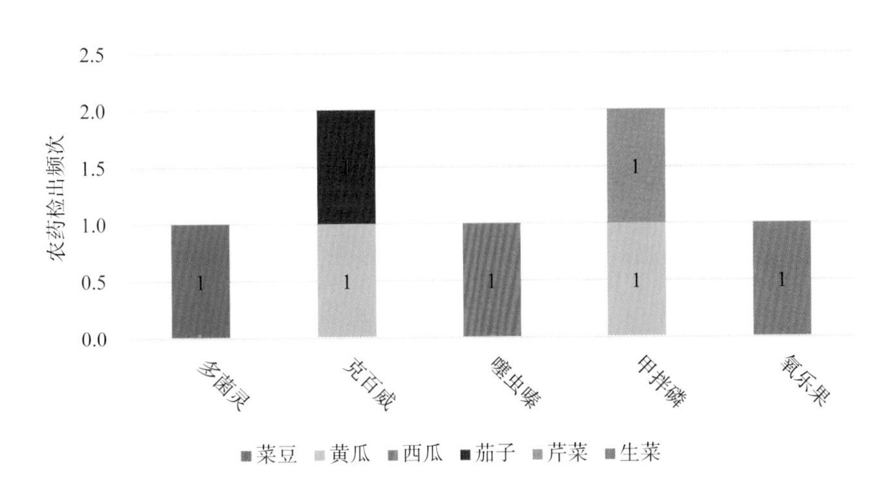

图 5-15　超过 MRL 中国国家标准农药品种及频次

5.2.2.2　按 MRL 欧盟标准衡量

按 MRL 欧盟标准衡量，共有 17 种农药超标，检出 52 频次，分别为剧毒农药甲拌磷，高毒农药氧乐果和克百威，中毒农药甲霜灵、氟硅唑、吡虫啉、噁霜灵、甲哌、丙环唑、十三吗啉、丙溴磷、噻虫嗪和戊唑醇，低毒农药嘧霉胺和烯啶虫胺，微毒农药多菌灵和甲基硫菌灵。

按超标程度比较，茄子中丙溴磷超标 24.4 倍，蘑菇中氧乐果超标 16.1 倍，甜椒中烯啶虫胺超标 15.9 倍，黄瓜中克百威超标 15.1 倍，茄子中克百威超标 12.6 倍。检测结果见图 5-16 和附表 16。

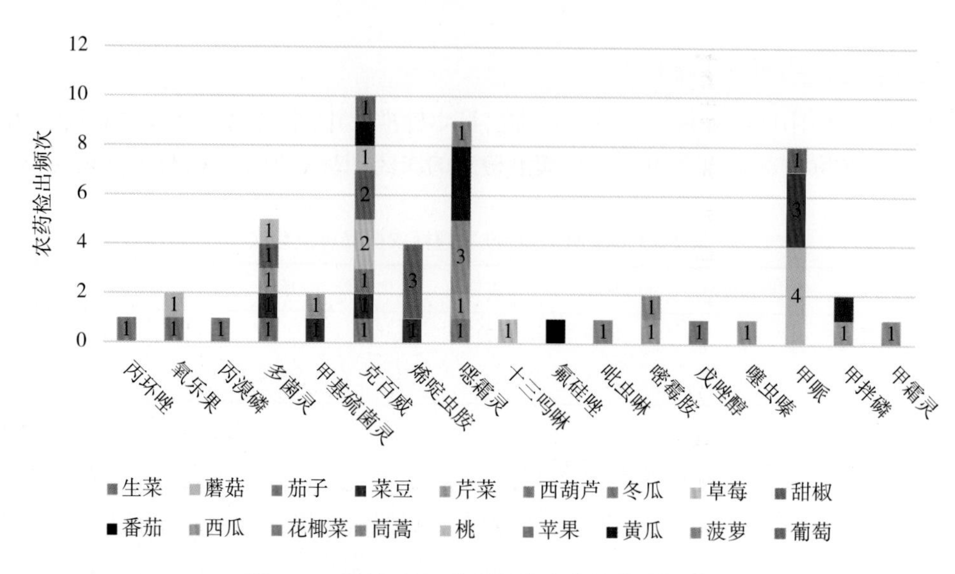

图 5-16　超过 MRL 欧盟标准农药品种及频次

5.2.2.3　按 MRL 日本标准衡量

按 MRL 日本标准衡量，共有 21 种农药超标，检出 47 频次，分别为高毒农药克百威，中毒农药氟硅唑、吡虫啉、甲哌、苯醚甲环唑、丙环唑、多效唑、十三吗啉、丙溴磷和噻虫嗪，低毒农药灭蝇胺、噻嗪酮、噻菌灵、嘧霉胺、烯啶虫胺、烯酰吗啉和乙嘧酚磺酸酯，微毒农药霜霉威、多菌灵、甲基硫菌灵和缬霉威。

按超标程度比较，菜豆中多菌灵超标 160.2 倍，韭菜中霜霉威超标 69.6 倍，芹菜中甲基硫菌灵超标 47.7 倍，菜豆中甲哌超标 32.7 倍，甜椒中甲哌超标 27.3 倍。检测结果见图 5-17 和附表 17。

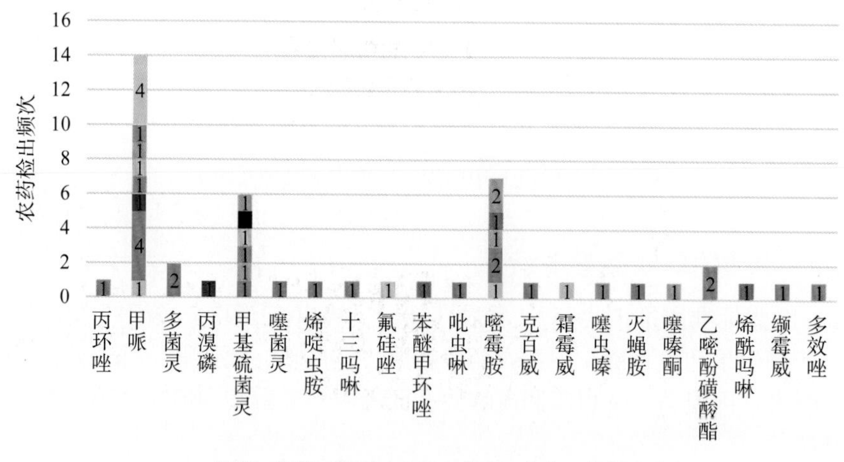

图 5-17　超过 MRL 日本标准农药品种及频次

5.2.2.4　按 MRL 中国香港标准衡量

按 MRL 中国香港标准衡量，有 1 种农药超标，检出 1 频次，为中毒农药戊唑醇。按超标程度比较，苹果中戊唑醇超标 80%。检测结果见图 5-18 和附表 18。

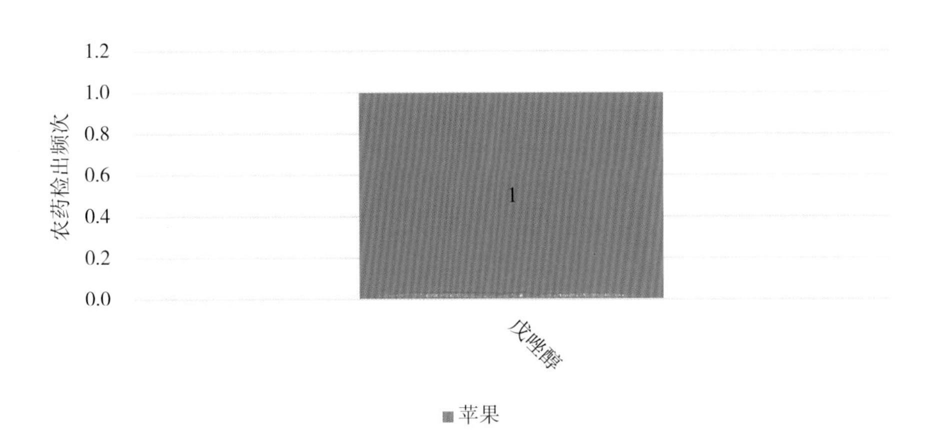

图 5-18　超过 MRL 中国香港标准农药品种及频次

5.2.2.5　按 MRL 美国标准衡量

按 MRL 美国标准衡量，共有 2 种农药超标，检出 3 频次，分别为中毒农药噻虫嗪和戊唑醇。

按超标程度比较，苹果中戊唑醇超标 16.9 倍，西瓜中噻虫嗪超标 40%，甜椒中噻虫嗪超标 40%。检测结果见图 5-19 和附表 19。

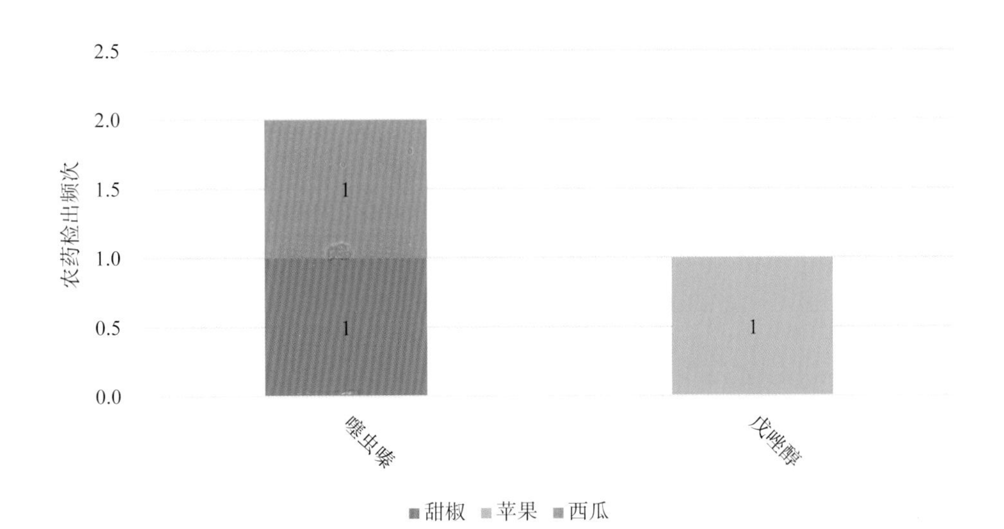

图 5-19　超过 MRL 美国标准农药品种及频次

5.2.2.6 按 MRL CAC 标准衡量

按 MRL CAC 标准衡量，有 1 种农药超标，检出 2 频次，为微毒农药多菌灵。

按超标程度比较，菜豆中多菌灵超标 2.2 倍，黄瓜中多菌灵超标 40%。检测结果见图 5-20 和附表 20。

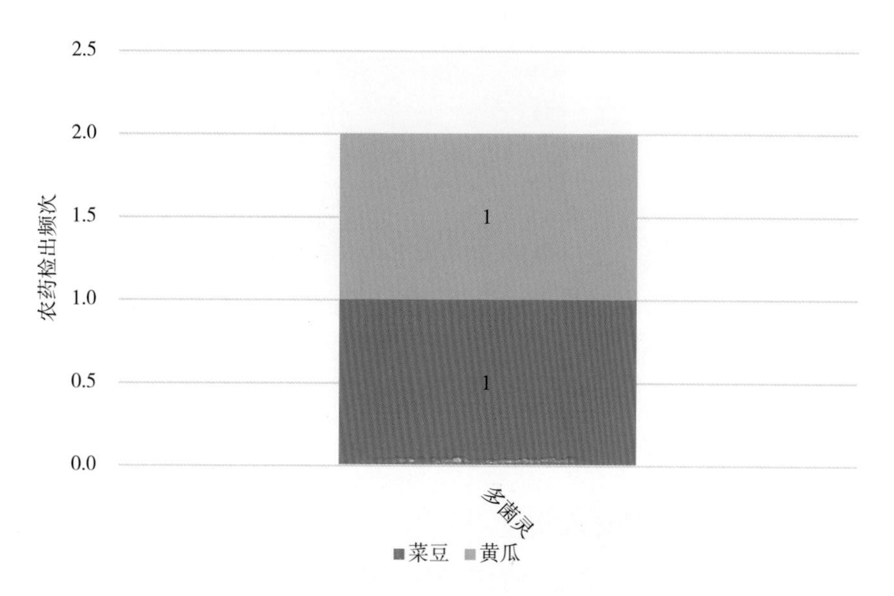

图 5-20 超过 MRL CAC 标准农药品种及频次

5.2.3 30 个采样点超标情况分析

5.2.3.1 按 MRL 中国国家标准衡量

按 MRL 中国国家标准衡量，有 6 个采样点的样品存在不同程度的超标农药检出，其中***超市（咸水沽店）的超标率最高，为 10.0%，如表 5-14 和图 5-21 所示。

表 5-14 超过 MRL 中国国家标准水果蔬菜在不同采样点分布

	采样点	样品总数	超标数量	超标率（%）	行政区域
1	***超市（咸水沽店）	20	2	10.0	津南区
2	***超市（宁河县）	20	1	5.0	宁河县
3	***超市（静海县）	19	1	5.3	静海县
4	***超市（武清二店）	19	1	5.3	武清区
5	***超市（河北店）	17	1	5.9	河北区
6	***超市（河东店）	17	1	5.9	河东区

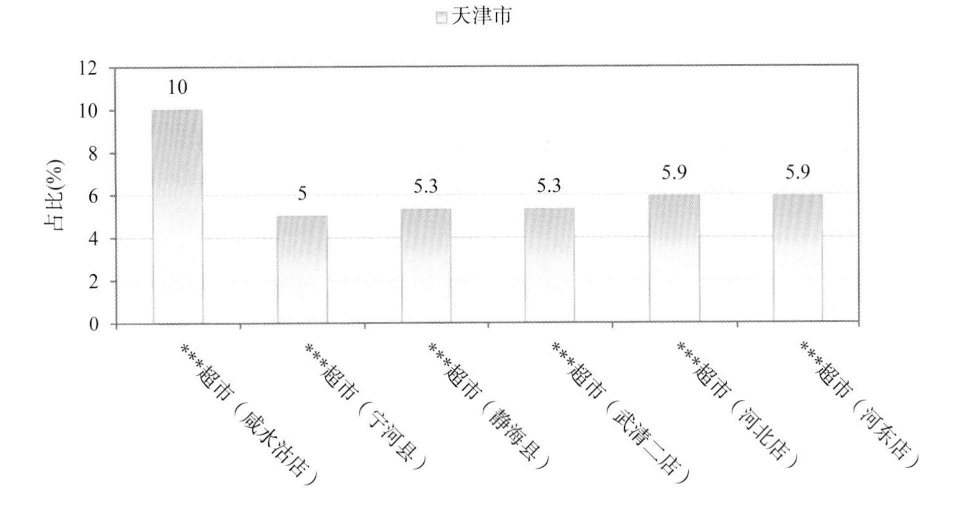

图5-21 超过MRL中国国家标准水果蔬菜在不同采样点分布

5.2.3.2 按MRL欧盟标准衡量

按MRL欧盟标准衡量，有24个采样点的样品存在不同程度的超标农药检出，其中***超市（河西区）的超标率最高，为25.0%，如表5-15和图5-22所示。

表5-15 超过MRL欧盟标准水果蔬菜在不同采样点分布

	采样点	样品总数	超标数量	超标率（%）	行政区域
1	***超市（宝坻区店）	21	3	14.3	宝坻区
2	***超市（西康路店）	21	2	9.5	和平区
3	***购物中心（东丽店）	21	2	9.5	东丽区
4	***超市（东丽店）	21	1	4.8	东丽区
5	***超市（咸水沽店）	20	2	10.0	津南区
6	***超市（武清县店）	20	1	5.0	武清区
7	***超市（宁河县）	20	2	10.0	宁河县
8	***超市（家乐一店）	20	3	15.0	蓟县
9	***超市（红桥商场店）	19	3	15.8	红桥区
10	***超市（南开店）	19	2	10.5	南开区
11	***超市（天津和平路分店）	19	1	5.3	和平区
12	***超市（静海县）	19	2	10.5	静海县
13	***超市（水木天成店）	19	1	5.3	红桥区
14	***超市（武清二店）	19	2	10.5	武清区
15	***超市（宝坻区店）	18	2	11.1	宝坻区
16	***超市（西湖道购物广场）	18	3	16.7	南开区

续表

	采样点	样品总数	超标数量	超标率（%）	行政区域
17	***超市（天津新开路店）	17	2	11.8	河东区
18	***农贸市场	17	1	5.9	宁河县
19	***超市（河北店）	17	3	17.6	河北区
20	***超市（河东店）	17	1	5.9	河东区
21	***农贸市场	17	1	5.9	蓟县
22	***百货超市（静海县）	17	3	17.6	静海县
23	***超市（河西区店）	14	1	7.1	河西区
24	***超市（河西区）	12	3	25.0	河西区

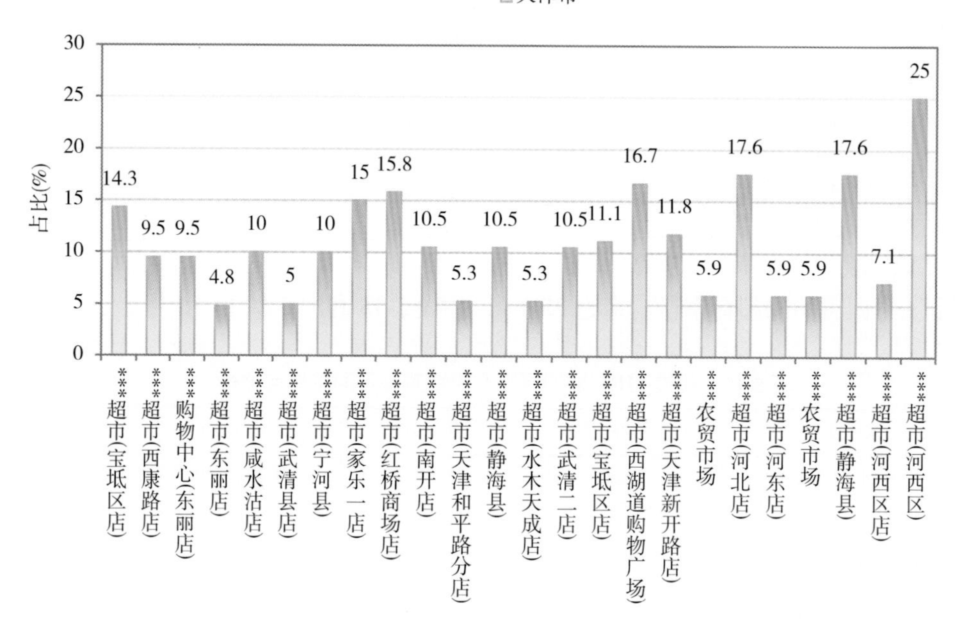

图 5-22　超过 MRL 欧盟标准水果蔬菜在不同采样点分布

5.2.3.3　按 MRL 日本标准衡量

按 MRL 日本标准衡量，有 21 个采样点的样品存在不同程度的超标农药检出，其中***超市（河西区）的超标率最高，为 33.3%，如表 5-16 和图 5-23 所示。

表 5-16　超过 MRL 日本标准水果蔬菜在不同采样点分布

	采样点	样品总数	超标数量	超标率（%）	行政区域
1	***超市（宝坻区店）	21	3	14.3	宝坻区
2	***购物中心（东丽店）	21	2	9.5	东丽区
3	***超市（咸水沽店）	20	1	5.0	津南区
4	***超市（武清县店）	20	1	5.0	武清区
5	***超市（宁河县）	20	1	5.0	宁河县

续表

	采样点	样品总数	超标数量	超标率（%）	行政区域
6	***超市（家乐一店）	20	2	10.0	蓟县
7	***超市（红桥商场店）	19	3	15.8	红桥区
8	***超市（南开店）	19	2	10.5	南开区
9	***超市（北辰店）	19	1	5.3	北辰区
10	***超市（静海县）	19	2	10.5	静海县
11	***超市（水木天成店）	19	2	10.5	红桥区
12	***超市（武清二店）	19	1	5.3	武清区
13	***超市（宝坻区店）	18	2	11.1	宝坻区
14	***超市（西湖道购物广场）	18	1	5.6	南开区
15	***超市（天津新开路店）	17	1	5.9	河东区
16	***农贸市场	17	1	5.9	宁河县
17	***超市（河北店）	17	2	11.8	河北区
18	***农贸市场	17	2	11.8	蓟县
19	***超市（静海县）	17	1	5.9	静海县
20	***超市（河西区店）	14	2	14.3	河西区
21	***超市（河西区）	12	4	33.3	河西区

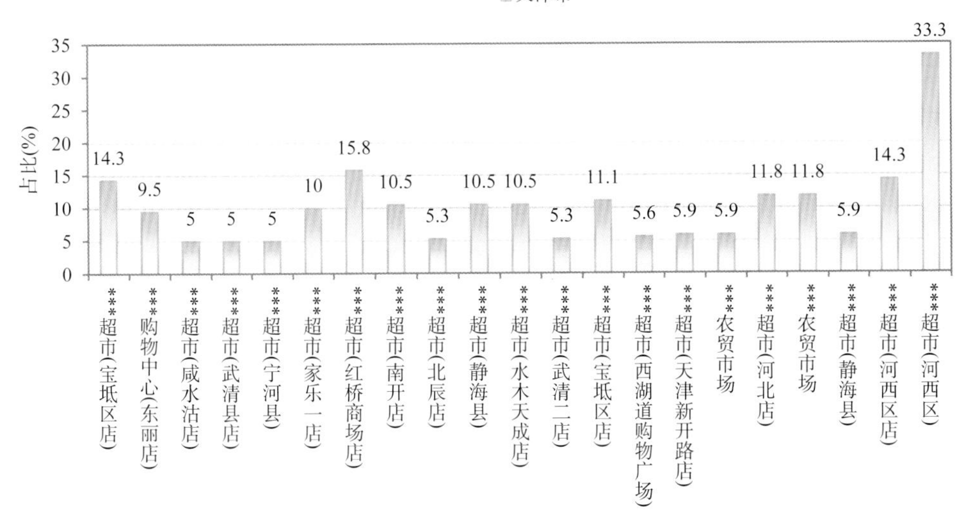

图 5-23 超过 MRL 日本标准水果蔬菜在不同采样点分布

5.2.3.4 按 MRL 中国香港标准衡量

按 MRL 中国香港标准衡量，有 1 个采样点的样品存在超标农药检出，超标率为 5.9%，如表 5-17 和图 5-24 所示。

表 5-17 超过 MRL 中国香港标准水果蔬菜在不同采样点分布

	采样点	样品总数	超标数量	超标率（%）	行政区域
1	***百货超市（静海县）	17	1	5.9	静海县

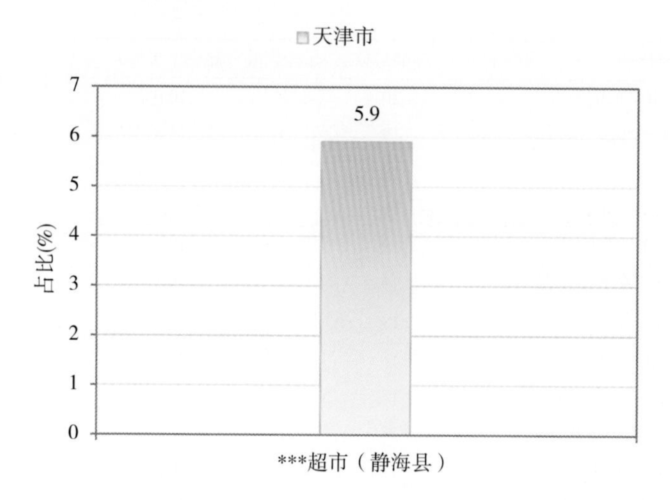

图 5-24 超过 MRL 中国香港标准水果蔬菜在不同采样点分布

5.2.3.5 按 MRL 美国标准衡量

按 MRL 美国标准衡量，有 3 个采样点的样品存在不同程度的超标农药检出，其中***百货超市（静海县）的超标率最高，为 5.9%，如表 5-18 和图 5-25 所示。

表 5-18 超过 MRL 美国标准水果蔬菜在不同采样点分布

	采样点	样品总数	超标数量	超标率（%）	行政区域
1	***超市（咸水沽店）	20	1	5.0	津南区
2	***超市（宝坻区店）	18	1	5.6	宝坻区
3	***超市（静海县）	17	1	5.9	静海县

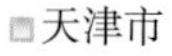

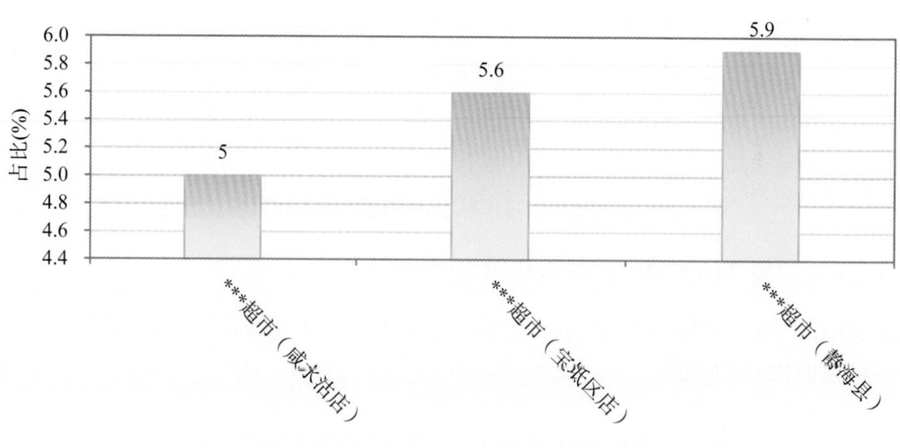

图 5-25 超过 MRL 美国标准水果蔬菜在不同采样点分布

5.2.3.6 按 MRL CAC 标准衡量

按 MRL CAC 标准衡量，有 2 个采样点的样品存在不同程度的超标农药检出，其中 ***超市（河西区店）的超标率最高，为 7.1%，如表 5-19 和图 5-26 所示。

表 5-19 超过 MRL CAC 标准水果蔬菜在不同采样点分布

	采样点	样品总数	超标数量	超标率（%）	行政区域
1	***超市（静海县）	19	1	5.3	静海县
2	***超市（河西区店）	14	1	7.1	河西区

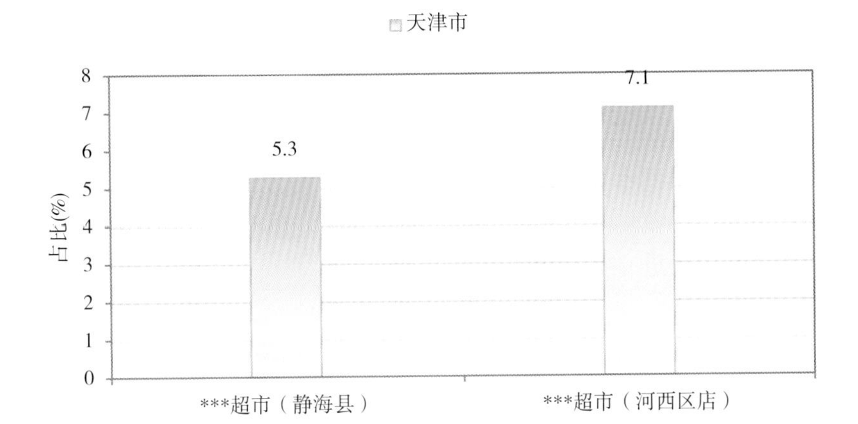

图 5-26 超过 MRL CAC 标准水果蔬菜在不同采样点分布

5.3 水果中农药残留分布

5.3.1 检出农药品种和频次排前 10 的水果

本次残留侦测的水果共 10 种，包括菠萝、草莓、橙、橘、梨、木瓜、苹果、葡萄、桃和西瓜。

根据检出农药品种及频次进行排名，将各项排名前 10 位的水果样品检出情况列表说明，详见表 5-20。

表 5-20 检出农药品种和频次排名前 10 的水果

检出农药品种排名前 10（品种）	①草莓（19），②葡萄（18），③苹果（12），④西瓜（12），⑤桃（9），⑥橙（6），⑦梨（6），⑧菠萝（3），⑨橘（2）
检出农药频次排名前 10（频次）	①葡萄（50），②草莓（48），③苹果（39），④橙（36），⑤桃（30），⑥梨（23），⑦西瓜（21），⑧菠萝（3），⑨橘（2）
检出禁用、高毒及剧毒农药品种排名前 10（品种）	①草莓（2），②葡萄（2），③苹果（1），④桃（1）
检出禁用、高毒及剧毒农药频次排名前 10（频次）	①草莓（3），②葡萄（2），③苹果（1），④桃（1）

5.3.2 超标农药品种和频次排前 10 的水果

鉴于 MRL 欧盟标准和日本标准的制定比较全面且覆盖率较高，我们参照 MRL 中国国家标准、欧盟标准和日本标准衡量水果样品中农残检出情况，将超标农药品种及频次排名前 10 的水果列表说明，详见表 5-21。

表 5-21 超标农药品种和频次排名前 10 的水果

超标农药品种排名前 10（农药品种数）	MRL 中国国家标准	①西瓜（1）
	MRL 欧盟标准	①桃（2），②草莓（2），③西瓜（2），④葡萄（1），⑤苹果（1），⑥菠萝（1）
	MRL 日本标准	①草莓（4），②西瓜（1），③苹果（1）
超标农药频次排名前 10（农药频次数）	MRL 中国国家标准	①西瓜（1）
	MRL 欧盟标准	①草莓（3），②西瓜（2），③桃（2），④菠萝（1），⑤葡萄（1），⑥苹果（1）
	MRL 日本标准	①草莓（5），②西瓜（1），③苹果（1）

通过对各品种水果样本总数及检出率进行综合分析发现，草莓、葡萄和苹果的残留污染最为严重，在此，我们参照 MRL 中国国家标准、欧盟标准和日本标准对这 3 种水果的农残检出情况进行进一步分析。

5.3.3 农药残留检出率较高的水果样品分析

5.3.3.1 草莓

这次共检测 15 例草莓样品，13 例样品中检出了农药残留，检出率为 86.7%，检出农药共计 19 种。其中嘧霉胺、多菌灵、啶虫脒、乙嘧酚磺酸酯和多效唑检出频次较高，分别检出了 11、6、5、4 和 3 次。草莓中农药检出品种和频次见图 5-27，超标农药见图 5-28 和表 5-22。

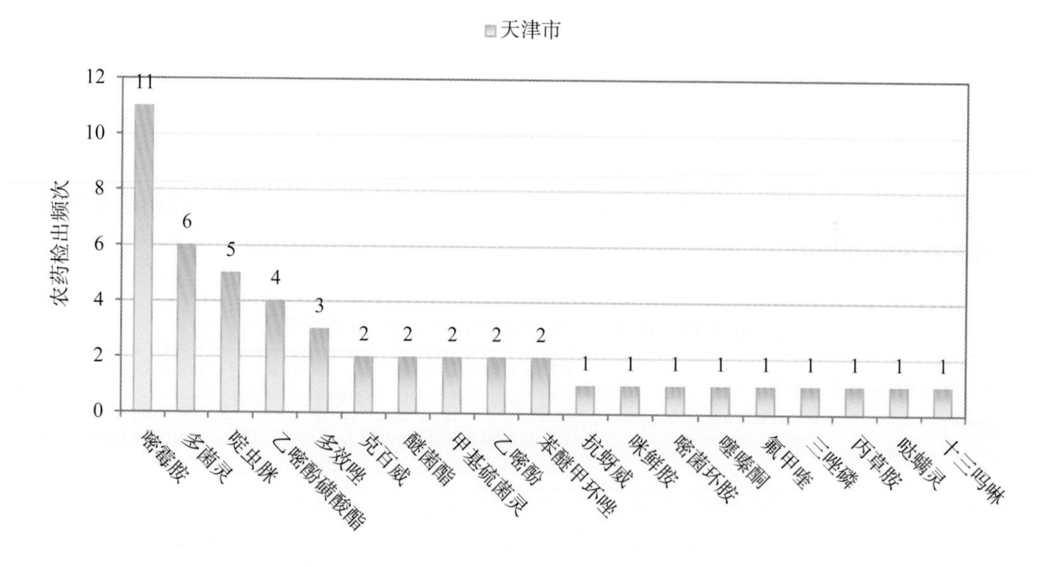

图 5-27 草莓样品检出农药品种和频次分析

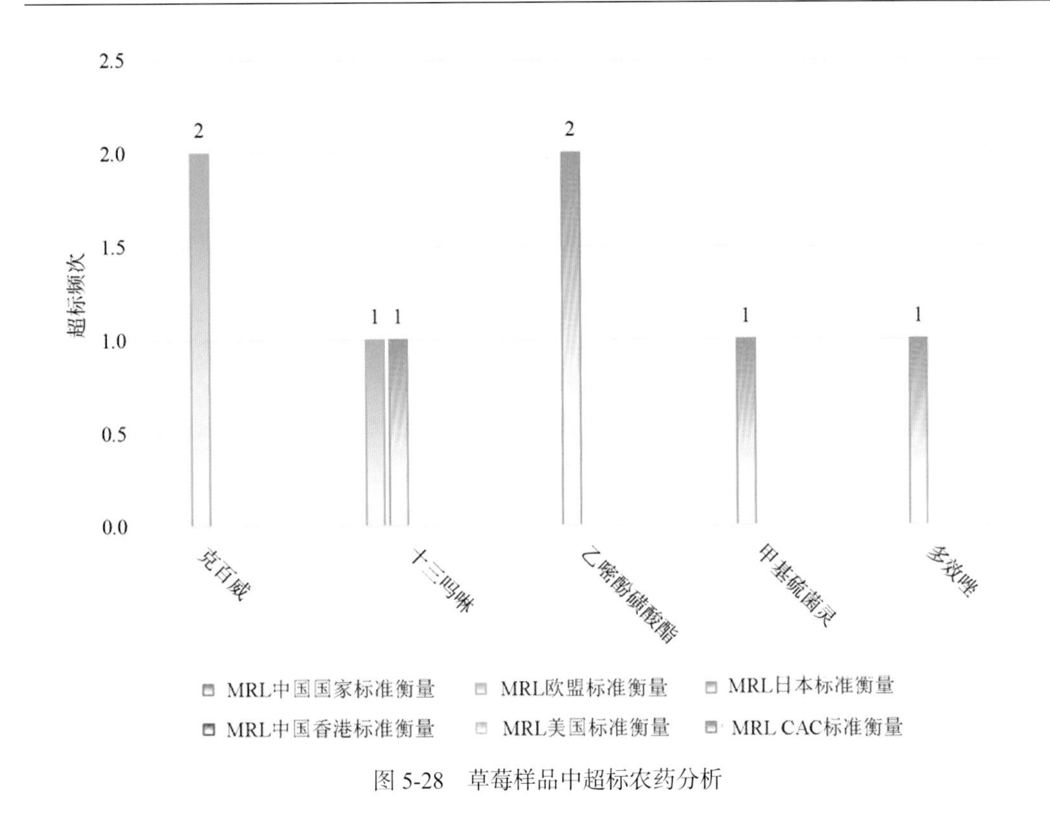

图 5-28　草莓样品中超标农药分析

表 5-22　草莓中农药残留超标情况明细表

样品总数			检出农药样品数	样品检出率（%）	检出农药品种总数
15			13	86.7	19
	超标农药品种	超标农药频次	按照 MRL 中国国家标准、欧盟标准和日本标准衡量超标农药名称及频次		
中国国家标准	0	0			
欧盟标准	2	3	克百威（2），十三吗啉（1）		
日本标准	4	5	乙嘧酚磺酸酯（2），十三吗啉（1），甲基硫菌灵（1），多效唑（1）		

5.3.3.2　葡萄

这次共检测 15 例葡萄样品，14 例样品中检出了农药残留，检出率为 93.3%，检出农药共计 18 种。其中嘧菌环胺、环酰菌胺、吡虫啉、吡唑醚菌酯和嘧霉胺检出频次较高，分别检出了 9、8、7、7 和 4 次。葡萄中农药检出品种和频次见图 5-29，超标农药见图 5-30 和表 5-23。

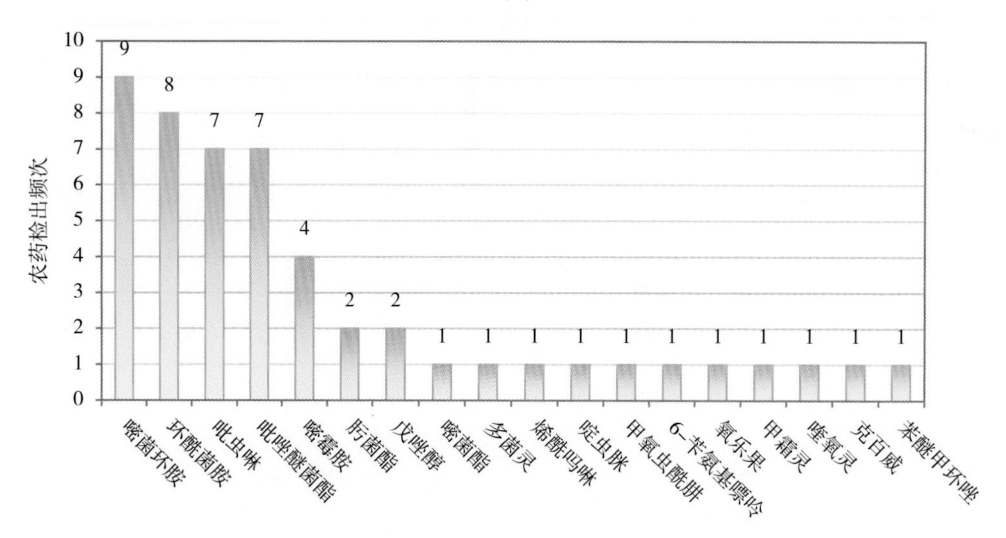

图 5-29　葡萄样品检出农药品种和频次分析

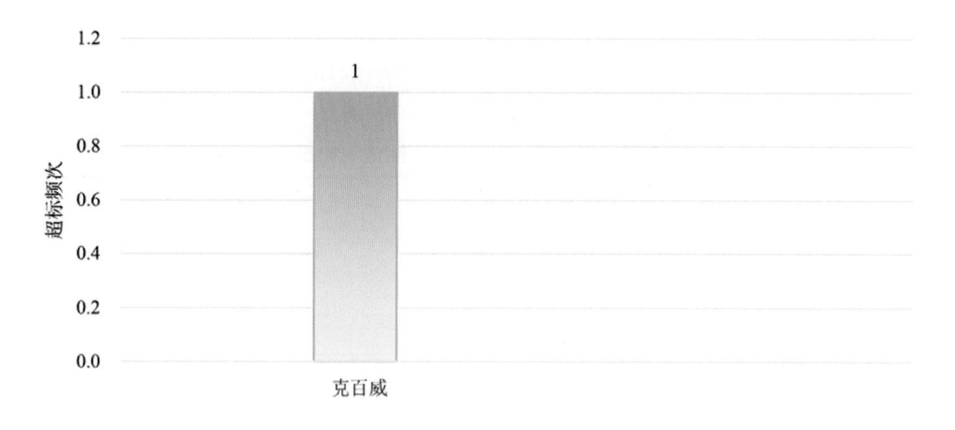

图 5-30　葡萄样品中超标农药分析

表 5-23　葡萄中农药残留超标情况明细表

样品总数			检出农药样品数	样品检出率（%）	检出农药品种总数
15			14	93.3	18
	超标农药品种	超标农药频次	按照 MRL 中国国家标准、欧盟标准和日本标准衡量超标农药名称及频次		
中国国家标准	0	0			
欧盟标准	1	1	克百威（1）		
日本标准	0	0			

5.3.3.3　苹果

这次共检测 30 例苹果样品，27 例样品中检出了农药残留，检出率为 90.0%，检出农药共计 12 种。其中多菌灵、戊唑醇、甲基硫菌灵、啶虫脒和苯醚甲环唑检出频次较高，分别检出了 25、3、2、1 和 1 次。苹果中农药检出品种和频次见图 5-31，超标农药见图 5-32 和表 5-24。

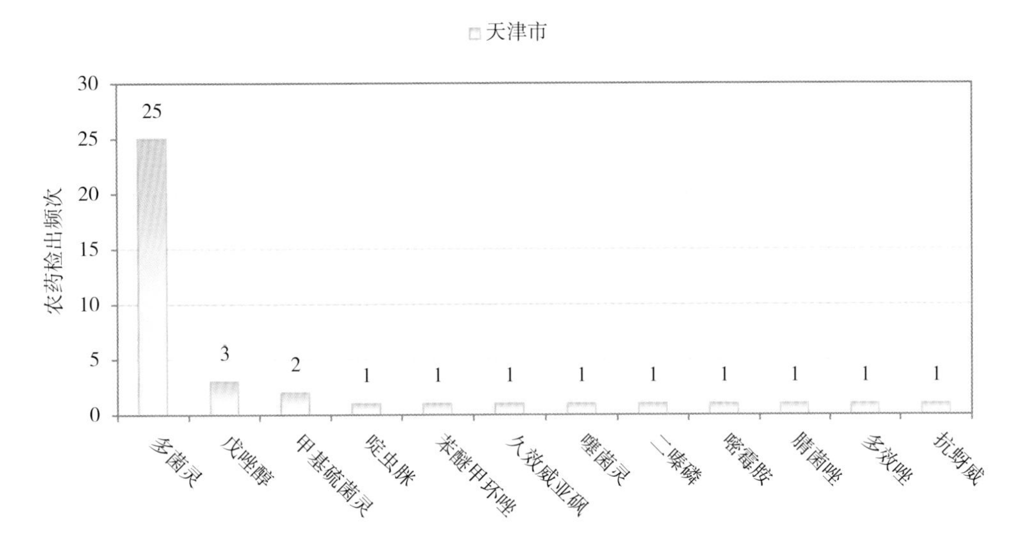

图 5-31　苹果样品检出农药品种和频次分析

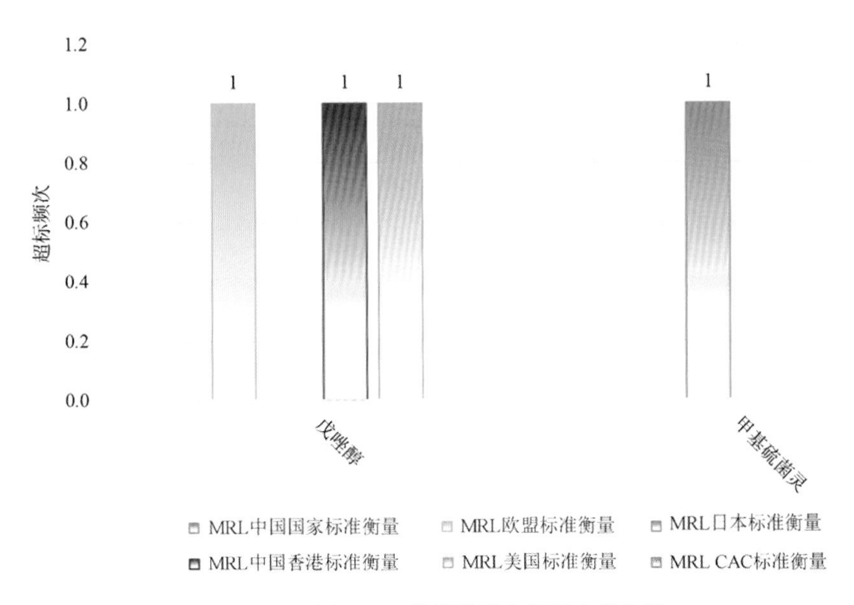

图 5-32　苹果样品中超标农药分析

表 5-24 苹果中农药残留超标情况明细表

样品总数			检出农药样品数	样品检出率(%)	检出农药品种总数
30			27	90	12
	超标农药品种	超标农药频次	按照 MRL 中国国家标准、欧盟标准和日本标准衡量超标农药名称及频次		
中国国家标准	0	0			
欧盟标准	1	1	戊唑醇（1）		
日本标准	1	1	甲基硫菌灵（1）		

5.4 蔬菜中农药残留分布

5.4.1 检出农药品种和频次排前 10 的蔬菜

本次残留侦测的蔬菜共 16 种，包括菠菜、菜豆、冬瓜、番茄、花椰菜、黄瓜、结球甘蓝、韭菜、茄子、芹菜、青花菜、生菜、甜椒、茼蒿、西葫芦和小油菜。

根据检出农药品种及频次进行排名，将各项排名前 10 位的蔬菜样品检出情况列表说明，详见表 5-25。

表 5-25 检出农药品种和频次排名前 10 的蔬菜

检出农药品种排名前 10（品种）	①甜椒（24），②芹菜（18），③黄瓜（17），④番茄（16），⑤茄子（14），⑥茼蒿（12），⑦菜豆（12），⑧菠菜（11），⑨生菜（10），⑩结球甘蓝（7）
检出农药频次排名前 10（频次）	①黄瓜（81），②甜椒（68），③番茄（52），④芹菜（41），⑤茄子（36），⑥菜豆（32），⑦茼蒿（23），⑧菠菜（18），⑨生菜（16），⑩韭菜（10）
检出禁用、高毒及剧毒农药品种排名前 10（品种）	①芹菜（3），②黄瓜（2），③甜椒（2），④茄子（2），⑤茼蒿（2），⑥菜豆（1），⑦韭菜（1），⑧西葫芦（1），⑨生菜（1）
检出禁用、高毒及剧毒农药频次排名前 10（频次）	①甜椒（4），②芹菜（4），③茄子（3），④韭菜（2），⑤茼蒿（2），⑥生菜（2），⑦黄瓜（2），⑧西葫芦（1），⑨菜豆（1）

5.4.2 超标农药品种和频次排前 10 的蔬菜

鉴于 MRL 欧盟标准和日本标准的制定比较全面且覆盖率较高，我们参照 MRL 中国国家标准、欧盟标准和日本标准衡量蔬菜样品中农残检出情况，将超标农药品种及频次排名前 10 的蔬菜列表说明，详见表 5-26。

表 5-26 超标农药品种和频次排名前 10 的蔬菜

超标农药品种排名前 10（农药品种数）	MRL 中国国家标准	①黄瓜（2），②芹菜（1），③茄子（1），④生菜（1），⑤菜豆（1）
	MRL 欧盟标准	①菜豆（5），②芹菜（4），③甜椒（4），④生菜（3），⑤茼蒿（3），⑥黄瓜（3），⑦茄子（2），⑧花椰菜（1），⑨番茄（1），⑩冬瓜（1）

续表

	MRL 日本标准	①菜豆（9），②韭菜（3），③茼蒿（3），④甜椒（3），⑤芹菜（3），⑥番茄（3），⑦茄子（2），⑧冬瓜（1），⑨生菜（1），⑩黄瓜（1）
超标农药频次排名前 10（农药频次数）	MRL 中国国家标准	①黄瓜（2），②芹菜（1），③茄子（1），④生菜（1），⑤菜豆（1）
	MRL 欧盟标准	①菜豆（7），②甜椒（7），③黄瓜（5），④茼蒿（5），⑤芹菜（4），⑥生菜（3），⑦茄子（2），⑧冬瓜（1），⑨番茄（1），⑩西葫芦（1）
	MRL 日本标准	①菜豆（14），②甜椒（4），③芹菜（3），④韭菜（3），⑤番茄（3），⑥茼蒿（3），⑦茄子（2），⑧菠菜（1），⑨冬瓜（1），⑩生菜（1）

通过对各品种蔬菜样本总数及检出率进行综合分析发现，甜椒、芹菜和黄瓜的残留污染最为严重，在此，我们参照 MRL 中国国家标准、欧盟标准和日本标准对这 3 种蔬菜的农残检出情况进行进一步分析。

5.4.3　农药残留检出率较高的蔬菜样品分析

5.4.3.1　甜椒

这次共检测 25 例甜椒样品，21 例样品中检出了农药残留，检出率为 84.0%，检出农药共计 24 种。其中啶虫脒、多菌灵、吡虫啉、苯醚甲环唑和噻虫嗪检出频次较高，分别检出了 13、8、7、5 和 4 次。甜椒中农药检出品种和频次见图 5-33，超标农药见图 5-34 和表 5-27。

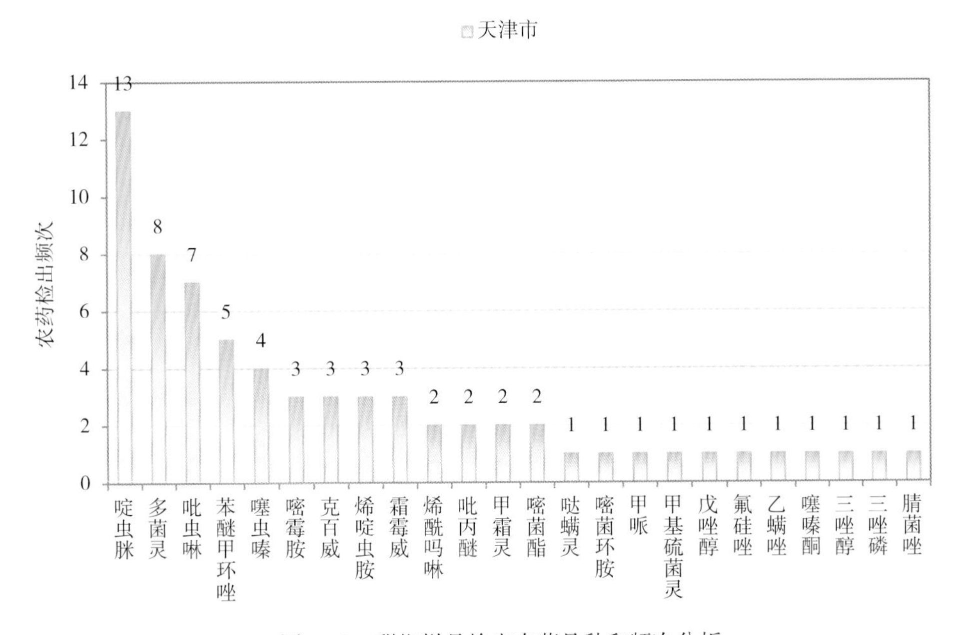

图 5-33　甜椒样品检出农药品种和频次分析

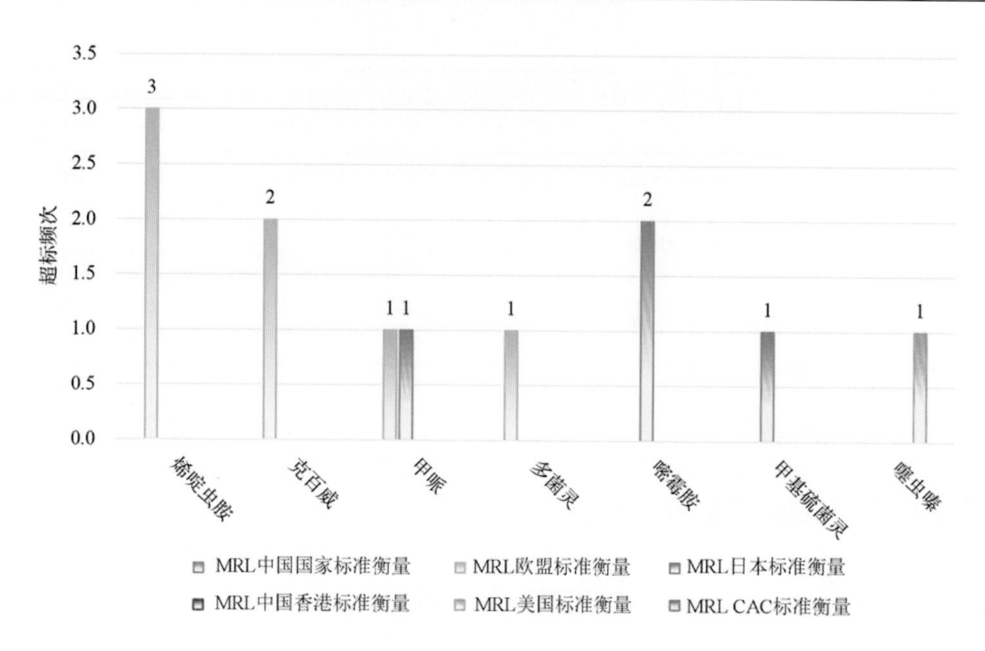

图 5-34　甜椒样品中超标农药分析

表 5-27　甜椒中农药残留超标情况明细表

样品总数			检出农药样品数	样品检出率（%）	检出农药品种总数
25			21	84	24
	超标农药品种	超标农药频次	按照 MRL 中国国家标准、欧盟标准和日本标准衡量超标农药名称及频次		
中国国家标准	0	0			
欧盟标准	4	7	烯啶虫胺（3），克百威（2），甲哌（1），多菌灵（1）		
日本标准	3	4	嘧霉胺（2），甲哌（1），甲基硫菌灵（1）		

5.4.3.2　芹菜

这次共检测 30 例芹菜样品，21 例样品中检出了农药残留，检出率为 70.0%，检出农药共计 18 种。其中多菌灵、烯酰吗啉、苯醚甲环唑、吡虫啉和嘧霉胺检出频次较高，分别检出了 8、4、3、3 和 3 次。芹菜中农药检出品种和频次见图 5-35，超标农药见图 5-36 和表 5-28。

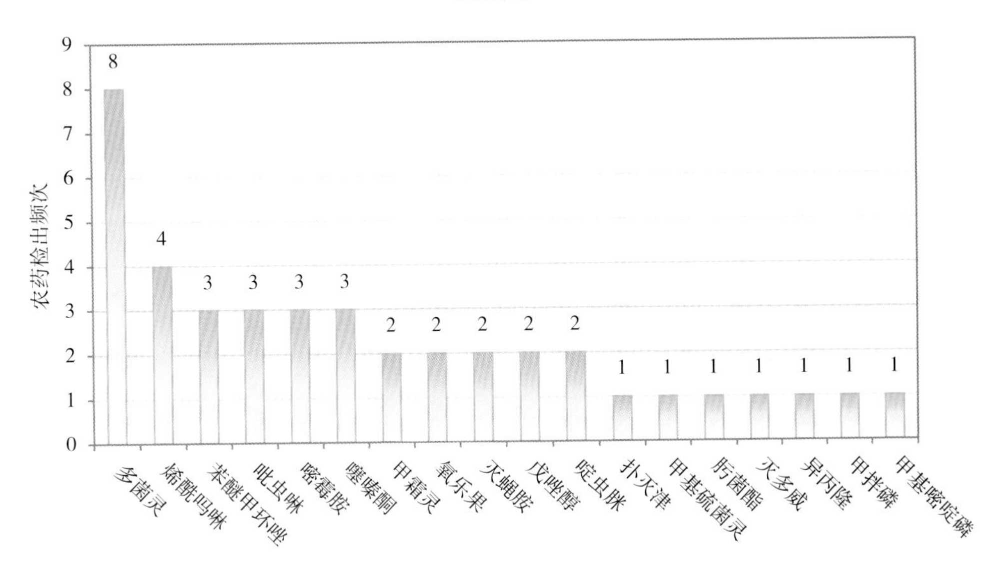

图 5-35 芹菜样品检出农药品种和频次分析

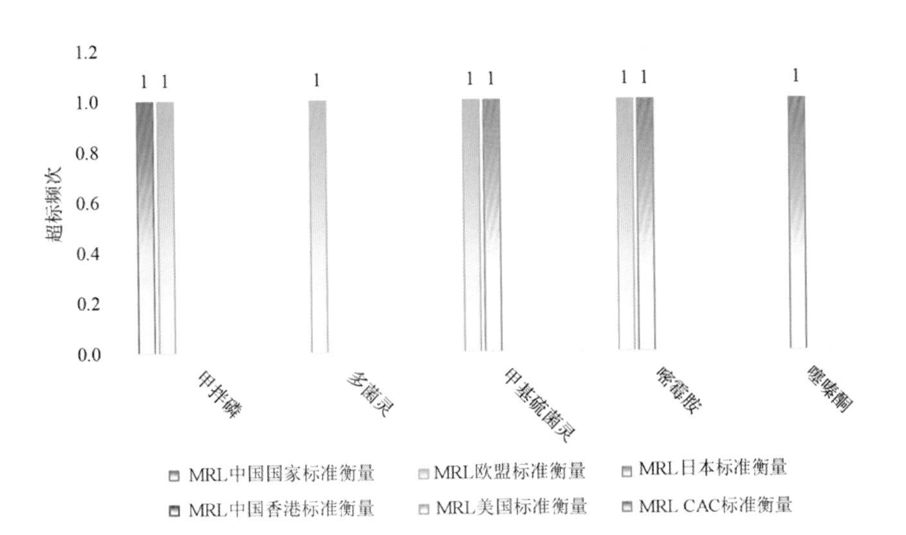

图 5-36 芹菜样品中超标农药分析

表 5-28 芹菜中农药残留超标情况明细表

样品总数			检出农药样品数	样品检出率（%）	检出农药品种总数
30			21	70	18
	超标农药品种	超标农药频次	按照 MRL 中国国家标准、欧盟标准和日本标准衡量超标农药名称及频次		
中国国家标准	1	1	甲拌磷（1）		
欧盟标准	4	4	甲拌磷（1），多菌灵（1），甲基硫菌灵（1），嘧霉胺（1）		
日本标准	3	3	嘧霉胺（1），噻嗪酮（1），甲基硫菌灵（1）		

5.4.3.3　黄瓜

这次共检测 28 例黄瓜样品，27 例样品中检出了农药残留，检出率为 96.4%，检出农药共计 17 种。其中霜霉威、甲霜灵、多菌灵、嘧霉胺和烯酰吗啉检出频次较高，分别检出了 18、16、13、9 和 5 次。黄瓜中农药检出品种和频次见图 5-37，超标农药见图 5-38 和表 5-29。

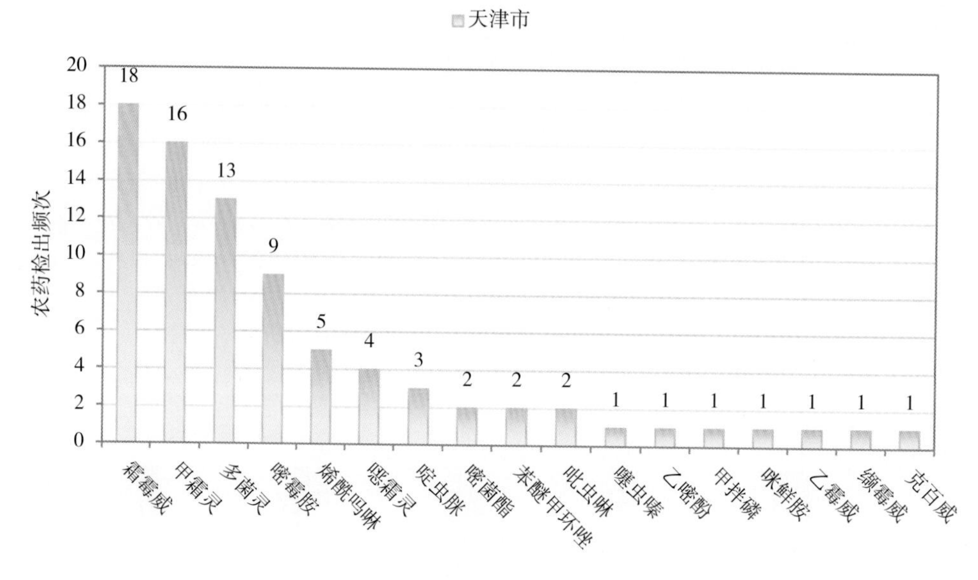

图 5-37　黄瓜样品检出农药品种和频次分析

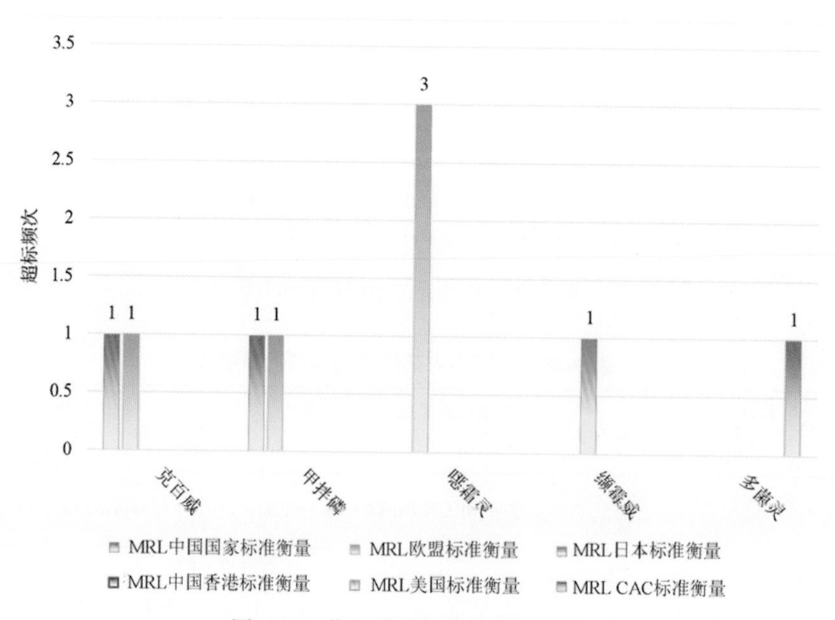

图 5-38　黄瓜样品中超标农药分析

表 5-29 黄瓜中农药残留超标情况明细表

样品总数			检出农药样品数	样品检出率（%）	检出农药品种总数
28			27	96.4	17
	超标农药品种	超标农药频次	按照 MRL 中国国家标准、欧盟标准和日本标准衡量超标农药名称及频次		
中国国家标准	2	2	克百威（1），甲拌磷（1）		
欧盟标准	3	5	噁霜灵（3），克百威（1），甲拌磷（1）		
日本标准	1	1	缬霉威（1）		

5.5 初步结论

5.5.1 天津市市售水果蔬菜按 MRL 中国国家标准和国际主要 MRL 标准衡量的合格率

本次侦测的 533 例样品中，208 例样品未检出任何残留农药，占样品总量的 39.0%，325 例样品检出不同水平、不同种类的残留农药，占样品总量的 61.0%。在这 325 例检出农药残留的样品中：

按照 MRL 中国国家标准衡量，有 318 例样品检出残留农药但含量没有超标，占样品总数的 59.7%，有 7 例样品检出了超标农药，占样品总数的 1.3%。

按照 MRL 欧盟标准衡量，有 278 例样品检出残留农药但含量没有超标，占样品总数的 52.2%，有 47 例样品检出了超标农药，占样品总数的 8.8%。

按照 MRL 日本标准衡量，有 288 例样品检出残留农药但含量没有超标，占样品总数的 54.0%，有 37 例样品检出了超标农药，占样品总数的 6.9%。

按照 MRL 中国香港标准衡量，有 324 例样品检出残留农药但含量没有超标，占样品总数的 60.8%，有 1 例样品检出了超标农药，占样品总数的 0.2%。

按照 MRL 美国标准衡量，有 322 例样品检出残留农药但含量没有超标，占样品总数的 60.4%，有 3 例样品检出了超标农药，占样品总数的 0.6%。

按照 MRL CAC 标准衡量，有 323 例样品检出残留农药但含量没有超标，占样品总数的 60.6%，有 2 例样品检出了超标农药，占样品总数的 0.4%。

5.5.2 天津市市售水果蔬菜中检出农药以中低微毒农药为主，占市场主体的 90.2%

这次侦测的 533 例样品包括蔬菜 16 种 332 例，水果 10 种 179 例，食用菌 1 种 22 例，共检出了 61 种农药，检出农药的毒性以中低微毒为主，详见表 5-30。

表 5-30 市场主体农药毒性分布

毒性	检出品种	占比	检出频次	占比
剧毒农药	1	1.6%	4	0.6%
高毒农药	5	8.2%	25	3.7%
中毒农药	23	37.7%	264	39.4%
低毒农药	17	27.9%	152	22.7%
微毒农药	15	24.6%	225	33.6%
中低微毒农药，品种占比 90.2%，频次占比 95.7%				

5.5.3 检出剧毒、高毒和禁用农药现象应该警醒

在此次侦测的 533 例样品中有 9 种蔬菜和 4 种水果的 29 例样品检出了 6 种 29 频次的剧毒和高毒或禁用农药，占样品总量的 5.4%。其中剧毒农药甲拌磷以及高毒农药克百威、氧乐果和三唑磷检出频次较高。

按 MRL 中国国家标准衡量，剧毒农药甲拌磷，检出 4 次，超标 2 次；高毒农药克百威，检出 11 次，超标 2 次；氧乐果，检出 7 次，超标 1 次；按超标程度比较，黄瓜中甲拌磷超标 8.4 倍，芹菜中甲拌磷超标 6.1 倍，生菜中氧乐果超标 1.8 倍，黄瓜中克百威超标 60%，茄子中克百威超标 40%。

剧毒、高毒或禁用农药的检出情况及按照 MRL 中国国家标准衡量的超标情况见表 5-31。

表 5-31 剧毒、高毒或禁用农药的检出及超标明细

序号	农药名称	样品名称	检出频次	超标频次	最大超标倍数	超标率
1.1	甲拌磷*▲	韭菜	2	0	0	0.0%
1.2	甲拌磷*▲	黄瓜	1	1	8.44	100.0%
1.3	甲拌磷*▲	芹菜	1	1	6.09	100.0%
2.1	久效威亚砜◊	苹果	1	0		0.0%
3.1	克百威◊▲	甜椒	3	0		0.0%
3.2	克百威◊▲	草莓	2	0		0.0%
3.3	克百威◊▲	黄瓜	1	1	0.605	100.0%
3.4	克百威◊▲	茄子	1	1	0.355	100.0%
3.5	克百威◊▲	菜豆	1	0		0.0%
3.6	克百威◊▲	葡萄	1	0		0.0%
3.7	克百威◊▲	桃	1	0		0.0%
3.8	克百威◊▲	西葫芦	1	0		0.0%
4.1	灭多威◊▲	芹菜	1	0		0.0%
4.2	灭多威◊▲	茼蒿	1	0		0.0%
5.1	三唑磷◊	茄子	2	0		0.0%

续表

序号	农药名称	样品名称	检出频次	超标频次	最大超标倍数	超标率
5.2	三唑磷◊	草莓	1	0		0.0%
5.3	三唑磷◊	甜椒	1	0		0.0%
6.1	氧乐果◊▲	生菜	2	1	1.84	50.0%
6.2	氧乐果◊▲	芹菜	2	0		0.0%
6.3	氧乐果◊▲	蘑菇	1	0		0.0%
6.4	氧乐果◊▲	葡萄	1	0		0.0%
6.5	氧乐果◊▲	茼蒿	1	0		0.0%
合计			29	5		17.2%

注：超标倍数参照 MRL 中国国家标准衡量

这些超标的剧毒和高毒农药都是中国政府早有规定禁止在水果蔬菜中使用的，为什么还屡次被检出，应该引起警惕。

5.5.4　残留限量标准与先进国家或地区差距较大

670 频次的检出结果与我国公布的《食品中农药最大残留限量》(GB 2763—2014)对比，有 366 频次能找到对应的 MRL 中国国家标准，占 54.6%；还有 304 频次的侦测数据无相关 MRL 标准供参考，占 45.4%。

与国际上现行 MRL 标准对比发现：

有 670 频次能找到对应的 MRL 欧盟标准，占 100.0%；

有 670 频次能找到对应的 MRL 日本标准，占 100.0%；

有 456 频次能找到对应的 MRL 中国香港标准，占 68.1%；

有 355 频次能找到对应的 MRL 美国标准，占 53.0%；

有 391 频次能找到对应的 MRL CAC 标准，占 58.4%。

由上可见，MRL 中国国家标准与先进国家或地区标准还有很大差距，我们无标准，境外有标准，这就会导致我们在国际贸易中，处于受制于人的被动地位。

5.5.5　水果蔬菜单种样品检出 12~24 种农药残留，拷问农药使用的科学性

通过此次监测发现，草莓、葡萄和苹果是检出农药品种最多的 3 种水果，甜椒、芹菜和黄瓜是检出农药品种最多的 3 种蔬菜，从中检出农药品种及频次详见表 5-32。

表 5-32　单种样品检出农药品种及频次

样品名称	样品总数	检出农药样品数	检出率	检出农药品种数	检出农药（频次）
甜椒	25	21	84.0%	24	啶虫脒（13），多菌灵（8），吡虫啉（7），苯醚甲环唑（5），噻虫嗪（4），嘧霉胺（3），克百威（3），烯啶虫胺（3），霜霉威（3），烯酰吗啉（2），吡丙醚（2），甲霜灵（2），嘧菌酯（2），哒螨灵（1），嘧菌环胺（1），甲哌（1），甲基硫菌灵（1），戊唑醇（1），氟硅唑（1），乙螨唑（1），噻嗪酮（1），三唑醇（1），三唑磷（1），腈菌唑（1）

续表

样品名称	样品总数	检出农药样品数	检出率	检出农药品种数	检出农药（频次）
芹菜	30	21	70.0%	18	多菌灵（8），烯酰吗啉（4），苯醚甲环唑（3），吡虫啉（3），嘧霉胺（3），噻嗪酮（3），甲霜灵（2），氧乐果（2），灭蝇胺（2），戊唑醇（2），啶虫脒（2），扑灭津（1），甲基硫菌灵（1），肟菌酯（1），灭多威（1），异丙隆（1），甲拌磷（1），甲基嘧啶磷（1）
黄瓜	28	27	96.4%	17	霜霉威（18），甲霜灵（16），多菌灵（13），嘧霉胺（9），烯酰吗啉（5），噁霜灵（4），啶虫脒（3），嘧菌酯（2），苯醚甲环唑（2），吡虫啉（2），噻虫嗪（1），乙嘧酚（1），甲拌磷（1），咪鲜胺（1），乙霉威（1），缬霉威（1），克百威（1）
草莓	15	13	86.7%	19	嘧霉胺（11），多菌灵（6），啶虫脒（5），乙嘧酚磺酸酯（4），多效唑（3），克百威（2），醚菌酯（2），甲基硫菌灵（2），乙嘧酚（2），苯醚甲环唑（2），抗蚜威（1），咪鲜胺（1），嘧菌环胺（1），噻嗪酮（1），氟甲喹（1），三唑磷（1），丙草胺（1），哒螨灵（1），十三吗啉（1）
葡萄	15	14	93.3%	18	嘧菌环胺（9），环酰菌胺（8），吡虫啉（7），吡唑醚菌酯（7），嘧霉胺（4），肟菌酯（2），戊唑醇（2），嘧菌酯（1），多菌灵（1），烯酰吗啉（1），啶虫脒（1），甲氧虫酰肼（1），6-苄氨基嘌呤（1），氧乐果（1），甲霜灵（1），喹氧灵（1），克百威（1），苯醚甲环唑（1）
苹果	30	27	90.0%	12	多菌灵（25），戊唑醇（3），甲基硫菌灵（2），啶虫脒（1），苯醚甲环唑（1），久效威亚砜（1），噻菌灵（1），二嗪磷（1），嘧霉胺（1），腈菌唑（1），多效唑（1），抗蚜威（1）

上述6种水果蔬菜，检出农药12~24种，是多种农药综合防治，还是未严格实施农业良好管理规范（GAP），抑或根本就是乱施药，值得我们思考。

第 6 章　LC-Q-TOF/MS 侦测天津市水果市售蔬菜农药残留膳食暴露风险及预警风险评估

6.1　农药残留风险评估方法

6.1.1　天津市农药残留检测数据分析与统计

庞国芳院士科研团队建立的农药残留高通量侦测技术以高分辨精确质量数（0.0001 *m/z* 为基准）为识别标准，采用 LC-Q-TOF/MS 技术对 537 种农药化学污染物进行检测。

科研团队于 2013 年 3 月~2013 年 6 月在天津市所属 15 个区县的 30 个采样点，随机采集了 533 例水果蔬菜样品，采样点分布在超市和农贸市场，具体位置如图 6-1 所示，各月内果蔬样品采集数量如表 6-1 所示。

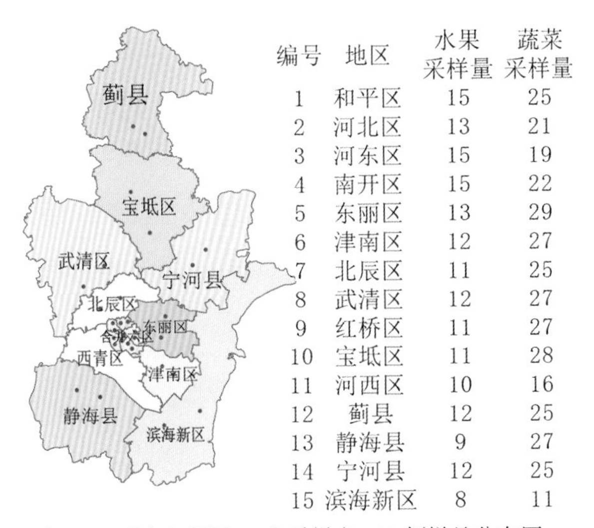

图 6-1　天津市所属 30 个采样点 533 例样品分布图

表 6-1　天津市各月内果蔬样品采集情况

时间	样品数（例）
2013 年 3 月	45
2013 年 4 月	188
2013 年 5 月	219
2013 年 6 月	81

利用 LC-Q-TOF/MS 技术对 533 例样品中的农药残留进行侦测，检出残留农药 61 种，670 频次。检出农药残留水平如表 6-2 和图 6-2 所示。检出频次最高的前十种农药如表 6-3 所示。从检测结果中可以看出，在果蔬中农药残留普遍存在，且有些果蔬存在高浓度的农药残留，这些可能存在膳食暴露风险，对人体健康产生危害，因此，为了定量地评价果蔬中农药残留的风险程度，有必要对其进行风险评价。

表 6-2　检出农药的不同残留水平及其所占比例

残留水平（μg/kg）	检出频次	占比（%）
1~5（含）	220	32.8
5~10（含）	97	14.5
10~100（含）	293	43.7
100~1000（含）	56	8.4
＞1000	4	0.6
合计	670	100

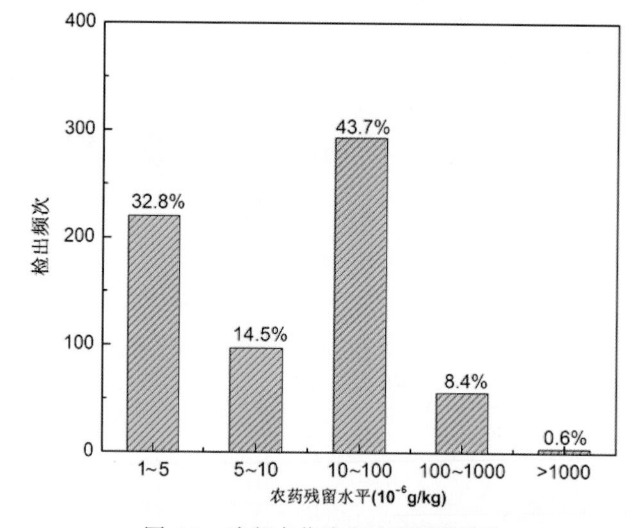

图 6-2　残留农药检出浓度频数分布

表 6-3　检出频次最高的前十种农药

序号	农药	检出频次（次）
1	多菌灵	136
2	啶虫脒	56
3	嘧霉胺	55
4	霜霉威	38
5	甲霜灵	36
6	吡虫啉	32
7	烯酰吗啉	30

续表

序号	农药	检出频次（次）
8	甲哌	18
9	噻菌灵	18
10	苯醚甲环唑	18

6.1.2 农药残留风险评价模型

对天津市水果蔬菜中农药残留分别开展暴露风险评估和预警风险评估。膳食暴露风险评价利用食品安全指数模型，对水果蔬菜中的残留农药对人体可能产生的危害程度进行评价，该模型结合残留监测和膳食暴露评估评价化学污染物的危害；预警风险评价模型运用风险系数（risk index，*R*），风险系数综合考虑了危害物的超标率、施检频率及其本身敏感性的影响，能直观而全面地反映出危害物在一段时间内的风险程度。

6.1.2.1 食品安全指数模型

为了加强食品安全管理，《中华人民共和国食品安全法》第二章第十七条规定“国家建立食品安全风险评估制度，运用科学方法，根据食品安全风险监测信息、科学数据以及有关信息，对食品、食品添加剂、食品相关产品中生物性、化学性和物理性危害因素进行风险评估”[1]，膳食暴露评估是食品危险度评估的重要组成部分，也是膳食安全性的衡量标准[2]。国际上最早研究膳食暴露风险评估的机构主要是 JMPR（FAO、WHO 农药残留联合会议），该组织自 1995 年就已制定了急性毒性物质的风险评估急性毒性农药残留摄入量的预测。1960 年美国规定食品中不得加入致癌物质进而提出零阈值理论，渐渐零阈值理论发展成在一定概率条件下可接受风险的概念[3]，后衍变为食品中每日允许最大摄入量（ADI），而农药残留法典委员会（CCPR）认为 ADI 不是独立风险评估的唯一标准[4]，1995 年 JMPR 开始研究农药急性膳食暴露风险评估，并对食品国际短期摄入量的计算方法进行了修正，亦对膳食暴露评估准则及评估方法进行了修正[5]，2002 年，在对世界上现行的食品安全评价方法，尤其是国际公认的 CAC 的评价方法，WHO GEMS/Food（全球环境监测系统/食品污染监测和评估规划）及 JECFA（FAO、WHO 食品添加剂联合专家委员会）和 JMPR 对食品安全风险评估工作研究的基础之上，检验检疫食品安全管理的研究人员提出了结合残留监控和膳食暴露评估，以食品安全指数 IFS 计算食品中各种化学污染物对消费者的健康危害程度[6]。IFS 是表示食品安全状态的新方法，可有效地评价某种农药的安全性，进而评价食品中各种农药化学污染物对消费者健康的整体危害程度[7, 8]。从理论上分析，IFS_c 可指出食品中的污染物 c 对消费者健康是否存在危害及危害的程度[9]。其优点在于操作简单且结果容易被接受和理解，不需要大量的数据来对结果进行验证，使用默认的标准假设或者模型即可[10, 11]。

1）IFS_c 的计算

IFS_c 计算公式如下：

$$\mathrm{IFS_c}=\frac{\mathrm{EDI_c}\times f}{\mathrm{SI_c}\times \mathrm{bw}} \tag{6-1}$$

式中，c 为所研究的农药；EDI_c 为农药 c 的实际日摄入量估算值，等于 $\sum(R_i\times F_i\times E_i\times P_i)$（$i$ 为食品种类；R_i 为食品 i 中农药 c 的残留水平，mg/kg；F_i 为食品 i 的估计日消费量，g/（人·天）；E_i 为食品 i 的可食用部分因子；P_i 为食品 i 的加工处理因子）；SI_c 为安全摄入量，可采用每日允许摄入量 ADI；bw 为人平均体重，kg；f 为校正因子，如果安全摄入量采用 ADI，f 取 1。

$IFS_c \ll 1$，农药 c 对食品安全没有影响；$IFS_c \leqslant 1$，农药 c 对食品安全的影响可以接受；$IFS_c > 1$，农药 c 对食品安全的影响不可接受。

本次评价中：

$IFS_c \leqslant 0.1$，农药 c 对果蔬安全没有影响；

$0.1 < IFS_c \leqslant 1$，农药 c 对果蔬安全的影响可以接受；

$IFS_c > 1$，农药 c 对果蔬安全的影响不可接受。

本次评价中残留水平 R_i 取值为中国检验检疫科学研究院庞国芳院士课题组对天津市果蔬中的农药残留检测结果。估计日消费量 F_i 取值 0.38kg/（人·天），E_i=1，P_i=1，f=1，SI_c 采用《食品安全国家标准　食品中农药最大残留限量》（GB 2763—2016）中 ADI 值（具体数值见表 6-4），人平均体重 bw 取值 60 kg。

表 6-4　天津市果蔬中残留农药 ADI 值

序号	农药	ADI	序号	农药	ADI	序号	农药	ADI
1	苯醚甲环唑	0.01	17	环酰菌胺	0.2	33	灭多威	0.02
2	吡丙醚	0.1	18	甲氨基阿维菌素	0.0005	34	灭蝇胺	0.06
3	吡虫啉	0.06	19	甲拌磷	0.0007	35	噻虫嗪	0.08
4	吡唑醚菌酯	0.03	20	甲基硫菌灵	0.08	36	噻菌灵	0.1
5	丙草胺	0.018	21	甲基嘧啶磷	0.03	37	噻嗪酮	0.009
6	丙环唑	0.07	22	甲霜灵	0.08	38	三环唑	0.04
7	丙溴磷	0.03	23	甲氧虫酰肼	0.1	39	三唑醇	0.03
8	虫酰肼	0.02	24	腈菌唑	0.03	40	三唑磷	0.001
9	哒螨灵	0.01	25	抗蚜威	0.02	41	霜霉威	0.4
10	啶虫脒	0.07	26	克百威	0.001	42	肟菌酯	0.04
11	毒草胺	0.54	27	喹氧灵	0.2	43	戊唑醇	0.03
12	多菌灵	0.03	28	咪鲜胺	0.01	44	烯啶虫胺	0.53
13	多效唑	0.1	29	醚菌酯	0.4	45	烯酰吗啉	0.2
14	噁霜灵	0.01	30	嘧菌环胺	0.03	46	氧乐果	0.0003
15	二嗪磷	0.005	31	嘧菌酯	0.2	47	乙螨唑	0.05
16	氟硅唑	0.007	32	嘧霉胺	0.2	48	乙霉威	0.004

续表

序号	农药	ADI	序号	农药	ADI	序号	农药	ADI
49	乙嘧酚	0.035	54	久效威亚砜	—	59	缬霉威	—
50	异丙隆	0.015	55	扑灭津	—	60	6-苄氨基嘌呤	—
51	抑霉唑	0.03	56	枯莠隆	—	61	氟甲喹	—
52	莠去津	0.02	57	乙嘧酚磺酸酯	—			
53	甲哌	—	58	十三吗啉	—			

注：“—”表示为国家标准中无 ADI 值规定；ADI 值单位为 mg/kg bw

2）计算 $\mathrm{IFS_c}$ 的平均值 $\overline{\mathrm{IFS}}$，判断农药对食品安全影响程度

以 $\overline{\mathrm{IFS}}$ 评价各种农药对人体健康危害的总程度，评价模型见公式（6-2）。

$$\overline{\mathrm{IFS}}=\frac{\sum_{i=1}^{n}\mathrm{IFS_c}}{n} \tag{6-2}$$

$\overline{\mathrm{IFS}}\ll 1$，所研究消费者人群的食品安全状态很好；$\overline{\mathrm{IFS}}\leqslant 1$，所研究消费者人群的食品安全状态可以接受；$\overline{\mathrm{IFS}}>1$，所研究消费者人群的食品安全状态不可接受。

本次评价中：

$\overline{\mathrm{IFS}}\leqslant 0.1$，所研究消费者人群的果蔬安全状态很好；

$0.1<\overline{\mathrm{IFS}}\leqslant 1$，所研究消费者人群的果蔬安全状态可以接受；

$\overline{\mathrm{IFS}}>1$，所研究消费者人群的果蔬安全状态不可接受。

6.1.2.2　预警风险评价模型

2003 年，我国检验检疫食品安全管理的研究人员根据 WTO 的有关原则和我国的具体规定，结合危害物本身的敏感性、风险程度及其相应的施检频率，首次提出了食品中危害物风险系数 R 的概念[12]。R 是衡量一个危害物的风险程度大小最直观的参数，即在一定时期内其超标率或阳性检出率的高低，但受其施检测率的高低及其本身的敏感性（受关注程度）影响。该模型综合考察了农药在蔬菜中的超标率、施检频率及其本身敏感性，能直观而全面地反映出农药在一段时间内的风险程度[13]。

1）R 计算方法

危害物的风险系数综合考虑了危害物的超标率或阳性检出率、施检频率和其本身的敏感性影响，并能直观而全面地反映出危害物在一段时间内的风险程度。风险系数 R 的计算公式如式（6-3）：

$$R=aP+\frac{b}{F}+S \tag{6-3}$$

式中，P 为该种危害物的超标率；F 为危害物的施检频率；S 为危害物的敏感因子；a，b 分别为相应的权重系数。

本次评价中 F=1；S=1；a=100；b=0.1，对参数 P 进行计算，计算时首先判断是否为禁药，如果为非禁药，P=超标的样品数（检测出的含量高于食品最大残留限量标准值，即 MRL）除以总样品数（包括超标、不超标、未检出）；如果为禁药，则检出即为超标，P=能检出的样品数除以总样品数。判断天津市果蔬农药残留是否超标的标准限值 MRL 分别以 MRL 中国国家标准[14]和 MRL 欧盟标准作为对照，具体值列于本报告附表一中。

2）判断风险程度

R≤1.5，受检农药处于低度风险；

1.5<R≤2.5，受检农药处于中度风险；

R>2.5，受检农药处于高度风险。

6.1.2.3　食品膳食暴露风险和预警风险评价应用程序的开发

1）应用程序开发的步骤

为成功开发膳食暴露风险和预警风险评价应用程序，与软件工程师多次沟通讨论，逐步提出并描述清楚计算需求，开发了初步应用程序。在软件应用过程中，根据风险评价拟得到结果的变化，计算需求发生变更，这些变化给软件工程师进行需求分析带来一定的困难，经过各种细节的沟通，需求分析得到明确后，开始进行解决方案的设计，在保证需求的完整性、一致性的前提下，编写代码，最后设计出风险评价专用计算软件。软件开发基本步骤见图 6-3。

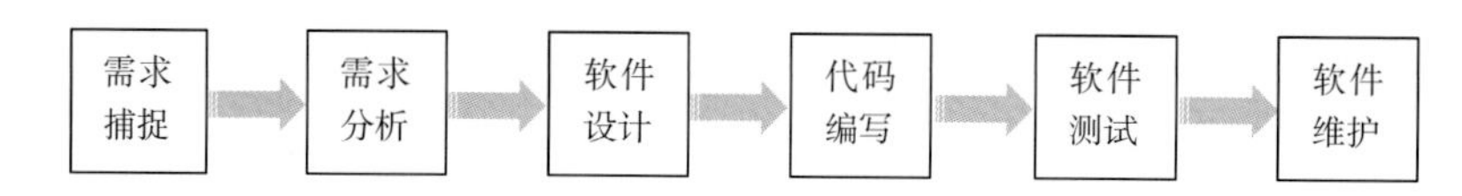

图 6-3　专用程序开发总体步骤

2）膳食暴露风险评价专业程序开发的基本要求

首先直接利用公式（6-1），分别计算 LC-Q-TOF/MS 和 GC-Q-TOF/MS 仪器检出的各果蔬样品中每种农药 IFS_c，将结果列出。为考察超标农药和禁用农药的使用安全性，分别以我国《食品安全国家标准　食品中农药最大残留限量》（GB 2763—2016）和欧盟食品中农药最大残留限量（以下简称 MRL 中国国家标准和 MRL 欧盟标准）为标准，对检出的禁药和超标的非禁药 IFS_c 单独进行评价；按 IFS_c 大小列表，并找出 IFS_c 值排名前 20 的样本重点关注。

对不同果蔬 i 中每一种检出的农药 c 的安全指数进行计算，多个样品时求平均值。若监测数据为该市多个月的数据，则逐月、逐季度分别列出每个月、每个季度内每一种果蔬 i 对应的每一种农药 c 的 IFS_c。

按农药种类，计算整个监测时间段内每种农药的 IFS_c，不区分果蔬。若检测数据为该市多个月的数据，则需分别计算每个月、每个季度内每种农药的 IFS_c。

3）预警风险评价专业程公式序开发的基本要求

分别以 MRL 中国国家标准和 MRL 欧盟标准，按式（6-3）逐个计算不同果蔬、不同农药的风险系数，禁药和非禁药分别列表。

为清楚了解各种农药的预警风险，不分时间，不分果蔬，按禁用农药和非禁药分类，分别计算各种检出农药全部检测时段内风险系数。由于有 MRL 中国国家标准的农药种类太少，无法计算超标数，非禁药的风险系数只以 MRL 欧盟标准为标准进行计算。若检测数据为多个月的，则按月计算每个月、每个季度内每种禁用农药残留的风险系数和以 MRL 欧盟标准为标准的非禁药残留的风险系数。

4）风险程度评价专业应用程序的开发方法

采用 Python 计算机程序设计语言，Python 是一个高层次地结合了解释性、编译性、互动性和面向对象的脚本语言。风险评价专用程序主要功能包括：分别读入每例样品 LC-Q-TOF/MS 和 GC-Q-TOF/MS 农药残留检测数据，根据风险评价工作要求，依次对不同农药、不同食品、不同时间、不同采样点的 IFS_c 值和 R 值分别进行数据计算，筛选出禁用农药、超标农药（分别与 MRL 中国国家标准、MRL 欧盟标准限值进行对比）单独重点分析，再分别对各农药、各果蔬种类分类处理，设计出计算和排序程序，编写计算机代码，最后将生成的膳食暴露风险评价和超标风险评价定量计算结果列入设计好的各个表格中，并定性判断风险对目标的影响程度，直接用文字描述风险发生的高低，如“不可接受”“可以接受”“没有影响”“高度风险”“中度风险”“低度风险”。

6.2　天津市果蔬农药残留膳食暴露风险评估

6.2.1　果蔬样品中农药残留安全指数分析

基于农药残留检测数据，发现在 533 例样品中检出农药 670 频次，计算样品中每种残留农药的安全指数 IFS_c，并分析农药对样品安全的影响程度，结果详见附表一，农药残留对样品安全影响程度频次分布情况如图 6-4 所示。

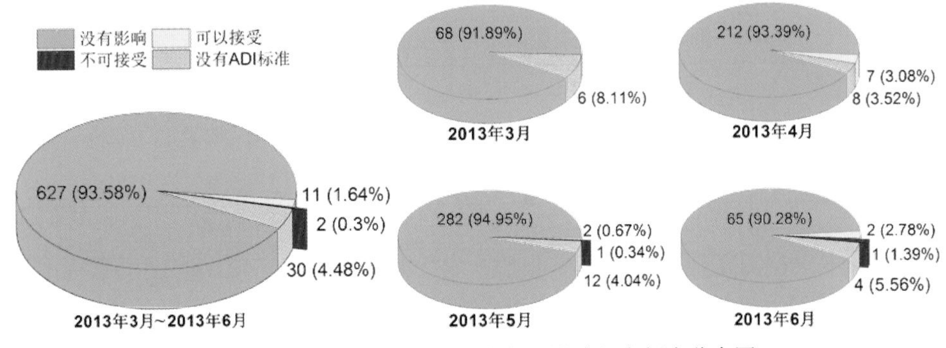

图 6-4　农药残留对果蔬样品安全的影响程度频次分布图

由图 6-4 可以看出，农药残留对样品安全的影响不可接受的频次为 2，占 0.3%；农药残留对样品安全的影响可以接受的频次为 11，占 1.64%；农药残留对样品安全的没有影响的频次为 627，占 93.58%。四个月内检出农药频次排序为：2013 年 5 月（297）>

2013 年 4 月（227）>2013 年 3 月（74）>2013 年 6 月（72）。残留农药对安全影响不可接受的样品如表 6-5 所示。

表 6-5　对果蔬样品安全影响不可接受的残留农药安全指数表

序号	样品编号	采样点	基质	农药	含量（mg/kg）	IFS_c
1	20130529-120106-CAIQ-MU-04A	***超市（红桥商场店）	蘑菇	氧乐果	0.1709	3.6079
2	20130614-120112-CAIQ-LE-03A	***超市（咸水沽店）	生菜	氧乐果	0.0568	1.1991

此次检测，发现部分样品检出禁用农药，为了明确残留的禁用农药对样品安全的影响，分析检出禁药残留的样品安全指数，结果如图 6-5 所示，检出禁用农药 4 种 24 频次，其中农药残留对样品安全的影响不可接受的频次为 2，占 8.33%；农药残留对样品安全的影响可以接受的频次为 4，占 16.67%；农药残留对样品安全没有影响的频次为 18，占 75%。三个月内检出禁用农药频次排序为：2013 年 5 月（14）>2013 年 4 月（5）=2013 年 6 月（5），此外，三个月内残留禁药对样品安全影响不可接受的频次比例排序为：2013 年 6 月（20%）>2013 年 5 月（7.14%）>2013 年 4 月（0）。对果蔬样品安全影响不可接受的残留禁用农药安全指数表如表 6-6 所示。

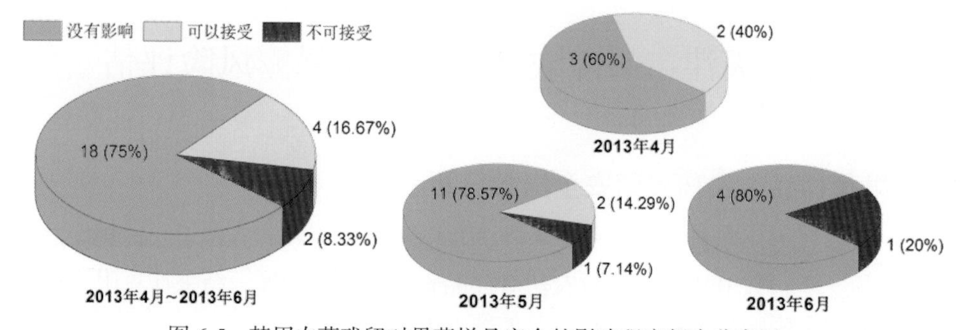

图 6-5　禁用农药残留对果蔬样品安全的影响程度频次分布图

表 6-6　对果蔬样品安全影响不可接受的残留禁用农药安全指数表

序号	样品编号	采样点	基质	农药	含量（mg/kg）	IFS_c
1	20130529-120106-CAIQ-MU-04A	***超市（红桥商场店）	蘑菇	氧乐果	0.1709	3.6079
2	20130614-120112-CAIQ-LE-03A	***超市（咸水沽店）	生菜	氧乐果	0.0568	1.1991

此外，本次检测发现部分样品中非禁用农药残留量超过 MRL 中国国家标准和欧盟标准，为了明确超标的非禁药对样品安全的影响，分析非禁药残留超标的样品安全指数，超标的非禁用农药对样品安全的影响程度频次分布情况如表 6-7 和图 6-6 所示。由表 6-7 可以看出，检出超过 MRL 中国国家标准的非禁用农药共 2 频次，其中农药残留对样品安全的影响不可接受的频次为 0；农药残留对样品安全的影响可以接受的频次为 1，占 50%；农药残留对样品安全没有影响的频次为 1，占 50%。

表 6-7 果蔬样品中残留超标的非禁用农药安全指数表（MRL 中国国家标准）

序号	样品编号	采样点		农药	含量（mg/kg）	中国国家标准	超标倍数	IFS_c	影响程度
1	20130614-120112-CAIQ-WM-03A	***超市（咸水沽店）	西瓜	噻虫嗪	0.2787	0.2	0.39	0.0221	没有影响
2	20130421-120223-CAIQ-DJ-02A	***超市（静海县）	菜豆	多菌灵	1.6125	0.5	2.23	0.3404	可以接受

由图 6-6 可以看出检出超过 MRL 欧盟标准的非禁用农药共 38 频次，其中农药残留对样品安全的影响可以接受的频次为 3，占 7.89%；农药残留对样品安全没有影响的频次为 26，占 68.42%。表 6-8 为果蔬样品中安全指数排名前十的残留超标非禁用农药列表。

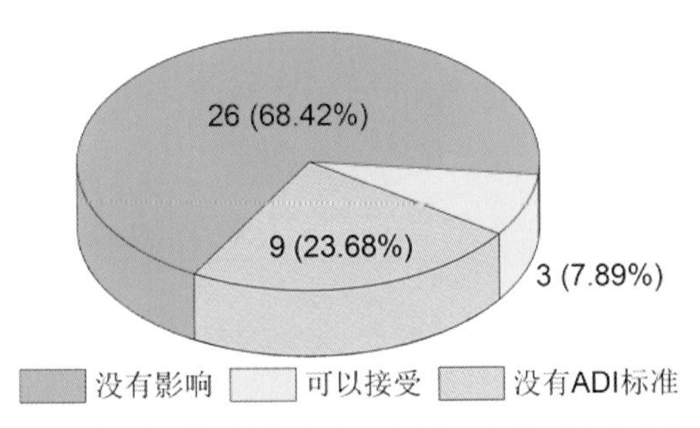

图 6-6 残留超标的非禁用农药对果蔬样品安全的影响程度频次分布图（MRL 欧盟标准）

表 6-8 果蔬样品中安全指数排名前十的残留超标非禁用农药列表（MRL 欧盟标准）

序号	样品编号	采样点	基质	农药	含量（mg/kg）	欧盟标准	超标倍数	IFS_c	影响程度
1	20130421-120223-CAIQ-DJ-02A	***超市（静海县）	菜豆	多菌灵	1.6125	0.2	7.06	0.3404	可以接受
2	20130421-120223-CAIQ-AP-01A	***百货超市（静海县）	苹果	戊唑醇	0.8957	0.3	1.99	0.1891	可以接受
3	20130406-120114-CAIQ-PP-02A	***超市（武清二店）	甜椒	多菌灵	0.5538	0.1	4.54	0.1169	可以接受
4	20130506-120101-CAIQ-PH-01A	***超市（西康路店）	桃	多菌灵	0.4223	0.2	1.11	0.0892	没有影响
5	20130421-120223-CAIQ-CE-02A	***超市（静海县）	芹菜	多菌灵	0.279	0.1	1.79	0.0589	没有影响
6	20130529-120106-CAIQ-EP-04A	***超市（红桥商场店）	茄子	丙溴磷	0.2535	0.01	24.35	0.0535	没有影响
7	20130322-120103-CAIQ-CU-02A	***超市（河西区）	黄瓜	噁霜灵	0.0768	0.01	6.68	0.0486	没有影响
8	20130401-120115-CAIQ-LE-02A	***超市（宝坻区店）	生菜	多菌灵	0.216	0.1	1.16	0.0456	没有影响

续表

序号	样品编号	采样点	基质	农药	含量（mg/kg）	欧盟标准	超标倍数	IFS_c	影响程度
9	20130421-120223-CAIQ-CE-02A	***超市（静海县）	芹菜	甲基硫菌灵	0.4866	0.1	3.87	0.0385	没有影响
10	20130412-120225-CAIQ-CU-01A	***农贸市场	黄瓜	噁霜灵	0.0478	0.01	3.78	0.0303	没有影响

在 533 例样品中 208 例样品未检测出农药残留，325 例样品中检测出农药残留，计算每例有农药检出的样品的$\overline{IFS}$值，进而分析样品的安全状态结果如图 6-7 所示（未检出农药的样品安全状态视为很好）。可以看出，1.31%的样品安全状态可以接受，96.06%的样品安全状态很好。表 6-9 为安全状态不可接受的果蔬样品列表。

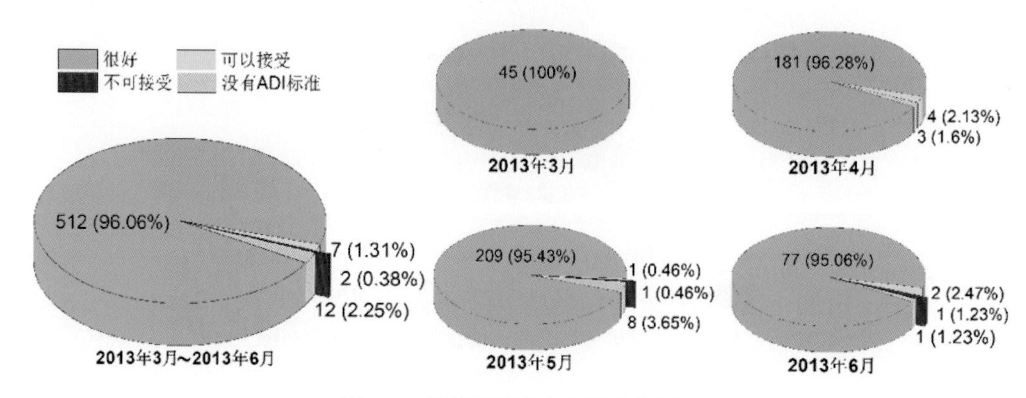

图 6-7　果蔬样品安全状态分布图

表 6-9　安全状态不可接受的果蔬样品列表

序号	样品编号	采样点	基质	$\overline{IFS}$
1	20130529-120106-CAIQ-MU-04A	***超市（红桥商场店）	蘑菇	3.6079
2	20130614-120112-CAIQ-LE-03A	***超市（咸水沽店）	生菜	1.1991

6.2.2　单种果蔬中农药残留安全指数分析

本次检测的果蔬共计 27 种，27 种果蔬中小油菜和木瓜没有检测出农药残留，在其余 25 种果蔬中检测出 61 种残留农药，检出频次 670，其中 52 种农药存在 ADI 标准。计算每种果蔬中农药的 IFS_c 值，结果如图 6-8 所示。

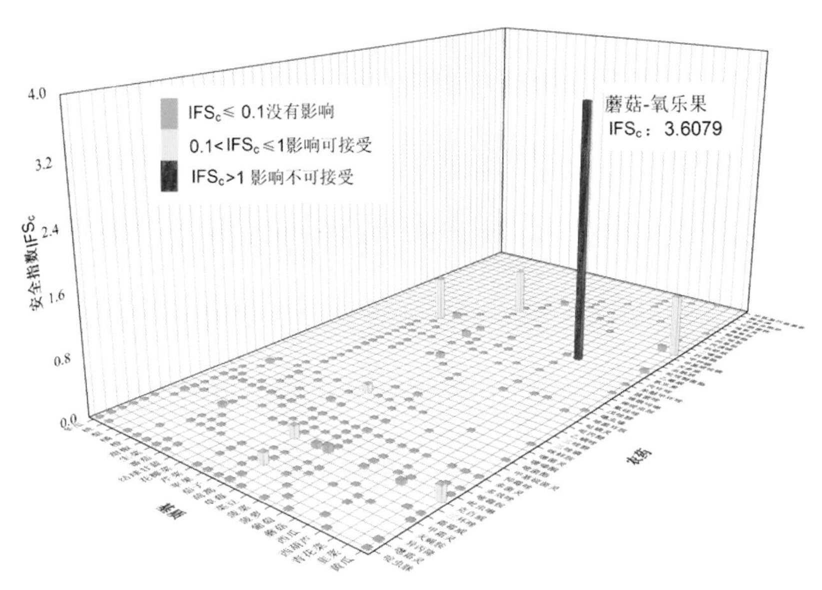

图 6-8 25 种果蔬中 61 种残留农药的安全指数

分析发现 1 种果蔬中 1 种残留农药对食品安全影响不可接受，如表 6-10 所示。

表 6-10 对单种果蔬安全影响不可接受的残留农药安全指数表

序号	基质	农药	检出频次	检出率	IFS>1 的频次	IFS>1 的比例	IFS_c
1	蘑菇	氧乐果	1	4.55%	1	4.55%	3.6079

本次检测中，25 种果蔬和 61 种残留农药（包括没有 ADI）共涉及 254 个分析样本，农药对果蔬安全的影响程度的分布情况如图 6-9 所示。

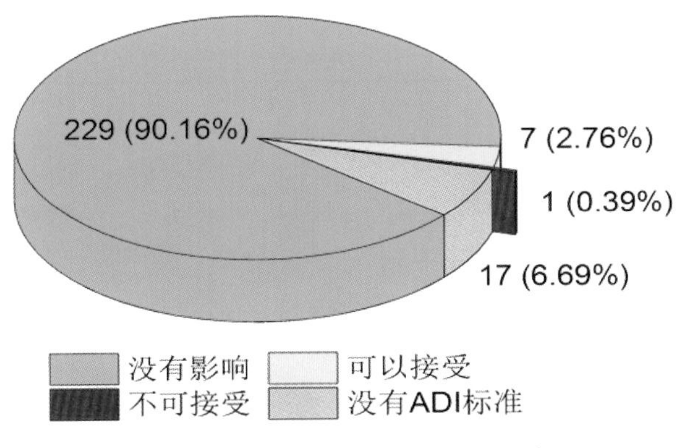

图 6-9 254 个分析样本的影响程度分布图

此外，分别计算 25 种果蔬中所有检出农药 IFS_c 的平均值$\overline{IFS}$，分析每种果蔬的安全状态，结果如图 6-10 所示，分析发现，1 种果蔬（4.0%）的安全状态不可接受，24 种（96.0%）果蔬的安全状态很好。

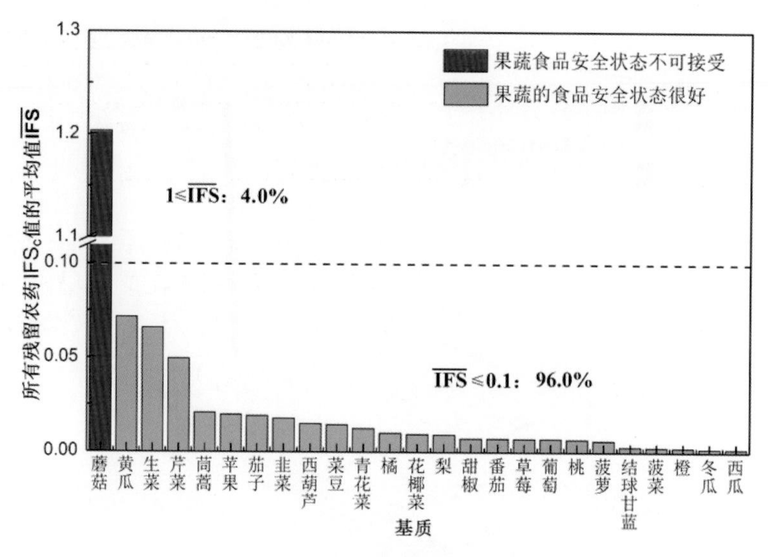

图 6-10　25 种果蔬的$\overline{IFS}$值和安全状态

为了分析不同月份内农药残留对单种果蔬安全的影响，对每个月内单种果蔬中的农药的 IFS_c 值进行分析。每个月内检测的果蔬种数和检出农药种数以及涉及的分析样本数如表 6-11 所示。样本中农药对果蔬安全的影响程度分布情况如图 6-11 所示，四个月内农药残留对果蔬安全影响不可接受的样品比例排序为：2013 年 6 月（1.89%）>2013 年 5 月（0.71%）>2013 年 3 月（0）=2013 年 4 月（0）。

表 6-11　各月份内果蔬种数、检出农药种数和分析样本数

分析指标	2013 年 3 月	2013 年 4 月	2013 年 5 月	2013 年 6 月
果蔬种数	13	21	22	18
农药种数	27	40	41	25
样本数	57	132	140	53

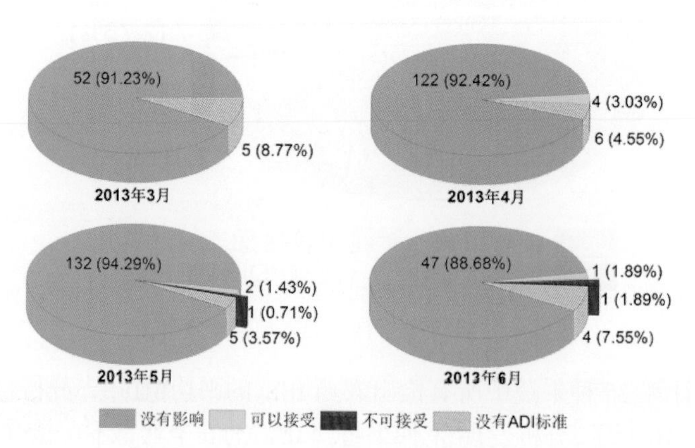

图 6-11　各月份内农药残留对单种果蔬安全的影响程度分布图

每个月内，对果蔬安全影响不可接受的残留农药列表如表 6-12 所示。

表 6-12　各月份内对单种果蔬安全影响不可接受的残留农药安全指数表

序号	年月	基质	农药	检出频次	检出率	IFS>1 的频次	IFS>1 的比例	IFS_c
1	2013 年 5 月	蘑菇	氧乐果	1	12.50%	1	12.50%	3.6079
2	2013 年 6 月	生菜	氧乐果	1	25%	1	25%	1.1991

计算每个月份内每种果蔬的$\overline{IFS}$值，以评价每种果蔬的安全状态，结果如图 6-12 所示，可以看出，只有 2013 年 5 月的蘑菇，2013 年 6 月的生菜的安全状态不可接受，其余所有种类果蔬安全状态均处于很好和可以接受范围内。

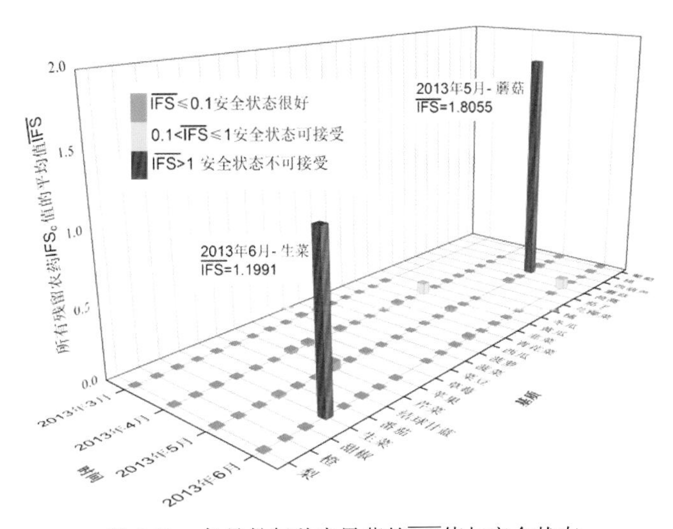

图 6-12　各月份每种内果蔬的$\overline{IFS}$值与安全状态

6.2.3　所有果蔬中农药残留安全指数分析

计算所有果蔬中 52 种残留农药的 IFS_c 值，结果如图 6-13 及表 6-13 所示。

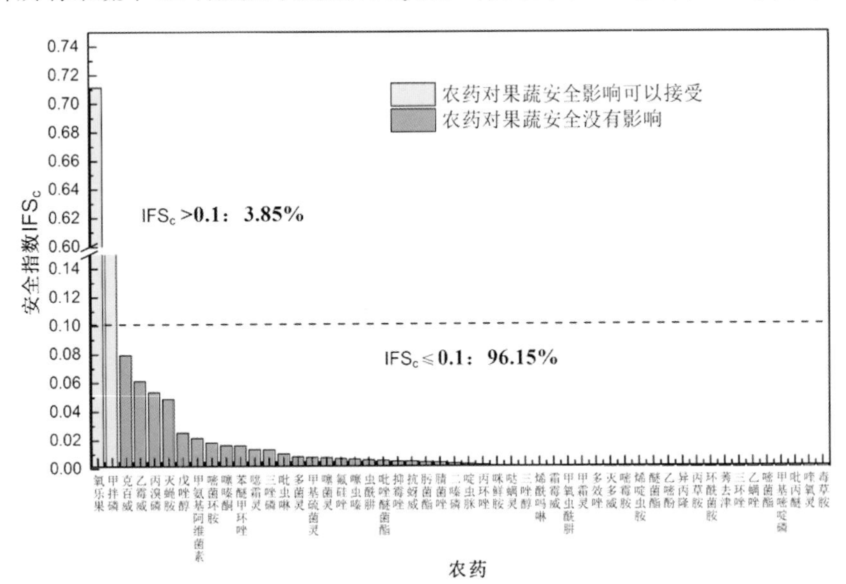

图 6-13　果蔬中 52 种残留农药的安全指数

分析发现，所有农药对果蔬的影响均在没有影响和可接受的范围内，其中 3.85%的农药对果蔬安全的影响可以接受，96.15%的农药对果蔬的安全没有影响。

表 6-13　果蔬中 52 种残留农药的安全指数表

序号	农药	检出频次	检出率	IFS_c	影响程度	序号	农药	检出频次	检出率	IFS_c	影响程度
1	氧乐果	7	1.31%	0.7114	可以接受	27	啶虫脒	56	10.51%	0.0029	没有影响
2	甲拌磷	4	0.75%	0.4146	可以接受	28	丙环唑	3	0.56%	0.0025	没有影响
3	克百威	11	2.06%	0.0794	没有影响	29	咪鲜胺	11	2.06%	0.002	没有影响
4	乙霉威	2	0.38%	0.0612	没有影响	30	哒螨灵	2	0.38%	0.0019	没有影响
5	丙溴磷	1	0.19%	0.0535	没有影响	31	三唑醇	1	0.19%	0.0015	没有影响
6	灭蝇胺	10	1.88%	0.0488	没有影响	32	烯酰吗啉	30	5.63%	0.0015	没有影响
7	戊唑醇	9	1.69%	0.0252	没有影响	33	霜霉威	38	7.13%	0.0014	没有影响
8	甲氨基阿维菌素	1	0.19%	0.0215	没有影响	34	甲氧虫酰肼	1	0.19%	0.0013	没有影响
9	嘧菌环胺	12	2.25%	0.0183	没有影响	35	甲霜灵	36	6.75%	0.0013	没有影响
10	噻嗪酮	8	1.50%	0.0164	没有影响	36	多效唑	13	2.44%	0.0011	没有影响
11	苯醚甲环唑	18	3.38%	0.0161	没有影响	37	灭多威	2	0.38%	0.001	没有影响
12	噁霜灵	14	2.63%	0.0132	没有影响	38	嘧霉胺	55	10.32%	0.0009	没有影响
13	三唑磷	4	0.75%	0.0131	没有影响	39	烯啶虫胺	4	0.75%	0.0009	没有影响
14	吡虫啉	32	6.00%	0.0101	没有影响	40	醚菌酯	2	0.38%	0.0009	没有影响
15	多菌灵	136	25.52%	0.0081	没有影响	41	乙嘧酚	4	0.75%	0.0008	没有影响
16	甲基硫菌灵	10	1.88%	0.0076	没有影响	42	异丙隆	5	0.94%	0.0007	没有影响
17	噻菌灵	18	3.38%	0.0074	没有影响	43	丙草胺	2	0.38%	0.0005	没有影响
18	氟硅唑	2	0.38%	0.0067	没有影响	44	环酰菌胺	8	1.50%	0.0005	没有影响
19	噻虫嗪	17	3.19%	0.0064	没有影响	45	莠去津	1	0.19%	0.0005	没有影响
20	虫酰肼	1	0.19%	0.0059	没有影响	46	三环唑	2	0.38%	0.0004	没有影响
21	吡唑醚菌酯	9	1.69%	0.0054	没有影响	47	乙螨唑	1	0.19%	0.0003	没有影响
22	抑霉唑	14	2.63%	0.0049	没有影响	48	嘧菌酯	7	1.31%	0.0003	没有影响
23	抗蚜威	5	0.94%	0.0049	没有影响	49	甲基嘧啶磷	1	0.19%	0.0003	没有影响
24	肟菌酯	3	0.56%	0.0043	没有影响	50	吡丙醚	2	0.38%	0.0002	没有影响
25	腈菌唑	2	0.38%	0.0041	没有影响	51	喹氧灵	1	0.19%	0.0001	没有影响
26	二嗪磷	1	0.19%	0.0035	没有影响	52	毒草胺	1	0.19%	0.0001	没有影响

对每个月份内所有果蔬中残留农药的 IFS_c 进行分析，结果如图 6-14 所示。

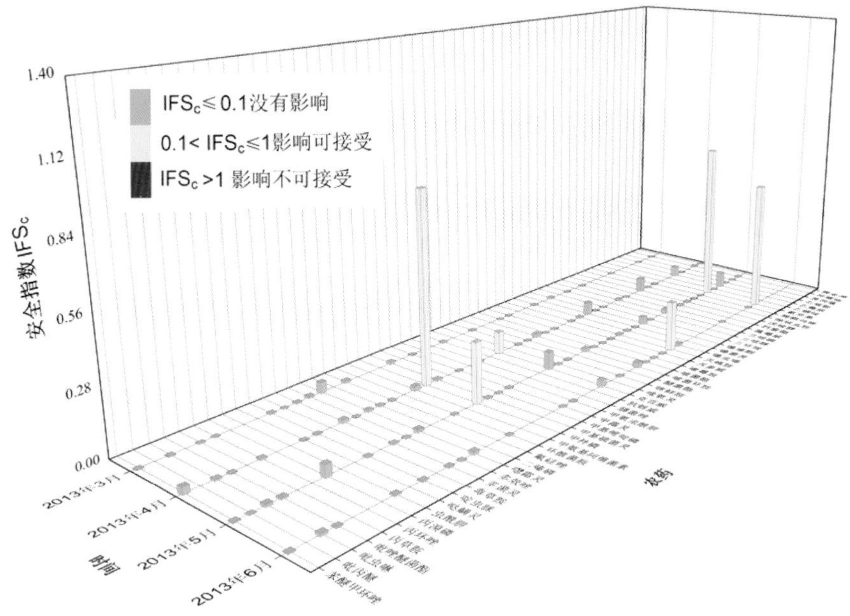

图 6-14　各月份内果蔬中每种残留农药的安全指数

每月内农药对果蔬安全影响程度分布情况如图 6-15 所示。可以看出四个月内没有对果蔬安全影响不可接受的农药残留。各月份内果蔬中安全指数排名前十的残留农药列表如表 6-14 所示。

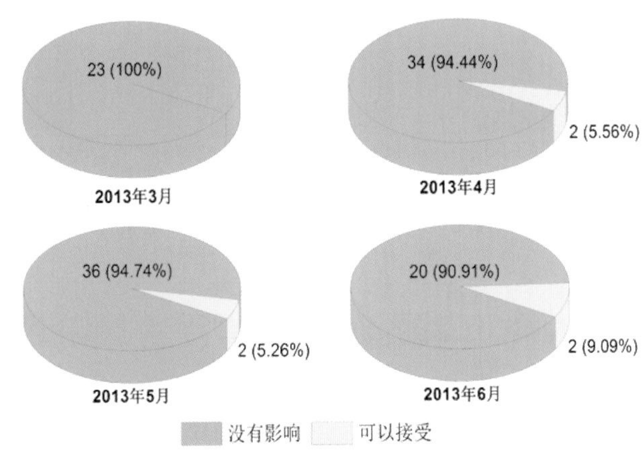

图 6-15　各月份内农药残留对果蔬安全的影响程度分布图

表 6-14　各月份内果蔬中安全指数排名前十的残留农药列表

年月	农药	检出频次	检出率	IFS_c	影响程度
2013 年 4 月	甲拌磷	1	1.23%	0.8541	可以接受
2013 年 5 月	氧乐果	5	6.17%	0.7520	可以接受
2013 年 6 月	氧乐果	2	2.47%	0.6101	可以接受
2013 年 5 月	甲拌磷	3	3.70%	0.2681	可以接受
2013 年 6 月	灭蝇胺	2	2.47%	0.2270	可以接受

续表

年月	农药	检出频次	检出率	IFS_c	影响程度
2013 年 4 月	克百威	4	4.94%	0.1034	可以接受
2013 年 5 月	克百威	5	6.17%	0.0801	没有影响
2013 年 5 月	乙霉威	1	1.23%	0.0738	没有影响
2013 年 4 月	戊唑醇	3	3.70%	0.0651	没有影响
2013 年 4 月	噻菌灵	2	2.47%	0.0605	没有影响

计算每个月份内果蔬的$\overline{IFS}$，以分析每月内果蔬的安全状态，结果如图 6-16 所示，可以看出，所有月份果蔬的安全状态很好。

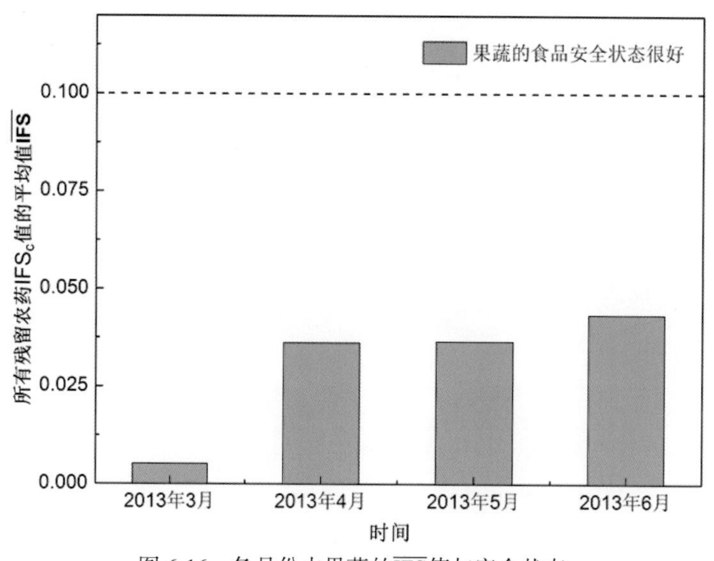

图 6-16 各月份内果蔬的$\overline{IFS}$值与安全状态

6.3 天津市果蔬农药残留预警风险评估

基于天津市果蔬中农药残留 LC-Q-TOF/MS 侦测数据，参照中华人民共和国国家标准 GB 2763—2016 和欧盟农药最大残留限量（MRL）标准分析农药残留的超标情况，并计算农药残留风险系数。分析每种果蔬中农药残留的风险程度。

6.3.1 单种果蔬中农药残留风险系数分析

6.3.1.1 单种果蔬中禁用农药残留风险系数分析

检出的 61 种残留农药中有 4 种为禁用农药，在 13 种果蔬中检测出禁药残留，计算单种果蔬中禁药的检出率，根据检出率计算风险系数 R，进而分析单种果蔬中每种禁药残留的风险程度，结果如图 6-17 和表 6-15 所示。本次分析涉及样本 18 个，可以看出 18

个样本中禁药残留均处于高度风险。

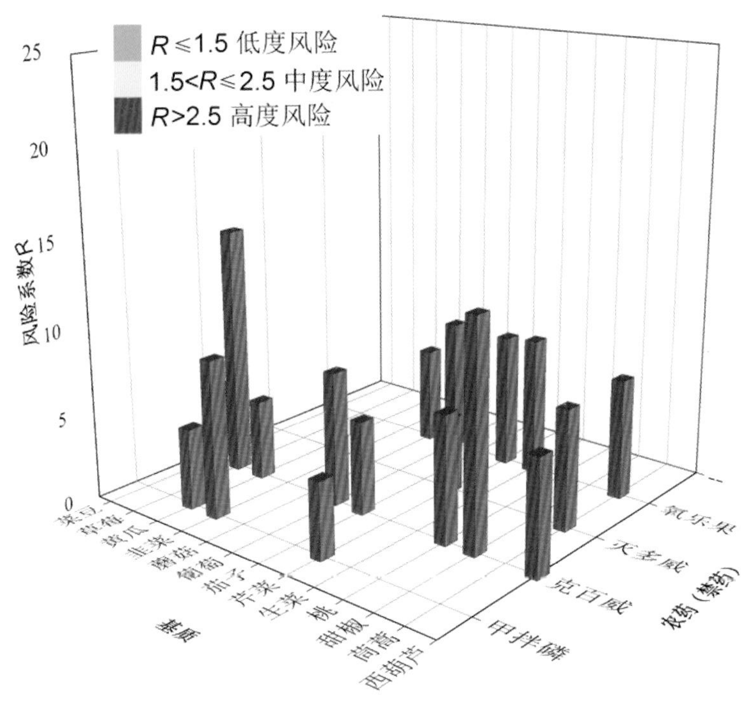

图 6-17　13 种果蔬中 4 种禁用农药残留的风险系数

表 6-15　13 种果蔬中 4 种禁用农药残留的风险系数表

序号	基质	农药	检出频次	检出率	风险系数 R	风险程度
1	草莓	克百威	2	13.33%	14.4	高度风险
2	甜椒	克百威	3	12.00%	13.1	高度风险
3	韭菜	甲拌磷	2	8.00%	9.1	高度风险
4	生菜	氧乐果	2	6.90%	8.0	高度风险
5	葡萄	克百威	1	6.67%	7.8	高度风险
6	葡萄	氧乐果	1	6.67%	7.8	高度风险
7	芹菜	氧乐果	2	6.67%	7.8	高度风险
8	桃	克百威	1	6.25%	7.4	高度风险
9	茼蒿	灭多威	1	5.88%	7.0	高度风险
10	茼蒿	氧乐果	1	5.88%	7.0	高度风险
11	西葫芦	克百威	1	5.56%	6.7	高度风险
12	蘑菇	氧乐果	1	4.55%	5.6	高度风险
13	茄子	克百威	1	4.35%	5.4	高度风险
14	菜豆	克百威	1	3.70%	4.8	高度风险
15	黄瓜	甲拌磷	1	3.57%	4.7	高度风险
16	黄瓜	克百威	1	3.57%	4.7	高度风险
17	芹菜	甲拌磷	1	3.33%	4.4	高度风险
18	芹菜	灭多威	1	3.33%	4.4	高度风险

6.3.1.2　基于MRL中国国家标准的单种果蔬中非禁用农药残留风险系数分析

参照中华人民共和国国家标准 GB 2763—2016 中农药残留限量计算每种果蔬中每种非禁用农药的超标率进而计算其风险系数，根据风险系数大小判断残留农药的预警风险程度，果蔬中非禁用农药残留风险程度分布情况如图 6-18 所示。

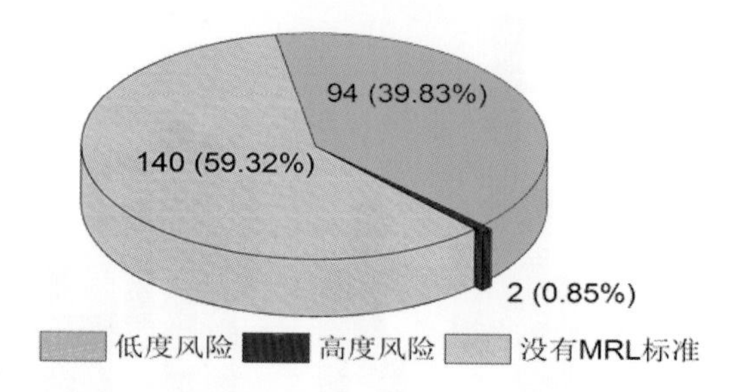

图 6-18　果蔬中非禁用农药残留的风险程度分布图（MRL 中国国家标准）

本次分析中，发现在 25 种果蔬中检出 57 种残留非禁用农药，涉及样本 236 个，在 236 个样本中，0.85%处于高度风险，39.83%处于低度风险，此外发现有 140 个样本没有 MRL 中国国家标准值，无法判断其风险程度，有 MRL 中国国家标准值的 96 个样本涉及 21 种果蔬中的 32 种非禁用农药，其风险系数 *R* 值如图 6-19 所示。表 6-16 为非禁用农药残留处于高度风险的果蔬列表。

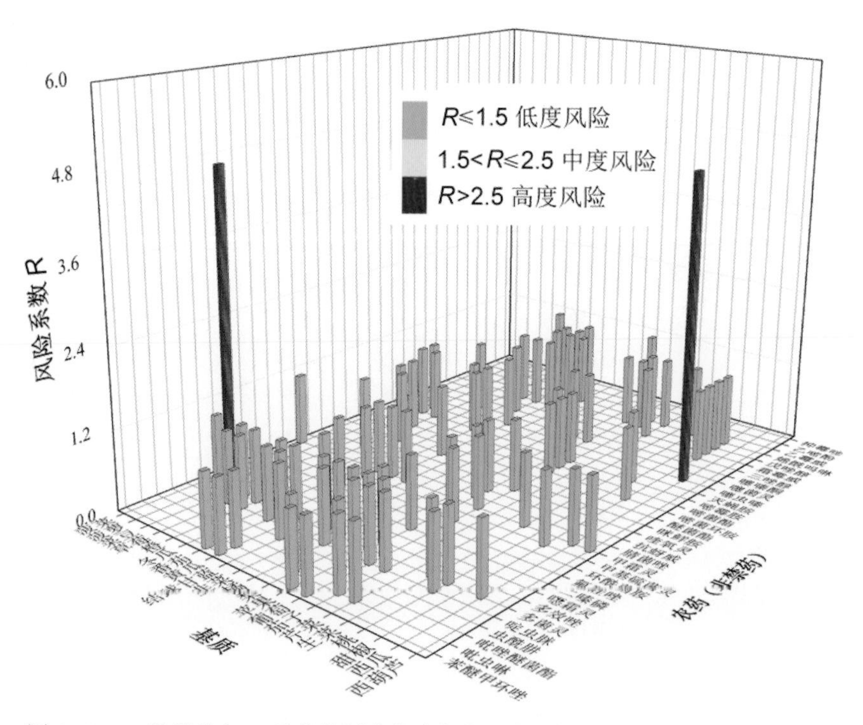

图 6-19　21 种果蔬中 32 种非禁用农药残留的风险系数（MRL 中国国家标准）

表 6-16 单种果蔬中处于高度风险的非禁用农药残留的风险系数表（MRL 中国国家标准）

序号	基质	农药	超标频次	超标率 *P*	风险系数 *R*
1	西瓜	噻虫嗪	1	3.57%	4.7
2	菜豆	多菌灵	1	3.70%	4.8

6.3.1.3 基于MRL欧盟标准的单种果蔬中非禁用农药残留风险系数分析

参照MRL欧盟标准计算每种果蔬中每种非禁用农药的超标率进而计算其风险系数，根据风险系数大小判断残留农药的预警风险程度，果蔬中非禁用农药残留风险程度分布情况如图6-20所示。

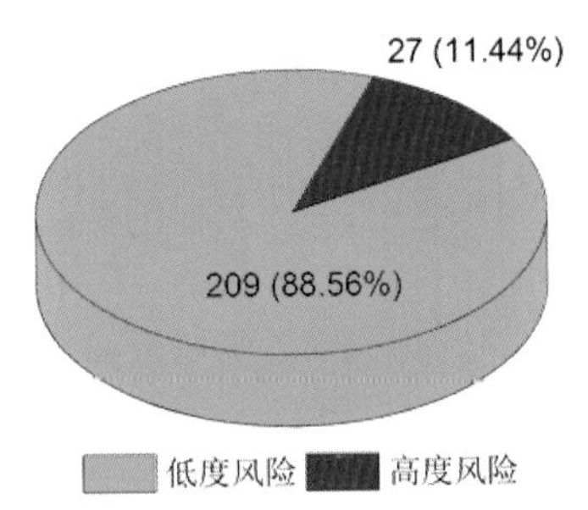

图6-20 果蔬中非禁用农药残留的风险程度分布图（MRL欧盟标准）

本次分析中，发现在25种果蔬中检出57种残留非禁用农药，涉及样本236个，在236个样本中，11.44%处于高度风险，涉及16种果蔬中的14种农药，88.56%处于低度风险，涉及24种果蔬中的53种农药。所有果蔬中的每种非禁用农药的风险系数 *R* 值如图6-21所示。农药残留处于高度风险的果蔬风险系数如图6-22和表6-17所示。

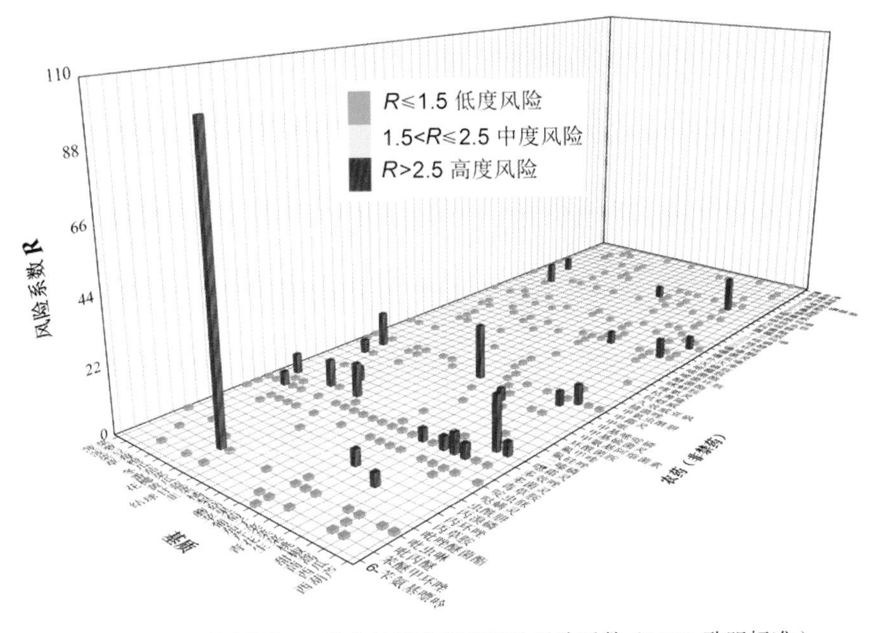

图6-21 25种果蔬中57种非禁用农药残留的风险系数（MRL欧盟标准）

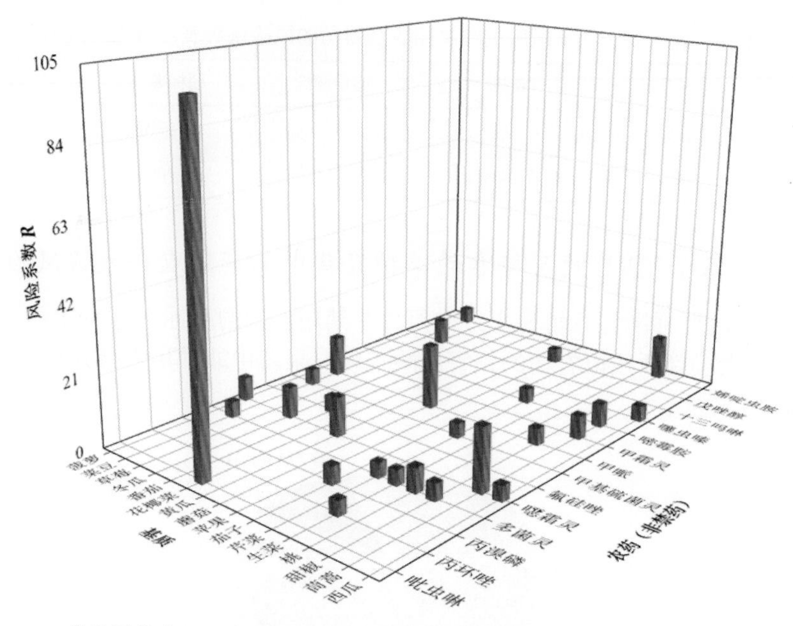

图 6-22　单种果蔬中处于高度风险的非禁用农药残留的风险系数（MRL 欧盟标准）

表 6-17　单种果蔬中处于高度风险的非禁用农药残留的风险系数表（MRL 欧盟标准）

序号	基质	农药	超标频次	超标率 P	风险系数 R
1	花椰菜	吡虫啉	1	100%	101.1
2	蘑菇	甲哌	4	18.18%	19.3
3	茼蒿	噁霜灵	3	17.65%	18.7
4	甜椒	烯啶虫胺	3	12.00%	13.1
5	菜豆	甲哌	3	11.11%	12.2
6	黄瓜	霜灵	3	10.71%	11.8
7	冬瓜	噁霜灵	1	8.33%	9.4
8	草莓	十三吗啉	1	6.67%	7.8
9	桃	多菌灵	1	6.25%	7.4
10	菠萝	噁霜灵	1	5.88%	7.0
11	茼蒿	甲霜灵	1	5.88%	7.0
12	茼蒿	嘧霉胺	1	5.88%	7.0
13	茄子	丙溴磷	1	4.35%	5.4
14	甜椒	多菌灵	1	4.00%	5.1
15	甜椒	甲哌	1	4.00%	5.1
16	番茄	氟硅唑	1	3.85%	4.9
17	菜豆	多菌灵	1	3.70%	4.8
18	菜豆	甲基硫菌灵	1	3.70%	4.8
19	菜豆	烯啶虫胺	1	3.70%	4.8
20	西瓜	噁霜灵	1	3.57%	4.7
21	西瓜	噻虫嗪	1	3.57%	4.7
22	生菜	丙环唑	1	3.45%	4.5

续表

序号	基质	农药	超标频次	超标率 *P*	风险系数 *R*
23	生菜	多菌灵	1	3.45%	4.5
24	芹菜	多菌灵	1	3.33%	4.4
25	芹菜	甲基硫菌灵	1	3.33%	4.4
26	芹菜	嘧霉胺	1	3.33%	4.4
27	苹果	戊唑醇	1	3.33%	4.4

6.3.2 所有果蔬中农药残留风险系数分析

6.3.2.1 所有果蔬中禁用农药残留风险系数分析

在检出的61种农药中有4种禁用农药，计算每种禁用农药残留的风险系数，结果如表6-18所示，在4种禁用农药中，1种农药残留处于高度风险，2种农药残留处于中度风险，1种农药残留处于低度风险。

表6-18 果蔬中4种禁用农药残留的风险系数表

序号	农药	检出频次	检出率	风险系数 *R*	风险程度
1	克百威	11	2.06%	3.2	高度风险
2	氧乐果	7	1.31%	2.4	中度风险
3	甲拌磷	4	0.75%	1.9	中度风险
4	灭多威	2	0.38%	1.5	低度风险

分别对各月内禁用农药风险系数进行分析，结果如图6-23和表6-19所示。

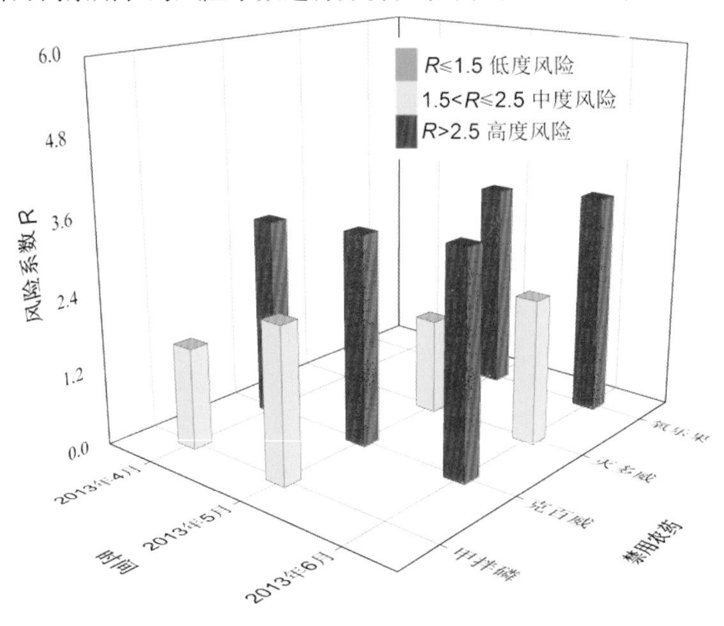

图6-23 各月份内果蔬中禁用农药残留的风险系数

表 6-19　各月份内果蔬中禁用农药残留的风险系数表

序号	年月	农药	检出频次	检出率	风险系数 *R*	风险程度
1	2013 年 4 月	克百威	4	2.13%	3.2	高度风险
2	2013 年 4 月	甲拌磷	1	0.53%	1.6	中度风险
3	2013 年 5 月	氧乐果	5	2.28%	3.4	高度风险
4	2013 年 5 月	克百威	5	2.28%	3.4	高度风险
5	2013 年 5 月	甲拌磷	3	1.37%	2.5	中度风险
6	2013 年 5 月	灭多威	1	0.46%	1.6	中度风险
7	2013 年 6 月	氧乐果	2	2.47%	3.6	高度风险
8	2013 年 6 月	克百威	2	2.47%	3.6	高度风险
9	2013 年 6 月	灭多威	1	1.23%	2.3	中度风险

6.3.2.2　所有果蔬中非禁用农药残留风险系数分析

参照 MRL 欧盟标准计算所有果蔬中每种农药残留的风险系数，结果如图 6-24 和表 6-20 所示。在检出的 57 种非禁用农药中，2 种农药（3.51%）残留处于高度风险，2 种农药（3.51%）残留处于中度风险，53 种农药（92.98%）残留处于低度风险。

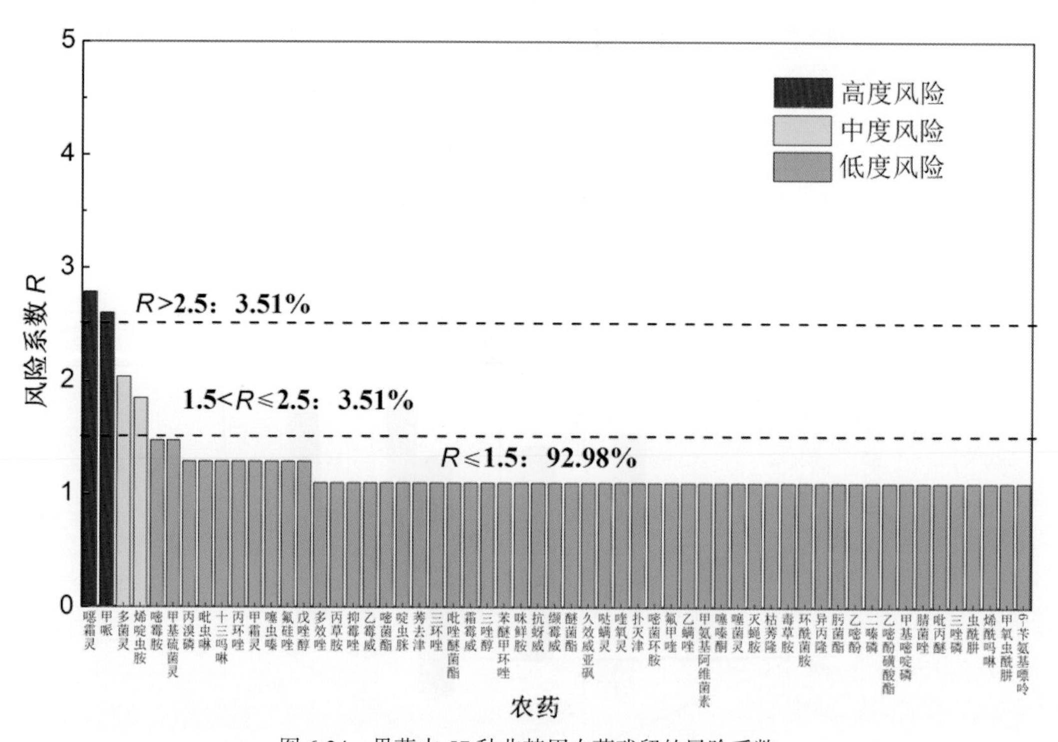

图 6-24　果蔬中 57 种非禁用农药残留的风险系数

表6-20 果蔬中57种非禁用农药残留的风险系数表

序号	农药	超标频次	超标率 P	风险系数 R	风险程度
1	噁霜灵	9	1.69%	2.8	高度风险
2	甲哌	8	1.50%	2.6	高度风险
3	多菌灵	5	0.94%	2.0	中度风险
4	烯啶虫胺	4	0.75%	1.9	中度风险
5	嘧霉胺	2	0.38%	1.5	低度风险
6	甲基硫菌灵	2	0.38%	1.5	低度风险
7	丙溴磷	1	0.19%	1.3	低度风险
8	吡虫啉	1	0.19%	1.3	低度风险
9	十三吗啉	1	0.19%	1.3	低度风险
10	丙环唑	1	0.19%	1.3	低度风险
11	甲霜灵	1	0.19%	1.3	低度风险
12	噻虫嗪	1	0.19%	1.3	低度风险
13	氟硅唑	1	0.19%	1.3	低度风险
14	戊唑醇	1	0.19%	1.3	低度风险
15	多效唑	0	0	1.1	低度风险
16	丙草胺	0	0	1.1	低度风险
17	抑霉唑	0	0	1.1	低度风险
18	乙霉威	0	0	1.1	低度风险
19	嘧菌酯	0	0	1.1	低度风险
20	啶虫脒	0	0	1.1	低度风险
21	莠去津	0	0	1.1	低度风险
22	三环唑	0	0	1.1	低度风险
23	吡唑醚菌酯	0	0	1.1	低度风险
24	霜霉威	0	0	1.1	低度风险
25	三唑醇	0	0	1.1	低度风险
26	苯醚甲环唑	0	0	1.1	低度风险
27	咪鲜胺	0	0	1.1	低度风险
28	抗蚜威	0	0	1.1	低度风险
29	缬霉威	0	0	1.1	低度风险
30	醚菌酯	0	0	1.1	低度风险
31	久效威亚砜	0	0	1.1	低度风险
32	哒螨灵	0	0	1.1	低度风险
33	喹氧灵	0	0	1.1	低度风险
34	扑灭津	0	0	1.1	低度风险
35	嘧菌环胺	0	0	1.1	低度风险
36	氟甲喹	0	0	1.1	低度风险

续表

序号	农药	超标频次	超标率 P	风险系数 R	风险程度
37	乙螨唑	0	0	1.1	低度风险
38	甲氨基阿维菌素	0	0	1.1	低度风险
39	噻嗪酮	0	0	1.1	低度风险
40	噻菌灵	0	0	1.1	低度风险
41	灭蝇胺	0	0	1.1	低度风险
42	枯莠隆	0	0	1.1	低度风险
43	毒草胺	0	0	1.1	低度风险
44	环酰菌胺	0	0	1.1	低度风险
45	异丙隆	0	0	1.1	低度风险
46	肟菌酯	0	0	1.1	低度风险
47	乙嘧酚	0	0	1.1	低度风险
48	二嗪磷	0	0	1.1	低度风险
49	乙嘧酚磺酸酯	0	0	1.1	低度风险
50	甲基嘧啶磷	0	0	1.1	低度风险
51	腈菌唑	0	0	1.1	低度风险
52	吡丙醚	0	0	1.1	低度风险
53	三唑磷	0	0	1.1	低度风险
54	虫酰肼	0	0	1.1	低度风险
55	烯酰吗啉	0	0	1.1	低度风险
56	甲氧虫酰肼	0	0	1.1	低度风险
57	6-苄氨基嘌呤	0	0	1.1	低度风险

对每个月内的非禁用农药的风险系数进行分别分析，图 6-25 为每月内非禁药风险程度分布图。四个月份内处于高度风险农药比例排序为 2013 年 3 月（14.81%）>2013 年 4 月（5.26%）>2013 年 5 月（2.7%）>2013 年 6 月（0）。

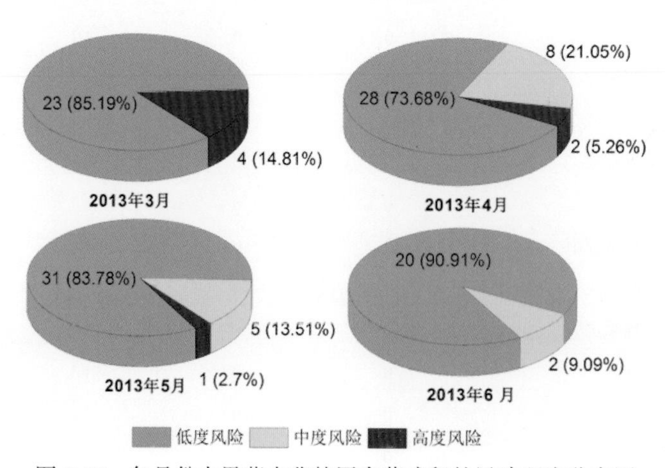

图 6-25 各月份内果蔬中非禁用农药残留的风险程度分布图

四个月份内处于中度风险和高度风险的残留农药风险系数如图 6-26 和表 6-21 所示。

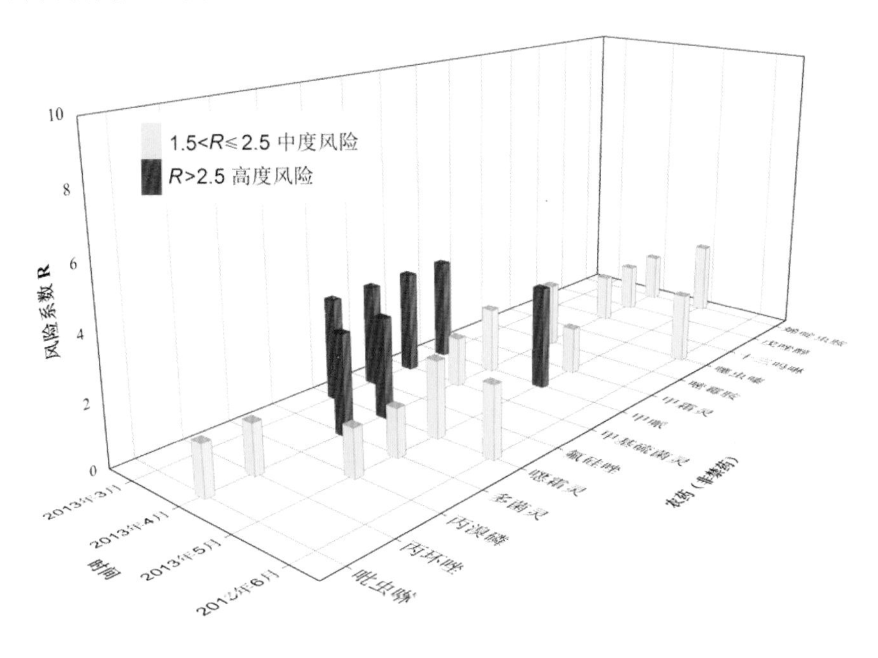

图 6-26 各月份内果蔬中处于中度风险和高度风险的非禁用农药残留的风险系数

表 6-21 各月份内果蔬中处于中度风险和高度风险的非禁用农药残留的风险系数表

序号	年月	农药	超标频次	超标率 P	风险系数 R	风险程度
1	2013 年 3 月	氟硅唑	1	2.22%	3.3	高度风险
2	2013 年 3 月	甲基硫菌灵	1	2.22%	3.3	高度风险
3	2013 年 3 月	甲哌	1	2.22%	3.3	高度风险
4	2013 年 3 月	噁霜灵	1	2.22%	3.3	高度风险
5	2013 年 4 月	噁霜灵	4	2.13%	3.2	高度风险
6	2013 年 4 月	多菌灵	4	2.13%	3.2	高度风险
7	2013 年 4 月	嘧霉胺	2	1.06%	2.2	中度风险
8	2013 年 4 月	甲哌	2	1.06%	2.2	中度风险
9	2013 年 4 月	吡虫啉	1	0.53%	1.6	中度风险
10	2013 年 4 月	十三吗啉	1	0.53%	1.6	中度风险
11	2013 年 4 月	烯啶虫胺	1	0.53%	1.6	中度风险
12	2013 年 4 月	甲基硫菌灵	1	0.53%	1.6	中度风险
13	2013 年 4 月	戊唑醇	1	0.53%	1.6	中度风险
14	2013 年 4 月	丙环唑	1	0.53%	1.6	中度风险
15	2013 年 5 月	甲哌	5	2.28%	3.4	高度风险
16	2013 年 5 月	烯啶虫胺	3	1.37%	2.5	中度风险
17	2013 年 5 月	噁霜灵	3	1.37%	2.5	中度风险
18	2013 年 5 月	丙溴磷	1	0.46%	1.6	中度风险

续表

序号	年月	农药	超标频次	超标率 P	风险系数 R	风险程度
19	2013 年 5 月	甲霜灵	1	0.46%	1.6	中度风险
20	2013 年 5 月	多菌灵	1	0.46%	1.6	中度风险
21	2013 年 6 月	噻虫嗪	1	1.23%	2.3	中度风险
22	2013 年 6 月	噁霜灵	1	1.23%	2.3	中度风险

6.4 天津市果蔬农药残留风险评估结论与建议

农药残留是影响果蔬安全和质量的主要因素，也是我国食品安全领域备受关注的敏感话题和亟待解决的重大问题之一[15, 16]。各种水果蔬菜均存在不同程度的农药残留现象，本报告主要针对天津市各类水果蔬菜存在的农药残留问题，基于 2013 年 3 月~2013 年 6 月对天津市 533 例果蔬样品农药残留得出的 670 个检测结果，分别采用食品安全指数和风险系数两类方法，开展果蔬中农药残留的膳食暴露风险和预警风险评估。

本报告力求通用简单地反映食品安全中的主要问题且为管理部门和大众容易接受，为政府及相关管理机构建立科学的食品安全信息发布和预警体系提供科学的规律与方法，加强对农药残留的预警和食品安全重大事件的预防，控制食品风险。水果蔬菜样品取自超市和农贸市场，符合大众的膳食来源，风险评价时更具有代表性和可信度。

6.4.1 天津市果蔬中农药残留膳食暴露风险评价结论

1）果蔬中农药残留安全状态评价结论

采用食品安全指数模型，对 2013 年 3 月~2013 年 6 月期间天津市果蔬食品农药残留膳食暴露风险进行评价，根据 IFS_c 的计算结果发现，果蔬中农药的$\overline{IFS}$为 0.0307，说明天津市果蔬总体处于很好的安全状态，但部分禁用农药、高残留农药在蔬菜、水果中仍有检出，导致膳食暴露风险的存在，成为不安全因素。

2）单种果蔬中农药残留膳食暴露风险不可接受情况评价结论

单种果蔬中农药残留安全指数分析结果显示，农药对单种果蔬安全影响不可接受（$IFS_c>1$）的样本数共 1 个，占总样本数的 0.39%，样本为蘑菇中的氧乐果，说明含有这些农药果蔬会对消费者身体健康造成较大的膳食暴露风险。氧乐果属于禁用的剧毒农药，且蘑菇为较常见的果蔬品种，百姓日常食用量较大，长期食用大量残留氧乐果的蘑菇会对人体造成不可接受的影响，本次检测发现氧乐果在蘑菇样品中多次并大量检出，是未严格实施农业良好管理规范（GAP），抑或是农药滥用，这应该引起相关管理部门的警惕，应加强对蘑菇中的氧乐果的严格管控。

3）禁用农药残留膳食暴露风险评价

本次检测发现部分果蔬样品中有禁用农药检出，检出禁用农药 4 种，检出频次为 24，果蔬样品中的禁用农药 IFS_c 计算结果表明，禁用农药残留膳食暴露风险不可接受的频次为 2，占 8.33%，可以接受的频次为 4，占 16.67%，没有影响的频次为 18，占 75%。对于果蔬样品中所有农药残留而言，膳食暴露风险不可接受的频次为 2，仅占总体频次的 0.3%，可以看出，禁用农药残留膳食暴露风险不可接受的比例远高于总体水平，这在一定程度上说明禁用农药残留更容易导致严重的膳食暴露风险。此外，膳食暴露风险不可接受的残留禁用农药均为氧乐果，因此，应该加强对禁用农药氧乐果的管控力度。为何在国家明令禁止禁用农药喷洒的情况下，还能在多种果蔬中多次检出禁用农药残留并造成不可接受的膳食暴露风险，这应该引起相关部门的高度警惕，应该在禁止禁用农药喷洒的同时，严格管控禁用农药的生产和售卖，从根本上杜绝安全隐患。

6.4.2　天津市果蔬中农药残留预警风险评价结论

1）单种果蔬中禁用农药残留的预警风险评价结论

本次检测过程中，在 13 种果蔬中检测出 4 种禁用农药，禁用农药种类为：克百威、氧乐果、甲拌磷和灭多威，果蔬种类为：草莓、甜椒、韭菜、生菜、葡萄、芹菜、桃、茼蒿、西葫芦、蘑菇、茄子、菜豆和黄瓜，果蔬中禁用农药的风险系数分析结果显示，4 种禁用农药在 13 种果蔬中的残留均处于高度风险，说明在单种果蔬中禁用农药的残留，会导致较高的预警风险。

2）单种果蔬中非禁用农药残留的预警风险评价结论

以 MRL 中国国家标准为标准，计算果蔬中非禁用农药风险系数情况下，236 个样本中，2 个处于高度风险（0.85%），94 个处于低度风险（39.83%），140 个样本没有 MRL 中国国家标准（59.32%）。以 MRL 欧盟标准为标准，计算果蔬中非禁用农药风险系数情况下，发现有 27 个处于高度风险（11.44%），209 个处于低度风险（88.56%）。利用两种农药 MRL 标准评价的结果差异显著，可以看出 MRL 欧盟标准比中国国家标准更加严格和完善，过于宽松的 MRL 中国标准值能否有效保障人体的健康有待研究。

6.4.3　加强天津市果蔬食品安全建议

我国食品安全风险评价体系仍不够健全，相关制度不够完善，多年来，由于农药用药次数多、用药量大或用药间隔时间短，产品残留量大，农药残留所带来的食品安全问题突出，对人体健康带来了直接或间接的危害，据估计，美国与农药有关的癌症患者数约占全国癌症患者总数的 50%，中国更高。同样，农药对其他生物也会形成直接杀伤和慢性危害，植物中的农药可经过食物链逐级传递并不断蓄积，对人和动物构成潜在威胁，并影响生态系统。

基于本次农药残留检测与风险评价结果，提出以下几点建议：

1）加快完善食品安全标准

我国食品标准中对部分农药每日允许摄入量 ADI 的规定仍缺乏，本次评价基础检测数据中涉及的 61 个品种中，85.2%有规定，仍有 14.8%尚无规定值。

我国食品中农药最大残留限量的规定严重缺乏，MRL 欧盟标准值齐全，与欧盟相比，我国对不同果蔬中不同农药 MRL 已有规定值的数量仅占欧盟的 44.5%，缺少 55.5%，急需进行完善（表 6-22）。

表 6-22 中国与欧盟的 ADI 和 MRL 标准限值的对比分析

分类		中国 ADI	MRL 中国国家标准	MRL 欧盟标准
标准限值（个）	有	52	113	254
	无	9	141	0
总数（个）		61	254	254
无标准限值比例		14.8%	55.5%	0

此外，MRL 中国国家标准限值普遍高于欧盟标准限值，根据对涉及的 254 个品种中我国已有的 113 个限量标准进行统计来看，中国国家标准限值平均值是欧盟的 1.2 倍，其中 65 个农药的中国 MRL 高于欧盟 MRL，占 57.5%。过高的 MRL 值难以保障人体健康，建议继续加强对限值基准和标准进行科学的定量研究，将农产品中的危险性减少到尽可能低的水平。

2）加强农药的源头控制和分类监管

在天津市某些果蔬中仍有禁用农药检出，利用 LC-Q-TOF/MS 检测出 4 种禁用农药，检出频次为 24 次，残留禁用农药均存在较大的膳食暴露风险和预警风险。早已列入黑名单的禁用农药并未真正退出，有些药物由于价格便宜、工艺简单，此类高毒农药一直生产和使用。建议在我国采取严格有效的控制措施，进行禁用农药的源头控制。

对于非禁用农药，在我国作为“田间地头”最典型单位的县级蔬果产地中，农药残留的检测几乎缺失。建议根据农药的毒性，对高毒、剧毒、中毒农药实现分类管理，减少使用高毒和剧毒高残留农药，进行分类监管。

3）加强残留农药的生物修复及降解新技术

市售果蔬中残留农药品种多、频次高、禁用农药多次检出这一现状，说明了我国的田间土壤和水体因农药长期、频繁、不合理的使用而遭到严重污染。为此，建议有关部门出台相关政策，鼓励高校及科研院所积极开展分子生物学、酶学等研究，加强土壤、水体中残留农药的生物修复及降解新技术研究，并加大农药使用监管力度，以控制农药的面源污染问题。

4）加强对禁药和高风险农药的管控并建立风险预警系统分析平台

本评价结果提示，在果蔬尤其是蔬菜用药中，应结合农药的使用周期、生物毒性和降解特性，加强对禁用农药和高风险农药的管控。

在本工作基础上，根据蔬菜残留危害，可进一步针对其成因提出和采取相应严格管理、大力推广无公害蔬菜种植与生产、健全食品安全控制技术体系、加强蔬菜食品质量检测体系建设和积极推行蔬菜食品质量追溯制度等相应对策。建立和完善食品安全综合评价指数与风险监测预警系统，建议依托科研院所、高校科研实力，建立风险预警系统分析平台，对食品安全进行实时、全面的监控与分析，为天津市食品安全科学监管与决策提供新的技术支持，可实现各类检验数据的信息化系统管理，并降低食品安全事故的发生。

第 7 章　GC-Q-TOF/MS 侦测天津市 394 例市售水果蔬菜样品农药残留报告

从天津市所属 15 个区县，随机采集了 394 例水果蔬菜样品，使用气相色谱-四极杆飞行时间质谱（GC-Q-TOF/MS）对 499 种农药化学污染物进行示范侦测。

7.1　样品种类、数量与来源

7.1.1　样品采集与检测

为了真实反映百姓餐桌上水果蔬菜中农药残留污染状况，本次所有检测样品均由检验人员于 2015 年 3 月至 4 月期间，从天津市所属 20 个采样点，包括 20 个超市，以随机购买方式采集，总计 20 批 394 例样品，从中检出农药 93 种，882 频次。采样及监测概况见图 7-1 及表 7-1，样品及采样点明细见表 7-2 及表 7-3（侦测原始数据见附表 1）。

编号	地区	水果采样量	蔬菜采样
1	红桥区	17	26
2	南开区	14	25
3	河西区	18	23
4	和平区	14	19
5	河北区	9	13
6	滨海新区	8	13
7	河东区	8	13
8	宝坻区	8	13
9	北辰区	15	24
10	津南区	9	11
11	东丽区	4	10
12	宁河县	9	13
13	蓟县	8	12
14	静海县	8	12
15	武清区	7	11

图 7-1　天津市所属 20 个采样点 394 例样品分布图

表 7-1　农药残留监测总体概况

采样地区	天津市所属 15 个区县
采样点（超市+农贸市场）	20
样本总数	394
检出农药品种/频次	93/882
各采样点样本农药残留检出率范围	68.2%~95.0%

表 7-2　样品分类及数量

样品分类	样品名称（数量）	数量小计
1. 蔬菜		238
1）鳞茎类蔬菜	韭菜（15）	15
2）芸薹属类蔬菜	结球甘蓝（19），青花菜（17）	36
3）叶菜类蔬菜	菠菜（17），大白菜（20），芹菜（20），生菜（18），茼蒿（16）	91
4）茄果类蔬菜	番茄（19），茄子（18），甜椒（20）	57
5）瓜类蔬菜	黄瓜（19）	19
6）豆类蔬菜	菜豆（20）	20
2. 水果		156
1）柑橘类水果	橙（20），橘（18）	38
2）仁果类水果	梨（17），苹果（18）	35
3）浆果和其他小型水果	草莓（15），猕猴桃（19），葡萄（17）	51
4）热带和亚热带水果	菠萝（14），火龙果（18）	32
合计	1. 蔬菜 13 种 2. 水果 9 种	394

表 7-3　天津市采样点信息

采样点序号	行政区域	采样点
超市（20）		
1	宝坻区	***超市（宝坻区店）
2	北辰区	***超市（奥园店）
3	北辰区	***超市（北辰店）
4	滨海新区	***超市（福州道店）
5	东丽区	***超市（东丽店）
6	和平区	***超市（西康路店）
7	和平区	***超市（天津和平路分店）
8	河北区	***超市（金钟店）
9	河东区	***超市（天津新开路店）
10	河西区	***超市（紫金山路店）
11	河西区	***超市（河西店）
12	红桥区	***超市（红桥商场店）
13	红桥区	***超市（水木天成店）
14	蓟县	***超市（家乐一店）
15	津南区	***超市（双港购物广场店）
16	静海县	***百货超市（银桥商场店）

续表

采样点序号	行政区域	采样点
17	南开区	***超市（南开店）
18	南开区	***超市（西湖道购物广场）
19	宁河县	***超市（宁河县）
20	武清区	***超市（武清一店）

7.1.2　检测结果

这次使用的检测方法是庞国芳院士团队最新研发的不需使用标准品对照，而以高分辨精确质量数（0.0001 *m/z*）为基准的 GC-Q-TOF/MS 检测技术，对于 394 例样品，每个样品均侦测了 499 种农药化学污染物的残留现状。通过本次侦测，在 394 例样品中共计检出农药化学污染物 93 种，检出 882 频次。

7.1.2.1　各采样点样品检出情况

统计分析发现 20 个采样点中，被测样品的农药检出率范围为 68.2%~95.0%。其中，***百货超市（银桥商场店）的检出率最高，为 95.0%。物美超市（水木天成店）的检出率最低，为 68.2%，见图 7-2。

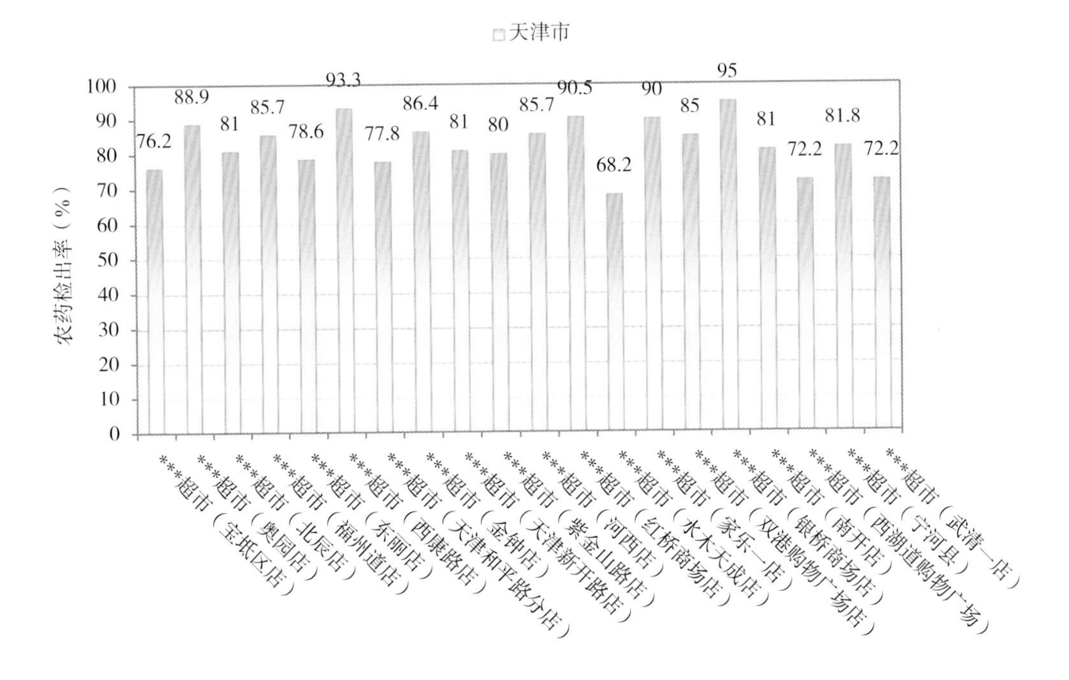

图 7-2　各采样点样品中的农药检出率

7.1.2.2 检出农药的品种总数与频次

统计分析发现，对于 394 例样品中 499 种农药化学污染物的侦测，共检出农药 882 频次，涉及农药 93 种，结果如图 7-3 所示。其中威杀灵检出频次最高，共检出 199 次。检出频次排名前 10 的农药如下：①威杀灵（199）；②硫丹（68）；③腐霉利（67）；④毒死蜱（43）；⑤嘧霉胺（39）；⑥啶酰菌胺（34）；⑦戊唑醇（29）；⑧哒螨灵（25）；⑨联苯菊酯（23）；⑩丙溴磷（19）。

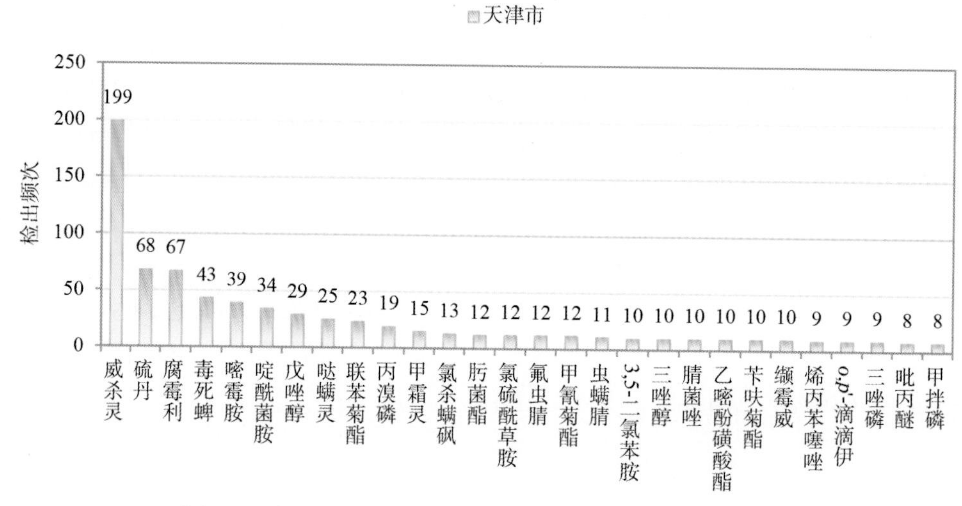

图 7-3 检出农药品种及频次（仅列出 8 频次及以上的数据）

由图 7-4 可见，番茄、菜豆和甜椒这 3 种果蔬样品中检出的农药品种数较高，均超过 20 种，其中，番茄检出农药品种最多，为 25 种。由图 7-5 可见，番茄、菜豆和草莓这 3 种果蔬样品中的农药检出频次较高，均超过 70 次，其中，番茄检出农药频次最高，为 88 次。

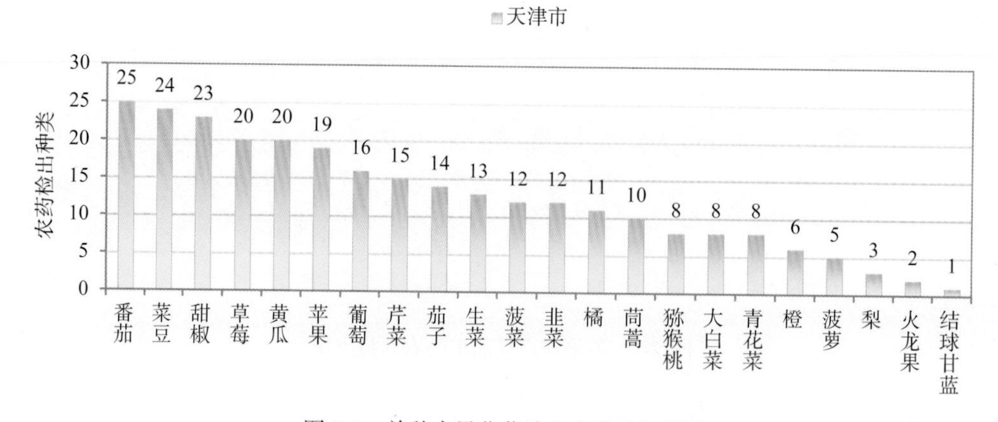

图 7-4 单种水果蔬菜检出农药的种类数

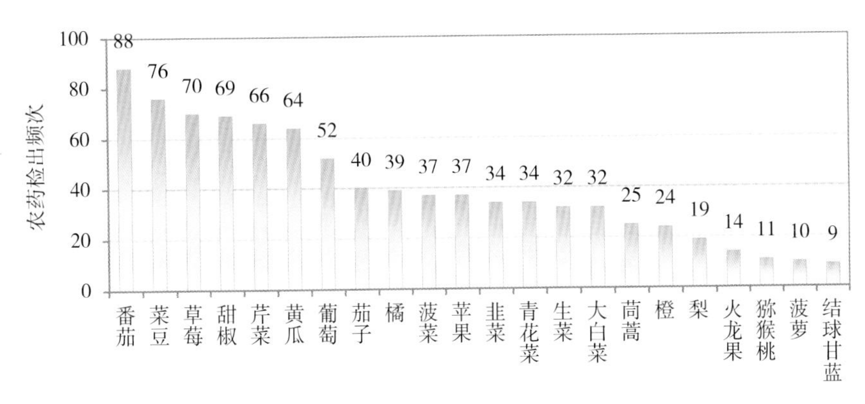

图 7-5 单种水果蔬菜检出农药频次（仅列出检出农药 9 频次及以上的数据）

7.1.2.3 单例样品农药检出种类与占比

对单例样品检出农药种类和频次进行统计发现，未检出农药的样品占总样品数的 17.5%，检出 1 种农药的样品占总样品数的 29.2%，检出 2~5 种农药的样品占总样品数的 44.2%，检出 6~10 种农药的样品占总样品数的 8.9%，检出大于 10 种农药的样品占总样品数的 0.3%。每例样品中平均检出农药为 2.2 种，数据见表 7-4 及图 7-6。

表 7-4 单例样品检出农药品种占比

检出农药品种数	样品数量/占比（%）
未检出	69/17.5
1 种	115/29.2
2~5 种	174/44.2
6~10 种	35/8.9
大于 10 种	1/0.3
单例样品平均检出农药品种	2.2 种

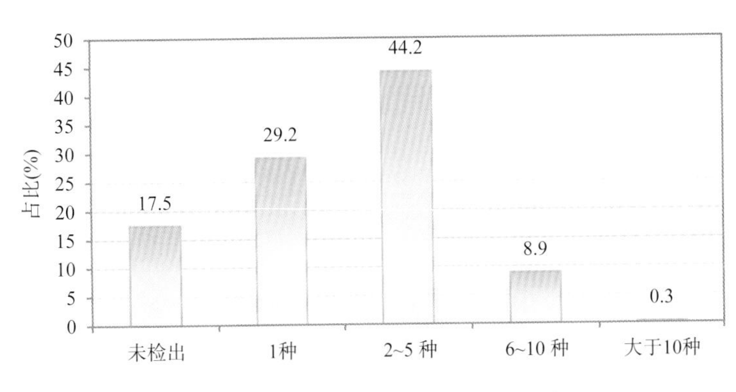

图 7-6 单例样品平均检出农药品种及占比

7.1.2.4　检出农药类别与占比

所有检出农药按功能分类，包括杀虫剂、杀菌剂、除草剂、植物生长调节剂、除草剂安全剂共 5 类 。其中杀虫剂与杀菌剂为主要检出的农药类别，分别占总数的 46.2%和 29.0%，见表 7-5 及图 7-7。

表 7-5　检出农药所属类别及占比

农药类别	数量/占比（%）
杀虫剂	43/46.2
杀菌剂	27/29.0
除草剂	20/21.5
植物生长调节剂	2/2.2
除草剂安全剂	1/1.1

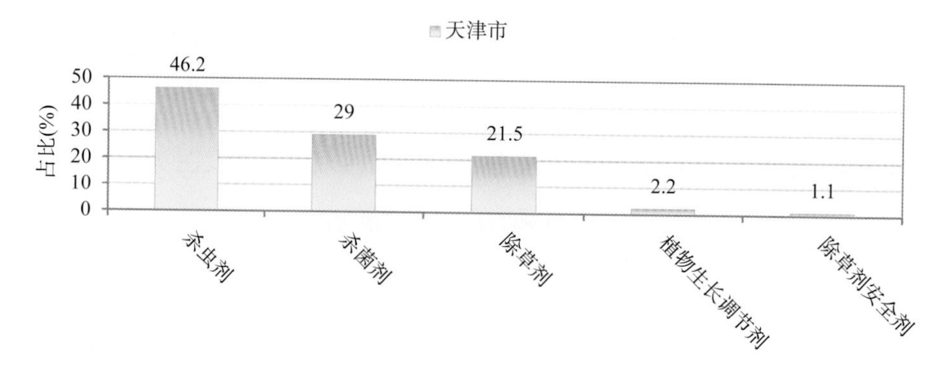

图 7-7　检出农药所属类别和占比

7.1.2.5　检出农药的残留水平

按检出农药残留水平进行统计，残留水平在 1~5 μg/kg（含）的农药占总数的 46.1%，在 5~10 μg/kg（含）的农药占总数的 13.8%，在 10~100 μg/kg（含）的农药占总数的 30.7%，在 100~1000 μg/kg（含）的农药占总数的 9.3%。

由此可见，这次检测的 20 批 394 例水果蔬菜样品中农药多数处于较低残留水平。结果见表 7-6 及图 7-8，数据见附表 2。

表 7-6　农药残留水平及占比

残留水平（μg/kg）	检出频次/占比（%）
1~5（含）	407/46.1
5~10（含）	122/13.8
10~100（含）	271/30.7
100~1000（含）	82/9.3

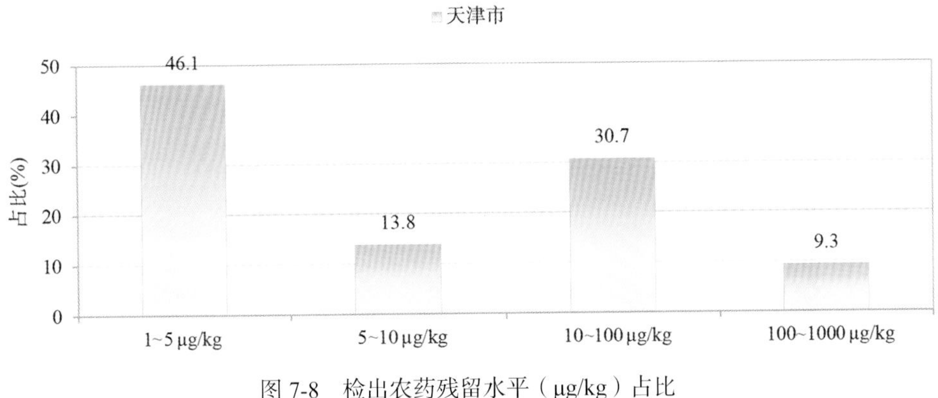

图 7-8 检出农药残留水平（μg/kg）占比

7.1.2.6 检出农药的毒性类别、检出频次和超标频次及占比

对这次检出的 93 种 882 频次的农药，按剧毒、高毒、中毒、低毒和微毒这五个毒性类别进行分类，从中可以看出，天津市目前普遍使用的农药为中低微毒农药，品种占 92.5%，频次占 96.7%。结果见表 7-7 及图 7-9。

表 7-7 检出农药毒性类别及占比

毒性分类	农药品种/占比（%）	检出频次/占比（%）	超标频次/超标率（%）
剧毒农药	1/1.1	8/0.9	3/37.5
高毒农药	6/6.5	21/2.4	5/23.8
中毒农药	36/38.7	330/37.4	5/1.5
低毒农药	34/36.6	365/41.4	0/0.0
微毒农药	16/17.2	158/17.9	1/0.6

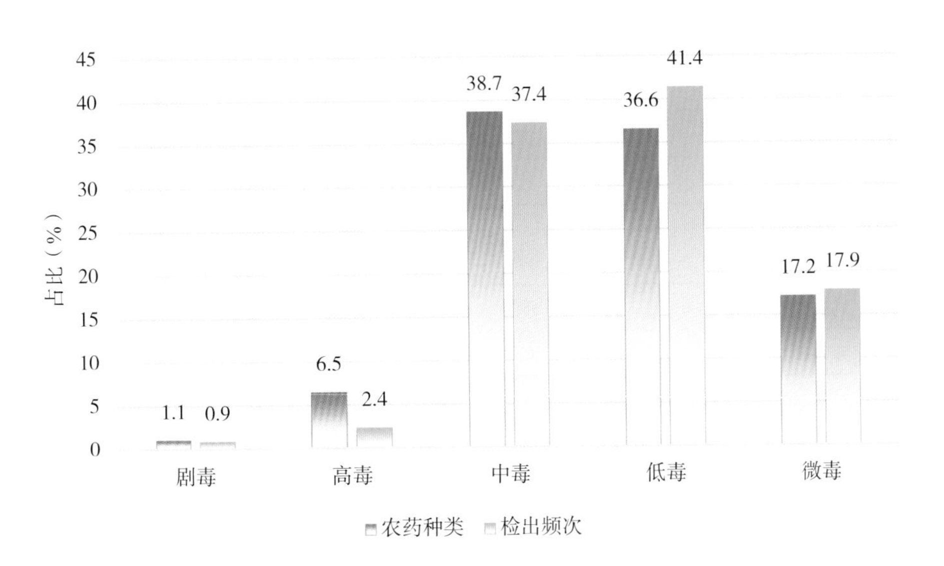

图 7-9 检出农药的毒性分类和占比

7.1.2.7　检出剧毒/高毒类农药的品种和频次

值得特别关注的是，在此次侦测的394例样品中有9种蔬菜2种水果的26例样品检出了7种29频次的剧毒和高毒农药，占样品总量的6.6%，详见图7-10、表7-8及表7-9。

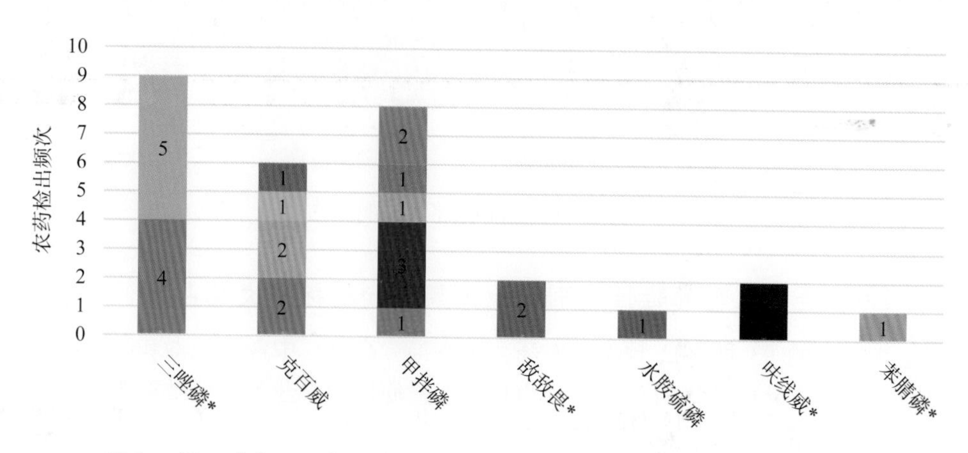

图7-10　检出剧毒/高毒农药的样品情况

*表示允许在水果和蔬菜上使用的农药

表7-8　剧毒农药检出情况

序号	农药名称	检出频次	超标频次	超标率
从1种水果中检出1种剧毒农药，共计检出1次				
1	甲拌磷*	1	0	0.0%
	小计	1	0	超标率：0.0%
从4种蔬菜中检出1种剧毒农药，共计检出7次				
1	甲拌磷*	7	3	42.9%
	小计	7	3	超标率：42.9%
	合计	8	3	超标率：37.5%

表7-9　高毒农药检出情况

序号	农药名称	检出频次	超标频次	超标率
从1种水果中检出1种高毒农药，共计检出5次				
1	三唑磷	5	2	40.0%
	小计	5	2	超标率：40.0%
从6种蔬菜中检出6种高毒农药，共计检出16次				
1	克百威	6	3	50.0%
2	三唑磷	4	0	0.0%

续表

序号	农药名称	检出频次	超标频次	超标率
从6种蔬菜中检出6种高毒农药，共计检出16次				
3	敌敌畏	2	0	0.0%
4	呋线威	2	0	0.0%
5	苯腈磷	1	0	0.0%
6	水胺硫磷	1	0	0.0%
	小计	16	3	超标率：18.8%
	合计	21	5	超标率：23.8%

在检出的剧毒和高毒农药中，有3种是我国早已禁止在果树和蔬菜上使用的，分别是：克百威、水胺硫磷和甲拌磷。禁用农药的检出情况见表7-10。

表7-10 禁用农药检出情况

序号	农药名称	检出频次	超标频次	超标率
从4种水果中检出6种禁用农药，共计检出19次				
1	硫丹	12	0	0.0%
2	氟虫腈	3	0	0.0%
3	六六六	1	0	0.0%
4	甲拌磷*	1	0	0.0%
5	滴滴涕	1	0	0.0%
6	氰戊菊酯	1	0	0.0%
	小计	19	0	超标率：0.0%
从11种蔬菜中检出5种禁用农药，共计检出79次				
1	硫丹	56	0	0.0%
2	氟虫腈	9	0	0.0%
3	甲拌磷*	7	3	42.9%
4	克百威	6	3	50.0%
5	水胺硫磷	1	0	0.0%
	小计	79	6	超标率：7.6%
	合计	98	6	超标率：6.1%

注：超标结果参考MRL中国国家标准计算

此次抽检的果蔬样品中，有1种水果4种蔬菜检出了剧毒农药，分别是：韭菜中检出甲拌磷3次；芹菜中检出甲拌磷1次；青花菜中检出甲拌磷1次；茼蒿中检出甲拌磷2次；草莓中检出甲拌磷1次。

样品中检出剧毒和高毒农药残留水平超过MRL中国国家标准的频次为8次，其中，橘检出三唑磷超标 2 次；菠菜检出克百威超标 1 次；菜豆检出克百威超标 1 次；黄瓜检出克百威超标 1 次；韭菜检出甲拌磷超标 2 次；茼蒿检出甲拌磷超标 1 次。本次检出结果表明，高毒、剧毒农药的使用现象依旧存在。详见表 7-11。

表 7-11　各样本中检出剧毒/高毒农药情况

样品名称	农药名称	检出频次	超标频次	检出浓度（μg/kg）
		水果 2 种		
草莓	甲拌磷*▲	1	0	1.6
橘	三唑磷	5	2	29.2，382.4[a]，60.4，57.8，349.0[a]
小计		6	2	超标率：33.3%
		蔬菜 9 种		
菠菜	克百威▲	1	1	64.1[a]
菜豆	三唑磷	4	0	58.6，8.7，2.9，15.6
菜豆	克百威▲	2	1	7.6，66.2[a]
番茄	呋线威	2	0	2.1，3.6
黄瓜	敌敌畏	2	0	32.3，184.5
黄瓜	克百威▲	1	1	73.5[a]
黄瓜	水胺硫磷▲	1	0	4.4
韭菜	甲拌磷*▲	3	2	142.9[a]，1.3，68.0[a]
芹菜	甲拌磷*▲	1	0	4.6
芹菜	克百威▲	2	0	2.4，7.7
青花菜	甲拌磷*▲	1	0	2.4
甜椒	苯腈磷	1	0	2.5
茼蒿	甲拌磷*▲	2	1	42.0[a]，1.8
小计		23	6	超标率：26.1%
合计		29	8	超标率：27.6%

7.2　农药残留检出水平与最大残留限量标准对比分析

我国于 2014 年 3 月 20 日正式颁布并于 2014 年 8 月 1 日正式实施食品农药残留限量国家标准《食品中农药最大残留限量》（GB 2763—2014）。该标准包括 371 个农药条目，涉及最大残留限量（MRL）标准 3653 项。将 882 频次检出农药的浓度水平与 3653 项 MRL 国家标准进行核对，其中只有 244 频次的农药找到了对应的 MRL 标准，占 27.7%，还有 638 频次的侦测数据则无相关 MRL 标准供参考，占 72.3%。

将此次侦测结果与国际上现行 MRL 标准对比发现，在 882 频次的检出结果中有 882 频次的结果找到了对应的 MRL 欧盟标准，占 100.0%；其中，585 频次的结果有明确对应的 MRL 标准，占 66.3%，其余 297 频次按照欧盟一律标准判定，占 33.7%；有 882 频次的结果找到了对应的 MRL 日本标准，占 100.0%；其中，469 频次的结果有明确对应的 MRL 标准，占 53.2%，其余 413 频次按照日本一律标准判定，占 46.8%；有 337 频次的结果找到了对应的 MRL 中国香港标准，占 38.2%；有 297 频次的结果找到了对应的 MRL 美国标准，占 33.7%；有 180 频次的结果找到了对应的 MRL CAC 标准，占 20.4%（见图 7-11 和图 7-12，数据见附表 3 至附表 8）。

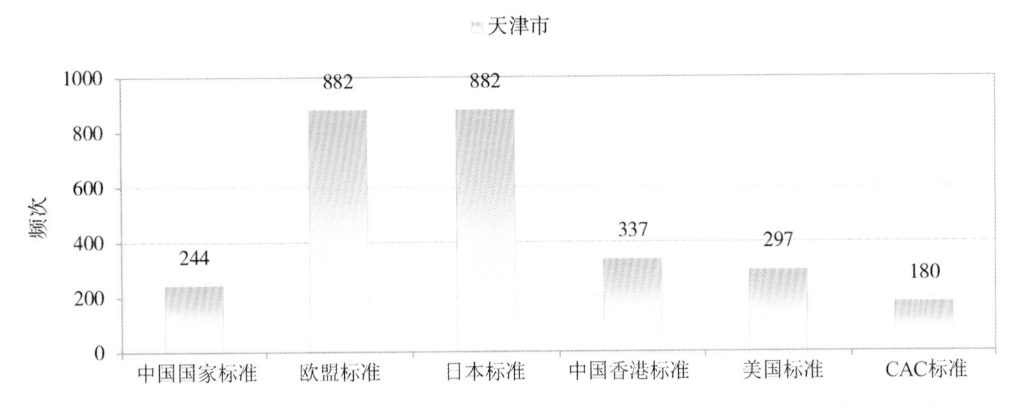

图 7-11　882 频次检出农药可用 MRL 中国国家标准、欧盟标准、日本标准、中国香港标准、美国标准、CAC 标准判定衡量的数量

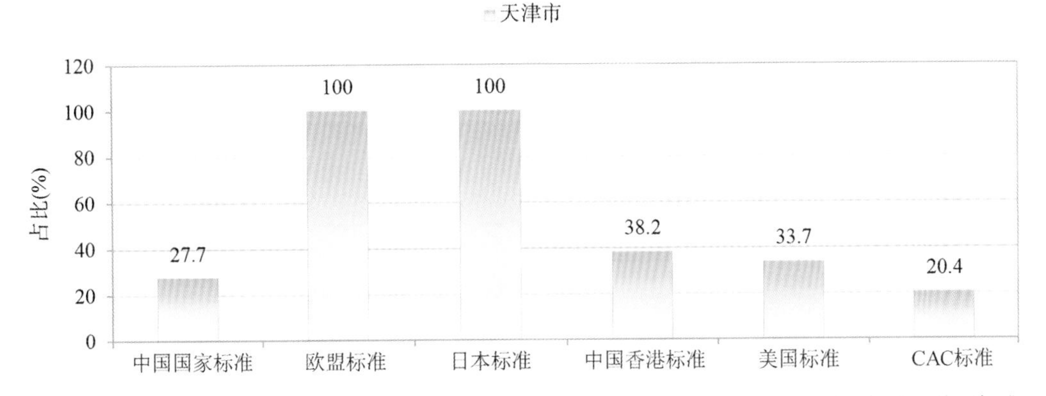

图 7-12　882 频次检出农药可用 MRL 中国国家标准、欧盟标准、日本标准、中国香港标准、美国标准、CAC 标准衡量的占比

7.2.1　超标农药样品分析

本次侦测的 394 例样品中，69 例样品未检出任何残留农药，占样品总量的 17.5%，325 例样品检出不同水平、不同种类的残留农药，占样品总量的 82.5%。在此，我们将本次侦测的农残检出情况与 MRL 中国国家标准、欧盟标准、日本标准、中国香港标准、美国标准、CAC 标准这 6 大国际主流标准进行对比分析，样品农残检出与超标情况见图 7-13、表 7-12 和图 7-14，详细数据见附表 9 至附表 14。

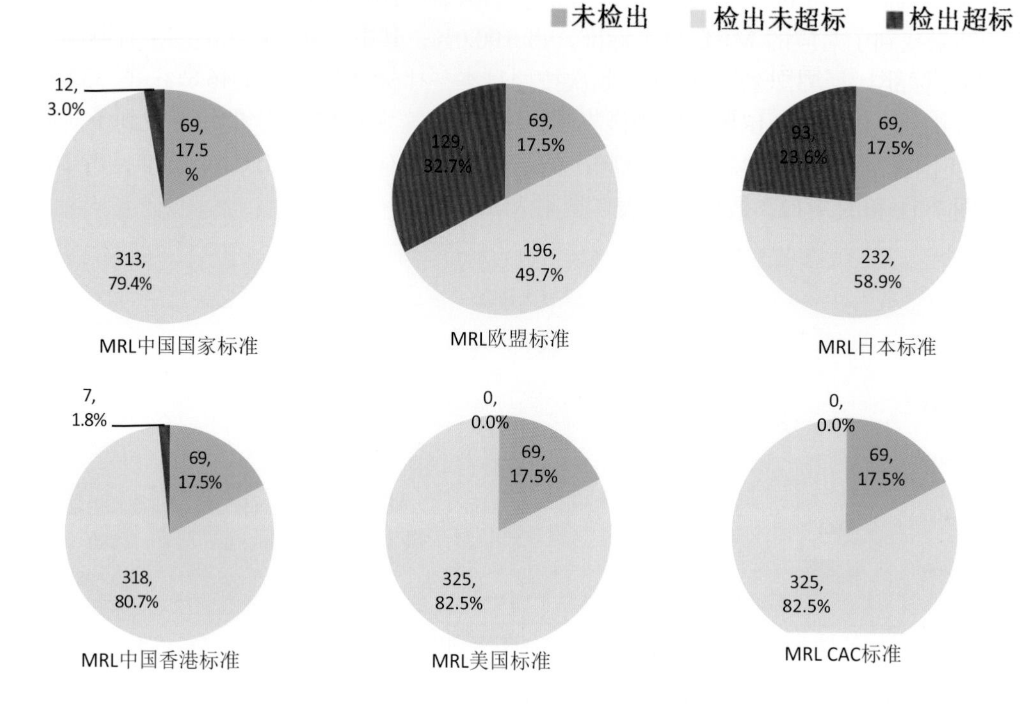

图 7-13　检出和超标样品比例情况

表 7-12　各 MRL 标准下样本农残检出与超标数量及占比

	中国国家标准 数量/占比（%）	欧盟标准 数量/占比（%）	日本标准 数量/占比（%）	中国香港标准 数量/占比（%）	美国标准 数量/占比（%）	CAC 标准 数量/占比（%）
未检出	69/17.5	69/17.5	69/17.5	69/17.5	69/17.5	69/17.5
检出未超标	313/79.4	196/49.7	232/58.9	318/80.7	325/82.5	325/82.5
检出超标	12/3.0	129/32.7	93/23.6	7/1.8	0/0.0	0/0.0

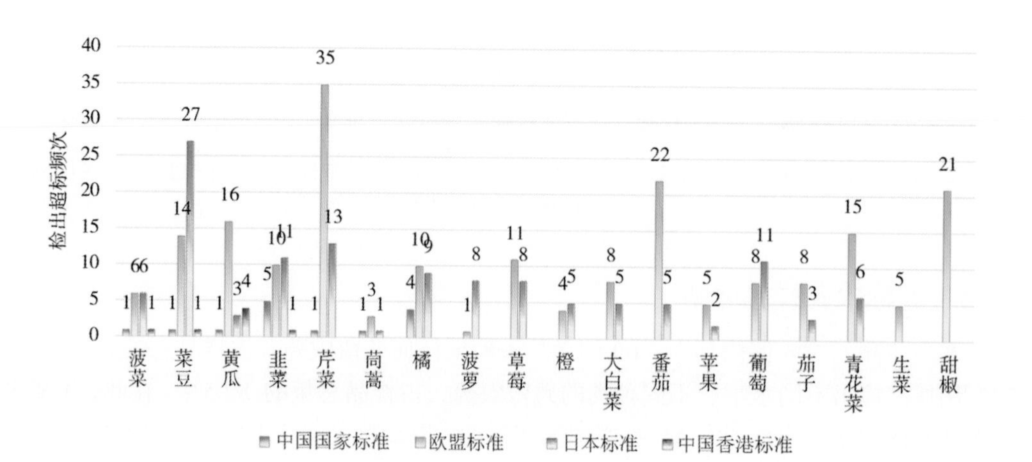

图 7-14　超过 MRL 中国国家标准、欧盟标准、日本标准、中国香港标准、美国标准、CAC 标准结果在水果蔬菜中的分布

7.2.2　超标农药种类分析

按照 MRL 中国国家标准、欧盟标准、日本标准、中国香港标准、美国标准、CAC 标准这 6 大国际主流标准衡量，本次侦测检出的农药超标品种及频次情况见表 7-13。

表 7-13　各 MRL 标准下超标农药品种及频次

	中国国家标准	欧盟标准	日本标准	中国香港标准	美国标准	CAC 标准
超标农药品种	6	44	41	3	0	0
超标农药频次	14	202	123	7	0	0

7.2.2.1　按 MRL 中国国家标准衡量

按 MRL 中国国家标准衡量，共有 6 种农药超标，检出 14 频次，分别为剧毒农药甲拌磷，高毒农药三唑磷和克百威，中毒农药毒死蜱和丙溴磷，微毒农药腐霉利。

按超标程度比较，韭菜中甲拌磷超标 13.3 倍，芹菜中毒死蜱超标 4.5 倍，茼蒿中甲拌磷超标 3.2 倍，黄瓜中克百威超标 2.7 倍，菜豆中克百威超标 2.3 倍。检测结果见图 7-15 和附表 15。

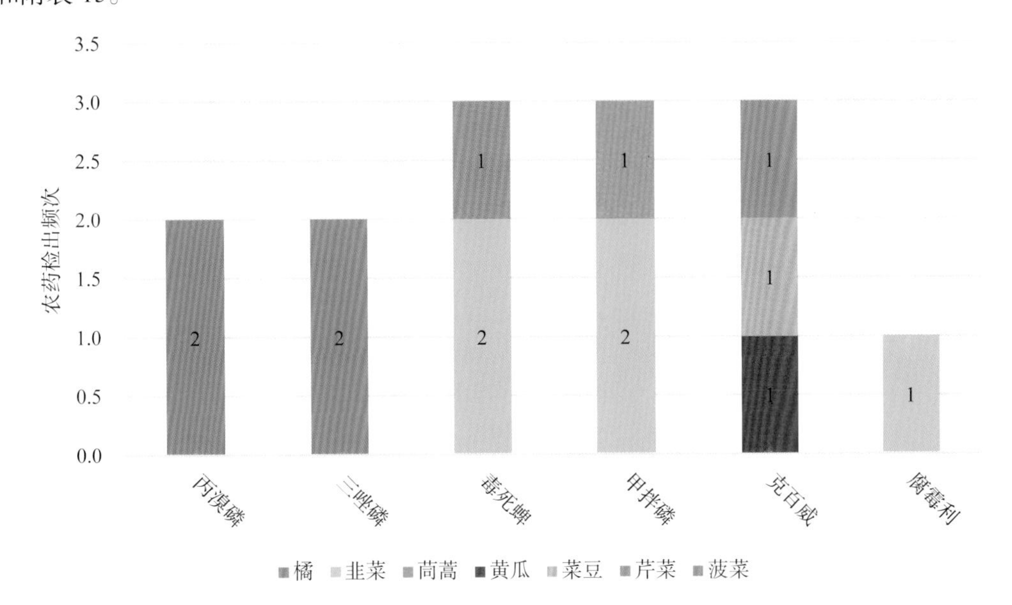

图 7-15　超过 MRL 中国国家标准农药品种及频次

7.2.2.2　按 MRL 欧盟标准衡量

按 MRL 欧盟标准衡量，共有 44 种农药超标，检出 202 频次，分别为剧毒农药甲拌磷，高毒农药三唑磷、敌敌畏和克百威，中毒农药硫丹、氟硅唑、虫螨腈、氟虫腈、甲氰菊酯、异丙威、三唑醇、*o,p'*-滴滴伊、吡螨胺、毒死蜱、烯唑醇、多效唑、三氯杀螨醇、草完隆、仲丁威和丙溴磷，低毒农药杀螨醚、氯硫酰草胺、苄呋菊酯、烯丙苯噻唑、杀螨特、3,5-二氯苯胺、噻菌灵、炔螨特、乙草胺、特草灵、灭除威、嘧霉胺、威杀灵、4,4-二氯二苯甲酮、抑芽唑、五氯苯甲腈、丙草胺和氯杀螨砜，微毒农药解草嗪、溴丁酰草胺、腐霉利、氯磺隆、生物苄呋菊酯和缬霉威。

按超标程度比较，甜椒中丙溴磷超标 91.8 倍，菜豆中缬霉威超标 70.5 倍，芹菜中腐霉利超标 55.2 倍，青花菜中炔螨特超标 45.8 倍，橘中三唑磷超标 37.2 倍。检测结果见图 7-16 和附表 16。

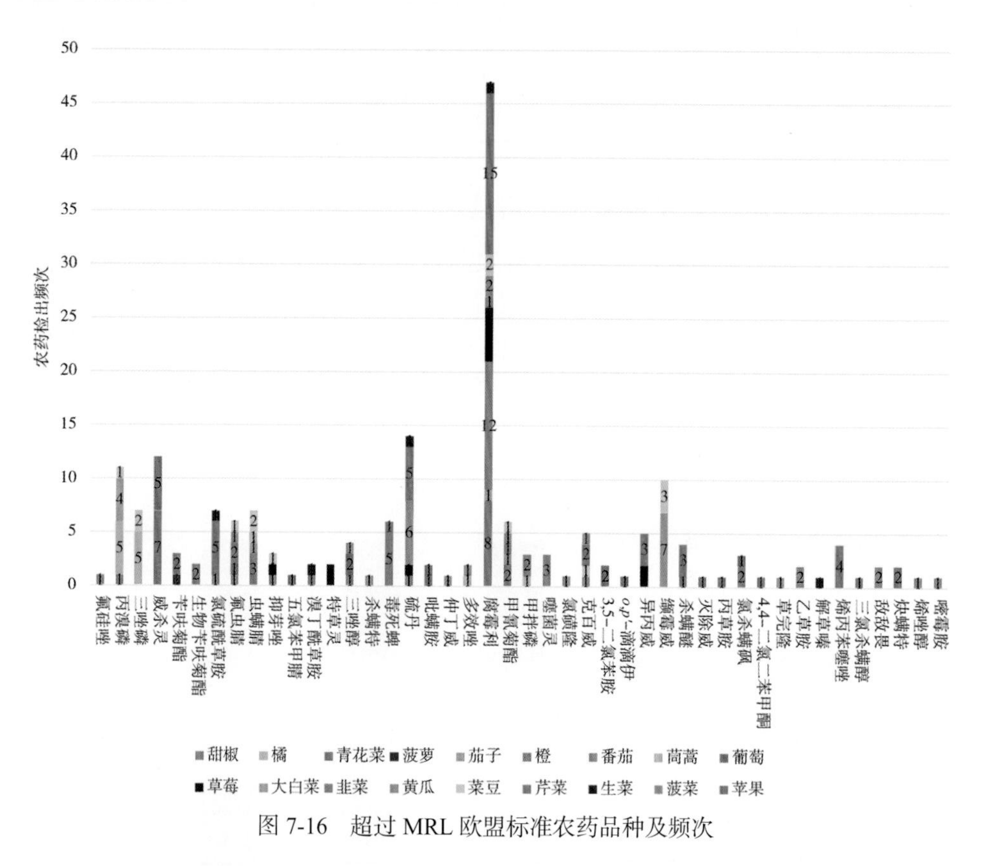

图 7-16　超过 MRL 欧盟标准农药品种及频次

7.2.2.3　按 MRL 日本标准衡量

按 MRL 日本标准衡量，共有 41 种农药超标，检出 123 频次，分别为高毒农药三唑磷和克百威，中毒农药腈菌唑、氟硅唑、虫螨腈、氟吡禾灵、氟虫腈、异丙威、甲氰菊酯、*o,p'*-滴滴伊、吡螨胺、毒死蜱、烯唑醇、哒螨灵、多效唑、联苯菊酯、草完隆、丙溴磷和戊唑醇，低毒农药杀螨醚、氯硫酰草胺、杀螨特、3,5-二氯苯胺、炔螨特、乙草胺、特草灵、嘧霉胺、灭除威、威杀灵、乙嘧酚磺酸酯、4,4-二氯二苯甲酮、抑芽唑、五氯苯甲腈、丙草胺和氯杀螨砜，微毒农药解草嗪、溴丁酰草胺、氯磺隆、腐霉利、啶酰菌胺和缬霉威。

按超标程度比较，茼蒿中多效唑超标 74.1 倍，菜豆中缬霉威超标 70.5 倍，青花菜中炔螨特超标 45.8 倍，橘中三唑磷超标 37.2 倍，大白菜中缬霉威超标 36.0 倍。检测结果见图 7-17 和附表 17。

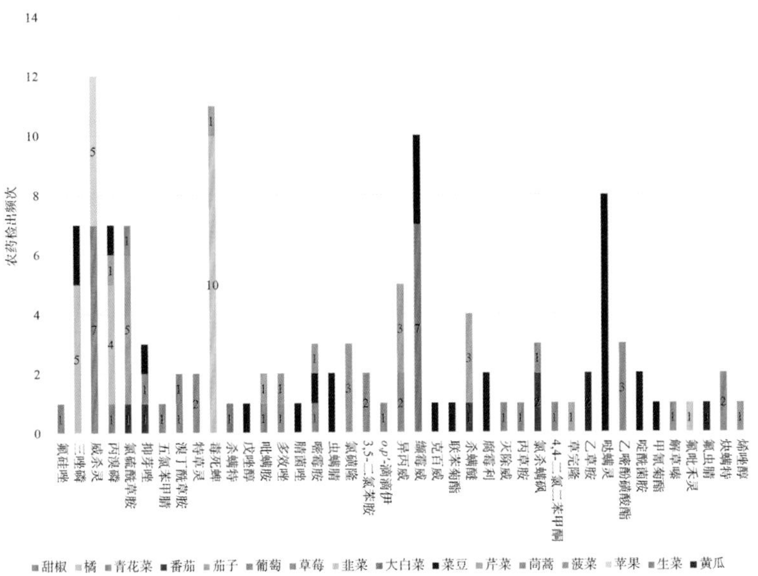

图 7-17　超过 MRL 日本标准农药品种及频次

7.2.2.4　按 MRL 中国香港标准衡量

按 MRL 中国香港标准衡量，共有 3 种农药超标，检出 7 频次，分别为中毒农药毒死蜱和丙溴磷，微毒农药腐霉利。

按超标程度比较，芹菜中毒死蜱超标 4.5 倍，橘中丙溴磷超标 2.7 倍，韭菜中腐霉利超标 1.1 倍，甜椒中丙溴磷超标 90%。检测结果见图 7-18 和附表 18。

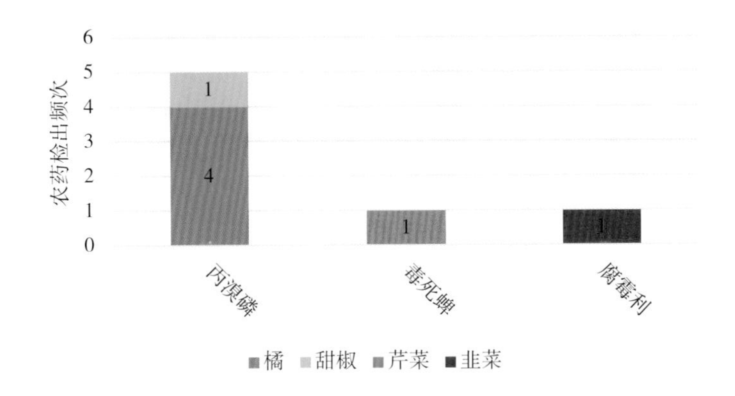

图 7-18　超过 MRL 中国香港标准农药品种及频次

7.2.2.5　按 MRL 美国标准衡量

按 MRL 美国标准衡量，无样品检出超标农药残留。

7.2.2.6　按 MRL CAC 标准衡量

按 MRL CAC 标准衡量，无样品检出超标农药残留。

7.2.3　20 个采样点超标情况分析

7.2.3.1　按 MRL 中国国家标准衡量

按 MRL 中国国家标准衡量，有 12 个采样点的样品存在不同程度的超标农药检出，其中***超市（东丽店）的超标率最高，为 7.1%，如表 7-14 和图 7-19 所示。

表 7-14　超过 MRL 中国国家标准水果蔬菜在不同采样点分布

	采样点	样品总数	超标数量	超标率（%）	行政区域
1	***超市（水木天成店）	22	1	4.5	红桥区
2	***超市（金钟店）	22	1	4.5	河北区
3	***超市（南开店）	21	1	4.8	南开区
4	***超市（天津新开路店）	21	1	4.8	河东区
5	***超市（红桥商场店）	21	1	4.8	红桥区
6	***超市（福州道店）	21	1	4.8	滨海新区
7	***超市（河西店）	21	1	4.8	河西区
8	***超市（宝坻区店）	21	1	4.8	宝坻区
9	***百货超市（银桥商场店）	20	1	5.0	静海县
10	***超市（紫金山路店）	20	1	5.0	河西区
11	***超市（西康路店）	15	1	6.7	和平区
12	***超市（东丽店）	14	1	7.1	东丽区

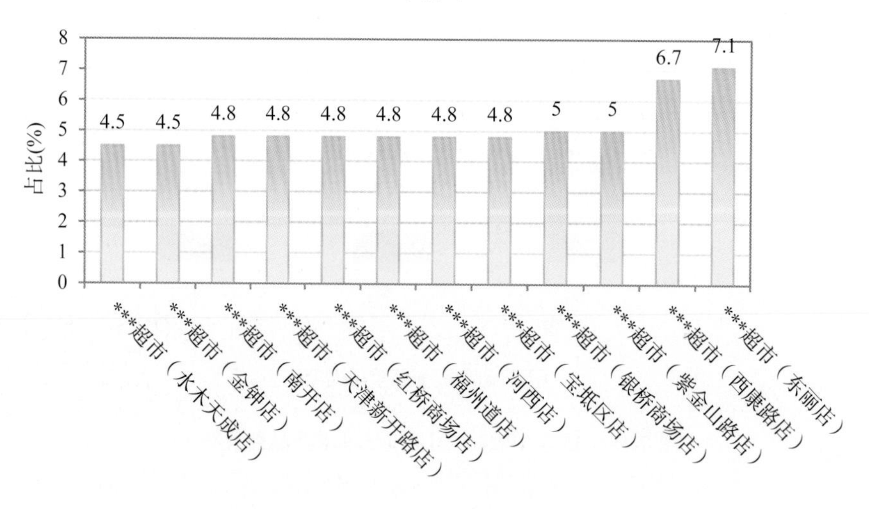

图 7-19　超过 MRL 中国国家标准水果蔬菜在不同采样点分布

7.2.3.2　按 MRL 欧盟标准衡量

按 MRL 欧盟标准衡量，所有采样点的样品存在不同程度的超标农药检出，其中***超市（河西店）的超标率最高，为 47.6%，如表 7-15 和图 7-20 所示。

表 7-15　超过 MRL 欧盟标准水果蔬菜在不同采样点分布

	采样点	样品总数	超标数量	超标率（%）	行政区域
1	***超市（水木天成店）	22	7	31.8	红桥区
2	***超市（宁河县）	22	8	36.4	宁河县
3	***超市（金钟店）	22	6	27.3	河北区
4	***超市（南开店）	21	8	38.1	南开区
5	***超市（天津新开路店）	21	6	28.6	河东区
6	***超市（红桥商场店）	21	8	38.1	红桥区
7	***超市（福州道店）	21	5	23.8	滨海新区
8	***超市（河西店）	21	10	47.6	河西区
9	***超市（北辰店）	21	8	38.1	北辰区
10	***超市（宝坻区店）	21	8	38.1	宝坻区
11	***超市（家乐一店）	20	5	25.0	蓟县
12	***百货超市（银桥商场店）	20	6	30.0	静海县
13	***超市（紫金山路店）	20	7	35.0	河西区
14	***超市（双港购物广场店）	20	6	30.0	津南区
15	***超市（天津和平路分店）	18	5	27.8	和平区
16	***超市（西湖道购物广场）	18	7	38.9	南开区
17	***超市（武清一店）	18	4	22.2	武清区
18	***超市（奥园店）	18	6	33.3	北辰区
19	***超市（西康路店）	15	4	26.7	和平区
20	***超市（东丽店）	14	5	35.7	东丽区

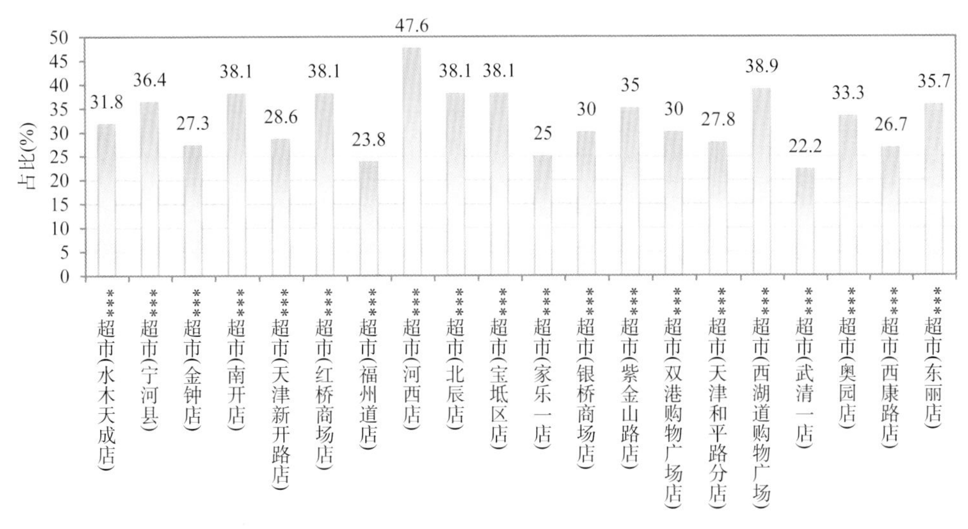

图 7-20　超过 MRL 欧盟标准水果蔬菜在不同采样点分布

7.2.3.3　按 MRL 日本标准衡量

按 MRL 日本标准衡量，所有采样点的样品存在不同程度的超标农药检出，其中***超市（奥园店）的超标率最高，为 44.4%，如表 7-16 和图 7-21 所示。

表 7-16　超过 MRL 日本标准水果蔬菜在不同采样点分布

	采样点	样品总数	超标数量	超标率（%）	行政区域
1	***超市（水木天成店）	22	5	22.7	红桥区
2	***超市（宁河县）	22	5	22.7	宁河县
3	***超市（金钟店）	22	4	18.2	河北区
4	***超市（南开店）	21	3	14.3	南开区
5	***超市（天津新开路店）	21	3	14.3	河东区
6	***超市（红桥商场店）	21	6	28.6	红桥区
7	***超市（福州道店）	21	4	19.0	滨海新区
8	***超市（河西店）	21	9	42.9	河西区
9	***超市（北辰店）	21	5	23.8	北辰区
10	***超市（宝坻区店）	21	4	19.0	宝坻区
11	***超市（家乐一店）	20	5	25.0	蓟县
12	***百货超市（银桥商场店）	20	7	35.0	静海县
13	***超市（紫金山路店）	20	3	15.0	河西区
14	***超市（双港购物广场店）	20	5	25.0	津南区
15	***超市（天津和平路分店）	18	2	11.1	和平区
16	***超市（西湖道购物广场）	18	4	22.2	南开区
17	***超市（武清一店）	18	4	22.2	武清区
18	***超市（奥园店）	18	8	44.4	北辰区
19	***超市（西康路店）	15	2	13.3	和平区
20	***超市（东丽店）	14	5	35.7	东丽区

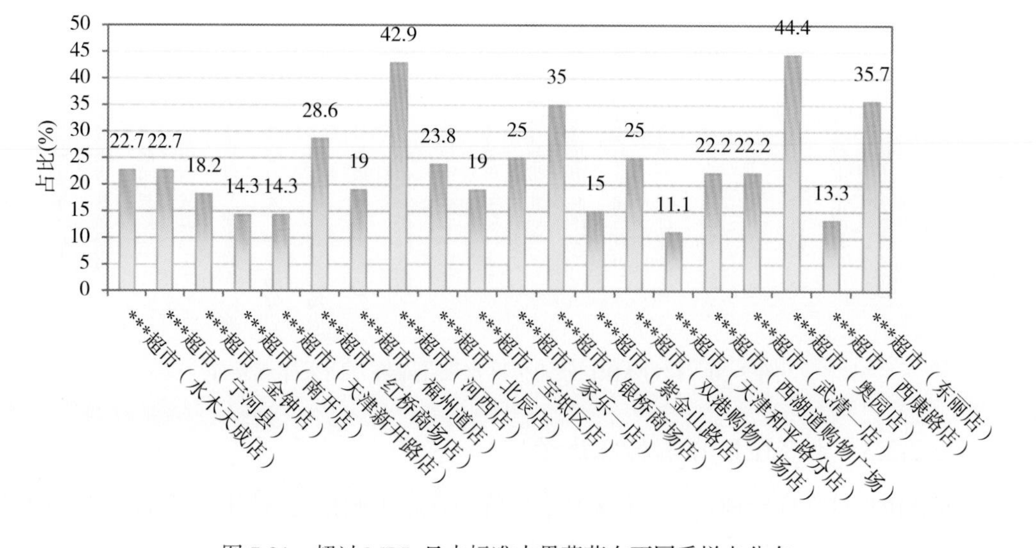

图 7-21　超过 MRL 日本标准水果蔬菜在不同采样点分布

7.2.3.4　按 MRL 中国香港标准衡量

按 MRL 中国香港标准衡量，有 7 个采样点的样品存在不同程度的超标农药检出，其中***超市（东丽店）的超标率最高，为 7.1%，如表 7-17 和图 7-22 所示。

表 7-17　超过 MRL 中国香港标准水果蔬菜在不同采样点分布

	采样点	样品总数	超标数量	超标率（%）	行政区域
1	***超市（水木天成店）	22	1	4.5	红桥区
2	***超市（河西店）	21	1	4.8	河西区
3	***百货超市（银桥商场店）	20	1	5.0	静海县
4	***超市（紫金山路店）	20	1	5.0	河西区
5	***超市（天津和平路分店）	18	1	5.6	和平区
6	***超市（奥园店）	18	1	5.6	北辰区
7	***超市（东丽店）	14	1	7.1	东丽区

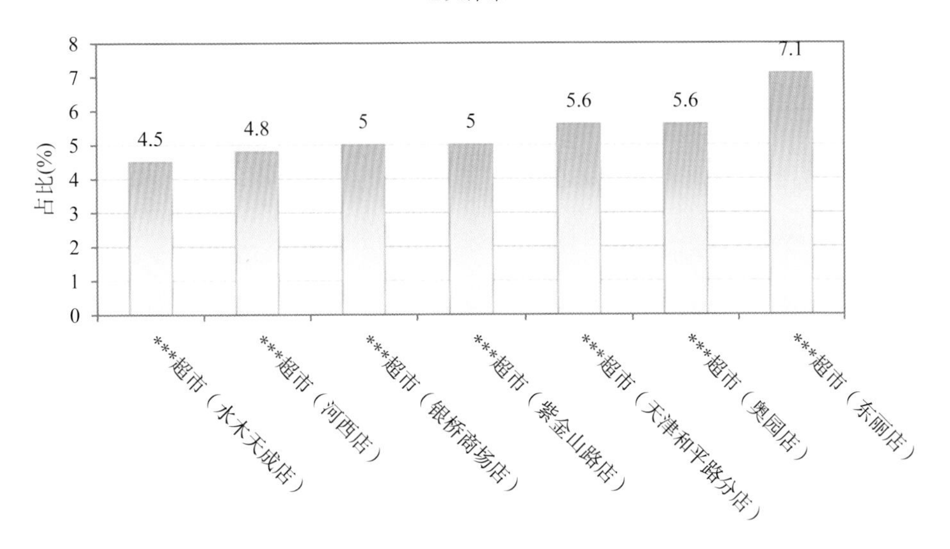

图 7-22　超过 MRL 中国香港标准水果蔬菜在不同采样点分布

7.2.3.5　按 MRL 美国标准衡量

按 MRL 美国标准衡量，所有采样点的样品均未检出超标农药残留。

7.2.3.6　按 MRL CAC 标准衡量

按 MRL CAC 标准衡量，所有采样点的样品均未检出超标农药残留。

7.3 水果中农药残留分布

7.3.1 检出农药品种和频次排前 10 的水果

本次残留侦测的水果共 9 种，包括菠萝、草莓、橙、火龙果、橘、梨、猕猴桃、苹果和葡萄。

根据检出农药品种及频次进行排名，将各项排名前 10 位的水果样品检出情况列表说明，详见表 7-18。

表 7-18 检出农药品种和频次排名前 10 的水果

检出农药品种排名前 10（品种）	①草莓（20），②苹果（19），③葡萄（16），④橘（11），⑤猕猴桃（8），⑥橙（6），⑦菠萝（5），⑧梨（3），⑨火龙果（2）
检出农药频次排名前 10（频次）	①草莓（70），②葡萄（52），③橘（39），④苹果（37），⑤橙（24），⑥梨（19），⑦火龙果（14），⑧猕猴桃（11），⑨菠萝（10）
检出禁用、高毒及剧毒农药品种排名前 10（品种）	①苹果（5），②草莓（2），③橘（1），④葡萄（1），⑤猕猴桃（1）
检出禁用、高毒及剧毒农药频次排名前 10（频次）	①草莓（11），②苹果（5），③橘（5），④葡萄（2），⑤猕猴桃（1）

7.3.2 超标农药品种和频次排前 10 的水果

鉴于 MRL 欧盟标准和日本标准的制定比较全面且覆盖率较高，我们参照 MRL 中国国家标准、欧盟标准和日本标准衡量水果样品中农残检出情况，将超标农药品种及频次排名前 10 的水果列表说明，详见表 7-19。

表 7-19 超标农药品种和频次排名前 10 的水果

超标农药品种排名前 10（农药品种数）	MRL 中国国家标准	①橘（2）
	MRL 欧盟标准	①葡萄（6），②草莓（5），③橙（2），④橘（2），⑤菠萝（1），⑥苹果（1）
	MRL 日本标准	①葡萄（4），②草莓（4），③橘（2），④苹果（1）
超标农药频次排名前 10（农药频次数）	MRL 中国国家标准	①橘（4）
	MRL 欧盟标准	①草莓（11），②橘（10），③葡萄（8），④苹果（5），⑤橙（4），⑥菠萝（1）
	MRL 日本标准	①橘（9），②草莓（8），③苹果（5），④葡萄（5）

通过对各品种水果样本总数及检出率进行综合分析发现，草莓、苹果和葡萄的残留污染最为严重，在此，我们参照 MRL 中国国家标准、欧盟标准和日本标准对这 3 种水果的农残检出情况进行进一步分析。

7.3.3 农药残留检出率较高的水果样品分析

7.3.3.1 草莓

这次共检测15例草莓样品，全部检出了农药残留，检出率为100.0%，检出农药共计20种。其中硫丹、嘧霉胺、乙嘧酚磺酸酯、腐霉利和啶酰菌胺检出频次较高，分别检出了10、10、10、7和6次。草莓中农药检出品种和频次见图7-23，超标农药见图7-24和表7-20。

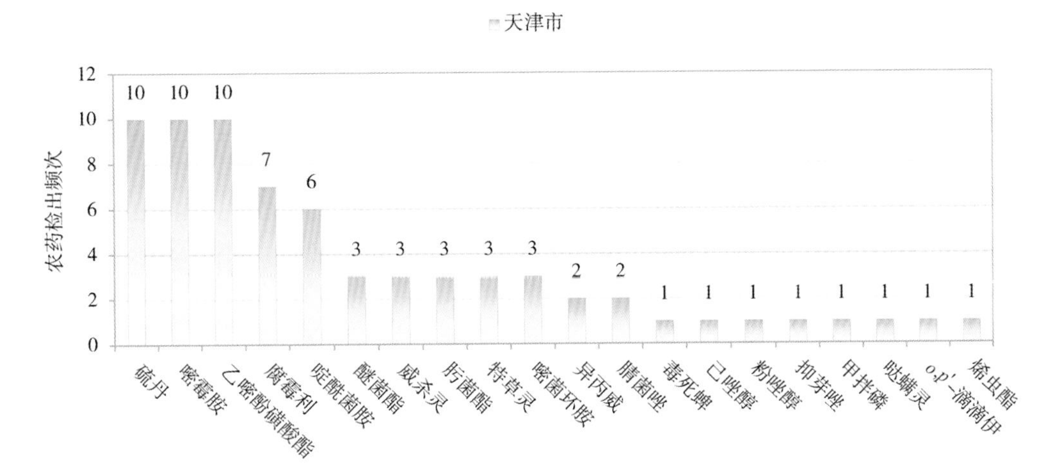

图7-23 草莓样品检出农药品种和频次分析

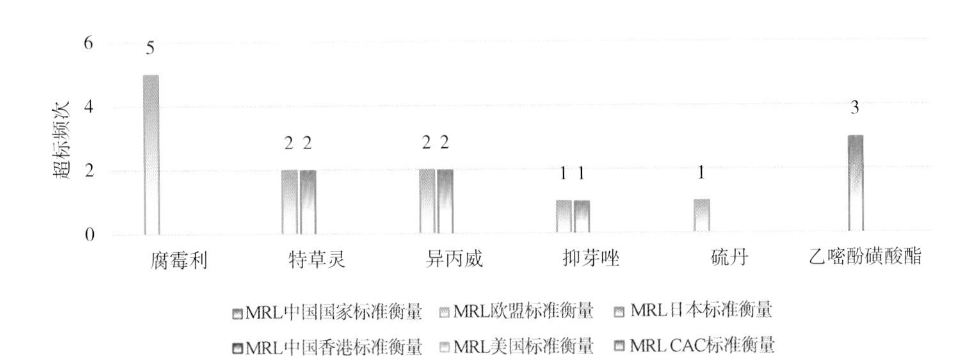

图7-24 草莓样品中超标农药分析

表7-20 草莓中农药残留超标情况明细表

样品总数			检出农药样品数	样品检出率（%）	检出农药品种总数
15			15	100	20
	超标农药品种	超标农药频次	按照MRL中国国家标准、欧盟标准和日本标准衡量超标农药名称及频次		
中国国家标准	0	0			
欧盟标准	5	11	腐霉利（5），特草灵（2），异丙威（2），抑芽唑（1），硫丹（1）		
日本标准	4	8	乙嘧酚磺酸酯（3），特草灵（2），异丙威（2），抑芽唑（1）		

7.3.3.2 苹果

这次共检测 18 例苹果样品，14 例样品中检出了农药残留，检出率为 77.8%，检出农药共计 19 种。其中威杀灵、毒死蜱、醚菊酯、氯杀螨砜和戊唑醇检出频次较高，分别检出了 8、7、3、3 和 2 次。苹果中农药检出品种和频次见图 7-25，超标农药见图 7-26 和表 7-21。

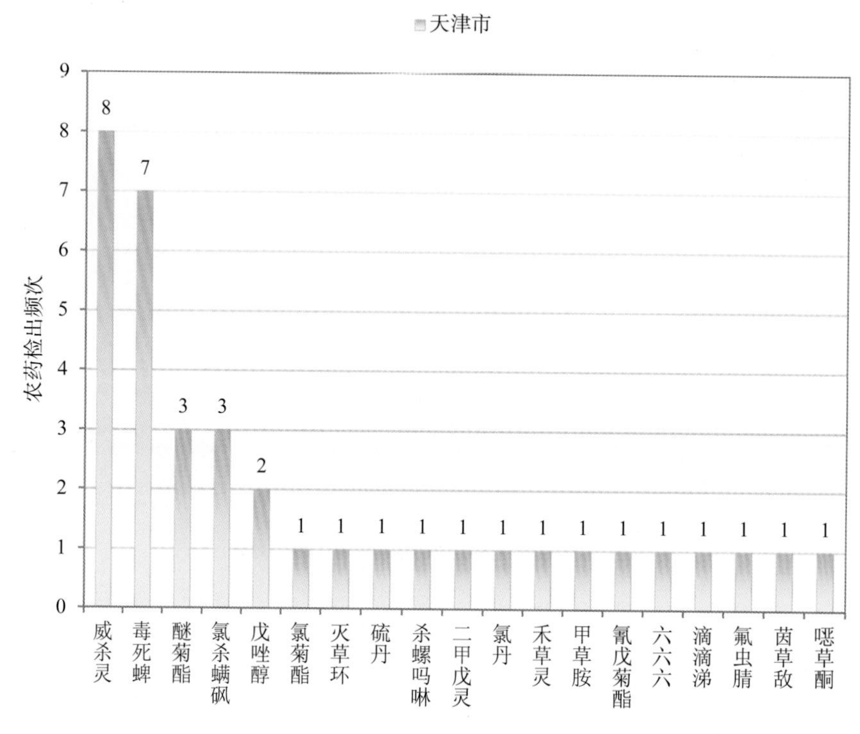

图 7-25 苹果样品检出农药品种和频次分析

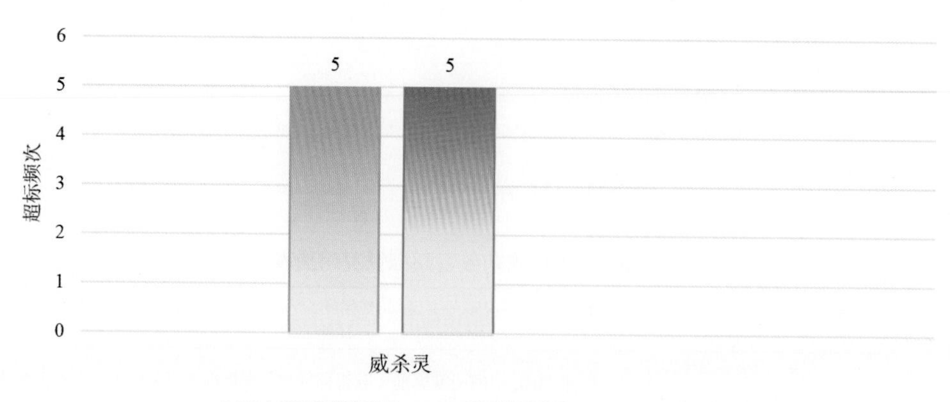

图 7-26 苹果样品中超标农药分析

表 7-21　苹果中农药残留超标情况明细表

样品总数			检出农药样品数	样品检出率（%）	检出农药品种总数
18			14	77.8	19
	超标农药品种	超标农药频次	按照 MRL 中国国家标准、欧盟标准和日本标准衡量超标农药名称及频次		
中国国家标准	0	0			
欧盟标准	1	5	威杀灵（5）		
日本标准	1	5	威杀灵（5）		

7.3.3.3　葡萄

这次共检测17例葡萄样品，16例样品中检出了农药残留，检出率为94.1%，检出农药共计16种。其中戊唑醇、氯杀螨砜、利谷隆、3,5-二氯苯胺和啶酰菌胺检出频次较高，分别检出了12、5、5、5和4次。葡萄中农药检出品种和频次见图7-27，超标农药见图7-28和表7-22。

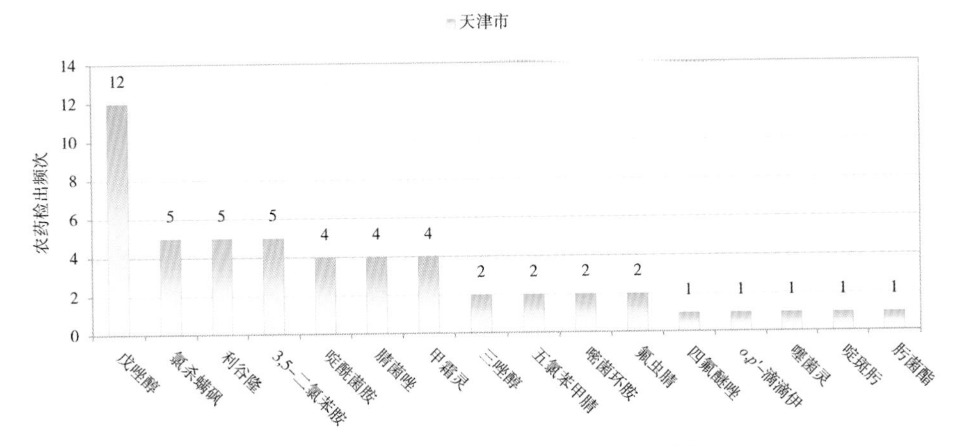

图 7-27　葡萄样品检出农药品种和频次分析

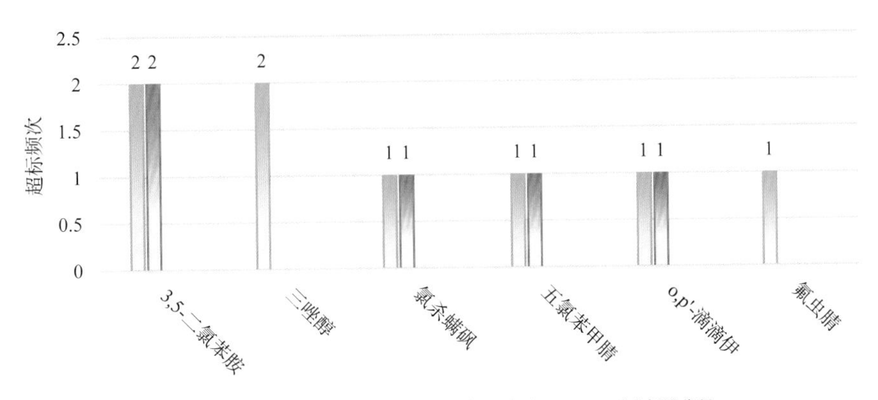

图 7-28　葡萄样品中超标农药分析

表 7-22 葡萄中农药残留超标情况明细表

样品总数 17			检出农药样品数 16	样品检出率（%） 94.1	检出农药品种总数 16
	超标农药品种	超标农药频次	按照 MRL 中国国家标准、欧盟标准和日本标准衡量超标农药名称及频次		
中国国家标准	0	0			
欧盟标准	6	8	3,5-二氯苯胺（2），三唑醇（2），氯杀螨砜（1），五氯苯甲腈（1），*o, p'*-滴滴伊（1），氟虫腈（1）		
日本标准	4	5	3,5-二氯苯胺（2），*o,p'*-滴滴伊（1），五氯苯甲腈（1），氯杀螨砜（1）		

7.4 蔬菜中农药残留分布

7.4.1 检出农药品种和频次排前 10 的蔬菜

本次残留侦测的蔬菜共 13 种，包括菠菜、菜豆、大白菜、番茄、黄瓜、结球甘蓝、韭菜、茄子、芹菜、青花菜、生菜、甜椒和茼蒿。

根据检出农药品种及频次进行排名，将各项排名前 10 位的蔬菜样品检出情况列表说明，详见表 7-23。

表 7-23 检出农药品种和频次排名前 10 的蔬菜

检出农药品种排名前 10（品种）	①番茄（25），②菜豆（24），③甜椒（23），④黄瓜（20），⑤芹菜（15），⑥茄子（14），⑦生菜（13），⑧菠菜（12），⑨韭菜（12），⑩茼蒿（10）
检出农药频次排名前 10（频次）	①番茄（88），②菜豆（76），③甜椒（69），④芹菜（66），⑤黄瓜（64），⑥茄子（40），⑦菠菜（37），⑧韭菜（34），⑨青花菜（34），⑩生菜（32）
检出禁用、高毒及剧毒农药品种排名前 10（品种）	①黄瓜（5），②菜豆（4），③韭菜（3），④甜椒（3），⑤芹菜（3），⑥菠菜（2），⑦茼蒿（2），⑧番茄（2），⑨大白菜（1），⑩青花菜（1）
检出禁用、高毒及剧毒农药频次排名前 10（频次）	①黄瓜（22），②番茄（14），③芹菜（12），④菜豆（12），⑤甜椒（9），⑥韭菜（7），⑦菠菜（5），⑧茼蒿（3），⑨生菜（2），⑩青花菜（1）

7.4.2 超标农药品种和频次排前 10 的蔬菜

鉴于 MRL 欧盟标准和日本标准的制定比较全面且覆盖率较高，我们参照 MRL 中国国家标准、欧盟标准和日本标准衡量蔬菜样品中农残检出情况，将超标农药品种及频次排名前 10 的蔬菜列表说明，详见表 7-24。

表 7-24 超标农药品种和频次排名前 10 的蔬菜

超标农药品种排名前 10（农药品种数）	MRL 中国国家标准	①韭菜（3），②菜豆（1），③茼蒿（1），④芹菜（1），⑤菠菜（1），⑥黄瓜（1）
	MRL 欧盟标准	①甜椒（11），②菜豆（9），③黄瓜（8），④芹菜（8），⑤番茄（8），⑥菠菜（6），⑦生菜（5），⑧茄子（5），⑨青花菜（5），⑩韭菜（4）

续表

超标农药品种排名前10（农药品种数）	MRL日本标准	①菜豆（14），②甜椒（6），③芹菜（5），④青花菜（4），⑤菠菜（4），⑥番茄（4），⑦生菜（3），⑧茄子（2），⑨黄瓜（2），⑩大白菜（2）
超标农药频次排名前10（农药频次数）	MRL中国国家标准	①韭菜（5），②茼蒿（1），③菜豆（1），④菠菜（1），⑤黄瓜（1），⑥芹菜（1）
	MRL欧盟标准	①芹菜（35），②番茄（22），③甜椒（21），④黄瓜（16），⑤青花菜（15），⑥菜豆（14），⑦韭菜（10），⑧大白菜（8），⑨茄子（8），⑩菠菜（6）
	MRL日本标准	①菜豆（27），②芹菜（13），③韭菜（11），④青花菜（11），⑤大白菜（8），⑥菠菜（6），⑦甜椒（6），⑧番茄（5），⑨生菜（3），⑩黄瓜（3）

通过对各品种蔬菜样本总数及检出率进行综合分析发现，番茄、菜豆和甜椒的残留污染最为严重，在此，我们参照MRL中国国家标准、欧盟标准和日本标准对这3种蔬菜的农残检出情况进行进一步分析。

7.4.3 农药残留检出率较高的蔬菜样品分析

7.4.3.1 番茄

这次共检测19例番茄样品，18例样品中检出了农药残留，检出率为94.7%，检出农药共计25种。其中腐霉利、硫丹、啶酰菌胺、嘧霉胺和威杀灵检出频次较高，分别检出了14、12、11、7和5次。番茄中农药检出品种和频次见图7-29，超标农药见图7-30和表7-25。

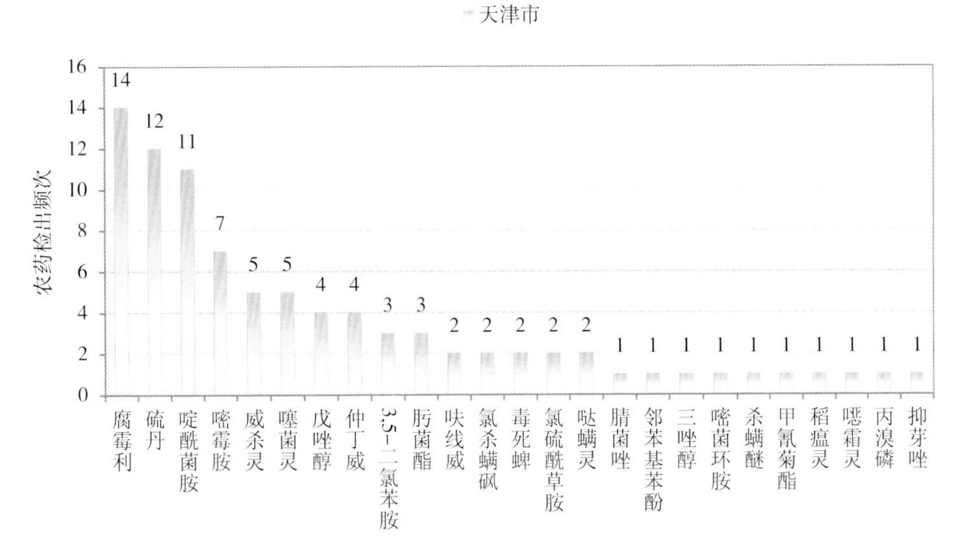

图7-29 番茄样品检出农药品种和频次分析

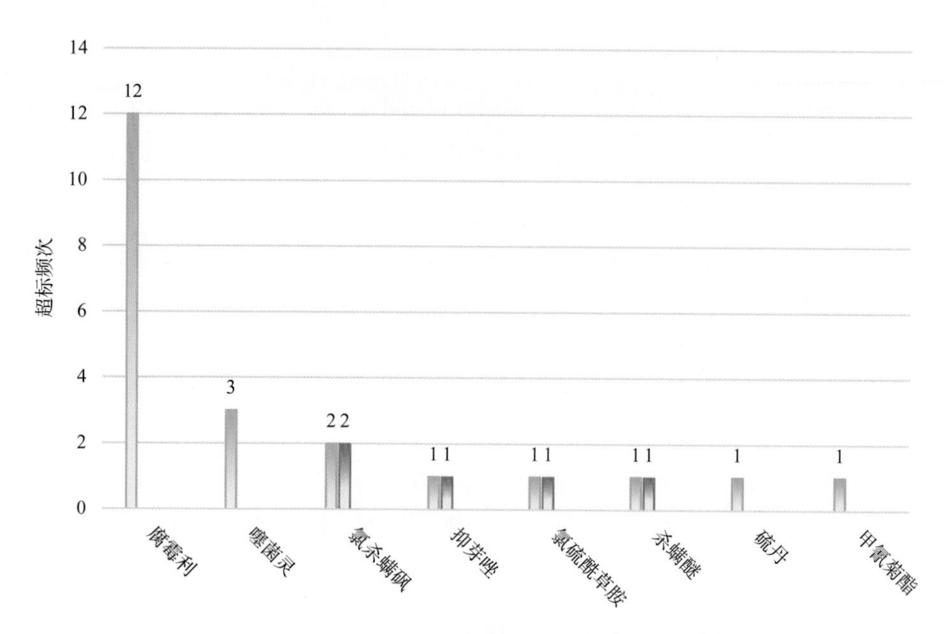

图 7-30　番茄样品中超标农药分析

表 7-25　番茄中农药残留超标情况明细表

样品总数			检出农药样品数	样品检出率（%）	检出农药品种总数
19			18	94.7	25
	超标农药品种	超标农药频次	按照 MRL 中国国家标准、欧盟标准和日本标准衡量超标农药名称及频次		
中国国家标准	0	0			
欧盟标准	8	22	腐霉利（12），噻菌灵（3），氯杀螨砜（2），抑芽唑（1），氯硫酰草胺（1），杀螨醚（1），硫丹（1），甲氰菊酯（1）		
日本标准	4	5	氯杀螨砜（2），抑芽唑（1），氯硫酰草胺（1），杀螨醚（1）		

7.4.3.2　菜豆

这次共检测 20 例菜豆样品，19 例样品中检出了农药残留，检出率为 95.0%，检出农药共计 24 种。其中威杀灵、哒螨灵、腐霉利、联苯菊酯和硫丹检出频次较高，分别检出了 13、8、6、6 和 4 次。菜豆中农药检出品种和频次见图 7-31，超标农药见图 7-32 和表 7-26。

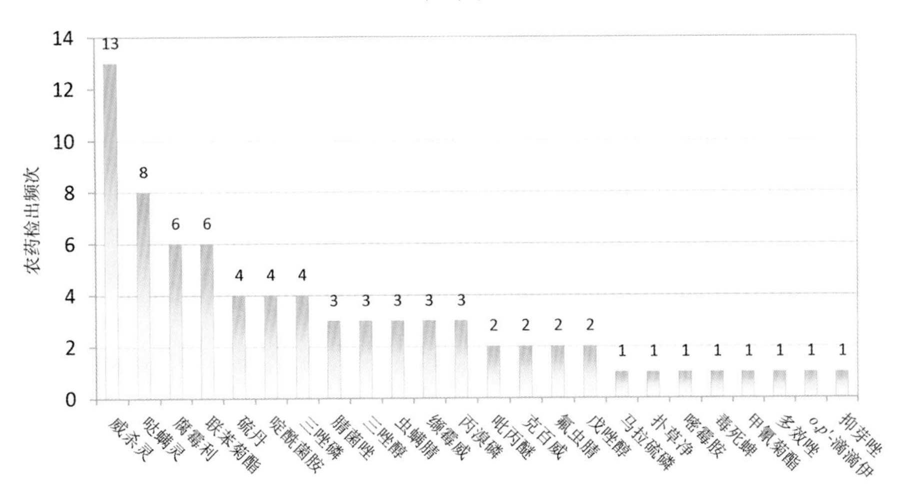

图 7-31　菜豆样品检出农药品种和频次分析

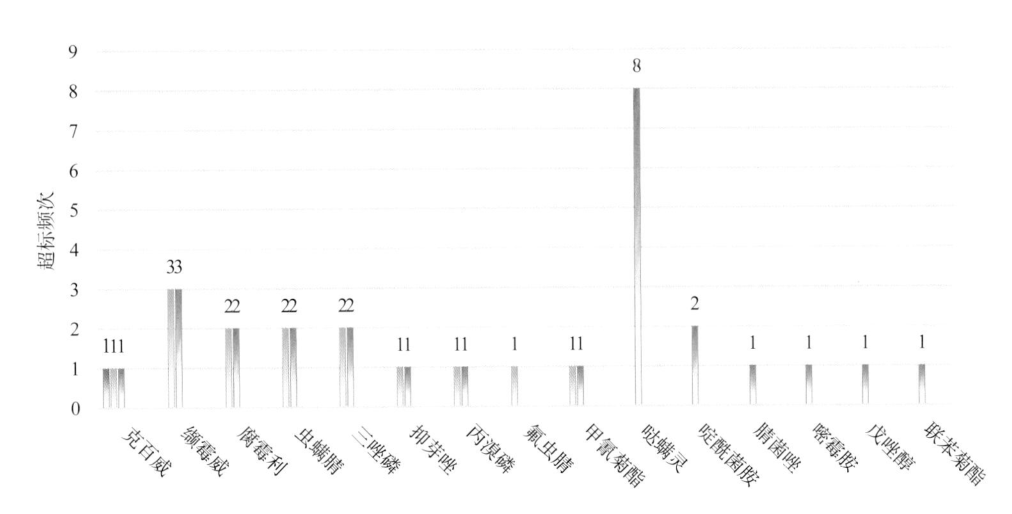

图 7-32　菜豆样品中超标农药分析

表 7-26　菜豆中农药残留超标情况明细表

样品总数 20			检出农药样品数 19	样品检出率(%) 95	检出农药品种总数 24
	超标农药品种	超标农药频次	按照 MRL 中国国家标准、欧盟标准和日本标准衡量超标农药名称及频次		
中国国家标准	1	1	克百威（1）		
欧盟标准	9	14	缬霉威（3），腐霉利（2），虫螨腈（2），三唑磷（2），抑芽唑（1），丙溴磷（1），克百威（1），氟虫腈（1），甲氰菊酯（1）		
日本标准	14	27	哒螨灵（8），缬霉威（3），啶酰菌胺（2），虫螨腈（2），三唑磷（2），腐霉利（2），抑芽唑（1），丙溴磷（1），克百威（1），腈菌唑（1），嘧霉胺（1），戊唑醇（1），甲氰菊酯（1），联苯菊酯（1）		

7.4.3.3　甜椒

这次共检测 20 例甜椒样品，全部检出了农药残留，检出率为 100.0%，检出农药共计 23 种。其中腐霉利、哒螨灵、威杀灵、联苯菊酯和硫丹检出频次较高，分别检出了 10、6、6、6 和 6 次。甜椒中农药检出品种和频次见图 7-33，超标农药见图 7-34 和表 7-27。

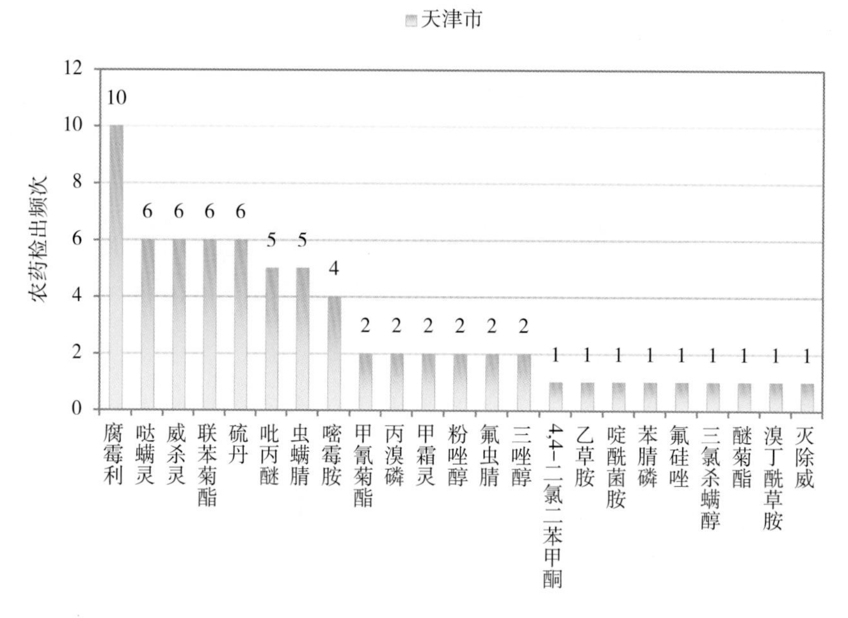

图 7-33　甜椒样品检出农药品种和频次分析

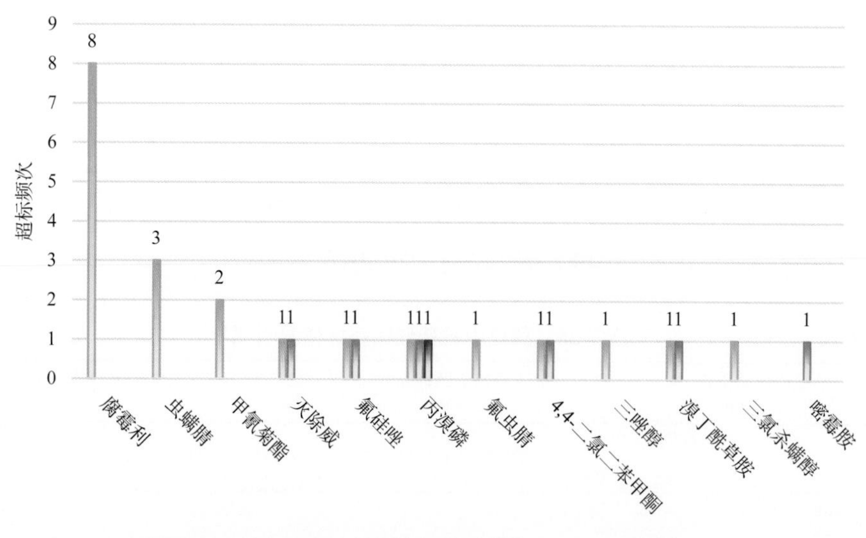

图 7-34　甜椒样品中超标农药分析

表 7-27　甜椒中农药残留超标情况明细表

样品总数			检出农药样品数	样品检出率（%）	检出农药品种总数
20			20	100	23
	超标农药品种	超标农药频次	按照 MRL 中国国家标准、欧盟标准和日本标准衡量超标农药名称及频次		
中国国家标准	0	0			
欧盟标准	11	21	腐霉利（8），虫螨腈（3），甲氰菊酯（2），灭除威（1），氟硅唑（1），丙溴磷（1），氟虫腈（1），4,4-二氯二苯甲酮（1），三唑醇（1），溴丁酰草胺（1），三氯杀螨醇（1）		
日本标准	6	6	丙溴磷（1），4,4-二氯二苯甲酮（1），溴丁酰草胺（1），灭除威（1），氟硅唑（1），嘧霉胺（1）		

7.5　初步结论

7.5.1　天津市市售水果蔬菜按 MRL 中国国家标准和国际主要 MRL 标准衡量的合格率

本次侦测的 394 例样品中，69 例样品未检出任何残留农药，占样品总量的 17.5%，325 例样品检出不同水平、不同种类的残留农药，占样品总量的 82.5%。在这 325 例检出农药残留的样品中：

按照 MRL 中国国家标准衡量，有 313 例样品检出残留农药但含量没有超标，占样品总数的 79.4%，有 12 例样品检出了超标农药，占样品总数的 3.0%。

按照 MRL 欧盟标准衡量，有 196 例样品检出残留农药但含量没有超标，占样品总数的 49.7%，有 129 例样品检出了超标农药，占样品总数的 32.7%。

按照 MRL 日本标准衡量，有 232 例样品检出残留农药但含量没有超标，占样品总数的 58.9%，有 93 例样品检出了超标农药，占样品总数的 23.6%。

按照 MRL 中国香港标准衡量，有 318 例样品检出残留农药但含量没有超标，占样品总数的 80.7%，有 7 例样品检出了超标农药，占样品总数的 1.8%。

按照 MRL 美国标准衡量，有 325 例样品检出残留农药但含量没有超标，占样品总数的 82.5%，有 0 例样品检出了超标农药。

按照 MRL CAC 标准衡量，有 325 例样品检出残留农药但含量没有超标，占样品总数的 82.5%，有 0 例样品检出了超标农药。

7.5.2　天津市市售水果蔬菜中检出农药以中低微毒农药为主，占市场主体的 92.5%

这次侦测的 394 例样品包括蔬菜 13 种 238 例，水果 9 种 156 例，共检出了 93 种农药，检出农药的毒性以中低微毒为主，详见表 7-28。

表 7-28　市场主体农药毒性分布

毒性	检出品种	占比	检出频次	占比
剧毒农药	1	1.1%	8	0.9%
高毒农药	6	6.5%	21	2.4%
中毒农药	36	38.7%	330	37.4%
低毒农药	34	36.6%	365	41.4%
微毒农药	16	17.2%	158	17.9%
中低微毒农药，品种占比 92.5%，频次占比 96.7%				

7.5.3　检出剧毒、高毒和禁用农药现象应该警醒

在此次侦测的 394 例样品中有 11 种蔬菜和 5 种水果的 93 例样品检出了 12 种 112 频次的剧毒和高毒或禁用农药，占样品总量的 23.6%。其中剧毒农药甲拌磷以及高毒农药三唑磷、克百威和呋线威检出频次较高。

按 MRL 中国国家标准衡量，剧毒农药甲拌磷，检出 8 次，超标 3 次；高毒农药三唑磷，检出 9 次，超标 2 次；克百威，检出 6 次，超标 3 次；按超标程度比较，韭菜中甲拌磷超标 13.3 倍，茼蒿中甲拌磷超标 3.2 倍，黄瓜中克百威超标 2.7 倍，菜豆中克百威超标 2.3 倍，菠菜中克百威超标 2.2 倍。

剧毒、高毒或禁用农药的检出情况及按照 MRL 中国国家标准衡量的超标情况见表 7-29。

表 7-29　剧毒、高毒或禁用农药的检出及超标明细

序号	农药名称	样品名称	检出频次	超标频次	最大超标倍数	超标率
1.1	甲拌磷*▲	韭菜	3	2	13.29	66.7%
1.2	甲拌磷*▲	茼蒿	2	1	3.2	50.0%
1.3	甲拌磷*▲	草莓	1	0		0.0%
1.4	甲拌磷*▲	芹菜	1	0		0.0%
1.5	甲拌磷*▲	青花菜	1	0		0.0%
2.1	苯腈磷◊	甜椒	1	0		0.0%
3.1	敌敌畏◊	黄瓜	2	0		0.0%
4.1	克百威◊▲	菜豆	2	1	2.31	50.0%
4.2	克百威◊▲	芹菜	2	0		0.0%
4.3	克百威◊▲	黄瓜	1	1	2.675	100.0%
4.4	克百威◊▲	菠菜	1	1	2.205	100.0%
5.1	三唑磷◊	橘	5	2	0.912	40.0%
5.2	三唑磷◊	菜豆	4	0		0.0%
6.1	水胺硫磷◊▲	黄瓜	1	0		0.0%

续表

序号	农药名称	样品名称	检出频次	超标频次	最大超标倍数	超标率
7.1	呋线威◊	番茄	2	0		0.0%
8.1	滴滴涕▲	苹果	1	0		0.0%
9.1	氟虫腈▲	韭菜	3	0		0.0%
9.2	氟虫腈▲	菜豆	2	0		0.0%
9.3	氟虫腈▲	葡萄	2	0		0.0%
9.4	氟虫腈▲	甜椒	2	0		0.0%
9.5	氟虫腈▲	大白菜	1	0		0.0%
9.6	氟虫腈▲	黄瓜	1	0		0.0%
9.7	氟虫腈▲	苹果	1	0		0.0%
10.1	硫丹▲	黄瓜	17	0		0.0%
10.2	硫丹▲	番茄	12	0		0.0%
10.3	硫丹▲	草莓	10	0		0.0%
10.4	硫丹▲	芹菜	9	0		0.0%
10.5	硫丹▲	甜椒	6	0		0.0%
10.6	硫丹▲	菠菜	4	0		0.0%
10.7	硫丹▲	菜豆	4	0		0.0%
10.8	硫丹▲	生菜	2	0		0.0%
10.9	硫丹▲	韭菜	1	0		0.0%
10.10	硫丹▲	苹果	1	0		0.0%
10.11	硫丹▲	茼蒿	1	0		0.0%
10.12	硫丹▲	猕猴桃	1	0		0.0%
11.1	六六六▲	苹果	1	0		0.0%
12.1	氰戊菊酯▲	苹果	1	0		0.0%
合计			112	8		7.1%

注：超标倍数参照 MRL 中国国家标准衡量

这些超标的剧毒和高毒农药都是中国政府早有规定禁止在水果蔬菜中使用的，为什么还屡次被检出，应该引起警惕。

7.5.4 残留限量标准与先进国家或地区差距较大

882 频次的检出结果与我国公布的《食品中农药最大残留限量》(GB 2763—2014)对比，有 244 频次能找到对应的 MRL 中国国家标准，占 27.7%；还有 638 频次的侦测数据无相关 MRL 标准供参考，占 72.3%。

与国际上现行 MRL 标准对比发现：

有 882 频次能找到对应的 MRL 欧盟标准，占 100.0%；

有 882 频次能找到对应的 MRL 日本标准，占 100.0%；

有 337 频次能找到对应的 MRL 中国香港标准，占 38.2%；

有 297 频次能找到对应的 MRL 美国标准，占 33.7%；

有 180 频次能找到对应的 MRL CAC 标准，占 20.4%。

由上可见，MRL 中国国家标准与先进国家或地区标准还有很大差距，我们无标准，境外有标准，这就会导致我们在国际贸易中，处于受制于人的被动地位。

7.5.5 水果蔬菜单种样品检出 16~25 种农药残留，拷问农药使用的科学性

通过此次监测发现，草莓、苹果和葡萄是检出农药品种最多的 3 种水果，番茄、菜豆和甜椒是检出农药品种最多的 3 种蔬菜，从中检出农药品种及频次详见表 7-30。

表 7-30 单种样品检出农药品种及频次

样品名称	样品总数	检出农药样品数	检出率	检出农药品种数	检出农药（频次）
番茄	19	18	94.7%	25	腐霉利（14），硫丹（12），啶酰菌胺（11），嘧霉胺（7），威杀灵（5），噻菌灵（5），戊唑醇（4），仲丁威（4），3,5-二氯苯胺（3），肟菌酯（3），呋线威（2），氯杀螨砜（2），毒死蜱（2），氯硫酰草胺（2），哒螨灵（2），腈菌唑（1），邻苯基苯酚（1），三唑醇（1），嘧菌环胺（1），杀螨醚（1），甲氰菊酯（1），稻瘟灵（1），噁霜灵（1），丙溴磷（1），抑芽唑（1）
菜豆	20	19	95.0%	24	威杀灵（13），哒螨灵（8），腐霉利（6），联苯菊酯（6），硫丹（4），啶酰菌胺（4），三唑磷（4），腈菌唑（3），三唑醇（3），虫螨腈（3），缬霉威（3），丙溴磷（3），吡丙醚（2），克百威（2），氟虫腈（2），戊唑醇（2），马拉硫磷（1），扑草净（1），嘧霉胺（1），毒死蜱（1），甲氰菊酯（1），多效唑（1），*o,p'*-滴滴伊（1），抑芽唑（1）
甜椒	20	20	100.0%	23	腐霉利（10），哒螨灵（6），威杀灵（6），联苯菊酯（6），硫丹（6），吡丙醚（5），虫螨腈（5），嘧霉胺（4），甲氰菊酯（2），丙溴磷（2），甲霜灵（2），粉唑醇（2），氟虫腈（2），三唑醇（2），4,4-二氯二苯甲酮（1），乙草胺（1），啶酰菌胺（1），苯腈磷（1），氟硅唑（1），三氯杀螨醇（1），醚菊酯（1），溴丁酰草胺（1），灭除威（1）
草莓	15	15	100.0%	20	硫丹（10），嘧霉胺（10），乙嘧酚磺酸酯（10），腐霉利（7），啶酰菌胺（6），醚菌酯（3），威杀灵（3），肟菌酯（3），特草灵（3），嘧菌环胺（3），异丙威（2），腈菌唑（2），毒死蜱（1），己唑醇（1），粉唑醇（1），抑芽唑（1），甲拌磷（1），哒螨灵（1），*o,p'*-滴滴伊（1），烯虫酯（1）
苹果	18	14	77.8%	19	威杀灵（8），毒死蜱（7），醚菊酯（3），氯杀螨砜（3），戊唑醇（2），氯菊酯（1），灭草环（1），硫丹（1），杀螺吗啉（1），二甲戊灵（1），氯丹（1），禾草灵（1），甲草胺（1），氰戊菊酯（1），六六六（1），滴滴涕（1），氟虫腈（1），茵草敌（1），噁草酮（1）

续表

样品名称	样品总数	检出农药样品数	检出率	检出农药品种数	检出农药（频次）
葡萄	17	16	94.1%	16	戊唑醇（12），氯杀螨砜（5），利谷隆（5），3,5-二氯苯胺（5），啶酰菌胺（4），腈菌唑（4），甲霜灵（4），三唑醇（2），五氯苯甲腈（2），嘧菌环胺（2），氟虫腈（2），四氟醚唑（1），*o,p'*-滴滴伊（1），噻菌灵（1），啶斑肟（1），肟菌酯（1）

上述 6 种水果蔬菜，检出农药 16~25 种，是多种农药综合防治，还是未严格实施农业良好管理规范（GAP），抑或根本就是乱施药，值得我们思考。

第 8 章　GC-Q-TOF/MS 侦测天津市市售水果蔬菜农药残留膳食暴露风险及预警风险评估

8.1　农药残留风险评估方法

8.1.1　天津市农药残留检测数据分析与统计

庞国芳院士科研团队建立的农药残留高通量侦测技术以高分辨精确质量数（0.0001 *m/z* 为基准）为识别标准，采用 GC-Q-TOF/MS 技术对 499 种农药化学污染物进行检测。

科研团队于 2015 年 3 月~2015 年 4 月在天津市所属 15 个区县的 20 个采样点，随机采集了 394 例水果蔬菜样品，采样点具体位置分布如图 8-1 所示，各月内果蔬样品采集数量如表 8-1 所示。

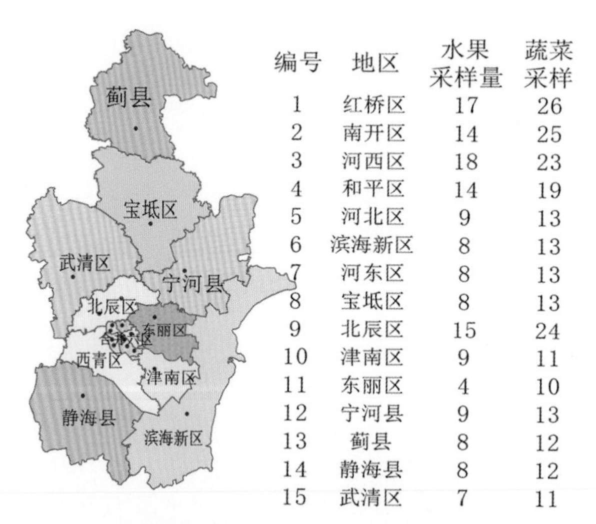

编号	地区	水果采样量	蔬菜采样
1	红桥区	17	26
2	南开区	14	25
3	河西区	18	23
4	和平区	14	19
5	河北区	9	13
6	滨海新区	8	13
7	河东区	8	13
8	宝坻区	8	13
9	北辰区	15	24
10	津南区	9	11
11	东丽区	4	10
12	宁河县	9	13
13	蓟县	8	12
14	静海县	8	12
15	武清区	7	11

图 8-1　天津市所属 20 个采样点 394 例样品分布图

表 8-1　天津市各月内果蔬样品采集情况

时间	样品数（例）
2015 年 3 月	241
2015 年 4 月	153

利用 GC-Q-TOF/MS 技术对 394 例样品中的农药残留进行侦测，检出残留农药 93 种，882 频次。检出农药残留水平如表 8-2 和图 8-2 所示。检出频次最高的前十种农药如表 8-3 所示。从检测结果中可以看出，在果蔬中农药残留普遍存在，且有些果蔬存在高

浓度的农药残留，这些可能存在膳食暴露风险，对人体健康产生危害，因此，为了定量地评价果蔬中农药残留的风险程度，有必要对其进行风险评价。

表 8-2　检出农药的不同残留水平及其所占比例

残留水平（μg/kg）	检出频次	占比（%）
1~5（含）	407	46.1
5~10（含）	122	13.8
10~100（含）	271	30.7
100~1000（含）	82	9.3
合计	882	100

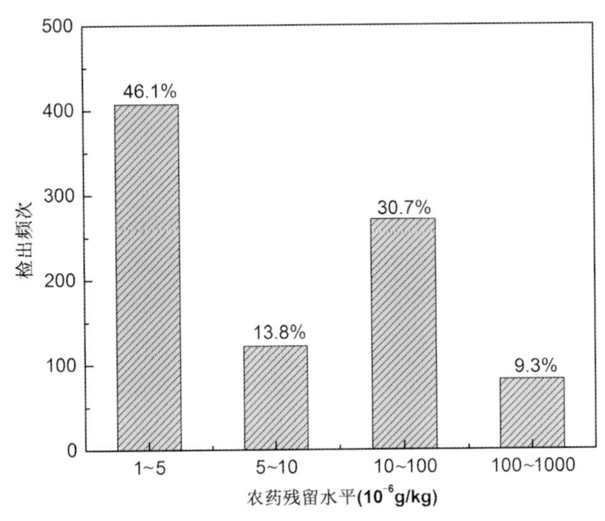

图 8-2　残留农药检出浓度频数分布

表 8-3　检出频次最高的前十种农药

序号	农药	检出频次（次）
1	威杀灵	199
2	硫丹	68
3	腐霉利	67
4	毒死蜱	43
5	嘧霉胺	39
6	啶酰菌胺	34
7	戊唑醇	29
8	哒螨灵	25
9	联苯菊酯	23
10	丙溴磷	19

8.1.2　农药残留风险评价模型

对天津市水果蔬菜中农药残留分别开展暴露风险评估和预警风险评估。膳食暴露风险评价利用食品安全指数模型，对水果蔬菜中的残留农药对人体可能产生的危害程度进行评价，该模型结合残留监测和膳食暴露评估评价化学污染物的危害；预警风险评价模型运用风险系数（risk index，R），风险系数综合考虑了危害物的超标率、施检频率及其本身敏感性的影响，能直观而全面地反映出危害物在一段时间内的风险程度。

8.1.2.1 食品安全指数模型

为了加强食品安全管理，《中华人民共和国食品安全法》第二章第十七条规定“国家建立食品安全风险评估制度，运用科学方法，根据食品安全风险监测信息、科学数据以及有关信息，对食品、食品添加剂、食品相关产品中生物性、化学性和物理性危害因素进行风险评估”[1]，膳食暴露评估是食品危险度评估的重要组成部分，也是膳食安全性的衡量标准[2]。国际上最早研究膳食暴露风险评估的机构主要是 JMPR（FAO、WHO 农药残留联合会议），该组织自 1995 年就已制定了急性毒性物质的风险评估急性毒性农药残留摄入量的预测。1960 年美国规定食品中不得加入致癌物质进而提出零阈值理论，渐渐零阈值理论发展成在一定概率条件下可接受风险的概念[3]，后衍变为食品中每日允许最大摄入量（ADI），而农药残留法典委员会（CCPR）认为 ADI 不是独立风险评估的唯一标准[4]，1995 年 JMPR 开始研究农药急性膳食暴露风险评估，并对食品国际短期摄入量的计算方法进行了修正，亦对膳食暴露评估准则及评估方法进行了修正[5]，2002 年，在对世界上现行的食品安全评价方法，尤其是国际公认的 CAC 的评价方法，WHO GEMS/Food（全球环境监测系统/食品污染监测和评估规划）及 JECFA（FAO、WHO 食品添加剂联合专家委员会）和 JMPR 对食品安全风险评估工作研究的基础之上，检验检疫食品安全管理的研究人员提出了结合残留监控和膳食暴露评估，以食品安全指数 IFS 计算食品中各种化学污染物对消费者的健康危害程度[6]。IFS 是表示食品安全状态的新方法，可有效的评价某种农药的安全性，进而评价食品中各种农药化学污染物对消费者健康的整体危害程度[7, 8]。从理论上分析，IFS_c 可指出食品中的污染物 c 对消费者健康是否存在危害及危害的程度[9]。其优点在于操作简单且结果容易被接受和理解，不需要大量的数据来对结果进行验证，使用默认的标准假设或者模型即可[10, 11]。

1）IFS_c 的计算

IFS_c 计算公式如下：

$$IFS_c = \frac{EDI_c \times f}{SI_c \times bw} \qquad (8\text{-}1)$$

式中，c 为所研究的农药；EDI_c 为农药 c 的实际日摄入量估算值，等于 $\sum(R_i \times F_i \times E_i \times P_i)$（$i$ 为食品种类；R_i 为食品 i 中农药 c 的残留水平，mg/kg；F_i 为食品 i 的估计日消费量，g/（人·天）；E_i 为食品 i 的可食用部分因子；P_i 为食品 i 的加工处理因子）；SI_c 为安全摄入量，可采用每日允许摄入量 ADI；bw 为人平均体重，kg；f 为校正因子，如果安全摄入量采用 ADI，f 取 1。

$IFS_c \ll 1$，农药 c 对食品安全没有影响；$IFS_c \leqslant 1$，农药 c 对食品安全的影响可以接受；$IFS_c > 1$，农药 c 对食品安全的影响不可接受。

本次评价中：

$IFS_c \leqslant 0.1$，农药 c 对果蔬安全没有影响；

$0.1<IFS_c\leq 1$，农药 c 对果蔬安全的影响可以接受；

$IFS_c>1$，农药 c 对果蔬安全的影响不可接受。

本次评价中残留水平 R_i 取值为中国检验检疫科学研究院庞国芳院士课题组对天津市果蔬中的农药残留检测结果。估计日消费量 F_i 取值 0.38 kg/(人·天)，E_i=1，P_i=1，f=1，SI_c 采用《食品安全国家标准　食品中农药最大残留限量》(GB 2763—2016) 中 ADI 值（具体数值见表 8-4），人平均体重 bw 取值 60 kg。

表 8-4　天津市果蔬中残留农药 ADI 值

序号	农药	ADI	序号	农药	ADI	序号	农药	ADI
1	吡丙醚	0.1	32	硫丹	0.006	63	莠去通	—
2	丙草胺	0.018	33	六六六	0.005	64	乙嘧酚磺酸酯	—
3	丙溴磷	0.03	34	氯丹	0.0005	65	缬霉威	—
4	虫螨腈	0.03	35	氯磺隆	0.2	66	*o,p'*-滴滴伊	—
5	哒螨灵	0.01	36	氯菊酯	0.05	67	五氯苯	—
6	稻瘟灵	0.016	37	氯氰菊酯	0.02	68	3,5-二氯苯胺	—
7	滴滴涕	0.01	38	马拉硫磷	0.3	69	苄呋菊酯	—
8	敌敌畏	0.004	39	醚菊酯	0.03	70	利谷隆	—
9	啶酰菌胺	0.04	40	醚菌酯	0.4	71	解草嗪	—
10	毒死蜱	0.01	41	嘧菌环胺	0.03	72	溴丁酰草胺	—
11	多效唑	0.1	42	嘧霉胺	0.2	73	氯硫酰草胺	—
12	噁草酮	0.0036	43	扑草净	0.04	74	五氯苯胺	—
13	噁霜灵	0.01	44	氰戊菊酯	0.02	75	杀螨醚	—
14	二甲戊灵	0.03	45	炔苯酰草胺	0.02	76	抑芽唑	—
15	粉唑醇	0.01	46	炔螨特	0.01	77	特草灵	—
16	氟吡禾灵	0.0007	47	噻菌灵	0.1	78	灭除威	—
17	氟虫腈	0.0002	48	噻嗪酮	0.009	79	杀螨特	—
18	氟硅唑	0.007	49	三氯杀螨醇	0.002	80	杀螺吗啉	—
19	氟乐灵	0.025	50	三唑醇	0.03	81	灭草环	—
20	腐霉利	0.1	51	三唑磷	0.001	82	咪草酸	—
21	禾草灵	0.0023	52	生物苄呋菊酯	0.03	83	茵草敌	—
22	己唑醇	0.005	53	水胺硫磷	0.003	84	五氯苯甲腈	—
23	甲拌磷	0.0007	54	肟菌酯	0.04	85	苯腈磷	—
24	甲草胺	0.01	55	戊唑醇	0.03	86	呋线威	—
25	甲基毒死蜱	0.01	56	烯丙苯噻唑	0.07	87	4,4-二氯二苯甲酮	—
26	甲氰菊酯	0.03	57	烯唑醇	0.005	88	草完隆	—
27	甲霜灵	0.08	58	乙草胺	0.02	89	烯虫酯	—
28	腈菌唑	0.03	59	异丙威	0.002	90	四氟醚唑	—
29	克百威	0.001	60	仲丁威	0.06	91	啶斑肟	—
30	联苯菊酯	0.01	61	威杀灵	—	92	吡螨胺	—
31	邻苯基苯酚	0.4	62	氯杀螨砜	—	93	氟丙菊酯	—

注：“—”表示为国家标准中无 ADI 值规定；ADI 值单位为 mg/kg bw

2）计算 IFS_c 的平均值 $\overline{\text{IFS}}$，判断农药对食品安全影响程度

以 $\overline{\text{IFS}}$ 评价各种农药对人体健康危害的总程度，评价模型见公式（8-2）。

$$\overline{\text{IFS}}=\frac{\sum_{i=1}^{n}\text{IFS}_\text{c}}{n} \quad (8\text{-}2)$$

$\overline{\text{IFS}}\ll 1$，所研究消费者人群的食品安全状态很好；$\overline{\text{IFS}}\leqslant 1$，所研究消费者人群的食品安全状态可以接受；$\overline{\text{IFS}}>1$，所研究消费者人群的食品安全状态不可接受。

本次评价中：

$\overline{\text{IFS}}\leqslant 0.1$，所研究消费者人群的果蔬安全状态很好；

$0.1<\overline{\text{IFS}}\leqslant 1$，所研究消费者人群的果蔬安全状态可以接受；

$\overline{\text{IFS}}>1$，所研究消费者人群的果蔬安全状态不可接受。

8.1.2.2 预警风险评价模型

2003 年，我国检验检疫食品安全管理的研究人员根据 WTO 的有关原则和我国的具体规定，结合危害物本身的敏感性、风险程度及其相应的施检频率，首次提出了食品中危害物风险系数 R 的概念[12]。R 是衡量一个危害物的风险程度大小最直观的参数，即在一定时期内其超标率或阳性检出率的高低，但受其施检测率的高低及其本身的敏感性（受关注程度）影响。该模型综合考察了农药在蔬菜中的超标率、施检频率及其本身敏感性，能直观而全面地反映出农药在一段时间内的风险程度[13]。

1）R 计算方法

危害物的风险系数综合考虑了危害物的超标率或阳性检出率、施检频率和其本身的敏感性影响，并能直观而全面地反映出危害物在一段时间内的风险程度。风险系数 R 的计算公式如式（8-3）：

$$R=aP+\frac{b}{F}+S \quad (8\text{-}3)$$

式中，P 为该种危害物的超标率；F 为危害物的施检频率；S 为危害物的敏感因子；a，b 分别为相应的权重系数。

本次评价中 F=1；S=1；a=100；b=0.1，对参数 P 进行计算，计算时首先判断是否为禁药，如果为非禁药，P=超标的样品数（检测出的含量高于食品最大残留限量标准值，即 MRL）除以总样品数（包括超标、不超标、未检出）；如果为禁药，则检出即为超标，P=能检出的样品数除以总样品数。判断天津市果蔬农药残留是否超标的标准限值 MRL 分别以 MRL 中国国家标准[14]和 MRL 欧盟标准作为对照，具体值列于本报告附表一中。

2）判断风险程度

$R\leqslant 1.5$，受检农药处于低度风险；

$1.5<R\leqslant 2.5$，受检农药处于中度风险；

$R>2.5$，受检农药处于高度风险。

8.1.2.3　食品膳食暴露风险和预警风险评价应用程序的开发

1）应用程序开发的步骤

为成功开发膳食暴露风险和预警风险评价应用程序，与软件工程师多次沟通讨论，逐步提出并描述清楚计算需求，开发了初步应用程序。在软件应用过程中，根据风险评价拟得到结果的变化，计算需求发生变更，这些变化给软件工程师进行需求分析带来一定的困难，经过各种细节的沟通，需求分析得到明确后，开始进行解决方案的设计，在保证需求的完整性、一致性的前提下，编写代码，最后设计出风险评价专用计算软件。软件开发基本步骤见图 8-3。

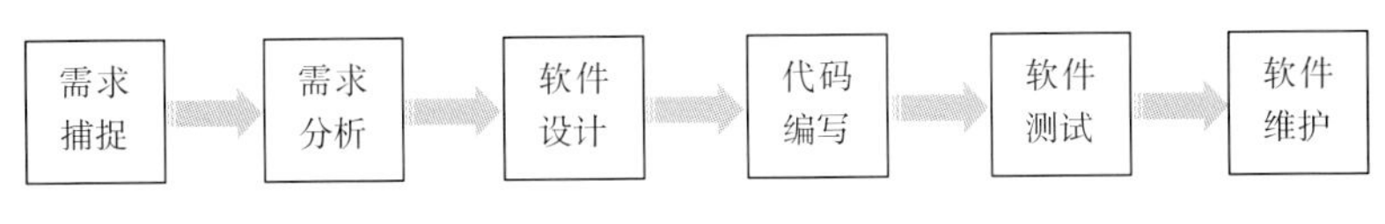

图 8-3　专用程序开发总体步骤

2）膳食暴露风险评价专业程序开发的基本要求

首先直接利用公式（8-1），分别计算 LC-Q-TOF/MS 和 GC-Q-TOF/MS 仪器检出的各果蔬样品中每种农药 IFS_c，将结果列出。为考察超标农药和禁用农药的使用安全性，分别以我国《食品安全国家标准　食品中农药最大残留限量》（GB 2763—2016）和欧盟食品中农药最大残留限量（以下简称 MRL 中国国家标准和 MRL 欧盟标准）为标准，对检出的禁药和超标的非禁药 IFS_c 单独进行评价；按 IFS_c 大小列表，并找出 IFS_c 值排名前 20 的样本重点关注。

对不同果蔬 i 中每一种检出的农药 c 的安全指数进行计算，多个样品时求平均值。若监测数据为该市多个月的数据，则逐月、逐季度分别列出每个月、每个季度内每一种果蔬 i 对应的每一种农药 c 的 IFS_c。

按农药种类，计算整个监测时间段内每种农药的 IFS_c，不区分果蔬。若检测数据为该市多个月的数据，则需分别计算每个月、每个季度内每种农药的 IFS_c。

3）预警风险评价专业程公式序开发的基本要求

分别以 MRL 中国国家标准和 MRL 欧盟标准，按公式（8-3）逐个计算不同果蔬、不同农药的风险系数，禁药和非禁药分别列表。

为清楚了解各种农药的预警风险，不分时间，不分果蔬，按禁用农药和非禁药分类，分别计算各种检出农药全部检测时段内风险系数。由于有 MRL 中国国家标准的农药种类太少，无法计算超标数，非禁药的风险系数只以 MRL 欧盟标准为标准，进行计算。若检测数据为多个月的，则按月计算每个月、每个季度内每种禁用农药残留的风险系数和以 MRL 欧盟标准为标准的非禁药残留的风险系数。

4）风险程度评价专业应用程序的开发方法

采用 Python 计算机程序设计语言，Python 是一个高层次的结合了解释性、编译性、互动性和面向对象的脚本语言。风险评价专用程序主要功能包括：分别读入每例样品

LC-Q-TOF/MS 和 GC-Q-TOF/MS 农药残留检测数据，根据风险评价工作要求，依次对不同农药、不同食品、不同时间、不同采样点的 IFS_c 值和 R 值分别进行数据计算，筛选出禁用农药、超标农药（分别与 MRL 中国国家标准、MRL 欧盟标准限值进行对比）单独重点分析，再分别对各农药、各果蔬种类分类处理，设计出计算和排序程序，编写计算机代码，最后将生成的膳食暴露风险评价和超标风险评价定量计算结果列入设计好的各个表格中，并定性判断风险对目标的影响程度，直接用文字描述风险发生的高低，如“不可接受”“可以接受”“没有影响”“高度风险”“中度风险”“低度风险”。

8.2 天津市果蔬农药残留膳食暴露风险评估

8.2.1 果蔬样品中农药残留安全指数分析

基于 2015 年 3 月~2015 年 4 月农药残留检测数据，发现在 394 例样品中检出农药 882 频次，计算样品中每种残留农药的安全指数 IFS_c，并分析农药对样品安全的影响程度，结果详见附表二，农药残留对果蔬样品安全的影响程度频次分布情况如图 8-4 所示。

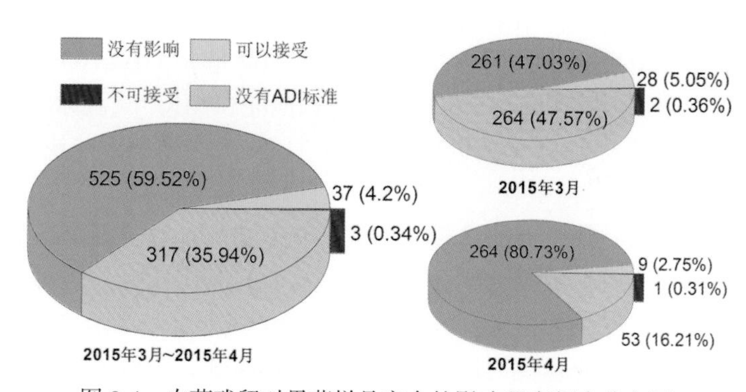

图 8-4 农药残留对果蔬样品安全的影响程度频次分布图

由图 8-4 可以看出，农药残留对样品安全的影响不可接受的频次为 3，占 0.34%；农药残留对样品安全的影响可以接受的频次为 37，占 4.2%；农药残留对样品安全的没有影响的频次为 525，占 59.52%。2015 年 3 月和 2015 年 4 月的果蔬农药检出频次分别为 555 和 327。对果蔬样品安全影响不可接受的残留农药安全指数如表 8-5 所示。

表 8-5 对果蔬样品安全影响不可接受的残留农药安全指数表

序号	样品编号	采样点	基质	农药	含量（mg/kg）	IFS_c
1	20150302-120106-CAIQ-GP-02A	***超市（红桥商场店）	葡萄	五氯苯甲腈	0.3490	2.2103
2	20150302-120103-CAIQ-CU-04A	***超市（紫金山路店）	黄瓜	吡丙醚	0.3824	2.4219
3	20150401-120223-CAIQ-PP-20A	***百货超市（银桥商场店）	甜椒	哒螨灵	0.1429	1.2929

此次检测，发现部分样品检出禁用农药，为了明确残留的禁用农药对样品安全的影响，分析检出禁药残留的样品安全指数。

禁用农药残留对果蔬样品安全的影响程度频次分布情况如图 8-5 所示，所有果蔬中检出禁用农药 98 频次，其中农药残留对样品安全的影响不可接受的频次为 1，占 1.02%；农药残留对样品安全的影响可以接受的频次为 18，占 18.37%；农药残留对样品安全没有影响的频次为 79，占 80.61%。2015 年 3 月和 2015 年 4 月的果蔬农药检出频次分别为 56 和 42。表 8-6 为对果蔬样品安全影响不可接受的残留禁用农药安全指数表。

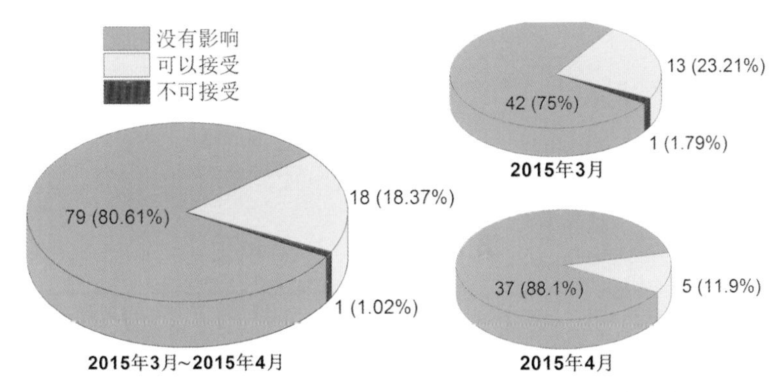

图 8-5　禁用农药残留对果蔬样品安全的影响程度频次分布图

表 8-6　对果蔬样品安全影响不可接受的残留禁用农药安全指数表

序号	样品编号	采样点	基质	农药	含量（mg/kg）	IFS_c
1	20150308-120116-CAIQ-JC-10A	***超市（福州道店）	韭菜	甲拌磷	0.1429	1.2929

此外，本次检测发现部分样品中非禁用农药残留量超过 MRL 中国国家标准和欧盟标准，为了明确超标的非禁药对样品安全的影响，分析非禁药残留超标的样品安全指数。

果蔬样品中残留量超过 MRL 中国国家标准的非禁用农药安全指数如表 8-7 所示。可以看出，检出超过 MRL 中国国家标准的非禁用农药共 8 频次，其中农药残留对样品安全的影响不可接受的频次为 2；农药残留对样品安全的影响可以接受的频次为 1；农药残留对样品安全没有影响的频次为 5。

表 8-7　果蔬样品中残留超标的非禁用农药安全指数表（MRL 中国国家标准）

序号	样品编号	采样点	基质	农药	含量（mg/kg）	中国国家标准	超标倍数	IFS_c	影响程度
1	20150302-120103-CAIQ-OR-04A	***超市（紫金山路店）	橘	三唑磷	0.3824	0.2	0.91	2.4219	不可接受
2	20150302-120103-CAIQ-OR-05A	***超市（河西店）	橘	三唑磷	0.3490	0.2	0.75	2.2103	不可接受

续表

序号	样品编号	采样点	基质	农药	含量（mg/kg）	中国国家标准	超标倍数	IFS_c	影响程度
3	20150401-120110-CAIQ-OR-16A	***超市（东丽店）	芹菜	毒死蜱	0.2765	0.05	4.53	0.1751	可以接受
4	20150302-120103-CAIQ-OR-05A	***超市（河西店）	韭菜	毒死蜱	0.1442	0.1	0.44	0.0913	没有影响
5	20150308-120105-CAIQ-JC-08A	***超市（金钟店）	橘	丙溴磷	0.3668	0.2	0.83	0.0774	没有影响
6	20150401-120223-CAIQ-CE-20A	***超市（银桥商场店）	韭菜	毒死蜱	0.1137	0.1	0.14	0.0720	没有影响
7	20150308-120116-CAIQ-JC-10A	***超市（福州道店）	橘	丙溴磷	0.2361	0.2	0.18	0.0498	没有影响
8	20150302-120106-CAIQ-JC-01A	***超市（水木天成店）	韭菜	腐霉利	0.4153	0.2	1.08	0.0263	没有影响

由图 8-6 为残留量超过 MRL 欧盟标准的非禁用农药对果蔬样品安全的影响程度频次分布图，可以看出检出超过 MRL 欧盟标准的非禁用农药共 174 频次，其中农药残留对样品安全的影响不可接受的频次为 2，占 1.15%；农药残留对样品安全的影响可以接受的频次为 12，占 6.9%；农药残留对样品安全没有影响的频次为 103，占 59.2%。表 8-8 为对果蔬样品安全影响不可接受的残留量超过 MRL 欧盟标准的非禁用农药的安全指数表。

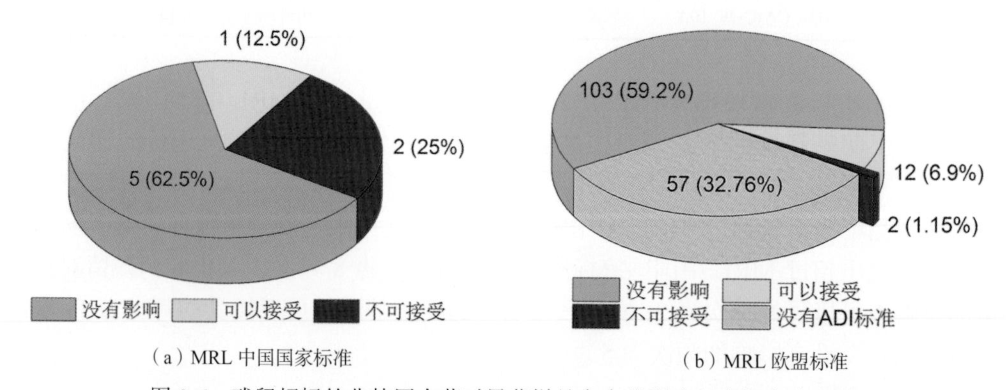

图 8-6 残留超标的非禁用农药对果蔬样品安全的影响程度频次分布图

表 8-8 对果蔬样品安全影响不可接受的残留超标非禁用农药安全指数表（MRL 欧盟标准）

序号	样品编号	采样点	基质	农药	含量（mg/kg）	欧盟标准	超标倍数	IFS_c
1	20150302-120103-CAIQ-OR-05A	***超市（河西店）	橘	三唑磷	0.3824	0.01	37.24	2.4219
2	20150302-120103-CAIQ-OR-04A	***超市（紫金山路店）	橘	三唑磷	0.3490	0.01	33.90	2.2103

在394例样品中，69例样品未检测出农药残留，325例样品中检测出农药残留，计算每例有农药检出的样品的$\overline{IFS}$值，进而分析样品的安全状态结果如图8-7所示（未检出农药的样品安全状态视为很好）。可以看出，13例样品安全状态可以接受，占3.3%，284例样品安全状态很好，占72.08%。表8-9为$\overline{IFS}$值排名前十的果蔬样品列表。

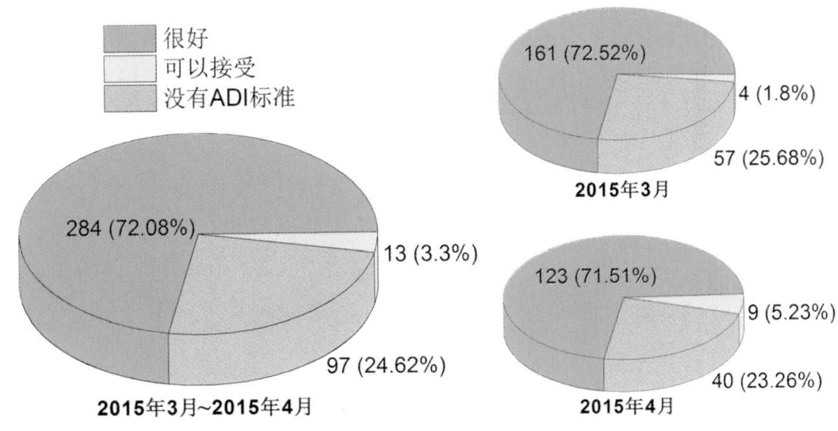

图8-7 果蔬样品安全状态分布图

表8-9 $\overline{IFS}$值排名前十的果蔬样品列表

序号	样品编号	采样点	基质	$\overline{IFS}$	安全状态
1	20150308-120116-CAIQ-JC-10A	***超市（福州道店）	韭菜	0.6921	可以接受
2	20150308-120104-CAIQ-JC-09A	***超市（南开店）	韭菜	0.6152	可以接受
3	20150302-120103-CAIQ-OR-04A	***超市（紫金山路店）	橘	0.5664	可以接受
4	20150302-120103-CAIQ-OR-05A	***超市（河西店）	橘	0.4263	可以接受
5	20150302-120106-CAIQ-BO-02A	***超市（红桥商场店）	菠菜	0.2048	可以接受
6	20150308-120115-CAIQ-TH-12A	***超市（宝坻区店）	茼蒿	0.1926	可以接受
7	20150308-120116-CAIQ-CE-10A	***超市（福州道店）	芹菜	0.1841	可以接受
8	20150302-120106-CAIQ-CE-02A	***超市（红桥商场店）	芹菜	0.1686	可以接受
9	20150302-120103-CAIQ-XL-05A	***超市（河西店）	青花菜	0.1487	可以接受
10	20150308-120101-CAIQ-PP-06A	***超市（西康路店）	甜椒	0.1202	可以接受

8.2.2 单种果蔬中农药残留安全指数分析

本次检测的果蔬共计22种，22种果蔬中结球甘蓝没有检测出农药残留，共检测出93种残留农药，其中60种农药存在ADI标准。计算每种果蔬中农药的IFS_c值，结果如图8-8所示。

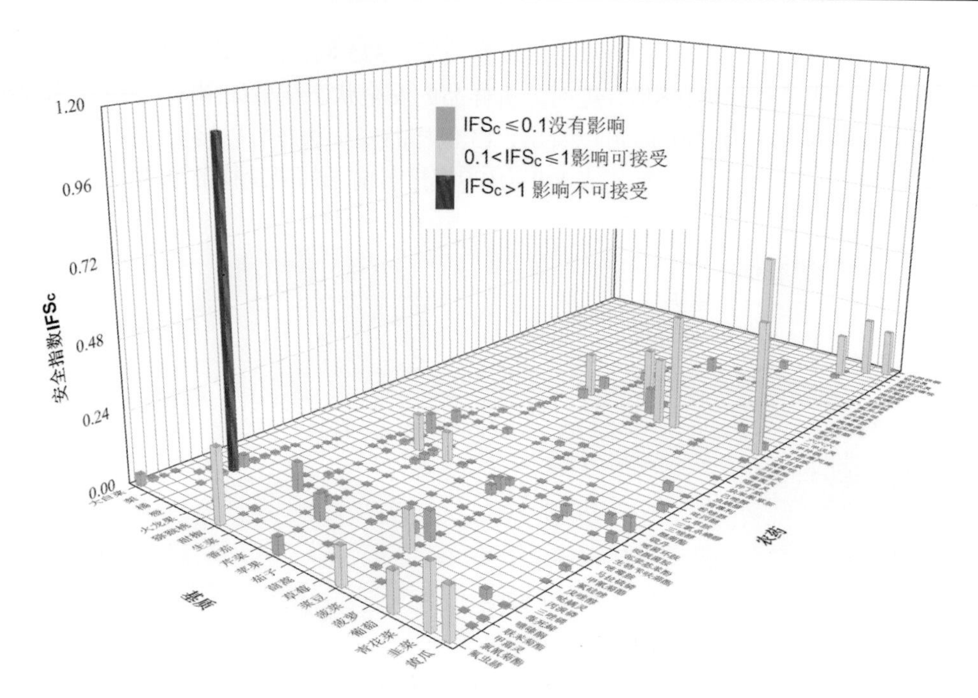

图 8-8　21 种果蔬中 93 种残留农药的安全指数

分析发现只有三唑磷残留对橘的食品安全影响不可接受，如表 8-10 所示。

表 8-10　对单种果蔬安全影响不可接受的残留农药安全指数表

序号	基质	农药	检出频次	检出率	IFS>1 的频次	IFS>1 的比例	IFS_c
1	橘	三唑磷	5	27.78%	2	11.11%	1.1131

本次检测中，21 种果蔬和 93 种残留农药（包括没有 ADI）共涉及 275 个分析样本，农药对果蔬安全的影响程度的分布情况如图 8-9 所示。

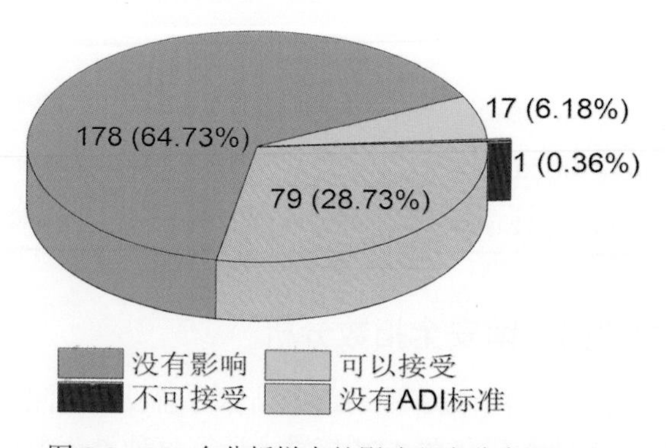

图 8-9　275 个分析样本的影响程度分布图

此外，分别计算 21 种果蔬中所有检出农药 IFS_c 的平均值 $\overline{IFS}$，分析每种果蔬的安全状态，结果如图 8-10 所示，分析发现，2 种果蔬（9.52%）的安全状态可以接受，19 种（90.48%）果蔬的安全状态很好。

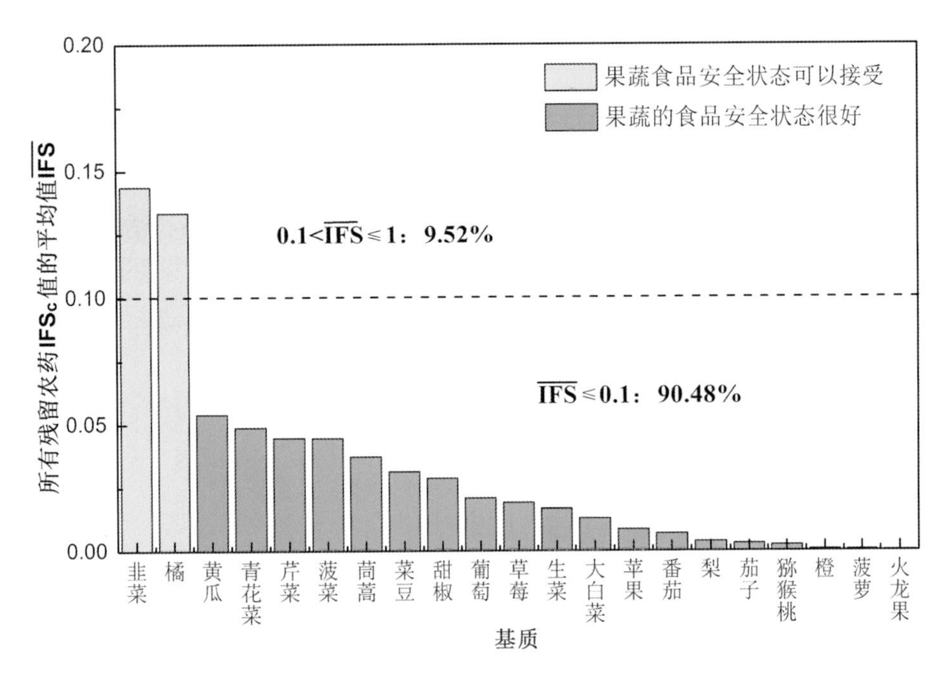

图 8-10　21 种果蔬的$\overline{IFS}$值和安全状态

为了分析不同月份内农药残留对单种果蔬安全的影响，对每个月内单种果蔬中的农药的 IFS_c 值进行分析。每个月内检测的果蔬种数和检出农药种数以及涉及的分析样本数如表 8-11 所示。样本中农药对果蔬安全的影响程度分布情况如图 8-11 所示。

表 8-11　各月份内果蔬种数、检出农药种数和分析样本数

分析指标	2015 年 3 月	2015 年 4 月
果蔬种数	22	22
农药种数	66	64
样本数	189	163

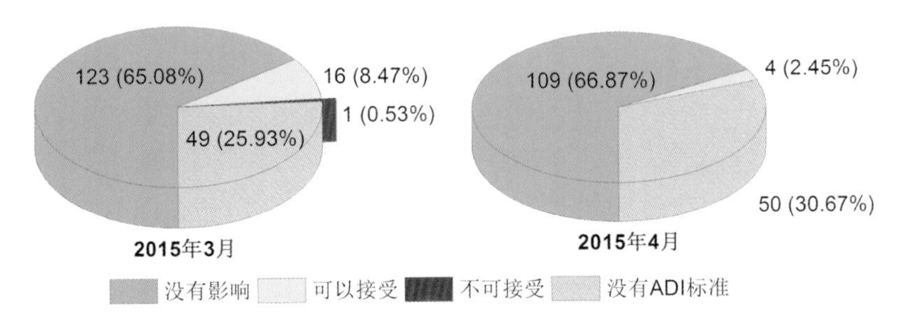

图 8-11　各月份内农药残留对单种果蔬安全的影响程度分布图

由图 8-11 可以看出，2015 年 4 月份内的果蔬中残留农药对果蔬安全的影响均在可以接受和没有影响的范围内，2015 年 3 月内有一个样本安全处于不可接受的状态，即有一种残留农药对一种果蔬的安全影响不可接受，如表 8-12 所示。

表 8-12　各月份内对单种果蔬安全影响不可接受的残留农药安全指数表

序号	年月	基质	农药	检出频次	检出率	IFS>1 的频次	IFS>1 的比例	IFS_c
1	2015 年 3 月	橘	三唑磷	2	16.67%	2	16.67%	2.3161

计算每个月份内每种果蔬的$\overline{IFS}$值，以评价每种果蔬的安全状态，结果如图 8-12 所示，可以看出，两个月份内所有种类果蔬安全状态均处于很好和可以接受范围内。

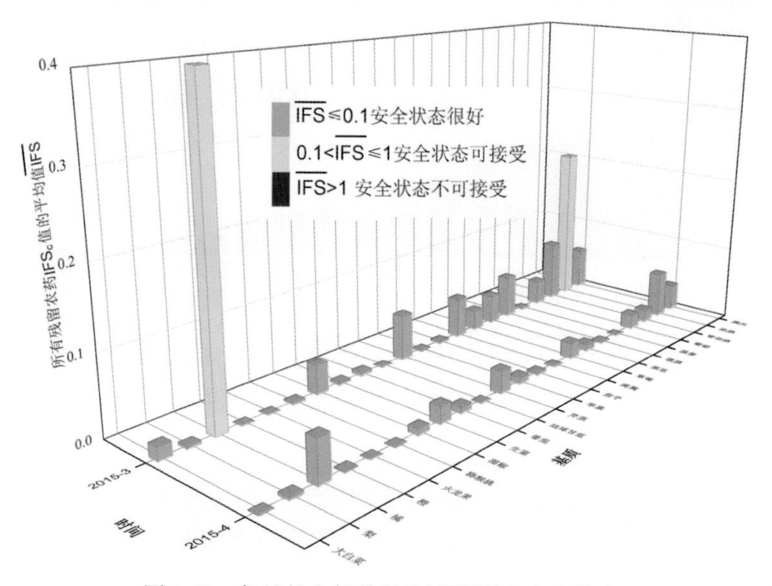

图 8-12　各月份内每种果蔬的$\overline{IFS}$值与安全状态

8.2.3　所有果蔬中农药残留安全指数分析

计算所有果蔬中 60 种残留农药的 IFS_c 值，结果如图 8-13 及表 8-13 所示。

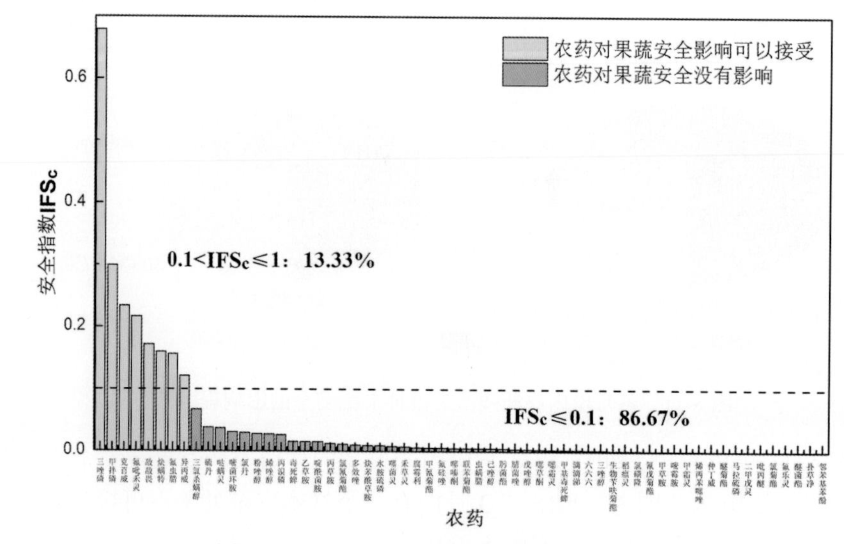

图 8-13　果蔬中 60 种残留农药的安全指数

分析发现，所有农药对果蔬的影响均在没有影响和可接受的范围内，其中 13.33%的农药对果蔬安全的影响可以接受，86.67%的农药对果蔬安全没有影响。

表 8-13　果蔬中 60 种残留农药的安全指数表

序号	农药	检出频次	检出率（%）	IFS_c	影响程度	序号	农药	检出频次	检出率（%）	IFS_c	影响程度
1	三唑磷	9	2.28	0.6788	可以接受	27	腐霉利	67	17.01	0.0059	没有影响
2	克百威	6	1.52	0.2338	可以接受	28	虫螨腈	11	2.79	0.0048	没有影响
3	氟吡禾灵	1	0.25	0.2162	可以接受	29	甲氰菊酯	12	3.05	0.0057	没有影响
4	甲拌磷	8	2.03	0.2993	可以接受	30	噻菌灵	6	1.52	0.0082	没有影响
5	敌敌畏	2	0.51	0.1716	可以接受	31	噻嗪酮	3	0.76	0.005	没有影响
6	炔螨特	2	0.51	0.1599	可以接受	32	己唑醇	2	0.51	0.0048	没有影响
7	氟虫腈	12	3.05	0.1562	可以接受	33	腈菌唑	10	2.54	0.0038	没有影响
8	异丙威	7	1.78	0.1213	可以接受	34	肟菌酯	12	3.05	0.0044	没有影响
9	三氯杀螨醇	1	0.25	0.0675	没有影响	35	联苯菊酯	23	5.84	0.0049	没有影响
10	硫丹	68	17.26	0.0378	没有影响	36	噁草酮	1	0.25	0.0028	没有影响
11	丙溴磷	19	4.82	0.0262	没有影响	37	噁霜灵	1	0.25	0.0027	没有影响
12	氯丹	1	0.25	0.0291	没有影响	38	戊唑醇	29	7.36	0.0032	没有影响
13	烯唑醇	1	0.25	0.0274	没有影响	39	甲基毒死蜱	1	0.25	0.0025	没有影响
14	嘧菌环胺	7	1.78	0.0303	没有影响	40	滴滴涕	1	0.25	0.0024	没有影响
15	哒螨灵	25	6.35	0.0367	没有影响	41	六六六	1	0.25	0.0023	没有影响
16	粉唑醇	3	0.76	0.0277	没有影响	42	三唑醇	10	2.54	0.0023	没有影响
17	毒死蜱	43	10.91	0.0155	没有影响	43	生物苄呋菊酯	6	1.52	0.0015	没有影响
18	丙草胺	1	0.25	0.0123	没有影响	44	仲丁威	5	1.27	0.0007	没有影响
19	多效唑	5	1.27	0.01	没有影响	45	稻瘟灵	1	0.25	0.0012	没有影响
20	氯氰菊酯	1	0.25	0.0112	没有影响	46	氯磺隆	3	0.76	0.0012	没有影响
21	炔苯酰草胺	1	0.25	0.0093	没有影响	47	氰戊菊酯	1	0.25	0.0011	没有影响
22	水胺硫磷	1	0.25	0.0093	没有影响	48	甲草胺	1	0.25	0.0011	没有影响
23	啶酰菌胺	34	8.63	0.0149	没有影响	49	甲霜灵	15	3.81	0.0009	没有影响
24	乙草胺	5	1.27	0.0151	没有影响	50	嘧霉胺	39	9.9	0.0011	没有影响
25	禾草灵	1	0.25	0.0074	没有影响	51	烯丙苯噻唑	9	2.28	0.0009	没有影响
26	氟硅唑	5	1.27	0.0056	没有影响	52	马拉硫磷	2	0.51	0.0005	没有影响

续表

序号	农药	检出频次	检出率（%）	IFS_c	影响程度	序号	农药	检出频次	检出率（%）	IFS_c	影响程度
53	二甲戊灵	1	0.25	0.0005	没有影响	57	氟乐灵	1	0.25	0.0003	没有影响
54	醚菊酯	7	1.78	0.0006	没有影响	58	醚菌酯	3	0.76	0.0002	没有影响
55	吡丙醚	8	2.03	0.0004	没有影响	59	扑草净	1	0.25	0.0002	没有影响
56	氯菊酯	1	0.25	0.0003	没有影响	60	邻苯基苯酚	2	0.51	0	没有影响

对两个月内所有果蔬中残留农药的 IFS_c 进行分析，结果如图 8-14 所示。

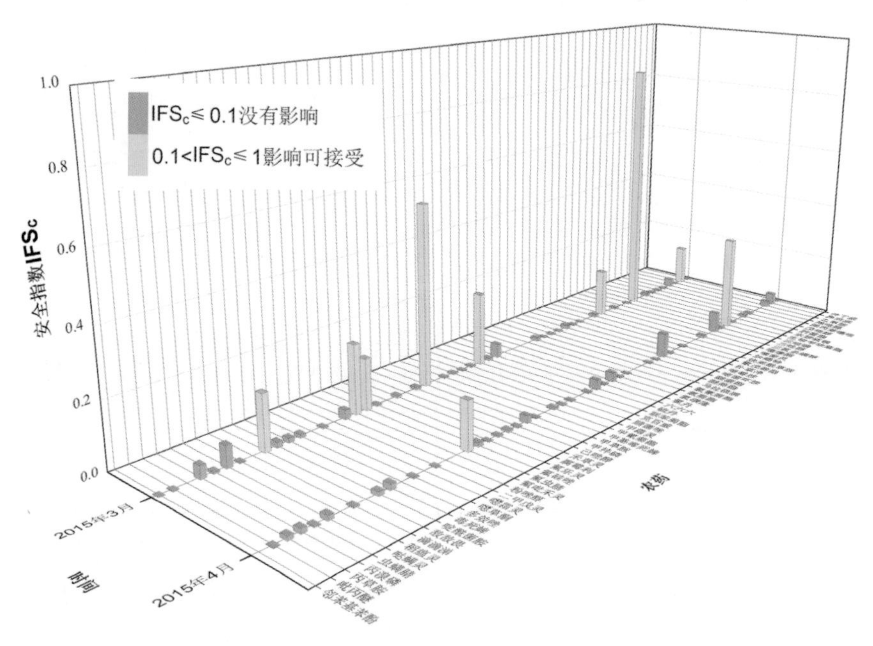

图 8-14 各月份内果蔬中每种残留农药的安全指数

每月内农药对果蔬安全影响程度分布情况如图 8-15 所示。可以看出两个月均没有对果蔬安全影响不可接受的农药残留。2015 年 3 月和 2015 年 4 月两个月内对果蔬安全影响可以接受的农药种数分别占 17.78%和 4.76%，对果蔬安全没有影响的农药种数分别占 82.22%和 95.24%。

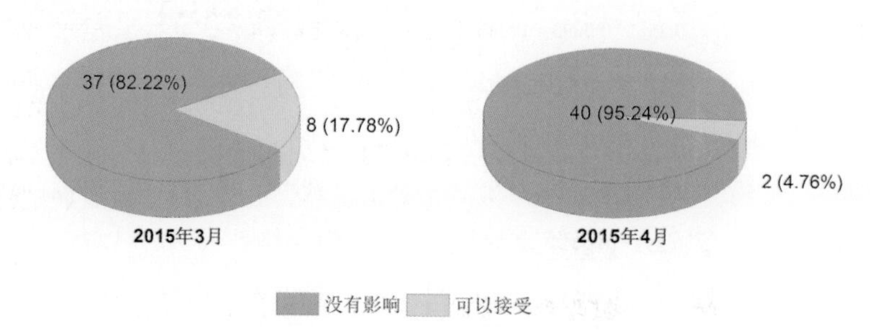

图 8-15 各月份内农药残留对果蔬安全的影响程度分布图

计算每个月内果蔬的$\overline{\text{IFS}}$，以分析每月份内果蔬的安全状态，结果如图 8-16 所示，可以看出，两个月内的果蔬$\overline{\text{IFS}}$值均小于 0.1，说明两个月内果蔬均处于很好的安全状态。

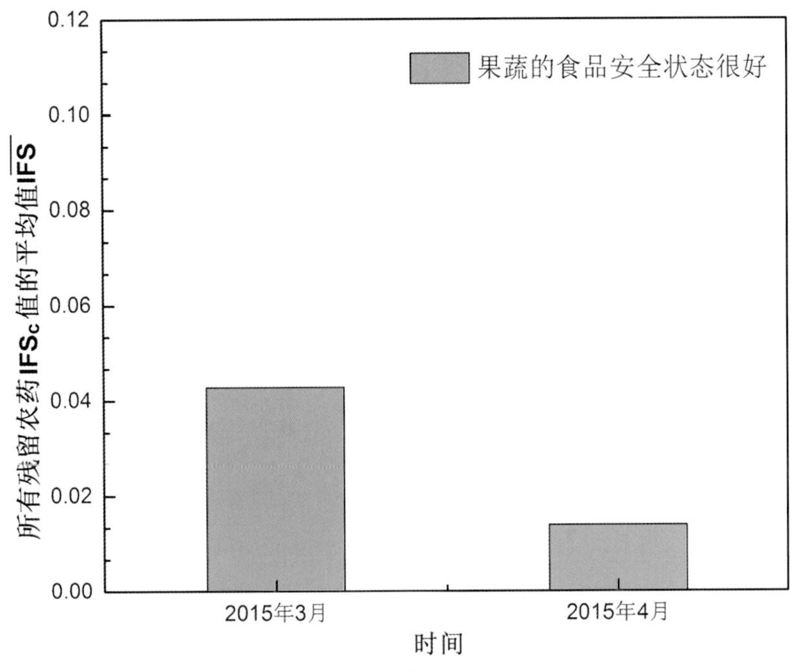

图 8-16 各月份内果蔬的$\overline{\text{IFS}}$值与安全状态

8.3 天津市果蔬农药残留预警风险评估

基于天津市果蔬中农药残留 GC-Q-TOF/MS 侦测数据，参照中华人民共和国国家标准 GB 2763—2016 和欧盟农药最大残留限量（MRL）标准分析农药残留的超标情况，并计算农药残留风险系数。分析每种果蔬中农药残留的风险程度。

8.3.1 单种果蔬中农药残留风险系数分析

8.3.1.1 单种果蔬中禁用农药残留风险系数分析

检出的 93 种残留农药中有 8 种为禁用农药，在 15 种果蔬中检测出禁药残留，计算单种果蔬中禁药的检出率，根据检出率计算风险系数 *R*，进而分析单种果蔬中每种禁药残留的风险程度，结果如图 8-17 和表 8-14 所示。本次分析涉及样本 32 个，可以看出 32 个样本中禁药残留均处于高度风险。

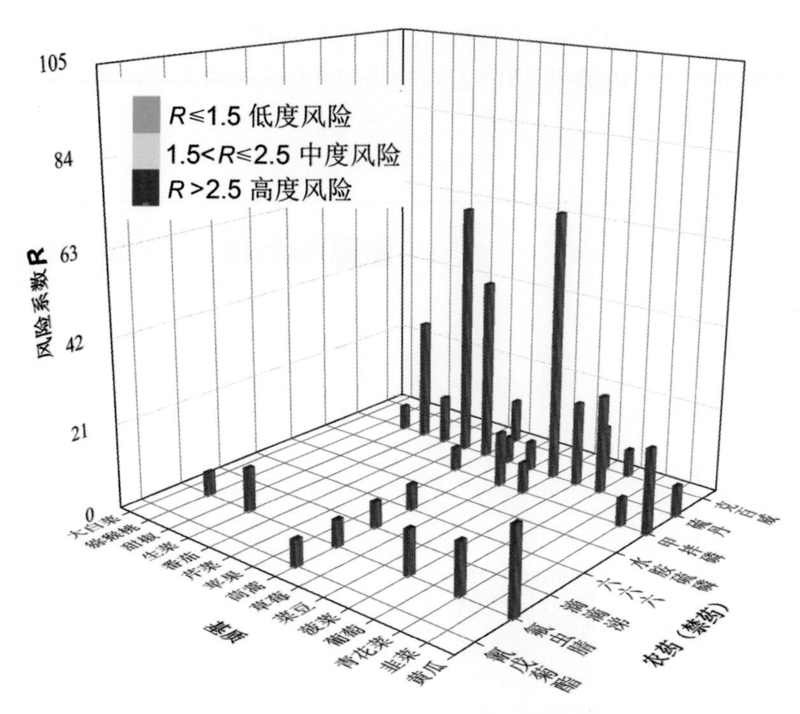

图 8-17　15 种果蔬中 8 种禁用农药残留的风险系数

表 8-14　15 种果蔬中 8 种禁用农药残留的风险系数表

序号	基质	农药	检出频次	检出率	风险系数 R	风险程度
1	黄瓜	硫丹	17	89.47%	90.6	高度风险
2	草莓	硫丹	10	66.67%	67.8	高度风险
3	番茄	硫丹	12	63.16%	64.3	高度风险
4	芹菜	硫丹	9	45.00%	46.1	高度风险
5	甜椒	硫丹	6	30.00%	31.1	高度风险
6	菠菜	硫丹	4	23.53%	24.6	高度风险
7	韭菜	氟虫腈	3	20.00%	21.1	高度风险
8	韭菜	甲拌磷	3	20.00%	21.1	高度风险
9	菜豆	硫丹	4	20.00%	21.1	高度风险
10	茼蒿	甲拌磷	2	12.50%	13.6	高度风险
11	葡萄	氟虫腈	2	11.76%	12.9	高度风险
12	生菜	硫丹	2	11.11%	12.2	高度风险
13	菜豆	氟虫腈	2	10.00%	11.1	高度风险
14	甜椒	氟虫腈	2	10.00%	11.1	高度风险
15	菜豆	克百威	2	10.00%	11.1	高度风险
16	芹菜	克百威	2	10.00%	11.1	高度风险
17	草莓	甲拌磷	1	6.67%	7.8	高度风险
18	韭菜	硫丹	1	6.67%	7.8	高度风险

续表

序号	基质	农药	检出频次	检出率	风险系数 R	风险程度
19	茼蒿	硫丹	1	6.25%	7.4	高度风险
20	青花菜	甲拌磷	1	5.88%	7.0	高度风险
21	菠菜	克百威	1	5.88%	7.0	高度风险
22	苹果	滴滴涕	1	5.56%	6.7	高度风险
23	苹果	氟虫腈	1	5.56%	6.7	高度风险
24	苹果	硫丹	1	5.56%	6.7	高度风险
25	苹果	六六六	1	5.56%	6.7	高度风险
26	苹果	氰戊菊酯	1	5.56%	6.7	高度风险
27	黄瓜	氟虫腈	1	5.26%	6.4	高度风险
28	黄瓜	克百威	1	5.26%	6.4	高度风险
29	猕猴桃	硫丹	1	5.26%	6.4	高度风险
30	黄瓜	水胺硫磷	1	5.26%	6.4	高度风险
31	大白菜	氟虫腈	1	5.00%	6.1	高度风险
32	芹菜	甲拌磷	1	5.00%	6.1	高度风险

8.3.1.2 基于MRL中国国家标准的单种果蔬中非禁用农药残留风险系数分析

参照中华人民共和国国家标准GB 2763—2016中农药残留限量计算每种果蔬中每种非禁用农药的超标率进而计算其风险系数，根据风险系数大小判断残留农药的预警风险程度，果蔬中非禁用农药残留风险程度分布情况如图8-18所示。

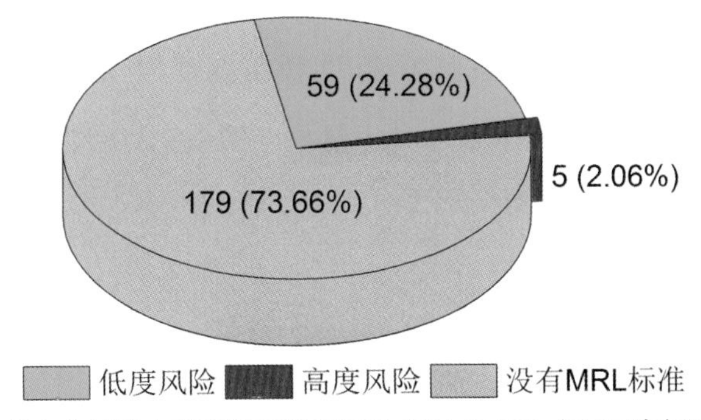

图8-18 果蔬中非禁用农药残留风险程度分布图（MRL中国国家标准）

本次分析中，发现在21种果蔬中检出85种残留非禁用农药，涉及样本243个，在243个样本中，2.06%处于高度风险，24.28%处于低度风险，此外发现有179个样本没有中国MRL标准值，无法判断其风险程度，有中国MRL标准值的64个样本涉及17种果蔬中的33种非禁用农药，其风险系数R值如图8-19所示。表8-15为非禁用农药残留处于高度风险的果蔬列表。

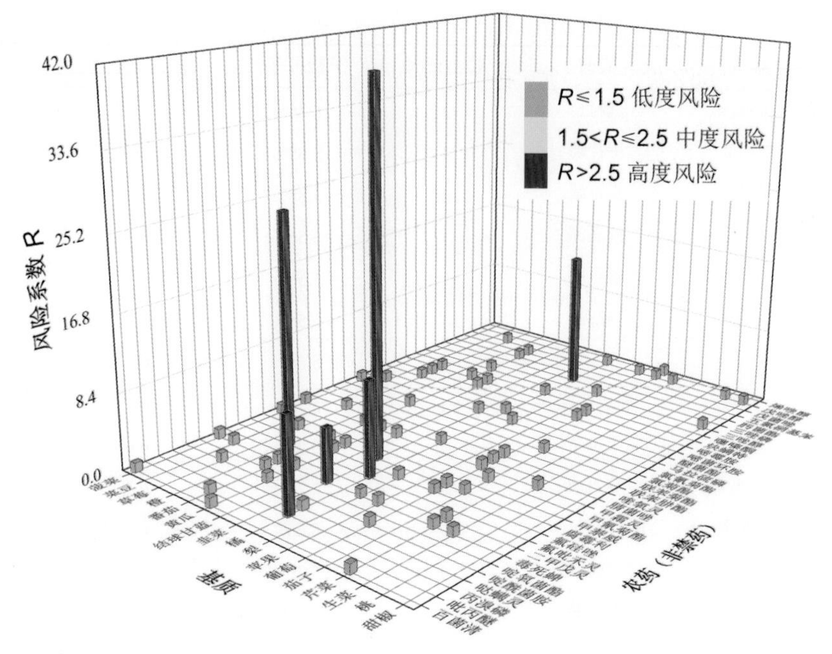

图 8-19　17 种果蔬中 33 种非禁用农药的风险系数（MRL 中国国家标准）

表 8-15　单种果蔬中处于高度风险的非禁用农药残留的风险系数表（MRL 中国国家标准）

序号	基质	农药	超标频次	超标率 P	风险系数 R
1	韭菜	毒死蜱	2	13.33%	14.4
2	橘	丙溴磷	2	11.11%	12.2
3	橘	三唑磷	2	11.11%	12.2
4	韭菜	腐霉利	1	6.67%	7.8
5	芹菜	毒死蜱	1	5.00%	6.1

8.3.1.3　基于 MRL 欧盟标准的单种果蔬中非禁用农药残留风险系数分析

参照 MRL 欧盟标准计算每种果蔬中每种非禁用农药的超标率进而计算其风险系数，根据风险系数大小判断残留农药的预警风险程度，果蔬中非禁用农药残留风险程度分布情况如图 8-20 所示。

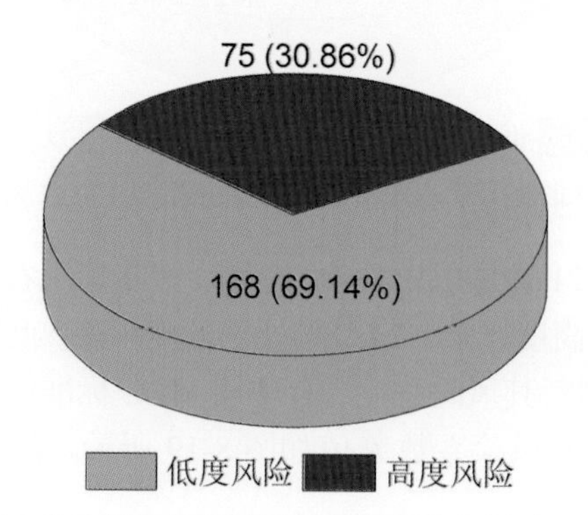

图 8-20　果蔬中非禁用农药残留的风险程度分布图（MRL 欧盟标准）

本次分析中，发现在 21 种果蔬中检出 85 种残留非禁用农药，涉及样本 243 个，在 243 个样本中，30.86%处于高度风险，涉及 18 种果蔬中的 40 种农药，69.14%处于低度风险，涉及 21 种果蔬中的 61 种农药。所有果蔬中的每种非禁用农药的风险系数 R 值如图 8-21 所示。农药残留处于高度风险的果蔬风险系数如图 8-22 和表 8-16 所示。

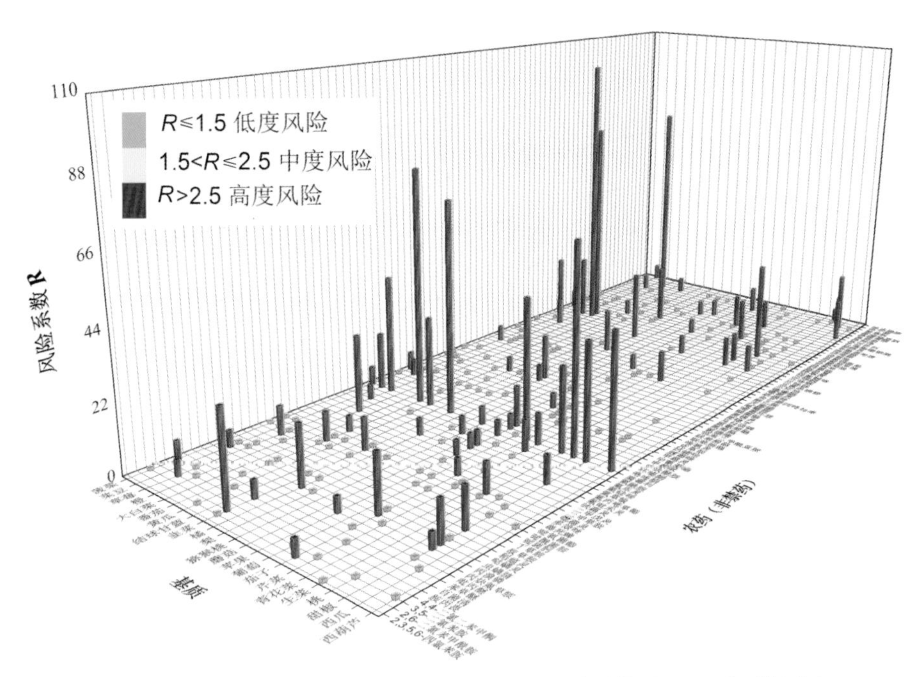

图 8-21　21 种果蔬中 85 种非禁用农药残留的风险系数（MRL 欧盟标准）

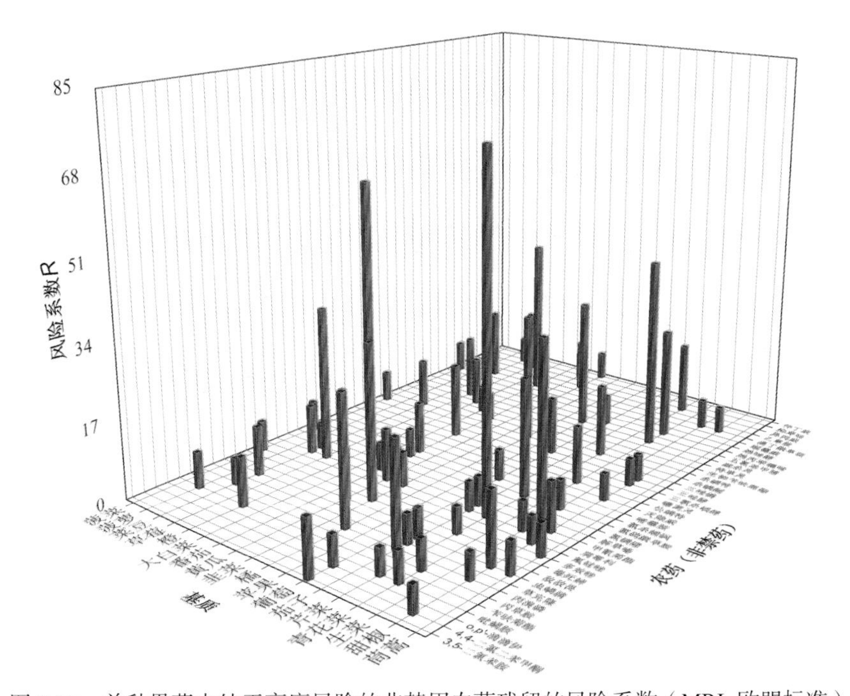

图 8-22　单种果蔬中处于高度风险的非禁用农药残留的风险系数（MRL 欧盟标准）

表 8-16　单种果蔬中处于高度风险的非禁用农药残留的风险系数表（MRL 欧盟标准）

序号	基质	农药	超标频次	超标率 *P*	风险系数 *R*
1	芹菜	腐霉利	15	75.00%	76.1
2	番茄	腐霉利	12	63.16%	64.3
3	青花菜	威杀灵	7	41.18%	42.3
4	甜椒	腐霉利	8	40.00%	41.1
5	大白菜	缬霉威	7	35.00%	36.1
6	韭菜	毒死蜱	5	33.33%	34.4
7	草莓	腐霉利	5	33.33%	34.4
8	橘	丙溴磷	5	27.78%	28.9
9	橘	三唑磷	5	27.78%	28.9
10	苹果	威杀灵	5	27.78%	28.9
11	芹菜	氯硫酰草胺	5	25.00%	26.1
12	青花菜	烯丙苯噻唑	4	23.53%	24.6
13	茄子	丙溴磷	4	22.22%	23.3
14	番茄	噻菌灵	3	15.79%	16.9
15	甜椒	虫螨腈	3	15.00%	16.1
16	芹菜	杀螨醚	3	15.00%	16.1
17	菜豆	缬霉威	3	15.00%	16.1
18	芹菜	异丙威	3	15.00%	16.1
19	草莓	特草灵	2	13.33%	14.4
20	草莓	异丙威	2	13.33%	14.4
21	葡萄	3,5-二氯苯胺	2	11.76%	12.9
22	青花菜	炔螨特	2	11.76%	12.9
23	葡萄	三唑醇	2	11.76%	12.9
24	黄瓜	敌敌畏	2	10.53%	11.6
25	黄瓜	腐霉利	2	10.53%	11.6
26	番茄	氯杀螨砜	2	10.53%	11.6
27	黄瓜	乙草胺	2	10.53%	11.6
28	橙	苄呋菊酯	2	10.00%	11.1
29	菜豆	虫螨腈	2	10.00%	11.1
30	菜豆	腐霉利	2	10.00%	11.1
31	甜椒	甲氰菊酯	2	10.00%	11.1
32	菜豆	三唑磷	2	10.00%	11.1
33	橙	生物苄呋菊酯	2	10.00%	11.1
34	菠萝	苄呋菊酯	1	7.14%	8.2
35	韭菜	腐霉利	1	6.67%	7.8
36	草莓	抑芽唑	1	6.67%	7.8
37	茼蒿	虫螨腈	1	6.25%	7.4
38	茼蒿	多效唑	1	6.25%	7.4
39	葡萄	*o, p'*-滴滴伊	1	5.88%	7.0

续表

序号	基质	农药	超标频次	超标率 P	风险系数 R
40	青花菜	吡螨胺	1	5.88%	7.0
41	青花菜	丙草胺	1	5.88%	7.0
42	菠菜	多效唑	1	5.88%	7.0
43	菠菜	氯磺隆	1	5.88%	7.0
44	葡萄	氯杀螨砜	1	5.88%	7.0
45	菠菜	嘧霉胺	1	5.88%	7.0
46	菠菜	三唑醇	1	5.88%	7.0
47	葡萄	五氯苯甲腈	1	5.88%	7.0
48	菠菜	烯唑醇	1	5.88%	7.0
49	茄子	草完隆	1	5.56%	6.7
50	茄子	虫螨腈	1	5.56%	6.7
51	茄子	腐霉利	1	5.56%	6.7
52	生菜	腐霉利	1	5.56%	6.7
53	茄子	甲氰菊酯	1	5.56%	6.7
54	生菜	解草嗪	1	5.56%	6.7
55	生菜	氯硫酰草胺	1	5.56%	6.7
56	生菜	溴丁酰草胺	1	5.56%	6.7
57	番茄	甲氰菊酯	1	5.26%	6.4
58	黄瓜	甲氰菊酯	1	5.26%	6.4
59	番茄	氯硫酰草胺	1	5.26%	6.4
60	番茄	杀螨醚	1	5.26%	6.4
61	番茄	抑芽唑	1	5.26%	6.4
62	黄瓜	仲丁威	1	5.26%	6.4
63	甜椒	4,4-二氯二苯甲酮	1	5.00%	6.1
64	芹菜	吡螨胺	1	5.00%	6.1
65	菜豆	丙溴磷	1	5.00%	6.1
66	甜椒	丙溴磷	1	5.00%	6.1
67	芹菜	毒死蜱	1	5.00%	6.1
68	甜椒	氟硅唑	1	5.00%	6.1
69	菜豆	甲氰菊酯	1	5.00%	6.1
70	甜椒	灭除威	1	5.00%	6.1
71	甜椒	三氯杀螨醇	1	5.00%	6.1
72	甜椒	三唑醇	1	5.00%	6.1
73	大白菜	杀螨特	1	5.00%	6.1
74	甜椒	溴丁酰草胺	1	5.00%	6.1
75	菜豆	抑芽唑	1	5.00%	6.1

8.3.2 所有果蔬中农药残留风险系数分析

8.3.2.1 所有果蔬中禁用农药残留风险系数分析

在检出的 93 种农药中有 8 种禁用农药，计算每种禁用农药残留的风险系数，结果如表 8-17 所示，在 8 种禁用农药中，4 种农药残留处于高度风险，4 种农药残留处于低度风险。

表 8-17　果蔬中 8 种禁用农药残留的风险系数分析

序号	农药	检出频次	检出率	风险系数 R	风险程度
1	克百威	6	1.52%	2.6	高度风险
2	甲拌磷	8	2.03%	3.1	高度风险
3	氟虫腈	12	3.05%	4.1	高度风险
4	硫丹	68	17.26%	18.4	高度风险
5	氰戊菊酯	1	0.25%	1.4	低度风险
6	滴滴涕	1	0.25%	1.4	低度风险
7	六六六	1	0.25%	1.4	低度风险
8	水胺硫磷	1	0.25%	1.4	低度风险

分别对各月内禁用农药风险系数进行分析，结果如图 8-23 和表 8-18 所示。

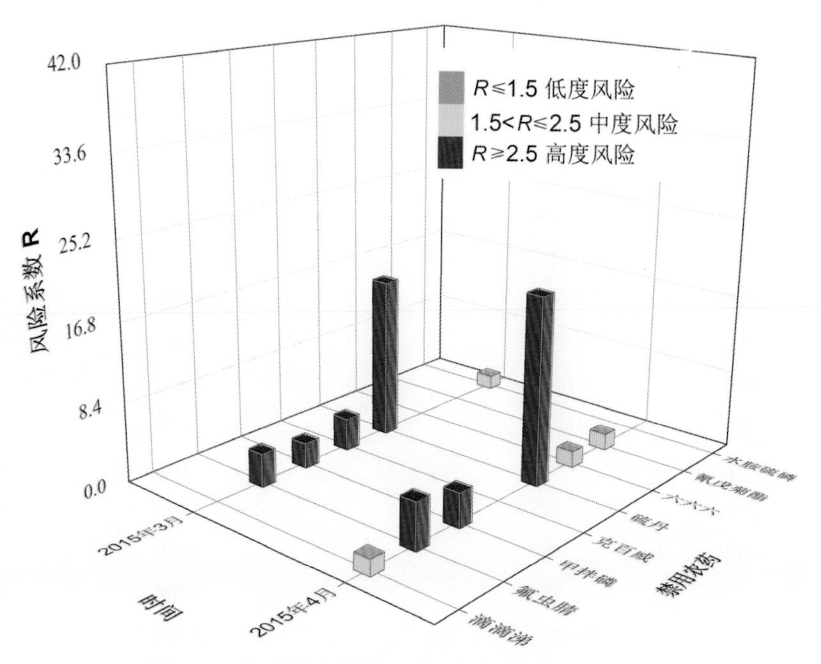

图 8-23　各月份内果蔬中禁用农药残留的风险系数

表 8-18 各月份内果蔬中禁用农药残留的风险系数表

序号	年月	农药	检出频次	检出率	风险系数 R	风险程度
1	2015 年 3 月	硫丹	39	16.18%	17.3	高度风险
2	2015 年 3 月	氟虫腈	6	2.49%	3.6	高度风险
3	2015 年 3 月	克百威	6	2.49%	3.6	高度风险
4	2015 年 3 月	甲拌磷	4	1.66%	2.8	高度风险
5	2015 年 3 月	水胺硫磷	1	0.41%	1.5	中度风险
6	2015 年 4 月	硫丹	29	18.95%	20.1	高度风险
7	2015 年 4 月	氟虫腈	6	3.92%	5.0	高度风险
8	2015 年 4 月	甲拌磷	4	2.61%	3.7	高度风险
9	2015 年 4 月	氰戊菊酯	1	0.65%	1.8	中度风险
10	2015 年 4 月	滴滴涕	1	0.65%	1.8	中度风险
11	2015 年 4 月	六六六	1	0.65%	1.8	中度风险

8.3.2.2 所有果蔬中非禁用农药残留风险系数分析

参照 MRL 欧盟标准计算所有果蔬中每种农药残留的风险系数，结果如图 8-24 和表 8-19 所示。在检出的 85 种非禁用农药中，9 种农药（10.59%）残留处于高度风险，17 种农药（20.00%）残留处于中度风险，59 种农药（69.41%）残留处于低度风险。

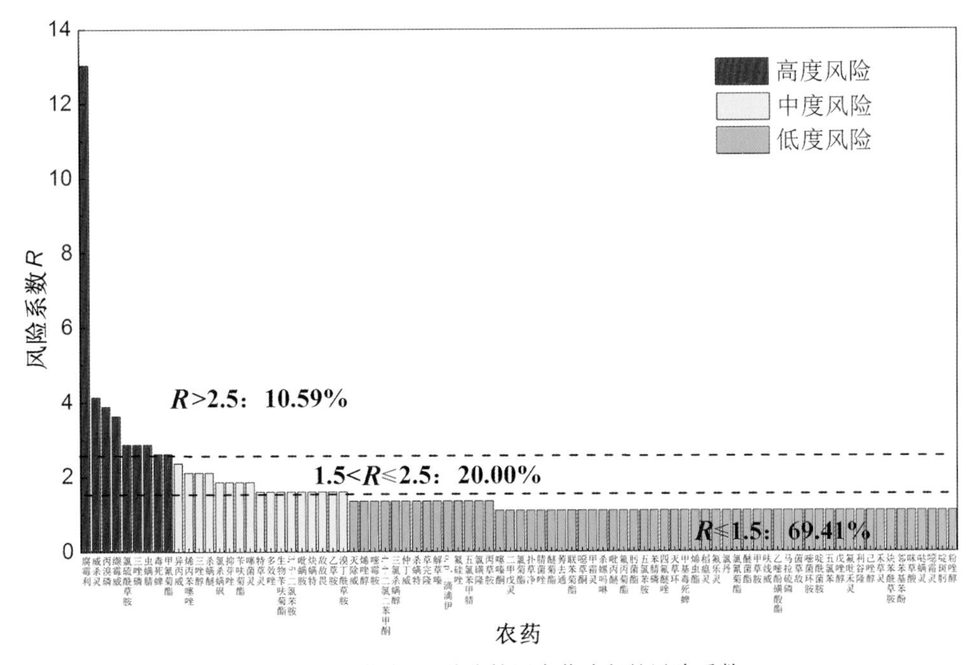

图 8-24 果蔬中 85 种非禁用农药残留的风险系数

表 8-19　果蔬中 85 种非禁用农药残留的风险系数表

序号	农药	超标频次	超标率 P	风险系数 R	风险程度
1	腐霉利	47	11.93%	13.0	高度风险
2	威杀灵	12	3.05%	4.1	高度风险
3	丙溴磷	11	2.79%	3.9	高度风险
4	缬霉威	10	2.54%	3.6	高度风险
5	氯硫酰草胺	7	1.78%	2.9	高度风险
6	三唑磷	7	1.78%	2.9	高度风险
7	虫螨腈	7	1.78%	2.9	高度风险
8	毒死蜱	6	1.52%	2.6	高度风险
9	甲氰菊酯	6	1.52%	2.6	高度风险
10	异丙威	5	1.27%	2.4	中度风险
11	烯丙苯噻唑	4	1.02%	2.1	中度风险
12	三唑醇	4	1.02%	2.1	中度风险
13	杀螨醚	4	1.02%	2.1	中度风险
14	氯杀螨砜	3	0.76%	1.9	中度风险
15	抑芽唑	3	0.76%	1.9	中度风险
16	苄呋菊酯	3	0.76%	1.9	中度风险
17	噻菌灵	3	0.76%	1.9	中度风险
18	特草灵	2	0.51%	1.6	中度风险
19	多效唑	2	0.51%	1.6	中度风险
20	生物苄呋菊酯	2	0.51%	1.6	中度风险
21	3,5-二氯苯胺	2	0.51%	1.6	中度风险
22	吡螨胺	2	0.51%	1.6	中度风险
23	炔螨特	2	0.51%	1.6	中度风险
24	敌敌畏	2	0.51%	1.6	中度风险
25	乙草胺	2	0.51%	1.6	中度风险
26	溴丁酰草胺	2	0.51%	1.6	中度风险
27	灭除威	1	0.25%	1.4	低度风险
28	烯唑醇	1	0.25%	1.4	低度风险
29	嘧霉胺	1	0.25%	1.4	低度风险
30	4,4-二氯二苯甲酮	1	0.25%	1.4	低度风险
31	三氯杀螨醇	1	0.25%	1.4	低度风险
32	仲丁威	1	0.25%	1.4	低度风险
33	杀螨特	1	0.25%	1.4	低度风险
34	草完隆	1	0.25%	1.4	低度风险

续表

序号	农药	超标频次	超标率 P	风险系数 R	风险程度
35	解草嗪	1	0.25%	1.4	低度风险
36	o,p'-滴滴伊	1	0.25%	1.4	低度风险
37	氟硅唑	1	0.25%	1.4	低度风险
38	五氯苯甲腈	1	0.25%	1.4	低度风险
39	氯磺隆	1	0.25%	1.4	低度风险
40	丙草胺	1	0.25%	1.4	低度风险
41	噻嗪酮	0	0	1.1	低度风险
42	二甲戊灵	0	0	1.1	低度风险
43	氯菊酯	0	0	1.1	低度风险
44	扑草净	0	0	1.1	低度风险
45	腈菌唑	0	0	1.1	低度风险
46	醚菊酯	0	0	1.1	低度风险
47	莠去通	0	0	1.1	低度风险
48	联苯菊酯	0	0	1.1	低度风险
49	噁草酮	0	0	1.1	低度风险
50	甲霜灵	0	0	1.1	低度风险
51	杀螺吗啉	0	0	1.1	低度风险
52	吡丙醚	0	0	1.1	低度风险
53	氟丙菊酯	0	0	1.1	低度风险
54	肟菌酯	0	0	1.1	低度风险
55	五氯苯胺	0	0	1.1	低度风险
56	苯腈磷	0	0	1.1	低度风险
57	四氟醚唑	0	0	1.1	低度风险
58	灭草环	0	0	1.1	低度风险
59	甲基毒死蜱	0	0	1.1	低度风险
60	烯虫酯	0	0	1.1	低度风险
61	稻瘟灵	0	0	1.1	低度风险
62	氟乐灵	0	0	1.1	低度风险
63	氯丹	0	0	1.1	低度风险
64	氯氰菊酯	0	0	1.1	低度风险
65	醚菌酯	0	0	1.1	低度风险
66	甲草胺	0	0	1.1	低度风险
67	呋线威	0	0	1.1	低度风险
68	乙嘧酚磺酸酯	0	0	1.1	低度风险

续表

序号	农药	超标频次	超标率 P	风险系数 R	风险程度
69	马拉硫磷	0	0	1.1	低度风险
70	茵草敌	0	0	1.1	低度风险
71	嘧菌环胺	0	0	1.1	低度风险
72	啶酰菌胺	0	0	1.1	低度风险
73	五氯苯	0	0	1.1	低度风险
74	戊唑醇	0	0	1.1	低度风险
75	氟吡禾灵	0	0	1.1	低度风险
76	利谷隆	0	0	1.1	低度风险
77	己唑醇	0	0	1.1	低度风险
78	禾草灵	0	0	1.1	低度风险
79	炔苯酰草胺	0	0	1.1	低度风险
80	邻苯基苯酚	0	0	1.1	低度风险
81	咪草酸	0	0	1.1	低度风险
82	哒螨灵	0	0	1.1	低度风险
83	噁霜灵	0	0	1.1	低度风险
84	啶斑肟	0	0	1.1	低度风险
85	粉唑醇	0	0	1.1	低度风险

对每个月内的非禁用农药的风险系数进行分别分析，图 8-25 为每月内非禁药风险程度分布图。两个月份内处于高度风险农药比例排序为 2015 年 4 月（15.52%）>2015 年 3 月（13.11%）。

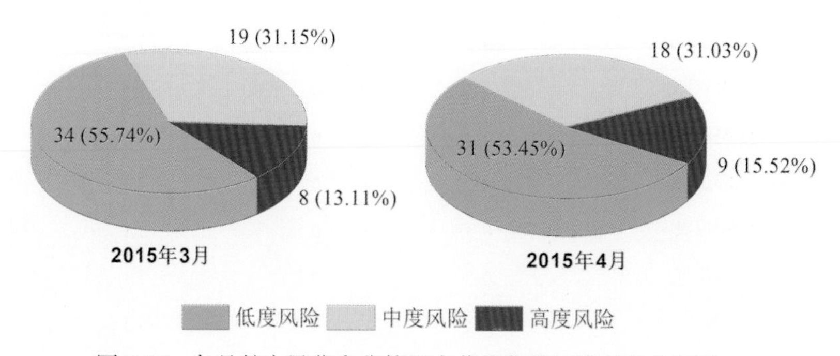

图 8-25　各月份内果蔬中非禁用农药残留的风险程度分布图

两个月份内处于中度风险和高度风险的残留农药风险系数如图 8-26 和表 8-20 所示。

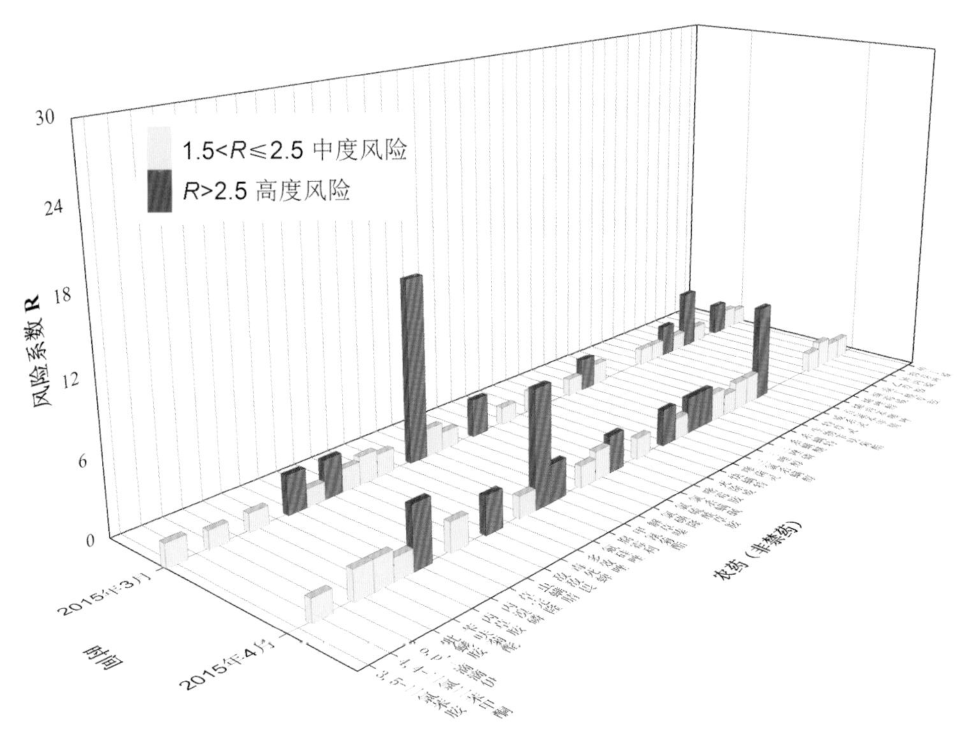

图 8-26　各月份内果蔬中处于中度风险和高度风险的非禁用农药残留的风险系数

表 8-20　各月份内果蔬中处于中度风险和高度风险的非禁用农药残留的风险系数表

序号	年月	农药	超标频次	超标率 P	风险系数 R	风险程度
1	2015 年 3 月	腐霉利	34	14.11%	15.2	高度风险
2	2015 年 3 月	缬霉威	10	4.15%	5.2	高度风险
3	2015 年 3 月	丙溴磷	5	2.07%	3.2	高度风险
4	2015 年 3 月	氯硫酰草胺	5	2.07%	3.2	高度风险
5	2015 年 3 月	虫螨腈	5	2.07%	3.2	高度风险
6	2015 年 3 月	异丙威	4	1.66%	2.8	高度风险
7	2015 年 3 月	三唑磷	4	1.66%	2.8	高度风险
8	2015 年 3 月	烯丙苯噻唑	4	1.66%	2.8	高度风险
9	2015 年 3 月	甲氰菊酯	3	1.24%	2.3	中度风险
10	2015 年 3 月	毒死蜱	3	1.24%	2.3	中度风险
11	2015 年 3 月	多效唑	2	0.83%	1.9	中度风险
12	2015 年 3 月	3,5-二氯苯胺	2	0.83%	1.9	中度风险
13	2015 年 3 月	敌敌畏	2	0.83%	1.9	中度风险
14	2015 年 3 月	炔螨特	2	0.83%	1.9	中度风险
15	2015 年 3 月	杀螨醚	2	0.83%	1.9	中度风险
16	2015 年 3 月	抑芽唑	2	0.83%	1.9	中度风险

续表

序号	年月	农药	超标频次	超标率 P	风险系数 R	风险程度
17	2015 年 3 月	o,p'-滴滴伊	1	0.41%	1.5	中度风险
18	2015 年 3 月	五氯苯甲腈	1	0.41%	1.5	中度风险
19	2015 年 3 月	草完隆	1	0.41%	1.5	中度风险
20	2015 年 3 月	威杀灵	1	0.41%	1.5	中度风险
21	2015 年 3 月	仲丁威	1	0.41%	1.5	中度风险
22	2015 年 3 月	溴丁酰草胺	1	0.41%	1.5	中度风险
23	2015 年 3 月	嘧霉胺	1	0.41%	1.5	中度风险
24	2015 年 3 月	烯唑醇	1	0.41%	1.5	中度风险
25	2015 年 3 月	三唑醇	1	0.41%	1.5	中度风险
26	2015 年 3 月	苄呋菊酯	1	0.41%	1.5	中度风险
27	2015 年 3 月	解草嗪	1	0.41%	1.5	中度风险
28	2015 年 4 月	腐霉利	13	8.50%	9.6	高度风险
29	2015 年 4 月	威杀灵	11	7.19%	8.3	高度风险
30	2015 年 4 月	丙溴磷	6	3.92%	5.0	高度风险
31	2015 年 4 月	三唑磷	3	1.96%	3.1	高度风险
32	2015 年 4 月	氯杀螨砜	3	1.96%	3.1	高度风险
33	2015 年 4 月	噻菌灵	3	1.96%	3.1	高度风险
34	2015 年 4 月	甲氰菊酯	3	1.96%	3.1	高度风险
35	2015 年 4 月	毒死蜱	3	1.96%	3.1	高度风险
36	2015 年 4 月	三唑醇	3	1.96%	3.1	高度风险
37	2015 年 4 月	苄呋菊酯	2	1.31%	2.4	中度风险
38	2015 年 4 月	吡螨胺	2	1.31%	2.4	中度风险
39	2015 年 4 月	生物苄呋菊酯	2	1.31%	2.4	中度风险
40	2015 年 4 月	杀螨醚	2	1.31%	2.4	中度风险
41	2015 年 4 月	特草灵	2	1.31%	2.4	中度风险
42	2015 年 4 月	氯硫酰草胺	2	1.31%	2.4	中度风险
43	2015 年 4 月	虫螨腈	2	1.31%	2.4	中度风险
44	2015 年 4 月	乙草胺	2	1.31%	2.4	中度风险
45	2015 年 4 月	4,4-二氯二苯甲酮	1	0.65%	1.8	中度风险
46	2015 年 4 月	氟硅唑	1	0.65%	1.8	中度风险
47	2015 年 4 月	异丙威	1	0.65%	1.8	中度风险
48	2015 年 4 月	丙草胺	1	0.65%	1.8	中度风险
49	2015 年 4 月	杀螨特	1	0.65%	1.8	中度风险
50	2015 年 4 月	溴丁酰草胺	1	0.65%	1.8	中度风险

续表

序号	年月	农药	超标频次	超标率 P	风险系数 R	风险程度
51	2015 年 4 月	氯磺隆	1	0.65%	1.8	中度风险
52	2015 年 4 月	灭除威	1	0.65%	1.8	中度风险
53	2015 年 4 月	三氯杀螨醇	1	0.65%	1.8	中度风险
54	2015 年 4 月	抑芽唑	1	0.65%	1.8	中度风险

8.4　天津市果蔬农药残留风险评估结论与建议

农药残留是影响果蔬安全和质量的主要因素，也是我国食品安全领域备受关注的敏感话题和亟待解决的重大问题之一[15, 16]。各种水果蔬菜均存在不同程度的农药残留现象，本报告主要针对天津市各类水果蔬菜存在的农药残留问题，基于 2015 年 3 月~2015 年 4 月对天津市 394 例果蔬样品农药残留得出的 882 个检测结果，分别采用食品安全指数和风险系数两类方法，开展果蔬中农药残留的膳食暴露风险和预警风险评估。

本报告力求通用简单地反映食品安全中的主要问题且为管理部门和大众容易接受，为政府及相关管理机构建立科学的食品安全信息发布和预警体系提供科学的规律与方法，加强对农药残留的预警和食品安全重大事件的预防，控制食品风险。水果蔬菜样品取自超市和农贸市场，符合大众的膳食来源，风险评价时更具有代表性和可信度。

8.4.1　天津市果蔬中农药残留膳食暴露风险评价结论

1）果蔬中农药残留安全状态评价结论

采用食品安全指数模型，对 2015 年 3 月~2013 年 4 月期间天津市果蔬食品农药残留膳食暴露风险进行评价，根据 IFS_c 的计算结果发现，果蔬中农药的$\overline{IFS}$为 0.0425，说明天津市果蔬总体处于很好的安全状态，但部分禁用农药、高残留农药在蔬菜、水果中仍有检出，导致膳食暴露风险的存在，成为不安全因素。

2）单种果蔬中农药残留膳食暴露风险不可接受情况评价结论

单种果蔬中农药残留安全指数分析结果显示，农药对单种果蔬安全影响不可接受（$IFS_c>1$）的样本数共 1 个，占总样本数的 0.36%，样本为橘中的三唑磷，说明含有这些农药果蔬会对消费者身体健康造成较大的膳食暴露风险。三唑磷属于低毒农药，且橘为较常见的果蔬品种，百姓日常食用量较大，长期食用大量残留三唑磷的橘会对人体造成不可接受的影响，本次检测发现三唑磷在橘样品中多次并大量检出，是未严格实施农业良好管理规范（GAP），亦抑或是农药滥用，这应该引起相关管理部门的警惕，应加强对橘中的三唑磷的严格管控。

3）禁用农药残留膳食暴露风险评价

本次检测发现部分果蔬样品中有禁用农药检出，检出禁用农药 8 种，检出频次为 98，果蔬样品中的禁用农药 IFS_c 计算结果表明，禁用农药残留膳食暴露风险不可接受的频次为 1，占 1.02%，可以接受的频次为 18，占 18.37%，没有影响的频次为 79，占 80.61%。对于果蔬样品中所有农药残留而言，膳食暴露风险不可接受的频次为 3，仅占总体频次的 0.34%，可以看出，禁用农药残留膳食暴露风险不可接受的比例远高于总体水平，这在一定程度上说明禁用农药残留更容易导致严重的膳食暴露风险。此外，膳食暴露风险不可接受的残留禁用农药均为三唑磷，因此，应该加强对禁用农药三唑磷的管控力度。为何在国家明令禁止禁用农药喷洒的情况下，还能在多种果蔬中多次检出禁用农药残留并造成不可接受的膳食暴露风险，这应该引起相关部门的高度警惕，应该在禁止禁用农药喷洒的同时，严格管控禁用农药的生产和售卖，从根本上杜绝安全隐患。

8.4.2 天津市果蔬中农药残留预警风险评价结论

1）单种果蔬中禁用农药残留的预警风险评价结论

本次检测过程中，在 15 种果蔬中检测出 8 种禁用农药，禁用农药种类为：硫丹、氟虫腈、甲拌磷、克百威、滴滴涕、六六六、氰戊菊酯和水胺硫磷，果蔬中禁用农药的风险系数分析结果显示，8 种禁用农药在 15 种果蔬中的残留均处于高度风险，说明在单种果蔬中禁用农药的残留，会导致较高的预警风险。

2）单种果蔬中非禁用农药残留的预警风险评价结论

以 MRL 中国国家标准为标准，计算果蔬中非禁用农药风险系数情况下，243 个样本中，5 个处于高度风险（2.06%），59 个处于低度风险（24.28%），179 个样本没有 MRL 中国国家标准（73.66%）。以 MRL 欧盟标准为标准，计算果蔬中非禁用农药风险系数情况下，发现有 75 个处于高度风险（30.86%），168 个处于低度风险（69.14%）。利用两种农药 MRL 标准评价的结果差异显著，可以看出 MRL 欧盟标准比中国国家标准更加严格和完善，过于宽松的 MRL 中国标准值能否有效保障人体的健康有待研究。

8.4.3 加强天津市果蔬食品安全建议

我国食品安全风险评价体系仍不够健全，相关制度不够完善，多年来，由于农药用药次数多、用药量大或用药间隔时间短，产品残留量大，农药残留所带来的食品安全问题突出，对人体健康带来了直接或间接的危害，据估计，美国与农药有关的癌症患者数约占全国癌症患者总数的 50%，中国更高。同样，农药对其他生物也会形成直接杀伤和慢性危害，植物中的农药可经过食物链逐级传递并不断蓄积，对人和动物构成潜在威胁，并影响生态系统。

基于本次农药残留检测与风险评价结果，提出以下几点建议：

1）加快完善食品安全标准

我国食品标准中对部分农药每日允许摄入量 ADI 的规定仍缺乏，本次评价基础检测数据中涉及的 93 个品种中，64.5%有规定，仍有 35.5%尚无规定值。

我国食品中农药最大残留限量的规定严重缺乏，MRL 欧盟标准值齐全，与欧盟相比，我国对不同果蔬中不同农药 MRL 已有规定值的数量仅占欧盟的 31.3%（表 8-21），缺少 68.7%，急需进行完善。

表 8-21　中国与欧盟的 ADI 和 MRL 标准限值的对比分析

分类		中国 ADI	MRL 中国国家标准	MRL 欧盟标准
标准限值（个）	有	60	86	275
	无	33	189	0
总数（个）		93	275	275
无标准限值比例		35.5%	68.7%	0

此外，MRL 中国国家标准限值普遍高于欧盟标准限制，根据对涉及的 275 个品种中我国已有的 86 个限量标准进行统计来看，52 个农药的中国 MRL 高于欧盟 MRL，占 60.5%。过高的 MRL 值难以保障人体健康，建议继续加强对限值基准和标准进行科学的定量研究，将农产品中的危险性减少到尽可能低的水平。

2）加强农药的源头控制和分类监管

在天津市某些果蔬中仍有禁用农药检出，利用 GC-Q-TOF/MS 检测出 8 种禁用农药，检出频次为 98 次，残留禁用农药均存在较大的膳食暴露风险和预警风险。早已列入黑名单的禁用农药并未真正退出，有些药物由于价格便宜、工艺简单，此类高毒农药一直生产和使用。建议在我国采取严格有效的控制措施，进行禁用农药的源头控制。

对于非禁用农药，在我国作为“田间地头”最典型单位的县级蔬果产地中，农药残留的检测几乎缺失。建议根据农药的毒性，对高毒、剧毒、中毒农药实现分类管理，减少使用高毒和剧毒高残留农药，进行分类监管。

3）加强残留农药的生物修复及降解新技术

市售果蔬中残留农药品种多、频次高、禁用农药多次检出这一现状，说明了我国的田间土壤和水体因农药长期、频繁、不合理的使用而遭到严重污染。为此，建议有关部门出台相关政策，鼓励高校及科研院所积极开展分子生物学、酶学等研究，加强土壤、水体中残留农药的生物修复及降解新技术研究，并加大农药使用监管力度，以控制农药的面源污染问题。

4）加强对禁药和高风险农药的管控并建立风险预警系统分析平台

本评价结果提示，在果蔬尤其是蔬菜用药中，应结合农药的使用周期、生物毒性和降解特性，加强对禁用农药和高风险农药的管控。

在本工作基础上，根据蔬菜残留危害，可进一步针对其成因提出和采取相应严格管理、大力推广无公害蔬菜种植与生产、健全食品安全控制技术体系、加强蔬菜食品质量检测体系建设和积极推行蔬菜食品质量追溯制度等相应对策。建立和完善食品安全综合评价指数与风险监测预警系统，建议依托科研院所、高校科研实力，建立风险预警系统分析平台，对食品安全进行实时、全面的监控与分析，为天津市食品安全科学监管与决策提供新的技术支持，可实现各类检验数据的信息化系统管理，并降低食品安全事故的发生。

石家庄市

第 9 章　LC-Q-TOF/MS 侦测石家庄市 391 例市售水果蔬菜样品农药残留报告

从石家庄市所属7个区县，随机采集了391例水果蔬菜样品，使用液相色谱-四极杆飞行时间质谱（LC-Q-TOF/MS）对537种农药化学污染物进行示范侦测（7种负离子模式ESI⁻未涉及）。

9.1　样品种类、数量与来源

9.1.1　样品采集与检测

为了真实反映百姓餐桌上水果蔬菜中农药残留污染状况，本次所有检测样品均由检验人员于 2013 年 10 月期间，从石家庄市所属 11 个采样点，包括 11 个超市，以随机购买方式采集，总计 11 批 391 例样品，从中检出农药 60 种，843 频次。采样及监测概况见图 9-1 及表 9-1，样品及采样点明细见表 9-2 及表 9-3（侦测原始数据见附表 1）。

图 9-1　石家庄市所属 11 个采样点 391 例样品分布图

表 9-1　农药残留监测总体概况

采样地区	石家庄市所属 7 个区县
采样点（超市+农贸市场）	11
样本总数	391
检出农药品种/频次	60/843
各采样点样本农药残留检出率范围	55.3%~75.0%

表 9-2　样品分类及数量

样品分类	样品名称（数量）	数量小计
1. 蔬菜		266
1）鳞茎类蔬菜	韭菜（10），青蒜（4），蒜薹（9），洋葱（10）	33
2）芸薹属类蔬菜	花椰菜（8），结球甘蓝（9），青花菜（5）	22
3）叶菜类蔬菜	菠菜（4），大白菜（7），小茴香（10），苦苣（6），芹菜（10），生菜（9），茼蒿（6），小白菜（8），小油菜（7）	67
4）茄果类蔬菜	番茄（11），茄子（10），甜椒（13），樱桃番茄（8）	42
5）瓜类蔬菜	冬瓜（9），黄瓜（9），苦瓜（9），丝瓜（7），西葫芦（8）	42
6）豆类蔬菜	菜豆（9）	9
7）根茎类和薯芋类蔬菜	甘薯（5），胡萝卜（11），萝卜（10），马铃薯（10），雪莲果（5）	41
8）水生类蔬菜	莲藕（6）	6
9）芽菜类蔬菜	绿豆芽（4）	4
2. 水果		109
1）柑橘类水果	橙（14）	14
2）仁果类水果	梨（11），苹果（11），山楂（8）	30
3）核果类水果	桃（3），枣（9）	12
4）浆果和其他小型水果	猕猴桃（11），葡萄（10）	21
5）热带和亚热带水果	火龙果（10），柿子（4），香蕉（10）	24
6）瓜果类水果	西瓜（5），香瓜（3）	8
3. 食用菌		10
1）蘑菇类	蘑菇（10）	10
4. 调味料		6
1）叶类调味料	芫荽（6）	6
合计	1.蔬菜 33 种 2.水果 13 种 3.食用菌 1 种 4.调味料 1 种	391

表 9-3　石家庄市采样点信息

采样点序号	行政区域	采样点
	超市（11）	
1	长安区	***超市（北国店）
2	长安区	长安区***
3	长安区	***超市（保龙仓勒泰店）
4	长安区	***超市（乐汇城店）
5	桥西区	***超市（保龙仓中华大街店）
6	桥西区	***超市（民心广场店）
7	新华区	***超市（新华区店）
8	裕华区	***超市（怀特店）
9	裕华区	***超市（裕华店）
10	裕华区	***超市
11	正定县	***超市（常山店）

9.1.2　检测结果

这次使用的检测方法是庞国芳院士团队最新研发的不需使用标准品对照，而以高分辨精确质量数（0.0001 *m/z*）为基准的 LC-Q-TOF/MS 检测技术，对于 391 例样品，每个样品均侦测了 537 种农药化学污染物的残留现状。通过本次侦测，在 391 例样品中共计检出农药化学污染物 60 种，检出 843 频次。

9.1.2.1　各采样点样品检出情况

统计分析发现 11 个采样点中，被测样品的农药检出率范围为 55.3%~75.0%。其中，长安区***的检出率最高，为 75.0%。***超市（乐汇城店）的检出率最低，为 55.3%，见图 9-2。

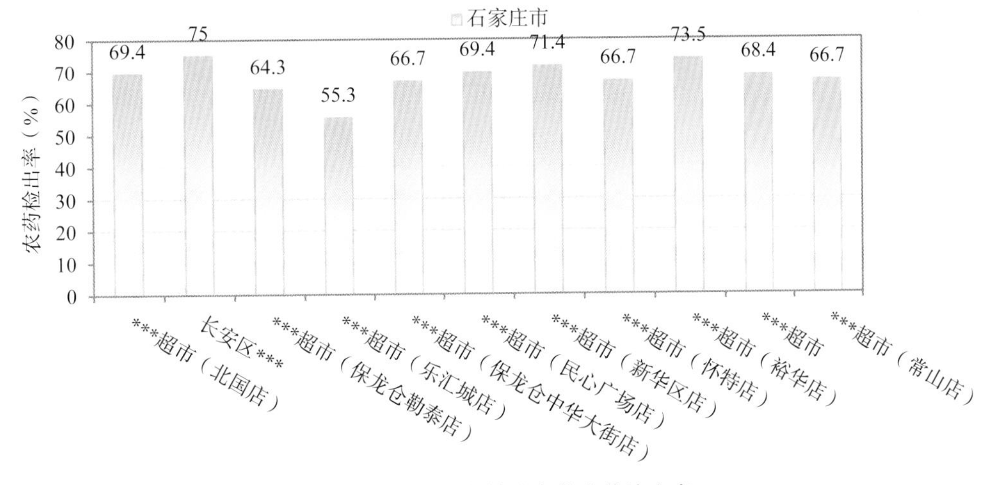

图 9-2　各采样点样品中的农药检出率

9.1.2.2　检出农药的品种总数与频次

统计分析发现，对于 391 例样品中 537 种农药化学污染物的侦测，共检出农药 843 频次，涉及农药 60 种，结果如图 9-3 所示。其中多菌灵检出频次最高，共检出 80 次。检出频次排名前 10 的农药如下：①多菌灵（80）；②啶虫脒（76）；③吡虫啉（60）；④烯酰吗啉（58）；⑤苯醚甲环唑（52）；⑥咪鲜胺（47）；⑦哒螨灵（35）；⑧戊唑醇（34）；⑨甲基硫菌灵（28）；⑩甲霜灵（28）。

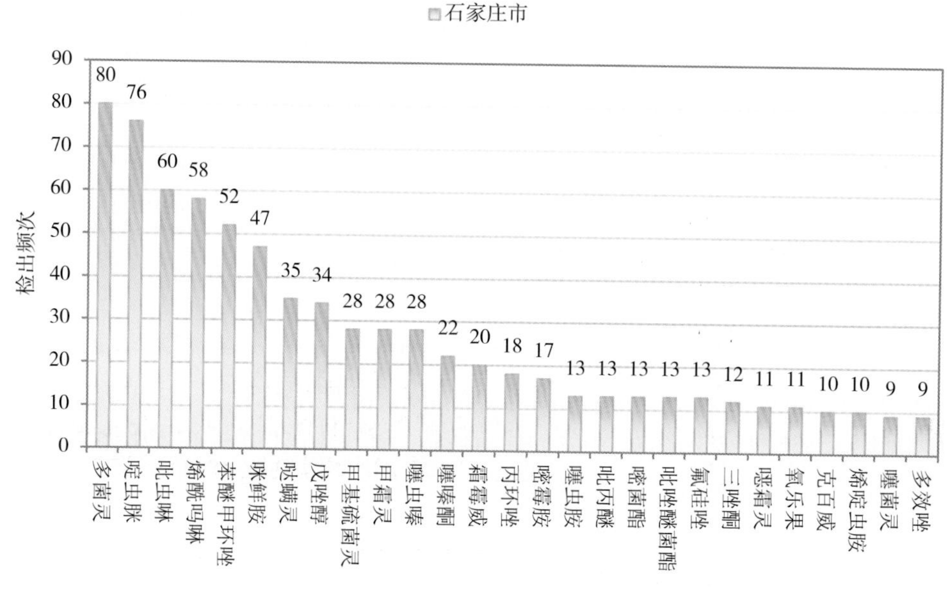

图 9-3　检出农药品种及频次（仅列出 9 频次及以上的数据）

由图 9-4 可见，枣、葡萄、芹菜、樱桃番茄、韭菜、甜椒和番茄这 7 种果蔬样品中检出的农药品种数较高，均超过 15 种，其中，枣检出农药品种最多，为 27 种。由图 9-5 可见，枣、番茄、甜椒、樱桃番茄和葡萄这 5 种果蔬样品中的农药检出频次较高，均超过 50 次，其中，枣检出农药频次最高，为 99 次。

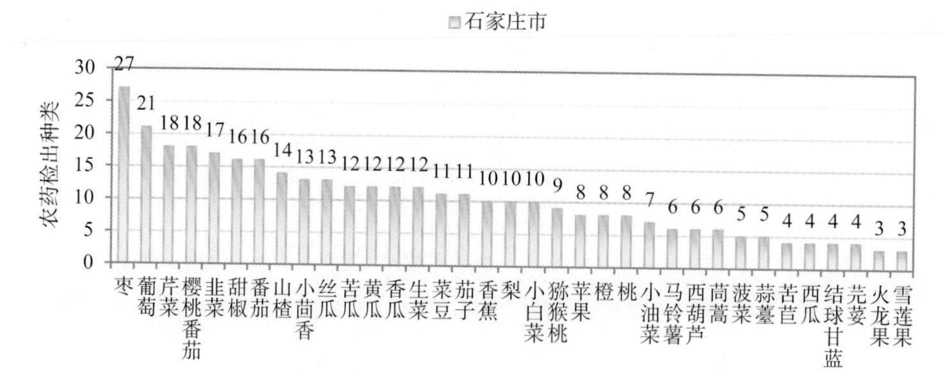

图 9-4　单种水果蔬菜检出农药的种类数（仅列出 3 种及以上的数据）

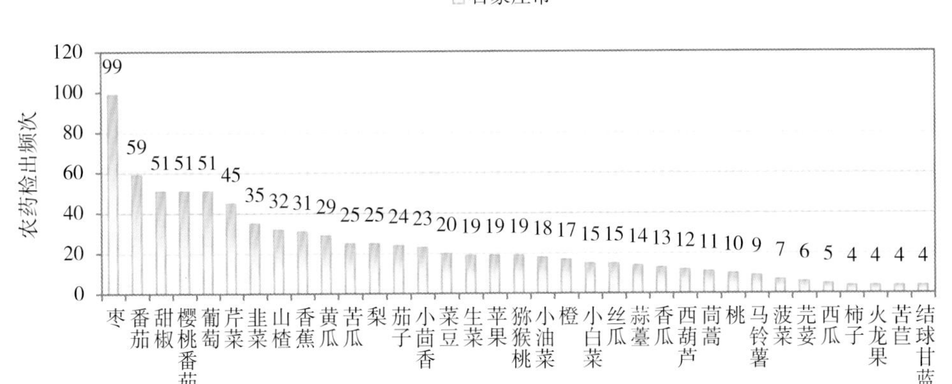

图 9-5　单种水果蔬菜检出农药频次（仅列出 4 频次及以上的数据）

9.1.2.3　单例样品农药检出种类与占比

对单例样品检出农药种类和频次进行统计发现，未检出农药的样品占总样品数的 32.2%，检出 1 种农药的样品占总样品数的 19.2%，检出 2~5 种农药的样品占总样品数的 39.9%，检出 6~10 种农药的样品占总样品数的 7.2%，检出大于 10 种农药的样品占总样品数的 1.5%。每例样品中平均检出农药为 2.2 种，数据见表 9-4 及图 9-6。

表 9-4　单例样品检出农药品种占比

检出农药品种数	样品数量/占比（%）
未检出	126/32.2
1 种	75/19.2
2~5 种	156/39.9
6~10 种	28/7.2
大于 10 种	6/1.5
单例样品平均检出农药品种	2.2 种

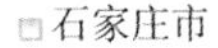

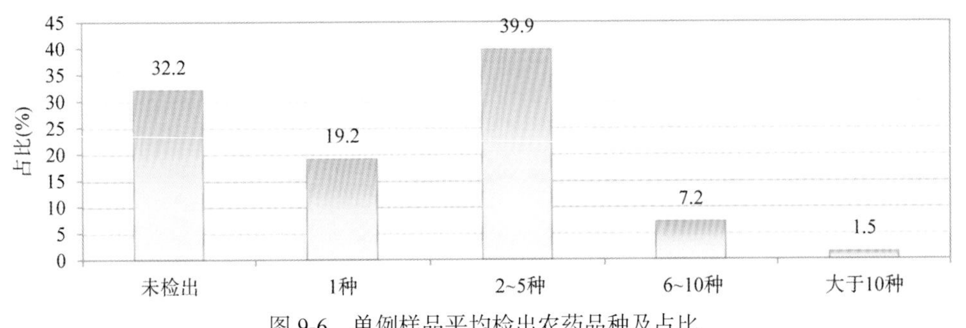

图 9-6　单例样品平均检出农药品种及占比

9.1.2.4　检出农药类别与占比

所有检出农药按功能分类，包括杀菌剂、杀虫剂、植物生长调节剂、除草剂、增效剂共 5 类。其中杀菌剂与杀虫剂为主要检出的农药类别，分别占总数的 48.3%和 38.3%，见表 9-5 及图 9-7。

表 9-5　检出农药所属类别及占比

农药类别	数量/占比（%）
杀菌剂	29/48.3
杀虫剂	23/38.3
植物生长调节剂	4/6.7
除草剂	3/5.0
增效剂	1/1.7

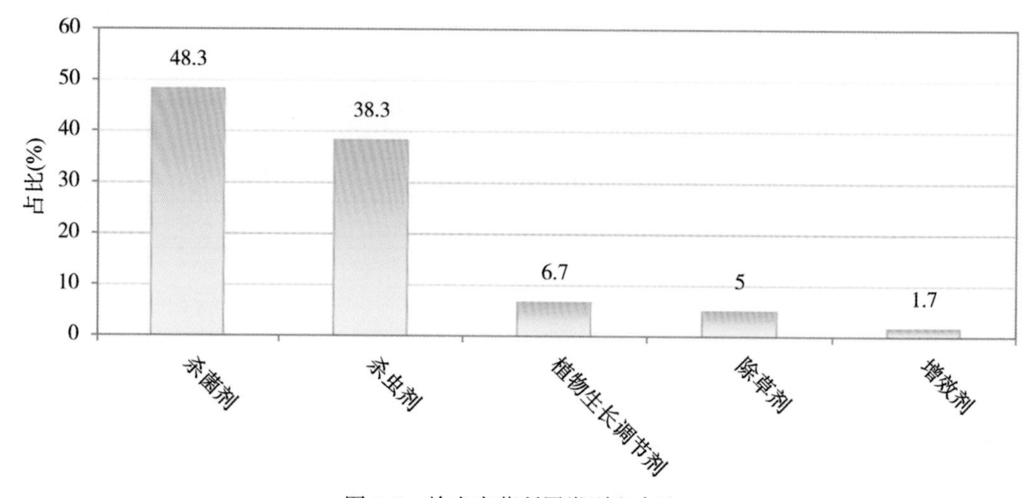

图 9-7　检出农药所属类别和占比

9.1.2.5　检出农药的残留水平

按检出农药残留水平进行统计，残留水平在 1~5 μg/kg（含）的农药占总数的 41.8%，在 5~10 μg/kg（含）的农药占总数的 14.6%，在 10~100 μg/kg（含）的农药占总数的 35.6%，在 100~1000 μg/kg（含）的农药占总数的 7.6%，＞1000μg/kg 的农药占总数的 0.5%。

由此可见，这次检测的 11 批 391 例水果蔬菜样品中农药多数处于较低残留水平。结果见表 9-6 及图 9-8，数据见附表 2。

表 9-6　农药残留水平及占比

残留水平（μg/kg）	检出频次/占比（%）
1~5（含）	352/41.8
5~10（含）	123/14.6
10~100（含）	300/35.6
100~1000（含）	64/7.6
>1000	4/0.5

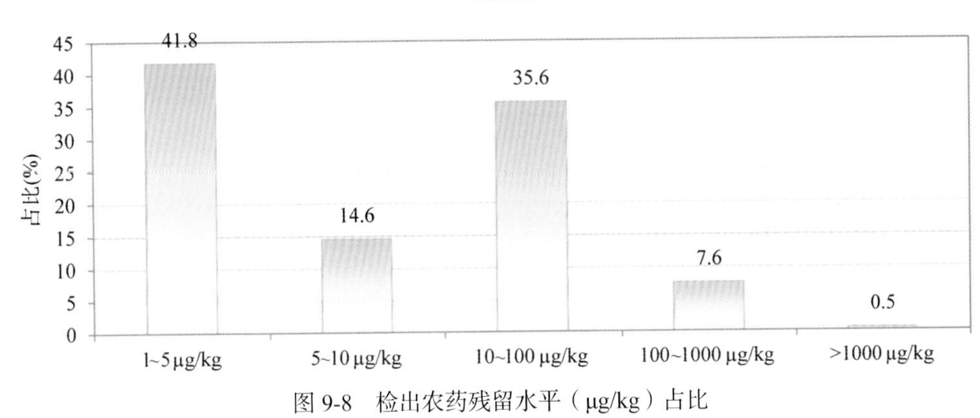

图 9-8　检出农药残留水平（μg/kg）占比

9.1.2.6　检出农药的毒性类别、检出频次和超标频次及占比

对这次检出的 60 种 843 频次的农药，按剧毒、高毒、中毒、低毒和微毒这五个毒性类别进行分类，从中可以看出，石家庄市目前普遍使用的农药为中低微毒农药，品种占 91.7%，频次占 96.3%。结果见表 9-7 及图 9-9。

表 9-7　检出农药毒性类别及占比

毒性分类	农药品种/占比（%）	检出频次/占比（%）	超标频次/超标率（%）
剧毒农药	2/3.3	8/0.9	1/12.5
高毒农药	3/5.0	23/2.7	5/21.7
中毒农药	24/40.0	473/56.1	1/0.2
低毒农药	18/30.0	156/18.5	0/0.0
微毒农药	13/21.7	183/21.7	0/0.0

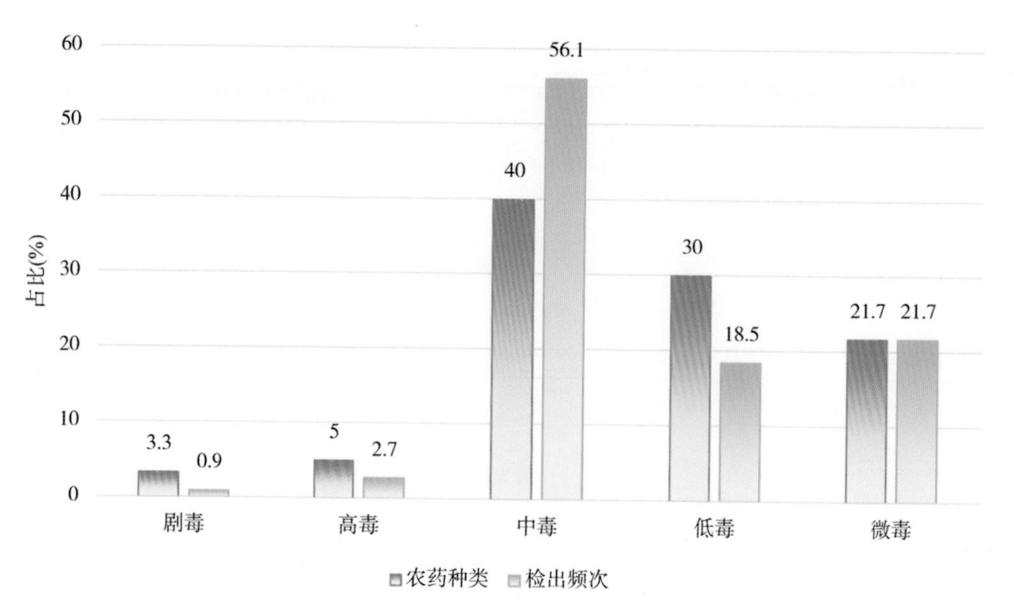

图 9-9　检出农药的毒性分类和占比

9.1.2.7　检出剧毒/高毒类农药的品种和频次

值得特别关注的是，在此次侦测的 391 例样品中有 1 种调味料 14 种蔬菜 5 种水果的 31 例样品检出了 5 种 31 频次的剧毒和高毒农药，占样品总量的 7.9%，详见图 9-10、表 9-8 及表 9-9。

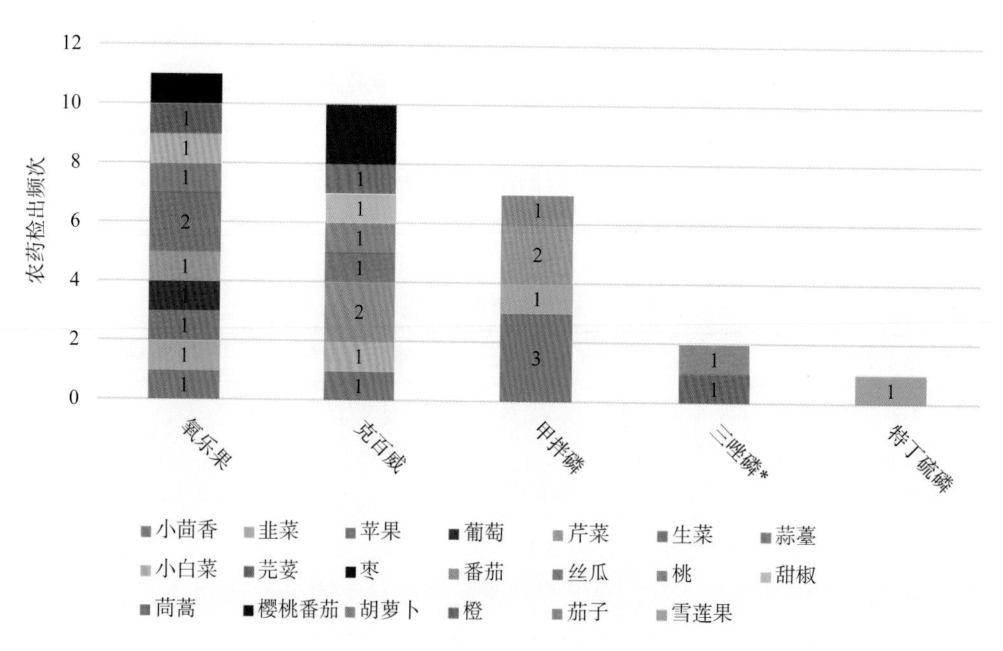

图 9-10　检出剧毒/高毒农药的样品情况

*表示允许在水果和蔬菜上使用的农药

表 9-8　剧毒农药检出情况

序号	农药名称	检出频次	超标频次	超标率
水果中未检出剧毒农药				
	小计	0	0	超标率：0.0%
从 5 种蔬菜中检出 2 种剧毒农药，共计检出 8 次				
1	甲拌磷*	7	1	14.3%
2	特丁硫磷*	1	0	0.0%
	小计	8	1	超标率：12.5%
	合计	8	1	超标率：12.5%

表 9-9　高毒农药检出情况

序号	农药名称	检出频次	超标频次	超标率
从 5 种水果中检出 3 种高毒农药，共计检出 5 次				
1	氧乐果	3	2	66.7%
2	克百威	1	1	100.0%
3	三唑磷	1	0	0.0%
	小计	5	3	超标率：60.0%
从 12 种蔬菜中检出 3 种高毒农药，共计检出 17 次				
1	克百威	9	1	11.1%
2	氧乐果	7	1	14.3%
3	三唑磷	1	0	0.0%
	小计	17	2	超标率：11.8%
	合计	22	5	超标率：22.7%

在检出的剧毒和高毒农药中，有 4 种是我国早已禁止在果树和蔬菜上使用的，分别是：克百威、氧乐果、特丁硫磷和甲拌磷。禁用农药的检出情况见表 9-10。

表 9-10　禁用农药检出情况

序号	农药名称	检出频次	超标频次	超标率
从 4 种水果中检出 2 种禁用农药，共计检出 4 次				
1	氧乐果	3	2	66.7%
2	克百威	1	1	100.0%
	小计	4	3	超标率：75.0%

续表

序号	农药名称	检出频次	超标频次	超标率
从 13 种蔬菜中检出 4 种禁用农药，共计检出 24 次				
1	克百威	9	1	11.1%
2	氧乐果	7	1	14.3%
3	甲拌磷*	7	1	14.3%
4	特丁硫磷*	1	0	0.0%
小计		24	3	超标率：12.5%
合计		28	6	超标率：21.4%

注：超标结果参考 MRL 中国国家标准计算

此次抽检的果蔬样品中，有 5 种蔬菜检出了剧毒农药，分别是：胡萝卜中检出甲拌磷 1 次；韭菜中检出甲拌磷 1 次；芹菜中检出甲拌磷 2 次；小茴香中检出甲拌磷 3 次；雪莲果中检出特丁硫磷 1 次。

样品中检出剧毒和高毒农药残留水平超过 MRL 中国国家标准的频次为 6 次，其中：葡萄检出氧乐果超标 1 次；桃检出克百威超标 1 次；枣检出氧乐果超标 1 次；胡萝卜检出甲拌磷超标 1 次；韭菜检出氧乐果超标 1 次；茼蒿检出克百威超标 1 次。本次检出结果表明，高毒、剧毒农药的使用现象依旧存在，详见表 9-11。

表 9-11　各样本中检出剧毒/高毒农药情况

样品名称	农药名称	检出频次	超标频次	检出浓度（μg/kg）
水果 5 种				
橙	三唑磷	1	0	31.4
苹果	氧乐果▲	1	0	1.0
葡萄	氧乐果▲	1	1	22.7[a]
桃	克百威▲	1	1	155.7[a]
枣	氧乐果▲	1	1	42.9[a]
小计		5	3	超标率：60.0%
蔬菜 14 种				
番茄	克百威▲	2	0	15.1，1.2
胡萝卜	甲拌磷*▲	1	1	44.3[a]
韭菜	甲拌磷*▲	1	0	1.2
韭菜	氧乐果▲	1	1	474.1[a]
茄子	三唑磷	1	0	10.3
芹菜	甲拌磷*▲	2	0	3.6，4.3
芹菜	氧乐果▲	1	0	2.6

续表

样品名称	农药名称	检出频次	超标频次	检出浓度（μg/kg）
生菜	氧乐果▲	2	0	8.0，1.0
丝瓜	克百威▲	1	0	3.6
蒜薹	氧乐果▲	1	0	2.9
甜椒	克百威▲	1	0	6.1
小白菜	克百威▲	1	0	1.4
小白菜	氧乐果▲	1	0	6.9
小茴香	甲拌磷*▲	3	0	2.4，1.5，1.9
小茴香	克百威▲	1	0	15.8
小茴香	氧乐果▲	1	0	12.7
雪莲果	特丁硫磷*▲	1	0	6.6
樱桃番茄	克百威▲	2	0	1.0，3.7
茼蒿	克百威▲	1	1	32.1[a]
小计		25	3	超标率：12.0%
合计		30	6	超标率：20.0%

9.2　农药残留检出水平与最大残留限量标准对比分析

我国于 2014 年 3 月 20 日正式颁布并于 2014 年 8 月 1 日正式实施食品农药残留限量国家标准《食品中农药最大残留限量》（GB 2763—2014）。该标准包括 371 个农药条目，涉及最大残留限量（MRL）标准 3653 项。将 843 频次检出农药的浓度水平与 3653 项 MRL 国家标准进行核对，其中只有 288 频次的农药找到了对应的 MRL 标准，占 34.2%，还有 555 频次的侦测数据则无相关 MRL 标准供参考，占 65.8%。

将此次侦测结果与国际上现行 MRL 标准对比发现，在 843 频次的检出结果中有 843 频次的结果找到了对应的 MRL 欧盟标准，占 100.0%；其中，810 频次的结果有明确对应的 MRL 标准，占 96.1%，其余 33 频次按照欧盟一律标准判定，占 3.9%；有 843 频次的结果找到了对应的 MRL 日本标准，占 100.0%；其中，580 频次的结果有明确对应的 MRL 标准，占 68.8%，其余 263 频次按照日本一律标准判定，占 31.2%；有 511 频次的结果找到了对应的 MRL 中国香港标准，占 60.6%；有 470 频次的结果找到了对应的 MRL 美国标准，占 55.8%；有 310 频次的结果找到了对应的 MRL CAC 标准，占 36.8%（见图 9-11 和图 9-12，数据见附表 3 至附表 8）。

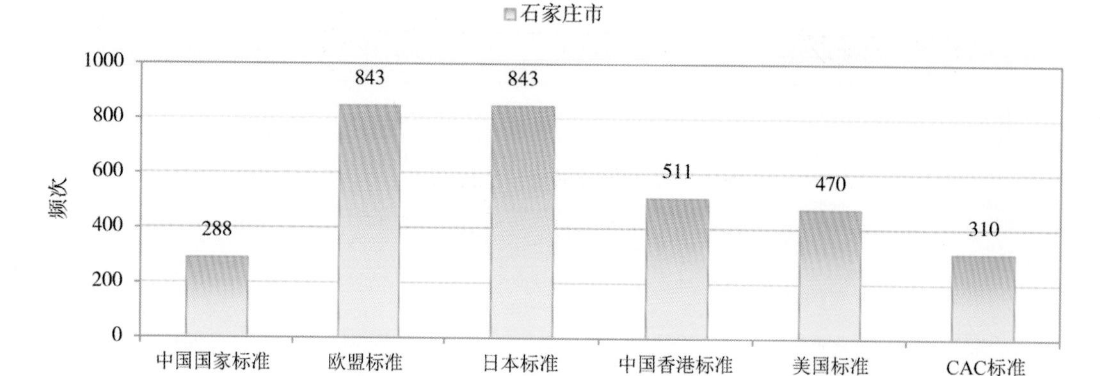

图 9-11　843 频次检出农药可用 MRL 中国国家标准、欧盟标准、日本标准、中国香港标准、美国标准、CAC 标准判定衡量的数量

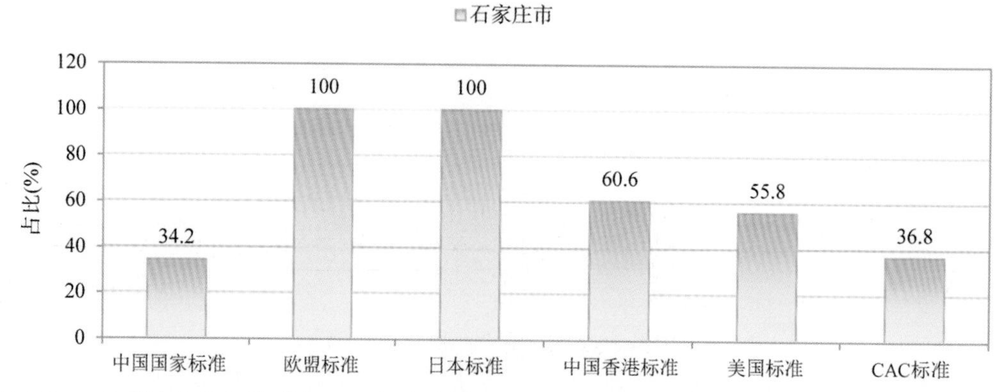

图 9-12　843 频次检出农药可用 MRL 中国国家标准、欧盟标准、日本标准、中国香港标准、美国标准、CAC 标准衡量的占比

9.2.1　超标农药样品分析

本次侦测的 391 例样品中，126 例样品未检出任何残留农药，占样品总量的 32.2%，265 例样品检出不同水平、不同种类的残留农药，占样品总量的 67.8%。在此，我们将本次侦测的农残检出情况与 MRL 中国国家标准、欧盟标准、日本标准、中国香港标准、美国标准和 CAC 标准这 6 大国际主流标准进行对比分析，样品农残检出与超标情况见表 9-12、图 9-13 和图 9-14，详细数据见附表 9 至附表 14。

表 9-12　各 MRL 标准下样本农残检出与超标数量及占比

	中国国家标准	欧盟标准	日本标准	中国香港标准	美国标准	CAC 标准
	数量/占比（%）	数量/占比（%）	数量/占比（%）	数量/占比（%）	数量/占比（%）	数量/占比（%）
未检出	126/32.2	126/32.2	126/32.2	126/32.2	126/32.2	126/32.2
检出未超标	258/66.0	200/51.2	207/52.9	252/64.5	258/66.0	255/65.2
检出超标	7/1.8	65/16.6	58/14.8	13/3.3	7/1.8	10/2.6

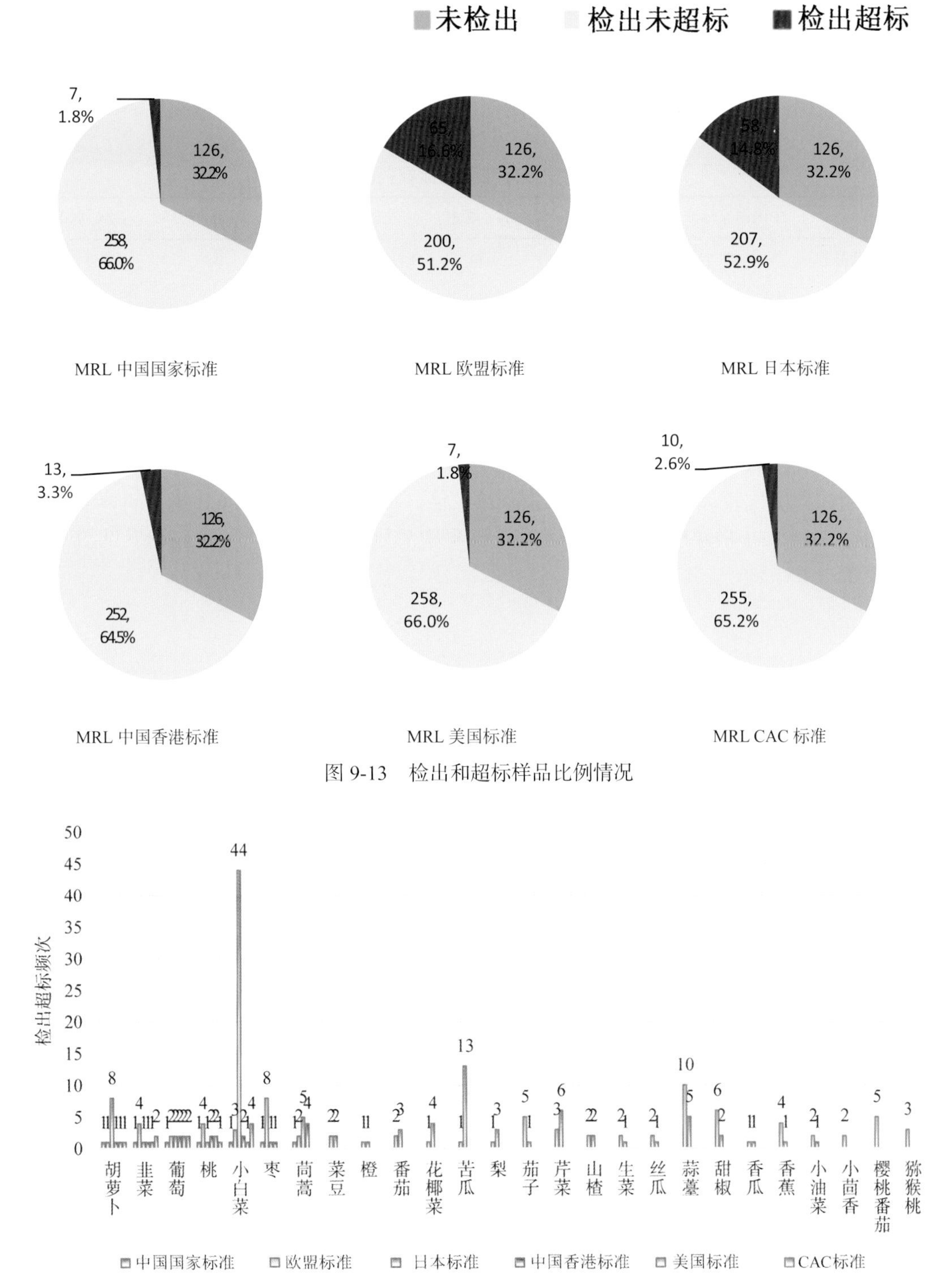

图 9-13　检出和超标样品比例情况

图 9-14　超过 MRL 中国国家标准、欧盟标准、日本标准、中国香港标准、美国标准、CAC 标准判定结果在水果蔬菜中的分布

9.2.2 超标农药种类分析

按照 MRL 中国国家标准、欧盟标准、日本标准、中国香港标准、美国标准和 CAC 标准这 6 大国际主流标准衡量，本次侦测检出的农药超标品种及频次情况见表 9-13。

表 9-13 各 MRL 标准下超标农药品种及频次

	中国国家标准	欧盟标准	日本标准	中国香港标准	美国标准	CAC 标准
超标农药品种	4	28	34	4	3	3
超标农药频次	7	79	109	13	7	10

9.2.2.1 按 MRL 中国国家标准衡量

按 MRL 中国国家标准衡量，共有 4 种农药超标，检出 7 频次，分别为剧毒农药甲拌磷，高毒农药氧乐果和克百威，中毒农药毒死蜱。

按超标程度比较，韭菜中氧乐果超标 22.7 倍，桃中克百威超标 6.8 倍，胡萝卜中甲拌磷超标 3.4 倍，小白菜中毒死蜱超标 2.7 倍，枣中氧乐果超标 1.1 倍。检测结果见图 9-15 和附表 15。

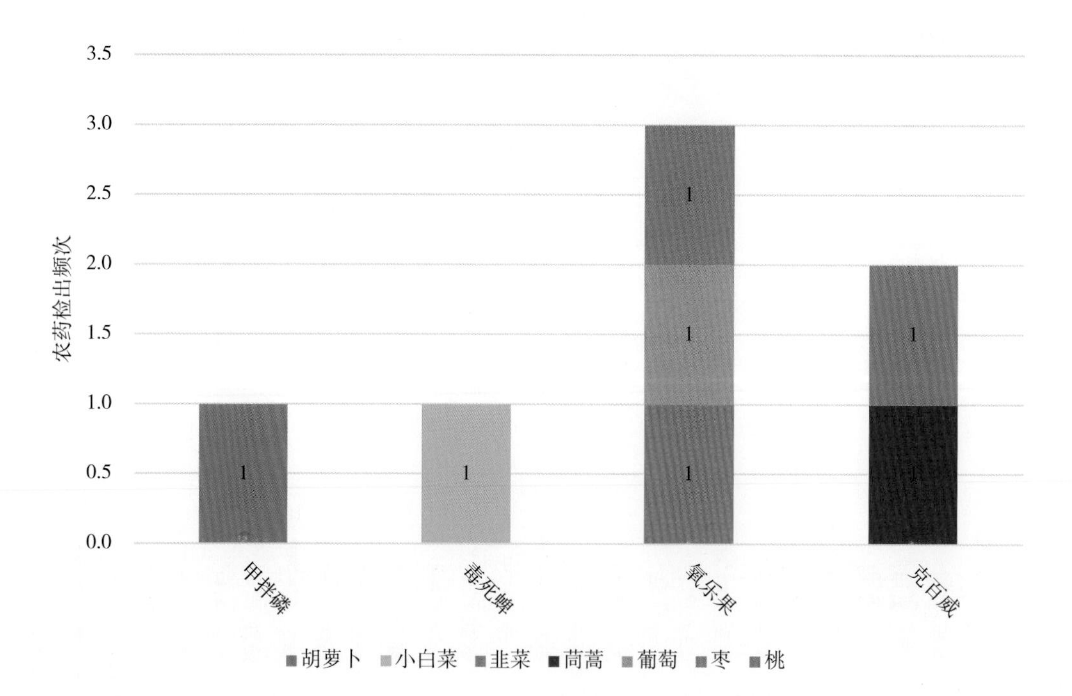

图 9-15 超过 MRL 中国国家标准农药品种及频次

9.2.2.2 按 MRL 欧盟标准衡量

按 MRL 欧盟标准衡量，共有 28 种农药超标，检出 79 频次，分别为剧毒农药甲拌磷，高毒农药三唑磷、氧乐果和克百威，中毒农药噻虫胺、吡虫啉、氟硅唑、咪鲜胺、啶虫脒、丙环唑、哒螨灵、丙溴磷和戊唑醇，低毒农药双苯基脲、炔螨特、噻菌灵、烯啶虫胺、嘧霉胺、烯酰吗啉、马拉硫磷和己唑醇，微毒农药吡唑醚菌酯、多菌灵、霜霉威、甲基硫菌灵、增效醚、嘧菌酯和啶氧菌酯。

按超标程度比较，桃中克百威超标 76.8 倍，小油菜中啶虫脒超标 53.7 倍，蒜薹中嘧霉胺超标 51.1 倍，韭菜中氧乐果超标 46.4 倍，蒜薹中咪鲜胺超标 36.1 倍。检测结果见图 9-16 和附表 16。

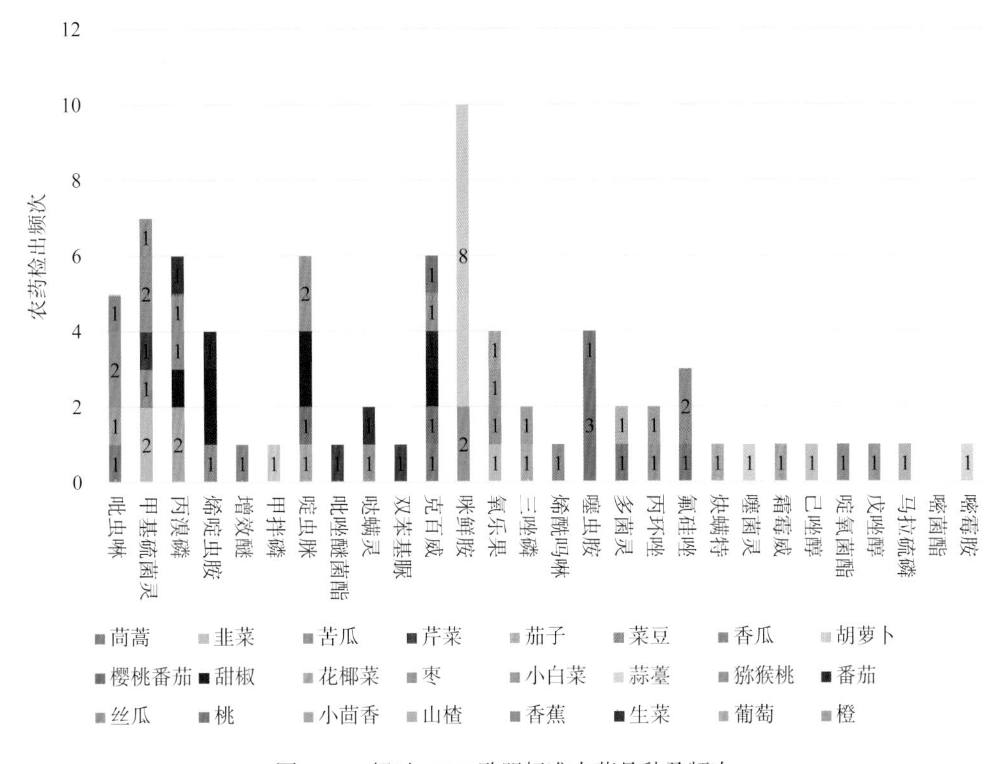

图 9-16　超过 MRL 欧盟标准农药品种及频次

9.2.2.3　按 MRL 日本标准衡量

按 MRL 日本标准衡量，共有 34 种农药超标，检出 109 频次，分别为剧毒农药特丁硫磷，高毒农药三唑磷和氧乐果，中毒农药甲霜灵、腈菌唑、氟硅唑、吡虫啉、咪鲜胺、甲哌、三唑酮、苯醚甲环唑、毒死蜱、啶虫脒、哒螨灵、丙环唑、多效唑、丙溴磷、噻虫嗪和戊唑醇，低毒农药双苯基脲、氟环唑、螺螨酯、炔螨特、烯啶虫胺、嘧霉胺、烯酰吗啉、马拉硫磷和己唑醇，微毒农药吡唑醚菌酯、多菌灵、霜霉威、甲基硫菌灵、嘧菌酯和啶氧菌酯。

按超标程度比较，韭菜中甲基硫菌灵超标 134.6 倍，枣中吡虫啉超标 106.3 倍，苦瓜中甲基硫菌灵超标 84.0 倍，枣中甲基硫菌灵超标 56.1 倍，蒜薹中嘧霉胺超标 51.1 倍。检测结果见图 9-17 和附表 17。

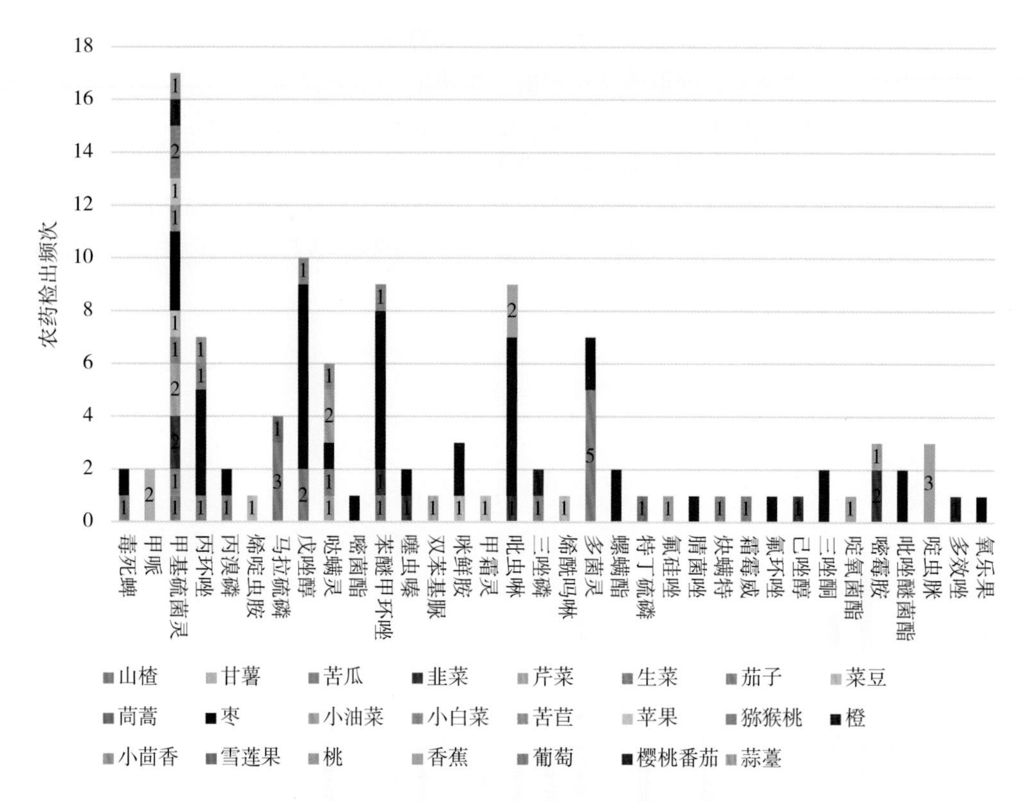

图 9-17　超过 MRL 日本标准农药品种及频次

9.2.2.4　按 MRL 中国香港标准衡量

按 MRL 中国香港标准衡量，共有 4 种农药超标，检出 13 频次，分别为中毒农药噻虫胺、吡虫啉、啶虫脒和毒死蜱。

按超标程度比较，小白菜中毒死蜱超标 2.7 倍，樱桃番茄中噻虫胺超标 2.4 倍，甜椒中啶虫脒超标 2.4 倍，枣中吡虫啉超标 1.1 倍，香蕉中吡虫啉超标 50%。检测结果见图 9-18 和附表 18。

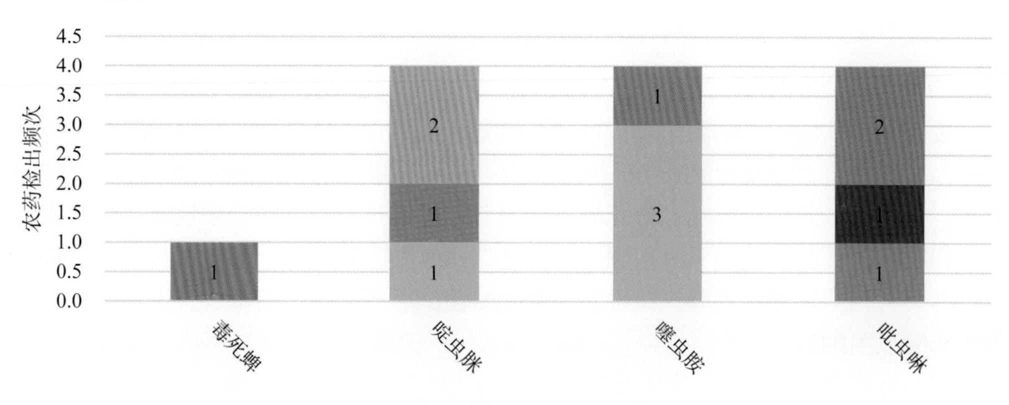

图 9-18　超过 MRL 中国香港标准农药品种及频次

9.2.2.5　按 MRL 美国标准衡量

按 MRL 美国标准衡量，共有 3 种农药超标，检出 7 频次，分别为中毒农药啶虫脒、毒死蜱和戊唑醇。

按超标程度比较，甜椒中啶虫脒超标 2.4 倍，山楂中戊唑醇超标 1.1 倍，樱桃番茄中啶虫脒超标 40%，梨中毒死蜱超标 40%，茄子中啶虫脒超标 10%。检测结果见图 9-19 和附表 19。

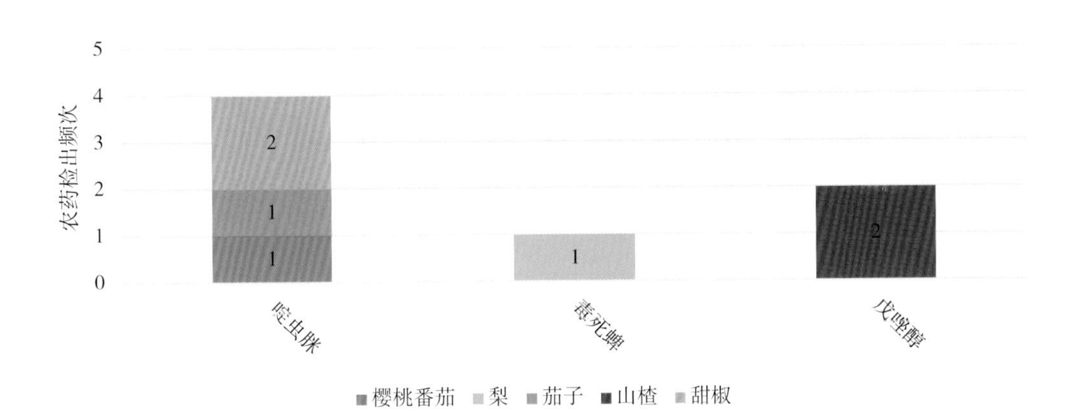

图 9-19　超过 MRL 美国标准农药品种及频次

9.2.2.6　按 MRL CAC 标准衡量

按 MRL CAC 标准衡量，共有 3 种农药超标，检出 10 频次，分别为中毒农药噻虫胺、吡虫啉和啶虫脒。

按超标程度比较，樱桃番茄中噻虫胺超标 2.4 倍，甜椒中啶虫脒超标 2.4 倍，香蕉中吡虫啉超标 50%，樱桃番茄中啶虫脒超标 40%倍，茄子中吡虫啉超标 30%。检测结果见图 9-20 和附表 20。

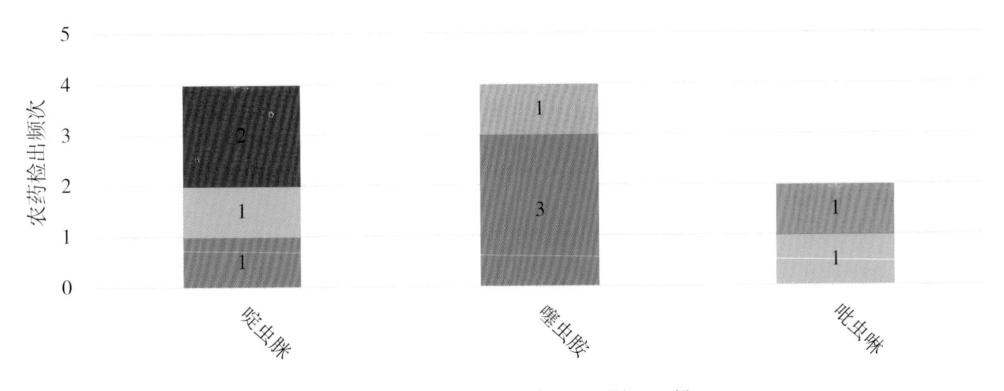

图 9-20　超过 MRL CAC 标准农药品种及频次

9.2.3　11 个采样点超标情况分析

9.2.3.1　按 MRL 中国国家标准衡量

按 MRL 中国国家标准衡量，有 7 个采样点的样品存在不同程度的超标农药检出，其中长安区***的超标率最高，为 3.1%，如表 9-14 和图 9-21 所示。

表 9-14　超过 MRL 中国国家标准水果蔬菜在不同采样点分布

	采样点	样品总数	超标数量	超标率（%）	行政区域
1	***超市（新华区店）	42	1	2.4	新华区
2	***超市（乐汇城店）	38	1	2.6	长安区
3	***超市	38	1	2.6	裕华区
4	***超市（民心广场店）	36	1	2.8	桥西区
5	***超市（保龙仓中华大街店）	36	1	2.8	桥西区
6	***超市（裕华店）	34	1	2.9	裕华区
7	长安区***	32	1	3.1	长安区

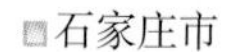

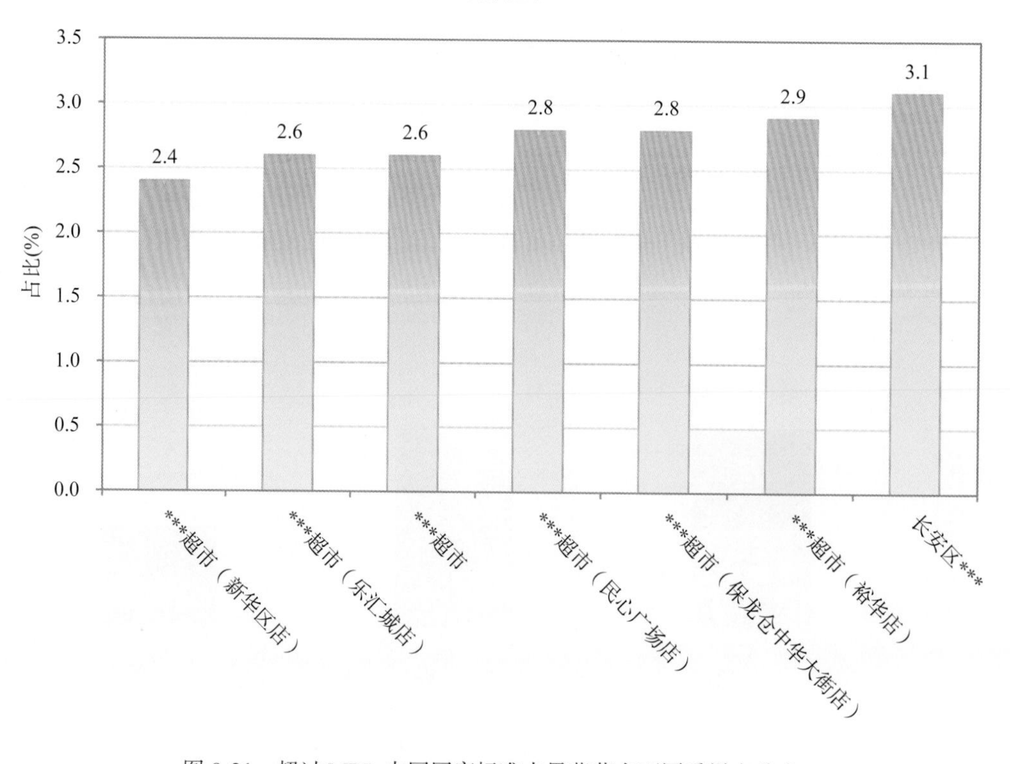

图 9-21　超过 MRL 中国国家标准水果蔬菜在不同采样点分布

9.2.3.2　按 MRL 欧盟标准衡量

按 MRL 欧盟标准衡量，所有采样点的样品存在不同程度的超标农药检出，其中***超市的超标率最高，为 23.7%，如表 9-15 和图 9-22 所示。

表 9-15　超过 MRL 欧盟标准水果蔬菜在不同采样点分布

	采样点	样品总数	超标数量	超标率（%）	行政区域
1	***超市（保龙仓勒泰店）	42	8	19.0	长安区
2	***超市（新华区店）	42	6	14.3	新华区
3	***超市（乐汇城店）	38	6	15.8	长安区
4	***超市	38	9	23.7	裕华区
5	***超市（民心广场店）	36	7	19.4	桥西区
6	***超市（保龙仓中华大街店）	36	7	19.4	桥西区
7	***超市（北国店）	36	3	8.3	长安区
8	***超市（裕华店）	34	3	8.8	裕华区
9	长安区***	32	5	15.6	长安区
10	***超市（怀特店）	30	6	20.0	裕华区
11	***超市（常山店）	27	5	18.5	正定县

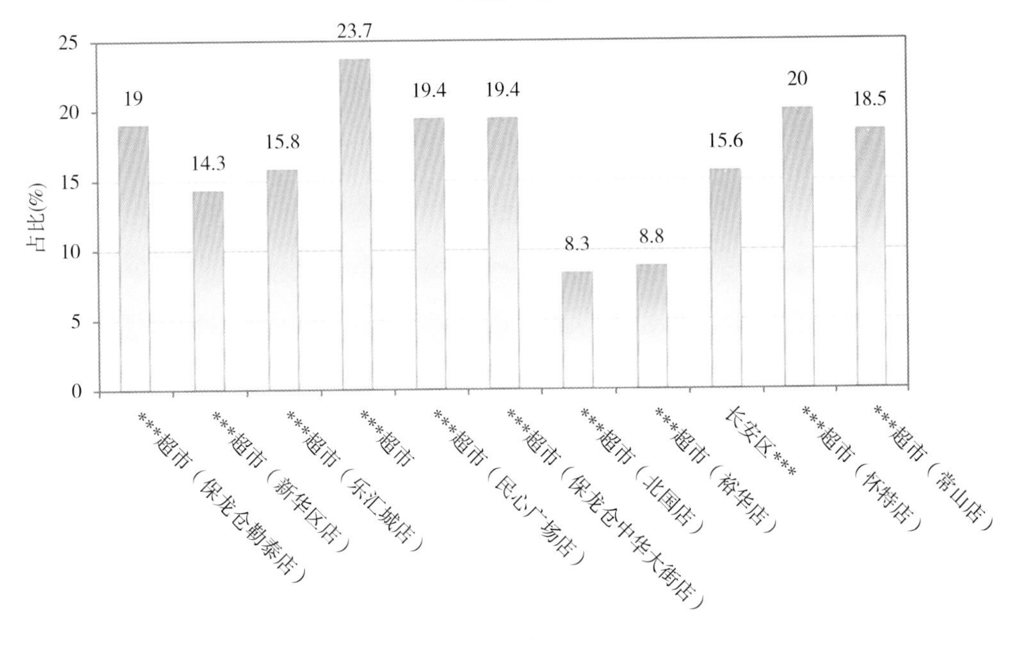

图 9-22　超过 MRL 欧盟标准水果蔬菜在不同采样点分布

9.2.3.3　按 MRL 日本标准衡量

按 MRL 日本标准衡量，所有采样点的样品存在不同程度的超标农药检出，其中***超市（常山店）的超标率最高，为 29.6%，如表 9-16 和图 9-23 所示。

表 9-16　超过 MRL 日本标准水果蔬菜在不同采样点分布

	采样点	样品总数	超标数量	超标率（%）	行政区域
1	***超市（保龙仓勒泰店）	42	8	19.0	长安区
2	***超市（新华区店）	42	4	9.5	新华区
3	***超市（乐汇城店）	38	6	15.8	长安区
4	***超市	38	4	10.5	裕华区
5	***超市（民心广场店）	36	5	13.9	桥西区
6	***超市（保龙仓中华大街店）	36	3	8.3	桥西区
7	***超市（北国店）	36	5	13.9	长安区
8	***超市（裕华店）	34	4	11.8	裕华区
9	长安区***	32	4	12.5	长安区
10	***超市（怀特店）	30	7	23.3	裕华区
11	***超市（常山店）	27	8	29.6	正定县

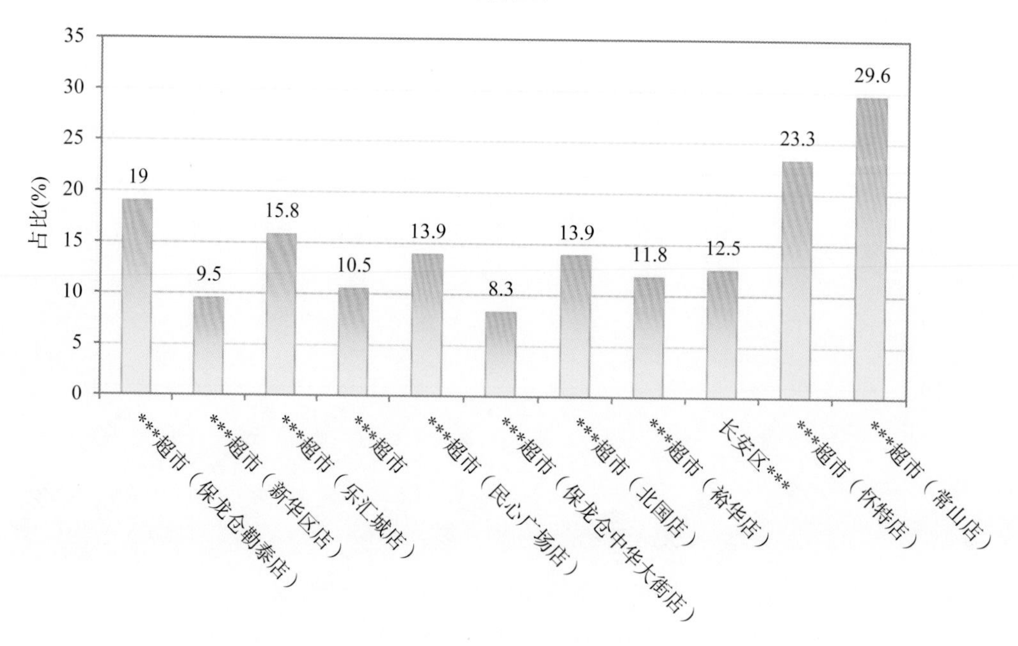

图 9-23　超过 MRL 日本标准水果蔬菜在不同采样点分布

9.2.3.4　按 MRL 中国香港标准衡量

按 MRL 中国香港标准衡量，有 7 个采样点的样品存在不同程度的超标农药检出，其中***超市的超标率最高，为 7.9%，如表 9-17 和图 9-24 所示。

表 9-17　超过 MRL 中国香港标准水果蔬菜在不同采样点分布

	采样点	样品总数	超标数量	超标率（%）	行政区域
1	***超市（保龙仓勒泰店）	42	2	4.8	长安区
2	***超市（新华区店）	42	2	4.8	新华区
3	***超市	38	3	7.9	裕华区
4	***超市（保龙仓中华大街店）	36	1	2.8	桥西区
5	***超市（裕华店）	34	2	5.9	裕华区
6	长安区***	32	1	3.1	长安区
7	***超市（怀特店）	30	2	6.7	裕华区

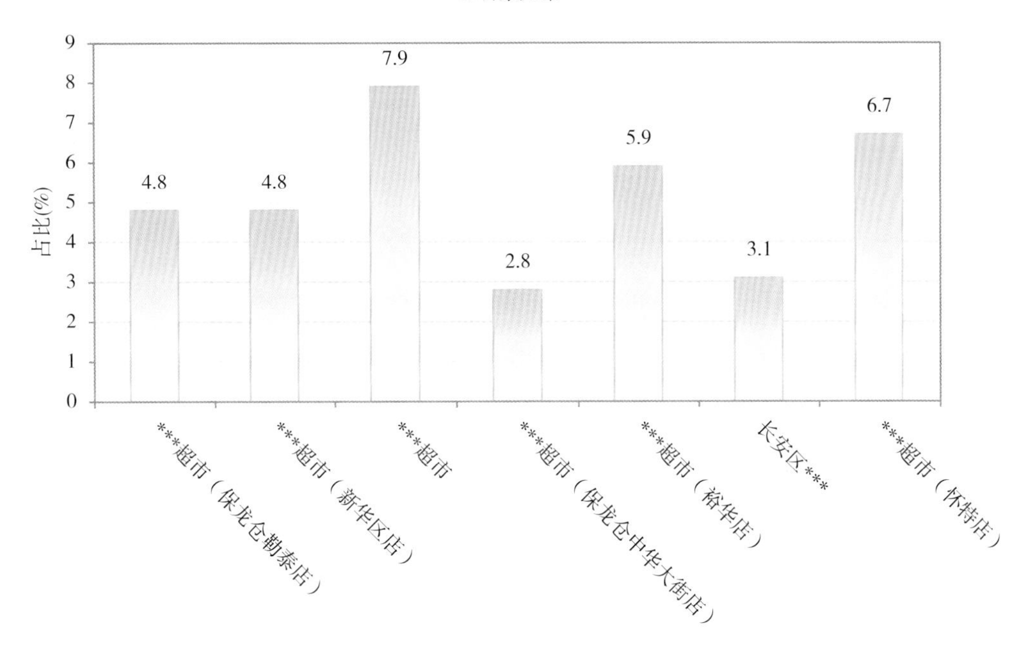

图 9-24　超过 MRL 中国香港标准水果蔬菜在不同采样点分布

9.2.3.5　按 MRL 美国标准衡量

按 MRL 美国标准衡量，有 6 个采样点的样品存在不同程度的超标农药检出，其中***超市（新华区店）的超标率最高，为 4.8%，如表 9-18 和图 9-25 所示。

表 9-18　超过 MRL 美国标准水果蔬菜在不同采样点分布

	采样点	样品总数	超标数量	超标率（%）	行政区域
1	***超市（保龙仓勒泰店）	42	1	2.4	长安区
2	***超市（新华区店）	42	2	4.8	新华区
3	***超市	38	1	2.6	裕华区
4	***超市（民心广场店）	36	1	2.8	桥西区
5	长安区***	32	1	3.1	长安区
6	***超市（怀特店）	30	1	3.3	裕华区

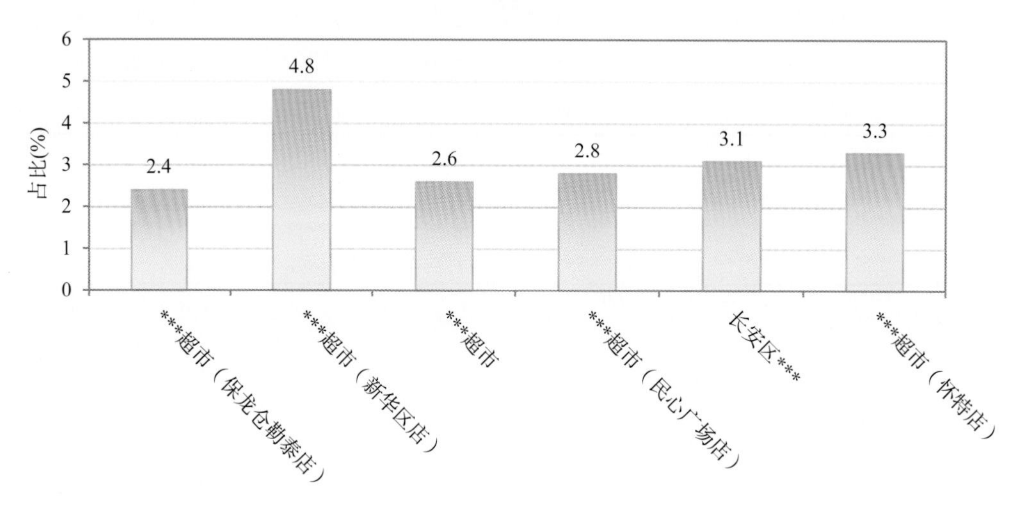

图 9-25　超过 MRL 美国标准水果蔬菜在不同采样点分布

9.2.3.6　按 MRL CAC 标准衡量

按 MRL CAC 标准衡量，有 6 个采样点的样品存在不同程度的超标农药检出，其中***超市（怀特店）的超标率最高，为 6.7%，如表 9-19 和图 9-26 所示。

表 9-19　超过 MRL CAC 标准水果蔬菜在不同采样点分布

	采样点	样品总数	超标数量	超标率（%）	行政区域
1	***超市（保龙仓勒泰店）	42	2	4.8	长安区
2	***超市（新华区店）	42	2	4.8	新华区
3	***超市	38	2	5.3	裕华区
4	***超市（裕华店）	34	1	2.9	裕华区
5	长安区***	32	1	3.1	长安区
6	***超市（怀特店）	30	2	6.7	裕华区

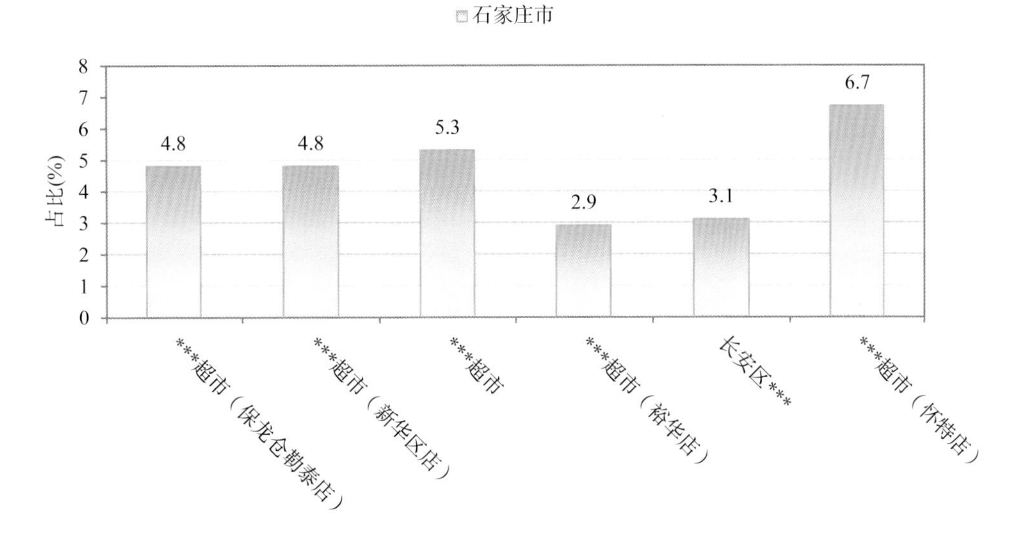

图 9-26　超过 MRL CAC 标准水果蔬菜在不同采样点分布

9.3　水果中农药残留分布

9.3.1　检出农药品种和频次排前 10 的水果

本次残留侦测的水果共 13 种，包括橙、火龙果、梨、猕猴桃、苹果、葡萄、山楂、柿子、桃、西瓜、香瓜、香蕉和枣。

根据检出农药品种及频次进行排名，将各项排名前 10 位的水果样品检出情况列表说明，详见表 9-20。

表 9-20　检出农药品种和频次排名前 10 的水果

检出农药品种排名前 10（品种）	①枣（27），②葡萄（21），③山楂（14），④香瓜（12），⑤梨（10），⑥香蕉（10），⑦猕猴桃（9），⑧橙（8），⑨桃（8），⑩苹果（8）
检出农药频次排名前 10（频次）	①枣（99），②葡萄（51），③山楂（32），④香蕉（31），⑤梨（25），⑥猕猴桃（19），⑦苹果（19），⑧橙（17），⑨香瓜（13），⑩桃（10）
检出禁用、高毒及剧毒农药品种排名前 10（品种）	①橙（1），②苹果（1），③葡萄（1），④桃（1），⑤枣（1）
检出禁用、高毒及剧毒农药频次排名前 10（频次）	①葡萄（1），②橙（1），③苹果（1），④枣（1），⑤桃（1）

9.3.2　超标农药品种和频次排前 10 的水果

鉴于 MRL 欧盟标准和日本标准制定比较全面且覆盖率较高，我们参照 MRL 中国国家标准、欧盟标准和日本标准衡量水果样品中农残检出情况，将超标农药品种及频次排名前 10 的水果列表说明，详见表 9-21。

表 9-21　超标农药品种和频次排名前 10 的水果

超标农药品种排名前 10（农药品种数）	MRL 中国国家标准	①桃（1），②葡萄（1），③枣（1）
	MRL 欧盟标准	①枣（5），②桃（4），③香蕉（3），④猕猴桃（3），⑤山楂（2），⑥葡萄（2），⑦梨（1），⑧香瓜（1），⑨橙（1）
	MRL 日本标准	①枣（18），②山楂（6），③猕猴桃（4），④香蕉（3），⑤桃（2），⑥橙（2），⑦葡萄（1），⑧苹果（1）
超标农药频次排名前 10（农药频次数）	MRL 中国国家标准	葡萄（1），②桃（1），③枣（1）
	MRL 欧盟标准	①枣（8），②香蕉（4），③桃（4），④猕猴桃（3），⑤葡萄（2），⑥山楂（2），⑦香瓜（1），⑧橙（1），⑨梨（1）
	MRL 日本标准	①枣（44），②山楂（13），③香蕉（6），④猕猴桃（5），⑤桃（2），⑥橙（2），⑦苹果（1），⑧葡萄（1）

通过对各品种水果样本总数及检出率进行综合分析发现，枣、葡萄和山楂的残留污染最为严重，在此，我们参照 MRL 中国国家标准、欧盟标准和日本标准对这 3 种水果的农残检出情况进行进一步分析。

9.3.3　农药残留检出率较高的水果样品分析

9.3.3.1　枣

这次共检测 9 例枣样品，全部检出了农药残留，检出率为 100.0%，检出农药共计 27 种。其中苯醚甲环唑、戊唑醇、哒螨灵、嘧菌酯和咪鲜胺检出频次较高，分别检出了 9、8、7、7 和 7 频次。枣中农药检出品种和频次见图 9-27，超标农药见图 9-28 和表 9-22。

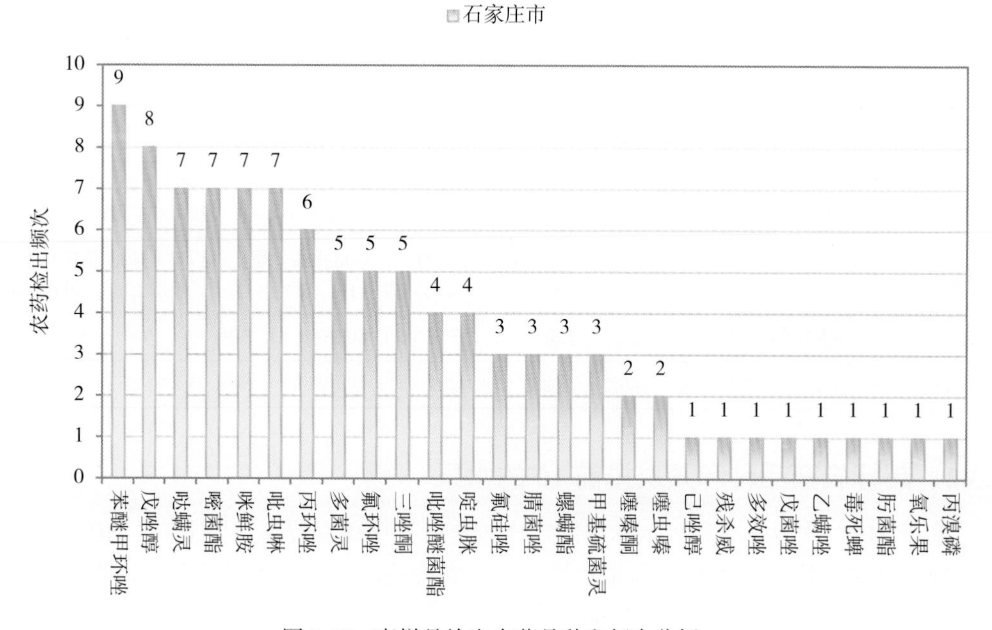

图 9-27　枣样品检出农药品种和频次分析

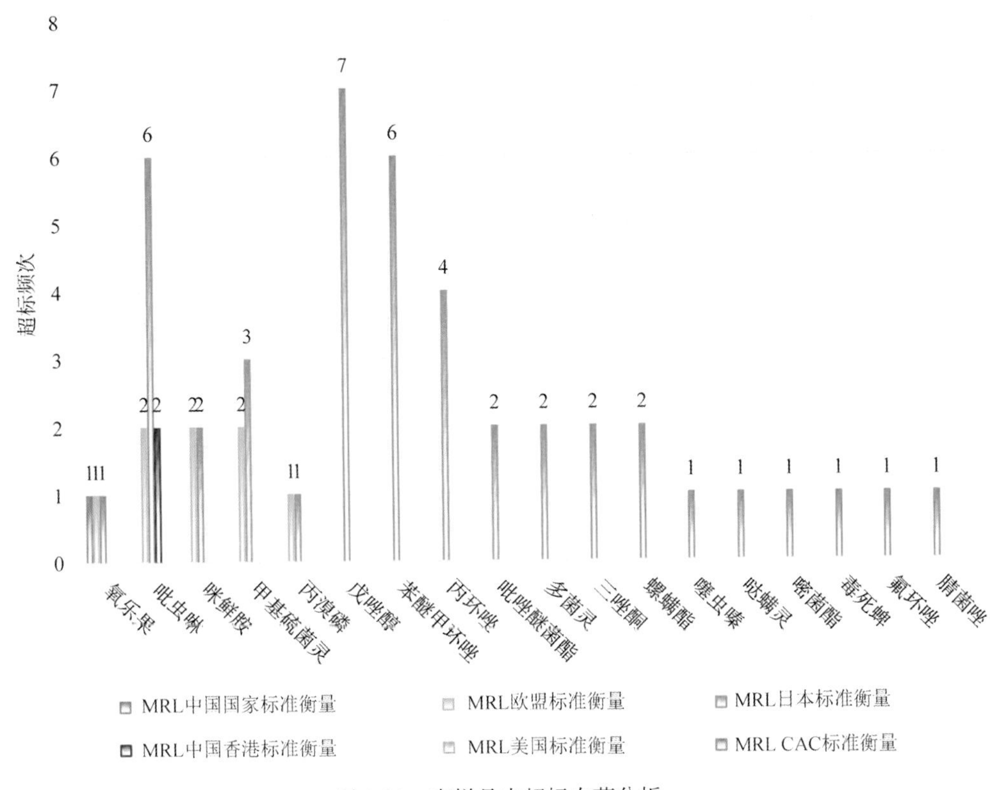

图 9-28 枣样品中超标农药分析

表 9-22 枣中农药残留超标情况明细表

样品总数			检出农药样品数	样品检出率（%）	检出农药品种总数
9			9	100	27
	超标农药品种	超标农药频次	按照 MRL 中国国家标准、欧盟标准和日本标准衡量超标农药名称及频次		
中国国家标准	1	1	氧乐果（1）		
欧盟标准	5	8	吡虫啉（2），咪鲜胺（2），甲基硫菌灵（2），氧乐果（1），丙溴磷（1）		
日本标准	18	44	戊唑醇（7），吡虫啉（6），苯醚甲环唑（6），丙环唑（4），甲基硫菌灵（3），吡唑醚菌酯（2），多菌灵（2），三唑酮（2），螺螨酯（2），咪鲜胺（2），噻虫嗪（1），哒螨灵（1），嘧菌酯（1），毒死蜱（1），氟环唑（1），氧乐果（1），丙溴磷（1），腈菌唑（1）		

9.3.3.2 葡萄

这次共检测 10 例葡萄样品，全部检出了农药残留，检出率为 100.0%，检出农药共计 21 种。其中三唑酮、戊唑醇、烯酰吗啉、苯醚甲环唑和嘧霉胺检出频次较高，分别检出了 6、6、4、4 和 4 频次。葡萄中农药检出品种和频次见图 9-29，超标农药见图 9-30 和表 9-23。

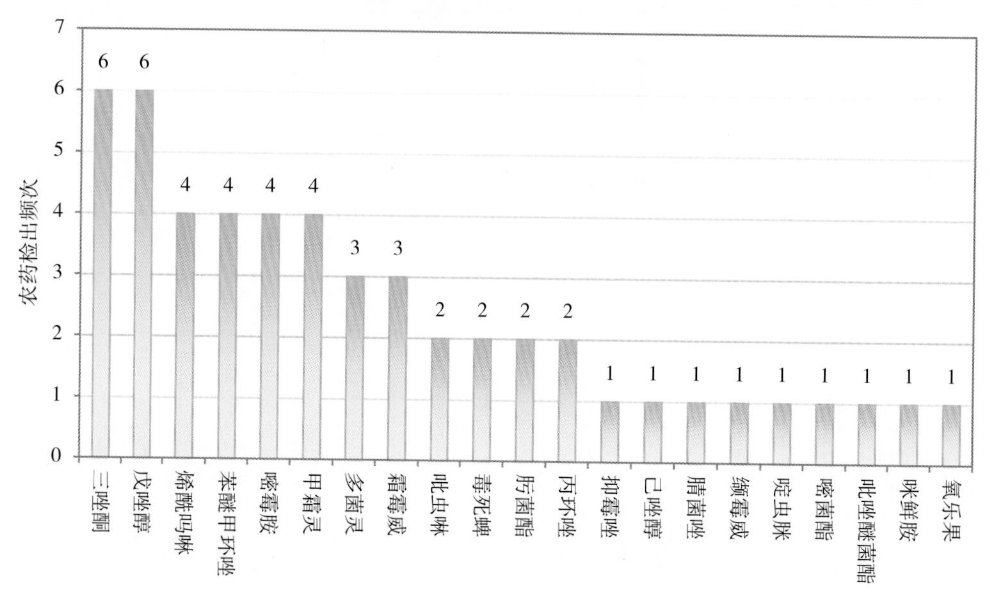

图 9-29　葡萄样品检出农药品种和频次分析

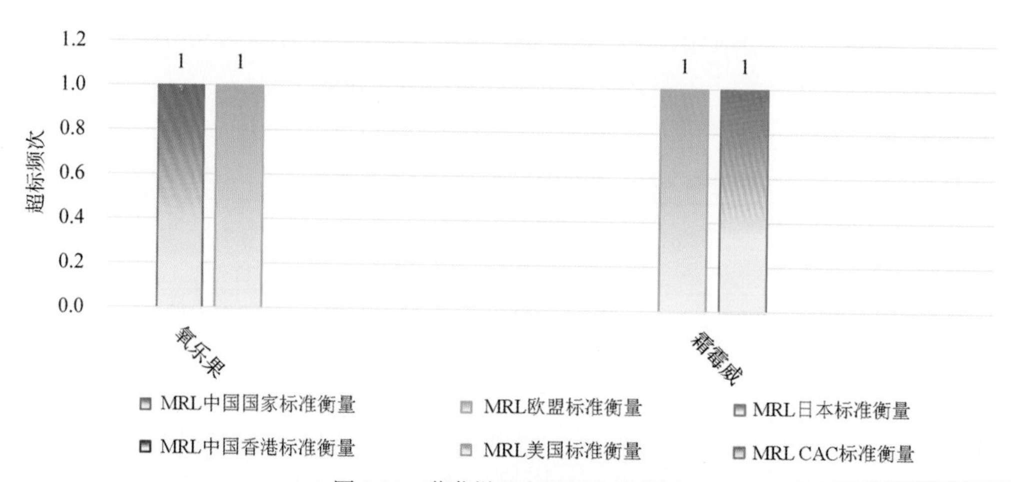

图 9-30　葡萄样品中超标农药分析

表 9-23　葡萄中农药残留超标情况明细表

样品总数			检出农药样品数	样品检出率（%）	检出农药品种总数
10			10	100	21
	超标农药品种	超标农药频次	按照 MRL 中国国家标准、欧盟标准和日本标准衡量超标农药名称及频次		
中国国家标准	1	1	氧乐果（1）		
欧盟标准	2	2	霜霉威（1），氧乐果（1）		
日本标准	1	1	霜霉威（1）		

9.3.3.3　山楂

这次共检测 8 例山楂样品，全部检出了农药残留，检出率为 100.0%，检出农药共计 14 种。其中多菌灵、马拉硫磷、啶虫脒、苯醚甲环唑和戊唑醇检出频次较高，分别检出了 6、5、4、3 和 3 频次。山楂中农药检出品种和频次见图 9-31，超标农药见图 9-32 和表 9-24。

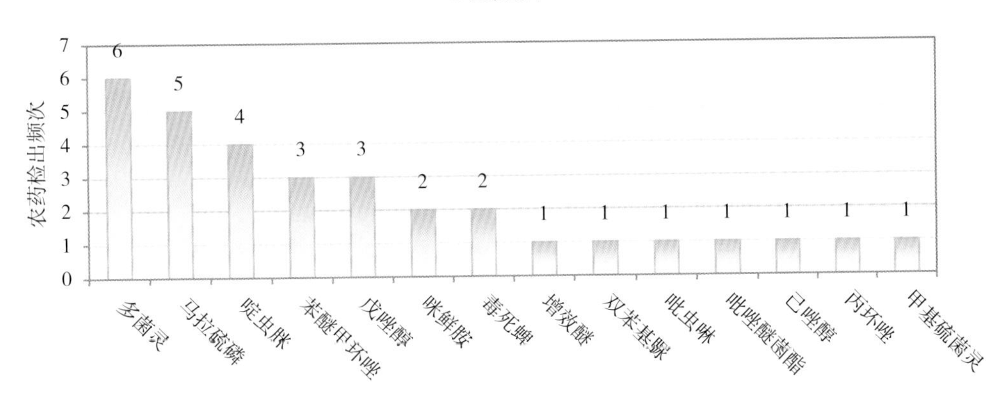

图 9-31　山楂样品检出农药品种和频次分析

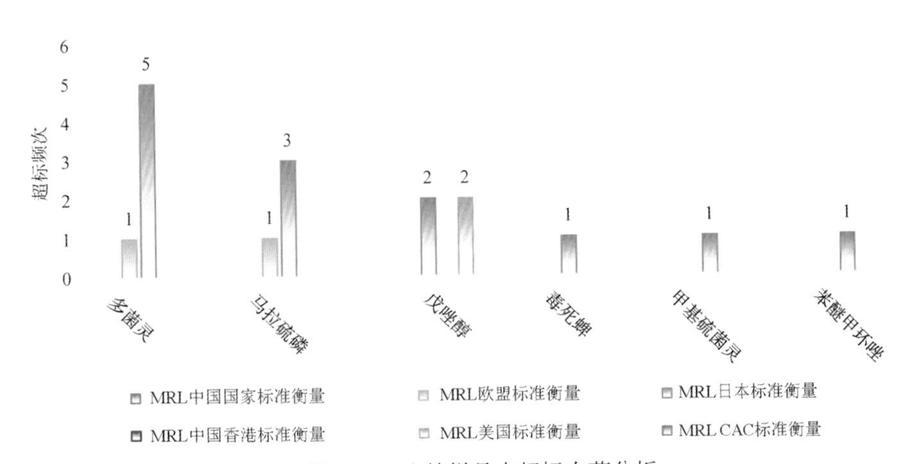

图 9-32　山楂样品中超标农药分析

表 9-24　山楂中农药残留超标情况明细表

样品总数			检出农药样品数	样品检出率（%）	检出农药品种总数
8			8	100	14
	超标农药品种	超标农药频次	按照 MRL 中国国家标准、欧盟标准和日本标准衡量超标农药名称及频次		
中国国家标准	0	0			
欧盟标准	2	2	多菌灵（1），马拉硫磷（1）		
日本标准	6	13	多菌灵（5），马拉硫磷（3），戊唑醇（2），毒死蜱（1），甲基硫菌灵（1），苯醚甲环唑（1）		

9.4　蔬菜中农药残留分布

9.4.1　检出农药品种和频次排前 10 的蔬菜

本次残留侦测的蔬菜共 33 种，包括菠菜、菜豆、大白菜、冬瓜、番茄、甘薯、胡萝卜、花椰菜、黄瓜、小茴香、结球甘蓝、韭菜、苦瓜、苦苣、莲藕、萝卜、绿豆芽、马铃薯、茄子、芹菜、青花菜、青蒜、生菜、丝瓜、蒜薹、甜椒、茼蒿、西葫芦、小白菜、雪莲果、洋葱、樱桃番茄和小油菜。

根据检出农药品种及频次进行排名，将各项排名前 10 位的蔬菜样品检出情况列表说明，详见表 9-25。

表 9-25　检出农药品种和频次排名前 10 的蔬菜

检出农药品种排名前 10（品种）	①芹菜（18），②樱桃番茄（18），③韭菜（17），④甜椒（16），⑤番茄（16），⑥丝瓜（13），⑦小茴香（13），⑧生菜（12），⑨苦瓜（12），⑩黄瓜（12）
检出农药频次排名前 10（频次）	①番茄（59），②甜椒（51），③樱桃番茄（51），④芹菜（45），⑤韭菜（35），⑥黄瓜（29），⑦苦瓜（25），⑧茄子（24），⑨小茴香（23），⑩菜豆（20）
检出禁用、高毒及剧毒农药品种排名前 10（品种）	①小茴香（3），②韭菜（2），③芹菜（2），④小白菜（2），⑤番茄（1），⑥丝瓜（1），⑦甜椒（1），⑧蒜薹（1），⑨生菜（1），⑩茄子（1）
检出禁用、高毒及剧毒农药频次排名前 10（频次）	①小茴香（5），②芹菜（3），③樱桃番茄（2），④番茄（2），⑤韭菜（2），⑥小白菜（2），⑦生菜（2），⑧蒜薹（1），⑨甜椒（1），⑩茼蒿（1）

9.4.2　超标农药品种和频次排前 10 的蔬菜

鉴于 MRL 欧盟标准和日本标准制定的比较全面且覆盖率较高，我们参照 MRL 中国国家标准、欧盟标准和日本标准衡量蔬菜样品中农残检出情况，将超标农药品种及频次排名前 10 的蔬菜列表说明，详见表 9-26。

表 9-26　超标农药品种和频次排名前 10 的蔬菜

超标农药品种排名前 10（农药品种数）	MRL 中国国家标准	①胡萝卜（1），②茼蒿（1），③韭菜（1），④小白菜（1）
	MRL 欧盟标准	①甜椒（4），②茄子（4），③韭菜（3），④蒜薹（3），⑤芹菜（3），⑥樱桃番茄（3），⑦番茄（2），⑧菜豆（2），⑨小白菜（2），⑩茼蒿（2）
	MRL 日本标准	①韭菜（6），②菜豆（5），③生菜（3），④芹菜（3），⑤茄子（3），⑥甘薯（1），⑦樱桃番茄（1），⑧小油菜（1），⑨雪莲果（1），⑩小白菜（1）

续表

超标农药频次排名前 10（农药频次数）	MRL 中国国家标准	胡萝卜（1），②韭菜（1），③茼蒿（1），④小白菜（1）
	MRL 欧盟标准	①蒜薹（10），②甜椒（6），③茄子（5），④樱桃番茄（5），⑤韭菜（4），⑥小白菜（3），⑦芹菜（3），⑧小茴香（2），⑨茼蒿（2），⑩小油菜（2）
	MRL 日本标准	①韭菜（8），②菜豆（5），③芹菜（4），④生菜（3），⑤茄子（3），⑥小油菜（2），⑦甘薯（2），⑧小茴香（1），⑨樱桃番茄（1），⑩苦苣（1）

通过对各品种蔬菜样本总数及检出率进行综合分析发现，樱桃番茄、芹菜和韭菜的残留污染最为严重，在此，我们参照 MRL 中国国家标准、欧盟标准和日本标准对这 3 种蔬菜的农残检出情况进行进一步分析。

9.4.3　农药残留检出率较高的蔬菜样品分析

9.4.3.1　樱桃番茄

这次共检测 8 例樱桃番茄样品，全部检出了农药残留，检出率为 100.0%，检出农药共计 18 种。其中啶虫脒、吡虫啉、噻虫胺、噻嗪酮和戊唑醇检出频次较高，分别检出了 7、5、5、4 和 4 频次。樱桃番茄中农药检出品种和频次见图 9-33，超标农药见图 9-34 和表 9-27。

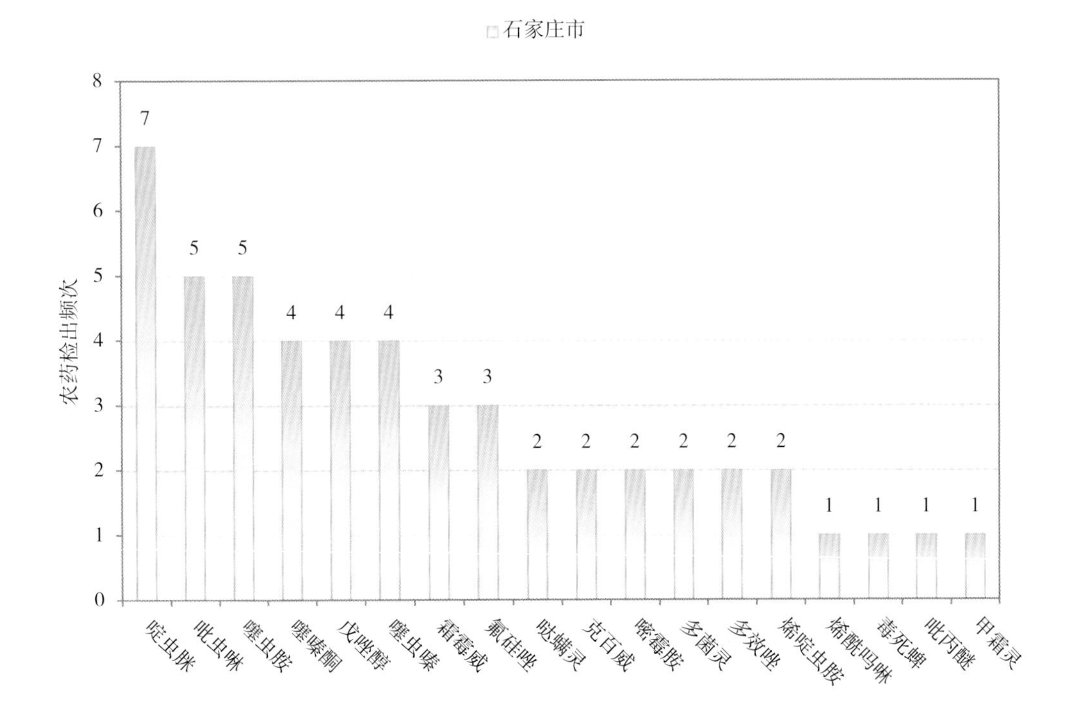

图 9-33　樱桃番茄样品检出农药品种和频次分析

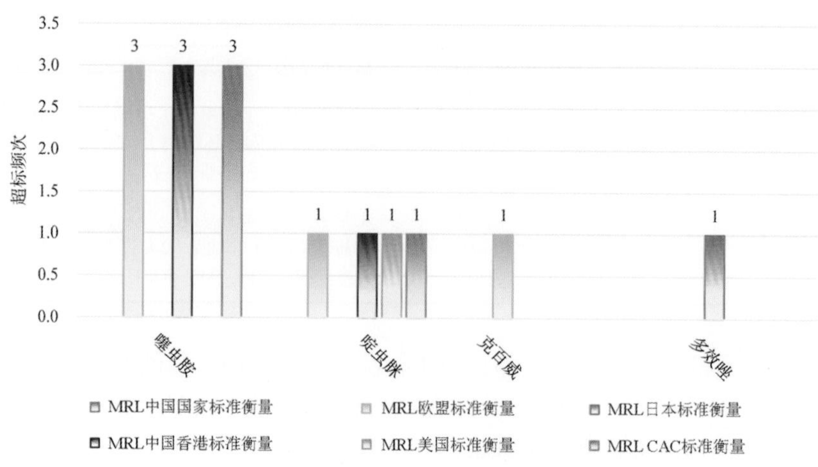

图 9-34　樱桃番茄样品中超标农药分析

表 9-27　樱桃番茄中农药残留超标情况明细表

样品总数			检出农药样品数	样品检出率（%）	检出农药品种总数
8			8	100	18
	超标农药品种	超标农药频次	按照 MRL 中国国家标准、欧盟标准和日本标准衡量超标农药名称及频次		
中国国家标准	0	0			
欧盟标准	3	5	噻虫胺（3），啶虫脒（1），克百威（1）		
日本标准	1	1	多效唑（1）		

9.4.3.2　芹菜

这次共检测 10 例芹菜样品，全部检出了农药残留，检出率为 100.0%，检出农药共计 18 种。其中苯醚甲环唑、多菌灵、吡虫啉、烯酰吗啉和丙环唑检出频次较高，分别检出了 8、5、4、4 和 4 频次。芹菜中农药检出品种和频次见图 9-35，超标农药见图 9-36 和表 9-28。

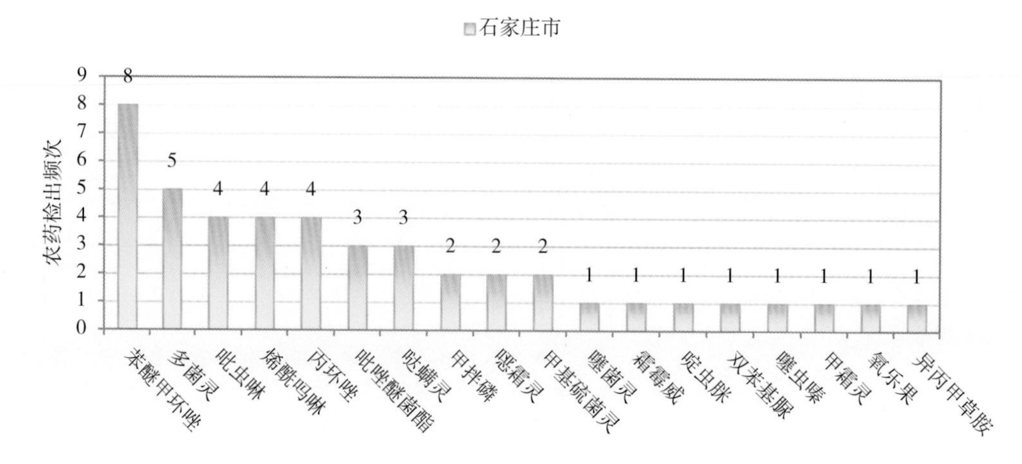

图 9-35　芹菜样品检出农药品种和频次分析

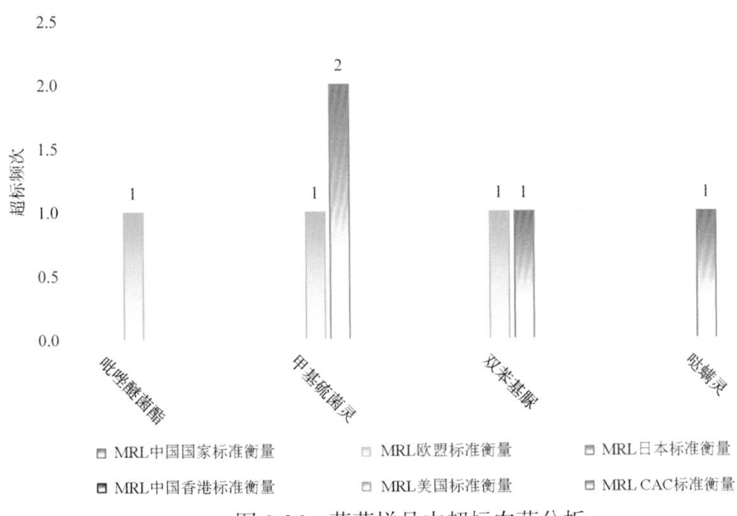

图 9-36　芹菜样品中超标农药分析

表 9-28　芹菜中农药残留超标情况明细表

样品总数			检出农药样品数	样品检出率（%）	检出农药品种总数
10			10	100	18
	超标农药品种	超标农药频次	按照 MRL 中国国家标准、欧盟标准和日本标准衡量超标农药名称及频次		
中国国家标准	0	0			
欧盟标准	3	3	吡唑醚菌酯（1），甲基硫菌灵（1），双苯基脲（1）		
日本标准	3	4	甲基硫菌灵（2），哒螨灵（1），双苯基脲（1）		

9.4.3.3　韭菜

这次共检测 10 例韭菜样品，9 例样品中检出了农药残留，检出率为 90.0%，检出农药共计 17 种。其中烯酰吗啉、嘧霉胺、苯醚甲环唑、多菌灵和己唑醇检出频次较高，分别检出了 8、4、4、3 和 2 频次。韭菜中农药检出品种和频次见图 9-37，超标农药见图 9-38 和表 9-29。

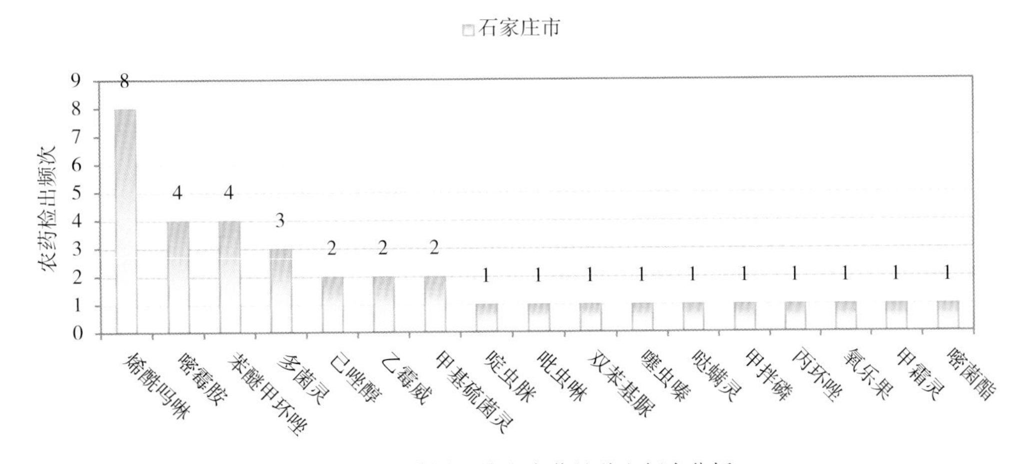

图 9-37　韭菜样品检出农药品种和频次分析

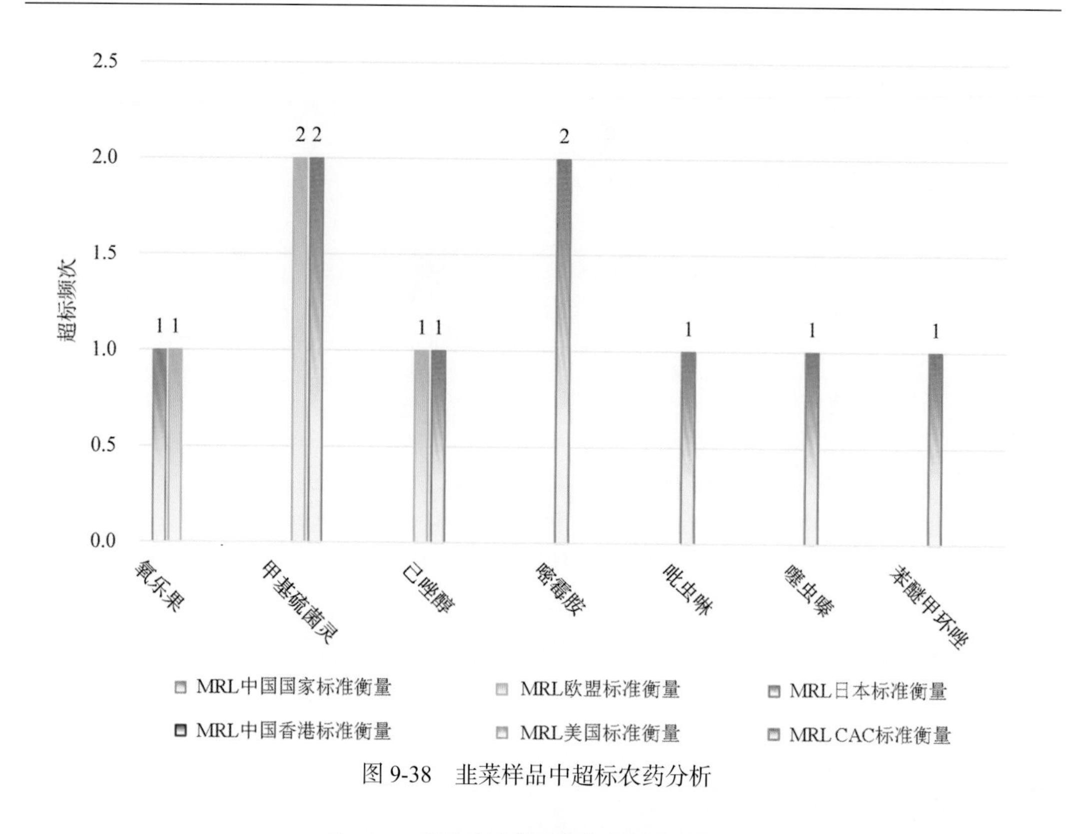

图 9-38　韭菜样品中超标农药分析

表 9-29　韭菜中农药残留超标情况明细表

样品总数			检出农药样品数	样品检出率（%）	检出农药品种总数
10			9	90	17
	超标农药品种	超标农药频次	按照 MRL 中国国家标准、欧盟标准和日本标准衡量超标农药名称及频次		
中国国家标准	1	1	氧乐果（1）		
欧盟标准	3	4	甲基硫菌灵（2），己唑醇（1），氧乐果（1）		
日本标准	6	8	嘧霉胺（2），甲基硫菌灵（2），己唑醇（1），吡虫啉（1），噻虫嗪（1），苯醚甲环唑（1）		

9.5　初 步 结 论

9.5.1　石家庄市市售水果蔬菜按 MRL 中国国家标准和国际主要 MRL 标准衡量的合格率

本次侦测的 391 例样品中，126 例样品未检出任何残留农药，占样品总量的 32.2%，265 例样品检出不同水平、不同种类的残留农药，占样品总量的 67.8%。在这 265 例检出农药残留的样品中：

按照 MRL 中国国家标准衡量，有 258 例样品检出残留农药但含量没有超标，占样品总数的 66.0%，有 7 例样品检出了超标农药，占样品总数的 1.8%。

按照 MRL 欧盟标准衡量，有 200 例样品检出残留农药但含量没有超标，占样品总数的 51.2%，有 65 例样品检出了超标农药，占样品总数的 16.6%。

按照 MRL 日本标准衡量，有 207 例样品检出残留农药但含量没有超标，占样品总数的 52.9%，有 58 例样品检出了超标农药，占样品总数的 14.8%。

按照 MRL 中国香港标准衡量，有 252 例样品检出残留农药但含量没有超标，占样品总数的 64.5%，有 13 例样品检出了超标农药，占样品总数的 3.3%。

按照 MRL 美国标准衡量，有 258 例样品检出残留农药但含量没有超标，占样品总数的 66.0%，有 7 例样品检出了超标农药，占样品总数的 1.8%。

按照 MRL CAC 标准衡量，有 255 例样品检出残留农药但含量没有超标，占样品总数的 65.2%，有 10 例样品检出了超标农药，占样品总数的 2.6%。

9.5.2 石家庄市市售水果蔬菜中检出农药以中低微毒农药为主，占市场主体的 91.7%

这次侦测的 391 例样品包括蔬菜 33 种 266 例，水果 13 种 109 例，食用菌 1 种 10 例，调味料 1 种 6 例，共检出了 60 种农药，检出农药的毒性以中低微毒为主，详见表 9-30。

表 9-30 市场主体农药毒性分布

毒性	检出品种	占比	检出频次	占比
剧毒农药	2	3.3%	8	0.9%
高毒农药	3	5.0%	23	2.7%
中毒农药	24	40.0%	473	56.1%
低毒农药	18	30.0%	156	18.5%
微毒农药	13	21.7%	183	21.7%
中低微毒农药，品种占比 91.7%，频次占比 96.3%				

9.5.3 检出剧毒、高毒和禁用农药现象应该警醒

在此次侦测的 391 例样品中有 14 种蔬菜和 5 种水果的 31 例样品检出了 5 种 31 频次的剧毒和高毒或禁用农药，占样品总量的 7.9%。其中剧毒农药甲拌磷和特丁硫磷以及高毒农药氧乐果、克百威和三唑磷检出频次较高。

按 MRL 中国国家标准衡量，剧毒农药甲拌磷，检出 7 次，超标 1 次；高毒农药氧乐果，检出 11 次，超标 3 次；克百威，检出 10 次，超标 2 次；按超标程度比较，韭菜中氧乐果超标 22.7 倍，桃中克百威超标 6.8 倍，胡萝卜中甲拌磷超标 3.4 倍，枣中氧乐果超标 1.1 倍，茼蒿中克百威超标 60%。

剧毒、高毒或禁用农药的检出情况及按照 MRL 中国国家标准衡量的超标情况见表 9-31。

表 9-31 剧毒、高毒或禁用农药的检出及超标明细

序号	农药名称	样品名称	检出频次	超标频次	最大超标倍数	超标率
1.1	甲拌磷*▲	小茴香	3	0		0.0%
1.2	甲拌磷*▲	芹菜	2	0		0.0%
1.3	甲拌磷*▲	胡萝卜	1	1	3.43	100.0%
1.4	甲拌磷*▲	韭菜	1	0		0.0%
2.1	特丁硫磷*▲	雪莲果	1	0		0.0%
3.1	克百威◊▲	番茄	2	0		0.0%
3.2	克百威◊▲	樱桃番茄	2	0		0.0%
3.3	克百威◊▲	桃	1	1	6.785	100.0%
3.4	克百威◊▲	茼蒿	1	1	0.605	100.0%
3.5	克百威◊▲	丝瓜	1	0		0.0%
3.6	克百威◊▲	甜椒	1	0		0.0%
3.7	克百威◊▲	小白菜	1	0		0.0%
3.8	克百威◊▲	小茴香	1	0		0.0%
4.1	三唑磷◊	橙	1	0		0.0%
4.2	三唑磷◊	茄子	1	0		0.0%
5.1	氧乐果◊▲	生菜	2	0		0.0%
5.2	氧乐果◊▲	韭菜	1	1	22.705	100.0%
5.3	氧乐果◊▲	枣	1	1	1.145	100.0%
5.4	氧乐果◊▲	葡萄	1	1	0.135	100.0%
5.5	氧乐果◊▲	苹果	1	0		0.0%
5.6	氧乐果◊▲	芹菜	1	0		0.0%
5.7	氧乐果◊▲	蒜薹	1	0		0.0%
5.8	氧乐果◊▲	小白菜	1	0		0.0%
5.9	氧乐果◊▲	小茴香	1	0		0.0%
5.10	氧乐果◊▲	芫荽	1	0		0.0%
合计			31	6		19.4%

注：超标倍数参照中国 MRL 标准衡量

这些超标的剧毒和高毒农药都是中国政府早有规定禁止在水果蔬菜中使用的，为什么还屡次被检出，应该引起警惕。

9.5.4　残留限量标准与先进国家或地区差距较大

843 频次的检出结果与我国公布的《食品中农药最大残留限量》（GB 2763—2014）对比，有 288 频次能找到对应的 MRL 中国国家标准，占 34.2%；还有 555 频次的侦测数据无相关 MRL 标准供参考，占 65.8%。

与国际上现行 MRL 标准对比发现：

有 843 频次能找到对应的 MRL 欧盟标准，占 100.0%；

有 843 频次能找到对应的 MRL 日本标准，占 100.0%；

有 511 频次能找到对应的 MRL 中国香港标准，占 60.6%；

有 470 频次能找到对应的 MRL 美国标准，占 55.8%；

有 310 频次能找到对应的 MRL CAC 标准，占 36.8%。

由上可见，MRL 中国国家标准与先进国家或地区标准还有很大差距，我们无标准，境外有标准，这就会导致我们在国际贸易中，处于受制于人的被动地位

9.5.5　水果蔬菜单种样品检出 14~27 种农药残留，拷问农药使用的科学性

通过此次监测发现，枣、葡萄和山楂是检出农药品种最多的 3 种水果，芹菜、樱桃番茄和韭菜是检出农药品种最多的 3 种蔬菜，从中检出农药品种及频次详见表 9-32。

表 9-32　单种样品检出农药品种及频次

样品名称	样品总数	检出农药样品数	检出率	检出农药品种数	检出农药（频次）
芹菜	10	10	100.0%	18	苯醚甲环唑（8），多菌灵（5），吡虫啉（4），烯酰吗啉（4），丙环唑（4），吡唑醚菌酯（3），哒螨灵（3），甲拌磷（2），噁霜灵（2），甲基硫菌灵（2），噻菌灵（1），霜霉威（1），啶虫脒（1），双苯基脲（1），噻虫嗪（1），甲霜灵（1），氧乐果（1），异丙甲草胺（1）
樱桃番茄	8	8	100.0%	18	啶虫脒（7），吡虫啉（5），噻虫胺（5），噻嗪酮（4），戊唑醇（4），噻虫嗪（4），霜霉威（3），氟硅唑（3），哒螨灵（2），克百威（2），嘧霉胺（2），多菌灵（2），多效唑（2），烯啶虫胺（2），烯酰吗啉（1），毒死蜱（1），吡丙醚（1），甲霜灵（1）
韭菜	10	9	90.0%	17	烯酰吗啉（8），嘧霉胺（4），苯醚甲环唑（4），多菌灵（3），己唑醇（2），乙霉威（2），甲基硫菌灵（2），啶虫脒（1），吡虫啉（1），双苯基脲（1），噻虫嗪（1），哒螨灵（1），甲拌磷（1），丙环唑（1），氧乐果（1），甲霜灵（1），嘧菌酯（1）
枣	9	9	100.0%	27	苯醚甲环唑（9），戊唑醇（8），哒螨灵（7），嘧菌酯（7），咪鲜胺（7），吡虫啉（7），丙环唑（6），多菌灵（5），氟环唑（5），三唑酮（5），吡唑醚菌酯（4），啶虫脒（4），氟硅唑（3），腈菌唑（3），螺螨酯（3），甲基硫菌灵（3），噻嗪酮（2），噻虫嗪（2），己唑醇（1），残杀威（1），多效唑（1），戊菌唑（1），乙螨唑（1），毒死蜱（1），肟菌酯（1），氧乐果（1），丙溴磷（1）

续表

样品名称	样品总数	检出农药样品数	检出率	检出农药品种数	检出农药（频次）
葡萄	10	10	100.0%	21	三唑酮（6），戊唑醇（6），烯酰吗啉（4），苯醚甲环唑（4），嘧霉胺（4），甲霜灵（4），多菌灵（3），霜霉威（3），吡虫啉（2），毒死蜱（2），肟菌酯（2），丙环唑（2），抑霉唑（1），己唑醇（1），腈菌唑（1），缬霉威（1），啶虫脒（1），嘧菌酯（1），吡唑醚菌酯（1），咪鲜胺（1），氧乐果（1）
山楂	8	8	100.0%	14	多菌灵（6），马拉硫磷（5），啶虫脒（4），苯醚甲环唑（3），戊唑醇（3），咪鲜胺（2），毒死蜱（2），增效醚（1），双苯基脲（1），吡虫啉（1），吡唑醚菌酯（1），己唑醇（1），丙环唑（1），甲基硫菌灵（1）

上述 6 种水果蔬菜，检出农药 14~27 种，是多种农药综合防治，还是未严格实施农业良好管理规范（GAP），抑或根本就是乱施药，值得我们思考。

第 10 章　LC-Q-TOF/MS 侦测石家庄市市售水果蔬菜农药残留膳食暴露风险及预警风险评估

10.1　农药残留风险评估方法

10.1.1　石家庄市农药残留检测数据分析与统计

庞国芳院士科研团队建立的农药残留高通量侦测技术以高分辨精确质量数（0.0001 *m/z* 为基准）为识别标准，采用 LC-Q-TOF/MS 技术对 537 种农药化学污染物进行检测。

科研团队于 2013 年 10 月在石家庄市所属 7 个区县的 11 个采样点，随机采集了 391 例水果蔬菜样品，采样点具体位置分布如图 10-1 所示。

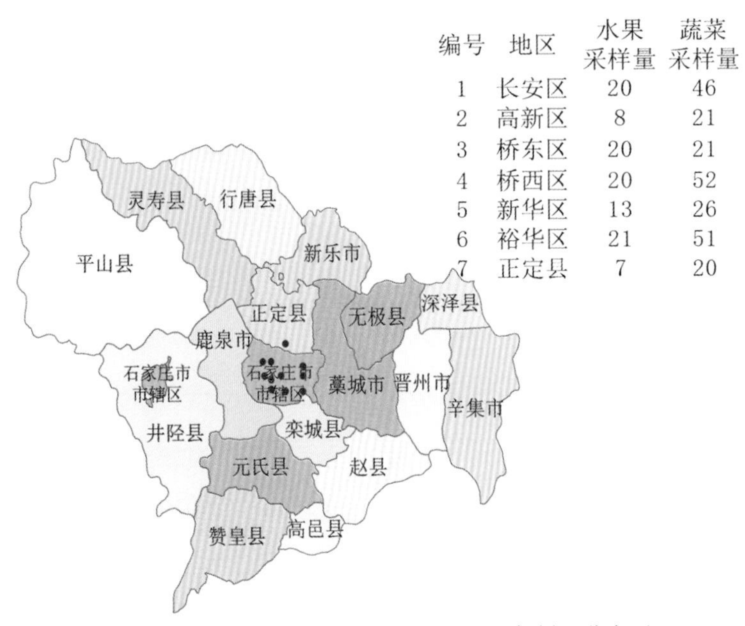

图 10-1　石家庄市所属 11 个采样点 391 例样品分布图

利用 LC-Q-TOF/MS 技术对 391 例样品中的农药残留进行侦测，检出残留农药 60 种，843 频次。检出农药残留水平如表 10-1 和图 10-2 所示。检出频次最高的前十种农药如表 10-2 所示。从检测结果中可以看出，在果蔬中农药残留普遍存在，且有些果蔬存在高浓度的农药残留，这些可能存在膳食暴露风险，对人体健康产生危害，因此，为了定量地评价果蔬中农药残留的风险程度，有必要对其进行风险评价。

表 10-1　检出农药的不同残留水平及其所占比例

残留水平（μg/kg）	检出频次	占比（%）
1~5（含）	352	41.8
5~10（含）	123	14.6
10~100（含）	300	35.6
100~1000（含）	64	7.6
＞1000	4	0.5
合计	843	100

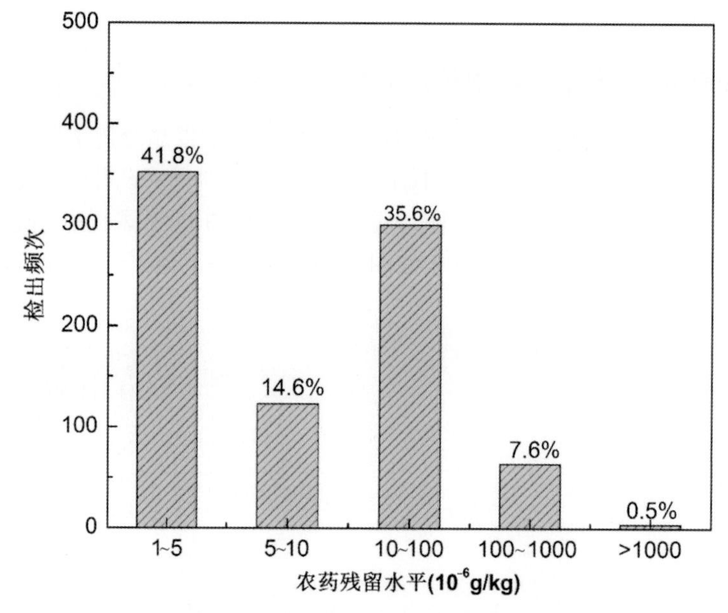

图 10-2　残留农药检出浓度频数分布

表 10-2　检出频次最高的前十种农药

序号	农药	检出频次（次）
1	多菌灵	80
2	啶虫脒	76
3	吡虫啉	60
4	烯酰吗啉	58
5	苯醚甲环唑	52
6	咪鲜胺	47
7	哒螨灵	35
8	戊唑醇	34
9	甲基硫菌灵	28
10	甲霜灵	28

10.1.2 农药残留风险评价模型

对石家庄市水果蔬菜中农药残留分别开展暴露风险评估和预警风险评估。膳食暴露风险评价利用食品安全指数模型，对水果蔬菜中的残留农药对人体可能产生的危害程度进行评价，该模型结合残留监测和膳食暴露评估评价化学污染物的危害；预警风险评价模型运用风险系数（risk index，R），风险系数综合考虑了危害物的超标率、施检频率及其本身敏感性的影响，能直观而全面地反映出危害物在一段时间内的风险程度。

10.1.2.1 食品安全指数模型

为了加强食品安全管理，《中华人民共和国食品安全法》第二章第十七条规定“国家建立食品安全风险评估制度，运用科学方法，根据食品安全风险监测信息、科学数据以及有关信息，对食品、食品添加剂、食品相关产品中生物性、化学性和物理性危害因素进行风险评估”[1]，膳食暴露评估是食品危险度评估的重要组成部分，也是膳食安全性的衡量标准[2]。国际上最早研究膳食暴露风险评估的机构主要是 JMPR（FAO、WHO 农药残留联合会议），该组织自 1995 年就已制定了急性毒性物质的风险评估急性毒性农药残留摄入量的预测。1960 年美国规定食品中不得加入致癌物质进而提出零阈值理论，渐渐零阈值理论发展成在一定概率条件下可接受风险的概念[3]，后衍变为食品中每日允许最大摄入量（ADI），而农药残留法典委员会（CCPR）认为 ADI 不是独立风险评估的唯一标准[4]，1995 年 JMPR 开始研究农药急性膳食暴露风险评估，并对食品国际短期摄入量的计算方法进行了修正，亦对膳食暴露评估准则及评估方法进行了修正[5]，2002 年，在对世界上现行的食品安全评价方法，尤其是国际公认的 CAC 的评价方法，WHO GEMS/Food（全球环境监测系统/食品污染监测和评估规划）及 JECFA（FAO、WHO 食品添加剂联合专家委员会）和 JMPR 对食品安全风险评估工作研究的基础之上，检验检疫食品安全管理的研究人员提出了结合残留监控和膳食暴露评估，以食品安全指数 IFS 计算食品中各种化学污染物对消费者的健康危害程度[6]。IFS 是表示食品安全状态的新方法，可有效的评价某种农药的安全性，进而评价食品中各种农药化学污染物对消费者健康的整体危害程度[7, 8]。从理论上分析，IFS_c 可指出食品中的污染物 c 对消费者健康是否存在危害及危害的程度[9]。其优点在于操作简单且结果容易被接受和理解，不需要大量的数据来对结果进行验证，使用默认的标准假设或者模型即可[10, 11]。

1）IFS_c 的计算

IFS_c 计算公式如下：

$$IFS_c = \frac{EDI_c \times f}{SI_c \times bw} \tag{10-1}$$

式中，c 为所研究的农药；EDI_c 为农药 c 的实际日摄入量估算值，等于 $\sum(R_i \times F_i \times E_i \times P_i)$（$i$ 为食品种类；R_i 为食品 i 中农药 c 的残留水平，mg/kg；F_i 为食品 i 的估计日消费量，g/（人·天）；E_i 为食品 i 的可食用部分因子；P_i 为食品 i 的加工处理因子）；SI_c 为安全摄入量，可采用每日允许摄入量 ADI；bw 为人平均体重，kg；f 为校正因子，如果安全摄入量采用 ADI，f 取 1。

$IFS_c \ll 1$，农药 c 对食品安全没有影响；$IFS_c \leqslant 1$，农药 c 对食品安全的影响可以接受；$IFS_c > 1$，农药 c 对食品安全的影响不可接受。

本次评价中：

$IFS_c \leqslant 0.1$，农药 c 对果蔬安全没有影响；

$0.1 < IFS_c \leqslant 1$，农药 c 对果蔬安全的影响可以接受；

$IFS_c > 1$，农药 c 对果蔬安全的影响不可接受。

本次评价中残留水平 R_i 取值为中国检验检疫科学研究院庞国芳院士课题组对石家庄市果蔬中的农药残留检测结果。估计日消费量 F_i 取值 0.38 kg/（人·天），E_i=1，P_i=1，f=1，SI_c 采用《食品安全国家标准　食品中农药最大残留限量》（GB 2763—2016）中 ADI 值（具体数值见表 10-3），人平均体重 bw 取值 60 kg。

表 10-3　石家庄市果蔬中残留农药 ADI 值

序号	农药	ADI	序号	农药	ADI	序号	农药	ADI
1	苯醚甲环唑	0.01	21	甲霜灵	0.08	41	特丁硫磷	0.0006
2	吡丙醚	0.1	22	腈菌唑	0.03	42	肟菌酯	0.04
3	吡虫啉	0.06	23	克百威	0.001	43	戊菌唑	0.03
4	吡唑醚菌酯	0.03	24	螺螨酯	0.01	44	戊唑醇	0.03
5	丙环唑	0.07	25	氯吡脲	0.07	45	烯啶虫胺	0.53
6	丙溴磷	0.03	26	马拉硫磷	0.3	46	烯酰吗啉	0.2
7	哒螨灵	0.01	27	咪鲜胺	0.01	47	烯唑醇	0.005
8	啶虫脒	0.07	28	醚菌酯	0.4	48	氧乐果	0.0003
9	啶氧菌酯	0.09	29	嘧菌酯	0.2	49	乙螨唑	0.05
10	毒死蜱	0.01	30	嘧霉胺	0.2	50	乙霉威	0.004
11	多菌灵	0.03	31	灭蝇胺	0.06	51	异丙甲草胺	0.1
12	多效唑	0.1	32	扑草净	0.04	52	抑霉唑	0.03
13	噁霜灵	0.01	33	炔螨特	0.01	53	莠去津	0.02
14	二嗪磷	0.005	34	噻虫胺	0.1	54	增效醚	0.2
15	粉唑醇	0.01	35	噻虫嗪	0.08	55	唑螨酯	0.01
16	氟硅唑	0.007	36	噻菌灵	0.1	56	甲哌	—
17	氟环唑	0.02	37	噻嗪酮	0.009	57	双苯基脲	—
18	己唑醇	0.005	38	三唑磷	0.001	58	乙嘧酚磺酸酯	—
19	甲拌磷	0.0007	39	三唑酮	0.03	59	残杀威	—
20	甲基硫菌灵	0.08	40	霜霉威	0.4	60	缬霉威	—

注：“—”表示国家标准中无 ADI 值规定；ADI 值单位为 mg/kg bw

2）计算 $\mathrm{IFS_c}$ 的平均值 $\overline{\mathrm{IFS}}$，判断农药对食品安全影响程度

以 $\overline{\mathrm{IFS}}$ 评价各种农药对人体健康危害的总程度，评价模型见公式（10-2）。

$$\overline{\mathrm{IFS}}=\frac{\sum_{i=1}^{n}\mathrm{IFS_c}}{n} \qquad (10\text{-}2)$$

$\overline{\mathrm{IFS}}\ll 1$，所研究消费者人群的食品安全状态很好；$\overline{\mathrm{IFS}}\leqslant 1$，所研究消费者人群的食品安全状态可以接受；$\overline{\mathrm{IFS}}>1$，所研究消费者人群的食品安全状态不可接受。

本次评价中：

$\overline{\mathrm{IFS}}\leqslant 0.1$，所研究消费者人群的果蔬安全状态很好；

$0.1<\overline{\mathrm{IFS}}\leqslant 1$，所研究消费者人群的果蔬安全状态可以接受；

$\overline{\mathrm{IFS}}>1$，所研究消费者人群的果蔬安全状态不可接受。

10.1.2.2 预警风险评价模型

2003 年，我国检验检疫食品安全管理的研究人员根据 WTO 的有关原则和我国的具体规定，结合危害物本身的敏感性、风险程度及其相应的施检频率，首次提出了食品中危害物风险系数 R 的概念[12]。R 是衡量一个危害物的风险程度大小最直观的参数，即在一定时期内其超标率或阳性检出率的高低，但受其施检测率的高低及其本身的敏感性（受关注程度）影响。该模型综合考察了农药在蔬菜中的超标率、施检频率及其本身敏感性，能直观而全面地反映出农药在一段时间内的风险程度[13]。

1）R 计算方法

危害物的风险系数综合考虑了危害物的超标率或阳性检出率、施检频率和其本身的敏感性影响，并能直观而全面地反映出危害物在一段时间内的风险程度。风险系数 R 的计算公式如式（10-3）：

$$R = aP + \frac{b}{F} + S \qquad (10\text{-}3)$$

式中，P 为该种危害物的超标率；F 为危害物的施检频率；S 为危害物的敏感因子；a，b 分别为相应的权重系数。

本次评价中 $F=1$；$S=1$；$a=100$；$b=0.1$，对参数 P 进行计算，计算时首先判断是否为禁药，如果为非禁药，P=超标的样品数（检测出的含量高于食品最大残留限量标准值，即 MRL）除以总样品数（包括超标、不超标、未检出）；如果为禁药，则检出即为超标，P=能检出的样品数除以总样品数。判断石家庄市果蔬农药残留是否超标的标准限值 MRL 分别以 MRL 中国国家标准[14]和 MRL 欧盟标准作为对照，具体值列于本报告附表一中。

2）判断风险程度

$R\leqslant 1.5$，受检农药处于低度风险；

$1.5<R\leqslant 2.5$，受检农药处于中度风险；

$R>2.5$，受检农药处于高度风险。

10.1.2.3　食品膳食暴露风险和预警风险评价应用程序的开发

1）应用程序开发的步骤

为成功开发膳食暴露风险和预警风险评价应用程序，与软件工程师多次沟通讨论，逐步提出并描述清楚计算需求，开发了初步应用程序。在软件应用过程中，根据风险评价拟得到结果的变化，计算需求发生变更，这些变化给软件工程师进行需求分析带来一定的困难，经过各种细节的沟通，需求分析得到明确后，开始进行解决方案的设计，在保证需求的完整性、一致性的前提下，编写代码，最后设计出风险评价专用计算软件。软件开发基本步骤见图 10-3。

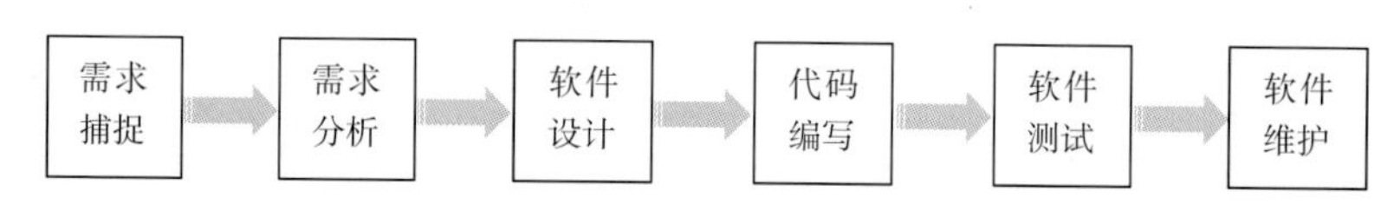

图 10-3　专用程序开发总体步骤

2）膳食暴露风险评价专业程序开发的基本要求

首先直接利用公式（10-1），分别计算 LC-Q-TOF/MS 和 GC-Q-TOF/MS 仪器检出的各果蔬样品中每种农药 IFS_c，将结果列出。为考察超标农药和禁用农药的使用安全性，分别以我国《食品安全国家标准　食品中农药最大残留限量》（GB 2763—2016）和欧盟食品中农药最大残留限量（以下简称 MRL 中国国家标准和 MRL 欧盟标准）为标准，对检出的禁药和超标的非禁药 IFS_c 单独进行评价；按 IFS_c 大小列表，并找出 IFS_c 值排名前 20 的样本重点关注。

对不同果蔬 i 中每一种检出的农药 c 的安全指数进行计算，多个样品时求平均值。若监测数据为该市多个月的数据，则逐月、逐季度分别列出每个月、每个季度内每一种果蔬 i 对应的每一种农药 c 的 IFS_c。

按农药种类，计算整个监测时间段内每种农药的 IFS_c，不区分果蔬。若检测数据为该市多个月的数据，则需分别计算每个月、每个季度内每种农药的 IFS_c。

3）预警风险评价专业程公式序开发的基本要求

分别以 MRL 中国国家标准和 MRL 欧盟标准，按公式（10-3）逐个计算不同果蔬、不同农药的风险系数，禁药和非禁药分别列表。

为清楚了解各种农药的预警风险，不分时间，不分果蔬，按禁用农药和非禁药分类，分别计算各种检出农药全部检测时段内风险系数。由于有 MRL 中国国家标准的农药种类太少，无法计算超标数，非禁药的风险系数只以 MRL 欧盟标准为标准，进行计算。若检测数据为多个月的，则按月计算每个月、每个季度内每种禁用农药残留的风险系数和以 MRL 欧盟标准为标准的非禁药残留的风险系数。

4）风险程度评价专业应用程序的开发方法

采用 Python 计算机程序设计语言，Python 是一个高层次的结合了解释性、编译性、互动性和面向对象的脚本语言。风险评价专用程序主要功能包括：分别读入每例样品

LC-Q-TOF/MS 和 GC-Q-TOF/MS 农药残留检测数据，根据风险评价工作要求，依次对不同农药、不同食品、不同时间、不同采样点的 IFS_c 值和 R 值分别进行数据计算，筛选出禁用农药、超标农药（分别与 MRL 中国国家标准、MRL 欧盟标准限值进行对比）单独重点分析，再分别对各农药、各果蔬种类分类处理，设计出计算和排序程序，编写计算机代码，最后将生成的膳食暴露风险评价和超标风险评价定量计算结果列入设计好的各个表格中，并定性判断风险对目标的影响程度，直接用文字描述风险发生的高低，如“不可接受”“可以接受”“没有影响”“高度风险”“中度风险”“低度风险”。

10.2 石家庄市果蔬农药残留膳食暴露风险评估

10.2.1 果蔬样品中农药残留安全指数分析

基于 2013 年 10 月农药残留检测数据，发现在 391 例样品中检出农药 843 频次，计算样品中每种残留农药的安全指数 IFS_c，并分析农药对样品安全的影响程度，结果详见附表二，农药残留对样品安全影响程度频次分布情况如图 10-4 所示。

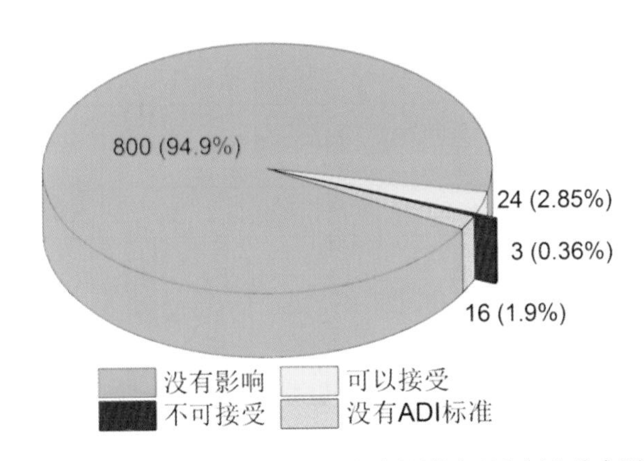

图 10-4 农药残留对果蔬样品安全的影响程度频次分布图

由图 10-4 可以看出，农药残留对样品安全的影响不可接受的频次为 3，占 0.36%；农药残留对样品安全的影响可以接受的频次为 24，占 2.85%；农药残留对样品安全的没有影响的频次为 800，占 94.9%。残留农药对安全影响不可接受的样品如表 10-4 所示。

表 10-4 对果蔬样品安全影响不可接受的残留农药安全指数表

序号	年月	样品编号	采样点	基质	农药	含量（mg/kg）	IFS_c
1	2013 年 10 月	20131015-130100-QHDCIQ-GS-01A	***超市（怀特店）	蒜薹	咪鲜胺	1.7836	1.1296
2	2013 年 10 月	20131015-130100-QHDCIQ-GS-06A	***超市（新华区店）	蒜薹	咪鲜胺	1.8555	1.1752
3	2013 年 10 月	20131015-130100-QHDCIQ-JC-08A	***超市	韭菜	氧乐果	0.4741	10.009

此次检测，发现部分样品检出禁用农药，为了明确残留的禁用农药对样品安全的影响，分析检出禁药残留的样品安全指数，结果如图 10-5 所示，检出禁用农药 4 种 29 频次，其中农药残留对样品安全的影响不可接受的频次为 1，占 3.45%；农药残留对样品安全的影响可以接受的频次为 9，占 31.03%；农药残留对样品安全没有影响的频次为 19，占 65.52%。表 10-5 为对果蔬样品安全影响不可接受的残留禁用农药安全指数表。

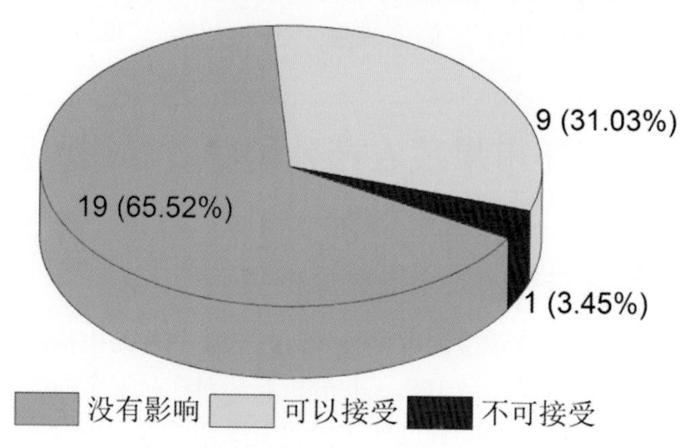

图 10-5 禁用农药残留对果蔬样品安全的影响程度频次分布图

表 10-5 对果蔬样品安全影响不可接受的残留禁用农药安全指数表

序号	样品编号	采样点	基质	农药	含量（mg/kg）	IFS_c
1	20131015-130100-QHDCIQ-JC-08A	***超市	韭菜	氧乐果	0.4741	10.0088

此外，本次检测发现部分样品中非禁用农药残留量超过 MRL 中国国家标准和欧盟标准，为了明确超标的非禁药对样品安全的影响，分析非禁药残留超标的样品安全指数。

超标的非禁用农药对样品安全的影响程度频次分布情况如图 10-6。检出超过 MRL 中国国家标准的非禁用农药共 1 频次，农药残留对样品安全的影响可以接受的频次为 1，占 100%。果蔬样品中残留量超过 MRL 中国国家标准的非禁用农药安全指数如表 10-6 所示。

表 10-6 果蔬样品中残留超标的非禁用农药安全指数表（MRL 中国国家标准）

序号	样品编号	采样点	基质	农药	含量（mg/kg）	中国国家标准	超标倍数	IFS_c	影响程度
1	20131015-130100-QHDCIQ-PB-07A	***超市（裕华店）	小白菜	毒死蜱	0.3654	0.1	2.654	0.2314	可以接受

由图 10-6 可以看出检出超过 MRL 欧盟标准的非禁用农药共 68 频次，其中农药残留对样品安全的影响不可接受的频次为 2，占 2.94%；农药残留对样品安全的影响可以接受的频次为 10，占 14.71%；农药残留对样品安全没有影响的频次为 55，占 80.88%。

表 10-7 为对果蔬样品安全影响不可接受的残留量超过 MRL 欧盟标准的非禁用农药的安全指数表。

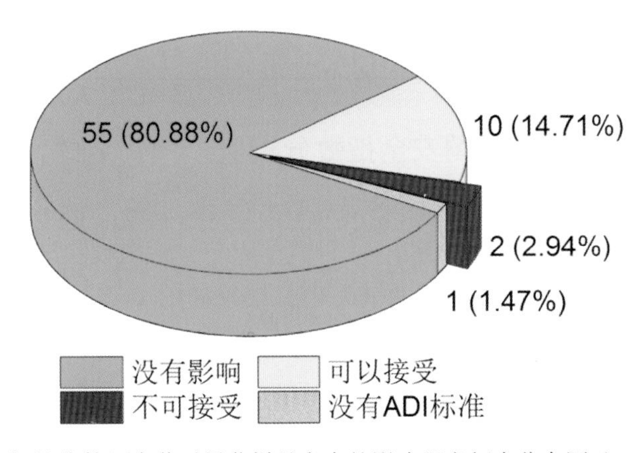

图 10-6　残留超标的非禁用农药对果蔬样品安全的影响程度频次分布图（MRL 欧盟标准）

表 10-7　对果蔬样品安全影响不可接受的残留超标非禁用农药安全指数表（MRL 欧盟标准）

序号	样品编号	采样点	基质	农药	含量（mg/kg）	欧盟标准	超标倍数	IFS_c	影响程度
1	20131015-130100-QHDCIQ-GS-06A	***超市（新华区店）	蒜薹	咪鲜胺	1.8555	0.05	36.11	1.1752	不可接受
2	20131015-130100-QHDCIQ-GS-01A	***超市（怀特店）	蒜薹	咪鲜胺	1.7836	0.05	34.67	1.1296	不可接受

在 391 例样品中，126 例样品未检测出农药残留，265 例样品中检测出农药残留，计算每例有农药检出的样品的$\overline{IFS}$值，进而分析样品的安全状态结果如图 10-7 所示（未检出农药的样品安全状态视为很好）。可以看出，0.51%的样品安全状态不可接受，2.81%的样品安全状态可以接受，95.91%的样品安全状态很好。安全状态不可接受的果蔬样品如表 10-8。

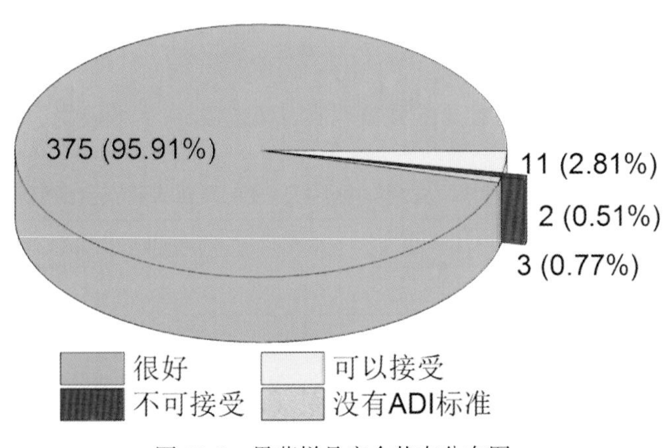

图 10-7　果蔬样品安全状态分布图

表 10-8　安全状态不可接受的果蔬样品列表

序号	样品编号	采样点	基质	$\overline{IFS}$
1	20131015-130100-QHDCIQ-JC-08A	***超市	韭菜	2.5039
2	20131015-130100-QHDCIQ-GS-06A	***超市（新华区店）	蒜薹	1.1752

10.2.2　单种果蔬中农药残留安全指数分析

本次检测的果蔬共计 48 种，48 种果蔬中大白菜、洋葱、青花菜、青蒜没有检测出农药残留，在其余 44 种果蔬中检测出 60 种残留农药，检出频次 843，其中 55 种农药存在 ADI 标准。计算每种果蔬中农药的 IFS_c 值，结果如图 10-8 所示。

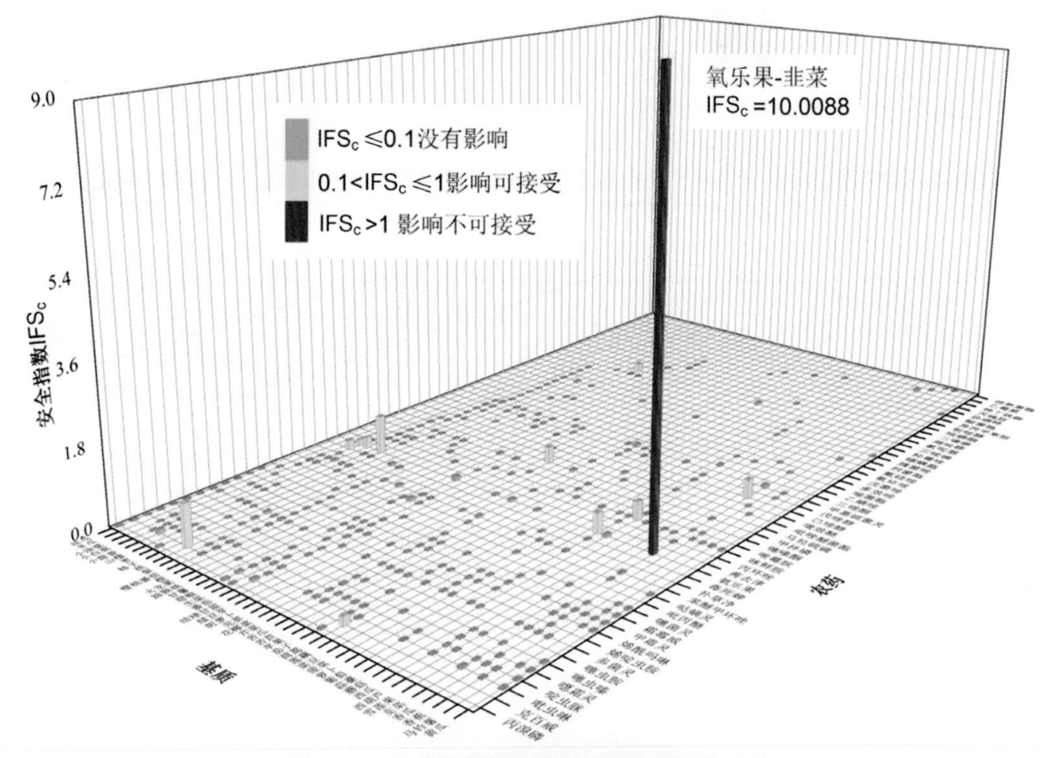

图 10-8　44 种果蔬中 55 种残留农药的安全指数

分析发现 1 种果蔬中 1 种农药的残留对食品安全影响不可接受，如表 10-9 所示。

表 10-9　对单种果蔬安全影响不可接受的残留农药安全指数表

序号	基质	农药	检出频次	检出率	IFS>1 的频次	IFS>1 的比例	IFS_c
1	韭菜	氧乐果	1	8.89%	1	2.22%	10.0088

本次检测中，44 种果蔬和 60 种残留农药（包括没有 ADI）共涉及 376 个分析样本，农药对果蔬安全的影响程度分布情况如图 10-9 所示。

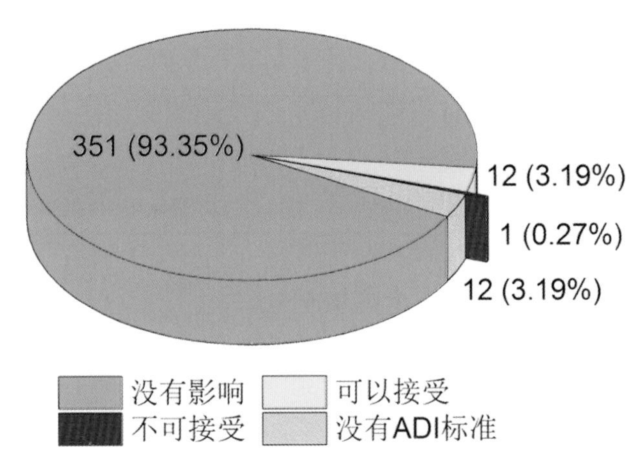

图 10-9　376 个分析样本的影响程度分布图

此外，分别计算 44 种果蔬中所有检出农药 IFS_c 的平均值$\overline{IFS}$，分析每种果蔬的安全状态，结果如图 10-10 所示，分析发现，4 种果蔬（9.09%）的安全状态可接受，40 种90.91%）果蔬的安全状态很好。

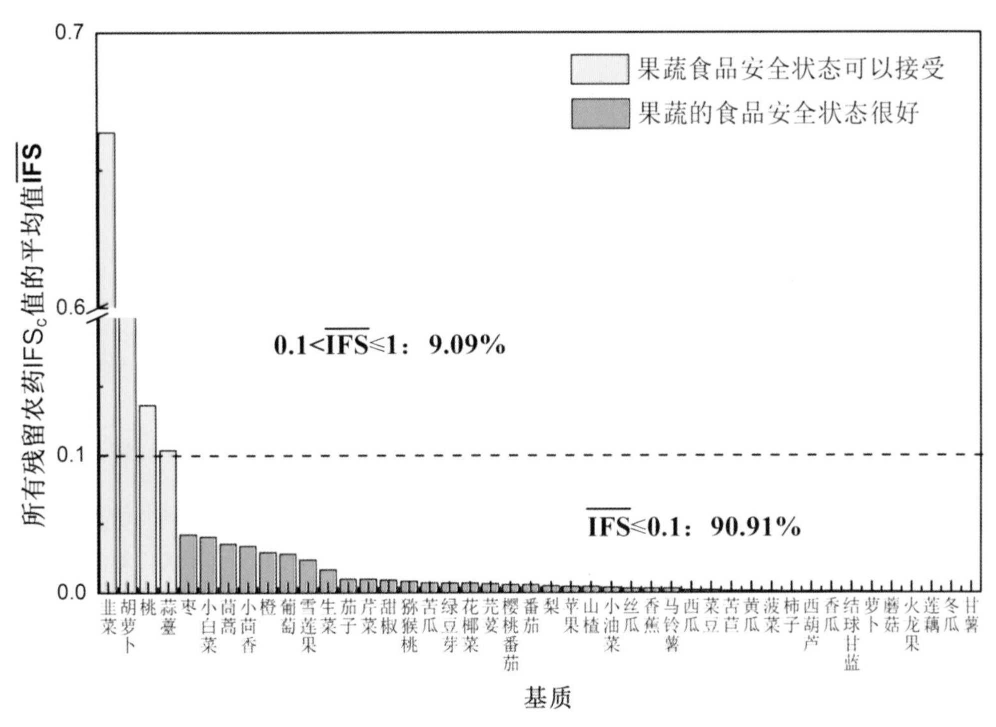

图 10-10　44 种果蔬的$\overline{IFS}$值和安全状态

为了分析不同月份内农药残留对单种果蔬安全的影响，对每个月内单种果蔬中的农药的 IFS_c 值进行分析。每个月内检测的果蔬种数和检出农药种数以及涉及的分析样本数如表 10-10 所示。

表 10-10　各月份内果蔬种数、检出农药种数和分析样本数

分析指标	2013 年 10 月
果蔬种数	48
农药种数	60
样本数	376

10.2.3　所有果蔬中农药残留安全指数分析

计算所有果蔬中 55 种残留农药的 IFS_c 值，结果如图 10-11 及表 10-11 所示。

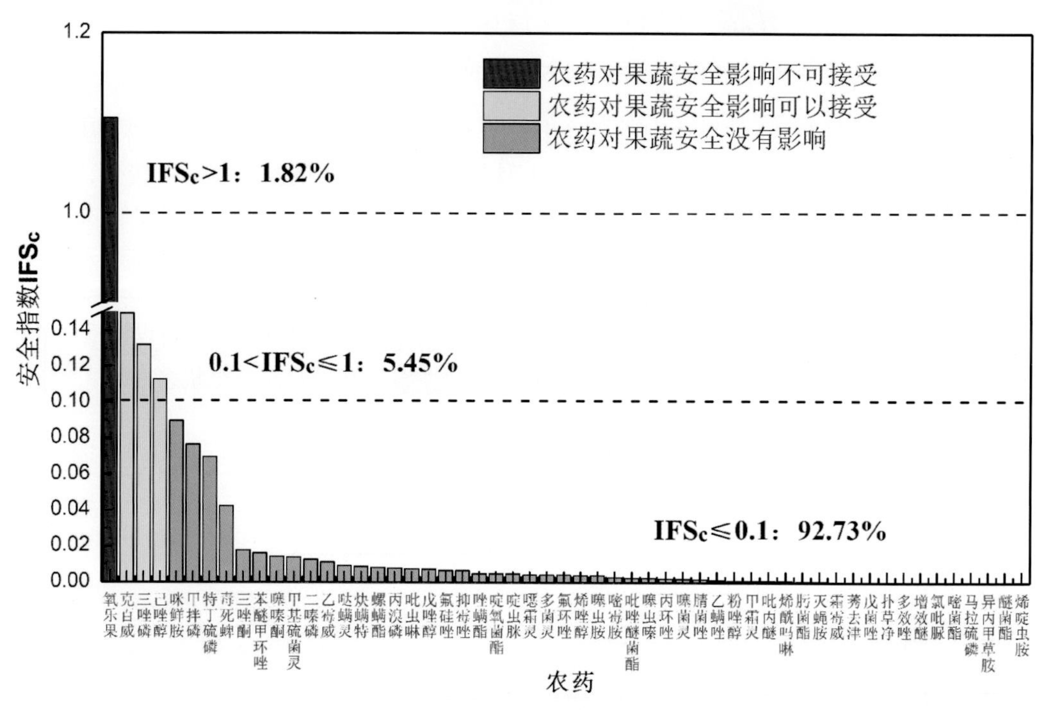

图 10-11　各月份内农药残留对单种果蔬安全的影响程度分布图

分析发现，氧乐果对果蔬安全的影响不可接受，其他农药对果蔬的影响均在没有影响和可接受的范围内，其中 5.45%的农药对果蔬安全的影响可以接受，92.73%的农药对果蔬安全的影响没有影响。此外，55 种农药的 IFS_c 的平均值 $\overline{IFS}$ 为 0.0325，说明所检测的果蔬安全状态很好。

表 10-11　果蔬中 55 种残留农药的安全指数表

序号	农药	检出频次	检出率	IFS_c	影响程度	序号	农药	检出频次	检出率	IFS_c	影响程度
1	氧乐果	11	2.81%	1.1051	不可接受	4	己唑醇	8	2.05%	0.1126	可以接受
2	克百威	10	2.56%	0.1493	可以接受	5	咪鲜胺	47	12.02%	0.0898	没有影响
3	三唑磷	2	0.51%	0.1321	可以接受	6	甲拌磷	7	1.79%	0.0765	没有影响

续表

序号	农药	检出频次	检出率	IFS_c	影响程度	序号	农药	检出频次	检出率	IFS_c	影响程度
7	特丁硫磷	1	0.26%	0.0697	没有影响	32	吡唑醚菌酯	13	0.0332	0.0024	没有影响
8	毒死蜱	8	2.05%	0.0423	没有影响	33	噻虫嗪	28	0.0716	0.0024	没有影响
9	三唑酮	12	3.07%	0.0177	没有影响	34	丙环唑	18	0.046	0.0022	没有影响
10	苯醚甲环唑	52	13.30%	0.0162	没有影响	35	噻菌灵	9	0.023	0.0019	没有影响
11	噻嗪酮	22	5.63%	0.0141	没有影响	36	腈菌唑	5	0.0128	0.0018	没有影响
12	甲基硫菌灵	28	7.16%	0.0138	没有影响	37	乙螨唑	1	0.0026	0.0012	没有影响
13	二嗪磷	1	0.26%	0.0125	没有影响	38	甲霜灵	28	0.0716	0.001	没有影响
14	乙霉威	2	0.51%	0.0112	没有影响	39	粉唑醇	1	0.0026	0.001	没有影响
15	哒螨灵	35	8.95%	0.0092	没有影响	40	吡丙醚	13	0.0332	0.0009	没有影响
16	炔螨特	1	0.26%	0.0087	没有影响	41	烯酰吗啉	58	0.1483	0.0009	没有影响
17	螺螨酯	3	0.77%	0.0082	没有影响	42	灭蝇胺	1	0.0026	0.0005	没有影响
18	丙溴磷	6	1.53%	0.0078	没有影响	43	肟菌酯	3	0.0077	0.0005	没有影响
19	吡虫啉	60	15.35%	0.0074	没有影响	44	霜霉威	20	0.0512	0.0004	没有影响
20	戊唑醇	34	8.70%	0.0072	没有影响	45	增效醚	4	0.0102	0.0003	没有影响
21	抑霉唑	6	1.53%	0.0065	没有影响	46	多效唑	9	0.023	0.0003	没有影响
22	氟硅唑	13	3.32%	0.0065	没有影响	47	戊菌唑	1	0.0026	0.0003	没有影响
23	唑螨酯	1	0.26%	0.0049	没有影响	48	扑草净	2	0.0051	0.0003	没有影响
24	啶氧菌酯	3	0.77%	0.0049	没有影响	49	莠去津	1	0.0026	0.0003	没有影响
25	啶虫脒	76	19.44%	0.0048	没有影响	50	嘧菌酯	13	0.0332	0.0002	没有影响
26	噁霜灵	11	2.81%	0.0042	没有影响	51	氯吡脲	2	0.0051	0.0002	没有影响
27	多菌灵	80	20.46%	0.0042	没有影响	52	马拉硫磷	7	0.0179	0.0002	没有影响
28	氟环唑	5	1.28%	0.0041	没有影响	53	异丙甲草胺	1	0.0026	0.0001	没有影响
29	烯唑醇	2	0.0051	0.0039	没有影响	54	烯啶虫胺	10	0.0256	0.0001	没有影响
30	噻虫胺	13	0.0332	0.0038	没有影响	55	醚菌酯	2	0.0051	0.0001	没有影响
31	嘧霉胺	17	0.0435	0.0028	没有影响						

10.3 石家庄市果蔬农药残留预警风险评估

基于石家庄市果蔬中农药残留LC-Q-TOF/MS侦测数据，参照中华人民共和国国家标准GB 2763—2016和欧盟农药最大残留限量（MRL）标准分析农药残留的超标情况，并计算农药残留风险系数。分析每种果蔬中农药残留的风险程度。

10.3.1　单种果蔬中农药残留风险系数分析

10.3.1.1　单种果蔬中禁用农药残留风险系数分析

检出的 60 种残留农药中有 4 种为禁用农药，在 18 种果蔬中检测出禁药残留，计算单种果蔬中禁药的检出率，根据检出率计算风险系数 R，进而分析单种果蔬中每种禁药残留的风险程度，结果如图 10-12 和表 10-12 所示。本次分析涉及样本 23 个，可以看出 23 个样本中禁药残留均处于高度风险。

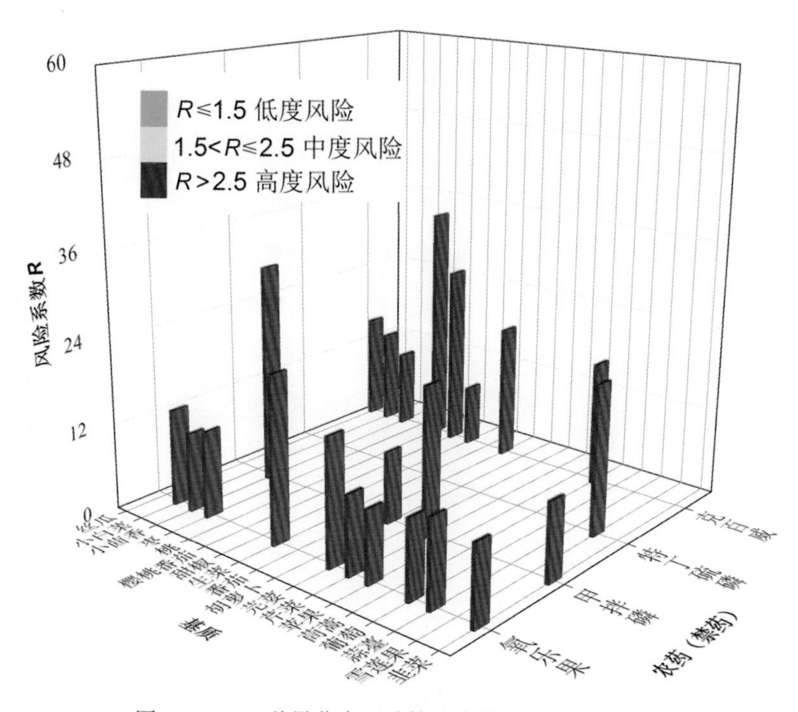

图 10-12　18 种果蔬中 4 种禁用农药残留的风险系数

表 10-12　18 种果蔬中 4 种禁用农药残留的风险系数表

序号	基质	农药	检出频次	检出率	风险系数 R	风险程度
1	桃	克百威	1	0.33%	34.4	高度风险
2	小茴香	甲拌磷	3	0.30%	31.1	高度风险
3	樱桃番茄	克百威	2	0.25%	26.1	高度风险
4	生菜	氧乐果	2	0.22%	23.3	高度风险
5	芹菜	甲拌磷	2	0.20%	21.1	高度风险
6	雪莲果	特丁硫磷	1	0.20%	21.1	高度风险
7	番茄	克百威	2	0.18%	19.3	高度风险
8	茼蒿	克百威	1	0.17%	17.8	高度风险
9	芫荽	氧乐果	1	0.17%	17.8	高度风险

续表

序号	基质	农药	检出频次	检出率	风险系数 *R*	风险程度
10	丝瓜	克百威	1	0.14%	15.4	高度风险
11	小白菜	克百威	1	0.13%	13.6	高度风险
12	小白菜	氧乐果	1	0.13%	13.6	高度风险
13	蒜薹	氧乐果	1	0.11%	12.2	高度风险
14	枣	氧乐果	1	0.11%	12.2	高度风险
15	韭菜	甲拌磷	1	0.10%	11.1	高度风险
16	小茴香	克百威	1	0.10%	11.1	高度风险
17	韭菜	氧乐果	1	0.10%	11.1	高度风险
18	葡萄	氧乐果	1	0.10%	11.1	高度风险
19	芹菜	氧乐果	1	0.10%	11.1	高度风险
20	小茴香	氧乐果	1	0.10%	11.1	高度风险
21	胡萝卜	甲拌磷	1	0.09%	10.2	高度风险
22	苹果	氧乐果	1	0.09%	10.2	高度风险
23	甜椒	克百威	1	0.08%	8.8	高度风险

10.3.1.2 基于MRL中国国家标准的单种果蔬中非禁用农药残留风险系数分析

参照中华人民共和国国家标准GB 2763—2016中农药残留限量计算每种果蔬中每种非禁用农药的超标率进而计算其风险系数，根据风险系数大小判断残留农药的预警风险程度，果蔬中非禁用农药残留风险程度分布情况如图10-13所示。

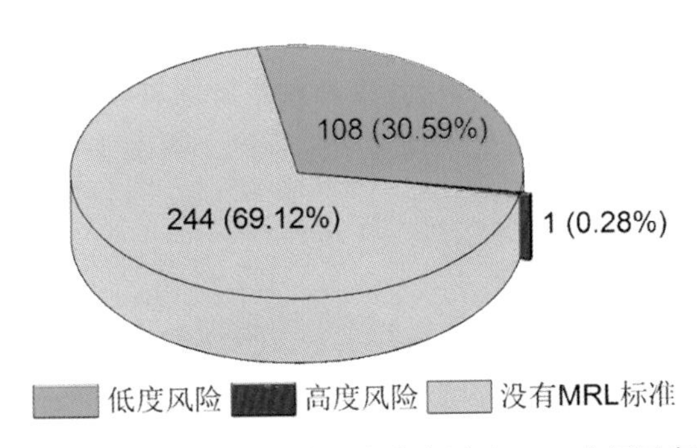

图10-13 果蔬中非禁用农药残留的风险程度分布图（MRL中国国家标准）

本次分析中，发现在44种果蔬中检出56种残留非禁用农药，涉及样本353个，在353个样本中，0.28%处于高度风险，30.59%处于低度风险。此外发现有244个样本没有MRL中国国家标准值，无法判断其风险程度，有MRL中国国家标准值的109个样本涉及30种果蔬中的30种非禁用农药，其风险系数*R*值如图10-14所示。表10-13为非禁用农药残留处于高度风险的果蔬列表。

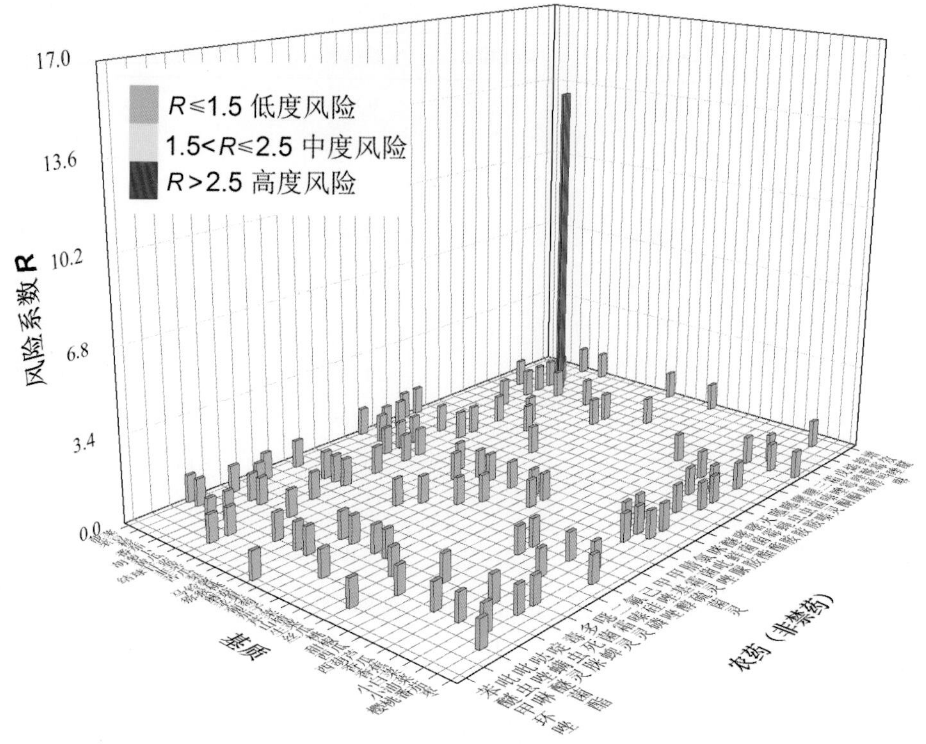

图 10-14 30 种果蔬中 30 种非禁用农药残留的风险系数（MRL 中国国家标准）

表 10-13 单种果蔬中处于高度风险的非禁用农药残留的风险系数表（MRL 中国国家标准）

序号	基质	农药	超标频次	超标率 P	风险系数 R
1	小白菜	毒死蜱	1	12.50%	13.6

10.3.1.3 基于 MRL 欧盟标准的单种果蔬中非禁用农药残留风险系数分析

参照MRL欧盟标准计算每种果蔬中每种非禁用农药的超标率进而计算其风险系数，根据风险系数大小判断残留农药的预警风险程度，果蔬中非禁用农药残留风险程度分布情况如图 10-15 所示。

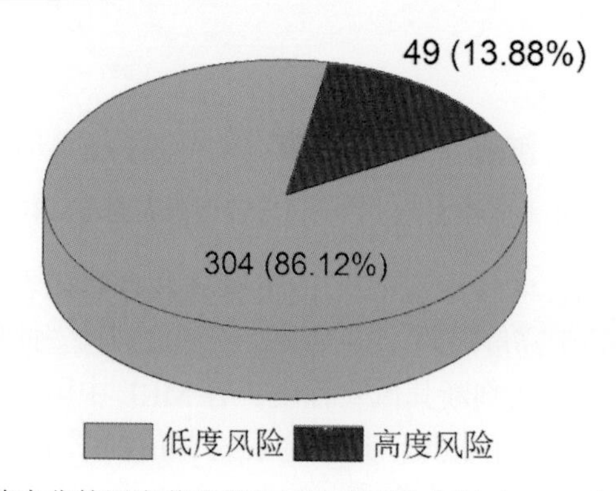

图 10-15 果蔬中非禁用农药残留的风险程度分布图（MRL 欧盟标准）

本次分析中，发现在 44 种果蔬中检出 56 种残留非禁用农药，涉及样本 353 个，在 353 个样本中，13.88%处于高度风险，涉及 25 种果蔬中的 25 种农药，86.12%处于低度风险，涉及 43 种果蔬中的 53 种农药。所有果蔬中的每种非禁用农药的风险系数 R 值如图 10-16 所示。农药残留处于高度风险的果蔬风险系数如图 10-17 和表 10-14 所示。

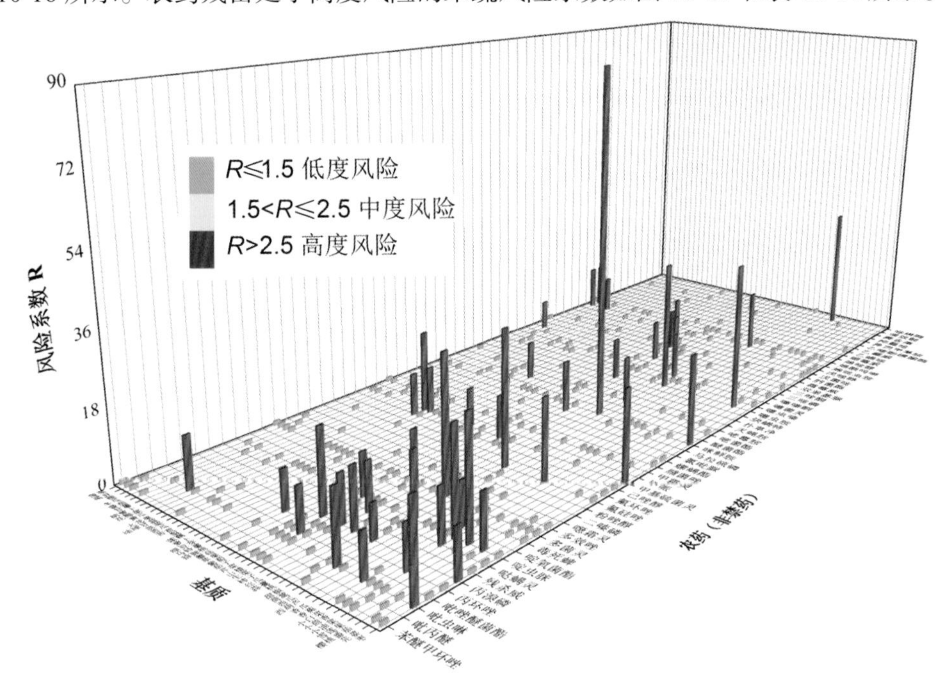

图 10-16　44 种果蔬中 56 种非禁用农药残留的风险系数（MRL 欧盟标准）

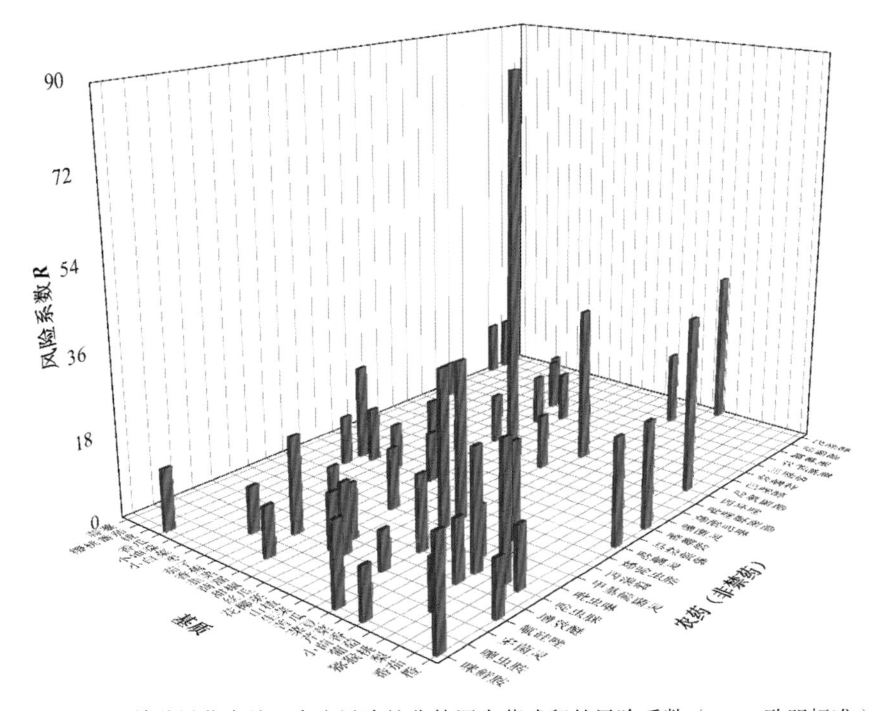

图 10-17　单种果蔬中处于高度风险的非禁用农药残留的风险系数（MRL 欧盟标准）

表 10-14　单种果蔬中处于高度风险的非禁用农药残留的风险系数表（MRL 欧盟标准）

序号	基质	农药	超标频次	超标率 *P*	风险系数 *R*
1	蒜薹	咪鲜胺	8	88.89%	90.0
2	樱桃番茄	噻虫胺	3	37.50%	38.6
3	桃	多菌灵	1	33.33%	34.4
4	桃	氟硅唑	1	33.33%	34.4
5	桃	噻虫胺	1	33.33%	34.4
6	香瓜	增效醚	1	33.33%	34.4
7	小油菜	啶虫脒	2	28.57%	29.7
8	小白菜	啶虫脒	2	25.00%	26.1
9	枣	吡虫啉	2	22.22%	23.3
10	枣	甲基硫菌灵	2	22.22%	23.3
11	枣	咪鲜胺	2	22.22%	23.3
12	茄子	丙溴磷	2	20.00%	21.1
13	香蕉	氟硅唑	2	20.00%	21.1
14	韭菜	甲基硫菌灵	2	20.00%	21.1
15	茼蒿	吡虫啉	1	16.67%	17.8
16	甜椒	啶虫脒	2	15.38%	16.5
17	甜椒	烯啶虫胺	2	15.38%	16.5
18	丝瓜	丙溴磷	1	14.29%	15.4
19	花椰菜	吡虫啉	1	12.50%	13.6
20	小白菜	哒螨灵	1	12.50%	13.6
21	樱桃番茄	啶虫脒	1	12.50%	13.6
22	山楂	多菌灵	1	12.50%	13.6
23	山楂	马拉硫磷	1	12.50%	13.6
24	生菜	丙溴磷	1	11.11%	12.2
25	枣	丙溴磷	1	11.11%	12.2
26	生菜	哒螨灵	1	11.11%	12.2
27	苦瓜	甲基硫菌灵	1	11.11%	12.2
28	蒜薹	嘧霉胺	1	11.11%	12.2
29	蒜薹	噻菌灵	1	11.11%	12.2
30	菜豆	烯啶虫胺	1	11.11%	12.2
31	菜豆	烯酰吗啉	1	11.11%	12.2
32	香蕉	吡虫啉	1	10.00%	11.1
33	芹菜	吡唑醚菌酯	1	10.00%	11.1
34	小茴香	丙环唑	1	10.00%	11.1

续表

序号	基质	农药	超标频次	超标率 P	风险系数 R
35	茄子	啶虫脒	1	10.00%	11.1
36	香蕉	啶氧菌酯	1	10.00%	11.1
37	韭菜	己唑醇	1	10.00%	11.1
38	芹菜	甲基硫菌灵	1	10.00%	11.1
39	茄子	炔螨特	1	10.00%	11.1
40	茄子	三唑磷	1	10.00%	11.1
41	芹菜	双苯基脲	1	10.00%	11.1
42	葡萄	霜霉威	1	10.00%	11.1
43	猕猴桃	丙环唑	1	9.09%	10.2
44	猕猴桃	甲基硫菌灵	1	9.09%	10.2
45	梨	嘧菌酯	1	9.09%	10.2
46	猕猴桃	戊唑醇	1	9.09%	10.2
47	番茄	烯啶虫胺	1	9.09%	10.2
48	甜椒	丙溴磷	1	7.69%	8.8
49	橙	三唑磷	1	7.14%	8.2

10.3.2 所有果蔬中农药残留风险系数分析

10.3.2.1 所有果蔬中禁用农药残留风险系数分析

在检出的 60 种农药中有 4 种禁用农药，计算每种禁用农药残留的风险系数，结果如表 10-15 所示，在 4 种禁用农药中，3 种农药残留处于高度风险，1 种农药残留处于低度风险。

表 10-15 果蔬中 4 种禁用农药残留的风险系数表

序号	农药	检出频次	检出率	风险系数 R	风险程度
1	氧乐果	11	2.81%	3.9	高度风险
2	克百威	10	2.56%	3.7	高度风险
3	甲拌磷	7	1.79%	2.9	高度风险
4	特丁硫磷	1	0.26%	1.4	低度风险

10.3.2.2 所有果蔬中非禁用农药残留风险系数分析

参照 MRL 欧盟标准计算所有果蔬中每种农药残留的风险系数，结果如图 10-18 和表 10-16 所示。在检出的 56 种非禁用农药中，4 种农药（7.14%）残留处于高度风险，8 种农药（14.29%）残留处于中度风险，44 种农药（78.57%）残留处于低度风险。

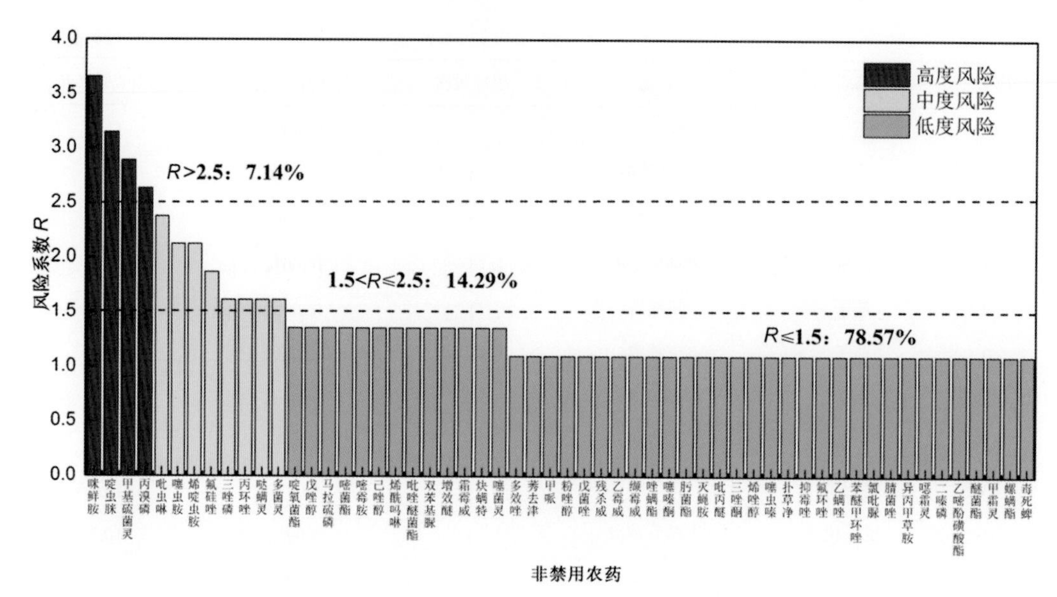

图 10-18　果蔬中 56 种非禁用农药残留的风险系数

表 10-16　果蔬中 56 种非禁用农药残留的风险系数表

序号	农药	超标频次	超标率 P	风险系数 R	风险程度
1	咪鲜胺	10	2.56%	3.7	高度风险
2	啶虫脒	8	2.05%	3.1	高度风险
3	甲基硫菌灵	7	1.79%	2.9	高度风险
4	丙溴磷	6	1.53%	2.6	高度风险
5	吡虫啉	5	1.28%	2.4	中度风险
6	噻虫胺	4	1.02%	2.1	中度风险
7	烯啶虫胺	4	1.02%	2.1	中度风险
8	氟硅唑	3	0.77%	1.9	中度风险
9	三唑磷	2	0.51%	1.6	中度风险
10	丙环唑	2	0.51%	1.6	中度风险
11	哒螨灵	2	0.51%	1.6	中度风险
12	多菌灵	2	0.51%	1.6	中度风险
13	啶氧菌酯	1	0.26%	1.4	低度风险
14	戊唑醇	1	0.26%	1.4	低度风险
15	马拉硫磷	1	0.26%	1.4	低度风险
16	嘧菌酯	1	0.26%	1.4	低度风险
17	嘧霉胺	1	0.26%	1.4	低度风险
18	己唑醇	1	0.26%	1.4	低度风险
19	烯酰吗啉	1	0.26%	1.4	低度风险

续表

序号	农药	超标频次	超标率 P	风险系数 R	风险程度
20	吡唑醚菌酯	1	0.26%	1.4	低度风险
21	双苯基脲	1	0.26%	1.4	低度风险
22	增效醚	1	0.26%	1.4	低度风险
23	霜霉威	1	0.26%	1.4	低度风险
24	炔螨特	1	0.26%	1.4	低度风险
25	噻菌灵	1	0.26%	1.4	低度风险
26	多效唑	0	0	1.1	低度风险
27	莠去津	0	0	1.1	低度风险
28	甲哌	0	0	1.1	低度风险
29	粉唑醇	0	0	1.1	低度风险
30	戊菌唑	0	0	1.1	低度风险
31	残杀威	0	0	1.1	低度风险
32	乙霉威	0	0	1.1	低度风险
33	缬霉威	0	0	1.1	低度风险
34	唑螨酯	0	0	1.1	低度风险
35	噻嗪酮	0	0	1.1	低度风险
36	肟菌酯	0	0	1.1	低度风险
37	灭蝇胺	0	0	1.1	低度风险
38	吡丙醚	0	0	1.1	低度风险
39	三唑酮	0	0	1.1	低度风险
40	烯唑醇	0	0	1.1	低度风险
41	噻虫嗪	0	0	1.1	低度风险
42	扑草净	0	0	1.1	低度风险
43	抑霉唑	0	0	1.1	低度风险
44	氟环唑	0	0	1.1	低度风险
45	乙螨唑	0	0	1.1	低度风险
46	苯醚甲环唑	0	0	1.1	低度风险
47	氯吡脲	0	0	1.1	低度风险
48	腈菌唑	0	0	1.1	低度风险
49	异丙甲草胺	0	0	1.1	低度风险
50	噁霜灵	0	0	1.1	低度风险
51	二嗪磷	0	0	1.1	低度风险
52	乙嘧酚磺酸酯	0	0	1.1	低度风险
53	醚菌酯	0	0	1.1	低度风险

续表

序号	农药	超标频次	超标率 P	风险系数 R	风险程度
54	甲霜灵	0	0	1.1	低度风险
55	螺螨酯	0	0	1.1	低度风险
56	毒死蜱	0	0	1.1	低度风险

10.4 石家庄市果蔬农药残留风险评估结论与建议

农药残留是影响果蔬安全和质量的主要因素，也是我国食品安全领域备受关注的敏感话题和亟待解决的重大问题之一[15,16]。各种水果蔬菜均存在不同程度的农药残留现象，本报告主要针对石家庄市各类水果蔬菜存在的农药残留问题，基于 2013 年 10 月对石家庄市 391 例果蔬样品农药残留得出的 843 个检测结果，分别采用食品安全指数和风险系数两类方法，开展果蔬中农药残留的膳食暴露风险和预警风险评估。

本报告力求通用简单地反映食品安全中的主要问题且为管理部门和大众容易接受，为政府及相关管理机构建立科学的食品安全信息发布和预警体系提供科学的规律与方法，加强对农药残留的预警和食品安全重大事件的预防，控制食品风险。水果蔬菜样品取自超市和农贸市场，符合大众的膳食来源，风险评价时更具有代表性和可信度。

10.4.1 石家庄市果蔬中农药残留膳食暴露风险评价结论

1）果蔬中农药残留安全状态评价结论

采用食品安全指数模型，对 2013 年 10 月期间石家庄市果蔬食品农药残留膳食暴露风险进行评价，根据 IFS_c 的计算结果发现，果蔬中农药的$\overline{IFS}$为 0.0358，说明石家庄市果蔬总体处于很好的安全状态，但部分禁用农药、高残留农药在蔬菜、水果中仍有检出，导致膳食暴露风险的存在，成为不安全因素。

2）单种果蔬中农药残留膳食暴露风险不可接受情况评价结论

单种果蔬中农药残留安全指数分析结果显示，农药对单种果蔬安全影响不可接受（$IFS_c>1$）的样本数共 1 个，占总样本数的 0.27%，样本为韭菜中的氧乐果，说明氧乐果会对消费者身体健康造成较大的膳食暴露风险。氧乐果属于禁用的剧毒农药，且韭菜为较常见的果蔬品种，百姓日常食用量较大，长期食用大量残留氧乐果的韭菜会对人体造成不可接受的影响，本次检测发现氧乐果在韭菜样品检出，是未严格实施农业良好管理规范（GAP），抑或是农药滥用，这应该引起相关管理部门的警惕，应加强对韭菜中的氧乐果的严格管控。

3）禁用农药残留膳食暴露风险评价

本次检测发现部分果蔬样品中有禁用农药检出，检出禁用农药 4 种，检出频次为 29，果蔬样品中的禁用农药 IFS_c 计算结果表明，禁用农药残留膳食暴露风险不可接受的频次为 1，占 3.45%，可以接受的频次为 9，占 31.03%，没有影响的频次为 19，占 65.52%。

对于果蔬样品中所有农药残留而言，膳食暴露风险不可接受的频次为 3，仅占总体频次的 0.36%，可以看出，禁用农药残留膳食暴露风险不可接受的比例远高于总体水平，这在一定程度上说明禁用农药残留更容易导致严重的膳食暴露风险。为何在国家明令禁止禁用农药喷洒的情况下，还能在多种果蔬中多次检出禁用农药残留并造成不可接受的膳食暴露风险，这应该引起相关部门的高度警惕，应该在禁止禁用农药喷洒的同时，严格管控禁用农药的生产和售卖，从根本上杜绝安全隐患。

10.4.2　石家庄市果蔬中农药残留预警风险评价结论

1）单种果蔬中禁用农药残留的预警风险评价结论

本次检测过程中，在 18 种果蔬中检测超出 4 种禁用农药，禁用农药种类为：克百威、甲拌磷、氧乐果、特丁硫磷，果蔬种类为：桃、小茴香、樱桃番茄、生菜、生菜、芹菜、雪莲果、番茄、茼蒿、芫荽、丝瓜、小白菜、蒜薹、枣、韭菜、葡萄、胡萝卜、苹果、甜椒，果蔬中禁用农药的风险系数分析结果显示，4 种禁用农药在 18 种果蔬中的残留均处于高度风险，说明在单种果蔬中禁用农药的残留，会导致较高的预警风险。

2）单种果蔬中非禁用农药残留的预警风险评价结论

以 MRL 中国国家标准为标准，计算果蔬中非禁用农药风险系数情况下，353 个样本中，1 个处于高度风险（0.28%），108 个处于低度风险（30.59%），244 个样本没有 MRL 中国国家标准（69.12%）。以 MRL 欧盟标准为标准，计算果蔬中非禁用农药风险系数情况下，发现有 49 个处于高度风险（13.88%），304 个处于低度风险（86.12%）。利用两种农药 MRL 标准评价的结果差异显著，可以看出 MRL 欧盟标准比中国国家标准更加严格和完善，过于宽松的 MRL 中国标准值能否有效保障人体的健康有待研究。

10.4.3　加强石家庄市果蔬食品安全建议

我国食品安全风险评价体系仍不够健全，相关制度不够完善，多年来，由于农药用药次数多、用药量大或用药间隔时间短，产品残留量大，农药残留所带来的食品安全问题突出，对人体健康带来了直接或间接的危害，据估计，美国与农药有关的癌症患者数约占全国癌症患者总数的 50%，中国更高。同样，农药对其他生物也会形成直接杀伤和慢性危害，植物中的农药可经过食物链逐级传递并不断蓄积，对人和动物构成潜在威胁，并影响生态系统。

基于本次农药残留检测与风险评价结果，提出以下几点建议：

1）加快完善食品安全标准

我国食品标准中对部分农药每日允许摄入量 ADI 的规定仍缺乏，本次评价基础检测数据中涉及的 60 个品种中，91.7%有规定，仍有 8.3%尚无规定值。

我国食品中农药最大残留限量的规定严重缺乏，MRL 欧盟标准值齐全，与欧盟相比，我国对不同果蔬中不同农药 MRL 已有规定值的数量仅占欧盟的 34.8%（表 10-17），缺少 65.2%，急需进行完善。

表 10-17 中国与欧盟的 ADI 和 MRL 标准限值的对比分析

分类		中国 ADI	MRL 中国国家标准	MRL 欧盟标准
标准限值（个）	有	55	131	376
	无	5	245	0
总数（个）		60	376	376
无标准限值比例		8.3%	65.2%	0

此外，MRL 中国国家标准限值普遍高于 MRL 欧盟标准限值，根据对涉及的 376 个品种中我国已有的 131 个限量标准进行统计来看，77 个农药的中国 MRL 高于欧盟 MRL，占 58.8%。过高的 MRL 值难以保障人体健康，建议继续加强对限值基准和标准进行科学的定量研究，将农产品中的危险性减少到尽可能低的水平。

2）加强农药的源头控制和分类监管

在石家庄市某些果蔬中仍有禁用农药检出，利用 LC-Q-TOF/MS 检测出 4 种禁用农药，检出频次为 29 次，残留禁用农药均存在较大的膳食暴露风险和预警风险。早已列入黑名单的禁用农药并未真正退出，有些药物由于价格便宜、工艺简单，此类高毒农药一直生产和使用。建议在我国采取严格有效的控制措施，进行禁用农药的源头控制。

对于非禁用农药，在我国作为“田间地头”最典型单位的县级蔬果产地中，农药残留的检测几乎缺失。建议根据农药的毒性，对高毒、剧毒、中毒农药实现分类管理，减少使用高毒和剧毒高残留农药，进行分类监管。

3）加强残留农药的生物修复及降解新技术

市售果蔬中残留农药品种多、频次高、禁用农药多次检出这一现状，说明了我国的田间土壤和水体因农药长期、频繁、不合理的使用而遭到严重污染。为此，建议有关部门出台相关政策，鼓励高校及科研院所积极开展分子生物学、酶学等研究，加强土壤、水体中残留农药的生物修复及降解新技术研究，并加大农药使用监管力度，以控制农药的面源污染问题。

4）加强对禁药和高风险农药的管控并建立风险预警系统分析平台

本评价结果提示，在果蔬尤其是蔬菜用药中，应结合农药的使用周期、生物毒性和降解特性，加强对禁用农药和高风险农药的管控。

在本工作基础上，根据蔬菜残留危害，可进一步针对其成因提出和采取相应严格管理、大力推广无公害蔬菜种植与生产、健全食品安全控制技术体系、加强蔬菜食品质量检测体系建设和积极推行蔬菜食品质量追溯制度等相应对策。建立和完善食品安全综合评价指数与风险监测预警系统，建议依托科研院所、高校科研实力，建立风险预警系统分析平台，对食品安全进行实时、全面的监控与分析，为石家庄市食品安全科学监管与决策提供新的技术支持，可实现各类检验数据的信息化系统管理，并减少食品安全事故的发生。

第11章　GC-Q-TOF/MS 侦测石家庄市 333 例市售水果蔬菜样品农药残留报告

从石家庄市所属4个区县，随机采集了333例水果蔬菜样品，使用气相色谱-四极杆飞行时间质谱（GC-Q-TOF/MS）对499种农药化学污染物进行示范侦测。

11.1　样品种类、数量与来源

11.1.1　样品采集与检测

为了真实反映百姓餐桌上水果蔬菜中农药残留污染状况，本次所有检测样品均由检验人员于 2015 年 5 月期间，从石家庄市所属 9 个采样点，包括 9 个超市，以随机购买方式采集，总计 9 批 333 例样品，从中检出农药 86 种，758 频次。采样及监测概况见图 11-1 及表 11-1，样品及采样点明细见表 11-2 及表 11-3（侦测原始数据见附表 1）。

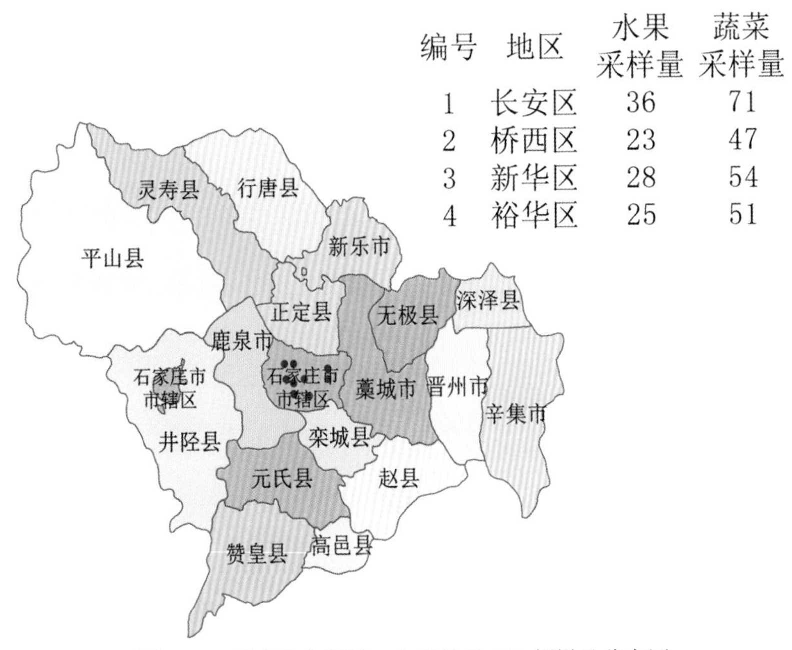

编号	地区	水果采样量	蔬菜采样量
1	长安区	36	71
2	桥西区	23	47
3	新华区	28	54
4	裕华区	25	51

图 11-1　石家庄市所属 9 个采样点 333 例样品分布图

表 11-1　农药残留监测总体概况

采样地区	石家庄市所属 4 个区县
采样点（超市+农贸市场）	9
样本总数	333
检出农药品种/频次	86/758
各采样点样本农药残留检出率范围	73.0%~88.2%

表 11-2　样品分类及数量

样品分类	样品名称（数量）	数量小计
1. 蔬菜		210
1）鳞茎类蔬菜	韭菜（6）	6
2）芸薹属类蔬菜	菜薹（7），花椰菜（5），结球甘蓝（8），青花菜（6）	26
3）叶菜类蔬菜	菠菜（9），大白菜（2），苦苣（6），芹菜（8），生菜（8），茼蒿（4），蕹菜（2），莴笋（7），小白菜（8），油麦菜（9），小油菜（5）	68
4）茄果类蔬菜	番茄（9），茄子（8），甜椒（9），樱桃番茄（9）	35
5）瓜类蔬菜	冬瓜（6），黄瓜（9），苦瓜（7），丝瓜（9），西葫芦（9）	40
6）豆类蔬菜	菜豆（7）	7
7）根茎类和薯芋类蔬菜	胡萝卜（8），萝卜（11），马铃薯（9）	28
2. 水果		110
1）柑橘类水果	橙（8），橘（2），柠檬（8）	18
2）仁果类水果	梨（9），苹果（8）	17
3）核果类水果	桃（9），油桃（3）	12
4）浆果和其他小型水果	猕猴桃（9），葡萄（8）	17
5）热带和亚热带水果	火龙果（9），荔枝（7），龙眼（5），芒果（9），香蕉（8）	38
6）瓜果类水果	甜瓜（8）	8
3. 食用菌		13
1）蘑菇类	香菇（5），杏鲍菇（8）	13
合计	1.蔬菜 29 种 2.水果 15 种 3.食用菌 2 种	333

表 11-3　石家庄市采样点信息

采样点序号	行政区域	采样点
	超市（9）	
1	长安区	***超市（中山店）
2	长安区	***超市（紫光都店）

续表

采样点序号	行政区域	采样点
3	长安区	***超市（乐汇城店）
4	长安区	***超市（财富大厦店）
5	桥西区	***超市（益友店）
6	新华区	***超市（中华北店）
7	新华区	***超市（柏林店）
8	裕华区	***超市（怀特店）
9	裕华区	***超市（怀特店）

11.1.2　检测结果

这次使用的检测方法是庞国芳院士团队最新研发的不需使用标准品对照，而以高分辨精确质量数（0.0001 *m/z*）为基准的 GC-Q-TOF/MS 检测技术，对于 333 例样品，每个样品均侦测了 499 种农药化学污染物的残留现状。通过本次侦测，在 333 例样品中共计检出农药化学污染物 86 种，检出 758 频次。

11.1.2.1　各采样点样品检出情况

统计分析发现 9 个采样点中，被测样品的农药检出率范围为 73.0%~88.2%。其中，***超市（紫光都店）的检出率最高，为 88.2%。***超市（怀特店）的检出率最低，为 73.0%，见图 11-2。

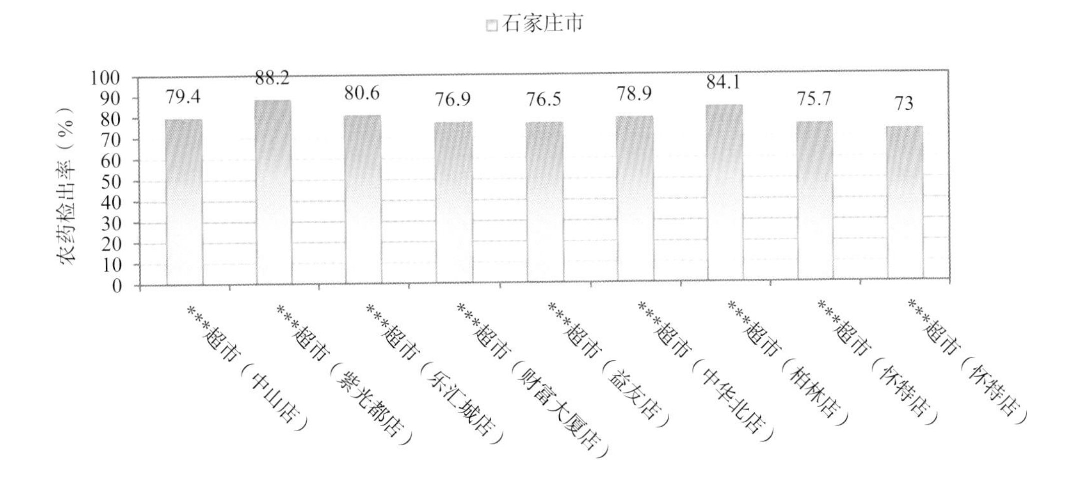

图 11-2　各采样点样品中的农药检出率

11.1.2.2　检出农药的品种总数与频次

统计分析发现，对于 333 例样品中 499 种农药化学污染物的侦测，共检出农药 758

频次，涉及农药 86 种，结果如图 11-3 所示。其中腐霉利检出频次最高，共检出 74 次。检出频次排名前 10 的农药如下：①腐霉利（74）；②威杀灵（66）；③硫丹（56）；④生物苄呋菊酯（56）；⑤除虫菊酯（47）；⑥哒螨灵（39）；⑦毒死蜱（39）；⑧嘧霉胺（24）；⑨甲霜灵（22）；⑩联苯菊酯（21）。

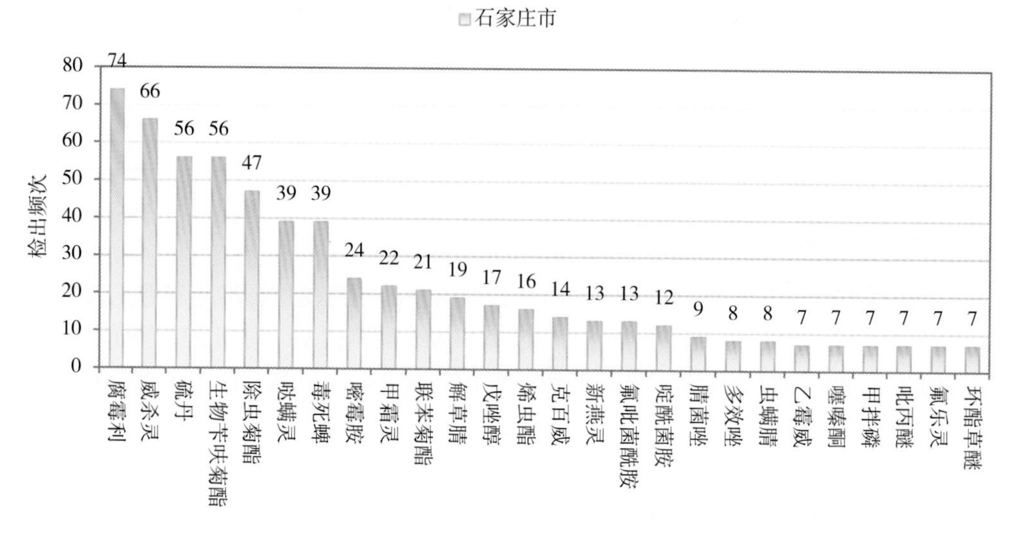

图 11-3　检出农药品种及频次（仅列出 7 频次及以上的数据）

由图 11-4 可见，樱桃番茄、油麦菜和芹菜这 3 种果蔬样品中检出的农药品种数较高，均超过 20 种，其中，樱桃番茄检出农药品种最多，为 25 种。由图 11-5 可见，樱桃番茄、芹菜、油麦菜、黄瓜和甜椒这 5 种果蔬样品中的农药检出频次较高，均超过 30 次，其中，樱桃番茄检出农药频次最高，为 75 次。

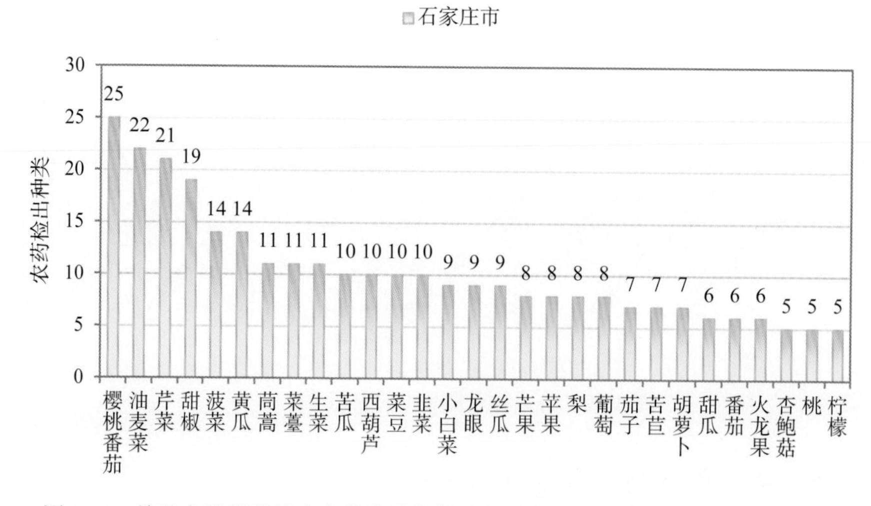

图 11-4　单种水果蔬菜检出农药的种类数（仅列出检出农药 5 种及以上的数据）

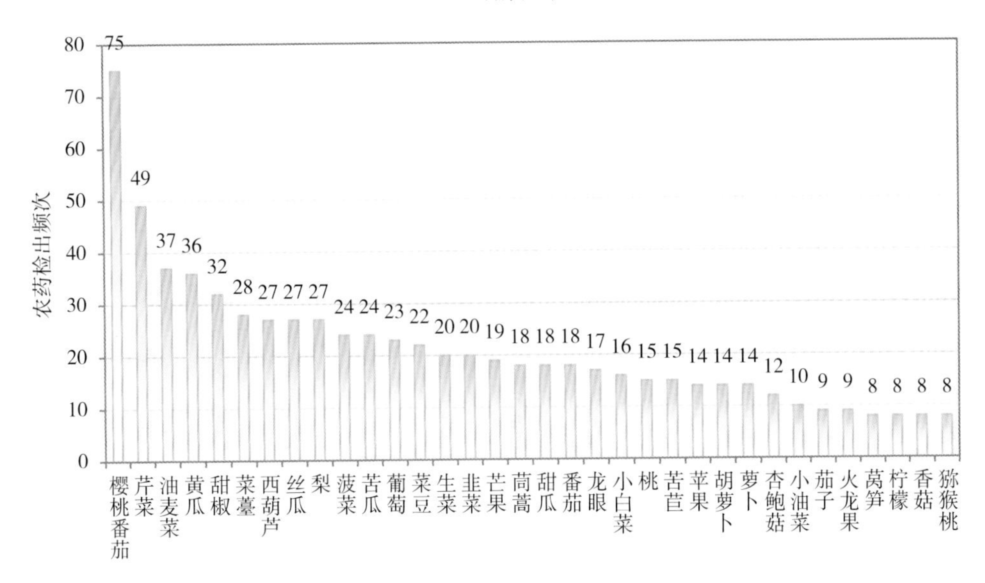

图 11-5　单种水果蔬菜检出农药频次（仅列出检出农药 8 频次及以上的数据）

11.1.2.3　单例样品农药检出种类与占比

对单例样品检出农药种类和频次进行统计发现，未检出农药的样品占总样品数的 20.7%，检出 1 种农药的样品占总样品数的 24.9%，检出 2~5 种农药的样品占总样品数的 45.0%，检出 6~10 种农药的样品占总样品数的 8.7%，检出大于 10 种农药的样品占总样品数的 0.6%。每例样品中平均检出农药为 2.3 种，数据见表 11-4 及图 11-6。

表 11-4　单例样品检出农药品种占比

检出农药品种数	样品数量/占比（%）
未检出	69/20.7
1 种	83/24.9
2~5 种	150/45.0
6~10 种	29/8.7
大于 10 种	2/0.6
单例样品平均检出农药品种	2.3 种

11.1.2.4　检出农药类别与占比

所有检出农药按功能分类，包括杀虫剂、杀菌剂、除草剂、植物生长调节剂、驱避剂和其他共 6 类。其中杀虫剂与杀菌剂为主要检出的农药类别，分别占总数的 39.5%和 36.0%，见表 11-5 及图 11-7。

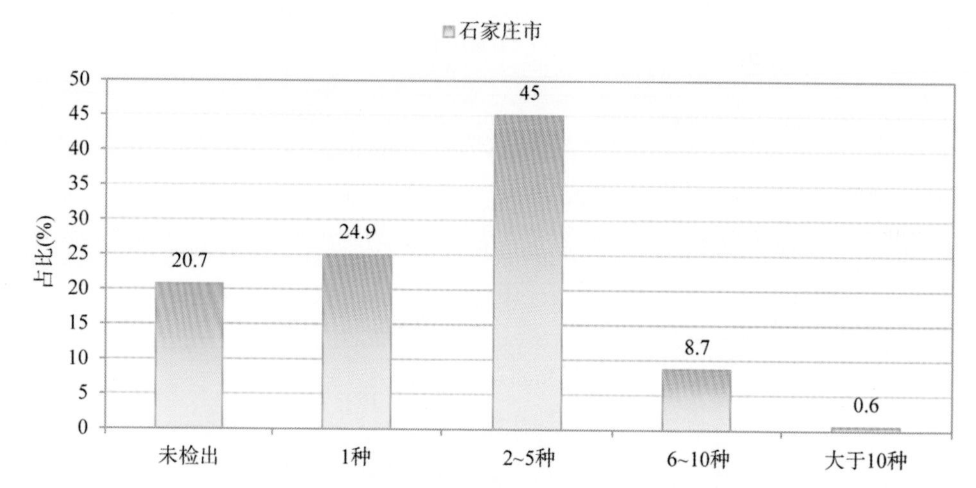

图 11-6　单例样品平均检出农药品种及占比

表 11-5　检出农药所属类别及占比

农药类别	数量/占比（%）
杀虫剂	34/39.5
杀菌剂	31/36.0
除草剂	15/17.4
植物生长调节剂	3/3.5
驱避剂	1/1.2
其他	2/2.3

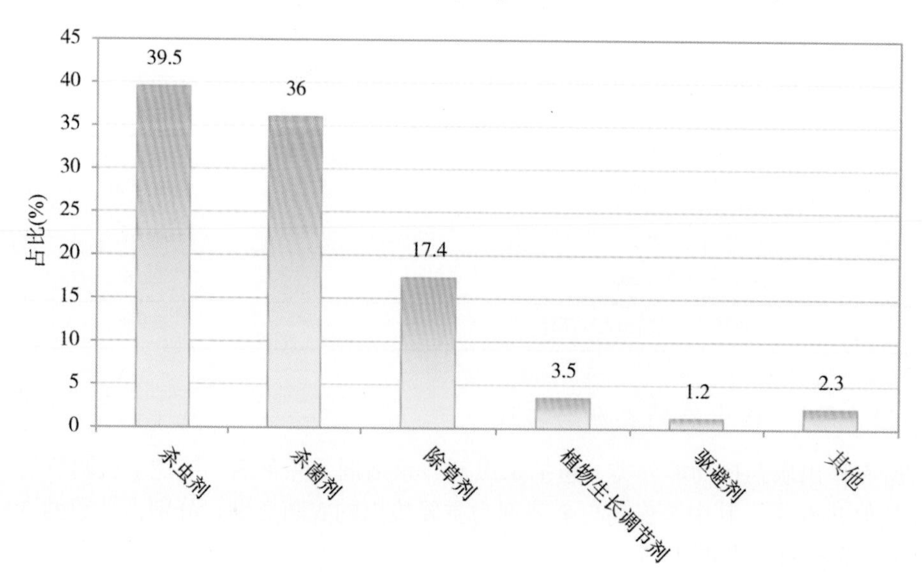

图 11-7　检出农药所属类别和占比

11.1.2.5　检出农药的残留水平

按检出农药残留水平进行统计，残留水平在 1~5 μg/kg（含）的农药占总数的 40.9%，在 5~10 μg/kg（含）的农药占总数的 13.1%，在 10~100 μg/kg（含）的农药占总数的 37.5%，在 100~1000 μg/kg（含）的农药占总数的 8.4%，＞1000 μg/kg 的农药占总数的 0.1%。

由此可见，这次检测的 9 批 333 例水果蔬菜样品中农药多数处于较低残留水平。结果见表 11-6 及图 11-8，数据见附表 2。

表 11-6　农药残留水平及占比

残留水平（μg/kg）	检出频次/占比（%）
1~5（含）	310/40.9
5~10（含）	99/13.1
10~100（含）	284/37.5
100~1000（含）	64/8.4
＞1000	1/0.1

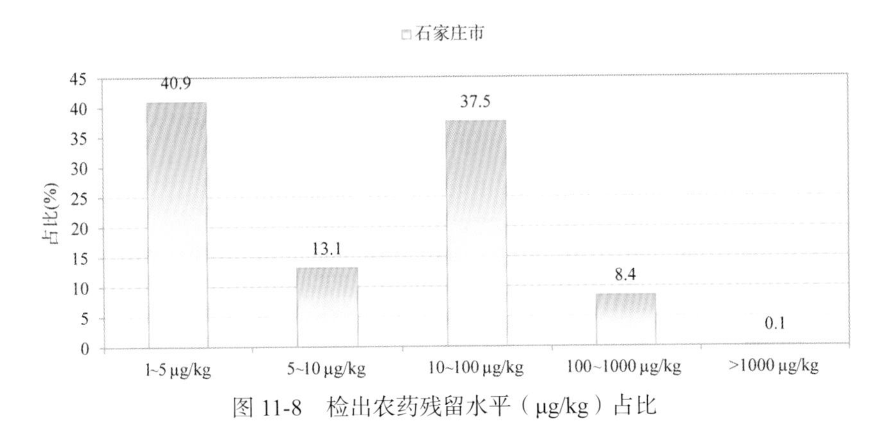

图 11-8　检出农药残留水平（μg/kg）占比

11.1.2.6　检出农药的毒性类别、检出频次和超标频次及占比

对这次检出的 86 种 758 频次的农药，按剧毒、高毒、中毒、低毒和微毒这五个毒性类别进行分类，从中可以看出，石家庄市目前普遍使用的农药为中低微毒农药，品种占 91.9%，频次占 95.1%。结果见表 11-7 及图 11-9。

表 11-7　检出农药毒性类别及占比

毒性分类	农药品种/占比（%）	检出频次/占比（%）	超标频次/超标率（%）
剧毒农药	2/2.3	8/1.1	3/37.5
高毒农药	5/5.8	29/3.8	12/41.4
中毒农药	35/40.7	318/42.0	0/0.0
低毒农药	25/29.1	174/23.0	0/0.0
微毒农药	19/22.1	229/30.2	0/0.0

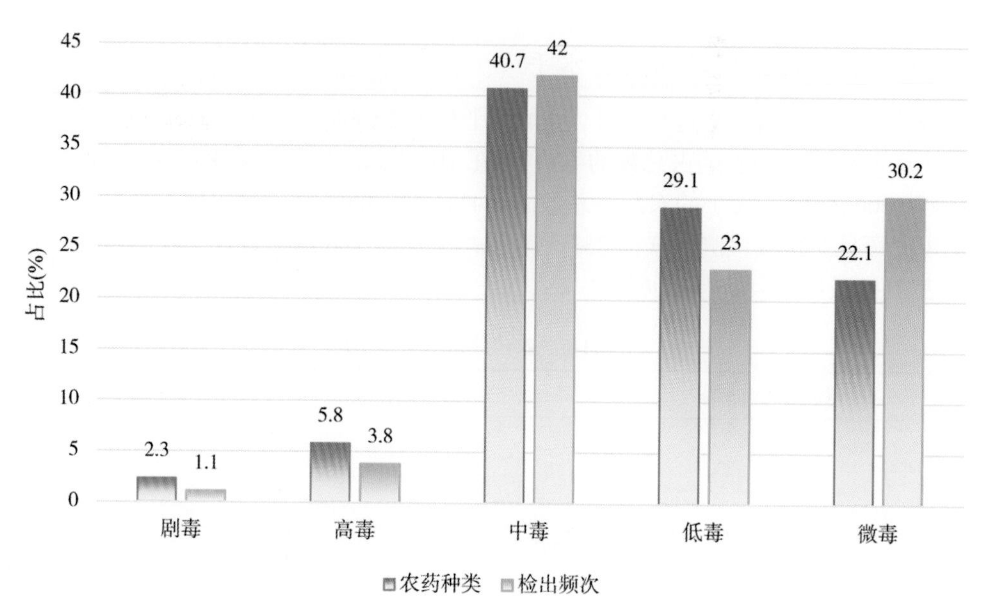

图 11-9　检出农药的毒性分类和占比

11.1.2.7　检出剧毒/高毒类农药的品种和频次

值得特别关注的是，在此次侦测的 333 例样品中有 12 种蔬菜 7 种水果的 35 例样品检出了 7 种 37 频次的剧毒和高毒农药，占样品总量的 10.5%，详见图 11-10、表 11-8 及表 11-9。

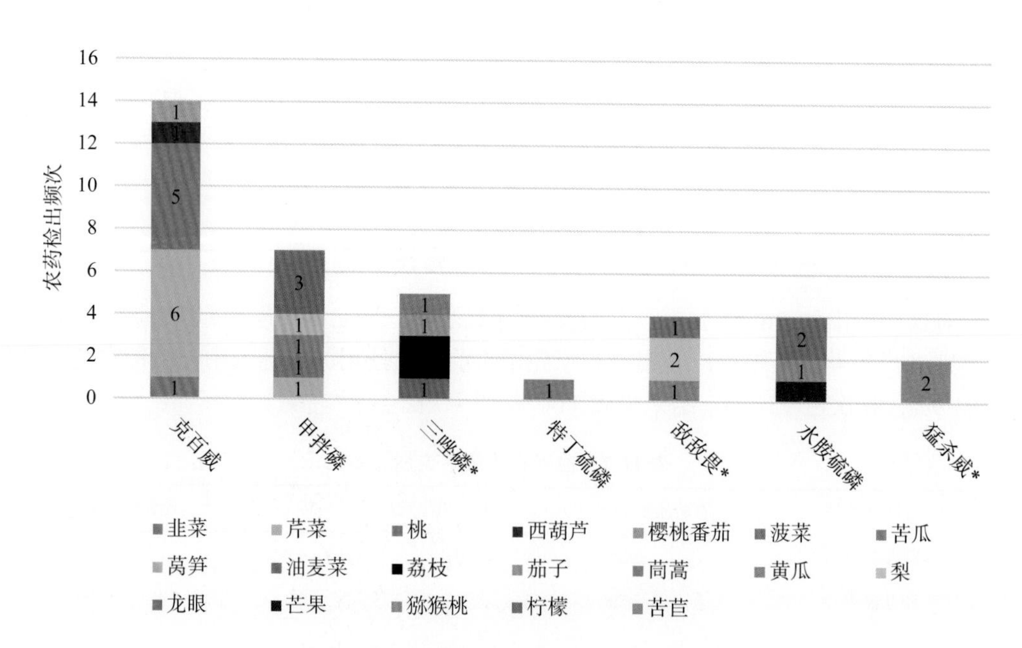

图 11-10　检出剧毒/高毒农药的样品情况

*表示允许在水果和蔬菜上使用的农药

表 11-8　剧毒农药检出情况

序号	农药名称	检出频次	超标频次	超标率
		水果中未检出剧毒农药		
	小计	0	0	超标率：0.0%
		从 6 种蔬菜中检出 2 种剧毒农药，共计检出 8 次		
1	甲拌磷*	7	3	42.9%
2	特丁硫磷*	1	0	0.0%
	小计	8	3	超标率：37.5%
	合计	8	3	超标率：37.5%

表 11-9　高毒农药检出情况

序号	农药名称	检出频次	超标频次	超标率
		从 7 种水果中检出 4 种高毒农药，共计检出 14 次		
1	克百威	5	5	100.0%
2	水胺硫磷	4	0	0.0%
3	敌敌畏	3	0	0.0%
4	三唑磷	2	0	0.0%
	小计	14	5	超标率：35.7%
		从 9 种蔬菜中检出 4 种高毒农药，共计检出 15 次		
1	克百威	9	7	77.8%
2	三唑磷	3	0	0.0%
3	猛杀威	2	0	0.0%
4	敌敌畏	1	0	0.0%
	小计	15	7	超标率：46.7%
	合计	29	12	超标率：41.4%

在检出的剧毒和高毒农药中，有 4 种是我国早已禁止在果树和蔬菜上使用的，分别是：克百威、特丁硫磷、水胺硫磷和甲拌磷。禁用农药的检出情况见表 11-10。

表 11-10　禁用农药检出情况

序号	农药名称	检出频次	超标频次	超标率
		从 7 种水果中检出 3 种禁用农药，共计检出 20 次		
1	硫丹	11	0	0.0%
2	克百威	5	5	100.0%

续表

序号	农药名称	检出频次	超标频次	超标率
3	水胺硫磷	4	0	0.0%
	小计	20	5	超标率：25.0%
从 17 种蔬菜中检出 6 种禁用农药，共计检出 66 次				
1	硫丹	45	0	0.0%
2	克百威	9	7	77.8%
3	甲拌磷*	7	3	42.9%
4	林丹	2	0	0.0%
5	六六六	2	0	0.0%
6	特丁硫磷*	1	0	0.0%
	小计	66	10	超标率：15.2%
	合计	86	15	超标率：17.4%

注：超标结果参考 MRL 中国国家标准计算

此次抽检的果蔬样品中，有 6 种蔬菜检出了剧毒农药，分别是：菠菜中检出甲拌磷 1 次；苦瓜中检出甲拌磷 1 次；芹菜中检出甲拌磷 1 次；油麦菜中检出甲拌磷 3 次；茼蒿中检出特丁硫磷 1 次；莴笋中检出甲拌磷 1 次。

样品中检出剧毒和高毒农药残留水平超过 MRL 中国国家标准的频次为 15 次，其中，桃检出克百威超标 5 次；苦瓜检出甲拌磷超标 1 次；芹菜检出克百威超标 5 次；西葫芦检出克百威超标 1 次；樱桃番茄检出克百威超标 1 次；油麦菜检出甲拌磷超标 2 次。本次检出结果表明，高毒、剧毒农药的使用现象依旧存在，详见表 11-11。

表 11-11　各样本中检出剧毒/高毒农药情况

样品名称	农药名称	检出频次	超标频次	检出浓度（μg/kg）
水果 7 种				
梨	敌敌畏	2	0	5.2，20.9
荔枝	三唑磷	2	0	1.7，1.6
龙眼	敌敌畏	1	0	6.5
芒果	水胺硫磷▲	1	0	2.7
柠檬	水胺硫磷▲	2	0	12.6，12.1
桃	克百威▲	5	5	44.1[a]，31.1[a]，41.8[a]，35.0[a]，27.8[a]
猕猴桃	水胺硫磷▲	1	0	2.8
小计		14	5	超标率：35.7%
蔬菜 12 种				
菠菜	甲拌磷*▲	1	0	1.2

续表

样品名称	农药名称	检出频次	超标频次	检出浓度（μg/kg）
黄瓜	敌敌畏	1	0	74.2
韭菜	克百威▲	1	0	14.8
苦瓜	甲拌磷*▲	1	1	185.0[a]
苦苣	猛杀威	2	0	9.0，25.0
茄子	三唑磷	1	0	127.0
芹菜	甲拌磷*▲	1	0	5.1
芹菜	克百威▲	6	5	38.1[a]，40.3[a]，58.4[a]，34.2[a]，11.7，43.5[a]
西葫芦	克百威▲	1	1	34.9[a]
樱桃番茄	克百威▲	1	1	39.4[a]
油麦菜	甲拌磷*▲	3	2	2.0，254.0[a]，121.6[a]
油麦菜	三唑磷	1	0	17.8
茼蒿	特丁硫磷*▲	1	0	1.7
茼蒿	三唑磷	1	0	80.0
莴笋	甲拌磷*▲	1	0	1.8
小计		23	10	超标率：43.5%
合计		37	15	超标率：40.5%

11.2　农药残留检出水平与最大残留限量标准对比分析

我国于 2014 年 3 月 20 日正式颁布并于 2014 年 8 月 1 日正式实施食品农药残留限量国家标准《食品中农药最大残留限量》（GB 2763—2014）。该标准包括 371 个农药条目，涉及最大残留限量（MRL）标准 3653 项。将 758 频次检出农药的浓度水平与 3653 项 MRL 国家标准进行核对，其中只有 132 频次的农药找到了对应的 MRL 标准，占 17.4%，还有 626 频次的侦测数据则无相关 MRL 标准供参考，占 82.6%。

将此次侦测结果与国际上现行 MRL 标准对比发现，在 758 频次的检出结果中有 758 频次的结果找到了对应的 MRL 欧盟标准，占 100.0%；其中，548 频次的结果有明确对应的 MRL 标准，占 72.3%，其余 210 频次按照欧盟一律标准判定，占 27.7%；有 758 频次的结果找到了对应的 MRL 日本标准，占 100.0%；其中，478 频次的结果有明确对应的 MRL 标准，占 63.1%，其余 279 频次按照日本一律标准判定，占 36.9%；有 287 频次的结果找到了对应的 MRL 中国香港标准，占 37.9%；有 208 频次的结果找到了对应的 MRL 美国标准，占 27.4%；有 105 频次的结果找到了对应的 MRL CAC 标准，占 13.9%（见图 11-11 和图 11-12，数据见附表 3 至附表 8）。

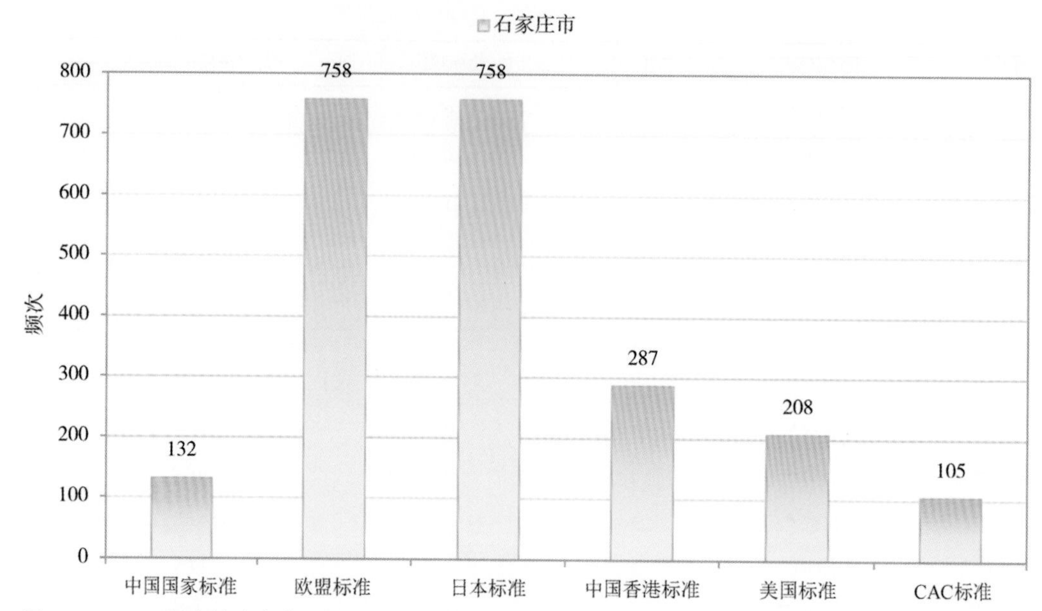

图 11-11　758 频次检出农药可用 MRL 中国国家标准、欧盟标准、日本标准、中国香港标准、美国标准、CAC 标准判定衡量的数量

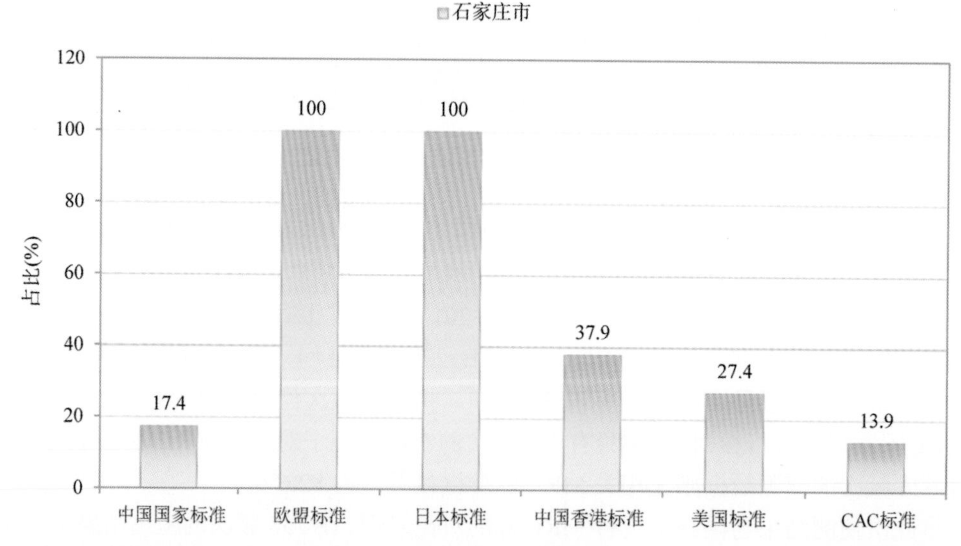

图 11-12　758 频次检出农药可用 MRL 中国国家标准、欧盟标准、日本标准、中国香港标准、美国标准、CAC 标准衡量的占比

11.2.1　超标农药样品分析

本次侦测的 333 例样品中，69 例样品未检出任何残留农药，占样品总量的 20.7%，264 例样品检出不同水平、不同种类的残留农药，占样品总量的 79.3%。在此，我们将本次侦测的农残检出情况与 MRL 中国国家标准、欧盟标准、日本标准、中国香港标准、美国标准、CAC 标准这 6 大国际主流标准进行对比分析，样品农残检出与超标情况见表 11-12、图 11-13 和图 11-14，详细数据见附表 9 至附表 14。

表 11-12 各 MRL 标准下样本农残检出与超标数量及占比

	中国国家标准	欧盟标准	日本标准	中国香港标准	美国标准	CAC 标准
	数量/占比（%）	数量/占比（%）	数量/占比（%）	数量/占比（%）	数量/占比（%）	数量/占比（%）
未检出	69/20.7	69/20.7	69/20.7	69/20.7	69/20.7	69/20.7
检出未超标	249/74.8	122/36.6	168/50.5	257/77.2	262/78.7	258/77.5
检出超标	15/4.5	142/42.6	96/28.8	7/2.1	2/0.6	6/1.8

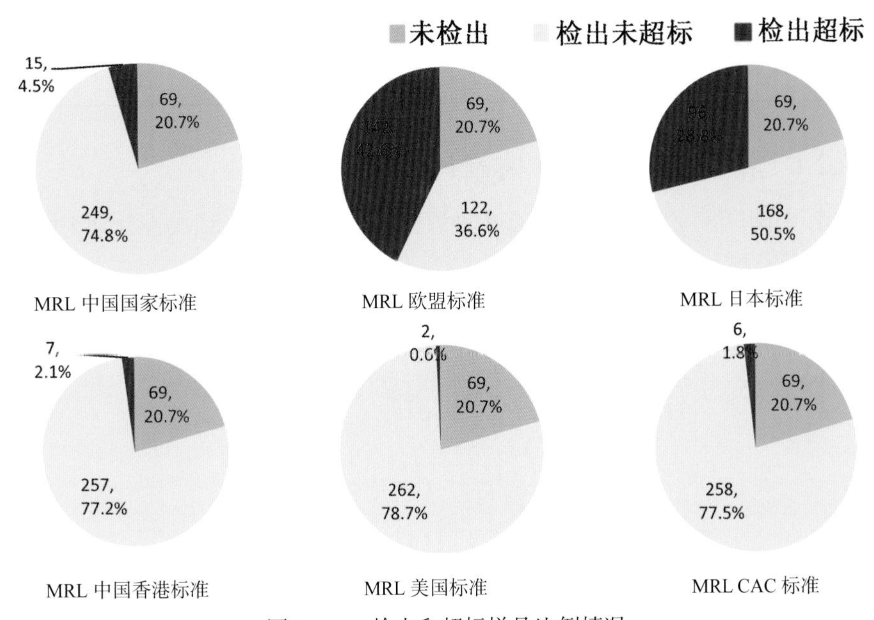

图 11-13 检出和超标样品比例情况

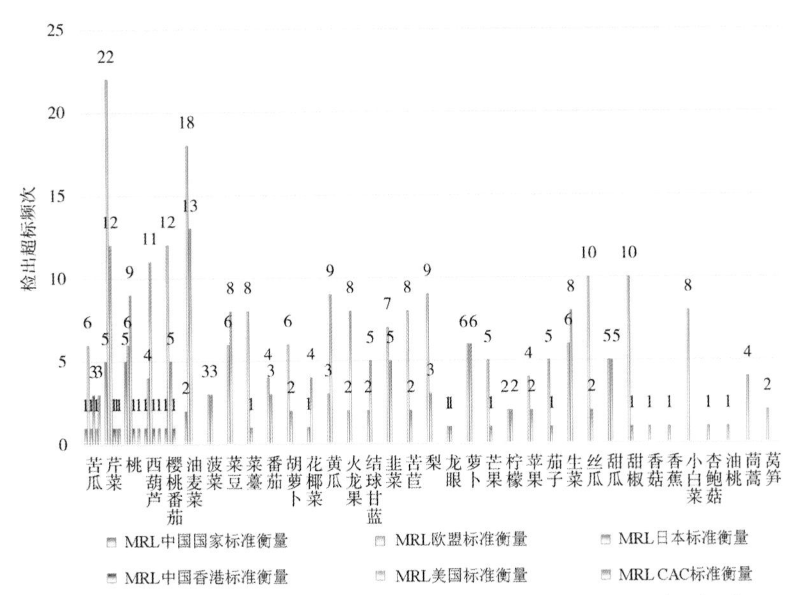

图 11-14 超过 MRL 中国国家标准、欧盟标准、日本标准、中国香港标准、美国标准、CAC 标准判定结果在水果蔬菜中的分布

11.2.2　超标农药种类分析

按照 MRL 中国国家标准、欧盟标准、日本标准、中国香港标准、美国标准、CAC 标准这 6 大国际主流标准衡量，本次侦测检出的农药超标品种及频次情况见表 11-13。

表 11-13　各 MRL 标准下超标农药品种及频次

	中国国家标准	欧盟标准	日本标准	中国香港标准	美国标准	CAC 标准
超标农药品种	2	43	36	3	2	2
超标农药频次	15	199	133	7	2	6

11.2.2.1　按 MRL 中国国家标准衡量

按 MRL 中国国家标准衡量，共有 2 种农药超标，检出 15 频次，分别为剧毒农药甲拌磷，高毒农药克百威。

按超标程度比较，油麦菜中甲拌磷超标 24.4 倍，苦瓜中甲拌磷超标 17.5 倍，芹菜中克百威超标 1.9 倍，桃中克百威超标 1.2 倍，樱桃番茄中克百威超标 1.0 倍。检测结果见图 11-15 和附表 15。

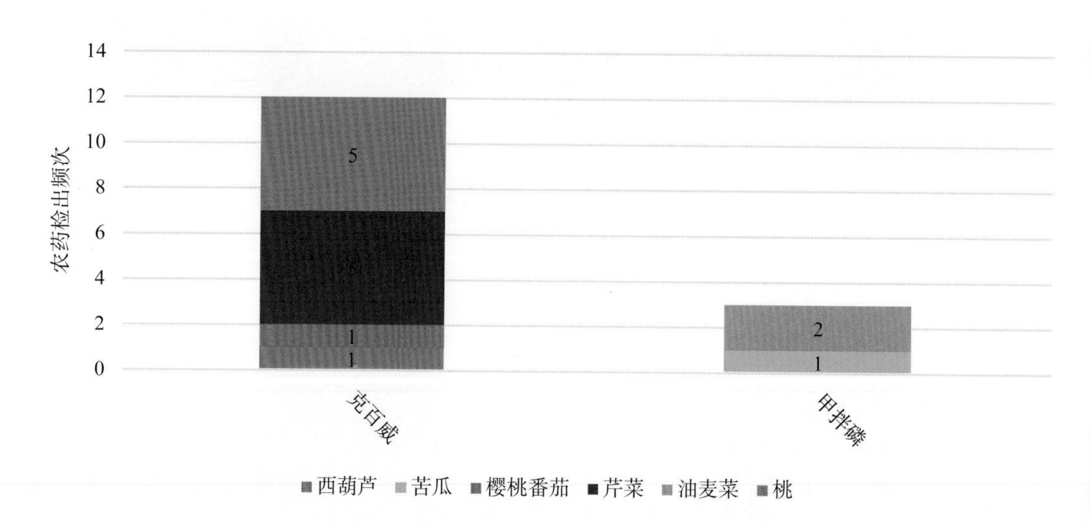

图 11-15　超过 MRL 中国国家标准农药品种及频次

11.2.2.2　按 MRL 欧盟标准衡量

按 MRL 欧盟标准衡量，共有 43 种农药超标，检出 199 频次，分别为剧毒农药甲拌磷，高毒农药猛杀威、水胺硫磷、三唑磷、敌敌畏和克百威，中毒农药甲霜灵、硫丹、腈菌唑、茵草敌、虫螨腈、噁霜灵、三唑醇、异丙威、毒死蜱、棉铃威、哒螨灵、联苯菊酯、多效唑、辛酰溴苯腈、甲萘威和丙溴磷，低毒农药苯胺灵、噻嗪酮、四氢吩胺、避蚊胺、3,5-二氯苯胺、炔螨特、乙菌利、特草灵、环酯草醚、八氯苯乙烯、拌种胺、间羟基联苯和五氯苯甲腈，微毒农药解草腈、腐霉利、萘乙酰胺、生物苄呋菊酯、氟乐灵、吡丙醚、百菌清和烯虫酯。

按超标程度比较，胡萝卜中三唑醇超标 83.3 倍，樱桃番茄中解草腈超标 50.1 倍，菜薹中虫螨腈超标 37.8 倍，香菇中解草腈超标 35.1 倍，花椰菜中解草腈超标 28.3 倍。检测结果见图 11-16 和附表 16。

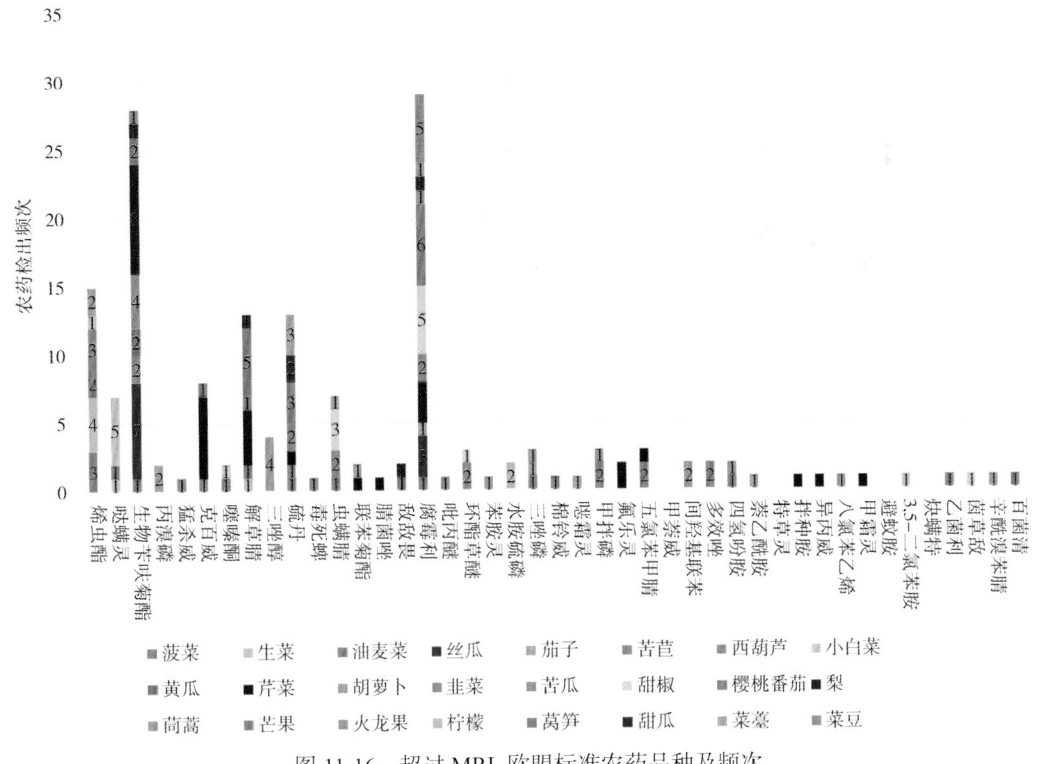

图 11-16 超过 MRL 欧盟标准农药品种及频次

11.2.2.3 按 MRL 日本标准衡量

按 MRL 日本标准衡量，共有 36 种农药超标，检出 133 频次，分别为高毒农药猛杀威、水胺硫磷和三唑磷，中毒农药腈菌唑、嗪草酮、三唑醇、除虫菊酯、异丙威、毒死蜱、哒螨灵、二甲戊灵、多效唑、联苯菊酯、辛酰溴苯腈和甲萘威，低毒农药苯胺灵、噻嗪酮、四氢吩胺、避蚊胺、3,5-二氯苯胺、乙菌利、特草灵、环酯草醚、八氯苯乙烯、喹禾灵、拌种胺、间羟基联苯、氟吡菌酰胺和五氯苯甲腈，微毒农药解草腈、腐霉利、萘乙酰胺、啶酰菌胺、生物苄呋菊酯、吡丙醚和烯虫酯。

按超标程度比较，苦苣中噻嗪酮超标 104.2 倍，樱桃番茄中解草腈超标 50.1 倍，香菇中解草腈超标 35.1 倍，生菜中哒螨灵超标 33.4 倍，花椰菜中解草腈超标 28.3 倍。检测结果见图 11-17 和附表 17。

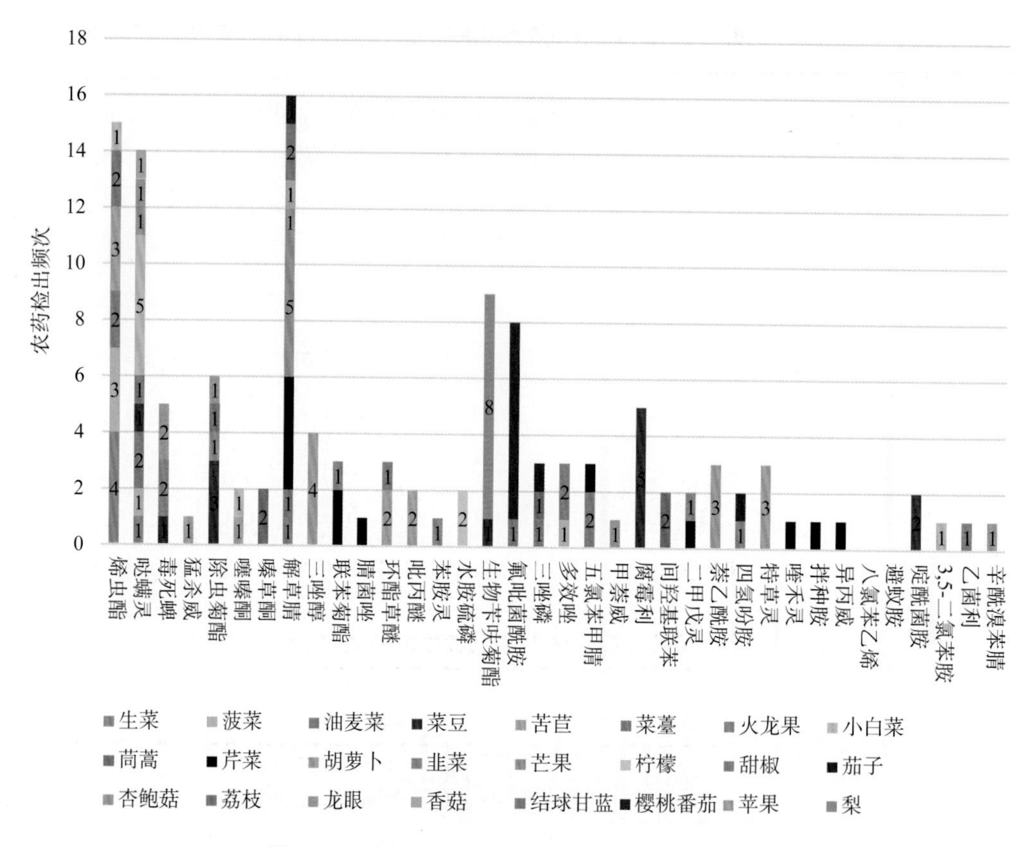

图 11-17　超过 MRL 日本标准农药品种及频次

11.2.2.4　按 MRL 中国香港标准衡量

按 MRL 中国香港标准衡量，共有 3 种农药超标，检出 7 频次，分别为中毒农药硫丹、除虫菊酯和毒死蜱。

按超标程度比较，韭菜中硫丹超标 70%，苦瓜中除虫菊酯超标 70%，菜豆中毒死蜱超标 40%，丝瓜中除虫菊酯超标 30%，马铃薯中除虫菊酯超标 30%。检测结果见图 11-18 和附表 18。

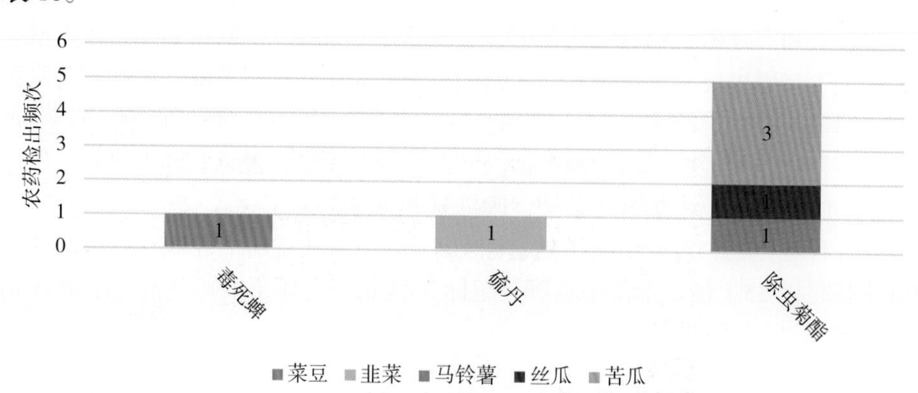

图 11-18　超过 MRL 中国香港标准农药品种及频次

11.2.2.5 按 MRL 美国标准衡量

按 MRL 美国标准衡量，共有 2 种农药超标，检出 2 频次，分别为中毒农药腈菌唑和除虫菊酯。

按超标程度比较，马铃薯中除虫菊酯超标 30%，芹菜中腈菌唑超标 10%。检测结果见图 11-19 和附表 19。

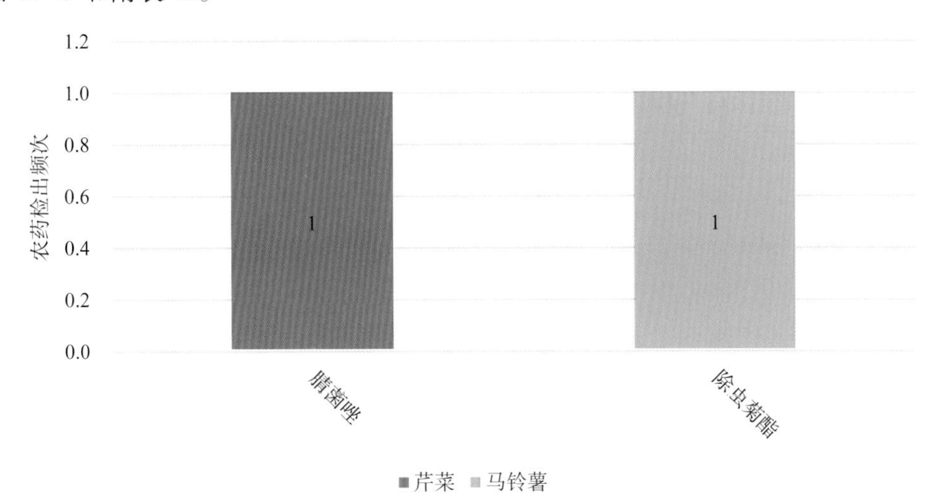

图 11-19 超过 MRL 美国标准农药品种及频次

11.2.2.6 按 MRL CAC 标准衡量

按 MRL CAC 标准衡量，共有 2 种农药超标，检出 6 频次，分别为中毒农药除虫菊酯和毒死蜱。

按超标程度比较，苦瓜中除虫菊酯超标 70%，菜豆中毒死蜱超标 40%，丝瓜中除虫菊酯超标 30%，马铃薯中除虫菊酯超标 30%。检测结果见图 11-20 和附表 20。

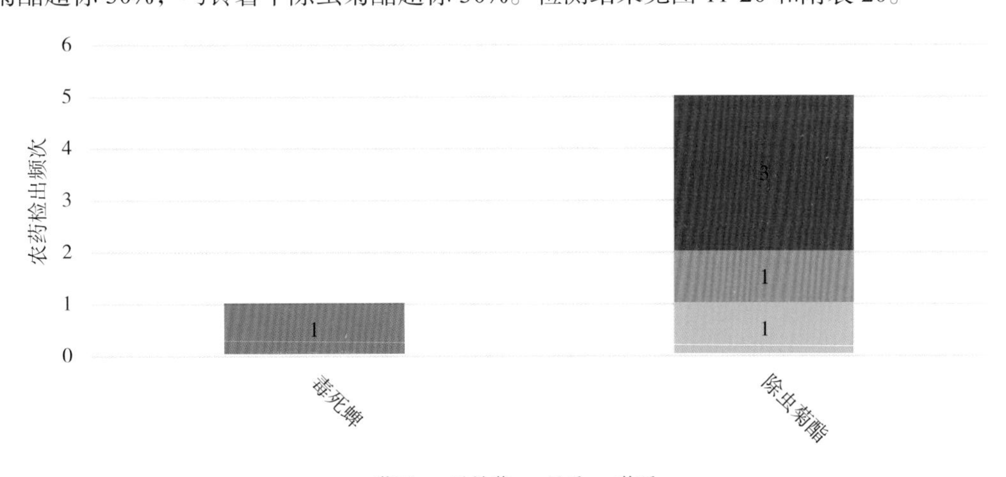

图 11-20 超过 MRL CAC 标准农药品种及频次

11.2.3 9 个采样点超标情况分析

11.2.3.1 按 MRL 中国国家标准衡量

按 MRL 中国国家标准衡量，有 7 个采样点的样品存在不同程度的超标农药检出，其中***超市（益友店）和***超市（中山店）的超标率最高，均为 8.8%，如表 11-14 和图 11-21 所示。

表 11-14 超过 MRL 中国国家标准水果蔬菜在不同采样点分布

	采样点	样品总数	超标数量	超标率（%）	行政区域
1	***超市（柏林店）	44	2	4.5	新华区
2	***超市（财富大厦店）	39	2	5.1	长安区
3	***超市（中华北店）	38	2	5.3	新华区
4	***超市（乐汇城店）	36	2	5.6	长安区
5	***超市（益友店）	34	3	8.8	桥西区
6	***超市（中山店）	34	3	8.8	长安区
7	***超市（紫光都店）	34	1	2.9	长安区

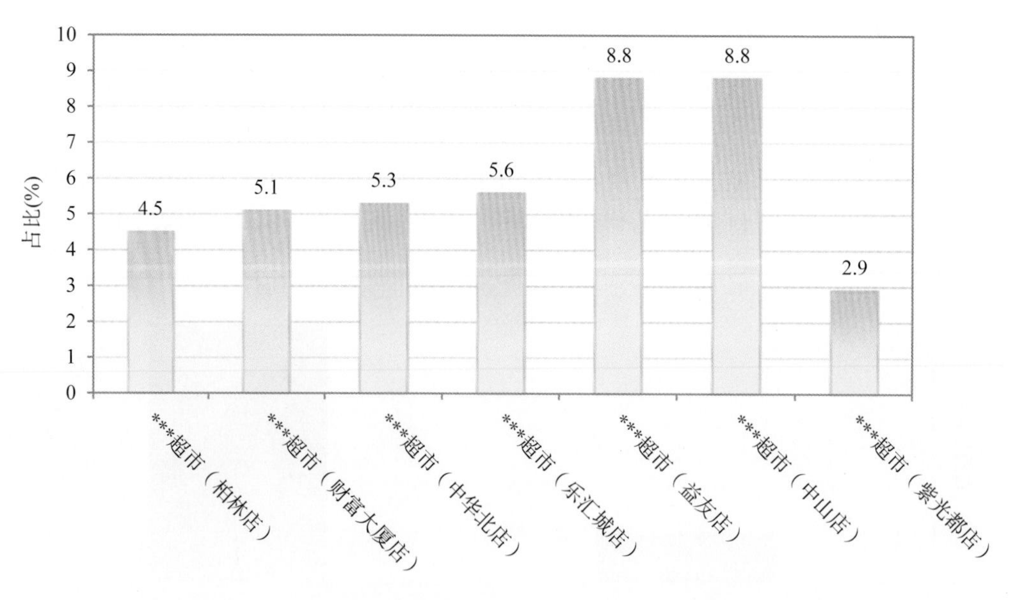

图 11-21 超过 MRL 中国国家标准水果蔬菜在不同采样点分布

11.2.3.2 按 MRL 欧盟标准衡量

按 MRL 欧盟标准衡量，所有采样点的样品存在不同程度的超标农药检出，其中***

超市（乐汇城店）和***超市（中山店）的超标率最高，为 50.0%，如表 11-15 和图 11-22 所示。

表 11-15 超过 MRL 欧盟标准水果蔬菜在不同采样点分布

	采样点	样品总数	超标数量	超标率（%）	行政区域
1	***超市（柏林店）	44	21	47.7	新华区
2	***超市（财富大厦店）	39	15	38.5	长安区
3	***超市（中华北店）	38	15	39.5	新华区
4	***超市（怀特店）	37	14	37.8	裕华区
5	***超市（怀特店）	37	13	35.1	裕华区
6	***超市（乐汇城店）	36	18	50.0	长安区
7	***超市（益友店）	34	14	41.2	桥西区
8	***超市（中山店）	34	17	50.0	长安区
9	***超市（紫光都店）	34	15	44.1	长安区

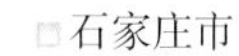
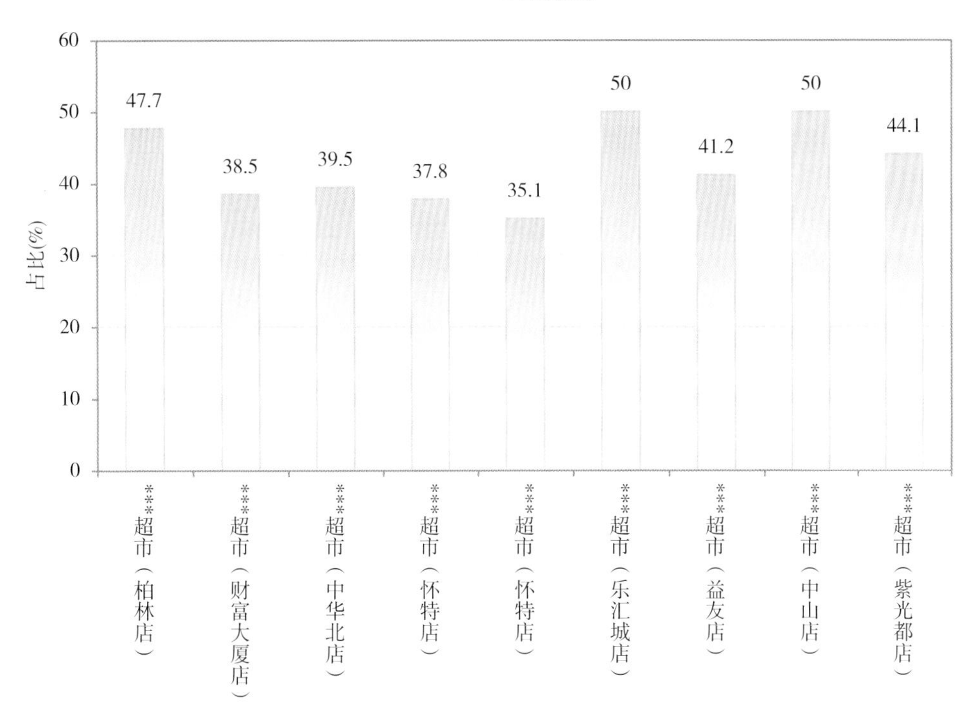

图 11-22 超过 MRL 欧盟标准水果蔬菜在不同采样点分布

11.2.3.3 按 MRL 日本标准衡量

按 MRL 日本标准衡量，所有采样点的样品存在不同程度的超标农药检出，其中***

超市（乐汇城店）的超标率最高，为 33.3%，如表 11-16 和图 11-23 所示。

表 11-16　超过 MRL 日本标准水果蔬菜在不同采样点分布

	采样点	样品总数	超标数量	超标率（%）	行政区域
1	***超市（柏林店）	44	14	31.8	新华区
2	***超市（财富大厦店）	39	11	28.2	长安区
3	***超市（中华北店）	38	10	26.3	新华区
4	***超市（怀特店）	37	10	27.0	裕华区
5	***超市（怀特店）	37	8	21.6	裕华区
6	***超市（乐汇城店）	36	12	33.3	长安区
7	***超市（益友店）	34	11	32.4	桥西区
8	***超市（中山店）	34	10	29.4	长安区
9	***超市（紫光都店）	34	10	29.4	长安区

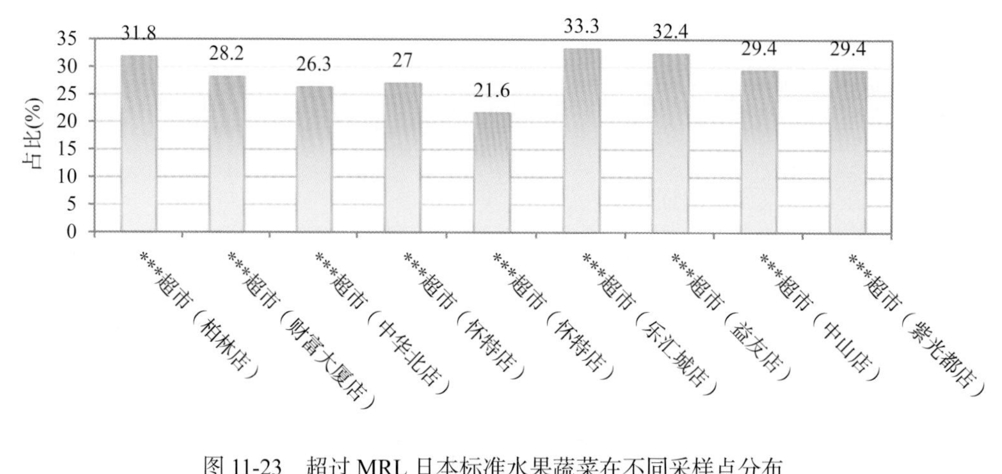

图 11-23　超过 MRL 日本标准水果蔬菜在不同采样点分布

11.2.3.4　按 MRL 中国香港标准衡量

按 MRL 中国香港标准衡量，有 4 个采样点的样品存在不同程度的超标农药检出，其中***超市（中山店）的超标率最高，为 11.8%，如表 11-17 和图 11-24 所示。

表 11-17　超过 MRL 中国香港标准水果蔬菜在不同采样点分布

	采样点	样品总数	超标数量	超标率（%）	行政区域
1	***超市（柏林店）	44	1	2.3	新华区
2	***超市（中华北店）	38	1	2.6	新华区
3	***超市（中山店）	34	4	11.8	长安区
4	***超市（紫光都店）	34	1	2.9	长安区

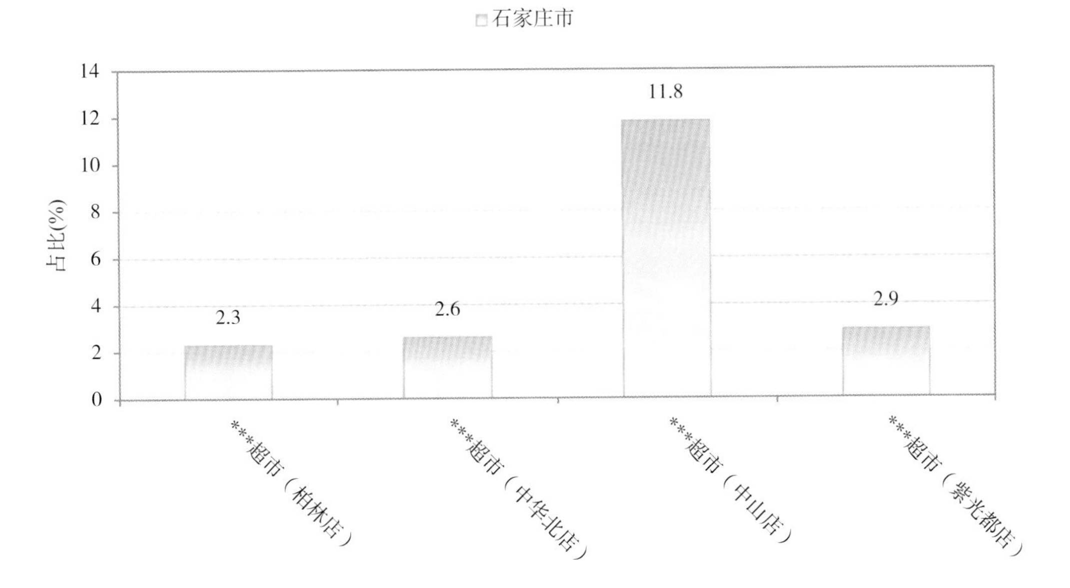

图 11-24　超过 MRL 中国香港标准水果蔬菜在不同采样点分布

11.2.3.5　按 MRL 美国标准衡量

按 MRL 美国标准衡量，有 2 个采样点的样品存在不同程度的超标农药检出，超标率均为 2.9%，如表 11-18 和图 11-25 所示。

表 11-18　超过 MRL 美国标准水果蔬菜在不同采样点分布

	采样点	样品总数	超标数量	超标率（%）	行政区域
1	***超市（益友店）	34	1	2.9	桥西区
2	***超市（中山店）	34	1	2.9	长安区

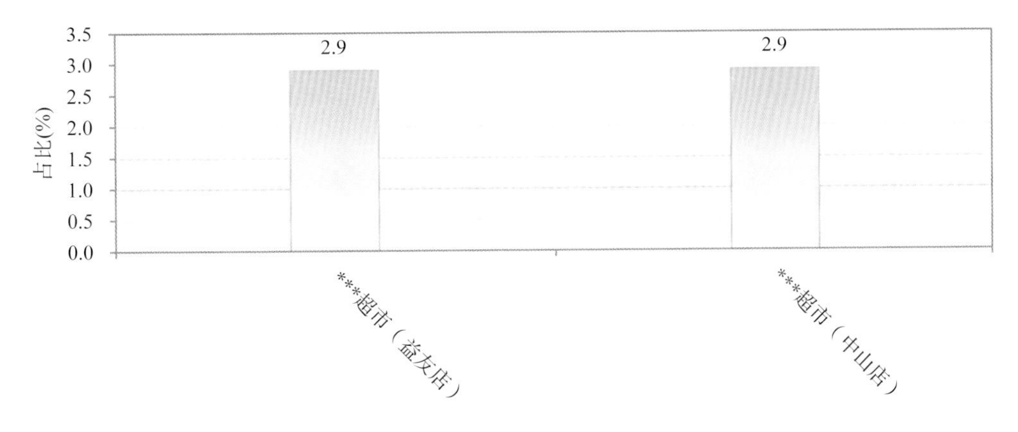

图 11-25　超过 MRL 美国标准水果蔬菜在不同采样点分布

11.2.3.6 按 MRL CAC 标准衡量

按 MRL CAC 标准衡量，有 4 个采样点的样品存在不同程度的超标农药检出，其中***超市（中山店）的超标率最高，为 8.8%，如表 11-19 和图 11-26 所示。

表 11-19 超过 MRL CAC 标准水果蔬菜在不同采样点分布

	采样点	样品总数	超标数量	超标率（%）	行政区域
1	***超市（柏林店）	44	1	2.3	新华区
2	***超市（中华北店）	38	1	2.6	新华区
3	***超市（中山店）	34	3	8.8	长安区
4	***超市（紫光都店）	34	1	2.9	长安区

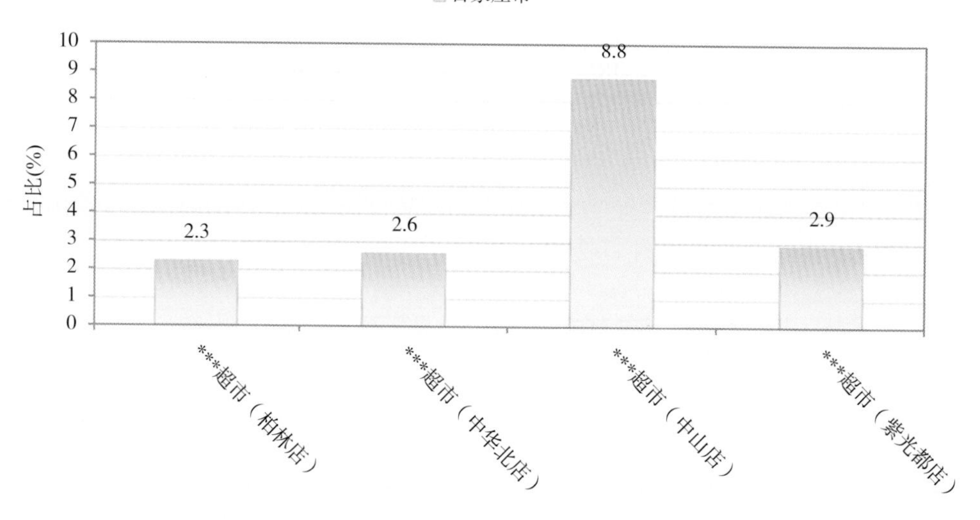

图 11-26 超过 MRL CAC 标准水果蔬菜在不同采样点分布

11.3 水果中农药残留分布

11.3.1 检出农药品种和频次排前 10 的水果

本次残留侦测的水果共 15 种，包括橙、火龙果、橘、梨、荔枝、龙眼、芒果、猕猴桃、柠檬、苹果、葡萄、桃、甜瓜、香蕉和油桃。

根据检出农药品种及频次进行排名，将各项排名前 10 位的水果样品检出情况列表说明，详见表 11-20。

表 11-20　检出农药品种和频次排名前 10 的水果

检出农药品种排名前 10（品种）	①龙眼（9），②苹果（8），③葡萄（8），④梨（8），⑤芒果（8），⑥甜瓜（6），⑦火龙果（6），⑧桃（5），⑨柠檬（5），⑩荔枝（4）
检出农药频次排名前 10（频次）	①梨（27），②葡萄（23），③芒果（19），④甜瓜（18），⑤龙眼（17），⑥桃（15），⑦苹果（14），⑧火龙果（9），⑨猕猴桃（8），⑩柠檬（8）
检出禁用、高毒及剧毒农药品种排名前 10（品种）	①桃（2），②梨（1），③荔枝（1），④龙眼（1），⑤芒果（1），⑥油桃（1），⑦甜瓜（1），⑧猕猴桃（1），⑨柠檬（1），⑩葡萄（1）
检出禁用、高毒及剧毒农药频次排名前 10（频次）	①桃（8），②甜瓜（6），③柠檬（2），④梨（2），⑤荔枝（2），⑥葡萄（1），⑦油桃（1），⑧龙眼（1），⑨芒果（1），⑩猕猴桃（1）

11.3.2　超标农药品种和频次排前 10 的水果

鉴于 MRL 欧盟标准和日本标准制定比较全面且覆盖率较高，我们参照 MRL 中国国家标准、欧盟标准和日本标准衡量水果样品中农残检出情况，将超标农药品种及频次排名前 10 的水果列表说明，详见表 11-21。

表 11-21　超标农药品种和频次排名前 10 的水果

超标农药品种排名前 10（农药品种数）	MRL 中国国家标准	①桃（1）
	MRL 欧盟标准	①甜瓜（4），②火龙果（2），③桃（2），④梨（2），⑤苹果（2），⑥芒果（1），⑦龙眼（1），⑧香蕉（1），⑨油桃（1），⑩柠檬（1）
	MRL 日本标准	①龙眼（4），②火龙果（3），③香蕉（1），④甜瓜（1），⑤苹果（1），⑥柠檬（1），⑦芒果（1），⑧荔枝（1），⑨梨（1）
超标农药频次排名前 10（农药频次数）	MRL 中国国家标准	①桃（5）
	MRL 欧盟标准	①梨（9），②桃（6），③芒果（5），④甜瓜（5），⑤苹果（4），⑥柠檬（2），⑦火龙果（2），⑧香蕉（1），⑨龙眼（1），⑩油桃（1）
	MRL 日本标准	①梨（8），②龙眼（5），③芒果（5），④苹果（3），⑤火龙果（3），⑥柠檬（2），⑦甜瓜（1），⑧荔枝（1），⑨香蕉（1）

通过对各品种水果样本总数及检出率进行综合分析发现，龙眼、梨和葡萄的残留污染最为严重，在此，我们参照 MRL 中国国家标准、欧盟标准和日本标准对这 3 种水果的农残检出情况进行进一步分析。

11.3.3　农药残留检出率较高的水果样品分析

11.3.3.1　龙眼

这次共检测 5 例龙眼样品，全部检出了农药残留，检出率为 100.0%，检出农药共计 9 种。其中威杀灵、毒死蜱、除虫菊酯、棉铃威和氟吡菌酰胺检出频次较高，分别检出了 5、4、2、1 和 1 次。龙眼中农药检出品种和频次见图 11-27，超标农药见图 11-28 和表 11-22。

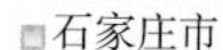

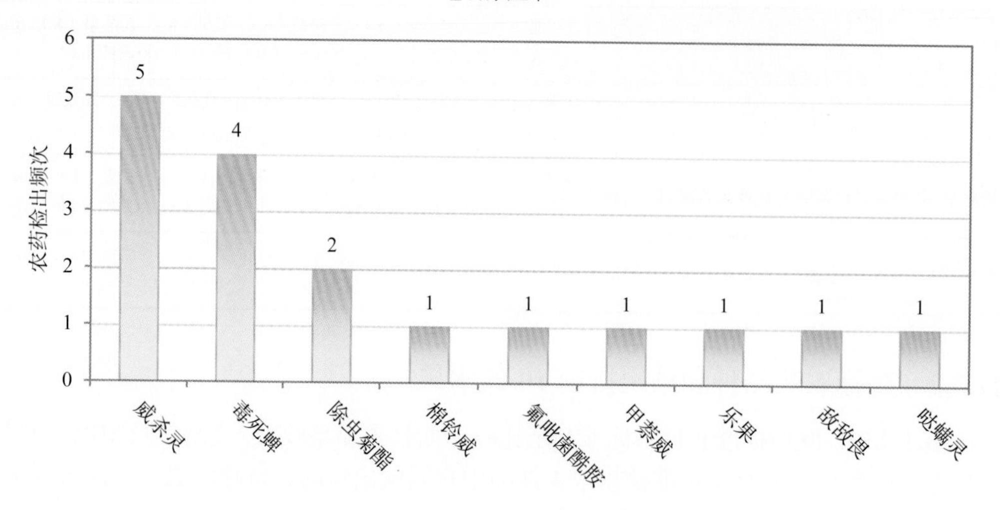

图 11-27 龙眼样品检出农药品种和频次分析（仅列出 1 频次及以上的数据）

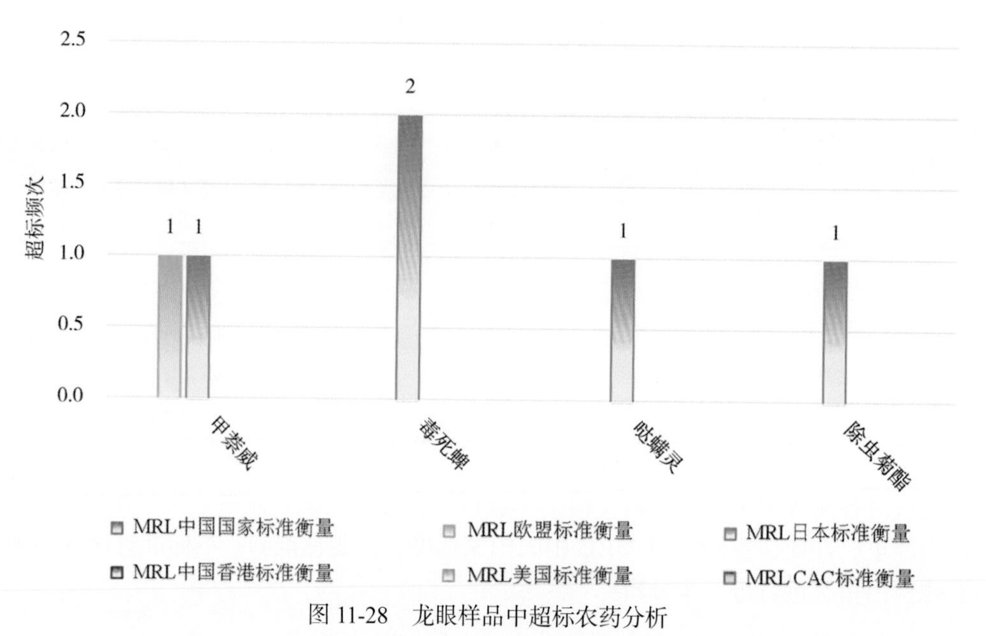

图 11-28 龙眼样品中超标农药分析

表 11-22 龙眼中农药残留超标情况明细表

样品总数			检出农药样品数	样品检出率（%）	检出农药品种总数
5			5	100	9
	超标农药品种	超标农药频次	按照 MRL 中国国家标准、欧盟标准和日本标准衡量超标农药名称及频次		
中国国家标准	0	0			
欧盟标准	1	1	甲萘威（1）		
日本标准	4	5	毒死蜱（2），哒螨灵（1），甲萘威（1），除虫菊酯（1）		

11.3.3.2 梨

这次共检测 9 例梨样品，全部检出了农药残留，检出率为 100.0%，检出农药共计 8 种。其中生物苄呋菊酯、威杀灵、毒死蜱、哒螨灵和敌敌畏检出频次较高，分别检出了 8、6、5、3 和 2 次。梨中农药检出品种和频次见图 11-29，超标农药见图 11-30 和表 11-23。

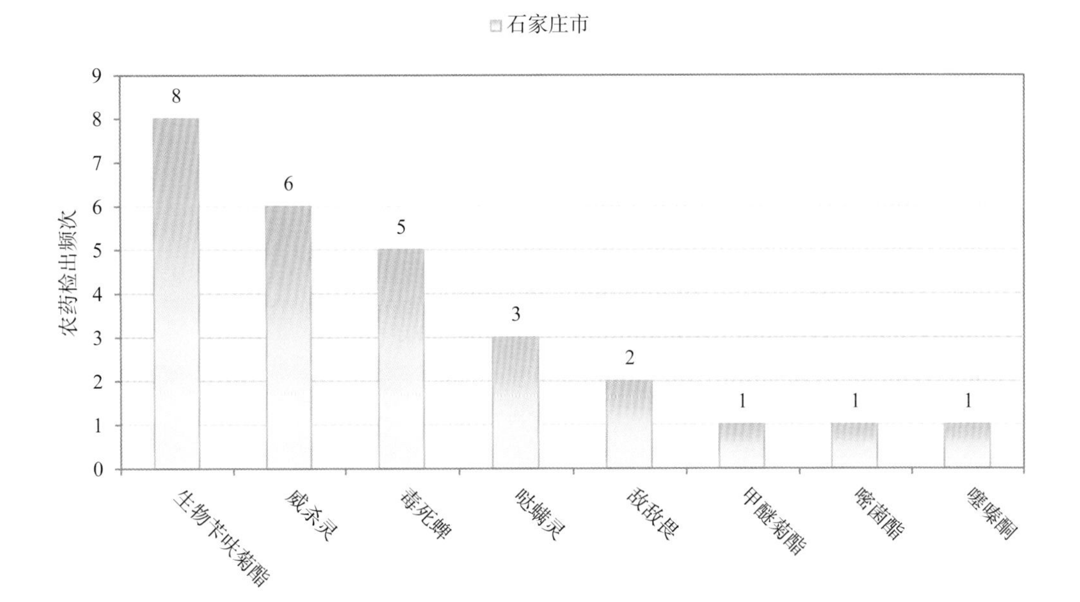

图 11-29 梨样品检出农药品种和频次分析

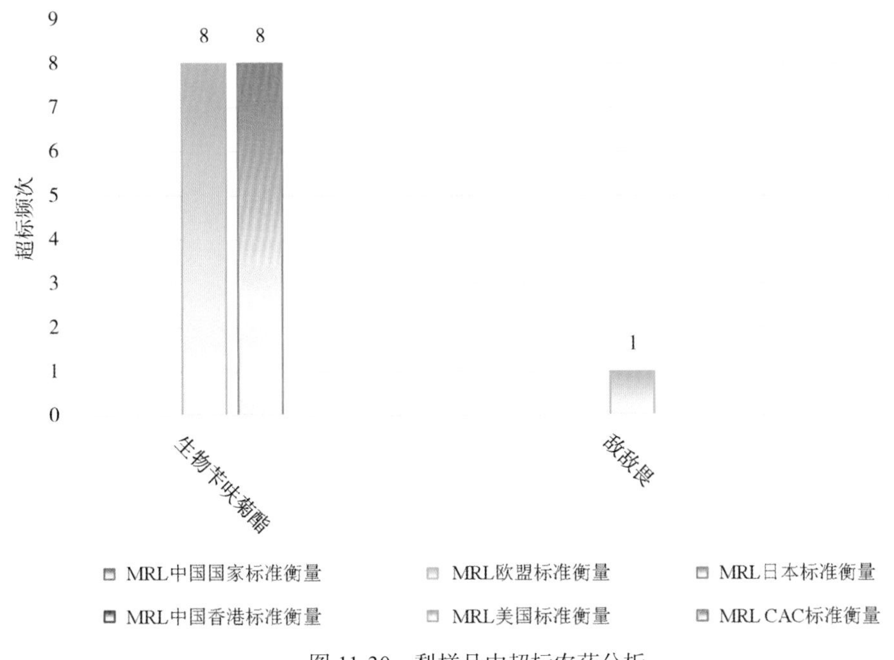

图 11-30 梨样品中超标农药分析

表 11-23 梨中农药残留超标情况明细表

样品总数			检出农药样品数	样品检出率（%）	检出农药品种总数
9			9	100	8
	超标农药品种	超标农药频次	按照 MRL 中国国家标准、欧盟标准和日本标准衡量超标农药名称及频次		
中国国家标准	0	0			
欧盟标准	2	9	生物苄呋菊酯（8），敌敌畏（1）		
日本标准	1	8	生物苄呋菊酯（8）		

11.3.3.3 葡萄

这次共检测 8 例葡萄样品，全部检出了农药残留，检出率为 100.0%，检出农药共计 8 种。其中嘧菌环胺、啶酰菌胺、喹氧灵、腈菌唑和螺螨酯检出频次较高，分别检出了 5、4、4、3 和 3 次。葡萄中农药检出品种和频次见图 11-31 和表 11-24。

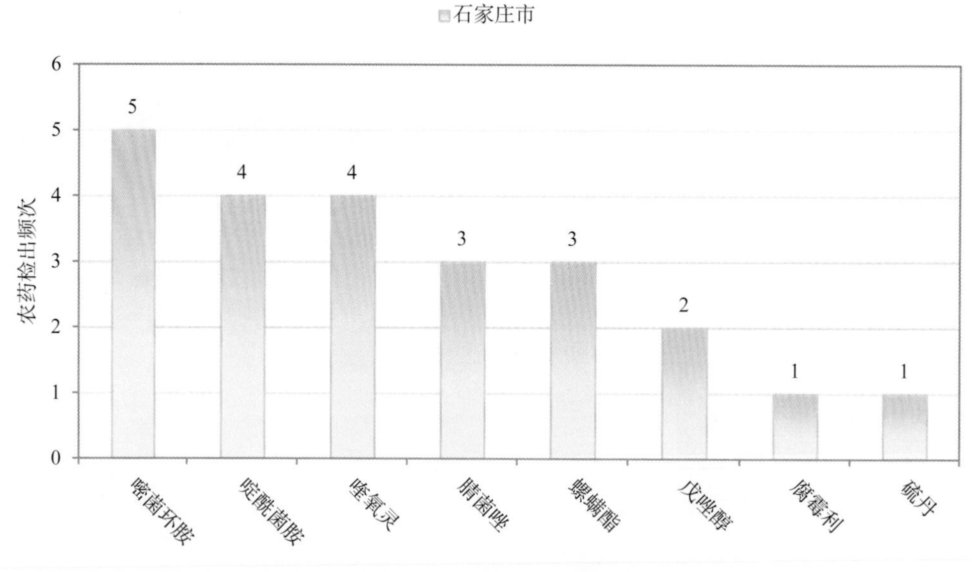

图 11-31 葡萄样品检出农药品种和频次分析

表 11-24 葡萄中农药残留超标情况明细表

样品总数			检出农药样品数	样品检出率（%）	检出农药品种总数
8			8	100	8
	超标农药品种	超标农药频次	按照 MRL 中国国家标准、欧盟标准和日本标准衡量超标农药名称及频次		
中国国家标准	0	0			
欧盟标准	0	0			
日本标准	0	0			

11.4　蔬菜中农药残留分布

11.4.1　检出农药品种和频次排前 10 的蔬菜

本次残留侦测的蔬菜共 29 种，包括菠菜、菜豆、菜薹、大白菜、冬瓜、番茄、胡萝卜、花椰菜、黄瓜、结球甘蓝、韭菜、苦瓜、苦苣、萝卜、马铃薯、茄子、芹菜、青花菜、生菜、丝瓜、甜椒、茼蒿、蕹菜、莴笋、西葫芦、小白菜、樱桃番茄、油麦菜和小油菜。

根据检出农药品种及频次进行排名，将各项排名前 10 位的蔬菜样品检出情况列表说明，详见表 11-25。

表 11-25　检出农药品种和频次排名前 10 的蔬菜

检出农药品种排名前 10（品种）	①樱桃番茄（25），②油麦菜（22），③芹菜（21），④甜椒（19），⑤菠菜（14），⑥黄瓜（14），⑦生菜（11），⑧菜薹（11），⑨茼蒿（11），⑩菜豆（10）
检出农药频次排名前 10（频次）	①樱桃番茄（75），②芹菜（49），③油麦菜（37），④黄瓜（36），⑤甜椒（32），⑥菜薹（28），⑦西葫芦（27），⑧丝瓜（27），⑨菠菜（24），⑩苦瓜（24）
检出禁用、高毒及剧毒农药品种排名前 10（品种）	①西葫芦（4），②芹菜（3），③油麦菜（3），④菠菜（2），⑤黄瓜（2），⑥苦瓜（2），⑦茄子（2），⑧樱桃番茄（2），⑨韭菜（2），⑩茼蒿（2）
检出禁用、高毒及剧毒农药频次排名前 10（频次）	①西葫芦（10），②芹菜（10），③黄瓜（6），④丝瓜（6），⑤油麦菜（5），⑥苦瓜（5），⑦樱桃番茄（5），⑧韭菜（4），⑨菜薹（4），⑩菜豆（3）

11.4.2　超标农药品种和频次排前 10 的蔬菜

鉴于 MRL 欧盟标准和日本标准制定的比较全面且覆盖率较高，我们参照 MRL 中国国家标准、欧盟标准和日本标衡量蔬菜样品中农残检出情况，将超标农药品种及频次排名前 10 的蔬菜列表说明，详见表 11-26。

表 11-26　超标农药品种和频次排名前 10 的蔬菜

超标农药品种排名前 10（农药品种数）	MRL 中国国家标准	①油麦菜（1），②樱桃番茄（1），③芹菜（1），④西葫芦（1），⑤苦瓜（1）
	MRL 欧盟标准	①油麦菜（14），②芹菜（11），③苦苣（5），④樱桃番茄（5），⑤菜薹（5），⑥甜椒（4），⑦韭菜（4），⑧小白菜（4），⑨茄子（4），⑩苦瓜（3）
	MRL 日本标准	①芹菜（8），②油麦菜（7），③菜豆（6），④苦苣（5），⑤小白菜（4），⑥胡萝卜（3），⑦生菜（3），⑧菠菜（3），⑨韭菜（3），⑩茼蒿（3）
超标农药频次排名前 10（农药频次数）	MRL 中国国家标准	①芹菜（5），②油麦菜（2），③西葫芦（1），④苦瓜（1），⑤樱桃番茄（1）
	MRL 欧盟标准	①芹菜（22），②油麦菜（18），③樱桃番茄（12），④丝瓜（10），⑤甜椒（10），⑥菜薹（8），⑦小白菜（8），⑧苦苣（8），⑨韭菜（7），⑩萝卜（6）

续表

超标农药频次排名前 10（农药频次数）	MRL 日本标准	①菜豆（13），②芹菜（12），③油麦菜（11），④樱桃番茄（9），⑤苦苣（9），⑥小白菜（8），⑦胡萝卜（8），⑧生菜（6），⑨茼蒿（5），⑩菠菜（5）

通过对各品种蔬菜样本总数及检出率进行综合分析发现，樱桃番茄、油麦菜和芹菜的残留污染最为严重，在此，我们参照 MRL 中国国家标准、欧盟标准和日本标准对这 3 种蔬菜的农残检出情况进行进一步分析。

11.4.3 农药残留检出率较高的蔬菜样品分析

11.4.3.1 樱桃番茄

这次共检测 9 例樱桃番茄样品，全部检出了农药残留，检出率为 100.0%，检出农药共计 25 种。其中嘧霉胺、氟吡菌酰胺、腐霉利、威杀灵和环酯草醚检出频次较高，分别检出了 8、8、8、7 和 4 次。樱桃番茄中农药检出品种和频次见图 11-32，超标农药见图 11-33 和表 11-27。

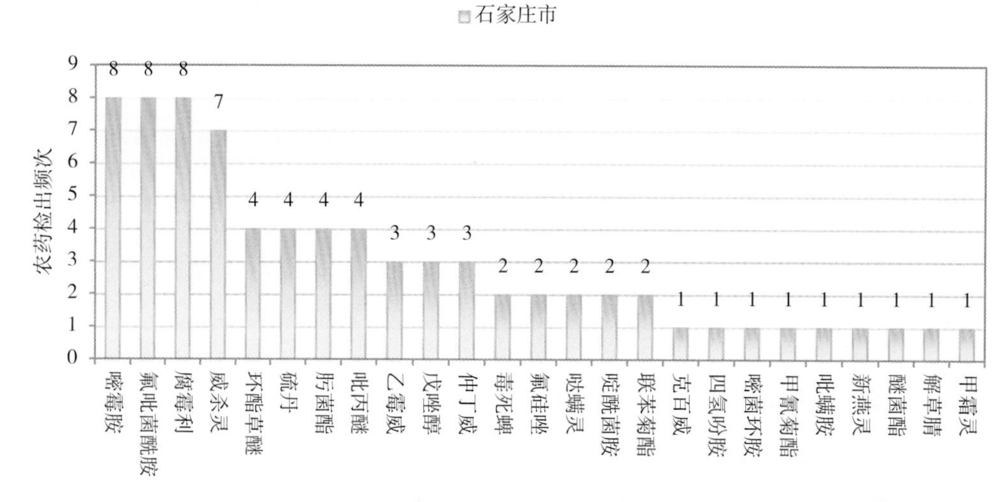

图 11-32 樱桃番茄样品检出农药品种和频次分析（仅列出 1 频次及以上的数据）

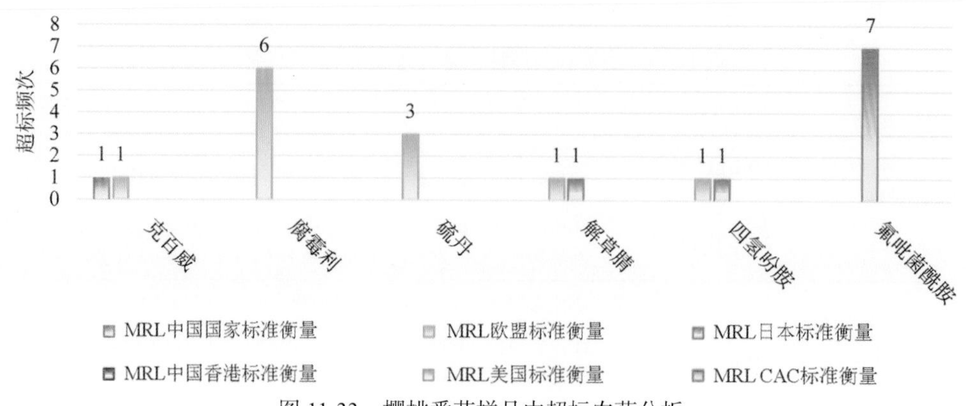

图 11-33 樱桃番茄样品中超标农药分析

表 11-27　樱桃番茄中农药残留超标情况明细表

样品总数			检出农药样品数	样品检出率（%）	检出农药品种总数
9			9	100	25
	超标农药品种	超标农药频次	按照 MRL 中国国家标准、欧盟标准和日本标准衡量超标农药名称及频次		
中国国家标准	1	1	克百威（1）		
欧盟标准	5	12	腐霉利（6），硫丹（3），克百威（1），解草腈（1），四氢吩胺（1）		
日本标准	3	9	氟吡菌酰胺（7），四氢吩胺（1），解草腈（1）		

11.4.3.2　油麦菜

这次共检测 9 例油麦菜样品，全部检出了农药残留，检出率为 100.0%，检出农药共计 22 种。其中哒螨灵、甲拌磷、生物苄呋菊酯、毒死蜱和百菌清检出频次较高，分别检出了 3、3、3、2 和 2 次。油麦菜中农药检出品种和频次见图 11-34，超标农药见图 11-35 和表 11-28。

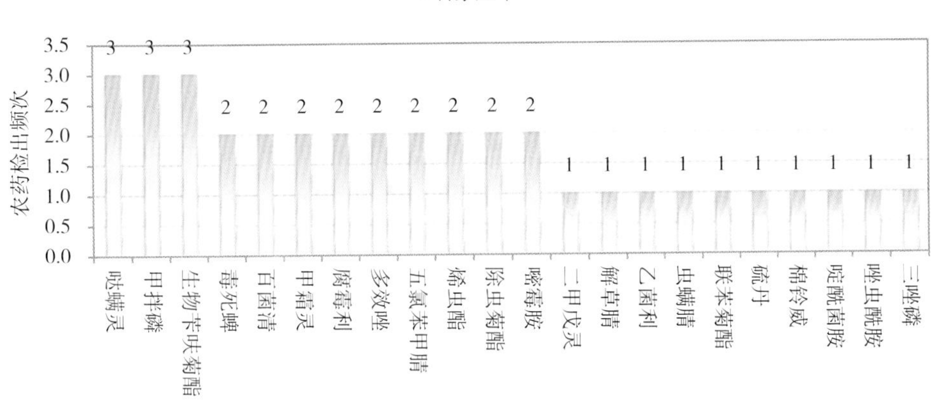

图 11-34　油麦菜样品检出农药品种和频次分析（仅列出 1 频次及以上的数据）

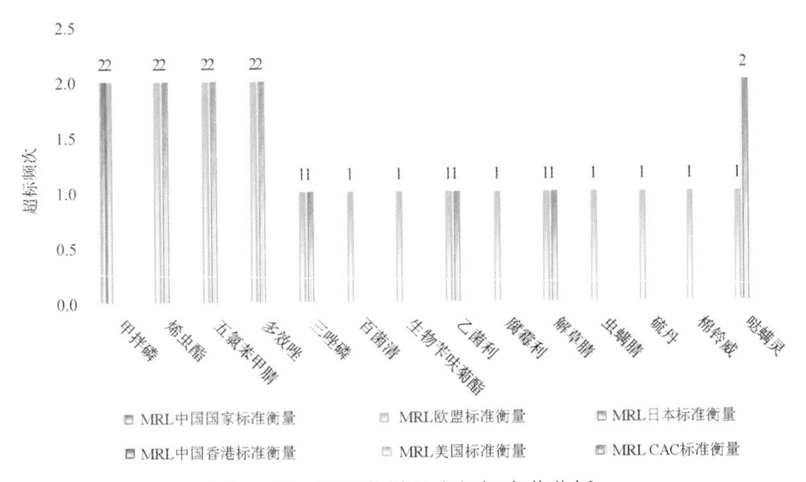

图 11-35　油麦菜样品中超标农药分析

表 11-28　油麦菜中农药残留超标情况明细表

样品总数			检出农药样品数	样品检出率（%）	检出农药品种总数
9			9	100	22
	超标农药品种	超标农药频次	按照 MRL 中国国家标准、欧盟标准和日本标准衡量超标农药名称及频次		
中国国家标准	1	2	甲拌磷（2）		
欧盟标准	14	18	烯虫酯（2），五氯苯甲腈（2），甲拌磷（2），多效唑（2），三唑磷（1），百菌清（1），生物苄呋菊酯（1），乙菌利（1），腐霉利（1），解草腈（1），虫螨腈（1），硫丹（1），棉铃威（1），哒螨灵（1）		
日本标准	7	11	烯虫酯（2），多效唑（2），哒螨灵（2），五氯苯甲腈（2），乙菌利（1），三唑磷（1），解草腈（1）		

11.4.3.3　芹菜

这次共检测 8 例芹菜样品，全部检出了农药残留，检出率为 100.0%，检出农药共计 21 种。其中威杀灵、克百威、解草腈、氟乐灵和硫丹检出频次较高，分别检出了 7、6、4、4 和 3 次。芹菜中农药检出品种和频次见图 11-36，超标农药见图 11-37 和表 11-29。

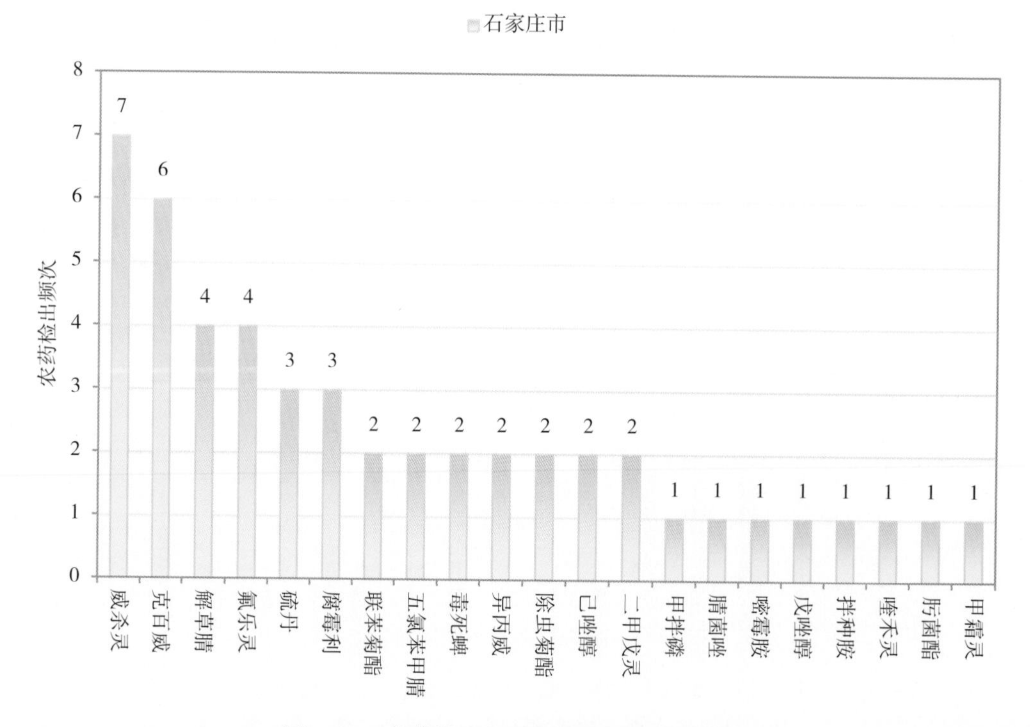

图 11-36　芹菜样品检出农药品种和频次分析

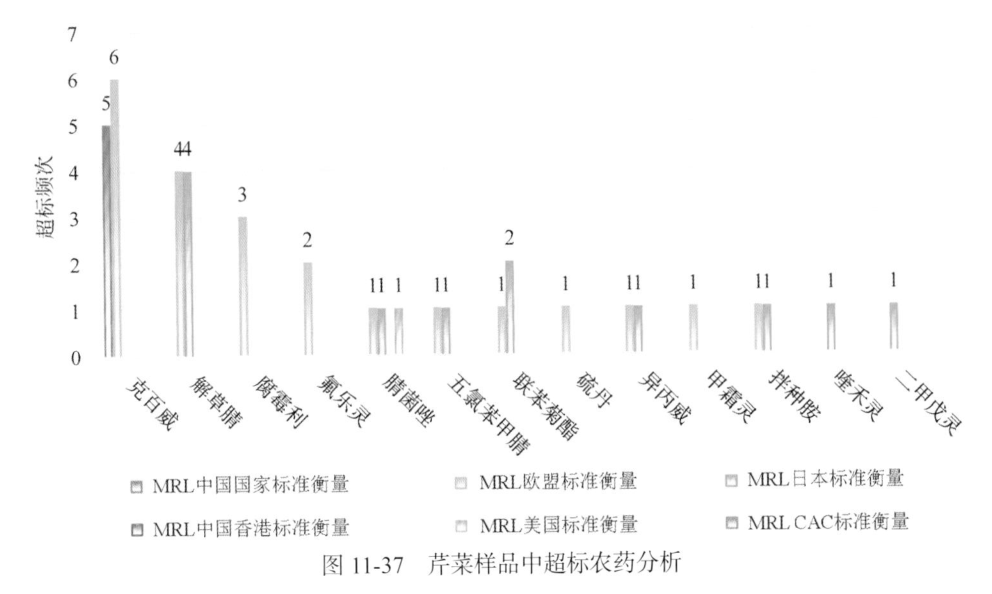

图 11-37 芹菜样品中超标农药分析

表 11-29 芹菜中农药残留超标情况明细表

样品总数			检出农药样品数	样品检出率（%）	检出农药品种总数
8			8	100	21
	超标农药品种	超标农药频次	按照MRL中国国家标准、欧盟标准和日本标准衡量超标农药名称及频次		
中国国家标准	1	5	克百威（5）		
欧盟标准	11	22	克百威（6），解草腈（4），腐霉利（3），氟乐灵（2），腈菌唑（1），五氯苯甲腈（1），联苯菊酯（1），硫丹（1），异丙威（1），甲霜灵（1），拌种胺（1）		
日本标准	8	12	解草腈（4），联苯菊酯（2），五氯苯甲腈（1），喹禾灵（1），异丙威（1），二甲戊灵（1），拌种胺（1），腈菌唑（1）		

11.5 初步结论

11.5.1 石家庄市市售水果蔬菜按MRL中国国家标准和国际主要MRL标准衡量的合格率

本次侦测的333例样品中，69例样品未检出任何残留农药，占样品总量的20.7%，264例样品检出不同水平、不同种类的残留农药，占样品总量的79.3%。在这264例检出农药残留的样品中：

按照MRL中国国家标准衡量，有249例样品检出残留农药但含量没有超标，占样品总数的74.8%，有15例样品检出了超标农药，占样品总数的4.5%。

按照 MRL 欧盟标准衡量，有 122 例样品检出残留农药但含量没有超标，占样品总数的 36.6%，有 142 例样品检出了超标农药，占样品总数的 42.6%。

按照 MRL 日本标准衡量，有 168 例样品检出残留农药但含量没有超标，占样品总数的 50.5%，有 96 例样品检出了超标农药，占样品总数的 28.8%。

按照 MRL 中国香港标准衡量，有 257 例样品检出残留农药但含量没有超标，占样品总数的 77.2%，有 7 例样品检出了超标农药，占样品总数的 2.1%。

按照 MRL 美国标准衡量，有 262 例样品检出残留农药但含量没有超标，占样品总数的 78.7%，有 2 例样品检出了超标农药，占样品总数的 0.6%。

按照 MRL CAC 标准衡量，有 258 例样品检出残留农药但含量没有超标，占样品总数的 77.5%，有 6 例样品检出了超标农药，占样品总数的 1.8%。

11.5.2 石家庄市市售水果蔬菜中检出农药以中低微毒农药为主，占市场主体的 91.9%

这次侦测的 333 例样品包括蔬菜 29 种 210 例，水果 15 种 110 例，食用菌 2 种 13 例，共检出了 86 种农药，检出农药的毒性以中低微毒为主，详见表 11-30。

表 11-30　市场主体农药毒性分布

毒性	检出品种	占比	检出频次	占比
剧毒农药	2	2.3%	8	1.1%
高毒农药	5	5.8%	29	3.8%
中毒农药	35	40.7%	318	42.0%
低毒农药	25	29.1%	174	23.0%
微毒农药	19	22.1%	229	30.2%
中低微毒农药，品种占比 91.9%，频次占比 95.1%				

11.5.3 检出剧毒、高毒和禁用农药现象应该警醒

在此次侦测的 333 例样品中有 18 种蔬菜和 10 种水果的 84 例样品检出了 10 种 97 频次的剧毒和高毒或禁用农药，占样品总量的 25.2%。其中剧毒农药甲拌磷和特丁硫磷以及高毒农药克百威、三唑磷和敌敌畏检出频次较高。

按 MRL 中国国家标准衡量，剧毒农药甲拌磷，检出 7 次，超标 3 次；高毒农药克百威，检出 14 次，超标 12 次；按超标程度比较，油麦菜中甲拌磷超标 24.4 倍，苦瓜中甲拌磷超标 17.5 倍，芹菜中克百威超标 1.9 倍，桃中克百威超标 1.2 倍，樱桃番茄中克百威超标 1.0 倍。

剧毒、高毒或禁用农药的检出情况及按照 MRL 中国国家标准衡量的超标情况见表 11-31。

表 11-31　剧毒、高毒或禁用农药的检出及超标明细

序号	农药名称	样品名称	检出频次	超标频次	最大超标倍数	超标率
1.1	甲拌磷*▲	油麦菜	3	2	24.4	66.7%
1.2	甲拌磷*▲	苦瓜	1	1	17.5	100.0%
1.3	甲拌磷*▲	菠菜	1	0	0	0.0%
1.4	甲拌磷*▲	芹菜	1	0	0	0.0%
1.5	甲拌磷*▲	莴笋	1	0	0	0.0%
2.1	特丁硫磷*▲	茼蒿	1	0	0	0.0%
3.1	敌敌畏◊	梨	2	0	0	0.0%
3.2	敌敌畏◊	黄瓜	1	0	0	0.0%
3.3	敌敌畏◊	龙眼	1	0	0	0.0%
4.1	克百威◊▲	芹菜	6	5	1.92	83.3%
4.2	克百威◊▲	桃	5	5	1.205	100.0%
4.3	克百威◊▲	樱桃番茄	1	1	0.97	100.0%
4.4	克百威◊▲	西葫芦	1	1	0.745	100.0%
4.5	克百威◊▲	韭菜	1	0	0	0.0%
5.1	猛杀威◊	苦苣	2	0	0	0.0%
6.1	三唑磷◊	荔枝	2	0	0	0.0%
6.2	三唑磷◊	茄子	1	0	0	0.0%
6.3	三唑磷◊	油麦菜	1	0	0	0.0%
6.4	三唑磷◊	茼蒿	1	0	0	0.0%
7.1	水胺硫磷◊▲	柠檬	2	0	0	0.0%
7.2	水胺硫磷◊▲	芒果	1	0	0	0.0%
7.3	水胺硫磷◊▲	猕猴桃	1	0	0	0.0%
8.1	林丹▲	胡萝卜	1	0	0	0.0%
8.2	林丹▲	西葫芦	1	0	0	0.0%
9.1	硫丹▲	丝瓜	6	0	0	0.0%
9.2	硫丹▲	甜瓜	6	0	0	0.0%
9.3	硫丹▲	西葫芦	6	0	0	0.0%
9.4	硫丹▲	黄瓜	5	0	0	0.0%
9.5	硫丹▲	菜薹	4	0	0	0.0%
9.6	硫丹▲	苦瓜	4	0	0	0.0%
9.7	硫丹▲	樱桃番茄	4	0	0	0.0%
9.8	硫丹▲	菜豆	3	0	0	0.0%

续表

序号	农药名称	样品名称	检出频次	超标频次	最大超标倍数	超标率
9.9	硫丹▲	韭菜	3	0	0	0.0%
9.10	硫丹▲	芹菜	3	0	0	0.0%
9.11	硫丹▲	桃	3	0	0	0.0%
9.12	硫丹▲	小油菜	3	0	0	0.0%
9.13	硫丹▲	菠菜	1	0	0	0.0%
9.14	硫丹▲	葡萄	1	0	0	0.0%
9.15	硫丹▲	茄子	1	0	0	0.0%
9.16	硫丹▲	甜椒	1	0	0	0.0%
9.17	硫丹▲	油麦菜	1	0	0	0.0%
9.18	硫丹▲	油桃	1	0	0	0.0%
10.1	六六六▲	西葫芦	2	0	0	0.0%
合计			97	15		15.5%

注：超标倍数参照 MRL 中国国家标准衡量

这些超标的剧毒和高毒农药都是中国政府早有规定禁止在水果蔬菜中使用的，为什么还屡次被检出，应该引起警惕。

11.5.4　残留限量标准与先进国家或地区差距较大

758 频次的检出结果与我国公布的《食品中农药最大残留限量》(GB 2763—2014)对比，有 132 频次能找到对应的 MRL 中国国家标准，占 17.4%；还有 626 频次的侦测数据无相关 MRL 标准供参考，占 82.6%。

与国际上现行 MRL 标准对比发现：

有 758 频次能找到对应的 MRL 欧盟标准，占 100.0%；

有 758 频次能找到对应的 MRL 日本标准，占 100.0%；

有 287 频次能找到对应的 MRL 中国香港标准，占 37.9%；

有 208 频次能找到对应的 MRL 美国标准，占 27.4%；

有 105 频次能找到对应的 MRL CAC 标准，占 13.9%。

由上可见，MRL 中国国家标准与先进国家或地区标准还有很大差距，我们无标准，境外有标准，这就会导致我们在国际贸易中，处于受制于人的被动地位。

11.5.5　水果蔬菜单种样品检出 8~25 种农药残留，拷问农药使用的科学性

通过此次监测发现，龙眼、苹果和葡萄是检出农药品种最多的 3 种水果，樱桃番茄、油麦菜和芹菜是检出农药品种最多的 3 种蔬菜，从中检出农药品种及频次详见表 11-32。

表 11-32 单种样品检出农药品种及频次

样品名称	样品总数	检出农药样品数	检出率	检出农药品种数	检出农药（频次）
樱桃番茄	9	9	100.0%	25	嘧霉胺（8），氟吡菌酰胺（8），腐霉利（8），威杀灵（7），环酯草醚（4），硫丹（4），肟菌酯（4），吡丙醚（4），乙霉威（3），戊唑醇（3），仲丁威（3），毒死蜱（2），氟硅唑（2），哒螨灵（2），啶酰菌胺（2），联苯菊酯（2），克百威（1），四氢吩胺（1），嘧菌环胺（1），甲氰菊酯（1），吡螨胺（1），新燕灵（1），醚菌酯（1），解草腈（1），甲霜灵（1）
油麦菜	9	9	100.0%	22	哒螨灵（3），甲拌磷（3），生物苄呋菊酯（3），毒死蜱（2），百菌清（2），甲霜灵（2），腐霉利（2），多效唑（2），五氯苯甲腈（2），烯虫酯（2），除虫菊酯（2），嘧霉胺（2），二甲戊灵（1），解草腈（1），乙菌利（1），虫螨腈（1），联苯菊酯（1），硫丹（1），棉铃威（1），啶酰菌胺（1），唑虫酰胺（1），三唑磷（1）
芹菜	8	8	100.0%	21	威杀灵（7），克百威（6），解草腈（4），氟乐灵（4），硫丹（3），腐霉利（3），联苯菊酯（2），五氯苯甲腈（2），毒死蜱（2），异丙威（2），除虫菊酯（2），己唑醇（2），二甲戊灵（2），甲拌磷（1），腈菌唑（1），嘧霉胺（1），戊唑醇（1），拌种胺（1），喹禾灵（1），肟菌酯（1），甲霜灵（1）
龙眼	5	5	100.0%	9	威杀灵（5），毒死蜱（4），除虫菊酯（2），棉铃威（1），氟吡菌酰胺（1），甲萘威（1），乐果（1），敌敌畏（1），哒螨灵（1）
苹果	8	5	62.5%	8	特草灵（4），戊唑醇（3），威杀灵（2），毒死蜱（1），哒螨灵（1），炔螨特（1），螺螨酯（1），除虫菊酯（1）
葡萄	8	8	100.0%	8	嘧菌环胺（5），啶酰菌胺（4），喹氧灵（4），腈菌唑（3），螺螨酯（3），戊唑醇（2），腐霉利（1），硫丹（1）

上述 6 种水果蔬菜，检出农药 8~25 种，是多种农药综合防治，还是未严格实施农业良好管理规范（GAP），抑或根本就是乱施药，值得我们思考。

第 12 章　GC-Q-TOF/MS 侦测石家庄市市售水果蔬菜农药残留膳食暴露风险及预警风险评估报告

12.1　农药残留风险评估方法

12.1.1　石家庄市农药残留检测数据分析与统计

庞国芳院士科研团队建立的农药残留高通量侦测技术以高分辨精确质量数（0.0001 *m/z* 为基准）为识别标准，采用 GC-Q-TOF/MS 技术对 499 种农药化学污染物进行检测。

科研团队于 2015 年 5 月在石家庄市所属 4 个区县的 9 个采样点，随机采集了 333 例水果蔬菜样品，采样点分布在超市和农贸市场，具体位置如图 12-1 所示，各月内果蔬样品采集数量如表 12-1 所示。

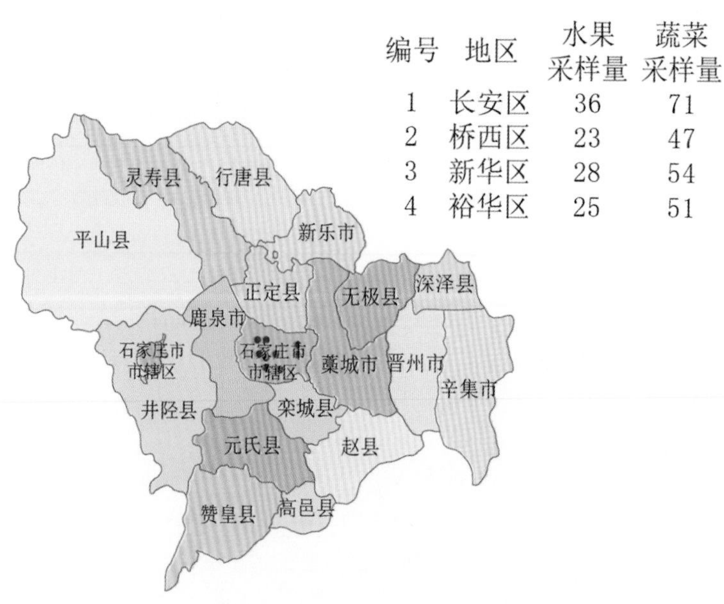

图 12-1　石家庄市所属 9 个采样点 333 例样品分布图

利用 GC-Q-TOF/MS 技术对 333 例样品中的农药残留进行侦测，检出残留农药 86 种，758 频次。检出农药残留水平如表 12-1 和图 12-2 所示。检出频次最高的前十种农药如表 12-2 所示。从检测结果中可以看出，在果蔬中农药残留普遍存在，且有些果蔬存在高浓度的农药残留，这些可能存在膳食暴露风险，对人体健康产生危害，因此，为了定量地评价果蔬中农药残留的风险程度，有必要对其进行风险评价。

表 12-1　检出农药的不同残留水平及其所占比例

残留水平（μg/kg）	检出频次	占比（%）
1~5（含）	310	40.9
5~10（含）	99	13.1
10~100（含）	284	37.5
100~1000（含）	64	8.4
＞1000	1	0.1
合计	758	100

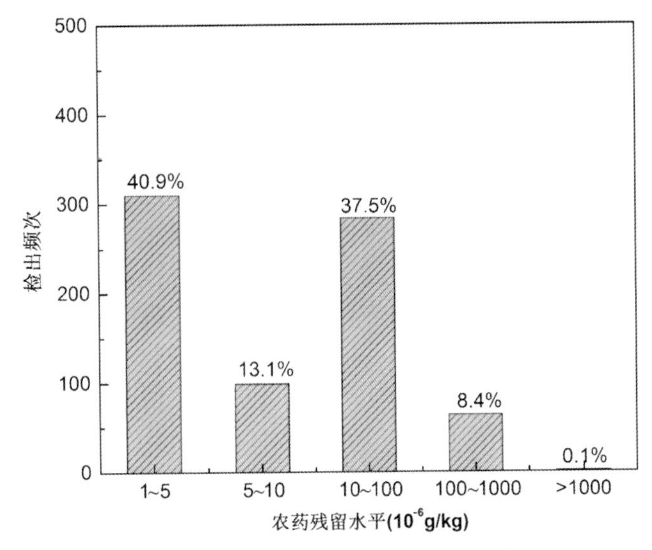

图 12-2　残留农药检出浓度频数分布

表 12-2　检出频次最高的前十种农药

序号	农药	检出频次（次）
1	腐霉利	74
2	威杀灵	66
3	硫丹	56
4	生物苄呋菊酯	56
5	除虫菊酯	47
6	哒螨灵	39
7	毒死蜱	39
8	嘧霉胺	24
9	甲霜灵	22
10	联苯菊酯	21

12.1.2 农药残留风险评价模型

对石家庄市水果蔬菜中农药残留分别开展暴露风险评估和预警风险评估。膳食暴露风险评价利用食品安全指数模型，对水果蔬菜中的残留农药对人体可能产生的危害程度进行评价，该模型结合残留监测和膳食暴露评估评价化学污染物的危害；预警风险评价模型运用风险系数（risk index，R），风险系数综合考虑了危害物的超标率、施检频率及其本身敏感性的影响，能直观而全面地反映出危害物在一段时间内的风险程度。

12.1.2.1 食品安全指数模型

为了加强食品安全管理，《中华人民共和国食品安全法》第二章第十七条规定“国家建立食品安全风险评估制度，运用科学方法，根据食品安全风险监测信息、科学数据以及有关信息，对食品、食品添加剂、食品相关产品中生物性、化学性和物理性危害因素进行风险评估”[1]，膳食暴露评估是食品危险度评估的重要组成部分，也是膳食安全性的衡量标准[2]。国际上最早研究膳食暴露风险评估的机构主要是 JMPR（FAO、WHO 农药残留联合会议），该组织自 1995 年就已制定了急性毒性物质的风险评估急性毒性农药残留摄入量的预测。1960 年美国规定食品中不得加入致癌物质进而提出零阈值理论，渐渐零阈值理论发展成在一定概率条件下可接受风险的概念[3]，后衍变为食品中每日允许最大摄入量（ADI），而农药残留法典委员会（CCPR）认为 ADI 不是独立风险评估的唯一标准[4]，1995 年 JMPR 开始研究农药急性膳食暴露风险评估，并对食品国际短期摄入量的计算方法进行了修正，亦对膳食暴露评估准则及评估方法进行了修正[5]，2002 年，在对世界上现行的食品安全评价方法，尤其是国际公认的 CAC 的评价方法，WHO GEMS/Food（全球环境监测系统/食品污染监测和评估规划）及 JECFA（FAO、WHO 食品添加剂联合专家委员会）和 JMPR 对食品安全风险评估工作研究的基础之上，检验检疫食品安全管理的研究人员提出了结合残留监控和膳食暴露评估，以食品安全指数 IFS 计算食品中各种化学污染物对消费者的健康危害程度[6]。IFS 是表示食品安全状态的新方法，可有效的评价某种农药的安全性，进而评价食品中各种农药化学污染物对消费者健康的整体危害程度[7, 8]。从理论上分析，IFS_c 可指出食品中的污染物 C 对消费者健康是否存在危害及危害的程度[9]。其优点在于操作简单且结果容易被接受和理解，不需要大量的数据来对结果进行验证，使用默认的标准假设或者模型即可[10, 11]。

1）IFS_c 的计算

IFS_c 计算公式如下：

$$\mathrm{IFS_c} = \frac{\mathrm{EDI_c} \times f}{\mathrm{SI_c} \times \mathrm{bw}} \tag{12-1}$$

式中，c 为所研究的农药；EDI_c 为农药 c 的实际日摄入量估算值，等于 $\sum(R_i \times F_i \times E_i \times P_i)$（$i$ 为食品种类；R_i 为食品 i 中农药 c 的残留水平，mg/kg；F_i 为食品 i 的估计日消费量，g/（人・天）；E_i 为食品 i 的可食用部分因子；P_i 为食品 i 的加工处理因子）；SI_c 为安全摄入量，可采用每日允许摄入量 ADI；bw 为人平均体重，kg；f 为校正因子，如果安全摄入量采用 ADI，f 取 1。

$IFS_c \ll 1$，农药 c 对食品安全没有影响；$IFS_c \leqslant 1$，农药 c 对食品安全的影响可以接受；$IFS_c > 1$，农药 c 对食品安全的影响不可接受。

本次评价中：

$IFS_c \leqslant 0.1$，农药 c 对果蔬安全没有影响；

$0.1 < IFS_c \leqslant 1$，农药 c 对果蔬安全的影响可以接受；

$IFS_c > 1$，农药 c 对果蔬安全的影响不可接受。

本次评价中残留水平 R_i 取值为中国检验检疫科学研究院庞国芳院士课题组对石家庄市果蔬中的农药残留检测结果。估计日消费量 F_i 取值 0.38 kg/（人·天），E_i=1，P_i=1，f=1，SI_c 采用《食品安全国家标准　食品中农药最大残留限量》（GB 2763—2016）中 ADI 值（具体数值见表 12-3），人平均体重 bw 取值 60 kg。

表 12-3　石家庄市果蔬中残留农药 ADI 值

序号	农药	ADI	序号	农药	ADI	序号	农药	ADI
1	百菌清	0.02	23	腈菌唑	0.03	45	生物苄呋菊酯	0.03
2	吡丙醚	0.1	24	克百威	0.001	46	霜霉威	0.4
3	丙溴磷	0.03	25	喹禾灵	0.0009	47	水胺硫磷	0.003
4	虫螨腈	0.03	26	喹氧灵	0.2	48	特丁硫磷	0.0006
5	哒螨灵	0.01	27	乐果	0.002	49	肟菌酯	0.04
6	敌敌畏	0.004	28	联苯菊酯	0.01	50	戊唑醇	0.03
7	啶酰菌胺	0.04	29	联苯三唑醇	0.01	51	烯唑醇	0.005
8	毒死蜱	0.01	30	林丹	0.005	52	辛酰溴苯腈	0.015
9	多效唑	0.1	31	硫丹	0.006	53	乙霉威	0.004
10	噁霜灵	0.01	32	六六六	0.005	54	异丙威	0.002
11	二甲戊灵	0.03	33	螺螨酯	0.01	55	莠去津	0.02
12	粉唑醇	0.01	34	醚菌酯	0.4	56	仲丁威	0.06
13	氟吡菌酰胺	0.01	35	嘧菌环胺	0.03	57	唑虫酰胺	0.006
14	氟硅唑	0.007	36	嘧菌酯	0.2	58	除虫菊酯	—
15	氟乐灵	0.025	37	嘧霉胺	0.2	59	烯虫酯	—
16	腐霉利	0.1	38	嗪草酮	0.013	60	威杀灵	—
17	环酯草醚	0.0056	39	炔螨特	0.01	61	新燕灵	—
18	己唑醇	0.005	40	噻菌灵	0.1	62	双苯酰草胺	—
19	甲拌磷	0.0007	41	噻嗪酮	0.009	63	苯胺灵	—
20	甲萘威	0.008	42	三唑醇	0.03	64	乙嘧酚磺酸酯	—
21	甲氰菊酯	0.03	43	三唑磷	0.001	65	解草腈	—
22	甲霜灵	0.08	44	三唑酮	0.03	66	避蚊胺	—

续表

序号	农药	ADI	序号	农药	ADI	序号	农药	ADI
67	甲醚菊酯	—	74	棉铃威	—	81	氟丙菊酯	—
68	吡螨胺	—	75	异噁唑草酮	—	82	拌种胺	—
69	五氯苯甲腈	—	76	特草灵	—	83	猛杀威	—
70	3, 5-二氯苯胺	—	77	乙菌利	—	84	茵草敌	—
71	缬霉威	—	78	间羟基联苯	—	85	八氯苯乙烯	—
72	萘乙酰胺	—	79	二甲吩草胺	—	86	哌草磷	—
73	四氢吩胺	—	80	2, 6-二氯苯甲酰胺	—			

注：“—”表示国家标准中无 ADI 值规定；ADI 值单位为 mg/kg bw

2）计算 IFS_c 的平均值$\overline{IFS}$，判断农药对食品安全影响程度

以$\overline{IFS}$评价各种农药对人体健康危害的总程度，评价模型见公式（12-2）。

$$\overline{IFS}=\frac{\sum_{i=1}^{n} IFS_c}{n} \tag{12-2}$$

$\overline{IFS}\ll1$，所研究消费者人群的食品安全状态很好；$\overline{IFS}\leqslant1$，所研究消费者人群的食品安全状态可以接受；$\overline{IFS}>1$，所研究消费者人群的食品安全状态不可接受。

本次评价中：

$\overline{IFS}\leqslant0.1$，所研究消费者人群的果蔬安全状态很好；

$0.1<\overline{IFS}\leqslant1$，所研究消费者人群的果蔬安全状态可以接受；

$\overline{IFS}>1$，所研究消费者人群的果蔬安全状态不可接受。

12.1.2.2 预警风险评价模型

2003 年，我国检验检疫食品安全管理的研究人员根据 WTO 的有关原则和我国的具体规定，结合危害物本身的敏感性、风险程度及其相应的施检频率，首次提出了食品中危害物风险系数 R 的概念[12]。R 是衡量一个危害物的风险程度大小最直观的参数，即在一定时期内其超标率或阳性检出率的高低，但受其施检测率的高低及其本身的敏感性（受关注程度）影响。该模型综合考察了农药在蔬菜中的超标率、施检频率及其本身敏感性，能直观而全面地反映出农药在一段时间内的风险程度[13]。

1）R 计算方法

危害物的风险系数综合考虑了危害物的超标率或阳性检出率、施检频率和其本身的敏感性影响，并能直观而全面地反映出危害物在一段时间内的风险程度。风险系数 R 的计算公式如式（12-3）：

$$R=aP+\frac{b}{F}+S \tag{12-3}$$

式中，P 为该种危害物的超标率；F 为危害物的施检频率；S 为危害物的敏感因子；a，b

分别为相应的权重系数。

本次评价中 F=1；S=1；a=100；b=0.1，对参数 P 进行计算，计算时首先判断是否为禁药，如果为非禁药，P=超标的样品数（检测出的含量高于食品最大残留限量标准值，即 MRL）除以总样品数（包括超标、不超标、未检出）；如果为禁药，则检出即为超标，P=能检出的样品数除以总样品数。判断石家庄市果蔬农药残留是否超标的标准限值 MRL 分别以 MRL 中国国家标准[14]和 MRL 欧盟标准作为对照，具体值列于本报告附表一中。

2）判断风险程度

$R \leqslant 1.5$，受检农药处于低度风险；

$1.5 < R \leqslant 2.5$，受检农药处于中度风险；

$R > 2.5$，受检农药处于高度风险。

12.1.2.3　食品膳食暴露风险和预警风险评价应用程序的开发

1）应用程序开发的步骤

为成功开发膳食暴露风险和预警风险评价应用程序，与软件工程师多次沟通讨论，逐步提出并描述清楚计算需求，开发了初步应用程序。在软件应用过程中，根据风险评价拟得到结果的变化，计算需求发生变更，这些变化给软件工程师进行需求分析带来一定的困难，经过各种细节的沟通，需求分析得到明确后，开始进行解决方案的设计，在保证需求的完整性、一致性的前提下，编写代码，最后设计出风险评价专用计算软件。软件开发基本步骤见图 12-3。

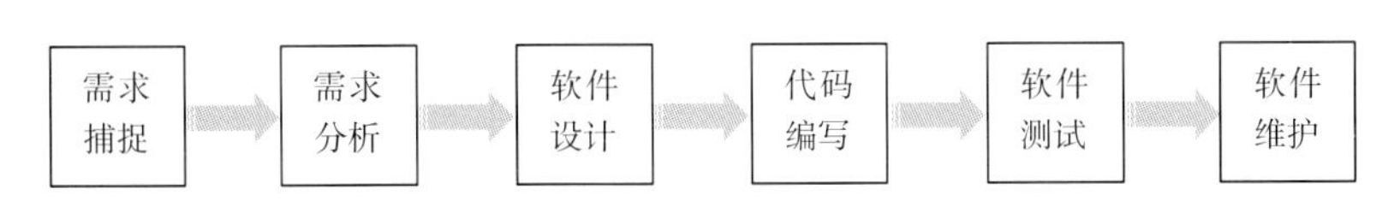

图 12-3　专用程序开发总体步骤

2）膳食暴露风险评价专业程序开发的基本要求

首先直接利用公式（12-1），分别计算 LC-Q-TOF/MS 和 GC-Q-TOF/MS 仪器检出的各果蔬样品中每种农药 IFS_c，将结果列出。为考察超标农药和禁用农药的使用安全性，分别以我国《食品安全国家标准　食品中农药最大残留限量》（GB 2763—2016）和欧盟食品中农药最大残留限量（以下简称 MRL 中国国家标准和 MRL 欧盟标准）为标准，对检出的禁药和超标的非禁药 IFS_c 单独进行评价；按 IFS_c 大小列表，并找出 IFS_c 值排名前 20 的样本重点关注。

对不同果蔬 i 中每一种检出的农药 c 的安全指数进行计算，多个样品时求平均值。若监测数据为该市多个月的数据，则逐月、逐季度分别列出每个月、每个季度内每一种果蔬 i 对应的每一种农药 c 的 IFS_c。

按农药种类，计算整个监测时间段内每种农药的 IFS_c，不区分果蔬。若检测数据为该市多个月的数据，则需分别计算每个月、每个季度内每种农药的 IFS_c。

3）预警风险评价专业程公式序开发的基本要求

分别以 MRL 中国国家标准和 MRL 欧盟标准，按（12-3）逐个计算不同果蔬、不同农药的风险系数，禁药和非禁药分别列表。

为清楚了解各种农药的预警风险，不分时间，不分果蔬，按禁用农药和非禁药分类，分别计算各种检出农药全部检测时段内风险系数。由于有 MRL 中国国家标准的农药种类太少，无法计算超标数，非禁药的风险系数只以 MRL 欧盟标准为标准进行计算。若检测数据为多个月的，则按月计算每个月、每个季度内每种禁用农药残留的风险系数和以 MRL 欧盟标准为标准的非禁药残留的风险系数。

4）风险程度评价专业应用程序的开发方法

采用 Python 计算机程序设计语言，Python 是一个高层次的结合了解释性、编译性、互动性和面向对象的脚本语言。风险评价专用程序主要功能包括：分别读入每例样品 LC-Q-TOF/MS 和 GC-Q-TOF/MS 农药残留检测数据，根据风险评价工作要求，依次对不同农药、不同食品、不同时间、不同采样点的 IFS_c 值和 R 值分别进行数据计算，筛选出禁用农药、超标农药（分别与 MRL 中国国家标准、MRL 欧盟标准限值进行对比）单独重点分析，再分别对各农药、各果蔬种类分类处理，设计出计算和排序程序，编写计算机代码，最后将生成的膳食暴露风险评价和超标风险评价定量计算结果列入设计好的各个表格中，并定性判断风险对目标的影响程度，直接用文字描述风险发生的高低，如“不可接受”“可以接受”“没有影响”“高度风险”“中度风险”“低度风险”。

12.2 石家庄市果蔬农药残留膳食暴露风险评估

12.2.1 果蔬样品中农药残留安全指数分析

基于 2015 年 5 月农药残留检测数据，发现在 333 例样品中检出农药 758 频次，计算样品中每种残留农药的安全指数 IFS_c，并分析农药对样品安全的影响程度，结果详见附表，农药残留对样品安全影响程度频次分布情况如图 12-4 所示。

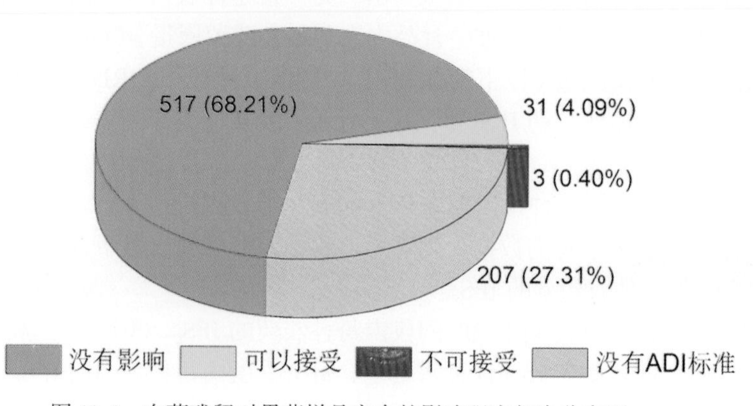

图 12-4 农药残留对果蔬样品安全的影响程度频次分布图

由图12-4可以看出，农药残留对样品安全的影响不可接受的频次为3，占0.40%；农药残留对样品安全的影响可以接受的频次为31，占4.09%；农药残留对样品安全的没有影响的频次为517，占68.21%。残留农药对安全影响不可接受的样品如表12-4所示。

表12-4 对果蔬样品安全影响不可接受的残留农药安全指数表

序号	年月	样品编号	采样点	基质	农药	含量（mg/kg）	IFS_c
1	2015年5月	20150512-130100-CAIQ-YM-08A	***超市（益友店）	油麦菜	甲拌磷	0.254	2.2981
2	2015年5月	20150512-130100-CAIQ-KG-05A	***超市（中山店）	苦瓜	甲拌磷	0.185	1.6738
3	2015年5月	20150512-130100-CAIQ-YM-05A	***超市（中山店）	油麦菜	甲拌磷	0.1216	1.1002

此次检测，发现部分样品检出禁用农药，为了明确残留的禁用农药对样品安全的影响，分析检出禁药残留的样品安全指数，结果如图12-5所示，检出禁用农药7种86频次，其中农药残留对样品安全的影响不可接受的频次为3，占3.49%；农药残留对样品安全的影响可以接受的频次为21，占24.42%；农药残留对样品安全没有影响的频次为62，占72.09%。表12-5为对果蔬样品安全影响不可接受的残留禁用农药安全指数表。

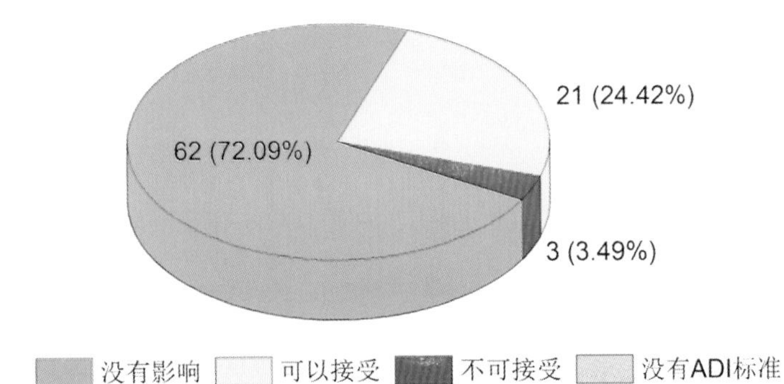

图12-5 禁用农药残留对果蔬样品安全的影响程度频次分布图

表12-5 对果蔬样品安全影响不可接受的残留禁用农药安全指数表

序号	样品编号	采样点	基质	农药	含量(mg/kg)	IFS_c
1	20150512-130100-CAIQ-YM-08A	***超市（益友店）	油麦菜	甲拌磷	0.2540	2.2981
2	20150512-130100-CAIQ-KG-05A	***超市（中山店）	苦瓜	甲拌磷	0.1850	1.6738
3	20150512-130100-CAIQ-YM-05A	***超市（中山店）	油麦菜	甲拌磷	0.1216	1.1002

此外，本次检测发现部分样品中非禁用农药残留量超过MRL中国国家标准和欧盟标准，为了明确超标的非禁药对样品安全的影响，分析非禁药残留超标的样品安全指数。

由图12-6可以看出检出超过MRL欧盟标准的非禁用农药共167频次，其中农药残留对样品安全的影响可以接受的频次为8，占4.79%；农药残留对样品安全没有影响的频次为53，占31.74%。果蔬样品中安全指数排名前十的残留超标非禁用农药如表12-6所示。

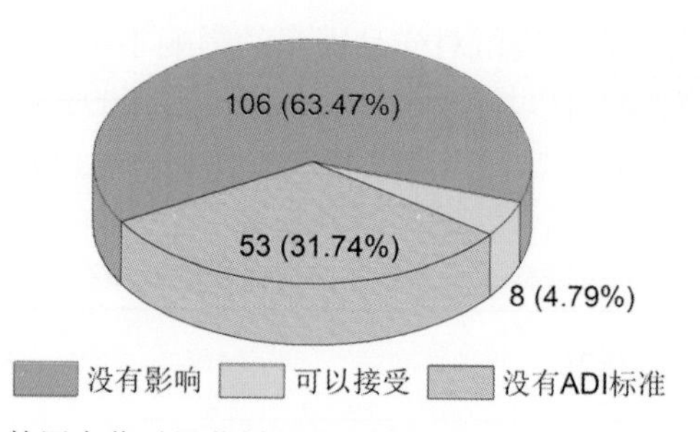

图 12-6　残留超标的非禁用农药对果蔬样品安全的影响程度频次分布图（MRL 欧盟标准）

表 12-6　果蔬样品中安全指数排名前十的残留超标非禁用农药列表（MRL 欧盟标准）

序号	样品编号	采样点	基质	农药	含量（mg/kg）	欧盟标准	超标倍数	IFS_c	影响程度
1	20150512-130100-CAIQ-EP-04A	***超市（柏林店）	茄子	三唑磷	0.127	0.01	11.70	0.8043	可以接受
2	20150512-130100-CAIQ-KJ-07A	***超市（财富大厦店）	苦苣	噻嗪酮	1.0522	0.5	1.10	0.7404	可以接受
3	20150512-130100-CAIQ-TH-04A	***超市（柏林店）	茼蒿	三唑磷	0.08	0.01	7.00	0.5067	可以接受
4	20150512-130100-CAIQ-LE-05A	***超市（中山店）	生菜	哒螨灵	0.3436	0.05	5.87	0.2176	可以接受
5	20150512-130100-CAIQ-HU-08A	***超市（益友店）	胡萝卜	三唑醇	0.8428	0.01	83.28	0.1779	可以接受
6	20150512-130100-CAIQ-CT-06A	***超市（乐汇城店）	菜薹	联苯菊酯	0.2093	0.2	0.05	0.1326	可以接受
7	20150512-130100-CAIQ-CU-01A	***超市（中华北店）	黄瓜	敌敌畏	0.0742	0.01	6.42	0.1175	可以接受
8	20150512-130100-CAIQ-YM-01A	***超市（中华北店）	油麦菜	三唑磷	0.0178	0.01	0.78	0.1127	可以接受
9	20150512-130100-CAIQ-PB-09A	***超市（紫光都店）	小白菜	哒螨灵	0.1457	0.05	1.91	0.0923	没有影响
10	20150512-130100-CAIQ-CT-08A	***超市（益友店）	菜薹	虫螨腈	0.3884	0.01	37.84	0.082	没有影响

在 333 例样品中，69 例样品未检测出农药残留，264 例样品中检测出农药残留，计算每例有农药检出的样品的$\overline{IFS}$值，进而分析样品的安全状态结果如图 12-7 所示（未检出农药的样品安全状态视为很好）。可以看出，3.6%的样品安全状态可以接受，83.48%的样品安全状态很好。$\overline{IFS}$值排名前十的果蔬样品如列表 12-7 所示。

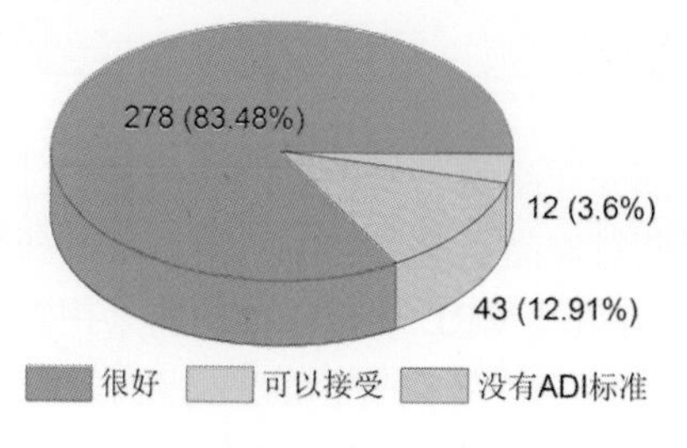

图 12-7　果蔬样品安全状态分布图

表 12-7　$\overline{\text{IFS}}$值排名前十的果蔬样品列表

序号	样品编号	采样点	基质	$\overline{\text{IFS}}$	安全状态
1	20150512-130100-CAIQ-YM-08A	***超市（益友店）	油麦菜	0.7766	可以接受
2	20150512-130100-CAIQ-KG-05A	***超市（中山店）	苦瓜	0.4207	可以接受
3	20150512-130100-CAIQ-KJ-07A	***超市（财富大厦店）	苦苣	0.3711	可以接受
4	20150512-130100-CAIQ-EP-04A	***超市（柏林店）	茄子	0.2812	可以接受
5	20150512-130100-CAIQ-YM-05A	***超市（中山店）	油麦菜	0.2803	可以接受
6	20150512-130100-CAIQ-LE-05A	***超市（中山店）	生菜	0.2176	可以接受
7	20150512-130100-CAIQ-TH-04A	***超市（柏林店）	茼蒿	0.1288	可以接受
8	20150512-130100-CAIQ-CE-04A	***超市（柏林店）	芹菜	0.1213	可以接受
9	20150512-130100-CAIQ-PH-05A	***超市（中山店）	桃	0.1139	可以接受
10	20150512-130100-CAIQ-PH-07A	***超市（财富大厦店）	桃	0.1122	可以接受

12.2.2　单种果蔬中农药残留安全指数分析

本次检测的果蔬共计 46 种，43 种果蔬中均有农药残留，共检测出 86 种残留农药，其中 57 种农药存在 ADI 标准。计算每种果蔬中农药的 IFS_c 值，结果如图 12-8 所示。

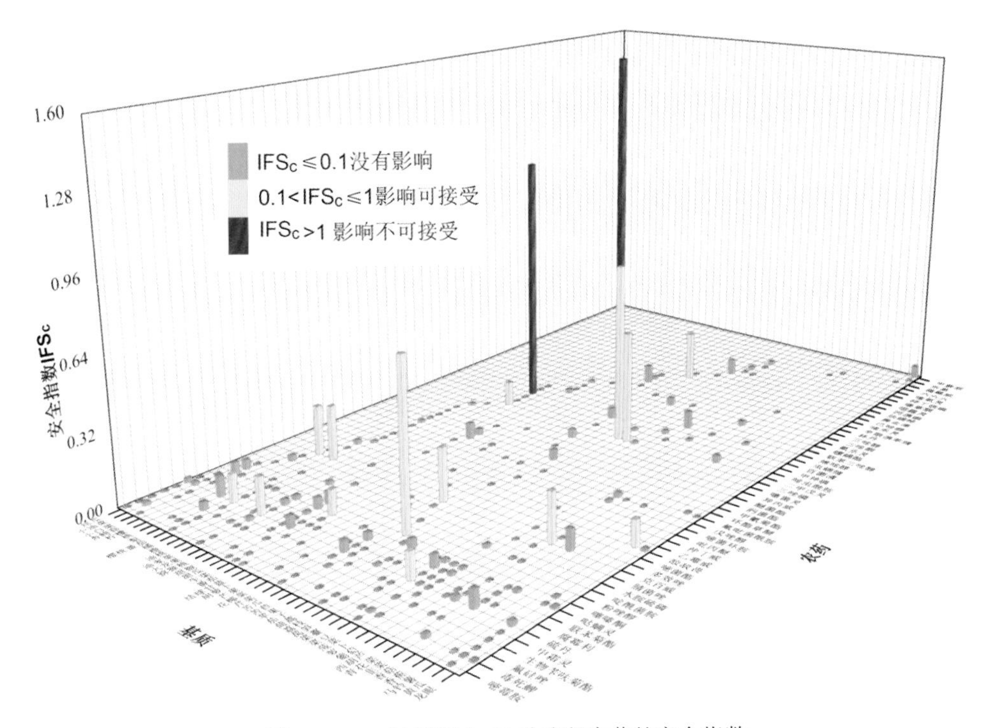

图 12-8　43 种果蔬中 57 种残留农药的安全指数

分析发现 2 种果蔬中 1 种农药的残留对食品安全影响不可接受，如表 12-8 所示。

表 12-8　对单种果蔬安全影响不可接受的残留农药安全指数列表

序号	基质	农药	检出频次	检出率	IFS>1 的频次	IFS>1 的比例	IFS_c
1	油麦菜	甲拌磷	3	33.33%	2	22.22%	1.1388
2	苦瓜	甲拌磷	1	14.29%	1	14.29%	1.6738

本次检测中，46 种果蔬和 86 种残留农药（包括没有 ADI）共涉及 348 个分析样本，农药对果蔬安全的影响程度分布情况如图 12-9 所示。

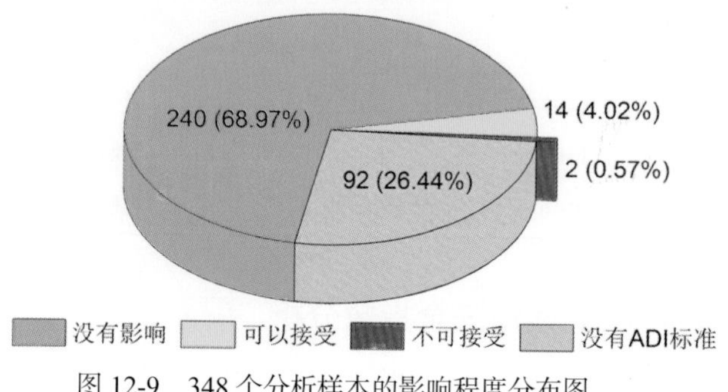

图 12-9　348 个分析样本的影响程度分布图

此外，分别计算 43 种果蔬中所有检出农药 IFS_c 的平均值$\overline{IFS}$，分析每种果蔬的安全状态，结果如图 12-10 所示，分析发现，3 种果蔬（6.98%）的安全状态可接受，40 种（93.02%）果蔬的安全状态很好。

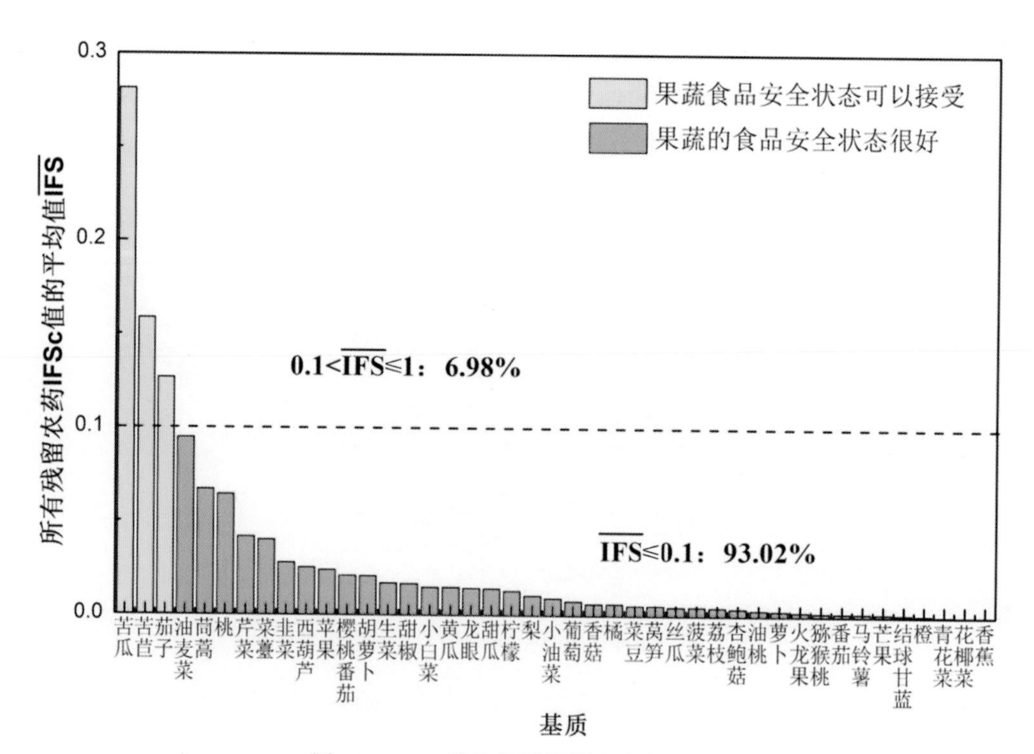

图 12-10　43 种果蔬的$\overline{IFS}$值和安全状态

为了分析不同月内农药残留对单种果蔬安全的影响，对每个月内单种果蔬中的农药的 IFS_c 值进行分析。每个月份内检测的果蔬种数和检出农药种数以及涉及的分析样本数如表 12-9 所示。

表 12-9　各月份内果蔬种数、检出农药种数和分析样本数

分析指标	2015 年 5 月
果蔬种数	46
农药种数	86
样本数	348

每个月内，农药残留对果蔬安全影响不可接受的样本 IFS_c 如表 12-10 所示。

表 12-10　各月份内对单种果蔬安全影响不可接受的残留农药安全指数表

序号	年月	基质	农药	IFS_c
1	2015 年 5 月	油麦菜	甲拌磷	1.1388
2	2015 年 5 月	苦瓜	甲拌磷	1.6738

12.2.3　所有果蔬中农药残留安全指数分析

计算所有果蔬中 57 种残留农药的 IFS_c 值，结果如图 12-11 及表 12-11 所示。

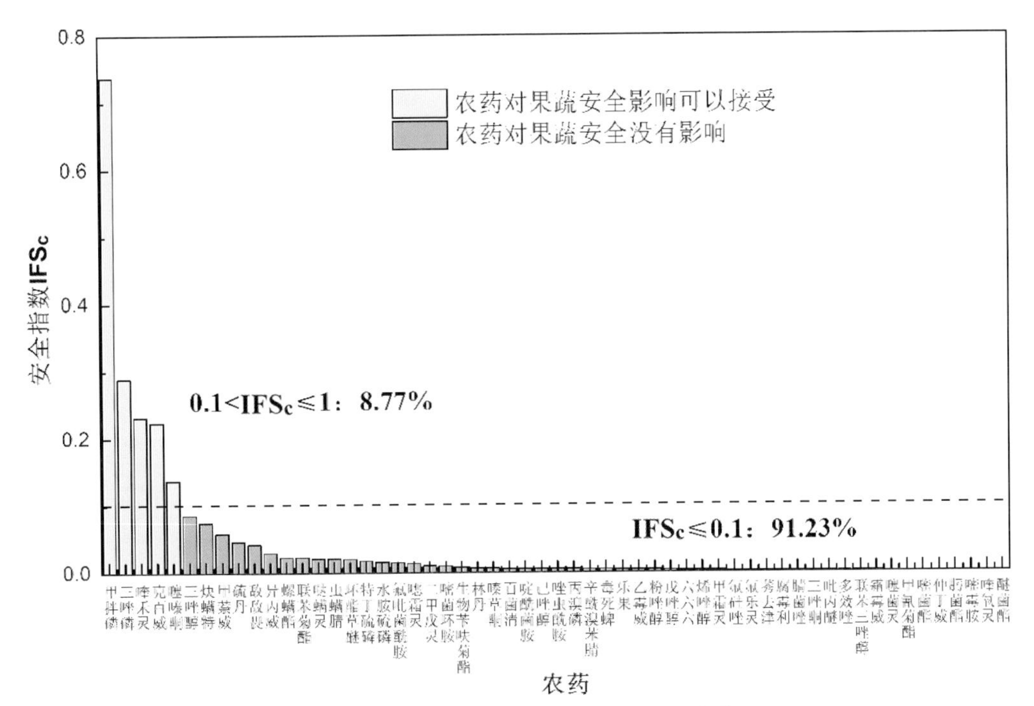

图 12-11　果蔬中 57 种残留农药的安全指数

分析发现，所有农药对果蔬的影响均在没有影响和可接受的范围内，其中 8.77%的农药对果蔬安全的影响可以接受，91.23%的农药对果蔬安全没有影响。

表 12-11　果蔬中 757 种残留农药的安全指数表

序号	农药	检出频次	检出率	IFS_c	影响程度	序号	农药	检出频次	检出率	IFS_c	影响程度
1	甲拌磷	7	2.10%	0.7376	可以接受	30	丙溴磷	3	0.90%	0.0049	没有影响
2	三唑磷	5	1.50%	0.2889	可以接受	31	辛酰溴苯腈	1	0.30%	0.0046	没有影响
3	喹禾灵	1	0.30%	0.2315	可以接受	32	毒死蜱	39	11.71%	0.0045	没有影响
4	克百威	14	4.20%	0.224	可以接受	33	乐果	1	0.30%	0.0041	没有影响
5	噻嗪酮	7	2.10%	0.1371	可以接受	34	乙霉威	7	2.10%	0.004	没有影响
6	三唑醇	4	1.20%	0.086	没有影响	35	粉唑醇	1	0.30%	0.004	没有影响
7	炔螨特	1	0.30%	0.0741	没有影响	36	戊唑醇	17	5.11%	0.0035	没有影响
8	甲萘威	1	0.30%	0.0579	没有影响	37	六六六	2	0.60%	0.0027	没有影响
9	硫丹	56	16.82%	0.0467	没有影响	38	烯唑醇	1	0.30%	0.0025	没有影响
10	敌敌畏	4	1.20%	0.0423	没有影响	39	甲霜灵	22	6.61%	0.0025	没有影响
11	异丙威	3	0.90%	0.0297	没有影响	40	氟硅唑	4	1.20%	0.002	没有影响
12	螺螨酯	5	1.50%	0.0233	没有影响	41	氟乐灵	7	2.10%	0.0019	没有影响
13	联苯菊酯	21	6.31%	0.0229	没有影响	42	莠去津	3	0.90%	0.0016	没有影响
14	哒螨灵	39	11.71%	0.0214	没有影响	43	腐霉利	74	22.22%	0.0015	没有影响
15	虫螨腈	8	2.40%	0.0207	没有影响	44	腈菌唑	9	2.70%	0.0014	没有影响
16	环酯草醚	7	2.10%	0.0204	没有影响	45	三唑酮	1	0.30%	0.0011	没有影响
17	特丁硫磷	1	0.30%	0.0179	没有影响	46	吡丙醚	7	2.10%	0.0011	没有影响
18	水胺硫磷	4	1.20%	0.0159	没有影响	47	多效唑	8	2.40%	0.0011	没有影响
19	氟吡菌酰胺	13	3.90%	0.015	没有影响	48	联苯三唑醇	1	0.30%	0.001	没有影响
20	噁霜灵	1	0.30%	0.0137	没有影响	49	霜霉威	3	0.90%	0.0009	没有影响
21	二甲戊灵	4	1.20%	0.01	没有影响	50	噻菌灵	1	0.30%	0.0008	没有影响
22	嘧菌环胺	6	1.80%	0.0097	没有影响	51	甲氰菊酯	1	0.30%	0.0008	没有影响
23	生物苄呋菊酯	56	16.82%	0.0079	没有影响	52	嘧菌酯	4	1.20%	0.0007	没有影响
24	林丹	2	0.60%	0.0068	没有影响	53	仲丁威	6	1.80%	0.0005	没有影响
25	嗪草酮	3	0.90%	0.006	没有影响	54	肟菌酯	6	1.80%	0.0004	没有影响
26	百菌清	2	0.60%	0.0057	没有影响	55	嘧霉胺	24	7.21%	0.0003	没有影响
27	啶酰菌胺	12	3.60%	0.0056	没有影响	56	喹氧灵	4	1.20%	0.0001	没有影响
28	己唑醇	2	0.60%	0.0054	没有影响	57	醚菌酯	2	0.60%	0	没有影响
29	唑虫酰胺	3	0.90%	0.0051	没有影响						

12.3　石家庄市果蔬农药残留预警风险评估

基于石家庄市果蔬中农药残留 GC-Q-TOF/MS 侦测数据，参照中华人民共和国国家标准 GB 2763—2016 和欧盟农药最大残留限量（MRL）标准分析农药残留的超标情况，并计算农药残留风险系数。分析每种果蔬中农药残留的风险程度。

12.3.1　单种果蔬中农药残留风险系数分析

12.3.1.1　单种果蔬中禁用农药残留风险系数分析

检出的 86 种残留农药中有 7 种为禁用农药，在 24 种果蔬中检测出禁药残留，计算单种果蔬中禁药的检出率，根据检出率计算风险系数 R，进而分析单种果蔬中每种禁药残留的风险程度，结果如图 12-12 和表 12-12 所示。本次分析涉及样本 35 个，可以看出 35 个样本中禁药残留均处于高度风险。

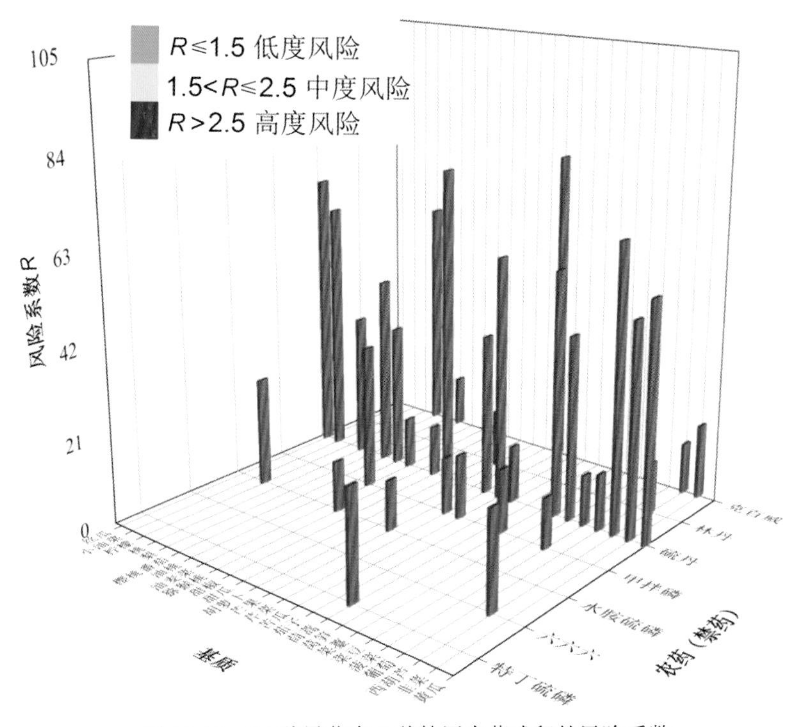

图 12-12　24 种果蔬中 7 种禁用农药残留的风险系数

表 12-12　24 种果蔬中 7 种禁用农药残留的风险系数表

序号	基质	农药	检出频次	检出率	风险系数 R	风险程度
1	芹菜	克百威	6	75.00%	76.1	高度风险
2	甜瓜	硫丹	6	75.00%	76.1	高度风险

续表

序号	基质	农药	检出频次	检出率	风险系数 R	风险程度
3	丝瓜	硫丹	6	66.67%	67.8	高度风险
4	西葫芦	硫丹	6	66.67%	67.8	高度风险
5	小油菜	硫丹	3	60.00%	61.1	高度风险
6	菜薹	硫丹	4	57.14%	58.2	高度风险
7	苦瓜	硫丹	4	57.14%	58.2	高度风险
8	桃	克百威	5	55.56%	56.7	高度风险
9	黄瓜	硫丹	5	55.56%	56.7	高度风险
10	韭菜	硫丹	3	50.00%	51.1	高度风险
11	樱桃番茄	硫丹	4	44.44%	45.5	高度风险
12	菜豆	硫丹	3	42.86%	44.0	高度风险
13	芹菜	硫丹	3	37.50%	38.6	高度风险
14	油麦菜	甲拌磷	3	33.33%	34.4	高度风险
15	桃	硫丹	3	33.33%	34.4	高度风险
16	油桃	硫丹	1	33.33%	34.4	高度风险
17	柠檬	水胺硫磷	2	25.00%	26.1	高度风险
18	茼蒿	特丁硫磷	1	25.00%	26.1	高度风险
19	西葫芦	六六六	2	22.22%	23.3	高度风险
20	韭菜	克百威	1	16.67%	17.8	高度风险
21	苦瓜	甲拌磷	1	14.29%	15.4	高度风险
22	莴笋	甲拌磷	1	14.29%	15.4	高度风险
23	芹菜	甲拌磷	1	12.50%	13.6	高度风险
24	胡萝卜	林丹	1	12.50%	13.6	高度风险
25	葡萄	硫丹	1	12.50%	13.6	高度风险
26	茄子	硫丹	1	12.50%	13.6	高度风险
27	菠菜	甲拌磷	1	11.11%	12.2	高度风险
28	西葫芦	克百威	1	11.11%	12.2	高度风险
29	樱桃番茄	克百威	1	11.11%	12.2	高度风险
30	西葫芦	林丹	1	11.11%	12.2	高度风险
31	菠菜	硫丹	1	11.11%	12.2	高度风险
32	甜椒	硫丹	1	11.11%	12.2	高度风险
33	油麦菜	硫丹	1	11.11%	12.2	高度风险
34	芒果	水胺硫磷	1	11.11%	12.2	高度风险
35	猕猴桃	水胺硫磷	1	11.11%	12.2	高度风险

12.3.1.2 基于 MRL 中国国家标准的单种果蔬中非禁用农药残留风险系数分析

参照中华人民共和国国家标准 GB2763—2016 中农药残留限量计算每种果蔬中每种非禁用农药的超标率进而计算其风险系数，根据风险系数大小判断残留农药的预警风险程度，果蔬中非禁用农药残留风险程度分布情况如图 12-13 所示。

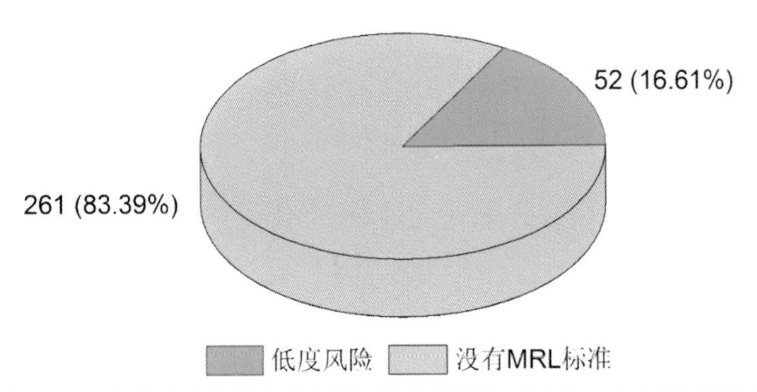

图 12-13 果蔬中非禁用农药残留风险的程度分布图（MRL 中国国家标准）

本次分析中，发现在 43 种果蔬中检出 79 种残留非禁用农药，涉及样本 313 个，在 313 个样本中，16.61%处于低度风险，没有高度风险和中度风险的样本，此外发现有 261 个样本没有 MRL 中国国家标准值，无法判断其风险程度，有 MRL 中国国家标准值的 52 个样本涉及 21 种果蔬中的 22 种非禁用农药，其风险系数 R 值如图 12-14 所示。

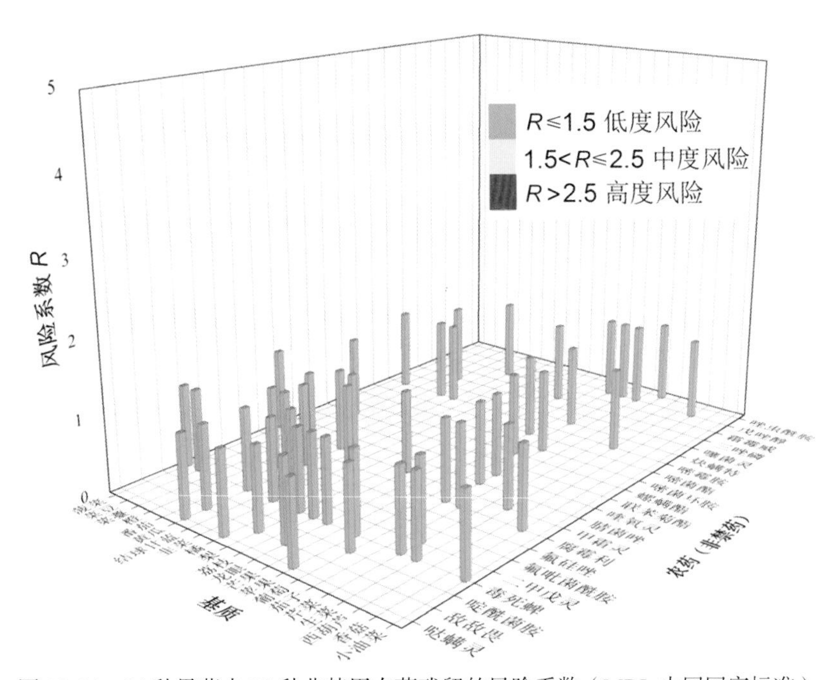

图 12-14 21 种果蔬中 22 种非禁用农药残留的风险系数（MRL 中国国家标准）

12.3.1.3 基于 MRL 欧盟标准的单种果蔬中非禁用农药残留的风险系数分析

参照MRL欧盟标准计算每种果蔬中每种非禁用农药的超标率进而计算其风险系数，根据风险系数大小判断残留农药的预警风险程度，果蔬中非禁用农药残留风险程度分布情况如图 12-15 所示。

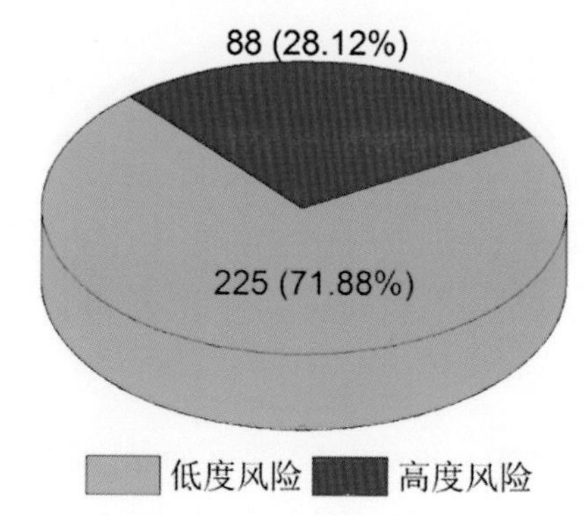

图 12-15 果蔬中非禁用农药残留的风险程度分布图（MRL 欧盟标准）

本次分析中，发现在 43 种果蔬中检出 79 种残留非禁用农药，涉及样本 313 个，在 313 个样本中，28.12%处于高度风险，涉及 33 种果蔬中的 39 种农药，71.88%处于低度风险，涉及 43 种果蔬中的 59 种农药。所有果蔬中的每种非禁用农药的风险系数 R 值如图 12-16 所示。农药残留处于高度风险的果蔬风险系数如图 12-17 和表 12-13 所示。

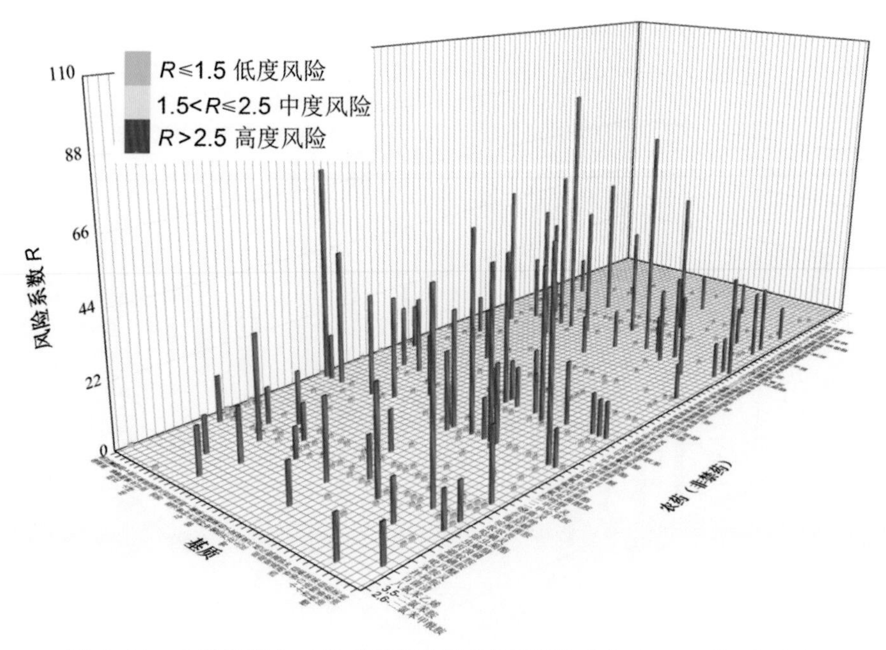

图 12-16 43 种果蔬中 79 种非禁用农药残留的风险系数（MRL 欧盟标准）

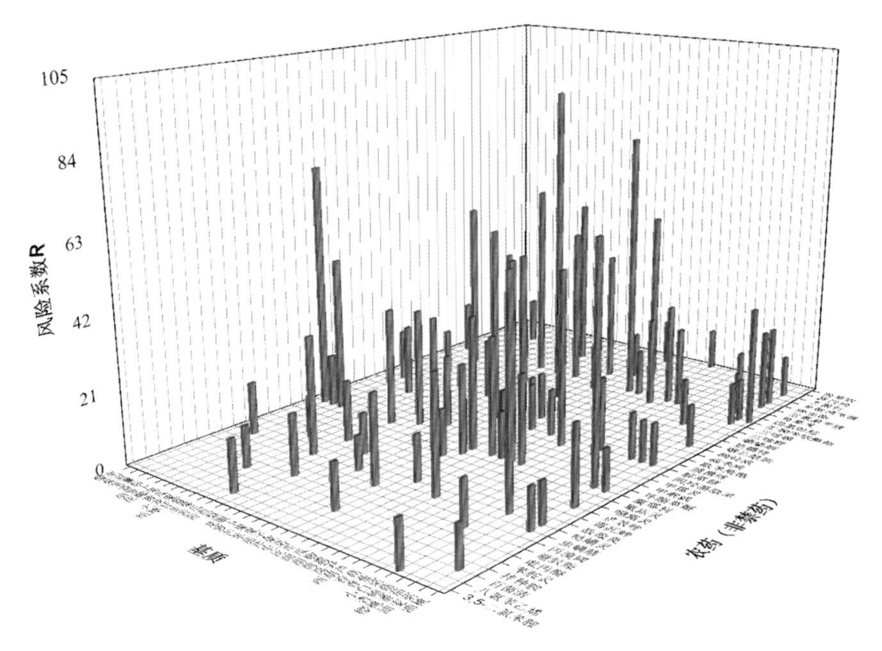

图 12-17 单种果蔬中处于高度风险的非禁用农药残留的风险系数（MRL 欧盟标准）

表 12-13 单种果蔬中处于高度风险的非禁用农药残留的风险系数表（MRL 欧盟标准）

序号	基质	农药	超标频次	超标率 P	风险系数 R
1	梨	生物苄呋菊酯	8	88.89%	90.0
2	丝瓜	生物苄呋菊酯	7	77.78%	78.9
3	菜豆	腐霉利	5	71.43%	72.5
4	樱桃番茄	腐霉利	6	66.67%	67.8
5	小白菜	哒螨灵	5	62.50%	63.6
6	苦瓜	生物苄呋菊酯	4	57.14%	58.2
7	甜椒	腐霉利	5	55.56%	56.7
8	芒果	解草腈	5	55.56%	56.7
9	茼蒿	间羟基联苯	2	50.00%	51.1
10	芹菜	解草腈	4	50.00%	51.1
11	胡萝卜	三唑醇	4	50.00%	51.1
12	苦苣	烯虫酯	3	50.00%	51.1
13	生菜	烯虫酯	4	50.00%	51.1
14	萝卜	生物苄呋菊酯	5	45.45%	46.6
15	番茄	腐霉利	4	44.44%	45.5
16	芹菜	腐霉利	3	37.50%	38.6
17	苹果	特草灵	3	37.50%	38.6
18	韭菜	虫螨腈	2	33.33%	34.4

续表

序号	基质	农药	超标频次	超标率 P	风险系数 R
19	甜椒	虫螨腈	3	33.33%	34.4
20	韭菜	腐霉利	2	33.33%	34.4
21	丝瓜	腐霉利	3	33.33%	34.4
22	苦苣	环酯草醚	2	33.33%	34.4
23	油桃	生物苄呋菊酯	1	33.33%	34.4
24	菠菜	烯虫酯	3	33.33%	34.4
25	莴笋	生物苄呋菊酯	2	28.57%	29.7
26	菜薹	烯虫酯	2	28.57%	29.7
27	茄子	丙溴磷	2	25.00%	26.1
28	芹菜	氟乐灵	2	25.00%	26.1
29	茼蒿	腐霉利	1	25.00%	26.1
30	结球甘蓝	解草腈	2	25.00%	26.1
31	茼蒿	三唑磷	1	25.00%	26.1
32	油麦菜	多效唑	2	22.22%	23.3
33	黄瓜	生物苄呋菊酯	2	22.22%	23.3
34	西葫芦	生物苄呋菊酯	2	22.22%	23.3
35	油麦菜	五氯苯甲腈	2	22.22%	23.3
36	油麦菜	烯虫酯	2	22.22%	23.3
37	龙眼	甲萘威	1	20.00%	21.1
38	花椰菜	解草腈	1	20.00%	21.1
39	香菇	解草腈	1	20.00%	21.1
40	苦苣	吡丙醚	1	16.67%	17.8
41	韭菜	毒死蜱	1	16.67%	17.8
42	苦苣	猛杀威	1	16.67%	17.8
43	苦苣	噻嗪酮	1	16.67%	17.8
44	苦瓜	八氯苯乙烯	1	14.29%	15.4
45	菜薹	虫螨腈	1	14.29%	15.4
46	菜薹	腐霉利	1	14.29%	15.4
47	菜薹	联苯菊酯	1	14.29%	15.4
48	菜豆	生物苄呋菊酯	1	14.29%	15.4
49	小白菜	3，5-二氯苯胺	1	12.50%	13.6
50	芹菜	拌种胺	1	12.50%	13.6
51	香蕉	避蚊胺	1	12.50%	13.6
52	生菜	哒螨灵	1	12.50%	13.6

续表

序号	基质	农药	超标频次	超标率 P	风险系数 R
53	茄子	噁霜灵	1	12.50%	13.6
54	茄子	腐霉利	1	12.50%	13.6
55	甜瓜	腐霉利	1	12.50%	13.6
56	芹菜	甲霜灵	1	12.50%	13.6
57	生菜	解草腈	1	12.50%	13.6
58	甜瓜	解草腈	1	12.50%	13.6
59	杏鲍菇	解草腈	1	12.50%	13.6
60	芹菜	腈菌唑	1	12.50%	13.6
61	芹菜	联苯菊酯	1	12.50%	13.6
62	胡萝卜	萘乙酰胺	1	12.50%	13.6
63	苹果	炔螨特	1	12.50%	13.6
64	小白菜	噻嗪酮	1	12.50%	13.6
65	茄子	三唑磷	1	12.50%	13.6
66	甜瓜	生物苄呋菊酯	1	12.50%	13.6
67	芹菜	五氯苯甲腈	1	12.50%	13.6
68	小白菜	烯虫酯	1	12.50%	13.6
69	胡萝卜	辛酰溴苯腈	1	12.50%	13.6
70	芹菜	异丙威	1	12.50%	13.6
71	油麦菜	百菌清	1	11.11%	12.2
72	火龙果	苯胺灵	1	11.11%	12.2
73	油麦菜	虫螨腈	1	11.11%	12.2
74	油麦菜	哒螨灵	1	11.11%	12.2
75	黄瓜	敌敌畏	1	11.11%	12.2
76	梨	敌敌畏	1	11.11%	12.2
77	油麦菜	腐霉利	1	11.11%	12.2
78	甜椒	环酯草醚	1	11.11%	12.2
79	樱桃番茄	解草腈	1	11.11%	12.2
80	油麦菜	解草腈	1	11.11%	12.2
81	油麦菜	棉铃威	1	11.11%	12.2
82	油麦菜	三唑磷	1	11.11%	12.2
83	油麦菜	生物苄呋菊酯	1	11.11%	12.2
84	火龙果	四氢吩胺	1	11.11%	12.2
85	樱桃番茄	四氢吩胺	1	11.11%	12.2
86	油麦菜	乙菌利	1	11.11%	12.2
87	甜椒	茵草敌	1	11.11%	12.2
88	萝卜	虫螨腈	1	9.09%	10.2

12.3.2 所有果蔬中农药残留风险系数分析

12.3.2.1 所有果蔬中禁用农药残留风险系数分析

在检出的 86 种农药中有 7 种禁用农药，计算每种禁用农药残留的风险系数，结果如表 12-14 所示，在 7 种禁用农药中，3 种农药残留处于高度风险，3 种农药残留处于中度风险，1 种农药残留处于低度风险。

表 12-14　果蔬中 7 种禁用农药残留的风险系数表

序号	农药	检出频次	检出率	风险系数 *R*	风险程度
1	特丁硫磷	1	0.30%	1.4	高度风险
2	六六六	2	0.60%	1.7	高度风险
3	林丹	2	0.60%	1.7	高度风险
4	水胺硫磷	4	1.20%	2.3	中度风险
5	甲拌磷	7	2.10%	3.2	中度风险
6	克百威	14	4.20%	5.3	中度风险
7	硫丹	56	16.82%	17.9	低度风险

12.3.2.2 所有果蔬中非禁用农药残留风险系数分析

参照欧盟农药残留限量标准计算所有果蔬中每种农药残留的风险系数，结果如图 12-18 和表 12-15 所示。在检出的 79 种非禁用农药中，6 种农药（7.59%）残留处于高度风险，13 种农药（16.46%）残留处于中度风险，60 种农药（75.95%）残留处于低度风险。

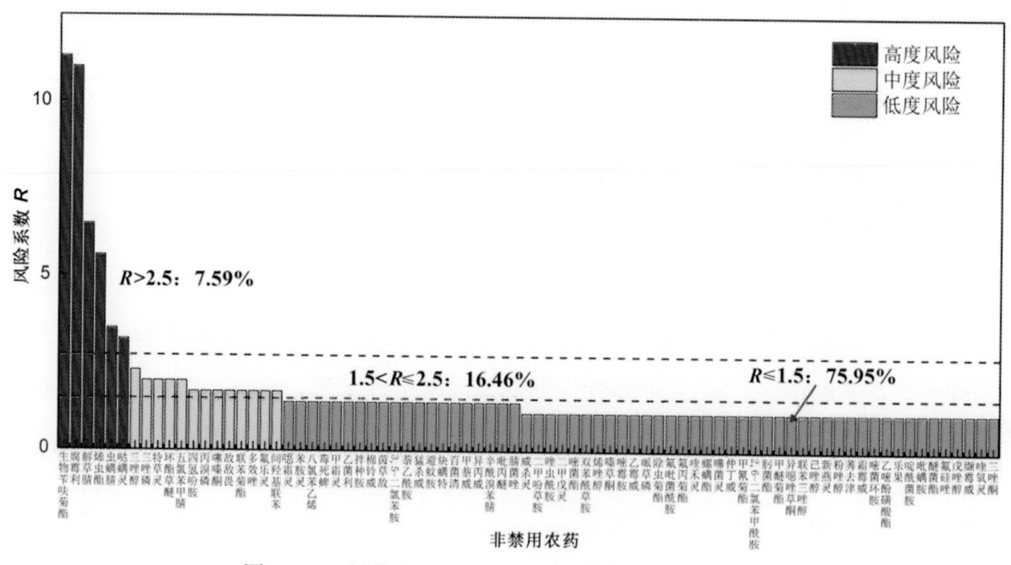

图 12-18　果蔬中 79 种非禁用农药残留的风险系数

表12-15 果蔬中79种非禁用农药残留的风险系数表

序号	农药	超标频次	超标率 P	风险系数 R	风险程度
1	生物苄呋菊酯	34	10.21%	11.3	高度风险
2	腐霉利	33	9.91%	11.0	高度风险
3	解草腈	18	5.41%	6.5	高度风险
4	烯虫酯	15	4.50%	5.6	高度风险
5	虫螨腈	8	2.40%	3.5	高度风险
6	哒螨灵	7	2.10%	3.2	高度风险
7	三唑醇	4	1.20%	2.3	中度风险
8	三唑磷	3	0.90%	2.0	中度风险
9	特草灵	3	0.90%	2.0	中度风险
10	环酯草醚	3	0.90%	2.0	中度风险
11	五氯苯甲腈	3	0.90%	2.0	中度风险
12	四氢吩胺	2	0.60%	1.7	中度风险
13	丙溴磷	2	0.60%	1.7	中度风险
14	噻嗪酮	2	0.60%	1.7	中度风险
15	敌敌畏	2	0.60%	1.7	中度风险
16	联苯菊酯	2	0.60%	1.7	中度风险
17	多效唑	2	0.60%	1.7	中度风险
18	氟乐灵	2	0.60%	1.7	中度风险
19	间羟基联苯	2	0.60%	1.7	中度风险
20	噁霜灵	1	0.30%	1.4	低度风险
21	苯胺灵	1	0.30%	1.4	低度风险
22	八氯苯乙烯	1	0.30%	1.4	低度风险
23	毒死蜱	1	0.30%	1.4	低度风险
24	甲霜灵	1	0.30%	1.4	低度风险
25	乙菌利	1	0.30%	1.4	低度风险
26	拌种胺	1	0.30%	1.4	低度风险
27	棉铃威	1	0.30%	1.4	低度风险
28	茵草敌	1	0.30%	1.4	低度风险
29	3，5-二氯苯胺	1	0.30%	1.4	低度风险
30	萘乙酰胺	1	0.30%	1.4	低度风险
31	猛杀威	1	0.30%	1.4	低度风险
32	避蚊胺	1	0.30%	1.4	低度风险
33	炔螨特	1	0.30%	1.4	低度风险
34	百菌清	1	0.30%	1.4	低度风险

续表

序号	农药	超标频次	超标率 P	风险系数 R	风险程度
35	甲萘威	1	0.30%	1.4	低度风险
36	异丙威	1	0.30%	1.4	低度风险
37	辛酰溴苯腈	1	0.30%	1.4	低度风险
38	吡丙醚	1	0.30%	1.4	低度风险
39	腈菌唑	1	0.30%	1.4	低度风险
40	威杀灵	0	0	1.1	低度风险
41	二甲吩草胺	0	0	1.1	低度风险
42	唑虫酰胺	0	0	1.1	低度风险
43	二甲戊灵	0	0	1.1	低度风险
44	嘧菌酯	0	0	1.1	低度风险
45	双苯酰草胺	0	0	1.1	低度风险
46	烯唑醇	0	0	1.1	低度风险
47	嗪草酮	0	0	1.1	低度风险
48	嘧霉胺	0	0	1.1	低度风险
49	乙霉威	0	0	1.1	低度风险
50	哌草磷	0	0	1.1	低度风险
51	除虫菊酯	0	0	1.1	低度风险
52	氟吡菌酰胺	0	0	1.1	低度风险
53	氟丙菊酯	0	0	1.1	低度风险
54	喹禾灵	0	0	1.1	低度风险
55	螺螨酯	0	0	1.1	低度风险
56	噻菌灵	0	0	1.1	低度风险
57	仲丁威	0	0	1.1	低度风险
58	甲氰菊酯	0	0	1.1	低度风险
59	2,6-二氯苯甲酰胺	0	0	1.1	低度风险
60	肟菌酯	0	0	1.1	低度风险
61	甲醚菊酯	0	0	1.1	低度风险
62	异噁唑草酮	0	0	1.1	低度风险
63	联苯三唑醇	0	0	1.1	低度风险
64	己唑醇	0	0	1.1	低度风险
65	新燕灵	0	0	1.1	低度风险
66	粉唑醇	0	0	1.1	低度风险
67	莠去津	0	0	1.1	低度风险
68	霜霉威	0	0	1.1	低度风险

续表

序号	农药	超标频次	超标率 P	风险系数 R	风险程度
69	嘧菌环胺	0	0	1.1	低度风险
70	乙嘧酚磺酸酯	0	0	1.1	低度风险
71	乐果	0	0	1.1	低度风险
72	啶酰菌胺	0	0	1.1	低度风险
73	吡螨胺	0	0	1.1	低度风险
74	醚菌酯	0	0	1.1	低度风险
75	氟硅唑	0	0	1.1	低度风险
76	戊唑醇	0	0	1.1	低度风险
77	缬霉威	0	0	1.1	低度风险
78	喹氧灵	0	0	1.1	低度风险
79	三唑酮	0	0	1.1	低度风险

12.4 石家庄市果蔬农药残留风险评估结论与建议

农药残留是影响果蔬安全和质量的主要因素，也是我国食品安全领域备受关注的敏感话题和亟待解决的重大问题之一[15,16]。各种水果蔬菜均存在不同程度的农药残留现象，本报告主要针对石家庄市各类水果蔬菜存在的农药残留问题，基于2015年5月对石家庄市333例果蔬样品农药残留得出的758个检测结果，分别采用食品安全指数和风险系数两类方法，开展果蔬中农药残留的膳食暴露风险和预警风险评估。

本报告力求通用简单地反映食品安全中的主要问题且为管理部门和大众容易接受，为政府及相关管理机构建立科学的食品安全信息发布和预警体系提供科学的规律与方法，加强对农药残留的预警和食品安全重大事件的预防，控制食品风险。水果蔬菜样品取自超市和农贸市场，符合大众的膳食来源，风险评价时更具有代表性和可信度。

12.4.1 石家庄市果蔬中农药残留膳食暴露风险评价结论

1）果蔬中农药残留安全状态评价结论

采用食品安全指数模型，对2015年5月期间石家庄市果蔬食品农药残留膳食暴露风险进行评价，根据IFS_c的计算结果发现，果蔬中农药的$\overline{IFS}$为0.2730，说明石家庄市果蔬总体处于可以接受的安全状态，但部分禁用农药、高残留农药在蔬菜、水果中仍有检出，导致膳食暴露风险的存在，成为不安全因素。

2）单种果蔬中农药残留膳食暴露风险不可接受情况评价结论

单种果蔬中农药残留安全指数分析结果显示，农药对单种果蔬安全影响不可接受（$IFS_c>1$）的样本数共2个，占总样本数的0.57%，2个样本分别为油麦菜、苦瓜中的甲拌磷，说明残留农药的油麦菜、苦瓜会对消费者身体健康造成较大的膳食暴露风险。油麦菜、苦瓜均为较常见的果蔬品种，百姓日常食用量较大，长期食用大量残留甲拌磷的油麦菜、苦瓜会对人体造成不可接受的影响，本次检测发现甲拌磷在油麦菜、苦瓜样品中多次并大量检出，是未严格实施农业良好管理规范（GAP），抑或是农药滥用，这应该引起相关管理部门的警惕，应加强对油麦菜、苦瓜的严格管控。

3）禁用农药残留膳食暴露风险评价

本次检测发现部分果蔬样品中有禁用农药检出，检出禁用农药 7 种，检出频次为 86，果蔬样品中的禁用农药 IFS_c 计算结果表明，禁用农药残留膳食暴露风险不可接受的频次为 3，占 3.49%，可以接受的频次为 21，占 24.42%，没有影响的频次为 62，占 72.09%。对于果蔬样品中所有农药残留而言，膳食暴露风险不可接受的频次为 3，仅占总体频次的 0.40%，可以看出，禁用农药残留膳食暴露风险不可接受的比例远高于总体水平，这在一定程度上说明禁用农药残留更容易导致严重的膳食暴露风险。为何在国家明令禁止禁用农药喷洒的情况下，还能在多种果蔬中多次检出禁用农药残留并造成不可接受的膳食暴露风险，这应该引起相关部门的高度警惕，应该在禁止禁用农药喷洒的同时，严格管控禁用农药的生产和售卖，从根本上杜绝安全隐患。

12.4.2　石家庄市果蔬中农药残留预警风险评价结论

1）单种果蔬中禁用农药残留的预警风险评价结论

本次检测过程中，在 24 种果蔬中检测超出 7 种禁用农药，禁用农药种类为：克百威、甲拌磷、特丁硫磷、硫丹、水胺硫磷、六六六、林丹，果蔬种类为：芹菜、甜瓜、丝瓜、西葫芦、小油菜、菜薹、苦瓜、桃、黄瓜、韭菜、樱桃番茄、菜豆、油麦菜、油桃、柠檬、茼蒿、莴笋、胡萝卜、葡萄、茄子、菠菜、甜椒、芒果、猕猴桃，果蔬中禁用农药的风险系数分析结果显示，7 种禁用农药在 24 种果蔬中的残留均处于高度风险，说明在单种果蔬中禁用农药的残留，会导致较高的预警风险。

2）单种果蔬中非禁用农药残留的预警风险评价结论

以 MRL 中国国家标准为标准，计算果蔬中非禁用农药风险系数情况下，313 个样本中，0 个处于高度风险，52 个处于低度风险（16.61%），261 个样本没有 MRL 中国国家标准（83.39%）。以 MRL 欧盟标准为标准，计算果蔬中非禁用农药风险系数情况下，发现有 88 个处于高度风险（28.12%），225 个处于低度风险（71.88%）。利用两种农药 MRL 标准评价的结果差异显著，可以看出 MRL 欧盟标准比中国国家标准更加严格和完善，过于宽松的中国 MRL 标准值能否有效保障人体的健康有待研究。

12.4.3　加强石家庄市果蔬食品安全建议

我国食品安全风险评价体系仍不够健全，相关制度不够完善，多年来，由于农药用药次数多、用药量大或用药间隔时间短，产品残留量大，农药残留所带来的食品安全问题突出，对人体健康带来了直接或间接的危害，据估计，美国与农药有关的癌症患者数约占全国癌症患者总数的 50%，中国更高。同样，农药对其他生物也会形成直接杀伤和慢性危害，植物中的农药可经过食物链逐级传递并不断蓄积，对人和动物构成潜在威胁，并影响生态系统。

基于本次农药残留检测与风险评价结果，提出以下几点建议：

1）加快完善食品安全标准

我国食品标准中对部分农药每日允许摄入量 ADI 的规定仍缺乏，本次评价基础检测数据中涉及的 86 个品种中，66.3%有规定，仍有 33.7%尚无规定值。

我国食品中农药最大残留限量的规定严重缺乏，MRL 欧盟标准值齐全，与欧盟相比，我国对不同果蔬中不同农药 MRL 已有规定值的数量仅占欧盟的 19.8%（表 12-16），缺少 80.2%，急需进行完善。

表 12-16 中国与欧盟的 ADI 和 MRL 标准限值的对比分析

分类		中国 ADI	MRL 中国国家标准	MRL 欧盟标准
标准限值（个）	有	57	69	348
	无	29	279	0
总数（个）		86	348	348
无标准限值比例		33.7%	80.2%	0

此外，MRL 中国国家标准限值普遍高于欧盟标准限值，根据对涉及的 348 个品种中我国已有的 69 个限量标准进行统计来看，43 个农药的中国 MRL 高于欧盟 MRL，占 62.3%。过高的 MRL 值难以保障人体健康，建议继续加强对限值基准和标准进行科学的定量研究，将农产品中的危险性减少到尽可能低的水平。

2）加强农药的源头控制和分类监管

在石家庄市某些果蔬中仍有禁用农药检出，利用 GC-Q-TOF/MS 检测出 7 种禁用农药，检出频次为 86 次，残留禁用农药均存在较大的膳食暴露风险和预警风险。早已列入黑名单的禁用农药并未真正退出，有些药物由于价格便宜、工艺简单，此类高毒农药一直生产和使用。建议在我国采取严格有效的控制措施，进行禁用农药的源头控制。

对于非禁用农药，在我国作为“田间地头”最典型单位的县级蔬果产地中，农药残留的检测几乎缺失。建议根据农药的毒性，对高毒、剧毒、中毒农药实现分类管理，减少使用高毒和剧毒高残留农药，进行分类监管。

3）加强残留农药的生物修复及降解新技术

市售果蔬中残留农药品种多、频次高、禁用农药多次检出这一现状，说明了我国的田间土壤和水体因农药长期、频繁、不合理的使用而遭到严重污染。为此，建议有关部门出台相关政策，鼓励高校及科研院所积极开展分子生物学、酶学等研究，加强土壤、水体中残留农药的生物修复及降解新技术研究，并加大农药使用监管力度，以控制农药的面源污染问题。

4）加强对禁药和高风险农药的管控并建立风险预警系统分析平台

本评价结果提示，在果蔬尤其是蔬菜用药中，应结合农药的使用周期、生物毒性和降解特性，加强对禁用农药和高风险农药的管控。

在本工作基础上，根据蔬菜残留危害，可进一步针对其成因提出和采取相应严格管理、大力推广无公害蔬菜种植与生产、健全食品安全控制技术体系、加强蔬菜食品质量检测体系建设和积极推行蔬菜食品质量追溯制度等相应对策。建立和完善食品安全综合评价指数与风险监测预警系统，建议依托科研院所、高校科研实力，建立风险预警系统分析平台，对食品安全进行实时、全面的监控与分析，为石家庄市食品安全科学监管与决策提供新的技术支持，可实现各类检验数据的信息化系统管理，并减少食品安全事故的发生。

太 原 市

第 13 章　LC-Q-TOF/MS 侦测太原市 318 例市售水果蔬菜样品农药残留报告

从太原市所属 6 个区县，随机采集了 318 例水果蔬菜样品，使用液相色谱-四极杆飞行时间质谱（LC-Q-TOF/MS）对 537 种农药化学污染物进行示范侦测（7 种负离子模式 ESI^- 未涉及）。

13.1　样品种类、数量与来源

13.1.1　样品采集与检测

为了真实反映百姓餐桌上水果蔬菜中农药残留污染状况，本次所有检测样品均由检验人员于 2013 年 10 月期间，从太原市所属 13 个采样点，包括 12 个超市 1 个农贸市场，以随机购买方式采集，总计 13 批 318 例样品，从中检出农药 49 种，788 频次。采样及监测概况见图 13-1 及表 13-1，样品及采样点明细见表 13-2 及表 13-3（侦测原始数据见附表 1）。

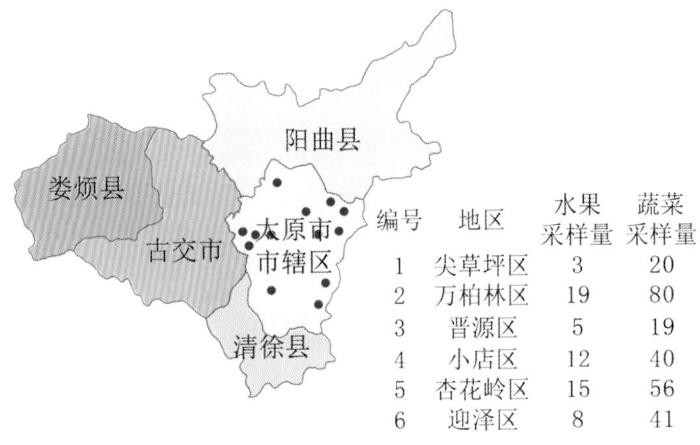

图 13-1　太原市所属 13 个采样点 318 例样品分布图

表 13-1　农药残留监测总体概况

采样地区	太原市所属 6 个区县
采样点（超市+农贸市场）	13
样本总数	318
检出农药品种/频次	49/788
各采样点样本农药残留检出率范围	54.2%~81.5%

表 13-2　样品分类及数量

样品分类	样品名称（数量）	数量小计
1. 蔬菜		243
1）鳞茎类蔬菜	韭菜（13），蒜薹（13）	26
2）芸薹属类蔬菜	结球甘蓝（13），青花菜（11）	24
3）叶菜类蔬菜	菠菜（13），大白菜（17），苦苣（6），芹菜（12），生菜（13），茼蒿（9）	70
4）茄果类蔬菜	番茄（26），茄子（12），甜椒（13）	51
5）瓜类蔬菜	冬瓜（11），黄瓜（14），西葫芦（11）	36
6）豆类蔬菜	菜豆（13）	13
7）根茎类和薯芋类蔬菜	胡萝卜（12），马铃薯（11）	23
2. 水果		62
1）柑橘类水果	橙（13）	13
2）仁果类水果	梨（12），苹果（13）	25
3）核果类水果	李子（8），桃（6）	14
4）浆果和其他小型水果	葡萄（10）	10
3. 食用菌		13
1）蘑菇类	蘑菇（13）	13
合计	1.蔬菜 19 种 2.水果 6 种 3.食用菌 1 种	318

表 13-3　太原市采样点信息

采样点序号	行政区域	采样点
超市（12）		
1	尖草坪区	***超市（和平北路店）
2	晋源区	***超市（晋源区）
3	万柏林区	***超市
4	万柏林区	***超市（A 店）
5	万柏林区	***超市（B 店）
6	万柏林区	***超市（兴华街店）
7	小店区	***超市（小店区 A）
8	小店区	***超市（小店区 B）
9	杏花岭区	***超市
10	杏花岭区	***超市（滨河店）
11	杏花岭区	***超市（杏花岭区店）
12	迎泽区	***超市（羊市街店）

续表

采样点序号	行政区域	采样点
农贸市场（1）		
1	迎泽区	***菜市场

13.1.2　检测结果

这次使用的检测方法是庞国芳院士团队最新研发的不需使用标准品对照，而以高分辨精确质量数（0.0001 *m/z*）为基准的 LC-Q-TOF/MS 检测技术，对于 318 例样品，每个样品均侦测了 537 种农药化学污染物的残留现状。通过本次侦测，在 318 例样品中共计检出农药化学污染物 49 种，检出 788 频次。

13.1.2.1　各采样点样品检出情况

统计分析发现 13 个采样点中，被测样品的农药检出率范围为 54.2%~81.5%。其中，***超市（小店区 A）的检出率最高，为 81.5%。***超市（兴华街店）的检出率最低，为 54.2%，见图 13-2。

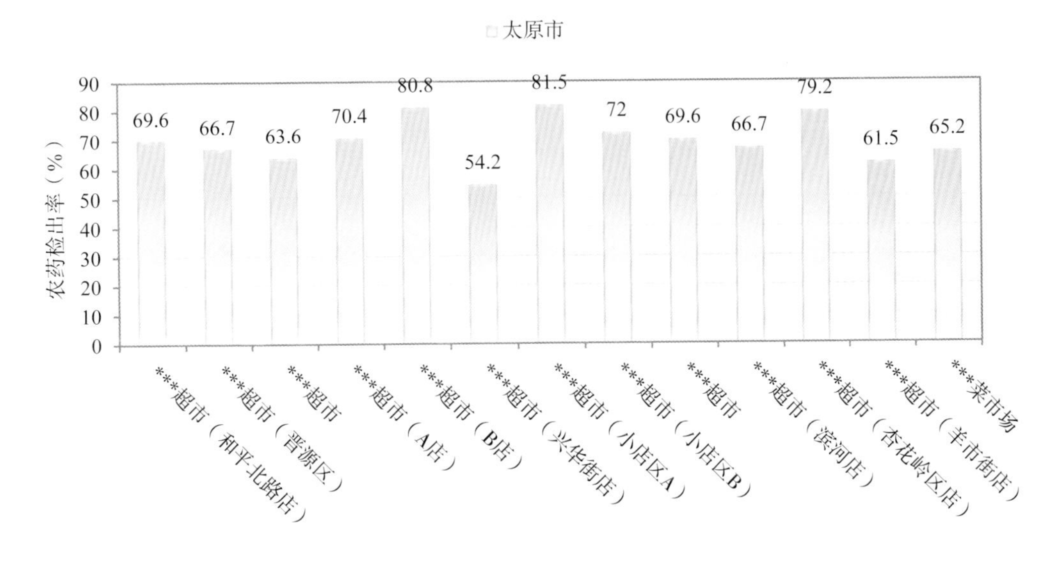

图 13-2　各采样点样品中的农药检出率

13.1.2.2　检出农药的品种总数与频次

统计分析发现，对于 318 例样品中 537 种农药化学污染物的侦测，共检出农药 788 频次，涉及农药 49 种，结果如图 13-3 所示。其中烯酰吗啉检出频次最高，共检出 94 次。检出频次排名前 10 的农药如下：①烯酰吗啉（94）；②多菌灵（92）；③啶虫脒（72）；④吡虫啉（36）；⑤嘧霉胺（34）；⑥苯醚甲环唑（34）；⑦哒螨灵（32）；⑧霜霉威（27）；

⑨嘧菌酯（21）；⑩烯啶虫胺（20）。

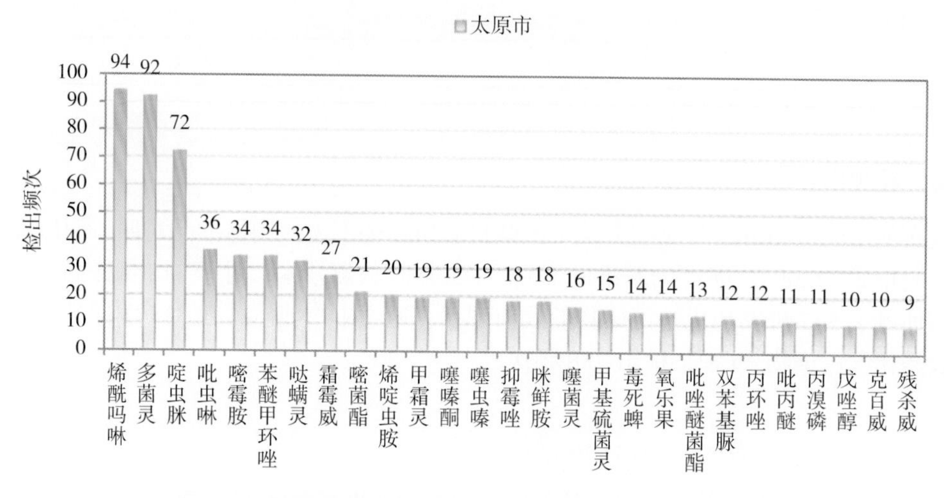

图 13-3　检出农药品种及频次（仅列出 9 频次及以上的数据）

由图 13-4 可见，芹菜、番茄和黄瓜这 3 种果蔬样品中检出的农药品种数较高，均超过 20 种，其中，芹菜检出农药品种最多，为 27 种。由图 13-5 可见，番茄、芹菜和黄瓜这 3 种果蔬样品中的农药检出频次较高，均超过 80 次，其中，番茄检出农药频次最高，为 121 次。

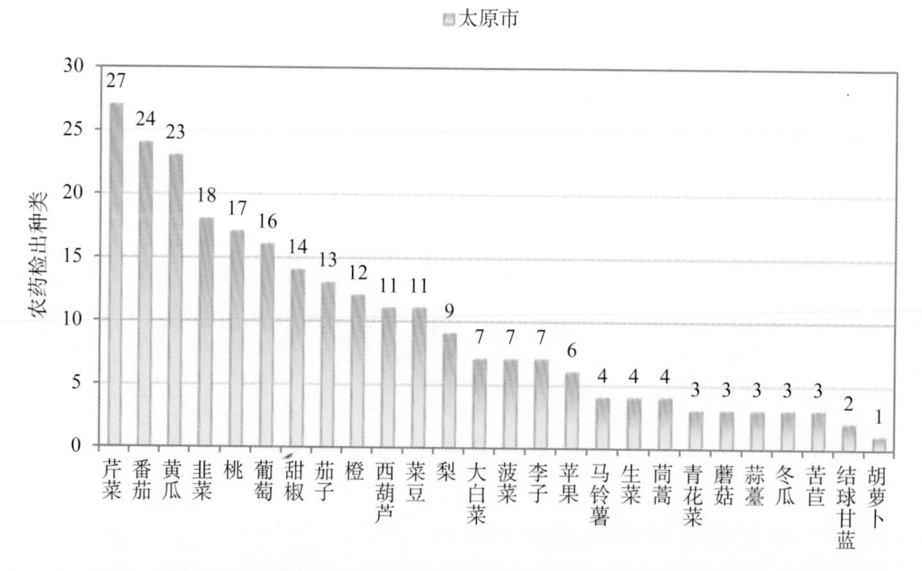

图 13-4　单种水果蔬菜检出农药的种类数（仅列出检出农药 1 种及以上的数据）

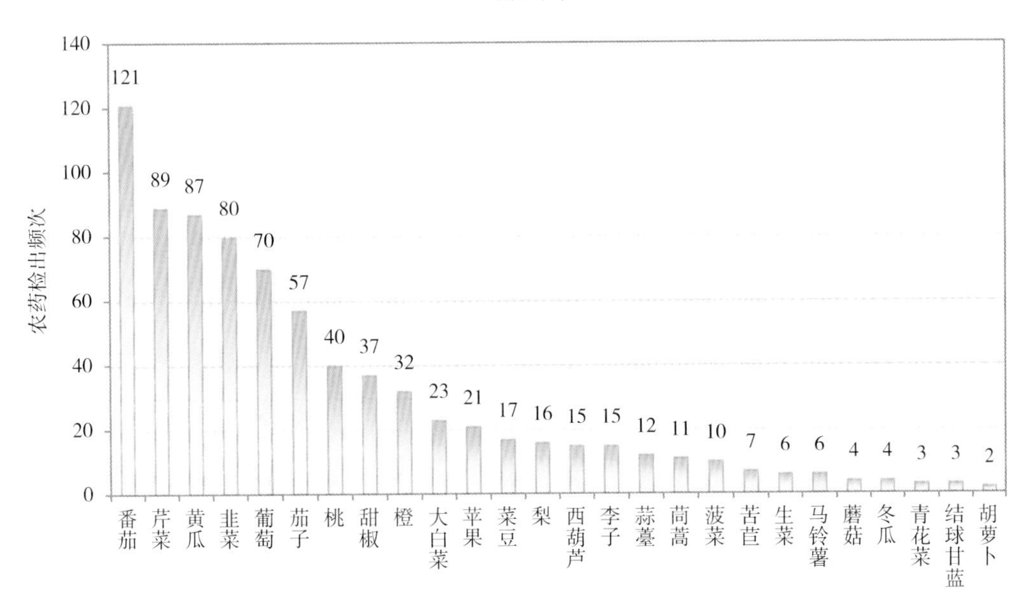

图 13-5 单种水果蔬菜检出农药频次（仅列出检出农药 2 频次及以上的数据）

13.1.2.3 单例样品农药检出种类与占比

对单例样品检出农药种类和频次进行统计发现，未检出农药的样品占总样品数的 30.5%，检出 1 种农药的样品占总样品数的 20.1%，检出 2~5 种农药的样品占总样品数的 32.1%，检出 6~10 种农药的样品占总样品数的 16.7%，检出大于 10 种农药的样品占总样品数的 0.6%。每例样品中平均检出农药为 2.5 种，数据见表 13-4 及图 13-6。

表 13-4 单例样品检出农药品种占比

检出农药品种数	样品数量/占比（%）
未检出	97/30.5
1 种	64/20.1
2~5 种	102/32.1
6~10 种	53/16.7
大于 10 种	2/0.6
单例样品平均检出农药品种	2.5 种

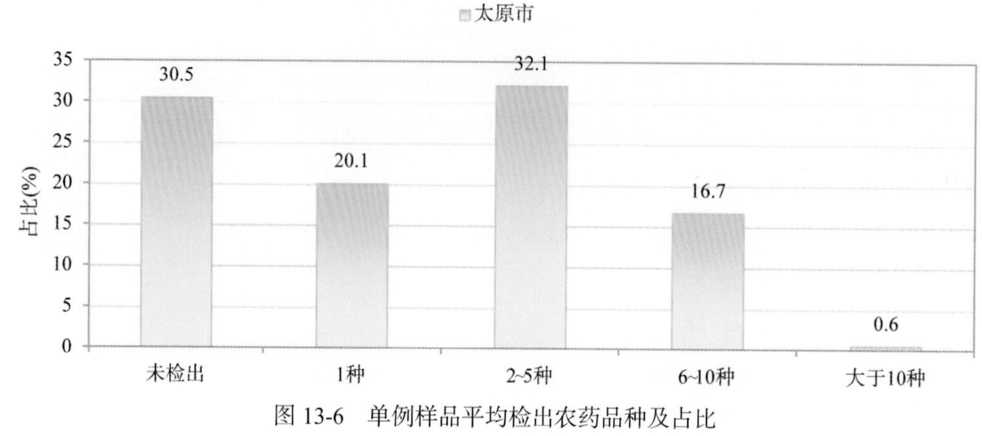

图 13-6　单例样品平均检出农药品种及占比

13.1.2.4　检出农药类别与占比

所有检出农药按功能分类，包括杀菌剂、杀虫剂、植物生长调节剂共 3 类 。其中杀菌剂与杀虫剂为主要检出的农药类别，分别占总数的 51.0%和 44.9%，见表 13-5 及图 13-7。

表 13-5　检出农药所属类别及占比

农药类别	数量/占比（%）
杀菌剂	25/51.0
杀虫剂	22/44.9
植物生长调节剂	2/4.1

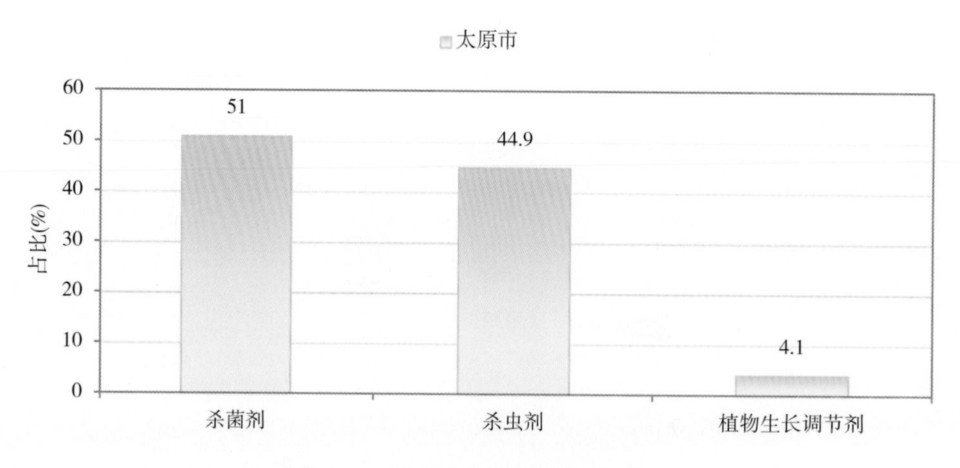

图 13-7　检出农药所属类别和占比

13.1.2.5　检出农药的残留水平

按检出农药残留水平进行统计，残留水平在 1~5 μg/kg（含）的农药占总数的 40.7%，在 5~10 μg/kg（含）的农药占总数的 14.3%，在 10~100 μg/kg（含）的农药占总数的 33.8%，在 100~1000 μg/kg（含）的农药占总数的 10.8%，>1000 μg/kg 的农药占总数的 0.4%。

由此可见，这次检测的 13 批 318 例水果蔬菜样品中农药多数处于较低残留水平。结果见表 13-6 及图 13-8，数据见附表 2。

表 13-6　农药残留水平及占比

残留水平（μg/kg）	检出频次/占比（%）
1~5（含）	321/40.7
5~10（含）	113/14.3
10~100（含）	266/33.8
100~1000（含）	85/10.8
>1000	3/0.4

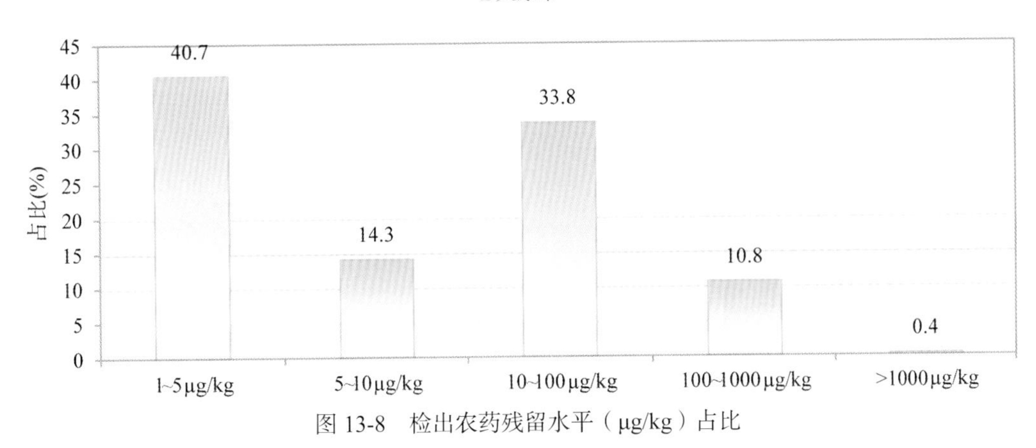

图 13-8　检出农药残留水平（μg/kg）占比

13.1.2.6　检出农药的毒性类别、检出频次和超标频次及占比

对这次检出的 49 种 788 频次的农药，按剧毒、高毒、中毒、低毒和微毒这五个毒性类别进行分类，从中可以看出，太原市目前普遍使用的农药为中低微毒农药，品种占 89.8%，频次占 95.3%。结果见表 13-7 及图 13-9。

表 13-7　检出农药毒性类别及占比

毒性分类	农药品种/占比（%）	检出频次/占比（%）	超标频次/超标率（%）
剧毒农药	1/2.0	2/0.3	0/0.0
高毒农药	4/8.2	35/4.4	11/31.4
中毒农药	25/51.0	355/45.1	5/1.4
低毒农药	9/18.4	203/25.8	0/0.0
微毒农药	10/20.4	193/24.5	1/0.5

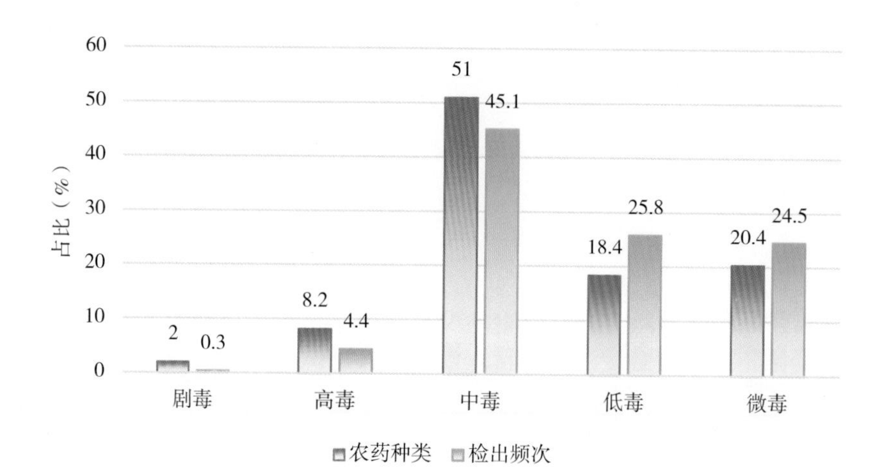

图 13-9　检出农药的毒性分类和占比

13.1.2.7　检出剧毒/高毒类农药的品种和频次

值得特别关注的是，在此次侦测的 318 例样品中有 9 种蔬菜 3 种水果的 34 例样品检出了 5 种 37 频次的剧毒和高毒农药，占样品总量的 10.7%，详见图 13-10、表 13-8 及表 13-9。

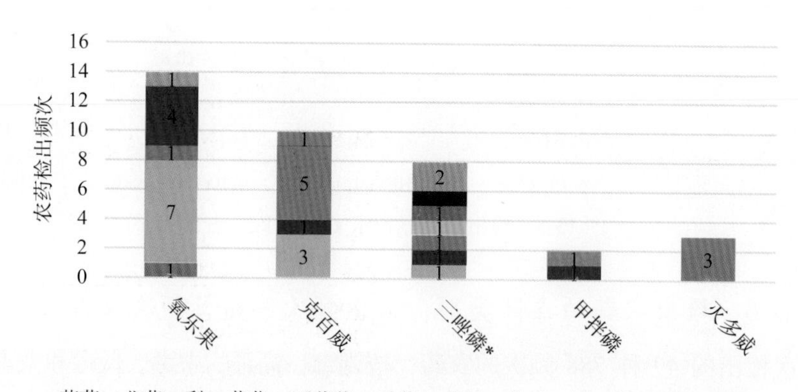

图 13-10　检出剧毒/高毒农药的样品情况

*表示允许在水果和蔬菜上使用的农药

表 13-8　剧毒农药检出情况

序号	农药名称	检出频次	超标频次	超标率
		水果中未检出剧毒农药		
	小计	0	0	超标率：0.0%
		从 2 种蔬菜中检出 1 种剧毒农药，共计检出 2 次		
1	甲拌磷*	2	0	0.0%
	小计	2	0	超标率：0.0%
	合计	2	0	超标率：0.0%

表 13-9　高毒农药检出情况

序号	农药名称	检出频次	超标频次	超标率
		从 3 种水果中检出 2 种高毒农药，共计检出 3 次		
1	三唑磷	2	0	0.0%
2	氧乐果	1	0	0.0%
	小计	3	0	超标率：0.0%
		从 8 种蔬菜中检出 4 种高毒农药，共计检出 32 次		
1	氧乐果	13	7	53.8%
2	克百威	10	4	40.0%
3	三唑磷	6	0	0.0%
4	灭多威	3	0	0.0%
	小计	32	11	超标率：34.4%
	合计	35	11	超标率：31.4%

在检出的剧毒和高毒农药中，有 4 种是我国早已禁止在果树和蔬菜上使用的，分别是：灭多威、氧乐果、克百威和甲拌磷。禁用农药的检出情况见表 13-10。

表 13-10　禁用农药检出情况

序号	农药名称	检出频次	超标频次	超标率
		从 1 种水果中检出 1 种禁用农药，共计检出 1 次		
1	氧乐果	1	0	0.0%
	小计	1	0	超标率：0.0%
		从 7 种蔬菜中检出 4 种禁用农药，共计检出 28 次		
1	氧乐果	13	7	53.8%
2	克百威	10	4	40.0%
3	灭多威	3	0	0.0%
4	甲拌磷*	2	0	0.0%
	小计	28	11	超标率：39.3%
	合计	29	11	超标率：37.9%

注：超标结果参考中国 MRL 标准计算

此次抽检的果蔬样品中，有 2 种蔬菜检出了剧毒农药，分别是：芹菜中检出甲拌磷 1 次；茼蒿中检出甲拌磷 1 次。

样品中检出剧毒和高毒农药残留水平超过 MRL 中国国家标准的频次为 11 次，其中，菠菜检出氧乐果超标 1 次；韭菜检出氧乐果超标 6 次，检出克百威超标 3 次；芹菜检出克百威超标 1 次。本次检出结果表明，高毒、剧毒农药的使用现象依旧存在，详见表 13-11。

表 13-11　各样本中检出剧毒/高毒农药情况

样品名称	农药名称	检出频次	超标频次	检出浓度（μg/kg）
		水果 3 种		
橙	三唑磷	1	0	6.7
梨	氧乐果▲	1	0	1.3
桃	三唑磷	1	0	1.5
小计		3	0	超标率：0.0%
		蔬菜 9 种		
菠菜	氧乐果▲	1	1	38.2[a]
菜豆	三唑磷	1	0	3.4
番茄	克百威▲	5	0	2.8, 7.0, 3.7, 2.9, 1.6
韭菜	氧乐果▲	7	6	25.4[a], 216.3[a], 1.6, 851.4[a], 2268.0[a], 851.4[a], 702.9[a]
韭菜	克百威▲	3	3	178.2[a], 154.0[a], 131.3[a]
韭菜	三唑磷	1	0	132.0
茄子	灭多威▲	3	0	1.2, 1.2, 2.2
茄子	克百威▲	1	0	4.4
茄子	三唑磷	1	0	49.4
芹菜	甲拌磷*▲	1	0	1.3
芹菜	氧乐果▲	4	0	1.0, 1.0, 3.1, 2.4
芹菜	克百威▲	1	1	31.7[a]
芹菜	三唑磷	1	0	1.1
甜椒	三唑磷	2	0	42.7, 70.4
西葫芦	氧乐果▲	1	0	1.1
茼蒿	甲拌磷*▲	1	0	7.4
小计		34	11	超标率：32.4%
合计		37	11	超标率：29.7%

13.2　农药残留检出水平与最大残留限量标准对比分析

我国于 2014 年 3 月 20 日正式颁布并于 2014 年 8 月 1 日正式实施食品农药残留限量国家标准《食品中农药最大残留限量》（GB 2763—2014）。该标准包括 371 个农药条目，涉及最大残留限量（MRL）标准 3653 项。将 788 频次检出农药的浓度水平与 3653 项 MRL 国家标准进行核对，其中只有 376 频次的农药找到了对应的 MRL 标准，占 47.7%，还有 412 频次的侦测数据则无相关 MRL 标准供参考，占 52.3%。

将此次侦测结果与国际上现行 MRL 标准对比发现，在 788 频次的检出结果中有 788 频次的结果找到了对应的 MRL 欧盟标准，占 100.0%；其中，741 频次的结果有明确对应的 MRL 标准，占 94.0%，其余 47 频次按照欧盟一律标准判定，占 6.0%；有 788 频次的结果找到了对应的 MRL 日本标准，占 100.0%；其中，669 频次的结果有明确对应的 MRL 标准，占 84.9%，其余 119 频次按照日本一律标准判定，占 15.1%；有 476 频次的结果找到了对应的 MRL 中国香港标准，占 60.4%；有 456 频次的结果找到了对应的 MRL 美国标准，占 57.9%；有 396 频次的结果找到了对应的 MRL CAC 标准，占 50.3%（见图 13-11 和图 13-12，数据见附表 3 至附表 8）。

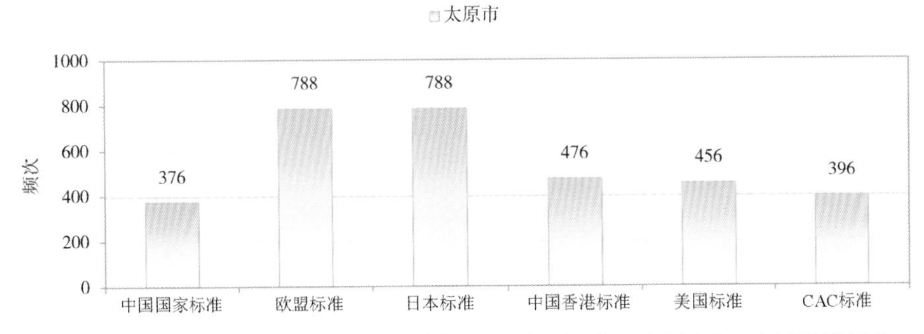

图 13-11　788 频次检出农药可用 MRL 中国国家标准、欧盟标准、日本标准、中国香港标准、美国标准、CAC 标准判定衡量的数量

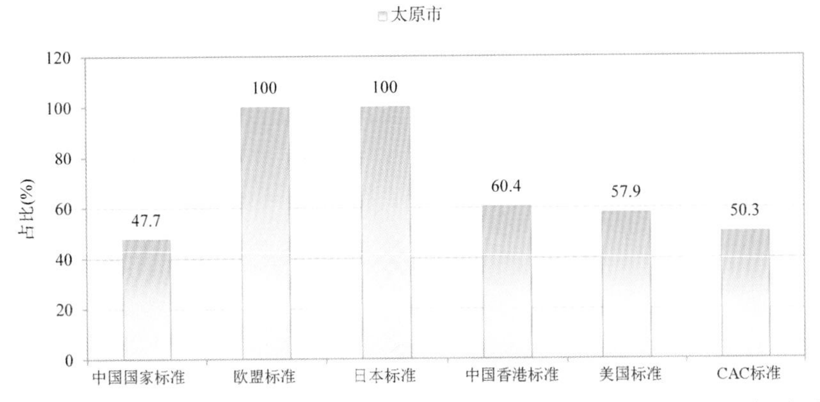

图 13-12　788 频次检出农药可用 MRL 中国国家标准、欧盟标准、日本标准、中国香港标准、美国标准、CAC 标准衡量的占比

13.2.1　超标农药样品分析

本次侦测的 318 例样品中，97 例样品未检出任何残留农药，占样品总量的 30.5%，221 例样品检出不同水平、不同种类的残留农药，占样品总量的 69.5%。在此，我们将本次侦测的农残检出情况与 MRL 中国国家标准、欧盟标准、日本标准、中国香港标准、美国标准、CAC 标准这 6 大国际主流标准进行对比分析，样品农残检出与超标情况见图 13-13、表 13-12 和图 13-14，详细数据见附表 9 至附表 14。

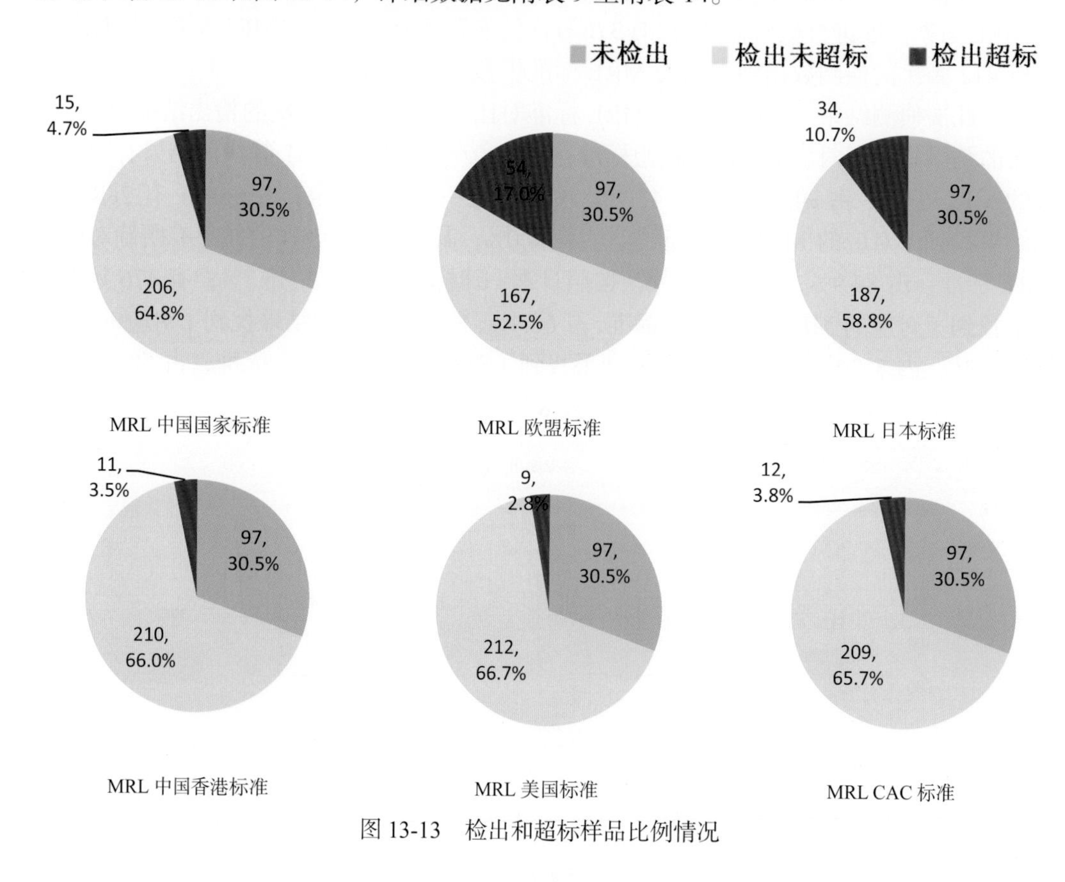

图 13-13　检出和超标样品比例情况

表 13-12　各 MRL 标准下样本农残检出与超标数量及占比

	中国国家标准 数量/占比（%）	欧盟标准 数量/占比（%）	日本标准 数量/占比（%）	中国香港标准 数量/占比（%）	美国标准 数量/占比（%）	CAC 标准 数量/占比（%）
未检出	97/30.5	97/30.5	97/30.5	97/30.5	97/30.5	97/30.5
检出未超标	206/64.8	167/52.5	187/58.8	210/66.0	212/66.7	209/65.7
检出超标	15/4.7	54/17.0	34/10.7	11/3.5	9/2.8	12/3.8

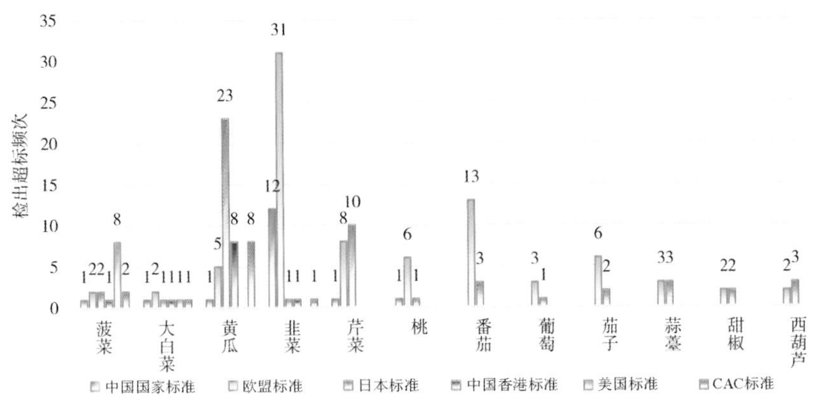

图 13-14　超过 MRL 中国国家标准、欧盟标准、日本标准、中国香港标准、美国标准、CAC 标准判定结果在水果蔬菜中的分布

13.2.2　超标农药种类分析

按照 MRL 中国国家标准、欧盟标准、日本标准、中国香港标准、美国标准、CAC 标准这 6 大国际主流标准衡量，本次侦测检出的农药超标品种及频次情况见表 13-13。

表 13-13　各 MRL 标准下超标农药品种及频次

	中国国家标准	欧盟标准	日本标准	中国香港标准	美国标准	CAC 标准
超标农药品种	6	20	14	3	1	3
超标农药频次	17	83	52	11	9	12

13.2.2.1　按 MRL 中国国家标准衡量

按 MRL 中国国家标准衡量，共有 6 种农药超标，检出 17 频次，分别为高毒农药氧乐果和克百威，中毒农药吡虫啉、氟硅唑和毒死蜱，微毒农药多菌灵。

按超标程度比较，韭菜中氧乐果超标 112.4 倍，韭菜中毒死蜱超标 9.8 倍，韭菜中克百威超标 7.9 倍，菠菜中氧乐果超标 90%，芹菜中克百威超标 60%。检测结果见图 13-15 和附表 15。

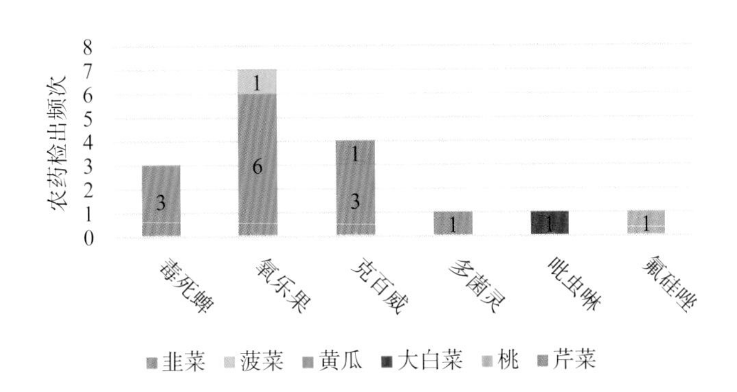

图 13-15　超过 MRL 中国国家标准农药品种及频次

13.2.2.2 按 MRL 欧盟标准衡量

按 MRL 欧盟标准衡量，共有 20 种农药超标，检出 83 频次，分别为高毒农药三唑磷、氧乐果和克百威，中毒农药氟硅唑、抑霉唑、噁霜灵、啶虫脒、毒死蜱、咪鲜胺、丙环唑、多效唑和丙溴磷，低毒农药双苯基脲、螺螨酯、噻菌灵和烯啶虫胺，微毒农药多菌灵、霜霉威、甲基硫菌灵和乙霉威。

按超标程度比较，韭菜中氧乐果超标 225.8 倍，桃中丙溴磷超标 73.5 倍，韭菜中甲基硫菌灵超标 45.8 倍，桃中氟硅唑超标 24.7 倍，韭菜中毒死蜱超标 20.6 倍。检测结果见图 13-16 和附表 16。

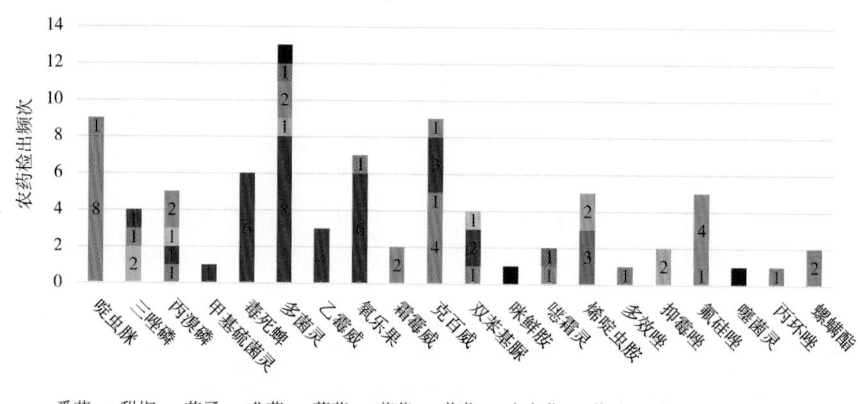

图 13-16 超过 MRL 欧盟标准农药品种及频次

13.2.2.3 按 MRL 日本标准衡量

按 MRL 日本标准衡量，共有 14 种农药超标，检出 52 频次，分别为高毒农药三唑磷和氧乐果，中毒农药氟硅唑、抑霉唑、毒死蜱、三唑酮、多效唑和丙溴磷，低毒农药双苯基脲、嘧霉胺和烯酰吗啉，微毒农药多菌灵、霜霉威和甲基硫菌灵。

按超标程度比较，韭菜中甲基硫菌灵超标 466.6 倍，韭菜中毒死蜱超标 107.0 倍，韭菜中嘧霉胺超标 45.4 倍，桃中氟硅唑超标 24.7 倍，葡萄中抑霉唑超标 16.6 倍。检测结果见图 13-17 和附表 17。

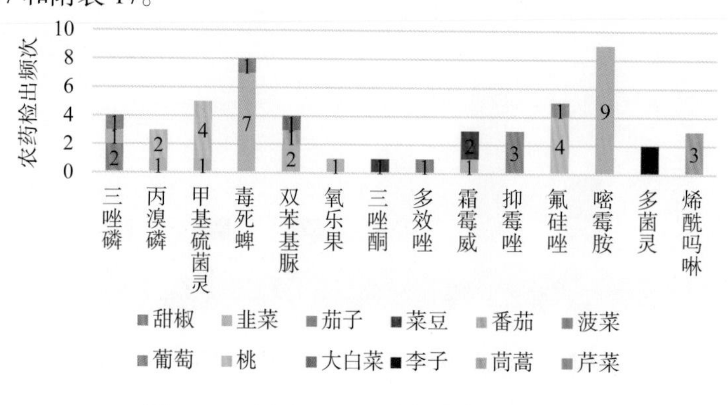

图 13-17 超过 MRL 日本标准农药品种及频次

13.2.2.4　按 MRL 中国香港标准衡量

按 MRL 中国香港标准衡量，共有 3 种农药超标，检出 11 频次，分别为中毒农药氟硅唑和啶虫脒，微毒农药多菌灵。

按超标程度比较，番茄中啶虫脒超标 1.3 倍，桃中氟硅唑超标 30%，茄子中啶虫脒超标 10%。检测结果见图 13-18 和附表 18。

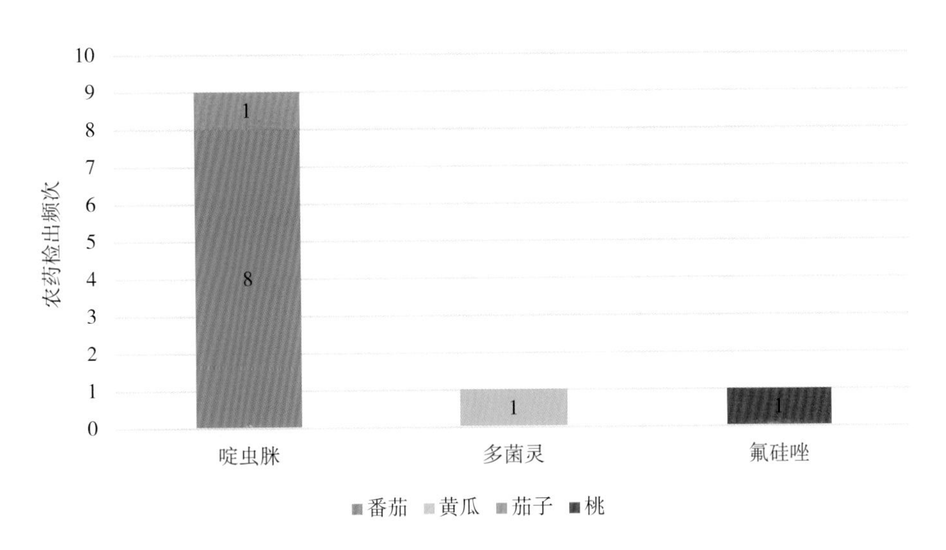

图 13-18　超过 MRL 中国香港标准农药品种及频次

13.2.2.5　按 MRL 美国标准衡量

按 MRL 美国标准衡量，有 1 种农药超标，检出 9 频次，为中毒农药啶虫脒。

按超标程度比较，番茄中啶虫脒超标 1.3 倍，茄子中啶虫脒超标 10%。检测结果见图 13-19 和附表 19。

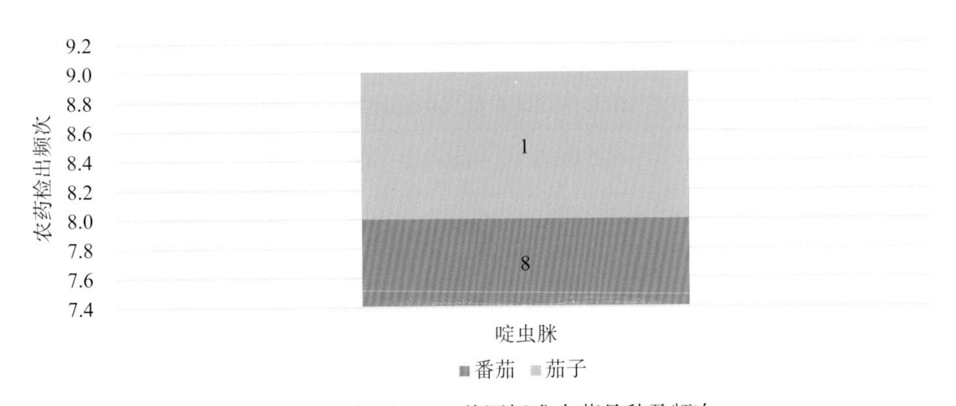

图 13-19　超过 MRL 美国标准农药品种及频次

13.2.2.6　按 MRL CAC 标准衡量

按 MRL CAC 标准衡量，共有 3 种农药超标，检出 12 频次，分别为中毒农药氟硅唑和啶虫脒，微毒农药多菌灵。

按超标程度比较，黄瓜中多菌灵超标 9.0 倍，番茄中啶虫脒超标 1.3 倍，桃中氟硅唑超标 30%，茄子中啶虫脒超标 10%。检测结果见图 13-20 和附表 20。

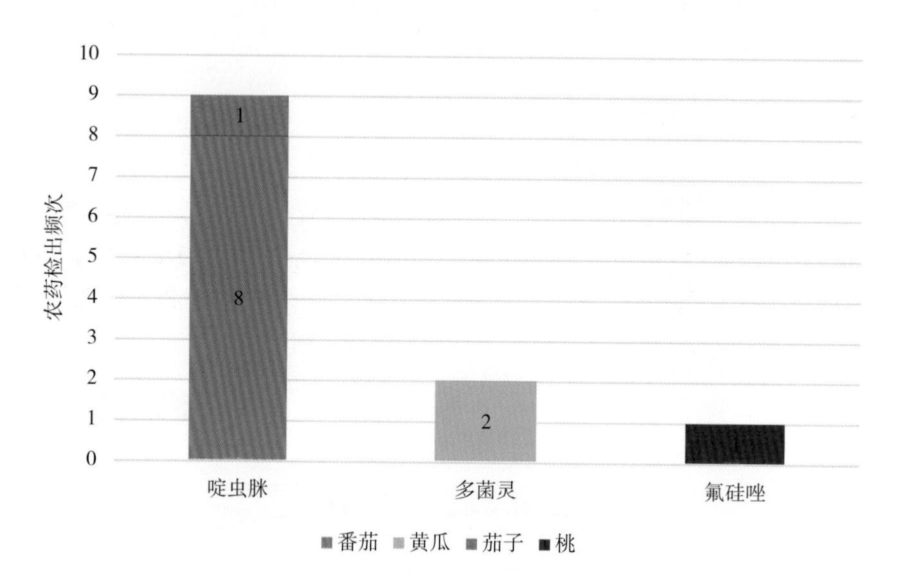

图 13-20　超过 MRL CAC 标准农药品种及频次

13.2.3　13 个采样点超标情况分析

13.2.3.1　按 MRL 中国国家标准衡量

按 MRL 中国国家标准衡量，有 12 个采样点的样品存在不同程度的超标农药检出，其中***超市的超标率最高，为 9.1%，如表 13-14 和图 13-21 所示。

表 13-14　超过 MRL 中国国家标准水果蔬菜在不同采样点分布

	采样点	样品总数	超标数量	超标率（%）	行政区域
1	***超市（小店区 A）	27	2	7.4	小店区
2	***超市（A 店）	27	1	3.7	万柏林区
3	***超市（B 店）	26	1	3.8	万柏林区
4	***超市（羊市街店）	26	1	3.8	迎泽区
5	***超市（小店区 B）	25	1	4.0	小店区

续表

	采样点	样品总数	超标数量	超标率（%）	行政区域
6	***超市（兴华街店）	24	1	4.2	万柏林区
7	***超市（滨河店）	24	1	4.2	杏花岭区
8	***超市（杏花岭区店）	24	1	4.2	杏花岭区
9	***超市（晋源区）	24	1	4.2	晋源区
10	***菜市场	23	1	4.3	迎泽区
11	***超市	23	2	8.7	杏花岭区
12	***超市	22	2	9.1	万柏林区

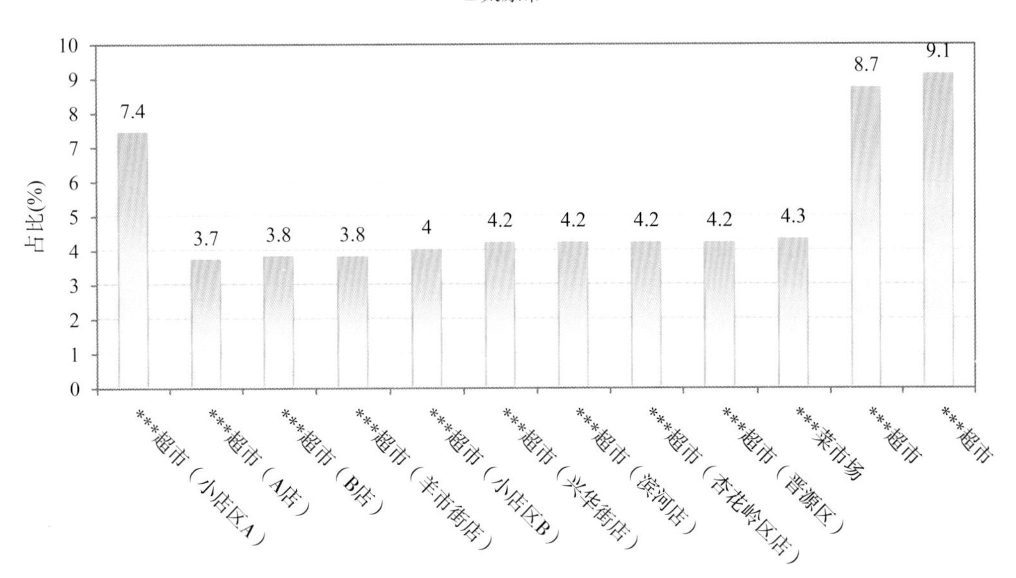

图 13-21 超过 MRL 中国国家标准水果蔬菜在不同采样点分布

13.2.3.2 按 MRL 欧盟标准衡量

按 MRL 欧盟标准衡量，所有采样点的样品存在不同程度的超标农药检出，其中***超市（杏花岭区店）的超标率最高，为 25.0%，如表 13-15 和图 13-22 所示。

表 13-15　超过 MRL 欧盟标准水果蔬菜在不同采样点分布

	采样点	样品总数	超标数量	超标率（%）	行政区域
1	***超市（小店区 A）	27	6	22.2	小店区
2	***超市（A 店）	27	5	18.5	万柏林区
3	***超市（B 店）	26	6	23.1	万柏林区
4	***超市（羊市街店）	26	3	11.5	迎泽区
5	***超市（小店区 B）	25	2	8.0	小店区
6	***超市（兴华街店）	24	5	20.8	万柏林区
7	***超市（滨河店）	24	3	12.5	杏花岭区
8	***超市（杏花岭区店）	24	6	25.0	杏花岭区
9	***超市（晋源区）	24	3	12.5	晋源区
10	***菜市场	23	2	8.7	迎泽区
11	***超市（和平北路店）	23	5	21.7	尖草坪区
12	***超市	23	3	13.0	杏花岭区
13	***超市	22	5	22.7	万柏林区

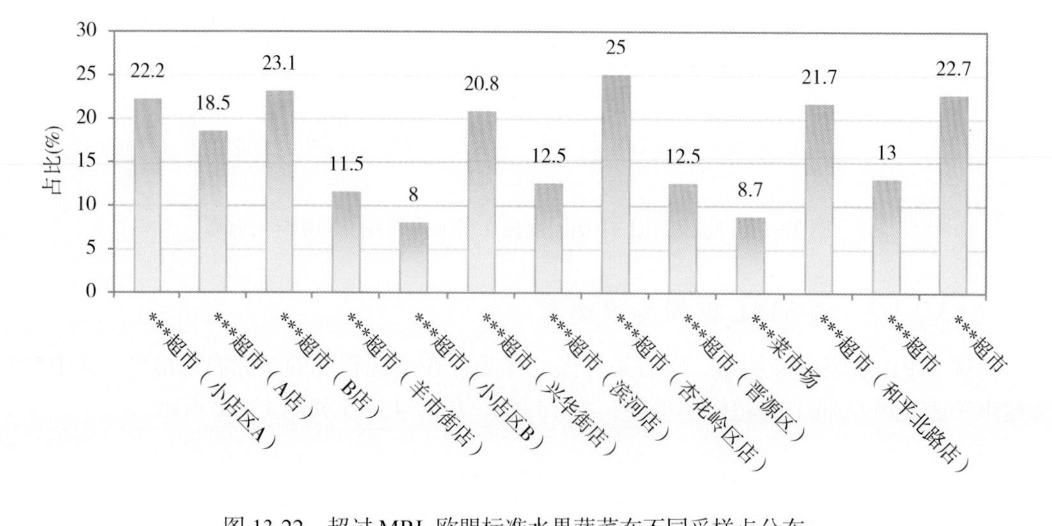

图 13-22　超过 MRL 欧盟标准水果蔬菜在不同采样点分布

13.2.3.3　按 MRL 日本标准衡量

按 MRL 日本标准衡量，有 12 个采样点的样品存在不同程度的超标农药检出，其中***超市（杏花岭区店）的超标率最高，为 20.8%，如表 13-16 和图 13-23 所示。

表 13-16　超过 MRL 日本标准水果蔬菜在不同采样点分布

	采样点	样品总数	超标数量	超标率（%）	行政区域
1	***超市（小店区 A）	27	4	14.8	小店区
2	***超市（A 店）	27	3	11.1	万柏林区
3	***超市（B 店）	26	5	19.2	万柏林区
4	***超市（羊市街店）	26	2	7.7	迎泽区
5	***超市（小店区 B）	25	1	4.0	小店区
6	***超市（滨河店）	24	1	4.2	杏花岭区
7	***超市（杏花岭区店）	24	5	20.8	杏花岭区
8	***超市（晋源区）	24	3	12.5	晋源区
9	***菜市场	23	1	4.3	迎泽区
10	***超市（和平北路店）	23	2	8.7	尖草坪区
11	***超市	23	4	17.4	杏花岭区
12	***超市	22	3	13.6	万柏林区

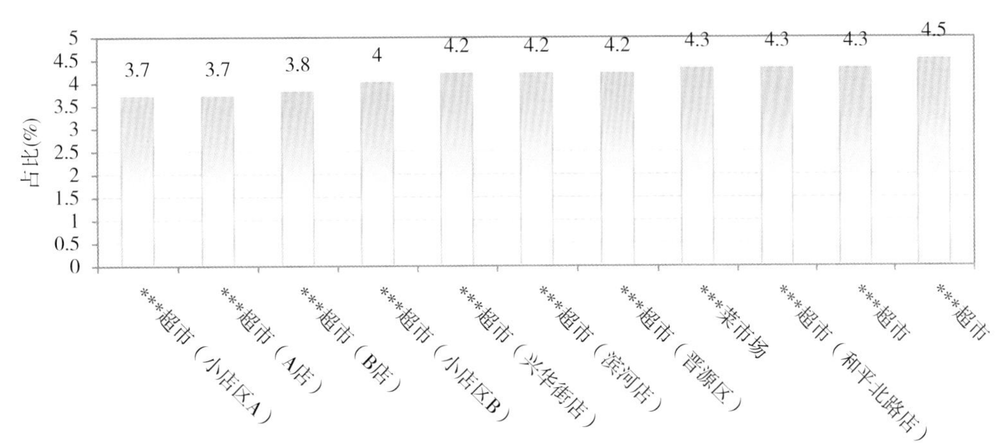

图 13-23　超过 MRL 日本标准水果蔬菜在不同采样点分布

13.2.3.4 按 MRL 中国香港标准衡量

按 MRL 中国香港标准衡量，有 11 个采样点的样品存在不同程度的超标农药检出，其中***超市的超标率最高，为 4.5%，如表 13-17 和图 13-24 所示。

表 13-17　超过 MRL 中国香港标准水果蔬菜在不同采样点分布

	采样点	样品总数	超标数量	超标率（%）	行政区域
1	***超市（小店区 A）	27	1	3.7	小店区
2	***超市（A 店）	27	1	3.7	万柏林区
3	***超市（B 店）	26	1	3.8	万柏林区
4	***超市（小店区 B）	25	1	4.0	小店区
5	***超市（兴华街店）	24	1	4.2	万柏林区
6	***超市（滨河店）	24	1	4.2	杏花岭区
7	***超市（晋源区）	24	1	4.2	晋源区
8	***菜市场	23	1	4.3	迎泽区
9	***超市（和平北路店）	23	1	4.3	尖草坪区
10	***超市	23	1	4.3	杏花岭区
11	***超市	22	1	4.5	万柏林区

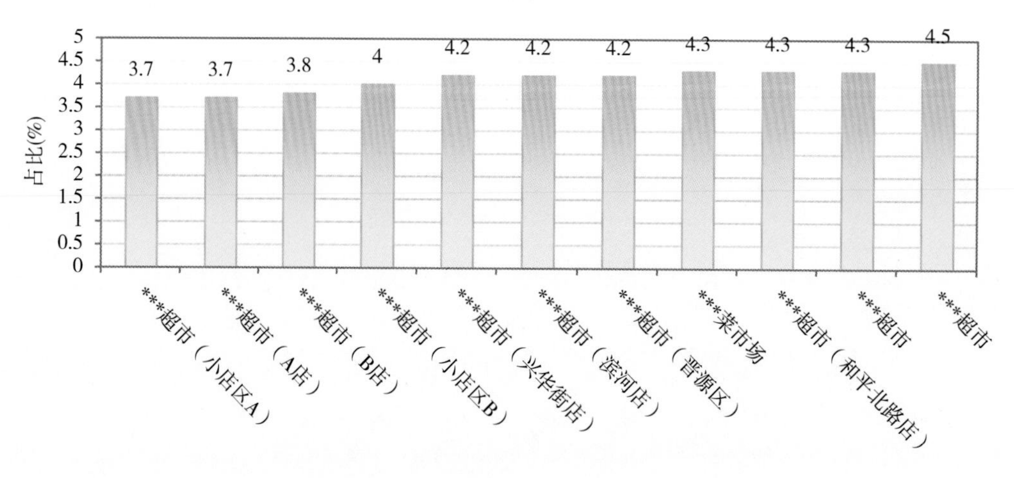

图 13-24　超过 MRL 中国香港标准水果蔬菜在不同采样点分布

13.2.3.5　按 MRL 美国标准衡量

按 MRL 美国标准衡量，有 9 个采样点的样品存在不同程度的超标农药检出，其中***超市的超标率最高，为 4.5%，如表 13-18 和图 13-25 所示。

表 13-18　超过 MRL 美国标准水果蔬菜在不同采样点分布

	采样点	样品总数	超标数量	超标率（%）	行政区域
1	***超市（A 店）	27	1	3.7	万柏林区
2	***超市（B 店）	26	1	3.8	万柏林区
3	***超市（小店区 B）	25	1	4.0	小店区
4	***超市（兴华街店）	24	1	4.2	万柏林区
5	***超市（滨河店）	24	1	4.2	杏花岭区
6	***超市（晋源区）	24	1	4.2	晋源区
7	***菜市场	23	1	4.3	迎泽区
8	***超市（和平北路店）	23	1	4.3	尖草坪区
9	***超市	22	1	4.5	万柏林区

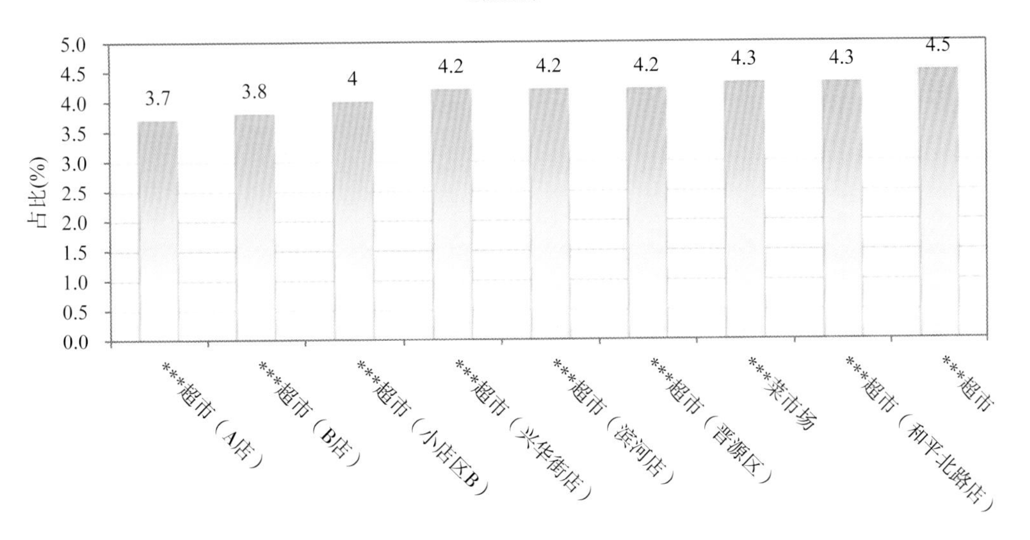

图 13-25　超过 MRL 美国标准水果蔬菜在不同采样点分布

13.2.3.6　按 MRL CAC 标准衡量

按 MRL CAC 标准衡量，有 11 个采样点的样品存在不同程度的超标农药检出，其中***超市（滨河店）的超标率最高，为 8.3%，如表 13-19 和图 13-26 所示。

表 13-19　超过 MRL CAC 标准水果蔬菜在不同采样点分布

	采样点	样品总数	超标数量	超标率（%）	行政区域
1	***超市（小店区 A）	27	1	3.7	小店区
2	***超市（A 店）	27	1	3.7	万柏林区
3	***超市（B 店）	26	1	3.8	万柏林区
4	***超市（小店区 B）	25	1	4.0	小店区
5	***超市（兴华街店）	24	1	4.2	万柏林区
6	***超市（滨河店）	24	2	8.3	杏花岭区
7	***超市（晋源区）	24	1	4.2	晋源区
8	***菜市场	23	1	4.3	迎泽区
9	***超市（和平北路店）	23	1	4.3	尖草坪区
10	***超市	23	1	4.3	杏花岭区
11	***超市	22	1	4.5	万柏林区

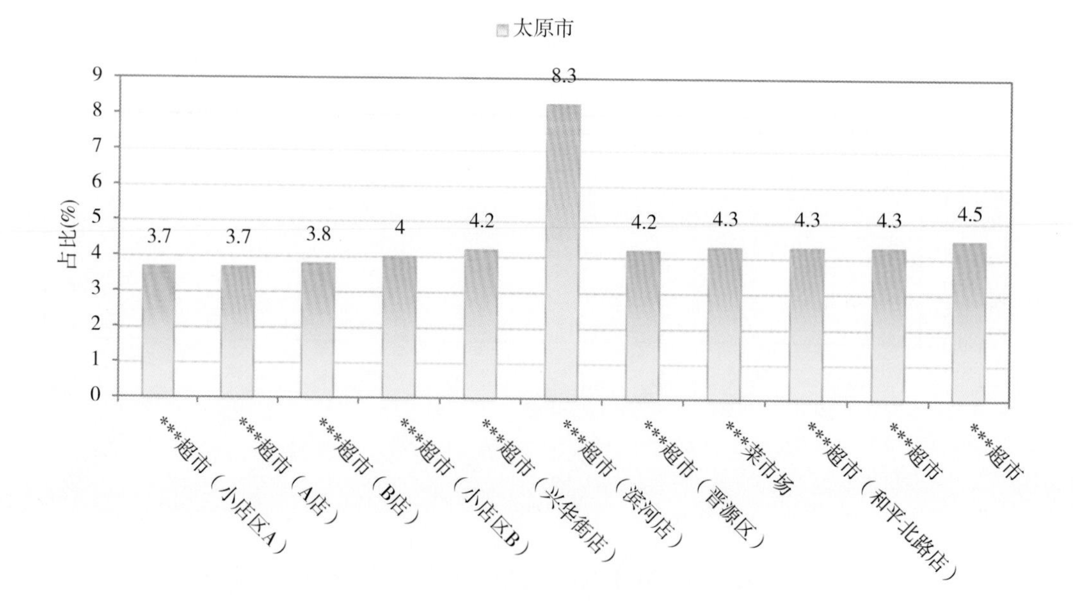

图 13-26　超过 MRL CAC 标准水果蔬菜在不同采样点分布

13.3　水果中农药残留分布

13.3.1　检出农药品种和频次排前 10 的水果

本次残留侦测的水果共 6 种，包括橙、梨、李子、苹果、葡萄和桃。

根据检出农药品种及频次进行排名，将各项排名前 10 位的水果样品检出情况列表说明，详见表 13-20。

表 13-20　检出农药品种和频次排名前 10 的水果

检出农药品种排名前 10（品种）	①桃（17），②葡萄（16），③橙（12），④梨（9），⑤李子（7），⑥苹果（6）
检出农药频次排名前 10（频次）	①葡萄（70），②桃（40），③橙（32），④苹果（21），⑤梨（16），⑥李子（15）
检出禁用、高毒及剧毒农药品种排名前 10（品种）	①橙（1），②梨（1），③桃（1）
检出禁用、高毒及剧毒农药频次排名前 10（频次）	①橙（1），②梨（1），③桃（1）

13.3.2　超标农药品种和频次排前 10 的水果

鉴于 MRL 欧盟标准和日本标准制定比较全面且覆盖率较高，我们参照 MRL 中国国家标准、欧盟标准和日本标准衡量水果样品中农残检出情况，将超标农药品种及频次排名前 10 的水果列表说明，详见表 13-21。

表 13-21　超标农药品种和频次排名前 10 的水果

超标农药品种排名前 10（农药品种数）	MRL 中国国家标准	①桃（1）
	MRL 欧盟标准	①葡萄（2），②桃（2）
	MRL 日本标准	①桃（3），②李子（1），③葡萄（1）
超标农药频次排名前 10（农药频次数）	MRL 中国国家标准	①桃（1）
	MRL 欧盟标准	①桃（6），②葡萄（3）
	MRL 日本标准	①桃（10），②葡萄（3），③李子（2）

通过对各品种水果样本总数及检出率进行综合分析发现，葡萄、橙和梨的残留污染最为严重，在此，我们参照 MRL 中国国家标准、欧盟标准和日本标准对这 3 种水果的农残检出情况进行进一步分析。

13.3.3　农药残留检出率较高的水果样品分析

13.3.3.1　葡萄

这次共检测 10 例葡萄样品，全部检出了农药残留，检出率为 100.0%，检出农药共计 16 种。其中烯酰吗啉、嘧霉胺、嘧菌酯、吡唑醚菌酯和苯醚甲环唑检出频次较高，分别检出了 10、9、9、8 和 7 次。葡萄中农药检出品种和频次见图 13-27，超标农药见图 13-28 和表 13-22。

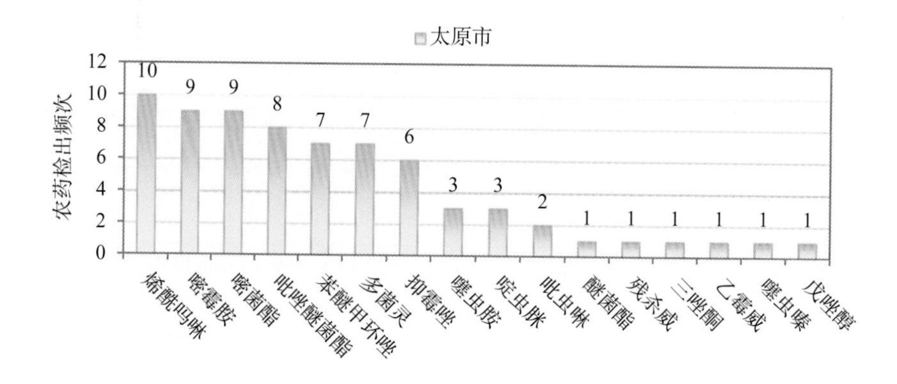

图 13-27　葡萄样品检出农药品种和频次分析

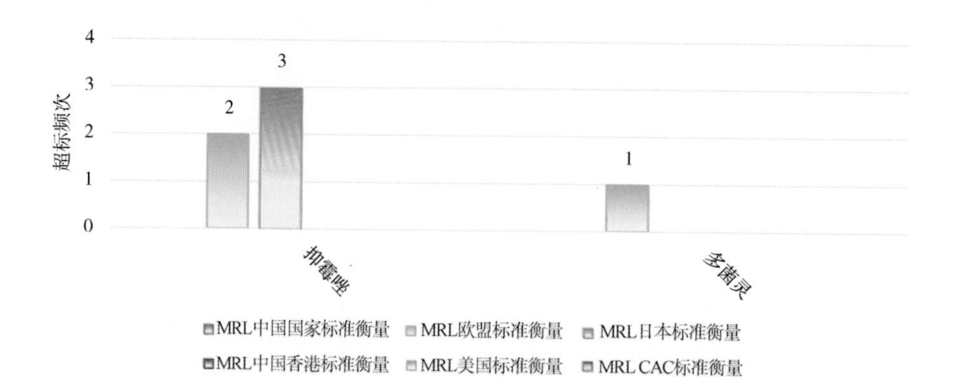

图 13-28　葡萄样品中超标农药分析

表 13-22　葡萄中农药残留超标情况明细表

样品总数			检出农药样品数	样品检出率（%）	检出农药品种总数
10			10	100	16
	超标农药品种	超标农药频次	按照 MRL 中国国家标准、欧盟标准和日本标准衡量超标农药名称及频次		
中国国家标准	0	0			
欧盟标准	2	3	抑霉唑（2），多菌灵（1）		
日本标准	1	3	抑霉唑（3）		

13.3.3.2　橙

这次共检测 13 例橙样品，全部检出了农药残留，检出率为 100.0%，检出农药共计 12 种。其中抑霉唑、咪鲜胺、噻菌灵、甲基硫菌灵和嘧霉胺检出频次较高，分别检出了 9、6、4、2 和 2 次。橙中农药检出品种和频次见图 13-29，超标农药见表 13-23。

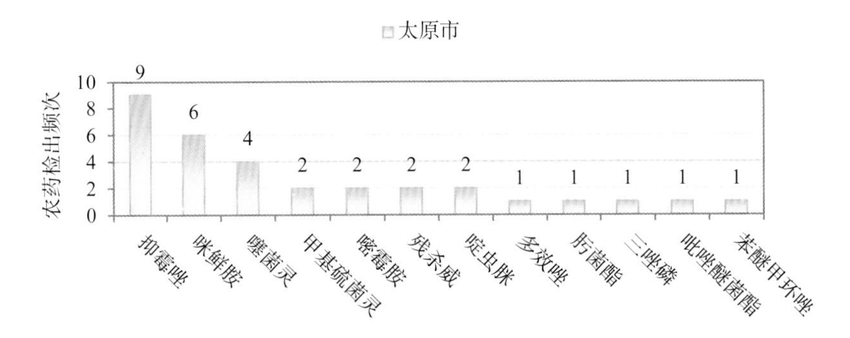

图 13-29　橙样品检出农药品种和频次分析

表 13-23　橙中农药残留超标情况明细表

样品总数			检出农药样品数	样品检出率（%）	检出农药品种总数
13			13	100	12
	超标农药品种	超标农药频次	按照 MRL 中国国家标准、欧盟标准和日本标准衡量超标农药名称及频次		
中国国家标准	0	0			
欧盟标准	0	0			
日本标准	0	0			

13.3.3.3　梨

这次共检测 12 例梨样品，8 例样品中检出了农药残留，检出率为 66.7%，检出农药共计 9 种。其中啶虫脒、多菌灵、噻嗪酮、嘧菌酯和噻菌灵检出频次较高，分别检出了 4、4、2、1 和 1 次。梨中农药检出品种和频次见图 13-30，超标农药见表 13-24。

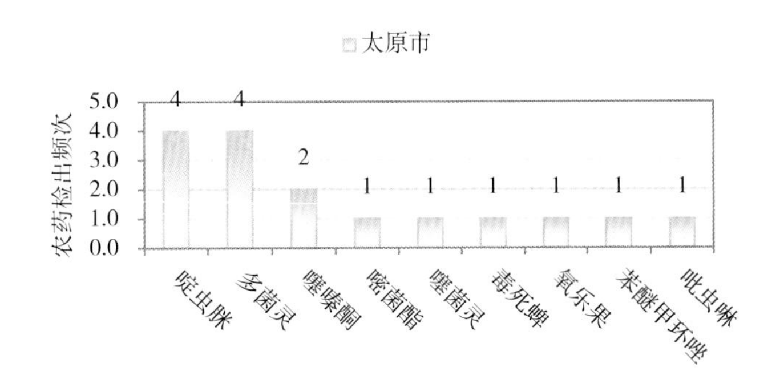

图 13-30　梨样品检出农药品种和频次分析

表 13-24 梨中农药残留超标情况明细表

样品总数			检出农药样品数	样品检出率（%）	检出农药品种总数
12			8	66.7	9
	超标农药品种	超标农药频次	按照 MRL 中国国家标准、欧盟标准和日本标准衡量超标农药名称及频次		
中国国家标准	0	0			
欧盟标准	0	0			
日本标准	0	0			

13.4 蔬菜中农药残留分布

13.4.1 检出农药品种和频次排前 10 的蔬菜

本次残留侦测的蔬菜共 19 种，包括菠菜、菜豆、大白菜、冬瓜、番茄、胡萝卜、黄瓜、结球甘蓝、韭菜、苦苣、马铃薯、茄子、芹菜、青花菜、生菜、蒜薹、甜椒、茼蒿和西葫芦。

根据检出农药品种及频次进行排名，将各项排名前 10 位的蔬菜样品检出情况列表说明，详见表 13-25。

表 13-25 检出农药品种和频次排名前 10 的蔬菜

检出农药品种排名前 10（品种）	①芹菜（27），②番茄（24），③黄瓜（23），④韭菜（18），⑤甜椒（14），⑥茄子（13），⑦西葫芦（11），⑧菜豆（11），⑨大白菜（7），⑩菠菜（7）
检出农药频次排名前 10（频次）	①番茄（121），②芹菜（89），③黄瓜（87），④韭菜（80），⑤茄子（57），⑥甜椒（37），⑦大白菜（23），⑧菜豆（17），⑨西葫芦（15），⑩蒜薹（12）
检出禁用、高毒及剧毒农药品种排名前 10（品种）	①芹菜（4），②韭菜（3），③茄子（3），④菠菜（1），⑤茼蒿（1），⑥西葫芦（1），⑦甜椒（1），⑧菜豆（1），⑨番茄（1）
检出禁用、高毒及剧毒农药频次排名前 10（频次）	①韭菜（11），②芹菜（7），③番茄（5），④茄子（5），⑤甜椒（2），⑥西葫芦（1），⑦菠菜（1），⑧茼蒿（1），⑨菜豆（1）

13.4.2 超标农药品种和频次排前 10 的蔬菜

鉴于 MRL 欧盟标准和日本标准制定比较全面且覆盖率较高，我们参照 MRL 中国国家标准、欧盟标准和日本标准衡量蔬菜样品中农残检出情况，将超标农药品种及频次排名前 10 的蔬菜列表说明，详见表 13-26。

表 13-26 超标农药品种和频次排名前 10 的蔬菜

超标农药品种排名前 10（农药品种数）	MRL 中国国家标准	①韭菜（3），②芹菜（1），③大白菜（1），④黄瓜（1），⑤菠菜（1）
	MRL 欧盟标准	①韭菜（9），②芹菜（6），③茄子（5），④蒜薹（3），⑤黄瓜（3），⑥番茄（3），⑦大白菜（2），⑧菠菜（2），⑨甜椒（1），⑩西葫芦（1）
	MRL 日本标准	①韭菜（8），②菜豆（2），③菠菜（2），④番茄（1），⑤大白菜（1），⑥茼蒿（1），⑦甜椒（1），⑧芹菜（1），⑨茄子（1）
超标农药频次排名前 10（农药频次数）	MRL 中国国家标准	①韭菜（12），②芹菜（1），③菠菜（1），④大白菜（1），⑤黄瓜（1）
	MRL 欧盟标准	①韭菜（31），②番茄（13），③芹菜（8），④茄子（6），⑤黄瓜（5），⑥蒜薹（3），⑦大白菜（2），⑧甜椒（2），⑨菠菜（2），⑩西葫芦（2）
	MRL 日本标准	①韭菜（23），②茼蒿（3），③菜豆（3），④菠菜（2），⑤甜椒（2），⑥茄子（1），⑦番茄（1），⑧大白菜（1），⑨芹菜（1）

通过对各品种蔬菜样本总数及检出率进行综合分析发现，芹菜、番茄和黄瓜的残留污染最为严重，在此，我们参照 MRL 中国国家标准、欧盟标准和日本标准对这 3 种蔬菜的农残检出情况进行进一步分析。

13.4.3 农药残留检出率较高的蔬菜样品分析

13.4.3.1 芹菜

这次共检测 12 例芹菜样品，全部检出了农药残留，检出率为 100.0%，检出农药共计 27 种。其中多菌灵、吡虫啉、苯醚甲环唑、丙环唑和烯酰吗啉检出频次较高，分别检出了 12、11、10、9 和 7 次。芹菜中农药检出品种和频次见图 13-31，超标农药见图 13-32 和表 13-27。

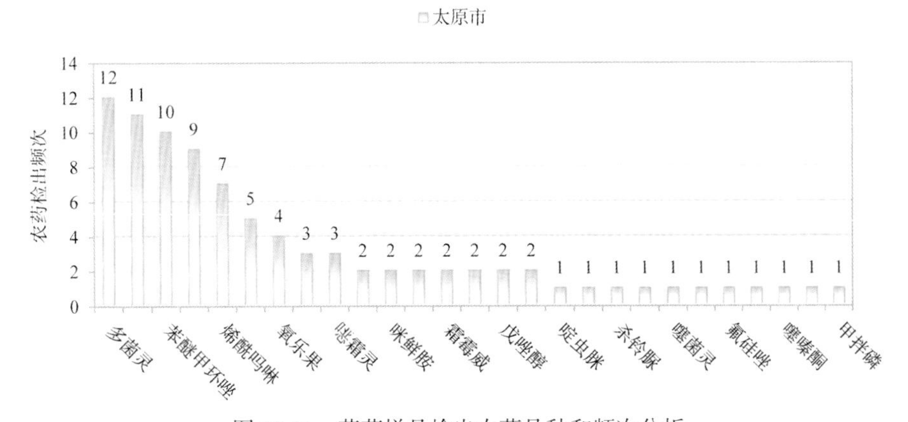

图 13-31 芹菜样品检出农药品种和频次分析

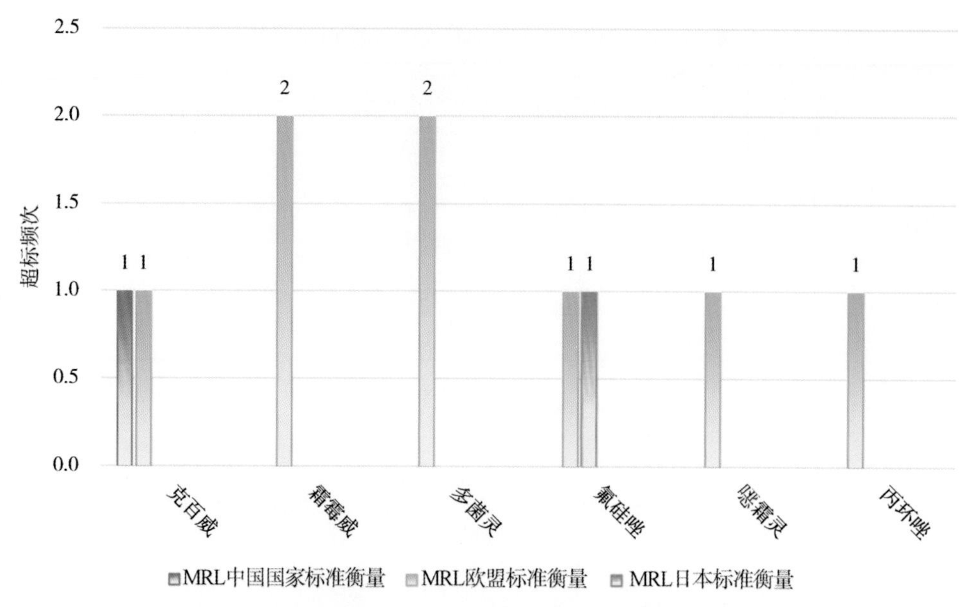

图 13-32　芹菜样品中超标农药分析

表 13-27　芹菜中农药残留超标情况明细表

样品总数			检出农药样品数	样品检出率（%）	检出农药品种总数
12			12	100	27
	超标农药品种	超标农药频次	按照 MRL 中国国家标准、欧盟标准和日本标准衡量超标农药名称及频次		
中国国家标准	1	1	克百威（1）		
欧盟标准	6	8	霜霉威（2），多菌灵（2），氟硅唑（1），克百威（1），噁霜灵（1），丙环唑（1）		
日本标准	1	1	氟硅唑（1）		

13.4.3.2　番茄

这次共检测 26 例番茄样品，25 例样品中检出了农药残留，检出率为 96.2%，检出农药共计 24 种。其中啶虫脒、烯酰吗啉、哒螨灵、多菌灵和吡丙醚检出频次较高，分别检出了 15、14、14、12 和 9 次。番茄中农药检出品种和频次见图 13-33，超标农药见图 13-34 和表 13-28。

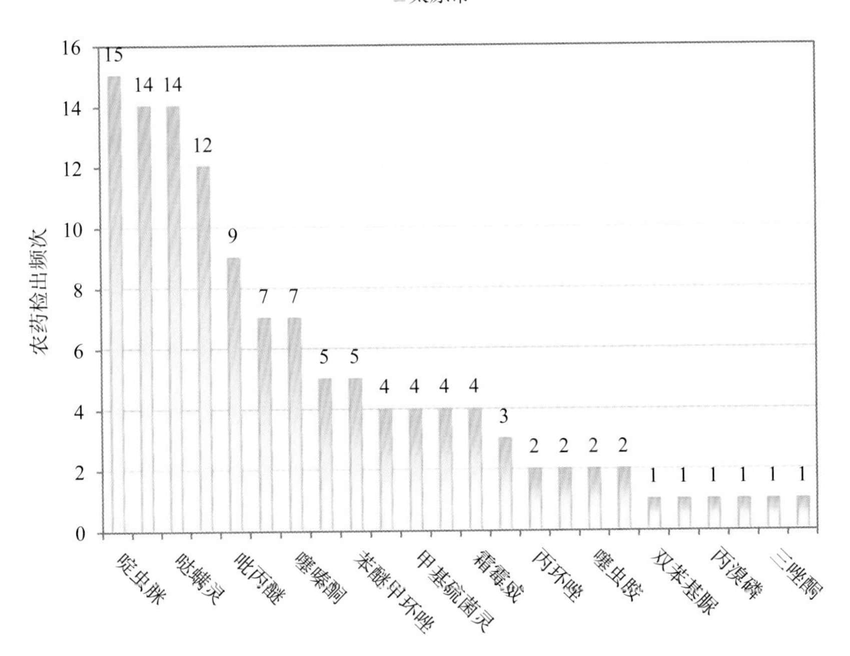

图 13-33 番茄样品检出农药品种和频次分析

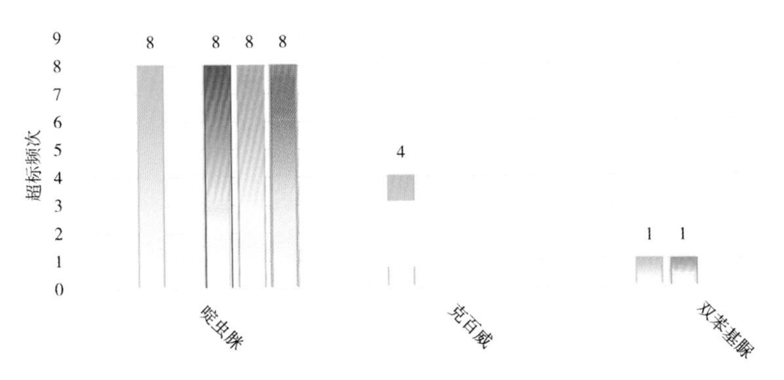

图 13-34 番茄样品中超标农药分析

表 13-28 番茄中农药残留超标情况明细表

样品总数			检出农药样品数	样品检出率（%）	检出农药品种总数
26			25	96.2	24
	超标农药品种	超标农药频次	按照 MRL 中国国家标准、欧盟标准和日本标准衡量超标农药名称及频次		
中国国家标准	0	0			
欧盟标准	3	13	啶虫脒（8），克百威（4），双苯基脲（1）		
日本标准	1	1	双苯基脲（1）		

13.4.3.3　黄瓜

这次共检测 14 例黄瓜样品，13 例样品中检出了农药残留，检出率为 92.9%，检出农药共计 23 种。其中多菌灵、甲霜灵、霜霉威、烯酰吗啉和啶虫脒检出频次较高，分别检出了 11、9、8、7 和 7 次。黄瓜中农药检出品种和频次见图 13-33，超标农药见图 13-36 和表 13-29。

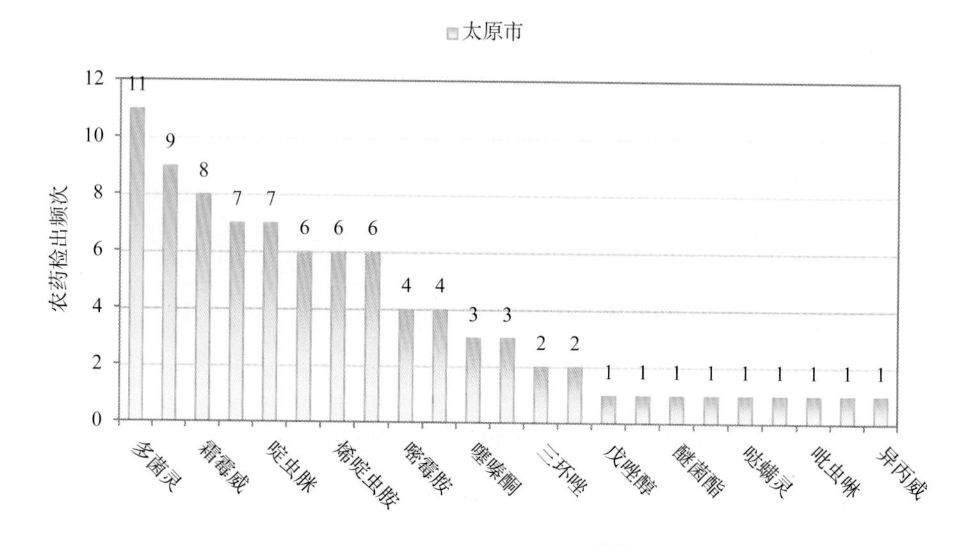

图 13-35　黄瓜样品检出农药品种和频次分析

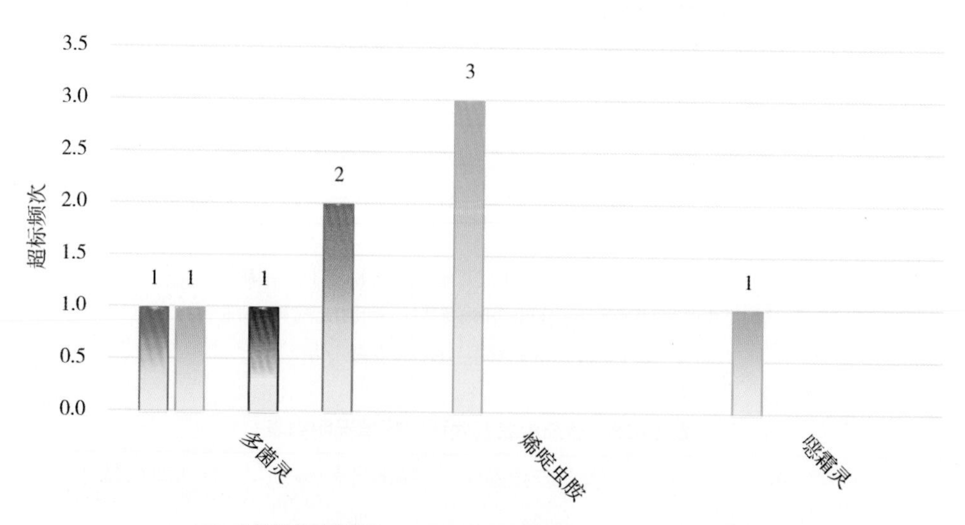

图 13-36　黄瓜样品中超标农药分析

表 13-29　黄瓜中农药残留超标情况明细表

样品总数			检出农药样品数	样品检出率（%）	检出农药品种总数
14			13	92.9	23
	超标农药品种	超标农药频次	按照 MRL 中国国家标准、欧盟标准和日本标准衡量超标农药名称及频次		
中国国家标准	1	1	多菌灵（1）		
欧盟标准	3	5	烯啶虫胺（3），噁霜灵（1），多菌灵（1）		
日本标准	0	0			

13.5　初步结论

13.5.1　太原市市售水果蔬菜按 MRL 中国国家标准和国际主要 MRL 标准衡量的合格率

本次侦测的 318 例样品中，97 例样品未检出任何残留农药，占样品总量的 30.5%，221 例样品检出不同水平、不同种类的残留农药，占样品总量的 69.5%。在这 221 例检出农药残留的样品中：

按照 MRL 中国国家标准衡量，有 206 例样品检出残留农药但含量没有超标，占样品总数的 64.8%，有 15 例样品检出了超标农药，占样品总数的 4.7%。

按照 MRL 欧盟标准衡量，有 167 例样品检出残留农药但含量没有超标，占样品总数的 52.5%，有 54 例样品检出了超标农药，占样品总数的 17.0%。

按照 MRL 日本标准衡量，有 187 例样品检出残留农药但含量没有超标，占样品总数的 58.8%，有 34 例样品检出了超标农药，占样品总数的 10.7%。

按照 MRL 中国香港标准衡量，有 210 例样品检出残留农药但含量没有超标，占样品总数的 66.0%，有 11 例样品检出了超标农药，占样品总数的 3.5%。

按照 MRL 美国标准衡量，有 212 例样品检出残留农药但含量没有超标，占样品总数的 66.7%，有 9 例样品检出了超标农药，占样品总数的 2.8%。

按照 MRL CAC 标准衡量，有 209 例样品检出残留农药但含量没有超标，占样品总数的 65.7%，有 12 例样品检出了超标农药，占样品总数的 3.8%。

13.5.2　太原市市售水果蔬菜中检出农药以中低微毒农药为主，占市场主体的 89.8%

这次侦测的 318 例样品包括蔬菜 19 种 243 例，水果 6 种 62 例，食用菌 1 种 13 例，共检出了 49 种农药，检出农药的毒性以中低微毒为主，详见表 13-30。

表 13-30 市场主体农药毒性分布

毒性	检出品种	占比	检出频次	占比
剧毒农药	1	2.0%	2	0.3%
高毒农药	4	8.2%	35	4.4%
中毒农药	25	51.0%	355	45.1%
低毒农药	9	18.4%	203	25.8%
微毒农药	10	20.4%	193	24.5%
中低微毒农药，品种占比 89.8%，频次占比 95.3%				

13.5.3 检出剧毒、高毒和禁用农药现象应该警醒

在此次侦测的 318 例样品中有 9 种蔬菜和 3 种水果的 34 例样品检出了 5 种 37 频次的剧毒和高毒或禁用农药，占样品总量的 10.7%。其中剧毒农药甲拌磷以及高毒农药氧乐果、克百威和三唑磷检出频次较高。

按 MRL 中国国家标准衡量，剧毒农药高毒农药氧乐果，检出 14 次，超标 7 次；克百威，检出 10 次，超标 4 次；按超标程度比较，韭菜中氧乐果超标 112.4 倍，韭菜中克百威超标 7.9 倍，菠菜中氧乐果超标 90%，芹菜中克百威超标 60%。

剧毒、高毒或禁用农药的检出情况及按照 MRL 中国国家标准衡量的超标情况见表 13-31。

表 13-31 剧毒、高毒或禁用农药的检出及超标明细

序号	农药名称	样品名称	检出频次	超标频次	最大超标倍数	超标率
1.1	甲拌磷*▲	芹菜	1	0		0.0%
1.2	甲拌磷*▲	茼蒿	1	0		0.0%
2.1	克百威◊▲	番茄	5	0		0.0%
2.2	克百威◊▲	韭菜	3	3	7.91	100.0%
2.3	克百威◊▲	芹菜	1	1	0.585	100.0%
2.4	克百威◊▲	茄子	1	0		0.0%
3.1	灭多威◊▲	茄子	3	0		0.0%
4.1	三唑磷◊	甜椒	2	0		0.0%

续表

序号	农药名称	样品名称	检出频次	超标频次	最大超标倍数	超标率
4.2	三唑磷◊	菜豆	1	0		0.0%
4.3	三唑磷◊	橙	1	0		0.0%
4.4	三唑磷◊	韭菜	1	0		0.0%
4.5	三唑磷◊	茄子	1	0		0.0%
4.6	三唑磷◊	芹菜	1	0		0.0%
4.7	三唑磷◊	桃	1	0		0.0%
5.1	氧乐果◊▲	韭菜	7	6	112.4	85.7%
5.2	氧乐果◊▲	芹菜	4	0		0.0%
5.3	氧乐果◊▲	菠菜	1	1	0.91	100.0%
5.4	氧乐果◊▲	梨	1	0		0.0%
5.5	氧乐果◊▲	西葫芦	1	0		0.0%
合计			37	11		29.7%

注：超标倍数参照MRL中国国家标准衡量

些超标的剧毒和高毒农药都是中国政府早有规定禁止在水果蔬菜中使用的，为什么还屡次被检出，应该引起警惕。

13.5.4 残留限量标准与先进国家或地区差距较大

788频次的检出结果与我国公布的《食品中农药最大残留限量》(GB 2763—2014)对比，有376频次能找到对应的MRL中国国家标准，占47.7%；还有412频次的侦测数据无相关MRL标准供参考，占52.3%。

与国际上现行MRL标准对比发现：

有788频次能找到对应的MRL欧盟标准，占100.0%；

有788频次能找到对应的MRL日本标准，占100.0%；

有476频次能找到对应的MRL中国香港标准，占60.4%；

有456频次能找到对应的MRL美国标准，占57.9%；

有396频次能找到对应的MRL CAC标准，占50.3%。

由上可见，MRL中国国家标准与先进国家或地区标准还有很大差距，我们无标准，境外有标准，这就会导致我们在国际贸易中，处于受制于人的被动地位。

13.5.5　水果蔬菜单种样品检出 12~27 种农药残留，拷问农药使用的科学性

通过此次监测发现，桃、葡萄和橙是检出农药品种最多的 3 种水果，芹菜、番茄和黄瓜是检出农药品种最多的 3 种蔬菜，从中检出农药品种及频次详见表 13-32。

表 13-32　单种样品检出农药品种及频次

样品名称	样品总数	检出农药样品数	检出率	检出农药品种数	检出农药（频次）
芹菜	12	12	100.0%	27	多菌灵（12），吡虫啉（11），苯醚甲环唑（10），丙环唑（9），烯酰吗啉（7），嘧菌酯（5），氧乐果（4），甲基硫菌灵（3），噁霜灵（3），吡唑醚菌酯（2），咪鲜胺（2），甲霜灵（2），霜霉威（2），嘧霉胺（2），戊唑醇（2），噻虫嗪（2），啶虫脒（1），三唑磷（1），杀铃脲（1），双苯基脲（1），噻菌灵（1），毒死蜱（1），氟硅唑（1），克百威（1），噻嗪酮（1），三唑酮（1），甲拌磷（1）
番茄	26	25	96.2%	24	啶虫脒（15），烯酰吗啉（14），哒螨灵（14），多菌灵（12），吡丙醚（9），烯啶虫胺（7），噻嗪酮（7），克百威（5），苯醚甲环唑（5），嘧菌酯（4），甲基硫菌灵（4），噻虫嗪（4），霜霉威（4），腈菌唑（3），丙环唑（2），吡虫啉（2），噻虫胺（2），毒死蜱（2），双苯基脲（1），噻唑磷（1），丙溴磷（1），二嗪磷（1），三唑酮（1），氟硅唑（1）
黄瓜	14	13	92.9%	23	多菌灵（11），甲霜灵（9），霜霉威（8），烯酰吗啉（7），啶虫脒（7），苯醚甲环唑（6），烯啶虫胺（6），噻虫嗪（6），嘧霉胺（4），噁霜灵（4），噻嗪酮（3），乙霉威（3），三环唑（2），吡唑醚菌酯（2），戊唑醇（1），肟菌酯（1），醚菌酯（1），甲基硫菌灵（1），哒螨灵（1），咪鲜胺（1），吡虫啉（1），抑霉唑（1），异丙威（1）
桃	6	6	100.0%	17	多菌灵（6），氟硅唑（4），甲基硫菌灵（4），吡虫啉（3），腈菌唑（3），苯醚甲环唑（3），哒螨灵（2），稻瘟灵（2），肟菌酯（2），丙溴磷（2），噻菌灵（2），戊唑醇（2），多效唑（1），三唑磷（1），丙环唑（1），己唑醇（1），毒死蜱（1）
葡萄	10	10	100.0%	16	烯酰吗啉（10），嘧霉胺（9），嘧菌酯（9），吡唑醚菌酯（8），苯醚甲环唑（7），多菌灵（7），抑霉唑（6），噻虫胺（3），啶虫脒（3），吡虫啉（2），醚菌酯（1），残杀威（1），三唑酮（1），乙霉威（1），噻虫嗪（1），戊唑醇（1）

续表

样品名称	样品总数	检出农药样品数	检出率	检出农药品种数	检出农药（频次）
橙	13	13	100.0%	12	抑霉唑（9），咪鲜胺（6），噻菌灵（4），甲基硫菌灵（2），嘧霉胺（2），残杀威（2），啶虫脒（2），多效唑（1），肟菌酯（1），三唑磷（1），吡唑醚菌酯（1），苯醚甲环唑（1）

上述 6 种水果蔬菜，检出农药 12~27 种，是多种农药综合防治，还是未严格实施农业良好管理规范（GAP），抑或根本就是乱施药，值得我们思考。

第14章　LC-Q-TOF/MS侦测太原市市售水果蔬菜农药残留膳食暴露风险及预警风险评估

14.1　农药残留风险评估方法

14.1.1　太原市农药残留检测数据分析与统计

庞国芳院士科研团队建立的农药残留高通量侦测技术以高分辨精确质量数（0.0001 *m/z* 为基准）为识别标准，采用 LC-Q-TOF/MS 技术对 537 种农药化学污染物进行检测。

科研团队于 2013 年 10 月在太原市所属 6 个区县的 13 个采样点，随机采集了 318 例水果蔬菜样品，采样点具体位置分布如图 14-1 所示。

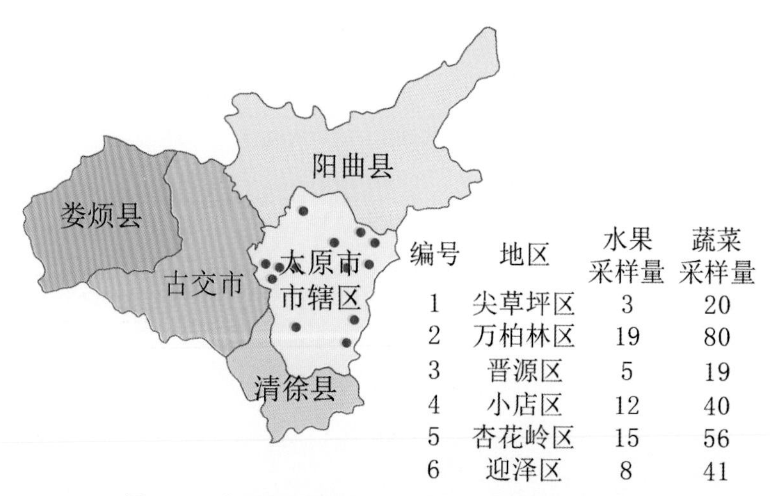

图 14-1　太原市所属 13 个采样点 318 例样品分布图

利用 LC-Q-TOF/MS 技术对 318 例样品中的农药残留进行侦测，检出残留农药 49 种，788 频次。检出农药残留水平如表 14-1 和图 14-2 所示。检出频次最高的前十种农药如表 14-2 所示。从检测结果中可以看出，在果蔬中农药残留普遍存在，且有些果蔬存在高浓度的农药残留，这些可能存在膳食暴露风险，对人体健康产生危害，因此，为了定量地评价果蔬中农药残留的风险程度，有必要对其进行风险评价。

表 14-1　检出农药的不同残留水平及其所占比例

残留水平(μg/kg)	检出频次	占比（%）
1~5（含）	321	40.7
5~10（含）	113	14.3
10~100（含）	266	33.8
100~1000（含）	85	10.8
>1000	3	0.4
合计	788	100

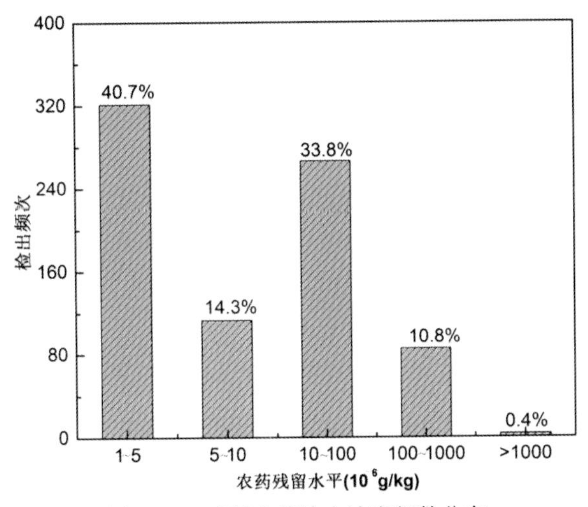

图 14-2　残留农药检出浓度频数分布

表 14-2　检出频次最高的前十种农药

序号	农药	检出频次（次）
1	烯酰吗啉	94
2	多菌灵	92
3	啶虫脒	72
4	吡虫啉	36
5	嘧霉胺	34
6	苯醚甲环唑	34
7	哒螨灵	32
8	霜霉威	27
9	嘧菌酯	21
10	烯啶虫胺	20

14.1.2 农药残留风险评价模型

对太原市水果蔬菜中农药残留分别开展暴露风险评估和预警风险评估。膳食暴露风险评价利用食品安全指数模型，对水果蔬菜中的残留农药对人体可能产生的危害程度进行评价，该模型结合残留监测和膳食暴露评估评价化学污染物的危害；预警风险评价模型运用风险系数（risk index，*R*），风险系数综合考虑了危害物的超标率、施检频率及其本身敏感性的影响，能直观而全面地反映出危害物在一段时间内的风险程度。

14.1.2.1 食品安全指数模型

为了加强食品安全管理，《中华人民共和国食品安全法》第二章第十七条规定“国家建立食品安全风险评估制度，运用科学方法，根据食品安全风险监测信息、科学数据以及有关信息，对食品、食品添加剂、食品相关产品中生物性、化学性和物理性危害因素进行风险评估”[1]，膳食暴露评估是食品危险度评估的重要组成部分，也是膳食安全性的衡量标准[2]。国际上最早研究膳食暴露风险评估的机构主要是 JMPR（FAO、WHO 农药残留联合会议），该组织自 1995 年就已制定了急性毒性物质的风险评估急性毒性农药残留摄入量的预测。1960 年美国规定食品中不得加入致癌物质进而提出零阈值理论，渐渐零阈值理论发展成在一定概率条件下可接受风险的概念[3]，后衍变为食品中每日允许最大摄入量（ADI），而农药残留法典委员会（CCPR）认为 ADI 不是独立风险评估的唯一标准[4]，1995 年 JMPR 开始研究农药急性膳食暴露风险评估，并对食品国际短期摄入量的计算方法进行了修正，亦对膳食暴露评估准则及评估方法进行了修正[5]，2002 年，在对世界上现行的食品安全评价方法，尤其是国际公认的 CAC 的评价方法，WHO GEMS/Food（全球环境监测系统/食品污染监测和评估规划）及 JECFA（FAO、WHO 食品添加剂联合专家委员会）和 JMPR 对食品安全风险评估工作研究的基础之上，检验检疫食品安全管理的研究人员提出了结合残留监控和膳食暴露评估，以食品安全指数 IFS 计算食品中各种化学污染物对消费者的健康危害程度[6]。IFS 是表示食品安全状态的新方法，可有效地评价某种农药的安全性，进而评价食品中各种农药化学污染物对消费者健康的整体危害程度[7, 8]。从理论上分析，IFS_c 可指出食品中的污染物 c 对消费者健康是否存在危害及危害的程度[9]。其优点在于操作简单且结果容易被接受和理解，不需要大量的数据来对结果进行验证，使用默认的标准假设或者模型即可[10, 11]。

1）IFS_c 的计算

IFS_c 计算公式如下：

$$\mathrm{IFS_c} = \frac{\mathrm{EDI_c} \times f}{\mathrm{SI_c} \times \mathrm{bw}} \tag{14-1}$$

式中，c 为所研究的农药；EDI_c 为农药 c 的实际日摄入量估算值，等于 $\sum(R_i \times F_i \times E_i \times P_i)$（$i$ 为食品种类；R_i 为食品 i 中农药 c 的残留水平，mg/kg；F_i 为食品 i 的估计日消费量，g/（人·天）；E_i 为食品 i 的可食用部分因子；P_i 为食品 i 的加工处理因子）；SI_c 为安全摄入量，可采用每日允许摄入量 ADI；bw 为人平均体重，kg；f 为校正因子，如果安全摄入量采用 ADI，f 取 1。

$IFS_c \ll 1$，农药 c 对食品安全没有影响；$IFS_c \leq 1$，农药 c 对食品安全的影响可以接受；$IFS_c > 1$，农药 c 对食品安全的影响不可接受。

本次评价中：

$IFS_c \leq 0.1$，农药 c 对果蔬安全没有影响；

$0.1 < IFS_c \leq 1$，农药 c 对果蔬安全的影响可以接受；

$IFS_c > 1$，农药 c 对果蔬安全的影响不可接受。

本次评价中残留水平 R_i 取值为中国检验检疫科学研究院庞国芳院士课题组对太原市果蔬中的农药残留检测结果。估计日消费量 F_i 取值 0.38 kg/(人·天)，E_i=1，P_i=1，f=1，SI_c 采用《食品安全国家标准　食品中农药最大残留限量》（GB 2763—2016）中 ADI 值（具体数值见表 14-3），人平均体重 bw 取值 60 kg。

表 14-3　太原市果蔬中残留农药 ADI 值

序号	农药	ADI	序号	农药	ADI	序号	农药	ADI
1	苯醚甲环唑	0.01	18	甲拌磷	0.0007	35	三唑磷	0.001
2	吡丙醚	0.1	19	甲基硫菌灵	0.08	36	三唑酮	0.03
3	吡虫啉	0.06	20	甲霜灵	0.08	37	杀铃脲	0.014
4	吡唑醚菌酯	0.03	21	腈菌唑	0.03	38	霜霉威	0.4
5	丙环唑	0.07	22	克百威	0.001	39	肟菌酯	0.04
6	丙溴磷	0.03	23	螺螨酯	0.01	40	戊唑醇	0.03
7	哒螨灵	0.01	24	咪鲜胺	0.01	41	烯啶虫胺	0.53
8	稻瘟灵	0.016	25	醚菌酯	0.4	42	烯酰吗啉	0.2
9	啶虫脒	0.07	26	嘧菌酯	0.2	43	氧乐果	0.0003
10	毒死蜱	0.01	27	嘧霉胺	0.2	44	乙螨唑	0.05
11	多菌灵	0.03	28	灭多威	0.02	45	乙霉威	0.004
12	多效唑	0.1	29	噻虫胺	0.1	46	异丙威	0.002
13	噁霜灵	0.01	30	噻虫嗪	0.08	47	抑霉唑	0.03
14	二嗪磷	0.005	31	噻菌灵	0.1	48	双苯基脲	—
15	粉唑醇	0.01	32	噻嗪酮	0.009	49	残杀威	—
16	氟硅唑	0.007	33	噻唑磷	0.004			
17	己唑醇	0.005	34	三环唑	0.04			

注：“—”表示为国家标准中无 ADI 值规定；ADI 值单位为 mg/kg bw

2）计算 IFS_c 的平均值 $\overline{IFS}$，判断农药对食品安全影响程度

以 $\overline{IFS}$ 评价各种农药对人体健康危害的总程度，评价模型见公式（14-2）。

$$\overline{IFS} = \frac{\sum_{i=1}^{n} IFS_c}{n} \tag{14-2}$$

$\overline{IFS}\ll1$，所研究消费者人群的食品安全状态很好；$\overline{IFS}\leqslant1$，所研究消费者人群的食品安全状态可以接受；$\overline{IFS}>1$，所研究消费者人群的食品安全状态不可接受。

本次评价中：

$\overline{IFS}\leqslant0.1$，所研究消费者人群的果蔬安全状态很好；

$0.1<\overline{IFS}\leqslant1$，所研究消费者人群的果蔬安全状态可以接受；

$\overline{IFS}>1$，所研究消费者人群的果蔬安全状态不可接受。

14.1.2.2 预警风险评价模型

2003 年，我国检验检疫食品安全管理的研究人员根据 WTO 的有关原则和我国的具体规定，结合危害物本身的敏感性、风险程度及其相应的施检频率，首次提出了食品中危害物风险系数 R 的概念[12]。R 是衡量一个危害物的风险程度大小最直观的参数，即在一定时期内其超标率或阳性检出率的高低，但受其施检测率的高低及其本身的敏感性（受关注程度）影响。该模型综合考察了农药在蔬菜中的超标率、施检频率及其本身敏感性，能直观而全面地反映出农药在一段时间内的风险程度[13]。

1）R 计算方法

危害物的风险系数综合考虑了危害物的超标率或阳性检出率、施检频率和其本身的敏感性影响，并能直观而全面地反映出危害物在一段时间内的风险程度。风险系数 R 的计算公式如式（14-3）：

$$R = aP + \frac{b}{F} + S \tag{14-3}$$

式中，P 为该种危害物的超标率；F 为危害物的施检频率；S 为危害物的敏感因子；a, b 分别为相应的权重系数。

本次评价中 $F=1$；$S=1$；$a=100$；$b=0.1$，对参数 P 进行计算，计算时首先判断是否为禁药，如果为非禁药，P=超标的样品数（检测出的含量高于食品最大残留限量标准值，即 MRL）除以总样品数（包括超标、不超标、未检出）；如果为禁药，则检出即为超标，P=能检出的样品数除以总样品数。判断太原市果蔬农药残留是否超标的标准限值 MRL 分别以 MRL 中国国家标准[14]和 MRL 欧盟标准作为对照，具体值列于本报告附表一中。

2）判断风险程度

$R\leqslant1.5$，受检农药处于低度风险；

$1.5<R\leqslant2.5$，受检农药处于中度风险；

$R>2.5$，受检农药处于高度风险。

14.1.2.3 食品膳食暴露风险和预警风险评价应用程序的开发

1）应用程序开发的步骤

为成功开发膳食暴露风险和预警风险评价应用程序，与软件工程师多次沟通讨论，逐步提出并描述清楚计算需求，开发了初步应用程序。在软件应用过程中，根据风险评价拟得到结果的变化，计算需求发生变更，这些变化给软件工程师进行需求分析带来一定的困难，经过各种细节的沟通，需求分析得到明确后，开始进行解决方案的设计，在保证需求的完整性、一致性的前提下，编写代码，最后设计出风险评价专用计算软件。软件开发基本步骤见图 14-3。

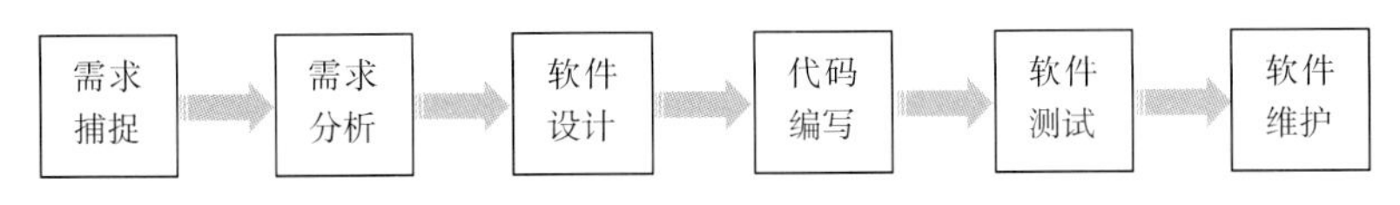

图 14-3　专用程序开发总体步骤

2）膳食暴露风险评价专业程序开发的基本要求

首先直接利用公式（14-1），分别计算 LC-Q-TOF/MS 和 GC-Q-TOF/MS 仪器检出的各果蔬样品中每种农药 IFS_c，将结果列出。为考察超标农药和禁用农药的使用安全性，分别以我国《食品安全国家标准　食品中农药最大残留限量》（GB 2763—2016）和欧盟食品中农药最大残留限量（以下简称 MRL 中国国家标准和 MRL 欧盟标准）为标准，对检出的禁药和超标的非禁药 IFS_c 单独进行评价；按 IFS_c 大小列表，并找出 IFS_c 值排名前 20 的样本重点关注。

对不同果蔬 i 中每一种检出的农药 c 的安全指数进行计算，多个样品时求平均值。若监测数据为该市多个月的数据，则逐月、逐季度分别列出每个月、每个季度内每一种果蔬 i 对应的每一种农药 c 的 IFS_c。

按农药种类，计算整个监测时间段内每种农药的 IFS_c，不区分果蔬。若检测数据为该市多个月的数据，则需分别计算每个月、每个季度内每种农药的 IFS_c。

3）预警风险评价专业程公式序开发的基本要求

分别以 MRL 中国国家标准和 MRL 欧盟标准，按（14-3）逐个计算不同果蔬、不同农药的风险系数，禁药和非禁药分别列表。

为清楚了解各种农药的预警风险，不分时间，不分果蔬，按禁用农药和非禁药分类，分别计算各种检出农药全部检测时段内风险系数。由于有 MRL 中国国家标准的农药种类太少，无法计算超标数，非禁药的风险系数只以 MRL 欧盟标准为标准进行计算。若检测数据为多个月的，则按月计算每个月、每个季度内每种禁用农药残留的风险系数和以 MRL 欧盟标准为标准的非禁药残留的风险系数。

4）风险程度评价专业应用程序的开发方法

采用 Python 计算机程序设计语言，Python 是一个高层次的结合了解释性、编译性、互动性和面向对象的脚本语言。风险评价专用程序主要功能包括：分别读入每例样品 LC-Q-TOF/MS 和 GC-Q-TOF/MS 农药残留检测数据，根据风险评价工作要求，依次对不同农药、不同食品、不同时间、不同采样点的 IFS_c 值和 R 值分别进行数据计算，筛选出禁用农药、超标农药（分别与 MRL 中国国家标准、MRL 欧盟标准限值进行对比）单独重点分析，再分别对各农药、各果蔬种类分类处理，设计出计算和排序程序，编写计算机代码，最后将生成的膳食暴露风险评价和超标风险评价定量计算结果列入设计好的各个表格中，并定性判断风险对目标的影响程度，直接用文字描述风险发生的高低，如“不可接受”“可以接受”“没有影响”“高度风险”“中度风险”“低度风险”。

14.2　太原市果蔬农药残留膳食暴露风险评估

14.2.1　果蔬样品中农药残留安全指数分析

基于 2013 年 10 月农药残留检测数据，发现 318 例样品中检出农药 788 频次，计算样品中每种残留农药的安全指数 IFS_c，并分析农药对样品安全的影响程度，结果详见附表二，农药残留对果蔬样品安全的影响程度频次分布情况如图 14-4 所示。

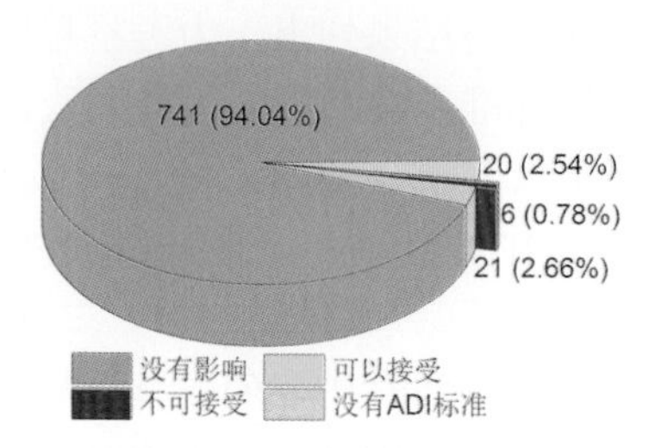

图 14-4　农药残留对果蔬样品安全的影响程度频次分布图

由图 14-4 可以看出，农药残留对样品安全的影响不可接受的频次为 6，占 0.78%；农药残留对样品安全的影响可以接受的频次为 20，占 2.54%；农药残留对样品安全的没有影响的频次为 741，占 94.04%。对果蔬样品安全影响不可接受的残留农药安全指数表如表 14-4 所示。

表 14-4　对果蔬样品安全影响不可接受的残留农药安全指数表

序号	样品编号	采样点	基质	农药	含量 (mg/kg)	IFS_c
1	20131015-140100-QHDCIQ-JC-08A	***超市（小店区 B）	韭菜	克百威	0.1782	1.1286
2	20131015-140100-QHDCIQ-JC-07A	***超市（小店区 A）	韭菜	氧乐果	2.268	47.88
3	20131015-140100-QHDCIQ-JC-08A	***超市（小店区 B）	韭菜	氧乐果	0.8514	17.974
4	20131016-140100-QHDCIQ-JC-11A	***超市（杏花岭区店）	韭菜	氧乐果	0.2163	4.5663
5	20131015-140100-QHDCIQ-JC-03A	***超市（晋源区）	韭菜	氧乐果	0.7029	14.839
6	20131015-140100-QHDCIQ-JC-04A	***超市	韭菜	氧乐果	0.8514	17.974

此次检测，发现部分样品检出禁用农药，为了明确残留的禁用农药对样品安全的影响，分析检出禁药残留的样品安全指数，结果如图 14-5 所示，检出禁用农药 4 种 29 频次，其中农药残留对样品安全的影响不可接受的频次为 6，占 20.69%；农药残留对样品安全的影响可以接受的频次为 5，占 17.24%；农药残留对样品安全没有影响的频次为 18，占 62.07%。对果蔬样品安全影响不可接受的残留禁用农药安全指数表如表 14-5 所示。

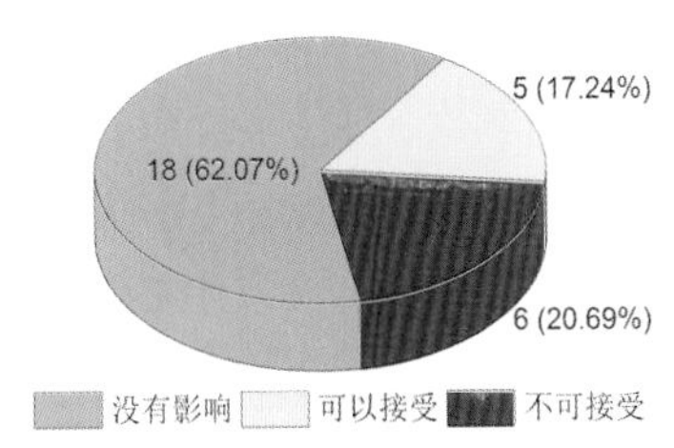

图 14-5　禁用农药残留对样品安全影响程度频次分布图

表 14-5　对果蔬样品安全影响不可接受的残留禁用农药安全指数表

序号	样品编号	采样点	基质	禁用农药	含量 (mg/kg)	IFS_c
1	20131015-140100-QHDCIQ-JC-07A	***超市（小店区 A）	韭菜	氧乐果	2.268	47.88
2	20131015-140100-QHDCIQ-JC-08A	***超市（小店区 B）	韭菜	氧乐果	0.8514	17.974
3	20131015-140100-QHDCIQ-JC-04A	***超市	韭菜	氧乐果	0.8514	17.974
4	20131015-140100-QHDCIQ-JC-03A	***超市（晋源区）	韭菜	氧乐果	0.7029	14.839
5	20131016-140100-QHDCIQ-JC-11A	***超市（杏花岭区店）	韭菜	氧乐果	0.2163	4.5663
6	20131015-140100-QHDCIQ-JC-08A	***超市（小店区 B）	韭菜	克百威	0.1782	1.1286

此外，本次检测发现部分样品中非禁用农药残留量超过 MRL 中国国家标准和欧盟标准，为了明确超标的非禁药对样品安全的影响，分析非禁药残留超标的样品安全指数，超标的非禁用农药对样品安全的影响程度频次分布情况如表 14-6 和图 14-6 所示。由表 14-6 可以看出，检出超过 MRL 中国国家标准的非禁用农药共 6 频次，其中农药残留对样品安全的影响无不可接受的频次，农药残留对样品安全的影响可以接受的频次为 5；农药残留对样品安全没有影响的频次为 1。

表 14-6　果蔬样品中残留超标的非禁用农药安全指数表（MRL 中国国家标准）

序号	样品编号	采样点	基质	农药	含量 (mg/kg)	中国国家标准	超标倍数	IFS_c	影响程度
1	20131016-140100-QHDCIQ-JC-09A	***超市	韭菜	毒死蜱	1.0804	0.1	9.804	0.6843	可以接受
2	20131015-140100-QHDCIQ-JC-05A	***超市（A 店）	韭菜	毒死蜱	0.9469	0.1	8.469	0.5997	可以接受
3	20131016-140100-QHDCIQ-PH-09A	***超市	桃	氟硅唑	0.2573	0.2	0.2865	0.2328	可以接受
4	20131016-140100-QHDCIQ-JC-10A	***超市（滨河店）	韭菜	毒死蜱	0.3502	0.1	2.502	0.2218	可以接受
5	20131015-140100-QHDCIQ-CU-07A	***超市（小店区 A）	黄瓜	多菌灵	0.5012	0.5	0.0024	0.1058	可以接受
6	20131016-140100-QHDCIQ-BC-12A	***超市（羊市街店）	大白菜	吡虫啉	0.2545	0.2	0.2725	0.0269	没有影响

由图 14-6 可以看出检出超过 MRL 欧盟标准的非禁用农药共 67 频次，其中农药残留对样品安全的影响无不可接受的频次；农药残留对样品安全的影响可以接受的频次为 15，占 22.39%；农药残留对样品安全没有影响的频次为 48，占 71.64%。果蔬样品中安全指数排名前十的残留超标非禁用农药列表如表 14-7 所示。

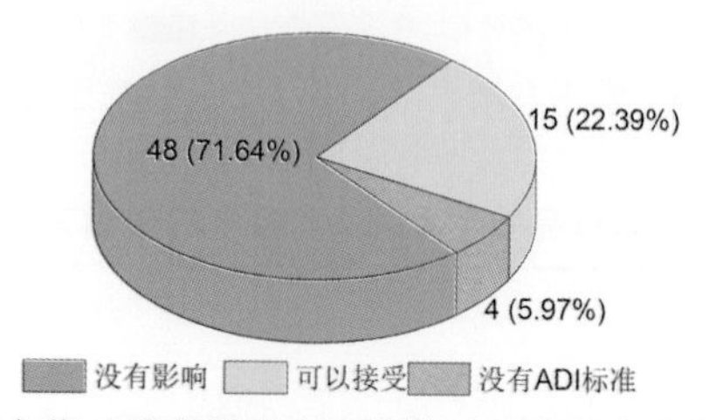

图 14-6　残留超标的非禁用农药对果蔬样品安全的影响程度频次分布图（MRL 欧盟标准）

表 14-7　果蔬样品中安全指数排名前十的残留超标非禁用农药列表（MRL 欧盟标准）

序号	样品编号	采样点	基质	农药	含量 (mg/kg)	欧盟标准	超标倍数	IFS_c	影响程度
1	20131015-140100-QHDCIQ-JC-06A	***超市（B 店）	韭菜	三唑磷	0.132	0.01	12.2	0.8360	可以接受
2	20131016-140100-QHDCIQ-JC-09A	***超市	韭菜	毒死蜱	1.0804	0.05	20.608	0.6843	可以接受
3	20131015-140100-QHDCIQ-JC-05A	***超市（A 店）	韭菜	毒死蜱	0.9469	0.05	17.938	0.5997	可以接受
4	20131015-140100-QHDCIQ-PP-03A	***超市（晋源区）	甜椒	三唑磷	0.0704	0.01	6.04	0.4459	可以接受
5	20131015-140100-QHDCIQ-JC-06A	***超市（B 店）	韭菜	甲基硫菌灵	4.676	0.1	45.76	0.3702	可以接受
6	20131016-140100-QHDCIQ-EP-11A	***超市（杏花岭区店）	茄子	三唑磷	0.0494	0.01	3.94	0.3129	可以接受
7	20131015-140100-QHDCIQ-PP-07A	***超市（小店区 A）	甜椒	三唑磷	0.0427	0.01	3.27	0.2704	可以接受
8	20131016-140100-QHDCIQ-JC-09A	***超市	韭菜	乙霉威	0.1605	0.05	2.21	0.2541	可以接受
9	20131015-140100-QHDCIQ-JC-05A	***超市（A 店）	韭菜	乙霉威	0.155	0.05	2.1	0.2454	可以接受
10	20131016-140100-QHDCIQ-PH-09A	***超市	桃	氟硅唑	0.2573	0.01	24.73	0.2328	可以接受

在 318 例样品中，97 例样品未检测出农药残留，221 例样品中检测出农药残留，计算每例有农药检出的样品的$\overline{IFS}$值，进而分析样品的安全状态结果如图 14-7 所示（未检出农药的样品安全状态视为很好）。可以看出，1.57%的样品安全状态不可接受，1.89%的样品安全状态可以接受，95.91%的样品安全状态很好。表 14-8 列出了安全状态不可接受的样品。

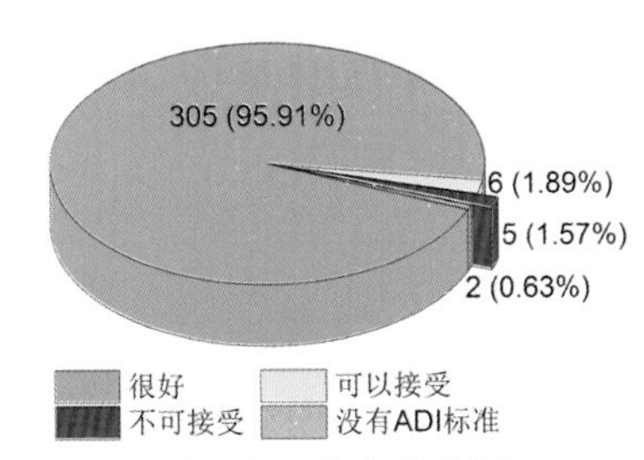

图 14-7　果蔬样品安全状态分布图

表 14-8　安全状态不可接受的果蔬样品列表

序号	样品编号	采样点	基质	$\overline{IFS}$
1	20131015-140100-QHDCIQ-JC-03A	***超市（晋源区）	韭菜	1.9964
2	20131015-140100-QHDCIQ-JC-08A	***超市（小店区 B）	韭菜	2.7370
3	20131015-140100-QHDCIQ-JC-07A	***超市（小店区 A）	韭菜	8.0007
4	20131015-140100-QHDCIQ-JC-04A	***超市	韭菜	2.9984
5	20131016-140100-QHDCIQ-JC-11A	***超市（杏花岭区店）	韭菜	2.2832

14.2.2　单种果蔬中农药残留安全指数分析

本次检测的果蔬共计 26 种，26 种果蔬中均有农药残留，共检测出 49 种残留农药，检出频次为 788，其中 47 种农药存在 ADI 标准。计算每种果蔬中农药的 IFS_c 值，结果如图 14-8 所示。

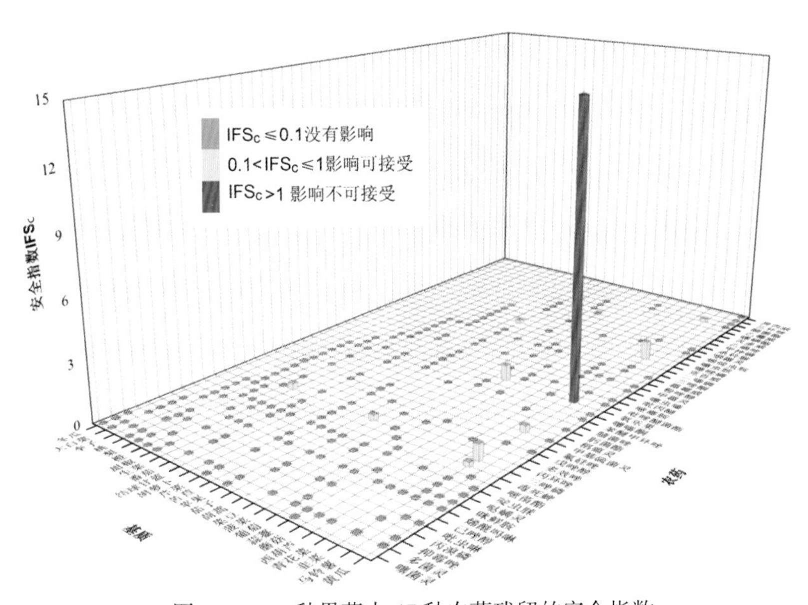

图 14-8　26 种果蔬中 47 种农药残留的安全指数

分析发现 1 种果蔬中 1 种农药的残留对食品安全影响不可接受，如表 14-9 所示。

表 14-9　对单种果蔬安全影响不可接受的残留农药安全指数表

序号	基质	农药	检出频次	检出率	IFS＞1 的频次	IFS＞1 的比例	IFS_c
1	韭菜	氧乐果	7	53.85%	5	38.46%	14.829

本次检测中，26 种果蔬和 49 种残留农药（包括没有 ADI）共涉及 252 个分析样本，农药对果蔬安全的影响程度的分布情况如图 14-9 所示。

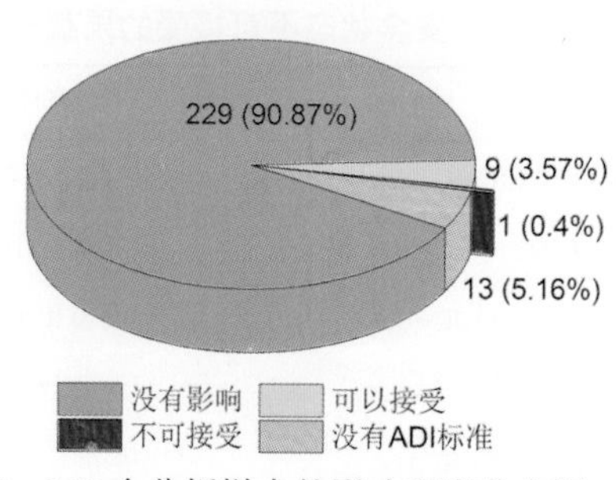

图 14-9　252 个分析样本的影响程度分布图

此外，分别计算 26 种果蔬中所有检出农药 IFS_c 的平均值$\overline{IFS}$，分析每种果蔬的安全状态，结果如图 14-0 所示，分析发现，1 种果蔬（3.85%）的安全状态不可接受，1 种果蔬（3.85%）的安全状态可以接受，24 种（92.3%）果蔬的安全状态很好。

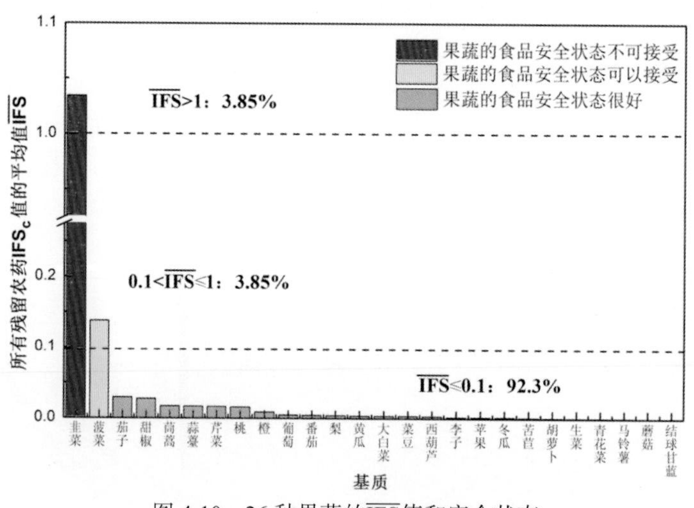

图 4-10　26 种果蔬的$\overline{IFS}$值和安全状态

14.2.3　所有果蔬中农药残留安全指数分析

计算所有果蔬中 47 种残留农药的 IFS_c 值，结果如图 14-11 及表 14-10 所示。

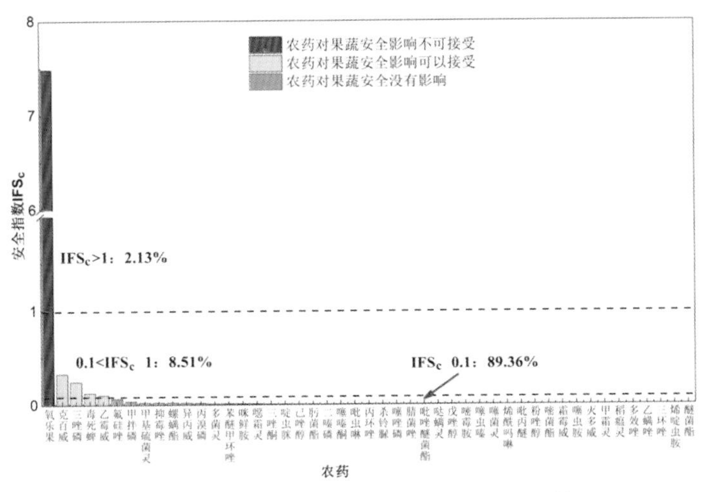

图 14-11　果蔬中 47 种残留农药的安全指数

分析发现，氧乐果对果蔬安全的影响不可接受，其他农药对果蔬的影响均在没有影响和可接受的范围内，其中 8.51%的农药对果蔬安全的影响可以接受，89.36%的农药对果蔬安全的影响没有影响。

表 14-10　果蔬中 47 种残留农药的安全指数表

序号	农药	检出频次	检出率	IFS_c	影响程度	序号	农药	检出频次	检出率	IFS_c	影响程度
1	氧乐果	14	4.40%	7.4871	不可接受	17	三唑酮	8	2.52%	0.0074	没有影响
2	克百威	10	3.14%	0.3278	可以接受	18	啶虫脒	72	22.64%	0.0066	没有影响
3	三唑磷	8	2.52%	0.2432	可以接受	19	己唑醇	2	0.63%	0.0065	没有影响
4	毒死蜱	14	4.40%	0.1263	可以接受	20	肟菌酯	4	1.26%	0.0064	没有影响
5	乙霉威	7	2.20%	0.1017	可以接受	21	二嗪磷	1	0.31%	0.0052	没有影响
6	氟硅唑	6	1.89%	0.0651	没有影响	22	噻嗪酮	19	5.97%	0.0049	没有影响
7	甲拌磷	2	0.63%	0.0394	没有影响	23	吡虫啉	36	11.32%	0.0045	没有影响
8	甲基硫菌灵	15	4.72%	0.0257	没有影响	24	丙环唑	12	3.77%	0.0043	没有影响
9	抑霉唑	18	5.66%	0.0254	没有影响	25	杀铃脲	1	0.31%	0.0043	没有影响
10	螺螨酯	5	1.57%	0.0251	没有影响	26	噻唑磷	1	0.31%	0.0040	没有影响
11	异丙威	1	0.31%	0.0203	没有影响	27	腈菌唑	8	2.52%	0.0038	没有影响
12	丙溴磷	11	3.46%	0.0183	没有影响	28	吡唑醚菌酯	13	4.09%	0.0037	没有影响
13	多菌灵	92	28.93%	0.0127	没有影响	29	哒螨灵	32	10.06%	0.0034	没有影响
14	苯醚甲环唑	34	10.69%	0.0125	没有影响	30	戊唑醇	10	3.14%	0.0034	没有影响
15	咪鲜胺	18	5.66%	0.0113	没有影响	31	嘧霉胺	34	10.69%	0.0025	没有影响
16	噁霜灵	8	2.52%	0.0101	没有影响	32	噻虫嗪	19	5.97%	0.0025	没有影响

续表

序号	农药	检出频次	检出率	IFS_c	影响程度	序号	农药	检出频次	检出率	IFS_c	影响程度
33	噻菌灵	16	5.03%	0.0024	没有影响	41	甲霜灵	19	5.97%	0.0005	没有影响
34	烯酰吗啉	94	29.56%	0.0013	没有影响	42	稻瘟灵	2	0.63%	0.0005	没有影响
35	吡丙醚	11	3.46%	0.0011	没有影响	43	多效唑	7	2.2%	0.0004	没有影响
36	粉唑醇	2	0.63%	0.0010	没有影响	44	乙螨唑	1	0.31%	0.0003	没有影响
37	嘧菌酯	21	6.60%	0.0008	没有影响	45	三环唑	2	0.63%	0.0002	没有影响
38	霜霉威	27	8.49%	0.0008	没有影响	46	烯啶虫胺	20	6.29%	0.0001	没有影响
39	噻虫胺	5	1.57%	0.0006	没有影响	47	醚菌酯	2	0.63%	0.0001	没有影响
40	灭多威	3	0.94%	0.0005	没有影响						

14.3 太原市果蔬农药残留预警风险评估

基于山西省果蔬中农药残留 LC-Q-TOF/MS 侦测数据，参照中华人民共和国国家标准 GB 2763—2016 和欧盟农药最大残留限量（MRL）标准分析农药残留的超标情况，并计算农药残留风险系数。分析每种果蔬中农药残留的风险程度。

14.3.1 单种果蔬中农药残留风险系数分析

14.3.1.1 单种果蔬中禁用农药残留风险系数分析

检出的 49 种残留农药中有 4 种为禁用农药，在 8 种果蔬中检测出禁药残留，计算单种果蔬中禁药的检出率，根据检出率计算风险系数 R，进而分析单种果蔬中每种禁药残留的风险程度，结果如图 14-12 和表 14-11 所示。本次分析涉及样本 12 个，可以看出 12 个样本中禁药残留均处于高度风险。

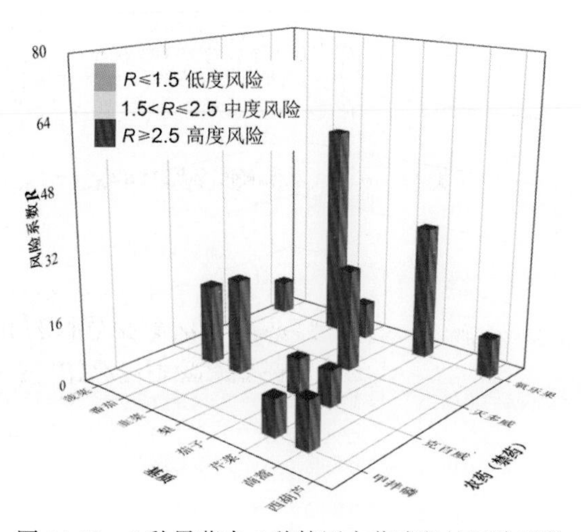

图 14-12　8 种果蔬中 4 种禁用农药残留的风险系数

表 14-11　8 种果蔬中 4 种禁用农药残留的风险系数表

序号	基质	农药	检出频次	检出率	风险系数 *R*	风险程度
1	韭菜	氧乐果	7	53.85%	54.9	高度风险
2	芹菜	氧乐果	4	33.33%	34.4	高度风险
3	茄子	灭多威	1	25.00%	26.1	高度风险
4	韭菜	克百威	3	23.08%	24.2	高度风险
5	番茄	克百威	5	19.23%	20.3	高度风险
6	茼蒿	甲拌磷	1	11.11%	12.2	高度风险
7	西葫芦	氧乐果	1	9.09%	10.2	高度风险
8	芹菜	甲拌磷	1	8.33%	9.4	高度风险
9	茄子	克百威	3	8.33%	9.4	高度风险
10	芹菜	克百威	1	8.33%	9.4	高度风险
11	梨	氧乐果	1	8.33%	9.4	高度风险
12	菠菜	氧乐果	1	7.69%	8.8	高度风险

14.3.1.2　基于 MRL 中国国家标准的单种果蔬中非禁用农药残留的风险系数分析

参照中华人民共和国国家标准 GB 2763—2016 中农药残留限量计算每种果蔬中每种非禁用农药的超标率进而计算其风险系数，根据风险系数大小判断残留农药的预警风险程度，果蔬中非禁用农药残留风险程度分布情况如图 14-13 所示。

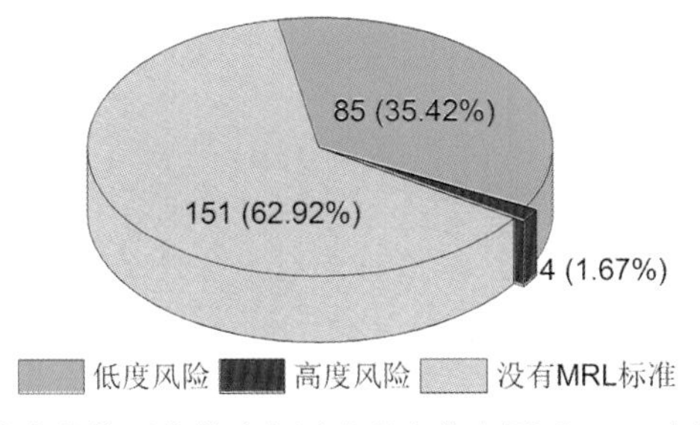

图 14-13　果蔬中非禁用农药残留风险程度分布图（MRL 中国国家标准）

本次分析中，发现在 26 种果蔬中检出 45 种残留非禁用农药，涉及样本 240 个，在 240 个样本中，1.67%处于高度风险，35.42%处于低度风险，此外发现有 151 个样本没有 MRL 中国国家标准值，无法判断其风险程度，有 MRL 中国国际标准值的 89 个样本涉及 21 种果蔬中的 31 种非禁用农药，其风险系数 *R* 值如图 14-14 所示。表 14-12 为非禁用农药残留处于高度风险的果蔬列表。

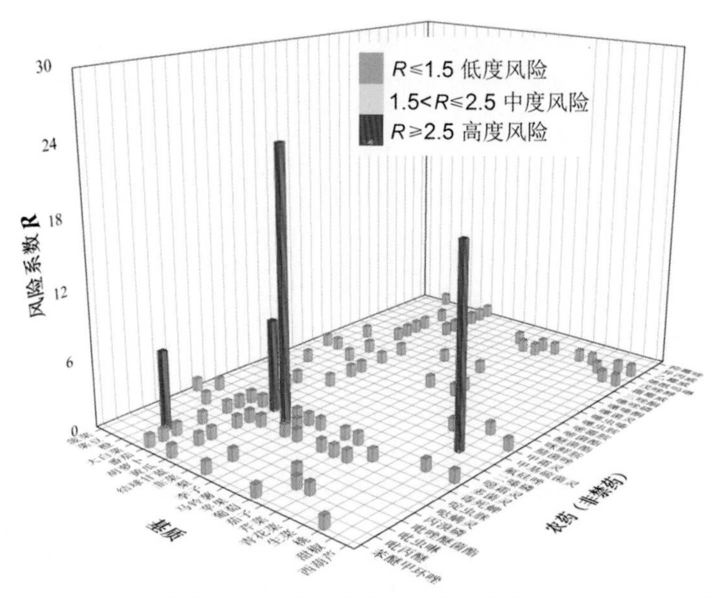

图 14-14　21 种果蔬中 31 种非禁用农药的风险系数（MRL 中国国家标准）

表 14-12　单种果蔬中处于高度风险的非禁用农药残留的风险系数表（MRL 中国国家标准）

序号	基质	农药	超标频次	超标率 P	风险系数 R
1	韭菜	毒死蜱	3	23.08%	24.2
2	桃	氟硅唑	1	16.67%	17.8
3	黄瓜	多菌灵	1	7.14%	8.2
4	大白菜	吡虫啉	1	5.88%	7.0

14.3.1.3　基于 MRL 欧盟标准的单种果蔬中非禁用农药残留的风险系数分析

参照 MRL 欧盟标准计算每种果蔬中每种非禁用农药的超标率进而计算其风险系数，根据风险系数大小判断残留农药的预警风险程度，果蔬中非禁用农药残留风险程度分布情况如图 14-15 所示。

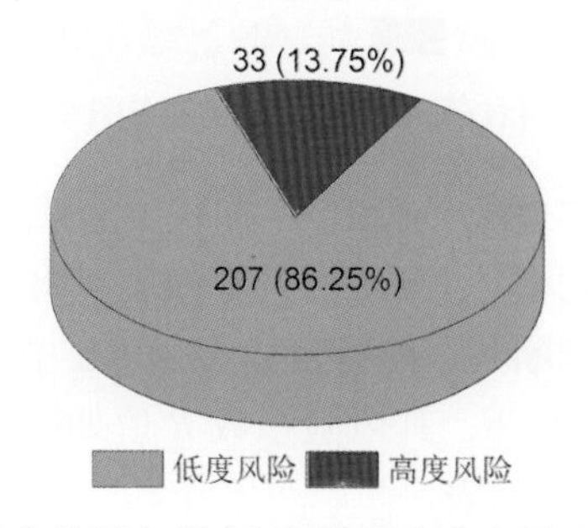

图 14-15　果蔬中非禁用农药残留风险程度分布图（MRL 欧盟标准）

本次分析中，发现在 26 种果蔬中检出 45 种残留非禁用农药，涉及样本 240 个，在 240 个样本中，13.75%处于高度风险，涉及 12 种果蔬中的 18 种农药，86.25%处于低度风险，涉及 25 种果蔬中的 44 种农药。所有果蔬中的每种非禁用农药的风险系数 R 值如图 14-16 所示。农药残留处于高度风险的果蔬风险系数如图 14-17 和表 14-13 所示。

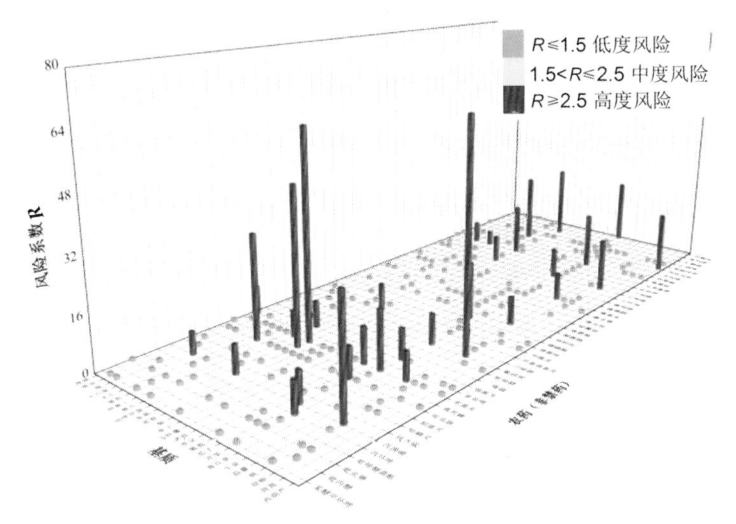

图 14-16　26 种果蔬中 45 种非禁用农药残留的风险系数（MRL 欧盟标准）

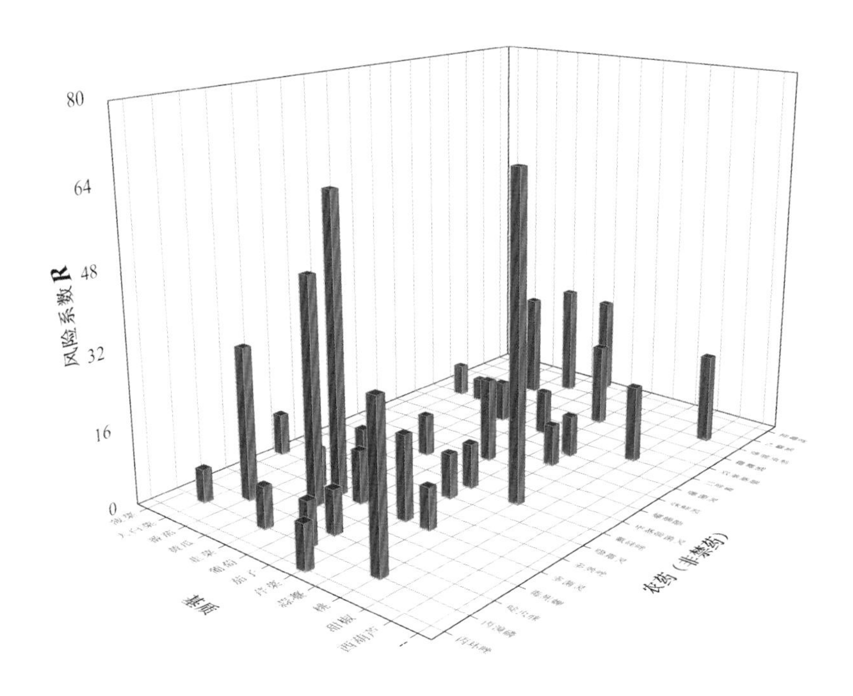

图 14-17　单种果蔬中处于高度风险的非禁用农药残留的风险系数（MRL 欧盟标准）

表 14-13　单种果蔬中处于高度风险的非禁用农药残留的风险系数表（MRL 欧盟标准）

序号	基质	农药	超标频次	超标率 P	风险系数 R
1	桃	氟硅唑	4	66.67%	67.8
2	韭菜	多菌灵	8	61.54%	62.6
3	韭菜	毒死蜱	6	46.15%	47.3
4	桃	丙溴磷	2	33.33%	34.4
5	番茄	啶虫脒	8	30.77%	31.9
6	韭菜	乙霉威	3	23.08%	24.2
7	黄瓜	烯啶虫胺	3	21.43%	22.5
8	葡萄	抑霉唑	2	20.00%	21.1
9	西葫芦	烯啶虫胺	2	18.18%	19.3
10	芹菜	多菌灵	2	16.67%	17.8
11	茄子	螺螨酯	2	16.67%	17.8
12	芹菜	霜霉威	2	16.67%	17.8
13	甜椒	三唑磷	2	15.38%	16.5
14	韭菜	双苯基脲	2	15.38%	16.5
15	葡萄	多菌灵	1	10.00%	11.1
16	芹菜	丙环唑	1	8.33%	9.4
17	茄子	丙溴磷	1	8.33%	9.4
18	茄子	啶虫脒	1	8.33%	9.4
19	芹菜	噁霜灵	1	8.33%	9.4
20	芹菜	氟硅唑	1	8.33%	9.4
21	茄子	三唑磷	1	8.33%	9.4
22	韭菜	丙溴磷	1	7.69%	8.8
23	蒜薹	多菌灵	1	7.69%	8.8
24	菠菜	多效唑	1	7.69%	8.8
25	韭菜	甲基硫菌灵	1	7.69%	8.8
26	蒜薹	咪鲜胺	1	7.69%	8.8
27	蒜薹	噻菌灵	1	7.69%	8.8
28	韭菜	三唑磷	1	7.69%	8.8
29	黄瓜	多菌灵	1	7.14%	8.2
30	黄瓜	噁霜灵	1	7.14%	8.2
31	大白菜	丙溴磷	1	5.88%	7.0
32	大白菜	双苯基脲	1	5.88%	7.0
33	番茄	双苯基脲	1	3.85%	4.9

14.3.2　所有果蔬中农药残留的风险系数分析

14.3.2.1　所有果蔬中禁用农药残留风险系数分析

在检出的 49 种农药中有 4 种禁用农药，计算每种禁用农药残留的风险系数，结果如表 14-14 所示，在 4 种禁用农药中，2 种农药残留处于高度风险，2 种农药残留处于中度风险。

表 14-14　果蔬中 4 种禁用农药残留的风险系数表

序号	农药	检出频次	检出率	风险系数 R	风险程度
1	氧乐果	14	4.40%	5.5	高度风险
2	克百威	10	3.14%	4.2	高度风险
3	灭多威	3	0.94%	2.0	中度风险
4	甲拌磷	2	0.63%	1.7	中度风险

14.3.2.2　所有果蔬中非禁用农药残留的风险系数分析

参照 MRL 欧盟标准计算所有果蔬中每种农药残留的风险系数，结果如图 14-18 和表 14-15 所示。在检出的 45 种非禁用农药中，6 种农药（13.33%）残留处于高度风险，7 种农药（15.56%）残留处于中度风险，32 种农药（71.11%）残留处于低度风险。

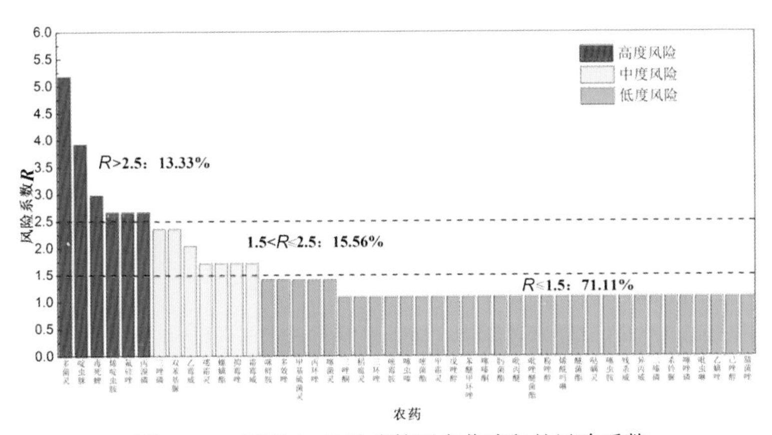

图 14-18　果蔬中 45 种非禁用农药残留的风险系数

表 14-15　果蔬中 45 种非禁用农药残留的风险系数表

序号	农药	超标频次	超标率 P	风险系数 R	风险程度
1	多菌灵	13	4.09%	5.2	高度风险
2	啶虫脒	9	2.83%	3.9	高度风险
3	毒死蜱	6	1.89%	3.0	高度风险

续表

序号	农药	超标频次	超标率 P	风险系数 R	风险程度
4	烯啶虫胺	5	1.57%	2.7	高度风险
5	氟硅唑	5	1.57%	2.7	高度风险
6	丙溴磷	5	1.57%	2.7	高度风险
7	三唑磷	4	1.26%	2.4	中度风险
8	双苯基脲	4	1.26%	2.4	中度风险
9	乙霉威	3	0.94%	2.0	中度风险
10	噁霜灵	2	0.63%	1.7	中度风险
11	螺螨酯	2	0.63%	1.7	中度风险
12	抑霉唑	2	0.63%	1.7	中度风险
13	霜霉威	2	0.63%	1.7	中度风险
14	咪鲜胺	1	0.31%	1.4	低度风险
15	多效唑	1	0.31%	1.4	低度风险
16	甲基硫菌灵	1	0.31%	1.4	低度风险
17	丙环唑	1	0.31%	1.4	低度风险
18	噻菌灵	1	0.31%	1.4	低度风险
19	三唑酮	0	0	1.1	低度风险
20	稻瘟灵	0	0	1.1	低度风险
21	三环唑	0	0	1.1	低度风险
22	嘧霉胺	0	0	1.1	低度风险
23	噻虫嗪	0	0	1.1	低度风险
24	嘧菌酯	0	0	1.1	低度风险
25	甲霜灵	0	0	1.1	低度风险
26	戊唑醇	0	0	1.1	低度风险
27	苯醚甲环唑	0	0	1.1	低度风险
28	噻嗪酮	0	0	1.1	低度风险
29	肟菌酯	0	0	1.1	低度风险
30	吡丙醚	0	0	1.1	低度风险
31	吡唑醚菌酯	0	0	1.1	低度风险
32	粉唑醇	0	0	1.1	低度风险
33	烯酰吗啉	0	0	1.1	低度风险
34	醚菌酯	0	0	1.1	低度风险
35	哒螨灵	0	0	1.1	低度风险
36	噻虫胺	0	0	1.1	低度风险
37	残杀威	0	0	1.1	低度风险

续表

序号	农药	超标频次	超标率 P	风险系数 R	风险程度
38	异丙威	0	0	1.1	低度风险
39	二嗪磷	0	0	1.1	低度风险
40	杀铃脲	0	0	1.1	低度风险
41	噻唑磷	0	0	1.1	低度风险
42	吡虫啉	0	0	1.1	低度风险
43	乙螨唑	0	0	1.1	低度风险
44	己唑醇	0	0	1.1	低度风险
45	腈菌唑	0	0	1.1	低度风险

14.4　太原市果蔬农药残留风险评估结论与建议

农药残留是影响果蔬安全和质量的主要因素，也是我国食品安全领域备受关注的敏感话题和亟待解决的重大问题之一[15,16]。各种水果蔬菜均存在不同程度的农药残留现象，本报告主要针对太原市各类水果蔬菜存在的农药残留问题，基于 2013 年 10 月对太原市 318 例果蔬样品农药残留得出的 788 个检测结果，分别采用食品安全指数和风险系数两类方法，开展果蔬中农药残留的膳食暴露风险和预警风险评估。

本报告力求通用简单地反映食品安全中的主要问题且为管理部门和大众容易接受，为政府及相关管理机构建立科学的食品安全信息发布和预警体系提供科学的规律与方法，加强对农药残留的预警和食品安全重大事件的预防，控制食品风险。水果蔬菜样品取自超市和农贸市场，符合大众的膳食来源，风险评价时更具有代表性和可信度。

14.4.1　太原市果蔬中农药残留膳食暴露风险评价结论

1）果蔬中农药残留安全状态评价结论

采用食品安全指数模型，对 2013 年 10 月期间太原市果蔬食品农药残留膳食暴露风险进行评价，根据 $\mathrm{IFS_c}$ 的计算结果发现，果蔬中农药的 $\overline{\mathrm{IFS}}$ 为 0.1837，说明太原市果蔬总体处于可以接受的安全状态，但部分禁用农药、高残留农药在蔬菜、水果中仍有检出，导致膳食暴露风险的存在，成为不安全因素。

2）单种果蔬中农药残留膳食暴露风险不可接受情况评价结论

单种果蔬中农药残留安全指数分析结果显示，农药对单种果蔬安全影响不可接受（$\mathrm{IFS_c}>1$）的样本数共 1 个，占总样本数的 0.4%，样本为韭菜中的氧乐果，说明韭菜中的氧乐果会对消费者身体健康造成较大的膳食暴露风险。氧乐果属于禁用的剧毒农药，且韭菜为较常见的果蔬品种，百姓日常食用量较大，长期食用大量残留氧乐果的韭菜会对人体造成不可接受的影响，本次检测发现氧乐果在韭菜样品中检出，是未严格实施农业良好管理规范（GAP），抑或是农药滥用，这应该引起相关管理部门的警惕，应加强对韭菜中氧乐果的严格管控。

3）禁用农药残留膳食暴露风险评价

本次检测发现部分果蔬样品中有禁用农药检出，检出禁用农药 4 种，检出频次为 29，果蔬样品中的禁用农药 IFS_c 计算结果表明，禁用农药残留膳食暴露风险不可接受的频次为 6，占 20.69%，可以接受的频次为 5，占 17.24%，没有影响的频次为 18，占 62.07%。对于果蔬样品中所有农药残留而言，膳食暴露风险不可接受的频次为 6，仅占总体频次的 0.78%，可以看出，禁用农药残留膳食暴露风险不可接受的比例远高于总体水平，这在一定程度上说明禁用农药残留更容易导致严重的膳食暴露风险。为何在国家明令禁止禁用农药喷洒的情况下，还能在多种果蔬中多次检出禁用农药残留并造成不可接受的膳食暴露风险，这应该引起相关部门的高度警惕，应该在禁止禁用农药喷洒的同时，严格管控禁用农药的生产和售卖，从根本上杜绝安全隐患。

14.4.2　太原市果蔬中农药残留预警风险评价结论

1）单种果蔬中禁用农药残留的预警风险评价结论

本次检测过程中，在 8 种果蔬中检测超出 4 种禁用农药，禁用农药种类为：灭多威、克百威、甲拌磷、氧乐果，果蔬种类为：韭菜、芹菜、茄子、番茄、茼蒿、西葫芦、梨、菠菜，果蔬中禁用农药的风险系数分析结果显示，4 种禁用农药在 8 种果蔬中的残留均处于高度风险，说明在单种果蔬中禁用农药的残留，会导致较高的预警风险。

2）单种果蔬中非禁用农药残留的预警风险评价结论

以 MRL 中国国家标准为标准，计算果蔬中非禁用农药风险系数情况下，240 个样本中，4 个处于高度风险（1.67%），85 个处于低度风险（35.42%），151 个样本没有 MRL 中国国家标准标准（62.92%）。以 MRL 欧盟标准为标准，计算果蔬中非禁用农药风险系数情况下，发现有 33 个处于高度风险（13.75%），207 个处于低度风险（86.25%）。利用两种农药 MRL 标准评价的结果差异显著，可以看出 MRL 欧盟标准比中国国家标准更加严格和完善，过于宽松的 MRL 中国标准值能否有效保障人体的健康有待研究。

14.4.3　加强太原市果蔬食品安全建议

我国食品安全风险评价体系仍不够健全，相关制度不够完善，多年来，由于农药用药次数多、用药量大或用药间隔时间短，产品残留量大，农药残留所带来的食品安全问题突出，对人体健康带来了直接或间接的危害，据估计，美国与农药有关的癌症患者数约占全国癌症患者总数的 50%，中国更高。同样，农药对其他生物也会形成直接杀伤和慢性危害，植物中的农药可经过食物链逐级传递并不断蓄积，对人和动物构成潜在威胁，并影响生态系统。

基于本次农药残留检测与风险评价结果，提出以下几点建议：

1）加快完善食品安全标准

我国食品标准中对部分农药每日允许摄入量 ADI 的规定仍缺乏，本次评价基础检测数据中涉及的 49 个品种中，95.9%有规定，仍有 4.1%尚无规定值。

我国食品中农药最大残留限量的规定严重缺乏，MRL 欧盟标准值齐全，与欧盟相比，我国对不同果蔬中不同农药 MRL 已有规定值的数量仅占欧盟的 40.1%（表 14-16），缺少 59.9%，急需进行完善。

表 14-16　中国与欧盟的 ADI 和 MRL 标准限值的对比分析

分类		中国 ADI	MRL 中国国家标准	MRL 欧盟标准
标准限值（个）	有	47	101	252
	无	2	151	0
总数（个）		49	252	252
无标准限值比例		4.1%	59.9%	0

此外，MRL 中国国家标准限值普遍高于 MRL 欧盟标准限值，根据对涉及的 252 个品种中我国已有的 101 个限量标准进行统计来看，59 个中国 MRL 高于欧盟 MRL，占 58.4%。过高的 MRL 值难以保障人体健康，建议继续加强对限值基准和标准进行科学的定量研究，将农产品中的危险性减少到尽可能低的水平。

2）加强农药的源头控制和分类监管

在太原市某些果蔬中仍有禁用农药检出，利用 LC-Q-TOF/MS 检测出 4 种禁用农药，检出频次为 29 次，残留禁用农药均存在较大的膳食暴露风险和预警风险。早已列入黑名单的禁用农药并未真正退出，有些药物由于价格便宜、工艺简单，此类高毒农药一直生产和使用。建议在我国采取严格有效的控制措施，进行禁用农药的源头控制。

对于非禁用农药，在我国作为“田间地头”最典型单位的县级蔬果产地中，农药残留的检测几乎缺失。建议根据农药的毒性，对高毒、剧毒、中毒农药实现分类管理，减少使用高毒和剧毒高残留农药，进行分类监管。

3）加强残留农药的生物修复及降解新技术

市售果蔬中残留农药品种多、频次高、禁用农药多次检出这一现状，说明了我国的田间土壤和水体因农药长期、频繁、不合理的使用而遭到严重污染。为此，建议有关部门出台相关政策，鼓励高校及科研院所积极开展分子生物学、酶学等研究，加强土壤、水体中残留农药的生物修复及降解新技术研究，并加大农药使用监管力度，以控制农药的面源污染问题。

4）加强对禁药和高风险农药的管控并建立风险预警系统分析平台

本评价结果提示，在果蔬尤其是蔬菜用药中，应结合农药的使用周期、生物毒性和降解特性，加强对禁用农药和高风险农药的管控。

在本工作基础上，根据蔬菜残留危害，可进一步针对其成因提出和采取相应严格管理、大力推广无公害蔬菜种植与生产、健全食品安全控制技术体系、加强蔬菜食品质量检测体系建设和积极推行蔬菜食品质量追溯制度等相应对策。建立和完善食品安全综合评价指数与风险监测预警系统，建议依托科研院所、高校科研实力，建立风险预警系统分析平台，对食品安全进行实时、全面的监控与分析，为太原市食品安全科学监管与决策提供新的技术支持，可实现各类检验数据的信息化系统管理，并降低食品安全事故的发生。

第 15 章　GC-Q-TOF/MS 侦测太原市 183 例市售水果蔬菜样品农药残留报告

从太原市所属 6 个区县，随机采集了 183 例水果蔬菜样品，使用气相色谱-四极杆飞行时间质谱（GC-Q-TOF/MS）对 499 种农药化学污染物进行示范侦测。

15.1　样品种类、数量与来源

15.1.1　样品采集与检测

为了真实反映百姓餐桌上水果蔬菜中农药残留污染状况，本次所有检测样品均由检验人员于 2015 年 7 月期间，从太原市所属 12 个采样点，包括 9 个超市 3 个农贸市场，以随机购买方式采集，总计 12 批 183 例样品，从中检出农药 49 种，258 频次。采样及监测概况见图 15-1 及表 15-1，样品及采样点明细见表 15-2 及表 15-3（侦测原始数据见附表 1）。

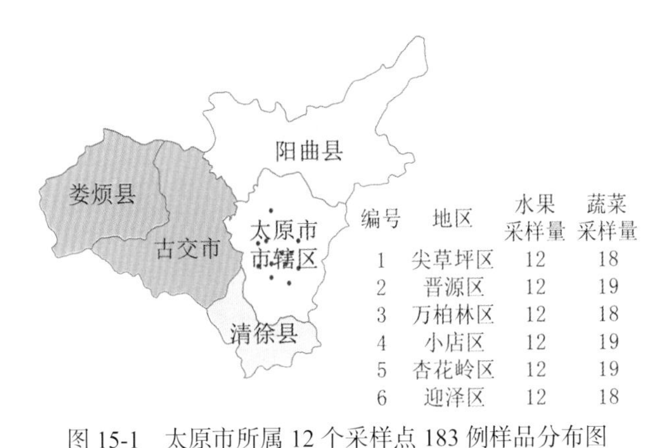

图 15-1　太原市所属 12 个采样点 183 例样品分布图

表 15-1　农药残留监测总体概况

采样地区	太原市所属 6 个区县
采样点（超市+农贸市场）	12
样本总数	183
检出农药品种/频次	49/258
各采样点样本农药残留检出率范围	46.7%~80.0%

表 15-2　样品分类及数量

样品分类	样品名称（数量）	数量小计
1. 蔬菜		100
1）鳞茎类蔬菜	韭菜（11）	11
2）芸薹属类蔬菜	青花菜（10）	10
3）叶菜类蔬菜	大白菜（6），青菜（6），生菜（9）	21
4）茄果类蔬菜	番茄（12），甜椒（12）	24
5）瓜类蔬菜	黄瓜（12）	12
6）豆类蔬菜	菜豆（10）	10
7）根茎类和薯芋类蔬菜	马铃薯（12）	12
2. 水果		72
1）仁果类水果	梨（12），苹果（12）	24
2）核果类水果	桃（12）	12
3）浆果和其他小型水果	葡萄（12）	12
4）热带和亚热带水果	火龙果（12）	12
5）瓜果类水果	西瓜（12）	12
3. 食用菌		11
1）蘑菇类	蘑菇（11）	11
合计	1.蔬菜 10 种 2.水果 6 种 3.食用菌 1 种	183

表 15-3　太原市采样点信息

采样点序号	行政区域	采样点
超市（9）		
1	尖草坪区	***超市（和平北路店）
2	晋源区	***超市（龙山大街店）
3	晋源区	***超市（西峪东街店）
4	万柏林区	***超市（重机店）
5	万柏林区	***超市（兴华街店）
6	小店区	***超市（学府街店）
7	杏花岭区	***超市（三墙店）
8	迎泽区	***超市（羊市街店）
9	迎泽区	***超市（迎泽公寓店）

续表

采样点序号	行政区域	采样点
农贸市场（3）		
1	尖草坪区	***综合市场
2	小店区	***农贸市场
3	杏花岭区	***综合集贸市场

15.1.2　检测结果

这次使用的检测方法是庞国芳院士团队最新研发的不需使用标准品对照，而以高分辨精确质量数（0.0001 *m/z*）为基准的 GC-Q-TOF/MS 检测技术，对于 183 例样品，每个样品均侦测了 499 种农药化学污染物的残留现状。通过本次侦测，在 183 例样品中共计检出农药化学污染物 49 种，检出 258 频次。

15.1.2.1　各采样点样品检出情况

统计分析发现 12 个采样点中，被测样品的农药检出率范围为 46.7%~80.0%。其中，有 3 个采样点样品的检出率最高，达到了 80.0%，分别是：***超市（西峪东街店）、***超市（学府街店）和***综合集贸市场。***综合市场的检出率最低，为 46.7%，见图 15-2。

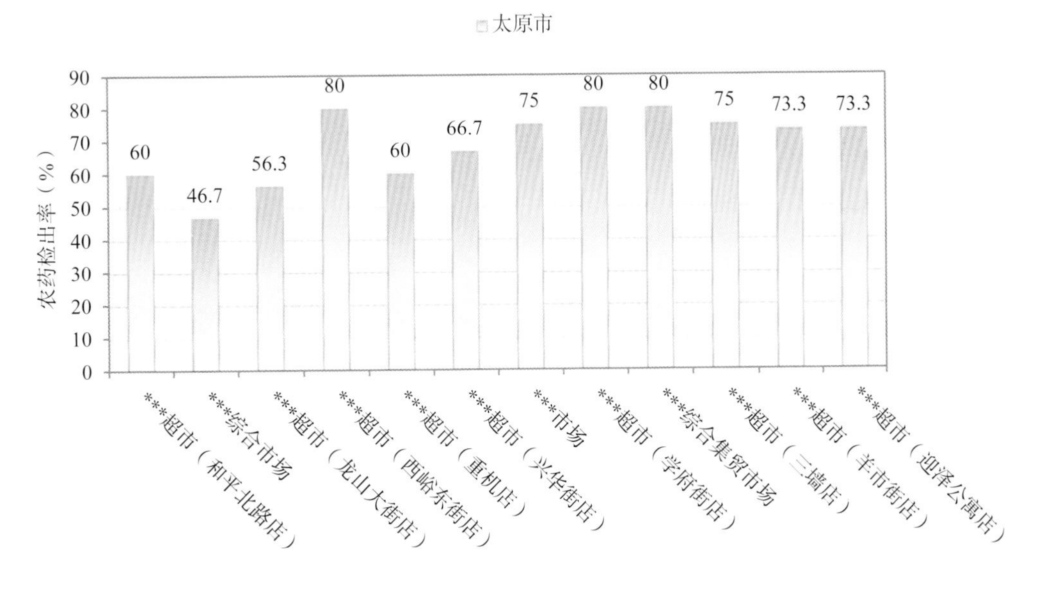

图 15-2　各采样点样品中的农药检出率

15.1.2.2　检出农药的品种总数与频次

统计分析发现，对于 183 例样品中 499 种农药化学污染物的侦测，共检出农药 258 频次，涉及农药 49 种，结果如图 15-3 所示。其中喹螨醚检出频次最高，共检出 41 次。检出频次排名前 10 的农药如下：①喹螨醚（41）；②烯虫酯（37）；③芬螨酯（27）；④抑芽唑（21）；⑤毒死蜱（16）；⑥ γ-氟氯氰菌酯（9）；⑦仲丁威（9）；⑧哒螨灵（9）；⑨乙滴滴（8）；⑩氟丙菊酯（8）。

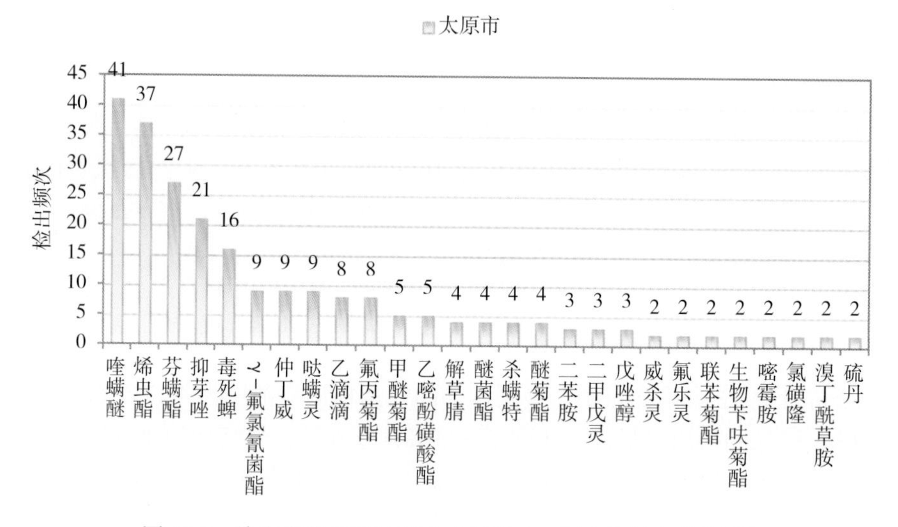

图 15-3　检出农药品种及频次（仅列出 2 频次及以上的数据）

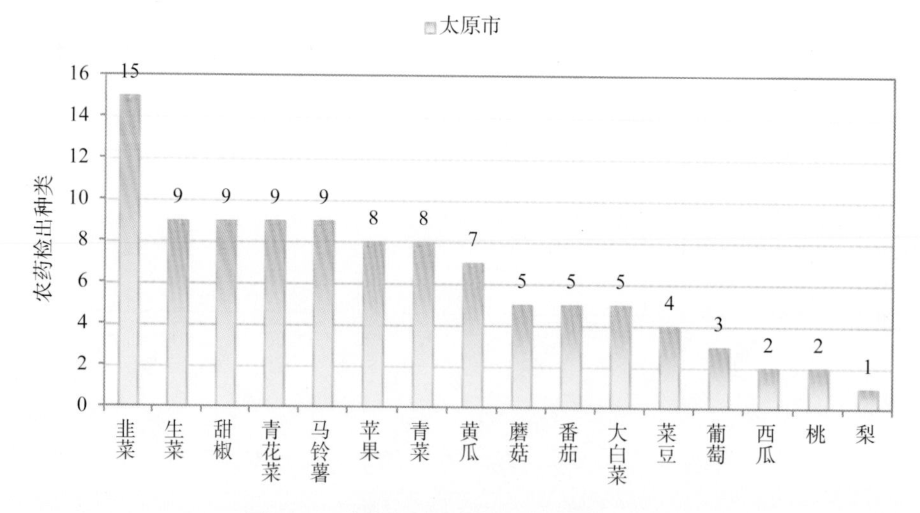

图 15-4　单种水果蔬菜检出农药的种类数

由图 15-4 可见，韭菜、生菜、甜椒、青花菜、马铃薯、苹果、青菜和黄瓜这 8 种果蔬样品中检出的农药品种数较高，均超过 5 种，其中，韭菜检出农药品种最多，为 15

种。由图15-5可见，青菜、青花菜、韭菜、生菜和黄瓜这5种果蔬样品中的农药检出频次较高，均超过20次，其中，青菜检出农药频次最高，为29次。

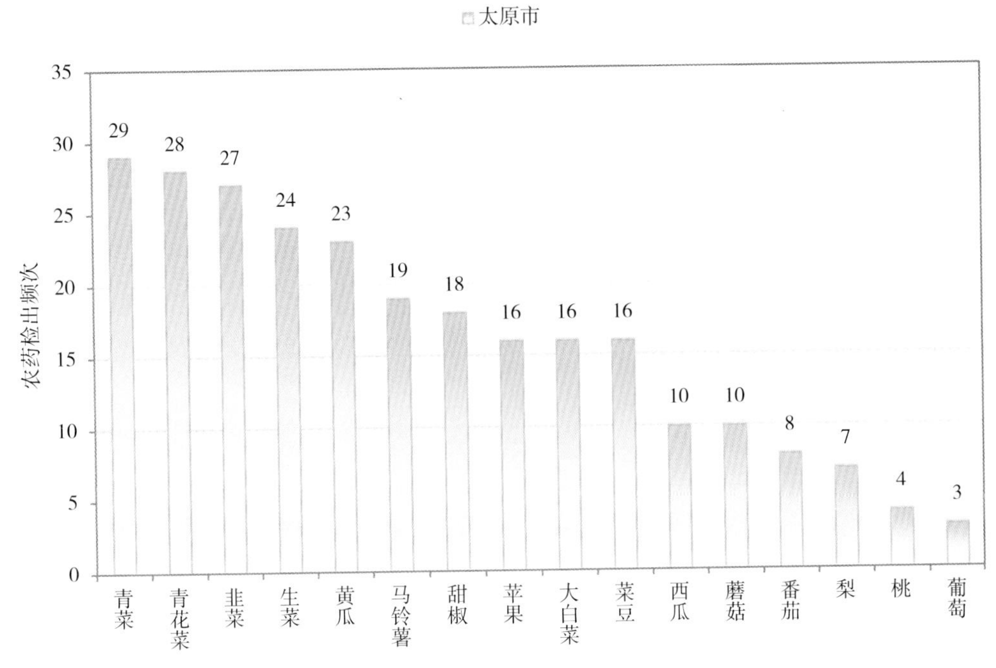

图15-5 单种水果蔬菜检出农药频次（仅列出检出农药3频次及以上的数据）

15.1.2.3 单例样品农药检出种类与占比

对单例样品检出农药种类和频次进行统计发现，未检出农药的样品占总样品数的31.1%，检出1种农药的样品占总样品数的33.3%，检出2~5种农药的样品占总样品数的33.9%，检出6~10种农药的样品占总样品数的1.6%。每例样品中平均检出农药为1.4种，数据见表15-4及图15-6。

表15-4 单例样品检出农药品种占比

检出农药品种数	样品数量/占比（%）
未检出	57/31.1
1种	61/33.3
2~5种	62/33.9
6~10种	3/1.6
单例样品平均检出农药品种	1.4种

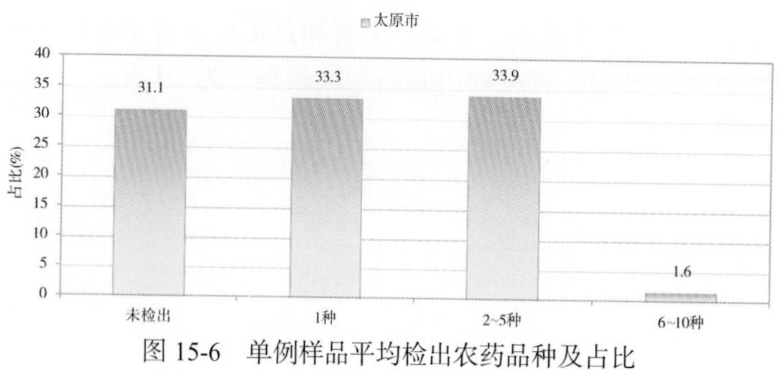

图 15-6　单例样品平均检出农药品种及占比

15.1.2.4　检出农药类别与占比

所有检出农药按功能分类，包括杀虫剂、杀菌剂、除草剂、植物生长调节剂共 4 类 。其中杀虫剂与杀菌剂为主要检出的农药类别，分别占总数的 55.1%和 24.5%，见表 15-5 及图 15-7。

表 15-5　检出农药所属类别及占比

农药类别	数量/占比（%）
杀虫剂	27/55.1
杀菌剂	12/24.5
除草剂	8/16.3
植物生长调节剂	2/4.1

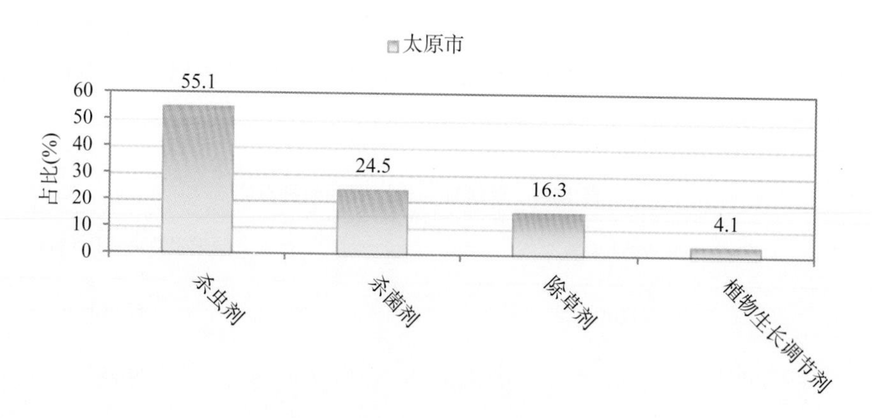

图 15-7　检出农药所属类别及占比

15.1.2.5　检出农药的残留水平

按检出农药残留水平进行统计，残留水平在 1~5 μg/kg（含）的农药占总数的 31.0%，在 5~10 μg/kg（含）的农药占总数的 13.2%，在 10~100 μg/kg（含）的农药占总数的 53.5%，在 100~1000 μg/kg（含）的农药占总数的 2.3%。由此可见，这次检测的 12 批 183 例水果蔬菜样品中农药多数处于中高残留水平。结果见表 15-6 及图 15-8，数据见附表 2。

表 15-6　农药残留水平及占比

残留水平（μg/kg）	检出频次/占比（%）
1~5（含）	80/31.0
5~10（含）	34/13.2
10~100（含）	138/53.5
100~1000（含）	6/2.3

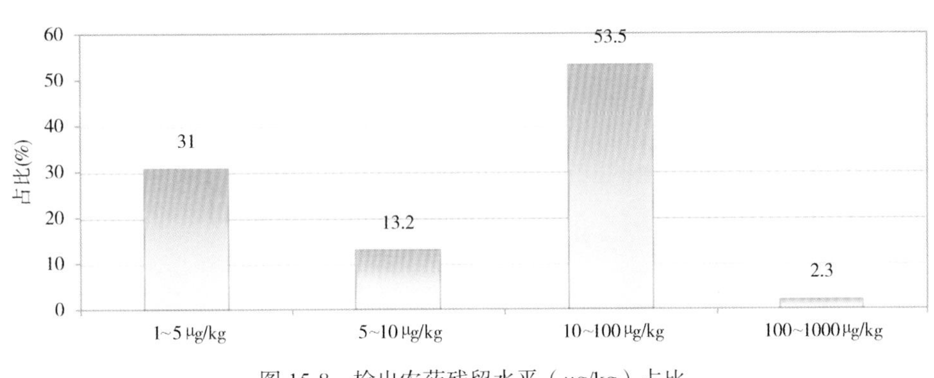

图 15-8　检出农药残留水平（μg/kg）占比

15.1.2.6　检出农药的毒性类别、检出频次和超标频次及占比

对这次检出的 49 种 258 频次的农药，按剧毒、高毒、中毒、低毒和微毒这五个毒性类别进行分类，从中可以看出，太原市目前普遍使用的农药为中低微毒农药，品种占 93.9%，频次占 98.8%。结果见表 15-7 及图 15-9。

表 15-7　检出农药毒性类别及占比

毒性分类	农药品种/占比（%）	检出频次/占比（%）	超标频次/超标率（%）
剧毒农药	2/4.1	2/0.8	0/0.0
高毒农药	1/2.0	1/0.4	0/0.0
中毒农药	16/32.7	101/39.1	0/0.0
低毒农药	18/36.7	86/33.3	0/0.0
微毒农药	12/24.5	68/26.4	0/0.0

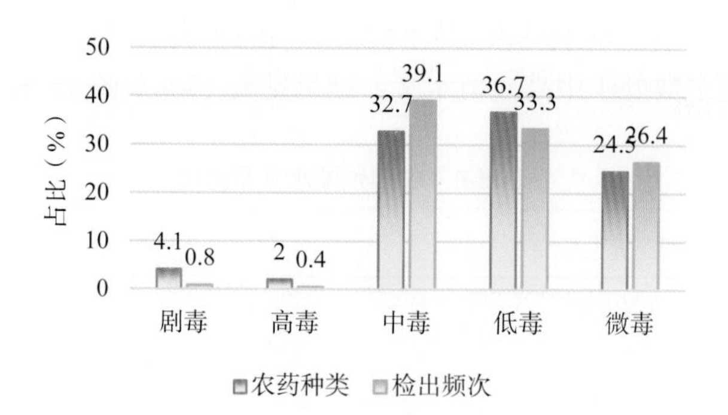

图 15-9　检出农药的毒性分类和占比

15.1.2.7　检出剧毒/高毒类农药的品种和频次

值得特别关注的是，在此次侦测的 183 例样品中有 2 种蔬菜的 3 例样品检出了 3 种 3 频次的剧毒和高毒农药，占样品总量的 1.6%，详见图 15-10、表 15-8 及表 15-9。

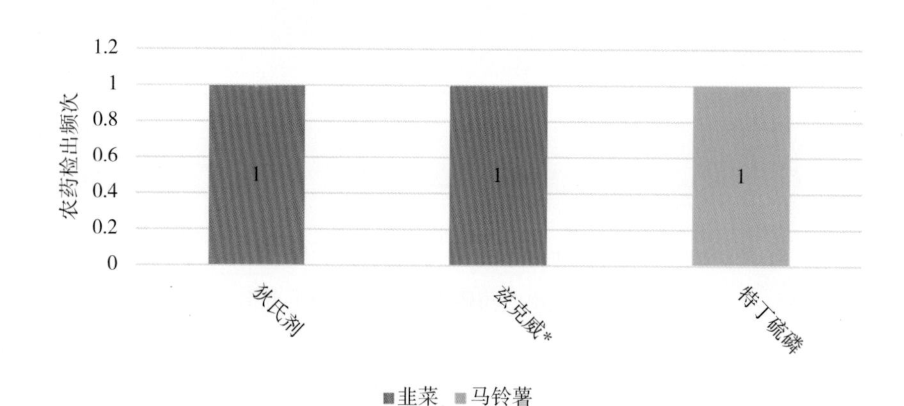

图 15-10　检出剧毒/高毒农药的样品情况

*表示允许在水果和蔬菜上使用的农药

表 15-8　剧毒农药检出情况

序号	农药名称	检出频次	超标频次	超标率
水果中未检出剧毒农药				
	小计	0	0	超标率：0.0%
从 2 种蔬菜中检出 2 种剧毒农药，共计检出 2 次				
1	狄氏剂*	1	0	0.0%
2	特丁硫磷*	1	0	0.0%
	小计	2	0	超标率：0.0%
	合计	2	0	超标率：0.0%

表 15-9　高毒农药检出情况

序号	农药名称	检出频次	超标频次	超标率
		水果中未检出高毒农药		
	小计	0	0	超标率：0.0%
		从 1 种蔬菜中检出 1 种高毒农药，共计检出 1 次		
1	兹克威	1	0	0.0%
	小计	1	0	超标率：0.0%
	合计	1	0	超标率：0.0%

在检出的剧毒和高毒农药中，有 2 种是我国早已禁止在果树和蔬菜上使用的，分别是：狄氏剂和特丁硫磷。禁用农药的检出情况见表 15-10。

表 15-10　禁用农药检出情况

序号	农药名称	检出频次	超标频次	超标率
		水果中未检出禁用农药		
	小计	0	0	超标率：0.0%
		从 3 种蔬菜中检出 3 种禁用农药，共计检出 4 次		
1	硫丹	2	0	0.0%
2	狄氏剂*	1	0	0.0%
3	特丁硫磷*	1	0	0.0%
	小计	4	0	超标率：0.0%
	合计	4	0	超标率：0.0%

注：超标结果参考 MRL 中国国家标准计算

此次抽检的果蔬样品中，有 2 种蔬菜检出了剧毒农药，分别是：韭菜中检出狄氏剂 1 次；马铃薯中检出特丁硫磷 1 次。

样品中检出剧毒和高毒农药残留水平没有超过 MRL 中国国家标准，但本次检出结果仍表明，高毒、剧毒农药的使用现象依旧存在，详见表 15-11。

表 15-11　各样本中检出剧毒/高毒农药情况

样品名称	农药名称	检出频次	超标频次	检出浓度（μg/kg）
		水果 0 种		
	小计	0	0	超标率：0.0%

续表

样品名称	农药名称	检出频次	超标频次	检出浓度（μg/kg）
		蔬菜 2 种		
韭菜	狄氏剂*▲	1	0	1.1
韭菜	兹克威	1	0	20.2
马铃薯	特丁硫磷*▲	1	0	3.3
	小计	3	0	超标率：0.0%
	合计	3	0	超标率：0.0%

15.2　农药残留检出水平与最大残留限量标准对比分析

我国于 2014 年 3 月 20 日正式颁布并于 2014 年 8 月 1 日正式实施食品农药残留限量国家标准《食品中农药最大残留限量》（GB 2763—2014）。该标准包括 371 个农药条目，涉及最大残留限量（MRL）标准 3653 项。将 258 频次检出农药的浓度水平与 3653 项国家 MRL 标准进行核对，其中只有 35 频次的农药找到了对应的 MRL 标准，占 13.6%，还有 223 频次的侦测数据则无相关 MRL 标准供参考，占 86.4%。

将此次侦测结果与国际上现行 MRL 标准对比发现，在 258 频次的检出结果中有 258 频次的结果找到了对应的 MRL 欧盟标准，占 100.0%；其中，168 频次的结果有明确对应的 MRL 标准，占 65.1%，其余 90 频次按照欧盟一律标准判定，占 34.9%；有 258 频次的结果找到了对应的 MRL 日本标准，占 100.0%；其中，71 频次的结果有明确对应的 MRL 标准，占 27.5%，其余 187 频次按照日本一律标准判定，占 72.5%；有 34 频次的结果找到了对应的 MRL 中国香港标准，占 13.2%；有 41 频次的结果找到了对应的 MRL 美国标准，占 15.9%；有 24 频次的结果找到了对应的 MRL CAC 标准，占 9.3%（见图 15-11 和图 15-12，数据见附表 3 至附表 8）。

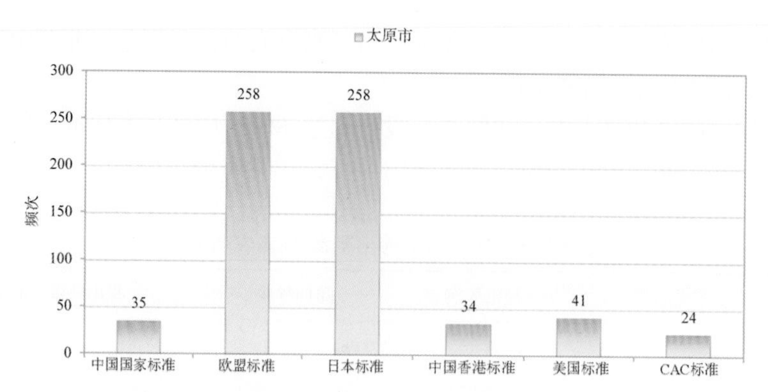

图 15-11　258 频次检出农药可用 MRL 中国国家标准、欧盟标准、日本标准、中国香港标准、美国标准、CAC 标准判定衡量的数量

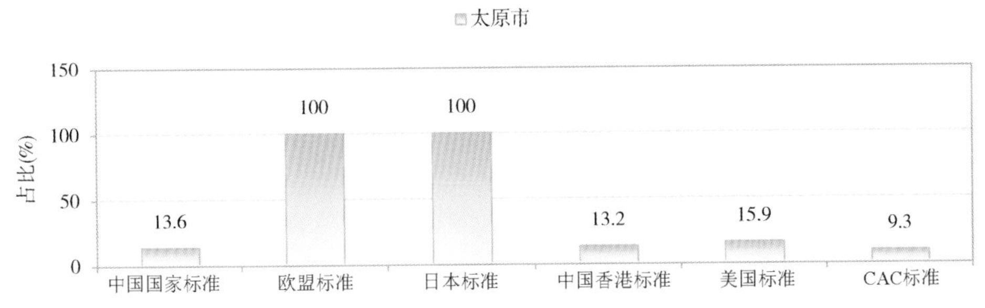

图 15-12　258 频次检出农药可用 MRL 中国国家标准、欧盟标准、日本标准、中国香港标准、美国标准、CAC 标准衡量的占比

15.2.1　超标农药样品分析

本次侦测的 183 例样品中，57 例样品未检出任何残留农药，占样品总量的 31.1%，126 例样品检出不同水平、不同种类的残留农药，占样品总量的 68.9%。在此，我们将本次侦测的农残检出情况与 MRL 中国国家标准、欧盟标准、日本标准、中国香港标准、美国标准、CAC 标准这 6 大国际主流标准进行对比分析，样品农残检出与超标情况见图 15-13、表 15-12 和图 15-14，详细数据见附表 9 至附表 14。

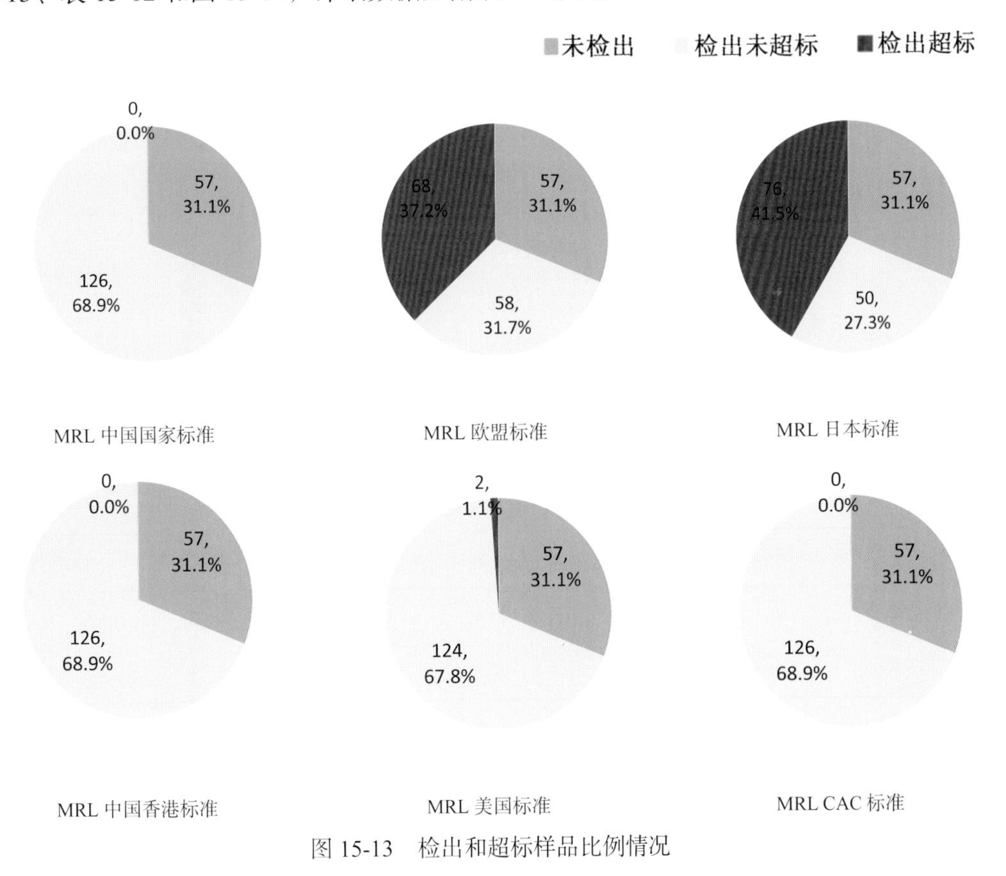

图 15-13　检出和超标样品比例情况

表 15-12　各 MRL 标准下样本农残检出与超标数量及占比

	中国国家标准 数量/占比（%）	欧盟标准 数量/占比（%）	日本标准 数量/占比（%）	中国香港标准 数量/占比（%）	美国标准 数量/占比（%）	CAC 标准 数量/占比（%）
未检出	57/31.1	57/31.1	57/31.1	57/31.1	57/31.1	57/31.1
检出未超标	126/68.9	58/31.7	50/27.3	126/68.9	124/67.8	126/68.9
检出超标	0/0.0	68/37.2	76/41.5	0/0.0	2/1.1	0/0.0

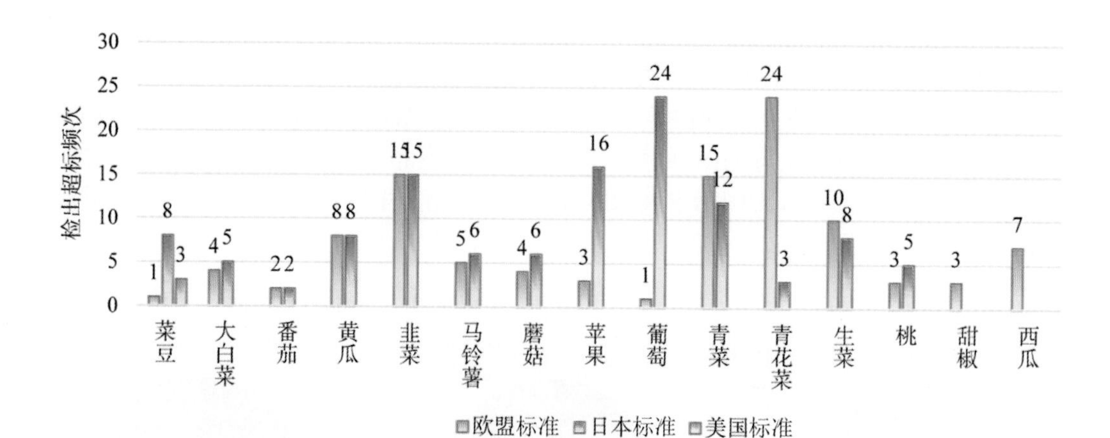

图 15-14　超过 MRL 中国国家标准、欧盟标准、日本标准、中国香港标准、美国标准、CAC 标准结果在水果蔬菜中的分布

15.2.2　超标农药种类分析

按照 MRL 中国国家标准、欧盟标准、日本标准、中国香港标准、美国标准、CAC 标准这 6 大国际主流标准衡量，本次侦测检出的农药超标品种及频次情况见表 15-13。

表 15-13　各 MRL 标准下超标农药品种及频次

	中国国家标准	欧盟标准	日本标准	中国香港标准	美国标准	CAC 标准
超标农药品种	0	20	19	0	2	0
超标农药频次	0	105	118	0	3	0

15.2.2.1　按 MRL 中国国家标准衡量

按 MRL 中国国家标准衡量，无样品检出超标农药残留。

15.2.2.2　按 MRL 欧盟标准衡量

按 MRL 欧盟标准衡量，共有 20 种农药超标，检出 105 频次，分别为高毒农药兹克威，中毒农药炔丙菊酯、喹螨醚、甲氰菊酯、仲丁威、γ-氟氯氰菌酯和丙溴磷，低毒农药啶斑肟、芬螨酯、乙滴滴、杀螨特、甲醚菊酯、扑草净、威杀灵、抑芽唑和己唑醇，微毒农药溴丁酰草胺、解草腈、醚菌酯和烯虫酯。

按超标程度比较，韭菜中啶斑肟超标 83.7 倍，生菜中乙滴滴超标 33.7 倍，韭菜中仲丁威超标 15.0 倍，韭菜中甲氰菊酯超标 11.2 倍，青花菜中芬螨酯超标 9.9 倍。检测结果见图 15-15 和附表 16。

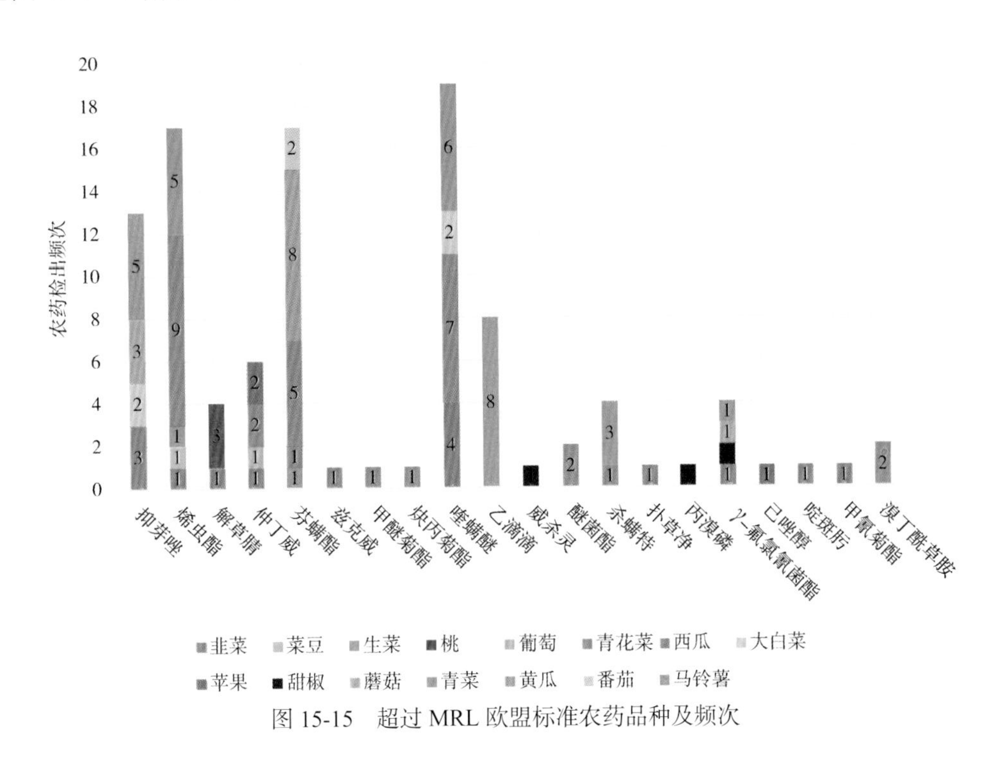

图 15-15　超过 MRL 欧盟标准农药品种及频次

15.2.2.3　按 MRL 日本标准衡量

按 MRL 日本标准衡量，共有 19 种农药超标，检出 118 频次，分别为高毒农药兹克威，中毒农药炔丙菊酯、喹螨醚、甲氰菊酯、毒死蜱、哒螨灵和 γ-氟氯氰菌酯，低毒农药啶斑肟、芬螨酯、乙滴滴、杀螨特、甲醚菊酯、威杀灵和抑芽唑，微毒农药溴丁酰草胺、解草腈、氟丙菊酯、醚菌酯和烯虫酯。

按超标程度比较，韭菜中啶斑肟超标 83.7 倍，生菜中乙滴滴超标 33.7 倍，韭菜中甲氰菊酯超标 11.2 倍，青花菜中芬螨酯超标 9.9 倍，青菜中杀螨特超标 8.7 倍。检测结果见图 15-16 和附表 17。

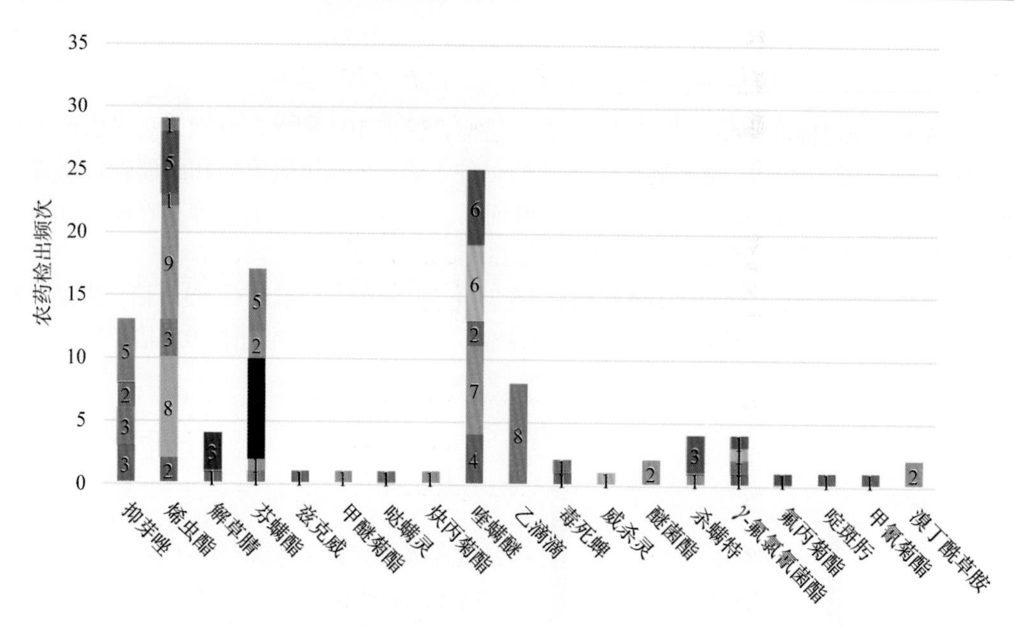

图 15-16　超过 MRL 日本标准农药品种及频次

15.2.2.4　按 MRL 中国香港标准衡量

按 MRL 中国香港标准衡量，无样品检出超标农药残留。

15.2.2.5　按 MRL 美国标准衡量

按 MRL 美国标准衡量，共有 2 种农药超标，检出 3 频次，分别为中毒农药毒死蜱和戊唑醇。

按超标程度比较，苹果中戊唑醇超标 80%，苹果中毒死蜱超标 50%。检测结果见图 15-17 和附表 19。

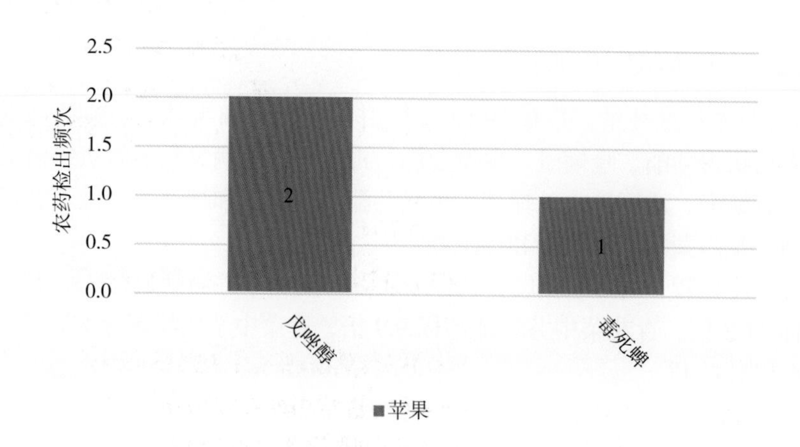

图 15-17　超过 MRL 美国标准农药品种及频次

15.2.2.6　按 MRL CAC 标准衡量

按 MRL CAC 标准衡量，无样品检出超标农药残留。

15.2.3　12 个采样点超标情况分析

15.2.3.1　按 MRL 中国国家标准衡量

按 MRL 中国国家标准衡量，所有采样点的样品均未检出超标农药残留。

15.2.3.2　按 MRL 欧盟标准衡量

按 MRL 欧盟标准衡量，所有采样点的样品存在不同程度的超标农药检出，其中***超市（三墙店）的超标率最高，为 56.2%，如表 15-14 和图 15-18 所示。

表 15-14　超过 MRL 欧盟标准水果蔬菜在不同采样点分布

	采样点	样品总数	超标数量	超标率（%）	行政区域
1	***超市（龙山大街店）	16	6	37.5	晋源区
2	***超市（三墙店）	16	9	56.2	杏花岭区
3	***农贸市场	16	8	50.0	小店区
4	***超市（重机店）	15	5	33.3	万柏林区
5	***超市（迎泽公寓店）	15	7	46.7	迎泽区
6	***超市（学府街店）	15	5	33.3	小店区
7	***综合集贸市场	15	5	33.3	杏花岭区
8	***超市（羊市街店）	15	5	33.3	迎泽区
9	***超市（西峪东街店）	15	6	40.0	晋源区
10	***综合市场	15	4	26.7	尖草坪区
11	***超市（和平北路店）	15	3	20.0	尖草坪区
12	***超市（兴华街店）	15	5	33.3	万柏林区

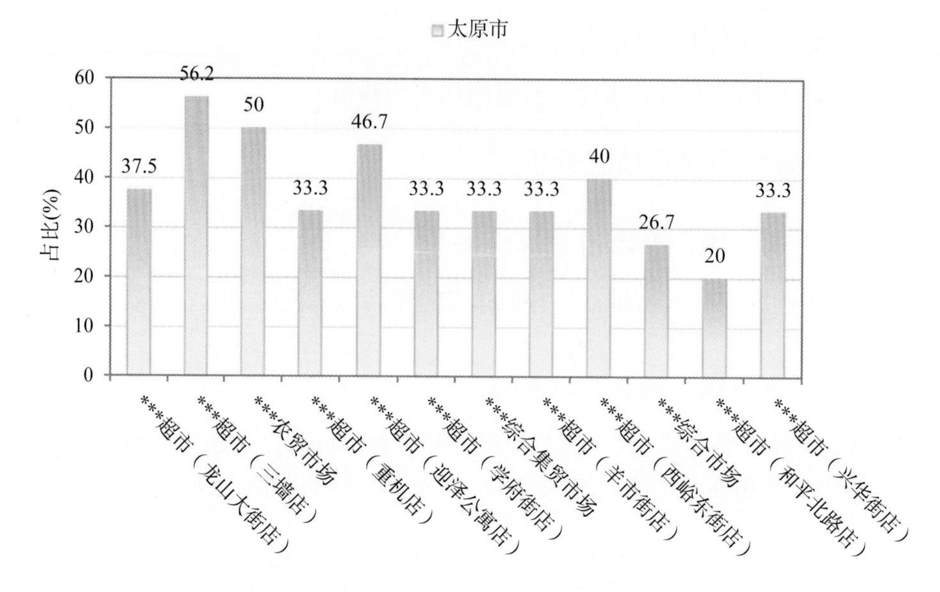

图 15-18　超过 MRL 欧盟标准水果蔬菜在不同采样点分布

15.2.3.3　按 MRL 日本标准衡量

按 MRL 日本标准衡量，所有采样点的样品存在不同程度的超标农药检出，其中***超市（三墙店）和***农贸市场的超标率最高，为 56.2%，如表 15-15 和图 15-19 所示。

表 15-15　超过 MRL 日本标准水果蔬菜在不同采样点分布

	采样点	样品总数	超标数量	超标率（%）	行政区域
1	***超市（龙山大街店）	16	7	43.8	晋源区
2	***超市（三墙店）	16	9	56.2	杏花岭区
3	***农贸市场	16	9	56.2	小店区
4	***超市（重机店）	15	6	40.0	万柏林区
5	***超市（迎泽公寓店）	15	7	46.7	迎泽区
6	***超市（学府街店）	15	7	46.7	小店区
7	***综合集贸市场	15	6	40.0	杏花岭区
8	***超市（羊市街店）	15	6	40.0	迎泽区
9	***超市（西峪东街店）	15	6	40.0	晋源区
10	***综合市场	15	3	20.0	尖草坪区
11	***超市（和平北路店）	15	4	26.7	尖草坪区
12	***超市（兴华街店）	15	6	40.0	万柏林区

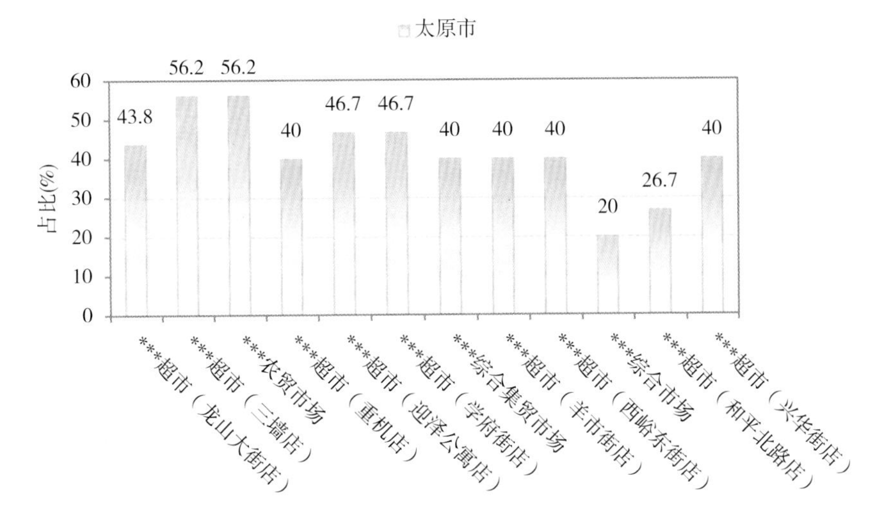

图 15-19 超过 MRL 日本标准水果蔬菜在不同采样点分布

15.2.3.4 按 MRL 中国香港标准衡量

按 MRL 中国香港标准衡量，所有采样点的样品均未检出超标农药残留。

15.2.3.5 按 MRL 美国标准衡量

按 MRL 美国标准衡量，有 2 个采样点的样品存在不同程度的超标农药检出，其中***超市（重机店）的超标率最高，为 6.7%，如表 15-16 和图 15-20 所示。

表 15-16 超过 MRL 美国标准水果蔬菜在不同采样点分布

	采样点	样品总数	超标数量	超标率(%)	行政区域
1	***农贸市场	16	1	6.2	小店区
2	***超市（重机店）	15	1	6.7	万柏林区

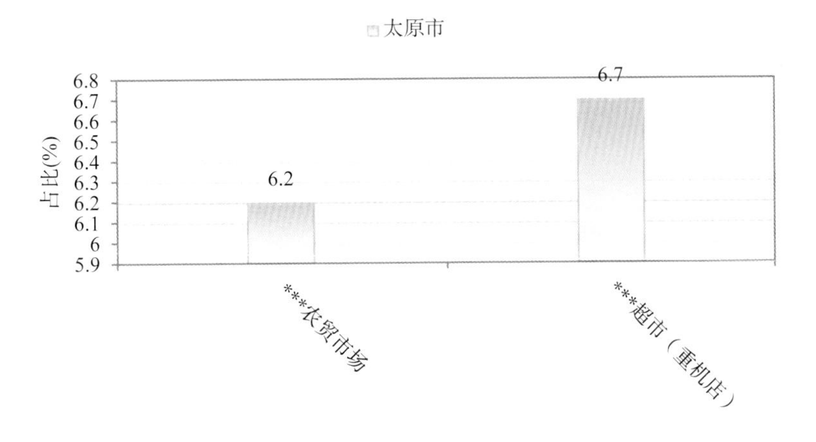

图 15-20 超过 MRL 美国标准水果蔬菜在不同采样点分布

15.2.3.6　按 MRL CAC 标准衡量

按 MRL CAC 标准衡量，所有采样点的样品均未检出超标农药残留。

15.3　水果中农药残留分布

15.3.1　检出农药品种和频次排前 10 的水果

本次残留侦测的水果共 6 种，包括火龙果、梨、苹果、葡萄、桃和西瓜。

根据检出农药品种及频次进行排名，将各项排名前 10 位的水果样品检出情况列表说明，详见表 15-17。

表 15-17　检出农药品种和频次排名前 10 的水果

检出农药品种排名前 10（品种）	①苹果（8），②葡萄（3），③西瓜（2），④桃（2），⑤梨（1）
检出农药频次排名前 10（频次）	①苹果（16），②西瓜（10），③梨（7），④桃（4），⑤葡萄（3）
检出禁用、高毒及剧毒农药品种排名前 10（品种）	
检出禁用、高毒及剧毒农药频次排名前 10（频次）	

15.3.2　超标农药品种和频次排前 10 的水果

鉴于 MRL 欧盟标准和日本标准的制定比较全面且覆盖率较高，我们参照 MRL 中国国家标准、欧盟标准和日本标准衡量水果样品中农残检出情况，将超标农药品种及频次排名前 10 的水果列表说明，详见表 15-18。

表 15-18　超标农药品种和频次排名前 10 的水果

超标农药品种排名前 10（农药品种数）	MRL 中国国家标准	
	MRL 欧盟标准	①苹果（2），②西瓜（2），③桃（1），④葡萄（1）
	MRL 日本标准	①桃（1），②西瓜（1）
超标农药频次排名前 10（农药频次数）	MRL 中国国家标准	
	MRL 欧盟标准	①西瓜（7），②桃（3），③苹果（3），④葡萄（1）
	MRL 日本标准	①西瓜（5），②桃（3）

通过对各品种水果样本总数及检出率进行综合分析发现，苹果、葡萄和西瓜的残留污染最为严重，在此，我们参照 MRL 中国国家标准、欧盟标准和日本标准对这 3 种水果的农残检出情况进行进一步分析。

15.3.3　农药残留检出率较高的水果样品分析

15.3.3.1　苹果

这次共检测 12 例苹果样品，10 例样品中检出了农药残留，检出率为 83.3%，检出农药共计 8 种。其中毒死蜱、戊唑醇、仲丁威、腐霉利和二苯胺检出频次较高，分别检出了 6、3、2、1 和 1 次。苹果中农药检出品种和频次见图 15-21，超标农药见图 15-22 和表 15-19。

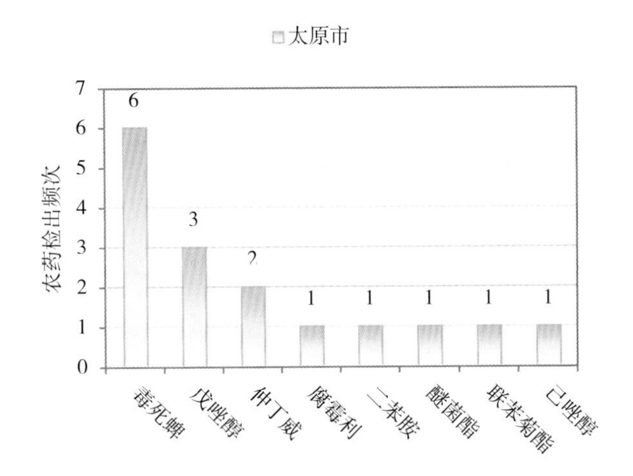

图 15-21　苹果样品检出农药品种和频次分析

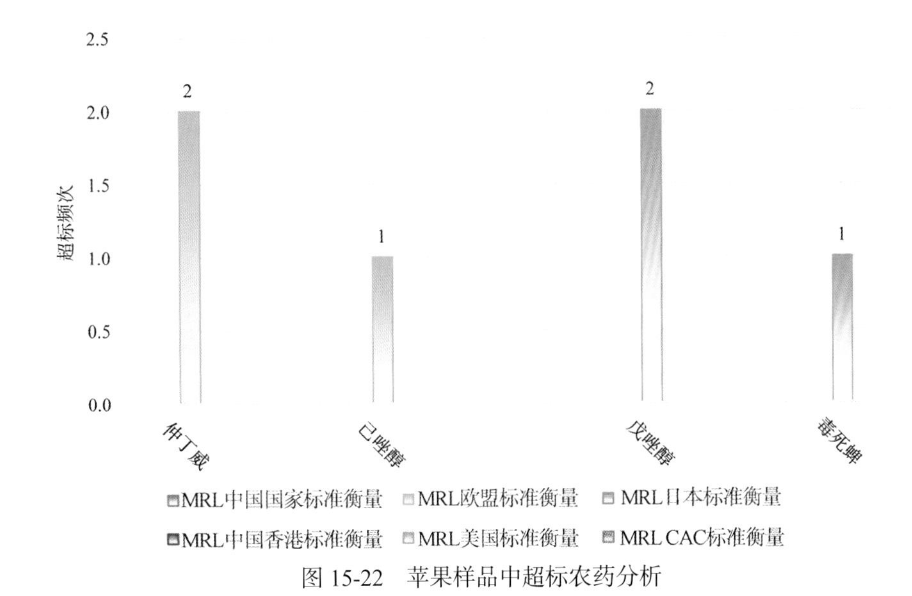

图 15-22　苹果样品中超标农药分析

表 15-19 苹果中农药残留超标情况明细表

样品总数			检出农药样品数	样品检出率(%)	检出农药品种总数
12			10	83.3	8
	超标农药品种	超标农药频次	按照 MRL 中国国家标准、欧盟标准和日本标准衡量超标农药名称及频次		
中国国家标准	0	0			
欧盟标准	2	3	仲丁威（2），己唑醇（1）		
日本标准	0	0			

15.3.3.2 葡萄

这次共检测 12 例葡萄样品，2 例样品中检出了农药残留，检出率为 16.7%，检出农药共计 3 种。其中三唑酮、仲丁威和生物苄呋菊酯检出频次较高，分别检出了 1、1 和 1 次。葡萄中农药检出品种和频次见图 15-23，超标农药见图 15-24 和表 15-20。

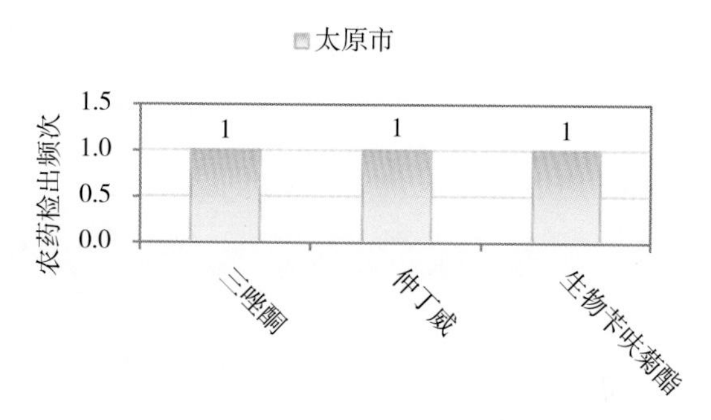

图 15-23 葡萄样品检出农药品种和频次分析

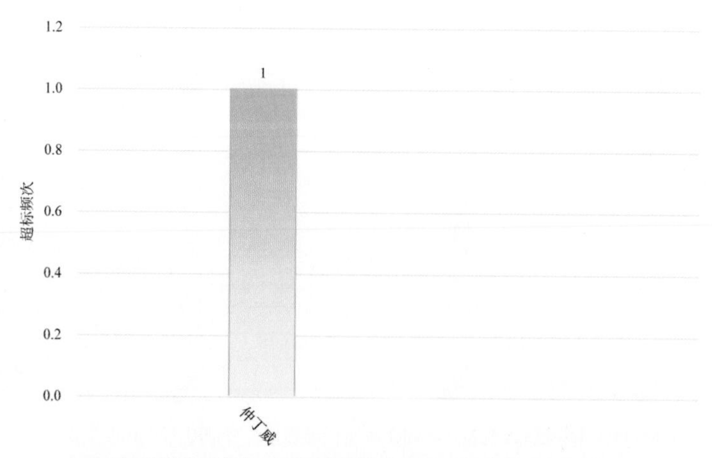

图 15-24 葡萄样品中超标农药分析

表 15-20 葡萄中农药残留超标情况明细表

样品总数			检出农药样品数	样品检出率（%）	检出农药品种总数
12			2	16.7	3
	超标农药品种	超标农药频次	按照 MRL 中国国家标准、欧盟标准和日本标准衡量超标农药名称及频次		
中国国家标准	0	0			
欧盟标准	1	1	仲丁威（1）		
日本标准	0	0			

15.3.3.3 西瓜

这次共检测 12 例西瓜样品，9 例样品中检出了农药残留，检出率为 75.0%，检出农药共计 2 种。其中芬螨酯和仲丁威检出频次较高，分别检出了 8 和 2 次。西瓜中农药检出品种和频次见图 15-25，超标农药见图 15-26 和表 15-21。

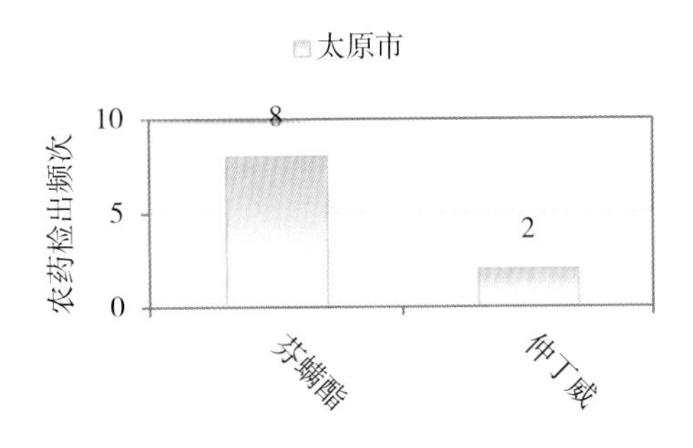

图 15-25 西瓜样品检出农药品种和频次分析（仅列出 2 频次及以上的数据）

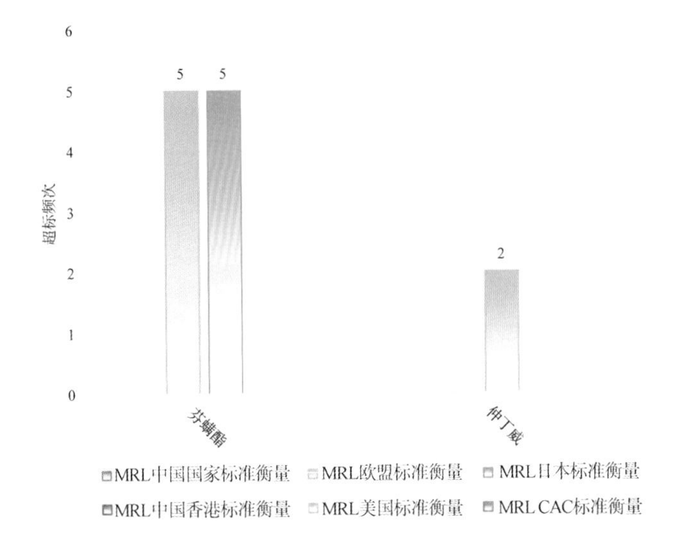

图 15-26 西瓜样品中超标农药分析

表 15-21 西瓜中农药残留超标情况明细表

样品总数		检出农药样品数	样品检出率（%）	检出农药品种总数
12		9	75	2
	超标农药品种	超标农药频次	按照 MRL 中国国家标准、欧盟标准和日本标准衡量超标农药名称及频次	
中国国家标准	0	0		
欧盟标准	2	7	芬螨酯（5），仲丁威（2）	
日本标准	1	5	芬螨酯（5）	

15.4 蔬菜中农药残留分布

15.4.1 检出农药品种和频次排前 10 的蔬菜

本次残留侦测的蔬菜共 10 种，包括菜豆、大白菜、番茄、黄瓜、韭菜、马铃薯、青菜、青花菜、生菜和甜椒。

根据检出农药品种及频次进行排名，将各项排名前 10 位的蔬菜样品检出情况列表说明，详见表 15-22。

表 15-22 检出农药品种和频次排名前 10 的蔬菜

检出农药品种排名前 10（品种）	①韭菜（15），②马铃薯（9），③生菜（9），④青花菜（9），⑤甜椒（9），⑥青菜（8），⑦黄瓜（7），⑧番茄（5），⑨大白菜（5），⑩菜豆（4）
检出农药频次排名前 10（频次）	①青菜（29），②青花菜（28），③韭菜（27），④生菜（24），⑤黄瓜（23），⑥马铃薯（19），⑦甜椒（18），⑧菜豆（16），⑨大白菜（16），⑩番茄（8）
检出禁用、高毒及剧毒农药品种排名前 10（品种）	①韭菜（2），②黄瓜（1），③马铃薯（1）
检出禁用、高毒及剧毒农药频次排名前 10（频次）	①韭菜（2），②黄瓜（2），③马铃薯（1）

15.4.2 超标农药品种和频次排前 10 的蔬菜

鉴于 MRL 欧盟标准和日本标准制定比较全面且覆盖率较高，我们参照 MRL 中国国家标准、欧盟标准和日本标准衡量蔬菜样品中农残检出情况，将超标农药品种及频次排名前 10 的蔬菜列表说明，详见表 15-23。

表 15-23 超标农药品种和频次排名前 10 的蔬菜

超标农药品种排名前 10（农药品种数）	MRL 中国国家标准	
	MRL 欧盟标准	①韭菜（10），②青花菜（8），③青菜（4），④生菜（3），⑤甜椒（3），⑥大白菜（2），⑦菜豆（1），⑧黄瓜（1），⑨番茄（1），⑩马铃薯（1）
	MRL 日本标准	①韭菜（9），②青花菜（8），③青菜（5），④大白菜（3），⑤生菜（3），⑥甜椒（3），⑦马铃薯（2），⑧黄瓜（1），⑨番茄（1），⑩菜豆（1）
超标农药频次排名前 10（农药频次数）	MRL 中国国家标准	
	MRL 欧盟标准	①青花菜（24），②青菜（15），③韭菜（15），④生菜（10），⑤黄瓜（8），⑥马铃薯（5），⑦大白菜（4），⑧甜椒（3），⑨番茄（2），⑩菜豆（1）
	MRL 日本标准	①青花菜（24），②青菜（16），③韭菜（15），④生菜（12），⑤菜豆（8），⑥甜椒（8），⑦黄瓜（8），⑧马铃薯（6），⑨大白菜（5），⑩番茄（2）

通过对各品种蔬菜样本总数及检出率进行综合分析发现，韭菜、青花菜和生菜的残留污染最为严重，在此，我们参照 MRL 中国国家标准、欧盟标准和日本标准对这 3 种蔬菜的农残检出情况进行进一步分析。

15.4.3 农药残留检出率较高的蔬菜样品分析

15.4.3.1 韭菜

这次共检测 11 例韭菜样品，9 例样品中检出了农药残留，检出率为 81.8%，检出农药共计 15 种。其中喹螨醚、二甲戊灵、抑芽唑、烯虫酯和毒死蜱检出频次较高，分别检出了 6、3、3、2 和 2 次。韭菜中农药检出品种和频次见图 15-27，超标农药见图 15-28 和表 15-24。

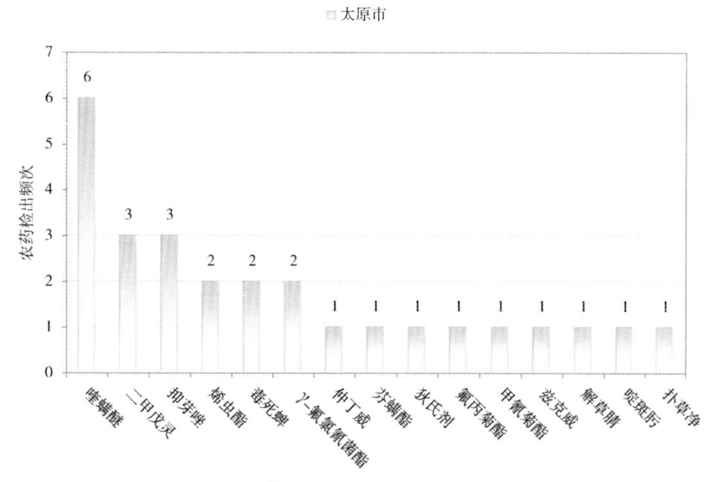

图 15-27 韭菜样品检出农药品种和频次分析

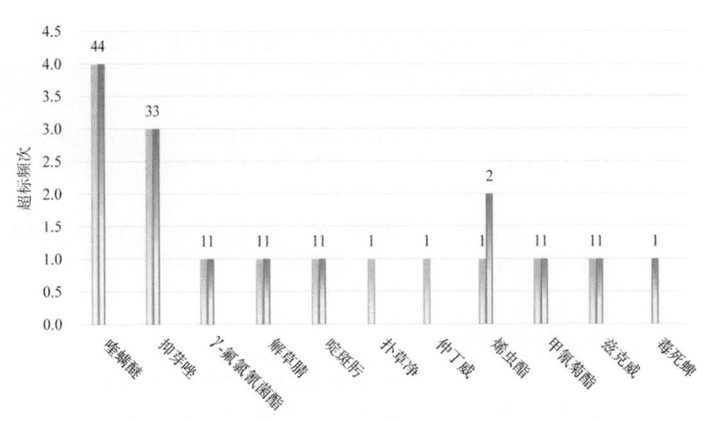

图 15-28　韭菜样品中超标农药分析

表 15-24　韭菜中农药残留超标情况明细表

样品总数			检出农药样品数	样品检出率（%）	检出农药品种总数
11			9	81.8	15
	超标农药品种	超标农药频次	按照 MRL 中国国家标准、欧盟标准和日本标准衡量超标农药名称及频次		
中国国家标准	0	0			
欧盟标准	10	15	喹螨醚（4），抑芽唑（3），γ-氟氯氰菌酯（1），解草腈（1），啶斑肟（1），扑草净（1），仲丁威（1），烯虫酯（1），甲氰菊酯（1），兹克威（1）		
日本标准	9	15	喹螨醚（4），抑芽唑（3），烯虫酯（2），兹克威（1），甲氰菊酯（1），毒死蜱（1），γ-氟氯氰菌酯（1），解草腈（1），啶斑肟（1）		

15.4.3.2　青花菜

这次共检测 10 例青花菜样品，全部检出了农药残留，检出率为 100.0%，检出农药共计 9 种。其中烯虫酯、喹螨醚、甲醚菊酯、溴丁酰草胺和醚菌酯检出频次较高，分别检出了 9、8、3、2 和 2 次。青花菜中农药检出品种和频次见图 15-29，超标农药见图 15-30 和表 15-25。

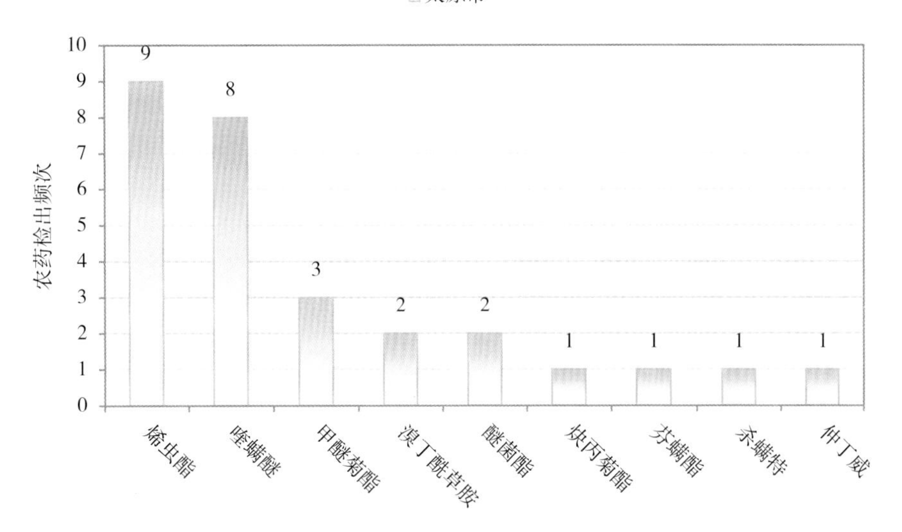

图 15-29 青花菜样品检出农药品种和频次分析

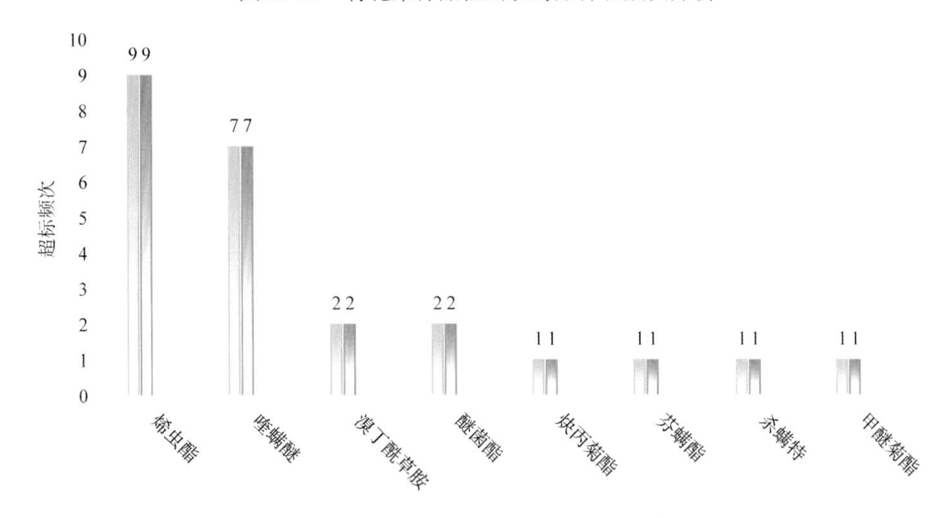

图 15-30 青花菜样品中超标农药分析

表 15-25 青花菜中农药残留超标情况明细表

样品总数			检出农药样品数	样品检出率（%）	检出农药品种总数
10			10	100	9
	超标农药品种	超标农药频次	按照 MRL 中国国家标准、欧盟标准和日本标准衡量超标农药名称及频次		
中国国家标准	0	0			
欧盟标准	8	24	烯虫酯（9），喹螨醚（7），溴丁酰草胺（2），醚菌酯（2），炔丙菊酯（1），芬螨酯（1），杀螨特（1），甲醚菊酯（1）		
日本标准	8	24	烯虫酯（9），喹螨醚（7），溴丁酰草胺（2），醚菌酯（2），炔丙菊酯（1），芬螨酯（1），杀螨特（1），甲醚菊酯（1）		

15.4.3.3　生菜

这次共检测 9 例生菜样品，8 例样品中检出了农药残留，检出率为 88.9%，检出农药共计 9 种。其中乙滴滴、烯虫酯、氟乐灵、抑芽唑和氟丙菊酯检出频次较高，分别检出了 8、6、2、2 和 2 次。生菜中农药检出品种和频次见图 15-31，超标农药见图 15-32 和表 15-26。

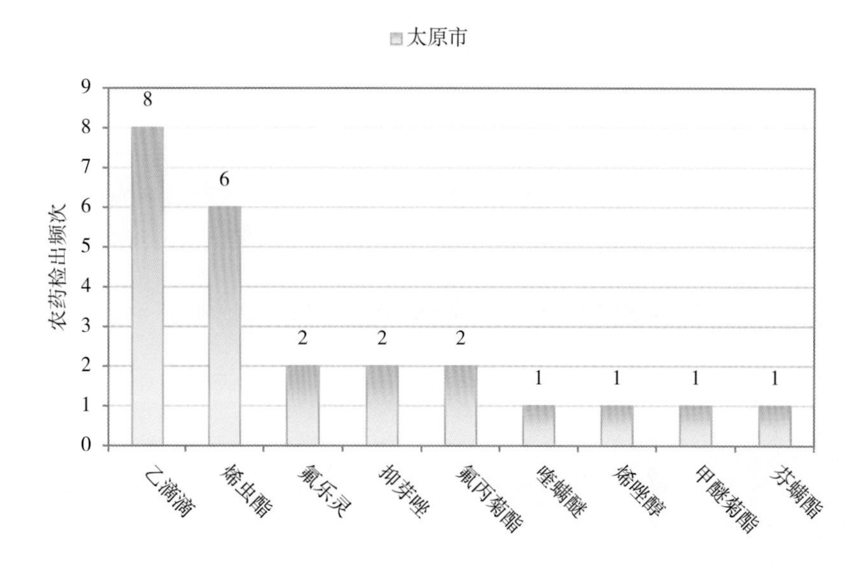

图 15-31　生菜样品检出农药品种和频次分析

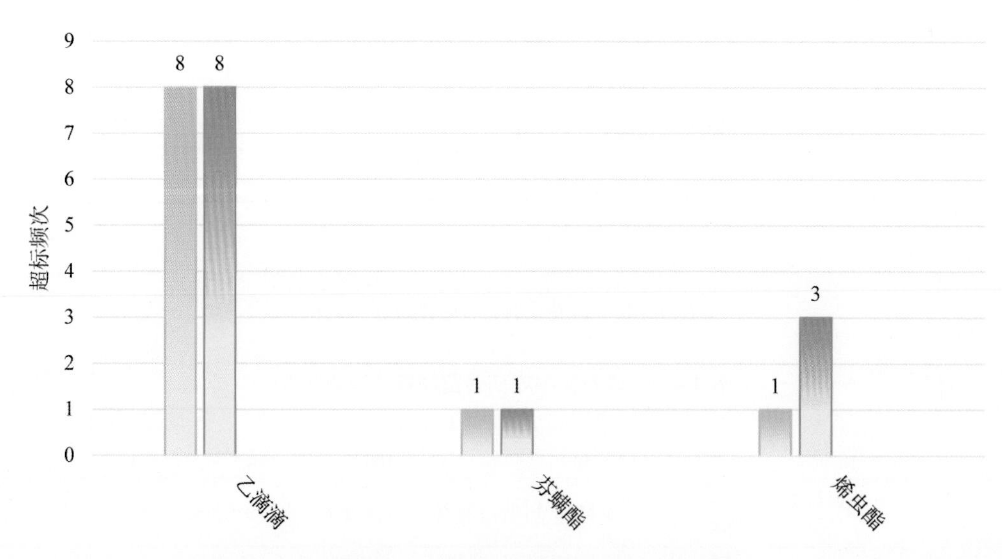

图 15-32　生菜样品中超标农药分析

表 15-26 生菜中农药残留超标情况明细表

样品总数			检出农药样品数	样品检出率（%）	检出农药品种总数
9			8	88.9	9
	超标农药品种	超标农药频次	按照 MRL 中国国家标准、欧盟标准和日本标准衡量超标农药名称及频次		
中国国家标准	0	0			
欧盟标准	3	10	乙滴滴（8），芬螨酯（1），烯虫酯（1）		
日本标准	3	12	乙滴滴（8），烯虫酯（3），芬螨酯（1）		

15.5 初步结论

15.5.1 太原市市售水果蔬菜按 MRL 中国国家标准和国际主要 MRL 标准衡量的合格率

本次侦测的 183 例样品中，57 例样品未检出任何残留农药，占样品总量的 31.1%，126 例样品检出不同水平、不同种类的残留农药，占样品总量的 68.9%。在这 126 例检出农药残留的样品中：

按照 MRL 中国国家标准衡量，有 126 例样品检出残留农药但含量没有超标，占样品总数的 68.9%，有 0 例样品检出了超标农药。

按照 MRL 欧盟标准衡量，有 58 例样品检出残留农药但含量没有超标，占样品总数的 31.7%，有 68 例样品检出了超标农药，占样品总数的 37.2%。

按照 MRL 日本标准衡量，有 50 例样品检出残留农药但含量没有超标，占样品总数的 27.3%，有 76 例样品检出了超标农药，占样品总数的 41.5%。

按照 MRL 中国香港标准衡量，有 126 例样品检出残留农药但含量没有超标，占样品总数的 68.9%，有 0 例样品检出了超标农药。

按照 MRL 美国标准衡量，有 124 例样品检出残留农药但含量没有超标，占样品总数的 67.8%，有 2 例样品检出了超标农药，占样品总数的 1.1%。

按照 MRL CAC 标准衡量，有 126 例样品检出残留农药但含量没有超标，占样品总数的 68.9%，有 0 例样品检出了超标农药。

15.5.2 太原市市售水果蔬菜中检出农药以中低微毒农药为主，占市场主体的 93.9%

这次侦测的 183 例样品包括蔬菜 10 种 100 例，水果 6 种 72 例，食用菌 1 种 11 例，共检出了 49 种农药，检出农药的毒性以中低微毒为主，详见表 15-27：

表 15-27　市场主体农药毒性分布

毒性	检出品种	占比	检出频次	占比
剧毒农药	2	4.1%	2	0.8%
高毒农药	1	2.0%	1	0.4%
中毒农药	16	32.7%	101	39.1%
低毒农药	18	36.7%	86	33.3%
微毒农药	12	24.5%	68	26.4%
中低微毒农药，品种占比 93.9%，频次占比 98.8%				

15.5.3　检出剧毒、高毒和禁用农药现象应该警醒

在此次侦测的 183 例样品中有 3 种蔬菜的 5 例样品检出了 4 种 5 频次的剧毒和高毒或禁用农药，占样品总量的 2.7%。其中剧毒农药狄氏剂和特丁硫磷以及高毒农药兹克威检出频次较高。

剧毒、高毒或禁用农药的检出情况及按照 MRL 中国国家标准衡量的超标情况见表 15-28。

表 15-28　剧毒、高毒或禁用农药的检出及超标明细

序号	农药名称	样品名称	检出频次	超标频次	最大超标倍数	超标率
1.1	狄氏剂*▲	韭菜	1	0		0.0%
2.1	特丁硫磷*▲	马铃薯	1	0		0.0%
3.1	兹克威◊	韭菜	1	0		0.0%
4.1	硫丹▲	黄瓜	2	0		0.0%
合计			5	0		0.0%

注：超标倍数参照 MRL 中国国家标准衡量

这些超标的剧毒和高毒农药都是中国政府早有规定禁止在水果蔬菜中使用的，为什么还屡次被检出，应该引起警惕。

15.5.4　残留限量标准与先进国家或地区差距较大

258 频次的检出结果与我国公布的《食品中农药最大残留限量》（GB 2763—2014）对比，有 35 频次能找到对应的 MRL 中国国家标准，占 13.6%；还有 223 频次的侦测数

据无相关 MRL 标准供参考，占 86.4%。

与国际上现行 MRL 标准对比发现：

有 258 频次能找到对应的 MRL 欧盟标准，占 100.0%；

有 258 频次能找到对应的 MRL 日本标准，占 100.0%；

有 34 频次能找到对应的 MRL 中国香港标准，占 13.2%；

有 41 频次能找到对应的 MRL 美国标准，占 15.9%；

有 24 频次能找到对应的 MRL CAC 标准，占 9.3%。

由上可见，MRL 中国国家标准与先进国家或地区标准还有很大差距，我们无标准，境外有标准，这就会导致我们在国际贸易中，处于受制于人的被动地位。

15.5.5 水果蔬菜单种样品检出 2~15 种农药残留，拷问农药使用的科学性

通过此次监测发现，苹果、葡萄和西瓜是检出农药品种最多的 3 种水果，韭菜、马铃薯和生菜是检出农药品种最多的 3 种蔬菜，从中检出农药品种及频次详见表 15-29。

表 15-29 单种样品检出农药品种及频次

样品名称	样品总数	检出农药样品数	检出率	检出农药品种数	检出农药（频次）
韭菜	11	9	81.8%	15	喹螨醚（6），二甲戊灵（3），抑芽唑（3），烯虫酯（2），毒死蜱（2），γ-氟氯氰菌酯（2），仲丁威（1），芬螨酯（1），狄氏剂（1），氟丙菊酯（1），甲氰菊酯（1），兹克威（1），解草腈（1），啶斑肟（1），扑草净（1）
马铃薯	12	10	83.3%	9	抑芽唑（5），醚菊酯（4），喹螨醚（3），芬螨酯（2），烯虫酯（1），仲丁灵（1），菲（1），γ-氟氯氰菌酯（1），特丁硫磷（1）
生菜	9	8	88.9%	9	乙滴滴（8），烯虫酯（6），氟乐灵（2），抑芽唑（2），氟丙菊酯（2），喹螨醚（1），烯唑醇（1），甲醚菊酯（1），芬螨酯（1）
苹果	12	10	83.3%	8	毒死蜱（6），戊唑醇（3），仲丁威（2），腐霉利（1），二苯胺（1），醚菌酯（1），联苯菊酯（1），己唑醇（1）
葡萄	12	2	16.7%	3	三唑酮（1），仲丁威（1），生物苄呋菊酯（1）
西瓜	12	9	75.0%	2	芬螨酯（8），仲丁威（2）

上述 6 种水果蔬菜，检出农药 2~15 种，是多种农药综合防治，还是未严格实施农业良好管理规范（GAP），抑或根本就是乱施药，值得我们思考。

第 16 章　GC-Q-TOF/MS 侦测太原市市售水果蔬菜农药残留膳食暴露风险及预警风险评估

16.1　农药残留风险评估方法

16.1.1　太原市农药残留检测数据分析与统计

庞国芳院士科研团队建立的农药残留高通量侦测技术以高分辨精确质量数（0.0001 *m/z* 为基准）为识别标准，采用 GC-Q-TOF/MS 技术对 499 种农药化学污染物进行检测。

科研团队于 2015 年 7 月在太原市所属 6 个区县的 12 个采样点，随机采集了 183 例水果蔬菜样品，采样点分布在超市和农贸市场，具体位置如图 16-1 所示。

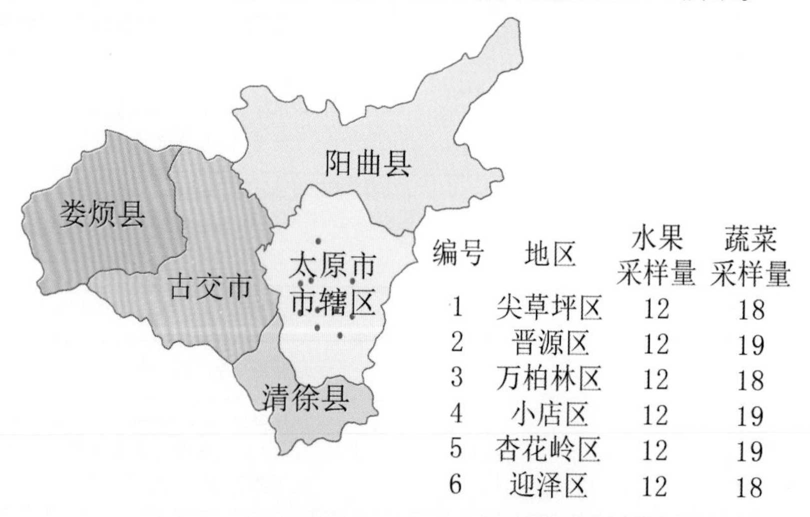

编号	地区	水果采样量	蔬菜采样量
1	尖草坪区	12	18
2	晋源区	12	19
3	万柏林区	12	18
4	小店区	12	19
5	杏花岭区	12	19
6	迎泽区	12	18

图 16-1　太原市所属 12 个采样点 183 例样品分布图

利用 GC-Q-TOF/MS 技术对 183 例样品中的农药残留进行侦测，检出残留农药 49 种，258 频次。检出农药残留水平如表 16-1 和图 16-2 所示。检出频次最高的前十种农药如表 16-2 所示。从检测结果中可以看出，在果蔬中农药残留普遍存在，且有些果蔬存在高浓度的农药残留，这些可能存在膳食暴露风险，对人体健康产生危害，因此，为了定量地评价果蔬中农药残留的风险程度，有必要对其进行风险评价。

表 16-1　检出农药的不同残留水平及其所占比例

残留水平（μg/kg）	检出频次	占比（%）
1~5（含）	80	31.0
5~10（含）	34	13.2
10~100（含）	138	53.5
100~1000（含）	6	2.3
合计	258	100

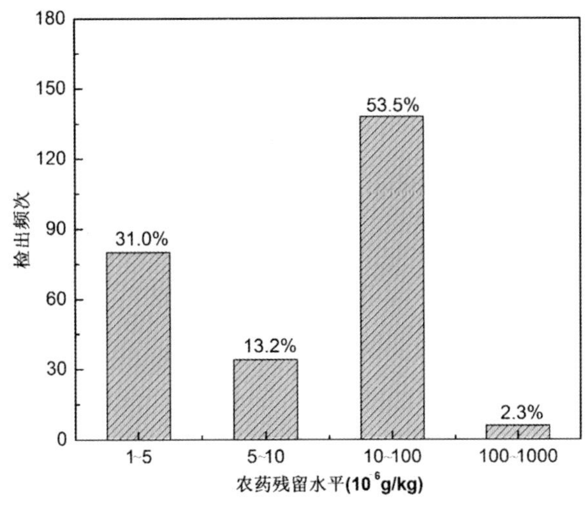

图 16-2　残留农药检出浓度频数分布

表 16-2　检出频次最高的前十种农药

序号	农药	检出频次（次）
1	喹螨醚	41
2	烯虫酯	37
3	芬螨酯	27
4	抑芽唑	21
5	毒死蜱	16
6	γ-氟氯氰菌酯	9
7	仲丁威	9
8	哒螨灵	9
9	乙滴滴	8
10	氟丙菊酯	8

16.1.2　农药残留风险评价模型

对太原市水果蔬菜中农药残留分别开展暴露风险评估和预警风险评估。膳食暴露风险评价利用食品安全指数模型，对水果蔬菜中的残留农药对人体可能产生的危害程度进行评价，该模型结合残留监测和膳食暴露评估评价化学污染物的危害；预警风险评价模型运用风险系数（risk index，R），风险系数综合考虑了危害物的超标率、施检频率及其本身敏感性的影响，能直观而全面地反映出危害物在一段时间内的风险程度。

16.1.2.1　食品安全指数模型

为了加强食品安全管理，《中华人民共和国食品安全法》第二章第十七条规定“国家建立食品安全风险评估制度，运用科学方法，根据食品安全风险监测信息、科学数据以及有关信息，对食品、食品添加剂、食品相关产品中生物性、化学性和物理性危害因素进行风险评估”[1]，膳食暴露评估是食品危险度评估的重要组成部分，也是膳食安全性的衡量标准[2]。国际上最早研究膳食暴露风险评估的机构主要是 JMPR（FAO、WHO 农药残留联合会议），该组织自 1995 年就已制定了急性毒性物质的风险评估急性毒性农药残留摄入量的预测。1960 年美国规定食品中不得加入致癌物质进而提出零阈值理论，渐渐零阈值理论发展成在一定概率条件下可接受风险的概念[3]，后衍变为食品中每日允许最大摄入量（ADI），而农药残留法典委员会（CCPR）认为 ADI 不是独立风险评估的唯一标准[4]，1995 年 JMPR 开始研究农药急性膳食暴露风险评估，并对食品国际短期摄入量的计算方法进行了修正，亦对膳食暴露评估准则及评估方法进行了修正[5]，2002 年，在对世界上现行的食品安全评价方法，尤其是国际公认的 CAC 的评价方法，WHO GEMS/Food（全球环境监测系统/食品污染监测和评估规划）及 JECFA（FAO、WHO 食品添加剂联合专家委员会）和 JMPR 对食品安全风险评估工作研究的基础之上，检验检疫食品安全管理的研究人员提出了结合残留监控和膳食暴露评估，以食品安全指数 IFS 计算食品中各种化学污染物对消费者的健康危害程度[6]。IFS 是表示食品安全状态的新方法，可有效的评价某种农药的安全性，进而评价食品中各种农药化学污染物对消费者健康的整体危害程度[7, 8]。从理论上分析，IFS_c 可指出食品中的污染物 c 对消费者健康是否存在危害及危害的程度[9]。其优点在于操作简单且结果容易被接受和理解，不需要大量的数据来对结果进行验证，使用默认的标准假设或者模型即可[10, 11]。

1）IFS_c 的计算

IFS_c 计算公式如下：

$$\mathrm{IFS_c} = \frac{\mathrm{EDI_c} \times f}{\mathrm{SI_c} \times \mathrm{bw}} \tag{16-1}$$

式中，c 为所研究的农药；EDI_c 为农药 c 的实际日摄入量估算值，等于 $\sum(R_i \times F_i \times E_i \times P_i)$（$i$ 为食品种类；R_i 为食品 i 中农药 c 的残留水平，mg/kg；F_i 为食品 i 的估计日消费量，g/（人·天）；E_i 为食品 i 的可食用部分因子；P_i 为食品 i 的加工处理因子）；SI_c 为安全摄入量，可采用每日允许摄入量 ADI；bw 为人平均体重，kg；f 为校正因子，如果安全摄入量采用 ADI，f 取 1。

$IFS_c \ll 1$，农药 c 对食品安全没有影响；$IFS_c \leqslant 1$，农药 c 对食品安全的影响可以接受；$IFS_c > 1$，农药 c 对食品安全的影响不可接受。

本次评价中：

$IFS_c \leqslant 0.1$，农药 c 对果蔬安全没有影响；

$0.1 < IFS_c \leqslant 1$，农药 c 对果蔬安全的影响可以接受；

$IFS_c > 1$，农药 c 对果蔬安全的影响不可接受。

本次评价中残留水平 R_i 取值为中国检验检疫科学研究院庞国芳院士课题组对太原市果蔬中的农药残留检测结果。估计日消费量 F_i 取值 0.38 kg/（人・天），E_i=1，P_i=1，f =1，SI_c 采用《食品安全国家标准　食品中农药最大残留限量》（GB 2763—2016）中 ADI 值（具体数值见表 16-3），人平均体重 bw 取值 60 kg。

表 16-3　太原市果蔬中残留农药 ADI 值

序号	农药	ADI	序号	农药	ADI	序号	农药	ADI
1	吡丙醚	0.1	18	醚菊酯	0.03	35	杀螨特	—
2	丙溴磷	0.03	19	醚菌酯	0.4	36	四氟苯菊酯	—
3	哒螨灵	0.01	20	嘧霉胺	0.2	37	γ-氟氯氰菌酯	—
4	狄氏剂	0.0001	21	扑草净	0.04	38	威杀灵	—
5	毒死蜱	0.01	22	噻嗪酮	0.009	39	乙嘧酚磺酸酯	—
6	二苯胺	0.08	23	三唑酮	0.03	40	氟丙菊酯	—
7	二甲戊灵	0.03	24	生物苄呋菊酯	0.03	41	解草腈	—
8	氟乐灵	0.025	25	霜霉威	0.4	42	新燕灵	—
9	腐霉利	0.1	26	特丁硫磷	0.0006	43	兹克威	—
10	环酯草醚	0.0056	27	戊唑醇	0.03	44	溴丁酰草胺	—
11	己唑醇	0.005	28	烯唑醇	0.005	45	啶斑肟	—
12	甲氰菊酯	0.03	29	仲丁灵	0.2	46	五氯苯胺	—
13	甲霜灵	0.08	30	仲丁威	0.06	47	甲醚菊酯	—
14	喹螨醚	0.005	31	烯虫酯	—	48	炔丙菊酯	—
15	联苯菊酯	0.01	32	抑芽唑	—	49	菲	—
16	硫丹	0.006	33	芬螨酯	—			
17	氯磺隆	0.2	34	乙滴滴	—			

注：“—”表示为国家标准中无 ADI 值规定；ADI 值单位为 mg/kg bw

2）计算 IFS_c 的平均值 $\overline{IFS}$，判断农药对食品安全影响程度

以 $\overline{IFS}$ 评价各种农药对人体健康危害的总程度，评价模型见公式（16-2）。

$$\overline{IFS}=\frac{\sum_{i=1}^{n} IFS_c}{n} \tag{16-2}$$

$\overline{\mathrm{IFS}} \ll 1$，所研究消费者人群的食品安全状态很好；$\overline{\mathrm{IFS}} \leqslant 1$，所研究消费者人群的食品安全状态可以接受；$\overline{\mathrm{IFS}} > 1$，所研究消费者人群的食品安全状态不可接受。

本次评价中：

$\overline{\mathrm{IFS}} \leqslant 0.1$，所研究消费者人群的果蔬安全状态很好；

$0.1 < \overline{\mathrm{IFS}} \leqslant 1$，所研究消费者人群的果蔬安全状态可以接受；

$\overline{\mathrm{IFS}} > 1$，所研究消费者人群的果蔬安全状态不可接受。

16.1.2.2　预警风险评价模型

2003 年，我国检验检疫食品安全管理的研究人员根据 WTO 的有关原则和我国的具体规定，结合危害物本身的敏感性、风险程度及其相应的施检频率，首次提出了食品中危害物风险系数 R 的概念[12]。R 是衡量一个危害物的风险程度大小最直观的参数，即在一定时期内其超标率或阳性检出率的高低，但受其施检测率的高低及其本身的敏感性（受关注程度）影响。该模型综合考察了农药在蔬菜中的超标率、施检频率及其本身敏感性，能直观而全面地反映出农药在一段时间内的风险程度[13]。

1）R 计算方法

危害物的风险系数综合考虑了危害物的超标率或阳性检出率、施检频率和其本身的敏感性影响，并能直观而全面地反映出危害物在一段时间内的风险程度。风险系数 R 的计算公式如式（16-3）：

$$R = aP + \frac{b}{F} + S \qquad (16\text{-}3)$$

式中，P 为该种危害物的超标率；F 为危害物的施检频率；S 为危害物的敏感因子；a, b 分别为相应的权重系数。

本次评价中 $F=1$；$S=1$；$a=100$；$b=0.1$，对参数 P 进行计算，计算时首先判断是否为禁药，如果为非禁药，P=超标的样品数（检测出的含量高于食品最大残留限量标准值，即 MRL）除以总样品数（包括超标、不超标、未检出）；如果为禁药，则检出即为超标，P=能检出的样品数除以总样品数。判断太原市果蔬农药残留是否超标的标准限值 MRL 分别以 MRL 中国国家标准[14]和 MRL 欧盟标准作为对照，具体值列于本报告附表一中。

2）判断风险程度

$R \leqslant 1.5$，受检农药处于低度风险；

$1.5 < R \leqslant 2.5$，受检农药处于中度风险；

$R > 2.5$，受检农药处于高度风险。

16.1.2.3　食品膳食暴露风险和预警风险评价应用程序的开发

1）应用程序开发的步骤

为成功开发膳食暴露风险和预警风险评价应用程序，与软件工程师多次沟通讨论，逐步提出并描述清楚计算需求，开发了初步应用程序。在软件应用过程中，根据风险评价拟得到结果的变化，计算需求发生变更，这些变化给软件工程师进行需求分析带来一定的困难，经过各种细节的沟通，需求分析得到明确后，开始进行解决方案的设计，在保证需求的完整性、一致性的前提下，编写代码，最后设计出风险评价专用计算软件。软件开发基本步骤见图 16-3。

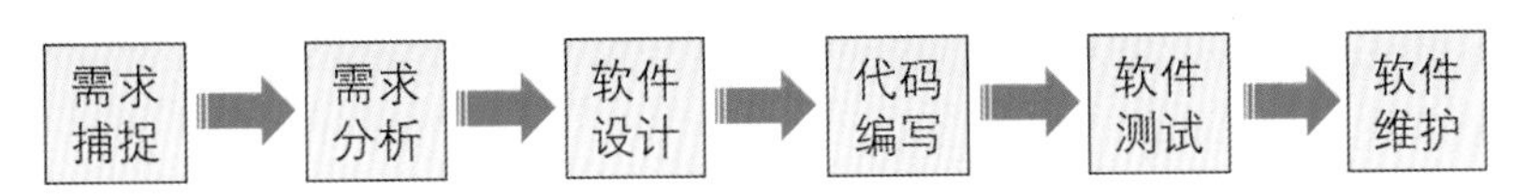

图 16-3 专用程序开发总体步骤

2）膳食暴露风险评价专业程序开发的基本要求

首先直接利用公式（16-1），分别计算 LC-Q-TOF/MS 和 GC-Q-TOF/MS 仪器检出的各果蔬样品中每种农药 IFS_c，将结果列出。为考察超标农药和禁用农药的使用安全性，分别以我国《食品安全国家标准 食品中农药最大残留限量》（GB 2763—2016）和欧盟食品中农药最大残留限量（以下简称 MRL 中国国家标准和 MRL 欧盟标准）为标准，对检出的禁药和超标的非禁药 IFS_c 单独进行评价；按 IFS_c 大小列表，并找出 IFS_c 值排名前 20 的样本重点关注。

对不同果蔬 i 中每一种检出的农药 c 的安全指数进行计算，多个样品时求平均值。若监测数据为该市多个月的数据，则逐月、逐季度分别列出每个月、每个季度内每一种果蔬 i 对应的每一种农药 c 的 IFS_c。

按农药种类，计算整个监测时间段内每种农药的 IFS_c，不区分果蔬。若检测数据为该市多个月的数据，则需分别计算每个月、每个季度内每种农药的 IFS_c。

3）预警风险评价专业程公式序开发的基本要求

分别以 MRL 中国国家标准和 MRL 欧盟标准，按（16-3）逐个计算不同果蔬、不同农药的风险系数，禁药和非禁药分别列表。

为清楚了解各种农药的预警风险，不分时间，不分果蔬，按禁用农药和非禁药分类，分别计算各种检出农药全部检测时段内风险系数。由于有 MRL 中国国家标准的农药种类太少，无法计算超标数，非禁药的风险系数只以 MRL 欧盟标准为标准进行计算。若检测数据为多个月的，则按月计算每个月、每个季度内每种禁用农药残留的风险系数和以 MRL 欧盟标准为标准的非禁药残留的风险系数。

4）风险程度评价专业应用程序的开发方法

采用 Python 计算机程序设计语言，Python 是一个高层次地结合了解释性、编译性、互动性和面向对象的脚本语言。风险评价专用程序主要功能包括：分别读入每例样品 LC-Q-TOF/MS 和 GC-Q-TOF/MS 农药残留检测数据，根据风险评价工作要求，依次对不同农药、不同食品、不同时间、不同采样点的 IFS_c 值和 R 值分别进行数据计算，筛选出禁用农药、超标农药（分别与 MRL 中国国家标准、MRL 欧盟标准限值进行对比）单独重点分析，再分别对各农药、各果蔬种类分类处理，设计出计算和排序程序，编写计算机代码，最后将生成的膳食暴露风险评价和超标风险评价定量计算结果列入设计好的各个表格中，并定性判断风险对目标的影响程度，直接用文字描述风险发生的高低，如“不可接受”“可以接受”“没有影响”“高度风险”“中度风险”“低度风险”。

16.2　太原市果蔬农药残留膳食暴露风险评估

16.2.1　果蔬样品中农药残留安全指数分析

基于 2015 年 7 月农药残留检测数据，发现在 183 例样品中检出农药 258 频次，计算样品中每种残留农药的安全指数 IFS_c，并分析农药对样品安全的影响程度，结果详见附表二，农药残留对果蔬样品安全的影响程度频次分布情况如图 16-4 所示。

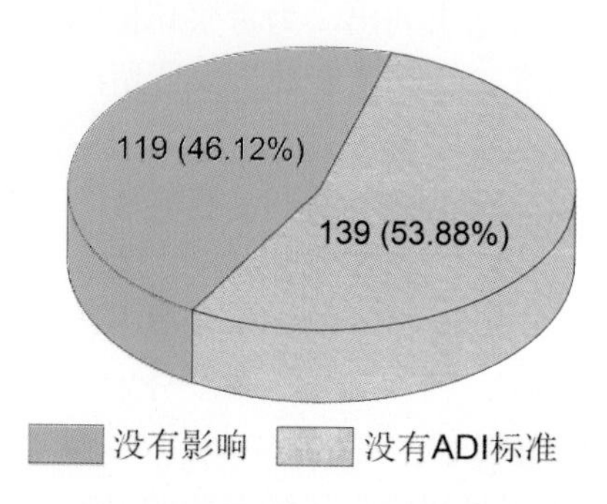

图 16-4　农药残留对果蔬样品安全的影响程度频次分布图

由图 16-4 可以看出，农药残留对样品安全的没有影响的频次为 119，占 46.12%。果蔬样品中安全指数排名前十的残留农药列表如表 16-4 所示。

表 16-4　果蔬样品中安全指数排名前十的残留农药列表

序号	样品编号	采样点	基质	农药	含量（mg/kg）	IFS_c	影响程度
1	20150730-140100-AHCIQ-AP-12A	***综合市场	苹果	己唑醇	0.0693	0.0878	没有影响
2	20150730-140100-AHCIQ-JC-07A	***超市（西峪东街店）	韭菜	狄氏剂	0.0011	0.0697	没有影响
3	20150729-140100-AHCIQ-QC-05A	***超市（三墙店）	青菜	喹螨醚	0.0289	0.0366	没有影响
4	20150729-140100-AHCIQ-QC-06A	***超市（重机店）	青菜	喹螨醚	0.0285	0.0361	没有影响
5	20150730-140100-AHCIQ-PO-12A	***综合市场	马铃薯	特丁硫磷	0.0033	0.0348	没有影响
6	20150729-140100-AHCIQ-QC-02A	***综合集贸市场	青菜	喹螨醚	0.0263	0.0333	没有影响
7	20150729-140100-AHCIQ-PP-03A	***超市（兴华街店）	甜椒	喹螨醚	0.0232	0.0294	没有影响
8	20150730-140100-AHCIQ-QC-08A	***超市（学府街店）	青菜	喹螨醚	0.0228	0.0289	没有影响
9	20150730-140100-AHCIQ-XL-11A	***超市（和平北路店）	青花菜	喹螨醚	0.0225	0.0285	没有影响
10	20150730-140100-AHCIQ-XL-07A	***超市（西峪东街店）	青花菜	喹螨醚	0.0224	0.0284	没有影响

此次检测，发现部分样品检出禁用农药，为了明确残留的禁用农药对样品安全的影响，分析检出禁药残留的样品安全指数，结果如表 16-5 所示，检出禁用农药 3 种 4 频次，其中农药残留对样品的安全均无影响。

表 16-5 果蔬样品中残留禁用农药安全指数列表

序号	样品编号	基质	禁用农药	含量（mg/kg）	IFS_c	影响程度
1	20150730-140100-AHCIQ-PO-12A	马铃薯	特丁硫磷	0.0033	0.0348	没有影响
2	20150730-140100-AHCIQ-JC-07A	韭菜	狄氏剂	0.0011	0.0697	没有影响
3	20150730-140100-AHCIQ-CU-10A	黄瓜	硫丹	0.01	0.0106	没有影响
4	20150729-140100-AHCIQ-CU-02A	黄瓜	硫丹	0.0187	0.0197	没有影响

此外，本次检测发现部分样品中非禁用农药残留量超过 MRL 中国国家标准和欧盟标准，为了明确超标的非禁药对样品安全的影响，分析非禁药残留超标的样品安全指数，超标的非禁用农药对样品安全的影响程度频次分布情况如图 16-5 所示。可以看出检出超过 MRL 欧盟标准的非禁用农药共 105 频次，其农药残留对样品安全的影响无不可接受的频次也无可以接受的频次，只有没有影响的频次，为 31，占 29.52%。果蔬样品中安全指数排名前十的残留超标非禁用农药列表如表 16-6 所示。

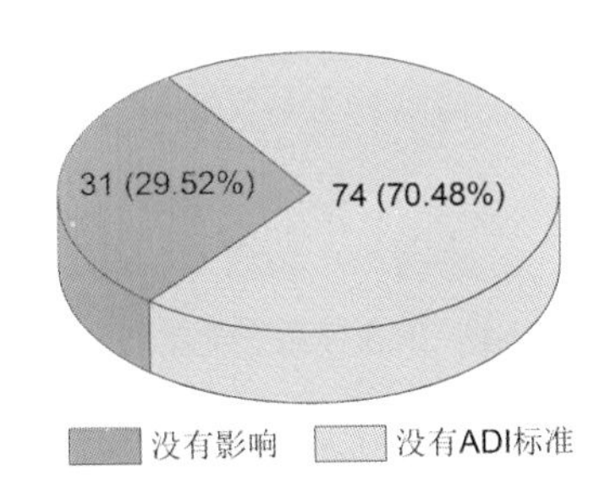

图 16-5 残留超标的非禁用农药对果蔬样品安全的影响程度频次分布图（MRL 欧盟标准）

表 16-6 果蔬样品中安全指数排名前十的残留超标非禁用农药列表（MRL 欧盟标准）

序号	样品编号	采样点	基质	农药	含量（mg/kg）	欧盟标准	超标倍数	IFS_c	影响程度
1	20150730-140100-AHCIQ-AP-12A	*** 市场	苹果	己唑醇	0.0693	0.01	5.93	0.0878	没有影响
2	20150729-140100-AHCIQ-QC-05A	***超市（三墙店）	青菜	喹螨醚	0.0289	0.01	1.89	0.0366	没有影响
3	20150729-140100-AHCIQ-QC-06A	***超市（重机店）	青菜	喹螨醚	0.0285	0.01	1.85	0.0361	没有影响
4	20150729-140100-AHCIQ-QC-02A	***综合集贸市场	青菜	喹螨醚	0.0263	0.01	1.63	0.0333	没有影响
5	20150730-140100-AHCIQ-QC-08A	***超市（学府街店）	青菜	喹螨醚	0.0228	0.01	1.28	0.0289	没有影响

续表

序号	样品编号	采样点	基质	农药	含量（mg/kg）	欧盟标准	超标倍数	IFS_c	影响程度
6	20150730-140100-AHCIQ-XL-11A	***超市（和平北路店）	青花菜	喹螨醚	0.0225	0.01	1.25	0.0285	没有影响
7	20150730-140100-AHCIQ-XL-07A	***超市（西峪东街店）	青花菜	喹螨醚	0.0224	0.01	1.24	0.0284	没有影响
8	20150729-140100-AHCIQ-BC-05A	***超市（三墙店）	大白菜	喹螨醚	0.022	0.01	1.2	0.0279	没有影响
9	20150730-140100-AHCIQ-QC-10A	***农贸市场	青菜	喹螨醚	0.0217	0.01	1.17	0.0275	没有影响
10	20150730-140100-AHCIQ-JC-08A	***超市（学府街店）	韭菜	甲氰菊酯	0.1215	0.01	11.15	0.0257	没有影响

在 183 例样品中，57 例样品未检测出农药残留，126 例样品中检测出农药残留，计算每例有农药检出的样品的$\overline{IFS}$值，进而分析样品的安全状态结果如图 16-6 所示（未检出农药的样品安全状态视为很好）。可以看出，样品安全状态均为很好，其频次为 143，占 78.14%。$\overline{IFS}$值排名前十的果蔬样品列表如表 16-7 所示。

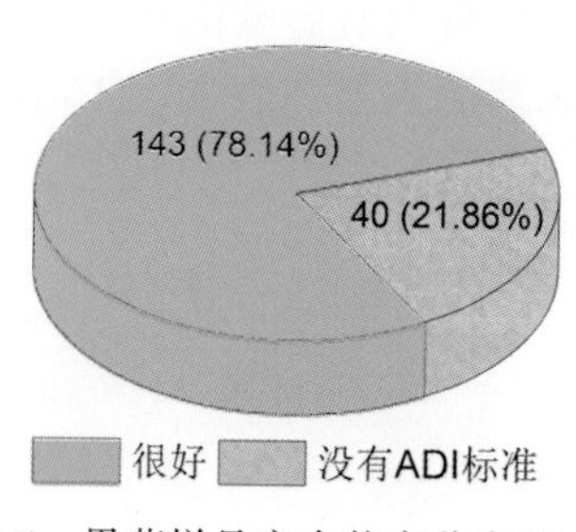

图 16-6　果蔬样品安全状态分布图

表 16-7　$\overline{IFS}$值排名前十的果蔬样品列表

序号	样品编号	采样点	基质	$\overline{IFS}$	影响程度
1	20150730-140100-AHCIQ-AP-12A	***市场	苹果	0.04395	很好
2	20150729-140100-AHCIQ-QC-05A	***超市（三墙店）	青菜	0.0366	很好
3	20150729-140100-AHCIQ-QC-06A	***超市（重机店）	青菜	0.0361	很好
4	20150729-140100-AHCIQ-QC-02A	***市场	青菜	0.0333	很好
5	20150730-140100-AHCIQ-JC-07A	***超市（西峪东街店）	韭菜	0.0287	很好
6	20150730-140100-AHCIQ-XL-11A	***超市（和平北路店）	青花菜	0.0285	很好
7	20150730-140100-AHCIQ-XL-07A	***超市（西峪东街店）	青花菜	0.0284	很好
8	20150729-140100-AHCIQ-BC-05A	***超市（三墙店）	大白菜	0.0279	很好
9	20150730-140100-AHCIQ-QC-10A	***市场	青菜	0.0275	很好
10	20150730-140100-AHCIQ-QC-09A	***超市（龙山大街店）	青菜	0.0253	很好

16.2.2　单种果蔬中农药残留安全指数分析

本次检测的果蔬共计 17 种，17 种果蔬中火龙果没有农药残留，在其余 16 种果蔬中共检测出 49 种残留农药，其总频次为 258，其中 30 种农药存在 ADI 标准。计算每种果蔬中农药的 IFS_c 值，结果如图 16-7 所示。

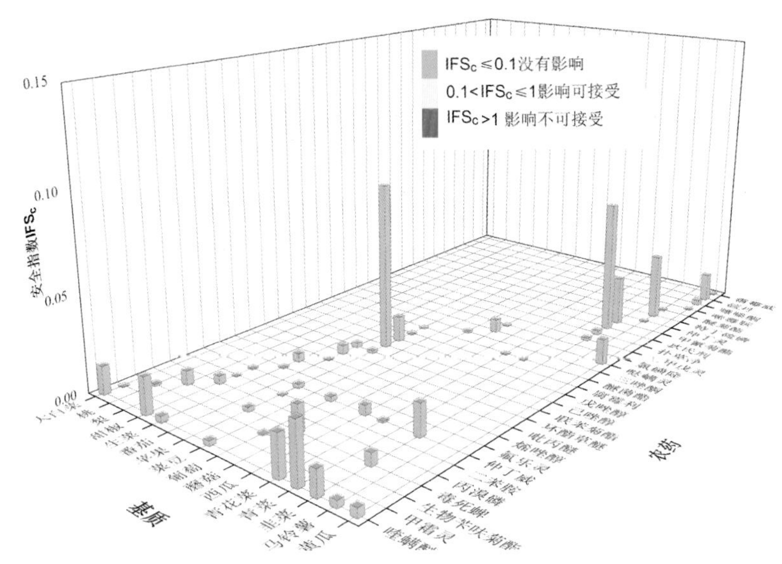

图 16-7　16 种果蔬中 30 种农药残留的安全指数

分析发现不存在对食品安全影响不可接受的果蔬。单种果蔬中安全指数表排名前十的残留农药列表如表 16-8 所示。

表 16-8　单种果蔬中安全指数表排名前十的残留农药列表

序号	基质	农药	检出频次	检出率	IFS>1 的频次	IFS>1 的比例	IFS	影响程度
1	苹果	己唑醇	1	8.33%	0	0	0.0878	没有影响
2	韭菜	狄氏剂	1	9.09%	0	0	0.0697	没有影响
3	马铃薯	特丁硫磷	1	8.33%	0	0	0.0348	没有影响
4	青菜	喹螨醚	6	100.00%	0	0	0.0313	没有影响
5	韭菜	甲氰菊酯	1	9.09%	0	0	0.0257	没有影响
6	青花菜	喹螨醚	8	80.00%	0	0	0.0216	没有影响
7	甜椒	喹螨醚	7	58.33%	0	0	0.0194	没有影响
8	韭菜	仲丁威	1	9.09%	0	0	0.0169	没有影响
9	黄瓜	硫丹	2	16.67%	0	0	0.0151	没有影响
10	大白菜	喹螨醚	5	83.33%	0	0	0.0148	没有影响

本次检测中，16 种果蔬 49 种残留农药（包括没有 ADI）种残留农药共涉及 101 个分析样本，农药对果蔬安全的影响程度分布情况如图 16-8 所示。

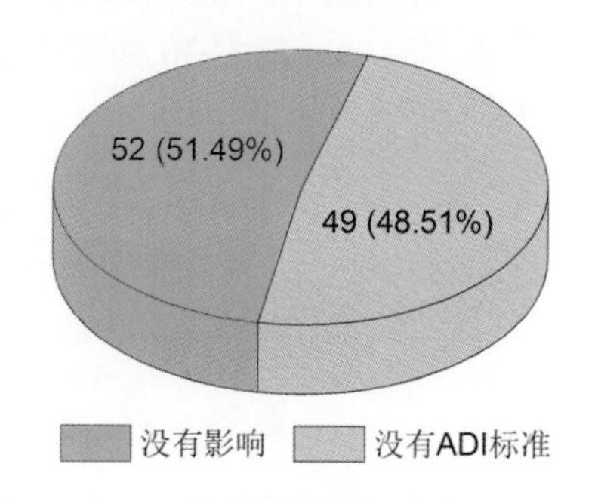

图 16-8 101 个分析样本的影响程度分布图

此外，分别计算 16 种果蔬中所有检出农药 IFS_c 的平均值$\overline{IFS}$，分析每种果蔬的安全状态，结果如图 16-9 所示，分析发现，16 种果蔬（100%）的安全状态都很好。

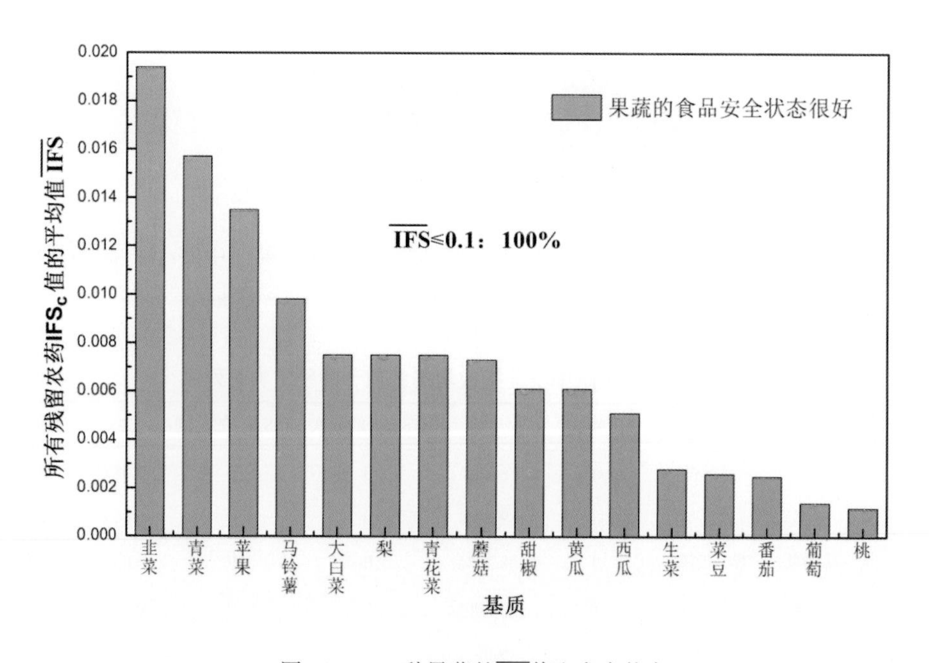

图 16-9 16 种果蔬的$\overline{IFS}$值和安全状态

16.2.3 所有果蔬中农药残留安全指数分析

计算所有果蔬中 30 种残留农药的 IFS_c 值，结果如图 16-10 及表 16-9 所示。

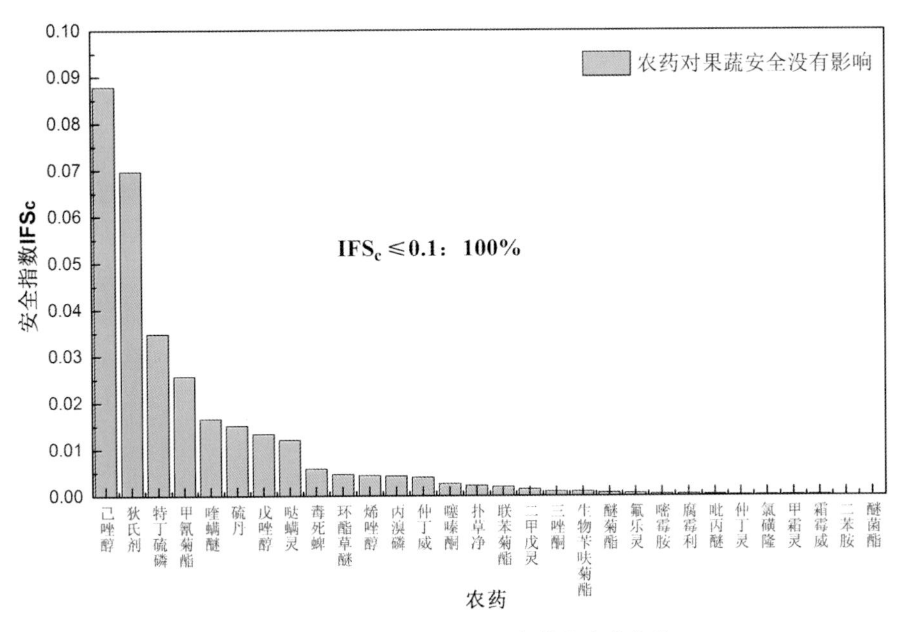

图 16-10 果蔬中 30 种残留农药的安全指数

分析发现，农药对果蔬的安全均没有影响。

表 16-9 果蔬中 30 种残留农药的安全指数表

序号	农药	检出频次	检出率	IFS$_c$	影响程度	序号	农药	检出频次	检出率	IFS$_c$	影响程度
1	己唑醇	1	0.55%	0.0878	没有影响	16	联苯菊酯	2	1.09%	0.002	没有影响
2	狄氏剂	1	0.55%	0.0697	没有影响	17	二甲戊灵	3	1.64%	0.0015	没有影响
3	特丁硫磷	1	0.55%	0.0348	没有影响	18	三唑酮	1	0.55%	0.001	没有影响
4	甲氰菊酯	1	0.55%	0.0257	没有影响	19	生物苄呋菊酯	2	1.09%	0.001	没有影响
5	喹螨醚	41	22.4%	0.0166	没有影响	20	醚菊酯	4	2.19%	0.0007	没有影响
6	硫丹	2	1.09%	0.0151	没有影响	21	氟乐灵	2	1.09%	0.0006	没有影响
7	戊唑醇	3	1.64%	0.0134	没有影响	22	嘧霉胺	2	1.09%	0.0004	没有影响
8	哒螨灵	9	4.92%	0.0121	没有影响	23	腐霉利	1	0.55%	0.0004	没有影响
9	毒死蜱	16	8.74%	0.0059	没有影响	24	吡丙醚	1	0.55%	0.0003	没有影响
10	环酯草醚	1	0.55%	0.0047	没有影响	25	仲丁灵	1	0.55%	0.0002	没有影响
11	烯唑醇	1	0.55%	0.0044	没有影响	26	氯磺隆	2	1.09%	0.0002	没有影响
12	丙溴磷	1	0.55%	0.0043	没有影响	27	甲霜灵	1	0.55%	0.0002	没有影响
13	仲丁威	9	4.92%	0.004	没有影响	28	霜霉威	1	0.55%	0.0002	没有影响
14	噻嗪酮	1	0.55%	0.0026	没有影响	29	二苯胺	3	1.64%	0.0001	没有影响
15	扑草净	1	0.55%	0.0022	没有影响	30	醚菌酯	4	2.19%	0.0001	没有影响

16.3 太原市果蔬农药残留预警风险评估

基于太原市果蔬中农药残留 GC-Q-TOF/MS 侦测数据，参照中华人民共和国国家标准 GB 2763—2016 和欧盟农药最大残留限量（MRL）标准分析农药残留的超标情况，并计算农药残留风险系数。分析每种果蔬中农药残留的风险程度。

16.3.1 单种果蔬中农药残留风险系数分析

16.3.1.1 单种果蔬中禁用农药残留风险系数分析

检出的 49 种残留农药中有 3 种为禁用农药，在 3 种果蔬中检测出禁药残留，计算单种果蔬中禁药的检出率，根据检出率计算风险系数 *R*，进而分析单种果蔬中每种禁药残留的风险程度，结果如图 16-11 和表 16-10 所示。本次分析涉及样本 3 个，可以看出 3 个样本中禁药残留均处于高度风险。

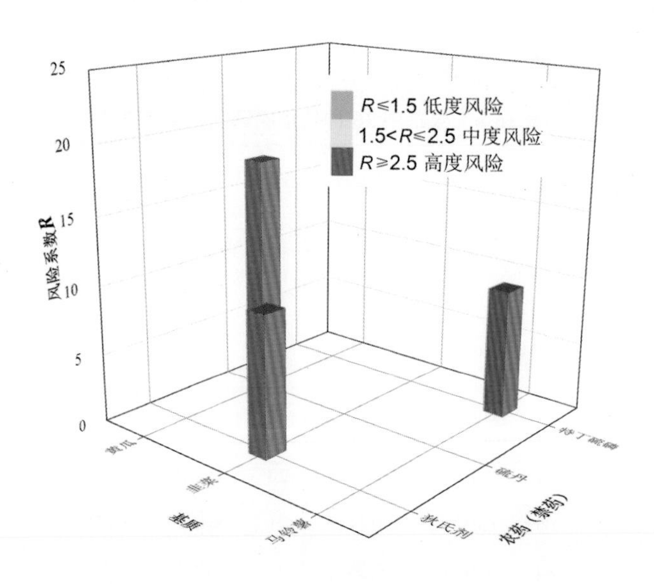

图 16-11　3 种果蔬中 3 种禁用农药残留的风险系数

表 16-10　3 种果蔬中 3 种禁用农药残留的风险系数表

序号	基质	农药	检出频次	检出率 *P*	风险系数 *R*	风险程度
1	黄瓜	硫丹	2	16.67%	17.8	高度风险
2	韭菜	狄氏剂	1	9.09%	10.2	高度风险
3	马铃薯	特丁硫磷	1	8.33%	9.4	高度风险

16.3.1.2　基于 MRL 中国国家标准的单种果蔬中非禁用农药残留的风险系数分析

参照中华人民共和国国家标准 GB 2763—2016 中农药残留限量计算每种果蔬中每种非禁用农药的超标率进而计算其风险系数，根据风险系数大小判断残留农药的预警风险程度，果蔬中非禁用农药残留风险程度分布情况如图 16-12 所示。

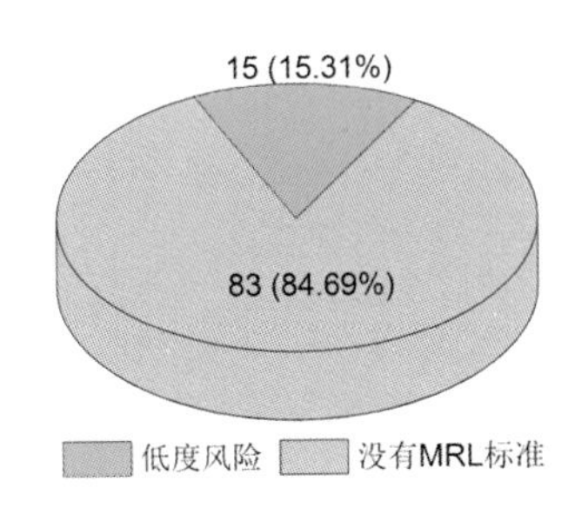

图 16-12　果蔬中非禁用农药残留风险程度分布图（MRL 中国国家标准）

本次分析中，发现在 16 种果蔬中检出 46 种残留非禁用农药，涉及样本 98 个，在 98 个样本中，没有处于高度风险样本，15.31%处于低度风险，此外发现有 83 个样本没有 MRL 中国国家标准值，无法判断其风险程度，有 MRL 中国国家标准值的 15 个样本涉及 5 种果蔬中的 12 种非禁用农药，其风险系数 R 值如图 16-13 所示。

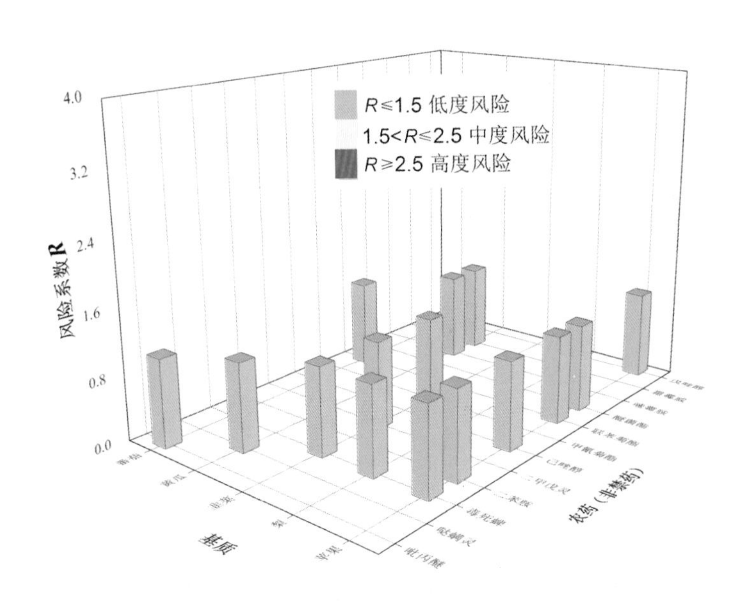

图 16-13　5 种果蔬中 12 种非禁用农药的风险系数（MRL 中国国家标准）

16.3.1.3　基于 MRL 欧盟标准的单种果蔬中非禁用农药残留的风险系数分析

参照 MRL 欧盟标准计算每种果蔬中每种非禁用农药的超标率进而计算其风险系数，根据风险系数大小判断残留农药的预警风险程度，果蔬中非禁用农药残留风险程度分布情况如图 16-14 所示。

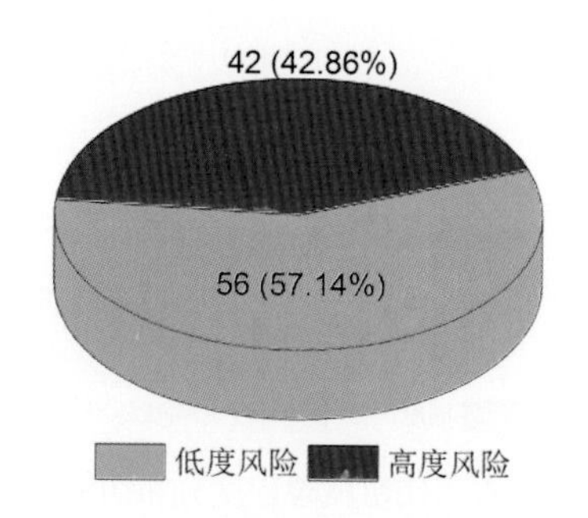

图 16-14　果蔬中非禁用农药残留风险程度分布图（MRL 欧盟标准）

本次分析中，发现在 16 种果蔬中检出 46 种残留非禁用农药，涉及样本 98 个，在 98 个样本中，42.86%处于高度风险，涉及 15 种果蔬中的 20 种农药，57.14%处于低度风险，涉及 15 种果蔬中的 34 种农药。所有果蔬中的每种非禁用农药的风险系数 *R* 值如图 16-15 所示。农药残留处于高度风险的果蔬风险系数如图 16-16 和表 16-11 所示。

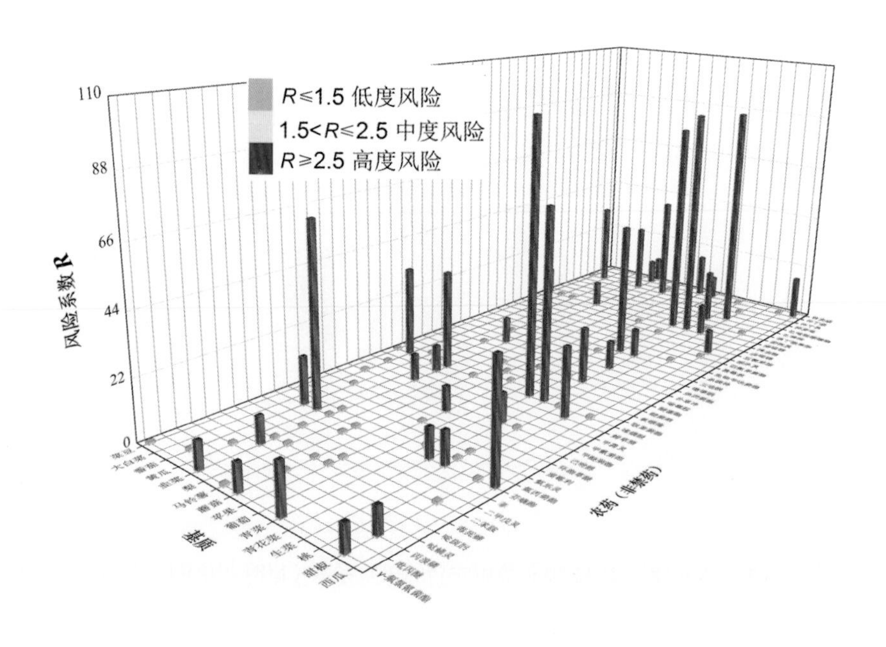

图 16-15　16 种果蔬中 46 种非禁用农药残留的风险系数（MRL 欧盟标准）

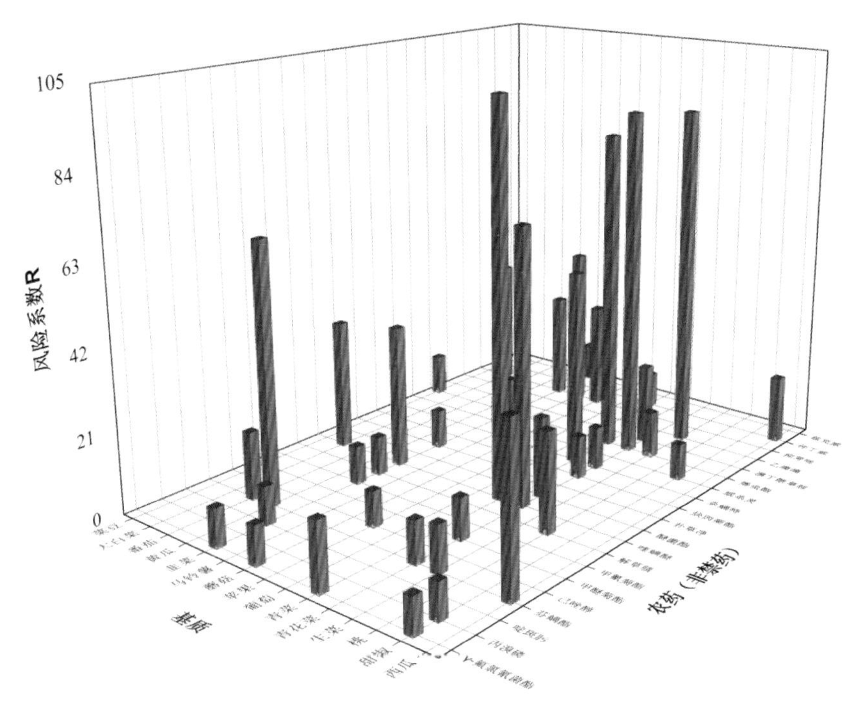

图 16-16　单种果蔬中处于高度风险的非禁用农药残留的风险系数（MRL 欧盟标准）

表 16-11　单种果蔬中处于高度风险的非禁用农药残留的风险系数表（MRL 欧盟标准）

序号	基质	农药	超标频次	超标率 P	风险系数 R
1	青菜	喹螨醚	6	100%	101.1
2	青花菜	烯虫酯	9	90.00%	91.1
3	生菜	乙滴滴	8	88.89%	90.0
4	青菜	烯虫酯	5	83.33%	84.4
5	青花菜	喹螨醚	7	70.00%	71.1
6	黄瓜	芬螨酯	8	66.67%	67.8
7	青菜	杀螨特	3	50.00%	51.1
8	西瓜	芬螨酯	5	41.67%	42.8
9	马铃薯	抑芽唑	5	41.67%	42.8
10	韭菜	喹螨醚	4	36.36%	37.5
11	大白菜	喹螨醚	2	33.33%	34.4
12	大白菜	抑芽唑	2	33.33%	34.4
13	韭菜	抑芽唑	3	27.27%	28.4
14	蘑菇	抑芽唑	3	27.27%	28.4
15	桃	解草腈	3	25.00%	26.1
16	青花菜	醚菌酯	2	20.00%	21.1
17	青花菜	溴丁酰草胺	2	20.00%	21.1

续表

序号	基质	农药	超标频次	超标率 *P*	风险系数 *R*
18	青菜	γ-氟氯氰菌酯	1	16.67%	17.8
19	番茄	芬螨酯	2	16.67%	17.8
20	苹果	仲丁威	2	16.67%	17.8
21	西瓜	仲丁威	2	16.67%	17.8
22	生菜	芬螨酯	1	11.11%	12.2
23	生菜	烯虫酯	1	11.11%	12.2
24	青花菜	芬螨酯	1	10.00%	11.1
25	青花菜	甲醚菊酯	1	10.00%	11.1
26	青花菜	炔丙菊酯	1	10.00%	11.1
27	青花菜	杀螨特	1	10.00%	11.1
28	菜豆	烯虫酯	1	10.00%	11.1
29	韭菜	γ-氟氯氰菌酯	1	9.09%	10.2
30	蘑菇	γ-氟氯氰菌酯	1	9.09%	10.2
31	韭菜	啶斑肟	1	9.09%	10.2
32	韭菜	甲氰菊酯	1	9.09%	10.2
33	韭菜	解草腈	1	9.09%	10.2
34	韭菜	扑草净	1	9.09%	10.2
35	韭菜	烯虫酯	1	9.09%	10.2
36	韭菜	仲丁威	1	9.09%	10.2
37	韭菜	兹克威	1	9.09%	10.2
38	甜椒	γ-氟氯氰菌酯	1	8.33%	9.4
39	甜椒	丙溴磷	1	8.33%	9.4
40	苹果	己唑醇	1	8.33%	9.4
41	甜椒	威杀灵	1	8.33%	9.4
42	葡萄	仲丁威	1	8.33%	9.4

16.3.2 所有果蔬中农药残留的风险系数分析

16.3.2.1 所有果蔬中禁用农药残留风险系数分析

在检出的 49 种农药中有 3 种禁用农药，计算每种禁用农药残留的风险系数，结果如表 16-12 所示，在 3 种禁用农药残留均处于中度风险。

表 16-12　果蔬中 10 种禁用农药残留的风险系数表

序号	农药	检出频次	检出率 *P*	风险系数 *R*	风险程度
1	硫丹	2	1.09%	2.2	中度风险
2	狄氏剂	1	0.55%	1.6	中度风险
3	特丁硫磷	1	0.55%	1.6	中度风险

16.3.2.2　所有果蔬中非禁用农药残留的风险系数分析

参照 MRL 欧盟标准计算所有果蔬中每种农药残留的风险系数，结果如图 16-17 和表 16-13 所示。在检出的 46 种非禁用农药中，9 种农药（19.57%）残留处于高度风险，11 种农药（23.91%）残留处于中度风险，26 种农药（56.52%）残留处于低度风险。

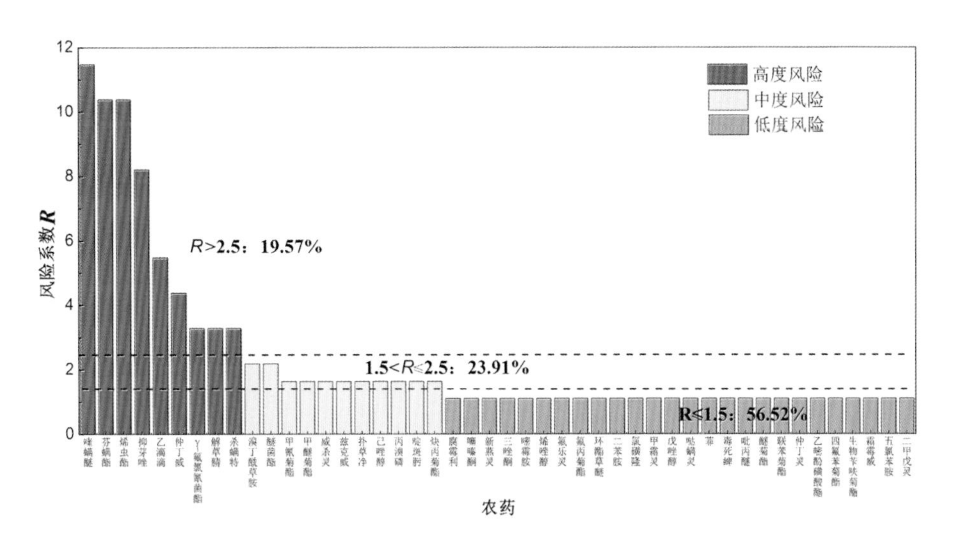

图 16-17　果蔬中 46 种非禁用农药残留的风险系数

表 16-13　果蔬中 46 种非禁用农药残留的风险系数表

序号	农药	超标频次	超标率 *P*	风险系数 *R*	风险程度
1	喹螨醚	19	10.38%	11.5	高度风险
2	芬螨酯	17	9.29%	10.4	高度风险
3	烯虫酯	17	9.29%	10.4	高度风险
4	抑芽唑	13	7.10%	8.2	高度风险
5	乙滴滴	8	4.37%	5.5	高度风险
6	仲丁威	6	3.28%	4.4	高度风险
7	γ-氟氯氰菌酯	4	2.19%	3.3	高度风险
8	解草腈	4	2.19%	3.3	高度风险
9	杀螨特	4	2.19%	3.3	高度风险
10	溴丁酰草胺	2	1.09%	2.2	中度风险
11	醚菌酯	2	1.09%	2.2	中度风险

续表

序号	农药	超标频次	超标率 P	风险系数 R	风险程度
12	甲氰菊酯	1	0.55%	1.6	中度风险
13	甲醚菊酯	1	0.55%	1.6	中度风险
14	威杀灵	1	0.55%	1.6	中度风险
15	兹克威	1	0.55%	1.6	中度风险
16	扑草净	1	0.55%	1.6	中度风险
17	己唑醇	1	0.55%	1.6	中度风险
18	丙溴磷	1	0.55%	1.6	中度风险
19	啶斑肟	1	0.55%	1.6	中度风险
20	炔丙菊酯	1	0.55%	1.6	中度风险
21	腐霉利	0	0	1.1	低度风险
22	噻嗪酮	0	0	1.1	低度风险
23	新燕灵	0	0	1.1	低度风险
24	三唑酮	0	0	1.1	低度风险
25	嘧霉胺	0	0	1.1	低度风险
26	烯唑醇	0	0	1.1	低度风险
27	氟乐灵	0	0	1.1	低度风险
28	氟丙菊酯	0	0	1.1	低度风险
29	环酯草醚	0	0	1.1	低度风险
30	二苯胺	0	0	1.1	低度风险
31	氯磺隆	0	0	1.1	低度风险
32	甲霜灵	0	0	1.1	低度风险
33	戊唑醇	0	0	1.1	低度风险
34	哒螨灵	0	0	1.1	低度风险
35	菲	0	0	1.1	低度风险
36	毒死蜱	0	0	1.1	低度风险
37	吡丙醚	0	0	1.1	低度风险
38	醚菊酯	0	0	1.1	低度风险
39	联苯菊酯	0	0	1.1	低度风险
40	仲丁灵	0	0	1.1	低度风险
41	乙嘧酚磺酸酯	0	0	1.1	低度风险
42	四氟苯菊酯	0	0	1.1	低度风险
43	生物苄呋菊酯	0	0	1.1	低度风险
44	霜霉威	0	0	1.1	低度风险
45	五氯苯胺	0	0	1.1	低度风险
46	二甲戊灵	0	0	1.1	低度风险

16.4　太原市果蔬农药残留风险评估结论与建议

农药残留是影响果蔬安全和质量的主要因素，也是我国食品安全领域备受关注的敏感话题和亟待解决的重大问题之一[15,16]。各种水果蔬菜均存在不同程度的农药残留现象，本报告主要针对太原市各类水果蔬菜存在的农药残留问题，基于 2015 年 7 月对太原市 183 例果蔬样品农药残留得出的 258 个检测结果，分别采用食品安全指数和风险系数两类方法，开展果蔬中农药残留的膳食暴露风险和预警风险评估。

本报告力求通用简单地反映食品安全中的主要问题且为管理部门和大众容易接受，为政府及相关管理机构建立科学的食品安全信息发布和预警体系提供科学的规律与方法，加强对农药残留的预警和食品安全重大事件的预防，控制食品风险。水果蔬菜样品取自超市和农贸市场，符合大众的膳食来源，风险评价时更具有代表性和可信度。

16.4.1　太原市果蔬中农药残留膳食暴露风险评价结论

1）果蔬中农药残留安全状态评价结论

采用食品安全指数模型，对 2015 年 7 月期间太原市果蔬食品农药残留膳食暴露风险进行评价，根据 IFS_c 的计算结果发现，果蔬中农药的$\overline{IFS}$为 0.0104，说明太原市果蔬总体处于很好的安全状态，但部分禁用农药、高残留农药在蔬菜、水果中仍有检出，导致膳食暴露风险的存在，成为不安全因素。

2）单种果蔬中农药残留膳食暴露风险不可接受情况评价结论

单种果蔬中农药残留安全指数分析结果显示，在单种果蔬中未发现膳食暴露风险不可接受的残留农药，检测出的残留农药对单种果蔬安全的影响均在没有影响的范围内，说明太原市的果蔬中虽检出农药残留，但残留农药不会造成膳食暴露风险或造成的膳食暴露风险可以接受。

3）禁用农药残留膳食暴露风险评价

本次检测发现部分果蔬样品中有禁用农药检出，检出禁用农药 3 种，检出频次为 4，果蔬样品中的禁用农药 IFS_c 计算结果表明，禁用农药残留的膳食暴露风险均在没有风险的范围，虽然残留禁用农药没有造成不可接受的膳食暴露风险，但为何在国家明令禁止禁用农药喷洒的情况下，还能在多种果蔬中多次检出禁用农药残留，这应该引起相关部门的高度警惕，应该在禁止禁用农药喷洒的同时，严格管控禁用农药的生产和售卖，从根本上杜绝安全隐患。

16.4.2　太原市果蔬中农药残留预警风险评价结论

1）单种果蔬中禁用农药残留的预警风险评价结论

本次检测过程中，在 3 种果蔬中检测超出 3 种禁用农药，禁用农药种类为：硫丹、狄氏剂、特丁硫磷，果蔬种类为：黄瓜、韭菜、马铃薯，果蔬中禁用农药的风险系数分析结果显示，3 种禁用农药在 3 种果蔬中的残留均处于高度风险，说明在单种果蔬中禁用农药的残留，会导致较高的预警风险。

2）单种果蔬中非禁用农药残留的预警风险评价结论

以 MRL 中国国家标准为标准，计算果蔬中非禁用农药风险系数情况下，98 个样本中，0 个处于高度风险，15 个处于低度风险（15.31%），83 个样本没有 MRL 中国国家标准（84.69%）。以 MRL 欧盟标准为标准，计算果蔬中非禁用农药风险系数情况下，发现有 42 个处于高度风险（42.86%），56 个处于低度风险（57.14%）。利用两种农药 MRL 标准评价的结果差异显著，可以看出 MRL 欧盟标准比中国国家标准更加严格和完善，过于宽松的 MRL 中国标准值能否有效保障人体的健康有待研究。

16.4.3　加强太原市果蔬食品安全建议

我国食品安全风险评价体系仍不够健全，相关制度不够完善，多年来，由于农药用药次数多、用药量大或用药间隔时间短，产品残留量大，农药残留所带来的食品安全问题突出，对人体健康带来了直接或间接的危害，据估计，美国与农药有关的癌症患者数约占全国癌症患者总数的 50%，中国更高。同样，农药对其他生物也会形成直接杀伤和慢性危害，植物中的农药可经过食物链逐级传递并不断蓄积，对人和动物构成潜在威胁，并影响生态系统。

基于本次农药残留检测与风险评价结果，提出以下几点建议：

1）加快完善食品安全标准

我国食品标准中对部分农药每日允许摄入量 ADI 的规定仍缺乏，本次评价基础检测数据中涉及的 49 个品种中，61.2%有规定，仍有 38.8%尚无规定值。

我国食品中农药最大残留限量的规定严重缺乏，MRL 欧盟标准值齐全，与欧盟相比，我国对不同果蔬中不同农药 MRL 已有规定值的数量仅占欧盟的 17.8%（表 16-14），缺少 82.2%，急需进行完善。

表 16-15　中国与欧盟的 ADI 和 MRL 标准限值的对比分析

分类		中国 ADI	MRL 中国国家标准	MRL 欧盟标准
标准限值（个）	有	30	18	101
	无	19	83	0
总数（个）		49	101	101
无标准限值比例		38.8%	82.2%	0

此外，MRL 中国国家标准限值普遍高于欧盟标准限值，根据对涉及的 101 个品种中我国已有的 18 个限量标准进行统计来看，11 个农药的中国 MRL 高于欧盟 MRL，占 61.1%。过高的 MRL 值难以保障人体健康，建议继续加强对限值基准和标准进行科学的定量研究，将农产品中的危险性减少到尽可能低的水平。

2）加强农药的源头控制和分类监管

在太原市某些果蔬中仍有禁用农药检出，利用 GC-Q-TOF/MS 检测出 3 种禁用农药，检出频次为 4 次，残留禁用农药均存在较大的膳食暴露风险和预警风险。早已列入黑名单的禁用农药并未真正退出，有些药物由于价格便宜、工艺简单，此类高毒农药一直生产和使用。建议在我国采取严格有效的控制措施，进行禁用农药的源头控制。

对于非禁用农药，在我国作为“田间地头”最典型单位的县级蔬果产地中，农药残留的检测几乎缺失。建议根据农药的毒性，对高毒、剧毒、中毒农药实现分类管理，减少使用高毒和剧毒高残留农药，进行分类监管。

3）加强残留农药的生物修复及降解新技术

市售果蔬中残留农药品种多、频次高、禁用农药多次检出这一现状，说明了我国的田间土壤和水体因农药长期、频繁、不合理的使用而遭到严重污染。为此，建议有关部门出台相关政策，鼓励高校及科研院所积极开展分子生物学、酶学等研究，加强土壤、水体中残留农药的生物修复及降解新技术研究，并加大农药使用监管力度，以控制农药的面源污染问题。

4）加强对禁药和高风险农药的管控并建立风险预警系统分析平台

本评价结果提示，在果蔬尤其是蔬菜用药中，应结合农药的使用周期、生物毒性和降解特性，加强对禁用农药和高风险农药的管控。

在本工作基础上，根据蔬菜残留危害，可进一步针对其成因提出和采取相应严格管理、大力推广无公害蔬菜种植与生产、健全食品安全控制技术体系、加强蔬菜食品质量检测体系建设和积极推行蔬菜食品质量追溯制度等相应对策。建立和完善食品安全综合评价指数与风险监测预警系统，建议依托科研院所、高校科研实力，建立风险预警系统分析平台，对食品安全进行实时、全面的监控与分析，为太原市食品安全科学监管与决策提供新的技术支持，可实现各类检验数据的信息化系统管理，并降低食品安全事故的发生。

呼和浩特市

第 17 章　LC-Q-TOF/MS 侦测呼和浩特市 260 例市售水果蔬菜样品农药残留报告

从呼和浩特市所属 9 个区县，随机采集了 260 例水果蔬菜样品，使用液相色谱-四极杆飞行时间质谱（LC-Q-TOF/MS）对 537 种农药化学污染物进行示范侦测（7 种负离子模式 ESI⁻未涉及）。

17.1　样品种类、数量与来源

17.1.1　样品采集与检测

为了真实反映百姓餐桌上水果蔬菜中农药残留污染状况，本次所有检测样品均由检验人员于 2013 年 9 月期间，从呼和浩特市所属 18 个采样点，包括 8 个农贸市场 10 个超市，以随机购买方式采集，总计 18 批 260 例样品，从中检出农药 40 种，440 频次。采样及监测概况见图 17-1 及表 17-1，样品及采样点明细见表 17-2 及表 17-3（侦测原始数据见附表 1）。

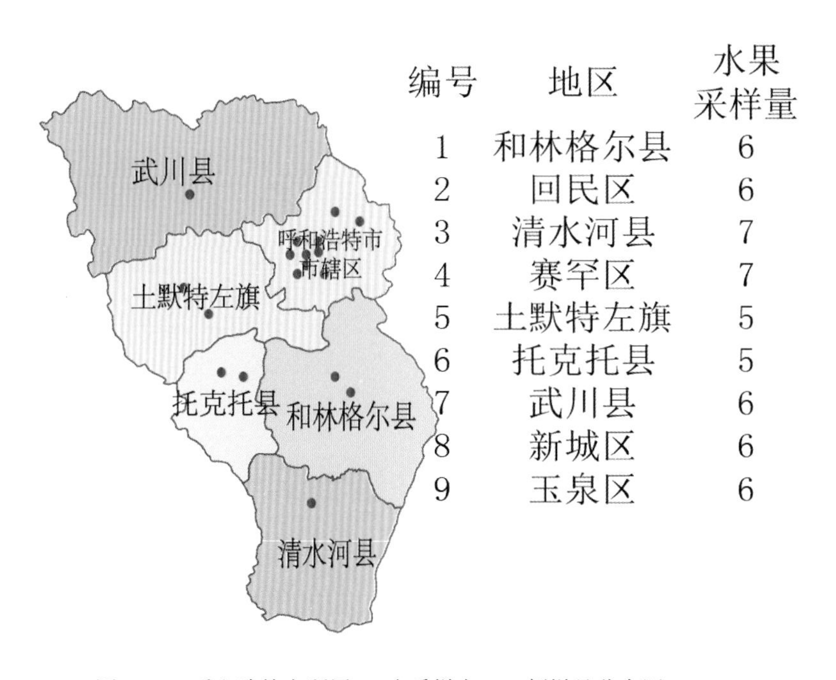

图 17-1　呼和浩特市所属 18 个采样点 260 例样品分布图

表 17-1　农药残留监测总体概况

采样地区	呼和浩特市所属 9 个区县
采样点（超市+农贸市场）	18
样本总数	260
检出农药品种/频次	40/440
各采样点样本农药残留检出率范围	46.7%~85.7%

表 17-2　样品分类及数量

样品分类	样品名称（数量）	数量小计
1. 水果		54
1）仁果类水果	苹果（18），梨（17）	35
2）浆果和其他小型水果	葡萄（16）	16
3）瓜果类水果	西瓜（3）	3
2. 食用菌		17
1）蘑菇类	蘑菇（17）	17
3. 蔬菜		189
1）豆类蔬菜	菜豆（17）	17
2）鳞茎类蔬菜	韭菜（11）	11
3）叶菜类蔬菜	芹菜（17），菠菜（18），茼蒿（14），生菜（17），大白菜（1）	67
4）芸薹属类蔬菜	结球甘蓝（17）	17
5）茄果类蔬菜	番茄（18），甜椒（18），茄子（18）	54
6）瓜类蔬菜	黄瓜（18），西葫芦（4），冬瓜（1）	23
合计	1.水果 4 种 2.食用菌 1 种 3.蔬菜 14 种	260

表 17-3 呼和浩特市采样点信息

采样点序号	行政区域	采样点
农贸市场（8）		
1	和林格尔县	***农贸市场（和林格尔县）
2	土默特左旗	***农贸市场
3	托克托县	***水果蔬菜店
4	托克托县	***农贸市场
5	武川县	***农贸市场
6	清水河县	***菜市场（清水河县）
7	清水河县	***农贸市场（清水河县）
8	玉泉区	***农贸市场
超市（10）		
1	和林格尔县	***购物中心
2	回民区	***超市（西龙王庙店）
3	回民区	***超市（回民区）
4	土默特左旗	***购物广场
5	新城区	***超市（金兴店）
6	新城区	***超市（金太店）
7	武川县	***超市（武川店）
8	玉泉区	***超市（新天地店）
9	赛罕区	***超市（金宇店）
10	赛罕区	***超市（呼和浩特大学西街名都店）

17.1.2 检测结果

这次使用的检测方法是庞国芳院士团队最新研发的不需使用标准品对照，而以高分辨精确质量数（0.0001 m/z）为基准的 LC-Q-TOF/MS 检测技术，对于 260 例样品，每个样品均侦测了 537 种农药化学污染物的残留现状。通过本次侦测，在 260 例样品中共计检出农药化学污染物 40 种，检出 440 频次。

17.1.2.1 各采样点样品检出情况

统计分析发现 18 个采样点中，被测样品的农药检出率范围为 46.7%~85.7%。其中，***超市（金兴店）和***农贸市场的检出率最高，均为 85.7%。***水果蔬菜店和***农贸市场的检出率最低，均为 46.7%，见图 17-2。

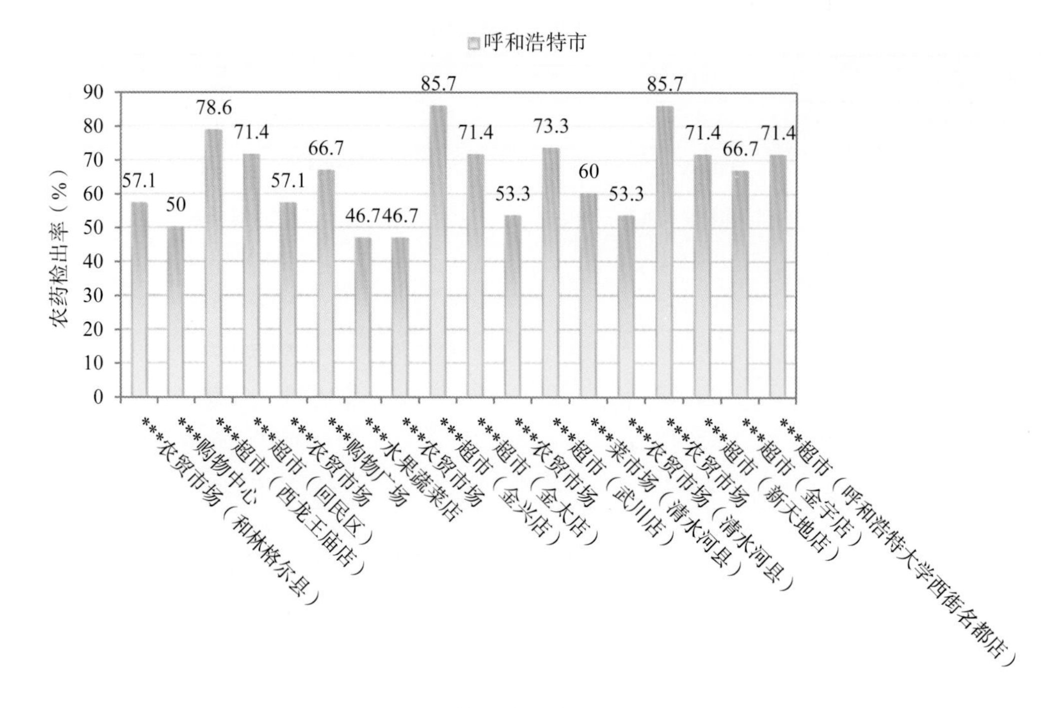

图 17-2　各采样点样品中的农药检出率

17.1.2.2　检出农药的品种总数与频次

统计分析发现，对于 260 例样品中 537 种农药化学污染物的侦测，共检出农药 440 频次，涉及农药 40 种，结果如图 17-3 所示。其中多菌灵检出频次最高，共检出 98 次。检出频次排名前 10 的农药如下：①多菌灵（98）；②啶虫脒（52）；③烯酰吗啉（49）；④霜霉威（36）；⑤吡虫啉（26）；⑥甲霜灵（25）；⑦戊唑醇（21）；⑧嘧霉胺（16）；⑨丙环唑（12）；⑩克百威（11）。

由图 17-4 可见，番茄、葡萄和黄瓜这 3 种果蔬样品中检出的农药品种数较高，均超过 15 种，其中，番茄、葡萄和黄瓜检出农药品种最多，均为 19 种。由图 17-5 可见，芹菜、黄瓜和葡萄这 3 种果蔬样品中的农药检出频次较高，均超过 50 次，其中，芹菜检出农药频次最高，为 72 次。

17.1.2.3　单例样品农药检出种类与占比

对单例样品检出农药种类和频次进行统计发现，未检出农药的样品占总样品数的 35.4%，检出 1 种农药的样品占总样品数的 23.1%，检出 2~5 种农药的样品占总样品数的 37.3%，检出 6~10 种农药的样品占总样品数的 4.2%。每例样品中平均检出农药为 1.7 种，数据见表 17-4 及图 17-6。

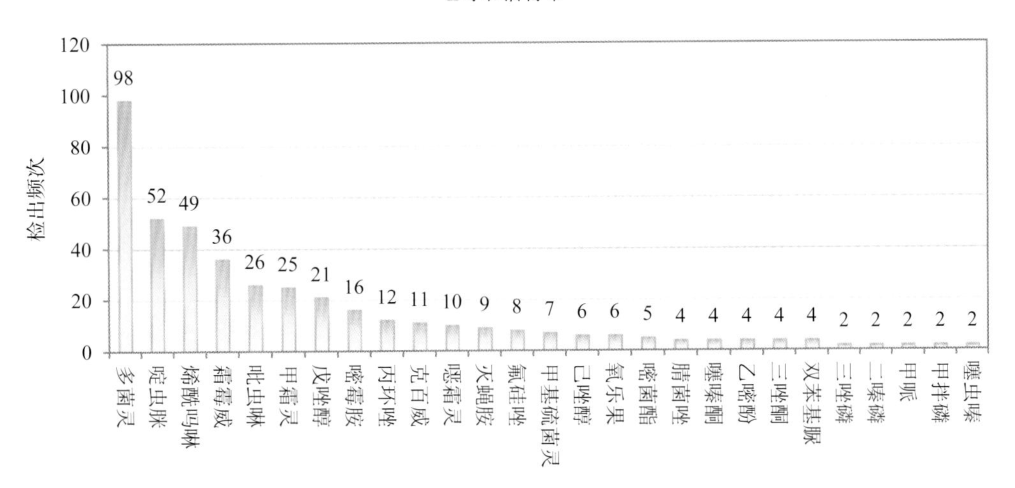

图 17-3 检出农药品种及频次（仅列出 2 频次及以上的数据）

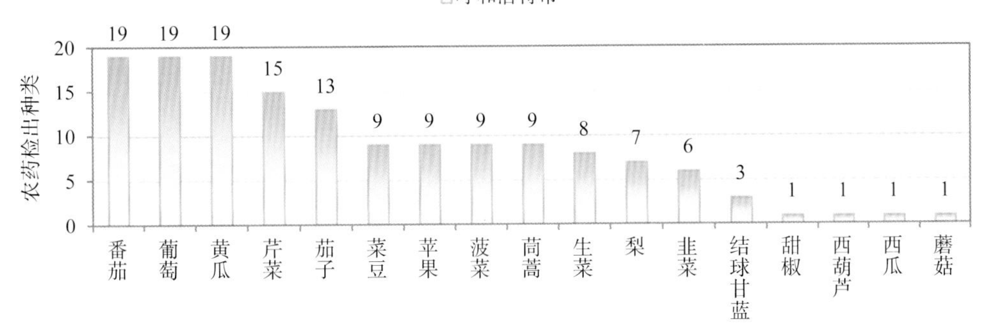

图 17-4 单种水果蔬菜检出农药的种类数

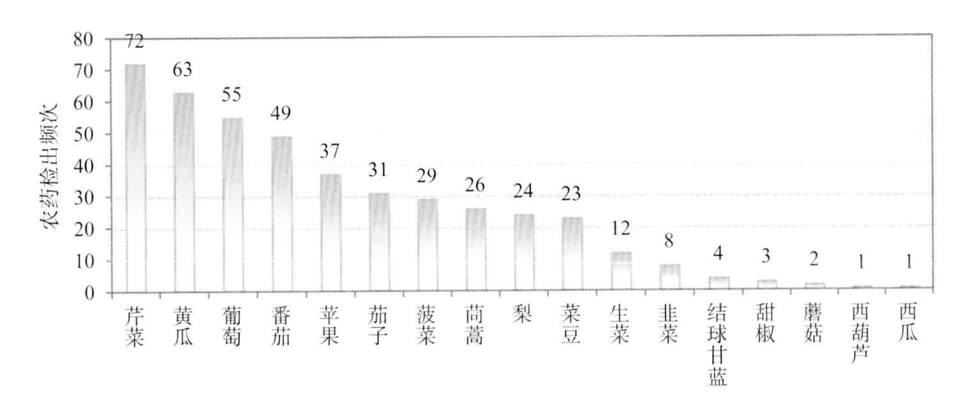

图 17-5 单种水果蔬菜检出农药频次

表 17-4　单例样品检出农药品种占比

检出农药品种数	样品数量/占比（%）
未检出	92/35.4
1 种	60/23.1
2~5 种	97/37.3
6~10 种	11/4.2
单例样品平均检出农药品种	1.7 种

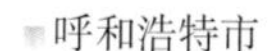
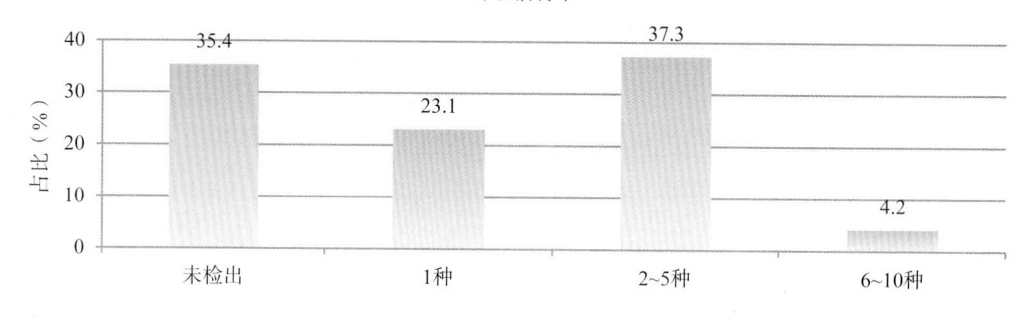

图 17-6　单例样品平均检出农药品种及占比

17.1.2.4　检出农药类别与占比

所有检出农药按功能分类，包括杀菌剂、杀虫剂、除草剂、植物生长调节剂共 4 类 。其中杀菌剂与杀虫剂为主要检出的农药类别，分别占总数的 52.5%和 37.5%，见表 17-5 及图 17-7。

表 17-5　检出农药所属类别及占比

农药类别	数量/占比（%）
杀菌剂	21/52.5
杀虫剂	15/37.5
除草剂	2/5.0
植物生长调节剂	2/5.0

17.1.2.5　检出农药的残留水平

按检出农药残留水平进行统计，残留水平在 1~5 μg/kg（含）的农药占总数的 42.7%，在 5~10 μg/kg（含）的农药占总数的 15.5%，在 10~100 μg/kg（含）的农药占总数的 35.7%，在 100~1000 μg/kg（含）的农药占总数的 5.7%，>1000 μg/kg 的农药占总数的 0.5%。

由此可见，这次检测的 18 批 260 例水果蔬菜样品中农药多数处于较低残留水平。

结果见表 17-6 及图 17-8，数据见附表 2。

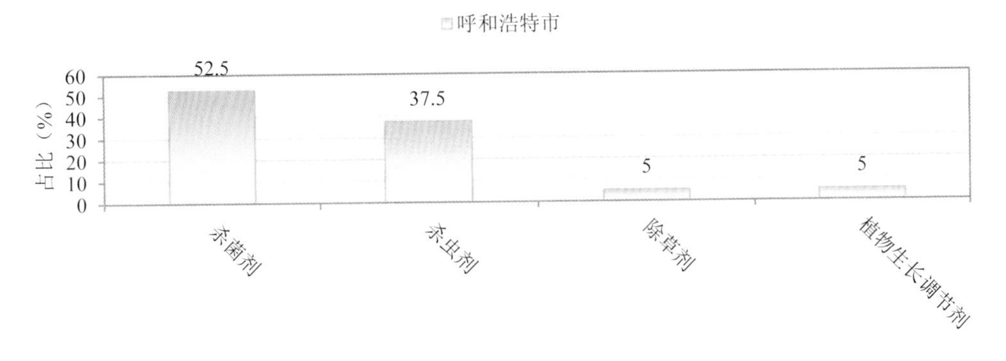

图 17-7　检出农药所属类别和占比

表 17-6　农药残留水平及占比

残留水平（μg/kg）	检出频次/占比（%）
1~5（含）	188/42.7
5~10（含）	68/15.5
10~100（含）	157/35.7
100~1000（含）	25/5.7
>1000	2/0.5

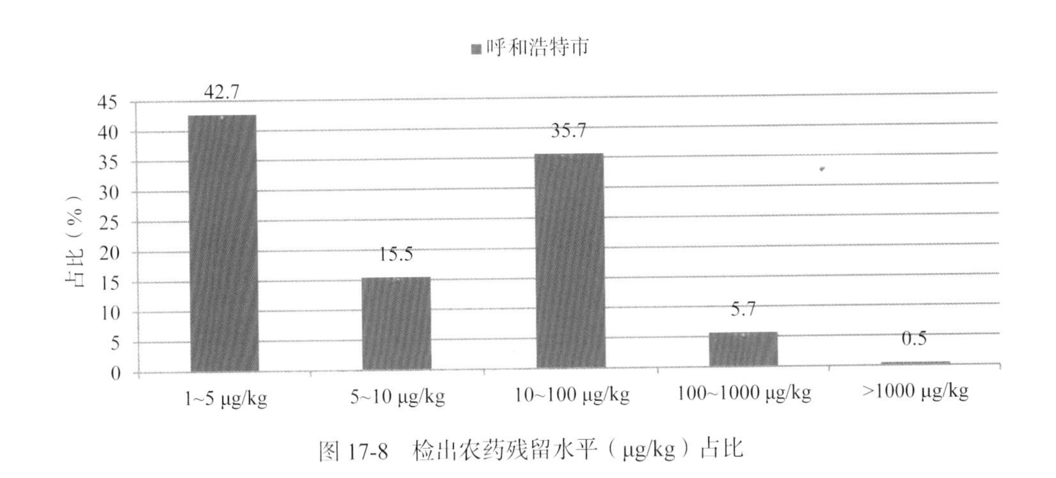

图 17-8　检出农药残留水平（μg/kg）占比

17.1.2.6　检出农药的毒性类别、检出频次和超标频次及占比

对这次检出的 40 种 440 频次的农药，按剧毒、高毒、中毒、低毒和微毒这五个毒性类别进行分类，从中可以看出，呼和浩特市目前普遍使用的农药为中低微毒农药，品种占 87.5%，频次占 95.0%。结果见表 17-7 及图 17-9。

表 17-7　检出农药毒性类别及占比

毒性分类	农药品种/占比（%）	检出频次/占比（%）	超标频次/超标率（%）
剧毒农药	1/2.5	2/0.5	1/50.0
高毒农药	4/10.0	20/4.5	3/15.0
中毒农药	17/42.5	173/39.3	0/0.0
低毒农药	10/25.0	92/20.9	0/0.0
微毒农药	8/20.0	153/34.8	0/0.0

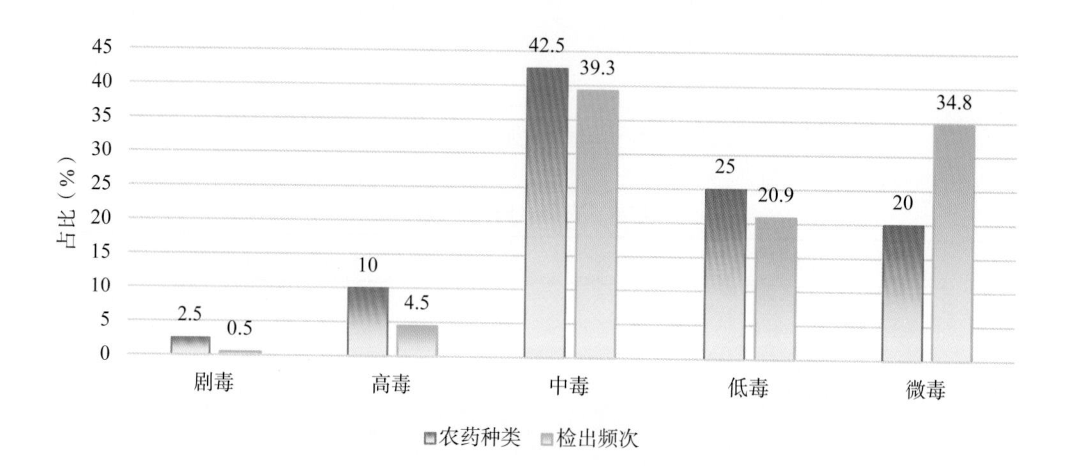

图 17-9　检出农药的毒性分类和占比

17.1.2.7　检出剧毒/高毒类农药的品种和频次

值得特别关注的是，在此次侦测的 260 例样品中有 8 种蔬菜 3 种水果的 21 例样品检出了 5 种 22 频次的剧毒和高毒农药，占样品总量的 8.1%，详见图 17-10、表 17-8 及表 17-9。

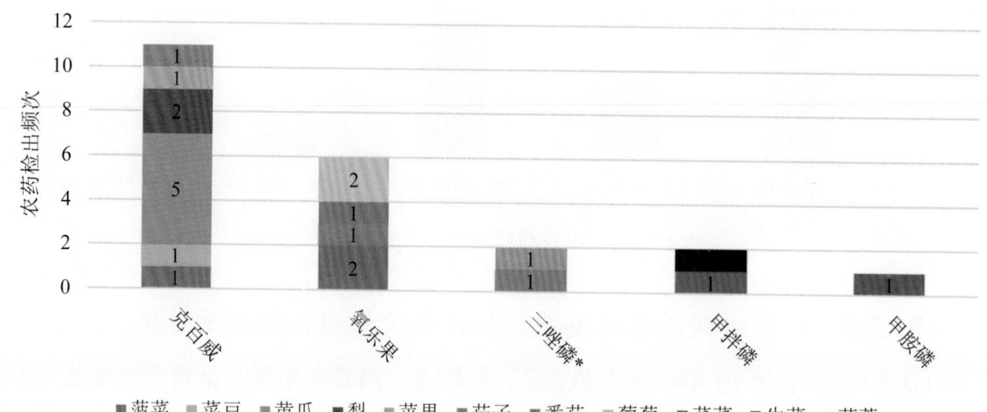

图 17-10　检出剧毒/高毒农药的样品情况

*表示允许在水果和蔬菜上使用的农药

表 17-8　剧毒农药检出情况

序号	农药名称	检出频次	超标频次	超标率
水果中未检出剧毒农药				
	小计	0	0	超标率：0.0%
从 2 种蔬菜中检出 1 种剧毒农药，共计检出 2 次				
	甲拌磷*	2	1	50.0%
	小计	2	1	超标率：50.0%
	合计	2	1	超标率：50.0%

表 17-9　高毒农药检出情况

序号	农药名称	检出频次	超标频次	超标率
从 3 种水果中检出 2 种高毒农药，共计检出 5 次				
	克百威	3	0	0.0%
	氧乐果	2	0	0.0%
	小计	5	0	超标率：0.0%
从 7 种蔬菜中检出 4 种高毒农药，共计检出 15 次				
1	克百威	8	1	12.5%
2	氧乐果	4	2	50.0%
3	三唑磷	2	0	0.0%
4	甲胺磷	1	0	0.0%
	小计	15	3	超标率：20.0%
	合计	20	3	超标率：15.0%

在检出的剧毒和高毒农药中，有 4 种是我国早已禁止在果树和蔬菜上使用的，分别是：克百威、甲拌磷、甲胺磷和氧乐果。禁用农药的检出情况见表 17-10。

表 17-10　禁用农药检出情况

序号	农药名称	检出频次	超标频次	超标率
从 3 种水果中检出 2 种禁用农药，共计检出 5 次				
1	克百威	3	0	0.0%
2	氧乐果	2	0	0.0%
	小计	5	0	超标率：0.0%
从 7 种蔬菜中检出 4 种禁用农药，共计检出 15 次				
1	克百威	8	1	12.5%
2	氧乐果	4	2	50.0%
3	甲拌磷*	2	1	50.0%
4	甲胺磷	1	0	0.0%
	小计	15	4	超标率：26.7%
	合计	20	4	超标率：20.0%

注：超标结果参考 MRL 中国国家标准计算

此次抽检的果蔬样品中，有 2 种蔬菜检出了剧毒农药，分别是：生菜中检出甲拌磷 1 次；芹菜中检出甲拌磷 1 次。

样品中检出剧毒和高毒农药残留水平超过 MRL 中国国家标准的频次为 4 次，其中，芹菜检出甲拌磷超标 1 次；茄子检出氧乐果超标 1 次；菠菜检出氧乐果超标 1 次；黄瓜检出克百威超标 1 次。本次检出结果表明，高毒、剧毒农药的使用现象依旧存在，详见表 17-11。

表 17-11　各样本中检出剧毒/高毒农药情况

样品名称	农药名称	检出频次	超标频次	检出浓度（μg/kg）
		水果 3 种		
梨	克百威▲	2	0	5.8，1.8
苹果	克百威▲	1	0	5.7
葡萄	氧乐果▲	2	0	1.5，3.6
小计		5	0	超标率：0.0%
		蔬菜 8 种		
生菜	甲拌磷*▲	1	0	1.2
番茄	氧乐果▲	1	0	1.5
芹菜	甲胺磷▲	1	0	11.3
芹菜	甲拌磷*▲	1	1	16.9[a]
茄子	氧乐果▲	1	1	42.0[a]
茄子	三唑磷	1	0	3.5
茄子	克百威▲	1	0	1.9
茼蒿	三唑磷	1	0	69.5
菜豆	克百威▲	1	0	2.5
菠菜	氧乐果▲	2	1	27.8[a]，1.2
菠菜	克百威▲	1	0	2.6
黄瓜	克百威▲	5	1	17.6，15.9，8.2，40.5[a]，3.3
小计		17	4	超标率：23.5%
合计		22	4	超标率：18.2%

17.2　农药残留检出水平与最大残留限量标准对比分析

我国于 2014 年 3 月 20 日正式颁布并于 2014 年 8 月 1 日正式实施食品农药残留限量国家标准《食品中农药最大残留限量》（GB 2763—2014）。该标准包括 371 个农药条目，涉及最大残留限量（MRL）标准 3653 项。将 440 频次检出农药的浓度水平与 3653 项 MRL 国家标准进行核对，其中只有 233 频次的农药找到了对应的 MRL 标准，占 53.0%，还有 207 频次的侦测数据则无相关 MRL 标准供参考，占 47.0%。

将此次侦测结果与国际上现行 MRL 标准对比发现，在 440 频次的检出结果中有 440 频次的结果找到了对应的 MRL 欧盟标准，占 100.0%；其中，428 频次的结果有明确对应的MRL标准，占97.3%，其余12频次按照欧盟一律标准判定，占2.7%；有440频次的结果找到了对应的MRL日本标准，占100.0%；其中，376频次的结果有明确对应的MRL标准，占85.5%，其余64频次按照日本一律标准判定，占14.5%；有249频次的结果找到了对应的MRL中国香港标准，占56.6%；有222频次的结果找到了对应的MRL美国标准，占50.5%；有229频次的结果找到了对应的MRL CAC标准，占52.0%（见图17-11和图17-12，数据见附表3至附表8）。

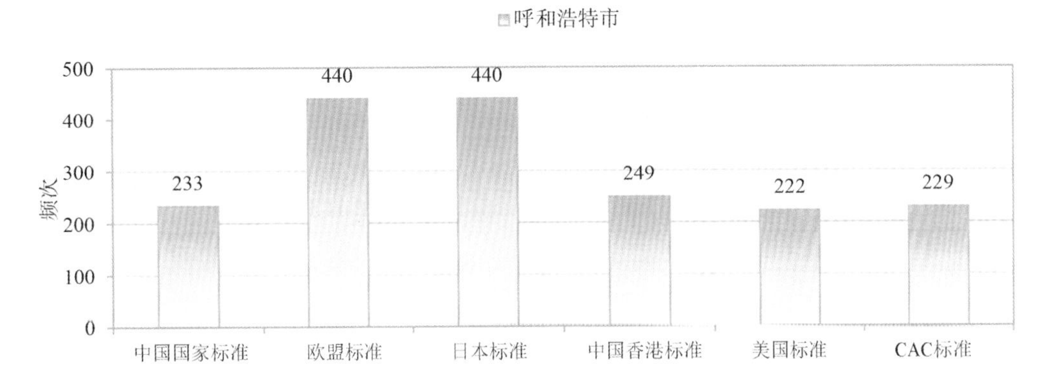

图17-11 440频次检出农药可用MRL中国国家标准、欧盟标准、日本标准、中国香港标准、美国标准、CAC标准判定衡量的数量

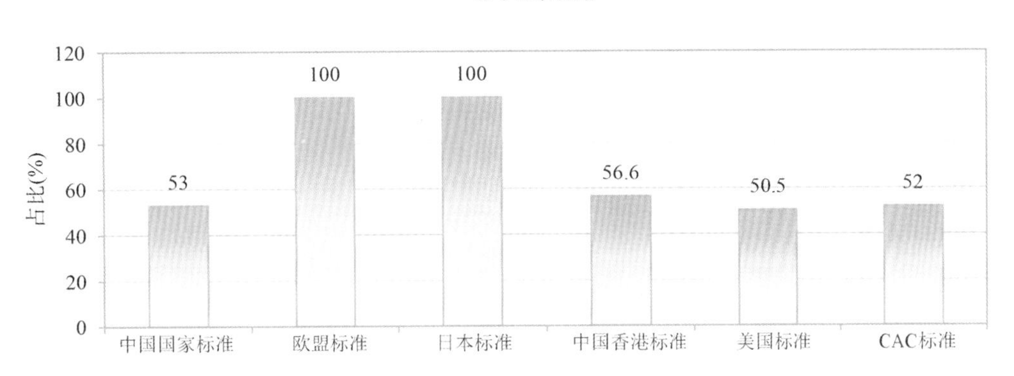

图17-12 440频次检出农药可用MRL中国国家标准、欧盟标准、日本标准、中国香港标准、美国标准、CAC标准衡量的占比

17.2.1 超标农药样品分析

本次侦测的260例样品中，92例样品未检出任何残留农药，占样品总量的35.4%，168例样品检出不同水平、不同种类的残留农药，占样品总量的64.6%。在此，我们将本次侦测的农残检出情况与MRL中国国家标准、欧盟标准、日本标准、中国香港标准、美国标准和CAC标准这6大国际主流标准进行对比分析，样品农残检出与超标情况见

图 17-13、表 17-12 和图 17-14，详细数据见附表 9 至附表 14。

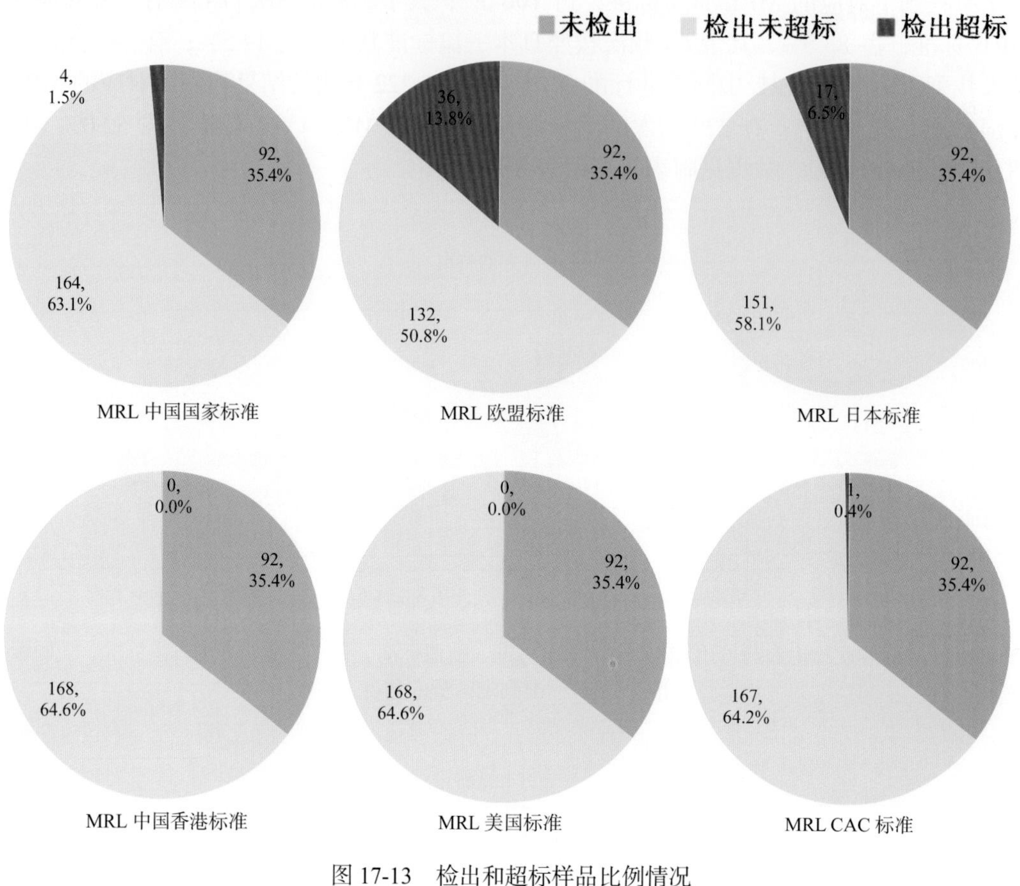

图 17-13　检出和超标样品比例情况

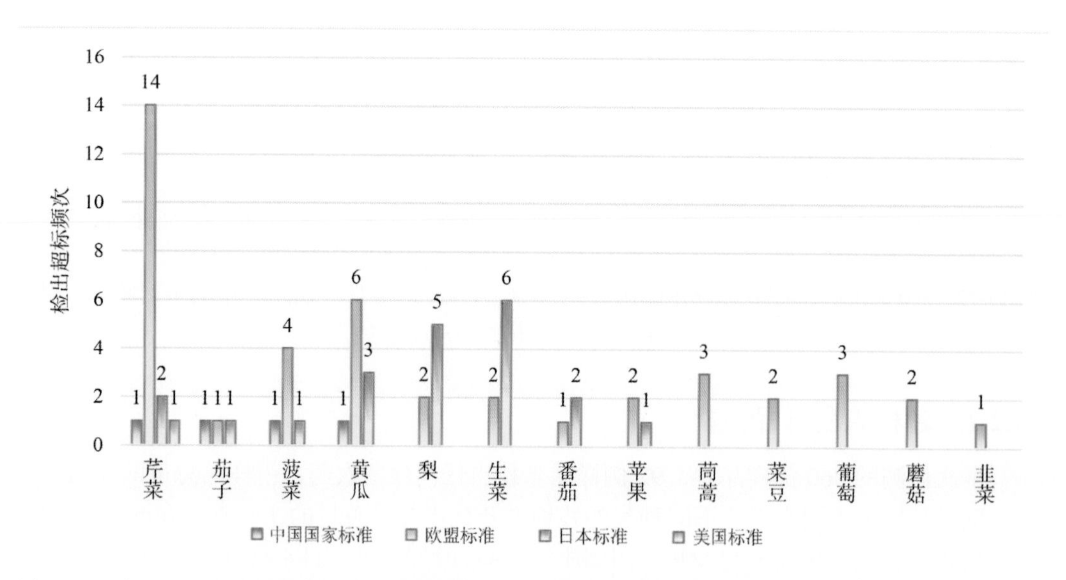

图 17-14　超过 MRL 中国国家标准、欧盟标准、日本标准、中国香港标准、美国标准、CAC 标准结果在水果蔬菜中的分布

表 17-12　各 MRL 标准下样本农残检出与超标数量及占比

	中国国家标准 数量/占比（%）	欧盟标准 数量/占比（%）	日本标准 数量/占比（%）	中国香港标准 数量/占比（%）	美国标准 数量/占比（%）	CAC 标准 数量/占比（%）
未检出	92/35.4	92/35.4	92/35.4	92/35.4	92/35.4	92/35.4
检出未超标	164/63.1	132/50.8	151/58.1	168/64.6	167/64.2	168/64.6
检出超标	4/1.5	36/13.8	17/6.5	0/0.0	1/0.4	0/0.0

17.2.2　超标农药种类分析

按照 MRL 中国国家标准、欧盟标准、日本标准、中国香港标准、美国标准和 CAC 标准这 6 大国际主流标准衡量，本次侦测检出的农药超标品种及频次情况见表 17-13。

表 17-13　各 MRL 标准下超标农药品种及频次

	中国国家标准	欧盟标准	日本标准	中国香港标准	美国标准	CAC 标准
超标农药品种	3	19	11	0	1	0
超标农药频次	4	43	21	0	1	0

17.2.2.1　按 MRL 中国国家标准衡量

按 MRL 中国国家标准衡量，共有 3 种农药超标，检出 4 频次，分别为剧毒农药甲拌磷，高毒农药克百威和氧乐果。

按超标程度比较，茄子中氧乐果超标 1.1 倍，黄瓜中克百威超标 10%，芹菜中甲拌磷超标 70%，菠菜中氧乐果超标 40%。检测结果见图 17-15 和附表 15。

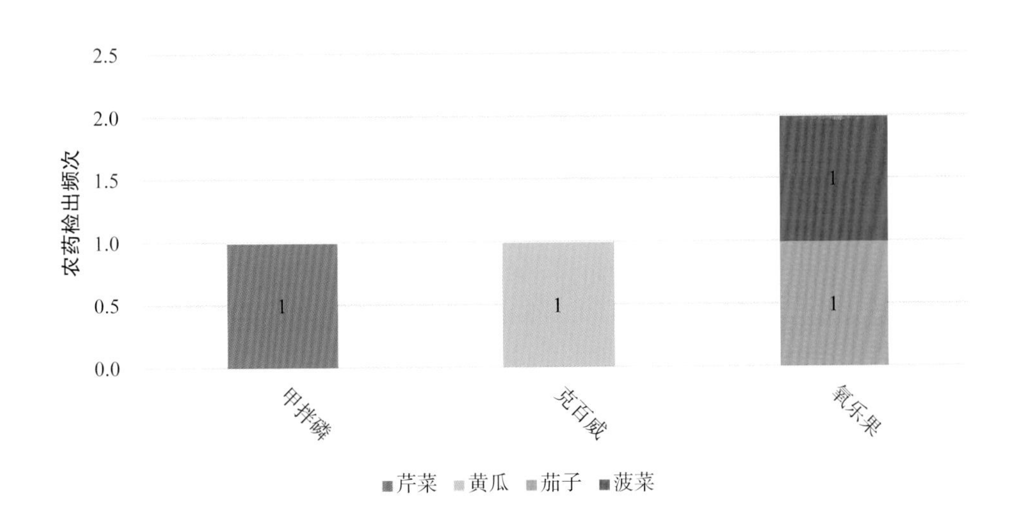

图 17-15　超过 MRL 中国国家标准农药品种及频次

17.2.2.2　按 MRL 欧盟标准衡量

按 MRL 欧盟标准衡量，共有 19 种农药超标，检出 43 频次，分别为剧毒农药甲拌磷，高毒农药克百威、甲胺磷、三唑磷和氧乐果，中毒农药甲哌、甲霜灵、噁霜灵、啶虫脒、二嗪磷、氟硅唑、吡虫啉和异丙威，低毒农药烯酰吗啉和己唑醇，微毒农药多菌灵、乙霉威、甲基硫菌灵和霜霉威。

按超标程度比较，菠菜中噁霜灵超标 20.1 倍，黄瓜中克百威超标 19.2 倍，生菜中二嗪磷超标 18.3 倍，蘑菇中啶虫脒超标 11.0 倍，芹菜中霜霉威超标 10.3 倍。检测结果见图 17-16 和附表 16。

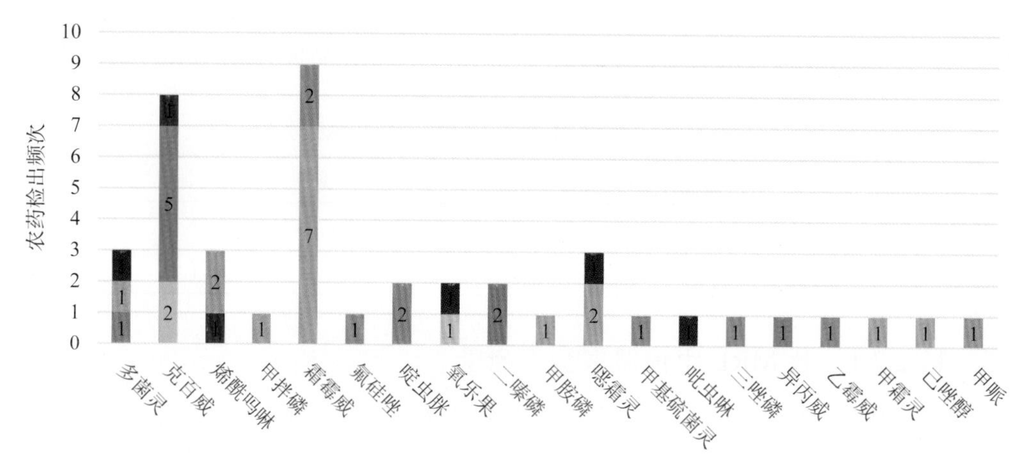

图 17-16　超过 MRL 欧盟标准农药品种及频次

17.2.2.3　按 MRL 日本标准衡量

按 MRL 日本标准衡量，共有 11 种农药超标，检出 21 频次，分别为高毒农药三唑磷，中毒农药甲哌、二嗪磷、吡虫啉和异丙威，低毒农药灭蝇胺、烯酰吗啉和嘧霉胺，微毒农药乙嘧酚、甲基硫菌灵和霜霉威。

按超标程度比较，番茄中甲哌超标 22.6 倍，茼蒿中甲基硫菌灵超标 13.5 倍，葡萄中霜霉威超标 10.3 倍，菜豆中灭蝇胺超标 6.8 倍，茼蒿中三唑磷超标 6.0 倍。检测结果见图 17-17 和附表 17。

17.2.2.4　按 MRL 中国香港标准衡量

按 MRL 中国香港标准衡量，无样品检出超标农药残留。

17.2.2.5　按 MRL 美国标准衡量

按 MRL 美国标准衡量，有 1 种农药超标，检出 1 频次，为中毒农药戊唑醇。

按超标程度比较，苹果中戊唑醇超标 1.3 倍。检测结果见图 17-18 和附表 19。

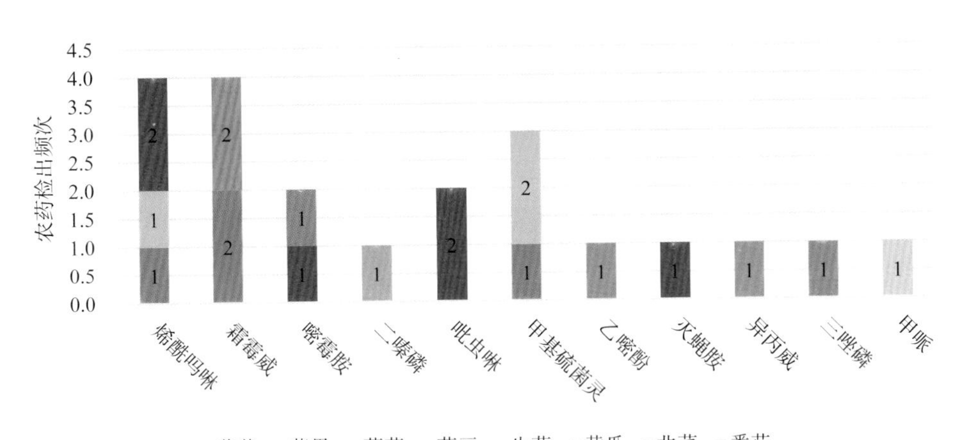

图 17-17　超过 MRL 日本标准农药品种及频次

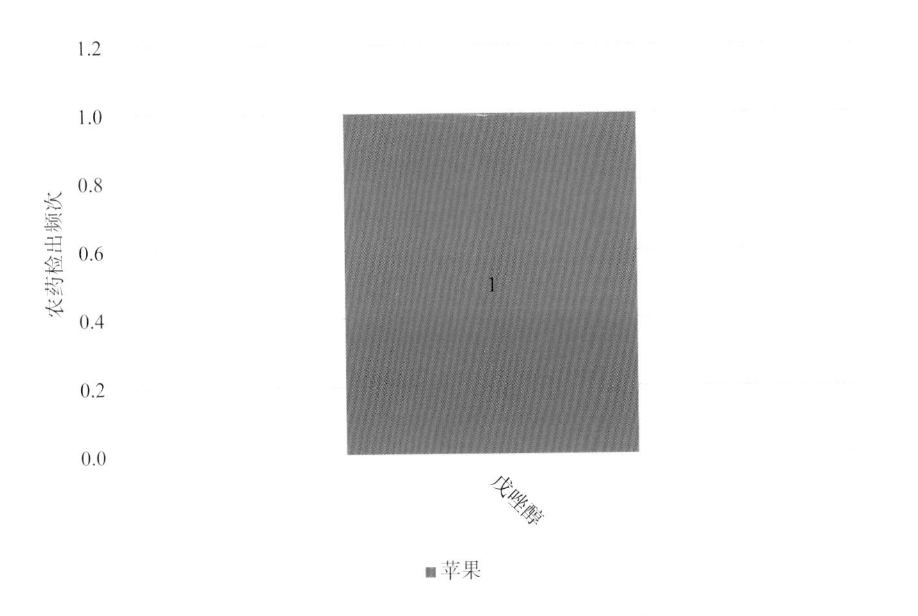

图 17-18　超过 MRL 美国标准农药品种及频次

17.2.2.6　按 MRL CAC 标准衡量

按 MRL CAC 标准衡量，无样品检出超标农药残留。

17.2.3　18 个采样点超标情况分析

17.2.3.1　按 MRL 中国国家标准衡量

按 MRL 中国国家标准衡量，有 4 个采样点的样品存在不同程度的超标农药检出，其中***农贸市场（和林格尔县）的超标率最高，为 7.1%，如表 17-14 和图 17-19 所示。

表 17-14 超过 MRL 中国国家标准水果蔬菜在不同采样点分布

	采样点	样品总数	超标数量	超标率（%）	行政区域
1	***农贸市场（清水河县）	15	1	6.7	清水河县
2	***农贸市场	15	1	6.7	武川县
3	***农贸市场	15	1	6.7	托克托县
4	***农贸市场（和林格尔县）	14	1	7.1	和林格尔县

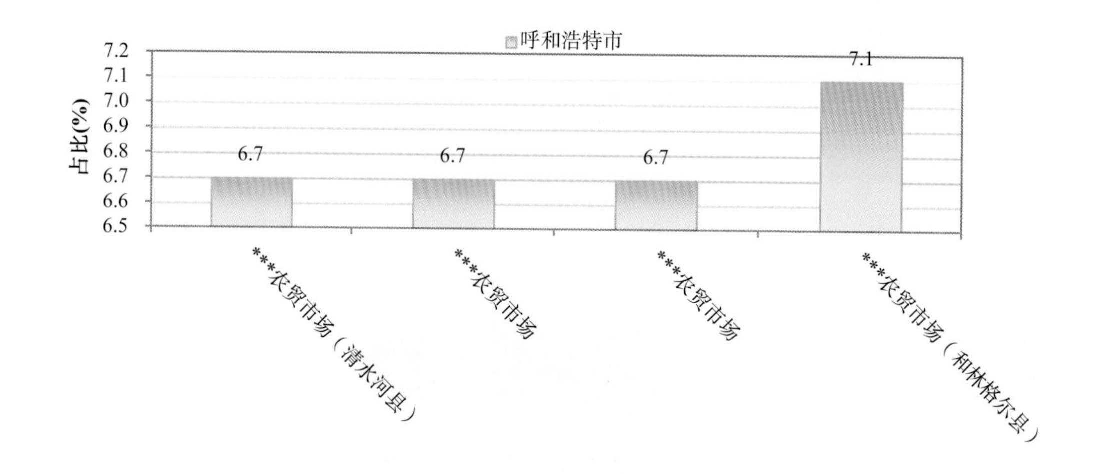

图 17-19 超过 MRL 中国国家标准水果蔬菜在不同采样点分布

17.2.3.2 按 MRL 欧盟标准衡量

按 MRL 欧盟标准衡量，有 17 个采样点的样品存在不同程度的超标农药检出，其中***农贸市场的超标率最高，为 28.6%，如表 17-15 和图 17-20 所示。

表 17-15 超过 MRL 欧盟标准水果蔬菜在不同采样点分布

	采样点	样品总数	超标数量	超标率（%）	行政区域
1	***菜市场（清水河县）	15	3	20.0	清水河县
2	***购物广场	15	2	13.3	土默特左旗
3	***超市（金宇店）	15	3	20.0	赛罕区
4	***农贸市场（清水河县）	15	3	20.0	清水河县
5	***超市（武川店）	15	1	6.7	武川县
6	***农贸市场	15	1	6.7	武川县
7	***水果蔬菜店	15	2	13.3	托克托县

续表

	采样点	样品总数	超标数量	超标率（%）	行政区域
8	***农贸市场	15	2	13.3	托克托县
9	***超市（新天地店）	14	1	7.1	玉泉区
10	***农贸市场	14	4	28.6	玉泉区
11	***超市（金兴店）	14	1	7.1	新城区
12	***超市（金太店）	14	2	14.3	新城区
13	***农贸市场	14	2	14.3	土默特左旗
14	***超市（呼和浩特大学西街名都店）	14	2	14.3	赛罕区
15	***超市（西龙王庙店）	14	2	14.3	回民区
16	***农贸市场（和林格尔县）	14	2	14.3	和林格尔县
17	***购物中心	14	3	21.4	和林格尔县

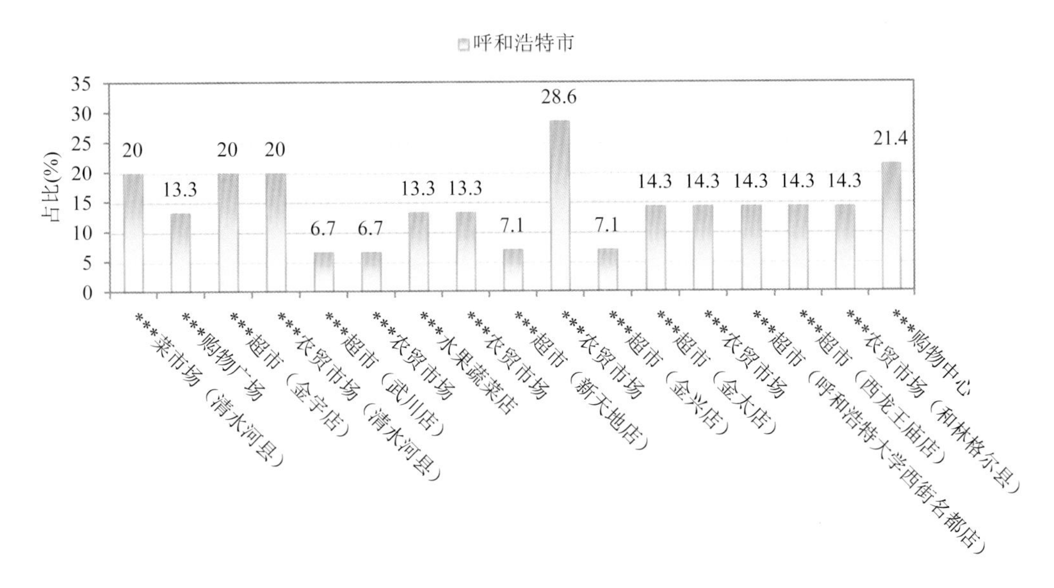

图 17-20　超过 MRL 欧盟标准水果蔬菜在不同采样点分布

17.2.3.3　按 MRL 日本标准衡量

按 MRL 日本标准衡量，有 13 个采样点的样品存在不同程度的超标农药检出，其中***超市（新天地店）的超标率最高，为 21.4%，如表 17-16 和图 17-21 所示。

表 17-16　超过 MRL 日本标准水果蔬菜在不同采样点分布

	采样点	样品总数	超标数量	超标率（%）	行政区域
1	***超市（金宇店）	15	1	6.7	赛罕区
2	***超市（武川店）	15	2	13.3	武川县

续表

	采样点	样品总数	超标数量	超标率（%）	行政区域
3	***水果蔬菜店	15	1	6.7	托克托县
4	***农贸市场	15	1	6.7	托克托县
5	***超市（新天地店）	14	3	21.4	玉泉区
6	***农贸市场	14	2	14.3	玉泉区
7	***超市（金兴店）	14	1	7.1	新城区
8	***超市（金太店）	14	1	7.1	新城区
9	***农贸市场	14	1	7.1	土默特左旗
10	***超市（呼和浩特大学西街名都店）	14	1	7.1	赛罕区
11	***超市（回民区）	14	1	7.1	回民区
12	***农贸市场（和林格尔县）	14	1	7.1	和林格尔县
13	***购物中心	14	1	7.1	和林格尔县

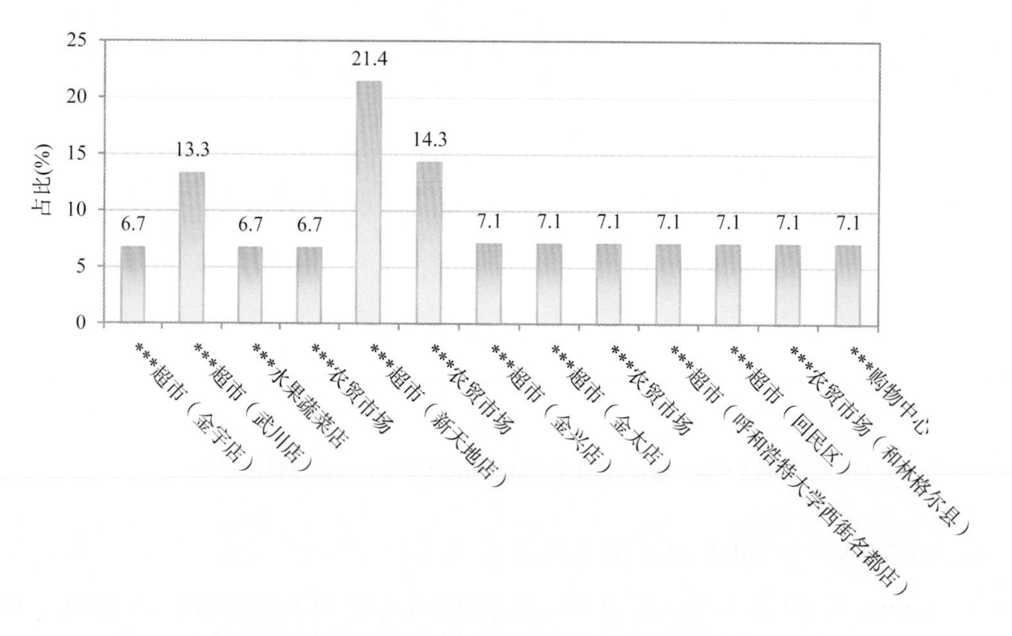

图 17-21　超过 MRL 日本标准水果蔬菜在不同采样点分布

17.2.3.4　按 MRL 中国香港标准衡量

按 MRL 中国香港标准衡量，所有采样点的样品均未检出超标农药残留。

17.2.3.5 按 MRL 美国标准衡量

按 MRL 美国标准衡量，有 1 个采样点的样品存在超标农药检出，超标率为 7.1%，如表 17-17 和图 17-22 所示。

表 17-17 超过 MRL 美国标准水果蔬菜在不同采样点分布

	采样点	样品总数	超标数量	超标率（%）	行政区域
1	***农贸市场	14	1	7.1	玉泉区

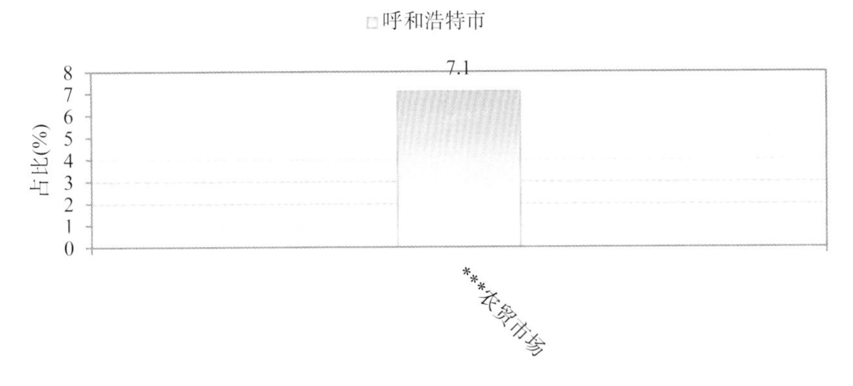

图 17-22 超过 MRL 美国标准水果蔬菜在不同采样点分布

17.2.3.6 按 MRL CAC 标准衡量

按 MRL CAC 标准衡量，所有采样点的样品均未检出超标农药残留。

17.3 水果中农药残留分布

17.3.1 检出农药品种和频次排前 10 的水果

本次残留侦测的水果共 4 种，包括西瓜、苹果、葡萄和梨。

根据检出农药品种及频次进行排名，将各项排名前 10 位的水果样品检出情况列表说明，详见表 17-18。

表 17-18 检出农药品种和频次排名前 10 的水果

检出农药品种排名前 10（品种）	①葡萄（19），②苹果（9），③梨（7），④西瓜（1）
检出农药频次排名前 10（频次）	①葡萄（55），②苹果（37），③梨（24），④西瓜（1）
检出禁用、高毒及剧毒农药品种排名前 10（品种）	①苹果（1），②葡萄（1），③梨（1）
检出禁用、高毒及剧毒农药频次排名前 10（频次）	①葡萄（2），②梨（2），③苹果（1）

17.3.2　超标农药品种和频次排前 10 的水果

鉴于 MRL 欧盟标准和日本标准的制定比较全面且覆盖率较高，我们参照 MRL 中国国家标准、欧盟标准和日本标准衡量水果样品中农残检出情况，将超标农药品种及频次排名前 10 的水果列表说明，详见表 17-19。

表 17-19　超标农药品种和频次排名前 10 的水果

超标农药品种排名前 10（农药品种数）	MRL 中国国家标准	
	MRL 欧盟标准	①果（2），②葡萄（2），③梨（1）
	MRL 日本标准	①苹果（2），②葡萄（1）
超标农药频次排名前 10（农药频次数）	MRL 中国国家标准	
	MRL 欧盟标准	①萄（3），②梨（2），③苹果（2）
	MRL 日本标准	果（3），②葡萄（2）

通过对各品种水果样本总数及检出率进行综合分析发现，葡萄、苹果和梨的残留污染最为严重，在此，我们参照 MRL 中国国家标准、欧盟标准和日本标准对这 3 种水果的农残检出情况进行进一步分析。

17.3.3　农药残留检出率较高的水果样品分析

17.3.3.1　葡萄

这次共检测 16 例葡萄样品，15 例样品中检出了农药残留，检出率为 93.8%，检出农药共计 19 种。其中烯酰吗啉、嘧霉胺、多菌灵、戊唑醇和霜霉威检出频次较高，分别检出了 8、8、7、4 和 4 次。葡萄中农药检出品种和频次见图 17-23，超标农药见图 17-24 和表 17-20。

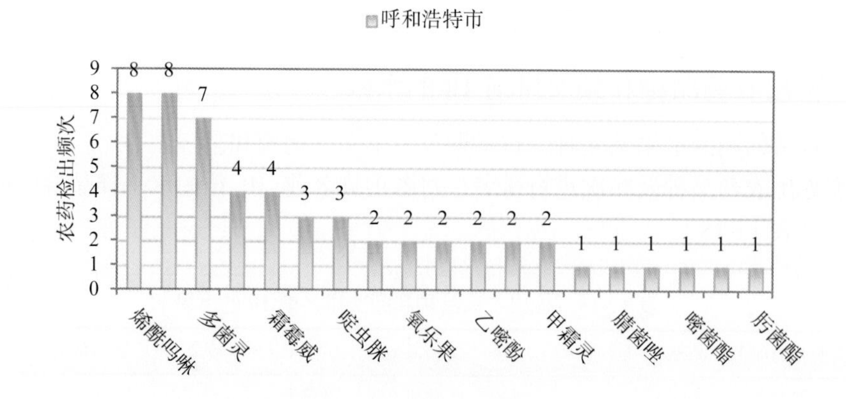

图 17-23　葡萄样品检出农药品种和频次分析

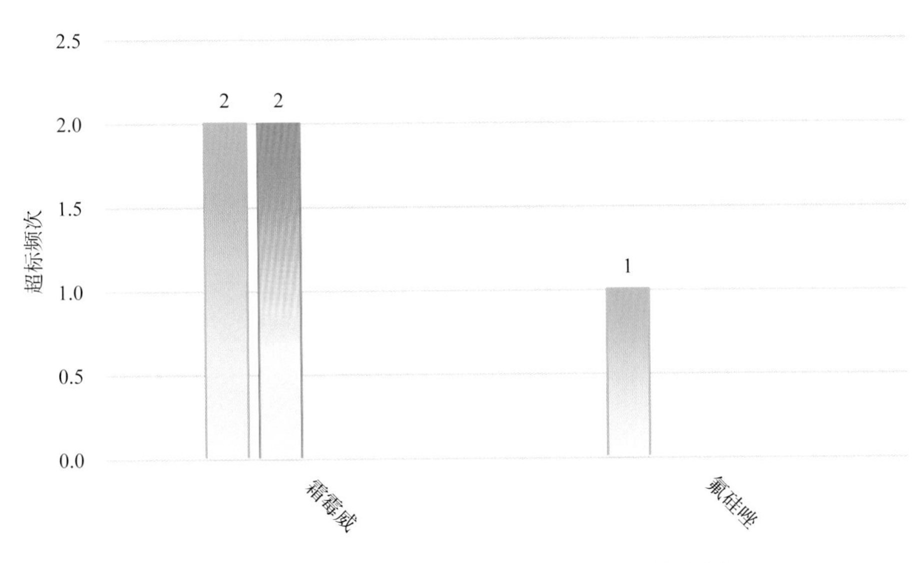

图 17-24　葡萄样品中超标农药分析

表 17-20　葡萄中农药残留超标情况明细表

样品总数			检出农药样品数	样品检出率（%）	检出农药品种总数
16			15	93.8	19
	超标农药品种	超标农药频次	按照 MRL 中国国家标准、欧盟标准和日本标准衡量超标农药名称及频次		
中国国家标准	0	0			
欧盟标准	2	3	霜霉威（2），氟硅唑（1）		
日本标准	1	2	霜霉威（2）		

17.3.3.2　苹果

这次共检测 18 例苹果样品，17 例样品中检出了农药残留，检出率为 94.4%，检出农药共计 9 种。其中多菌灵、啶虫脒、戊唑醇、甲基硫菌灵和吡虫啉检出频次较高，分别检出了 15、5、5、4 和 4 次。苹果中农药检出品种和频次见图 17-25，超标农药见图 17-26 和表 17-21。

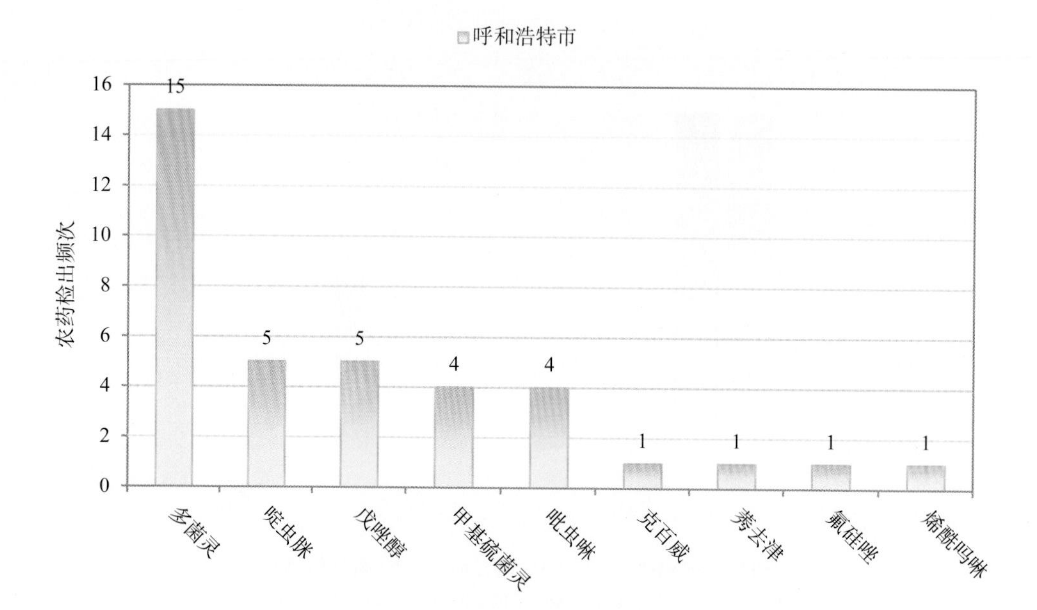

图 17-25 苹果样品检出农药品种和频次分析

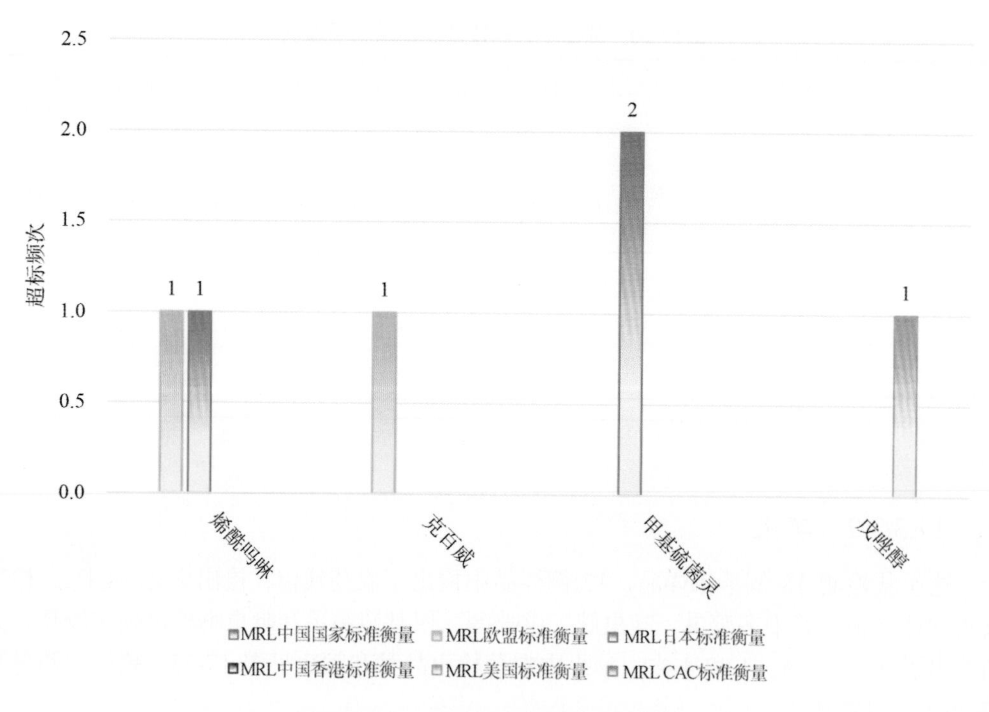

图 17-26 苹果样品中超标农药分析

表 17-21　苹果中农药残留超标情况明细表

样品总数		检出农药样品数	样品检出率（%）	检出农药品种总数
18		17	94.4	9
	超标农药品种	超标农药频次	按照 MRL 中国国家标准、欧盟标准和日本标准衡量超标农药名称及频次	
中国国家标准	0	0		
欧盟标准	2	2	烯酰吗啉（1），克百威（1）	
日本标准	2	3	甲基硫菌灵（2），烯酰吗啉（1）	

17.3.3.3　梨

这次共检测 17 例梨样品，14 例样品中检出了农药残留，检出率为 82.4%，检出农药共计 7 种。其中多菌灵、啶虫脒、克百威、烯酰吗啉和嘧菌酯检出频次较高，分别检出了 10、6、2、2 和 2 次。梨中农药检出品种和频次见图 17-27，超标农药见图 17-28 和表 17-22。

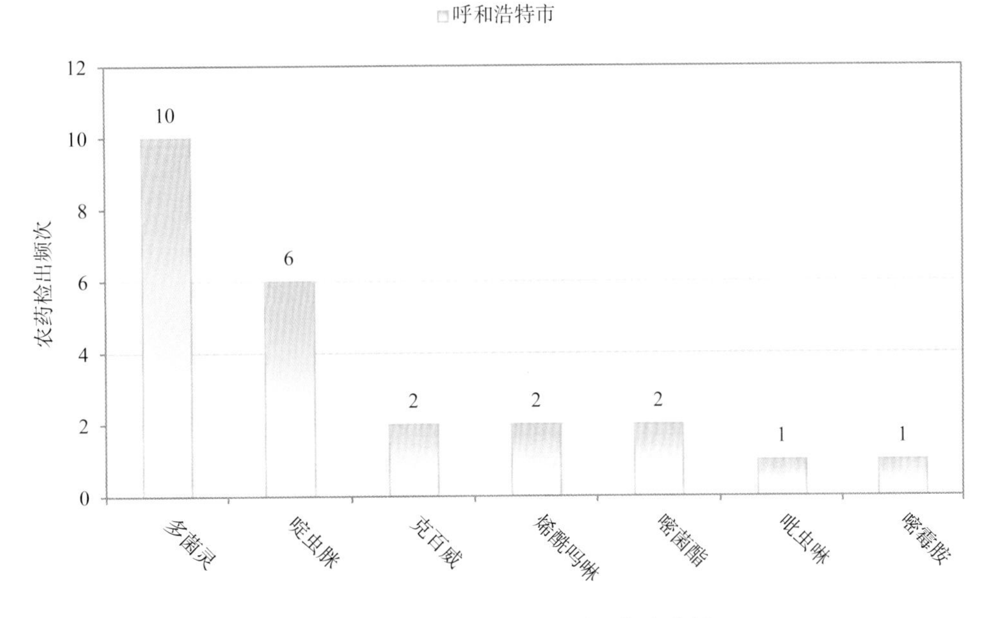

图 17-27　梨样品检出农药品种和频次分析

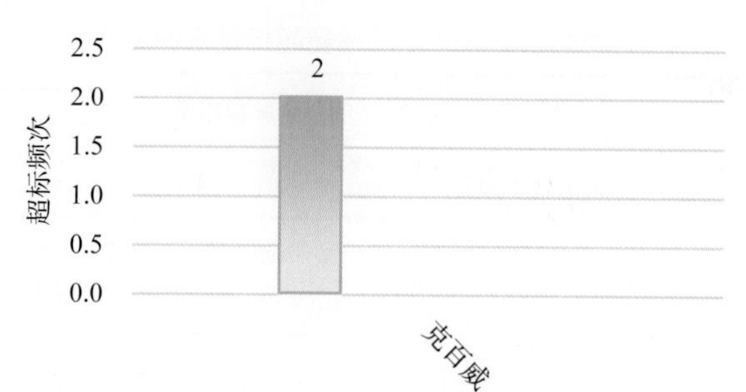

图 17-28　梨样品中超标农药分析

表 17-22　梨中农药残留超标情况明细表

样品总数			检出农药样品数	样品检出率（%）	检出农药品种总数
17			14	82.4	7
	超标农药品种	超标农药频次	按照 MRL 中国国家标准、欧盟标准和日本标准衡量超标农药名称及频次		
中国国家标准	0	0			
欧盟标准	1	2	克百威（2）		
日本标准	0	0			

17.4　蔬菜中农药残留分布

17.4.1　检出农药品种和频次排前 10 的蔬菜

本次残留侦测的蔬菜共 14 种，包括结球甘蓝、黄瓜、芹菜、韭菜、番茄、菠菜、西葫芦、甜椒、茄子、茼蒿、菜豆、生菜、冬瓜和大白菜。

根据检出农药品种及频次进行排名，将各项排名前 10 位的蔬菜样品检出情况列表说明，详见表 17-23。

表 17-23　检出农药品种和频次排名前 10 的蔬菜

检出农药品种排名前 10（品种）	①番茄（19），②黄瓜（19），③芹菜（15），④茄子（13），⑤菜豆（9），⑥菠菜（9），⑦茼蒿（9），⑧生菜（8），⑨韭菜（6），⑩结球甘蓝（3）
检出农药频次排名前 10（频次）	①芹菜（72），②黄瓜（63），③番茄（49），④茄子（31），⑤菠菜（29），⑥茼蒿（26），⑦菜豆（23），⑧生菜（12），⑨韭菜（8），⑩结球甘蓝（4）
检出禁用、高毒及剧毒农药品种排名前 10（品种）	①茄子（3），②芹菜（2），③菠菜（2），④黄瓜（1），⑤番茄（1），⑥茼蒿（1），⑦菜豆（1），⑧生菜（1）
检出禁用、高毒及剧毒农药频次排名前 10（频次）	①黄瓜（5），②菠菜（3），③茄子（3），④芹菜（2），⑤番茄（1），⑥生菜（1），⑦菜豆（1），⑧茼蒿（1）

17.4.2　超标农药品种和频次排前 10 的蔬菜

鉴于 MRL 欧盟标准和日本标准制定比较全面且覆盖率较高，我们参照 MRL 中国国家标准、欧盟标准和日本标准衡量蔬菜样品中农残检出情况，将超标农药品种及频次排名前 10 的蔬菜列表说明，详见表 17-24。

表 17-24　超标农药品种和频次排名前 10 的蔬菜

超标农药品种排名前 10（农药品种数）	MRL 中国国家标准	①茄子（1），②黄瓜（1），③芹菜（1），④菠菜（1）
	MRL 欧盟标准	①芹菜（7），②菠菜（4），③茼蒿（3），④黄瓜（2），⑤茄子（1），⑥生菜（1），⑦菜豆（1），⑧韭菜（1），⑨番茄（1）
	MRL 日本标准	①茼蒿（4），②菜豆（4），③黄瓜（2），④韭菜（1），⑤生菜（1），⑥番茄（1）
超标农药频次排名前 10（农药频次数）	MRL 中国国家标准	①茄子（1），②黄瓜（1），③芹菜（1），④菠菜（1）
	MRL 欧盟标准	①芹菜（14），②黄瓜（6），③菠菜（4），④茼蒿（3），⑤生菜（2），⑥菜豆（2），⑦茄子（1），⑧韭菜（1），⑨番茄（1）
	MRL 日本标准	①　豆（6），②茼蒿（5），③黄瓜（2），④韭菜（1），⑤生菜（1），⑥番茄（1）

通过对各品种蔬菜样本总数及检出率进行综合分析发现，黄瓜、番茄和芹菜的残留污染最为严重，在此，我们参照 MRL 中国国家标准、欧盟标准和日本标准对这 3 种蔬菜的农残检出情况进行进一步分析。

17.4.3　农药残留检出率较高的蔬菜样品分析

17.4.3.1　黄瓜

这次共检测 18 例黄瓜样品，全部检出了农药残留，检出率为 100.0%，检出农药共计 19 种。其中多菌灵、霜霉威、甲霜灵、烯酰吗啉和克百威检出频次较高，分别检出了 12、9、8、5 和 5 次。黄瓜中农药检出品种和频次见图 17-29，超标农药见图 17-30 和表 17-25。

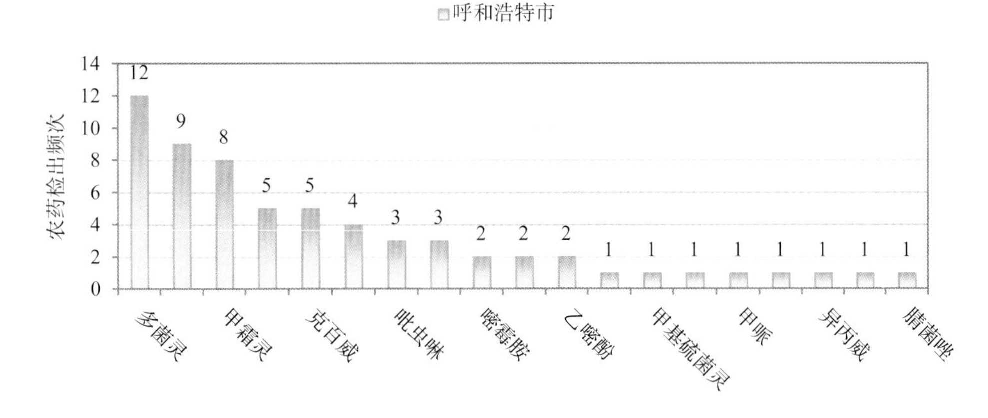

图 17-29　黄瓜样品检出农药品种和频次分析

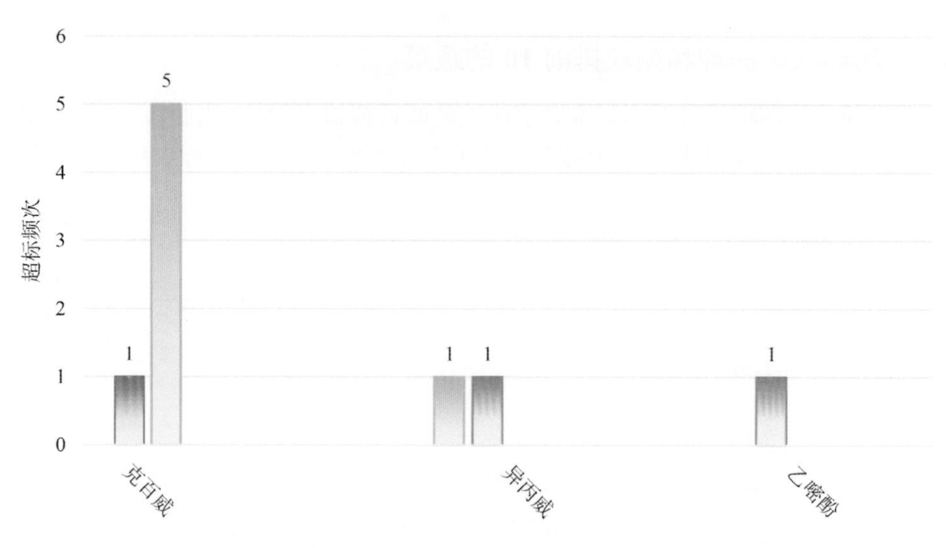

图 17-30　黄瓜样品中超标农药分析

表 17-25　黄瓜中农药残留超标情况明细表

样品总数			检出农药样品数	样品检出率（%）	检出农药品种总数
18			18	100	19
	超标农药品种	超标农药频次	按照 MRL 中国国家标准、欧盟标准和日本标准衡量超标农药名称及频次		
中国国家标准	1	1	克百威（1）		
欧盟标准	2	6	克百威（5），异丙威（1）		
日本标准	2	2	异丙威（1），乙嘧酚（1）		

17.4.3.2　番茄

这次共检测 18 例番茄样品，16 例样品中检出了农药残留，检出率为 88.9%，检出农药共计 19 种。其中多菌灵、啶虫脒、吡虫啉、烯酰吗啉和灭蝇胺检出频次较高，分别检出了 15、6、4、3 和 3 次。番茄中农药检出品种和频次见图 17-31，超标农药见图 17-32 和表 17-26。

表 17-26　番茄中农药残留超标情况明细表

样品总数			检出农药样品数	样品检出率（%）	检出农药品种总数
18			16	88.9	19
	超标农药品种	超标农药频次	按照 MRL 中国国家标准、欧盟标准和日本标准衡量超标农药名称及频次		
中国国家标准	0	0			
欧盟标准	1	1	甲哌（1）		
日本标准	1	1	甲哌（1）		

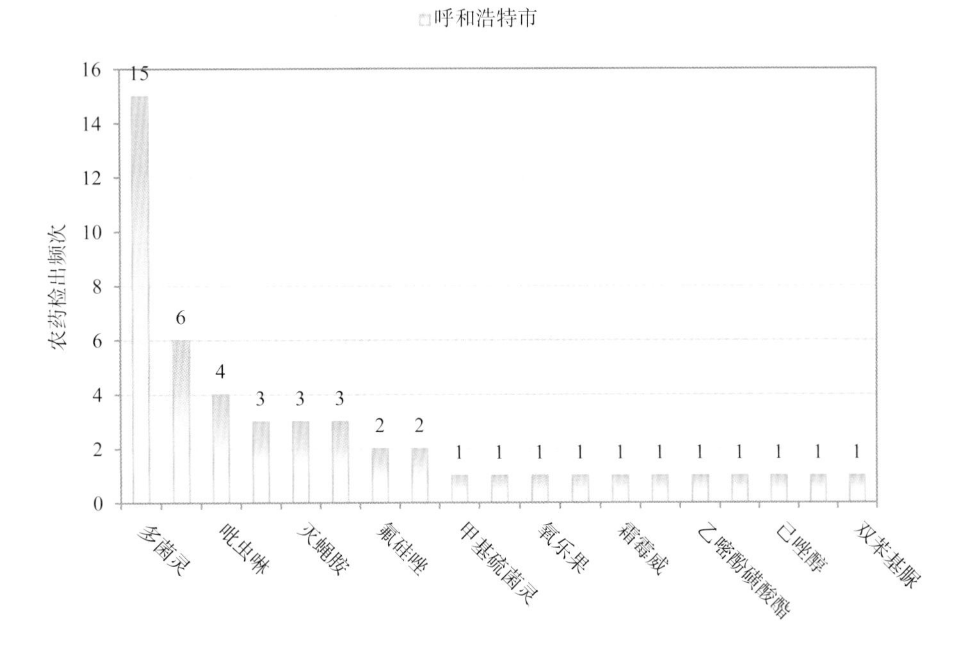

图 17-31　番茄样品检出农药品种和频次分析

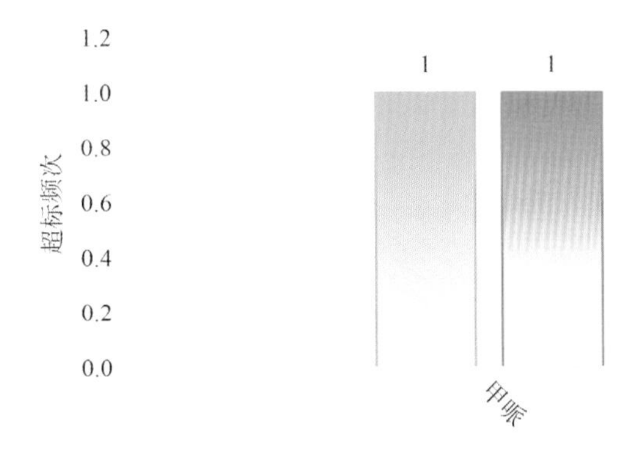

图 17-32　番茄样品中超标农药分析

17.4.3.3　芹菜

这次共检测 17 例芹菜样品，16 例样品中检出了农药残留，检出率为 94.1%，检出农药共计 15 种。其中丙环唑、霜霉威、戊唑醇、啶虫脒和烯酰吗啉检出频次较高，分别检出了 10、10、9、9 和 9 次。芹菜中农药检出品种和频次见图 17-33，超标农药见图 17-34 和表 17-27。

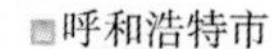

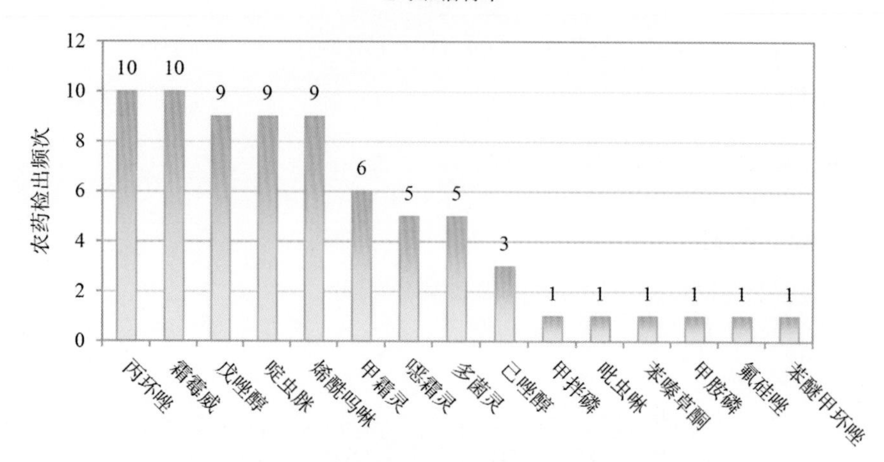

图 17-33　芹菜样品检出农药品种和频次分析

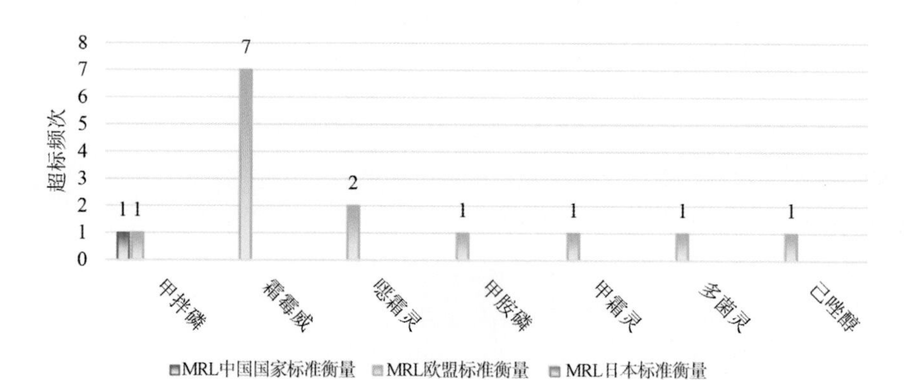

图 17-34　芹菜样品中超标农药分析

表 17-27　芹菜中农药残留超标情况明细表

样品总数			检出农药样品数	样品检出率（%）	检出农药品种总数
17			16	94.1	15
	超标农药品种	超标农药频次	按照 MRL 中国国家标准、欧盟标准和日本标准衡量超标农药名称及频次		
中国国家标准	1	1	甲拌磷（1）		
欧盟标准	7	14	霜霉威（7），噁霜灵（2），甲胺磷（1），甲霜灵（1），多菌灵（1），甲拌磷（1），己唑醇（1）		
日本标准	0	0			

17.5　初 步 结 论

17.5.1　呼和浩特市市售水果蔬菜按 MRL 中国国家标准和国际主要 MRL 标准衡量的合格率

本次侦测的 260 例样品中，92 例样品未检出任何残留农药，占样品总量的 35.4%，168 例样品检出不同水平、不同种类的残留农药，占样品总量的 64.6%。在这 168 例检出农药残留的样品中：

按照 MRL 中国国家标准衡量，有 164 例样品检出残留农药但含量没有超标，占样品总数的 63.1%，有 4 例样品检出了超标农药，占样品总数的 1.5%。

按照 MRL 欧盟标准衡量，有 132 例样品检出残留农药但含量没有超标，占样品总数的 50.8%，有 36 例样品检出了超标农药，占样品总数的 13.8%。

按照 MRL 日本标准衡量，有 151 例样品检出残留农药但含量没有超标，占样品总数的 58.1%，有 17 例样品检出了超标农药，占样品总数的 6.5%。

按照 MRL 中国香港标准衡量，有 168 例样品检出残留农药但含量没有超标，占样品总数的 64.6%，有 0 例样品检出了超标农药，占样品总数的 0.0%。

按照 MRL 美国标准衡量，有 167 例样品检出残留农药但含量没有超标，占样品总数的 64.2%，有 1 例样品检出了超标农药，占样品总数的 0.4%。

按照 MRL CAC 标准衡量，有 168 例样品检出残留农药但含量没有超标，占样品总数的 64.6%，有 0 例样品检出了超标农药，占样品总数的 0.0%。

17.5.2　呼和浩特市市售水果蔬菜中检出农药以中低微毒农药为主，占市场主体的 87.5%

这次侦测的 260 例样品包括食用菌 1 种 54 例，水果 4 种 17 例，蔬菜 14 种 189 例，共检出了 40 种农药，检出农药的毒性以中低微毒为主，详见表 17-28。

表 17-28　市场主体农药毒性分布

毒性	检出品种	占比	检出频次	占比
剧毒农药	1	2.5%	2	0.5%
高毒农药	4	10.0%	20	4.5%
中毒农药	17	42.5%	173	39.3%
低毒农药	10	25.0%	92	20.9%
微毒农药	8	20.0%	153	34.8%
中低微毒农药，品种占比 87.5%，频次占比 95.0%				

17.5.3　检出剧毒、高毒和禁用农药现象应该警醒

在此次侦测的260例样品中有8种蔬菜和3种水果的21例样品检出了5种22频次的剧毒和高毒或禁用农药，占样品总量的8.1%。其中剧毒农药甲拌磷以及高毒农药克百威、氧乐果和三唑磷检出频次较高。

按MRL中国国家标准衡量，剧毒农药甲拌磷，检出2次，超标1次；高毒农药克百威，检出11次，超标1次；氧乐果，检出6次，超标2次；按超标程度比较，茄子中氧乐果超标1.1倍，黄瓜中克百威超标1.0倍，芹菜中甲拌磷超标70%，菠菜中氧乐果超标40%。

剧毒、高毒或禁用农药的检出情况及按照MRL中国国家标准衡量的超标情况见表17-29。

表17-29　剧毒、高毒或禁用农药的检出及超标明细

序号	农药名称	样品名称	检出频次	超标频次	最大超标倍数	超标率
1.1	甲拌磷*▲	芹菜	1	1	0.69	100.0%
1.2	甲拌磷*▲	生菜	1	0	0	0.0%
2.1	三唑磷◊	茄子	1	0	0	0.0%
2.2	三唑磷◊	茼蒿	1	0	0	0.0%
3.1	克百威◊▲	黄瓜	5	1	1.025	20.0%
3.2	克百威◊▲	梨	2	0	0	0.0%
3.3	克百威◊▲	苹果	1	0	0	0.0%
3.4	克百威◊▲	茄子	1	0	0	0.0%
3.5	克百威◊▲	菜豆	1	0	0	0.0%
3.6	克百威◊▲	菠菜	1	0	0	0.0%
4.1	氧乐果◊▲	菠菜	2	1	0.39	50.0%
4.2	氧乐果◊▲	葡萄	2	0	0	0.0%
4.3	氧乐果◊▲	茄子	1	1	1.1	100.0%
4.4	氧乐果◊▲	番茄	1	0	0	0.0%
5.1	甲胺磷◊▲	芹菜	1	0	0	0.0%
合计			22	4		18.2%

注：超标倍数参照MRL中国国家标准衡量

这些超标的剧毒和高毒农药都是中国政府早有规定禁止在水果蔬菜中使用的，为什么还屡次被检出，应该引起警惕。

17.5.4　残留限量标准与先进国家或地区差距较大

440频次的检出结果与我国公布的《食品中农药最大残留限量》（GB 2763—2014）对比，有233频次能找到对应的MRL中国国家标准，占53.0%；还有207频次的侦测数据无相关MRL标准供参考，占47.0%。

与国际上现行MRL标准对比发现：

有440频次能找到对应的MRL欧盟标准，占100.0%；

有 440 频次能找到对应的 MRL 日本标准，占 100.0%；

有 249 频次能找到对应的 MRL 中国香港标准，占 56.6%；

有 222 频次能找到对应的 MRL 美国标准，占 50.5%；

有 229 频次能找到对应的 MRL CAC 标准，占 52.0%。

由上可见，MRL 中国国家标准与先进国家或地区标准还有很大差距，我们无标准，境外有标准，这就会导致我们在国际贸易中，处于受制于人的被动地位。

17.5.5 水果蔬菜单种样品检出 7~19 种农药残留，拷问农药使用的科学性

通过此次监测发现，葡萄、苹果和梨是检出农药品种最多的 3 种水果，番茄、黄瓜和芹菜是检出农药品种最多的 3 种蔬菜，从中检出农药品种及频次详见表 17-30。

表 17-30 单种样品检出农药品种及频次

样品名称	样品总数	检出农药样品数	检出率	检出农药品种数	检出农药（频次）
番茄	18	16	88.9%	19	多菌灵（15），啶虫脒（6），吡虫啉（4），烯酰吗啉（3），灭蝇胺（3），戊唑醇（3），氟硅唑（2），腈菌唑（2），甲基硫菌灵（1），甲哌（1），氧乐果（1），噻嗪酮（1），霜霉威（1），嘧霉胺（1），乙嘧酚磺酸酯（1），烯唑醇（1），己唑醇（1），丙环唑（1），双苯基脲（1）
黄瓜	18	18	100.0%	19	多菌灵（12），霜霉威（9），甲霜灵（8），烯酰吗啉（5），克百威（5），噁霜灵（4），吡虫啉（3），啶虫脒（3），嘧霉胺（2），灭蝇胺（2），乙嘧酚（2），三唑酮（1），甲基硫菌灵（1），嘧菌酯（1），甲哌（1），甲基嘧啶磷（1），异丙威（1），氟硅唑（1），腈菌唑（1）
芹菜	17	16	94.1%	15	丙环唑（10），霜霉威（10），戊唑醇（9），啶虫脒（9），烯酰吗啉（9），甲霜灵（6），噁霜灵（5），多菌灵（5），己唑醇（3），甲拌磷（1），吡虫啉（1），苯嗪草酮（1），甲胺磷（1），氟硅唑（1），苯醚甲环唑（1）
葡萄	16	15	93.8%	19	烯酰吗啉（8），嘧霉胺（8），多菌灵（7），戊唑醇（4），霜霉威（4），氟硅唑（3），啶虫脒（3），己唑醇（2），氧乐果（2），吡虫啉（2），乙嘧酚（2），三唑酮（2），甲霜灵（2），噻嗪酮（1），腈菌唑（1），丙环唑（1），嘧菌酯（1），吡唑醚菌酯（1），肟菌酯（1）
苹果	18	17	94.4%	9	多菌灵（15），啶虫脒（5），戊唑醇（5），甲基硫菌灵（4），吡虫啉（4），克百威（1），莠去津（1），氟硅唑（1），烯酰吗啉（1）
梨	17	14	82.4%	7	多菌灵（10），啶虫脒（6），克百威（2），烯酰吗啉（2），嘧菌酯（2），吡虫啉（1），嘧霉胺（1）

上述 6 种水果蔬菜，检出农药 7~19 种，是多种农药综合防治，还是未严格实施农业良好管理规范（GAP），抑或根本就是乱施药，值得我们思考。

第18章　LC-Q-TOF/MS侦测呼和浩特市市售水果蔬菜农药残留膳食暴露风险及预警风险评估

18.1　农药残留风险评估方法

18.1.1　呼和浩特市农药残留检测数据分析与统计

庞国芳院士科研团队建立的农药残留高通量侦测技术以高分辨精确质量数（0.0001 *m/z* 为基准）为识别标准，采用 LC-Q-TOF/MS 技术对 544 种农药化学污染物进行检测。

科研团队于 2013 年 9 月在呼和浩特市所属 9 个区县的 18 个采样点，随机采集了 260 例水果蔬菜样品，采样点分布在超市和农贸市场，具体位置如图 18-1 所示。

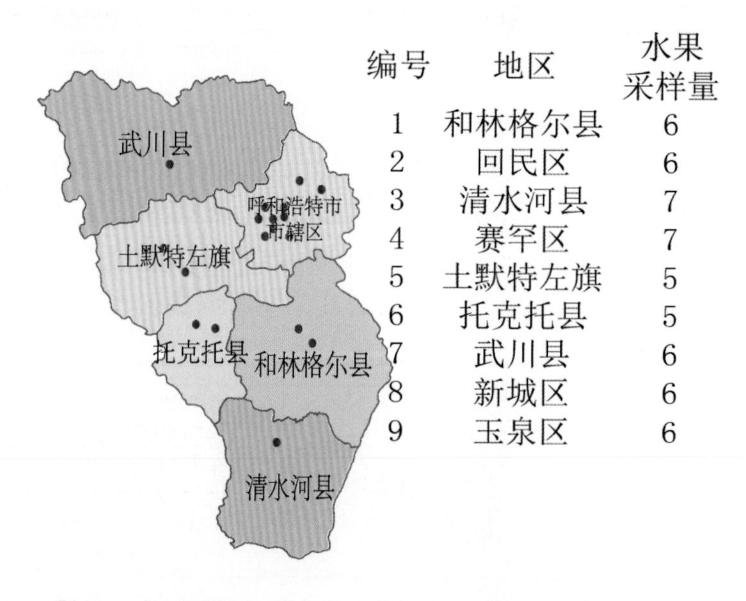

图 18-1　呼和浩特市所属 18 个采样点 260 例样品分布图

利用 LC-Q-TOF/MS 技术对 260 例样品中的农药残留进行侦测，检出残留农药 40 种，440 频次。检出农药残留水平如表 18-1 和图 18-2 所示。检出频次最高的前十种农药如表 18-2 所示。从检测结果中可以看出，在果蔬中农药残留普遍存在，且有些果蔬存在高浓度的农药残留，这些可能存在膳食暴露风险，对人体健康产生危害，因此，为了定量地评价果蔬中农药残留的风险程度，有必要对其进行风险评价。

表 18-1　检出农药的不同残留水平及其所占比例

残留水平（μg/kg）	检出频次	占比（%）
1～5（含）	188	42.7
5～10（含）	68	15.5
10～100（含）	157	35.7
100～1000（含）	25	5.7
＞1000	2	0.5
合计	440	100

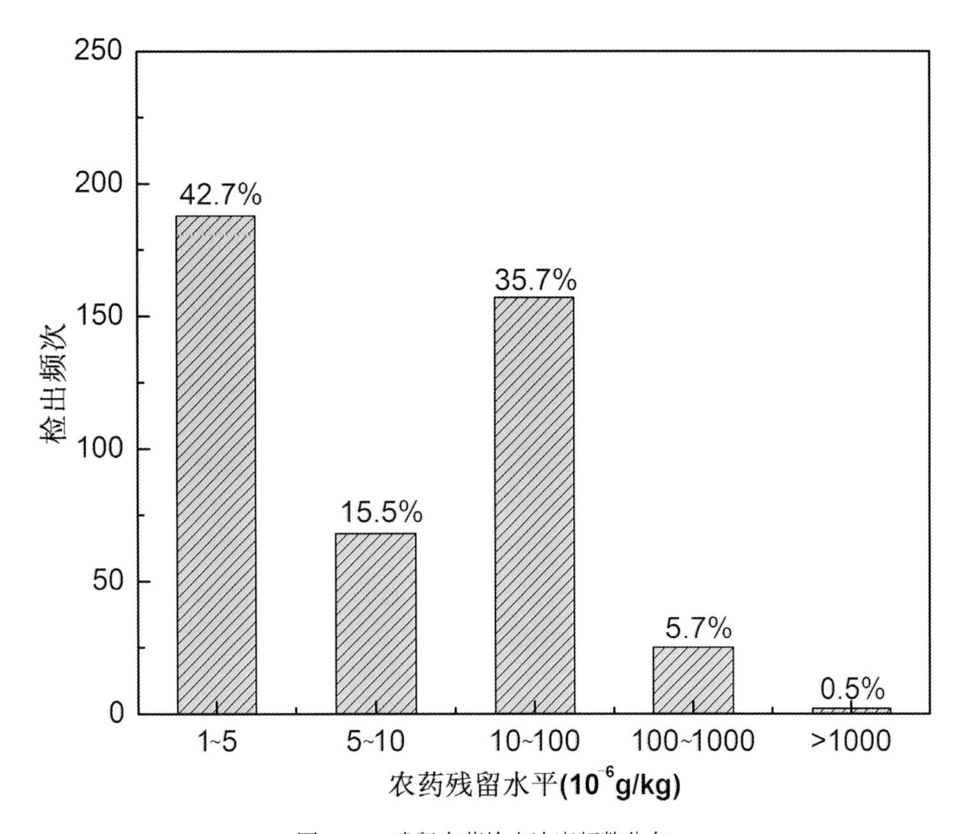

图 18-2　残留农药检出浓度频数分布

表 18-2　检出频次最高的前十种农药

序号	农药	检出频次（次）
1	多菌灵	98
2	啶虫脒	52
3	烯酰吗啉	49
4	霜霉威	36
5	吡虫啉	26

续表

序号	农药	检出频次（次）
6	甲霜灵	25
7	戊唑醇	21
8	嘧霉胺	16
9	丙环唑	12
10	克百威	11

18.1.2 农药残留风险评价模型

对呼和浩特市水果蔬菜中农药残留分别开展暴露风险评估和预警风险评估。膳食暴露风险评价利用食品安全指数模型，对水果蔬菜中的残留农药对人体可能产生的危害程度进行评价，该模型结合残留监测和膳食暴露评估评价化学污染物的危害；预警风险评价模型运用风险系数（risk index，*R*），风险系数综合考虑了危害物的超标率、施检频率及其本身敏感性的影响，能直观而全面地反映出危害物在一段时间内的风险程度。

18.1.2.1 食品安全指数模型

为了加强食品安全管理，《中华人民共和国食品安全法》第二章第十七条规定“国家建立食品安全风险评估制度，运用科学方法，根据食品安全风险监测信息、科学数据以及有关信息，对食品、食品添加剂、食品相关产品中生物性、化学性和物理性危害因素进行风险评估”[1]，膳食暴露评估是食品危险度评估的重要组成部分，也是膳食安全性的衡量标准[2]。国际上最早研究膳食暴露风险评估的机构主要是 JMPR（FAO、WHO 农药残留联合会议），该组织自 1995 年就已制定了急性毒性物质的风险评估急性毒性农药残留摄入量的预测。1960 年美国规定食品中不得加入致癌物质进而提出零阈值理论，渐渐零阈值理论发展成在一定概率条件下可接受风险的概念[3]，后衍变为食品中每日允许最大摄入量（ADI），而农药残留法典委员会（CCPR）认为 ADI 不是独立风险评估的唯一标准[4]，1995 年 JMPR 开始研究农药急性膳食暴露风险评估，并对食品国际短期摄入量的计算方法进行了修正，亦对膳食暴露评估准则及评估方法进行了修正[5]，2002 年，在对世界上现行的食品安全评价方法，尤其是国际公认的 CAC 的评价方法，WHO GEMS/Food（全球环境监测系统/食品污染监测和评估规划）及 JECFA（FAO、WHO 食品添加剂联合专家委员会）和 JMPR 对食品安全风险评估工作研究的基础之上，检验检疫食品安全管理的研究人员提出了结合残留监控和膳食暴露评估，以食品安全指数 IFS 计算食品中各种化学污染物对消费者的健康危害程度[6]。IFS 是表示食品安全状态的新方法，可有效的评价某种农药的安全性，进而评价食品中各种农药化学污染物对消费者健康的整体危害程度[7，8]。从理论上分析，IFS_c 可指出食品中的污染物 c 对消费者健康是否存在危害及危害的程度[9]。其优点在于操作简单且结果容易被接受和理解，不需要大量的数据来对结果进行验证，使用默认的标准假设或者模型即可[10，11]。

1）IFS_c 的计算

IFS_c 计算公式如下：

$$IFS_c = \frac{EDI_c \times f}{SI_c \times bw} \tag{18-1}$$

式中，c 为所研究的农药；EDI_c 为农药 c 的实际日摄入量估算值，等于 $\sum(R_i \times F_i \times E_i \times P_i)$（$i$ 为食品种类；R_i 为食品 i 中农药 c 的残留水平，mg/kg；F_i 为食品 i 的估计日消费量，g/（人·天）；E_i 为食品 i 的可食用部分因子；P_i 为食品 i 的加工处理因子）；SI_c 为安全摄入量，可采用每日允许摄入量 ADI；bw 为人平均体重，kg；f 为校正因子，如果安全摄入量采用 ADI，f 取 1。

$IFS_c \ll 1$，农药 c 对食品安全没有影响；$IFS_c \leqslant 1$，农药 c 对食品安全的影响可以接受；$IFS_c > 1$，农药 c 对食品安全的影响不可接受。

本次评价中：

$IFS_c \leqslant 0.1$，农药 c 对果蔬安全没有影响；

$0.1 < IFS_c \leqslant 1$，农药 c 对果蔬安全的影响可以接受；

$IFS_c > 1$，农药 c 对果蔬安全的影响不可接受。

本次评价中残留水平 R_i 取值为中国检验检疫科学院庞国芳院士课题组利用对呼和浩特市果蔬中的农药残留检测结果。估计日消费量 F_i 取值 0.38 kg/（人·天），E_i=1，P_i=1，f=1，SI_c 采用《食品安全国家标准　食品中农药最大残留限量》（GB 2763—2016）中 ADI 值（具体数值见表 18-3），人平均体重（bw）取值 60 kg。

表 18-3　呼和浩特市果蔬中残留农药 ADI 值

序号	农药	ADI	序号	农药	ADI	序号	农药	ADI
1	苯醚甲环唑	0.01	15	甲基硫菌灵	0.08	29	戊唑醇	0.03
2	苯嗪草酮	0.03	16	甲基嘧啶磷	0.03	30	烯啶虫胺	0.53
3	吡虫啉	0.06	17	甲霜灵	0.08	31	烯酰吗啉	0.2
4	吡唑醚菌酯	0.03	18	腈菌唑	0.03	32	烯唑醇	0.005
5	丙环唑	0.07	19	克百威	0.001	33	氧乐果	0.0003
6	丙溴磷	0.03	20	嘧菌酯	0.2	34	乙霉威	0.004
7	啶虫脒	0.07	21	嘧霉胺	0.2	35	乙嘧酚	0.035
8	多菌灵	0.03	22	灭蝇胺	0.06	36	异丙威	0.002
9	噁霜灵	0.01	23	噻虫嗪	0.08	37	莠去津	0.02
10	二嗪磷	0.005	24	噻嗪酮	0.009	38	甲哌	—
11	氟硅唑	0.007	25	三唑磷	0.001	39	双苯基脲	—
12	己唑醇	0.005	26	三唑酮	0.03	40	乙嘧酚磺酸酯	—
13	甲胺磷	0.004	27	霜霉威	0.4			
14	甲拌磷	0.0007	28	肟菌酯	0.04			

注：“—”表示国家标准中无 ADI 值规定；ADI 值单位为 mg/kg bw

2）计算 $\mathrm{IFS_c}$ 的平均值$\overline{\mathrm{IFS}}$，判断农药对食品安全影响程度

以$\overline{\mathrm{IFS}}$评价各种农药对人体健康危害的总程度，评价模型见公式（18-2）。

$$\overline{\mathrm{IFS}} = \frac{\sum_{i=1}^{n} \mathrm{IFS}_c}{n} \tag{18-2}$$

$\overline{\mathrm{IFS}} \ll 1$，所研究消费者人群的食品安全状态很好；$\overline{\mathrm{IFS}} \leqslant 1$，所研究消费者人群的食品安全状态可以接受；$\overline{\mathrm{IFS}} > 1$，所研究消费者人群的食品安全状态不可接受。

本次评价中：

$\overline{\mathrm{IFS}} \leqslant 0.1$，所研究消费者人群的果蔬安全状态很好；

$0.1 < \overline{\mathrm{IFS}} \leqslant 1$，所研究消费者人群的果蔬安全状态可以接受；

$\overline{\mathrm{IFS}} > 1$，所研究消费者人群的果蔬安全状态不可接受。

18.1.2.2　预警风险评价模型

2003 年，我国检验检疫食品安全管理的研究人员根据 WTO 的有关原则和我国的具体规定，结合危害物本身的敏感性、风险程度及其相应的施检频率，首次提出了食品中危害物风险系数 *R* 的概念[12]。*R* 是衡量一个危害物的风险程度大小最直观的参数，即在一定时期内其超标率或阳性检出率的高低,但受其施检测率的高低及其本身的敏感性(受关注程度)影响。该模型综合考察了农药在蔬菜中的超标率、施检频率及其本身敏感性，能直观而全面地反映出农药在一段时间内的风险程度[13]。

1）*R* 计算方法

危害物的风险系数综合考虑了危害物的超标率或阳性检出率、施检频率和其本身的敏感性影响，并能直观而全面地反映出危害物在一段时间内的风险程度。风险系数 *R* 的计算公式如式（18-3）:

$$R = aP + \frac{b}{F} + S \tag{18-3}$$

式中，*P* 为该种危害物的超标率；*F* 为危害物的施检频率；*S* 为危害物的敏感因子；*a*，*b* 为分别为相应的权重系数。

本次评价中 $F=1$；$S=1$；$a=100$；$b=0.1$，对参数 *P* 进行计算，计算时首先判断是否为禁药，如果为非禁药，*P*=超标的样品数（检测出的含量高于食品最大残留限量标准值，即 MRL）除以总样品数（包括超标、不超标、未检出）；如果为禁药，则检出即为超标，*P*=能检出的样品数除以总样品数。判断呼和浩特市果蔬农药残留是否超标的标准限值 MRL 分别以 MRL 中国国家标准[14]和 MRL 欧盟标准作为对照，具体值列于本报告附表一中。

2）判断风险程度

$R \leqslant 1.5$，受检农药处于低度风险；

$1.5 < R \leqslant 2.5$，受检农药处于中度风险；

$R > 2.5$，受检农药处于高度风险。

18.1.2.3 食品膳食暴露风险和预警风险评价应用程序的开发

1）应用程序开发的步骤

为成功开发膳食暴露风险和预警风险评价应用程序，与软件工程师多次沟通讨论，逐步提出并描述清楚计算需求，开发了初步应用程序。在软件应用过程中，根据风险评价拟得到结果的变化，计算需求发生变更，这些变化给软件工程师进行需求分析带来一定的困难，经过各种细节的沟通，需求分析得到明确后，开始进行解决方案的设计，在保证需求的完整性、一致性的前提下，编写代码，最后设计出风险评价专用计算软件。软件开发基本步骤见图 18-3。

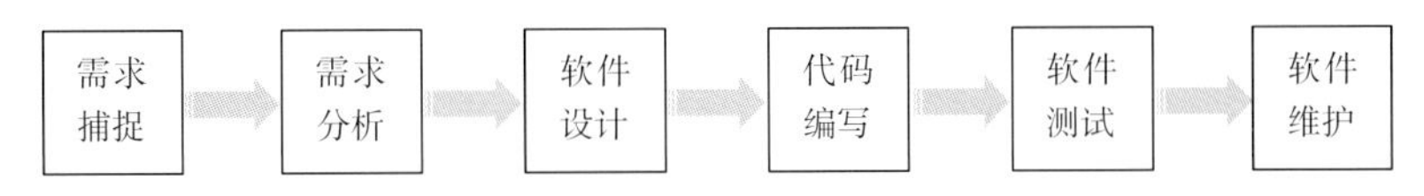

图 18-3 专用程序开发总体步骤

2）膳食暴露风险评价专业程序开发的基本要求

首先直接利用公式（18-1），分别计算 LC-Q-TOF/MS 和 GC-Q-TOF/MS 仪器检出的各果蔬样品中每种农药 IFS_c，将结果列出。为考察超标农药和禁用农药的使用安全性，分别以我国《食品安全国家标准 食品中农药最大残留限量》（GB 2763—2016）和欧盟食品中农药最大残留限量（以下简称 MRL 中国国家标准和 MRL 欧盟标准）为标准，对检出的禁药和超标的非禁药 IFS_c 单独进行评价；按 IFS_c 大小列表，并找出 IFS_c 值排名前 20 的样本重点关注。

对不同果蔬 i 中每一种检出的农药 c 的安全指数进行计算，多个样品时求平均值。若监测数据为该市多个月的数据，则逐月、逐季度分别列出每个月、每个季度内每一种果蔬 i 对应的每一种农药 c 的 IFS_c。

按农药种类，计算整个监测时间段内每种农药的 IFS_c，不区分果蔬。若检测数据为该市多个月的数据，则需分别计算每个月、每个季度内每种农药的 IFS_c。

3）预警风险评价专业程序开发的基本要求

分别以 MRL 中国国家标准和 MRL 欧盟标准，按公式（18-3）逐个计算不同果蔬、不同农药的风险系数，禁药和非禁药分别列表。

为清楚了解各种农药的预警风险，不分时间，不分果蔬，按禁用农药和非禁药分类，分别计算各种检出农药全部检测时段内风险系数。由于有 MRL 中国国家标准的农药种类太少，无法计算超标数，非禁药的风险系数只以 MRL 欧盟标准为标准进行计算。若检测数据为多个月的，则按月计算每个月、每个季度内每种禁用农药残留的风险系数和以 MRL 欧盟标准为标准的非禁药残留的风险系数。

4）风险程度评价专业应用程序的开发方法

采用 Python 计算机程序设计语言，Python 是一个高层次的结合了解释性、编译性、互动性和面向对象的脚本语言。风险评价专用程序主要功能包括：分别读入每例样品 LC-Q-TOF/MS 和 GC-Q-TOF/MS 农药残留检测数据，根据风险评价工作要求，依次对不同农药、不同食品、不同时间、不同采样点的 IFS_c 值和 R 值分别进行数据计算，筛选出禁用农药、超标农药（分别与 MRL 中国国家标准、MRL 欧盟标准限值进行对比）单独重点分析，再分别对各农药、各果蔬种类分类处理，设计出计算和排序程序，编写计算机代码，最后将生成的膳食暴露风险评价和预警风险评价定量计算结果列入设计好的各个表格中，并定性判断风险对目标的影响程度，直接用文字描述风险发生的高低，如“不可接受”“可以接受”“没有影响”“高度风险”“中度风险”“低度风险”。

18.2　呼和浩特市果蔬农药残留膳食暴露风险评估

18.2.1　果蔬样品中农药残留安全指数分析

基于 2013 年 9 月农药残留检测数据，发现在 260 例样品中检出农药 440 频次，计算样品中每种残留农药的安全指数 IFS_c，并分析农药对样品安全的影响程度，结果详见附表 2，农药残留对果蔬样品安全的影响程度频次分布情况如图 18-4 所示。

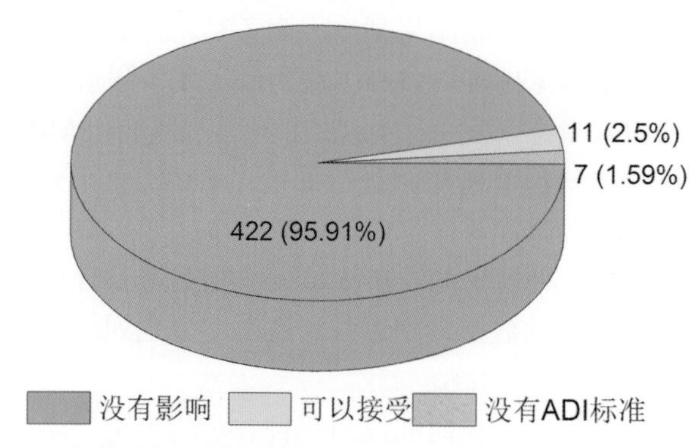

图 18-4　农药残留对果蔬样品安全的影响程度频次分布图

由图 18-4 可以看出，没有农药残留对样品安全的影响不可接受的频次；农药残留对样品安全的影响可以接受的频次为 11，占 2.5%；农药残留对样品安全的没有影响的频次为 422，占 95.91%。对果蔬样品安全影响排名前十的残留农药安全指数如表 18-4 所示。

表 18-4　对果蔬样品安全影响排名前十的残留农药安全指数表

序号	样品编号	采样点	基质	农药	含量（mg/kg）	IFS_c	影响程度
1	20130911-150100-CAIQ-EP-02A	***农贸市场	茄子	氧乐果	0.042	0.8867	可以接受
2	20130912-150100-CAIQ-BO-02A	***农贸市场	菠菜	氧乐果	0.028	0.5869	可以接受
3	20130904-150100-CAIQ-TH-02A	***农贸市场	茼蒿	三唑磷	0.070	0.4402	可以接受
4	20130904-150100-CAIQ-CE-01A	***购物广场	芹菜	噁霜灵	0.466	0.2954	可以接受

续表

序号	样品编号	采样点	基质	农药	含量（mg/kg）	IFS_c	影响程度
5	20130910-150100-CAIQ-CU-01A	***农贸市场（和林格尔县）	黄瓜	克百威	0.041	0.2565	可以接受
6	20130909-150100-CAIQ-LE-02A	***农贸市场	生菜	二嗪磷	0.193	0.2447	可以接受
7	20130911-150100-CAIQ-CE-04A	***农贸市场（清水河县）	芹菜	甲拌磷	0.017	0.1529	可以接受
8	20130909-150100-CAIQ-BO-02A	***农贸市场	菠菜	噁霜灵	0.211	0.1334	可以接受
9	20130907-150100-CAIQ-TH-01A	***超市（金宇店）	茼蒿	乙霉威	0.076	0.1205	可以接受
10	20130911-150100-CAIQ-CU-03A	***菜市场（清水河县）	黄瓜	克百威	0.018	0.1115	可以接受

此次检测，发现部分样品检出禁用农药，为了明确残留的禁用农药对果蔬样品安全的影响，分析检出禁药残留的样品安全指数，结果如图 18-5 所示，检出禁用农药 4 种 20 频次，其中没有农药残留对样品安全的影响不可接受的频次；农药残留对样品安全的影响可以接受的频次为 6，占 30%；农药残留对样品安全没有影响的频次为 14，占 70%。果蔬样品中安全指数排名前十的残留禁用农药列表如表 18-5。

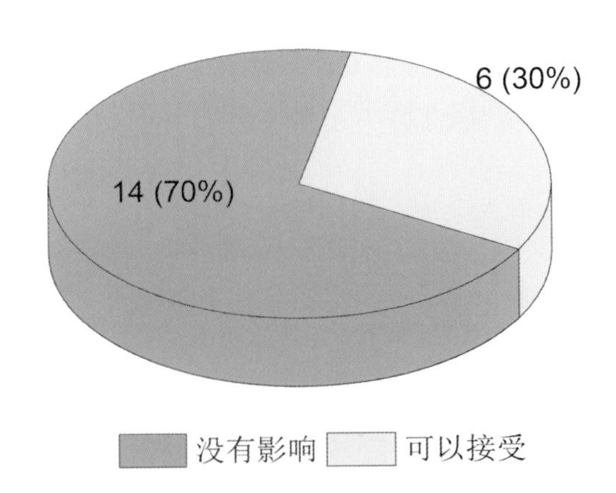

图 18-5　禁用农药残留对果蔬样品安全影响程度频次分布图

表 18-5　果蔬样品中安全指数排名前十的残留禁用农药列表

序号	样品编号	采样点	基质	农药	含量（mg/kg）	IFS_c	影响程度
1	20130911-150100-CAIQ-EP-02A	***农贸市场	茄子	氧乐果	0.0420	0.8867	可以接受
2	20130912-150100-CAIQ-BO-02A	***农贸市场	菠菜	氧乐果	0.0278	0.5869	可以接受
3	20130910-150100-CAIQ-CU-01A	***农贸市场（和林格尔县）	黄瓜	克百威	0.0405	0.2565	可以接受
4	20130911-150100-CAIQ-CE-04A	***农贸市场（清水河县）	芹菜	甲拌磷	0.0169	0.1529	可以接受
5	20130911-150100-CAIQ-CU-03A	***菜市场（清水河县）	黄瓜	克百威	0.0176	0.1115	可以接受

续表

序号	样品编号	采样点	基质	农药	含量（mg/kg）	IFS_c	影响程度
6	20130911-150100-CAIQ-CU-04A	***农贸市场（清水河县）	黄瓜	克百威	0.0159	0.1007	可以接受
7	20130908-150100-CAIQ-GP-03A	***超市（金太店）	葡萄	氧乐果	0.0036	0.0760	没有影响
8	20130912-150100-CAIQ-CU-01A	***水果蔬菜店	黄瓜	克百威	0.0082	0.0519	没有影响
9	20130911-150100-CAIQ-PE-03A	***菜市场（清水河县）	梨	克百威	0.0058	0.0367	没有影响
10	20130907-150100-CAIQ-AP-01A	***超市（金宇店）	苹果	克百威	0.0057	0.0361	没有影响

此外，本次检测发现部分样品中非禁用农药残留量超过 MRL 中国国家标准和欧盟标准，为了明确超标的非禁药对样品安全的影响，分析非禁药残留超标的样品安全指数，超标的非禁用农药对样品安全的影响程度频次分布情况。无检出超过 MRL 中国国家标准的非禁用农药。

残留超标的非禁用农药对果蔬样品安全的影响程度频次（MRL 欧盟标准）分布情况如图 18-6 所示，可以看出检出超过 MRL 欧盟标准的非禁用农药共 31 频次，农药残留对样品安全的影响可以接受的频次为 5，占 16.13%；农药残留对样品安全没有影响的频次为 25，占 80.65%。对果蔬样品安全影响排名前十的残留超标非禁用农药安全指数（MRL 欧盟标准）表如表 18-6 所示。

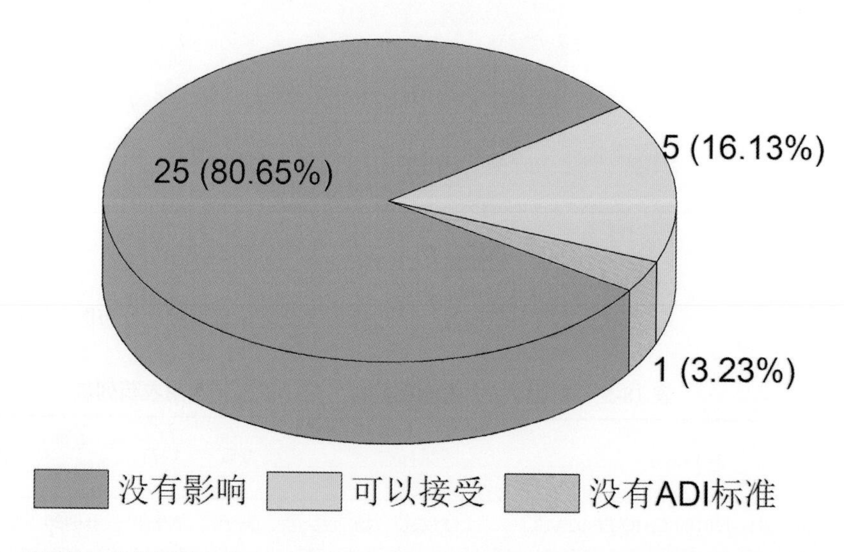

图 18-6　残留超标的非禁用农药对果蔬样品安全的影响程度频次分布图（MRL 欧盟标准）

表 18-6 果蔬样品中安全指数排名前十的残留超标非禁用农药列表（MRL 欧盟标准）

序号	样品编号	采样点	基质	农药	含量（mg/kg）	欧盟标准	超标倍数	IFS_c	影响程度
1	20130904-150100-CAIQ-TH-02A	***农贸市场	茼蒿	三唑磷	0.0695	0.01	5.95	0.4402	可以接受
2	20130904-150100-CAIQ-CE-01A	***购物广场	芹菜	噁霜灵	0.4664	0.05	8.33	0.2954	可以接受
3	20130909-150100-CAIQ-LE-02A	***农贸市场	生菜	二嗪磷	0.1932	0.01	18.32	0.2447	可以接受
4	20130909-150100-CAIQ-BO-02A	***农贸市场	菠菜	噁霜灵	0.2107	0.01	20.07	0.1334	可以接受
5	20130907-150100-CAIQ-TH-01A	***超市（金宇店）	茼蒿	乙霉威	0.0761	0.05	0.52	0.1205	可以接受
6	20130909-150100-CAIQ-CU-02A	***农贸市场	黄瓜	异丙威	0.0294	0.01	1.94	0.0931	没有影响
7	20130911-150100-CAIQ-CE-01A	***超市（武川店）	芹菜	噁霜灵	0.0901	0.05	0.8	0.0571	没有影响
8	20130904-150100-CAIQ-JC-01A	***购物广场	韭菜	多菌灵	0.228	0.1	1.28	0.0481	没有影响
9	20130909-150100-CAIQ-GP-02A	***农贸市场	葡萄	氟硅唑	0.044	0.01	3.4	0.0398	没有影响
10	20130912-150100-CAIQ-BO-02A	***农贸市场	菠菜	多菌灵	0.1337	0.1	0.34	0.0282	没有影响

在 260 例样品中，92 例样品未检测出农药残留，168 例样品中检测出农药残留，计算每例有农药检出的样品的$\overline{IFS}$值，进而分析样品的安全状态结果如图 18-7 所示（未检出农药的样品安全状态视为很好）。可以看出，没有样品安全状态不可接受，1.92%的样品安全状态可以接受，97.69%的样品安全状态很好，表 18-7 列出了$\overline{IFS}$值排名前十的果蔬样品列表。

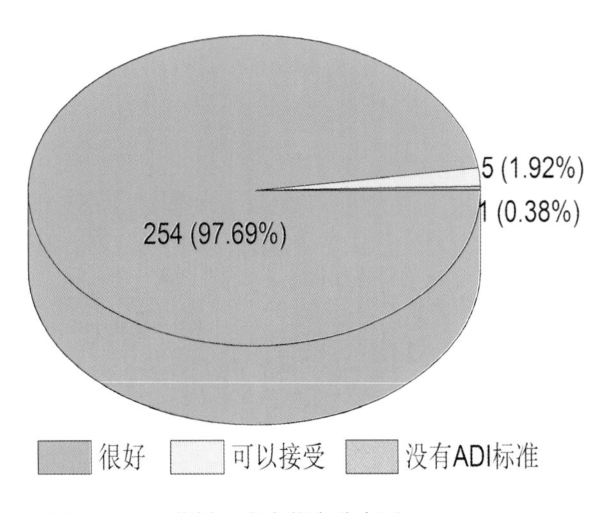

图 18-7　果蔬样品安全状态分布图

表 18-7　$\overline{\text{IFS}}$值排名前十的果蔬样品列表

序号	样品编号	采样点	基质	$\overline{\text{IFS}}$	安全状态
1	20130912-150100-CAIQ-BO-02A	***农贸市场	菠菜	0.3076	可以接受
2	20130911-150100-CAIQ-EP-02A	***农贸市场	茄子	0.2964	可以接受
3	20130909-150100-CAIQ-LE-02A	***农贸市场	生菜	0.2447	可以接受
4	20130910-150100-CAIQ-CU-01A	***农贸市场（和林格尔县）	黄瓜	0.1286	可以接受
5	20130904-150100-CAIQ-TH-02A	***农贸市场	茼蒿	0.1131	可以接受
6	20130908-150100-CAIQ-GP-03A	***超市（金太店）	葡萄	0.0760	很好
7	20130909-150100-CAIQ-BO-02A	***农贸市场	菠菜	0.0494	很好
8	20130904-150100-CAIQ-JC-01A	***购物广场	韭菜	0.0481	很好
9	20130907-150100-CAIQ-TH-01A	***超市（金宇店）	茼蒿	0.0410	很好
10	20130909-150100-CAIQ-GP-02A	***农贸市场	葡萄	0.0398	很好

18.2.2　单种果蔬中农药残留安全指数分析

本次检测的果蔬共计 19 种，19 种果蔬中冬瓜和大白菜没有检测出农药残留，在其余 17 种果蔬中检测出 40 种残留农药，检出频次 440，其中 37 种农药存在 ADI 标准。计算每种果蔬中农药的 IFS_c 值，结果如图 18-8 所示。

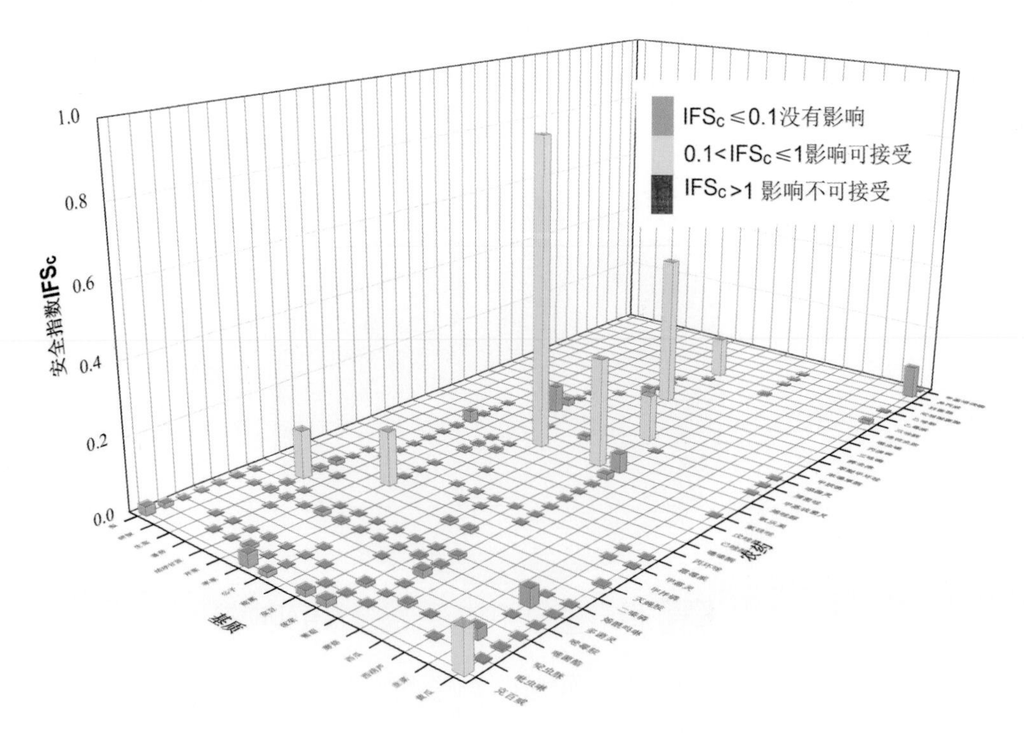

图 18-8　17 种果蔬中 37 种残留农药的安全指数

单种果蔬中安全指数表排名前十的残留农药列表，如表 18-8 所示。

表 18-8 单种果蔬中安全指数表排名前十的残留农药列表

序号	基质	农药	检出频次	检出率	IFS>1 的频次	IFS>1 的比例	IFSc	影响程度
1	茄子	氧乐果	1	5.56%	0	0	0.8867	可以接受
2	茼蒿	三唑磷	1	7.14%	0	0	0.4402	可以接受
3	菠菜	氧乐果	2	11.11%	0	0	0.3061	可以接受
4	芹菜	甲拌磷	1	5.88%	0	0	0.1529	可以接受
5	生菜	二嗪磷	2	11.76%	0	0	0.1354	可以接受
6	菠菜	噁霜灵	1	5.56%	0	0	0.1334	可以接受
7	茼蒿	乙霉威	1	7.14%	0	0	0.1205	可以接受
8	黄瓜	克百威	5	27.78%	0	0	0.1083	可以接受
9	黄瓜	异丙威	1	5.56%	0	0	0.0931	没有影响
10	芹菜	噁霜灵	5	29.41%	0	0	0.0744	没有影响

本次检测中，17 种果蔬和 40 种残留农药（包括没有 ADI）共涉及 149 个分析样本，40 种残留农药对 17 种果蔬安全的影响程度分布情况如图 18-9 所示。

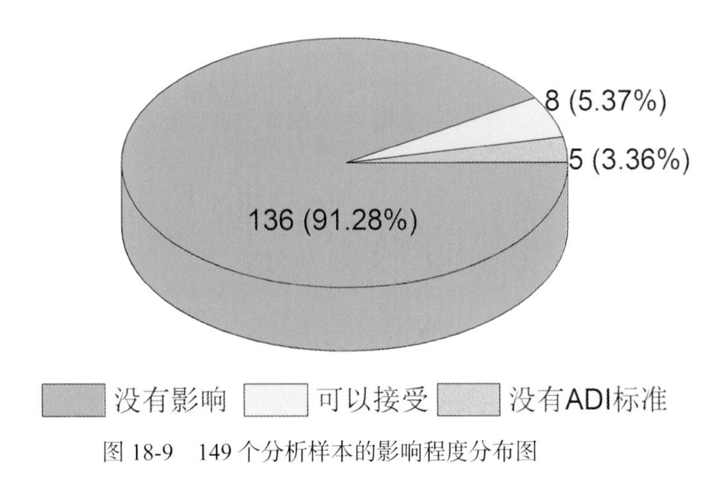

图 18-9 149 个分析样本的影响程度分布图

此外，分别计算 17 种果蔬中所有检出农药 IFS_c 的平均值$\overline{IFS}$，分析每种果蔬的安全状态，结果如图 18-10 所示，分析发现，17 种果蔬（100%）的安全很好。

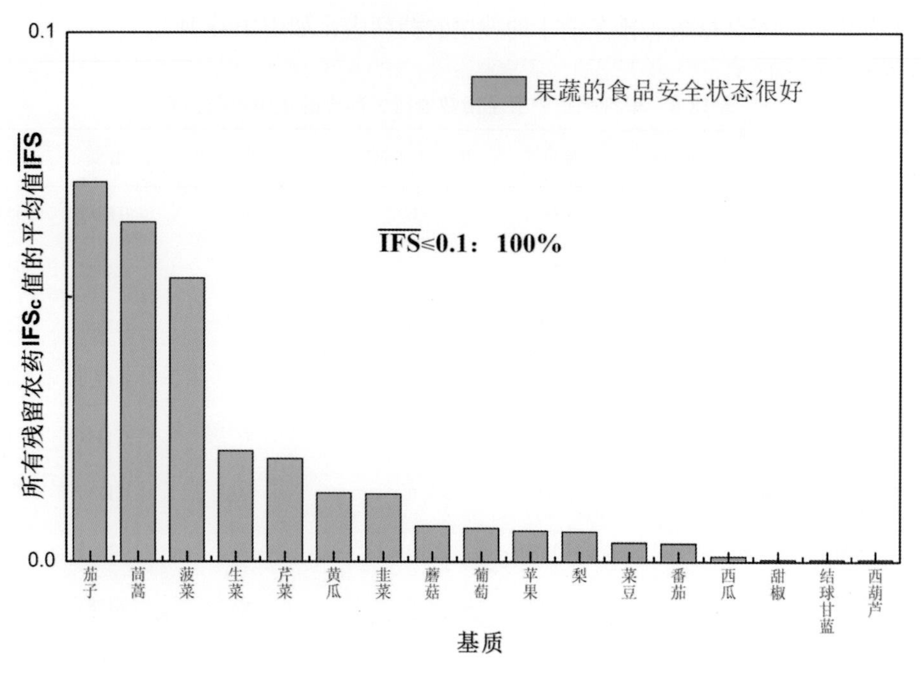

图 18-10　17 种果蔬的$\overline{IFS}$值和安全状态

18.2.3　所有果蔬中农药残留安全指数分析

计算所有果蔬中 37 种残留农药的 IFS_c 值，结果如图 18-11 及表 18-9 所示。

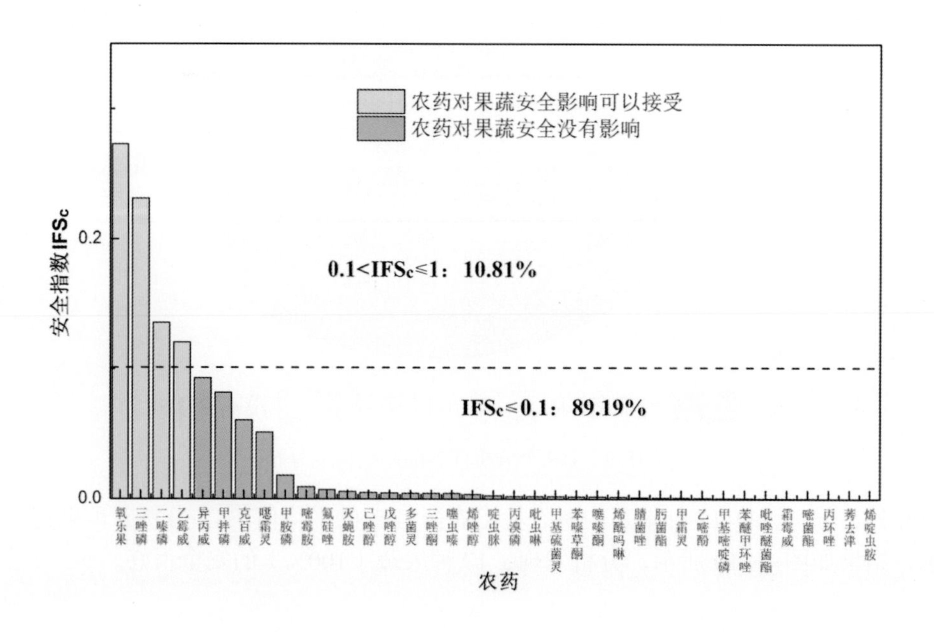

图 18-11　果蔬中 37 种农药残留安全指数

分析发现，所有农药对果蔬的影响均在没有影响和可接受的范围内，其中 10.81%的农药对果蔬安全的影响可以接受，89.19%的农药对果蔬安全的影响可以接受。

表 18-9 果蔬中 37 种残留农药安全指数

序号	农药	检出频次	检出率	IFS_c	影响程度	序号	农药	检出频次	检出率	IFS_c	影响程度
1	氧乐果	6	2.31%	0.273	可以接受	20	丙溴磷	1	0.38%	0.0021	没有影响
2	三唑磷	2	0.77%	0.2312	可以接受	21	吡虫啉	26	10%	0.0021	没有影响
3	二嗪磷	2	0.77%	0.1354	可以接受	22	甲基硫菌灵	7	2.69%	0.002	没有影响
4	乙霉威	1	0.38%	0.1205	可以接受	23	苯嗪草酮	1	0.38%	0.0019	没有影响
5	异丙威	1	0.38%	0.0931	没有影响	24	噻嗪酮	4	1.54%	0.0018	没有影响
6	甲拌磷	2	0.77%	0.0819	没有影响	25	烯酰吗啉	49	18.85%	0.0017	没有影响
7	克百威	11	4.23%	0.0609	没有影响	26	腈菌唑	4	1.54%	0.0013	没有影响
8	噁霜灵	10	3.85%	0.0512	没有影响	27	肟菌酯	1	0.38%	0.0011	没有影响
9	甲胺磷	1	0.38%	0.0179	没有影响	28	甲霜灵	25	9.62%	0.001	没有影响
10	嘧霉胺	16	6.15%	0.0093	没有影响	29	乙嘧酚	4	1.54%	0.0009	没有影响
11	氟硅唑	8	3.08%	0.0071	没有影响	30	甲基嘧啶磷	1	0.38%	0.0007	没有影响
12	灭蝇胺	9	3.46%	0.0058	没有影响	31	苯醚甲环唑	1	0.38%	0.0006	没有影响
13	己唑醇	6	2.31%	0.0049	没有影响	32	吡唑醚菌酯	1	0.38%	0.0005	没有影响
14	戊唑醇	21	8.08%	0.0046	没有影响	33	霜霉威	36	13.85%	0.0005	没有影响
15	多菌灵	98	37.69%	0.0044	没有影响	34	嘧菌酯	5	1.92%	0.0004	没有影响
16	三唑酮	4	1.54%	0.0043	没有影响	35	丙环唑	12	4.62%	0.0003	没有影响
17	噻虫嗪	2	0.77%	0.0043	没有影响	36	莠去津	1	0.38%	0.0003	没有影响
18	烯唑醇	1	0.38%	0.0037	没有影响	37	烯啶虫胺	1	0.38%	0	没有影响
19	啶虫脒	52	20%	0.0026	没有影响						

18.3 呼和浩特市果蔬农药残留预警风险评估

基于呼和浩特市果蔬中农药残留 LC-Q-TOF/MS 侦测数据，参照中华人民共和国国家标准 GB 2763—2016 和欧盟农药最大残留限量（MRL）标准分析农药残留的超标情况，并计算农药残留风险系数。分析每种果蔬中农药残留的风险程度。

18.3.1　单种果蔬中农药残留的风险系数分析

18.3.1.1　单种果蔬中禁用农药残留风险系数分析

检出的 40 种残留农药中有 4 种为禁用农药，在 10 种果蔬中检测出禁药残留，计算单种果蔬中禁药的检出率，根据检出率计算风险系数 *R*，进而分析单种果蔬中每种禁药残留的风险程度，结果如图 18-12 和表 18-10 所示。本次分析涉及样本 13 个，可以看出 13 个样本中禁药残留均处于高度风险。

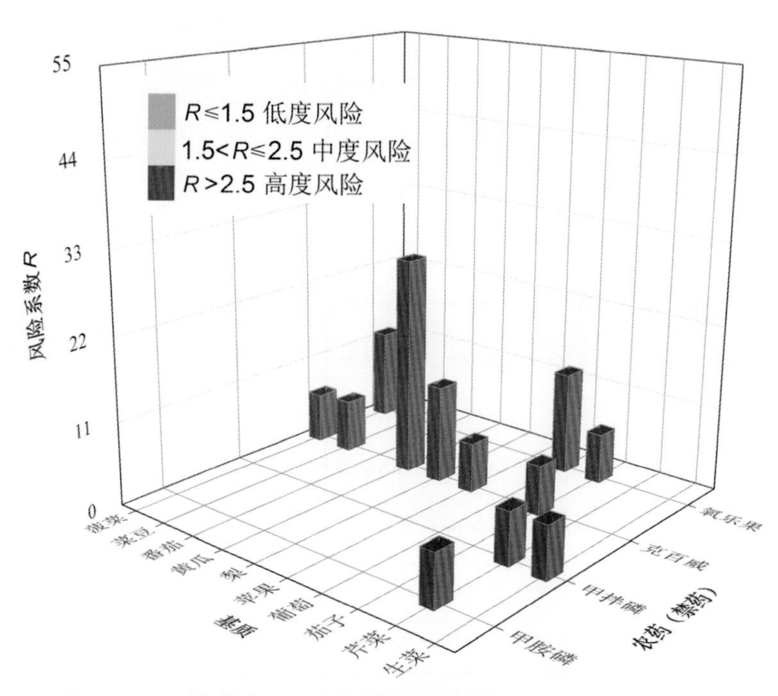

图 18-12　10 种果蔬中 4 种禁用农药残留的风险系数

表 18-10　10 种果蔬中 4 种禁用农药残留的风险系数表

序号	基质	农药	检出频次	检出率	风险系数 *R*	风险程度
1	黄瓜	克百威	5	27.78%	28.9	高度风险
2	葡萄	氧乐果	2	12.50%	13.6	高度风险
3	梨	克百威	2	11.76%	12.9	高度风险
4	菠菜	氧乐果	2	11.11%	12.2	高度风险
5	芹菜	甲胺磷	1	5.88%	7.0	高度风险
6	芹菜	甲拌磷	1	5.88%	7.0	高度风险

续表

序号	基质	农药	检出频次	检出率	风险系数 R	风险程度
7	生菜	甲拌磷	1	5.88%	7.0	高度风险
8	菜豆	克百威	1	5.88%	7.0	高度风险
9	菠菜	克百威	1	5.56%	6.7	高度风险
10	苹果	克百威	1	5.56%	6.7	高度风险
11	茄子	克百威	1	5.56%	6.7	高度风险
12	番茄	氧乐果	1	5.56%	6.7	高度风险
13	茄子	氧乐果	1	5.56%	6.7	高度风险

18.3.1.2 基于MRL中国国家标准的单种果蔬中非禁用农药残留风险系数分析

参照中华人民共和国国家标准GB 2763—2016中农药残留限量计算每种果蔬中每种非禁用农药的超标率进而计算其风险系数，根据风险系数大小判断残留农药的预警风险程度，果蔬中非禁用农药残留风险程度分布情况如图18-13所示。

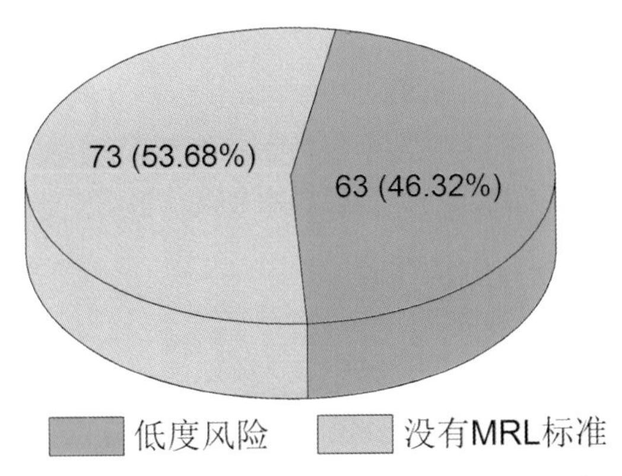

图18-13 果蔬中非禁用农药残留风险程度分布图（MRL中国国家标准）

本次分析中，发现在17种果蔬中检出36种残留非禁用农药，涉及样本136个，在136个样本中，没有处于高度风险，46.32%处于低度风险，此外发现有73个样本没有MRL中国国家标准值，无法判断其风险程度，有MRL中国国家标准值的63个样本涉及12种果蔬中的21种非禁用农药，其风险系数R值如图18-14所示。

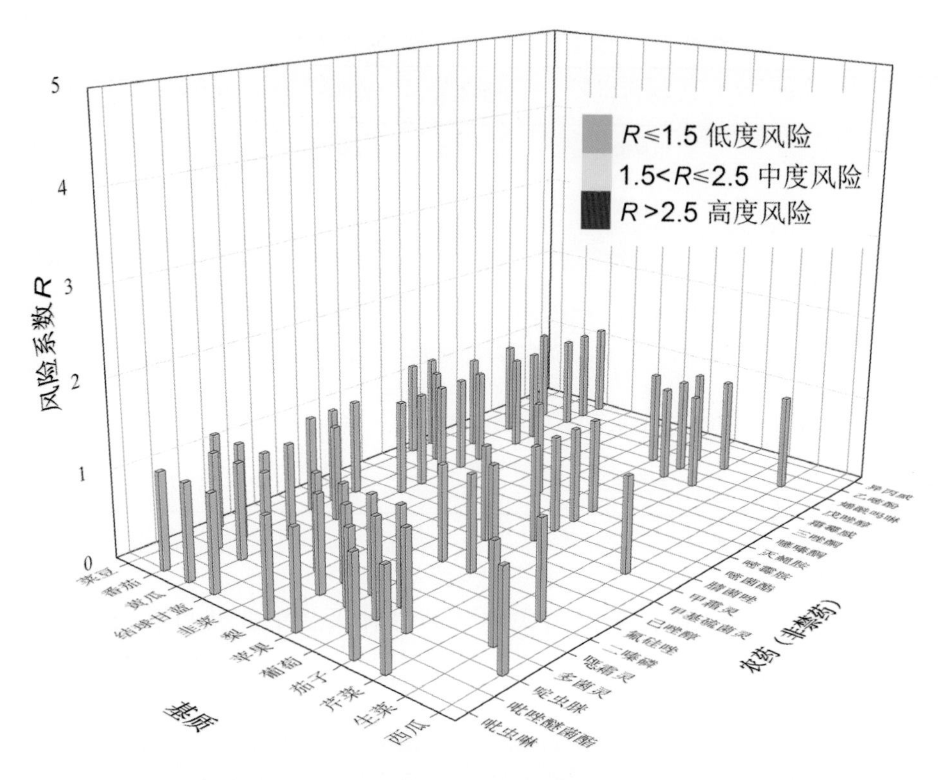

图 18-14　12 种果蔬中 21 种非禁用农药的风险系数（MRL 中国国家标准）

18.3.1.3　基于 MRL 欧盟标准的单种果蔬中非禁用农药残留的风险系数分析

参照 MRL 欧盟标准计算每种果蔬中每种非禁用农药的超标率，进而计算其风险系数，根据风险系数大小判断残留农药的预警风险程度，果蔬中非禁用农药残留风险程度分布情况如图 18-15 所示。

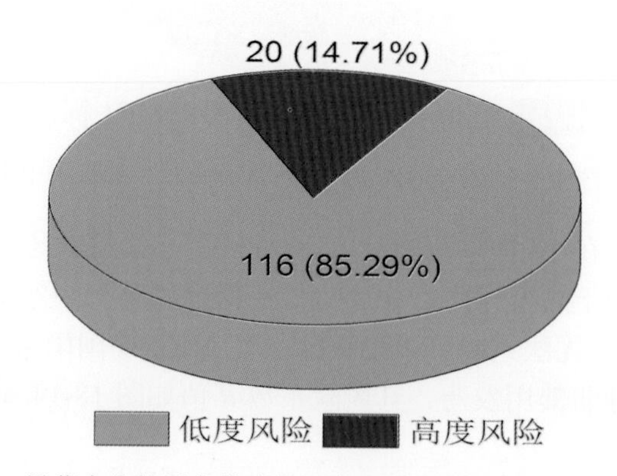

图 18-15　果蔬中非禁用农药残留风险程度分布图（MRL 欧盟标准）

本次分析中，发现在 17 种果蔬中检出 36 种残留非禁用农药，涉及样本 136 个，在

136 个样本中，14.71%处于高度风险，涉及 11 种果蔬中的 15 种农药，85.29%处于低度风险，涉及 17 种果蔬中的 33 种农药。所有果蔬中的每种非禁用农药的风险系数 R 值如图 18-16 所示。单种果蔬中处于高度风险的非禁用农药残留的风险系数（MRL 欧盟标准）如图 18-17 和表 18-11 所示。

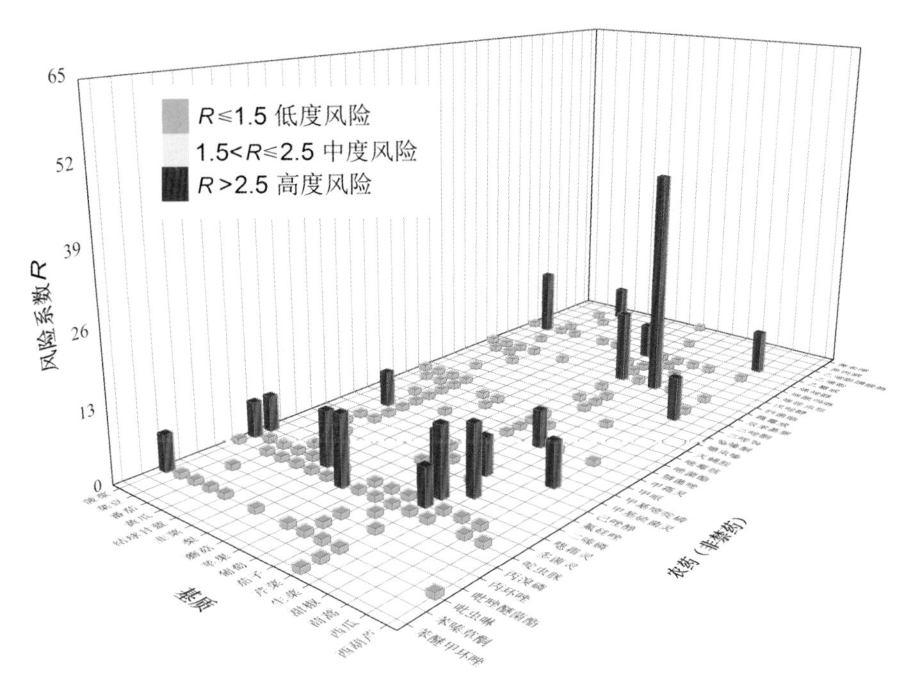

图 18-16　17 种果蔬中 36 种非禁用农药残留的风险系数（MRL 欧盟标准）

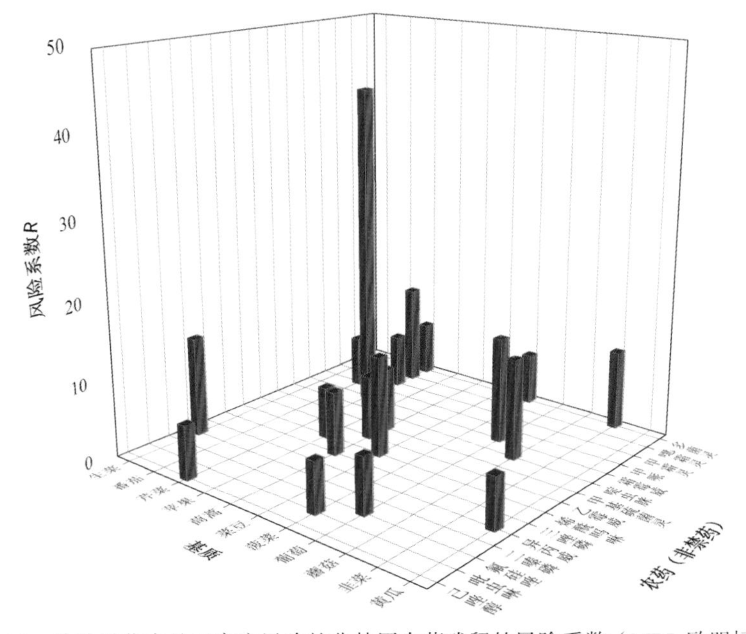

图 18-17　单种果蔬中处于高度风险的非禁用农药残留的风险系数（MRL 欧盟标准）

表 18-11　单种果蔬中处于高度风险的非禁用农药残留的风险系数表（MRL 欧盟标准）

序号	基质	农药	超标频次	超标率 P	风险系数 R
1	芹菜	霜霉威	7	41.18%	42.3
2	葡萄	霜霉威	2	12.50%	13.6
3	蘑菇	啶虫脒	2	11.76%	12.9
4	芹菜	噁霜灵	2	11.76%	12.9
5	生菜	二嗪磷	2	11.76%	12.9
6	菜豆	烯酰吗啉	2	11.76%	12.9
7	韭菜	多菌灵	1	9.09%	10.2
8	茼蒿	甲基硫菌灵	1	7.14%	8.2
9	茼蒿	三唑磷	1	7.14%	8.2
10	茼蒿	乙霉威	1	7.14%	8.2
11	葡萄	氟硅唑	1	6.25%	7.4
12	芹菜	多菌灵	1	5.88%	7.0
13	芹菜	己唑醇	1	5.88%	7.0
14	芹菜	甲霜灵	1	5.88%	7.0
15	菠菜	吡虫啉	1	5.56%	6.7
16	菠菜	多菌灵	1	5.56%	6.7
17	菠菜	噁霜灵	1	5.56%	6.7
18	番茄	甲哌	1	5.56%	6.7
19	苹果	烯酰吗啉	1	5.56%	6.7
20	黄瓜	异丙威	1	5.56%	6.7

18.3.2　所有果蔬中每种农药残留的风险系数分析

18.3.2.1　所有果蔬中禁用农药残留风险系数分析

在检出的 40 种农药中有 4 种禁用农药，计算每种禁用农药残留的风险系数，结果如表 18-12 所示，在 4 种禁用农药中，2 种农药残留处于高度风险，1 种农药残留处于中度风险，1 种农药残留处于低度风险。

表 18-12　果蔬中 4 种禁用农药残留的风险系数分析

序号	农药	检出频次	检出率	风险系数 R	风险程度
1	克百威	11	4.23%	5.3	高度风险
2	氧乐果	6	2.31%	3.4	高度风险
3	甲拌磷	2	0.77%	1.9	中度风险
4	甲胺磷	1	0.38%	1.5	低度风险

18.3.2.2　所有果蔬中非禁用农药残留的风险系数分析

参照 MRL 欧盟标准计算所有果蔬中每种农药残留的风险系数，结果如图 18-18 和表 18-13 所示。在检出的 36 种非禁用农药中，1 种农药（2.78%）残留处于高度风险，5 种农药（13.89%）残留处于中度风险，30 种农药（83.33%）残留处于低度风险。

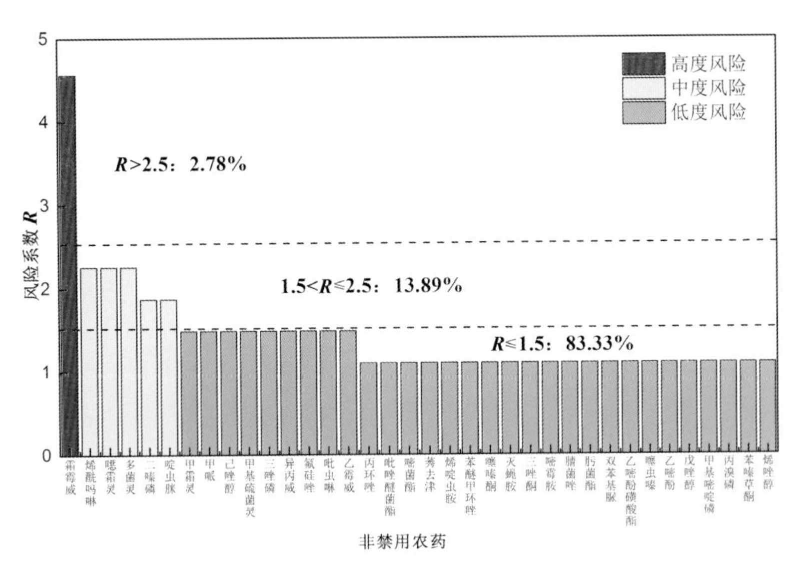

图 18-18　果蔬中 36 种非禁用农药残留的风险系数

表 18-13　果蔬中 36 种非禁用农药残留的风险系数表

序号	农药	超标频次	超标率 P	风险系数 R	风险程度
1	霜霉威	9	3.46%	4.6	高度风险
2	烯酰吗啉	3	1.15%	2.3	中度风险
3	噁霜灵	3	1.15%	2.3	中度风险
4	多菌灵	3	1.15%	2.3	中度风险
5	二嗪磷	2	0.77%	1.9	中度风险
6	啶虫脒	2	0.77%	1.9	中度风险
7	甲霜灵	1	0.38%	1.5	低度风险
8	甲哌	1	0.38%	1.5	低度风险
9	己唑醇	1	0.38%	1.5	低度风险
10	甲基硫菌灵	1	0.38%	1.5	低度风险
11	三唑磷	1	0.38%	1.5	低度风险
12	异丙威	1	0.38%	1.5	低度风险
13	氟硅唑	1	0.38%	1.5	低度风险
14	吡虫啉	1	0.38%	1.5	低度风险
15	乙霉威	1	0.38%	1.5	低度风险

续表

序号	农药	超标频次	超标率 P	风险系数 R	风险程度
16	丙环唑	0	0	1.1	低度风险
17	吡唑醚菌酯	0	0	1.1	低度风险
18	嘧菌酯	0	0	1.1	低度风险
19	莠去津	0	0	1.1	低度风险
20	烯啶虫胺	0	0	1.1	低度风险
21	苯醚甲环唑	0	0	1.1	低度风险
22	噻嗪酮	0	0	1.1	低度风险
23	灭蝇胺	0	0	1.1	低度风险
24	三唑酮	0	0	1.1	低度风险
25	嘧霉胺	0	0	1.1	低度风险
26	腈菌唑	0	0	1.1	低度风险
27	肟菌酯	0	0	1.1	低度风险
28	双苯基脲	0	0	1.1	低度风险
29	乙嘧酚磺酸酯	0	0	1.1	低度风险
30	噻虫嗪	0	0	1.1	低度风险
31	乙嘧酚	0	0	1.1	低度风险
32	戊唑醇	0	0	1.1	低度风险
33	甲基嘧啶磷	0	0	1.1	低度风险
34	丙溴磷	0	0	1.1	低度风险
35	苯嗪草酮	0	0	1.1	低度风险
36	烯唑醇	0	0	1.1	低度风险

18.4　呼和浩特市果蔬农药残留风险评估结论与建议

农药残留是影响果蔬安全和质量的主要因素，也是我国食品安全领域备受关注的敏感话题和亟待解决的重大问题之一[15,16]。各种水果蔬菜均存在不同程度的农药残留现象，本报告主要针对呼和浩特市各类水果蔬菜存在的农药残留问题，基于 2013 年 9 月对呼和浩特市 260 例果蔬样品农药残留得出的 440 个检测结果，分别采用食品安全指数和风险系数两类方法，开展果蔬中农药残留的膳食暴露风险和预警风险评估。

本报告力求通用简单地反映食品安全中的主要问题且为管理部门和大众容易接受，为政府及相关管理机构建立科学的食品安全信息发布和预警体系提供科学的规律与方法，加强对农药残留的预警和食品安全重大事件的预防，控制食品风险。水果蔬菜样品取自超市和农贸市场，符合大众的膳食来源，风险评价时更具有代表性和可信度。

18.4.1　呼和浩特市果蔬中农药残留膳食暴露风险评价结论

1）果蔬中农药残留安全状态评价结论

采用食品安全指数模型，对 2013 年 9 月期间呼和浩特市果蔬食品农药残留膳食暴露风险进行评价，根据 IFS_c 的计算结果发现，果蔬中农药的 $\overline{IFS}$ 为 0.0307，说明呼和浩特市果蔬总体处于很好的安全状态，但部分禁用农药、高残留农药在蔬菜、水果中仍有检出，导致膳食暴露风险的存在，成为不安全因素。

2）单种果蔬中农药残留膳食暴露风险不可接受情况评价结论

单种果蔬中农药残留安全指数分析结果显示，在单种果蔬中未发现膳食暴露风险不可接受的残留农药，检测出的残留农药对单种果蔬安全的影响均在可以接受和没有影响的范围内，说明呼和浩特市的果蔬中虽检出农药残留，但残留农药不会造成膳食暴露风险或造成的膳食暴露风险可以接受。

3）禁用农药残留膳食暴露风险评价

本次检测发现部分果蔬样品中有禁用农药检出，检出禁用农药 4 种为克百威、氧乐果和甲拌磷，检出频次为 20，果蔬样品中的禁用农药 IFS_c 计算结果表明，禁用农药残留的膳食暴露风险均在可以接受和没有风险的范围内，可以接受的频次为 6，占 30%，没有风险的频次为 14，占 70%。虽然残留禁用农药没有造成不可接受的膳食暴露风险，但为何在国家明令禁止禁用农药喷洒的情况下,还能在多种果蔬中多次检出禁用农药残留，这应该引起相关部门的高度警惕，应该在禁止禁用农药喷洒的同时，严格管控禁用农药的生产和售卖，从根本上杜绝安全隐患。

18.4.2　呼和浩特市果蔬中农药残留预警风险评价结论

1）单种果蔬中禁用农药残留的预警风险评价结论

本次检测过程中，在 10 种果蔬中检测超出 4 种禁用农药，禁用农药种类为：克百威、甲拌磷、氧乐果、甲胺磷，果蔬种类为：菠菜、菜豆、番茄、黄瓜、梨、苹果、葡萄、茄子、芹菜、生菜，果蔬中禁用农药的风险系数分析结果显示，10 种禁用农药在 4 种果蔬中的残留均处于高度风险，说明在单种果蔬中禁用农药的残留，会导致较高的预警风险。

2）单种果蔬中非禁用农药残留的预警风险评价结论

以 MRL 中国国家标准为标准，计算果蔬中非禁用农药风险系数情况下，136 个样本中，63 个处于低度风险（46.32%），73 个样本没有 MRL 中国国家标准（53.68%）。以 MRL 欧盟标准为标准，计算果蔬中非禁用农药风险系数情况下，发现有 20 个处于高度风险（14.71%），116 个处于低度风险（85.29%）。利用两种农药 MRL 标准评价的结果差异显著，可以看出 MRL 欧盟标准比中国国家标准更加严格和完善，过于宽松的 MRL 中国国家标准值能否有效保障人体的健康有待研究。

18.4.3　加强呼和浩特市果蔬食品安全建议

我国食品安全风险评价体系仍不够健全，相关制度不够完善，多年来，由于农药用药次数多、用药量大或用药间隔时间短，产品残留量大，农药残留所带来的食品安全问题突出，对人体健康带来了直接或间接的危害，据估计，美国与农药有关的癌症患者数约占全国癌症患者总数的 50%，中国更高。同样，农药对其他生物也会形成直接杀伤和慢性危害，植物中的农药可经过食物链逐级传递并不断蓄积，对人和动物构成潜在威胁，并影响生态系统。

基于本次农药残留检测与风险评价结果，提出以下几点建议。

1）加快完善食品安全标准

我国食品标准中对部分农药每日允许摄入量 ADI 的规定仍缺乏，本次评价基础检测数据中涉及的 40 个品种中，92.5%有规定，仍有 7.5%尚无规定值。

我国食品中农药最大残留限量的规定严重缺乏，MRL 欧盟标准值齐全，与欧盟相比，我国对不同果蔬中不同农药 MRL 已有规定值的数量仅占欧盟的 51.0%（表 18-14），缺少 49.0%，急需进行完善。

表 18-14　中国与欧盟的 ADI 和 MRL 标准限值的对比分析

分类		中国 ADI	MRL 中国国家标准	MRL 欧盟标准
标准限值（个）	有	37	76	149
	没有	3	73	0
总数（个）		40	149	149
无标准限值比例		7.5%	49.0%	0

此外，MRL 中国国家标准限值普遍高于欧盟标准限值，根据对涉及的 149 个品种中我国已有的 76 个限量标准进行统计来看，64 个农药的中国 MRL 高于欧盟 MRL，占 84.21%。过高的 MRL 值难以保障人体健康，建议继续加强对限值基准和标准进行科学的定量研究，将农产品中的危险性减少到尽可能低的水平。

2）加强农药的源头控制和分类监管

在呼和浩特市某些果蔬中仍有禁用农药检出，利用 LC-Q-TOF/MS 检测出 4 种禁用农药，检出频次为 20 次，残留禁用农药均存在较大的膳食暴露风险和预警风险。早已列入黑名单的禁用农药并未真正退出，有些药物由于价格便宜、工艺简单，此类高毒农药一直生产和使用。建议在我国采取严格有效的控制措施，进行禁用农药的源头控制。

对于非禁用农药，在我国作为“田间地头”最典型单位的县级蔬果产地中，农药残留的检测几乎缺失。建议根据农药的毒性，对高毒、剧毒、中毒农药实现分类管理，减少使用高毒和剧毒高残留农药，进行分类监管。

3）加强残留农药的生物修复及降解新技术

市售果蔬中残留农药品种多、频次高、禁用农药多次检出这一现状，说明了我国的田间土壤和水体因农药长期、频繁、不合理的使用而遭到严重污染。为此，建议有关部门出台相关政策，鼓励高校及科研院所积极开展分子生物学、酶学等研究，加强土壤、水体中残留农药的生物修复及降解新技术研究，并加大农药使用监管力度，以控制农药的面源污染问题。

4）加强对禁药和高风险农药的管控并建立风险预警系统分析平台

本评价结果提示，在果蔬尤其是蔬菜用药中，应结合农药的使用周期、生物毒性和降解特性，加强对禁用农药和高风险农药的管控。

在本工作基础上，根据蔬菜残留危害，可进一步针对其成因提出和采取相应严格管理、大力推广无公害蔬菜种植与生产、健全食品安全控制技术体系、加强蔬菜食品质量检测体系建设和积极推行蔬菜食品质量追溯制度等相应对策。建立和完善食品安全综合评价指数与风险监测预警系统，建议依托科研院所、高校科研实力，建立风险预警系统分析平台，对食品安全进行实时、全面的监控与分析，为呼和浩特市食品安全科学监管与决策提供新的技术支持，可实现各类检验数据的信息化系统管理，并降低食品安全事故的发生。

第 19 章　GC-Q-TOF/MS 侦测呼和浩特市 260 例市售水果蔬菜样品农药残留报告

从呼和浩特市所属 9 个区县，随机采集了 260 例水果蔬菜样品，使用气相色谱-四极杆飞行时间质谱（GC-Q-TOF/MS）对 499 种农药化学污染物进行示范侦测。

19.1　样品种类、数量与来源

19.1.1　样品采集与检测

为了真实反映百姓餐桌上水果蔬菜中农药残留污染状况，本次所有检测样品均由检验人员于 2013 年 9 月期间，从呼和浩特市所属 18 个采样点，包括 10 个超市 8 个农贸市场，以随机购买方式采集，总计 18 批 260 例样品，从中检出农药 65 种，288 频次。采样及监测概况见图 19-1 及表 19-1，样品及采样点明细见表 19-2 及表 19-3（侦测原始数据见附表 1）。

编号	地区	水果采样量	蔬菜采样量
1	和林格尔县	6	22
2	回民区	6	22
3	清水河县	7	24
4	赛罕区	7	22
5	土默特左旗	5	24
6	托克托县	5	24
7	武川县	6	24
8	新城区	6	22
9	玉泉区	6	22

图 19-1　呼和浩特市所属 18 个采样点 260 例样品分布

表 19-1　农药残留监测总体概况

采样地区	呼和浩特市所属 9 个区县
采样点（超市+农贸市场）	18
样本总数	260
检出农药品种/频次	65/288
各采样点样本农药残留检出率范围	40.0%~85.7%

表 19-2　样品分类及数量

样品分类	样品名称（数量）	数量小计
1. 蔬菜		189
1）鳞茎类蔬菜	韭菜（11）	11
2）芸薹属类蔬菜	结球甘蓝（17）	17
3）叶菜类蔬菜	菠菜（18），大白菜（1），芹菜（17），生菜（17），茼蒿（14）	67
4）茄果类蔬菜	番茄（18），茄子（18），甜椒（18）	54
5）瓜类蔬菜	冬瓜（1），黄瓜（18），西葫芦（4）	23
6）豆类蔬菜	菜豆（17）	17
2. 水果		54
1）仁果类水果	梨（17），苹果（18）	35
2）浆果和其他小型水果	葡萄（16）	16
3）瓜果类水果	西瓜（3）	3
3. 食用菌		17
1）蘑菇类	蘑菇（17）	17
合计	1.蔬菜 14 种 2.水果 4 种 3.食用菌 1 种	260

表 19-3　呼和浩特市采样点信息

采样点序号	行政区域	采样点
超市（10）		
1	和林格尔县	***购物中心
2	回民区	***超市（回民区）
3	回民区	***超市（西龙王庙店）
4	赛罕区	***超市（金宇店）
5	赛罕区	***超市（呼和浩特大学西街名都店）
6	土默特左旗	***购物广场

续表

采样点序号	行政区域	采样点
7	武川县	***超市（武川店）
8	新城区	***超市（金太店）
9	新城区	***超市（金兴店）
10	玉泉区	***超市（新天地店）
农贸市场（8）		
1	和林格尔县	***农贸市场（和林格尔县）
2	清水河县	***菜市场（清水河县）
3	清水河县	***农贸市场（清水河县）
4	土默特左旗	***农贸市场
5	托克托县	***农贸市场
6	托克托县	***水果蔬菜店
7	武川县	***农贸市场
8	玉泉区	***农贸市场

19.1.2 检测结果

这次使用的检测方法是庞国芳院士团队最新研发的不需使用标准品对照，而以高分辨精确质量数（0.0001 *m/z*）为基准的 GC-Q-TOF/MS 检测技术，对于 260 例样品，每个样品均侦测了 499 种农药化学污染物的残留现状。通过本次侦测，在 260 例样品中共计检出农药化学污染物 65 种，检出 288 频次。

19.1.2.1 各采样点样品检出情况

统计分析发现 18 个采样点中，被测样品的农药检出率范围为 40.0%~85.7%。其中，***超市（金太店）的检出率最高，为 85.7%。***农贸市场和***水果蔬菜店的检出率最低，均为 40.0%，见图 19-2。

19.1.2.2 检出农药的品种总数与频次

统计分析发现，对于 260 例样品中 499 种农药化学污染物的侦测，共检出农药 288 频次，涉及农药 65 种，结果如图 19-3 所示。其中毒死蜱检出频次最高，共检出 56 次。检出频次排名前 10 的农药如下：①毒死蜱（56）；②戊唑醇（22）；③硫丹（18）；④腐霉利（15）；⑤嘧霉胺（14）；⑥甲霜灵（13）；⑦六六六（8）；⑧甲拌磷（7）；⑨哒螨灵（7）；⑩氟硅唑（7）。

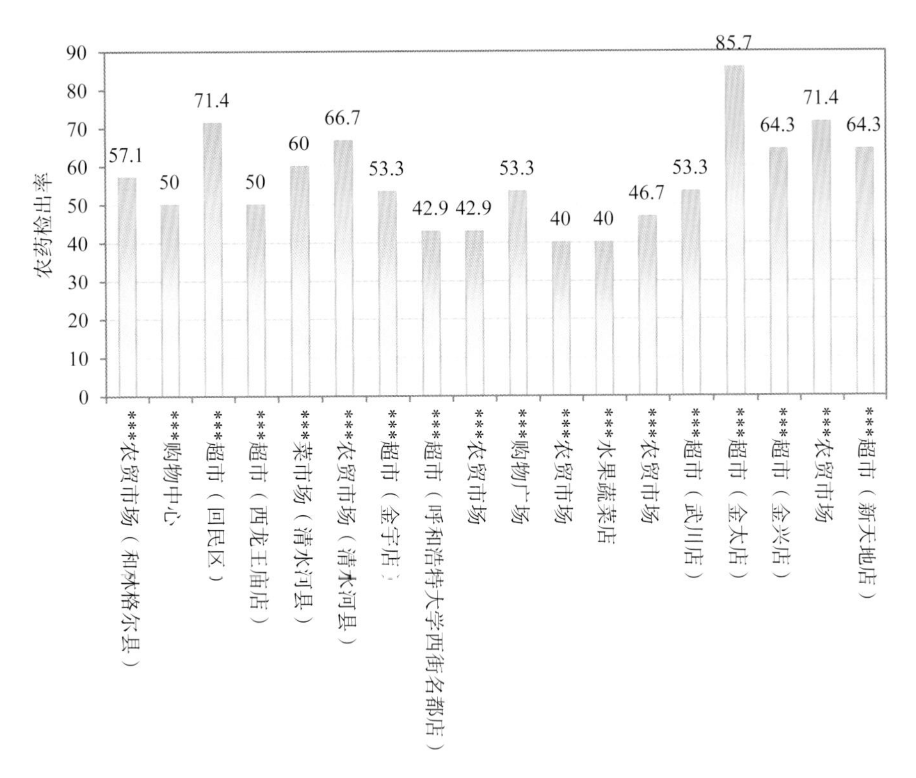

图 19-2　各采样点样品中的农药检出率

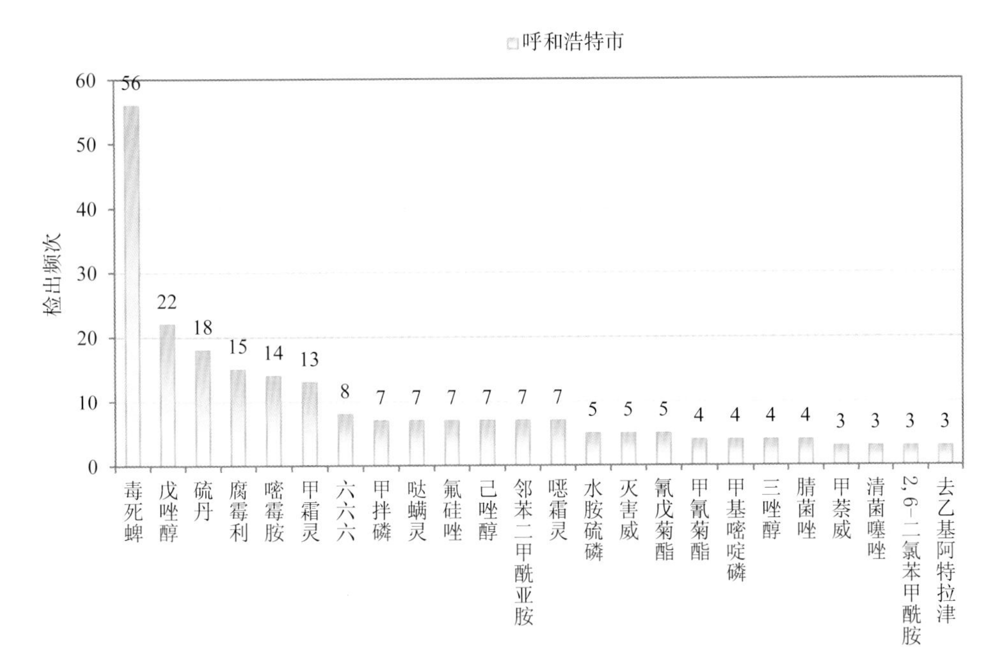

图 19-3　检出农药品种及频次（仅列出 3 频次及以上的数据）

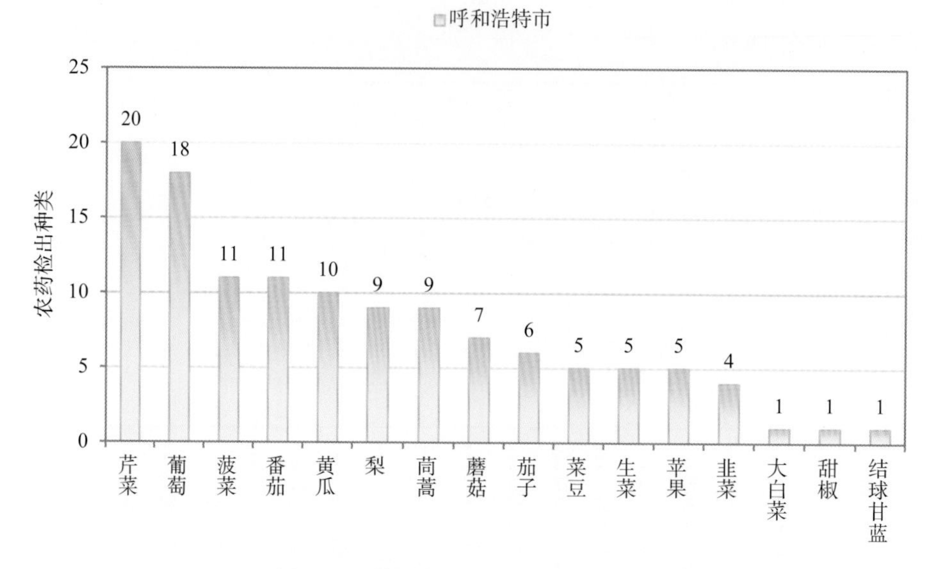

图 19-4 单种水果蔬菜检出农药的种类数

由图 19-4 可见，芹菜、葡萄、菠菜和番茄这 4 种果蔬样品中检出的农药品种数较高，均超过 10 种，其中，芹菜检出农药品种最多，为 20 种。由图 19-5 可见，芹菜、茼蒿和葡萄这 3 种果蔬样品中的农药检出频次较高，均超过 30 次，其中，芹菜检出农药频次最高，为 60 次。

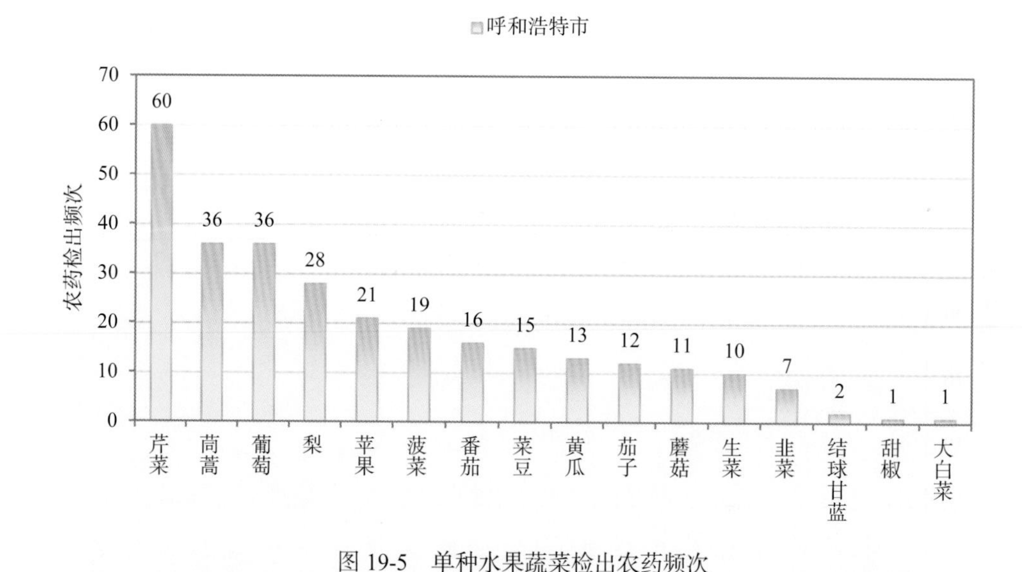

图 19-5 单种水果蔬菜检出农药频次

19.1.2.3 单例样品农药检出种类与占比

对单例样品检出农药种类和频次进行统计发现，未检出农药的样品占总样品数的 43.8%，检出 1 种农药的样品占总样品数的 27.7%，检出 2~5 种农药的样品占总样品数的

27.3%，检出 6~10 种农药的样品占总样品数的 1.2%。每例样品中平均检出农药为 1.1 种，数据见表 19-4 及图 19-6。

表 19-4　单例样品检出农药品种占比

检出农药品种数	样品数量/占比（%）
未检出	114/43.8
1 种	72/27.7
2~5 种	71/27.3
6~10 种	3/1.2
单例样品平均检出农药品种	1.1 种

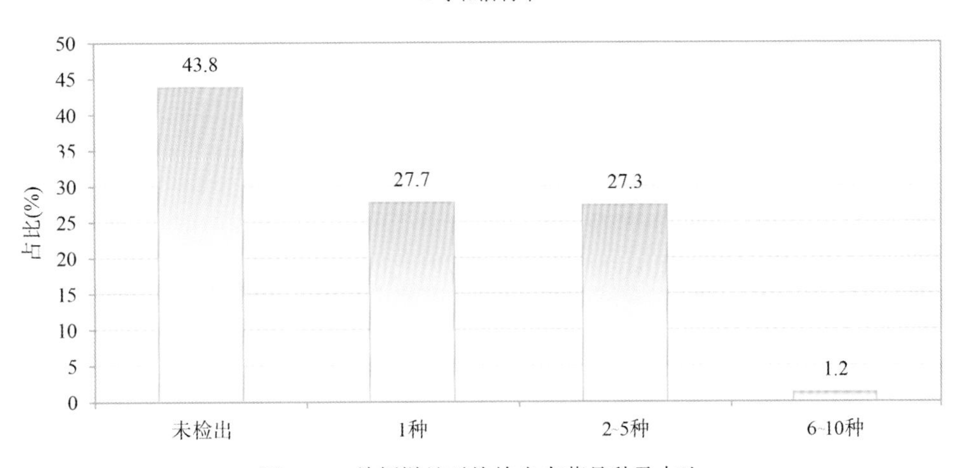

图 19-6　单例样品平均检出农药品种及占比

19.1.2.4　检出农药类别与占比

所有检出农药按功能分类，包括杀虫剂、杀菌剂、除草剂、增塑剂和其他共 5 类 。其中杀虫剂与杀菌剂为主要检出的农药类别，分别占总数的 53.8%和 33.8%，见表 19-5 及图 19-7。

表 19-5　检出农药所属类别及占比

农药类别	数量/占比（%）
杀虫剂	35/53.8
杀菌剂	22/33.8
除草剂	6/9.2
增塑剂	1/1.5
其他	1/1.5

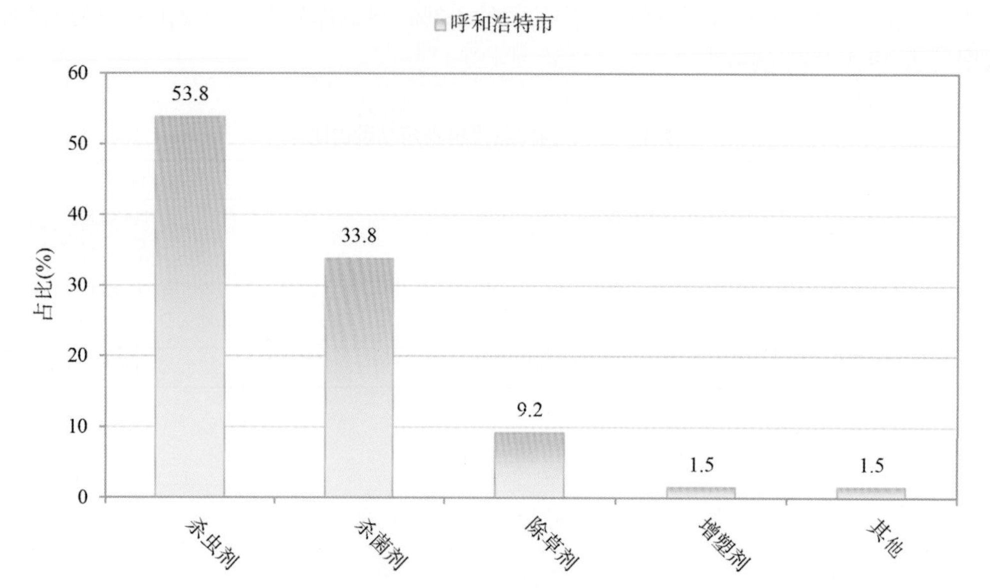

图 19-7 检出农药所属类别和占比（%）

19.1.2.5 检出农药的残留水平

按检出农药残留水平进行统计，残留水平在 1~5 μg/kg（含）的农药占总数的 43.4%，在 5~10 μg/kg（含）的农药占总数的 16.7%，在 10~100 μg/kg（含）的农药占总数的 33.3%，在 100~1000 μg/kg（含）的农药占总数的 5.6%，＞1000 μg/kg 的农药占总数的 1.0%。

由此可见，这次检测的 18 批 260 例水果蔬菜样品中农药多数处于较低残留水平。结果见表 19-6 及图 19-8，数据见附表 2。

表 19-6 农药残留水平及占比

残留水平（μg/kg）	检出频次/占比（%）
1~5（含）	125/43.4
5~10（含）	48/16.7
10~100（含）	96/33.3
100~1000（含）	16/5.6
＞1000	3/1.0

19.1.2.6 检出农药的毒性类别、检出频次和超标频次及占比

对这次检出的 65 种 288 频次的农药，按剧毒、高毒、中毒、低毒和微毒这五个毒性类别进行分类，从中可以看出，呼和浩特市目前普遍使用的农药为中低微毒农药，品种占 84.6%，频次占 90.6%。结果见表 19-7 及图 19-9。

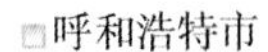

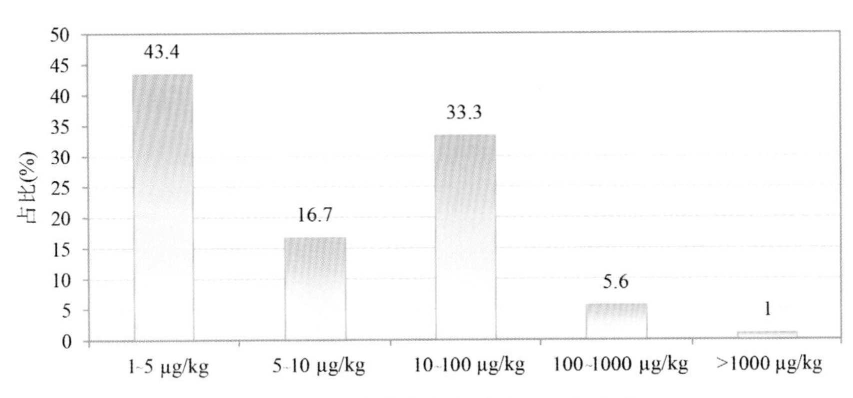

图 19-8　检出农药残留水平（μg/kg）占比

表 19-7　检出农药毒性类别及占比

毒性分类	农药品种/占比（%）	检出频次/占比（%）	超标频次/超标率(%)
剧毒农药	3/4.6	9/3.1	1/11.1
高毒农药	7/10.8	18/6.3	1/5.6
中毒农药	27/41.5	178/61.8	4/2.2
低毒农药	23/35.4	63/21.9	0/0.0
微毒农药	5/7.7	20/6.9	0/0.0

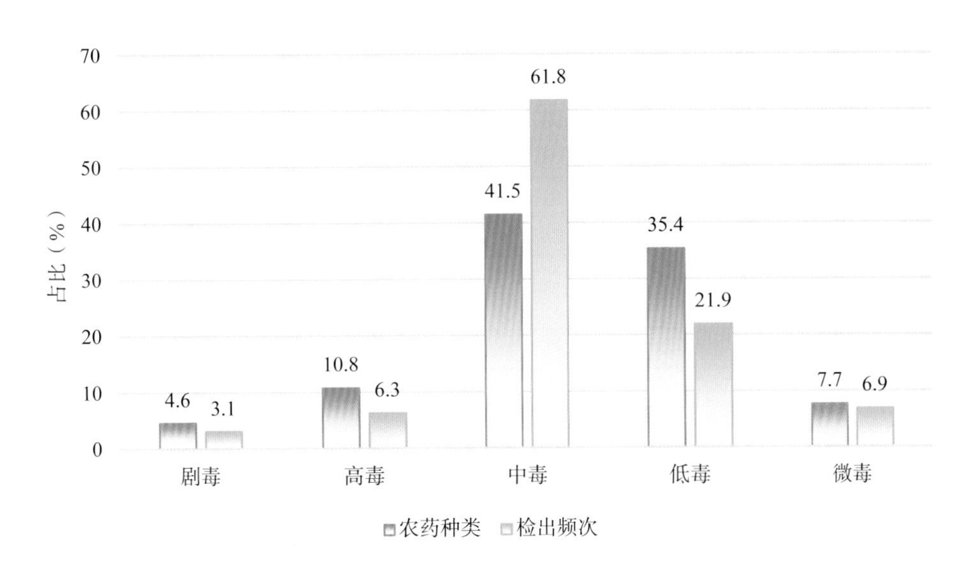

图 19-9　检出农药的毒性分类和占比

19.1.2.7　检出剧毒/高毒类农药的品种和频次

值得特别关注的是，在此次侦测的 260 例样品中有 1 种食用菌 6 种蔬菜 2 种水果的 27 例样品检出了 10 种 27 频次的剧毒和高毒农药，占样品总量的 10.4%，详见图 19-10、表 19-8 及表 19-9。

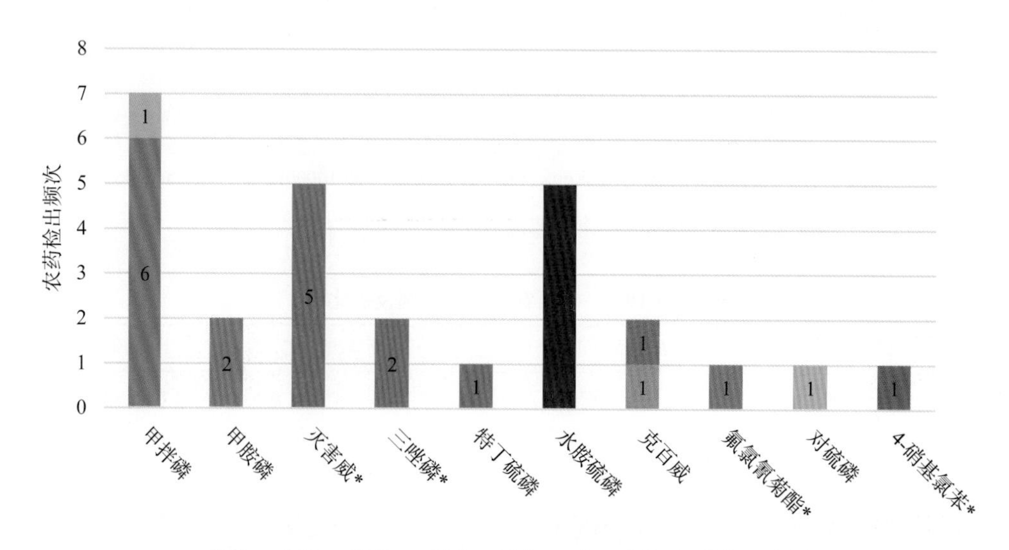

图 19-10　检出剧毒/高毒农药的样品情况

*表示允许在水果和蔬菜上使用的农药

表 19-8　剧毒农药检出情况

序号	农药名称	检出频次	超标频次	超标率
		水果中未检出剧毒农药		
	小计	0	0	超标率：0.0%
		从 3 种蔬菜中检出 2 种剧毒农药，共计检出 8 次		
1	甲拌磷*	7	1	14.3%
2	特丁硫磷*	1	0	0.0%
	小计	8	1	超标率：12.5%
	合计	8	1	超标率：12.5%

表 19-9　高毒农药检出情况

序号	农药名称	检出频次	超标频次	超标率
		从 2 种水果中检出 2 种高毒农药，共计检出 2 次		
1	克百威	1	0	0.0%
2	4-硝基氯苯	1	0	0.0%
	小计	2	0	超标率：0.0%

续表

序号	农药名称	检出频次	超标频次	超标率
从 5 种蔬菜中检出 6 种高毒农药，共计检出 16 次				
1	水胺硫磷	5	0	0.0%
2	灭害威	5	0	0.0%
3	甲胺磷	2	0	0.0%
4	三唑磷	2	0	0.0%
5	克百威	1	1	100.0%
6	氟氯氰菊酯	1	0	0.0%
	小计	16	1	超标率：6.3%
	合计	18	1	超标率：5.6%

在检出的剧毒和高毒农药中，有 6 种是我国早已禁止在果树和蔬菜上使用的，分别是：对硫磷、克百威、特丁硫磷、水胺硫磷、甲拌磷和甲胺磷。禁用农药的检出情况见表 19-10。

表 19-10 禁用农药检出情况

序号	农药名称	检出频次	超标频次	超标率
从 1 种水果中检出 2 种禁用农药，共计检出 6 次				
1	氰戊菊酯	5	0	0.0%
2	克百威	1	0	0.0%
	小计	6	0	超标率：0.0%
从 7 种蔬菜中检出 8 种禁用农药，共计检出 42 次				
1	硫丹	17	0	0.0%
2	六六六	8	0	0.0%
3	甲拌磷*	7	1	14.3%
4	水胺硫磷	5	0	0.0%
5	甲胺磷	2	0	0.0%
6	滴滴涕	1	0	0.0%
7	特丁硫磷*	1	0	0.0%
8	克百威	1	1	100.0%
	小计	42	2	超标率：4.8%
	合计	48	2	超标率：4.2%

注：超标结果参考 MRL 中国国家标准计算

此次抽检的果蔬样品中，有 3 种蔬菜检出了剧毒农药，分别是：芹菜中检出甲拌磷 6 次；生菜中检出甲拌磷 1 次；茼蒿中检出特丁硫磷 1 次。

样品中检出剧毒和高毒农药残留水平超过 MRL 中国国家标准的频次为 2 次，其中，番茄检出克百威超标 1 次；生菜检出甲拌磷超标 1 次。本次检出结果表明，高毒、剧毒农药的使用现象依旧存在，详见表 19-11。

表 19-11　各样本中检出剧毒/高毒农药情况

样品名称	农药名称	检出频次	超标频次	检出浓度（μg/kg）
		水果 2 种		
梨	克百威▲	1	0	4.1
苹果	4-硝基氯苯	1	0	30.1
小计		2	0	超标率：0.0%
		蔬菜 6 种		
菠菜	氟氯氰菊酯	1	0	35.5
番茄	克百威▲	1	1	26.2[a]
茄子	水胺硫磷▲	5	0	85.9，17.0，49.8，10.2，19.5
芹菜	甲拌磷*▲	6	0	4.2，4.0，7.3，4.6，3.7，4.4
芹菜	甲胺磷▲	2	0	6.1，2.3
生菜	甲拌磷*▲	1	1	25.4[a]
茼蒿	特丁硫磷*▲	1	0	1.0
茼蒿	灭害威	5	0	7.6，4.1，14.4，26.7，18.9
茼蒿	三唑磷	2	0	6.0，445.9
小计		24	2	超标率：8.3%
合计		26	2	超标率：7.7%

19.2　农药残留检出水平与最大残留限量标准对比分析

我国于 2014 年 3 月 20 日正式颁布并于 2014 年 8 月 1 日正式实施食品农药残留限量国家标准《食品中农药最大残留限量》（GB 2763—2014）。该标准包括 371 个农药条目，涉及最大残留限量（MRL）标准 3653 项。将 288 频次检出农药的浓度水平与 3653 项国家 MRL 标准进行核对，其中只有 128 频次的农药找到了对应的 MRL 标准，占 44.4%，还有 160 频次的侦测数据则无相关 MRL 标准供参考，占 55.6%。

将此次侦测结果与国际上现行 MRL 标准对比发现，在 288 频次的检出结果中有 288

频次的结果找到了对应的 MRL 欧盟标准，占 100.0%；其中，236 频次的结果有明确对应的 MRL 标准，占 81.9%，其余 52 频次按照欧盟一律标准判定，占 18.1%；有 288 频次的结果找到了对应的 MRL 日本标准，占 100.0%；其中，207 频次的结果有明确对应的 MRL 标准，占 71.9%，其余 81 频次按照日本一律标准判定，占 28.1%；有 147 频次的结果找到了对应的 MRL 中国香港标准，占 51.0%；有 94 频次的结果找到了对应的 MRL 美国标准,占 32.6%;有 67 频次的结果找到了对应的 MRL CAC 标准,占 23.3%（见图 19-11 和图 19-12，数据见附表 3 至附表 8）。

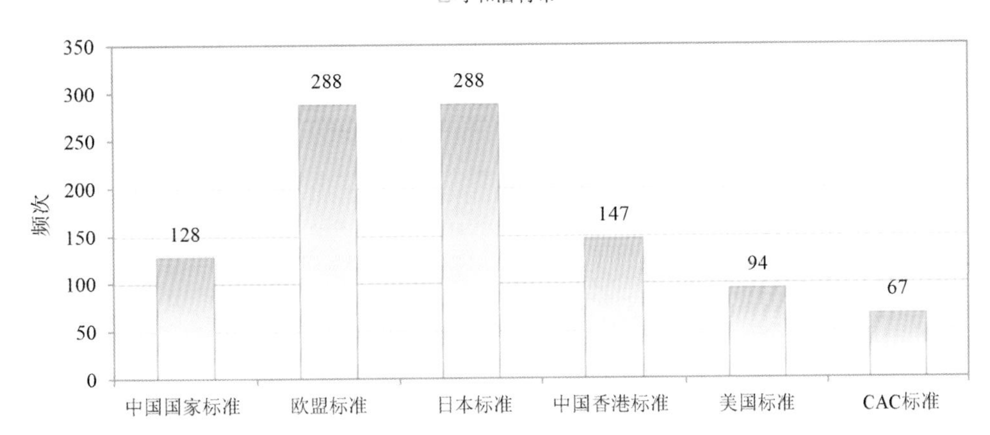

图 19-11　288 频次检出农药可用 MRL 中国国家标准、欧盟标准、日本标准、中国香港标准、美国标准、CAC 标准判定衡量的数量

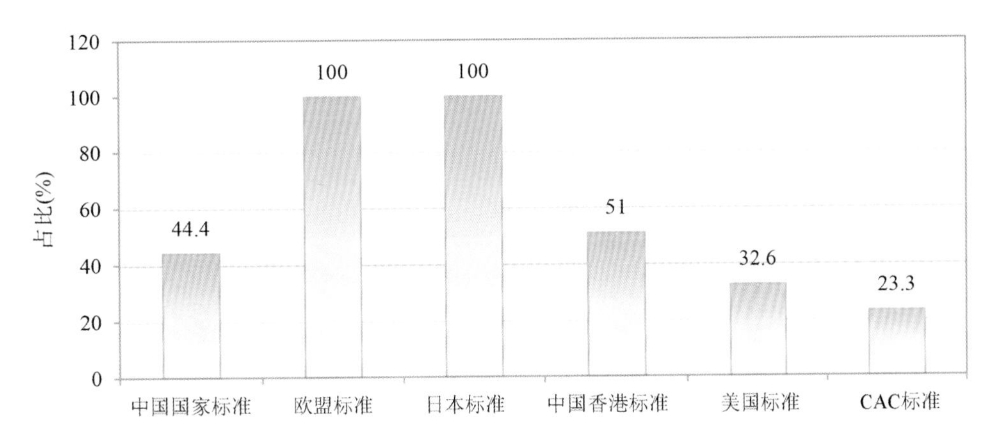

图 19-12　288 频次检出农药可用 MRL 中国国家标准、欧盟标准、日本标准、中国香港标准、美国标准、CAC 标准衡量的占比

19.2.1 超标农药样品分析

本次侦测的 260 例样品中，114 例样品未检出任何残留农药，占样品总量的 43.8%，146 例样品检出不同水平、不同种类的残留农药，占样品总量的 56.2%。在此，我们将本次侦测的农残检出情况与 MRL 中国国家标准、欧盟标准、日本标准、中国香港标准、美国标准和 CAC 标准这 6 大国际主流标准进行对比分析，样品农残检出与超标情况见图 19-13、表 19-12 和图 19-14，详细数据见附表 9 至附表 14。

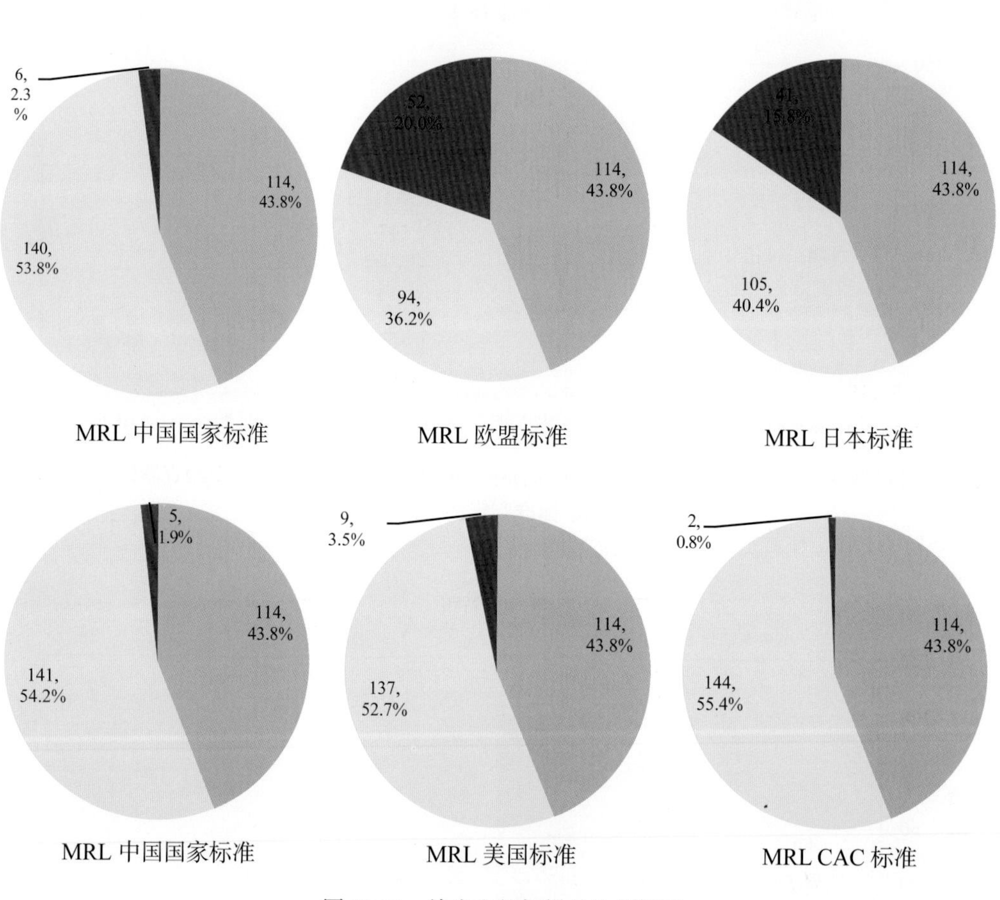

图 19-13　检出和超标样品比例情况

表 19-12　各 MRL 标准下样本农残检出与超标数量及占比

	中国国家标准	欧盟标准	日本标准	中国香港标准	美国标准	CAC 标准
	数量/占比（%）	数量/占比（%）	数量/占比（%）	数量/占比（%）	数量/占比（%）	数量/占比（%）
未检出	114/43.8	114/43.8	114/43.8	114/43.8	114/43.8	114/43.8
检出未超标	140/53.8	94/36.2	105/40.4	141/54.2	137/52.7	144/55.4
检出超标	6/2.3	52/20.0	41/15.8	5/1.9	9/3.5	2/0.8

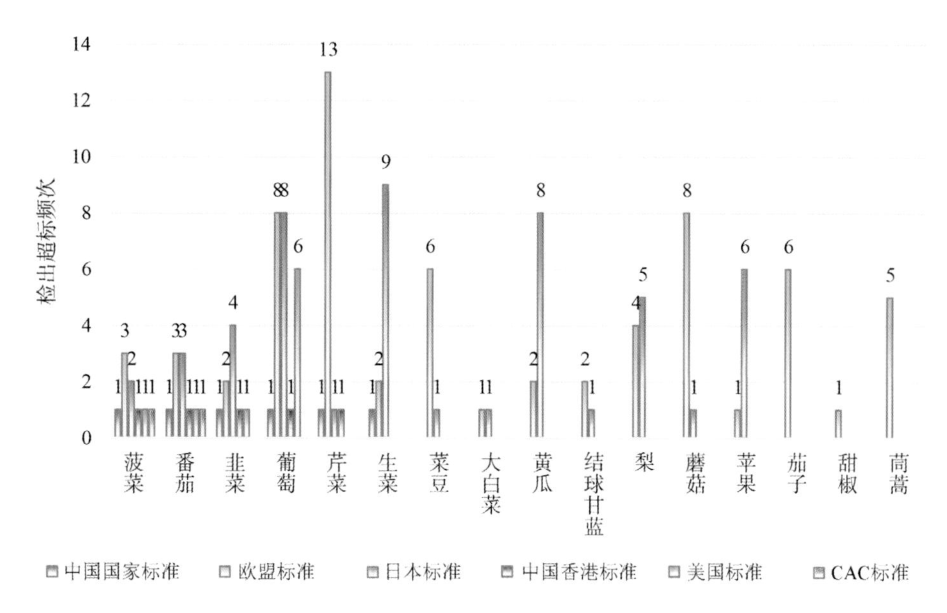

图 19-14　超过 MRL 中国国家标准、欧盟标准、日本标准、中国香港标准、美国标准、CAC 标准结果在水果蔬菜中的分布

19.2.2　超标农药种类分析

按照 MRL 中国国家标准、欧盟标准、日本标准、中国香港标准、美国标准和 CAC 标准这 6 大国际主流标准衡量，本次侦测检出的农药超标品种及频次情况见表 19-13。

表 19-13　各 MRL 标准下超标农药品种及频次

	中国国家标准	欧盟标准	日本标准	中国香港标准	美国标准	CAC 标准
超标农药品种	4	31	25	2	2	2
超标农药频次	6	67	50	5	9	2

19.2.2.1　按 MRL 中国国家标准衡量

按 MRL 中国国家标准衡量，共有 4 种农药超标，检出 6 频次，分别为剧毒农药甲拌磷，高毒农药克百威，中毒农药氟吡禾灵和毒死蜱。

按超标程度比较，菠菜中毒死蜱超标 10.4 倍，葡萄中氟吡禾灵超标 2.4 倍，生菜中甲拌磷超标 1.5 倍，芹菜中毒死蜱超标 70%，番茄中克百威超标 30%。检测结果见图 19-15 和附表 19-15。

19.2.2.2　按 MRL 欧盟标准衡量

按 MRL 欧盟标准衡量，共有 31 种农药超标，检出 67 频次，分别为剧毒农药甲拌磷，高毒农药 4-硝基氯苯、水胺硫磷、三唑磷、灭害威、氟氯氰菊酯和克百威，中毒农药甲霜灵、硫丹、氟虫腈、氟硅唑、氟吡禾灵、甲氰菊酯、噁霜灵、三唑醇、异丙威、毒死蜱、甲萘威、γ-氟氯氰菌酯、丙溴磷和 o,p'-滴滴滴，低毒农药啶斑肟、清菌噻唑、邻苯二甲酰亚胺、氟硅菊酯、萎锈灵、2,6-二硝基-3-甲氧基-4-叔丁基甲苯、4,4-二氯二苯甲酮、已唑醇和马拉硫磷，微毒农药腐霉利。

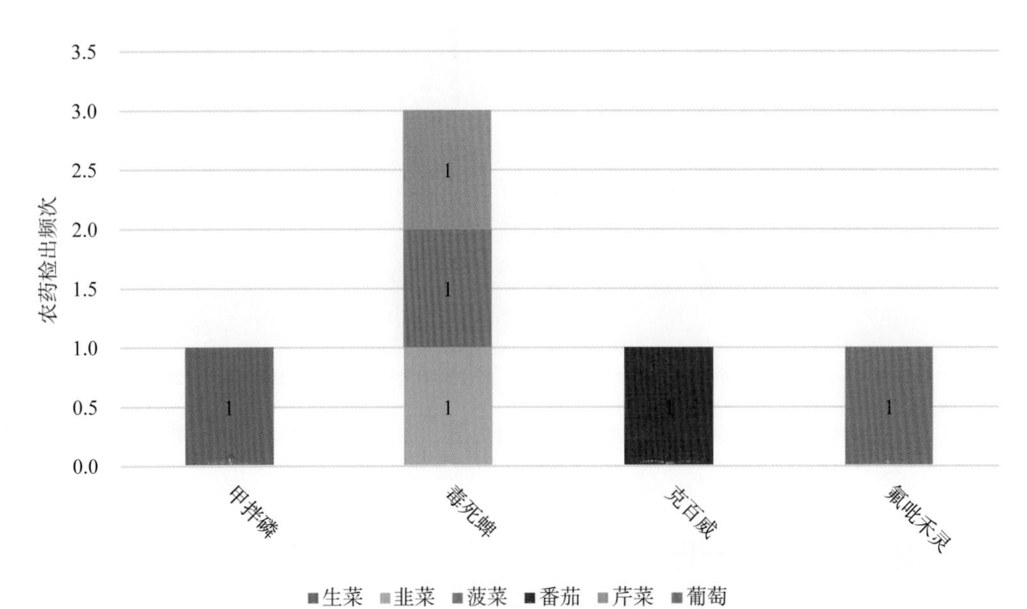

图 19-15 超过 MRL 中国国家标准的农药品种及频次

按超标程度比较，茼蒿中三唑磷超标 43.6 倍，葡萄中腐霉利超标 23.6 倍，菠菜中毒死蜱超标 21.8 倍，菠菜中噁霜灵超标 18.5 倍，菜豆中腐霉利超标 16.0 倍。检测结果见图 19-16 和附表 16。

19.2.2.3 按 MRL 日本标准衡量

按 MRL 日本标准衡量，共有 25 种农药超标，检出 50 频次，分别为高毒农药 4-硝基氯苯、水胺硫磷、三唑磷、灭害威和氟氯氰菊酯，中毒农药甲霜灵、硫丹、氟虫腈、氟硅唑、氟吡禾灵、异丙威、毒死蜱、哒螨灵、γ-氟氯氰菌酯、戊唑醇和 o，p'-滴滴滴，低毒农药啶斑肟、清菌噻唑、邻苯二甲酰亚胺、氟硅菊酯、萎锈灵、2,6-二硝基-3-甲氧基-4-叔丁基甲苯、4,4-二氯二苯甲酮和已唑醇，微毒农药腐霉利。

按超标程度比较，菠菜中毒死蜱超标 113.1 倍，蘑菇中毒死蜱超标 62.7 倍，茼蒿中三唑磷超标 43.6 倍，菜豆中腐霉利超标 16.0 倍，蘑菇中氟虫腈超标 12.7 倍。检测结果见图 19-17 和附表 17。

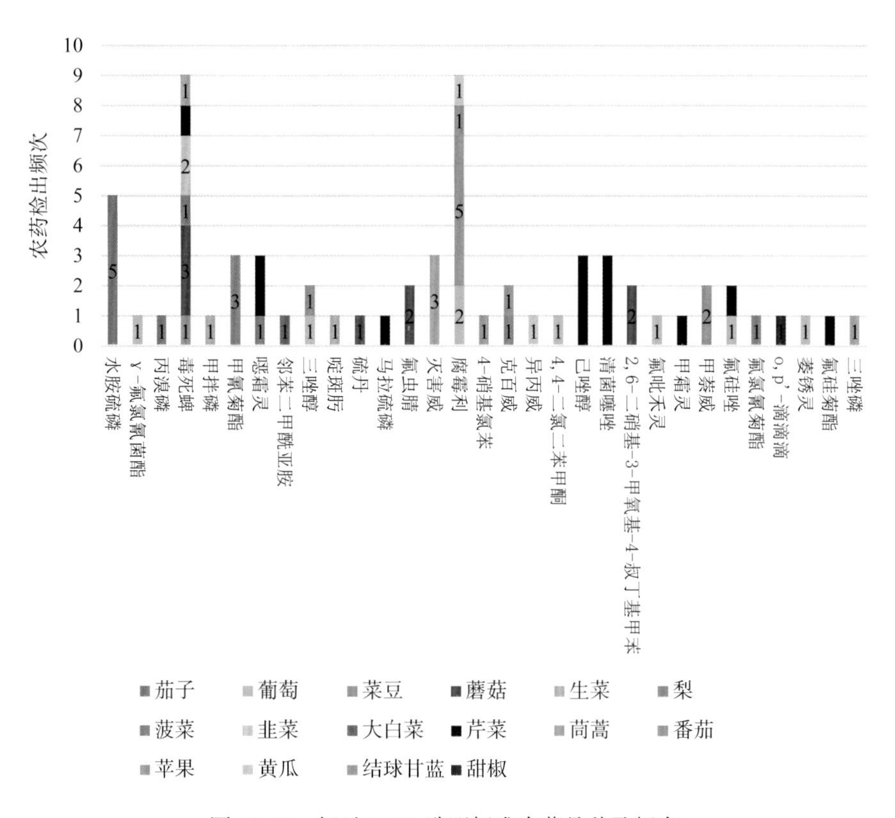

图 19-16　超过 MRL 欧盟标准农药品种及频次

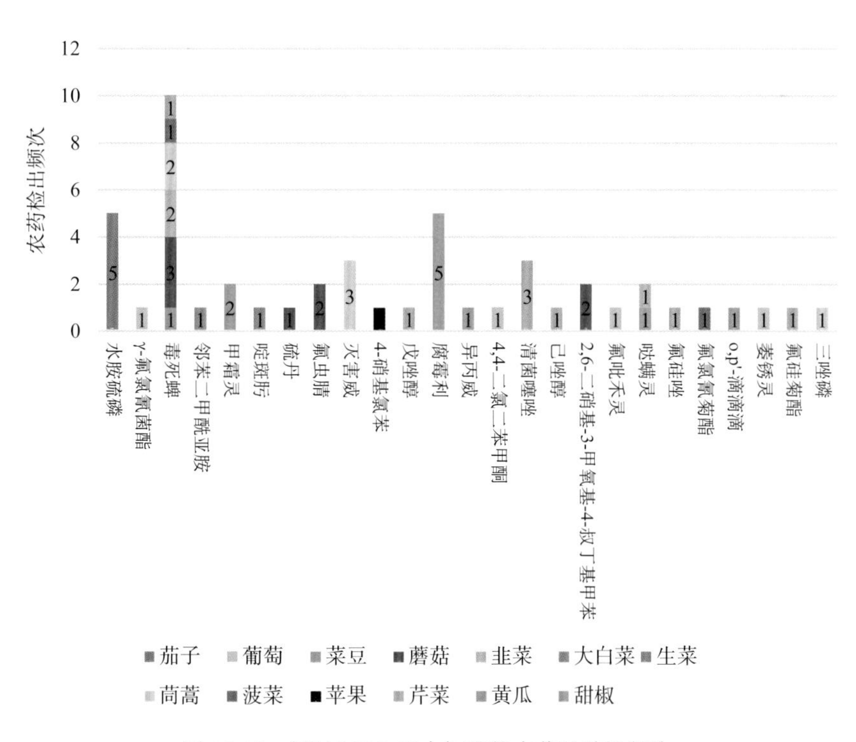

图 19-17　超过 MRL 日本标准的农药品种及频次

19.2.2.4　按 MRL 中国香港标准衡量

按 MRL 中国香港标准衡量，共有 2 种农药超标，检出 5 频次，分别为中毒农药氟吡禾灵和毒死蜱。

按超标程度比较，菠菜中毒死蜱超标 10.4 倍，菜豆中毒死蜱超标 4.9 倍，葡萄中氟吡禾灵超标 2.4 倍，芹菜中毒死蜱超标 70%，蘑菇中毒死蜱超标 30%。检测结果见图 19-18 和附表 18。

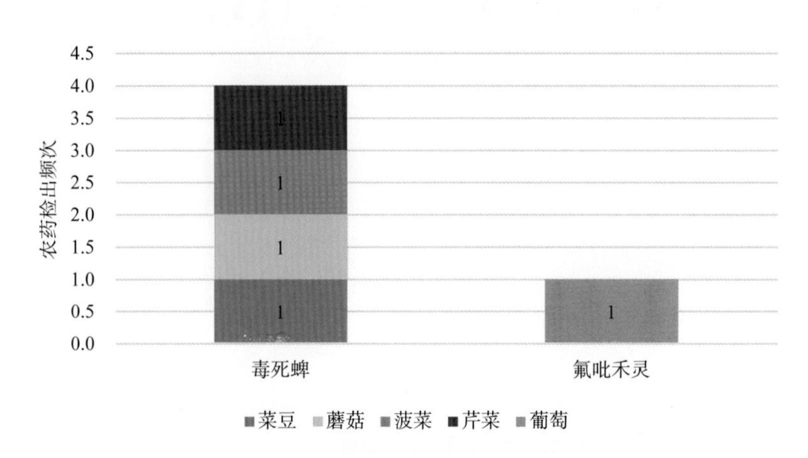

图 19-18　超过 MRL 中国香港标准的农药品种及频次

19.2.2.5　按 MRL 美国标准衡量

按 MRL 美国标准衡量，共有 2 种农药超标，检出 9 频次，分别为中毒农药毒死蜱和戊唑醇。

按超标程度比较，葡萄中毒死蜱超标 7.6 倍，苹果中毒死蜱超标 7.2 倍，苹果中戊唑醇超标 3.2 倍，梨中毒死蜱超标 2.5 倍，菜豆中毒死蜱超标 20%。检测结果见图 19-19 和附表 19。

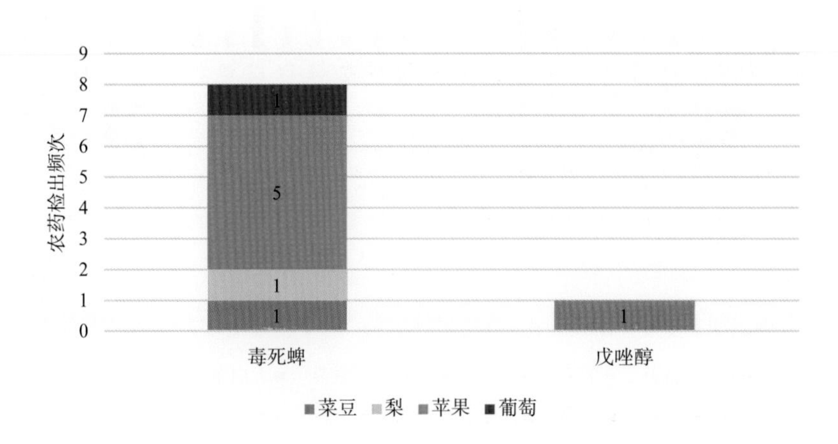

图 19-19　超过 MRL 美国标准的农药品种及频次

19.2.2.6　按 MRL CAC 标准衡量

按 MRL CAC 标准衡量，共有 2 种农药超标，检出 2 频次，分别为中毒农药氟吡禾灵和毒死蜱。

按超标程度比较，菜豆中毒死蜱超标 4.9 倍，葡萄中氟吡禾灵超标 2.4 倍。检测结果见图 19-20 和附表 20。

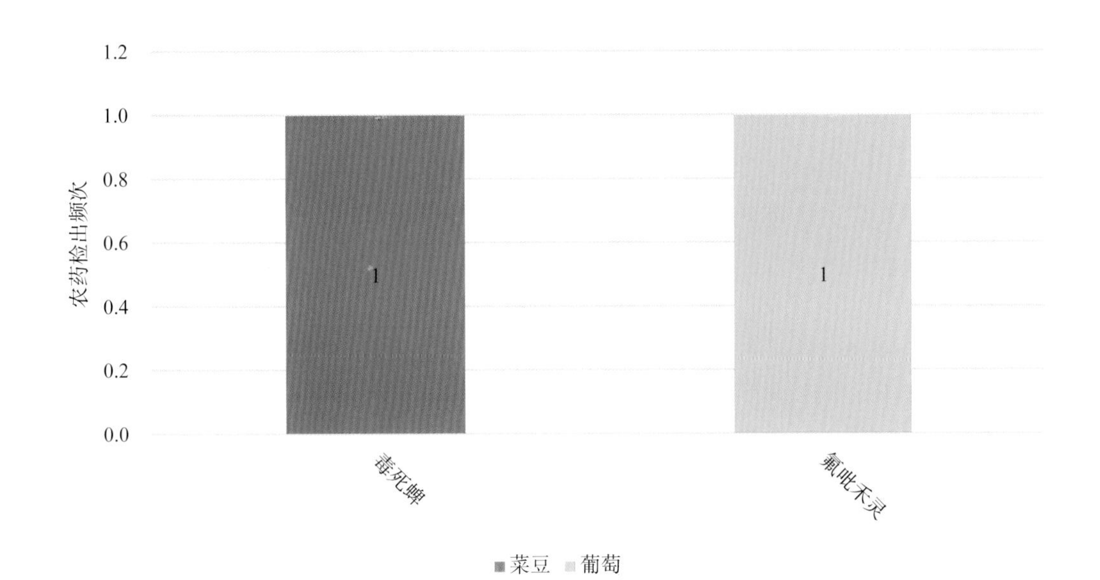

图 19-20　超过 MRL CAC 标准农药品种及频次

19.2.3　18 个采样点超标情况分析

19.2.3.1　按 MRL 中国国家标准衡量

按 MRL 中国国家标准衡量，有 6 个采样点的样品存在不同程度的超标农药检出，其中***超市（金兴店）、***超市（金太店）、***农贸市场和***超市（西龙王庙店）的超标率最高，为 7.1%，如表 19-14 和图 19-21 所示。

表 19-14　超过 MRL 中国国家标准水果蔬菜在不同采样点分布

	采样点	样品总数	超标数量	超标率（%）	行政区域
1	***购物广场	15	1	6.7	土默特左旗
2	***农贸市场（清水河县）	15	1	6.7	清水河县
3	***超市（金兴店）	14	1	7.1	新城区
4	***超市（金太店）	14	1	7.1	新城区
5	***农贸市场	14	1	7.1	土默特左旗
6	***超市（西龙王庙店）	14	1	7.1	回民区

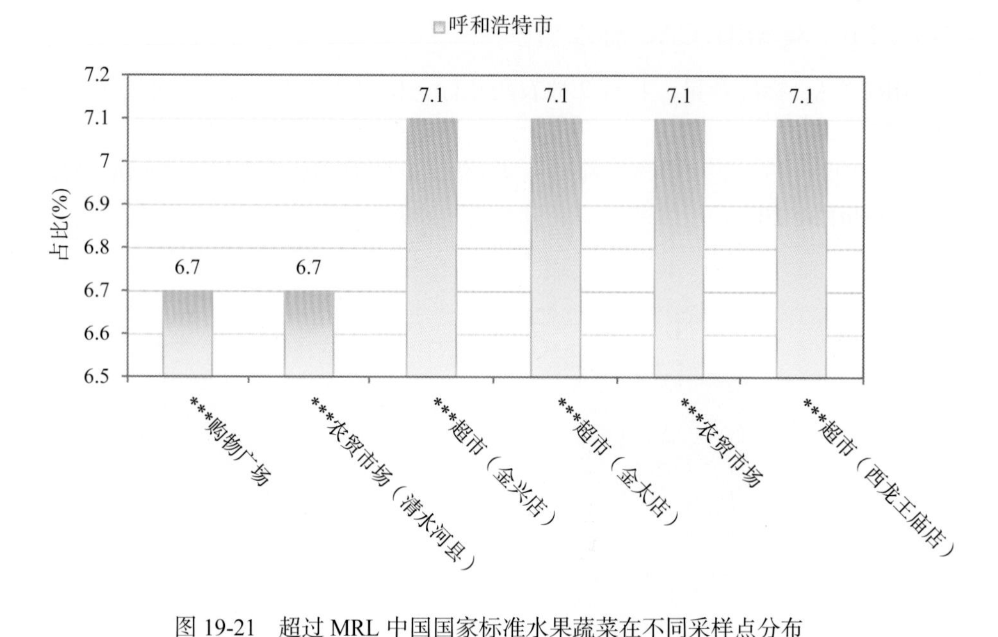

图 19-21　超过 MRL 中国国家标准水果蔬菜在不同采样点分布

19.2.3.2　按 MRL 欧盟标准衡量

按 MRL 欧盟标准衡量，有 16 个采样点的样品存在不同程度的超标农药检出，其中***农贸市场的超标率最高，为 42.9%，如表 19-15 和图 19-22 所示。

表 19-15　超过 MRL 欧盟标准水果蔬菜在不同采样点分布

	采样点	样品总数	超标数量	超标率（%）	行政区域
1	***菜市场（清水河县）	15	5	33.3	清水河县
2	***购物广场	15	4	26.7	土默特左旗
3	***超市（金宇店）	15	3	20.0	赛罕区
4	***农贸市场（清水河县）	15	4	26.7	清水河县
5	***超市（武川店）	15	3	20.0	武川县
6	***水果蔬菜店	15	3	20.0	托克托县
7	***农贸市场	15	1	6.7	托克托县
8	***超市（新天地店）	14	3	21.4	玉泉区
9	***农贸市场	14	6	42.9	玉泉区
10	***超市（金兴店）	14	3	21.4	新城区
11	***超市（金太店）	14	3	21.4	新城区
12	***农贸市场	14	3	21.4	土默特左旗
13	***超市（西龙王庙店）	14	4	28.6	回民区
14	***超市（回民区）	14	4	28.6	回民区
15	***农贸市场（和林格尔县）	14	2	14.3	和林格尔县
16	***购物中心	14	1	7.1	和林格尔县

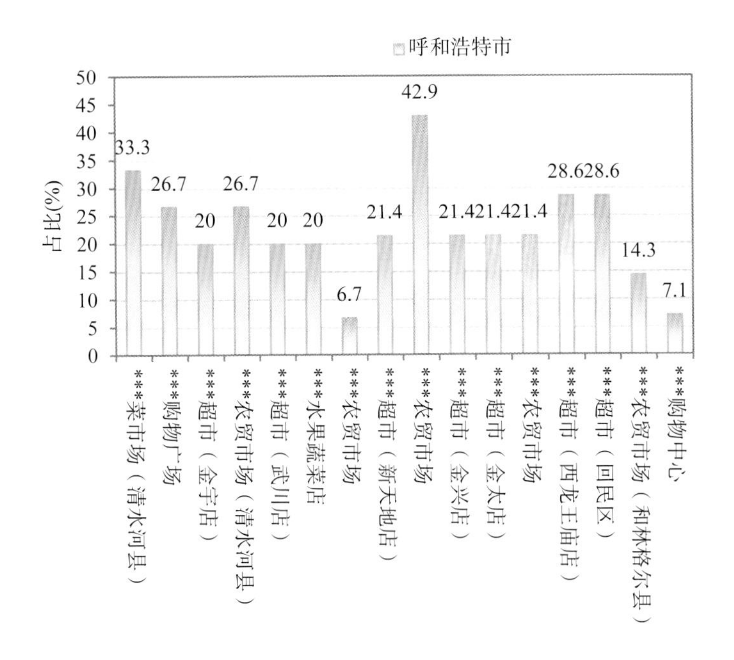

图 19-22 超过 MRL 欧盟标准水果蔬菜在不同采样点分布

19.2.3.3 按 MRL 日本标准衡量

按 MRL 日本标准衡量，有 16 个采样点的样品存在不同程度的超标农药检出，其中***农贸市场、***超市（西龙王庙店）和***超市（回民区）的超标率最高，为 28.6%，如表 19-16 和图 19-23 所示。

表 19-16 超过 MRL 日本标准水果蔬菜在不同采样点分布

	采样点	样品总数	超标数量	超标率（%）	行政区域
1	***菜市场（清水河县）	15	4	26.7	清水河县
2	***购物广场	15	2	13.3	土默特左旗
3	***超市（金宇店）	15	2	13.3	赛罕区
4	***农贸市场（清水河县）	15	4	26.7	清水河县
5	***超市（武川店）	15	2	13.3	武川县
6	***水果蔬菜店	15	2	13.3	托克托县
7	***农贸市场	15	1	6.7	托克托县
8	***超市（新天地店）	14	1	7.1	玉泉区
9	***农贸市场	14	4	28.6	玉泉区
10	***超市（金兴店）	14	3	21.4	新城区
11	***超市（金太店）	14	2	14.3	新城区
12	***农贸市场	14	3	21.4	土默特左旗
13	***超市（西龙王庙店）	14	4	28.6	回民区
14	***超市（回民区）	14	4	28.6	回民区
15	***农贸市场（和林格尔县）	14	2	14.3	和林格尔县
16	***购物中心	14	1	7.1	和林格尔县

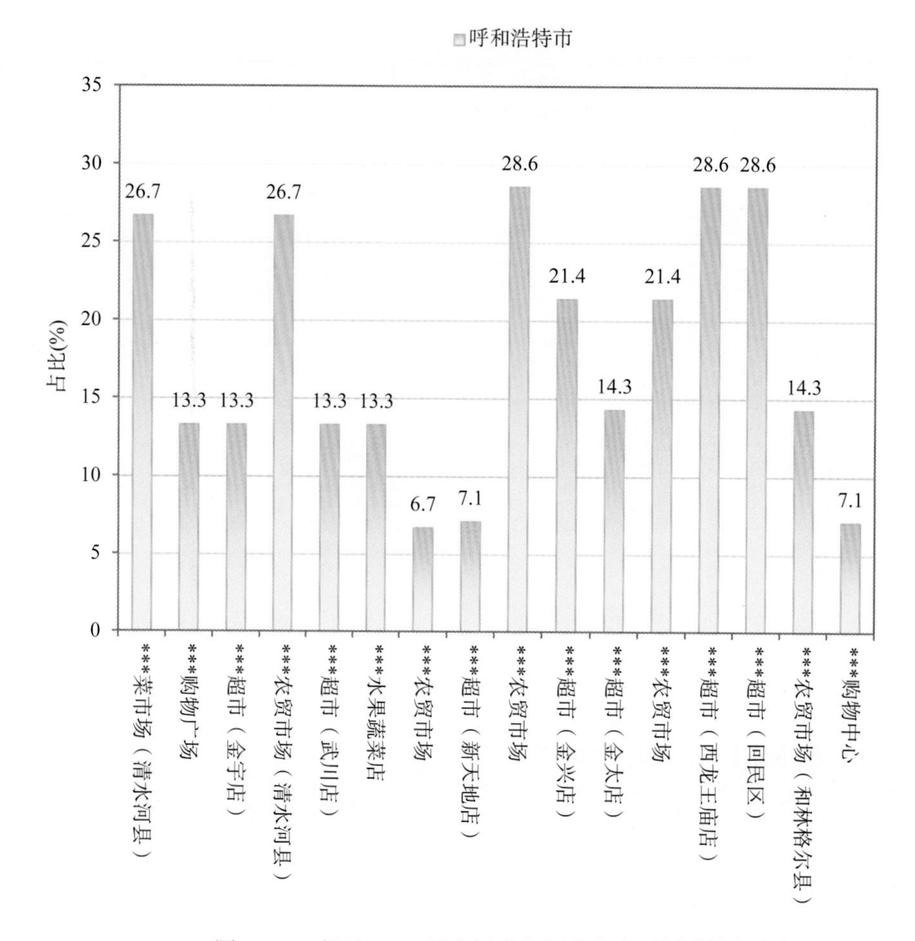

图 19-23　超过 MRL 日本标准水果蔬菜在不同采样点分布

19.2.3.4　按 MRL 中国香港标准衡量

按 MRL 中国香港标准衡量，有 5 个采样点的样品存在不同程度的超标农药检出，其中***超市（新天地店）、***超市（金兴店）、***超市（金太店）和***农贸市场的超标率最高，为 7.1%，如表 19-17 和图 19-24 所示。

表 19-17　超过 MRL 中国香港标准水果蔬菜在不同采样点分布

	采样点	样品总数	超标数量	超标率（%）	行政区域
1	***购物广场	15	1	6.7	土默特左旗
2	***超市（新天地店）	14	1	7.1	玉泉区
3	***超市（金兴店）	14	1	7.1	新城区
4	***超市（金太店）	14	1	7.1	新城区
5	***农贸市场	14	1	7.1	土默特左旗

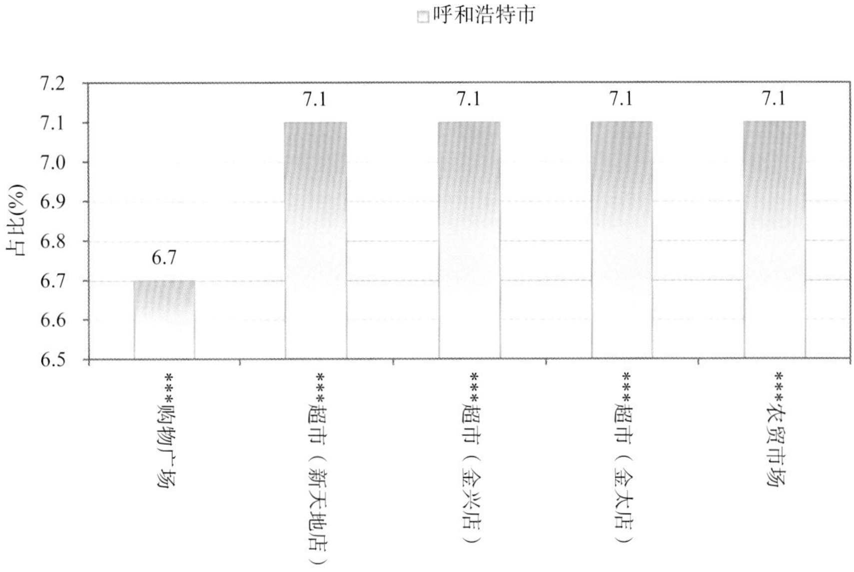

图 19-24 超过 MRL 中国香港标准的水果蔬菜在不同采样点分布

19.2.3.5 按 MRL 美国标准衡量

按 MRL 美国标准衡量，有 8 个采样点的样品存在不同程度的超标农药检出，其中***农贸市场的超标率最高，为 13.3%，如表 19-18 和图 19-25 所示。

表 19-18 超过 MRL 美国标准水果蔬菜在不同采样点分布

	采样点	样品总数	超标数量	超标率（%）	行政区域
1	***购物广场	15	1	6.7	土默特左旗
2	***水果蔬菜店	15	1	6.7	托克托县
3	***农贸市场	15	2	13.3	托克托县
4	***超市（新天地店）	14	1	7.1	玉泉区
5	***农贸市场	14	1	7.1	玉泉区
6	***超市（金太店）	14	1	7.1	新城区
7	***农贸市场	14	1	7.1	土默特左旗
8	***超市（西龙王庙店）	14	1	7.1	回民区

19.2.3.6 按 MRL CAC 标准衡量

按 MRL CAC 标准衡量，有 2 个采样点的样品存在不同程度的超标农药检出，其中***超市（金太店）的超标率最高，为 7.1%，如表 19-19 和图 19-26 所示。

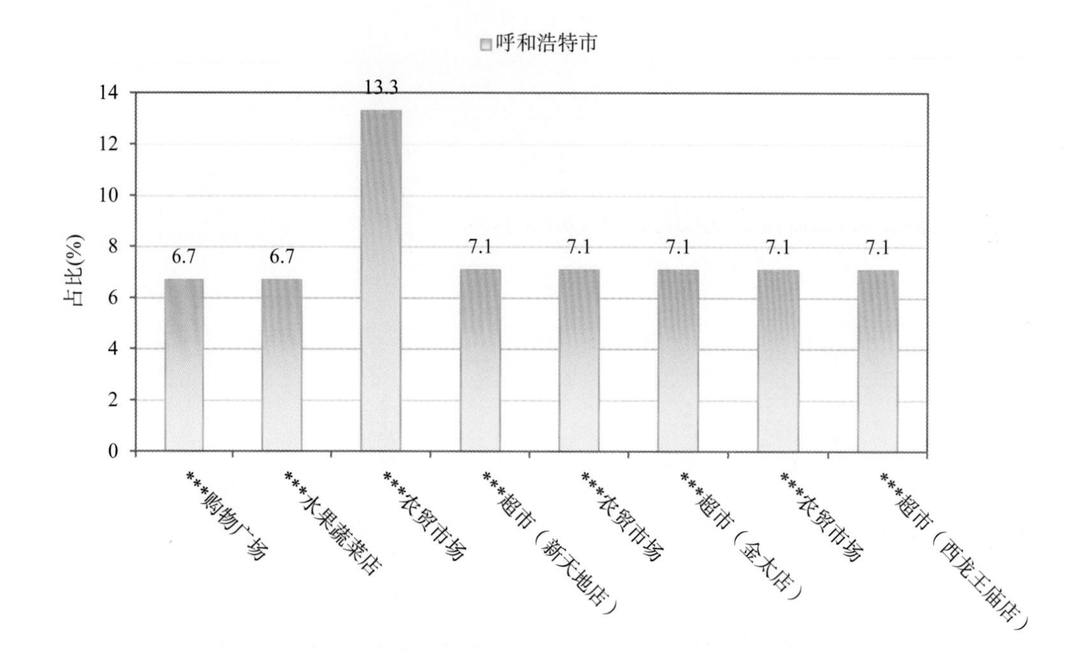

图 19-25　超过 MRL 美国标准的水果蔬菜在不同采样点分布

表 19-19　超过 MRL CAC 标准的水果蔬菜在不同采样点分布

	采样点	样品总数	超标数量	超标率（%）	行政区域
1	***购物广场	15	1	6.7	土默特左旗
2	***超市（金太店）	14	1	7.1	新城区

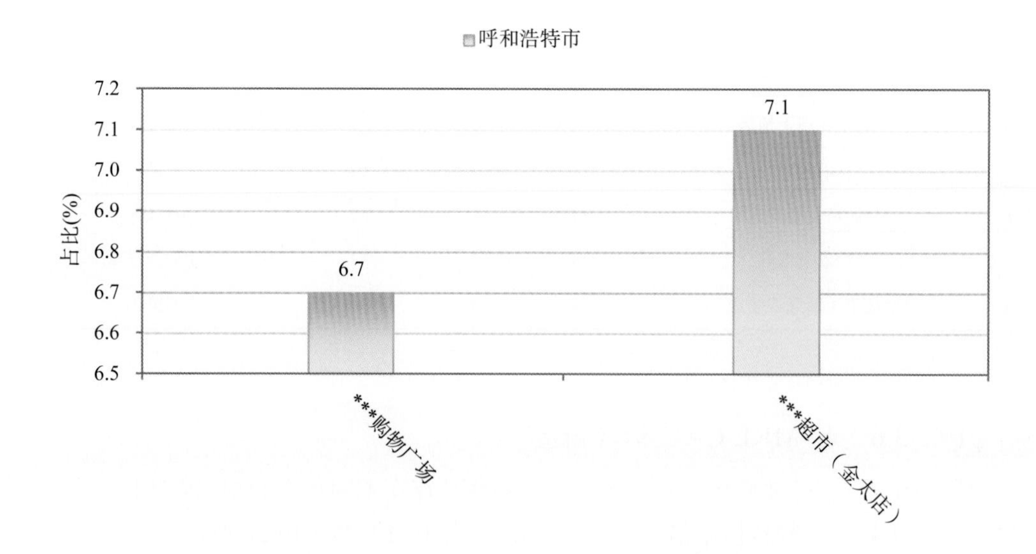

图 19-26　超过 MRL CAC 标准水果蔬菜在不同采样点分布

19.3　水果中农药残留分布

19.3.1　检出农药品种和频次排前 10 的水果

本次残留侦测的水果共 4 种，包括梨、苹果、葡萄和西瓜。

根据检出农药品种及频次进行排名，将各项排名前 10 位的水果样品检出情况列表说明，详见表 19-20。

表 19-20　检出农药品种和频次排名前 10 的水果

检出农药品种排名前 10（品种）	①葡萄（18），②梨（9），③苹果（5）
检出农药频次排名前 10（频次）	①葡萄（36），②梨（28），③苹果（21）
检出禁用、高毒及剧毒农药品种排名前 10（品种）	①梨（2），②苹果（1）
检出禁用、高毒及剧毒农药频次排名前 10（频次）	①梨（6），②苹果（1）

19.3.2　超标农药品种和频次排前 10 的水果

鉴于 MRL 欧盟标准和日本标准的制定比较全面且覆盖率较高，我们参照 MRL 中国国家标准、欧盟标准和日本标准衡量水果样品中农残检出情况，将超标农药品种及频次排名前 10 的水果列表说明，详见表 19-21。

表 19-21　超标农药品种和频次排名前 10 的水果

超标农药品种排名前 10（农药品种数）	MRL 中国国家标准	①葡萄（1）
	MRL 欧盟标准	①葡萄（7），②梨（2），③苹果（1）
	MRL 日本标准	①葡萄（4），②苹果（1）
超标农药频次排名前 10（农药频次数）	MRL 中国国家标准	①葡萄（1）
	MRL 欧盟标准	①葡萄（8），②梨（4），③苹果（1）
	MRL 日本标准	①葡萄（4），②苹果（1）

通过对各品种水果样本总数及检出率进行综合分析发现，葡萄、梨和苹果的残留污染最为严重，在此，我们参照 MRL 中国国家标准、欧盟标准和日本标准对这 3 种水果的农残检出情况进行进一步分析。

19.3.3　农药残留检出率较高的水果样品分析

19.3.3.1　葡萄

这次共检测 16 例葡萄样品，13 例样品中检出了农药残留，检出率为 81.3%，检出农药共计 18 种。其中嘧霉胺、戊唑醇、氟硅唑、腐霉利和甲霜灵检出频次较高，分别检出了 8、4、3、3 和 2 次。葡萄中农药检出品种和频次见图 19-27，超标农药见图 19-28 和表 19-22。

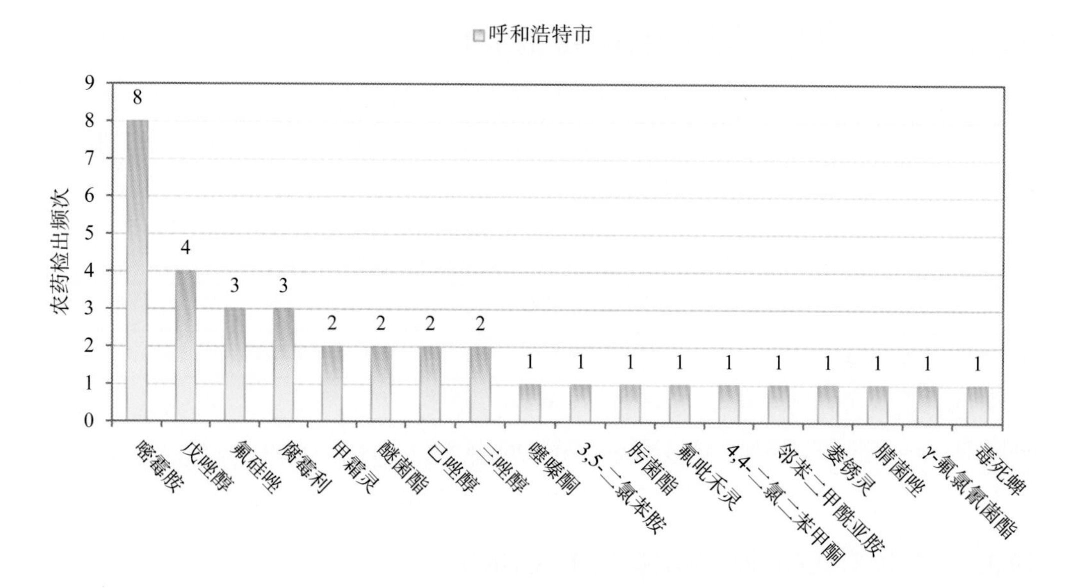

图 19-27　葡萄样品检出农药品种和频次分析

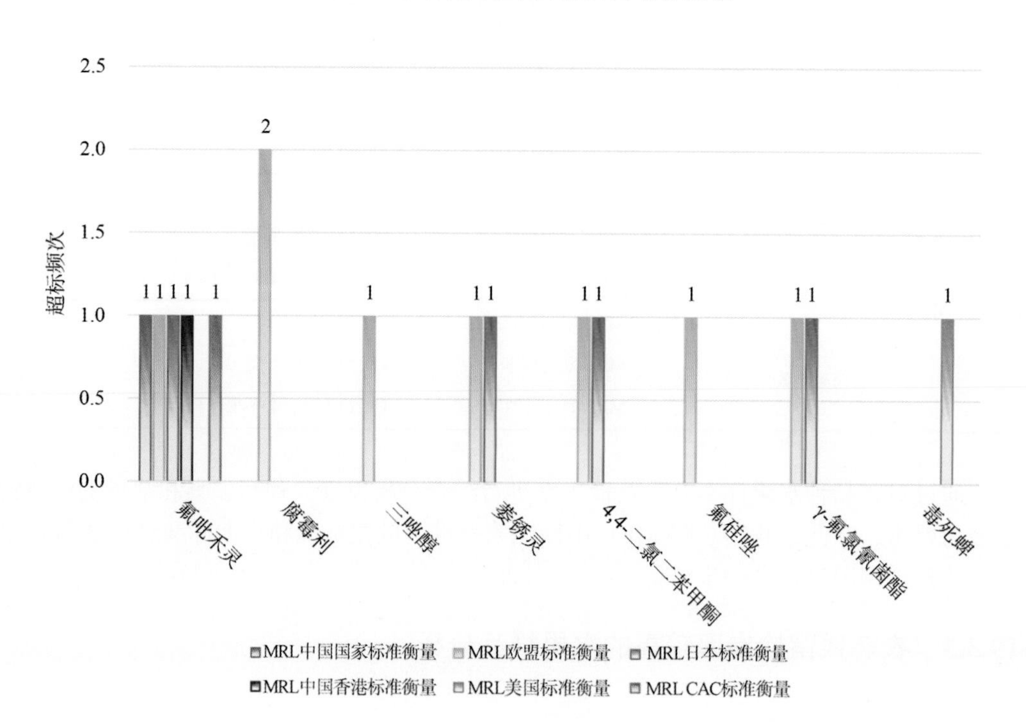

图 19-28　葡萄样品中超标农药分析

表 19-22　葡萄中农药残留超标情况明细表

样品总数			检出农药样品数	样品检出率（%）	检出农药品种总数
16			13	81.3	18
	超标农药品种	超标农药频次	按照 MRL 中国国家标准、欧盟标准和日本标准衡量超标农药名称及频次		
中国国家标准	0	0	氟吡禾灵（1）		
欧盟标准	2	3	腐霉利（2），三唑醇（1），萎锈灵（1），4，4-二氯二苯甲酮（1），氟吡禾灵（1），氟硅唑（1），γ-氟氯氰菌酯（1）		
日本标准	1	2	γ-氟氯氰菌酯（1），4，4-二氯二苯甲酮（1），氟吡禾灵（1），萎锈灵（1）		

19.3.3.2 梨

这次共检测 17 例梨样品，14 例样品中检出了农药残留，检出率为 82.4%，检出农药共计 9 种。其中毒死蜱、氰戊菊酯、甲氰菊酯、甲基嘧啶磷和克百威检出频次较高，分别检出了 11、5、4、3 和 1 次。梨中农药检出品种和频次见图 19-29，超标农药见图 19-30 和表 19-23。

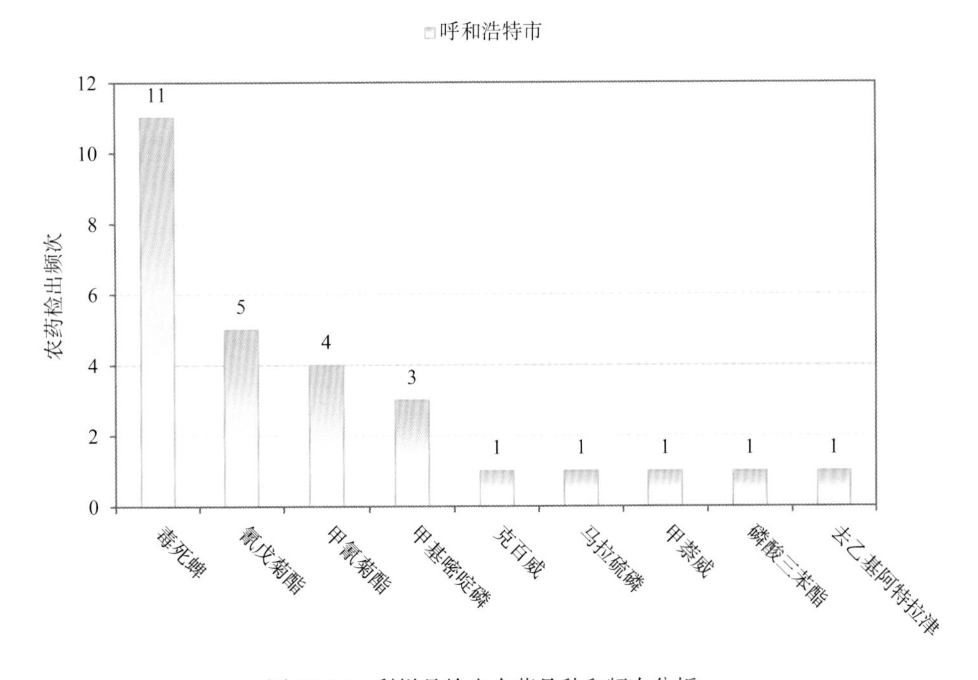

图 19-29　梨样品检出农药品种和频次分析

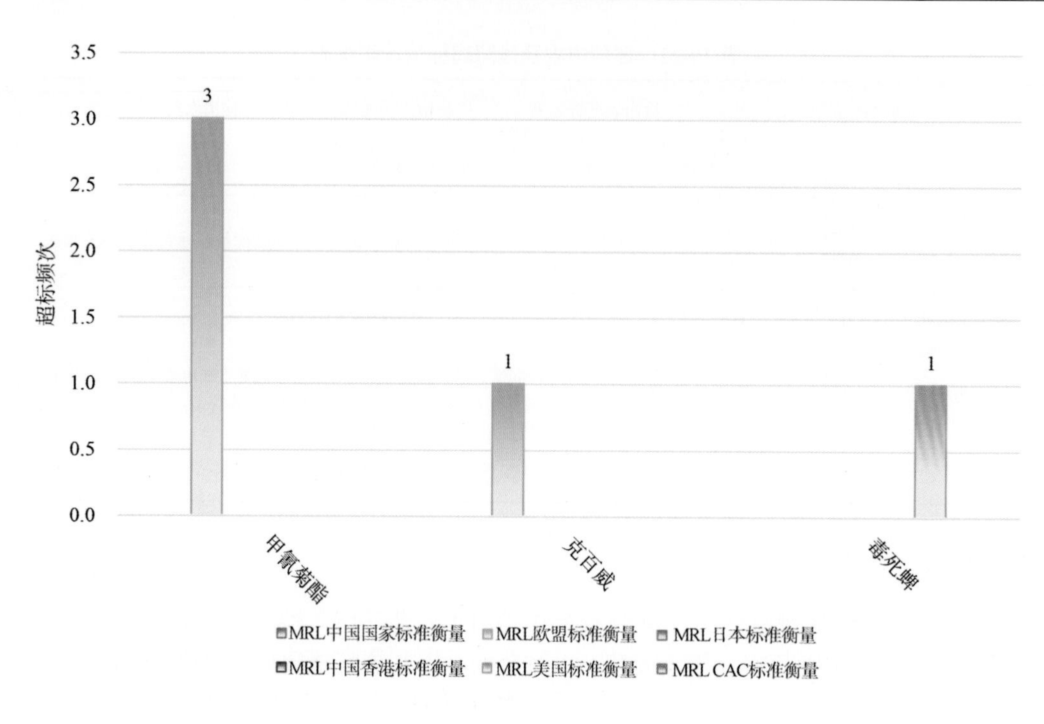

图 19-30　梨样品中超标农药分析

表 19-23　梨中农药残留超标情况明细表

样品总数			检出农药样品数	样品检出率（%）	检出农药品种总数
17			14	82.4	9
	超标农药品种	超标农药频次	按照 MRL 中国国家标准、欧盟标准和日本标准衡量超标农药名称及频次		
中国国家标准	0	0			
欧盟标准	2	4	甲氰菊酯（3），克百威（1）		
日本标准	0	0			

19.3.3.3　苹果

这次共检测 18 例苹果样品，14 例样品中检出了农药残留，检出率为 77.8%，检出农药共计 5 种。其中毒死蜱、戊唑醇、哒螨灵、4-硝基氯苯和莠去津检出频次较高，分别检出了 11、6、2、1 和 1 次。苹果中农药检出品种和频次见图 19-31，超标农药见图 19-32 和表 19-24。

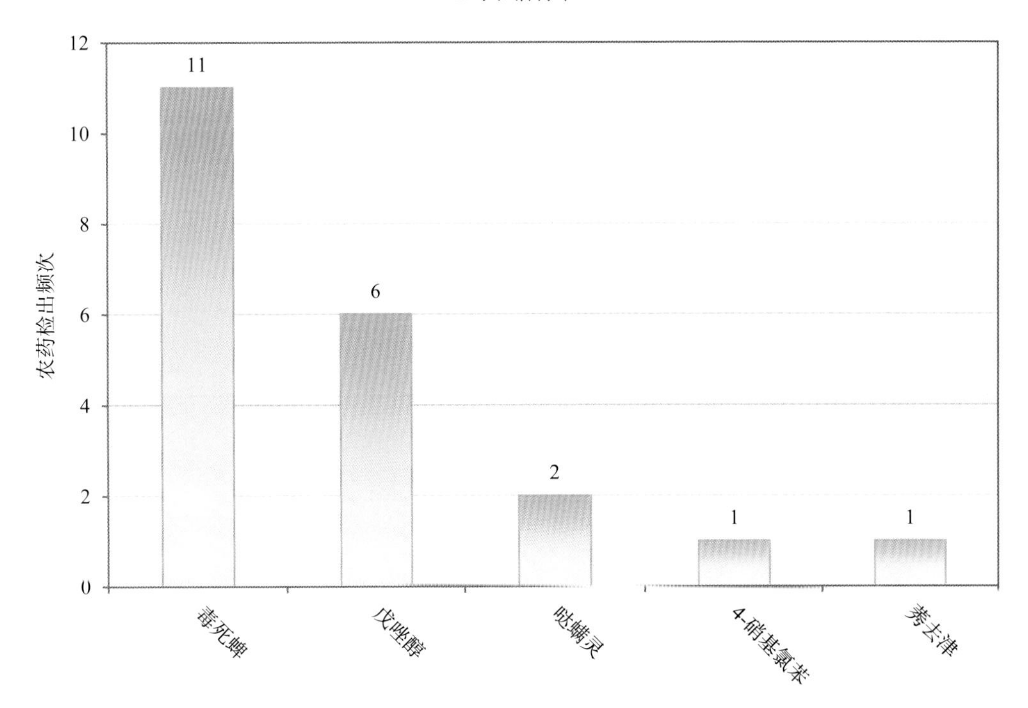

图 19-31　苹果样品检出农药品种和频次分析

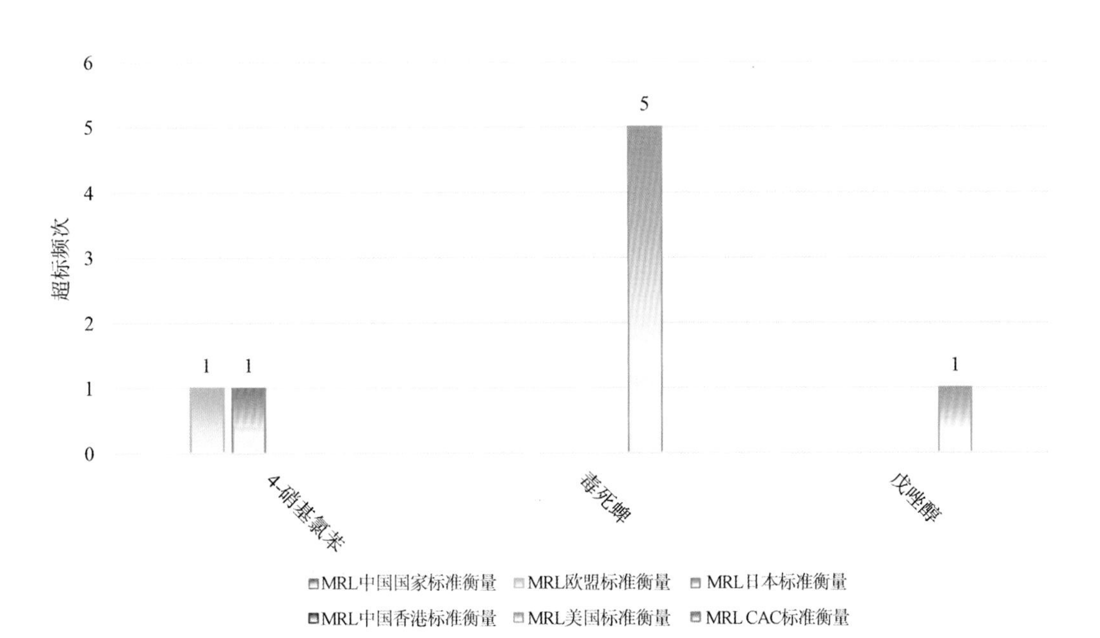

图 19-32　苹果样品中超标农药分析

表 19-24　苹果中农药残留超标情况明细表

样品总数			检出农药样品数	样品检出率（%）	检出农药品种总数
18			14	77.8	5
	超标农药品种	超标农药频次	按照 MRL 中国国家标准、欧盟标准和日本标准衡量超标农药名称及频次		
中国国家标准	0	0			
欧盟标准	1	1	4-硝基氯苯（1）		
日本标准	1	1	4-硝基氯苯（1）		

19.4　蔬菜中农药残留分布

19.4.1　检出农药品种和频次排前 10 的蔬菜

本次残留侦测的蔬菜共 14 种，包括菠菜、菜豆、大白菜、冬瓜、番茄、黄瓜、结球甘蓝、韭菜、茄子、芹菜、生菜、甜椒、茼蒿和西葫芦。

根据检出农药品种及频次进行排名，将各项排名前 10 位的蔬菜样品检出情况列表说明，详见表 19-25。

表 19-25　检出农药品种和频次排名前 10 的蔬菜

检出农药品种排名前 10（品种）	①芹菜（20），②番茄（11），③菠菜（11），④黄瓜（10），⑤茼蒿（9），⑥茄子（6），⑦生菜（5），⑧菜豆（5），⑨韭菜（4），⑩大白菜（1）
检出农药频次排名前 10（频次）	①芹菜（60），②茼蒿（36），③菠菜（19），④番茄（16），⑤菜豆（15），⑥黄瓜（13），⑦茄子（12），⑧生菜（10），⑨韭菜（7），⑩结球甘蓝（2）
检出禁用、高毒及剧毒农药品种排名前 10（品种）	①茼蒿（5），②菠菜（4），③芹菜（3），④生菜（3），⑤番茄（1），⑥黄瓜（1），⑦茄子（1）
检出禁用、高毒及剧毒农药频次排名前 10（频次）	①茼蒿（19），②芹菜（10），③生菜（7），④菠菜（6），⑤茄子（5），⑥黄瓜（2），⑦番茄（1）

19.4.2　超标农药品种和频次排前 10 的蔬菜

鉴于 MRL 欧盟标准和日本标准的制定比较全面且覆盖率较高，我们参照 MRL 中国国家标准、欧盟标准和日本标准衡量蔬菜样品中农残检出情况，将超标农药品种及频次排名前 10 的蔬菜列表说明，详见表 19-26。

表 19-26　超标农药品种和频次排名前 10 的蔬菜

超标农药品种排名前 10（农药品种数）	MRL 中国国家标准	①韭菜（1），②番茄（1），③生菜（1），④芹菜（1），⑤菠菜（1）
	MRL 欧盟标准	①芹菜（8），②菠菜（3），③茼蒿（3），④番茄（3），⑤茄子（2），⑥黄瓜（2），⑦生菜（2），⑧菜豆（2），⑨韭菜（1），⑩大白菜（1）
	MRL 日本标准	①芹菜（6），②菜豆（4），③茼蒿（3），④菠菜（2），⑤韭菜（2），⑥生菜（1），⑦黄瓜（1），⑧大白菜（1），⑨茄子（1），⑩甜椒（1）
超标农药频次排名前 10（农药频次数）	MRL 中国国家标准	①韭菜（1），②生菜（1），③番茄（1），④芹菜（1），⑤菠菜（1）
	MRL 欧盟标准	①芹菜（13），②茄子（6），③菜豆（6），④茼蒿（5），⑤菠菜（3），⑥番茄（3），⑦韭菜（2），⑧黄瓜（2），⑨生菜（2），⑩结球甘蓝（2）
	MRL 日本标准	①菜豆（9），②芹菜（8），③茼蒿（6），④茄子（5），⑤韭菜（3），⑥菠菜（2），⑦大白菜（1），⑧黄瓜（1），⑨生菜（1），⑩甜椒（1）

通过对各品种蔬菜样本总数及检出率进行综合分析发现，芹菜、菠菜和番茄的残留污染最为严重，在此，我们参照 MRL 中国国家标准、欧盟标准和日本标准对这 3 种蔬菜的农残检出情况进行进一步分析。

19.4.3　农药残留检出率较高的蔬菜样品分析

19.4.3.1　芹菜

这次共检测 17 例芹菜样品，16 例样品中检出了农药残留，检出率为 94.1%，检出农药共计 20 种。其中戊唑醇、毒死蜱、噁霜灵、甲拌磷和甲霜灵检出频次较高，分别检出了 10、9、6、6 和 4 次。芹菜中农药检出品种和频次见图 19-33，超标农药见图 19-34 和表 19-27。

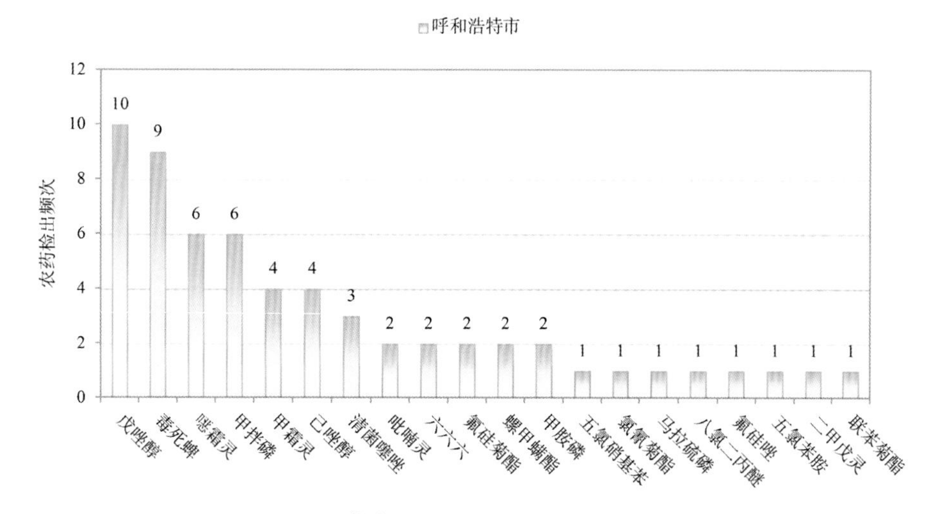

图 19-33　芹菜样品检出农药品种和频次分析

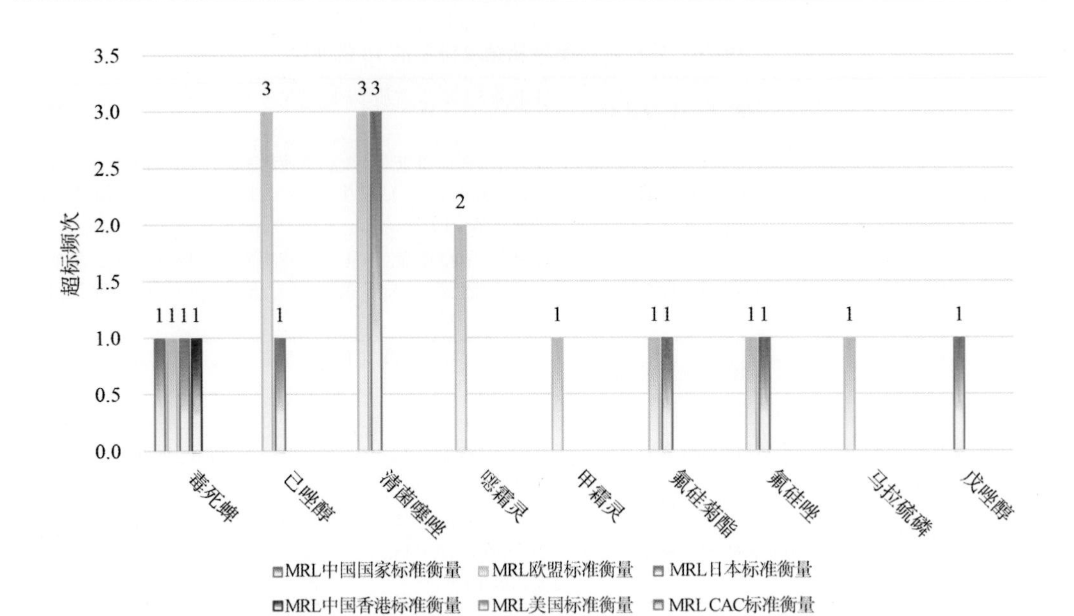

图 19-34　芹菜样品中超标农药分析

表 19-27　芹菜中农药残留超标情况明细表

样品总数			检出农药样品数	样品检出率（%）	检出农药品种总数
17			16	94.1	20
	超标农药品种	超标农药频次	按照 MRL 中国国家标准、欧盟标准和日本标准衡量超标农药名称及频次		
中国国家标准	1	1	毒死蜱（1）		
欧盟标准	8	13	己唑醇（3），清菌噻唑（3），噁霜灵（2），甲霜灵（1），氟硅菊酯（1），氟硅唑（1），马拉硫磷（1），毒死蜱（1）		
日本标准	6	8	清菌噻唑（3），氟硅菊酯（1），己唑醇（1），毒死蜱（1），氟硅唑（1），戊唑醇（1）		

19.4.3.2　菠菜

这次共检测 18 例菠菜样品，11 例样品中检出了农药残留，检出率为 61.1%，检出农药共计 11 种。其中邻苯二甲酰亚胺、去乙基阿特拉津、硫丹、六六六和五氯苯甲腈检出频次较高，分别检出了 5、2、2、2 和 2 次。菠菜中农药检出品种和频次见图 19-35，超标农药见图 19-36 和表 19-28。

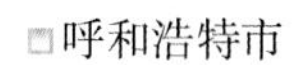

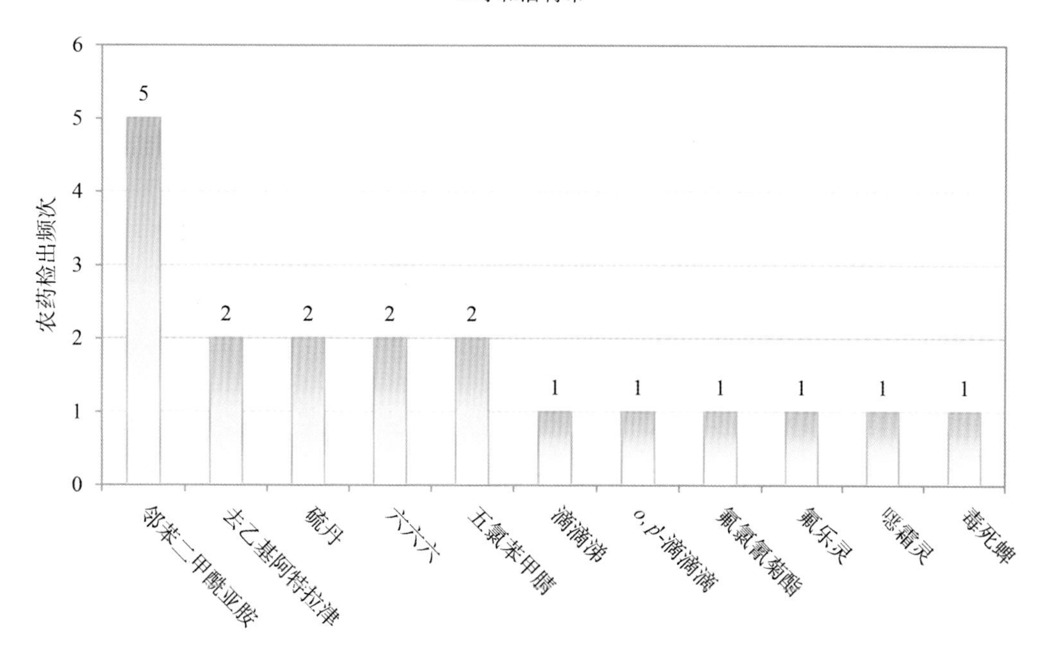

图 19-35　菠菜样品检出农药品种和频次分析

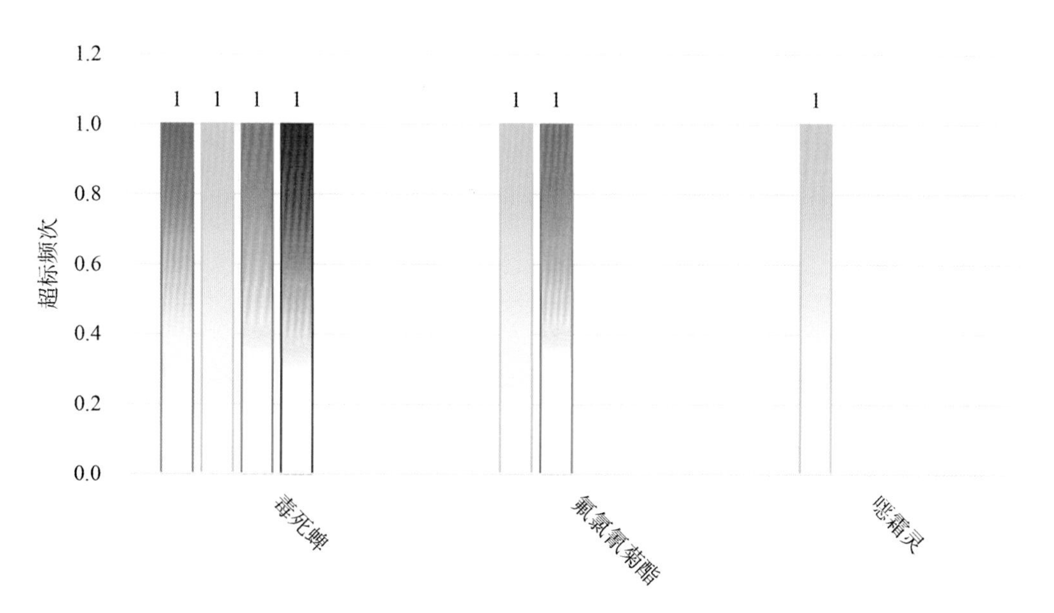

图 19-36　菠菜样品中超标农药分析

表 19-28　芹菜中农药残留超标情况明细表

样品总数		检出农药样品数	样品检出率（%）	检出农药品种总数
18		11	61.1	11
	超标农药品种	超标农药频次	按照 MRL 中国国家标准、欧盟标准和日本标准衡量超标农药名称及频次	
中国国家标准	1	1	毒死蜱（1）	
欧盟标准	3	3	毒死蜱（1），氟氯氰菊酯（1），噁霜灵（1）	
日本标准	2	2	毒死蜱（1），氟氯氰菊酯（1）	

19.4.3.3　番茄

这次共检测 18 例番茄样品，12 例样品中检出了农药残留，检出率为 66.7%，检出农药共计 11 种。其中腐霉利、戊唑醇、氟硅唑、嘧霉胺和腈菌唑检出频次较高，分别检出了 4、2、2、1 和 1 次。番茄中农药检出品种和频次见图 19-37，超标农药见图 19-38 和表 19-29。

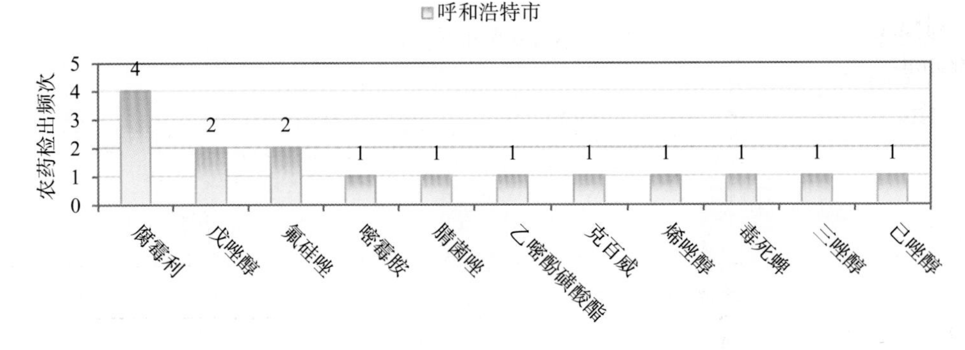

图 19-37　番茄样品检出农药品种和频次分析

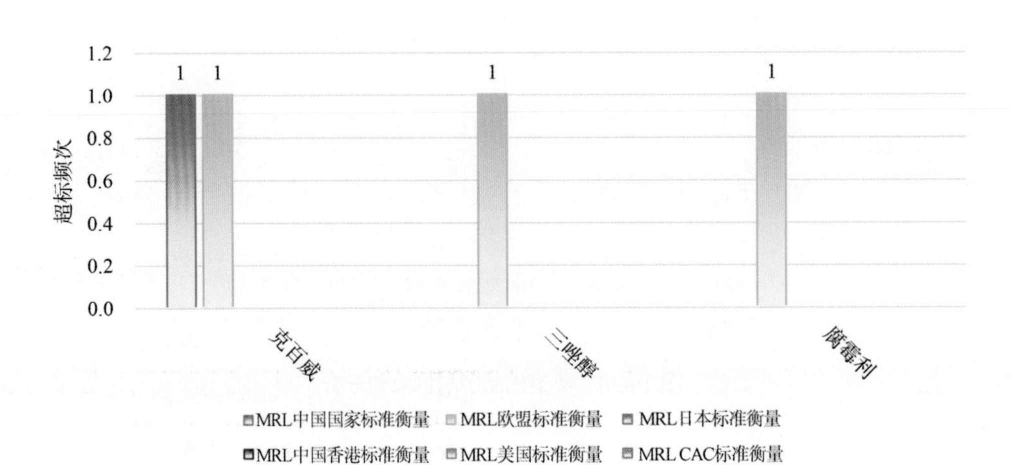

图 19-38　番茄样品中超标农药分析

表 19-29　番茄中农药残留超标情况明细表

样品总数			检出农药样品数	样品检出率（%）	检出农药品种总数
18			12	66.7	11
	超标农药品种	超标农药频次	按照 MRL 中国国家标准、欧盟标准和日本标准衡量超标农药名称及频次		
中国国家标准	1	1	克百威（1）		
欧盟标准	3	3	三唑醇（1），腐霉利（1），克百威（1）		
日本标准	0	0			

19.5　初步结论

19.5.1　呼和浩特市市售水果蔬菜按 MRL 中国国家标准和国际主要 MRL 标准衡量的合格率

本次侦测的 260 例样品中，114 例样品未检出任何残留农药，占样品总量的 43.8%，146 例样品检出不同水平、不同种类的残留农药，占样品总量的 56.2%。在这 146 例检出农药残留的样品中：

按照 MRL 中国国家标准衡量，有 140 例样品检出残留农药但含量没有超标，占样品总数的 53.8%，有 6 例样品检出了超标农药，占样品总数的 2.3%。

按照 MRL 欧盟标准衡量，有 94 例样品检出残留农药但含量没有超标，占样品总数的 36.2%，有 52 例样品检出了超标农药，占样品总数的 20.0%。

按照 MRL 日本标准衡量，有 105 例样品检出残留农药但含量没有超标，占样品总数的 40.4%，有 41 例样品检出了超标农药，占样品总数的 15.8%。

按照 MRL 中国香港标准衡量，有 141 例样品检出残留农药但含量没有超标，占样品总数的 54.2%，有 5 例样品检出了超标农药，占样品总数的 1.9%。

按照 MRL 美国标准衡量，有 137 例样品检出残留农药但含量没有超标，占样品总数的 52.7%，有 9 例样品检出了超标农药，占样品总数的 3.5%。

按照 MRL CAC 标准衡量，有 144 例样品检出残留农药但含量没有超标，占样品总数的 55.4%，有 2 例样品检出了超标农药，占样品总数的 0.8%。

19.5.2　呼和浩特市市售水果蔬菜中检出农药以中低微毒农药为主，占市场主体的 84.6%

这次侦测的 260 例样品包括蔬菜 14 种 189 例，水果 4 种 54 例，食用菌 1 种 17 例，共检出了 65 种农药，检出农药的毒性以中低微毒为主，详见表 19-30。

表 19-30 市场主体农药毒性分布

毒性	检出品种	占比	检出频次	占比
剧毒农药	3	4.6%	9	3.1%
高毒农药	7	10.8%	18	6.2%
中毒农药	27	41.5%	178	61.8%
低毒农药	23	35.4%	63	21.9%
微毒农药	5	7.7%	20	6.9%
中低微毒农药，品种占比 84.6%，频次占比 90.6%				

19.5.3 检出剧毒、高毒和禁用农药现象应该警醒

在此次侦测的 260 例样品中有 7 种蔬菜和 2 种水果的 50 例样品检出了 15 种 61 频次的剧毒和高毒或禁用农药，占样品总量的 19.2%。其中剧毒农药甲拌磷、特丁硫磷和对硫磷以及高毒农药灭害威、水胺硫磷和甲胺磷检出频次较高。

按 MRL 中国国家标准衡量，剧毒农药甲拌磷，检出 7 次，超标 1 次；按超标程度比较，生菜中甲拌磷超标 1.5 倍，番茄中克百威超标 30%。

剧毒、高毒或禁用农药的检出情况及按照 MRL 中国国家标准衡量的超标情况见表 19-31。

表 19-31 剧毒、高毒或禁用农药的检出及超标明细

序号	农药名称	样品名称	检出频次	超标频次	最大超标倍数	超标率
1.1	对硫磷*▲	蘑菇	1	0		0.0%
2.1	甲拌磷*▲	芹菜	6	0		0.0%
2.2	甲拌磷*▲	生菜	1	1	1.54	100.0%
3.1	特丁硫磷*▲	茼蒿	1	0		0.0%
4.1	4-硝基氯苯◊	苹果	1	0		0.0%
5.1	氟氯氰菊酯◊	菠菜	1	0		0.0%
6.1	甲胺磷◊▲	芹菜	2	0		0.0%
7.1	克百威◊▲	番茄	1	1	0.31	100.0%
7.2	克百威◊▲	梨	1	0		0.0%
8.1	灭害威◊	茼蒿	5	0		0.0%
9.1	三唑磷◊	茼蒿	2	0		0.0%
10.1	水胺硫磷◊▲	茄子	5	0		0.0%
11.1	滴滴涕▲	菠菜	1	0		0.0%
12.1	氟虫腈▲	蘑菇	2	0		0.0%

续表

序号	农药名称	样品名称	检出频次	超标频次	最大超标倍数	超标率
13.1	硫丹▲	茼蒿	10	0		0.0%
13.2	硫丹▲	生菜	3	0		0.0%
13.3	硫丹▲	菠菜	2	0		0.0%
13.4	硫丹▲	黄瓜	2	0		0.0%
13.5	硫丹▲	蘑菇	1	0		0.0%
14.1	六六六▲	生菜	3	0		0.0%
14.2	六六六▲	菠菜	2	0		0.0%
14.3	六六六▲	芹菜	2	0		0.0%
14.4	六六六▲	茼蒿	1	0		0.0%
15.1	氰戊菊酯▲	梨	5	0		0.0%
合计			61	2		3.3%

注：超标倍数参照 MRL 中国国家标准衡量

这些超标的剧毒和高毒农药都是中国政府早有规定禁止在水果蔬菜中使用的，为什么还屡次被检出，应该引起警惕。

19.5.4　残留限量标准与先进国家或地区差距较大

288 频次的检出结果与我国公布的《食品中农药最大残留限量》(GB 2763—2014)对比，有 128 频次能找到对应的 MRL 中国国家标准，占 44.4%；还有 160 频次的侦测数据无相关 MRL 标准供参考，占 55.6%。

与国际上现行 MRL 标准对比发现：

有 288 频次能找到对应的 MRL 欧盟标准，占 100.0%；

有 288 频次能找到对应的 MRL 日本标准，占 100.0%；

有 147 频次能找到对应的 MRL 中国香港标准，占 51.0%；

有 94 频次能找到对应的 MRL 美国标准，占 32.6%；

有 67 频次能找到对应的 MRL CAC 标准，占 23.3%。

由上可见，MRL 中国国家标准与先进国家或地区标准还有很大差距，我们无标准，境外有标准，这就会导致我们在国际贸易中，处于受制于人的被动地位。

19.5.5　水果蔬菜单种样品检出 5~20 种农药残留，拷问农药使用的科学性

通过此次监测发现，葡萄、梨和苹果是检出农药品种最多的 3 种水果，芹菜、番茄和菠菜是检出农药品种最多的 3 种蔬菜，从中检出农药品种及频次详见表 19-32。

表 19-32　单种样品检出农药品种及频次

样品名称	样品总数	检出农药样品数	检出率	检出农药品种数	检出农药（频次）
芹菜	17	16	94.1%	20	戊唑醇（10），毒死蜱（9），噁霜灵（6），甲拌磷（6），甲霜灵（4），己唑醇（4），清菌噻唑（3），吡喃灵（2），六六六（2），氟硅菊酯（2），螺甲螨酯（2），甲胺磷（2），五氯硝基苯（1），氯氰菊酯（1），马拉硫磷（1），八氯二丙醚（1），氟硅唑（1），五氯苯胺（1），二甲戊灵（1），联苯菊酯（1）
番茄	18	12	66.7%	11	腐霉利（4），戊唑醇（2），氟硅唑（2），嘧霉胺（1），腈菌唑（1），乙嘧酚磺酸酯（1），克百威（1），烯唑醇（1），毒死蜱（1），三唑醇（1），己唑醇（1）
菠菜	18	11	61.1%	11	邻苯二甲酰亚胺（5），去乙基阿特拉津（2），硫丹（2），六六六（2），五氯苯甲腈（2），滴滴涕（1），*o*，*p*'-滴滴滴（1），氟氯氰菊酯（1），氟乐灵（1），噁霜灵（1），毒死蜱（1）
葡萄	16	13	81.2%	18	嘧霉胺（8），戊唑醇（4），氟硅唑（3），腐霉利（3），甲霜灵（2），醚菌酯（2），己唑醇（2），三唑醇（2），噻嗪酮（1），3，5-二氯苯胺（1），肟菌酯（1），氟吡禾灵（1），4，4-二氯二苯甲酮（1），邻苯二甲酰亚胺（1），萎锈灵（1），腈菌唑（1），*γ*-氟氯氰菌酯（1），毒死蜱（1）
梨	17	14	82.4%	9	毒死蜱（11），氰戊菊酯（5），甲氰菊酯（4），甲基嘧啶磷（3），克百威（1），马拉硫磷（1），甲萘威（1），磷酸三苯酯（1），去乙基阿特拉津（1）
苹果	18	14	77.8%	5	毒死蜱（11），戊唑醇（6），哒螨灵（2），4-硝基氯苯（1），莠去津（1）

上述 6 种水果蔬菜，检出农药 5~20 种，是多种农药综合防治，还是未严格实施农业良好管理规范（GAP），抑或根本就是乱施药，值得我们思考。

第 20 章 GC-Q-TOF/MS 侦测呼和浩特市市售水果蔬菜农药残留膳食暴露风险及预警风险评估

20.1 农药残留风险评估方法

20.1.1 呼和浩特市农药残留检测数据分析与统计

庞国芳院士科研团队建立的农药残留高通量侦测技术以高分辨精确质量数（0.0001 *m/z* 为基准）为识别标准，采用 GC-Q-TOF/MS 技术对 499 种农药化学污染物进行检测。

科研团队于 2013 年 9 月在呼和浩特市所属 9 个区县的 18 个采样点，随机采集了 260 例水果蔬菜样品，采样点分布在超市和农贸市场，具体位置如图 20-1 所示。

编号	地区	水果采样量	蔬菜采样量
1	和林格尔县	6	22
2	回民区	6	22
3	清水河县	7	24
4	赛罕区	7	22
5	土默特左旗	5	24
6	托克托县	5	24
7	武川县	6	24
8	新城区	6	22
9	玉泉区	6	22

图 20-1 呼和浩特市所属 18 个采样点 260 例样品分布图

利用 GC-Q-TOF/MS 技术对 260 例样品中的农药残留进行侦测，检出残留农药 65 种，288 频次。检出农药残留水平如表 20-1 和图 20-2 所示。检出频次最高的前十种农药如表 20-2 所示。从检测结果中可以看出，在果蔬中农药残留普遍存在，且有些果蔬存在高浓度的农药残留，这些可能存在膳食暴露风险，对人体健康产生危害，因此，为了定量地评价果蔬中农药残留的风险程度，有必要对其进行风险评价。

表 20-1　检出农药的不同残留水平及其所占比例

残留水平（μg/kg）	检出频次	占比（%）
1~5（含）	125	43.4
5~10（含）	48	16.7
10~100（含）	96	33.3
100~1000（含）	16	5.6
＞1000	3	1.0
合计	288	100

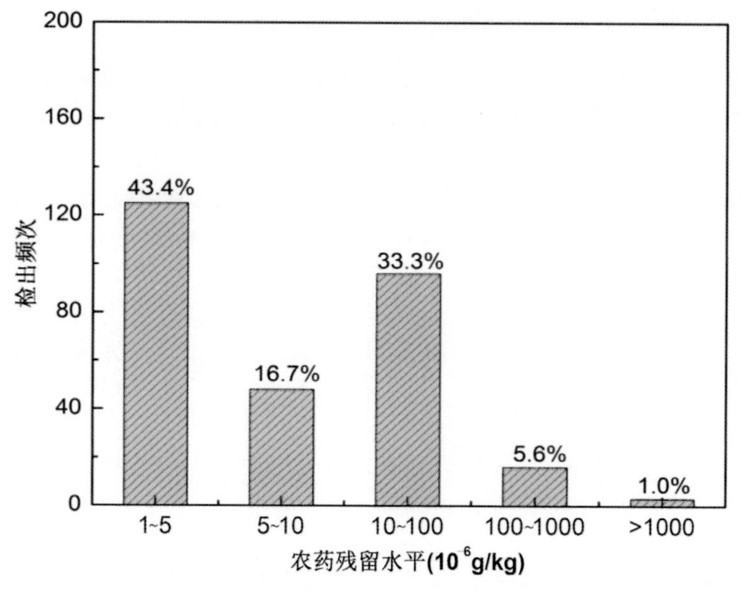

图 20-2　残留农药检出浓度频数分布

表 20-2　检出频次最高的前十种农药

序号	农药	检出频次（次）
1	毒死蜱	56
2	戊唑醇	22
3	硫丹	18
4	腐霉利	15
5	嘧霉胺	14
6	甲霜灵	13
7	六六六	8
8	甲拌磷	7
9	哒螨灵	7
10	氟硅唑	7

20.1.2　农药残留风险评价模型

对呼和浩特市水果蔬菜中农药残留分别开展暴露风险评估和预警风险评估。膳食暴露风险评价利用食品安全指数模型，对水果蔬菜中的残留农药对人体可能产生的危害程度进行评价，该模型结合残留监测和膳食暴露评估评价化学污染物的危害；预警风险评价模型运用风险系数（risk index，*R*），风险系数综合考虑了危害物的超标率、施检频率及其本身敏感性的影响，能直观而全面地反映出危害物在一段时间内的风险程度。

20.1.2.1　食品安全指数模型

为了加强食品安全管理，《中华人民共和国食品安全法》第二章第十七条规定“国家建立食品安全风险评估制度，运用科学方法，根据食品安全风险监测信息、科学数据以及有关信息，对食品、食品添加剂、食品相关产品中生物性、化学性和物理性危害因素进行风险评估”[1]，膳食暴露评估是食品危险度评估的重要组成部分，也是膳食安全性的衡量标准[2]。国际上最早研究膳食暴露风险评估的机构主要是 JMPR（FAO、WHO 农药残留联合会议），该组织自 1995 年就已制定了急性毒性物质的风险评估急性毒性农药残留摄入量的预测。1960 年美国规定食品中不得加入致癌物质进而提出零阈值理论，渐渐零阈值理论发展成在一定概率条件下可接受风险的概念[3]，后衍变为食品中每日允许最大摄入量（ADI），而农药残留法典委员会（CCPR）认为 ADI 不是独立风险评估的唯一标准[4]，1995 年 JMPR 开始研究农药急性膳食暴露风险评估，并对食品国际短期摄入量的计算方法进行了修正，亦对膳食暴露评估准则及评估方法进行了修正[5]，2002 年，在对世界上现行的食品安全评价方法，尤其是国际公认的 CAC 的评价方法，WHO GEMS/Food（全球环境监测系统/食品污染监测和评估规划）及 JECFA（FAO、WHO 食品添加剂联合专家委员会）和 JMPR 对食品安全风险评估工作研究的基础之上，检验检疫食品安全管理的研究人员提出了结合残留监控和膳食暴露评估，以食品安全指数 IFS 计算食品中各种化学污染物对消费者的健康危害程度[6]。IFS 是表示食品安全状态的新方法，可有效的评价某种农药的安全性，进而评价食品中各种农药化学污染物对消费者健康的整体危害程度[7，8]。从理论上分析，IFS_c 可指出食品中的污染物 c 对消费者健康是否存在危害及危害的程度[9]。其优点在于操作简单且结果容易被接受和理解，不需要大量的数据来对结果进行验证，使用默认的标准假设或者模型即可[10，11]。

1）IFS_c 的计算

IFS_c 计算公式如下：

$$IFS_c = \frac{EDI_c \times f}{SI_c \times bw} \tag{20-1}$$

式中，c 为所研究的农药；EDI_c 为农药 c 的实际日摄入量估算值，等于 $\sum (R_i \times F_i \times E_i \times P_i)$（*i* 为食品种类；$R_i$ 为食品 *i* 中农药 c 的残留水平，mg/kg；F_i 为食品 *i* 的估计日消费量，g/（人·天）；E_i 为食品 *i* 的可食用部分因子；P_i 为食品 *i* 的加工处理因子）；SI_c 为安全摄入量，可采用每日允许摄入量 ADI；bw 为人平均体重，kg；f 为校正因子，如果安全摄入量采用 ADI，f 取 1。

IFS_c≪1，农药 c 对食品安全没有影响；IFS_c≤1，农药 c 对食品安全的影响可以接受；IFS_c>1，农药 c 对食品安全的影响不可接受。

本次评价中：

IFS_c≤0.1，农药 c 对果蔬安全没有影响；

0.1<IFS_c≤1，农药 c 对果蔬安全的影响可以接受；

IFS_c>1，农药 c 对果蔬安全的影响不可接受。

本次评价中残留水平 R_i 取值为中国检验检疫科学院庞国芳院士课题组对呼和浩特市果蔬中的农药残留检测结果。估计日消费量 F_i 取值 0.38 kg/（人·天），E_i=1，P_i=1，f=1，SI_c 采用《食品安全国家标准　食品中农药最大残留限量》（GB 2763—2016）中 ADI 值（具体数值见表 20-3），人平均体重（bw）取值 60 kg。

表 20-3　呼和浩特市果蔬中残留农药 ADI 值

序号	农药	ADI	序号	农药	ADI	序号	农药	ADI
1	丙溴磷	0.03	23	克百威	0.001	45	乙嘧酚磺酸酯	—
2	虫螨腈	0.03	24	联苯菊酯	0.01	46	磷酸三苯酯	—
3	哒螨灵	0.01	25	硫丹	0.006	47	去乙基阿特拉津	—
4	滴滴涕	0.01	26	六六六	0.005	48	2，6-二硝基-3-甲氧基-4-叔丁基甲苯	—
5	毒死蜱	0.01	27	氯氰菊酯	0.02	49	啶斑肟	—
6	对硫磷	0.004	28	马拉硫磷	0.3	50	2，6-二氯苯甲酰胺	—
7	噁霜灵	0.01	29	醚菌酯	0.4	51	灭害威	—
8	二甲戊灵	0.03	30	嘧霉胺	0.2	52	氟硅菊酯	—
9	氟吡禾灵	0.0007	31	氰戊菊酯	0.02	53	螺甲螨酯	—
10	氟虫腈	0.0002	32	噻嗪酮	0.009	54	吡喃灵	—
11	氟硅唑	0.007	33	三唑醇	0.03	55	清菌噻唑	—
12	氟乐灵	0.025	34	三唑磷	0.001	56	4-硝基氯苯	—
13	氟氯氰菊酯	0.04	35	水胺硫磷	0.003	57	五氯苯甲腈	—
14	腐霉利	0.1	36	特丁硫磷	0.0006	58	八氯二丙醚	—
15	己唑醇	0.005	37	萎锈灵	0.008	59	3，5-二氯苯胺	—
16	甲胺磷	0.004	38	肟菌酯	0.04	60	o，p'-滴滴滴	—
17	甲拌磷	0.0007	39	五氯硝基苯	0.01	61	4，4-二溴二苯甲酮	—
18	甲基嘧啶磷	0.03	40	戊唑醇	0.03	62	草完隆	—
19	甲萘威	0.008	41	烯唑醇	0.005	63	4，4-二氯二苯甲酮	—
20	甲氰菊酯	0.03	42	异丙威	0.002	64	γ-氟氯氰菌酯	—
21	甲霜灵	0.08	43	莠去津	0.02	65	五氯苯胺	—
22	腈菌唑	0.03	44	邻苯二甲酰亚胺	—			

注：“—”表示国家标准中无 ADI 值规定；ADI 值单位为 mg/kg bw

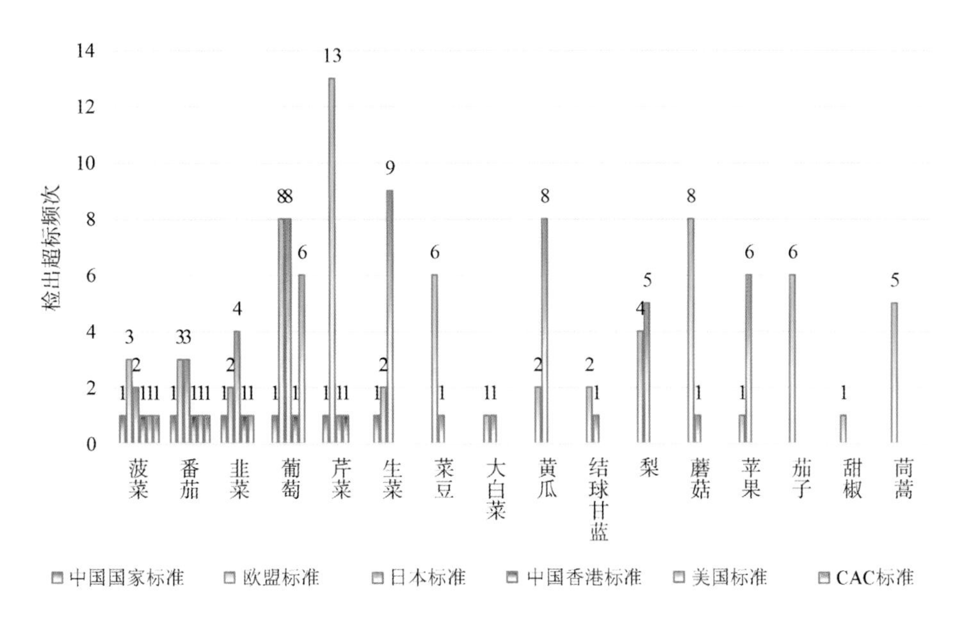

图 19-14　超过 MRL 中国国家标准、欧盟标准、日本标准、中国香港标准、美国标准、CAC 标准结果在水果蔬菜中的分布

19.2.2　超标农药种类分析

按照 MRL 中国国家标准、欧盟标准、日本标准、中国香港标准、美国标准和 CAC 标准这 6 大国际主流标准衡量，本次侦测检出的农药超标品种及频次情况见表 19-13。

表 19-13　各 MRL 标准下超标农药品种及频次

	中国国家标准	欧盟标准	日本标准	中国香港标准	美国标准	CAC 标准
超标农药品种	4	31	25	2	2	2
超标农药频次	6	67	50	5	9	2

19.2.2.1　按 MRL 中国国家标准衡量

按 MRL 中国国家标准衡量，共有 4 种农药超标，检出 6 频次，分别为剧毒农药甲拌磷，高毒农药克百威，中毒农药氟吡禾灵和毒死蜱。

按超标程度比较，菠菜中毒死蜱超标 10.4 倍，葡萄中氟吡禾灵超标 2.4 倍，生菜中甲拌磷超标 1.5 倍，芹菜中毒死蜱超标 70%，番茄中克百威超标 30%。检测结果见图 19-15 和附表 19-15。

19.2.2.2　按 MRL 欧盟标准衡量

按 MRL 欧盟标准衡量，共有 31 种农药超标，检出 67 频次，分别为剧毒农药甲拌磷，高毒农药 4-硝基氯苯、水胺硫磷、三唑磷、灭害威、氟氯氰菊酯和克百威，中毒农药甲霜灵、硫丹、氟虫腈、氟硅唑、氟吡禾灵、甲氰菊酯、噁霜灵、三唑醇、异丙威、

20.1.2.3　食品膳食暴露风险和预警风险评价应用程序的开发

1）应用程序开发的步骤

为成功开发膳食暴露风险和预警风险评价应用程序，与软件工程师多次沟通讨论，逐步提出并描述清楚计算需求，开发了初步应用程序。在软件应用过程中，根据风险评价拟得到结果的变化，计算需求发生变更，这些变化给软件工程师进行需求分析带来一定的困难，经过各种细节的沟通，需求分析得到明确后，开始进行解决方案的设计，在保证需求的完整性、一致性的前提下，编写代码，最后设计出风险评价专用计算软件。软件开发基本步骤见图 20-3。

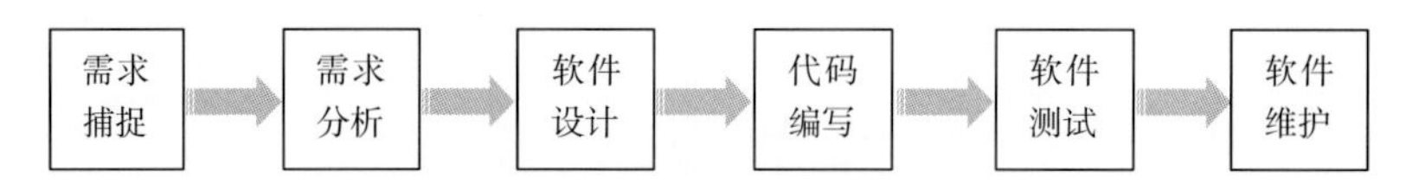

图 20-3　专用程序开发总体步骤

2）膳食暴露风险评价专业程序开发的基本要求

首先直接利用公式（20-1），分别计算 LC-Q-TOF/MS 和 GC-Q-TOF/MS 仪器检出的各果蔬样品中每种农药 IFS_c，将结果列出。为考察超标农药和禁用农药的使用安全性，分别以我国《食品安全国家标准　食品中农药最大残留限量》（GB 2763—2016）和欧盟食品中农药最大残留限量（以下简称 MRL 中国国家标准和 MRL 欧盟标准）为标准，对检出的禁药和超标的非禁药 IFS_c 单独进行评价；按 IFS_c 大小列表，并找出 IFS_c 值排名前 20 的样本重点关注。

对不同果蔬 i 中每一种检出的农药 c 的安全指数进行计算，多个样品时求平均值。若监测数据为该市多个月的数据，则逐月、逐季度分别列出每个月、每个季度内每一种果蔬 i 对应的每一种农药 c 的 IFS_c。

按农药种类，计算整个监测时间段内每种农药的 IFS_c，不区分果蔬。若检测数据为该市多个月的数据，则需分别计算每个月、每个季度内每种农药的 IFS_c。

3）预警风险评价专业程序开发的基本要求

分别以 MRL 中国国家标准和 MRL 欧盟标准，按公式（20-3）逐个计算不同果蔬、不同农药的风险系数，禁药和非禁药分别列表。

为清楚了解各种农药的预警风险，不分时间，不分果蔬，按禁用农药和非禁药分类，分别计算各种检出农药全部检测时段内风险系数。由于有 MRL 中国国家标准的农药种类太少，无法计算超标数，非禁药的风险系数只以 MRL 欧盟标准为标准进行计算。若检测数据为多个月的，则按月计算每个月、每个季度内每种禁用农药残留的风险系数和以 MRL 欧盟标准为标准的非禁药残留的风险系数。

4）风险程度评价专业应用程序的开发方法

采用 Python 计算机程序设计语言，Python 是一个高层次的结合了解释性、编译性、互动性和面向对象的脚本语言。风险评价专用程序主要功能包括：分别读入每例样品 LC-Q-TOF/MS 和 GC-Q-TOF/MS 农药残留检测数据，根据风险评价工作要求，依次对不同农药、不同食品、不同时间、不同采样点的 IFS_c 值和 R 值分别进行数据计算，筛选出禁用农药、超标农药（分别与 MRL 中国国家标准、MRL 欧盟标准限值进行对比）单独重点分析，再分别对各农药、各果蔬种类分类处理，设计出计算和排序程序，编写计算机代码，最后将生成的膳食暴露风险评价和预警风险评价定量计算结果列入设计好的各个表格中，并定性判断风险对目标的影响程度，直接用文字描述风险发生的高低，如“不可接受”“可以接受”“没有影响”“高度风险”“中度风险”“低度风险”。

20.2 呼和浩特市果蔬农药残留膳食暴露风险评估

20.2.1 果蔬样品中农药残留安全指数分析

基于 2013 年 9 月农药残留检测数据，发现在 260 例样品中检出农药 288 频次，计算样品中每种残留农药的安全指数 IFS_c，并分析农药对样品安全的影响程度，结果详见附表二，农药残留对果蔬样品安全的影响程度频次分布情况如图 20-4 所示。

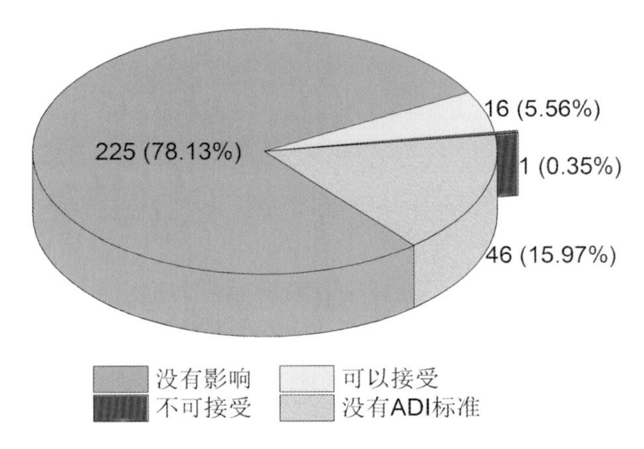

图 20-4 农药残留对果蔬样品安全的影响程度频次分布图

由图 20-4 可以看出，农药残留对样品安全的影响不可接受的频次为 1，占 0.35%；农药残留对样品安全的影响可以接受的频次为 16，占 5.56%；农药残留对样品安全的没有影响的频次为 225，占 78.13%。对果蔬样品安全影响不可接受的残留农药安全指数如表 20-4 所示。

表 20-4 对果蔬样品安全影响不可接受的残留农药安全指数表

序号	样品编号	采样点	基质	农药	含量（mg/kg）	IFS_c
1	20130904-150100-CAIQ-TH-02A	***农贸市场	茼蒿	三唑磷	0.4459	2.824

此次检测，发现部分样品检出禁用农药，为了明确残留的禁用农药对样品安全的影

19.2.2.4　按 MRL 中国香港标准衡量

按 MRL 中国香港标准衡量，共有 2 种农药超标，检出 5 频次，分别为中毒农药氟吡禾灵和毒死蜱。

按超标程度比较，菠菜中毒死蜱超标 10.4 倍，菜豆中毒死蜱超标 4.9 倍，葡萄中氟吡禾灵超标 2.4 倍，芹菜中毒死蜱超标 70%，蘑菇中毒死蜱超标 30%。检测结果见图 19-18 和附表 18。

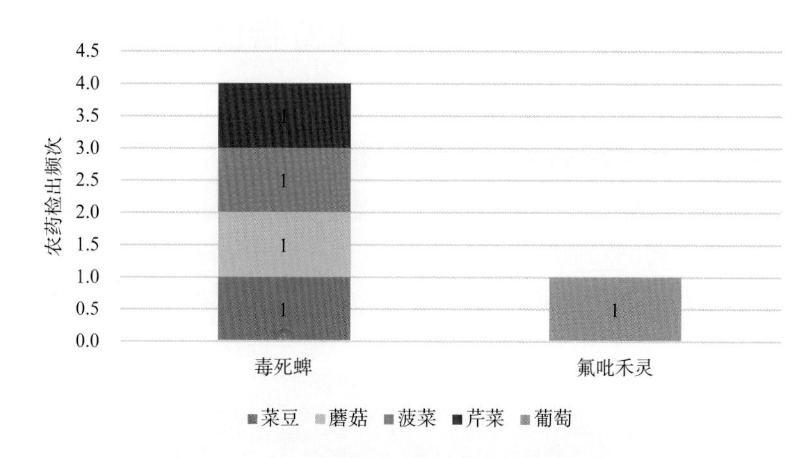

图 19-18　超过 MRL 中国香港标准的农药品种及频次

19.2.2.5　按 MRL 美国标准衡量

按 MRL 美国标准衡量，共有 2 种农药超标，检出 9 频次，分别为中毒农药毒死蜱和戊唑醇。

按超标程度比较，葡萄中毒死蜱超标 7.6 倍，苹果中毒死蜱超标 7.2 倍，苹果中戊唑醇超标 3.2 倍，梨中毒死蜱超标 2.5 倍，菜豆中毒死蜱超标 20%。检测结果见图 19-19 和附表 19。

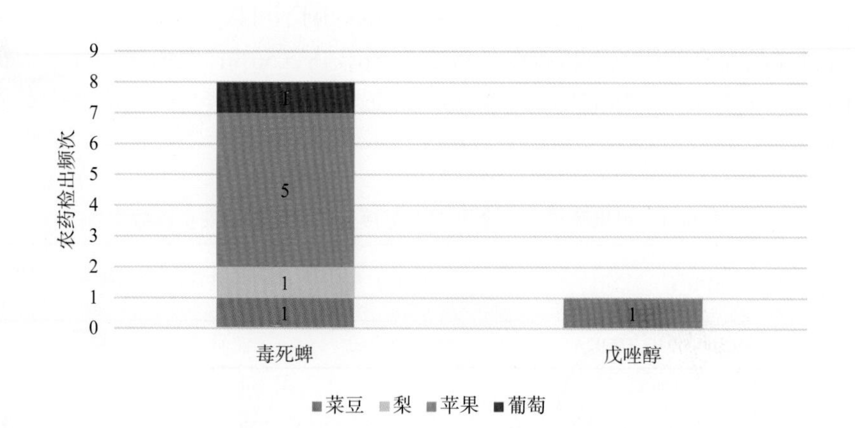

图 19-19　超过 MRL 美国标准的农药品种及频次

19.2.2.6　按 MRL CAC 标准衡量

按 MRL CAC 标准衡量，共有 2 种农药超标，检出 2 频次，分别为中毒农药氟吡禾灵和毒死蜱。

按超标程度比较，菜豆中毒死蜱超标 4.9 倍，葡萄中氟吡禾灵超标 2.4 倍。检测结果见图 19-20 和附表 20。

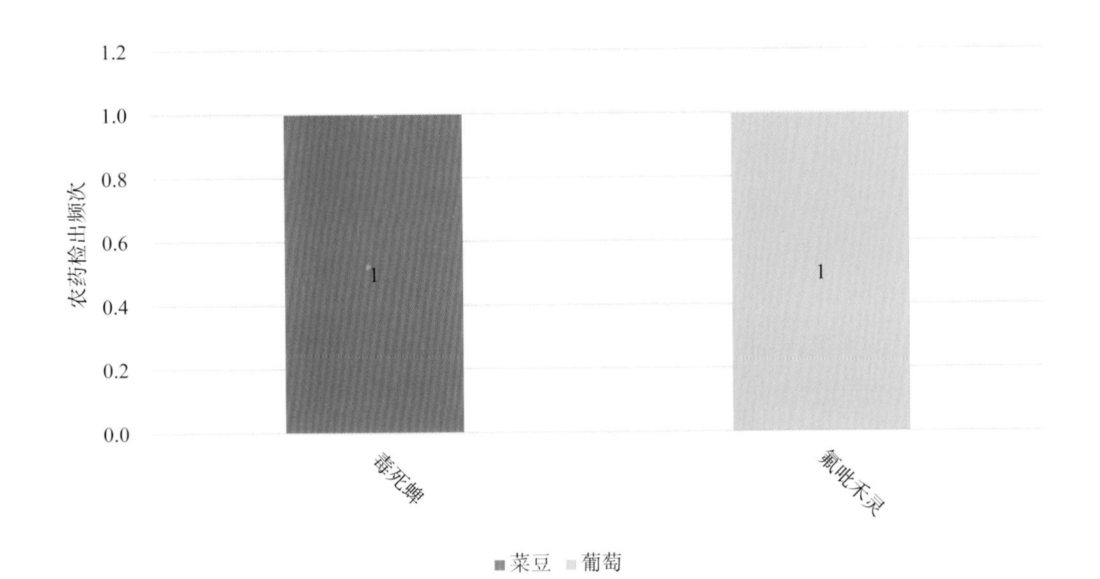

图 19-20　超过 MRL CAC 标准农药品种及频次

19.2.3　18 个采样点超标情况分析

19.2.3.1　按 MRL 中国国家标准衡量

按 MRL 中国国家标准衡量，有 6 个采样点的样品存在不同程度的超标农药检出，其中***超市（金兴店）、***超市（金太店）、***农贸市场和***超市（西龙王庙店）的超标率最高，为 7.1%，如表 19-14 和图 19-21 所示。

表 19-14　超过 MRL 中国国家标准水果蔬菜在不同采样点分布

	采样点	样品总数	超标数量	超标率（%）	行政区域
1	***购物广场	15	1	6.7	土默特左旗
2	***农贸市场（清水河县）	15	1	6.7	清水河县
3	***超市（金兴店）	14	1	7.1	新城区
4	***超市（金太店）	14	1	7.1	新城区
5	***农贸市场	14	1	7.1	土默特左旗
6	***超市（西龙王庙店）	14	1	7.1	回民区

表 20-7 对果蔬样品安全影响不可接受的残留超标非禁用农药安全指数表（MRL 欧盟标准）

序号	样品编号	采样点	基质	农药	含量（mg/kg）	欧盟标准	超标倍数	IFS_c
1	20130904-150100-CAIQ-TH-02A	***农贸市场	茼蒿	三唑磷	0.4459	0.01	43.59	2.824

在 260 例样品中，114 例样品未检测出农药残留，146 例样品中检测出农药残留，计算每例有农药检出的样品的$\overline{IFS}$值，进而分析样品的安全状态结果如图 20-7 所示（未检出农药的样品安全状态视为很好）。可以看出，没有样品安全状态不可接受，4.62%的样品安全状态可以接受，90.38%的样品安全状态很好。$\overline{IFS}$值排名前十的果蔬样品列表如表 20-8。

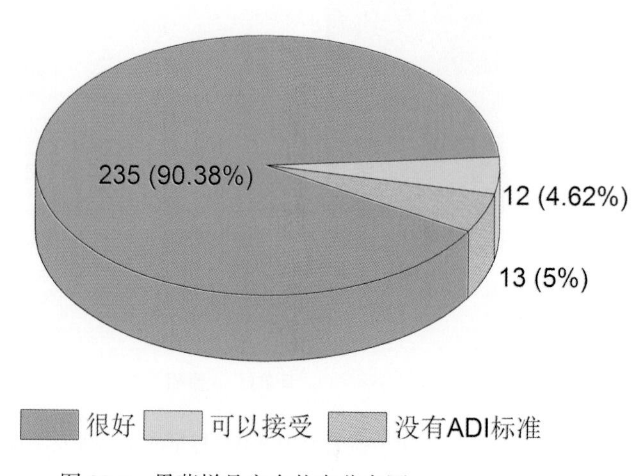

图 20-7 果蔬样品安全状态分布图

表 20-8 $\overline{IFS}$值排名前十的果蔬样品列表

序号	样品编号	采样点	基质	$\overline{IFS}$	安全状态
1	20130904-150100-CAIQ-TH-02A	***农贸市场	茼蒿	0.9574	可以接受
2	20130909-150100-CAIQ-MU-01A	***超市（新天地店）	蘑菇	0.63545	可以接受
3	20130910-150100-CAIQ-MU-01A	***农贸市场（和林格尔县）	蘑菇	0.4156	可以接受
4	20130909-150100-CAIQ-BO-03A	***超市（金兴店）	菠菜	0.364	可以接受
5	20130908-150100-CAIQ-GP-03A	***超市（金太店）	葡萄	0.3349	可以接受
6	20130908-150100-CAIQ-MU-01A	***超市（西龙王庙店）	蘑菇	0.26975	可以接受
7	20130908-150100-CAIQ-LE-01A	***超市（西龙王庙店）	生菜	0.2298	可以接受
8	20130909-150100-CAIQ-MU-02A	***农贸市场	蘑菇	0.2001	可以接受
9	20130911-150100-CAIQ-EP-01A	***超市（武川店）	茄子	0.1813	可以接受
10	20130904-150100-CAIQ-TO-01A	***购物广场	番茄	0.1659	可以接受

20.2.2　单种果蔬中农药残留安全指数分析

本次检测的果蔬共计 19 种，19 种果蔬中冬瓜、西葫芦和西瓜没有检测出农药残留，在其余 16 种果蔬中检测出 65 种残留农药，检出频次 123，其中 43 种农药存在 ADI 标准（大白菜和甜椒中检出的所有农药均没有 ADI 标准）。计算每种果蔬中农药的 IFS_c 值，结果如图 20-8 所示。

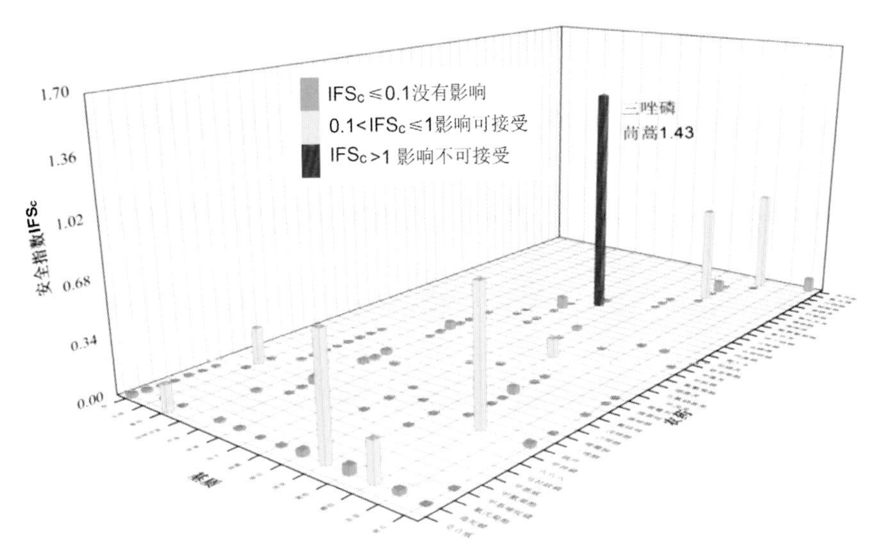

图 20-8　14 种果蔬中 43 种残留农药的安全指数

分析发现对单种果蔬安全影响不可接受的残留农药安全指数表，如表 20-9 所示。

表 20-9　对单种果蔬安全影响不可接受的残留农药安全指数表

序号	基质	农药	检出频次	检出率	IFS>1 的频次	IFS>1 的比例	IFS_c	影响程度
1	茼蒿	三唑磷	2	14.29%	1	7.14%	1.431	不可接受

本次检测中，16 种果蔬和 65 种残留农药（包括没有 ADI）共涉及 123 个分析样本，65 种残留农药对 16 种果蔬安全的影响程度分布情况如图 20-9 所示.

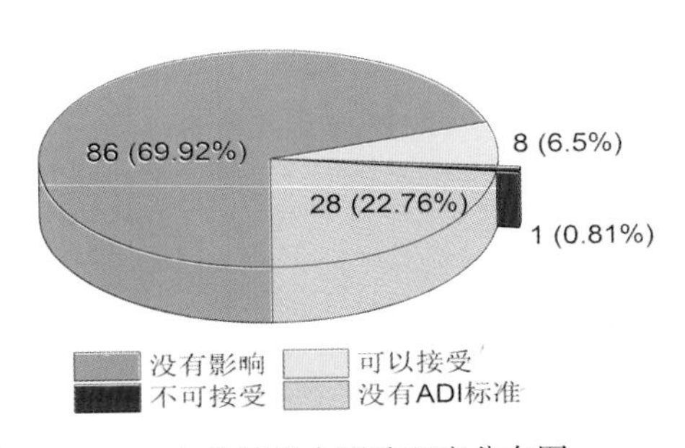

图 20-9　123 个分析样本影响程度分布图

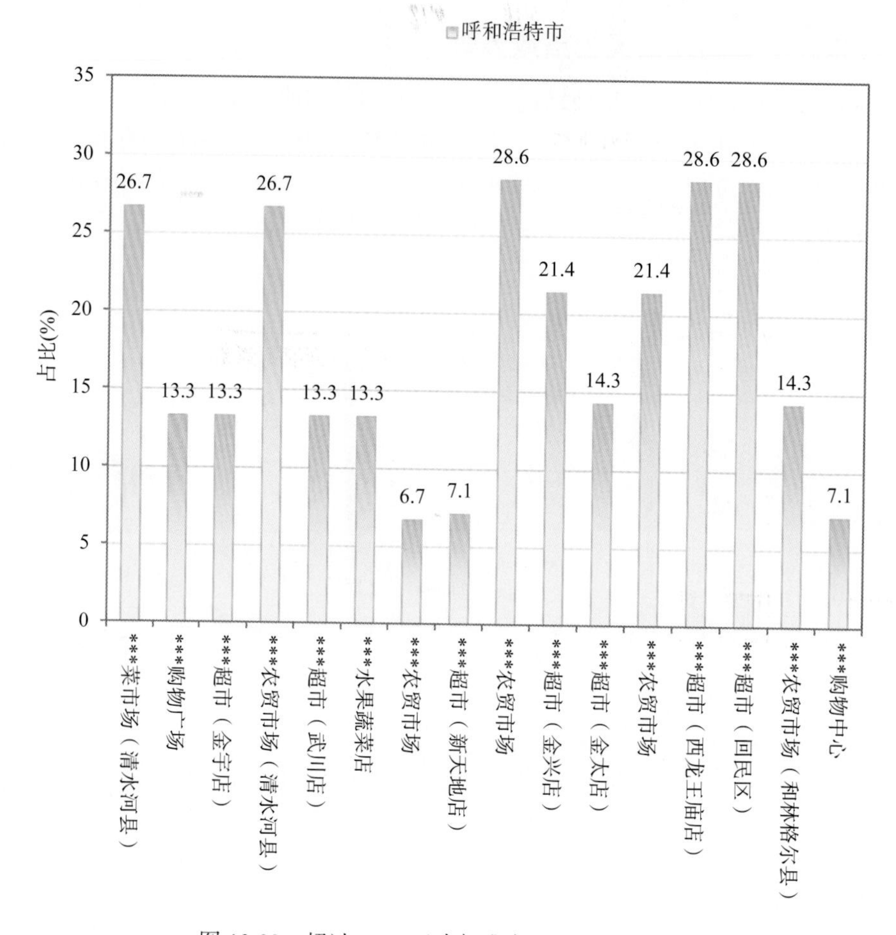

图 19-23　超过 MRL 日本标准水果蔬菜在不同采样点分布

19.2.3.4　按 MRL 中国香港标准衡量

按 MRL 中国香港标准衡量，有 5 个采样点的样品存在不同程度的超标农药检出，其中***超市（新天地店）、***超市（金兴店）、***超市（金太店）和***农贸市场的超标率最高，为 7.1%，如表 19-17 和图 19-24 所示。

表 19-17　超过 MRL 中国香港标准水果蔬菜在不同采样点分布

	采样点	样品总数	超标数量	超标率（%）	行政区域
1	***购物广场	15	1	6.7	土默特左旗
2	***超市（新天地店）	14	1	7.1	玉泉区
3	***超市（金兴店）	14	1	7.1	新城区
4	***超市（金太店）	14	1	7.1	新城区
5	***农贸市场	14	1	7.1	土默特左旗

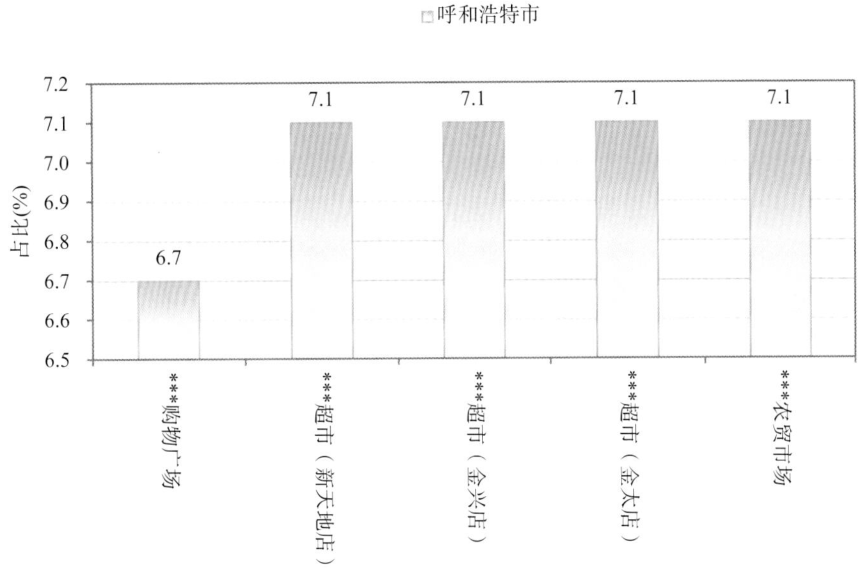

图 19-24　超过 MRL 中国香港标准的水果蔬菜在不同采样点分布

19.2.3.5　按 MRL 美国标准衡量

按 MRL 美国标准衡量，有 8 个采样点的样品存在不同程度的超标农药检出，其中***农贸市场的超标率最高，为 13.3%，如表 19-18 和图 19-25 所示。

表 19-18　超过 MRL 美国标准水果蔬菜在不同采样点分布

	采样点	样品总数	超标数量	超标率（%）	行政区域
1	***购物广场	15	1	6.7	土默特左旗
2	***水果蔬菜店	15	1	6.7	托克托县
3	***农贸市场	15	2	13.3	托克托县
4	***超市（新天地店）	14	1	7.1	玉泉区
5	***农贸市场	14	1	7.1	玉泉区
6	***超市（金太店）	14	1	7.1	新城区
7	***农贸市场	14	1	7.1	土默特左旗
8	***超市（西龙王庙店）	14	1	7.1	回民区

19.2.3.6　按 MRL CAC 标准衡量

按 MRL CAC 标准衡量，有 2 个采样点的样品存在不同程度的超标农药检出，其中***超市（金太店）的超标率最高，为 7.1%，如表 19-19 和图 19-26 所示。

20.3.1　单种果蔬中农药残留的风险系数分析

20.3.1.1　单种果蔬中禁用农药残留风险系数分析

检出的 65 种残留农药中有 11 种为禁用农药，在 9 种果蔬中检测出禁药残留，计算单种果蔬中禁药的检出率，根据检出率计算风险系数 R，进而分析单种果蔬中每种禁药残留的风险程度，结果如图 20-12 和表 20-11 所示。本次分析涉及样本 20 个，可以看出 20 个样本中禁药残留均处于高度风险。

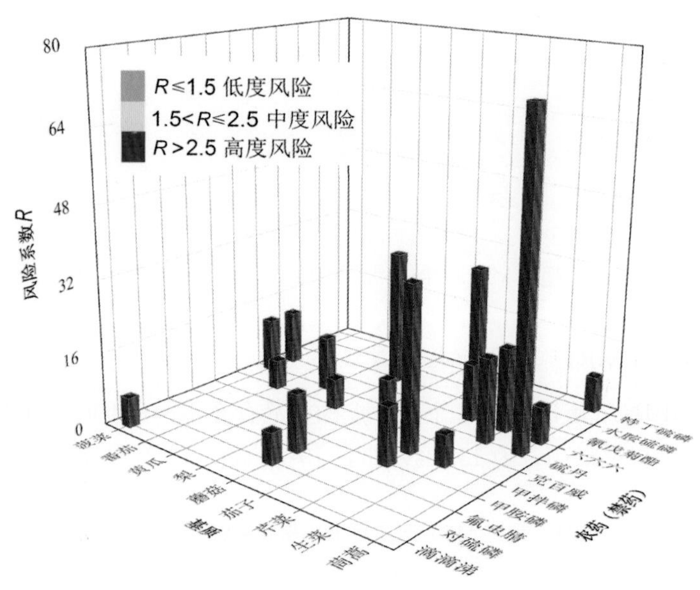

图 20-12　9 种果蔬中 11 种禁用农药残留的风险系数

表 20-11　9 种果蔬中 11 种禁用农药残留的风险系数表

序号	基质	农药	检出频次	检出率	风险系数 R	风险程度
1	茼蒿	硫丹	10	71.43%	72.5	高度风险
2	芹菜	甲拌磷	6	35.29%	36.4	高度风险
3	梨	氰戊菊酯	5	29.41%	30.5	高度风险
4	茄子	水胺硫磷	5	27.78%	28.9	高度风险
5	生菜	硫丹	3	17.65%	18.7	高度风险
6	生菜	六六六	3	17.65%	18.7	高度风险
7	蘑菇	氟虫腈	2	11.76%	12.9	高度风险
8	芹菜	甲胺磷	2	11.76%	12.9	高度风险
9	芹菜	六六六	2	11.76%	12.9	高度风险
10	菠菜	硫丹	2	11.11%	12.2	高度风险
11	黄瓜	硫丹	2	11.11%	12.2	高度风险

续表

序号	基质	农药	检出频次	检出率	风险系数 R	风险程度
12	菠菜	六六六	2	11.11%	12.2	高度风险
13	茼蒿	六六六	1	7.14%	8.2	高度风险
14	茼蒿	特丁硫磷	1	7.14%	8.2	高度风险
15	蘑菇	对硫磷	1	5.88%	7.0	高度风险
16	生菜	甲拌磷	1	5.88%	7.0	高度风险
17	梨	克百威	1	5.88%	7.0	高度风险
18	蘑菇	硫丹	1	5.88%	7.0	高度风险
19	菠菜	滴滴涕	1	5.56%	6.7	高度风险
20	番茄	克百威	1	5.56%	6.7	高度风险

20.3.1.2 基于 MRL 中国国家标准的单种果蔬中非禁用农药残留的风险系数分析

参照中华人民共和国国家标准 GB 2763—2016 中农药残留限量计算每种果蔬中每种非禁用农药的超标率进而计算其风险系数，根据风险系数大小判断残留农药的预警风险程度，果蔬中非禁用农药残留风险程度分布情况如图 20-13 所示。

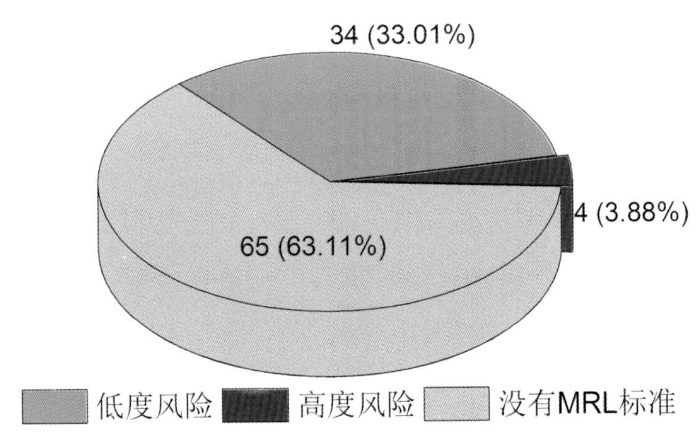

图 20-13 果蔬中非禁用农药残留风险程度分布图（MRL 中国国家标准）

本次分析中，发现在 16 种果蔬中检出 54 种残留非禁用农药，涉及样本 103 个，在 103 个样本中，3.88%处于高度风险，33.01%处于低度风险，此外发现有 65 个样本没有 MRL 中国国家标准值，无法判断其风险程度，有 MRL 中国国家标准值的 38 个样本涉及 12 种果蔬中的 19 种非禁用农药，其风险系数 R 值如图 20-14 所示。表 20-12 为单种果蔬中处于高度风险的非禁用农药残留的风险系数表（MRL 中国国家标准）。

农药共计 18 种。其中嘧霉胺、戊唑醇、氟硅唑、腐霉利和甲霜灵检出频次较高，分别检出了 8、4、3、3 和 2 次。葡萄中农药检出品种和频次见图 19-27，超标农药见图 19-28 和表 19-22。

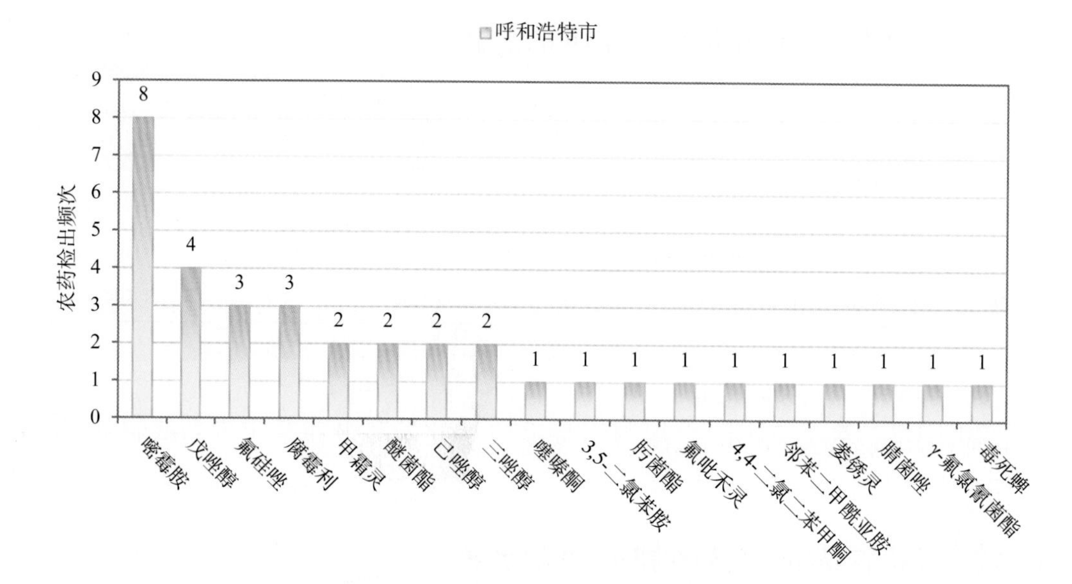

图 19-27　葡萄样品检出农药品种和频次分析

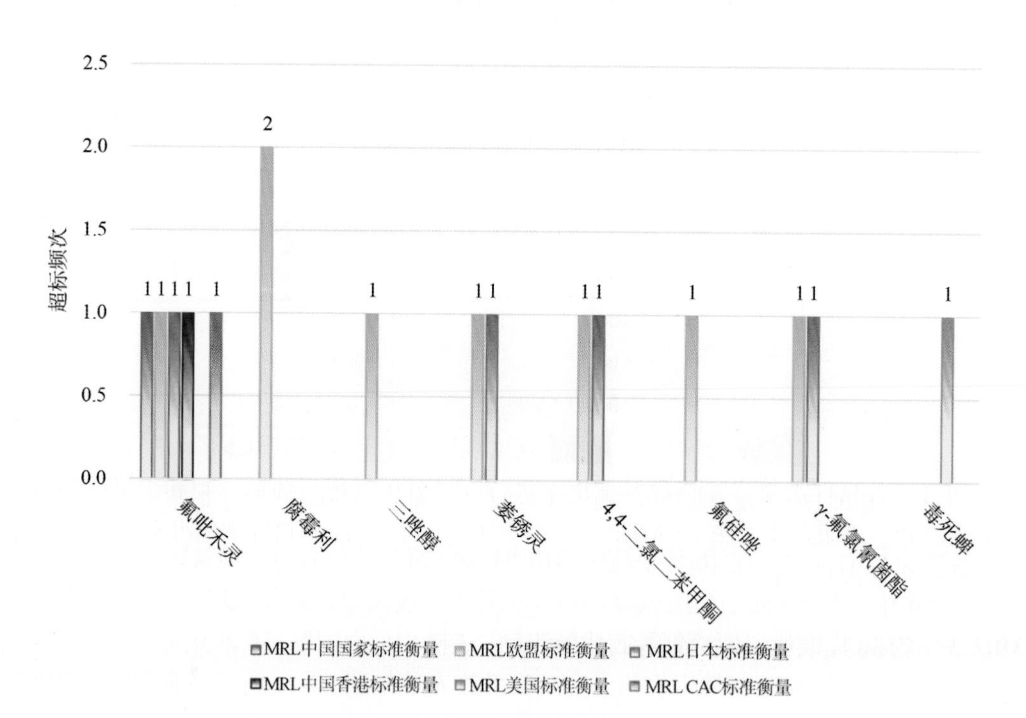

图 19-28　葡萄样品中超标农药分析

表 19-22　葡萄中农药残留超标情况明细表

样品总数			检出农药样品数	样品检出率（%）	检出农药品种总数
16			13	81.3	18
	超标农药品种	超标农药频次	按照 MRL 中国国家标准、欧盟标准和日本标准衡量超标农药名称及频次		
中国国家标准	0	0	氟吡禾灵（1）		
欧盟标准	2	3	腐霉利（2），三唑醇（1），萎锈灵（1），4，4-二氯二苯甲酮（1），氟吡禾灵（1），氟硅唑（1），γ-氟氯氰菌酯（1）		
日本标准	1	2	γ-氟氯氰菌酯（1），4，4-二氯二苯甲酮（1），氟吡禾灵（1），萎锈灵（1）		

19.3.3.2　梨

这次共检测 17 例梨样品，14 例样品中检出了农药残留，检出率为 82.4%，检出农药共计 9 种。其中毒死蜱、氰戊菊酯、甲氰菊酯、甲基嘧啶磷和克百威检出频次较高，分别检出了 11、5、4、3 和 1 次。梨中农药检出品种和频次见图 19-29，超标农药见图 19-30 和表 19-23。

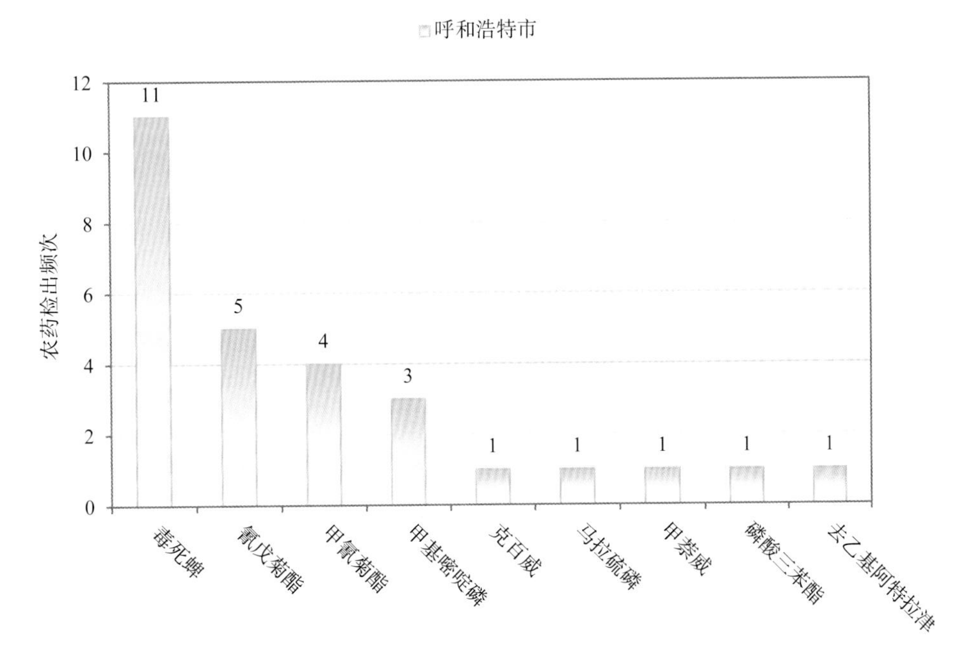

图 19-29　梨样品检出农药品种和频次分析

表 20-13　单种果蔬中处于高度风险的非禁用农药残留的风险系数表（MRL 欧盟标准）

序号	基质	农药	超标频次	超标率 *P*	风险系数 *R*
1	大白菜	邻苯二甲酰亚胺	1	100.00%	101.1
2	菜豆	腐霉利	5	29.41%	30.5
3	茼蒿	灭害威	3	21.43%	22.5
4	韭菜	毒死蜱	2	18.18%	19.3
5	蘑菇	毒死蜱	3	17.65%	18.7
6	芹菜	己唑醇	3	17.65%	18.7
7	梨	甲氰菊酯	3	17.65%	18.7
8	芹菜	清菌噻唑	3	17.65%	18.7
9	葡萄	腐霉利	2	12.50%	13.6
10	蘑菇	2,6-二硝基-3-甲氧基-4-叔丁基甲苯	2	11.76%	12.9
11	芹菜	噁霜灵	2	11.76%	12.9
12	结球甘蓝	甲萘威	2	11.76%	12.9
13	茼蒿	毒死蜱	1	7.14%	8.2
14	茼蒿	三唑磷	1	7.14%	8.2
15	葡萄	4,4-二氯二苯甲酮	1	6.25%	7.4
16	葡萄	γ-氟氯氰菌酯	1	6.25%	7.4
17	葡萄	氟吡禾灵	1	6.25%	7.4
18	葡萄	氟硅唑	1	6.25%	7.4
19	葡萄	三唑醇	1	6.25%	7.4
20	葡萄	萎锈灵	1	6.25%	7.4
21	生菜	啶斑肟	1	5.88%	7.0
22	菜豆	毒死蜱	1	5.88%	7.0
23	芹菜	毒死蜱	1	5.88%	7.0
24	芹菜	氟硅菊酯	1	5.88%	7.0
25	芹菜	氟硅唑	1	5.88%	7.0
26	芹菜	甲霜灵	1	5.88%	7.0
27	芹菜	马拉硫磷	1	5.88%	7.0
28	苹果	4-硝基氯苯	1	5.56%	6.7
29	甜椒	*o*, *p*'-滴滴滴	1	5.56%	6.7
30	茄子	丙溴磷	1	5.56%	6.7
31	菠菜	毒死蜱	1	5.56%	6.7
32	菠菜	噁霜灵	1	5.56%	6.7
33	菠菜	氟氯氰菊酯	1	5.56%	6.7
34	番茄	腐霉利	1	5.56%	6.7
35	黄瓜	腐霉利	1	5.56%	6.7
36	番茄	三唑醇	1	5.56%	6.7
37	黄瓜	异丙威	1	5.56%	6.7

20.3.2 所有果蔬中农药残留的风险系数分析

20.3.2.1 所有果蔬中禁用农药残留风险系数分析

在检出的 65 种农药中有 11 种禁用农药，计算每种禁用农药残留的风险系数，结果如表 20-14 所示，在 11 种禁用农药中，5 种农药残留处于高度风险，3 种农药残留处于中度风险，3 种农药残留处于低度风险。

表 20-14 果蔬中 10 种禁用农药残留的风险系数表

序号	农药	检出频次	检出率 P	风险系数 R	风险程度
1	硫丹	18	6.92%	8.0	高度风险
2	六六六	8	3.08%	4.2	高度风险
3	甲拌磷	7	2.69%	3.8	高度风险
4	氰戊菊酯	5	1.92%	3.0	高度风险
5	水胺硫磷	5	1.92%	3.0	高度风险
6	甲胺磷	2	0.77%	1.9	中度风险
7	氟虫腈	2	0.77%	1.9	中度风险
8	克百威	2	0.77%	1.9	中度风险
9	特丁硫磷	1	0.38%	1.5	低度风险
10	滴滴涕	1	0.38%	1.5	低度风险
11	对硫磷	1	0.38%	1.5	低度风险

20.3.2.2 所有果蔬中非禁用农药残留的风险系数分析

参照 MRL 欧盟标准计算所有果蔬中每种农药残留的风险系数，结果如图 20-18 和表 20-15 所示。在检出的 54 种非禁用农药中，2 种农药（3.7%）残留处于高度风险，9 种农药（16.67%）残留处于中度风险，43 种农药（79.63%）残留处于低度风险。

表 19-24　苹果中农药残留超标情况明细表

样品总数			检出农药样品数	样品检出率（%）	检出农药品种总数
18			14	77.8	5
	超标农药品种	超标农药频次	按照 MRL 中国国家标准、欧盟标准和日本标准衡量超标农药名称及频次		
中国国家标准	0	0			
欧盟标准	1	1	4-硝基氯苯（1）		
日本标准	1	1	4-硝基氯苯（1）		

19.4　蔬菜中农药残留分布

19.4.1　检出农药品种和频次排前 10 的蔬菜

本次残留侦测的蔬菜共 14 种，包括菠菜、菜豆、大白菜、冬瓜、番茄、黄瓜、结球甘蓝、韭菜、茄子、芹菜、生菜、甜椒、茼蒿和西葫芦。

根据检出农药品种及频次进行排名，将各项排名前 10 位的蔬菜样品检出情况列表说明，详见表 19-25。

表 19-25　检出农药品种和频次排名前 10 的蔬菜

检出农药品种排名前 10（品种）	①芹菜（20），②番茄（11），③菠菜（11），④黄瓜（10），⑤茼蒿（9），⑥茄子（6），⑦生菜（5），⑧菜豆（5），⑨韭菜（4），⑩大白菜（1）
检出农药频次排名前 10（频次）	①芹菜（60），②茼蒿（36），③菠菜（19），④番茄（16），⑤菜豆（15），⑥黄瓜（13），⑦茄子（12），⑧生菜（10），⑨韭菜（7），⑩结球甘蓝（2）
检出禁用、高毒及剧毒农药品种排名前 10（品种）	①茼蒿（5），②菠菜（4），③芹菜（3），④生菜（3），⑤番茄（1），⑥黄瓜（1），⑦茄子（1）
检出禁用、高毒及剧毒农药频次排名前 10（频次）	①茼蒿（19），②芹菜（10），③生菜（7），④菠菜（6），⑤茄子（5），⑥黄瓜（2），⑦番茄（1）

19.4.2　超标农药品种和频次排前 10 的蔬菜

鉴于 MRL 欧盟标准和日本标准的制定比较全面且覆盖率较高，我们参照 MRL 中国国家标准、欧盟标准和日本标准衡量蔬菜样品中农残检出情况，将超标农药品种及频次排名前 10 的蔬菜列表说明，详见表 19-26。

续表

序号	农药	超标频次	超标率 *P*	风险系数 *R*	风险程度
18	甲霜灵	1	0.38%	1.5	低度风险
19	氟吡禾灵	1	0.38%	1.5	低度风险
20	三唑磷	1	0.38%	1.5	低度风险
21	马拉硫磷	1	0.38%	1.5	低度风险
22	氟硅菊酯	1	0.38%	1.5	低度风险
23	萎锈灵	1	0.38%	1.5	低度风险
24	氟氯氰菊酯	1	0.38%	1.5	低度风险
25	异丙威	1	0.38%	1.5	低度风险
26	4-硝基氯苯	1	0.38%	1.5	低度风险
27	草完隆	0	0	1.1	低度风险
28	五氯苯胺	0	0	1.1	低度风险
29	戊唑醇	0	0	1.1	低度风险
30	虫螨腈	0	0	1.1	低度风险
31	莠去津	0	0	1.1	低度风险
32	嘧霉胺	0	0	1.1	低度风险
33	2,6-二氯苯甲酰胺	0	0	1.1	低度风险
34	烯唑醇	0	0	1.1	低度风险
35	联苯菊酯	0	0	1.1	低度风险
36	氟乐灵	0	0	1.1	低度风险
37	氯氰菊酯	0	0	1.1	低度风险
38	肟菌酯	0	0	1.1	低度风险
39	醚菌酯	0	0	1.1	低度风险
40	哒螨灵	0	0	1.1	低度风险
41	螺甲螨酯	0	0	1.1	低度风险
42	4,4-二溴二苯甲酮	0	0	1.1	低度风险
43	磷酸三苯酯	0	0	1.1	低度风险
44	噻嗪酮	0	0	1.1	低度风险
45	腈菌唑	0	0	1.1	低度风险
46	八氯二丙醚	0	0	1.1	低度风险
47	去乙基阿特拉津	0	0	1.1	低度风险
48	吡喃灵	0	0	1.1	低度风险
49	甲基嘧啶磷	0	0	1.1	低度风险
50	五氯苯甲腈	0	0	1.1	低度风险
51	乙嘧酚磺酸酯	0	0	1.1	低度风险
52	3,5-二氯苯胺	0	0	1.1	低度风险
53	五氯硝基苯	0	0	1.1	低度风险
54	二甲戊灵	0	0	1.1	低度风险

20.4 呼和浩特市果蔬农药残留风险评估结论与建议

农药残留是影响果蔬安全和质量的主要因素，也是我国食品安全领域备受关注的敏感话题和亟待解决的重大问题之一[15,16]。各种水果蔬菜均存在不同程度的农药残留现象，本报告主要针对呼和浩特市各类水果蔬菜存在的农药残留问题，基于 2013 年 9 月对呼和浩特市 260 例果蔬样品农药残留得出的 288 个检测结果，分别采用食品安全指数和风险系数两类方法，开展果蔬中农药残留的膳食暴露风险和预警风险评估。

本报告力求通用简单地反映食品安全中的主要问题且为管理部门和大众容易接受，为政府及相关管理机构建立科学的食品安全信息发布和预警体系提供科学的规律与方法，加强对农药残留的预警和食品安全重大事件的预防，控制食品风险。水果蔬菜样品取自超市和农贸市场，符合大众的膳食来源，风险评价时更具有代表性和可信度。

20.4.1 呼和浩特市果蔬中农药残留膳食暴露风险评价结论

1）果蔬中农药残留安全状态评价结论

采用食品安全指数模型，对 2013 年 9 月期间呼和浩特市果蔬食品农药残留膳食暴露风险进行评价，根据 IFS_c 的计算结果发现，果蔬中农药的$\overline{IFS}$为 0.0792，说明呼和浩特市果蔬总体处于很好的安全状态，但部分禁用农药、高残留农药在蔬菜、水果中仍有检出，导致膳食暴露风险的存在，成为不安全因素。

2）单种果蔬中农药残留膳食暴露风险不可接受情况评价结论

单种果蔬中农药残留安全指数分析结果显示，农药对单种果蔬安全影响不可接受（$IFS_c>1$）的样本数共 1 个，占总样本数的 0.81%，1 个样本为茼蒿中的三唑磷，说明茼蒿中的三唑磷会对消费者身体健康造成较大的膳食暴露风险。茼蒿为较常见的果蔬品种，百姓日常食用量较大，长期食用大量残留三唑磷的茼蒿对人体造成不可接受的影响，本次检测发现三唑磷在茼蒿样品中多次检出，是未严格实施农业良好管理规范（GAP），抑或是农药滥用，这应该引起相关管理部门的警惕，应加强对茼蒿中三唑磷的严格管控。

3）禁用农药残留膳食暴露风险评价

本次检测发现部分果蔬样品中有禁用农药检出，检出禁用农药 11 种，检出频次为 52，果蔬样品中的禁用农药 IFS_c 计算结果表明，禁用农药残留的膳食暴露风险均在可以接受和没有风险的范围内，可以接受的频次为 7，占 13.46%，没有风险的频次为 45，占 86.54%。虽然残留禁用农药没有造成不可接受的膳食暴露风险，但为何在国家明令禁止禁用农药喷洒的情况下，还能在多种果蔬中多次检出禁用农药残留，这应该引起相关部门的高度警惕，应该在禁止禁用农药喷洒的同时，严格管控禁用农药的生产和售卖，从根本上杜绝安全隐患。

20.4.2　呼和浩特市果蔬中农药残留预警风险评价结论

1）单种果蔬中禁用农药残留的预警风险评价结论

本次检测过程中，在 9 种果蔬中检测出 11 种禁用农药，禁用农药种类为：特丁硫磷、水胺硫磷、氰戊菊酯、六六六、硫丹、克百威、甲拌磷、甲胺磷、氟虫腈、对硫磷、滴滴涕，果蔬种类为：菠菜、番茄、黄瓜、梨、蘑菇、茄子、芹菜、生菜、茼蒿，果蔬中禁用农药的风险系数分析结果显示，11 种禁用农药在 9 种果蔬中的残留均处于高度风险，说明在单种果蔬中禁用农药的残留，会导致较高的预警风险。

2）单种果蔬中非禁用农药残留的预警风险评价结论

以 MRL 中国国家标准为标准，计算果蔬中非禁用农药风险系数情况下，103 个样本中，4 个处于高度风险（3.88%），34 个处于低度风险（33.01%），65 个样本没有 MRL 中国国家标准（63.11%）。以 MRL 欧盟标准为标准，计算果蔬中非禁用农药风险系数情况下，发现有 37 个处于高度风险（35.92%），66 个处于低度风险（64.08%）。利用两种农药 MRL 标准评价的结果差异显著，可以看出 MRL 欧盟标准比中国国家标准更加严格和完善，过于宽松的 MRL 中国国家标准值能否有效保障人体的健康有待研究。

20.4.3　加强呼和浩特市果蔬食品安全建议

我国食品安全风险评价体系仍不够健全，相关制度不够完善，多年来，由于农药用药次数多、用药量大或用药间隔时间短，产品残留量大，农药残留所带来的食品安全问题突出，对人体健康带来了直接或间接的危害，据估计，美国与农药有关的癌症患者数约占全国癌症患者总数的 50%，中国更高。同样，农药对其他生物也会形成直接杀伤和慢性危害，植物中的农药可经过食物链逐级传递并不断蓄积，对人和动物构成潜在威胁，并影响生态系统。

基于本次农药残留检测与风险评价结果，提出以下几点建议：

1）加快完善食品安全标准

我国食品标准中对部分农药每日允许摄入量 ADI 的规定仍缺乏，本次评价基础检测数据中涉及的 65 个品种中，66.15%有规定，仍有 33.85%尚无规定值。

我国食品中农药最大残留限量的规定严重缺乏，MRL 欧盟标准值齐全，与欧盟相比，我国对不同果蔬中不同农药 MRL 已有规定值的数量仅占欧盟的 43.09%（表 20-16），缺少 56.91%，急需进行完善。

表 20-16　中国与欧盟的 ADI 和 MRL 标准限值的对比分析

分类		中国 ADI	MRL 中国国家标准	MRL 欧盟国家标准
标准限值（个）	有	43	53	123
	没有	22	70	0
总数（个）		65	123	123
无标准限值比例		33.85%	56.91%	0

此外，MRL 中国国家标准限值普遍高于欧盟标准限值，根据对涉及的 123 个品种中我国已有的 53 个限量标准进行统计来看，50 个农药的中国 MRL 高于欧盟 MRL，占 94.34%。过高的 MRL 值难以保障人体健康，建议继续加强对限值基准和标准进行科学的定量研究，将农产品中的危险性减少到尽可能低的水平。

2）加强农药的源头控制和分类监管

在呼和浩特市某些果蔬中仍有禁用农药检出，利用 GC-Q-TOF/MS 检测出 11 种禁用农药，检出频次为 52 次，残留禁用农药均存在较大的膳食暴露风险和预警风险。早已列入黑名单的禁用农药并未真正退出，有些药物由于价格便宜、工艺简单，此类高毒农药一直生产和使用。建议在我国采取严格有效的控制措施，进行禁用农药的源头控制。

对于非禁用农药，在我国作为“田间地头”最典型单位的县级蔬果产地中，农药残留的检测几乎缺失。建议根据农药的毒性，对高毒、剧毒、中毒农药实现分类管理，减少使用高毒和剧毒高残留农药，进行分类监管。

3）加强残留农药的生物修复及降解新技术

市售果蔬中残留农药品种多、频次高、禁用农药多次检出这一现状，说明了我国的田间土壤和水体因农药长期、频繁、不合理的使用而遭到严重污染。为此，建议有关部门出台相关政策，鼓励高校及科研院所积极开展分子生物学、酶学等研究，加强土壤、水体中残留农药的生物修复及降解新技术研究，并加大农药使用监管力度，以控制农药的面源污染问题。

4）加强对禁药和高风险农药的管控并建立风险预警系统分析平台

本评价结果提示，在果蔬尤其是蔬菜用药中，应结合农药的使用周期、生物毒性和降解特性，加强对禁用农药和高风险农药的管控。

在本工作基础上，根据蔬菜残留危害，可进一步针对其成因提出和采取相应严格管理、大力推广无公害蔬菜种植与生产、健全食品安全控制技术体系、加强蔬菜食品质量检测体系建设和积极推行蔬菜食品质量追溯制度等相应对策。建立和完善食品安全综合评价指数与风险监测预警系统，建议依托科研院所、高校科研实力，建立风险预警系统分析平台，对食品安全进行实时、全面的监控与分析，为呼和浩特市食品安全科学监管与决策提供新的技术支持，可实现各类检验数据的信息化系统管理，并降低食品安全事故的发生。

参考文献

[1] 全国人民代表大会常务委员会. 中华人民共和国食品安全法[Z]. 2015-04-24.

[2] 钱永忠, 李耘. 农产品质量安全风险评估:原理、方法和应用[M]. 北京: 中国标准出版社, 2007.

[3] 高仁君, 陈隆智, 郑明奇, 等. 农药对人体健康影响的风险评估[J]. 农药学学报, 2004, 6(3):8-14.

[4] 高仁君, 王蔚, 陈隆智, 等. JMPR 农药残留急性膳食摄入量计算方法[J]. 中国农学通报, 2006, 22(4):101-104.

[5] FAO/WHO Recommendation for the revision of the guidelines for predicting dietary intake of pesticide residues, Report of a FAO/WHO Consultation, 2-6 May 1995, York, United Kingdom.

[6] 李聪, 张艺兵, 李朝伟, 等. 暴露评估在食品安全状态评价中的应用[J]. 检验检疫学刊, 2002, 12(1):11-12.

[7] Liu Y, Li S, Ni Z, et al. Pesticides in persimmons, jujubes and soil from China: Residue levels, risk assessment and relationship between fruits and soils[J]. Science of the Total Environment, 2016, 542(Pt A):620-628.

[8] Claeys W L, Schmit J F O, Bragard C, et al. Exposure of several Belgian consumer groups to pesticide residues through fresh fruit and vegetable consumption[J]. Food Control, 2011, 22(3):508-516.

[9] Quijano L, Yusà V, Font G, et al. Chronic cumulative risk assessment of the exposure to organophosphorus, carbamate and pyrethroid and pyrethrin pesticides through fruit and vegetables consumption in the region of Valencia (Spain)[J]. Food & Chemical Toxicology, 2016, 89:39-46.

[10] Fang L, Zhang S, Chen Z, et al. Risk assessment of pesticide residues in dietary intake of celery in China[J]. Regulatory Toxicology & Pharmacology, 2015, 73(2):578-586.

[11] Nuapia Y, Chimuka L, Cukrowska E. Assessment of organochlorine pesticide residues in raw food samples from open markets in two African cities[J]. Chemosphere, 2016, 164:480-487.

[12] 秦燕, 李辉, 李聪. 危害物的风险系数及其在食品检测中的应用[J]. 检验检疫学刊, 2003, 13(5):13-14.

[13] 金征宇. 食品安全导论[M]. 北京: 化学工业出版社, 2005.

[14] 中华人民共和国国家卫生和计划生育委员会, 中华人民共和国农业部, 中华人民共和国国家食品药品监督管理总局. GB 2763—2016 食品安全国家标准 食品中农药最大残留限量[S]. 2016.

[15] Chen C, Qian Y Z, Chen Q, et al. Evaluation of pesticide residues in fruits and vegetables from Xiamen, China[J]. Food Control, 2011, 22: 1114-1120.

[16] Lehmann E, Turrero N, Kolia M, et al. Dietary risk assessment of pesticides from vegetables and drinking water in gardening areas in Burkina Faso[J]. Science of the Total Environment, 2017 , 601-602 :1208-1216.